U0662203

火电厂
湿法烟气脱硫
技术手册

周至祥 段建中 薛建明 编著

中国电力出版社
www.cepp.com.cn

内容提要

本书在广泛收集国内外烟气脱硫最新技术资料，结合作者十多年管理电厂烟气脱硫装置实际经验的基础上，较为全面、系统地阐述了湿法石灰/石灰石烟气脱硫技术以及与其有关的专业知识。

本书分为三篇，第一篇阐述了烟气脱硫的原理和方法；脱硫系统重要设计参数、工艺变量和相互关系以及它们对系统性能的影响；系统主要设备的作用、特性和主要参数；脱硫腐蚀环境和材料选择；系统可靠性；化学监测以及脱硫工程施工、调试和性能考核等方面的内容。第二篇介绍了烟气脱硫主要设备的类型、用途、主要性能参数和布置方式；在目前工艺水平下主要设备在设计和选择时应考虑的问题以及适用的结构材料。第三篇详细讨论了烟气脱硫工艺选择原则；介绍了工艺的技术经济评估体系、评估指标和评估方法；工程标书的技术经济评估方法；列举了7个已投运的脱硫工程实例，供选择烟气脱硫工艺时参考。此外，还在附录中汇集了国内目前已颁布的与烟气脱硫有关的主要标准、规程和规范，以便读者查阅。

本书涉及了烟气脱硫技术的各个方面，内容丰富，层次分明，综合性强，结合了工程实践经验，有助于从事烟气脱硫工作的工程技术人员在理论和实践上获得更多的信息，是国内第一本详细介绍湿法石灰/石灰石烟气脱硫技术的工具书，具有较强的实用性和参考价值。

本书适用于从事火电厂烟气脱硫、其他工业废气治理、环境监测、工业管理、科研等部门的工程技术人员阅读，也可供高等院校师生参考。

图书在版编目（CIP）数据

火电厂湿法烟气脱硫技术手册/周至祥，段建中，薛建明编著．—北京：中国电力出版社，2006.6(2019.4 重印)
ISBN 978-7-5083-4125-5

Ⅰ．火…　Ⅱ．①周…②段…③薛…　Ⅲ．火电厂-湿法-烟气脱硫-技术手册　Ⅳ．X773.013-62

中国版本图书馆 CIP 数据核字(2006)第 009820 号

中国电力出版社出版、发行
（北京市东城区北京站西街 19 号　100005　http://www.cepp.sgcc.com.cn）
三河市万龙印装有限公司印刷
各地新华书店经售
*
2006 年 6 月第一版　2019 年 4 月北京第四次印刷
787 毫米×1092 毫米　16 开本　44.5 印张　1124 千字
印数 7001—8500 册　定价 **160.00** 元

前言

大气是参与水和各种元素循环的重要环境因素，在保持地球热平衡方面及保护地球上生物体免受过强宇宙射线、紫外线照射方面起着重要的作用，是人类赖以生存的最基本的环境要素。但是，随着社会经济的发展，城市化和工业化进程的加速，大量燃料的燃烧、工业废气和汽车尾气的排放，使大气环境质量日趋恶化，它不但破坏自然生态平衡，还直接威胁人类健康乃至生命。大气污染已被列为全球性十大环境问题之首。而在全球范围内普遍发生的大气污染物中，按先后顺序考虑治理的大气污染物是 SO_2、可吸入颗粒物、O_3、NO_x（NO 和 NO_2）、铅、CO_x（CO 和 CO_2）、石棉及反应性烃。SO_2 被列为首位。据联合国环境规划署（UNEP）的最新估算指出，天然硫排放量占全球硫排放总量的50%。但在局部地区，人为排放量占该地区总排放量的90%以上，而天然源排放量仅占4%，其余6%来自其他地区。众所周知，人为源和天然源排放的 SO_x 和 NO_x 是形成酸雨或称酸沉降的“元凶”。因此，控制人为 SO_x 和 NO_x 排放的重要性是显而易见的。

随着对酸沉降和 SO_2 污染的成因和危害的深入了解和研究，各国人民和政府已认识到大气污染的严重性和控制大气污染的紧迫性。自20世纪70年代初日本和美国率先实施控制 SO_2 排放战略以来，许多国家相继制定了严格的 SO_2 排放标准和中长期控制战略，加速了控制 SO_2 排放的步伐。

日本由于国土狭小，人口密度高，对环境污染的承受能力小，因而对环境污染问题非常敏感。第二次世界大战以后，在1955～1973年期间，日本经过短时间的恢复，经济高速发展，能源消耗急剧上升，加之人口构成的城市化，环境污染的受害对象大为增加，公害事件频繁发生，从而引起社会各界人士的关注，要求对环境污染问题立法。1962年6月日本制定了《煤烟控制法》，以后对该法案进行了多次修改，使 SO_2 排放标准日益严格。由于日本从1963年就开始对 SO_2 污染问题采取对策，积极治理，大约经历了17年的时间，即到1979年前后，成功地实施了对以粉尘和硫氧化物为主要对象的工业污染的控制，取得了污染防治的阶段性胜利。

日本是应用烟气脱硫（Flue Gas Desulfurization，FGD）技术最早的国家，从1962年开始研究、开发FGD工艺及设备，20世纪70年代起大规模实施应用，1970～1975年发展最快，到1996年4月，日本累计建设FGD装置2228套。火电厂FGD工艺主要采用石灰/石灰石—石膏法，除少数燃用低硫煤（0.2%～0.3%）机组外，其余燃煤发电机组都采用了FGD技术。

1970年以前，美国 SO_2 排放量随着经济的发展逐年增长，到1970年，全国 SO_2 人均排放量达到143.4kg/年，单位国土面积的 SO_2 排放量为3.0 t/km^2，均居历史最高值，全国大范围内已形成酸雨，其中火力发电，特别是燃煤锅炉是重要的污染源之一，环境问题引起公众的普遍关注，形成了所谓的“环境觉醒运动”。1970年1月1日，当时的美国总统尼克松签署了《国家环境政策法》。随后，于 1970 年 12 月成立了美国环保局（EPA）。1970 年的最后一天，《清洁大气法》正式通过，成为美国历史上较为完整的第一部有关空气污染的法规。《清洁大气法》使美国用于大气污染治理的费用逐年增加，同时也使大气质量不断得到改善。1977 年修改了 1970 年通过的《清洁大气法》，开始着手治理老污染源。1990 年 11 月 15 日美国国会再次通过对《清洁大气法》的修正案，修正案的内容比 1970 年和 1977 年的更为广泛，它引入了酸雨计划，主要控制火电厂的 SO_2 排放，并提出了每年的削减目标。由于实施了一系列控制 SO_2 排放的政策，从 1970 年到 1974 年，美国 SO_2 排放总量约下降了 10%，1975 年到 1987 年 SO_2 排放总量又下降了 19%，从 1975 年的 2560 万 t 下降到 1987 年的 2070 万 t。到 2000 年，美国全国 SO_2 排放总量仅约为 1000 万 t，酸雨区范围以及酸雨强度也大幅度下降。

我国是一个发展中国家，是世界上最大的煤炭生产和消费国。在能源结构上原煤占能源消费总量的 70%，是世界上少数几个以煤为主要能源的国家之一。我国在取得经济高速发展的同时，也正承受着巨大的资源和环境压力，SO_2 排放量多年都在 2000 万 t 上下，2004 年排放量达到 2255 万 t，目前已居世界第一位。在 20 世纪 80 年代，我国酸雨主要发生在以重庆、贵阳和柳州为代表的西南地区，酸雨面积约为 170 万 km^2。到 20 世纪 90 年代中期，酸雨已发展到长江以南、青藏高原以东及四川盆地的广大地区，华东沿海地区也成为我国主要酸雨地区，华北、东北部分地区也频频出现酸性降水，降雨年平均 pH 值低于 5.6 的区域面积已占全国国土面积的 40% 左右，我国酸雨污染迅速发展的态势已到了非治理不可的程度。为了控制大气污染，我国从 20 世纪 70 年代开始制定有关环境空气质量标准、大气污染排放标准。1982 年国务院颁布了《征收排污费暂行办法》，已包含了 SO_2 超标收费的内容。1987 年 9 月颁布了《大气污染防治法》，1995 年 8 月全国人大常委会通过了修订的《中华人民共和国大气污染防治法》，2000 年 4 月 29 日通过了修订的《大气污染防治法》，2002 年 11 月编制了《“两控区”酸雨和二氧化硫污染防治“十五”计划》，2003 年 1 月 1 日，我国开始实施《洁净生产促进法》。由此可看出，我国政府为遏制酸雨和 SO_2 污染进行了积极的努力。

众所周知，我国能源资源以煤炭为主。煤炭消费分为工业用煤和生活用煤两个部分。工业用煤主要集中在电力、建材、钢铁和化工行业。其中电力行业是我国用煤大户，2004 年我国煤消费量为 18 亿 t，其中火电厂（含供热）燃煤量约 8.5 亿 t，占全国煤炭消费的 47%。同年全国 SO_2 排放量达到 2255 万 t，其中火电厂 SO_2 排放量约为 1400 万 t，占全国排放总量的 62%。预计 2010 年全国煤炭消费量将增到 24 亿 t 左右，其中火电厂燃煤量约 14 亿 t，若不采取有效措施 SO_2 产出量将达到约 3000 万 t。因此，削减火电厂的 SO_2 排放成为我国控制 SO_2 排放总量的重点。许多地区已开始实施脱硫计划并建成投运了一批脱硫装置，到 2004 年底我国累计建成并投产的脱硫机组容量约为 26.8GW。截止到 2005 年 8 月，在建和已签约火电厂项目已超过 60GW。显然，未来 5 ~ 10 年是我国广泛应用和飞速发展 FGD 技术的重要时期。

迄今为止，国内外已开发了数百种 FGD 技术，其中湿法石灰石 - 石膏 FGD 技术最为成熟、最为可靠且应用最为广泛，占世界上投入运行的 FGD 系统的 85% 左右，我国大型燃煤发电机组的脱硫方式以湿法石灰石 - 石膏法 FGD 工艺为主已成为必然的趋势。已建、在建和拟建湿法石灰石 - 石膏 FGD 系统的电厂工程技术人员、工人和管理人员迫切希望有一本具有普及性、实用性的 FGD 技术手册。基于这种情况，本书以湿法石灰/石灰石 FGD 技术为主要对象，在广泛收集国内外有关最新技术资料的基础上，结合作者十多年管理电厂湿法石灰石 FGD 装置的实际经验撰写而成。

本手册共分三篇，第一篇详细、系统地阐述了湿法石灰/石灰石 FGD 工艺。内容主要包括：FGD 系统重要设计参数、工艺变量以及相互关系和它们对系统性能的影响；FGD 系统主要设备和子系统的作用、特性和主要参数；FGD 腐蚀环境和材料选择；FGD 系统可靠性；化学监测以及有关 FGD 系统施工、调试和性能考核等方面的内容。第二篇介绍了 FGD 主要设备的类型、用途、主要性能参数和布置方式；阐述了在目前工艺水平下主要设备在设计和选择时应考虑的问题；介绍了适用的结构材料，并根据现有的经验提出了推荐意见。编写的重点放在电厂工程技术人员不太熟悉的设备上，对较熟悉的设备着重提出了在 FGD 工况下应用时应注意的问题。第三篇在介绍 FGD 工艺选择原则的基础上，阐述了 FGD 工艺的技术经济评估体系、评估指标和评估方法，还详细讨论了 FGD 工程标书的技术经济评估。最后按照 6 种典型的湿法 FGD 工艺，选择了 7 个已投运的实例作了较详细的介绍。选择的实例以国内火电厂的 FGD 装置为主，以供选择 FGD 工艺参考。

编者希望通过本手册向读者较为系统地介绍湿法石灰/石灰石 FGD 技术在燃煤发电厂控制 SO_2 排放中的应用，为读者在选择和建设 FGD 系统的过程中提供一些必需、有益的技术资料，帮助电厂技术人员和管理人员做出各种技术和经济方面的决策，使他们选择和建成的 FGD 系统能更好地适应电厂的实际应用，有利于 FGD 装置的管理和工艺参数的优化，从而获得较好的技术经济效益。

本手册由周至祥担任主编，编写人员为：第一篇周至祥；第二篇第一～八章段建中，第九章段建中、周至祥；第三篇薛建明。原南京电力环境保护研究院马果骏和原华北电力设计院王宝德审阅了本手册，并提出了许多宝贵意见，在此深表感谢。

在手册的编写过程中，得到了许多领导的关心、支持和帮助，上海龙净环保工程公司胡健民、马果骏，华北电力设计院王宝德，华北电力科学研究院李庆和重庆发电厂胡光平同志等烟气脱硫界的专家和同仁以及许多电厂工程技术人员给予了热情的协助和大力支持，对此，表示真诚的谢意。

水平所限，加之时间仓促，书中疏漏与不足之处在所难免，恳请广大同仁批评指正。

作者

2005 年 12 月

目 录

第二篇　FGD主要设备

第三篇　烟气脱硫工艺和工程招标书的技术经济评估

第一篇

烟气脱硫工艺

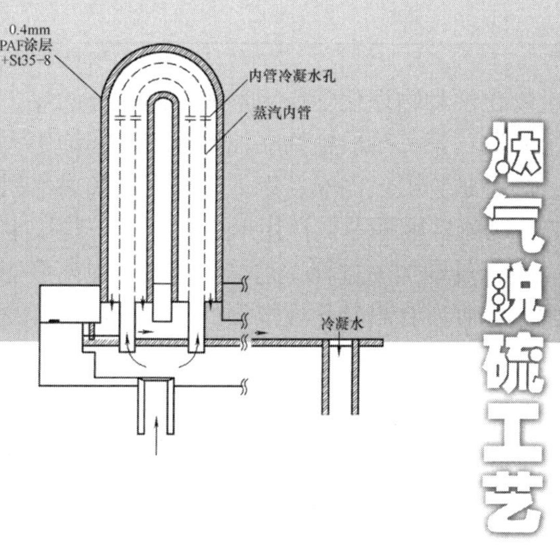

本篇共18章，较全面系统、详细地介绍了烟气脱硫（FGD）工艺方面的技术。本篇从介绍煤中硫分的形态和测定、FGD工艺流程、流程布置、应用和发展概况入手，较详细地阐述了SO_2吸收的化学过程和主要工艺变量及相互关系，介绍了化学添加剂的作用和应用，FGD工艺过程的物料平衡和结垢控制。在此基础上，介绍了FGD系统设计基本条件以及设计参数，讨论了这些参数的互相关系和对系统性能的影响。然后，对吸收剂特性和脱硫石膏质量控制进行了阐述。在读者对整个FGD系统的基本原理、特性和工艺参数有了基本了解后，依次介绍了FGD系统主要设备类型和特点以及设计中应考虑的问题，工艺过程主要调节回路和检测仪表，FGD系统腐蚀环境和常用防腐材料的特性、选择和应用。随后讨论了FGD系统的可靠性，就FGD系统可靠性的发展过程，表示可靠性的指标和影响系统可靠性的因素和对策作了简要的介绍。化学监测是FGD系统日常运行管理中的一项重要工作，本篇独辟一章讲述了化学监测的目的、任务和具体测试项目以及化学分析结果的计算和判断。最后介绍了FGD系统施工、调试和性能考核有关的内容。本篇各章的内容既相互关联又具有独立性，读者可以按顺序或有选择地进行阅读。

第一章　煤中硫分的形态和测定

煤的组成，特别是煤中硫分的形态和含量对锅炉燃烧后的烟气特性有很大影响，是选择FGD类型、FGD系统设计所必须考虑的因素之一。在FGD装置正常运行时，尤其在锅炉燃煤改变煤种或需要进行配煤时，FGD系统管理人员应及时了解煤中硫分的变化情况，掌握FGD系统运行情况的变化，调整运行参数，以获得最佳技术和经济效益。因此，本章简要介绍煤的组成，煤主要成分的表示和换算方法，煤中硫的形态和测定基本原理。

第一节　煤　的　特　性

一、煤的形成与分类

煤是一种不均匀的有机燃料，是地壳运动的产物。在几亿年前，大量植物的遗体在高压覆盖层以及较高温度条件下，经过复杂的生物化学和物理化学作用形成不同成分的煤，这个过程称为成煤作用。成煤作用过程分成两个阶段：第一阶段植物在浅海或沼泽湖泊中大量繁殖，经微生物的作用，低等植物形成腐泥，高等植物形成泥炭；第二阶段泥炭和腐泥因地壳运行下沉，长期受高温（地球温度）、高压（地球岩层压力）作用形成煤，这一阶段也叫煤化阶段。煤化过程是一个氧和氢含量下降，碳含量增加的过程，是一个由低级向高级逐渐变化的过程，即煤化作用不断加深。因此，木头和木质材料转化成煤炭的化学转化过程是：木头→泥炭→褐煤→亚烟煤→烟煤→无烟煤。

煤的成分变化很大，其典型组分（质量百分数）包括65%～95%碳，2%～7%的氢，高达25%的氧，1%～10%的硫，以及1%～2%的氮。水分一般在2%～20%之间变化，但也有的煤水分高达70%。

我国1986年制订的中国煤炭分类方案，采用煤化程度及工艺性能对煤进行分类，主要分类参数为干燥无灰基挥发分 V_{def}，将煤分成无烟煤（WY）、烟煤（YM）和褐煤（HM）三种。烟煤又分为贫煤（PM）、贫瘦煤（PS）、瘦煤（SM）、焦煤（JM）、肥煤（FM）、1/3焦煤（1/3JM）、气肥煤（QF）、气煤（QM）、1/2中黏煤（1/2ZN）、弱黏煤（RN）、不黏煤（BN）和长焰煤（CY）。另外，我国动力用煤根据 V_{daf}（%）和低位发热量 Q_{net}（MJ/kg）分类为无烟煤、贫煤、低挥发分烟煤、高挥发分烟煤和褐煤。

上述三种煤的基本性质如下：

（1）褐煤（HM）。褐煤是由泥煤形成的初始煤化物，是煤中等级最低的一类，形成年代最短。呈黑色、褐色或泥土色。其特点是水分和灰分含量都较高，孔隙度大，挥发分高且析出温度较低，不黏结，热值低，灰熔点普通较低，含有不同数量的腐殖酸，氧含量高达15%～30%左右，化学反应性强，热稳定性差。主要用作发电燃料。

（2）烟煤（YM）。烟煤的形成历史较褐煤为长，呈黑色，外形有可见条纹，挥发分含量为20%～45%，碳含量为75%～90%。烟煤的成焦性较强，且含氧量低，水分和灰分量一般不高，适宜工业上的一般应用。

（3）无烟煤（WY）。无烟煤的特点是固定碳含量最高，一般高于93%，无机物含量低于10%，煤化时间最长，挥发分低，有明亮的黑色光泽，机械强度高，燃点高，燃烧时无烟，着火困难，储存时不发生自燃。

二、煤的组成

煤的组成包括煤的岩石组成、有机组成与无机组成等，其中后两者可分别通过对煤进行工业分析与元素分析而得到。

1. 燃煤试验项目和煤成分的表示方法

煤的物化试验项目很多，为表述和应用方便，燃煤中常用试验项目的符号采用相应的英文名词的第一个字母或缩略表示。如同一类型的试验项目需进一步划分时，同样地采用相应的英文词或缩略字标在试验项目代表符号的右下角的方法表示。常用试验项目符号和其下角标符号分别列于表1-1-1和表1-1-2。

表1-1-1　燃煤试验项目代表符号

试验项目	代表符号	试验项目	代表符号
水分	*M*	视（相对）密度	ARD
固体碳	FC	哈氏可磨指数	HGI
真（相对）密度	TRD	前苏联热工研究院可磨指数	VTI

续表

试验项目	代表符号	试验项目	代表符号
变形温度	DT	挥发分	*V*
软化温度	ST	碳	C
流动温度	FT	氢	H
矿物质	MM	氧	O
最高内在水分	MHC	硫	S
灰分	*A*	氮	N

表 1-1-2　　燃煤试验项目下角标的含义代表符号

下角标含义	代表符号	下角标含义	代表符号
全（水分、硫、……）	t	低位（发热量）	net
外在（水分）	f	收到基	ar
内在（水分）	inh	空气干燥基	ad
有机（硫）	o	干燥基	d
硫酸盐（硫）	s	干燥无灰基	daf
硫铁矿（硫）	p	恒湿无灰基	maf
弹筒（发热量）	b	干燥无矿物基	dmmf
高位（发热量）	gr		

2. 煤的工业分析

煤的工业分析也叫技术分析和实用分析，通常包括测定煤的水分、灰分、挥发分，并由此计算固定碳含量。近年来，随着动力用煤按发热量计价和环保的需要，把发热量及硫分两项也列入工业分析中并称为广义的工业分析。具体分析方法可参见相关标准。煤的工业分析是一切工业用煤的基础资料，通过工业分析了解煤质的最基本的特性参数，确定其合理加工利用方向。因此，任何用煤部门都离不开工业分析资料。煤的工业分析内容如下：

（1）水分。煤中水分按结合状态可分为游离水和化合水两大类。游离水以吸附、附着等机械方式与煤结合。游离水按其赋存状态又可分为外在水和内在水分。化合水则是指与煤中矿物质呈化合状态存在的水，是矿物晶格的一部分，所以也叫结晶水。全水分测定方法是将已知质量的煤样，在 105～110℃温度下干燥至恒重，用 M_t 表示。化合水在实际测定中是指除去全水分后仍留下来的水分。在 105～110℃温度下化合水是不会分解逸出的。

（2）灰分。煤在一定的温度（815℃ ±10℃）下，其中所有可燃物完全燃尽，同时，煤中的矿物质在燃烧过程中发生一系列分解、化合等复杂反应后遗留下来的产物，这些残留物称为灰分产率，通常称为灰分，用 A 表示。煤灰分高低通常反映煤的优劣。按灰分可将煤分为：$A<10\%$ 的煤为特低灰煤，$A>10\%\sim15\%$ 属低灰煤，$A>15\%\sim25\%$ 属中灰煤，$A>25\%\sim40\%$ 属富灰煤，$A>40\%$ 属高灰煤。

煤灰中所含元素多达 60 多种，几乎含有元素周期表中所有的痕量元素，其中含量较多的有硅、铝、铁、钙、镁、钠、钾、硫、磷、钛等。这些元素在灰中主要是以氧化物的形态存在，只有极少数为硫酸盐形态存在。煤灰中主要成分及含量范围如表 1-1-3 所示。

表 1-1-3　　煤的灰分组成

成分	SiO_2	Al_2O_3	Fe_2O_3	CaO	MgO	TiO_2	Na_2O，K_2O	SO_3
含量（%）	20～60	10～35	5～35	1～20	0.3～4	0.5～2.5	1～4	0.1～12

在 FGD 系统设计中，进入 FGD 系统烟气的含尘量、飞灰的成分以及飞灰中盐酸可溶性 Al、Fe、Ca、Mg 含量是设计需要掌握的数据。

煤中灰分的来源主要有三个方面：原生矿物质，是成煤植物中所含的无机元素，主要为碱金属的盐类，含量较少；次生矿物质，是煤形成过程中溶有各种盐类的水渗入煤层而混入或与煤伴生的矿物质，含量也较少；外来矿物质，是煤炭开采过程中混入的矿物质。煤中矿物质主要包括黏土、方解石（碳酸钙）、黄铁矿（或白铁矿）、硫酸盐和氧化物以及其他一些伴生矿稀散元素等。

（3）挥发分。煤在900℃ ±10℃下隔绝空气加热7min，所失去的重量减去水分即为煤的挥发分，通常用无水无灰基为标准，以 V_{daf} 表示。随着煤化程度增高，煤的挥发分将出现规律性的降低，其变化情况大致是褐煤挥发分含量 >40%，烟煤 10% ～40%，无烟煤 <10%。

（4）固定碳含量。测定煤的挥发分后，剩余的残余物即为焦渣，其外形特征通常称为焦渣特征，根据焦渣特性可以判断煤的黏结结焦性。它对锅炉用煤的选择有积极的参考意义。焦渣的质量减去灰分即为煤的固定碳含量，实际固定碳并非纯碳，其中还含有少量的其他成分，主要为氢、氮、氧和硫。固定碳一般以干燥基 $(FC)_d$ 为准。

3. 煤的元素分析

煤的元素分析主要是测定煤中的碳、氢、氧、氮、硫等的含量，其中碳、氢、氮、硫等采用直接分析法测定，而氧则通过差减法得出。

（1）煤中碳和氢是产生热量的主要来源，它们含量的多少决定了发热量的高低。其分析方法是将一定质量的煤炭在氧气流中完全燃烧，碳转化为 CO_2，氢转化为 H_2O，净化后的 CO_2 和 H_2O 由相应的吸收剂吸收。根据吸收剂的增重来计算煤的碳、氢含量，通常分别用 C_{daf} 和 H_{daf} 表示。

（2）氧也是煤中重要组成，在煤中呈化合态存在。其含量可从 1% ～2% 变化到 40% 左右，随煤化程度的增高而降低。氧本身不燃烧，但加热时，易使有机组分分解成挥发性物质，烟煤及褐煤含氧量较高，所以能生成较多的挥发物。煤中含氧量增高，碳、氢含量相对减少，因而发热量降低，不利于燃烧。

（3）氮基本上是煤中的有害组分。煤中氮绝大部分以有机形态存在，含量很少，变化范围不大，从褐煤到无烟煤变化范围为 3.0% ～0.5%，而且随煤变质程度的增高而降低。煤中氮在锅炉中燃烧时，大部分呈游离状态随烟气逸出，故从燃烧的角度来看，氮是煤中的无用成分。其中约有 20% ～40% 在燃烧中能变成 NO_x，造成大气污染。

煤中氮的测定一般采用开氏法，此法原理基于煤样在催化剂的存在下用浓硫酸消化，其中氮和硫酸作用生成硫酸氢铵，加入过量的氢氧化钠溶液，通以蒸汽加热赶出氨气，用硼酸溶液吸收，最后用硫酸标准溶液滴定。根据消耗的硫酸量计算出氮的含量。

（4）硫是煤中的有害物质，煤的焦化、气化和燃烧对环境都会带来不利的影响。有关硫在煤中存在的形态、煤中硫的测定方法、燃烧过程硫氧化物的形成将专辟一节进行讨论。

三、煤成分基准及其换算

由于煤中的水分和灰分易受外界影响而变化，所以在讲到煤的成分时应说明分析煤时煤试样所处的状态，即应该说明煤的分析基准。只有这样，煤的成分才具有实际意义。

煤成分常用的分析基准有收到基、空气干燥基、干燥基和干燥无灰基四种。此外，还有恒湿无灰基，见表 1-1-4。

表 1-1-4　各种燃煤基的状态

燃煤基	燃煤状态	燃煤含有组成
收到基（ar）	收到时的燃煤	表面水分、空干基水分、灰分、挥发分、固定碳
空气干燥基（ad）	达到与环境湿度平衡时的燃煤	空干基水分、灰分、挥发分、固定碳
干燥基（d）	在 105℃下干燥后的假想燃煤	挥发分、灰分、固定碳
干燥无灰基（daf）	扣除水分和 815℃下燃烧后灰分质量的假想燃煤	挥发分、固定碳
恒湿无灰基（maf）	从在 30℃、相对湿度为 97% 下达到平衡的煤中扣除在 815℃下燃烧后灰分质量的假想燃煤	水分（饱和）、挥发分、固定碳

每一燃煤都是由煤炭中某些组成所构成的。构成各燃煤的组成既有相同部分，又有相异部分。各燃煤基组成间的相互关系如图 1-1-1 所示。

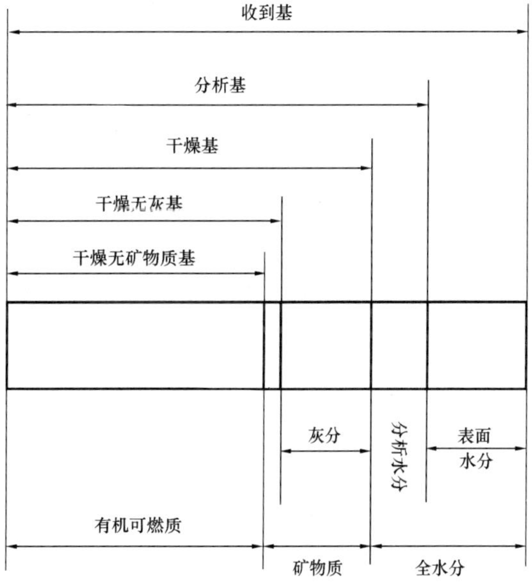

图 1-1-1　燃煤基的组成示意图

常用四种基的工业分析和元素分析结果的组成百分含量表达式如下：

(1) 收到基。以收到状态的煤为基准来表示煤中各组成含量的百分比。

工业分析　$M_{ar}+A_{ar}+V_{ar}+FC_{ar}=100$

元素分析　$C_{ar}+H_{ar}+N_{ar}+S_{c,ar}+O_{ar}+A_{ar}+M_{ar}=100$

式中　$S_{c,ar}$——煤中可燃硫。

(2) 空气干燥基。以空气干燥状态的煤为基来表示煤中各组成含量的百分比。

工业分析　$M_{ad}+A_{ad}+V_{ad}+FC_{ad}=100$

元素分析　$C_{ad}+H_{ad}+N_{ad}+O_{ad}+S_{c,ad}+A_{ad}+M_{ad}=100$

(3) 干燥基。以无水状态的煤为基来表示煤中各组成含量的百分比。

工业分析　$A_d+V_d+FC_d=100$

元素分析　$C_d+H_d+N_d+S_{c,d}+O_d+A_d=100$

(4) 干燥无灰基。以假想的无水无灰状态的煤为基来表达煤中各组成含量的百分比。

工业分析　$V_{daf}+FC_{daf}=100$

元素分析　$C_{daf}+H_{daf}+N_{daf}+S_{c,daf}+O_{daf}=100$

燃煤分析结果从一种基换算到另一种基时的计算为

$$Y=KX_0$$

式中　X_0——按原基计算的某一组成含量的百分比；

Y——按新基计算的同一组成含量的百分比；

K——基的换算公式（也称基的换算比例系数），见表1-1-5。

表1-1-5 基换算比例系数

X_0 \ K \ Y	收到基	空气干燥基	干燥基	干燥无灰基
收到基	—	$\frac{100-M_{ad}}{100-M_{ar}}$	$\frac{100}{100-M_{ar}}$	$\frac{100}{100-M_{ar}-A_{ar}}$
空气干燥基	$\frac{100-M_{ar}}{100-M_{ad}}$	—	$\frac{100}{100-M_{ad}}$	$\frac{100}{100-M_{ar}-A_{ad}}$
干燥基	$\frac{100-M_{ar}}{100}$	$\frac{100-M_{ad}}{100}$	—	$\frac{100}{100-A_d}$
干燥无灰基	$\frac{100-M_{ar}-A_{ar}}{100}$	$\frac{100-M_{ad}-A_{ad}}{100}$	$\frac{100-A_d}{100}$	—

第二节 煤中硫的赋存形态

一、煤中硫的赋存形态

前面提到，硫是煤中的有害物质，煤中的硫可分为无机化合态硫和有机硫两大部分。此外，有些煤中还有少量以单质状态存在的单质硫（元素硫）。图1-1-2为煤中硫分类。

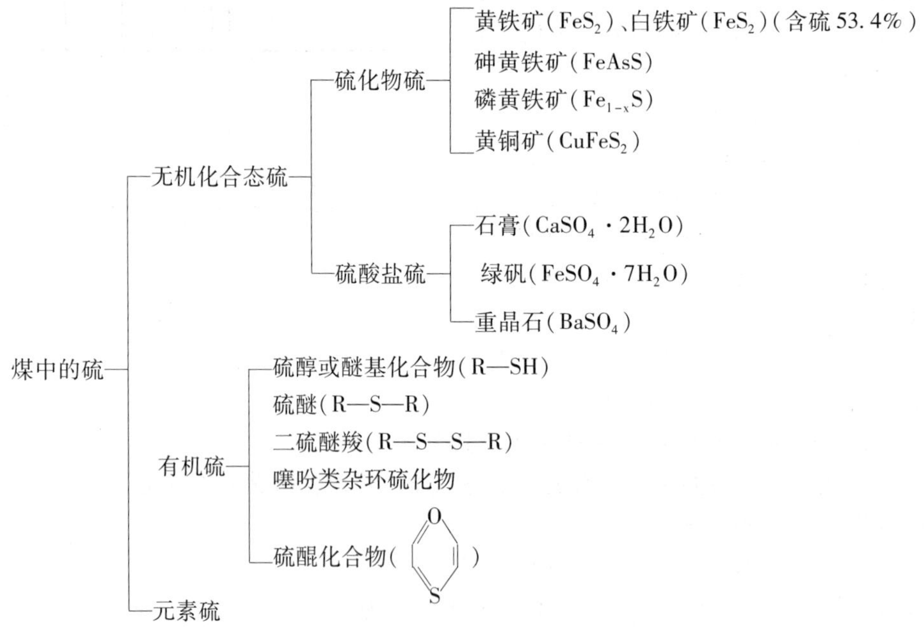

图1-1-2 煤中硫的分类

煤中无机化合态硫来自矿物质中各种含硫化合物，包括硫化物硫和硫酸盐硫。硫化物硫中绝大部分是黄铁矿，是煤中主要的含硫成分。另外还有少量的白铁矿，它们的化学组成都是硫化铁（FeS_2）。此外，还有少量其他硫化物，如砷黄铁矿（FeAsS）、黄铜矿（$CuFeS_2$）等。硫酸盐硫主要的存在形态是石膏（$CaSO_4 \cdot 2H_2O$），有些受氧化的煤中还含有硫酸亚铁（$FeSO_4 \cdot 7H_2O$ 绿矾）等。硫酸盐硫比硫铁矿硫和有机硫含量少得多。

煤中有机硫的组成和化学结构相当复杂，至今认识仍不充分，但有机硫大致以图1-1-2示出的五种结构官能团存在于煤中。但不同含硫有机物的组分与煤的煤化深浅程度有关，通常在低煤化程度的高硫煤中含有较多低分子量的有机硫化物，而在煤化程度较高的高硫煤中则含有较多的高分子量有机硫化物。

根据煤中不同形态的硫能否在空气中燃烧，可以分为可燃硫和不可燃硫。有机硫、硫铁矿硫和单质硫属可燃硫。在煤炭燃烧过程中不可燃硫残留在煤灰中，所以又称固定硫，硫酸盐就属于固定硫。

我国煤炭各种形态硫与全硫的关系大致有一个变化规律。当全硫含量低于0.5%时，往往以有机硫为主；当全硫含量大于2%时，则大部分是硫化物硫（也有个别高硫煤矿地区的煤以有机硫为主），硫酸盐硫一般含量极少，通常不超过0.2%。

煤中各种形态硫的总和叫作全硫（S_t），全硫是硫酸盐硫（S_s）、硫铁矿硫（S_p）、单质硫（S_{el}）和有机硫（S_0）的总和，即

$$S_t = S_s + S_p + S_{el} + S_0$$

二、我国煤炭硫分的分布

我国煤炭中硫的含量变化很大，为0.1%～10%不等。分布特点是自北往南、自东向西，从浅部往深部呈增加的趋势，即南方比北方高，北方深部石炭纪煤比上部煤高，瘦煤和肥煤比气煤高。东三省煤含硫量最低，西南地区煤平均硫分在2.43%，含硫量最高，华东地区煤平均硫分比西北地区高，而西北地区煤中硫分也是由西北向东南逐渐增加，所以我国高硫煤主要集中在四川、贵州、湖北、广西、山东和陕西等省的部分地区。我国高硫煤矿区中硫的赋存形式见表1-1-6。

表1-1-6　　我国各地高硫煤矿区硫的赋存形态

	煤层煤样（%）				商品煤样（%）			
地区	$S_{t,d}$	$S_{p,d}$	$S_{s,d}$	$S_{o,d}$	$S_{t,d}$	$S_{p,d}$	$S_{s,d}$	$S_{o,d}$
全国	2.76	1.61	0.11	1.04	2.76	1.47	0.09	1.20
华东	2.16	1.09	0.09	0.98	2.65	1.21	0.09	1.35
中南	3.20	1.62	0.12	1.46	3.42	1.53	0.07	1.82
西南	3.54	2.69	0.11	0.74	3.48	2.63	0.08	0.77
西北	2.82	1.14	0.09	1.59	2.36	1.04	0.07	1.25
华北	2.50	1.39	0.13	0.98	2.30	1.03	0.08	1.19
东北	2.70	1.91	0.17	0.62	2.66	1.67	0.30	0.69

全国2093个煤层煤样按不同煤炭类别统计硫分的结果表明：总的趋势是低煤化程度煤的硫分低，其中长焰煤平均硫分最低，为0.74%；最高是肥煤，为2.33%。我国多数煤种除长焰煤、气煤、不黏煤外，平均含硫率均超过1%，见表1-1-7。

表 1-1-7　　我国不同煤种的平均含硫量

煤　种	样品数	煤干燥基含硫量（%）		
		平均值	最低值	最高值
褐煤	91	1. 11	0. 15	5. 20
长焰煤	44	0. 74	0. 13	2. 33
不黏结煤	17	0. 89	0. 12	2. 51
弱黏结煤	139	1. 20	0. 08	5. 81
气煤	554	0. 78	0. 10	10. 24
肥煤	249	2. 33	0. 11	8. 56
焦煤	295	1. 41	0. 09	6. 38
瘦煤	172	1. 82	0. 15	7. 22
贫煤	120	1. 94	0. 12	9. 58
无烟煤	412	1. 58	0. 04	8. 54
样品总数	2093	1. 21	0. 04	10. 24

第三节　煤中硫的测定

本节仅简要介绍煤中硫测定方法的基本原理，详细的分析步骤可参阅有关分析手册。

一、煤中全硫（S_t）的测定

1. 艾氏卡质量法

目前，常用的测定煤中全硫方法有三种，其中艾氏卡质量法是公认最准确的测硫方法。对测试仪器无特殊要求，但操作繁琐，用时较长，通常用于精确测定和仲裁试验。

煤样与艾氏卡试剂（1 份碳酸钠和 2 份氧化镁的混合物）均匀混合，在充分流动的空气下加热到 850℃ 进行半熔，目的是使各种形态硫都转化成可溶于水的硫酸盐，然后加入氯化钡沉淀剂使之生成硫酸钡，根据硫酸钡的质量计算出煤中全硫含量。

2. 库仑滴定法

库仑滴定法是用电化学的方法来确定煤中全硫的方法。其原理是：煤样在 1150℃ 高温和催化剂存在的条件下，在净化过的空气流中燃烧分解，煤中各种形态的硫均被氧化（或分解）成 SO_2 和少量 SO_3，生成的 SO_2 和少量的 SO_3 被空气带到盛有碘化钾和溴化钾混合溶液的电解池内，与电解池内的水化合生成亚硫酸和少量硫酸。电解池中有两对铂电极，一对是指示电极，一对是电解电极，在生成的 SO_x 进入电解池前，指示电极对上存在着以下动态平衡：

阳极　$2I^- - 2e \leftrightarrow I_2$

$2Br^- - 2e \leftrightarrow Br_2$

阴极　$2H^+ + 2e \leftrightarrow H_2$

SO_2 进入溶液后，与其中的 I_2 和 Br_2 发生反应，反应式为

$$I_2 + SO_2 + 2H_2O = 2I^- + SO_4^{2-} + 4H^+$$

$$Br_2 + SO_2 + 2H_2O = 2Br^- + SO_4^{2-} + 4H^+$$

这样，就破坏了原有的动态平衡，指示电极对的电位改变，从而引起电解电流增加，不断电解出 I_2 和 Br_2，直至溶液内不再有 SO_2 进入，溶液中的亚硫酸全部被 I_2 和 Br_2 氧化成 SO_4^{2-}，电极电位又恢复到滴定前的水平，电解碘和溴也就停止。根据电解生成碘和溴所消耗的电量（电库仑积分仪积分得出），按法拉第电解定律，计算出煤中的全硫含量。

由于少量 SO_3 的存在，该方法会产生一微小负误差，但该误差可通过在仪器内设置固定校正系数或通过用标准样品标定仪器进行校正，得到准确度较高的结果。

库仑滴定法需专用仪器，操作简便、快速、耗时少，但只能进行单样试验。测定结果往往偏低。对硫含量高的煤更为明显，对硫含量低于0.5%的煤也有类似情况。此法只适用于一般煤质试验。

3. 高温燃烧中和法

高温燃烧中和法是容量法分析煤中全硫的方法之一。本方法与库仑滴定法一样也需专用仪器，但仪器较简单，测定结果也有偏低现象。此法也只适用于一般煤质试验。优点是快速，一般测一次约需20～25min。此外，在测定全硫的同时，还可测得煤中氯含量。

高温燃烧中和法试验包括煤的燃烧、硫氧化物的吸收和用NaOH标准溶液进行中和滴定等过程。其基本原理如下：

（1）高温燃烧。这一过程是在氧气流、高温以及催化剂存在的条件下，使煤中各种形态硫都转化为 SO_2 和少量的 SO_3。

（2）硫氧化物的吸收。将燃烧生成的 SO_x 通入双氧水（H_2O_2）溶液中，H_2O_2 将亚硫酸氧化成硫酸，从而使 SO_x 全部变成硫酸。

（3）中和滴定。以NaOH标准溶液滴定生成的硫酸。

（4）煤中的氯在燃烧过程中转变成气态氯，在吸收过程中与 H_2O_2 反应生成盐酸，中和滴定时会消耗一定量的NaOH标准溶液生成NaCl，使测定结果偏高。因此，应扣除这部分多消耗的NaOH标液。方法是在NaOH标液滴定至终点后，向溶液中加入一定量的氧基氰化汞，氧基氰化汞在水溶液中易水解生成羟基氰化汞，即有

$$Hg_2O(CN)_2 + H_2O = 2Hg(OH)CN$$

氯离子与羟基氰化汞中的羟基产生置换反应生成NaOH：

$$Hg(OH)CN + NaCl = Hg(Cl)CN + NaOH$$

然后用硫酸标准溶液回滴所生成的NaOH。由回滴NaOH消耗的硫酸标液可以计算出用于中和盐酸的NaOH标液量，这样既可测试煤样中的氯含量，又能对煤中全硫含量进行校正，得出准确的全硫含量。

当煤中氯含量极少时，可不予考虑。但对含氯量高于0.02%的煤或用氯化锌减灰的浮煤，应予以核正。

二、煤中硫铁矿硫的测定

煤中硫铁矿硫的测定是以氧化还原容量法测定 FeS_2 中铁的含量，然后计算 S_p 的含量。这种方法的基本原理是，用稀盐酸浸出煤中的非硫铁矿硫，然后以 HNO_3 氧化煤样，使煤中 FeS_2 氧化成 Fe^{3+}，用 NH_4OH 沉淀分离 Fe^{3+}，再用 $SnCl_2$ 将 Fe^{3+} 还原成 Fe^{2+}，以重铬酸钾滴定法测定 Fe^{2+} 含量，再以 Fe^{2+} 含量计算煤中硫化铁硫的含量。主要化学反应如下：

（1）硝酸溶解试样，即

$$FeS_2 + 4H^+ + 5NO_3^- = 2SO_4^{2-} + Fe^{3+} + 5NO + 2H_2O$$

（2）氢氧化铵沉淀溶液中铁，即

$$Fe^{3+} + 3OH^- = Fe(OH)_3 \downarrow$$

（3）用盐酸溶解 $Fe(OH)_3$ 沉淀，即

$$Fe(OH)_3 + 3H^+ = Fe^{3+} + 3H_2O$$

（4）加氯化亚锡将 Fe^{3+} 还原成 Fe^{2+}，即

$$2\ Fe^{3+} + SnCl_2 + 4Cl^- = 2\ Fe^{2+} + SnCl_6{}^{2-}$$

（5）过量的 $SnCl_2$ 用饱和氯化汞沉淀，即

$$SnCl_2 + 2HgCl_2 + 2Cl^- = Hg_2Cl_2 \downarrow + SnCl_6{}^{2-}$$

（6）重铬酸钾标准溶液滴定 Fe^{2+}，即

$$6Fe^{2+} + Cr_2O_7{}^{2-} + 14H^+ = 6Fe^{3+} + 2Cr^{3+} + 7H_2O$$

三、煤中硫酸盐硫的测定

煤中硫酸盐硫存在的形态以石膏（$CaSO_4 \cdot 2H_2O$）为主，还有少量硫酸亚铁（$FeSO_4 \cdot 7H_2O$）。测定硫酸盐硫的方法是基于这些硫酸盐能溶于稀盐酸，而硫铁矿硫以及有机硫不与稀盐酸作用。因而可用稀盐酸煮沸煤样，浸出煤样中所含的硫酸盐硫，然后加入 $BaCl_2$ 沉淀剂，使之生成 $BaSO_4$ 沉淀，根据 $BaSO_4$ 的质量计算煤中硫酸盐硫含量。

四、煤中有机硫的计算

根据煤中全硫等于其中各种形态硫的总和的平衡原则，可按下式间接求出有机硫含量（S_o）：

$$S_{o,ad} = S_{t,ad} - (S_{s,ad} + S_{p,ad})$$

用这种差减法得出的有机硫准确度是不高的，因它累加了全硫、硫酸盐硫和硫铁矿硫的测量误差。

第四节 煤燃烧产生的污染物

煤都是由不可燃成分和可燃成分组成的，前者指煤中的水分和灰分；后者则指组成煤中有机质的碳、氢、氧、氮、硫五种元素。煤中的碳、氢元素含量决定了煤发热量的高低，煤中可燃硫参加燃烧，但释放出少量热量；而煤中氮、氧不参加燃烧。煤燃烧产生的烟气主要由悬浮的少量颗粒物、燃烧产物、未燃烧和部分燃烧的煤粉、氧化剂以及惰性气体（主要是 N_2）等组成。煤燃烧可能释放出的污染物有：一氧化碳（CO）、硫的氧化物（SO_x）、氮的氧化物（NO_x）、烟、飞灰、金属及其氧化物、金属盐类、醛、酮和稠环碳氢化合物，其中二氧化硫（SO_2）、氮氧化物和烟尘是燃煤电厂造成大气污染的主要污染物。煤炭燃烧产生的微量元素污染物是另一种越来越引起人们重视的大气污染物。微量元素污染物主要指汞、砷等微量重金属污染；氟、氯等卤素污染。本节主要讨论煤燃烧过程硫氧化物和氮氧化物的形成。

一、煤中硫的燃烧产物

煤在锅炉中燃烧时，煤中可燃性硫主要氧化成 SO_2，煤中硫转化成 SO_2 的比率随硫在煤中的存在形态、燃烧设备及运行工况而异。排放至大气中 SO_2 的量还与除尘器的类型有关。例如湿式文丘里除尘器可以从烟气中除去约15%的 SO_2，这是因为1体积的水能溶解40体积的 SO_2；而一般湿式除尘器只能从烟气中除去约5%的 SO_2；电除尘器则不具有从烟气中去除 SO_2 的功能。

煤在完全燃烧的条件下，在生成 SO_2 的同时，约有 0.5% ~2.0% 的 SO_2 将进一步氧化成 SO_3，其转化率随燃烧方式、燃烧工况以及煤含硫量而异。

烟气中 SO_2 对锅炉受热面的腐蚀与沾污没有明显影响，但经 FGD 吸收塔处理而未除尽的 SO_2 对吸收塔下游侧的设备具有腐蚀性。SO_3 含量虽然很少，但由于它与烟气中的水汽结合形成的硫酸酸雾，会在低温受热面上凝结，严重沾污、腐蚀设备。

硫酸蒸汽开始凝结的温度称为露点。煤中含硫量高，烟气中 SO_3 浓度高，露点温度也高。含酸的高温烟气到达低温段空气预热器时，烟气温度可能降至露点温度以下，因此易造成空气预热器腐蚀与堵灰。当原烟气到达烟气脱硫装置降温换热器的低温区时，烟气温度已低于硫酸蒸汽的露点，也会造成如同空气预热器发生的而且更为严重的腐蚀和堵灰。由于 FGD 吸收塔对硫酸雾几乎没有除去效果，因此随着烟气温度的下降和湿度的增加，SO_3 对吸收塔下游侧设备也会造成严重的腐蚀，这种腐蚀现象在高硫煤 FGD 装置中显得十分突出。

二、煤燃烧过程 NO_x 的形成

煤中氮含量不高，大多数煤在1%左右，但其存在形态极为复杂。一般认为，煤中氮均为有机氮。煤中氮的燃烧产物主要是一氧化氮（NO）及二氧化氮（NO_2），合称氮氧化物，以 NO_x 表示。NO_x 形成的途径主要有两个：①有机结合在矿物燃料中的杂环氮化物在火焰中热分解，接着与氧化合而生产 NO_x，以这种方式形成的 NO_x 称为“燃料” NO_x；②供燃烧用的空气中的氮在高温状态与氧进行化合反应生成 NO_x，以这种方式形成的 NO_x 称为“热力” NO_x。矿物燃料在高温燃烧生成的 NO_x 中主要是 NO，约占95%，而 NO_2 仅占5%左右。

研究表明，“热力” NO_x 生成速率强烈依赖于反应温度，与反应温度呈指数关系，同时正比于 N_2 浓度和 O_2 浓度的平方根以及停留时间，因此降低“热力” NO_x 的措施是降低锅炉火焰峰值温度，减少燃料在高温区停留时间，降低氧浓度等等。由于“热力” NO_x 形成的主要控制因素是温度，如果将温度控制在1800K 以下，“热力” NO_x 的生成是很少的。

“燃料” NO_x 的形成是燃料中的氮（通常是有机氮和低分子氮）在一般的燃烧条件下受热分解，并在脱挥发分过程中大量的气相燃料氮随挥发分释放出来，而被氧化成 NO。“燃料” NO 的生成过程比“热力” NO 要复杂很多。燃料氮转换成 NO_x 的量主要取决于过量空气系数，较少依赖于燃烧温度。在缺氧状态下，可以减少 NO_x 的形成，燃料中的氮可以相互作用形成无害氮分子 N_2。

煤粉燃烧过程中生成的 NO_x 大部分是“燃料” NO_x，减少燃煤生成的 NO_x，主要是设法建立富燃料区，使燃料氮在其中尽可能多地挥发，在贫氧富燃料条件下使易被氧化的燃料氮转化成稳定无害的 N_2。

目前降低 NO_x 排放的方法是采用低 NO_x 燃烧器，在炉内降低 NO_x 的形成。采用催化剂选择法和非催化剂选择法在燃烧后减少 NO_x 排放。

我国在2004年1月1日开始实施的 GB 13223—2003《火电厂大气污染排放标准》中已要求火力发电锅炉及燃气轮机组分三个时段达到规定的氮氧化物最高允许排放浓度限值。规定自2004年1月1日起，通过建设项目环境影响报告书审批的新建、扩建、改建火电厂建设项目，对于 $V_{daf}>20\%$ 的燃煤锅炉，NO_x 最高允许排放浓度为 $450mg/m^3$。因此可以预计，随着电厂脱硫技术的广泛应用，脱氮技术也将随即跟进，被普遍采用。

三、微量元素的污染

煤中微量元素多达80余种，既有金属，也有非金属。煤中某些微量元素不仅无害，而且具有工业提取价值，但也有一些微量元素在煤燃烧后形成污染物，分布于燃烧产物如烟气灰渣中，导致对环境的污染。虽然煤中有害元素的含量不高，但由于电厂燃煤量很大，故不容忽视这些污染物在环境中的积聚。

作为电力用煤来说，煤中对环境影响较大的微量元素主要有氟、氯、汞、砷、铅、镉、铬等。其中氟、氯、汞等易挥发元素，主要以气体状态存在于锅炉排烟中，其他则主要富集于飞灰中，如铅、镉、铬等。前者是湿法 FGD 装置在处理锅炉排烟中需考虑的有害成分，后者虽对烟气脱硫无直接、明显影响，但由飞灰带入 FGD 系统浆液中的这些微量重金属会影响系统排放污水的水质。

煤中含氟一般约为0.01%～0.05%，有的可低于0.005%，但高的则可达到0.1%以上。多数煤中含氯为≤0.050%，少数煤>0.050%～0.150%，个别高灰粉煤可达0.47%。以一台600MW 的燃煤机组为例，年燃煤约150 万 t，假如煤中含氟、氯为0.015%，则全年燃煤中氟、氯各为225t，其量还是相当可观的。

氟、氯都是易挥发元素。当煤燃烧时80%～90%氟化物和氯化物在高温下分解成气态 HF、HCl 和少量 SiF_4，并随烟气进入 FGD 装置。HF、HCl 均为酸性气体，几乎全部被碱性吸收剂吸收进入工艺液中。一方面这些酸性气体要消耗吸收剂，另一方面 F^-、Cl^-将积聚在工艺液中，对装置的脱硫性能产生影响并加剧了工艺液的腐蚀性，脱硫废水中的 F^-还是废水处理需要去除的污染物。

第二章　湿法 FGD 工艺和流程及其应用和发展概况

为了使初次接触烟气脱硫（FGD）技术的读者对湿法石灰/石灰石 FGD 工艺建立起基本概念，本节首先概括地介绍湿法 FGD 工艺、基本原理和主要设备。在此基础上，再简要介绍这种工艺的应用情况、发展过程和发展趋势。

目前世界上已开发的湿法 FGD 技术主要有石灰/石灰石洗涤法、双碱法、韦尔曼－洛德法、氧化镁法和氨法等，但其中石灰/石灰石洗涤工艺的技术最为成熟、运行最为可靠、应用也最为广泛。本手册将主要介绍这种 FGD 工艺，如无特别说明，本手册提到的湿法 FGD 技术就是指湿法石灰/石灰石 FGD 技术。

第一节　湿法石灰/石灰石烟气脱硫工艺流程

一、工艺过程的描述

湿法 FGD 工艺属于煤燃烧后的脱硫技术，其特点是整个脱硫系统位于空气预热器、除尘器之后，脱硫过程在溶液中进行，脱硫剂和脱硫生成物均为湿态，其脱硫过程的反应温度低于露点，所以脱硫后的烟气一般需经再加热才从烟囱排出。湿法烟气脱硫过程是气液反应，其脱硫反应速度快，脱硫效率和吸收剂利用率高，运行可靠性高，适合于火力发电厂锅炉排烟脱硫。

图 1-2-1 是一个常见的湿法石灰/石灰石 FGD 工艺流程方框图，它示出了该种工艺系统

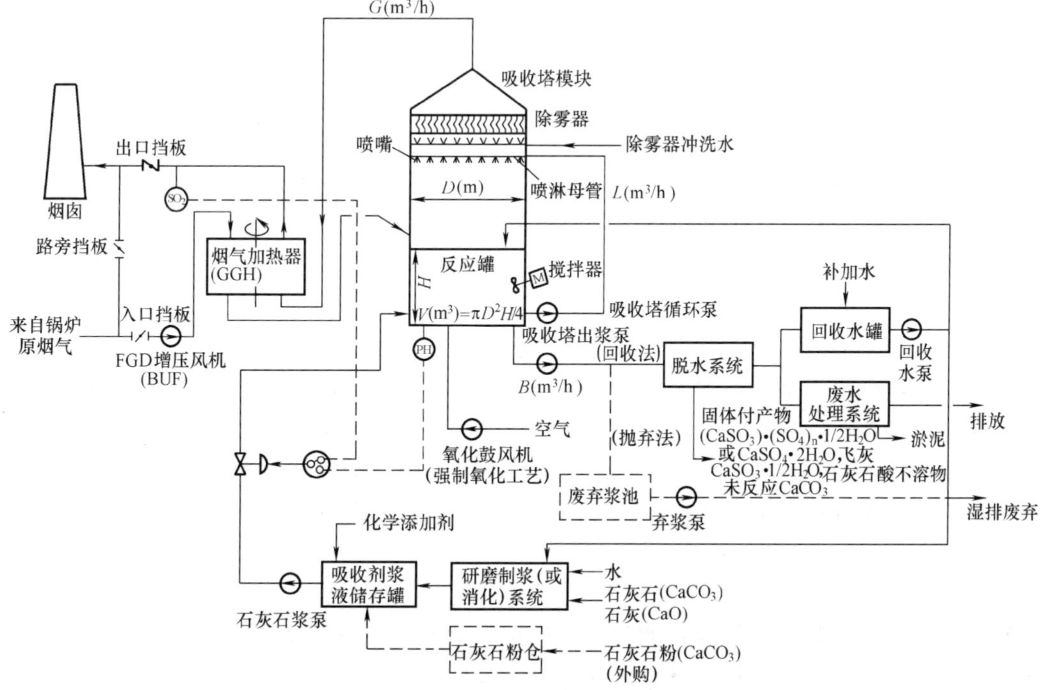

图 1-2-1　湿法石灰/石灰石烟气脱硫工艺流程方框图

的一些重要组成部分。来自锅炉引风机出口的烟气经 FGD 增压风机（Booster up Fan，BUF）提升压头，进入气－气加热器（Gas Gas Heater，GGH）的降温侧，高温原烟气降温后进入吸收塔。排烟通过吸收塔时，烟气中的 SO_2 被喷淋浆液所吸收，进入液相（伴随有部分 SO_2 被氧化）。烟气在吸收塔内同时被冷却和被水汽所饱和。图 1-2-1 中示出的吸收塔是一个逆流喷淋塔，逆流的意思是指在吸收塔内烟气和循环吸收浆液以相反的方向流动。以此类推，顺流即指塔内烟气与循环吸收浆液以同方向流动。以喷淋吸收塔为例，吸收塔循环泵从反应罐中连续不断地将循环吸收浆液泵送至一个或多个插入吸收塔内的喷淋母管中，每根母管上有许多支管，支管上装有数量众多的、各自独立的雾化喷嘴，浆液经喷嘴雾化成细小的液滴喷出。喷淋母管下方的塔体部分可以不布置任何其他构件，也可以设置一个多孔托盘或放置填料。这种多孔托盘可以改善烟气分布，增加托盘和填料都可以提高 SO_2 脱除效率。吸收塔塔体的下面是反应罐，两者成为一整体，反应罐既是收集喷淋浆液的容器，又作为塔体的基础。经洗涤后的烟气在离开吸收塔模块之前需通过除雾器（Mist Eliminator，ME），除雾器用来除去烟气中夹带的浆体液滴。为防止固体物堵塞除雾器的流道，需冲洗除雾器。离开 ME 的清洁、饱和烟气再返回到 GGH 的加热侧，提升烟温，然后经 FGD 系统出口烟道，由烟囱排入大气中。至此，FGD 装置完成了锅炉排烟脱硫。

石灰乳吸收剂通过消化生石灰制得。石灰石吸收剂则通过破碎、湿法研磨块状石灰石来制备，也可以外购已研磨至一定细度的石灰石粉，在现场配制石灰石吸收浆液。制备好的吸收剂浆液贮存在一个吸收剂浆罐（或池）中。如果采用化学添加剂，则将添加剂加入吸收剂浆罐中或直接加入反应罐中，以增加 SO_2 脱除效率或控制亚硫酸盐的氧化程度。已吸收的 SO_2 大部分在反应罐中被氧化成硫酸，将吸收剂浆液加入反应罐中中和生成的硫酸，吸收剂浆液的馈入流量受反应罐浆液 pH 值或系统出口 SO_2 浓度控制。

在吸收塔模块中，吸收剂与已吸收的 SO_2 反应，反应生成的固体副产物在反应罐中沉淀析出。在石灰石强制氧化工艺过程中，将压缩空气喷入反应罐中，使已吸收的 SO_2 转化成硫酸盐，以石膏形式沉淀析出。在抑制氧化工艺中，副产物是亚硫酸钙和硫酸钙的固溶体。

随着烟气中 SO_2 的不断被吸收，反应罐中源源不断地沉淀出固体副产物，因此必须从反应罐中将生成的固体副产物送往脱水系统，以维持物料平衡。废弃的亚硫酸钙副产物的脱水设备通常包括一个沉降池，随后是真空过滤机。在强制氧化工艺中，则往往用水力旋流分离器替代沉降池。在脱水系统中，将固体副产物从馈出的浆液中分离出来，这种脱水后的固体副产物或者销售或者用来回填。国外也有将从反应罐排出的浆液送至多个专用的废弃池内回收澄清液，即所谓的湿石膏堆放。如果 FGD 系统生产出商业等级的石膏，电厂则可将这种副产物外售或加工成成品出售。

从脱水系统分离出来的液体蓄存在回收水罐中，补加水可以注入该罐体中，用回收水来补充吸收塔内烟气蒸发的水分和随固体副产物带走的水分。为了控制工艺过程中液相的可溶性盐的总量（主要是氯化物），需将脱水系统分离出来的部分液体送往废水处理系统处理，处理后的废水达到外排标准后排出系统。回收水罐中的水返回到反应罐中或用作 ME 器的冲洗水，或作制备吸收剂浆液用。

参与石灰/石灰石烟气脱硫的物质，如石灰石（或石灰）、烟气、飞灰和工业水，是含有多种化合物的混合物，烟气 SO_2 的脱除过程是一个非常复杂的体系，生成 41 种以上的可离解的化合物以及 7 种固体物，反应机理复杂，但其原理可用以下总反应式表示：

$$SO_2\ (g) + CaCO_3\ (s) + 1/2\ O_2\ (g) + 2H_2O\ (l) \rightarrow CaSO_4 \cdot 2H_2O\ (s) + CO_2\ (g)$$

式中的 g 、l 、s 分别表示气、液、固 3 相。

二、工艺设计和运行主要变量

本书中出现的 G、L、V 和 B 的含义和单位参见图 1-2-1。

1. 吸收塔烟气流速

吸收塔烟气流速是吸收塔内饱和烟气的表观平均流速，在标准状态下，它等于饱和烟气的体积流量［G（m^3/h）］除以垂直于烟气流向的吸收塔断面面积（$\pi D^2/4$）。所以吸收塔烟气流速（m/s）$=4G/(\pi D^2 \times 3600)$。上述计算中，吸收塔横断面面积不扣除塔内支撑件、喷淋母管和其他内部构件所占有的面积，所以又称为空塔烟气平均流速。

2. 液气比（L/G）

液气比表示洗涤单位体积饱和烟气（m^3）的浆液体积（以升为单位）数，即

$$\mathrm{L/G} = \frac{L \times 10^3}{G}$$

3. 反应罐浆液 pH 值

反应罐浆液 pH 值表示浆体液相中 H^+ 的浓度，是 FGD 工艺控制的一个重要参数，pH 值的高低直接影响系统的多项性能。

4. 反应罐浆液循环停留时间（τ_C）

反应罐浆液循环停留时间（τ_C）表示反应罐浆液全部循环洗涤一次的平均时间，此时间等于反应罐浆液体积（V）除以循环浆流量（L），即

$$\tau_C\ (\mathrm{min}) = \frac{60V}{L}$$

5. 浆液在反应罐中的停留时间（τ_t）

浆液在反应罐中的停留时间（τ_t）又称固体物停留时间。它等于反应罐浆液体积（V）除以吸收塔排浆泵流量（B），即

$$\tau_t\ (\mathrm{h}) = \frac{V}{B}$$

固体物停留时间也等于反应罐中存有固体物的质量(kg)除以固体副产物的产出率(kg/h)。

6. 吸收剂利用率（η_{Ca}）

吸收剂利用率（η_{Ca}）等于单位时间内从烟气中脱除的 SO_2 摩尔数除以同时间内加入系统的吸收剂中钙的总摩尔数，即

$$\eta_{Ca}\ (\%) = \frac{\text{已脱除 } SO_2 \text{ 摩尔数}}{\text{加入系统中 Ca 摩尔数}} \times 100$$

吸收剂利用率（η_{Ca}）也可以理解为在一定时段内参与脱硫反应的 $CaCO_3$ 的数量（单位可以是 kg、t 或 mol）占加入系统中的 $CaCO_3$ 总量的百分比。

7. 氧化分率（η_{O_2}）

氧化分率(η_{O_2})等于吸收塔模块中氧化成硫酸盐的 SO_2 摩尔数除以已吸收 SO_2 总摩尔数,即

$$\eta_{O_2} = \frac{\text{已氧化的 } SO_2 \text{ 摩尔数}}{\text{已吸收的 } SO_2 \text{ 摩尔数}}$$

也有的将氧化率看作离开工艺过程的硫酸盐总摩尔数（不考虑补加水中带入的硫酸盐）除以从烟气中已吸收的 SO_2 总摩尔数，用固体副产物中硫酸盐和亚硫酸盐摩尔数来表示，因此

$$\eta_{O_2} = \frac{\text{副产物中 } SO_4 \text{ 摩尔数}}{\text{副产物中}\ (SO_3 + SO_4)\ \text{摩尔数}}$$

8. 氧化空气利用率（η_{oa}）和氧硫比（O_2/SO_2）

氧化空气利用率（η_{oa}）指氧化已吸收的 SO_2 理论上所需要的氧化空气量与强制氧化实际鼓入的氧化空气量之比，也可指理论上需要的 O_2 量与实际鼓入的 O_2 量之比。氧硫比（O_2/SO_2）是氧化空气利用率的另一种表示方法，指氧化1mol SO_2 实际鼓入的 O_2 的摩尔数。理论上，0.5mol O_2 可氧化1 mol SO_2［见式（1-3-9）和式（1-3-10）］，如果强制氧化1 mol SO_2 实际鼓入的空气中的 O_2摩尔数为1.5，那么，氧硫比 $O_2/SO_2=1.5$，氧化空气或 O_2 的利用率 $\eta_{oa}=0.5/1.5=33.3\%$。因此，$\eta_{oa}=\frac{0.5}{\text{氧硫比}}\times100\%$。

三、FGD 系统流程布置

湿法石灰/石灰石 FGD 系统的几种常见的流程布置列于图 1-2-2 中。

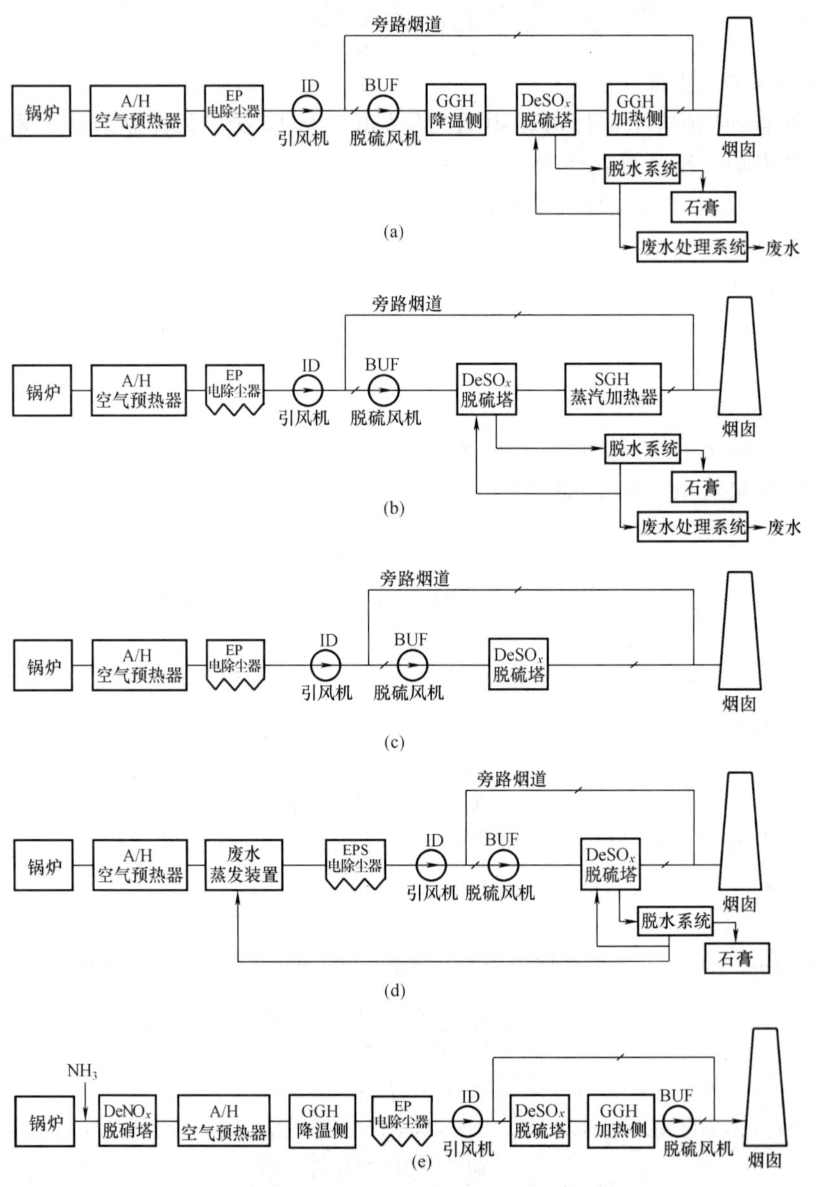

图 1-2-2 湿法石灰/石灰石 FGD 系统的几种常见的流程布置

烟气加热器（GGH）和脱硫风机（BUF）的位置变化、不同类型的 GGH 以及是否采用 GGH 是造成不同流程布置的主要原因。图 1-2-2（a）是最常见的流程布置方式，GGH 可以是回转式换热器或管式热媒水换热器。当锅炉排烟温度较低，或为避免 GGH 降温侧腐蚀问题的困扰，或受布置空间的限制，可以采用图 1-2-2（b）所示的流程布置，取消降温侧 GGH，脱硫后的烟气经蒸汽—烟气加热器（Steam Gas Heater，SGH）提升烟温。如重庆电厂、广东连州电厂的 FGD 系统就是采取这种烟气加热形式，但这种方式的蒸汽耗用量较大。图 1-2-2（c）是湿烟囱工艺的流程布置（未绘出脱水和废水处理系统）。美国采用这种流程布置较普遍，就投资费用来说，这种流程布置无疑是最经济的。图 1-2-2（d）所示的流程布置被视为较为先进的烟气脱硫工艺，该工艺将需要定量排放的废水喷入静电除尘器（Electrostatic Precipitator，EP）上游侧的废水蒸发装置中，从而省除了废水处理系统并实现了 FGD 系统真正意义上的零排放。这种流程布置降低了进入 EP 前的烟气温度，提高了 EP 的除尘效率。另外，由于增大了进入 FGD 系统烟气的湿度，可以减少脱硫塔的补加水量。但是，由于废水中的固体物最终将进入 EP 收集的飞灰中，可能影响飞灰的综合利用。

图 1-2-2（e）是日本日立公司在图 1-2-2（a）基础上改进的一种流程布置（未绘出脱水和废水处理系统），将无泄漏型 GGH 的降温换热器放置在锅炉 EP 上游侧，使得进入 EP 前的烟气温度降至 90～100℃，大大提高了 EP 的除尘效率，使最终排放的粉尘浓度在 5mg/m^3（标准状态）以下。

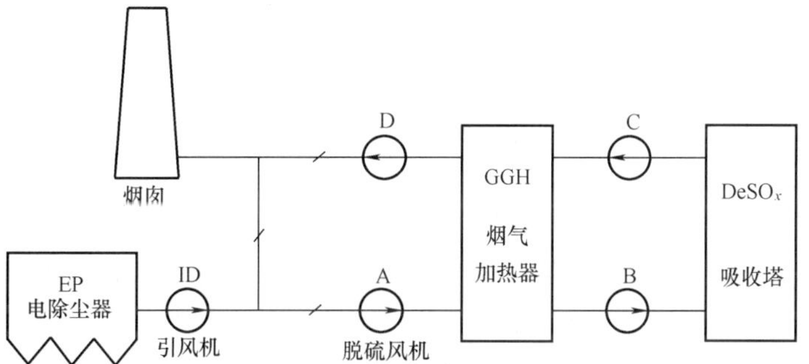

图 1-2-3　脱硫风机位置

脱硫风机（BUF）在 FGD 系统中有 4 个位置可以布置，如图 1-2-3 所示，各位置的优缺点比较见表 1-2-1。当 BUF 布置在 A 位置，由于此位置烟气温度高，实际烟气流量大，风机能耗最高。如采用回转式换热器，由于存在原烟气向清洁烟气的泄漏，系统的脱硫效率略受影响。优点是对 BUF 材料及检修要求比其他布置方式低，可靠性较高，因此多数 BUF 仍布置在 A 位置。

表 1-2-1　　脱硫风机不同布置方案比较

风机位置	A	B	C	D
烟气温度（℃）	110～150	80～110	45～55	80～110
磨损	轻微	较少	少于 B	少于 B
腐蚀环境	几乎无	由于低于酸露点，处于硫酸腐蚀环境	严重	硫酸腐蚀，稍好于 B
沾污、振动	少	比 A 严重	有	有
材料要求	碳钢	耐腐蚀	耐腐蚀	耐腐蚀
漏风率（%）	3.0	0.3	0.3	3.0
能耗（%）	100	90	82	95
评　价	使用最多、可靠性高、能耗最大	适合采用回转式换热器，需采用耐腐蚀材料	能耗最低，腐蚀环境最恶劣	接近 A 的环境、需采用耐腐蚀材料

B、D 位置的温度相同，但 B 位置造成烟气泄漏较 D 位置小得多，D 位置造成的烟气泄漏与 A 位相同，但 B 位置烟温低于 SO_3 露点温度，硫酸腐蚀环境较 D 位置严重，需采取防腐蚀措施。D 位置腐蚀环境虽好于 B，但仍需采用防腐材料。

C、D 是湿位置。烟气中夹带的低 pH 值水雾和浆体沉积在风机叶轮表面将造成腐蚀和振动，有时不得不停机清洗。就腐蚀环境而言，C 位置最严重，该位置烟气温度最低，含水达到饱和。因此对于布置在湿位置的 BUF 必须采取防腐措施，并需定期检查。尽管湿态运行的风机能耗较低，但风机叶轮材料和备件的成本以及维修成本比较高，两者差不多相抵消。

出于降低能耗考虑，在采取可靠防磨、耐腐蚀措施的情况下，也有的采用 D 位置布置方案。

电厂 FGD 系统采用何种工艺、何种流程布置应根据现场的具体情况、设备配置来确定，这是电厂在招标前就应确定的重大决策。

第二节　湿法 FGD 工艺的应用情况

一、国外应用情况

自 20 世纪 70 年代初日本、美国率先实施控制 SO_2 排放战略以来，许多国家相继制定了严格的 SO_2 排放标准和中长期控制战略，加速了控制 SO_2 排放的步伐，大大促进了有关控制技术的发展。其中，清洁煤技术是一个主要的控制手段。清洁煤技术种类很多，包括洗选煤技术、型煤技术、高效低污染燃烧技术、烟气除尘脱硫技术等。电力系统习惯将这些技术分为燃烧前、燃烧中和燃烧后清洁煤技术。但在这些技术中，燃烧后烟气脱硫技术是目前世界上唯一大规模商业化应用的脱硫方式。电力系统又习惯将烟气脱硫技术分为干式、半干式和湿式烟气脱硫技术。也有的仅分为干式和湿式两大类，在干式烟气脱硫技术中再细分为干法和半干法两种。

据伦敦国际能源机构煤炭研究中心 1998 年对美国和全世界的调查表明，按 1998 年投入运行的烟气脱硫装置的总容量（MW）统计，湿法在美国占 82.8%，在全世界占 86.8%（见表 1-2-2）。按投运 FGD 装置总台数统计，湿法在美国和全世界分别占 75.7% 和 78.8%（见表 1-2-3）。按投入运行的各种湿法 FGD 装置的容量来统计，湿法石灰石 FGD 技术在美国和全世界分别占 67.0% 和 82%（见表 1-2-4）。显然湿法石灰石 FGD 技术是一种普遍受欢迎的 FGD 技术。表 1-2-5 还列出了湿法、干法和其他 FGD 技术装配机组的单台装置的平均容量，从该表可看出单台湿法 FGD 装置的平均容量远大于其他 FGD 装置，显然，湿法 FGD 技术更适合大型燃烧装置的烟气脱硫。美国 Tampa 电力公司 Big Bend 1 号、2 号机组采用了湿法石灰石－石膏 FGD 工艺，生产高质量用作墙板的石膏。该 FGD 装置于 2000 年 1 月投入运行，仅用一个吸收塔模块处理 2 台总容量为 890MW 机组的排烟。设计处理烟气量已达 480 万 m^3/h。图 1-2-4 示出了该吸收塔模块的外形尺寸图，塔体直径 18.3m。塔内烟气流速 4.3m/s，入口 SO_2 浓度 5.8lb/MMBtu（相当于 7134mg/m^3），燃料硫含量 3.1%，设计总脱硫效率 >95%。该系统代表了当今设计先进、具有高性能的现代化湿法石灰石 FGD 系统，显示了目前湿法石灰石－石膏 FGD 系统的发展方向。

表 1-2-2　**1998 年投入运行的 FGD 的总容量**　（MW）

FGD 技术	美国国内	所占比例（%）	美国国外	所占比例（%）	全世界	所占比例（%）
湿法	82859	82.8	116374	89.9	199233	86.8
干法	14386	14.4	11008	8.5	25394	11.1
其他	2798	2.8	2059	1.6	4857	2.1
全部 FGD	100043	100	129441	100	229484	100

表 1-2-3　**1998 年投入运行的 FGD 装置总台数**

FGD 技术	美国国内	所占比例（%）	美国国外	所占比例（%）	全世界	所占比例（%）
湿法	178	75.7	356	80.4	534	78.8
干法	49	20.9	74	16.7	123	18.1
其他	8	3.4	13	2.9	21	3.1
全部 FGD	235	100	443	100	678	100

表 1-2-4　**1998 年已投运的各种湿法 FGD 装置的容量**　（kW）

湿法 FGD 技术	美国	所占比例（%）	美国国外	所占比例（%）	全世界	所占比例（%）
石灰石	55540	67.0	107790	92.6	163330	82.0
石灰	14196	17.1	6976	6.0	21172	10.6
白云石石灰	10292	12.4	50	0.04	10342	5.2
碳酸钠	2756	3.3	75	0.06	2831	1.4
海水	75	约 0.1	1050	0.90	1125	0.6
其他	—		433	0.37	433	0.2
全部湿法 FGD	82856	99.9	116374	100	199233	100

表 1-2-5　**1998 年 FGD 技术装配机组的单台装置的平均容量**　（MW）

FGD 技术	美　国	美国国外	全世界
湿法	466	327	373
干法	294	149	206
其他	350	158	231

按燃煤含硫量来统计，湿法脱硫在这些装置中，用于燃煤含硫量 <1% 的装置占 23%，用于燃煤含硫量 1% ~2% 的占 28%，用于燃煤含硫量 >2% 的占 48%。这表明，湿法 FGD 技术更适合燃用高硫煤锅炉烟气脱硫。

以湿法脱硫为主的国家有：日本（98%）、美国（92%）、德国（90%）等。

二、国内应用情况

我国近年引进国外技术已投入运行的部分脱硫装置的基本情况列于表 1-2-6 中。从该表可看出，燃煤发电机组大多选用湿法石灰石 - 石膏 FGD 技术。近年拟建和正在施工的多数火电厂脱硫装置也都采用这种技术，就吸收塔的类型而言，喷淋空塔、液柱塔、填料塔和喷射鼓泡塔都有采用，但应用最多的是喷淋空塔，其次是后三种。仅一些低容量的发电机组在改造中选用干法或半干法 FGD 工艺。

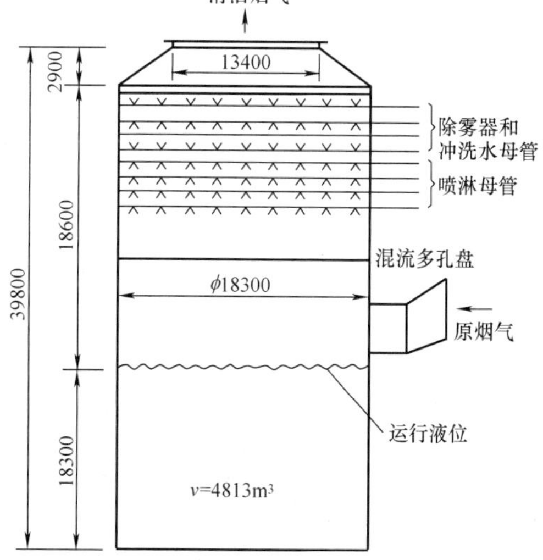

图 1-2-4　美国 Tampa 电力公司 Big Bend 1 号、2 号发电机组的湿法石灰石 - 石膏 FGD 装置吸收塔模块

表 1-2-6　　近年国内引进国外技术已投入运行的部分脱硫装置的基本情况

脱硫技术	用户	机组容量	吸收塔台数	主要设计参数							投运时间	脱硫技术来源和吸收塔类型
				燃煤含硫量（%）	处理烟气流量（m^3/h）	入口 SO_2 浓度（mg/m^3）	Ca/S	脱硫效率（%）	脱硫副产物/纯度（%）	烟气加热方式		
湿法石灰石/（石灰）FGD	重庆华能珞璜电厂一期1号、2号	2×360MW	2	4.02	2×1087200（w）	10591（d）	1.075	96.3	石膏/90	管式 GGH	1992	日本三菱重工顺流填料塔
	重庆华能珞璜电厂二期3号、4号	2×360MW	2	4.02	2×915000（w）（处理85%烟量）	10591（d）	1.075	96.3（吸收塔）	石膏/90	管式 GGH	1999	三菱重工液柱式顺、逆流组合空塔
	重庆电厂21号、22号	2×220MW	1	2.2~3.9	1600000（d）	7700（d）	1.02	95	石膏/90	蒸汽－烟气加热器（SGH）	2001	德国 Steimmüle 逆流喷淋空塔
	北京第一热电厂一期3号、4号	2×410t/h	1	1.04（S_y）	890869（d）	2600（d）	1.026	95.6	石膏/90	回转换热器	2001	德国 Steimmüle 逆流喷淋空塔
	北京第一热电厂二期1号、2号	2×410t/h	1	0.7	770000（d）	1460（d）	1.02	95	石膏/90	回转换热器	2003	德国 Steimmüle 逆流喷淋空塔
	杭州半山电厂4号、5号	2×125MW	1	1.5	1000000	3750	1.02	95.4	石膏/90	回转式换热器	2001	德国 Steimmüle 逆流喷淋空塔
	太原第一热电厂2号	300MW	1	2.12	576000（d）（处理67%烟量）	572.0	1.25~1.11	>80	石膏/90	无	1996	日本日立－BABCOCK 高速平流简易喷雾塔
	广东连州电厂	2×125MW	1	2.5（S_{ar}）	1090000	5132（d）	1.05	≥81	脱水至含固量40%湿抛弃	SGH	2000	奥地利 AE 公司逆流喷淋空塔
	扬州发电厂5号	200MW	1	1.0~2.8（S_d）	970000（w）	3429（w）	1.05	85（吸收塔）	石膏/90	回转换热器	2002	日本川崎重工逆流喷淋空塔（简易）
	贵州安顺发电厂3号、4号	2×300MW	2	2.29	2×1193000（d）	5031（d）	1.04	90	石膏/90	管式 GGH	2003	日本川崎重工逆流喷淋空塔
	北京石景山热电厂4号	200MW	1	1.01	919500（w）	2260	1.03	95	石膏/90	回转换热器	2002	德国 Steimmüle 逆流喷淋空塔

续表

脱硫技术	用户	机组容量	吸收塔台数	三要设计参数							投运时间	脱硫技术来源和吸收塔类型
				燃煤含硫量（%）	处理烟气流量（m^3/h）	入口 SO_2 浓度（mg/m^3）	Ca/S	脱硫效率（%）	脱硫副产物/纯度（%）	烟气加热方式		
湿法石灰石/（石灰）FGD	浙江钱清电厂	135MW	1	1.06	550000（w）	2508（d）	1.03	90	石膏/90	回转换热器	2003	美国 B&W 逆流喷淋空塔
	山东黄台电厂7号、8号	2×300MW	2	1.6	2×1300000（w）	3600	1.02－1.03	95	石膏/90	回转换热器	2003 2004	德国 Steinmüle 逆流喷淋空塔
	广东瑞明电厂	2×125MW	1	0.8（S_{ar}）	1081000（d）	1829（d）	≤1.05	90	石膏/95	回转换热器	2003	奥地利能源与环境公司（AEE 即原 AE）
	江苏夏港电厂3号、4号	2×135MW	1	1.2	890000	2860	1.03	95	石膏/90	回转换热器	2003 2004	德国 Steinmüle 逆流喷淋空塔
	太原第二热电厂	200 MW	1		890000	1800（d）	1.03	90	石膏抛弃	回转换热器	2003	奥地利能源与环境公司（AEE 即原 AE）
	江苏镇江电厂	2×140MW	1	1.1	956000（d）	2894（d）	1.05	96	石膏/90	回转换热器	2004	美国 B&W 公司逆流托盘喷淋塔
	山东维坊化工厂（吸收剂:消石灰）	2×35 t/h	1		100000	4286		>70	石膏	无	1995	日本三菱重工烟囱组合型逆流液柱塔
	南宁化工集团（吸收剂:消石灰）	35 t/h	1		50000（w）	6057		>70	石膏	无	1995	日本川崎重工逆流喷淋空塔
	重庆长寿化工厂（吸收剂:电石渣）	35 t/h	1		61000（w）	5714（d）		70	石膏/97	无	1995	日本千代田喷射鼓泡反应器（JBR）
	广东台山电厂一期1号、2号	2×600MW	2	0.5（S_{ar}）	2×1968047（d）	1576（d）		≥95	石膏/≥90	回转换热器	2004～2005	日本千代田喷射鼓泡反应器（JBR）
海水 FGD	深圳西部电厂4～6号	3×300MW	3	0.63（S_{ar}）	1100000	1450	—	>90	—	回转换热器	1999	挪威 ABB 公司逆流填料塔
	漳州后石电厂1～6号	6×600MW	6	0.9	6×1915900（w）	2343（d）	—	90	—	无（钛合金＋碳钢板湿烟囱）	1999～2004	日本富士化水株式会社逆流喷淋＋托盘塔

续表

脱硫技术	用户	机组容量	吸收塔台数	主要设计参数							投运时间	脱硫技术来源和吸收塔类型
				燃煤含硫量（%）	处理烟气流量（m^3/h）	入口 SO_2 浓度（mg/m^3）	Ca/S	脱硫效率（%）	脱硫副产物/纯度（%）	烟气加热方式		
电子束法（EBA）	四川成都热电厂	200MW	1	0.8～3.5（试运期）	300000（w）	5148（NO_x：680）	0.8(氨添加当量比)	80（脱硝 10%）	硫酸铵/硝酸铵	无	1997	日本荏原
	杭州协联热电厂	3×130 t/h	1		305400			85	硫酸铵/硝酸铵	无	2002	日本荏原
旋转喷雾干燥	沈阳黎明发动机制造公司	35 t/h	1		50000			80	$CaSO_3+CaSO_4$	无	1990	丹麦 NirD 公司
	山东黄岛电厂 4 号	210MW	1		300000（w）	5714（d）	＜1.4	70	（EP 收集后废弃）	无	1995	日本三菱重工
炉内喷钙炉后增湿活化（LIFAC）	南京下关电厂 1 号、2 号炉	2×125MW	—	0.92（S_g）	2×543600	2530（d）	2.5	≥75	飞灰＋$CaSO_4$＋$CaSO_3$＋Ca（OH）$_2$EP 收集	热空气加热	1998 1999	芬兰 Tamplla 公司
	浙江钱清电厂 1 号炉	125MW	—	0.9～1.2	550000	2534		65		无	1999	芬兰 Tamplla 公司
	抚顺电厂	120MW	—	0.54				40		无	1999	芬兰 Tamplla 公司
烟气循环流化床 FGD（CFB－FGD）	云南小龙潭电厂	100MW	1		487000	6000（w）	1.3	90	飞灰＋$CaSO_4$＋$CaSO_3$＋Ca（OH）$_2$ EP 收集		2001	德国 Wulff 公司
	广东恒运电厂 7 号	210MW	1	0.8	652960（d）	2074	1.3	85			2002	德国 Wulff 公司回流式烟气循环流化床（RCFB）干法
荷电干式喷射烟气脱硫（CDSI）	山东德州电厂（吸收剂:电石渣）	75 t/h			100000			70	$CaSO_4$＋$CaSO_3$＋$CaCO_3$ EP 收集后废弃	—	1995	美国 ALANCO［采用 Ca（OH）$_2$ 干粉喷入锅炉出口烟道，用二级 EP 收集脱硫产物］
	杭州钢铁集团	35t/h			60000		1.5左右	70		—	1997	
	广州造纸公司热电厂 1～2 号	2×50MW		0.9	2×23000			75		—	2000	
氨—硫铵法	胜利油田化工厂				210000			90	硫酸铵		1979	日本东洋公司
碱式硫酸铝法	南京钢铁厂				51800			95	石膏		1981	日本同和公司

第三节　湿法 FGD 技术的发展过程和发展方向

20 世纪 80 年代以前的湿法 FGD 装置的投资和运行费用非常高，稳定性很差，需要大量备用设备。与现今的吸收塔相比，现在的吸收塔在以下几方面有显著的改进：①吸收塔、反应罐、喷嘴和除雾器采用了改进和创新的设计；②目前的 FGD 装置能生产出具有商业价值的副产品以补偿运行费用；③性能有显著提高，在明显较高的烟气流速下，由于能处理较大量的烟气而降低了投资成本；④广泛采用添加剂来提高原有脱硫装置的性能。

这些技术的进步使得今天的 FGD 系统具有非常高的性能，运行稳定性高，投资和运行费用明显下降。

一、早期 FGD 技术的发展

美国于 20 世纪 60 年代中期首先开发和论证了现代湿法 FGD 技术，随后日本对现代 FGD 也进行了开发和论证。到 20 世纪 70 年代中期，干式 FGD 技术已在美国和欧洲得到论证和应用。早期的湿法和干法系统受结垢、固体物沉积、相对较高的投资和运行成本以及很差的稳定性的困扰。使得这些系统不得不配有较多的备用设备，包括备用吸收塔组件。此外，早期的系统几乎都是抛弃工艺，其结果是增加了运行费用。

在这一期间，第一代常用的湿法 FGD 工艺包括采用石灰石、石灰、碳酸钠或海水洗涤 SO_2 的系统。最为流行、最受欢迎的是石灰石和石灰基技术，吸收塔有填料或喷淋空塔。

1970～1980 年期间还开发了几种湿式可再生式工艺。其中有采用亚硫酸钠作为活性吸收剂的系统（如 Wellman-Lard 法），采用碳酸钠和石灰作吸收剂（双碱）的系统以及用氧化镁作吸收剂的系统。由于吸收剂的费用较高、操作复杂，目前发电厂已基本放弃了这些系统。

可应用的第一代干式 FGD 技术包括石灰喷雾干燥工艺。干吸收剂喷射工艺和循环流化床（CFB）工艺。这些工艺主要用于入口 SO_2 浓度较低或不要求高脱硫效率的装置中。

二、FGD 技术的进步

FGD 技术中最重要的改进之一是开发了控制氧化程度的脱硫装置，这一技术的改进对提高装置的稳定性和降低成本起了重要的作用。早期发电厂的湿法钙基脱硫系统出现了严重的石膏垢，这些系统往往是不控制氧化程度，严重的结垢使得需频繁停机清除结垢。为了改变这种状况，开发了两种工艺：第一种工艺是抑制氧化，通过添加抑制氧化剂控制已吸收的 SO_2 在一个很低的氧化程度上，这种工艺产生的脱硫副产物主要成分是亚硫酸钙，是一种废弃副产物；第二种工艺是强制氧化，将空气喷进系统的反应罐中，使被吸收的 SO_2 保持很高或接近完全氧化的程度。这种工艺的一个突出优点是生产出可再使用、可销售的固体产物——石膏，而不是一种废弃物质。

随着就地强制氧化工艺的出现，双回路、非就地氧化工艺被单回路、单塔、就地氧化工艺所取代，吸收和氧化集成在一个塔内完成，这使得湿法 FGD 系统变得异常简洁，投资费用也随之下降。

困扰脱硫工业多年的石膏结垢问题的消除，使得抑制氧化和强制氧化工艺成为第二代洗涤器占优势的技术。使得这一技术流行起来的另外一些因素是，与这一时期商业化的其他技术相比较，它具有更为简化的工艺，改善了可操作性，较低的投资和运行费用，具有较高的脱除效率（>90%）和很高的稳定性。

由于抑制氧化工艺生产出可能产生二次污染而且需占用较大堆放场地的废弃副产物，除了美国早期采用较广泛外，其他国家应用不普遍。

第二代吸收塔的另一项改进技术是开发了可提高 SO_2 脱除效率的有机酸添加剂。首先被论证的有机酸是已二酸，随后是二元酸（DBA）。DBA 是三种二元酸的混合物，其价格比已二酸、甲酸或甲酸钠更低。有机酸通过增加洗涤液的碱度，改善系统的传质特性，从而增强脱除 SO_2 的性能。化学添加剂主要用来提高性能和克服现有的一些石灰石系统设计上的缺陷，以满足日益严格的环境保护标准。也有的应用于新建的系统设计中，以使得系统可以在较低的液/气比情况下获得非常高的脱除效率，从而降低投资成本。

在应用有机酸添加剂的同一时期，开发了喷淋托盘塔，通过在喷淋塔中增装一个或多个多孔筛盘，使得在筛盘上形成一个泡沫区，使气/液之间有更长的接触时间，从而提高了传质特性。这使得系统可以设计成低 L/G 比，从而导致较低的投资和运行费用。这种筛盘也改善了吸收塔内烟气的分布，这对于要求越来越高的 SO_2 脱除效率是十分重要的。当然，增加筛盘也会少许增加系统的压损，但由此获得的好处胜过压损少许的增加。

第二代吸收塔的另一个发展特点是空塔代替了填料塔、湍球塔和筛板塔。目前应用最广泛的三种吸收塔是喷淋空塔、液柱塔和喷射鼓泡反应器（Jet Bubbling Reactor，JBR）。空塔不仅使得吸收塔内部结构简洁、造价下降，而且减少了结垢的形成。采用空塔洗涤器虽然不能做到塔内完全无垢运行。但局部结垢已不影响正常运行，无需停机清垢。

三、FGD 技术的发展方向

随着第二代湿法 FGD 技术的不断改进。目前湿法 FGD 的供应商将他们的注意力转到了研发第三代吸收塔上。第三代吸收塔应该具有非常高的性能（脱硫率远超过 95%），有更高的可靠性和比以前的吸收塔显著低的投资和运行费用。

最引人注目的发展之一是，开发大容量吸收塔模块。过去，由于冗余度的原因，往往是一炉多塔。现在，在多数情况下，一个吸收塔模块能够处理来自单台锅炉的所有排烟，在有些情况下，单个模块能够洗涤来自多台机组的排烟。现在，FGD 供应商已有能力为容量高达 1000MW 的单台机组提供单个吸收塔。如前所述，已实现了为 2 台大型锅炉（每台约 450MW）安装一台 FGD 装置。增加单个吸收塔的容量可以明显降低造价，因为通常一个吸收塔要比两个塔便宜，所用的钢材等要少得多，而且减少了制造和安装工作量。

第三代洗涤器的另一个发展方向是，通过提高吸收塔的烟气流速，亦即提高流量来减少吸收塔的尺寸，作为进一步降低 FGD 设备投资费用和运行费用的措施。提高吸收塔内烟气流速的另一优点是，可以提高 SO_2 的吸收。这是因为烟气的高流速增加了扰动，加剧了湍流，延长了浆体液滴悬浮于吸收区的时间和减小了液滴的气膜厚度。到目前为止，3m/s 左右的流速是很平常的，已进行了流速高达 6.1m/s 的中间试验和现场论证，在实际应用中已实现了 4.3m/s 的流速。许多研究机构和 FGD 设计人员已在考虑设计烟气流速为 4.57m/s 的吸收塔，而且很可能今后用户指定要求这么高的流速。一些著名的 FGD 供应商已对湿法 FGD 吸收塔模块进行了流速为 4.88m/s（16ft/s）的试验。提高吸收塔内烟气流速，需要改进除雾器设计的配合，以确保在高烟气流速时除雾器具有捕获雾粒的高效率。通过改进除雾器的结构，如除雾器板片的形状和板片的间距以及改变除雾器相对于烟气流向的位置，使得有可能在不牺牲其他性能的情况下使早期设计的烟气流速提高几乎一倍。1997 年在美国俄亥俄州 Edison's Niles 电厂，ABB 公司成功地论证了高性能、高流速 FGD 装置。该装置在烟气流速 5.5m/s 的情况下，SO_2 脱除效率可达到 98%，并生产出高质量的石膏副产品。根据该论证的数据，预计该装置可以节约 5% ~30% 的费用。

以前，认为循环吸收浆液在吸收塔反应罐中的停留时间应为 6～10min，但随着对 SO_2 与吸收剂的化学反应的进一步了解，人们已认识到低得多的停留时间（2～3.5min）是可行的。对这方面的进一步研究，将有助于缩小反应罐的体积，降低吸收塔的高度，减少投资费用。

湿法 FGD 工艺的缺点之一是耗水量大，而且通常需配置废水处理系统，外排一定量的废水。因此，减少耗水量，简化系统，例如省去废水处理系统，实现零排放是湿法 FGD 技术的发展方向。

在 FGD 系统设计改进的研究中，广泛应用三维计算流体动力学（Computation Fluid Dynamics，CFD）模型，对于确保气/液更好地接触和增加传质速率是非常重要的。CFD 模型试验提供了吸收塔内烟气和液滴流速和压力分布的有关资料和数据，这有助于开发更好的喷嘴和除雾器；有助于改进吸收塔入/出口烟道的位置和布置方式；有助于确定喷淋母管和喷嘴的数量和布置方式；还有助于检查在吸收塔内增设再分配装置［又称墙环或性能增强板（PEP）］或导向板以防止烟气“逃逸”（sneakage）的效果。一些研究表明，增设墙环或导向板可以使沿壁下流的浆液重新分布返回到喷淋区，从而可以降低循环浆液量；使沿着塔壁的烟气流导向塔的中央（塔的中央有较高的喷淋密度），可防止烟气沿塔壁“逃逸”。塔环和改进后的喷嘴结构以及布置方式使系统可以在低液/气比设计情况下达到高脱除性能。低液/气比系统将能降低成本和运行费用。

对 FGD 系统主要设备的改进集中在以下方面：①开发容量大、效率高的脱硫增压风机将有助于发展大型吸收塔。采用大功率动叶可调轴流风机以代替离心风机，这有利于锅炉低负荷时减少能耗；②目前安装在 FGD 系统中的气—气加热器大多是旋转再生式换热器，管式气—液耦合换热器也有应用。腐蚀和堵灰是这类气—气加热器共同的问题，而且旋转再生式换热器还存在不可避免的一定程度的烟气泄漏。因此，防腐材料的开发和选择，清灰和密封设计的改进是研究和开发的课题；③改进广泛应用于湿法 FGD 系统中的浆泵过流件的材料，提高过流件的耐腐蚀和耐磨损特性，可以减少 FGD 停机时间和维修费用；④改进雾化喷嘴结构和材料设计，使得在较低的压力下，产生较小的液滴，获得很高的吸收效率。

继续开发耐腐蚀材料，一些经过改进、价格较低的合金材料已进入脱硫设备制造市场。在一些工业发达国家已广泛采用全合金制作的 FGD 系统。尽管投资费用昂贵，但从长周期寿命费用以及系统的可靠性来看，这种全合金装置有可能成为发展方向。

随着环境保护标准的日趋严格，应用现有的技术改进和提高老脱硫装置的性能将成为必然的趋势。

为了控制燃煤锅炉排烟中多种污染物的排放，将数种污染物净化装置组合成最佳配置也是湿法石灰石 FGD 装置的发展方向。例如对于燃用高硫烟煤的发电厂，可以依次配置低 NO_x 燃烧器、高效选择催化 NO_x 脱除装置、袋式除尘器、组装有湿式电除尘器以及加有控制汞添加剂的湿式石灰石 FGD 装置。

第三章 石灰/石灰石湿法 FGD 原理和工艺过程主要参数

石灰/石灰石湿法 FGD 工艺是典型的气体化学吸收过程，在洗涤烟气的过程中发生了复杂的化学反应，研究这些化学反应可以揭示化学吸收过程的本质。认识、了解并深刻理解这些基本化学反应，将有助于在编制 FGD 技术规范前对工艺类型做出选择，有助于对工艺设计中的一些关键问题做出决策。管理 FGD 装置的工程技术人员、化学分析人员以及运行操作人员也应熟悉这方面的知识，这有助于分析运行过程中出现的现象，有助于优化工艺参数，有助于在设备改造、材料选择时做出正确的决策。

就总的化学反应过程和现象而言，石灰/石灰石 FGD 这两种工艺是十分相似的，都是用碱性吸收剂从烟气中脱除 SO_2，它们的脱硫生成物都是硫酸钙和亚硫酸钙。因此，本章以及本手册其他部分讨论的一些基本概念适用于这两种工艺。当然，当详细分析 SO_2 与石灰和石灰石的化学反应机理时，在一些关键的反应步骤上仍有重要的差别。另外，这两种工艺在详细设计和运行特点等许多方面也存在不同之处，对这些差异将在随后的章节中予以讨论。

第一节 脱除 SO_2 的化学原理

一、SO_2 脱除过程发生的主要化学反应

从烟气中脱除 SO_2 的过程在气、液、固三相中进行，发生了气—液反应和液—固反应。可以用以下化学反应式来描述这一过程的一些主要步骤。要指出的是，下述的化学反应描述了强制氧化和抑制氧化 FGD 两种吸收剂（石灰/石灰石）、两种工艺的化学原理，请注意区别。

气相 SO_2 被液相吸收

$$SO_2(g) + H_2O \leftrightarrow H_2SO_3(l) \qquad (1\text{-}3\text{-}1)$$

$$H_2SO_3(l) \leftrightarrow H^+ + HSO_3^- \qquad (1\text{-}3\text{-}2)$$

$$HSO_3^- \leftrightarrow H^+ + SO_3^{2-} \qquad (1\text{-}3\text{-}3)$$

吸收剂溶解和中和反应

$$CaCO_3(s) \rightarrow CaCO_3(l) \qquad (1\text{-}3\text{-}4)$$

$$CaCO_3(l) + H^+ + HSO_3^- \rightarrow Ca^{2+} + SO_3^{2-} + H_2O + CO_2(g) \qquad (1\text{-}3\text{-}5)$$

$$Ca(OH)_2 \rightarrow Ca^{2+} + 2OH^- \qquad (1\text{-}3\text{-}6)$$

$$Ca^{2+} + 2OH^- + H^+ + HSO_3^- \rightarrow Ca^{2+} + SO_3^{2-} + 2H_2O \qquad (1\text{-}3\text{-}7)$$

$$SO_3^{2-} + H^+ \rightarrow HSO_3^- \qquad (1\text{-}3\text{-}8)$$

氧化反应

$$SO_3^{2-} + 1/2O_2 \rightarrow SO_4^{2-} \qquad (1\text{-}3\text{-}9)$$

$$HSO_3^- + 1/2O_2 \rightarrow SO_4^{2-} + H^+ \qquad (1\text{-}3\text{-}10)$$

结晶析出

$$Ca^{2+} + SO_3^{2-} + 1/2H_2O \rightarrow CaSO_3 \cdot 1/2H_2O(s) \tag{1-3-11}$$

$$Ca^{2+} + (1-x)SO_3^{2-} + x\,SO_4^{2-} + 1/2H_2O \rightarrow (CaSO_3)_{(1-x)} \cdot (CaSO_4)_{(x)} \cdot 1/2H_2O(s) \tag{1-3-12}$$

式中 x——被吸收的SO_2氧化成SO_4^{2-}的摩尔分率。

$$Ca^{2+} + SO_4^{2-} + 2H_2O \rightarrow CaSO_4 \cdot 2H_2O(s) \tag{1-3-13}$$

总反应式

$$CaCO_3 + 1/2H_2O + SO_2 \rightarrow CaSO_3 \cdot 1/2H_2O + CO_2(g) \tag{1-3-14}$$

$$CaCO_3 + 2H_2O + SO_2 + 1/2O_2 \rightarrow CaSO_4 \cdot 2H_2O + CO_2(g) \tag{1-3-15}$$

$$Ca(OH)_2 + SO_2 \rightarrow CaSO_3 \cdot 1/2H_2O + 1/2H_2O \tag{1-3-16}$$

$$Ca(OH)_2 + SO_2 + 1/2O_2 + H_2O \rightarrow CaSO_4 \cdot 2H_2O \tag{1-3-17}$$

石灰/石灰石湿法FGD工艺过程的脱硫反应速率取决于上述4个控制步骤。下面将分述这4个步骤的特点。

1. 气相SO_2被液相吸收的反应

SO_2是一种极易溶于水的酸性气体，在反应式（1-3-1）中，SO_2经扩散作用从气相溶入液相中，与水生成亚硫酸（H_2SO_3），H_2SO_3迅速离解成亚硫酸氢根离子（HSO_3^-）和氢离子（H^+）[见式（1-3-2）]。只有当pH值较高时，HSO_3^-的二级电离才会产生较高浓度的SO_3^{2-} [反应式（1-3-3）]。式（1-3-1）和式（1-3-2）都是可逆反应，要使SO_2的吸收不断进行下去，就必须中和式（1-3-2）中电离产生的H^+，即降低吸收液的酸度。碱性吸收剂的作用就是中和H^+ [见式（1-3-5）和式（1-3-7）]。当吸收液中的吸收剂反应完后，如果不添加新的吸收剂或添加量不足，吸收液的酸度将迅速提高，pH值迅速下降，当SO_2溶解达到饱和后，SO_2的吸收就告终止。

2. 吸收剂溶解和中和反应

上述一系列反应步骤中关键的是式（1-3-4）、式（1-3-5）和式（1-3-6），即Ca^{2+}的形成。$CaCO_3$是一种极难溶的化合物，其中和作用实质上是一个向介质提供Ca^{2+}的过程，这一过程包括固体$CaCO_3$的溶解[见式（1-3-4）]和进入液相中的$CaCO_3$的分解[见式（1-3-5）]。固体石灰石的溶解速度，反应活性以及液相中H^+浓度（pH值）影响中和反应速度和Ca^{2+}的形成，氧化反应以及其他一些化合物也会影响中和反应速度。

消石灰$Ca(OH)_2$是一种中强碱，溶解度和电离度远大于$CaCO_3$，只要浆液中存在有$Ca(OH)_2$，就会提供Ca^{2+} [见式（1-3-6）]，因此$Ca(OH)_2$的中和反应[见式（1-3-7）]能迅速完成。

如上所述，在上述化学反应步骤中，Ca^{2+}的形成是一个关键的步骤，之所以关键，是因为SO_2正是通过Ca^{2+}与SO_3^{2-}或与SO_4^{2-}化合而得以从溶液中除去。石灰法和石灰石法的一个极为重要的区别就是Ca^{2+}的形成方式上的不同。

由反应式（1-3-5）和式（1-3-7）生成的亚硫酸根(SO_3^{2-})可以进一步中和剩余的H^+ [见式（1-3-8）]，但反应式（1-3-8）是否发生取决于浆液的pH值。浆体液相中的H_2SO_3、HSO_3^-、SO_3^{2-}和H^+（即pH值）浓度存在一个平衡关系，根据反应式（1-3-2）和式（1-3-3）可以计算出如图1-3-1所示的平衡关系曲线。图1-3-1显示了H_2SO_3、HSO_3^-、SO_3^{2-}相对含量与pH值的函数关系。当pH值低于2.0时，被吸收的SO_2大多以H_2SO_3的形式存在于液相中，随着pH值的升高，当pH值为4~5时，H_2SO_3主要离解成HSO_3^-，当pH值高

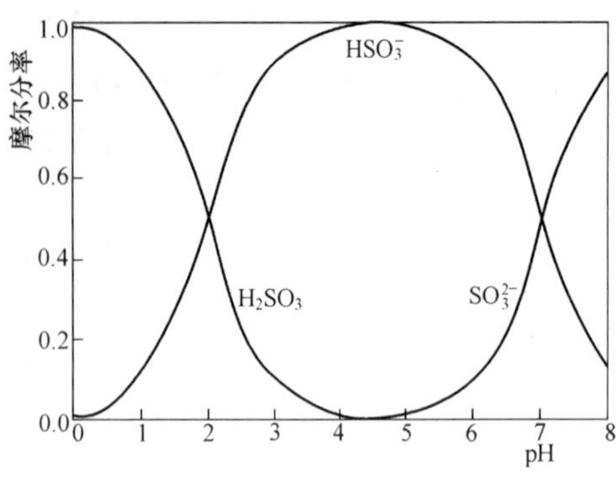

图 1-3-1 亚硫酸平衡曲线

于6.5时，液相中主要是SO_3^{2-}离子。在石灰石强制氧化FGD工艺中，pH值通常控制在6.2以下，这有利于提高石灰石的溶解度和HSO_3^-的氧化。石灰石基工艺更为典型的运行pH值是5.0～6.0，因此溶解在循环浆液中的SO_2大多数是以HSO_3^-的形式存在，不会发生式（1-3-8）的反应。在早期石灰石基FGD的抛弃法工艺中，为降低亚硫酸盐转化成硫酸盐的速率，以防止产生$CaSO_4$硬垢，pH值通常控制得要高些（5.8～6.2）。

由于$Ca(OH)_2$溶解度远大于石灰石，石灰基FGD工艺可以在高pH值下运行而不会影响$Ca(OH)_2$的溶解度，这种工艺的pH值通常控制在6.5～7.5。在此pH值范围内，已吸收的SO_2大多以SO_3^{2-}形式存在，因此会发生式（1-3-8）的反应，SO_3^{2-}的存在提高了循环浆液液相的碱度。

实际上，在吸收塔和反应罐中都会发生吸收剂的溶解［见式（1-3-5）和式（1-3-7）］，在某些情况下，特别在石灰石强制氧化工艺中，由于pH值控制范围的原因，循环浆液中H^+和HSO_3^-含量远高于SO_3^{2-}。因此，在吸收塔内，当浆液吸收SO_2后，会发生石灰石的溶解。但在石灰基抑制氧化工艺中，吸收塔循环浆液中有足够多的可溶性亚硫酸根（SO_3^{2-}），可以中和由于吸收SO_2后产生的H^+［见反应式（1-3-8）］，结果，几乎所有的石灰吸收剂都在反应罐中进行溶解。

3. 氧化反应

亚硫酸的氧化是湿法石灰/石灰FGD工艺中另一重要的反应［见反应式（1-3-9）和式（1-3-10）］。SO_3^{2-}和HSO_3^-都是较强的还原剂，在痕量过渡金属离子（如Mn^{2+}）的催化作用下，液相中溶解氧可将它们氧化成SO_4^{2-}。反应中的氧气来源于烟气中的过剩空气，在强制氧化工艺中，主要来源于喷入反应罐中的氧化空气。从烟气中洗脱的飞灰以及吸收剂中的杂质提供了起催化作用的金属离子。

4. 结晶析出

湿法FGD的最后一步是脱硫固体副产物的沉淀析出。在通常运行的pH值环境下，亚硫酸钙和硫酸钙的溶解度都较低，当中和反应产生的Ca^{2+}、SO_3^{2-}以及氧化反应产生的SO_4^{2-}达到一定浓度后，这三种离子组成的难溶性化合物就将从溶液中沉淀析出。根据氧化程度的不同，沉淀产物或者是半水亚硫酸钙［式（1-3-11）］、亚硫酸钙和硫酸钙相结合的半水固溶体［式（1-3-12）］、二水硫酸钙（石膏）［式（1-3-13）］，或者是固溶体与石膏的混合物。

当控制被吸收的SO_2氧化成硫酸盐的分率［式（1-3-12）中的x］不超过0.15（即15%）时，就可以形成半水亚硫酸钙与亚硫酸钙和硫酸钙相结合的半水固溶体的共沉淀，而始终不会形成硫酸钙的饱和溶液，也就不会形成二水硫酸钙硬垢，这是早期石灰石抛弃法防止结垢的原理。当上面提到的氧化分率x大约超过15%时，固溶体对硫酸钙的溶解已达到饱和，氧化生成的额外的硫酸钙将以二水硫酸钙（石膏）的形式沉淀析出，如反应式（1-3-13）所示。

对于强制氧化工艺，则是几乎100%地氧化所吸收的SO_2，避免或减少式（1-3-11）和式（1-3-12）反应的发生。通过控制液相二水硫酸钙（$CaSO_4 \cdot 2H_2O$）的过饱和度，既可防止发生二水硫酸钙结垢，又可以生产出高质量的可商售的石膏［式（1-3-13）］。

式（1-3-14）～式（1-3-17）是湿法石灰/石灰石 FGD 过程的总反应式，从这些反应式可看出，无论是何种脱硫产物，脱除 1mol SO_2 必须消耗 1mol $CaCO_3$ 或 CaO［或$Ca(OH)_2$］，也就是说理论钙硫化学计量比（Ca/S）为 1∶1。

5. 烟气中 HCl、HF 在脱硫过程中发生的反应

烟气中含量较少的 HCl、HF 被浆液洗涤发生以下反应：

$$2HCl + CaCO_3 \rightarrow CaCl_2 + H_2O + CO_2(g)$$
$$2HCl + Ca(OH)_2 \rightarrow CaCl_2 + 2H_2O \tag{1-3-18}$$

$$2HF + CaCO_3 \rightarrow CaF_2 + H_2O + CO_2(g)$$
$$2HF + Ca(OH)_2 \rightarrow CaF_2 + 2H_2O \tag{1-3-19}$$

烟气中的 HCl 将优先与石灰中的 MgO 和石灰石中酸可溶性碳酸镁反应生成 $MgCl_2$，如果有剩余的 HCl，再与 CaO 或 $CaCO_3$ 反应。

实际上，上述反应几乎是同时发生的。但是，SO_2 吸收总速率可能受其中一个或多个分步反应制约。在石灰石基工艺中，通常反应式（1-3-4）和式（1-3-5）的速度最慢，所以又称为“速率控制”步骤。也就是说，石灰石溶解速率对整个 SO_2 脱除速率有显著的影响。但对于石灰基工艺来说，$Ca(OH)_2$较易溶于水，在 SO_2 吸收过程中反应式（1-3-1）往往是最慢的，是“速率控制”步骤。

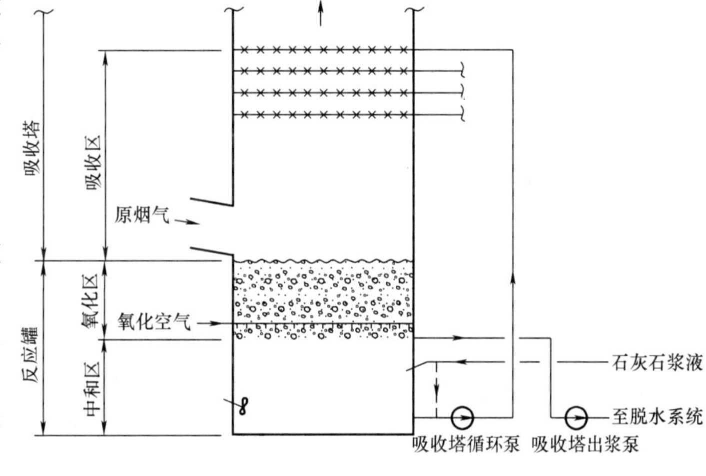

图 1-3-2 吸收塔模块典型分区图

二、吸收塔不同区域发生的主要化学反应

上面描述了 SO_2 脱除过程发生的主要化学反应，为了加深对 FGD 化学原理的理解和了解吸收塔模块各区域的作用，下面针对应用最广泛的湿法石灰石强制氧化 FGD 工艺，以图 1-3-2 所示的逆流喷淋塔为例，按吸收塔模块不同区域来介绍发生的主要化学反应。

1. 吸收区

主要发生的反应为

$$SO_2 + H_2O \rightarrow H_2SO_3$$
$$H_2SO_3 \rightarrow H^+ + HSO_3^-$$

部分发生的反应为

$$H^+ + HSO_3^- + 1/2O_2 \rightarrow 2H^+ + SO_4^{2-}$$
$$2H^+ + SO_4^{2-} + CaCO_3 + H_2O \rightarrow CaSO_4 \cdot 2H_2O + CO_2$$

烟气中的 SO_2 溶入吸收液的过程几乎全部发生在吸收区内，在该区域内仅有部分 HSO_3^-被烟气中的 O_2 氧化成 H_2SO_4，由于浆液和烟气在吸收区的接触时间仅数秒钟，浆液

中的 $CaCO_3$ 仅能中和部分已氧化的 H_2SO_4 和 H_2SO_3。也就是说，吸收区浆液的 $CaCO_3$ 只有很少部分参与了化学反应，因此液滴的 pH 值随着液滴的下落急剧下降，液滴的吸收能力也随之减弱。

由于吸收区上部浆液的 pH 值较高，浆液中 HSO_3^- 浓度很低，其接触的烟气 SO_2 浓度已大为减少，因此容易产生 $CaSO_3 \cdot 1/2H_2O$，尤其在浆液 pH 值过高的情况下。随着吸收浆液的下落，接触的 SO_2 浓度越来越高，不断吸收烟气中的 SO_2 使吸收区下部的浆液 pH 值较低，在吸收区上部形成的 $CaSO_3 \cdot 1/2H_2O$ 可能转化成 $Ca(HSO_3)_2$，因此，下落到吸收区下部的浆液中含有大量的 $Ca(HSO_3)_2$。

2. 氧化区

按图 1-3-2 所示，氧化区的范围大致从反应罐液面至固定管网氧化装置喷嘴下方约 300mm 处。氧化区发生的主要化学反应是

$$H^+ + HSO_3^- + 1/2O_2\text{（溶解氧）} \rightarrow 2H^+ + SO_4^{2-}$$

$$CaCO_3 + 2H^+ \rightarrow Ca^{2+} + H_2O + CO_2$$

$$Ca^{2+} + SO_4^{2-} + 2H_2O \rightarrow CaSO_4 \cdot 2H_2O$$

过量氧化空气均匀地喷入氧化区的下部，将在吸收区形成的未被氧化的 HSO_3^- 几乎全部氧化成 H^+ 和 SO_4^{2-}，此氧化反应的最佳 pH 值为 4～4.5，氧化反应产生的 H_2SO_4 是强酸，能迅速中和洗涤浆液中剩余的 $CaCO_3$，生成溶解状态的 $CaSO_4$，当 Ca^{2+}、SO_4^{2-} 浓度达到一定的过饱和度时，结晶析出二水硫酸钙即石膏固体副产物。

吸收浆液落入反应罐后缓缓通过氧化区，浆液中过剩 $CaCO_3$ 的含量也逐渐减少，当浆液到达氧化区底部时，浆液中剩余的 $CaCO_3$ 浓度降至最低值，从此处抽取浆液送去脱水系统，可获得较高品位的石膏副产物。对于有石膏纯度保证值要求的工艺来说，氧化区底部浆液中剩余 $CaCO_3$ 最高允许含量是一个重要的设计参数，也是 FGD 正常运行时需监测的重要工艺变量之一。

3. 中和区

氧化区的下面被视为中和区。进入中和区的浆液中仍有未中和完的 H^+，向中和区加入新鲜的石灰石吸收浆液，中和剩余的 H^+，提升浆液 pH 值，活化浆液，使之能在下一个循环中重新吸收 SO_2。该区发生的主要化学反应是

$$CaCO_3 + 2H^+ \rightarrow Ca^{2+} + H_2O + CO_2$$

$$Ca^{2+} + SO_4^{2-} + 2H_2O \rightarrow CaSO_4 \cdot 2H_2O$$

在有些 FGD 设计中，中和区并不像图 1-3-2 所示那样清晰，而是将氧化空气喷入反应罐的底部。在这种情况下，往往在吸收塔循环泵的入口加入新鲜石灰石浆液。在这种情况下，将循环泵入口到喷嘴之间的管道、泵体空间视为中和区。

避免将新鲜石灰石加入氧化区不仅可防止过多的 $CaCO_3$ 进入脱水系统从而带入石膏副产品中，影响石膏纯度和石灰石利用率，而且有利于 HSO_3^- 氧化。因为当存在过量 $CaCO_3$ 时，浆液 pH 值升高，有助于 $CaSO_3 \cdot 1/2H_2O$ 的形成，溶解氧要氧化 $CaSO_3 \cdot 1/2H_2O$ 是很困难的，除非有足够多的 H^+ 使其重新溶解成 HSO_3^-。再则，补充的新鲜石灰石浆液直接进入吸收区有利浆液吸收 SO_2，避免浆液 pH 值过快下降。吸收区内高气—液接触表面积，也有利于提高石灰石的溶解速度。

通过上面的讨论可知，除了 SO_2 的吸收和溶解几乎只在吸收区发生外，吸收区、氧化区

和中和区都会程度不一地发生氧化、中和反应和结晶析出。由于浆液的一次吸收循环周期大致是数分钟，而浆液在吸收区的停留时间仅 4s 左右，因此大部分化学反应发生在反应罐内。

第二节　气体吸收过程的机理

了解气体吸收过程的机理，对于确定采取何种方式来提高吸收速率，理解一些重要的 FGD 工艺参数怎样影响脱硫效率是非常有用的。本节先介绍有关气体吸收的一些基本概念，再讨论 SO_2 吸收过程的机理。

一、物质扩散的基本方式

在气体吸收过程中，被吸收的气体从气相转移到液相是通过扩散进行的。物质扩散的基本方式有两种：分子扩散和对流扩散。物质以分子运动的方式通过静止流体的转移过程称为分子扩散，此外，物质通过层流流体，且传质方向与流动方向垂直时，也属于分子扩散。分子扩散是由分子的热运动引起的，推动力是浓度差，例如在一个空气不流动的房间一角打开一瓶香水，过一会儿，整个房子都会闻到香味，这是香水分子热运动和屋内空气中香水浓度差造成香水分子扩散的结果。物质通过湍流流体的转移称为对流扩散。例如在一杯清水中滴入一滴黑墨水并进行搅拌，可以观察到很快这杯水就全部变黑了。这是因为对流扩散不仅依靠分子的扩散作用，而且依靠湍流流体的夹带作用。

由此可看出，分子扩散是一种缓慢的过程，其速率主要取决于扩散物质和静止流体的温度及其他一些物理性质。而对流扩散的速率比分子扩散速率大得多，对流扩散速率主要取决于流体的湍流程度。

二、亨利定律

在气体吸收过程中，当气、液两相达到平衡时，被吸收气体在气相中的组成与在液相中的组成之间有一定的关系。亨利定律指出：在一定温度下，对于气体总压（P）约小于 5×10^5Pa 的稀溶液，被吸收气体在气相中的平衡分压 P_i 与该气体在液相中的摩尔分率 X_i 成正比，X_i = 溶解在液相中气体的摩尔数/（溶质摩尔数 + 溶解在液相中气体摩尔数），即

$$P_i = H X_i \tag{1-3-20}$$

式中　H——亨利系数，Pa 或 kPa、MPa。

当平衡分压 P_i 一定时，亨利系数 H 越大，X_i 就越小。也就是说气体的亨利系数 H 值越大，表明该气体越难溶解。

三、双膜理论

气体吸收过程的机理有过各种不同的理论，其中应用最广泛且较为成熟的是“双膜理论”。下面将结合 SO_2 的吸收过程来解释双膜理论基本要点，然后阐述烟气脱硫过程中的一些重要的工艺参数是怎样影响 SO_2 脱除效率的。

气体吸收的双膜模型如图 1-3-3 所示，这一模型的基本要点是：

（1）假定在气—液界面两侧各有一层很薄的层流薄膜，即气膜和液膜，其厚度分别以 δ_g 和 δ_l 表示。即使气、液相主体处于湍流状况下，这两层膜内仍呈层流状。

（2）在界面处，SO_2 在气、液两相中的浓度已达到平衡，即认为相界面处没有任何传质阻力。

（3）在两膜以外的气、液两相主体中，因流体处于充分湍流状态，所以 SO_2 在两相主体中的浓度是均匀的，不存在扩散阻力，不存在浓度差。但在两膜内有浓度差存在。SO_2 从

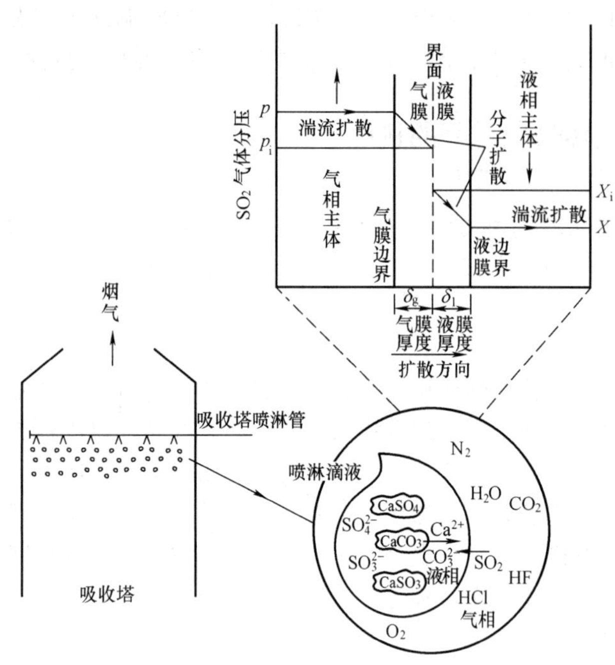

图 1-3-3　烟气吸收双膜理论模型

气相转移到液相的实际过程是：SO_2气体靠湍流扩散从气相主体到达气膜边界；靠分子扩散通过气膜到达两相界面；在界面上 SO_2 从气相溶入液相；再靠分子扩散通过液膜到达液膜边界；靠湍流扩散从液膜边界表面进入液相主体。

根据这一传质过程的描述可以认为，尽管气、液两膜均极薄，但传质阻力仍集中在这两个膜层中，即 SO_2 吸收过程的传质总阻力可以简化为两膜层的扩散阻力。换句话说，气液两相间的传质速率取决于通过气、液两膜的分子扩散速率，亦即 SO_2 脱除速率受 SO_2 在气、液两膜中分子扩散速率的控制。

上述气—液界面可以是烟气与喷雾液滴表面的界面，也可以是烟气与被湿化的填料表面构成的界面。

运用上述双膜理论，可以用式（1-3-21）描述吸收塔的性能，即

$$\mathrm{NTU}=\ln\left(Y_{\mathrm{in}}/Y_{\mathrm{out}}\right)=\frac{K\times A}{G} \tag{1-3-21}$$

式中　NTU(Number of Transfer Units)——传质单元数，无量纲；

Y_{in}——入口 SO_2 摩尔分率；

Y_{out}——出口 SO_2 摩尔分率；

K——气相平均总传质系数，kg/（s·m^2）；

A——传质界面总面积，m^2；

G——烟气总质量流量，kg/s。

式（1-3-21）仅适用于溶解在洗涤液中的气体不产生阻滞进一步吸收的蒸汽压。当洗涤液由于吸收了气体产生蒸汽压时，则要考虑被吸收气体产生的平衡分压。对于大多数石灰/石灰石湿法 FGD 装置来说，由于吸收液上方的 SO_2 平衡分压较之入口和出口 SO_2 浓度小得多，因此上式基本上是正确的。

将式（1-3-21）稍作改动则得到以对数表示的 SO_2 脱除效率（η_{SO_2}）与 NTU 的关系式为

$$\mathrm{NTU}=\ln\left(Y_{\mathrm{in}}/Y_{\mathrm{out}}\right)=-\ln\left(Y_{\mathrm{out}}/Y_{\mathrm{in}}\right)=-\ln\left(1-\eta_{SO_2}\right) \tag{1-3-22}$$

NTU 是影响 SO_2 脱除效率的所有参数的函数。不同洗涤效率所需 NTU 可根据式（1-3-22）得出，见表 1-3-1。

表 1-3-1　　不同洗涤效率所需传质单元数

NTU	洗涤效率（%）	NTU	洗涤效率（%）
0.5	39.0	3	95.0
1	63.0	4	98.2
2	86.5	5	99.3
2.3	90.0	6	99.75

式（1-3-21）表明，在相同烟气流量（G）情况下，增大 $K \cdot A$ 乘积，将提高脱硫效率。A 是气—液接触总表面积，对于填料塔 A 等于填料被湿化的表面积加上从填料中下落液滴的表面积；对于喷淋空塔，A 应等于所有雾化液滴的总表面积；对于带有多孔筛盘的喷淋塔，A 即包括液滴的总表面积，还包括烟气通过筛盘上液层鼓起的气泡的表面积。通过提高喷淋流量（m^3/h）、喷淋密度［$m^3/(m^2 \cdot h)$］、吸收区有效高度、填料表面积和降低雾化液滴平均直径可以增大 A 值，提高脱硫效率。因此 A 是吸收塔结构设计的关键参数。

总传质系数 K 可以用吸收气体通过气膜和液膜的传质分系数 K_g 和 K_l 来表示，即

$$\frac{1}{K} = \frac{1}{K_g} + \frac{H}{K_l \Phi} \tag{1-3-23}$$

$$K_g = D_g/\delta_g$$

$$K_l = D_l/\delta_l$$

式中　D_g、D_l——气膜和液膜的扩散系数；

Φ——液膜增强系数。

K_g、K_l 是 SO_2 扩散系数和一些影响膜厚的物理变量，如液滴大小、气液相对流速等的函数。液膜增强系数 Φ 受浆液成分或碱度的影响，提高液体的碱度，Φ 值增大。因此，可以通过提高气液之间的接触效果，例如加剧气液之间的扰动来降低液膜厚度，或通过提高浆液的碱度提高 K 值（即 SO_2 吸收速率）。

根据式（1-3-23），当用碱性吸收剂来洗涤易溶于水的气体时，H 很小，Φ 大，$H/(K_l \cdot \Phi)$一项可以忽略不计，则 $1/K \approx 1/K_g$，即 $K \approx K_g$，这说明吸收过程的总传质速率主要取决于气膜的扩散速率。在这种情况下，提高液相碱度对总传质系数 K 的影响不大。这种情况属于气膜控制过程，石灰湿法 FGD 基本上属于这种类型。而对于石灰石湿法 FGD 工艺，由于 $CaCO_3$ 极难溶于水，为提高 $CaCO_3$ 的溶解速度，液相为弱酸性，因此 Φ 值很小，式（1-3-23）中的 $H/(K_l \cdot \Phi)$ 不能忽略。实际上，除了上述的气—液界面外，还存在液—固界面，在非常复杂的气—液—固三相反应的过程中，$CaCO_3$ 的溶解速度控制了吸收过程的总速率，因此，石灰石 FGD 过程主要是液膜控制过程。

第三节　烟气脱硫工艺过程主要参数

烟气脱离工艺过程主要参数有烟气流量（G）、液气比（L/G）、原烟气 SO_2 浓度、浆液 pH 值、钙硫比（Ca/S）、循环浆液固体物浓度和固体物停留时间。

一、烟气流量（G）

对于特定的吸收塔，在其他条件不变的情况下，增加烟气流量 G，根据式（1-3-21）可知，NTU 将减小，也即 SO_2 脱除效率（η_{SO_2}）将下降。相反，随着 G 的降低，η_{SO_2}将提高。

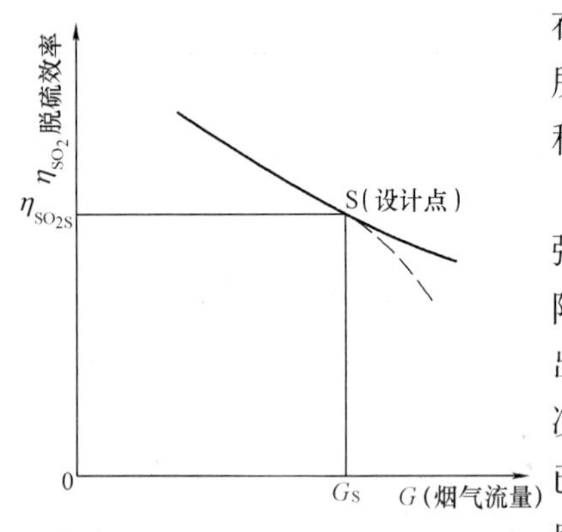

图 1-3-4 烟气流量与脱硫效率的示意关系

在这种情况下，G 与 η_{SO_2} 的典型关系的示意图如图 1-3-4 所示。G 影响 η_{SO_2} 的主要因素是吸收液提供的传质表面积 A。

此外，如图 1-3-4 所示，当烟气流量超过设计点 S，强制氧化空气喷入流量也随之增加，η_{SO_2} 将沿图中实线下降。但当喷入反应罐中的氧化空气流量达到氧化风机额定出力后不能再增加时，η_{SO_2} 将沿虚线急剧下降。在这种情况下，对 η_{SO_2} 的影响叠加了氧化过程对 η_{SO_2} 的控制。对于已建的 FGD 系统，如要增加烟气流量，这是一个需要考虑的情况。

增加烟气流量引发的另一个问题是提高了吸收塔内的烟气流速，这有利于减少液膜的厚度，对逆流喷淋塔还有助于提高吸收区液滴密度和停留时间，从而提高了传质系数，增大了 SO_2 吸收量，这样可以减少循环浆液量，降低循环泵的电耗。另外，单位横断面处理烟气量大的吸收塔，可以降低吸收塔的投资成本。但是，实际上，烟气设计流量在很大程度上受制于所采用的吸收塔的类型。石灰/石灰石 FGD 逆流喷淋塔通常设计烟气流速范围是 3～5m/s，如前所述，尽管提高烟气流速可以提高传质系数 K，但流速太高，烟气会夹带较多的液滴穿过除雾器，对吸收塔下游侧的设备造成腐蚀，因此逆流喷淋塔烟气流速的上限往往受除雾器性能的限制。

有些逆流喷淋塔中装有一个或多个多孔塔盘以提高 SO_2 的吸收效率，但这种吸收塔中最佳烟气流速要根据多孔塔盘水力设计特性来确定，如果烟气流速太低，塔盘上聚积不了浆液。如果烟气流速太高，浆液无法从塔盘上流下来，将造成塔盘上浆液“泛滥”，使烟气压损增大。

对于石灰石基顺流填料塔，由于它主要不是依靠液滴，而是依赖湿化填料表面来获得传质所需要的表面积，因此可以采用较高的烟气流速，在除雾器不过载和不造成逃逸过量液滴的情况下，一般流速可达 5～7m/s。

有些洗涤器（例如液柱塔）设计成先顺流再逆流的组合双塔的流程，顺流塔采取高烟气流速（例如顺流液柱塔取 10m/s），进入逆流塔后再降低流速，这样可以充分利用顺、逆流塔在烟气流速方面的特点，并且可以降低塔高，解决单个液柱塔喷嘴无重叠度的问题。

二、液气比（L/G）

在石灰/石灰石湿法 FGD 工艺中，液气比（L/G）指吸收塔洗涤单位体积烟气需要含碱性吸收剂的循环浆液体积。正如前述，L/G 通常是以洗涤 $1m^3$（标准状态下）湿烟气所需的循环浆液升数来表示，烟气标准状态是 1 个大气压（atm）、273.15K（0℃）。

国际上有些 FGD 装置供应商取 $1000m^3$（1atm、298.15K）作为烟气体积的基数，以洗涤此 $1000m^3$ 烟气所需浆液量的体积（以升为单位）数来表示液气比，即用 $L/1000m^3$（1atm、298.15k）来表示 L/G 比。

美国则经常用浆液加仑数/1000 实际立方英尺烟气（gal/1000acf）来表示 L/G，这里的“实际烟气”指吸收塔入口的烟气。

与 L/G 有关的另一个问题是烟气干、湿状态。在 FGD 装置设计中，L/G 的计算是取吸收塔出口标准状态下的饱和湿烟气流量，但有些资料中则取吸收塔入口湿基或干基烟气流量。因此，在提到 L/G 时应明确烟气的状态。

L/G 是石灰/石灰石湿法 FGD 系统设计和运行的重要参数之一，L/G 的大小反映了吸收过程推动力和吸收速率的大小，对 FGD 系统的技术性能和经济性具有重要的影响，是必须合理选择的一个重要设计参数。

首先，在大多数吸收塔设计中，循环浆液量决定了吸收 SO_2 可利用表面积的大小［即式（1-3-21）中的 A 值］，对于喷淋塔和喷淋/托盘塔尤其是如此。逆流喷淋塔喷出液滴的总表面积基本上与喷淋浆流量成正比，当烟气流量一定时则与 L/G 成正比。图 1-3-5 示出了我国某电厂石灰石湿法 FGD 逆流喷淋塔 L/G 与脱硫效率的关系，在其他条件不变的情况下，增加吸收塔循环浆流量即增大 L/G，脱硫效率则随之提高。因此，对于一个特定的吸收塔，在烟气流量和最佳烟气流速确定以后，L/G 是达到规定脱硫效率的重要设计参数。由于喷淋液滴的大小、液滴的密度、停留时间以及填料类型和高度等因素也会影响 A 值，因此 L/G 的确定还应考虑上述因素。

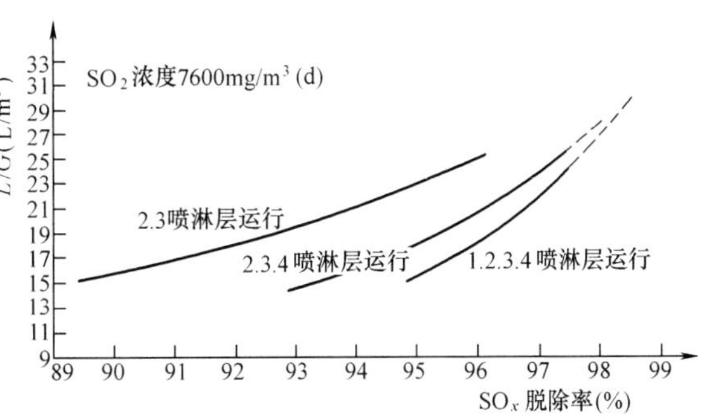

图 1-3-5 液气比（L/G）与脱硫率的关系例图

L/G 的第二个作用是对式（1-3-23）中液膜增强系数 Φ 的影响，提高 L/G 不仅增大了传质表面积，而且中和已吸收 SO_2 的可利用的总碱量也增加了，即 Φ 值增大，因此也提高了式（1-3-21）中的总体传质系数 K。

L/G 的第三个作用是防止结垢。当浆液中 $CaSO_4 \cdot 2H_2O$ 的过饱和度高于 1.3 时将产生石膏硬垢。在循环浆液固体物浓度相同时，单位体积循环浆液吸收的 SO_2 量越低，石膏的过饱和度就越低。有资料指出，当浆液含固量的质量百分浓度不低于 5wt%，循环浆液吸收 SO_2 量小于 10m mol/L 时，有助于防止石膏硬垢的形成，因此高 L/G 将有利于防止结垢。当依据脱硫效率和防止结垢选择的 L/G 不相同时，应选择其中较大的 L/G 作设计值。另外，吸收塔吸收区中的亚硫酸根和亚硫酸氢根的自然氧化率与浆液中溶解氧量密切相关，大液气比将有利于循环浆液吸收烟气中的氧气。再者，来自反应罐的循环浆液本身也含有一定的溶解氧，循环浆流量大，含氧量也就多。因此，提高液气比将有助于提高吸收区的自然氧化率，减少强制氧化负荷。

三、烟气 SO_2 浓度

当燃料含硫量增加时，排烟 SO_2 浓度随之上升，在石灰石 FGD 工艺中，在其他运行条件不变的情况下，脱硫效率将下降（见图 1-3-6）。这是因为入口 SO_2 浓度较高时能更快地消耗液相中可供利用的碱量，造成液膜吸收阻力增大。由于火电厂排烟 SO_2 浓度通常都较低，随着入口 SO_2 浓度升高脱硫率下降的幅度较小。甚至当入口 SO_2 浓度特别低时，在一定范围内，增加 SO_2 浓度，还会出现脱硫率上升的现象。这是因为，在这种情况下入口 SO_2 浓度上升对吸收浆液中碱度的降低不大，但增大了入口 SO_2 浓度与达到吸收平衡时塔内 SO_2 平衡蒸气的浓度差，此差值越大，气膜吸收的推动力越大，而气膜吸收速率与气膜吸收推动力成正比，因此反使脱硫效率略有升高。

还有一种情况是，当吸收塔入口 SO_2 浓度增加较大，而鼓入反应罐的氧化空气量未随之增加，特别当 SO_2 浓度超过设计值，氧化空气量不能再增加时，由于严重氧化不足，浆液中

会出现过量的 HSO_3^-，甚至超过其饱和度，因而阻止反应式（1-3-1）和式（1-3-2）向右进行。另外，过量的 HSO_3^- 会降低 $CaCO_3$ 的溶解度。这样，会出现图 1-3-6 以及图 1-3-4 所示的脱硫效率急剧下降的现象。

入口 SO_2 浓度变化对石灰湿法 FGD 工艺脱硫效率的影响要小得多，这是因为浆体液相的碱度较高。

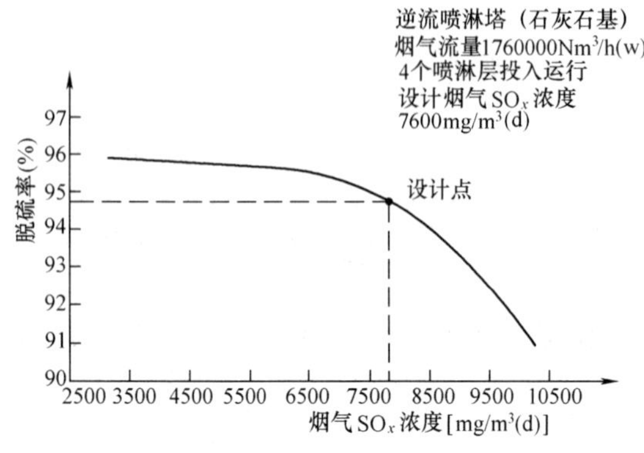

图 1-3-6　烟气 SO_2 浓度与脱硫率的关系例图

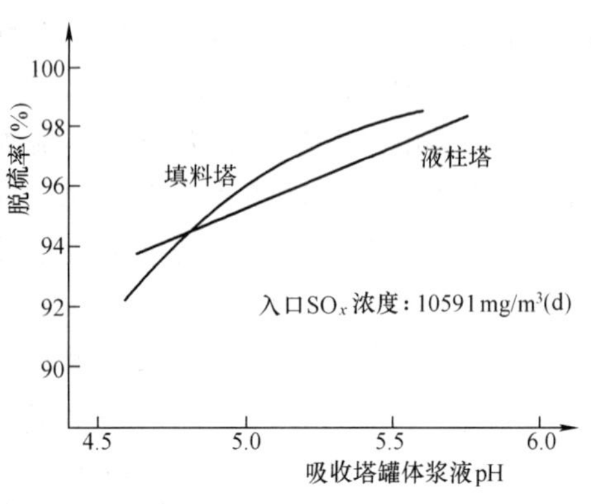

图 1-3-7　浆液 pH 值与脱硫率的关系例图

四、浆液 pH 值和钙硫摩尔比（Ca/S）

对脱硫效率有重要影响的另一个工艺参数是循环浆液的 pH 值。循环浆液的 pH 值也是石灰/石灰石湿法 FGD 系统运行中的一个主要控制参数。测定浆液 pH 值的位置多数布置在从反应罐氧化区底部抽出浆液至脱水系统的管道上，也有布置在混合了新鲜吸收剂浆液的循环浆管上。前一种测得的浆液 pH 值比后一种约低 0.2。

在烟气脱硫过程中，通过自动调节回路控制加入工艺过程中的吸收剂浆量，使浆液的 pH 值等于设定值，并使脱硫率达到要求值。

图 1-3-7 示出了我国某电厂石灰石湿法 FGD 填料塔和液柱塔浆液 pH 值与脱硫率的关系（设计性能）。可以看出，浆液 pH 值对脱硫率的影响最为显著，在一定范围内两者之间几乎呈线性关系。浆液 pH 值是通过式（1-3-23）中的液膜增强系数 Φ 来影响脱硫效率，Φ 值随 pH 值的提高而增大，从而使总传质系数 K 也增大。浆液 pH 值通过以下两个途径来影响 Φ 值：首先，提高浆液 pH 值就意味着增加了可溶性碱性物质的浓度，例如提高了亚硫酸根离子浓度，而亚硫酸根离子具有中和吸收 SO_2 后产生的 H^+ 的作用；其次，浆液中未溶解的吸收剂在浆液吸收 SO_2 的过程中具有缓冲作用，提高浆液 pH 值就增加了循环浆液中未溶解的石灰或石灰石的总量（即提高了钙硫摩尔比 Ca/S），当循环浆体液滴在塔内下落过程中吸收 SO_2 碱度降低后，液滴中有较多的吸收剂可供溶解，可以显著地减缓液滴 pH 值的下降。

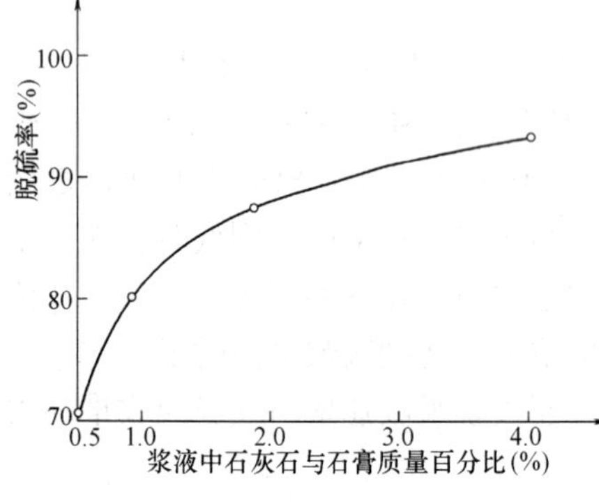

图 1-3-8　浆液中未溶解石灰石对脱硫率的影响

德国 Michael Luckas 在 Frimmersdorf 电厂石灰石湿法 FGD 逆流喷淋塔的实测结果（见图 1-3-8）表明，随着浆液中未溶解石灰石含量的增加，脱硫率得到提高，但当未溶解石灰石含量增加到一定值后，脱硫效率的提高变缓慢。浆液 pH 值与脱硫率也有上述类似的关系，通过对 FGD 系统中石灰石溶解平衡的计算表明，石灰石 FGD 系统 pH 值最高限值为 6.0~6.1，当 pH 值高于 5.7 后石灰石的溶解速率急剧下降，脱硫率的提高趋于缓慢。因此，当 pH 值控制得较高时，要求浆液在反应罐中有较长的停留时间，才能在提高脱硫率的同时，提高吸收剂的利用率。

增加浆液中未溶解吸收剂的含量可以提高脱硫率，但过高的吸收剂含量不仅不经济而且会降低石膏纯度。较低的浆液 pH 值有助于提高石灰石的溶解速度，降低 Ca/S 比，提高石灰石的利用率。因此，浆液 pH 值的控制应在达到要求的脱硫率的前提下，谋求最佳 Ca/S 比。最佳 Ca/S 的确定还需要考虑吸收剂的费用、投资成本以及提高 L/G 造成的能耗成本。但当石膏纯度是系统性能保证值时，最大 Ca/S 往往受石膏纯度的限制。

Ca/S 又称吸收剂耗量比或称化学计量比，定义为每脱除 1mol SO_2 需加入 $CaCO_3$ 或 CaO 的摩尔数，理论 Ca/S = 1，但在实际运行中，Ca/S 的典型范围是 1.01~1.10，先进的吸收塔可达到 1.01~1.05，Ca/S 还表示浆液中过量吸收剂的数量，Ca/S 比是吸收剂利用率（η_{Ca}）的倒数，即 Ca/S = 1/η_{Ca}，例如 Ca/S = 1.05，等同于吸收剂的利用率为 95.2%。

石灰和石灰石 FGD 工艺最适合的 pH 值范围（或 Ca/S 比范围）有明显的差别。石灰石基工艺浆液 pH 值的典型设定范围是 5.0~6.0，具体设定范围的确定要考虑石灰石的费用和最终副产物是石膏还是废弃的亚硫酸盐等因素。如果不要求生产商品质量的石膏，Ca/S 范围通常是 1.05~1.1 左右；如果要求生产商品质量石膏，出于以下两方面的原因，Ca/S 选择得比较低（一般为 1.01~1.03）：一方面，必须尽可能降低浆液中过量的石灰石，才能达到规定的石膏纯度，美国脱硫石膏的纯度通常 >95%，而我国电厂一般要求不低于 90%；另一方面，采用较低的 pH 值运行可以提高亚硫酸盐的氧化率，最大限度地降低氧化空气量。我国现有的电厂 FGD 装置由于所采用的石灰石 $CaCO_3$ 含量一般为 90%~95%，粒径 d_{50} 为 10μm 左右，脱硫石膏纯度一般要求不低于 90%，为了同时兼顾脱硫效率，Ca/S 选择在 1.02~1.08 范围内。

在生产商品质量石膏的石灰石 FGD 系统中，往往设计一组水力旋流分离器作为浆液的一级脱水设备，由于浆液中多数结晶石膏的粒径要大于浆液中未反应的石灰石颗粒的粒径，因此，在旋流器的溢流液中富集了未反应的石灰石，溢流液返回吸收塔反应罐，得以回收利用相当一部分未反应的石灰石，而旋流器底流浆液中未反应的石灰石浓度相对较低，这样就降低了固体副产物石膏中的石灰石含量。因此，旋流器分离浆液中未反应石灰石的能力越强，也就允许循环浆液中保持较高的 $CaCO_3$ 含量，这有利于提高脱硫率，又提高了副产物石膏的纯度。

石灰较之石灰石易溶于水且是一种强得多的碱，因此石灰基工艺运行 pH 值较石灰石基的高，一般维持在 6.5~7.0 的范围内。设计石灰基工艺运行 pH 值较高的原因是，充分利用 SO_3^{2-} 离子的碱性可以中和 H^+［式（1-3-8）］的这一优点，当石灰在反应罐中溶解时，应保持浆液较高的 pH 值，高到足以将尽可能多的 HSO_3^- 转化成 SO_3^{2-}［式（1-3-7）］。但是也并非 pH 值越高越好，如果浆液 pH 值高到足以将 HSO_3^- 全部转化成 SO_3^{2-}，那么浆液的碱度就能吸收烟气中的 CO_2，吸收后的 CO_2 与 $Ca(OH)_2$ 反应生成不溶水的 $CaCO_3$ 沉淀析出，并进入固体副产物中，其结果是增大了吸收剂的耗量和固体副产物产量，但脱硫效率并不增加。由于石灰通常比石灰石贵得多，因此要尽力降低石灰耗用量。一般选择的Ca/S比在 1.01~1.02 范围内，在保持较低石灰耗用量的情况下，使选定的 pH 设定值仅将反应罐

中部分 HSO_3^- 转化成 SO_3^{2-}。

五、循环浆液固体物浓度和固体物停留时间

在一个设计合理的工艺过程中，吸收 SO_2 最终形成的产物［见式（1-3-11）～式（1-3-13）］应在循环浆液中的固体颗粒表面上不断地沉淀析出。当沉淀物在溶液中的溶解量超过其溶解饱和度时，沉淀将发生，但当沉淀物在溶液中的过饱和度高于某一定值时，就可能在吸收塔内部构件表面上产生结垢。保持循环浆液中有足够的晶种固体物和充裕的反应时间是防止形成过饱和状态的措施之一。此外，石灰和石灰石的溶解［式（1-3-4）～式（1-3-7）］也需要有足够的时间。

1. 循环浆液固体物浓度

通常以浆液密度或浆液中质量百分含固量（wt%）来表示维持浆液中晶种固体物的数量。就提供适当的晶种防止结垢而言，最低浆液含固量不应低于5wt%。但是，石灰石基工艺浆液含固量通常是10wt%～15wt%，也有的高达20wt%～30wt%。维持较高的浆液浓度有利于提高脱硫率和石膏纯度。前面已提到循环浆中未溶解 $CaCO_3$ 含量高有利于提高脱硫率，当浆液固体物中石灰石/石膏的质量比相同时，副产物石膏中石灰石百分含量也大致相同，但固体物浓度高的浆液中 $CaCO_3$ 总量较高，浆液的缓冲容量大，因此有利于提高脱硫率。如果单位质量浆液中具有相同的 $CaCO_3$ 含量，浓度高（即含固量高）的浆液中石灰石/石膏的比率小，这有利提高固体副产品石膏质量。但是，高含固量浆液会对浆泵、搅拌器、管道和阀门产生较大的磨损。因此，浆液含固量浓度的上限应不使浆泵等的磨损有明显加剧。

反应罐浆液浓度也是工艺过程要控制的参数，通常是通过保持反应罐的产出平衡，控制反应罐的浆液排出流量，从而大致地控制浆液浓度。同时根据吸收塔浆液浓度（或密度）调节从水力旋流器返回反应罐的溢流和底流浆液量来稳定反应罐浆液浓度。保持浆液浓度稳定对于稳定脱硫效率、石膏质量和防止结垢是有利的。

2. 固体物停留时间

浆液固体物在反应罐中的停留时间用固体物停留时间 τ_t（h）来表示，其等于反应罐中存有的固体物总量除以脱硫固体物平均产出率，也等于反应罐中浆液体积除以馈送至脱水系统浆液的平均流量。按后一种方法计算时，应从馈出浆液平均流量中扣除从旋流器返回反应罐的浆液流量。按上述两种方法计算出的 τ_t 可能有差异，这种差异出在反应罐排浆流量的取值上。

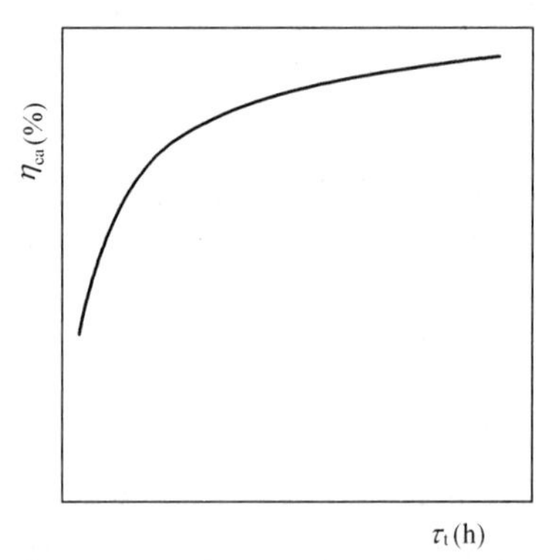

图 1-3-9　石灰石利用率与固体物停留时间的关系走势图

τ_t 值实际是浆液固体物在反应罐的平均停留时间，反映反应罐有效浆液体积的大小。石灰/石灰石 FGD 工艺中典型的 τ_t 值是12～24h，通常不应低于15h。τ_t 是石灰/石灰石 FGD 系统设计的一个重要参数，适当的 τ_t 值有利于提高吸收剂的利用率和石膏纯度，有利于石膏结晶的长大和脱水。但是 τ_t 过大，反应罐体积较大，会增加投资成本。另外，由于大型循环泵和搅拌器对石膏结晶体有破碎作用，固体物在反应罐中的停留时间过长，对石膏脱水会产生不利影响。

石灰石利用率 η_{Ca} 与 τ_t 的关系可用式（1-3-24）表示，两者的关系曲线有如图1-3-9所示的走势，即

$$\eta_{Ca} = \frac{K_{Ca}\tau_t}{1 + K_{Ca}\tau_t} \tag{1-3-24}$$

式中 K_{Ca}——石灰石反应速率常数。

K_{Ca}与石灰石的化学成分、粒度和浆液 pH 值有关。

从图 1-3-9 可看出，对于特定的石灰石吸收剂，随着 τ_t 的增大，亦即反应罐体积的增大，石灰石利用率提高，反应罐体积增大到一定程度后再继续增大，η_{Ca}则增加得很缓慢。因此，反应罐体积的确定需根据吸收剂的反应活性，综合考虑投资成本和反应罐体积对工艺性能的影响。

与 τ_t 类似的另一参数是浆液在吸收塔内循环一次在反应罐中的平均停留时间，即浆液循环停留时间 τ_c（min），其计算式为

$$\tau_c\ (\text{min}) = \frac{\text{反应罐浆液体积}\ (\text{m}^3)}{\text{循环浆液总流量}\ (\text{m}^3/\text{h})} \times 60 \tag{1-3-25}$$

从式（1-3-25）可看出，τ_t 越大，反应罐浆液体积（m^3）就越大，τ_c增大，因此 τ_c 是一个与 τ_t 有关的参数。但当反应罐浆液体积一定时，τ_c 则随循环浆液总流量（m^3/h）的增大而减小，也就是说 τ_c 与液气比有关。石灰石基工艺的 τ_c 一般为 3.5～7min，典型的 τ_c 为 5min 左右。提高 τ_c 值有利于在一个循环周期内，在反应罐中完成氧化、中和和沉淀析出反应，有利于 $CaCO_3$ 的溶解和提高石灰石的利用率。

第四节 FGD 系统对有害空气污染物（HAPs）的去除作用

有害空气污染物（Hazardous Air Pollutants，HAPs）是指对人体产生直接危害的空气污染物，HAPs 包括石棉、氯气、汞、锑、砷等重金属化合物共 22 种（类）无机污染物和乙醛、甲苯等 39 种（类）有机污染物。本节主要讨论 FGD 系统对燃烧烟气中汞和 HAPs 的固体颗粒物的去除作用。

美国 1990 年通过的洁净空气法修正案（CAAA）要求对 HAPs 的主要排放源采用最可能实现的控制技术来控制这类污染物的排放。虽然美国 CAAA 未将燃煤发电厂锅炉列为 HAPs 主要排放源，但一项研究表明，美国每年汞排放量大约为 150t，占全世界向大气排放汞总量的 3%，其中燃煤电厂占三成，约 50t。有人估算，1978～1995 年我国燃煤工业累计向大气排放汞达 2494t，并以年平均 4.8% 的速度增长。目前，控制燃煤电厂汞排放已成为国际上研究的热点。

汞的危害在于它没有任何已知的生物作用，汞进入生态环境后造成汞的生物累积而难以消除，会产生长期的危害。而且元素汞（Hg）在大气环境中相对比较稳定，可以在大气中被长距离地输送而形成大范围的汞污染。燃煤过程的汞排放，特别是大型燃煤电厂锅炉的汞排放，在电厂附近的局部汞循环中也具有相当的危害性。

目前各国还没有制定相应的电厂锅炉汞排放标准，我国除对垃圾焚烧炉和与汞有关的化工生产过程制订了相关的控制标准外，也还没有制定针对燃煤过程汞污染控制的标准。而美国 EPA 已确定了一个时间表来限制来自燃煤电厂的汞排放。该时间表计划在 2003 年底出台大型燃煤锅炉汞污染控制标准和相关法规，2004 年末颁布并要求到 2007 年达到规定的控制标准。美国有些地方甚至制定了地区控制汞排放的行动方案。因此，对燃煤重金属污染的控制，特别是对汞污染的控制，是我国电厂早晚要遇到的问题。

汞有三种价态，即零价汞 Hg^{0}、一价汞 Hg^{+} 和二价汞 Hg^{2+}。燃煤过程汞主要以气态形式进入烟气，烟气中的汞主要有三种形式，即气态元素汞（Hg^{0}）、气态二价汞（Hg^{2+}）和颗粒态汞（Hg_p）。现有的研究得出的有限资料表明，烟气中氧化态汞（Hg^{2+}）占总汞量的40%～50%，并指出，汞的形式似乎与煤种有关。

除汞之外，目前还没有令人信服的资料表明，HAPs 的去除与 FGD 系统的运行参数有关。有关研究表明，传统的未经改进的湿法 FGD 系统具有从燃煤烟气中脱除汞的功能，脱除汞的效率从低于10%到超过90%，这主要取决于汞的形式。由于烟气中的 Hg^{2+} 化合物大部分为 $HgCl_2$，$HgCl_2$ 可溶于水，湿法 FGD 系统通过溶解烟气中的 Hg^{2+} 来除去 Hg^{2+}，并认为氧化态汞（Hg^{2+}）的脱除效率受气膜传质控制。美国电力研究协会（EPRI）的试验证实，湿法 FGD 可以脱除烟气中98%以上的 Hg^{2+}，但对不溶于水的 Hg^{0} 捕获效果很小或不被脱除。据统计，湿式 FGD 对烟气中总汞的脱除率在45%～55%范围内，而汞的透过百分率在<25%～50%的范围内变化。因此，要使湿法 FGD 成为汞排放的有效控制方法，要设法使元素 Hg^{0} 在进入湿法 FGD 系统之前转变成氧化态汞 Hg^{2+}。调查发现，选择催化还原（Selective Catalytic Reduction，SCR）NO_x 脱除装置上游侧烟气中元素汞占气态汞的40%～60%，而在 SCR 下游仅占2%～12%。试验也证明 SCR 入口烟气中氧化态汞平均占51%，出口增加到平均占93%。也就是说，在 SCR 中，在催化剂存在的情况下，元素汞 Hg^{0} 被氧化成 Hg^{2+}。因此，当将较大型的 SCR 与湿法 FGD 组合起来时，可以大大地提高湿法 FGD 除去汞的效率。有的还向湿法 FGD 中加入为除去汞而专门选择的添加剂。这种 SCR + 湿法 FGD 的组合也有负面影响，即 SCR 也会将 SO_2 氧化成 SO_3，形成硫酸，硫酸再形成非常细小的雾，湿法 FGD 很难除去这种酸雾，这样会增加对湿法 FGD 设备的腐蚀。据报道，喷入除 SO_3 药剂 + SCR + 布袋除尘器 + 组合有湿式电除尘器（WESP）的湿法 FGD 的这种配置，可以至少达到90%的汞除去率并将硫酸雾排放降到一个非常低的程度。还有些试验则采用新型氧化剂喷入高温烟气中，使气态 Hg^{0} 全部氧化成 Hg^{2+}，最终经湿式 FGD 捕获。

如果收集到的汞会重新排放到环境中去，那么湿法 FGD（Wet FGD，WFGD）捕获汞就不能认为是成功的。调查和试验表明，WFGD 的固体副产物、废渣和废液中汞的形态一般是稳定的，认为不会重新释放到周围环境中去。通常脱硫石膏中的汞含量较商用天然石膏矿中的汞要低些，因此脱汞后的石膏不影响商业销售。

FGD 系统对烟气中的颗粒物有一定的除去效率，因此可以由此来估算 FGD 系统对有害空气固体物污染的除去效率。湿法 FGD 系统对 HAPs 中颗粒物的除去依赖浆体液滴与这些颗粒物的碰撞，但低压损湿法 FGD 吸收塔对于透过静电除尘器或布袋除尘器仍滞留在烟气中的细小颗粒物（直径0.1～2μm）的除去效率不高，可供参考的数据不多。要准确测定 FGD 系统对飞灰的除去效率是比较困难的，这是因为 FGD 系统出口颗粒物含量本来就较低，再加之细小的雾滴透过除雾器额外增加了烟气中的颗粒物含量，因此湿式 FGD 系统对各种固态有害空气污染物除去效率的范围很宽，为0～98%。

第四章　化学添加剂的作用和应用

第二代 FGD 吸收塔得到改进的一项技术措施是发现和论证了一些化学添加剂可以提高 SO_2 脱除效率。尽管目前化学添加剂主要应用于提高早期建设的 FGD 系统的性能，新建 FGD 系统设计应用化学添加剂的尚不普遍，但有人预计化学添加剂将成为今后 FGD 设计的主要项目。认为应用化学添加剂是小体积、高流速、处理烟量大和造价低的新型吸收塔的发展方向之一。从广义而言，抑制氧化 FGD 工艺中添加的抑制氧化剂也属于化学添加剂，但本节讨论的化学添加剂指除吸收剂外，人为投入湿法 FGD 工艺过程中，目的在于进一步提高脱硫效率的化学物质。

如前所述，增大吸收塔内气—液接触表面积是提高石灰/石灰石湿法 FGD 装置脱硫效率的重要手段。增大气—液接触面积既可以通过提高 L/G、增设一个多孔塔盘，也可以通过增加塔内填料高度的方法来实现，但这些方法造成较大的费用提高。如前所述，SO_2 吸收总阻力主要来源于液膜扩散，即等式（1-3-23）中的 $1/K_g$ 比 $H/K_l\Phi$ 小得多，因此，采用能增加液相碱度的添加剂可以在提高洗涤效率的情况下明显提高成本效益。另外，应用添加剂还可以提高运行操作的灵活性，例如在燃料含硫量变化较大的情况下，可以按平均入口 SO_2 浓度来设计吸收塔，当燃用高含硫燃料时，则添加化学添加剂来保持要求的脱硫效率，这样既降低了投资成本也减少了运行费用。

目前，在运行的石灰/石灰石湿法 FGD 装置中用来提高脱硫率的添加剂有以下三种：镁盐、二元酸和甲酸（或甲酸钠）。

第一节　镁　　盐

在石灰和石灰石基系统的循环吸收浆体的液相中，存在一些能中和 SO_2 的化合物，这些化合物中最重要的是 SO_3^{2-} 和 HSO_3^-。在有 Ca^{2+} 存在的情况下，由于 $CaSO_3$ 的溶解度较低，浆液中 SO_3^{2-} 含量较低。如果向浆液中加入可溶性镁盐，由于形成了可溶性的 $MgSO_3$，而 $MgSO_3$ 的溶解度约为 $CaSO_3$ 的 630 倍，因而能明显地提高浆液由 SO_3^{2-} 带来的碱度，减少脱硫效率对石灰分解的依赖。通常的做法是将已消化的镁石灰，镁石灰的化学成分为 $Ca(OH)_2 \cdot Mg(OH)_2$，加入吸收剂浆液中再带入循环吸收液中。

可溶性镁添加剂应用于抑制氧化工艺中非常有效，因为 SO_3^{2-} 离子提供了必需的补充碱量。但是镁添加剂的这一效果随浆液 pH 值的变化而变化，在低 pH 值时，大多数已溶解的 SO_2 以 HSO_3^- 的形式存在于液相中，因而不能中和 H^+ 离子。虽然在实际运行的石灰石 FGD 系统中也有添加镁石灰的，但镁添加剂更多的是用于石灰基工艺中，因为后者运行的 pH 值较高（6.5~7.5），在高 pH 值下，这种添加剂的效果更好。一种富镁石灰（Magnesium Enhanced Lime，MEL）FGD 系统就是在具有足够高的可溶性亚硫酸碱度下运行，以获得气膜控制的最高吸收效率。这种 MEL 系统虽然应用尚不普遍，还存在一些争议。但在美国俄亥俄河谷已有 8GW 容量的 MEL 系统在运行。这些 MEL 系统已证明，在燃用含硫高达 3%~

4%的煤时，能经常达到98%的脱硫效率，而且 MEL 的吸收塔比同容量的石灰石 FGD 系统的吸收塔要小得多，就体积而言小30%左右。

应用镁添加剂也有一些缺点，在石灰石 FGD 工艺中，高浓度 Mg^{2+} 和 SO_3^{2-} 会降低石灰石的溶解速度 [反应式（1-3-5）]，因此达到相同脱硫率石灰石耗量增大，此外 Mg^{2+} 是脱硫固体副产物结晶的杂质，会影响结晶的晶形，可能严重恶化固体副产物的脱水性能和应用。

第二节　二元酸（DBA）和己二酸

二元羧基酸的通式是 $HOOC-(CH_2)_n-COOH$。己二酸（$n=4$）是最先被验证具有提高脱硫效率的有机酸，随后 DBA（Dibasic Acid）也被证实。DBA 是丁二酸（$n=2$）、戊二酸（$n=3$）和己二酸三种二元羧基酸的混合物。是己二酸的副产品，其费用比己二酸以及后面将要谈到的甲酸、甲酸钠便宜。

根据酸碱的质子理论，酸愈强，它们的共轭碱越弱，酸越弱，它们的共轭碱愈强，可以用式（1-4-1）来表达这种共轭关系，即

$$HOOC-(CH_2)_n-COOH \rightleftharpoons {}^-OOC-(CH_2)_n-COO^- + 2H^+ \quad (1\text{-}4\text{-}1)$$

弱酸　　　　　　　　　　强碱　　　　质子

$^-OOC-(CH_2)_n-COO^-$ 的强碱性为液相提供了碱度。当浆液吸收 SO_2 产生 H^+ 时，DBA 通过结合 H^+ 来起到提高脱硫效率的作用：

$$^-OOC-(CH_2)_n-COO^- + H^+ \rightleftharpoons HOOC-(CH_2)_n-COO^- \quad (1\text{-}4\text{-}2)$$

$$HOOC-(CH_2)_n-COO^- + H^+ \rightleftharpoons HOOC-(CH_2)_n-COOH \quad (1\text{-}4\text{-}3)$$

在反应罐中由于石灰石的溶解，中和了 DBA 结合的 H^+，提升了浆液的 pH 值，反应式（1-4-2）和式（1-4-3）发生逆向反应，重新变成具有强碱性的 $^-OOC-(CH_2)_n-COO^-$ 离子。

在石灰石基工艺中，DBA 提高脱硫效率的作用比亚硫酸根（SO_3^{2-}）更大，DBA 能在石灰石基工艺较宽 pH 值范围内中和已吸收的 SO_2，使浆液具有更大的缓冲容量。图1-4-1 是根据反应式（1-4-2）和式（1-4-3）计算得出的 DBA 平衡关系曲线。从该图可看出，DBA 三种形态的浓度也受 pH 值的影响，图中用 R 来表示烷基 $-(CH_2)_n-$，在低 pH 值时 DBA 主要以未离解酸（HOOC－R－COOH）的形式存在于溶液中。当 pH 值增大时，HOOC－R－COOH 离解。在 pH 值约为 4.3 时，未离解的酸 HOOC－R－COOH 与一级电离酸根 $HOOC-R-COO^-$ 的浓度相等。随着 pH 值的升高，发生了二级电离，当 pH 值高于 6 时，二级电离的酸根 $^-OOC-R-COO^-$ 成为主要形态。对比图 1-3-1 亚硫酸平衡曲线，在石灰石基 FGD 典型运行 pH 值为5～6 的范围内，DBA 主要以 $^-OOC-R-COO^-$、其次以 $HOOC-R-COO^-$ 形式存在于液相中，而在此 pH 值范围内亚硫酸主要以 HSO_3^-、其次才是以

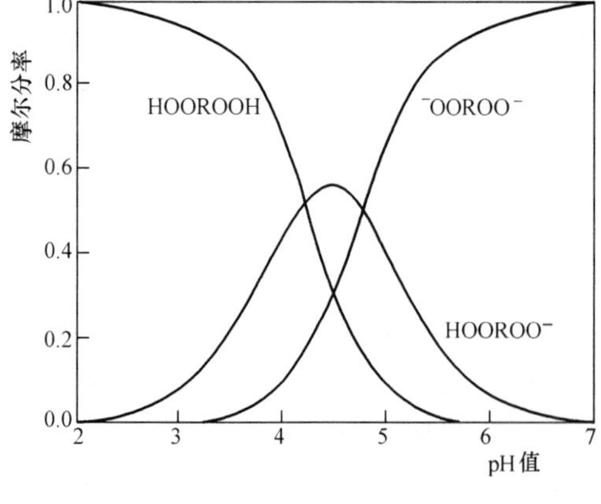

图1-4-1　DBA 典型平衡曲线

SO_3^{2-}形式存在于液相中。也就是说，在石灰石基工艺的反应罐中，在浆液循环到吸收塔之前，DBA 基本上已完全电离，因此当添加有 DBA 的浆液在吸收塔内接触到烟气中的 SO_2 时，由于已电离的 DBA 酸根能结合吸收 SO_2 产生的 H^+，浆液 pH 值下降要少些。也就是说，浆液具有较强的吸收容量或缓冲作用。

从理论上讲，一次添加 DBA 后可反复使用，无需再补加，但实际上由于 DBA 被氧化裂解，随固体物沉淀以及随排放液排出 FGD 系统，因而需要定时补加 DBA。

图 1-4-2 显示了添加 DBA 对石灰石 FGD 系统性能提高的典型趋势。从该图可看出，DBA 浓度在 0～1000mg/L 范围内，随着 DBA 浓度的增加，脱硫效率明显提高。继续增大 DBA 浓度，NTU［图 1-4-2（a）］的增大仍很明显，但 SO_2 脱除效率提高变缓慢，已趋近气膜控制的最大值［图 1-4-2（b）］。不同的吸收塔这一最大值是不同的。对同一吸收塔，DBA 浓度对脱硫率的影响还受浆液中未溶解的石灰石含量的影响，因为未溶解的石灰石同样具有缓冲作用。DBA 最佳添加量应综合考虑对脱硫效率的提高和添加剂的费用，通过试验来确定。在运行 FGD 系统中的试验表明，未添加 DBA，设计脱硫效率为 85%～90% 的石灰石基吸收塔，添加经济上合算的 DBA 量，脱硫率可提升到 95%～97%，未添加 DBA 脱硫率为 90%～95% 的可达到 98%～99%。

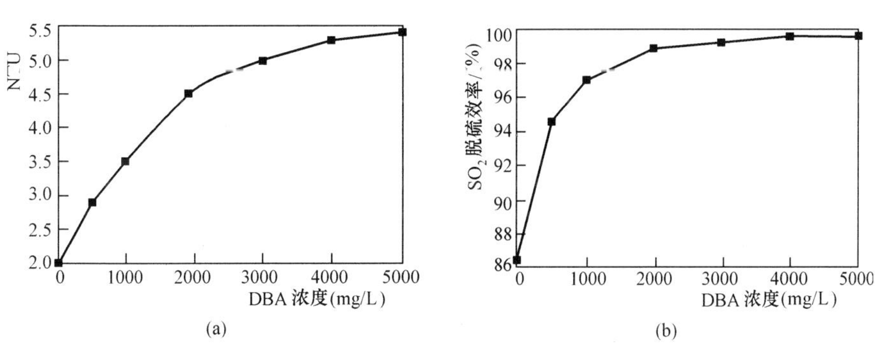

图 1-4-2　DBA 添加剂提高性能的典型趋势图

（a）对 NTU 的影响；（b）对脱硫效率的影响

第三节　甲 酸 和 甲 酸 钠

甲酸又称蚁酸，是一种比碳酸更强的一元羧酸，也可用来提高石灰石 FGD 系统的性能。可以用粉状甲酸钠替代甲酸，优点是使用安全、卫生。甲酸和甲酸钠的中和作用类似 DBA，只是一个甲酸根离子（$HCOO^-$）仅能结合一个 H^+离子，即有

$$HOOC^- + H^+ \rightleftharpoons HCOOH \tag{1-4-4}$$

根据式（1-4-4）计算得出的不同 pH 值、HCOOH 与 $HCOO^-$的平衡关系曲线如图 1-4-3 所示。从该图可看到，当 pH 值大约高于 3.6 时，大部分甲酸以甲酸根 $HCOO^-$形式存在于溶液中。比较电离平衡式（1-4-2）～式（1-4-4）可看出，一个二级电离的 DBA 酸根离子（$^-OOC-R-COO^-$）可结合 2 个 H^+，而一个甲酸根离子（$HCOO^-$）仅能结合一个 H^+，即前者比后者的中和能力强。但是如果以相同质量的 DBA 和甲酸（例如均为 1g）来比较他

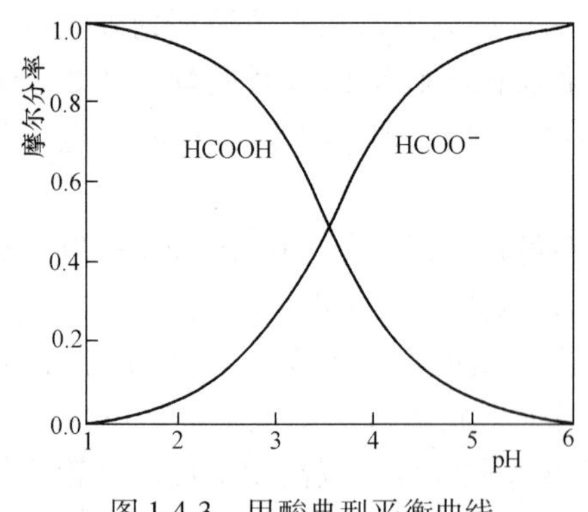

图 1-4-3 甲酸典型平衡曲线

们的中和能力，则会得出完全相反的结论。对典型的三种酸混合物的 DBA 来说，1 克分子的 DBA 质量大约 130g，而 1 克分子甲酸质量是 4.6g，即 1g 甲酸能中和 22mmol 的 H^+，而 1g DBA 只能中和 15mmol 的 H^+，也就是说甲酸的中和能力大约是 DBA 的 1.5 倍。然而，从图 1-4-1 和图 1-4-3 可看出 DBA 和甲酸的实际中和能力还取决于特定的 FGD 装置运行的 pH 值范围。

从图 1-4-1 可看到，要完全利用 DBA 的中和容量，反应罐浆液 pH 值需高于 6，离开吸收塔的浆液 pH 值应低于 3。从图 1-4-3 可看出，要完全利用甲酸的中和容量，相应的 pH 值范围是反应罐 pH 值高于 5，离开吸收塔的浆液 pH 值低于 2。因此，当运行 pH 值较低时采用甲酸更有利。

美国 20 世纪 80、90 年代对添加剂做了大量现场试验，主要用于提高早期建成的 FGD 装置性能，以满足日趋严格的环保标准。在一些实际运行的石灰石 FGD 装置中的试验表明，尽管理论分析甲酸的中和能力强于 DBA，但在相同质量浓度情况下，DBA 对 FGD 系统性能的提高稍好于甲酸。但在实际选择时，更多地考虑这两种添加剂的相对费用。

第四节 添 加 剂 的 损 耗

采用添加剂提高了装置的洗涤效率，但也增加了运行费用，添加剂的费用主要取决于添加剂的价格和添加剂的损耗率。确定损耗率除了用于预测添加剂的费用、比较采用添加剂提高洗涤效率的经济效益外，还用于确定补加添加剂率。

一般可将添加剂在石灰/石灰石 FGD 系统的损耗分为“溶液”和“非溶液”损耗。“溶液”损耗指溶解在液相中的添加剂部分随脱水后的固体副产物或随系统分离出来的排放液带出系统而造成的损失。“非溶液”损耗则指造成“溶液”损耗以外的其他原因所造成的损失，例如化学降解、共沉淀和蒸发。对于镁添加剂则只存在“溶液"损失。对特定的 FGD 装置和添加剂，通过物料平衡很容易确定添加剂的“溶液”损耗量。例如，添加剂浓度为 1g/L 时，其“溶液”损耗的范围通常是每脱除 1000kg SO_2，损失添加剂 0.5 ~ 2kg，具体损耗量还与添加剂的克分子质量、FGD 固体副产物的含水量和排放废水量有关。

有机酸添加剂还会因化学降解、共沉淀（即添加剂被包裹在固体副产物中）以及采用甲酸时甲酸随烟气蒸发所造成的损耗。甲酸沸点低，会出现蒸发损失，DBA 在 FGD 系统中则没有明显的蒸发损失。在强制氧化和抑制氧化两种系统中，添加剂由于化学降解和共沉淀造成的损失有明显的差别，DBA 和甲酸添加剂的化学降解和共沉淀损耗量也不相同。在抑制氧化系统中，随亚硫酸钙沉淀是造成有机酸添加剂损失的主要途径，在相同运行条件下，DBA 比甲酸的共沉淀损失要大些。在石灰石强制氧化和抑制氧化 FGD 系统中都会发生由于氧化造成的有机酸添加剂化学降解，但后一系统中的化学降解损失率要小些。

美国通过中间试验研究了在石灰石 FGD 系统中影响添加剂损耗率因素的相互关系，建立了强制氧化系统氧化降解率与添加剂浓度和 Cl^- 浓度的经验函数关系，试验数据显示，甲酸氧化降解率比 DBA 要大一个数量级，Cl^- 浓度高，氧化降解损失减少。在抑制氧化系统中，添加剂的沉淀率是 Ca^{2+} 和添加剂离子活度乘积的函数。在强制氧化和抑制氧化这两种系统中，甲酸盐的蒸发率是甲酸盐离子浓度的函数。美国电力研究学会（EPRI）根据这些函数关系建立了添加剂损耗量计算模型，运用这一模型可以预测各种工况下添加剂的损耗率。

第五节 应用有机酸添加剂的优缺点

前面已提到，各种有机酸可用来作为提高 SO_2 脱除效率的缓冲剂。在美国应用有机酸的大多数电厂 FGD 系统或者选择甲酸（也可采用甲酸钠），或者选择 DBA，由于 DBA 价格便宜，电厂更愿意选用 DBA。实际上，在 pH 值大致为 3～6 的范围内具有缓冲作用的有机酸都可以用来提高石灰石 FGD 系统的性能，例如醋酸（又称乙酸）和苯甲酸也曾在中间试验中应用过。

一、应用有机酸添加剂的优点

有机酸曾广泛用来改善那些脱硫率达不到要求的石灰石湿法 FGD 装置的性能。但是，化学添加剂的试验显示其还有另外一些优点，例如：

（1）在工程设计中，采用有机酸添加剂，可以降低液—气比来达到规定的脱硫效率。液—气比的降低导致吸收塔投资成本和运行费用的下降。扣除化学添加剂的费用，还能获得明显的净费用节省。

（2）由于化学添加剂具有缓冲性能，FGD 系统可以在较低的 pH 值下运行，并达到规定的脱硫效率。这有利于提高吸收剂的利用率，降低脱硫石膏中未反应的 $CaCO_3$ 含量，提高石膏的纯度，满足石膏最终用户的技术要求，这对于要求生产商业品质石膏的强制氧化装置来说是一个突出优点。

（3）增加了使用燃料的灵活性。对于含硫量变化较大的燃料，可以按燃料的平均含硫量，按不投用添加剂来设计 FGD 装置，当燃用含硫量较高的燃料时，在其他运行条件不变的情况下，投用化学添加剂来保持 FGD 装置达到规定的脱硫性能。

（4）提高运行的灵活性。例如当循环泵需要停机检修时，可以投放化学添加剂来维持系统的性能不下降。

如果新建 FGD 系统打算采用有机酸添加剂，则应预先进行经济评估。在评估中，应将投用化学添加剂的年费用与每年节省的吸收塔投资费用和运行费用相比较。显然，使用有机酸添加剂的经济效益往往受该 FGD 项目的一些特定情况，例如电能、吸收剂和化学添加剂的价格、当地环保法规对排放水的要求等因素的影响。使用化学添加剂的费用则主要取决于添加剂的价格和损耗率，而损耗率主要根据添加剂的浓度来确定，FGD 系统废水排放量和副产物滤饼的冲洗程度也会影响损耗率。要准确预计 FGD 系统化学添加剂的损耗率是不太可能的，美国测定了各种系统添加剂的损耗率，得出在添加剂浓度为 1g/L 的情况下，每脱除 1t SO_2，DBA 和甲酸盐的损耗率为 4～6kg，并且损耗率与添加剂浓度近似成正比。可以据此进行初步的经济评估。根据美国某些装置的实际性能，表 1-4-1 和 表 1-4-2 给出了应用添加剂经济比较的例子。

表 1-4-1 给出的例子是，喷淋塔分别投运 5、4、3 个喷淋层，投运 4、3 个喷淋层时，甲酸钠添加浓度分别为 150、350mg/L，投运 5 个喷淋层、不添加甲酸钠作为比较的基准条件，添加与不添加甲酸钠均始终维持吸收塔脱硫效率为 91%。吸收塔的设计基础均调整为

500MW，煤含硫2%，进入该装置的SO_2量为9.1t/h，该系统在添加剂浓度为1g/L时测得每脱除1t SO_2，添加剂损耗率为5.1kg/t，当添加剂浓度为150mg/L、350mg/L时，按比例计算相应的损耗率分别为0.76kg/t（SO_2）、1.78kg/t（SO_2）。表1-4-1列出的结果显示，应用添加剂后，扣去添加剂费用节省循环泵运行电费为11～20美元/h。如果该FGD工程在设计时就考虑采用添加剂，那么除了降低运行费用外，还可以减少喷淋泵、喷淋层数，喷淋层的减少又可降低吸收塔高度。据介绍，即使包括化学添加剂的设备费用，由此带来投资成本的净减少也可达到200万～300万美元，按美国财会计算方法，以一年为基础，由此节省的费用甚至超过节省的运行费用。

表1-4-2显示了应用有机酸添加剂降低石灰石耗量所能获得的经济效益。表1-4-2中的例1和例2都表示，在维持系统脱硫率不变的情况下，采用化学添加剂DBA后，降低了运行pH值，提高了吸收剂的利用率，降低了石灰石耗用量。降低石灰石耗量节省的费用都超过消耗化学添加剂所增加的费用。表1-4-2例2由于吸收剂的价格较例1低得多，以及不加添加剂时吸收剂利用率就比例1高，因此节省的费用比例1少得多，与表1-4-1减少循环泵运行台数的情况相类似，减少吸收剂的耗量同样可以降低制备吸收剂设备的容量，由此一年实际节省的费用超过运行节省的费用。

表1-4-1　　采用有机酸添加剂节省循环泵运行电费的例子

项　目		投运循环泵台数		
		5	4	3
技术数据				
SO_2脱除效率	（%）	91	91	91
L/G	（L/m^3）	15	12	9
吸收塔投运喷淋层数		5	4	3
喷淋泵的总功率	（MW）	4	3.2	2.4
电价	［美元/（kW·h）］	0.02	0.02	0.02
浆液中甲酸盐浓度	（mg/L）	0	150	350
甲酸盐价格	（美元/kg）	—	0.80	0.80
甲酸盐耗损量				
1000mg/L浓度下	［kg/t（SO_2）］	—	5.1	5.1
本例甲酸钠浓度下	［kg/t（SO_2）］	—	0.76	1.78
甲酸钠小时损耗量	（kg/h）	—	6.3	14.7
运行成本				
循环泵耗电费用	（美元/h）	80.00	64.00	48.00
甲酸钠费用	（美元/h）	0.00	5.04	11.76
小计	（美元/h）	80.00	69.04	59.76
每小时节约净费用	（美元/h）	基数	10.96	20.24
每年节约净费用	（美元/年）	基数	62400	115200

注　1. 根据实际试验数据，调整到500MW，煤含硫2%。
2. 按年利用率65%来计算年度成本。

表 1-4-2　　应用有机酸添加剂节省石灰石费用的例子

项　　目		填料吸收塔		喷淋/填料塔	
		例 1A	例 1B	例 2A	例 2B
技术数据					
SO_2 脱除效率	（%）	93.5	93.5	96.0	96.0
pH 值设定值		6.1	5.6	6.1	5.8
吸收剂利用率	（%）	81.0	93.0	85.0	92.0
吸收剂耗量	（t/h）	17.5	15.3	16.7	15.5
吸收剂价格	（美元/t）	11.00	11.00	8.60	8.60
DBA 浓度	（mg/L）	0	650	0	200
DBA 价格	（美元/kg）	—	0.44	—	0.46
DBA 耗量： DBA 浓度为 1000mg/L 时	[kg/t（SO_2）]	—	3.5	—	7.1
在本例 DBA 浓度下	[kg/t（SO_2）]	—	2.28	—	1.42
DBA 小时耗量	（kg/h）	0	19.3	0	12.3
运行费用					
吸收剂费用	（美元/h）	192.50	168.30	143.62	133.30
DBA 费用	（美元/h）	0.00	8.49	0.00	5.66
小计	（美元/h）	192.50	176.79	143.62	138.96
每小时节约净费用	（美元/h）	基数	15.71	基数	4.66
每年节约净费用	（美元/年）	基数	89500	基数	26500

注　1. 根据实际试验数据，调整到 500MW，煤含硫 2%。

2. 按年利用率 65% 来计算年度成本。

二、应用有机酸添加剂的缺点

目前有机酸添加剂在改善现有的性能低劣的 FGD 装置方面，在降低投资和运行成本方面显示出诱人的经济效益。但是应用有机酸添加剂也存在一些缺点，主要有以下几点：

（1）如果 FGD 系统为控制某些有害溶解盐的浓度或为了达到规定的水平衡设置有废水排放，那么废水可能需要处理后排放，以降低由于有机酸添加剂贡献的化学需氧量（COD）和生化需氧量（BOD）。

（2）如果采用甲酸或甲酸钠，一些甲酸会随处理后的烟气排放。对一些采用甲酸盐作试验的 FGD 系统的排烟进行了测定，烟气中甲酸盐浓度范围从 $<1\times10^{-6}\sim12\times10^{-6}$。DBA 的蒸气压低得多，因此 DBA 在吸收塔内不会蒸发。

（3）有机酸特别是丁二酸会改变脱硫固体副产物晶体的大小和形状，因而改变浆液固体物沉淀和过滤特性。观察到有机酸使沉降速度增大，也观察到相反的情况，这取决于 FGD 系统中亚硫酸最初的氧化分率。出现这种情况可能需要改变脱水设备的运行条件。

（4）如果 FGD 系统设计成采用有机酸添加剂来满足它的性能保证值，那么当添加剂供应困难或价格上涨时，将严重影响装置的运行。所幸的是，所有可用的有机酸可以相互替代，这不仅扩大了添加剂的货源也有利于稳定添加剂的价格。替代时无需改动设备或只需作少量变动，但需要调整替代添加剂的补加量。

欧洲一些应用甲酸或 DBA 的 FGD 系统为了降低有机酸带来的 BOD，对 FGD 的排放液进行了降低 BOD 的处理。用滴滤池能有效地处理含甲酸浓度较低的烟气脱硫排放液，对甲酸或 DBA 浓度较高的排放液可以用活化污泥处理或用程控分批反应器进行处理。在用这两种方法处理之前，可能需要用物理或化学方法除去有害金属。这些处理过程产生的费用会影响应用化学添加剂的经济效益。

随处理后烟气流失的甲酸是无法控制的。对一个容量为 500MW 的 FGD 装置，满负荷运行时如排放烟气中甲酸浓度为 1×10^{-6}，那么甲酸的排放量大约是 5kg/h，或 44t/年。而实际排放量可能高达上述值的 10 倍，因此在决定选用甲酸类添加剂时还必须考虑当地大气污染物的排放标准。

有机酸添加剂的应用在我国已投运的石灰石湿式 FGD 装置中还是空白，一方面我国是 20 世纪 80 年代末开始引进大型湿式 FGD 装置，性能较先进，目前还无须通过应用添加剂来提高系统性能；另一方面我国应用商业品质的有机酸作脱硫添加剂，难以保证价格和供应稳定，价格也较高。但是，在一些化学工业集中的地区，如有价格低廉的有机酸下脚料可供利用，可以大胆尝试应用于设计中。

第五章 石灰/石灰石 FGD 工艺过程的物料平衡

根据质量守恒定律，任何一个生产过程，其原料消耗量应为产品量与物料损失量之和。通过了解 FGD 工艺过程的物料平衡，可以知道输入系统的原料转变为脱硫产物以及流失的情况，以便寻求改善这一转变过程的途径。在 FGD 系统设计中需进行物料平衡计算，确定原料、产出物和损失物的数量关系，以及系统热平衡关系，物料平衡计算是 FGD 系统设计的重要数据也是运行管理的重要参数。有关物料衡算的具体方法超出了本手册的范围。本章仅概况地介绍 FGD 工艺过程物料平衡的基本情况。

第一节 物料平衡概述

图 1-5-1 是湿法石灰/石灰石 FGD 工艺总物料平衡示意图。系统的主要输入流体是烟气和吸收剂。烟气进入 FGD 系统之前，先经除尘装置（EP 或布袋除尘器）除去烟气中 99.5% 以上的飞灰。虽然一些石灰/石灰石湿法 FGD 工艺能除去烟气中的飞灰（一般除尘效率不超过 80%），或采用碱性飞灰作吸收剂，但飞灰对工艺过程会产生一些有害的影响。这种有害影响主要是：①降低石膏质量；②加重了浆液对设备的磨损性；③增加了脱硫石膏脱水难度；④“封闭”吸收剂，使其失去活性。后一种情况在运行中的表现是，浆液 pH 值、脱硫效率下降，虽向吸收塔内大流量地注入吸收剂浆液，反应罐 pH 值仍不上升，吸收效率也没有明显回升。其原因多半是进入吸收塔的烟尘含量较高，运行 pH 值控制又较低，由飞灰带入的 Al^{3+} 与浆液中的 F^- 形成的络合物达到一定浓度，吸附在吸收剂固体颗粒表面，“封闭”了吸收剂的活性，显著减慢了吸收剂的溶解速度。另外，随飞灰引入系统的其他化学物质，如镁、锰能起到氧化催化剂的作用，这对强制氧化工艺是有利的，但对抑制氧化工艺则有害。随飞灰带入的一些重金属除了会影响工艺的化学反应外，还会影响排放废水的质量。因此，一般不希望有过量的飞灰带入吸收系统。入口烟气的主要气体成分是 N_2、CO_2、O_2、水蒸气、SO_2、NO_x、HCl、HF 和硫酸蒸气，痕量化合物有 NH_3、CH_4、CH_3Cl 等。烟气或飞灰中还存在一些有害痕量元素，例如目前较为重视的汞及汞的化合物。

在 FGD 系统中，烟气中的大部分 SO_2 和部分 O_2 被吸收进入浆体的液相。在石灰石基工艺中每吸收 1mol SO_2，理论上要消耗 1mol $CaCO_3$，产生 1mol CO_2 进入烟气中。而在石灰基工艺中，可能会从烟气中吸收少量 CO_2（一般每吸收 1mol SO_2，吸收的 $CO_2 < 0.1$mol）。一个脱硫率为 95% 的 FGD 系统，基本上也应能脱除烟气中几乎全部 HCl 和 HF。由烟气带入 FGD 系统的氯化物会影响脱硫效率、石灰石的溶解和耐腐蚀材料的选择。入口烟气中的 NO 通常不被吸收而透过 FGD 系统，NO_2 仅少部分被吸收。

入口烟气中通常含有少量气态硫酸，气态硫酸浓度大约是 SO_2 浓度的 0.5% ~1%，当烟气被冷却时，气态 H_2SO_4 迅速凝结成亚微米大小的气溶胶酸雾。一般吸收塔仅能除去约 50% 的这种酸雾，剩余的酸雾进入吸收塔下游侧的设备中将造成酸腐蚀，最后从烟囱排出的酸雾以及其他颗粒物由于对光的散射使烟气形成一种看得见的白色烟流。目前控制这种酸雾

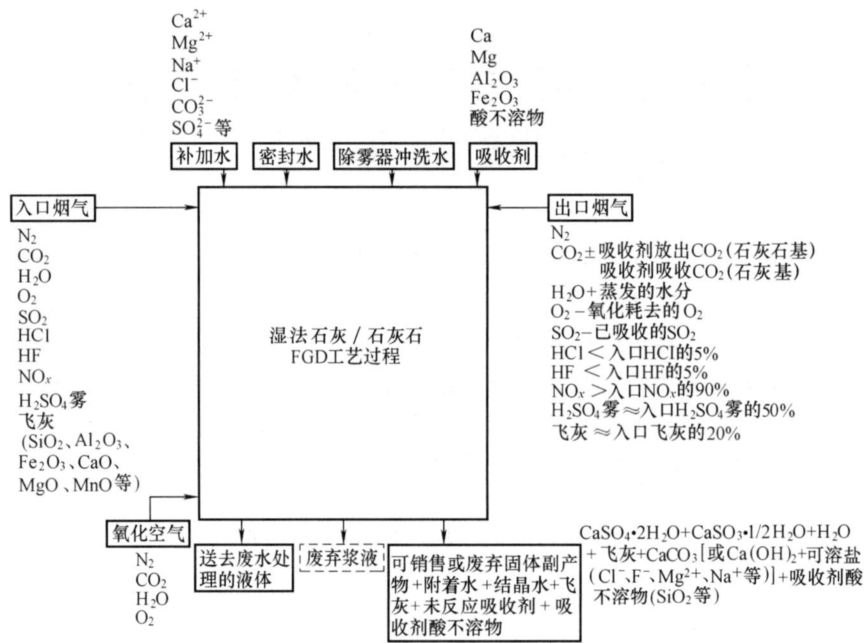

图 1-5-1 湿法石灰/石灰石 FGD 系统总物料平衡

的方法主要是，向炉内或烟道中喷入吸收剂减少酸雾的形成；另一种方法是通过与吸收塔一体化的湿式 EP 来除去。

烟气在吸收塔内被洗涤时，很快达到水汽饱和，这是水平衡中水耗的主要部分。吸收塔内水蒸发量取决于煤的组成、入口烟气温度和烟气含水量，洗涤 1MW 电所产生的烟气通常蒸发的水量大约是 0.1m^3/h 左右（有 GGH），0.13～0.2m^3/h（无 GGH）。

造成系统水损失的其他原因有：①为控制浆液中某些有害成分的浓度而设置的废水排放。这种废水排放量从每小时几吨到几十吨，这取决于煤中 Cl、F 含量、浆液有害成分的控制浓度、脱硫副产物的处理方式以及对耗水量控制的严格程度。如果固体副产物采取水力输送湿排的方式废弃，仅此项造成的水耗就可能高达 100m^3/h 以上；②随脱硫固体副产物带离系统的附着水和化学结晶水，由此损失的水相对较少。也有些系统不单独设置排污口，随固体副产物带离系统的液体成为带走 FGD 系统中可溶性物质（例如 Cl^-）的唯一渠道，这样，带离系统的水量就控制了工艺过程浆体液相中可溶性物质的浓度。

在 FGD 工艺过程中，必须向系统不断补加水以弥补水分蒸发和其他原因所损失的水量，以保持系统水平衡。但在有些情况下，尤其当锅炉低负荷运行时，补加水量可能超过系统损失的水量。因此，必须将工艺过程中过量的液体临时贮存或排放。

采用工业水作补加水、密封水或 ME 冲洗水时，一般不考虑工业水中的可溶性盐的影响，除非工业水中 Cl^- 浓度较高。

脱硫产生的固体副产物与脱除的 SO_2 有一定的比例关系，在抑制氧化工艺中，固体副产物的摩尔质量大约是 131g/mol，因此，理论上每脱除 1kg SO_2 可产生干亚硫酸钙/硫酸钙固体物大约 2.05kg。对于强制氧化工艺，石膏副产物摩尔质量是 172g/mol，每脱除 1kg SO_2，干石膏固体物的理论产出率是 2.69kg。在这两种工艺中，固体产物的实际产出率要稍高些，因为副产物中还含有烟气带入的飞灰，石灰/石灰石吸收剂中的惰性物质以及一些未反应的吸收剂。

通常将亚硫酸盐固体副产物废弃于专用坑或池中，或填埋。如果填埋这种固体物，那么需要经过处理，即将脱水后的固体副产物与飞灰混合（稳定作用）或与飞灰和石灰混合（起固定作用）以改善其物化特性。硫酸钙（石膏）可以筑池填埋或堆放在地面而无需经过稳定化或固定化处理，石膏还可以作为商品出售。

第二节 工艺过程的水平衡

表 1-5-1 列出了三种主要湿法 FGD 工艺中水平衡的典型补、耗水项目和数量。表中“其他补加水”一项是指系统其他冲洗水、冷却水和为保持系统中某些罐池液位所需加入的水。在运行工况稳定的情况下，进入工艺过程的水量应等于离开系统的水量。为便于比较，三种 FGD 工艺均处理来自 500MW 燃煤锅炉的烟气，燃用煤为烟煤，含硫量为 2%，FGD 系统装有 GGH。

表 1-5-1　　石灰/石灰石 FGD 工艺水平衡中的典型补、耗水项目和数量

工艺类型	系统补水项目	流量（m^3/h）	系统耗水项目	流量（m^3/h）
镁石灰（抛弃）	石灰浆液	25.2	蒸发	53.2
	ME 冲洗	采用回收水	固体副产物自由水	18.0
	泵、过滤机、搅拌器等密封	13.9	固体副产物结晶水	1.1
	其他补加水	33.2		
	总计	72.3		72.3
石灰石抑制氧化（副产物脱水抛弃）	石灰石浆液	采用回收水	蒸发	53.2
	ME 冲洗	采用回收水	固体副产物自由水	10.8
	泵、过滤机、搅拌器等密封水	20.1	固体副产物结晶水	1.1
	其他补加水	45.0		
	总计	65.1		65.1
石灰石强制氧化（石膏回收）	石灰石浆液	采用回放水	蒸发	60.4
	ME 冲洗	50.3	固体副产物自由水	2.9
	泵、水环真空泵、搅拌器等密封	20.1	固体副产物结晶水	4.7
			排放水	7.2
	其他补加水	4.8		
	总计	75.2		75.2

在镁石灰基工艺例子中，系统总耗水率达到 72.3m^3/h，其中耗水最大的是蒸发至烟气中的水量 53.2m^3/h，约占总耗水量 73.6%，固体副产物带走的水量占总耗水率 26.4%。这种工艺产生的固体物最难脱水，通常最大脱水率大约 50%。固体副产物结晶水带离系统的水很少，不到总耗水量的 2%。供入镁石灰工艺中的水包括熟化生石灰并配制成浓度为 35% 吸收剂浆液的用水，这部分用水必须采用含可溶性固体物较少的水，而不能采用回收水。在镁石灰工艺中，可以用回收水来冲洗 ME，因此冲洗 ME 不增加水耗。为防止可溶性盐加剧对转轴的腐蚀，转动机械所需的密封水也要采用品质较好的工业水。另外，为保持系统水平衡尚需另外供入系统的补加水量为 33.2m^3/h。

在石灰石抑制氧化工艺中，可以用工艺回收水来制备吸收剂石灰石浆液和冲洗 ME。本工艺的转动机械密封水量（20.1m^3/h）比上一例稍多些，是因为这种工艺的吸收塔循环泵的台数要多些。固体副产物通常脱水至含水约30%，因此，随石灰石抑制氧化工艺固体副产物带走的水量仅为镁石灰基系统带走的62.3%，这是造成上述两种工艺总耗水量差异的根源。

在石灰石强制氧化工艺的例子中，固体副产物是具有商业质量的石膏，因此随副产物带走的自由水相当少，而蒸发消耗的水量（$60.4m^3/h$）较前两例要高些，这是因为鼓入浆液中未饱和的氧化空气增加了水分的蒸发。另外，由于对石膏质量的要求，石膏滤饼中氯离子的最高浓度限值为200mg/kg（干基），因此，需冲洗石膏滤饼，但冲洗滤饼的水是来自水环真空泵的密封水，后者用水量$9\sim15m^3/h$。加上对工艺性能和防腐材料的考虑，需要向系统外排放一定量的废水，以限制工艺浆液中的Cl^-浓度。上述两个原因使得石灰石强制氧化工艺的耗水量最高。

对氯化物浓度的不同控制、吸收塔性能对氯化物浓度的敏感程度以及是否对耗水量（或废水排放量）提出了严格的设计要求等因素，可能造成废水排放量相差很大。例如北京第一热电厂3号、4号机组的FGD系统（2炉1塔、喷淋塔），设计煤含硫1.04%、含氯0.035%，处理烟量$950000m^3/h$（W），控制浆液Cl^-浓度$<20000\times10^{-6}$（20g/L），设计排往废水处理系统的废水仅$1.9m^3/h$。而某电厂3号、4号机组的FGD系统（1炉1塔），设计煤含硫4.02%、含氯0.035%，单塔处理烟量$915000m^3/h$，由于Cl^-浓度控制得较低，$<1000\times10^{-6}$（1g/L），对废水排放量未提出要求，因此设计废水排放量高达$71.6m^3/h$（该FGD系统未设计废水处理装置）。从表1-5-1所列系统耗水项目和耗水量可看出，蒸发和排放废水是造成石灰石强制氧化工艺较前两种工艺总耗水量高的主要原因。

在强制氧化工艺中，回收的工艺液被石膏饱和，主要用来制备吸收剂浆液和调整反应罐液位。早年建设的强制氧化FGD系统曾采用回收水与一定量的淡水混合，作为ME的冲洗水。目前一般仅用工业水冲洗ME，冲洗后的水流回吸收塔。系统另一个补加水源是真空皮带脱水机水环式真空泵和其他泵、搅拌器等转动设备的密封水和冷却水。

在上面的例子中并没有列出所有加入工艺过程中的各种水源，例如吸收塔入口干/湿界面、氧化配气管的冲洗水和一些转动机械的冷却水，在进行实际水平衡计算时需要作全面核算。表1-5-1仅比较了这三种工艺的补加水和耗水有差别的主要项目。

上述例子是基于锅炉连续满负荷运行，当锅炉在低于额定工况下运行时，使烟气饱和以及随固体副产物带离系统而造成的水耗量将按比率减少，但转动机械密封水，冷却水以及ME冲洗水往往不会按比例下降，在这种情况下，补加水量有时会多于损失的水量，这种情况称作“正水平衡”。通常设置一个平衡水箱来接纳短时间正平衡时排出的过量补加水。当出现负水平衡时，用作补充水。如果长时间出现正平衡，则要么增加排放水量，要么采取措施减少加入工艺中的补加水量。

第三节　溶解固体物（氯化物）浓度

FGD工艺物料平衡中与水平衡密切相关的另一个问题是工艺过程液中可溶性固体物的浓度。在湿法石灰/石灰石FGD工艺中最重要的可溶性物质是Mg^{2+}、Na^+和Cl^-。Mg^{2+}主要随着石灰/石灰石吸收剂带入工艺过程中，有时则可能是人为加入石灰基工艺中。Na^+主要随补加水进入系统中，通常补加水中的Na^+含量较少，除非补加水天然含盐分。Na^+还有可能来自其他设备的循环水，例如冷却塔的排放水经常用作FGD系统的补加水，而冷却塔排放水含有较高浓度的 Na^+。氯化物则主要由烟气带入 FGD 系统。这三种可溶性物质中 Cl^- 最为重要，因为氯化物对工艺性能有负面影响，而且还影响耐蚀合金材料的选择。

在湿法石灰石 FGD 系统中，在其他条件相同情况下，高浓度氯化物会降低 SO_2 脱除效率。这是因为当 Cl^- 浓度增加时，氯化物主要以 $CaCl_2$ 的形式溶解于浆液中。Ca^{2+} 浓度的增大，由于同离子效应，将抑制 $CaCO_3$ 的溶解，降低液相的碱度。氯离子浓度增加，脱硫率下降的另一个原因可能是，由于离子强度和溶液黏度的增大，液膜中离子扩散变慢，致使液膜中有较高浓度的 SO_3^{2-}，这样就使得平衡蒸汽压增大，降低了气相至液膜的 SO_2 传质推动力。试验显示，当 Cl^- 浓度从 0 增至 60g/L 时，在石灰石利用率不变的情况下，NTU 下降 10% ~40%。也就是说，一个 NTU =3、脱硫效率为 95% 的洗涤装置，在这种情况下，脱硫率将下降到 83.5% ~93.3%，具体下降的程度还取决于运行工况。通常单位体积浆液吸收 SO_2 较多的系统对较高浓度 Cl^- 更为敏感。另外，还发现抑制氧化工艺 NTU 的下降比强制氧化要大些。当 Cl^- 浓度约低于 10 ~15g/L 时，可溶性氯化物对 SO_2 脱除效率的影响就不太明显了。

对不锈钢耐腐蚀性的影响除了 Cl^- 浓度外还受许多其他因素的影响，这些因素中主要是温度和 pH 值。一般来说，当工艺浆液中 Cl^- 浓度超过 3g/L，吸收塔的结构不能采用 316L 不锈钢。当 Cl^- 浓度高到大约 10g/L 时，904L 是一种适合的不锈钢材料。当 Cl^- 浓度超过大约 20g/L 时，就需要采用像合金 C -276 这类高镍合金或采用衬覆有机防腐材料的碳钢。

美国除了那些设计生产商业质量石膏的 FGD 系统外，大多数湿法石灰/石灰石 FGD 系统设计成在“闭路”状况下运行，即无废水排放，脱硫副产物脱水至一定程度后作抛弃处理。通常石灰基工艺副产物的固体物含量最大约是 50%，石灰石抑制氧化工艺的副产物可以脱水至含固量约 70%（含水 30%），强制氧化工艺副产物可以脱水至 90%（含水 10%）。这样从系统排出的水就只是随固体副产物带离的水，由于这部分水与蒸发的水量相比要少得多，因此进入 FGD 系统的可溶性化合物将在工艺过程液中逐渐累积起来。工艺液中 Cl^- 浓度主要受固体副产物脱水程度和煤中氯硫比（Cl/S）的影响，高 Cl/S，高脱水率使得工艺液中 Cl^- 浓度较高。而高硫煤由于产出的固体物增多，随固体副产物带走的水量也增多，煤中氯含量低则减少了随烟气带入系统的 Cl^- 量，因此高硫低氯煤（即 Cl/S 比低）使得工艺液中 Cl^- 浓度相对较低。对同一种 FGD 工艺、同一种煤，补加水质量不同也会影响工艺液中 Cl^- 浓度，但影响程度要小些。表 1-5-2 列出了两种 FGD 工艺“闭路”运行时工艺液中 Cl^- 浓度与燃煤含硫、氯量以及补加水 Cl^- 浓度的关系。

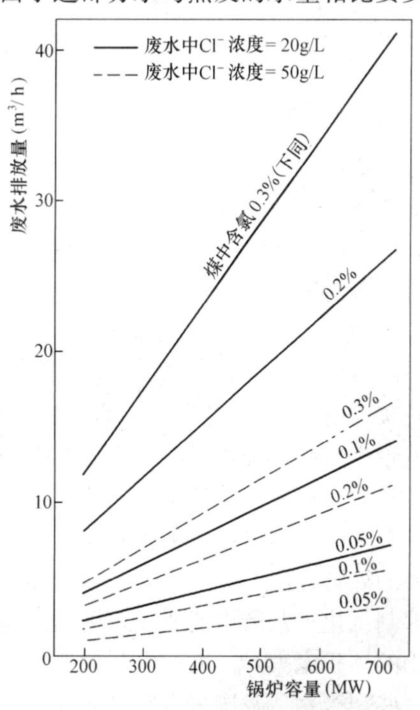

图 1-5-2　废水排放量与锅炉容量和煤中含氯量的关系

如果要求生产具有商业质量的石膏，就必须从工艺过程中排放适当的废水，以维持循环浆液中适当的杂质含量，图 1-5-2 示出了为维持排放废水中一定的 Cl^- 浓度（亦即循环浆体液相中的 Cl^- 浓度），废水排放量与锅炉容量和煤中含氯量的关系。从该图可看出，当锅炉容量在 300 ~600MW 范围内，燃煤含氯为 0.05% 时，维持浆液中 Cl^- 浓度不超过20g/L，需排放废水量在3.3～6.0m^3/h范围内。废水排放量随锅炉容量和煤中含氯量增大而增加。

表1-5-2　　两种FGD工艺“闭路”运行时工艺液中Cl^-浓度与燃煤和补加水的关系

FGD工艺描述	工艺液中Cl^-浓度（g/kg）			
	高Cl/S比煤		低Cl/S比煤	
	高Cl^-补加水	低Cl^-补加水	高Cl^-补加水	低Cl^-补加水
石灰石抑制氧化工艺、固体副产物含固量70%、废弃	30	26.3	7	5.6
石灰石强制氧化工艺、固体副产物含固量90%、废弃	90.3	81.3	21.5	15

注　1. 高Cl/S比煤含S：2.0%；含Cl：0.10%；Cl/S＝0.05。
2. 低Cl/S比煤含S：4.0%；含Cl：0.04%；Cl/S＝0.01。
3. 高Cl^-补加水含Cl^-：200mg/L。
4. 低Cl^-补加水含Cl^-：10mg/L。

第四节　工艺过程的废水和固体副产物的处理

如上所述，如果抛弃处理湿法石灰/石灰石FGD系统产生的固体副产物，系统可以不设计废水排放。但如果要生产商业质量的石膏，石膏的质量要求一般不允许石膏固体物中的总氯化物含量超过大约200mg/kg（干基），那么就应有适当的废水排放。石膏晶体本身是不会包含氯化物的，石膏产物也不可能完全脱水至干燥状，因此氯化物主要存在于石膏的附着水中。假如过滤后的石膏含水10wt%，即1kg干基石膏中含有0.11kg水。要满足固体物中氯化物含量不超过200mg/kg，那么石膏附着水中的氯化物浓度就不能超过大约1.8g/kg。从表1-5-2可看出，在无废水排放的石灰石强制氧化工艺过程液中，氯化物含量范围是15～90g/kg，远超过1.8g/kg。所以排放适当的废水以降低工艺过程液中Cl^-浓度，并冲洗石膏过滤饼是生产商业质量石膏必须采取的措施。

确定废水排放量的方法是根据FGD系统要控制的杂质浓度来计算废水排放量。另外，不考虑杂质浓度，根据系统的水平衡，按需要排出的过剩水量来确定废水排放量。最后取两者较大的作为废水排放量。

FGD系统废水排放前，需要根据污水排放标准进行不同程度的废水处理，处理步骤包括石灰/苏打软化水，通过化学沉淀除去重金属离子，通过化学或生物氧化降低化学和生物需氧量。这些处理步骤都不能除去废水中的氯化物，如果不允许排放含有氯化物的废水，则必须采取其他方法，如浓缩和转化成稳定的固体废渣后再废弃。

有几种方案可以用来处置来自石灰/石灰石FGD系统的固体副产物，废弃或销售是两种主要的处置方法。目前，只有强制氧化工艺生产出来的石膏有销售市场，石灰基工艺或石灰石抑制氧化工艺产出的亚硫酸钙副产物只有采取抛弃方案。在美国，由于地域广阔，脱硫副产物的体积庞大，一般在电厂附近作废弃处理。如果石膏副产物找不到适合的市场也需要废弃这些副产物。我国采取废弃处理脱硫副产物的大多数电厂是采取湿排，将废弃的脱硫副产物排往灰渣前池或直接排往灰场。

第六章 烟气脱硫中的氧化和结垢控制

早期的湿法石灰/石灰石 FGD 装置由于在设备表面形成了严重的结晶析出和固体反应物的沉积，加之材料腐蚀、磨损使装置的可靠性很差。这种在设备表面发生的同质结晶和固体反应物的沉积通常被称为“结垢”，也有人将这两种结垢分成化学垢和物理垢。出现严重石膏垢的早期（即第一代）湿法钙基系统往往不控制氧化程度，随着控制氧化技术的开发，出现了第二代抑制氧化和强制氧化工艺。这些工艺的广泛采用，加之合理的设计和正确的操作，现在第二代湿法 FGD 系统通常是可以避免结垢。

目前大多数湿法石灰/石灰石 FGD 工艺要么以抑制氧化的方式运行，要么采用强制氧化工艺，前一种方式保持氧化率不超过 15%，后一种工艺则维持氧化率高于 95%。由于抑制氧化工艺要占用大量的土地堆放废弃的固体副产物，而后一种工艺能生产出可再利用的商业质量的石膏副产物，抑制氧化工艺已逐渐被强制氧化工艺所代替，但就 SO_2 脱除效率而言，这两种工艺并无实质上的差别。

本章在介绍烟气脱硫中的氧化时，结合讨论结垢控制。

第一节 抑 制 氧 化

对化学结垢影响最大的工艺变量是亚硫酸盐的氧化程度［反应式（1-3-9）和式（1-3-10）］，如果被氧化的亚硫酸盐低于 15% 即氧化分率（x）低于 0.15，反应产物将以 $CaSO_3 \cdot 1/2H_2O$ 和 $CaSO_4$ 的固溶体的形式沉淀析出［反应式（1-3-12）］，在大多数情况下，这种产物不会在设备表面形成垢。如果亚硫酸盐接近完全氧化（>99%），反应产物主要是石膏［反应式（1-3-13）］，通常也不会形成垢，因为生成的石膏会优先在循环浆液中的石膏晶种表面沉淀析出。

经验表明，当亚硫酸盐的氧化分率在 0.15～0.3 这一范围中时，最可能形成石膏垢。正如第三章第一节所述，硫酸钙在亚硫酸钙晶格中最多可占据 15% 的质点位置，当氧化率超出上述范围时，其余的硫酸钙必定直接以石膏的形式沉淀析出。但是，由于氧化率较低，硫酸钙的产出量也低，浆液中固体石膏较少，也就是说，浆液中石膏晶种表面积不足，无法阻止石膏在设备表面结晶析出，这样就造成了石膏硬垢。

抑制氧化工艺的核心是，在工艺设计和实际操作运行中使被吸收的 SO_2 的氧化分率低于 0.15。在石灰/石灰石抑制氧化 FGD 系统中，最初是将可溶性硫代硫酸钠加入循环吸收浆液里，抑制超出这一限值的过量氧化。后来则通过将乳化后的元素硫加入循环浆液中来产生硫代硫酸，这样费用要低些。元素硫按式（1-6-1）与亚硫酸根反应形成硫代硫酸根，即

$$S + SO_3^{2-} \rightarrow S_2O_3^{2-} \quad (1\text{-}6\text{-}1)$$

元素硫变成可溶性硫代硫酸根离子的典型转化率大致是 50%，提高 pH 值、亚硫酸根浓度和反应温度该转化率将增大。

亚硫酸的氧化被认为是一种自身催化、游离基的连锁反应。这一连锁反应包含几个顺序反应：引发反应、延续反应和终反应。硫代硫酸根通过与引发反应和延续反应中产生的游离

基反应来终止上述连锁反应，从而实现抑制亚硫酸的氧化。这些反应的产物是连三硫酸 $S_3O_6^{2-}$ 和连四硫酸 $S_4O_6^{2-}$，在有亚硫酸存在的情况下，$S_4O_6^{2-}$ 迅速转化成 $S_3O_6^{2-}$，$S_3O_6^{2-}$ 按式（1-6-2）与水反应生成硫代硫酸和硫酸，即

$$S_3O_6^{2-} + H_2O \rightarrow S_2O_3^{2-} + SO_4^{2-} + 2H^+ \tag{1-6-2}$$

当硫代硫酸根有足够高的浓度时，游离基连锁反应的引发反应产物限制了硫代硫酸根与游离基的反应速率。因此，初始反应速度和 $S_3O_6^{2-}$ 的水化反应［式（1-6-2）］速度决定了吸收塔模块中的氧化率，一些研究估计可以将亚硫酸的氧化降至1%～2%。

反应式（1-6-2）表明，硫代硫酸得到再生。理论上讲，一次加入抑制氧化剂硫代硫酸钠就可以连续使用。实际上由于浆液的排放和硫代硫酸钠的分解，需要定时补充流失的硫代硫酸钠。

影响吸收塔模块中氧化率和抑制氧化所需硫代硫酸盐浓度的因素有：可溶性亚硫酸盐浓度、痕量金属离子浓度、反应温度和pH值。此外，吸收塔模块中氧化率对模块中吸收的 O_2 量也非常敏感，提高吸收的 O_2 浓度，氧化率也增加。决定吸收塔中吸收 O_2 量的因素，如L/G和烟气含氧量都会明显地影响保持氧化率低于0.15所需要的硫代硫酸盐的浓度。

第二节 强制氧化

强制氧化是向反应罐的浆液中喷入空气，将可溶性亚硫酸盐和亚硫酸氢盐几乎完全氧化成硫酸盐，最终以石膏的形式结晶析出［反应式（1-3-9）、式（1-3-10）和式（1-3-13）］。影响氧化程度的因素有：强制氧化装置的类型和布置方式，罐体形状和几何尺寸，鼓气点的浸没深度，鼓入空气量，气泡的分布状况和气泡平均直径以及气泡在氧化区的滞留时间，浆液温度，pH值，分散空气所提供的功率，浆液中的溶解物质等等。鼓入的空气量取决于自然氧化率（见本章第三节）和氧化装置本身特性所决定的氧化空气利用率等因素。要达到完全氧化（>99%），通常氧化1mol被吸收的 SO_2 应鼓入大约1.5mol的氧气，相当于标态干空气160L，氧/硫摩尔比为1.5，氧化空气利用率为33.3%。一些设计不合理的氧化装置的氧化空气利用率可能不到20%。如果设计利用率过高，很可能在以后的实际运行中造成鼓入空气量不足，致使氧化不完全。如果要生产商业质量的石膏副产品，强制氧化需接近完全氧化，如果回填处理脱硫固体副产物，就没有必要达到完全氧化。但为了便于脱硫固体副产物的脱水、装卸和运输，仍建议氧化率最好不低于90%。

就地强制氧化指在反应罐中进行强制氧化，通常仅应用于石灰石基工艺。因为石灰基工艺要依赖液相中可溶性亚硫酸根的碱性来中和已吸收的 SO_2，因此不能在反应罐中进行强制氧化。可以采用非就地强制氧化方式，即另设置一个氧化罐（塔），将脱水前的浆液送入氧化罐中，向罐内加入 H_2SO_4，中和过剩的 $Ca(OH)_2$，将pH值调至4～5，鼓入压缩空气以完全氧化浆液中的亚硫酸盐，氧化后的浆液再送去脱水。在就地强制氧化技术开发前，石灰石基工艺也有采用非就地强制氧化方式来生产高纯度、可销售脱硫石膏。

第三节 自然氧化

自然氧化是指烟气中的 O_2 被吸收后对已吸收的 SO_2 发生的非人为控制的氧化反应。吸收塔对 O_2 的吸收速率、已吸收的 SO_2 量与溶解 O_2 量之比决定了亚硫酸盐的自然氧化率。由

于 O_2 难溶于水，浆液对 O_2 的吸收属于液膜控制，因此提高 L/G、提高气—液接触面积和烟气流速以及加剧气液之间的扰动等措施都有助于烟气中的 O_2 溶解于吸收浆液，也有利于提高自然氧化率。

当燃煤含硫量较高，烟气过剩空气量较少时，一些 FGD 装置可以在不添加元素硫或硫代硫酸钠这类抑制氧化剂的情况下维持较低的氧化率。在这种运行条件下，由于已吸收的 SO_2、O_2 的摩尔比很大，氧化率较低，得到的脱硫固体副产物类似于抑制氧化工艺，是 $CaSO_3 \cdot 1/2H_2O$ 以及 $CaSO_3 \cdot 1/2H_2O$ 与 $CaSO_4$ 的脱硫固溶体。相反，当煤的含硫量较低，烟气的过剩空气量较高，浆液 pH 值控制在 5.0 ~ 5.5 时，有可能在不强制氧化的情况，亚硫酸的氧化速度接近 SO_2 的吸收速度，从而几乎达到完全氧化的程度。但是，在多数 FGD 工艺中，或者选择抑制氧化，或者采用了强制氧化工艺，这样更有利于控制运行工况，防止由于氧化程度控制不当而引起结垢。

石灰石强制氧化工艺设计也涉及自然氧化的概念。一般将吸收塔吸收区发生的氧化称为自然氧化，将反应罐中发生的氧化归为强制氧化。吸收区的自然氧化速率（kmol/h）是以下变量的函数：自然氧化率系数、气 - 液接触面积，烟气含氧分率、有效吸收区体积和塔内全压。自然氧化率系数则是浆液温度，浆液中 Mn^{2+} 和全 SO_3^{2-} 浓度的函数。吸收塔的实际自然氧化率可通过试验来测定。在石灰石 FGD 工艺设计中，吸收区的自然氧化率一般大约取 7% ~15%，也有的取 20%，自然氧化率设计取值过高可能造成强制氧化不完全。

吸收塔模块的总氧化速率等于自然氧化速率与强制氧化速率之和。研究和测定吸收区的自然氧化速率的目的是确定强制氧化装置应具备的氧化容量，了解强制氧化装置在实际运行工况下的氧化性能。

第四节 强制氧化工艺中的结垢控制

本章前三节已介绍了 FGD 工艺过程中的氧化和与氧化有关的结垢控制，本节将讨论强制氧化工艺中的结垢形成基本原理和避免结垢的其他措施。

在石灰石强制氧化 FGD 工艺过程中完全避免结垢是难以做到的，但必须控制形成的结垢不影响正常运行，减少因结垢造成被迫停机。如前所述，在石灰石 FGD 工艺中有两种垢，一种是由于沉积的固体物在高温下失水形成的物理硬垢，另一种是二水石膏在吸收塔模块内部构件表面结晶析出形成的化学硬垢。严格地说，用物理垢和化学垢来划分是不尽合理的，因为在一种垢中很可能是这两种垢的混合体，沉积物的表面也可能逐渐会形成结晶较明显的化学硬垢，化学垢中往往夹杂有沉积物。但总的来说物理垢晶形不明显，较松软，易清除。而化学垢结晶明显，能牢固地附着在构件的表面，质地坚硬。为叙述方便，仍采用这两种垢的划分方式。

物理垢容易在系统的以下部位形成：吸收塔烟气入口干湿交界处，长时间不投运的喷淋层的喷嘴，氧化空气喷管内侧，除雾器板片之间的流道内，GGH 换热元件表面和湿态增压风机叶片。

系统入/出口烟道和旁路烟道、螺旋肋片管式 GGH 底部易积存飞灰和除雾器未除尽的固体颗粒物，这类沉积物松散，易于清除，统称为积灰。

顺流吸收塔入口干/湿交界处的垢主要是灰垢，烟气中的飞灰黏附在干/湿交界处的壁面和冲洗水管上，由于烟气温度仍较高，使沉积层的水分蒸发，飞灰中的水硬性物质使沉积层逐渐形成较硬的灰垢。这种灰垢有一定的硬度，但有较多的孔洞，垢的断面没有明显的晶体结构。逆流吸收塔的入口干/湿交界面也易形成这种垢，由于烟气的旋涡作用，下落的循环吸收浆液被带进吸收塔入口烟道，与烟气中的飞灰一起黏附在热的烟道壁面上，随着水分的蒸发形成了固体沉积物，固体物的不断堆积，减小了入口烟气流道面积，增加了流动阻力，为了除去堆积的固体物有可能被迫停运。防止在入口烟道干/湿交界处形成这种垢的方法是：加装定时冲洗装置，逆流塔的入口烟道稍稍向塔内方向倾斜；改进入口烟道，使干/湿交界面远离入口烟道，例如在吸收塔入口烟道与吸收塔交接处，吸收塔内侧装设帽檐，遮挡下落的浆液进入入口烟道。如反应罐的直径大于塔体的直径，如图 1-11-3 所示将入口烟道接口于大小头处，使热烟气与下落浆液的交界面移向塔内。

吸收塔内，长时间不投运喷淋层的喷嘴结垢的原因是，塔内四处飞溅的浆体液滴进入未投运的喷嘴，经热烟气烘干成为坚硬的固体沉积物，沉积物的不断积累最后可以将整个喷嘴口全部堵塞。

氧化喷气管内侧结垢的原因是，当压缩后的热氧化空气从喷嘴喷入浆液时，溅出的浆液黏附在喷嘴嘴沿的内表面上，由于喷出的是未饱和的热空气，黏附浆液的水分很快蒸发而形成固体沉积物，不断积累的固体物最终将堵塞喷嘴。为了减缓这种固体沉积物的形成，通常向氧化空气中喷入工业水，降低热空气的温度，增加热空气的湿度，使黏附在内管壁上的浆液不易干燥失水，湿润的管内壁也使浆液不易黏附。

在喷射鼓泡反应器（JBR）的喷射管口也会出现类似的垢，但由于 JBR 喷射管喷出的烟气含飞灰和能与浆液反应的酸性气体，垢的形态不完全是物理垢。有人对这种垢作了全面的物理化学分析，发现这种块状垢分两层，下层垢颜色较浅，晶体尺寸较小（40μm 左右）且不规则，接近 97% 是 $CaSO_4$，未反应的 $CaCO_3$ 稍高些，SiO_2 和酸不溶物较低。而上层垢颜色较暗，晶体尺寸较大（100～300μm）且有规则，成分主要是 $CaSO_4$ 和 $CaSO_4 \cdot 2H_2O$，两者含量几乎相同，均为 48% 左右，但 SiO_2 和酸不溶物要高得多，而未反应的 $CaCO_3$ 较少，这是因为面层的垢长期与烟气反复反应的结果。对上述垢样品的物化分析表明，JBR 喷射管上形成的垢主要是化学垢。但是，由于反应条件（温度和水含量不同）的不同，同一部位形成的垢在结晶形态和组成成分上可能有很大差别。此外，只要具备形成化学垢的条件，在物理垢的表面很易形成化学硬垢。

除雾器板片之间产生垢的原因有：冲洗效果不好；长时间停止冲洗；烟气流速不均匀。当局部区域烟气流速超过除雾器的临界流速时，将造成板片上淤积由浆液带来的固体物，最终可能堵塞部分流道，部分流道的堵塞又提高了其他区域的流速，从而造成恶性循环。另外，由于淤积的固体物中有未耗尽的吸收剂，会继续与烟气中残留的 SO_2 反应，生成亚硫酸钙/硫酸钙，在淤积的固体物中形成化学垢。当采用脱硫工艺过程的回收水作除雾器冲洗水时，如回收水中硫酸钙的饱和度超过 50%，则成为除雾器板片结垢的主要原因。

防止除雾器结垢的措施是：选择设计合理的除雾器（详见本篇第十一章第三节）；提高冲洗效果；使除雾器第一级端面的烟气流速均匀；采用工业水冲洗除雾器，如果采用回收水，掺混工业水使冲洗水中硫酸钙饱和度不超过 50%；安装除雾器差压监测装置等。

GGH 换热面形成的垢有两种，一种是积灰形成的灰垢，这种灰垢又可分为松散积灰形成的灰垢和黏聚积灰形成的灰垢。松散积灰形成的灰垢是由于烟气中残留的飞灰沉积在换热面所形成的，黏聚积灰形成的灰垢是由于烟气中的硫酸雾凝结与飞灰一起黏聚在换热面上。前一种灰垢采用在线水冲洗一般能清洗干净。后一种灰垢由于硫酸、飞灰、石膏（来自透过除雾器的液滴）和飞灰中的 CaO 相互反应生成类似水泥的化合物，这种类似水泥的化合物逐渐硬化，形成难以用冲洗水清除掉的硬垢。另一种垢是烟气夹带的浆体液滴透过除雾器后，黏附在换热元件表面形成的石膏沉积垢。这种垢类似除雾器板片间所形成的垢，但由于换热面温度较高（75～100℃），形成的垢较坚硬，采用在线高压水冲洗也很难彻底清除。螺旋肋片管式 GGH 一般不装在线水冲洗装置，需停机冲洗肋片间形成的垢。烟气－蒸汽加热器采用表面涂覆聚四氟乙烯的光管，这种光管表面不易黏附固体沉积物，但仍不可忽视定时在线水冲洗。降低烟气含尘量，减少烟气中 SO_3 含量，定时吹灰和水冲洗 GGH，采用除雾效率高的除雾器和正确运行除雾器是减缓 GGH 结垢最有效的办法。

布置在 C、D 位置（见图 1-2-3）上的增压风机叶轮上也会形成垢，这种垢是处理后的烟气中残留的固体颗粒物黏附在风机叶轮上形成的，这些固体颗粒物含有一定酸性物质，形成的垢不仅会腐蚀叶轮，而且会引起风机振动，降低风机效率。在风机中安装冲洗管道或选用表面不易黏附固体颗粒物的高耐腐蚀性合金是防止结垢的措施。

在脱硫装置内，化学垢形成的机理如下：在浆液中，当石膏的过饱和度达到一定程度时才能维持石膏从液相结晶析出过程。但是，当石膏在液相中的过饱和度太高，超过 1.3～1.4 时，Ca^{2+}、SO_4^{2-} 构晶离子聚集速度很高，将迅速地聚集生成数目极其众多的微小的晶核。这些数目众多的微小晶核可以黏附在石膏晶种或石灰石颗粒表面，也可能黏附在装置构件的内表面。当浆液中没有足够的石膏晶种时，晶核就更趋向于在设备粗糙表面上析出，并逐渐长大形成石膏垢。这种垢的附着力很强，表面有明显的结晶形态，并且质地坚硬。

填料塔的填料床内，特别是下层的填料床内、塔内支撑横梁和喷淋母管的下部、塔内凡不易被浆液湿化的“死区”和“死角”或可能出现干湿交替状态的地方都是极易形成结垢的部位。塔内构件过多，烟气和喷浆分布不均匀是造成塔体部分结垢的主要原因，也正是这一原因，填料塔逐渐被空塔所代替。

另外，反应罐的内壁、吸收塔外浆液流速较低的管道内，例如水力旋液分离器底流和溢流液管道中可能产生石膏垢。特别是一些口径较小的浆管，可会因结垢而使流量明显下降。一些较长的布置在户外的浆管，可能由于浆液温度下降，使液相硫酸钙饱和溶液变成过饱和溶液而造成结垢。

除了前面提到的防止结垢的措施外，还有以下防结垢对策：

（1）应有足够大的 L/G。如图 1-6-1 所示，随着 L/G 的增大，石膏过饱和度下降，L/G 的确定既要保证吸收性能又要确保无垢运行。使循环浆液吸收的 SO_2 量不超过 10mmol/L，是防止石膏过饱和度超过 1.4 的一项重要措施。

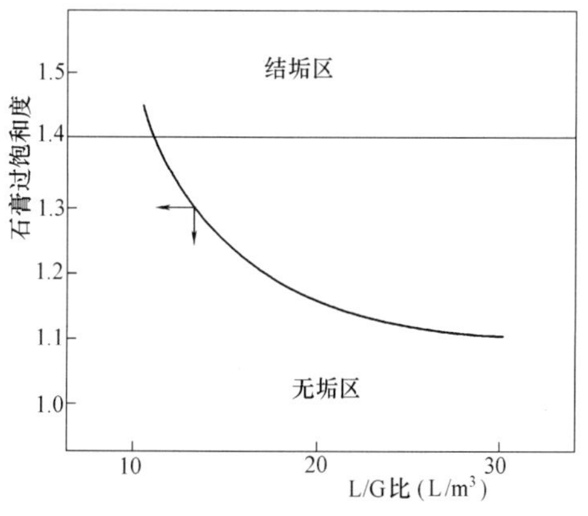

图 1-6-1　吸收塔内 L/G 与石膏过饱和度的关系

（2）反应罐应有足够的浆液体积，保证循环浆液有适当的停留时间，这有利于降低石膏的过饱和度。

（3）浆液中有足够的石膏晶种，含量最低不能小于 5wt%，要使石膏过饱和度低于 1.3，通常取 10wt%～30wt%，在运行中应保持浓度稳定，避免大幅度变化。

（4）避免大幅度地改变浆液 pH 值和采用过高的 pH 值运行。由于 $CaSO_4$ 和 $CaSO_3$ 的溶解度

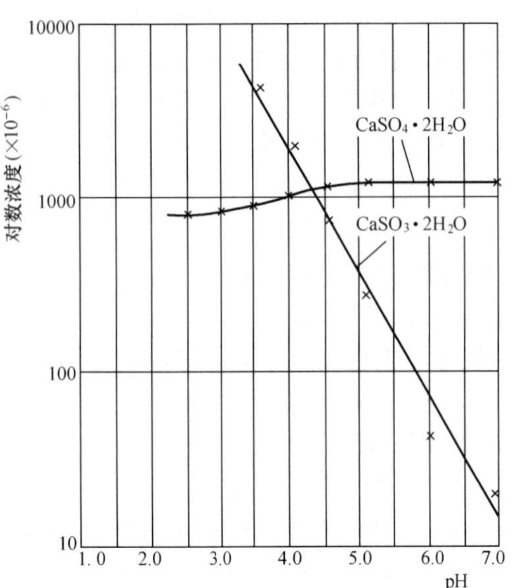

图 1-6-2　pH 值对 $CaSO_3 \cdot 2H_2O$ 和 $CaSO_4 \cdot 2H_2O$ 溶解度的影响（50℃）

与浆液 pH 值有关，从图 1-6-2 可看到，后者的溶解度随 pH 值变化很大，提高运行 pH 值，其溶解度急剧下降。高 pH 值运行也难以达到完全氧化，易形成二水硫酸钙与半水亚硫酸钙的混合结晶垢，因此，使亚硫酸盐接近 100% 的氧化是减少结垢的重要措施。

（5）应使塔内烟气和吸收浆液分布均匀，避免局部 L/G 下降甚至出现未湿化的死区。

（6）尽量减少吸收区的构件。横梁的下部应设计成圆弧形，便于下落的浆液能顺着圆弧流至梁的下部。

（7）采用表面光滑的填充料以减少浆液固体物的黏附，设计停机冲洗装置。

（8）合理布置反应罐搅拌器，充分搅拌浆液可防止局部浓度过高和减少沉淀死区。

第七章　FGD 系统设计基本条件

设计基本条件是影响 FGD 系统设计的外部因素，是 FGD 系统必须做出的许多设计决策的基础。这些外部因素通常又是现场和电厂所特有的。设计基本条件往往决定了 FGD 系统必须处理的烟气量，必须具有的脱硫效率，甚至可能影响烟气脱硫的方式和工艺流程的选择。

设计基本条件在很大程度上受电厂设计总原则的影响，电厂设计的总原则是设计较为保守和要求运行方式灵活、可靠。但是，过于保守的设计条件可能会不必要地增加投资和运行成本。相反，如果设计条件裕度不够，那么，在某些工况下，系统可能无法可靠地达到环保标准。勉强合格的设计条件则可能降低系统应对未来环保标准改变和燃料特性变化的能力。因此，设计条件的确定，既要使 FGD 系统能可靠、灵活地运行，又要避免不合理地增加系统投资和运行成本。

本章将讨论设计基本条件对 FGD 系统设计的影响。FGD 系统设计基本条件有如下几条：

（1）现场条件。

（2）燃料特性。

（3）排烟特性。

（4）污染控制法规的要求。

（5）补加水质量和可利用性。

（6）当地对商业质量石膏的要求。

第一节　现　场　条　件

美国 2×500MW 燃煤发电机组和与其配套的湿式石灰石抛弃法 FGD 系统的典型布置如图 1-7-1 所示，图 1-7-2 是我国华能珞璜电厂一期 2×360MW 燃煤锅炉新建的湿法石灰石—石膏回收 FGD 系统（无废水处理装置）的平面布置图，图 1-7-3 是重庆电厂为现有 21 号、22 号机组增建的湿法石灰石—石膏回收 FGD 系统（无废水处理装置）的平面布置图。从这三个例图可看出，湿法 FGD 系统占地面积大，依次为 114800m^2（包括灰库）、12300m^2、3000m^2；工艺流程影响其布置方式，可供利用的场地也会影响工艺流程的选择和设备布置方式，特别是许多增建的 FGD 系统，可能会受现有场地的限制，设备布置较为拥挤。

电厂的地理位置不仅影响设备布置方式和可利用的补加水，而且影响 SO_2 排放总量和排放浓度的控制。以下具体条件可能影响 FGD 系统的设计：

（1）FGD 系统可利用的场地。

（2）本地区可利用的石灰或石灰石吸收剂。

（3）储存吸收剂的场地。

（4）处理脱硫副产物可利用的土地。

本节将依次讨论这些因素对 FGD 系统设计的影响。

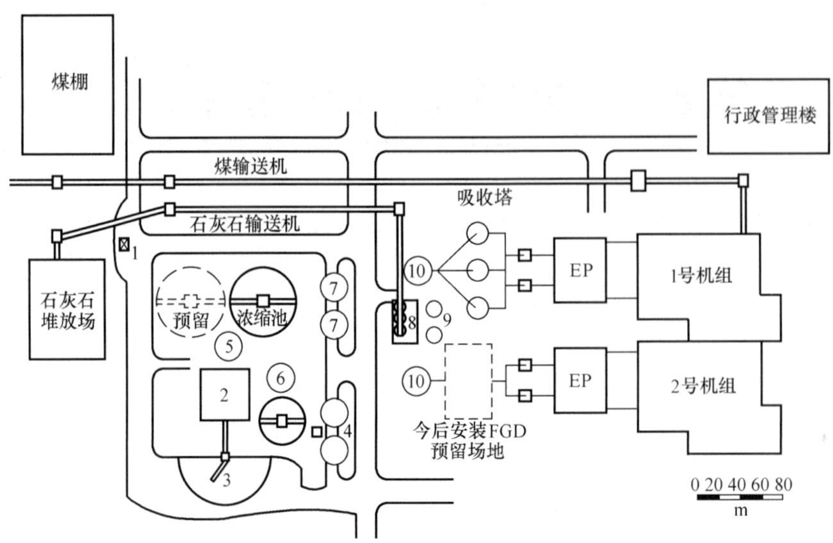

图 1-7-1　美国发电厂抛弃法湿式石灰石 FGD 系统的典型平面布置图

1—石灰石卸料斗；2—副产物脱水楼；3—副产物临时贮存区；4—灰渣脱水系统；5—沉淀池溢流液罐；6—过滤机给料罐；7—灰库；8—吸收剂制备和控制室；9—吸收剂浆液存罐；10—烟囱

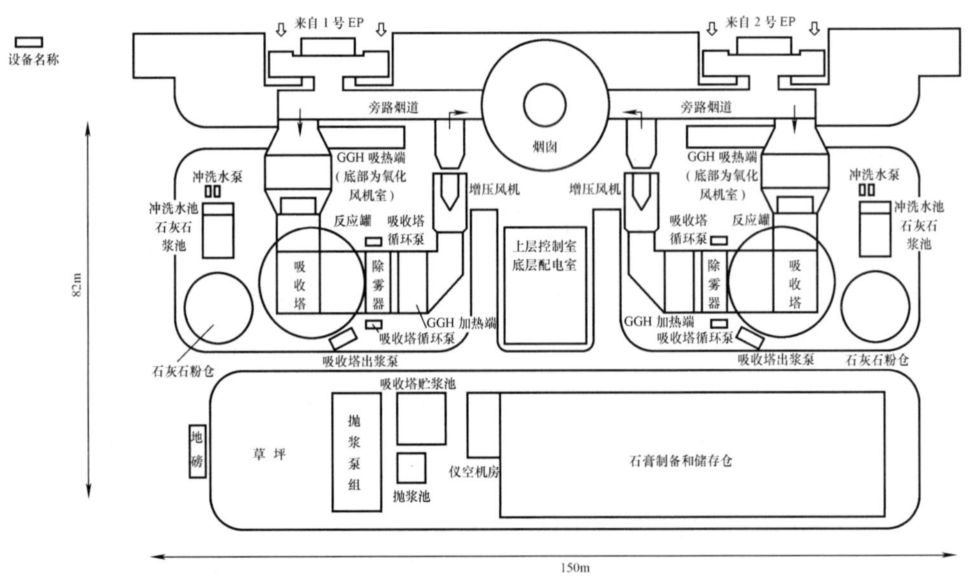

图 1-7-2　华能珞璜电厂一期烟气脱硫装置平面图

一、FGD 系统可利用的场地

从图 1-7-1 可看出，一个布置在发电机组后面的抛弃法湿式石灰石 FGD 系统需要相当大的场地，仅吸收塔占用的面积就相当于除尘装置（EP 或布袋过滤器）需要的场地。美国 20 世纪 80 年代初期建的石灰石 FGD 系统多采用抛弃法，一炉多塔，湿烟囱工艺，这样不仅吸收区占地面积大，而且由于采用浓缩池作为一次脱水设备，脱水区占地面积也很大，再加上对石灰石贮量的要求，整个 FGD 系统所占面积约 430m×267m（包括灰库），几乎相当于主

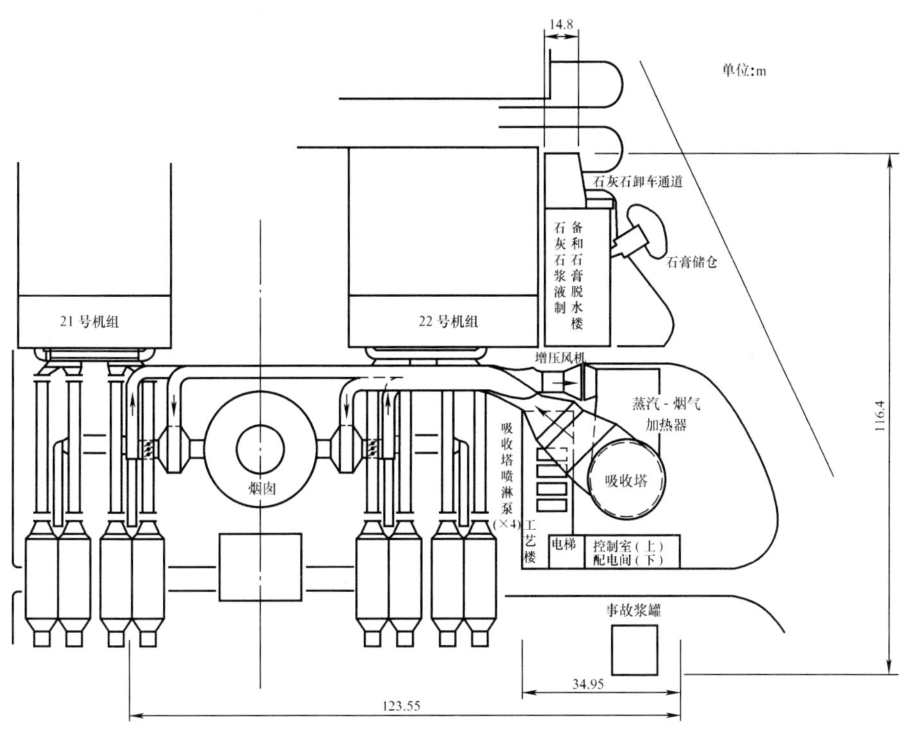

图 1-7-3　重庆电厂增建烟气脱硫装置平面图

机的占地面积。

从图 1-7-2 可看出，与珞璜电厂 2×360MW 燃煤发电机组同步建设的两套 FGD 装置由于采用了强制氧化工艺、外购石灰石粉，占地面积 150m×82m，场内设备布置较宽松。该厂在建的三期 2 台 600MW 烟气脱硫装置的烟气、吸收和配浆系统设计占地 222m×89m，石膏脱水系统占地 75m×36m，这与早期 FGD 系统相比占地面积已大为减小，但与其他脱硫方式相比湿法石灰石 FGD 工艺占地面仍较大。

重庆电厂增建的 FGD 系统由于受现有场地的限制，大部分设备布置在高 116. 4m、底长约 35m 的三角形地带内，入/出口烟道长达 120m，主要设备几乎都布置在两个楼内。

一个 FGD 系统无论布置在新场地上或原有场地上，可供布置的场地可能相对还是比较小，有时甚至是相当窄小，而且还受诸多因素的限制，例如地形、通道、煤和飞灰储存装卸和输送设备以及冷却塔位置都可能影响 FGD 装置的布置。在现有机组的场地上布置 FGD 装置，上述这些因素往往对 FGD 装置的布置起到决定性的影响，特别是如需考虑为今后安装的 FGD 系统预留足够的空间时，布置 FGD 装置的难度就更大。

可供使用的场地可能会影响脱硫方式、吸收剂类型的选择，影响吸收塔以及辅助设备的总体布置。例如重庆电厂 21 号、22 号机组增建的 FGD 装置，由于场地窄小，采用两炉一塔，放弃 GGH 加热烟气方案而采用耗蒸汽量较大的蒸汽—烟气加热器。石灰基系统由于吸收剂消化和副产物脱水设备的原因需要场地面积一般比石灰石基系统要大。如果受场地限制，就必须考虑更有效地利用可供布置的场地，例如设计容量较大的吸收塔，减少吸收塔台数，多炉一塔，或将吸收塔布置在烟囱的后面（甚至侧面），而不是像通常那样布置在锅炉引风机和烟囱之间。甚至有可能要将吸收剂制备和副产物脱水装置布置在离吸收塔较远的地方，例如吸收剂和石膏副产品是经水路或铁路由厂区专用码头或站台运进和送出，那么可以考虑就近码头或车站布置吸收剂制备和石膏脱水装置，长距离输送浆液比输送粉状或块状物料更易控制污染和少占地面面积，前者可以将浆管布置在地下沟道中或架空布置，如采用后一种方式则还需要在吸收塔附近有足够的地方布置吸收剂储存、制备设备以及副产品脱水和临时储存装置。

二、本地区可选用的石灰或石灰石吸收剂

石灰石（$CaCO_3$）资源遍布全世界，是一种广泛使用的普通材料，石灰则需要在焙烧窑中煅烧石灰石才能获得。对特定的现场，在决定选用石灰还是石灰石作吸收剂时，除了考虑吸收剂对 FGD 系统性能的影响外，可能更重要的是必须详细考察当地吸收剂的品质，鉴定其可用性、比较两种吸收剂的价格和运费，了解运送路线和当地运输能力以及可用储量等问题。

虽然石灰和石灰石都是容易获得的吸收剂，但它们的质量、运费随产地不同有明显的差别。另外，一套 FGD 装置要消耗大量的吸收剂，对一个大型电厂的 FGD 系统，可能每天需要运进几百吨吸收剂来维持系统的运转，这会影响供需市场，在某些情况下甚至需要建新的采石场或焙烧窑。由于吸收剂的运量大，最好采用铁路或驳船运输，除非吸收剂供应点离电厂较近，才适应采用汽车运输。对一台燃煤含硫 2%、500MW 的锅炉，其 FGD 吸收剂输送系统相当于 50MW 电厂输煤系统的规模。如采用石灰石，输送系统应能承运每天 20～25 辆汽车或每周 60t 的车皮 15 节的石灰石。

三、储存吸收剂场地

在决定选择何种吸收剂时要考虑的另一个问题是，电厂散装储存石灰或石灰石占用的场地。在美国，在多数情况下，确定吸收剂贮备量的原则与电厂决定贮煤棚大小的原则是一致的，主要考虑因素是吸收剂中断供货最严重的情况和运输中断持续的时间。按照这些原则，一般认为合理的贮存量是在满负荷运行工况下，在供货中断时，能维持 FGD 系统 30～90d 的正常运行。通常将石灰石贮存在一个露天或有天棚的场地上，类似煤的贮存，以与堆取煤相同的方式从堆放场地堆取石灰石，占地可能超过 4050m^2 的石灰石堆放场地可以靠近煤棚布置，但一般按实际情况尽可能靠近吸收剂制备设备，以便能尽量缩短输送距离。典型的石灰石贮存场地的位置和大小如图 1-7-1 所示。

我国引进的一些 FGD 系统是按 3～7d 满负荷运行设计石灰石用量来确定石灰石原料贮存容量，一般石灰石设计用量较低时取上述范围的上限。

日本大多数 FGD 装置是采取外购石灰石粉，用船或密封罐车将石灰石粉成品运抵电厂，采用气动输送转入电厂石灰石粉贮存仓中，一般按石灰石粉中断供货后恢复供货最低所需时间以及满负荷运行设计耗粉量来设计贮存仓容量。石灰石粉贮存仓占地面积比石灰石棚小，而且可以靠近吸收剂配浆设备，省去了皮带输送设备。如石灰石粉贮存仓布置在离吸收塔较远的地方，则用管道泵送配制好的浆液至吸收区的日贮存池（或罐）中，如输送干粉至吸收区，则在配浆设备附近设置一个石灰石粉日贮存仓。

四、副产物废弃用地

一个 FGD 系统从排烟中每脱除 1kg SO_2 产生的干固体副产物最高可达 3kg，这种副产物含水范围可达 10%～40%，含水量的多少，取决于所用吸收剂的种类和亚硫酸盐的氧化程度。通常，石灰基系统产出的固体副产物含水量比石灰石基系统的高，对含硫 2% 的燃煤，脱硫固体副产物可以与燃烧这种煤产生的飞灰总量相类比，因此，两者产生的废弃问题十分类似。一个 500MW 的电厂以年利用率 65% 计，如果燃煤产生的 SO_2 浓度约为 4943mg/m^3，

那么每年产生的脱硫副产物大约为 380 万 m^3。如此大量的废弃物，就数量而言，可能等同于炉渣和飞灰废弃造成的问题。

如果在现场或在运输距离适当的范围内没有足够的地方供副产物废弃，那么就必须考虑生产商业质量的石膏。特别对于我国人多地少的国情，大规模废弃脱硫副产物既不符合我国国情，也是对资源的浪费，还可能造成二次污染。

第二节 燃料特性变化范围对 FGD 装置设计的影响

燃料的以下特性将影响 FGD 系统的设计：热值、硫含量、氯含量、灰含量、灰组成和颗粒粒度，水分含量。其中影响最大的是前两个特性参数。燃煤的热值则决定了耗煤量，在相同负荷下，耗煤量越高，脱硫前烟气中 SO_2 含量就越高。

给 FGD 系统设计带来困难的是电厂燃煤特性难以确定，燃煤特性难以确定的原因是即使同一煤层的煤其上述值也会随运抵电厂每辆车皮的煤而变化，更何况除极少数靠近产煤地区的火电厂外，多数电厂的用煤可能来自不止一个煤矿。在我国，多数电厂还燃用部分或相当部分的小窑煤，致使煤品繁杂，少则一二十种，多则达四五十种，甚至更多。这些情况，造成难以确定煤的设计特性。

一、脱硫前烟气 SO_2 排放量的单位和换算

要确定 FGD 装置要求的设计脱硫率，必须先确定脱硫前烟气 SO_2 排放量，各国使用的 SO_2 排放量单位不一致，有 t/h、g/GJ 和 lb/MMBtu 常用的浓度单位有 mg/m^3（标准状态）和 ppm。g/GJ 和 lb/MMBtu SO_2 排放单位是基于净热值的单位输入所排放的 SO_2 的质量。我国采用 t/h 作排放单位，北欧国家用 g/GJ，美国用 lb/MMBtu，MMBtu 表示 10^6 英制热单位（Btu）。mg/m^3（标准状态下）和 ppm 是在指定的温度、压力和氧含量下，通常是 0℃、1.013bar 干烟气，氧含量在 5% ~7% 条件下 SO_2 排放浓度。

表 1-7-1 列出了 SO_2 和 NO_x 不同排放单位的换算。

表 1-7-1 SO_2 和 NO_x 排放单位换算表

分类		换算到（乘以）								
		mg/m^3（标准状态）	ppm NO_x	ppm SO_2	g/GJ			lb/MMBtu		
					煤	油	瓦斯	煤	油	瓦斯
mg/m^3（标准状态）		1	0.437	0.350	0.350	0.280	0.270	8.14×10^{-4}	6.51×10^{-4}	6.28×10^{-4}
ppm NO_x		2.05	1		0.718	0.575	0.554	1.67×10^{-3}	1.34×10^{-3}	1.29×10^{-3}
ppm SO_2		2.86		1	1.00	0.801	0.774	2.33×10^{-3}	1.86×10^{-3}	1.79×10^{-3}
g/GJ	煤①	2.86	1.39	1.00	1			2.33×10^{-3}		
	油②	3.57	1.74	1.25		1			2.33×10^{-3}	
	瓦斯③	3.70	1.80	1.30			1			
lb/MMBtu	煤	1230	598	430	430			1		2.33×10^{-3}
	油	1540	748	538		430			1	
	瓦斯	1590	775	557			430			1

①煤—6% 过剩氧含量：假定 $350m^3/GJ$（STP·d）。

②油—3% 过剩氧含量：假定 $280m^3/GJ$（STP·d）。

③瓦斯—3% 过剩氧含量：假定 $270m^3/GJ$（STP·d）。

例如，对 SO_2，从 mg/m^3（标准状态下）换算到 ppm，要乘以系数 0.350，若换算到 lb/

MMBtu，对煤则要乘以系数 8.14×10^{-4}。

不同基准氧含量的 SO_2 或 NO_x 值换算公式为

$$C = C'\times\left(\frac{20.9 - x_{02}}{20.9 - x'_{02}}\right) \tag{1-7-1}$$

式中 C——折算后的 SO_2 或 NO_x 排放浓度，mg/m^3（标准状态）或 ppm；

C'——实测的 SO_2 或 NO_x 排放浓度，mg/m^3（标准状态）或 ppm；

x'_{02}——实测烟气含氧量,%；

x_{02}——待折算烟气含氧量,%。

例如，在氧含量为4%的烟气中测得的 SO_2 值为1000ppm，折算成以6%氧含量的基准值为

$$C = 1000\times(20.9-6)/(20.9-4) = 882(\text{ppm})$$

由于过量空气系数 α 与烟气含氧量有式（1-7-2）所示的关系，即

$$\alpha = \frac{20.9}{20.9 - x_{02}} \tag{1-7-2}$$

因此由式（1-7-1）和式（1-7-2）可得出不同基准过量空气系数的 SO_2 或 NO_x 值换算公式为

$$C = C'\frac{\alpha'}{\alpha} \tag{1-7-3}$$

式中 α'——实测过量空气系数；

α——待折算过量空气系数。

二、我国通常对脱硫前烟气 SO_2 排放量的计算方法

对 FGD 系统设计各方面都有影响的最重要的因素是燃烧期间 SO_2 排放量。我国通常用每小时排放 SO_2 吨数（t）来表示 SO_2 排放量，SO_2 排放量可按式（1-7-4）计算，即

$$M_{SO_2} = 2\times K_s\times B_g\times\left(1-\frac{\eta_{pre}}{100}\right)\times\left(1-\frac{q_4}{100}\right)\times\frac{S_{ar}}{100} \tag{1-7-4}$$

式中 M_{SO_2}——脱硫前烟气 SO_2 排放量，t/h；

K_s——煤燃烧过程中硫转化成 SO_2 的比例；

B_g——锅炉 BMCR 负荷时的燃煤量，t/h；

η_{pre}——除尘器的脱硫效率，见表1-7-2；

q_4——锅炉机械未完全燃烧的热损失,%；

S_{ar}——燃煤的收到基硫分,%。

对煤粉炉 $K_s=0.85\sim0.9$，建议在脱硫装置设计中取上限值0.9。

根据燃煤的元素分析成分、过量空气系数、漏风系数以及 B_g 可以计算出锅炉 BMCR 负荷时的烟气流量，烟气流量除以 M_{SO_2} 就可以得到 FGD 装置入口设计 SO_2 浓度。

表1-7-2　除尘器的脱硫效率

除尘器形式	干式除尘器	洗涤式水膜除尘器	文丘里水膜除尘器
η_{pre}（%）	0	5	15

对于高硫煤，FGD 装置设计 SO_2 排放量的计算宜采用设计煤种的收到基硫分，校核工

况采用校核煤种含硫量计算。对于低硫煤，则建议 FGD 装置的设计 SO_2 排放量采用校核煤种的含硫量计算。已建电厂加装 FGD 装置时，应根据实测烟气参数来确定 FGD 脱硫装置的设计工况和校核工况，并充分考虑煤源变化趋势。

三、美国通常确定脱硫前 SO_2 排放量的计算方法

美国通常用每产生 1J 热量排放的 SO_2 毫微克数（ng/J）来表示锅炉 SO_2 排放量（或以每产生百万英制热单位 MMBtu 排放 SO_2 磅值，lb/MMBtu 来表示）。根据煤的高位发热量和煤含硫量按式（1-7-5）计算 SO_2 排放量，即

$$SO_{2,gen} = \frac{2 \times S \times 10^7}{HHV} \quad (ng/J) \tag{1-7-5}$$

式中 $SO_{2,gen}$——脱硫前 SO_2 排放量，ng/J；

S——煤含硫量，%；

HHV——煤的高位发热量，J/g。

按 1ng/J = 0.00233 lb/MMBtu，$SO_{2,gen}$ 以 lb/MMBtu 为单位，则

$$SO_{2,gen} = \frac{4.66 \times S \times 10^4}{HHV} \quad (lb/MMBtu) \tag{1-7-6}$$

按照我国通常采用的标准状况（237K，101.3kPa 干烟气）下的 $1m^3$ 烟气排放 SO_2 毫克数 [mg/m^3（STP·d）] 来表示脱硫前 SO_2 排放量，并折算成含 O_2 6%，则由式（1-7-6）得出

$$SO_{2,gen} = \frac{5.732 \times S \times 10^7}{HHV} \quad [mg/m^3(STP \cdot d)] \tag{1-7-7}$$

上述公式是假定煤中的硫 100% 转化成 SO_2，实际上，在燃烧过程中煤中硫有小部分（约 0.5% ~1%）转化成 H_2SO_4，煤中的黄铁矿在磨煤机中会损失一部分，煤未完全燃烧由炉渣和飞灰也会带走一部分硫。这些部分的硫可能占整个煤中硫含量的 3% ~4%。但是，在美国，大多数设计是假定煤中硫分 100% 转化成 SO_2 进入烟气，这样使得 FGD 系统的设计留有一定的裕度。

比较上述两种脱硫前 SO_2 排放量的计算方法可看出，后一种计算方式对 FGD 装置设计所留有的裕量较前一种大。

另外，需要指出的是，各国环保系统对气体标准状态的定义是有差别的，对气体标准状态的气压只有一个选择，即标准大气压。而标准温度的选择却不一致，我国是 0℃，欧洲取 20℃，而美国环保局的许多标准中是指 25℃。

如前所述，锅炉 SO_2 排放量是 FGD 系统设计的主要变量，在确定该变量时必须权衡利弊，取得一种平衡。如果假定煤的特性得出的 SO_2 排放量太低，就会降低 FGD 系统适应煤质在正常范围内变化的能力，而且还会制约今后煤品的选用，使得不能采用价格低，含硫较高的燃料。反之会导致 SO_2 吸收塔、吸收剂制备设备以及固体副产品处理设备的容量过大，不必要地增加 FGD 系统的投资费用。因此，通过全面分析目前用煤和今后可能用煤的所有可获得的资料，才可能选择一个合理的 SO_2 排放量作为 FGD 装置的设计基础。另外，积极有计划地将含硫较高和较低的煤掺混燃用，就有理由选择较低的 SO_2 排放值。再者，在确定这一设计值时还可以考虑采用化学添加剂或投运备用设备等因素。

四、煤中含氯量对 FGD 装置设计的影响

燃煤对 FGD 系统设计有重大影响的另一特性是煤的氯含量。像煤中硫含量一样，煤中氯含量也随煤产地和成煤年代变化。煤的氯含量变化范围很宽，从低于 0.02% 到超过

0.5%。燃烧过程中超过80%的煤中氯转化成HCl，不低于95%的HCl会被FGD装置去除，这样使得循环浆液中含有一定浓度的可溶性氯化物。高浓度氯化物会降低浆液的碱度和使浆液更具腐蚀性，而浆液的碱度又会影响L/G和达到要求的脱硫率所需要的吸收剂利用率，浆液腐蚀性的强弱则影响结构材料的选择和维修费用。

由于FGD系统中浆液的体积较大，循环浆液中Cl^-含量不会迅速变化，一般可以不考虑煤含氯量日常正常变化对循环浆液中Cl^-浓度的影响，因此可以用煤的平均氯含量（以mg/kg煤为单位）作为设计值。依靠排放废水来控制Cl^-浓度的脱硫系统，如果中断排污，Cl^-浓度将迅速增加，其增加速度超过每天500mg/L，因此在确定浆液中氯离子浓度时应考虑备有一定的裕量，例如规定浆液Cl^-浓度不超过20g/L，那么可按Cl^-浓度15g/L设计。

在特殊情况下，飞灰和煤中其他痕迹物质也可能影响FGD系统性能，但是，在通常情况下，与硫和氯含量相比，其重要性要小得多。煤中这些成分对FGD系统性能的影响在很大程度上取决于上游侧除尘器的效率。

第三节　烟气特性变化范围对FGD装置设计的影响

除了SO_2排放量这一因素外，未处理烟气的物理特性也是FGD系统设计非常关键的因素，烟气的重要特性包括流量、温度和压力，其中烟气流量对FGD系统设计影响最大，像确定SO_2排放量这一参数一样，烟气流量是待建FGD系统要确定的设计条件之一，也是个难以确定的参数。因为锅炉的排烟量不仅随煤的特性变化，而且还受以下因素影响：机组负荷、过剩空气量、空气预热器出口温度、空气预热器和其他部位的漏风量。

一、FGD装置设计烟气流量的确定

国内新建FGD装置的设计烟气流量一般采用锅炉BMCR，燃用设计煤种下的烟气流量，校核工况采用锅炉BMCR、燃用校核煤种下的烟气流量。加装FGD设计烟气流量则应按实测最大烟气流量来确定，并充分考虑煤源变化趋势。FGD装置的容量按此确定设计烟气流量后，可以不再考虑容量的裕量。

美国电力工业习惯的做法是，FGD系统烟气参数的设计值和余度与颗粒物控制装置（EP或袋式过滤器）或引风机（ID）采用的设计值和余度相同。有些电厂则更愿意采用较大的烟气流量值，例如取ID最大出力。ID最大出力可能在预计烟气流量和压力的基础上增加10%～15%的余量。显然这样确定的FGD装置投资成本也将随着要处理烟气流量的裕量的增大而增加。

二、锅炉排烟温度对FGD装置设计的影响

锅炉排烟温度影响整个FGD系统的水平衡和结构材料的选择。我国《火力发电厂烟气脱硫设计技术规范》（DL/T 5196—2004）规定，“脱硫装置设计用进口烟温采用锅炉设计煤种BMCR工况下从主机烟道进入脱硫装置接口处的运行烟气温度”，并要求与新建机组同期建设的FGD装置在锅炉额定工况下脱硫装置进口处运行温度加50℃的情况下，能短时运行。

对锅炉排烟温度要考虑的一个主要问题是，当一台或多台空气预热器停运时出现的短时高温。FGD装置入口典型烟气温度不超过150℃，实际范围从120～170℃，但当一台空气预热器停运时，锅炉排烟温度短时间可以猛升到超过370℃，因此，应要求FGD装置的设计有应对措施，以防损坏设备。

三、烟气压力

烟气压力除了影响处理烟气的体积外，整个输送烟气系统（烟道、风机、挡板、吸收塔和 GGH）的结构设计要考虑烟气压力。如果 FGD 系统位于引风机下游侧（不设 BUF）或处于 BUF 的下游侧，系统入口的典型压力是 -200 ~ +400Pa，往往规定 FGD 系统应能承受 FGD 系统出口关闭时风机产生的最大静压力，此压力可能超过 10kPa（0.1bar）。这样即使出现上述这种未必可能发生的事故时，也能防止损坏系统结构。另外，系统还应该能承受由于烟囱自然抽风作用造成的最大负压，通常这种负压设计范围为 -1000 ~ -2000Pa。

FGD 系统也可能布置在引风机（不另设 BUF 时）或 BUF 的上游侧，在这种情况下，FGD 系统在不低于 -5000Pa（50mbar）负压下运行，结构设计则必须考虑负压偏离到低于 -12500Pa（125mbar）。也有的 FGD 装置设计商根据各设备运行时的最高负压，并按这些设备能在此压力下长时运行来确定吸收塔、烟道的设计压力。根据经验，对这种设计则必须设置过压保护装置，以防极端工况出现时对设备的损坏。国内 FGD 装置就曾在调试期间发生过试转 BUF 时，由于未开启 FGD 入口检修挡板造成负压过大，吸收塔反应罐体变形事故。加装过低负压事故停机保护装置后，再未发生类似事故。

第四节　污染控制规定和标准的要求

烟气设计流量和组成成分定下后，就需要确定电厂 SO_2、烟尘允许排放量，即选定 FGD 系统的 SO_2 总脱除效率和 FCD 系统出口固体颗粒物排放浓度。

对位于特定地理位置的火电厂 SO_2 允许排放量和烟尘允许排放浓度的测算，对电厂人气污染浓度预测及影响分析等方面的内容已超出了本手册的范围，在此不作介绍。在工程环境影响评估阶段，将根据国家、地区、省和当地制定的一系列法规、规定、标准来确定 SO_2 和烟尘允许排放量，从而确定最低 SO_2 脱除效率。

美国在大多数情况下，要求燃用中—高硫煤（中硫煤含硫 1% ~3%，高硫煤含硫大于 3%）的公共发电厂达到 90% ~95% 的最低脱硫率。由于美国日趋严格的污染物排放标准以及实行 SO_2 排放许可权可交易制度，大多数 FGD 装置选择不低于 95% 的设计脱硫率。

我国则规定，燃用含硫量≥2% 煤的机组，或大容量机组（≥200MW）的电厂锅炉建设烟气脱硫装置时，宜优先选用石灰石-石膏湿法 FGD 工艺，脱硫率应保证 >90%，但近年新建或拟建的大容量发电机组的 FGD 装置大多选择 95% 的脱硫率设计值。

2004 年 1 月 1 日实施的 GB13223—2003《火电厂大气污染物排放标准》对装有湿法 FGD 装置的火力发电厂已要求烟尘排放浓度不超过 $50mg/m^3$（标准状态下）。当 FGD 装置入口烟气烟尘含量低于 $50mg/m^3$（标准状态下）时，可以要求 FGD 装置出口固体颗粒物的排放浓度不超过入口烟尘含量。

在确定 FGD 系统设计基本条件时，还必须考虑与控制固体副产物废弃和 FGD 系统废水排放有关的规定和标准。在美国，虽然 FGD 固体副产物按资源保护和回收利用法（RCRA）分类属于安全、非危险物，但作回填处理必须满足有关废弃非危险工业固体废物的有关规定。根据这些规定、当地地质情况和废弃固体物的状况，要求建筑防渗层和浸出液收集装置，要求浸出液和 FGD 装置排放至当地水体中的排放水符合有关规定，因此排放前的处理可能包括调整 pH 值、控制悬浮固体物、金属物含量和化学需氧量（COD）。

我国颁布的《火电行业环境监测管理规定》中对电厂脱硫污水的监测项目与灰水的相

似，还增加了氨氮及氯离子测定。对脱硫污水必须测定的项目有：pH 值、SS、COD、氟化物、砷、硫化物、氨氮、氯离子、排水量；选测项目有铅、镉、汞及六价铬等。经废水处理系统排放的脱硫废水除要求符合国家污水综合排放标准外，还要满足当地可能更严格的污水排放标准，因此，除向承包商提出上述脱硫废水水质指标外，还应提出以下项目的指标值：BOD_5、锌、铜、钒、总铬量、可溶性固体物、残余油、酚、氰（CN^-）。表 1-7-3 是国外某电厂石灰石湿法 FGD 装置（1GW 容量）脱硫污水处理前后的水质分析结果，经处理后水质大为提高。

表 1-7-3　　　　脱硫污水处理前后的水质变化

监测项目	处理前	处理后	监测项目	处理前	处理后
pH 值	4.5～5.5	8.5	铬　(mg/L)	1	0.05
SS　(mg/L)	12700	15.0	铅　(mg/L)	2	0.05
含灰量　(mg/L)	3136	10	汞　(mg/L)	0.3	0.001
硫酸根　(mg/L)	2000	100	镍　(mg/L)	4	0.05
氟化物　(mg/L)	100	30	钒　(mg/L)	10	2
砷　(mg/L)	10	0.02	锌　(mg/L)	20	0.5
镉　(mg/L)	0.1	0.015	铝　(mg/L)	800	20

目前我国对随灰水排往灰场的脱硫废浆液并无排放标准要求，对灰场也无防渗要求，仅对灰场外排水的水质有要求。目前我国火电厂灰水超标严重的是 pH 值和悬浮物两个项目，超标平均在 30% 以上，COD、硫化物、氟化物以及砷等项目也有超标情况，其超标平均在 10% 以下，脱硫废浆液排入灰场后有利于降低灰水的 pH 值，对灰场外排水的悬浮物、重金属、氟化物、BOD_5 应无明显影响，可能产生影响的项目是 COD、硫化物、氨氮及氯离子。因此国内已建或在建 FGD 装置的相当一部分电厂不设脱硫废水处理系统，将脱硫废水排往灰场。但是，基于火电厂废水治理的发展趋势和脱硫废水的特殊性，在不久的将来很可能规定，火电厂应为 FGD 系统设置独立的脱硫废水处理车间，不允许将未经处理的脱硫废水排往灰厂，甚至不允许将脱硫废水与电厂其他废水混合处理后外排。

第五节　补加水质量和可利用性

由于处理后的烟气被水汽饱和，固体副产物带走水分以及排放废水，使得 FGD 装置的耗水量较大。但是 FGD 系统所需的大部分水可以采用质量相对较低的水，FGD 系统补加水的典型水源有：电厂处理后的废水、冲流水、冷却塔排放水、一次性冷却水、处理后的城市废水、电厂补给生水、电厂工业水以及海水。上面列出的可供 FGD 使用的补加水水质差别很大，在现有的绝大多数 FGD 系统中，除了海水外，上述所有的水源都已广泛被采用。

湿法 FGD 工艺的主要缺点之一是耗水量大，在不易得到淡水的地区，如要淡化大量海水无疑会明显提高运行费用。美国一家公司已设计出用海水作补加水的 WLFGD 系统，并向 UPDC－Hin Krut 电厂一台 700MW 的机组提供了一套石灰石强制氧化、初期生产可抛弃石膏、脱硫效率 90% 的 FGD 系统。该系统的技术规范规定浆液 Cl^- 浓度为 74g/L，设计用水情况见表 1-7-4。采用海水作主要补加水的 FGD 系统的成功运行，为降低 WLFGD 耗水量开辟了广阔的前途，开阔了人们根据现场水源情况来决定补加水水源的思路。

对 FGD 系统需要补加水的不同部位可以选用不同的水源，例如泵的轴封水和生石灰消化水要求质量相对较高的水，ME 的冲洗水则可以采用硫酸钙相对饱和度低于大约 50%、无固体悬浮物的任何水，而制备石灰石浆的水可部分采用一次脱水的溢流液和二次脱水的滤液。

但是，由于可溶性氯化物会在 FGD 系统中累积，所以人们更愿意用氯化物含量相对较低的补加水源。如果生产可销售的工业石膏，补加水中的其他化合物，例如铁、镁也可能会影响石膏的杂质含量。然而，含有碳酸钙或碳酸镁较高的水源，由于具有一定的碱度则对系统有利。

表 1-7-4　采用海水作补加水的 FGD 系统设计用水情况

用水项目和补加水水源	用水水质和补加水用量
密封水	除盐水
补加水	海水
ME 冲洗水	海水
球磨机系统用水	海水
调节浆液浓度用水	滤液
除盐水用量 (m^3/h)	5
海水用量 (m^3/h)	82
氯化物排污流量 (m^3/h)	25

由于 FGD 系统不同部位可以采用不同质量的补加水，因此应该综合考虑发电设备和 FGD 装置的用水、电厂水处理和废水处理的水管理，在此基础上确定 FGD 系统的最佳补给水源。一个全面纳入电厂水平衡的 FGD 系统应该不需要大量高质量的水，这样也有利于减少废水处理量。遗憾的是，目前我国电厂 FGD 系统的水平衡几乎都是与主厂水平衡分开来设计，这样就难以利用主厂的回收水。

在日益重视水资源的今天，即使在水源较丰富的地区，也应对 FGD 系统的耗水量提出保证值要求，并应在可能的情况下要求脱硫设计商采用电厂其他回收水，这样可以促使承包商在设计 FGD 系统时积极利用回收水和降低废水排放量。

第六节　对脱硫石膏的质量要求

目前商业品质的脱硫石膏已得到大量的应用，例如作为生产墙板的原材料、水泥缓凝剂、贫硫土壤的调节剂、石膏联产硫酸和水泥、石膏转化法生产硫磷酸铵、石膏复分解生产硫酸钾和废石膏用作软土基加固等，但应用最多的还是前两项。在欧洲和日本，几乎所有脱硫石膏都用于建材行业，作为天然石膏的等同代替原料。可是，到目前为止脱硫石膏还没有统一的质量标准，一般对石膏的质量要求随用途和最终用户的要求而变化。表 1-7-5 和表 1-7-6 分别列出了美国和德国一些用户对脱硫石膏的质量要求，日本电力工业中央研究协会调查了日本脱硫石膏质量和利用情况，提出了用作墙板的脱硫石膏的质量要求，见表 1-7-7。从表 1-7-5 和表 1-7-6 可看到，美、德两国的一些用户对脱硫石膏中硫酸钙的含量要求范围在 80%～95%。由于日本的石灰石纯度较高，通常不低于 95%，加之 20 世纪 90 年代前日本不少 FGD 系统采用预洗涤工艺，石膏的杂质含量较低，所以日本大部分脱硫石膏纯度不低于 94%。

表 1-7-5　美国一些典型用户对脱硫石膏的技术要求

组　分	成分含量				
	用户 A	用户 B	用户 C	用户 D	用户 E
游离水 (wt%)	1	10	10	10	10
硫酸钙　干基 (wt%)	94	90	95	80～95*	95
亚硫酸钙　干基 (wt%)	0.5	—	2	0.25	0.25
惰性物质（飞灰等）干基 (wt%)	3	—	1	—	8

续表

组　　分	成 分 含 量				
	用户 A	用户 B	用户 C	用户 D	用户 E
氯化物　(mg/kg)	400	200	120	100	—
Na^+　(mg/kg)	250	200	75	600	100
Mg^{2+}　(mg/kg)	250	—	50	1000	130
总水溶性盐　(mg/kg)	—	—	600	—	1000
pH 值范围　—	6.0~8.0	3.0~9.0	6.5~8.0	5.0~9.0	6.0~8.5

注　表中数据均为用户允许的最大值。

＊取决于用户最终的用途。

表 1-7-6　　德国石膏加工厂对电厂脱硫石膏的质量要求

项　　目	成分含量	项　　目	成分含量
表面水分　(%)	≤10.0	SO_2　(%)	≤0.3
固有水分　(%)	≥19.9	Cl　(mg/kg)	≤120
纯度　(%)	≥95.0	有机碳　(%)	≤0.1
Fe_2O_3　(mg/kg)	≤1500	pH 值	5~8
K_2O　(mg/kg)	≤600	白度　(MgO 相对含量、干基)(%)	≥70.0
Na_2O　(mg/kg)	≤600	D_{32} μm　(%)	≤40.0
MgO　(mg/kg)	≤500		

表 1-7-7　　日本电力工业对用作墙板的脱硫石膏质量要求

项　目	游离水	结晶水	CaO	SO_3	可溶性盐	pH 值
含量（wt%）	≤10	≥19.8	≥33.0	≥44.0*	≤0.1	6~8.5

＊相当 $CaSO_4 \cdot 2H_2O$ 94.6%。

我国电厂脱硫石膏的纯度一般可以达到90%，即使在生产工艺控制不大理想的情况下，达到80%~85%是不困难的。表1-7-8是我国一些电厂FGD装置生产的脱硫石膏的组成成分和含量。

表 1-7-8　　我国一些电厂脱硫石膏的化学组成

组成成分＼含量＼电厂	L-A	L-B	L-C	L-D	B-A	B-B	T-A
游离水（%）	8.3	<10		11.8	9.9	10.1	
$CaSO_4 \cdot 2H_2O$　(%)	92.95	91.2	81.7	88.0	95.7	95.0	90.7
$CaSO_3 \cdot 1/2H_2O$　(%)				0.22	0.10	0.07	
$CaCO_3$　(%)	2.66	5.2	6.91	3.72	0.18	0.27	15.8
$MgCO_3$　(%)	1.59	2.1	2.63	1.43			
Al_2O_3　(%)	0.13	0.7	0.77				0.26
Fe_2O_3　(%)	0.16	0.5	0.38				0.27
SiO_2　(%)		2.7					
HCl 不分解物　(%)	2.32		8.42	2.44			0.52
Cl^-　(mg/kg)	25		44	35			
F^-　(mg/kg)	4		25	49			
Mg^{2+}　(mg/kg)	52		50	<36			
Na_2O　(%)	0.019		0.077				
K_2O　(%)	0.038		0.074				
pH 值　—	7.5						
粒度　(%)	<82μm 61.46	<80μm 99.0					

国内制作石膏板材的厂商一般要求脱硫石膏的品位较高，希望不低于 90%，但 85% 的纯度也能接受。对脱硫石膏中的亚硫酸盐、可溶性盐含量提出了限制，前者在石膏炒制过程会产生腐蚀性气体，腐蚀烘炒设备。可溶性盐含量过高，当干燥石膏墙板时 Na、K、Mg、Al、Fe 的可溶性盐会从石膏灰浆的表面析出，形成沉积物。因此在脱硫技术规范中应要求脱硫石膏副产物中亚硫酸盐不超过 0.3%、Cl^- <100～200mg/kg（干基）、F^- <100 mg/kg（干基）、Mg^{2+} <100mg/kg（干基）、总可溶性盐<1000～1200mg/kg（干基）。

生产水泥所掺用的石膏也希望有较高的品位，但水泥工业也接受质量稍低的脱硫石膏，例如，尽管日本 JIS 规定用于水泥的石膏 SO_3 含量最低为 30%，这相当 $CaSO_4 \cdot 2H_2O$ 含量不低于 64.5%，但实际上也没有执行 JIS 这一规定，每个水泥生产厂家根据他们的情况有自己的要求。GB 5483—1985《用于水泥中的石膏和硬石膏》规定用作水泥缓凝剂的石膏的技术要求是，$CaSO_4 \cdot 2H_2O + CaSO_4$ 二者含量>60%，不得含有有害于水泥性能的杂质和外来夹带杂物，附着水不得超过 4% 等。脱硫石膏除了附着水超过标准，水泥厂在掺用前需作干燥处理外，脱硫石膏与天然石膏的化学成分分析结果对比表明，所含化学成分相似，仅前者的 CaO 含量稍高于后者。

在编制脱硫技术规范，确定脱硫石膏副产品纯度时，往往优先考虑的是石灰石的利用率，希望尽量降低石灰石的用量。如果要求石灰石利用率达到 95%～97%（相当 Ca/S1.05～1.03），那么石膏纯度应>90%，具体应达到的纯度还与石灰石的纯度有关。实际上，对于特定的烟气条件，当石灰石的品质和石灰利用率（亦即 Ca/S）一旦给定，石膏的纯度要求也就确定了。同样，给定石灰石的品质和石膏纯度，石灰石的利用率也就确定了。例如，如果石灰石的纯度为 97%，要求达到上述 Ca/S 比，那么石膏的纯度就应分别接近 95% 和 97%，由于我国石灰石的纯度大多为 90%～95%，因此提出脱硫石膏纯度≥90% 的保证值，既能满足石膏用户的要求，也能被 FGD 装置承包商所接受。

第八章　FGD 设计参数

本篇第三章已介绍了有关石灰和石灰石 FGD 原理和主要参数方面的一些基本知识。本章将通过一些例子来说明 FGD 设计中最重要的参数对工艺性能的影响，并给出这些变量的典型设计范围；本章还介绍了在 FGD 系统的技术规范中，运用这些设计变量的不同的方法，电厂在制定技术规范时，如何提出这些设计变量。FGD 供应商在具体设计时，如何对待这些设计变量在很大程度上取决于电厂工程技术人员对 FGD 工艺的了解和取决于 FGD 供应商的实际经验。

电厂作为 FGD 装置的投资方，当然希望得到的 FGD 系统有适当的设计余量，具有高性能、高可靠性和能长期稳定地运行，同时还希望尽可能低的投资和运行成本。为实现这些目标，通常有两种作法。一种方法是，通过提出“性能规范”，依靠提出的性能保证值来确保 FGD 系统达到所要求的技术性能，让 FGD 制造商可以完全自主地优化选择 FGD 系统最佳设计参数。这种方法的优点是能充分发挥制造商的专利技术和经验，可能获得最低的预算费用，但这种方法也可能导致最小的设计裕量。如果采用“性能规范”的方法，那么要求电厂工程技术人员或项目管理人员至少应知道其他 FGD 系统设计变量的典型范围，要求他们能够识别制造商提出的设计参数是否明显偏离了典型范围。当做出这种判断缺乏把握时，可以要求制造商提供详细的解释数据或实际业绩。这样做，也有助于核实与典型应用不同的特殊设计的合理性。

另一种方法是，通过为工艺的某些设备（主要是吸收塔）制订“设备技术规范”来确保有一个最低的设计裕量。由于对设计参数规定了最小或最高值，制造商就不能冒着设计裕度不够的风险来提出过低的报价，但这种方法可能会提高预算费用。这种方法的另一个优点是，可以在同一技术经济基础上对标书进行比较，避免了由于技术风险的不同，给标书的评估带来复杂性。我国电厂的 FGD 系统都是采用后一种方法来编制标书。同样，要制订一个合理的“设备技术规范”，也要求电厂工程技术人员具备有关 FGD 工艺的知识和实际经验。下面将介绍 FGD 系统的设计参数。

第一节　烟气流速

石灰/石灰石湿法 FGD 系统中不同工艺部位的烟气流速是不同的，根据烟气最佳流速的不同可以将烟气流道分成以下三个区域：烟道、吸收塔/除雾器、烟囱。下面介绍这前两部分烟气流速的设计范围。通常，FGD 技术规范可以允许 FGD 制造商自己确定这些部位的烟气流速。对吸收塔的烟气流速，电厂可以规定一个最高设计流速以确保设计具有一定程度的保守性。但是，提高烟气流速相当于提高了设备的处理容量，限定吸收塔最高流速则可能提高吸收塔的造价。实际上，烟气流量是整个 FGD 系统设计的基础，在确定烟气设计流量时往往已留有一定的裕度，这一裕度将反映到 FGD 的整个设计中，使设计具有一定的保守性。对烟气流速来说，如果烟气流量留有一定的裕量，烟气设计流速也就具有一定的裕度。

一、烟道中的烟气流速

FGD 系统入/出口烟道设计烟气流速的确定要权衡烟道材料费用、风机克服烟道压损所需要的能耗，烟气流速对烟道结构稳定性的影响也是技术规范应考虑的问题。通常在满负荷工况下，国外对入/出口烟道的设计烟气流速大约限定为 20m/s，我国在“火力发电厂烟风煤粉管道设计技术规程”中推荐的烟道流速为 10～15m/s，而 FGD 工程招标书一般规定 ≤15m/s。

吸收塔入口烟道是 FGD 入口烟道与吸收塔之间一个特殊的过渡段，吸收塔入口烟道的设计对吸收塔的性能有密切的影响。吸收塔入口烟道的形状和大小使该处烟气流速有可能高于，也有可能低于上游侧烟道的烟气流速，这取决于吸收塔的断面和塔内烟气流速。吸收塔入口烟道的设计要求烟气压损小，进入塔内的烟气分布均匀；入口烟道的高/宽比适当，不过分影响塔的高度（对逆流塔而言）；使干/湿界面远离入口烟道，避免入口烟道中累积沉积物。特别是吸收塔入口烟气分布的均匀性对发挥吸收塔和除雾器固有的性能是非常重要的，因此通常要根据模拟试验结果来设计吸收塔入口烟道。必要时，可以要求 FGD 设计制造商提供吸收塔入口烟气流速分布图，以了解设计的正确性。

二、吸收塔/除雾器烟气流速

对一个确定的吸收塔来说，当循环浆流量不变时，提高烟气流速，SO_2 脱除效率一般会下降。这是因为烟气流速的增大，意味着流量的增加，L/G 下降，烟气与循环浆液在塔内的接触时间减少了。但是，随着塔内烟气流速的增大，改变了气/液流体界面状态，气/液膜减薄；下落的液滴变成悬浮或沸腾状态，吸收区的持液量增加了，延长了液滴在吸收区的滞留时间，增大了吸收液滴的表面积。这些因素的变化将提高吸收塔内气/液接触效率，提高吸收速率。因此，尽管脱硫效率随着烟气流速的提高而有所下降，但以每升吸收浆液吸收的 SO_2 mmol 数表示的吸收量（即 mmol SO_2/L 浆液）以及以每分钟吸收的 SO_2 mmol 数表示的吸速率（即 mmol SO_2/min）却是随着烟气流速的增大而明显增大。当然，对于不同类型的吸收塔，烟气流速对其性能的影响是有差别的。

逆流塔典型的设计烟气流速范围大约是 2.5～5m/s，许多装置采用 3m/s 的设计流速。然而，近年的设计趋势是向着高流量、大容量和紧凑吸收塔的方向发展，流速趋向这一范围的高端，特别是空塔型的洗涤器。例如图 1-2-4 所示的吸收塔，流速已达 4.3 m/s。表 1-8-1 列出了我国近年引进的一些湿法石灰石烟气脱硫吸收塔的空塔烟气流速，从该表可看出我国近年引进的逆流喷淋空塔的烟气流速仍属低流速，液柱式逆流塔的烟气流速已达到了较高流速。顺流塔有利于提高烟气流速，珞璜电厂 3 号、4 号液柱吸收塔中的顺流塔烟气流速高达 10m/s，这是采用先顺流后逆流液柱式组合塔所特有高流速，这也可能是珞璜电厂 3 号、4 号塔体积明显较小的原因之一。

表 1-8-1　　我国近年引进的一些 WLFGD 吸收塔烟气流速

电厂名称	珞璜电厂Ⅰ期	珞璜电厂Ⅱ期		重庆发电厂	北京一热 3 号、4 号	广东连州电厂	香港南丫电厂 6 号
吸收塔类型	顺流填料塔	液柱式组合空塔		逆流喷淋空塔	逆流喷淋空塔	逆流喷淋空塔	顺流填料塔
		顺流塔	逆流域				
吸收塔流速 m/s	4.4	10.0	4.6	3.3	3.3	3.3	4.7～5.2*

* 对应三种不同产地的煤。

试验和经验都表明，对一个特定的喷淋塔来说，提高吸收塔烟气流速即意味烟气流量的增大，如果要保持 SO_2 脱除效率不变则需要适当增加循环浆液流量。而对于两个不同直径的吸收塔，如果流量相同，要达到相同的脱硫效率，直径小的吸收塔由于烟气流速需要的 L/G 比直径大的吸收塔所需要的 L/G 小。也就是说，提高吸收塔烟气流速可以减少 L/G，降低循环泵的能耗。但是，较高的烟气流速会增加吸收塔的压损，循环泵节省的一部分电耗将被脱硫风机增加的电耗所抵消。然而，采有高流速带来的吸收塔断面的减小和循环泵容量的降低可以获得节省投资成本的净经济利益。

吸收塔的烟气流速也不能无限提高，对于逆流喷淋塔，当流速大约超过 6m/s 时，大液滴将被烟气从除雾器中夹带出来，因而除雾器的性能限制了烟气流速的进一步提高。在烟气高流速的情况下，被除雾器捕获的液滴在顺着除雾器板片下流时会被高速烟流剥离板片表面，重新带入烟气中。对于垂直烟气流的除雾器（即除雾器水平布置在吸收塔内的顶部），目前设计烟气流速的上限大约为 6m/s，当烟气流速不超过 6m/s 时，不会出现浆液大量被重新夹带走的现象。考虑到除雾器的支撑结构要占据一部分空间和塔内流速分布不均匀，实际最大设计烟气流速大约为 5m/s。如果吸收塔流速大于此值，那么必须扩大除雾器所处位置的吸收塔容器的断面，并使最上层的喷淋层与除雾器的端面有足够的距离，这样有利于改善除雾器端面处烟气流速的均匀性。

水平烟气流除雾器（即垂直布置）可以使吸收塔/除雾器的实际流速范围扩大到 7～8m/s。这种布置方式的除雾器重新夹带液滴的临界流速较高，这是因为水平烟气流除雾器板片上捕获的液滴向下流淌，与烟气流向垂直，而垂直烟气流除雾器板片上的液滴是逆着气流方向下流。因此后者的液滴易于被重新夹带。但水平烟气流的布置占据的空间较大。目前有一种布置方式是第一级为垂直烟气流，第二级为水平烟气流布置，这样兼顾了两种布置方式的优点。

吸收塔/除雾器烟气流速一般由 FGD 制造商来确定，电厂应要求除雾器供应商提供除雾器的详细性能数据，以便核查设计烟气流速。也可以在工艺技术规范中对吸收塔平均流速规定一个最大偏差值，以免由于烟气流速分布不均匀出现除雾器局部夹带液滴的情况。对于吸收塔烟气流速接近除雾器极限运行流速的高流速设计，有必要实测吸收塔整个断面的烟气流速分布。

第二节 吸收塔液/气比（L/G）

如吸收塔烟气流速不变，吸收塔 L/G 也是影响 SO_2 脱除效率的一个重要设计参数。在其他设计条件一定时，脱硫率随 L/G 增加而增大。在一个典型的 WLFGD 系统中，由于循环泵设备费和运行电费在投资和运行成本中占有重要的一部分，因此 FGD 系统承包商在设计吸收塔时会力求以最小的 L/G 来满足规定的性能要求。对于通过提出“性能规范”，仅依靠性能保证值来保证 FGD 性能的电厂，允许 FGD 承包商自行选择最佳 L/G，但电厂工程技术人员应该熟悉吸收塔的性能，以便能清楚地辨别承包商设计的 L/G 是否合理。复杂的是，达到规定的脱硫率所要求的 L/G 不仅随着吸收塔的设计变化，而且还随着吸收塔入口 SO_2 浓度、运行 pH 值、吸收剂耗量、吸收剂的粒度、氧化程度以及工艺过程液中的成分等诸多因素的变化而改变，也就是说脱硫效率与 L/G 之间并非简单的相互关系。FGD 供应商在其标书中提供的脱硫率与 L/G 的关系曲线是在其他条件一定时的一种单因素关系，供应商不会提供该 FGD 装置脱硫率与有关诸因素明确的函数关系，因为这涉及卖方的技术专利。所以，通常电厂工程师很难知道卖方所选 L/G 的合理性和裕度。但是，通过一些实例让电厂工程师确立脱硫率与 L/G 之间大致的数量关系是可能的。另一种比较鉴定方法是，要求 FGD 制造商提供与本电厂 FGD 装置设计条件相近的、已投运 FGD 系统的有关设计参数和实际性能数据。

表 1-8-2 给出了美国和我国一些已投运的石灰/石灰石 FGD 装置的实际性能数据，并注明了 L/G 的设计值，可供电厂工程技术人员参考。本章的最后一节还简要介绍了 FGDPRISM™（FGD 工艺整体化和模拟模型）计算机模块的应用，该模块是美国电力研究协会（EPRI）开发的，应用该模型可以帮助 FGD 系统用户评估 FGD 各种设计参数对性能的影响。

表 1-8-2　　一些石灰或石灰石基 FGD 吸收塔的性能数据

国别	吸收塔类型	吸收剂	吸收剂细度（%）	吸收剂利用率（%）	入口 SO_2 浓度（$\times 10^{-6}$ 干基）	烟气流速（m/s）	L/G（L/m^3）①	吸收塔脱硫效率（%）	实际控制 pH 值（-）
美国	（1）喷淋塔	石灰石	<74μm 56	87	1600	2.7	15.3	90	—
	（2）喷淋+多孔塔盘	石灰石	87	93	1500	2.4	9.8	90	—
	（3）喷淋+填料	石灰石	77	95	2800	2.3	12.0	90	—
	（4）喷淋+填料	石灰石	—	—	2600	2.7	13.1	90	—
	（5）顺流填料	石灰石	95	92	2100	4.0	12.0	90	—
	（6）喷淋+多孔塔盘	镁石灰	不适用	98	2100	—	3.3	96	—
中国	（1）顺流填料	石灰石	<61μm 90	87.3~90.7	3707	4.4	23.3	95	5.4~5.6
	（2）液柱式顺、逆流组合塔	石灰石	<61μm 90	82.8~87.4	3707	顺流塔：10.0 逆流塔：4.6	21.8	95	5.6
	（3）逆流喷淋	石灰石	<61μm 90	96	3707	3.2	20.1	95	—
	（4）顺流填料	石灰石	<43μm 95	—	411~500	4.7~5.2	19~20	≥90	5.1~5.3
	（5）逆流喷淋	石灰石	<30μm 95	98	2660	3.3	18.2	95	5.3
	（6）逆流喷淋	石灰石	<60μm 90	97.5	817	3.3	12.2	95.6	—
	（7）逆流喷淋	石灰石	<43μm 90	95.2	2032	3.3	9.4	≥81	5.8*
	（8）逆流喷淋	石灰石	<74μm 95	95.2	1263	—	13.1	85	5.6

① 烟气标准状态为 273K、1atm。

* 抛弃运行。

表 1-8-2 中美国（1）喷淋空塔的主要性能参数是，石灰石细度为通过 200 目筛（74μm）的占 56%，石灰石利用率为 87%，入口 SO_2 浓度为 1600×10^{-6}（1600ppm），吸收塔烟气流速 2.7m/s，L/G 15.3 L/m^3（STP），脱硫率可达 90%。对于中等含硫燃料，90% 脱硫率的石灰石 FGD 喷淋塔来说，该 L/G 具有代表性。但是，上述石灰石的细度相对较粗，

石灰石的利用率也较低，如果采用细度更小的石灰石，在达到相同脱硫的情况下，石灰石的利用率会更高些。表 1-8-2 美国（2）～（5）吸收塔通过装有多孔塔盘或填料，增强了传质面积，在达到相同脱硫率 90% 的情况下，这些吸收塔较之（1）喷淋空塔可以在较高的石灰石利用率和较低的 L/G 下运行。比较（1）～（5）吸收塔可看出，入口 SO_2 浓度最低的吸收塔，其 L/G 也最小。从该表给出的中国（2）、（3）、（5）液柱塔和喷淋塔的例子可看到，对于含硫较高，要求有较高脱硫率的这两种类型的吸收塔来说，需采用较高的 L/G 比。另外，影响 L/G 的因素除了入口 SO_2 浓度、脱硫率外，对于石膏质量有较高要求的 FGD 系统，往往以保证石膏质量为前提，确定吸收剂允许最低利用率，因为未反应的过量吸收剂往往是影响石膏质量的主要成分，而吸收剂的利用率与吸收剂本身的特性和运行 pH 值密切有关。通常，为了达到较高的吸收剂利用率，就要选取较低的运行 pH 值，较高的固体物在反应罐中的停留时间。而较低的运行 pH 值反过来又影响脱硫效率，在这种情况下提高 L/G，增加烟气流速，或采用组合型吸收塔（例如顺、逆流组合，喷淋与填料组合或喷淋加多孔塔盘等）成了必须考虑的因素。当入口 SO_2 浓度较高时，要求有较高脱硫率，较高石膏品位的 FGD 系统，如不能采用较高的 pH 值，往往就需要更高的 L/G 比。表 1-8-2 所列的中国（1）～（5）吸收塔的 L/G 比说明了上述情况。

对于强制氧化工艺，特别是对于高硫燃料，必须谨慎地设计低 L/G 的吸收塔。在这种情况下，防止结垢所要求的最低 L/G 可能大于达到 SO_2 脱除效率所需要的 L/G。对于这种情况，可以应用 FGDPRISM™计算机模式来预测 L/G 对吸收塔浆液中石膏饱和度的影响，并计算出最低 L/G，作为吸收塔设备技术规范的参数。

从表 1-8-2 还可看到，采用镁石灰作吸收剂，其液相的碱度是如此之高，以致在 L/G 比其他吸收塔低得多的情况下也可以达到 96% 的脱硫效率和 98% 的吸收剂利用率。

第三节　吸收剂利用率

无论是石灰还是石灰石 FGD 系统，选择吸收剂供应点时主要考虑的问题是，成分符合要求、供应充足可靠、运输距离短和费用合理。对于吸收剂的化学成分，一个重要的项目是惰性物含量要低。惰性物质不仅增加了运输成本，还加剧了 FGD 工艺管道、阀门和浆泵等过流设备的磨损。对于石灰吸收剂，供应的石灰中应含有适量的 MgO。如果可能，可以要求供应商将 MgO 含量不同的两种石灰掺混供货。对新建 FGD 系统，如果有多个可供选择的吸收剂货源，可以在技术规范中列出它们的地点，运输距离、吸收剂的化学成分和价格，以便投标者在设计中考虑这些因素。

合适的吸收剂供货点确定后，吸收循环浆液中过剩吸收剂的数量是吸收剂最重要的工艺设计参数之一，此数据反映了吸收剂的利用程度，一般用 Ca/S 摩尔比或吸收剂利用率（%）定量地表示吸收剂的利用程度。Ca/S 摩尔比定义为投入 FGD 工艺中钙吸收剂的摩尔流量（mol/h）与 SO_2 脱除摩尔率（mol/h）之比。Ca/S 比是无量纲比值。吸收剂利用率（%）的含义是参与脱硫反应的吸收剂量占投入工艺中吸收剂总量的百分率。投入工艺过程中吸收剂总量和参与反应吸收剂量的单位可用 kg/h，也可用 mol/h。Ca/S 与吸收剂利用率（%）两者在数值上是互为倒数的关系，即 Ca/S 摩尔比 = 1/吸收剂利用率（%）。吸收剂利用率是一个对石灰/石灰石湿法 FGD 工艺的性能和经济效益有重要影响的设计参数。如果对 FGD 固体副产物有质量要求，吸收剂利用率往往受这一质量要求的限制。对于抛弃工艺，通常 FGD 供应商是在权衡投资和运行成本的基础上选择最佳吸收剂利用率。

对石灰/石灰石湿法 FGD 工艺来说，吸收剂利用率对性能的影响以及利用率的合适的设计范围是不同的。如本篇第四章所述，在石灰基工艺中，可溶性亚硫酸根（SO_3^{2-}）是中和已吸收 SO_2 的主要碱性物质，石灰的溶解度相对比石灰石高得多，因此，通常吸收塔循环浆液中稍微过量一点固态石灰，就可在非常高的石灰利用率（>98%）的情况下获得较高的 SO_2 脱除效率。但在石灰石基工艺中，中和已吸收 SO_2 的大多数碱度是依靠吸收塔内固体石灰石本身的溶解来获得的，所以石灰石 FGD 工艺特性对循环浆液中石灰石固体的总表面积十分敏感。从工艺设计的角度来说，可以通过改变吸收剂的粒度和循环浆液中过剩吸收剂的数量来调节石灰石的总表面积，后者涉及的就是吸收剂利用率或 Ca/S 比的问题。提高石灰石细度可以提高其利用率，但是细度的确定还需要综合权衡吸收剂进厂费用、研磨费用（如电厂自己研磨吸收剂）、吸收塔循环泵的能耗费用。

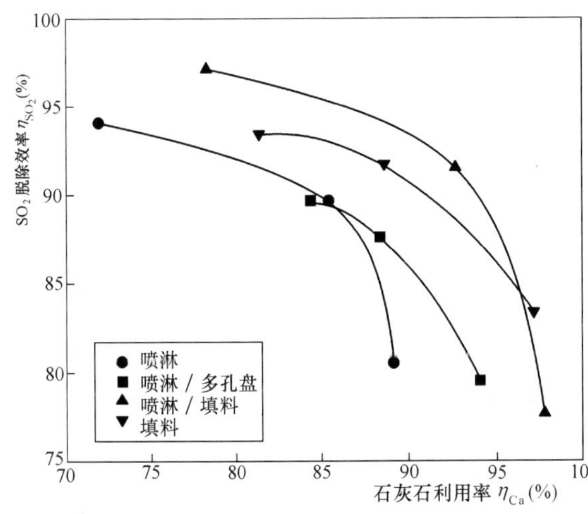

图 1-8-1　4 种不同吸收塔石灰石利用率（η_{Ca}）与 SO_2 脱除效率（η_{SO_2}）的关系

图 1-8-1 是表 1-8-2 美国（1）、（2）、（3）、（4）、（5）4 种不同类型吸收塔，在 L/G 不变的情况下，石灰石利用率与 SO_2 脱除效率的关系。从图 1-8-1 可看出：①在每种吸收塔石灰石利用率的范围中，SO_2 脱除效率随着过量吸收剂的增加（即随着石灰石利用率的下降）而迅速增加；②当吸收剂过量至一定程度时，SO_2 脱除效率的增加变得缓慢，显得对过量吸收剂不太敏感。但需要注意的是，图 1-8-1 中的曲线是根据 4 种不同类型的 FGD 装置所特有的许多工艺参数得出的，虽然大多数石灰石湿法 FGD 系统的这种性能曲线具有类似的走势，但不能用该图中的曲线对这几种类型的其他吸收塔的有关性能进行任何通常的比较，这是因为，SO_2 脱除效率既是石灰石用量也是 L/G 的函数。不同的 FGD 装置有各自最佳吸收剂利用率，在吸收剂最佳利用率工况下运行才能获得循环泵电耗和吸收剂的最低综合费用。

根据绘制图 1-8-1 中喷淋塔的性能数据，对喷淋塔不同 L/G（即循环泵电耗费用）、吸收剂利用率作了一个经济比较，结果列于表 1-8-3 中。这种比较是在不考虑脱硫副产品石膏质量，达到相同脱硫效率（85%）的情况下，在不同 L/G 和石灰石利用率的三种组合方式下，比较吸收剂费用和循环泵电耗费用以及总费用。考虑到吸收剂价格和电价的高低将影响经济比较结果，假定了两种吸收剂价格和电价。另外，进行比较的喷淋塔的设计基础调整至容量为 500MW、燃煤含硫 2%。

从表 1-8-3 可看到，投运 3 台循环泵，运行 pH 值为 5.7，石灰石利用率 80%，脱硫率可达 85%。当投运 4 台泵，L/G 12.3 L/m^3 提高了 34%，可在 pH 值 5.5 的情况下达到相同的脱硫率，而石灰石利用率提高到 87%。如投运 5 台泵，L/G 较投运 3 台时提高了约 68%，保持相同脱硫率，运行 pH 值可继续下降至 5.3，但石灰石利用率仅较投运 4 台泵提高了 2%，为 89%。上述情况显现了 L/G、pH 值、脱硫率和石灰石利用率 4 者的关系：增加循环泵投运台数即相当于提高 L/G 比，如果保持 pH 值不变，可以提高脱硫率，这时石灰石利用率变化不大；如果保持脱硫率不变，则可降低运行 pH 值，石灰石利用率也将随之提高；当 pH 值从 5.7 降至 5.5 时，石灰石利用率提高幅度较大（7%），继续再降低 pH 值，石灰石利用率提高较小（仅 2%），投运 5 台泵时仅较投运 4 台泵节省石灰石用量 0.3t/h。

表 1-8-3 喷淋塔 L/G（泵电耗）与吸收剂利用率（η_{Ca}）的经济比较实例

（调整至 500MW 机组、燃煤含硫 2%）

脱硫率（%）	L/G（L/m^3）（标准状态）	pH 值	吸收剂利用率（%）	吸收剂用量（t/h）	吸收剂费用（美元/h）	循环浆流量（m^3/h）	循环泵投运台数（台）	循环泵电耗（美元/h）	总费用（美元/h）
情况 1 电价 =0.015 美元/（kW·h） 石灰石价格 =15 美元/t									
85	9.2	5.7	80	17.8	267	20880	3	36	303
85	12.3	5.5	87	16.3	245	28440	4	49	294
85	15.4	5.3	89	16.0	240	35280	5	61	301
情况 2 电价 =0.05 美元/（kW·h） 石灰石价格 =8 美元/t									
85	9.2	5.7	80	17.8	142	20880	3	120	262
85	12.3	5.5	87	16.3	130	28440	4	163	294
85	15.4	5.3	89	16.0	128	35280	5	203	331

表 1-8-3 列出了两种情况。第一种情况假定电价相对较低而吸收剂价格相对较高，在投运 3 台泵，石灰石利用率 80% 的情况下，泵电耗和吸收剂费用的总和是 303 美元/h；当 4 台泵运行，石灰石利用率达到 87%，石灰石节省的费用超过电耗增加的费用，总费用下降到 294 美元/h。但是，当 5 台泵运行时，总费用增加了，这是因为此时能节省的石灰石很少。另外，脱硫效率的下降对石灰石利用率的进一步提高很敏感（在 L/G 不变时，见图 1-8-1 曲线中的陡斜部分），要维持脱硫率不变，仍需较大幅度的提高 L/G。这种情况也说明，降低运行 pH 值可以获得较高的石灰石利用率（亦即较高的石膏纯度），但必须有足够大的 L/G 来维持要求的脱硫效率。品位较低的石灰石，要想获得商业质量较高的石膏副产物，措施是提高 L/G 和固体物停留时间，或提高石灰石的细度。

对于表 1-8-3 中的第二种情况，假定电价相对较高，吸收剂价格相对较低，费用比较结果显示，投运 3 台泵，石灰石利用率仅 80% 是最佳运行工况，再增加循环泵投运台数，由于电价较高造成电费的增加超过了减少石灰石用量所节省的费用。

从上述两种情况的比较结果可看出，一些工艺参数将影响吸收剂最佳利用率，在不考虑脱硫副产品石膏质量的情况下，吸收剂最佳利用率主要取决于电价和吸收剂的价格。

需要指出的是，还有一个重要的因素制约石灰石最佳利用率的确定。当石灰石利用率低于 85% 时，除雾器堵塞可能成为运行中的严重问题。附着在除雾器板片上、含有大量过剩石灰石的浆液可以继续吸收烟气中剩余的 SO_2，加速了除雾器板片上垢的形成。因此，即使费用评价表明较低石灰石利用率有较好的经济效益，从全面考虑，工艺技术规范仍应要求石灰石利用率始终保持高于 85%。

应该再次指出的是，对石膏副产物有质量要求的 FGD 系统，满足石膏品位所要求的石灰石利用率是设计允许的最低利用率。

如果进行更详细的分析，还应考虑吸收剂粒度对性能的影响。如果石灰石较贵而电价较便宜，那么在达到要求的脱硫效率情况下，应通过较细地研磨石灰石和采用较高的 L/G 来获得较高的石灰石利用率。相反，如果吸收剂便宜而电价较高，那么可以采用过量较多的吸收剂来减少循环泵和研磨石灰石的电耗费用。

第四节　浆液 Cl^- 浓度

FGD 工艺浆液中氯化物来源于燃煤、工业补加水和吸收剂。一般石灰石中氯含量很少，工业补加水含氯 1.2～150mg/L，我国大多数煤中氯含量≤0.05%，少数煤>0.05%～0.15%，个别高灰分煤可达 0.47%，因此 FGD 工艺浆液中大部分氯化物来源于燃煤。

燃料含氯量是 FGD 工艺技术规范中需要说明的一个重要数据。在燃烧过程中燃料中的氯转变成烟气中的 HCl，烟气中的 HCl 基本上全部在 FGD 吸收塔中被捕获，并主要以 $CaCl_2$ 和 $MgCl_2$ 形式富集在 FGD 浆液中。烟气带入 HCl 的数量、补加水引入的氯化物、随固体副产物带离系统的工艺液量以及废水排放量决定了 FGD 浆液中氯化物的浓度。在正常运行工况下，浆液中氯化物的浓度是稳定的。浆液中的 Cl^- 浓度对 FGD 系统结构材料的选择有很大的影响。另外，正如本篇第五章第三节所述，高浓度的 Cl^- 还影响脱硫效率和石灰石利用率，石膏中可溶性氯化物含量过高将影响石膏综合利用价值。

可以用以下方式在工艺技术规范中确定浆液 Cl^- 浓度。

（1）仅给出燃料含氯量和工业水中氯化物含量，由 FGD 供应商根据其物料平衡计算结果来确定氯化物的设计浓度。

（2）电厂可以对工艺浆液中的氯化物设计浓度规定最低和最高值。

（3）对石膏副产物有质量要求的，可以规定固体副产物中氯化物的最高含量。

对上述任何一种情况下，电厂还必须规定是否允许有单独的废水排放。如果允许，应对废水排放量和排放废水的质量提出限制。

近年美国已安装的石灰或石灰石湿法 FGD 系统浆液的氯化物设计浓度的范围大致从低于 10～50g/L。通常石灰基系统的 Cl^- 浓度处于上述范围的低端，因为高 Cl^- 浓度可能会增加固体副产物脱水难度。石灰石基系统，特别是强制氧化系统，Cl^- 浓度处于这一范围的较高一侧。但据 2000 年有关资料报道，由于日益严格的环保法规，要求脱硫装置零排放和闭路运行，Cl^- 浓度按数据级增加，往往在 $20000\times10^{-6}\sim70000\times10^{-6}$ 范围。例如，美国佛罗里达州奥兰多（Orlando）公用电厂能源中心 FGD 吸收塔运行浆液的 Cl^- 浓度高达 $20000\times10^{-6}\sim80000\times10^{-6}$。我国近年建成的湿法石灰石 FGD（Wet Limestone FGD，WLFGD）系统一般规定反应罐浆液 Cl^- 浓度的设计值不超 20g/L，实际运行浓度大约 1～15g/L。

据 WLFGD 系统试验数据，当浆液氯化物浓度超 50g/L，吸收塔的传质能力（以 NTU 表示）将下降 30%～40%。因此，Cl^- 浓度较高的吸收塔需要较高的 L/G、过量较多的石灰石或改变 FGD 系统其他性能参数来抵消氯化物对脱硫效率的影响。如果 FGD 系统业主不允许排放废水，那么 FGD 供应商就必须根据工艺过程物料平衡确定的氯化物含量进行 FGD 系统设计，而无论得出的 Cl^- 浓度有多高。如果允许排放废水，那么需要考虑回收石膏允许 Cl^- 浓度，还须对废水处理达标排放所需的费用与高 Cl^- 浓度的设计方案进行比较。

目前还缺乏石灰 FGD 系统在类似这样高的 Cl^- 浓度下的运行资料。但是，石灰基系统液相的碱度比石灰石基系统的高得多，因此 Cl^- 浓度对吸收塔传质能力的影响要小得多。

第五节　化学添加剂浓度

在本篇第四章“化学添加剂的作用和应用”中已介绍了化学添加剂的作用，通过一些实例的比较，显示了采用化学添加剂的经济效果和在何种情况下才能获得最佳效果。本节将通过一些例子来说明在工艺设计阶段如何选择添加剂的最佳浓度。

电厂是否决定采用有机酸添加剂主要取决于附近是否有适用、价格适当且有可靠、稳定供应的有机酸；采用有机酸添加剂是否能取得显著的经济效果；残留在固体副产中的有机酸是否会影响副产物的再利用；有机酸对废水排放的影响。对于第二点，可以由 FGD 投标商根据其设计去评估。如果电厂在工艺设计阶段考虑采用化学添加剂，应确定添加剂的类型和运送方式，为 FGD 供应商进行经济评估规定大致的费用范围。

要指出的是，在美国，至今只有少数 FGD 技术规范允许在额定工况下采用化学添加剂来达到性能保证值。而大多数应用添加剂的电厂只是作为一种提高运行灵活性的手段，限于燃料含硫量超过设计值时才投用添加剂，使其能适应燃料含硫量在较宽的范围内变化，而又不致使设计过于保守和投资成本太高。在我国，尚无一家 WLFGD 系统采用化学添加剂。因此本节将引用国外的资料来说明在工艺设计阶段如何确定添加剂的最佳浓度。

表 1-8-4 列出了装有一个喷淋吸收塔的 WLFGD 系统 L/G、吸收剂利用率、甲酸钠添加剂浓度对总费用影响的详细计算结果。在该表的下面列出了设计基础和基本费用。SO_2 脱除效率、吸收剂利用率和甲酸钠添加剂浓度之间相互影响的有关数据，取自表 1-8-2 美国喷淋塔的实际试验数据。表 1-8-4 给出的例子对甲酸钠添加剂浓度、石灰石利用率和吸收塔喷淋层数进行了不同的组合，这种大量组合的前提是都能达到相同的脱硫效率。对这些不同的组合情况，比较年总（运行）费用和每脱除 1t SO_2 的平均费用，从这种比较中找出最佳组合。对每种组合，估算了甲酸钠的耗用量（kg/h）和甲酸钠的年购入费用，还包括了甲酸钠贮存和输送设备的年折旧费，设备投资折旧系数取 0.15。按添加剂供料量为 50kg/h 的容量假定此项设备费为 30 万美元，以此作为基础调整其他给料量情况下的设备费用。年费用还包括脱硫风机，循环泵电耗费用。因为随着喷淋层数的减少，吸收塔压损降低，风机电耗略有下降，由于风机的这一电耗变化很小，所以没有考虑这一变化对风机投资费的影响。循环泵电耗正比于喷淋层数，因为喷淋塔通常是一台循环泵对应一个喷淋层，喷淋层的增减也就意味着循环泵的增减。每个喷淋层的费用还包括投资折旧费。每个喷淋层（包括泵、母管和喷嘴）的设备投资费假定为 100 万美元。表中引用的例子对较矮的吸收塔没有估算由于塔高降低所节省的投资费用，显然，投资成本会因塔高的降低而有一定程度的下降。

表 1-8-4　喷淋塔 L/G、吸收剂利用率和化学添加剂浓度对运行费用影响的比较实例
（数据调整至相当 500MW、煤含硫 2% 的 FGD 装置）

甲酸钠浓度（mg/L）	喷淋层数	甲酸钠给料量（kg/h）	甲酸钠设备年投资费用（万美元/年）	年耗用甲酸钠费用（万美元/年）	风机电耗费（万美元/年）	循环泵电费（万美元/年）	喷淋层/循环泵年投资费用（万美元/年）	石灰石吸收剂年耗用费（万美元/年）	固体物废弃费（万美元/年）	年总费用（万美元/年）	每脱除 1t SO_2 平均费用［（美元/（t·SO_2）］
第一种情况：pH 值 =5.6，吸收剂利用率 =85%											
0	5	0	0	0	29.3	44.7	75.0	140.1	103.6	392.7	64
150	4	10	3.2	5.3	28.3	35.7	60.0	140.1	103.6	376.3	62
325	3	22	3.6	11.5	27.3	26.8	45.0	140.1	103.6	358.0	59
800	2	54	4.1	28.3	26.3	17.9	30.0	140.1	103.6	350.4	57

续表

甲酸钠浓度(mg/L)	喷淋层数	甲酸钠给料量(kg/h)	甲酸钠设备年投资费用(万美元/年)	年耗用甲酸钠费用(万美元/年)	风机电耗费(万美元/年)	循环泵电费(万美元/年)	喷淋层/循环泵年投资费用(万美元/年)	石灰石吸收剂年耗用费(万美元/年)	固体物废弃费(万美元/年)	年总费用(万美元/年)	每脱除1t SO_2平均费用[美元/(t·SO_2)]
第二种情况:pH值=5.2,吸收剂利用率=90%											
250	5	17	3.4	8.9	29.3	44.7	75.0	132.3	100.0	393.6	65
400	4	27	3.7	14.2	28.3	35.7	60.0	132.3	100.0	374.3	61
800	3	54	4.1	28.3	27.3	26.8	45.0	132.3	100.0	364.0	60
2000	2	136	4.7	70.9	26.3	17.9	30.0	132.3	100.0	382.2	63
第三种情况:pH值=5.8,吸收剂利用率=75%											
0	4	0	0	0	28.3	35.7	60.0	158.8	110.8	393.6	65
200	3	13	3.3	7.1	27.3	26.8	45.0	158.8	110.8	379.1	62
500	2	34	3.8	17.7	26.3	17.9	30.0	158.8	110.8	365.3	60

注 上表所列数据所基于的基础数据如下:

年利用率	0.85	甲酸钠在浓度为1000mg/L时的损耗率	8.3kg/t·SO_2
烟气质量流量(在500MW负荷时)	870kg/s	石灰石吸收剂价格	13美元/t
入口烟气压力(5个喷雾层)	1.5kPa	固体副产物废弃费	8美元/t
SO_2脱除效率	90%	每层喷淋层的烟气压损	50Pa
每小时SO_2脱除量	8.2t/h	在L/G = 15.3时(273K、1atm)每层喷淋层的循环泵电耗	200kW
电厂用电电价	0.02美元/kW·h		
添加剂设备投资费用(50kg/h)	30万美元	每个喷淋层的泵-管道-喷嘴的费用	100万美元
甲酸钠价格	0.7美元/kg	设备投资年折旧率	0.15

表1-8-4中吸收剂和固体副产物废弃费用占年总费用的主要部分，这两种费用都随吸收剂利用率的提高而减少。

对于表1-8-4中的第一种情况，浆液pH值为5.6，石灰石利用率85%，比较了吸收塔有5、4、3、2个喷淋层的总运行费用，比较结果表明，随着喷淋层数的减少，降低的投资成本和循环泵节省的电费超过了甲酸钠添加剂的费用。在仅有2层喷淋，甲酸钠浓度为800mg/L的情况下与不采用添加剂，用5个喷淋层的相比，每年可节省费用大约40万美元。尽管对于我国的国情，不能照搬这一数字，但采用添加剂可显著降低年总费用是肯定无疑的。

在表1-8-4中的第二种情况下，为了提高石灰石利用率，降低了运行的pH值，要达到相同的SO_2脱除效率（90%）就需要增加甲酸钠的用量。在这种情况下，3个喷淋层，甲酸钠浓度为800mg/L时具有最低的年总费用。但仍比第一种情况中2个喷淋层、石灰石利用率85%、甲酸钠浓度同为800mg/L的高大约13万美元的年总费用。

第三种情况是，pH值最高，石灰石利用率自然也最低，仅75%。高pH值带来较高脱硫率，如果脱硫率相同（90%），需要的甲酸钠浓度当然比其他两种情况的要低。但年总费用却较其他两种情况对应条件下的总费用高些，这是吸收剂和固体副产物废弃费用升高所造成的。需要指出的是，即使这种情况具有经济效益，也不应该推荐石灰石利用率为75%，正如前面所提到的，这可能造成除雾器结垢并且无法满足商业质量石膏副产品的技术要求。通常，当运行pH值高于5.6后，就较难以获得较高品位的石膏副产物，除非采取其他措施，例如增大反应罐体积，提高石灰石的细度和水力旋流分离器的分离效果。

表1-8-4给出的费用比较例子显示，采用添加剂来达到90%的脱硫率，在费用上显现的优势大部分是减少循环泵和喷淋母管节省的投资费用做出的贡献。但是，来自实际装置的试验数据（如表1-8-2）表明，当要求较高的脱硫效率（>95%）时，与采用较多的吸收剂（较低的吸收剂利用率）或投运较多的循环泵（大L/G）的方法相比较，只有采用添加剂才能显著地节省运行费用。因此，随着对高脱硫效率的追求，有机酸添加剂带来的经济利益将刺激添加剂的应用。

第六节　计算机程序在优化FGD参数中的应用

上面给出的一些例子表明，要获得FGD工艺的最佳设计，必须估算许多相互有关联的设计参数，以确定FGD系统技术规范中的一些重要参数。为了帮助预测FGD这一复杂工艺过程的性能和选择最佳设计和运行参数，美国电力研究协会（EPRI）开发了一种名为“FGD工艺过程整体化和模拟模型”（Flue Gas Desulfurization Process Integration and Simulation Model，FGDPRISM™）的计算计程序。FGDPRISM™是一种模拟工艺过程的计算机程序，其适合湿法石灰石和富镁石灰FGD系统工艺过程。FGDPRISM™将石灰或石灰石FGD工艺过程作为一系列操作单元或作为工艺物流连接起来的多个设备模块来进行计算机模拟分析。该模型采用气—液和液—固叠接式传质计算方法以及液相离子平衡反应式来描述：①SO_2的吸收；②石灰和石灰石的溶解；③固体副产物沉淀析出。该模型可以模拟各种结构吸收塔的特性，运用该模型除了可以建立传质速率的计算模式，预测诸如SO_2脱除效率和吸收剂利用率等系统性能参数外，还可以根据假定的工艺性能输入值计算所有的物料平衡。

FGDPRISM™供EPRI成员使用，非EPRI成员电厂需经特许并支付使用费才能访问该程序。我国有的电力开发公司已加入了EPRI，成为其成员。或许可以利用这一程序编制FGD技术规范和评审FGD系统标书，如果我国电厂FGD装置由美国FGD供应商供货也可以要求提供运用这一程序的服务。所以本节将简要地介绍这一计算计程序的用途。

一、计算物料平衡

计算物料平衡是该模型最基本的用途，应用该模型可以评价燃料、水源和吸收剂对工艺液、固体副产物组分和组分含量的影响。在物料平衡计算中，系统的性能参数（脱硫效率和吸收剂利用率）不是预测值，而是作为输入值预先确定的。在计算物料平衡中的一些典型用途是：

（1）确定烟气流量、组成成分和含量，固体副产物产出量、组成成分和含量。

（2）推算吸收剂和添加剂的用量。

（3）估算工艺过程液中化学物质的浓度（例如Cl^-浓度）。

（4）评估供选用的燃料和吸收剂成分对工艺过程液中组分的影响。

（5）评估可供选择的脱水和排污方案对工艺过程液成分的影响。

二、预测工艺性能

该模型较为复杂、先进的应用是预测工艺性能怎样随设计和运行参数变化。在模拟整个系统性能时，采用系统物料平衡相同的输入参数来限定整个工艺过程，但 SO_2 脱除效率和吸收剂的利用率是预测值而不是作为输入参数来确定。在模拟整个系统时可以有以下用途：

（1）估算供选择的燃料（硫和氯化物含量）对脱硫效率的影响。

（2）评估选用的补加水源和水平衡变化对工艺过程的影响。

（3）评价供选用的化学添加剂以及浓度对脱硫效率的影响。

（4）评估吸收剂利用率、吸收剂粒度、L/G 和添加剂浓度，这些相互有关联的设计参数对性能和费用的影响。

（5）评估安装多孔塔盘或填料对增强液—气接触和传质效率的影响。

（6）推算循环浆液中亚硫酸钙和硫酸钙的相对饱和度。

（7）评价供选择的排污、脱水方案对系统性能的影响。

费用比较的评价步骤大致类似表 1-8-4 的例解，所不同的是，用 FGDPRISM 预测的性能结果代替不同运行条件的性能试验数据。

三、制定 FGD 系统技术规范

运用前面提到的 FGDPRISM 的分析结果，有助于编制 FGD 系统技术规范，例如：

（1）规定最低 L/G，以便控制硫酸钙相对饱和度的最高值，防止吸收塔内结垢。

（2）限定最少喷淋层数。

（3）确定为了控制浆液中 Cl^- 浓度是否需要排放废水以及废水排放量。

（4）确定是否需要采用化学添加剂。

（5）确定浆液中 Cl^- 浓度以便选定合适的结构材料。

必须强调的是，FGDPRISM 不是一种能让电厂工程师确定 FGD 系统所有工艺参数的详细设计工具。一个 FGD 系统的设计是建立在多年设计经验的基础上，因此，FGD 系统承包商最能胜任优化所有相互有关联的运行参数的工作。

四、预测现有装置改造后的性能

在对一个现有 FGD 系统进行改进或改变运行参数时，往往希望预测一下工艺性能的变化。对此，FGDPRISM 程序是非常有用的工具。

在模拟整个系统的性能时，采用同一系统物料平衡的输入参数来界定整个工艺过程，这时，SO_2 脱除效率和吸收剂利用率不是输入参数，而是被预测参数。要使 FGDPRISM 能较准确地预测性能，需要对 FGDPRISM 进行“校正”，因为 FGDPRISM 是运用特定类型的吸收塔和有特定配置的 FGD 系统的试验数据开发建立的程序。通过调整某些输入参数来“校正"该模型，校正工作是一个需反复进行的过程，直到预测的性能结果与装置改造前的实际性能相符。另外，模型要预测的项目应包括在校正的过程，经这样核正后的模型才可以用来预测不同工况的性能。

第九章　吸收剂—石灰/石灰石特性以及对 FGD 系统性能的影响

锅炉排烟中的 SO_2 是一种酸性气体，FGD 系统需用一种碱性物质来中和排烟中的 SO_2，从理论上说，只要能中和 SO_2、反应速度有实际利用价值的碱或酸性低于 H_2SO_3 的弱碱盐都可以作为脱除 SO_2 的吸收剂。但是采用最多的是分布广泛、储量丰富、可以就地取材、价廉的石灰石以及由石灰石焙烧得到的石灰。

在 FGD 装置应用初期,大部分采用石灰作吸收剂。这是因为石灰更易与 SO_2 反应,有较高的反应活性,能获得较高的脱硫效率。但石灰比石灰石贵得多,而且需要石灰消化设备,生石灰吸水性强,储存比石灰石困难得多。随着石灰石洗涤工艺技术的开发和发展,特别是就地强制氧化工艺的出现,用石灰石作吸收剂的 FGD 系统已成为电厂首选脱硫工艺,FGD 供应商通常只要用户没有特殊要求,或由于当地条件的原因,也是首先推荐石灰石 FGD 工艺。

在日本，大多数 FGD 系统直接购入石灰石粉，这样，FGD 系统占地面积小、工序简单、易操作。而欧美通常是将块状石灰石运抵发电厂，在厂内湿磨石灰石成浆液供 FGD 系统使用，认为这样做比直接购入石灰石粉在经济上更合算，特别对于大型 FGD 系统更显现出经济效益。无论是在厂外干磨或在厂内湿磨石灰石，都是为了增大石灰石细度和表面积，提高难溶性石灰石的反应活性。

石灰是石灰石高温焙烧后的产物，又称生石灰，主要成分是 CaO。石灰以块状运至发电厂，与水混合熟化（或称消化）成 $Ca(OH)_2$,后者称熟石灰或消石灰。石灰通常无需研磨，熟化后以浆状形式供 FGD 系统使用。有关这两种吸收剂的运输、储存和浆液的配制将在本篇第十一章第六节中予以讨论。

本章主要讨论石灰石、石灰的主要特性以及这些特性对 FGD 工艺性能的影响。吸收剂的特性包括化学成分、反应活性、粒度分布和硬度。由于石灰石和石灰的这些特性对工艺性能的影响是不同的，因此分别讨论这两种吸收剂。

第一节　吸收剂的成分

在石灰/石灰石-石膏回收 FGD 工艺中，吸收剂的品质是重要的工艺指标之一，因为吸收剂的品质影响脱硫效率、吸收剂耗用量、石膏副产品的质量和对设备的磨损。石灰石的品位随产地不同有相当大的差别，石灰的质量则受焙烧、储存、运输和消化过程的影响。

用于湿法 FGD 以及用来生产石灰的石灰石主要成分是碳酸钙（$CaCO_3$），石灰石中还含有一些杂质，这些杂质会影响石灰或石灰石基 FGD 系统的性能和可靠性。本节还将阐述这些杂质的影响，对适合烟气脱硫的石灰石和石灰中的主要成分和主要杂质的含量提出一般性的指导意见。

一、石灰石

1. 石灰石的化学成分

石灰石是以自然形态存在的碳酸钙，在组成地壳的物质中，就丰度而言，石灰石仅次于硅酸盐岩石居第二位，几乎在世界各地都能找到这种矿石。我国多数石灰石矿的大致成分含量范围是 CaO 45% ~53%，MgO 0.1% ~2.5%，Al_2O_3 0.2% ~2.5%，Fe_2O_3 0.1% ~2.0%，SiO_2 0.2% ~10%，烧失量36% ~43%。日本的石灰石来源于太平洋中部的珊瑚堆积物，经大洋板块漂移搬运至日本列岛。因此日本的石灰石有别于亚洲大陆、欧洲或美洲的石灰石，混入来自大陆的泥沙较少，从而形成了纯度很高的石灰石矿床。

石灰石主要由方解石组成，常混有白云石、砂和粘土矿等杂质。因所含杂质不同而呈灰色、灰白色、灰黑色、浅黄色、褐色或浅红色等，密度约2.0~2.9。方解石的主要成分是 $CaCO_3$、常呈白色，含杂质时呈淡黄色、玫瑰色、褐色等。密度2.6~2.8，硬度3。加入10%稀盐酸能产生二氧化碳气体。白云石的主要成分是 $CaMg(CO_3)_2$，或写成 $CaCO_3 \cdot MgCO_3$，常呈各种颜色，大都是白色、黄色或灰白色，常成致密块状，比重2.8~2.95，硬度3.5~4.0，与10%的稀盐酸不起作用，因此，在 FGD 工艺过程中基本呈现为惰性物质。大理石和汉白玉是颗粒状方解石的密集块体，就烟气脱硫的化学反应环境而言，大理石和汉白玉的反应性能比较差。还有一种形态的方解石，叫白垩，也是可供电厂选择的、性能较好的钙性吸收剂。白垩是方解石质点与有孔虫，软骨动物和球菌类的方解石质碎屑组成的沉积岩，白色至灰色，松软而易粉碎，所以吸收速率较石灰石好。石灰石中的砂、黏土等也属杂质成分，这些物质即使在强酸中也不是非常易溶解，故往往将这类物质以及上面提到的白云石称为酸不溶物或称酸惰性物。石灰石中还有一种普遍存在的，但在上文中未明确提到的杂质是碳酸镁（$MgCO_3$）。在现有湿法 FGD 工况下，石灰石中的部分 $MgCO_3$ 是可溶性的，因此，往往对系统的性能产生一定的影响。

2. 石灰石中碳酸镁的形态

碳酸镁可能以两种主要形态存在于石灰石中，即固溶体碳酸镁和白云石形态。固溶体碳酸镁可以看成是镁离子取代了碳酸钙结晶结构（方解石）中的钙离子形成的碳酸钙与碳酸镁的固溶体的一部分，这种方解石结晶结构中可容纳固溶体形态的碳酸镁最高大约5%。在湿法 FGD 工艺条件下，固溶体中的 $MgCO_3$ 是可溶的，能向洗涤浆液中贡献 Mg^{2+}，可溶性 Mg^{2+} 对 FGD 系统性能既有正面也有负面的影响，在多数情况下，溶解的 Mg^{2+} 可以提高 SO_2 的脱除效率，而且在其他条件不变时，随着 Mg^{2+} 浓度的增大，脱硫效率的提高是相当大的。例如对一个顺流填料塔，当烟气流速为4m/s，pH 值为5.3，入口 SO_2 浓度 1430 mg/m^3，其他条件相同时，浆液中 Mg^{2+} 浓度为0.1 mol/L 时的传质单元数（NTU）是 Mg^{2+} 浓度为0.05 mol/L 时的1.19倍。但是过多的 Mg^{2+} 会抑制石灰石的溶解，恶化未完全氧化的固体物的沉降和脱水特性，对于生产商业等级石膏的系统需要耗用较多的工业水来冲洗石膏滤饼，以降低石膏固体副产物中可溶性 Mg^{2+} 的含量，因为可溶性镁盐主要以 $MgSO_4$，其次以 $MgCl_2$ 的形式存在于液相中。因此，当石灰石中可溶性碳酸镁含量较高时应作为设计参数来看待。

碳酸镁还可能以白云石（$CaCO_3 \cdot MgCO_3$）的形式存在于石灰石中，$CaCO_3 \cdot MgCO_3$ 是一种化合物，含有等摩尔的碳酸钙和碳酸镁，与固溶体中的 $MgCO_3$ 相对比较，在 FGD 系统现有工况下，白云石基本上是不溶解的。白云石的相对不溶性使得白云石中的 $CaCO_3$ 和 $MgCO_3$ 不能被利用，最终以固体废物的形式留在 FGD 系统中，这样就增加了石灰石的耗量，降低了商业石膏的纯度。另外，白云石的存在还阻碍了石灰石主要活性部分的溶解，因此含白云石较高的石灰石一般反应活性较低。

3. 石灰石中酸惰性物

前面提到，石灰石中往往含有像砂、黏土和淤泥之类的杂质，这类杂质主要由二氧化硅、高岭石（$Al_2O_3 \cdot 2SiO_2 \cdot 2H_2O$）和少量氧化铝、氧化铁组成。高岭石是铝硅酸盐矿物经风化或水热变化的产物，是高岭土（又称瓷土）和黏土的主要成分。上述杂质对FGD系统性能的主要影响是：

（1）二氧化硅（SiO_2）是一种研磨材料，会增加球磨机、浆泵、喷嘴和浆液管道的磨损。将SiO_2磨细可以降低冲刷磨损，但SiO_2比方解石硬，要磨细SiO_2会相应地增加研磨能耗，降低研磨设备的实际研磨能力。

（2）酸惰性物的存在降低了石膏纯度，而且类似于白云石，酸惰性物会降低石灰石的反应活性。

（3）由石灰石中的杂质带入系统中的可溶性铝和铁可能会降低FGD系统的性能，可溶性铝与浆液中的氟离子（F^-）可以形成AlF_x络合物，当AlF_x浓度达到一定程度时会抑制石灰石的溶解速度，降低石灰石的反应活性，即所谓"封闭"石灰石。其特征是尽管加入过量石灰石浆液，pH值依然呈下降趋势，使pH值失去控制，脱硫效率也随之下降。实际测试发现，出现这种情况时吸收塔浆液中Al^{3+}含量通常超过8～15mg/kg。而且还发现，运行pH值对AlF_x抑制石灰石活性的发展有决定性的影响，在高pH值时，AlF_x络合物包裹在石灰石颗粒表面使之暂时失去活性。目前正在试图建立能预测石灰石被AlF_x"封闭"的数学模型，电厂可以建立自己的Al^{3+}、F^-临界浓度示警值，以便及时采取措施。当出现石灰石被"封闭"的迹象时，应降低进烟量、加大废水排放量，严格控制pH值，严重时还要添加NaOH或其他强碱。

因此在选择石灰石矿源时,应检测石灰石中酸可溶性铝含量,特别是富含铝矿区的石灰石。可溶性铁具有催化亚硫酸盐氧化的作用,在自然氧化或抑制氧化系统中可能造成石膏结垢。

4. *对石灰石成分的要求*

FGD系统的设计和运行特点可以随石灰石杂质含量变化，因此，对石灰石成分的要求很难提出一个准确的数值。但是，根据FGD几十年积累的运行经验可以提出一些指导性的意见。通常，石灰石中碳酸钙的重量百分含量应高于85%，含量太低则会由于杂质较多给运行带来一些问题，造成吸收剂耗量和运输费用增加，石膏纯度下降，对抛弃工艺还将增加固体物废弃费用。虽然少数系统采用的石灰石$CaCO_3$含量低于85%，但大多数采用的石灰石$CaCO_3$含量超过90%。

石灰石中$MgCO_3$典型含量范围是0～5%，在FGD物料平衡计算中可以考虑石灰石中酸可溶性$MgCO_3$带来的碱度，也有的出于保守设计不考虑这部分碱度。当考虑这部分碱度时，石灰石中可参与脱硫反应的$CaCO_3$和$MgCO_3$含量，可以用$CaCO_3$有效含量表示，即将$MgCO_3$折算成$CaCO_3$。$CaCO_3$有效含量可按下式近似计算

$$CaCO_3(\text{有效}\%) = \text{石灰石}\ CaCO_3\ \text{含量}(\%) + 0.75(\text{石灰石中}\ MgCO_3\ \text{含量}\%) \times 100.09/84 \tag{1-9-1}$$

上式中100.09、84分别是$CaCO_3$和$MgCO_3$的分子量。通过石灰石样品化学分析得出石灰石中$CaCO_3$和$MgCO_3$的百分含量。

石灰石中$MgCO_3$含量较高时，其中有相当部分是相对不溶解的白云石，不溶性白云石的含量高带来的后果会超过可溶性镁带来的好处。

为了尽可能减少设备磨损，酸不溶性物应保持低于10%，然而，确也有些FGD装置成功地采用了惰性物质超过10%的石灰石，但多数是采用抛弃法工艺。如果必须采用纯度较低的石灰石，那么提高石灰石的研磨细度，将这些惰性物质完全研细是有益的，在其他条件

不变的情况下，提高石灰石的细度将增大脱硫效率，降低惰性物质的磨损性。

表 1-9-1 列出了我国一些电厂 FGD 系统所采用的石灰石特性。从表中所列数据可看出，多数电厂 FGD 系统采用的石灰石 $CaCO_3$ 含量 >90%，$MgCO_3$ 含量 <5.3%，SiO_2 + 酸不溶物低于 6%，细度 <44 ~61μm 的占 90% ~95%。

二、石灰

自然界里不存在石灰这种化合物，必须将石灰石在高温下（大约 1100℃）焙烧数小时才能得到石灰。因此石灰包含了存在于石灰石中相同类型的杂质。通常将焙烧获得的块状生石灰运抵现场，破碎成一定粒度（<30 ~50mm），再送入石灰消化池中，生石灰消化过程是放热反应，反应速度非常快，会产生很高的温度，因此必须通过调整石灰和水的比例来严格控制消化器中的温度，以免发生蒸汽爆炸。氧化钙（CaO）消化生成具有很高反应活性的氢氧化钙[$Ca(OH)_2$]。石灰石在 1100℃焙烧过程中，碳酸钙和碳酸镁都分解成各自的氧化物，在此高温下获得的 MgO 称烧结 MgO，烧结 MgO 不会水化成氢氧化镁[$Mg(OH)_2$]，不能用作脱硫剂，除非加压水化。石灰中的酸惰性物、未烧透的 $CaCO_3$ 以及未完全消化的 CaO 形成石灰消化后的残余物，又称硬渣，经石灰消化器下游侧的水力旋流分离器或其他类型的分离设备从石灰乳中分离除去。

1. 石灰中的 Mg

石灰湿法 FGD 系统是运行在较低固相碱量下，也就是说不像石灰石湿法 FGD 工艺，浆液中存在一定量的固体吸收剂。因此石灰湿法洗涤浆液中大部分的碱必须进入浆体的液相中。这可以通过两种方法来实现，一种方法是采用含镁石灰；另一种方法是将高钙石灰与白云石石灰掺混使用。

已积累的运行经验表明，消石灰中 MgO 的最佳含量应在 4% ~7% 之间，消石灰中 MgO 达到这一范围的石灰称之为镁石灰。当氧化镁含量在这一范围内时，即使有少量氧化镁没有溶解和一些已溶解的镁从洗涤浆液中沉淀出来，液相也会具有足够的碱量，使浆液具有良好的 SO_2 脱除性能。继续提高石灰中镁含量，对 SO_2 的脱除性能不会有明显改善，而可能进一步恶化自然氧化工艺过程产生的废固体物的沉降和脱水性能（这种废固体物沉降和脱水性能差是石灰 FGD 系统所固有的特性）。

石灰湿法 FGD 也可以用镁含量较低的高钙石灰运行，但是，这种情况下需补充镁来提高液相的碱度和增加 SO_2 的脱除作用。可以用白云石质石灰作为低镁高钙石灰的镁补充剂。白云石质石灰是焙烧白云石质石灰石的产物，这种白云石质石灰石有较高的 $MgCO_3$ 含量（与 $CaCO_3$ 的摩尔比高达 1:1，以 MgO 的质量计大约占 42%）。白云石质石灰石经焙烧后，反应活性大增。但白云石质中 $MgCO_3$ 应在较低的温度下焙烧，并且要精心控制白云石的焙烧过程，避免形成烧结 MgO 或称之为“过火”石灰。

2. 酸惰性物的影响

石灰中的酸惰性物影响运行费用和系统运行的稳定性，也是一个重要的指标。石灰热化过程会产生一些粗砂状的残渣，这些残渣由酸惰性物、未烧透的 $CaCO_3$ 和未消化的 CaO 等组成。这些残渣具有磨损作用，过去，既有通过筛分也有通过磨细这些残渣的方式来避免残渣对设备造成严重磨损。由于熟石灰的平均粒度很小，大约 5μm 或以下，可以用滤网分离较大的渣粒，但是，不能将残渣完全除去。另外分离出来的残渣会带走一些活性石灰，增大石灰耗量。分离出来的残渣大约是石灰总耗量的 1% ~2%，这是一个必须处理，而且数量不小的废物。

表 1-9-1 　　**我国一些电厂 FGD 系统所采用的石灰石特性**

电　厂	石灰石特性（wt%）											
	$CaCO_3$	$MgCO_3$	Fe_2O_3	Al_2O_3	SiO_2	SiO_2 + 酸性不溶物	SO_3	Mn_2O_3	K_2O	F (mg/kg)	HCl 溶解 Al	烧失量	细度
北京一热	91.2～95.3	1.8～5.3	0.3～1	0.3～0.6	2.8～4.3								<61μm >90%
浙江半山	91.9～97.9												<30μm >90%
太原一热	91.1～97.6	1.02～3.22	0.21～1.32	0.15～1.0	1.46～2.22								<147μm >95%
太原二热	79	1.2											<61μm >90%
重庆发电厂	89.2	2.8	0.4	1.2	3.2	1.2（惰性物）	0.9～1.2	0.01	0.51			40.9～41.6	<30μm >95%
重庆珞璜电厂	≥90	2.68～3.54	0.39～0.49	0.83～1.62	—	2.70～3.65	0.9～1.2			90	0.13	40.9～41.6	<61μm >90%
扬州电厂	≥93	0.38			0.6								<74μm >95%
镇江电厂	≥96	<0.42			≤1.5	0.96						43	≤44μm 90%
广东连州电厂	≥90	<4				<6							<44μm >90%
香港南丫电厂	≥96	1.4	≤0.2	≤0.4		≤2							<44μm >95%
沙角 A 厂	≥89.2	<4.2											<61μm >95%
湖北阳逻电厂（在建）	90.4～93.5	1.15～1.57	0.37～0.41	0.92～0.98	2.48～8.56		0.05	MnO_2 0.10					<61μm 90%
岳阳电厂（在建）	91.6～96.0	0.46～0.59	0.036	0.038	0.017～0.015		0.48～1.73	MnO 0.0016					
山东辛店电厂（在建）	89.4	5.25	0.18	0.47	3.06								<61μm 90%

作为一种可供选择的方法，后来大多数新建的石灰 FGD 系统设计在球磨机中消化石灰，这样可以减小残渣的粒度，降低残渣对设备的磨损，使残渣随 FGD 系统产生的固体物一块处理。通常将碾磨出来的浆料送入一个缓冲罐中，为石灰消化提供充足的停留时间，保证充足的熟化时间是非常重要的。

第二节　吸收剂的反应活性

湿法 FGD 系统的性能不仅在很大程度上取决于洗涤器中的流体力学状况和烟气成分，而且也取决所采用吸收剂的特性。吸收剂的特性不仅包括其化学成分，也包括其反应活性。FGD 系统的碱量是通过固体吸收剂（石灰/石灰石）的溶解来提供，吸收剂的活性影响到吸收剂的溶解速度和溶解度，也就影响到 FGD 系统的性能和运行费用。吸收剂的反应活性表示吸收剂在一种酸性环境中的转化特性，是 FGD 系统设计中的一个重要参数。决定吸收剂反应活性的是，吸收剂种类、物化特性和与其反应的酸性环境。吸收剂的物化特性包括：纯度、晶体结构、杂质含量、粒度分布、包括内表面（即孔隙率）在内的单位总表面积和颗粒密度。在采用石灰作吸收剂的情况下，一般其反应活性是不成问题的，石灰石的反应活性则要低得多。有各种不同的试验方法可以用来测定石灰石和石灰的反应活性。为统一全国火力发电厂脱硫用石灰石的溶解速率测定方法，我国于 2005 年 2 月 14 日制订了“烟气湿法脱硫用石灰石粉反应速率的测定”（DT/T 943—2005）方法（见附件）。本节将介绍吸收剂反应活性试验和反应活性对 FGD 性能的影响。

一、石灰石的反应活性

如前所述，湿式石灰石 FGD 系统循环吸收浆液中的碱量主要来源于已溶解的石灰石总量。石灰石反应活性影响吸收剂的溶解速率和溶解度，从而影响到脱硫效率、石灰石利用率和反应罐 pH 值之间的相互关系。如果其他因素相同，活性较高的石灰石在保持相同石灰石利用率的情况下，可以达到较高的 SO_2 脱除效率。换句话说，在获得相同脱硫率的情况下，活性高的石灰石利用率较高。如果要求达到相同的石灰石利用率，反应活性低的石灰石则需要在反应罐中有较长的停留时间，也就是说反应罐的有效体积要大些。石灰石反应活性的另一个重要影响是对商业等级石膏纯度的影响，在获得相同脱硫率的情况下，石灰石反应活性高，石灰石利用率也高，石膏中过剩 $CaCO_3$ 含量低，即石膏纯度高。

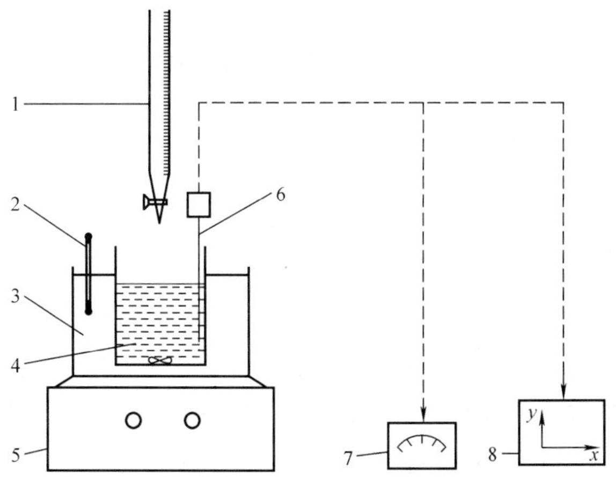

图 1-9-1　恒定加酸率石灰石活性测定试验装置
1—滴定管；2—温度计；3—水池；4—悬浮液；5—磁性搅拌器；6—pH 值电极；7—pH 值显示仪；8—pH 值记录仪

需要指出的是，目前还没有一个为大家普遍认可的石灰石反应活性的定义。对于有些情况，反应活性涉及石灰石的溶解速度，例如石灰石的溶解速度可以影响到反应罐运行 pH 值。对于另外一些情况，反应活性显示出与吸收塔内未溶解石灰石中 $CaCO_3$ 的量有关，往往还与石灰石中的白云石和其他杂质含量有关，显然，这两种因素都重要。为了量化这些因素和对给定的石灰石用一种指标来表示其在 FGD 系统中所显现出的特性，FGD系统供应商和一些研究机构研发了各种不同的试验方法来测试吸收剂的反应活性，通常用反应速度常数K_{Ca}来表示吸收剂的反应活性。下面将介绍两种常用的测试石灰石反应活性的试验方法。

1. 测定石灰石反应活性的试验方法

一种方法是在恒定加酸率下测试石灰石的反应活性。这种方法是将具有一定细度、定量的石灰石粉悬浮于定量的蒸馏水中，在恒温不断搅拌的情况下，用一定浓度的稀硫酸以连续固定加酸率的方式进行滴定分析。试验装置如图1-9-1所示。测试期间连续自动记录反应槽中的pH值，一旦反应槽中pH值达到4.5即停止加酸。停止加酸后多余的酸和剩下未反应完的石灰石会继续反应，pH值会出现回升。记录pH值与滴定时间的关系。

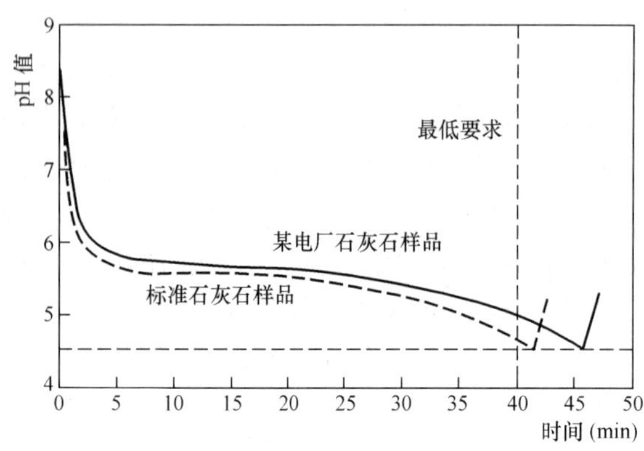

图1-9-2　在恒定加酸下石灰石样品反应活性试验结果

试验条件：石灰石浓度：25g/475mL

H_2SO_4加酸率：8.5mL/min

温度：60℃

图1-9-2是某电厂FGD石灰石样品在恒定加酸下得到的试验结果。

在上述试验条件下，加酸率恒定，反应时间可视为加酸量的直接度量尺寸。试验中消耗的酸，一是与石灰石反应；二是为保持反应槽中溶液的pH值。如果忽略后一因素，加入的酸量可理解为反应了的石灰石量的度量单位。在条件相同情况下，为达到预定pH值参加反应的石灰石越多，表明该石灰石有很强的中和能力，反应时间也就越长。在该试验条件下，对石灰石反应活性的最低要求是40min以后pH值降至4.5。定性的比较，该电厂FGD石灰石样品的反应活性好于标准石灰石样品。以试验参数和结果为变量，按有关计算公式可以得到反应速度常数K_{Ca}，按此方法计算的K_{Ca}为无量纲常数。K_{Ca}是设计FGD系统不可缺少的重要参数。

第二种方法是在恒定pH值下测试石灰石的反应活性。将一定量的石灰石粉悬浮在一定量的蒸馏水中，在不断搅拌和恒温和恒定pH值下，在自动控制下滴加一定浓度的H_2SO_4或HCl标准溶液。在试验过程中连续记录滴定时间和加酸量，绘出滴定时间（min）与加酸量（mol或mmol）或时间与反应率（%）的关系曲线。试验装置如图1-9-3所示。图1-9-4是某电厂FGD石灰石样品用本试验方法测得的结果。

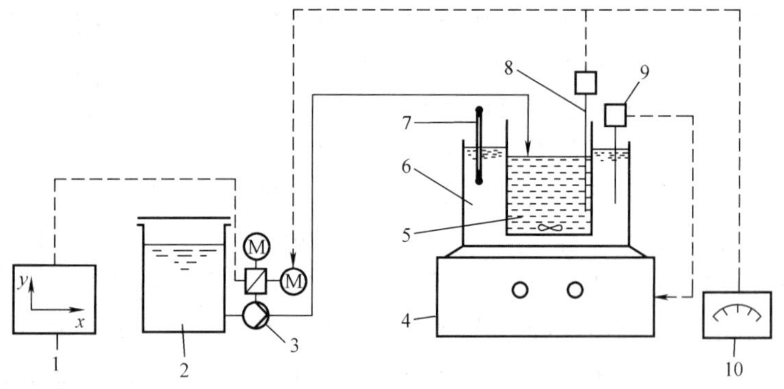

图1-9-3　恒定pH值石灰石活性测定试验装置

1—自动记录仪；2—酸槽；3—加酸泵；4—磁性搅拌器；5—石灰石悬浮液；6—水池；7—温度计；8—pH值电极；9—温度探头；10—pH值显示器

对于不同石灰石样品，在同一滴定时间里，反应率高或耗酸量多的样品，反应活性高。也可以比较反应率达到 70% 所需要的时间，时间较短的样品反应活性较高。同样，也可以与标准石灰石样品比较，如图 1-9-4 所示，该电厂 FGD 石灰石样品的反应活性高于最低要求。根据试验结果计算石灰石样品的反应速率常数 K_{Ca}（1/min）。

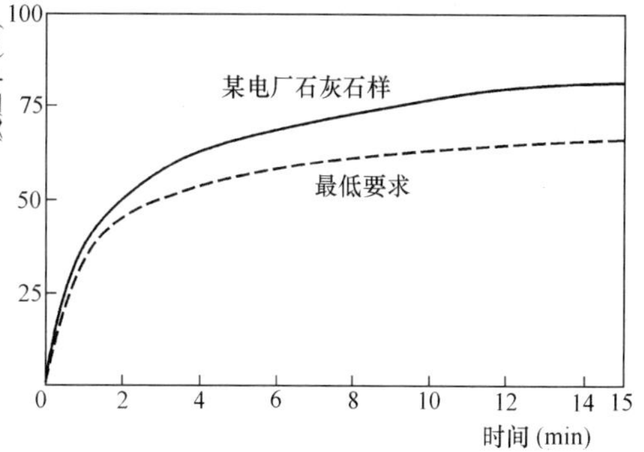

图 1-9-4　在恒定 pH 值下石灰石样品反应活性试验结果

试验条件：石灰石浓度：0.5g/200mL
酸液：HCl
温度：20℃
pH 值：4.0

还有一种测试方法是上述第二种方法的改进，其特点是试验装置（见图 1-9-5）着力模拟吸收塔中的运行工况和化学环境，认为这样测出的 K_{Ca} 值更适用于 FGD 系统的设计。该试验装置反应槽中装盛的是石膏浆液，其化学成分调整到类似吸收塔反应罐的实际工况，向反应罐中鼓入一定量的氧化空气，形成强制氧化工况。在给料器中通过吸收 SO_2 制成亚硫酸液，将恒量的亚硫酸送入反应槽中，模拟定量的 SO_2 被吸收进入吸收塔反应罐中。一定浓度的石灰石样品浆液给浆量受反应槽设定 pH 值控制。在强制氧化下吸收剂与亚硫酸反应生成的石膏浆液送至石膏浆罐中，以维持反应槽中浆液一定的体积。试验时使反应槽中浆液 pH 值达到预定值，实测反应槽浆液中未反应的碳酸钙浓度 C_{CaCO_3}（mol/L），通过调整石灰石供浆量使 pH 值和 C_{CaCO_3} 值稳定。记录反应时间和石灰石供浆量。根据石灰石纯度，石灰石浆浓度、密度和流量，供浆时间以及反应槽的浆液体积计算出在反应时间内（以小时计，dt）反应槽单位体积浆液消耗的 $CaCO_3$ 摩尔数 $[CaCO_3]$（mol/L）。按 $CaCO_3$ 与 H^+ 离子反应的一级反应速率方程式：

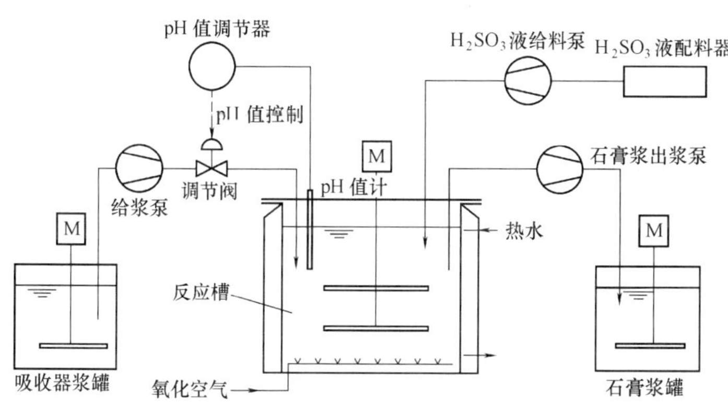

图 1-9-5　吸收剂反应活性试验装置

$$\frac{-\mathrm{d}[CaCO_3]}{\mathrm{d}t} = K_{Ca} \cdot C_{CaCO_3} \tag{1-9-2}$$

可以计算出石灰石反应速率常数 K_{Ca}（h^{-1}）。

由式（1-9-2）得到 K_{Ca}的表达式：

$$K_{Ca} = \frac{-\mathrm{d}[CaCO_3]/\mathrm{d}t}{C_{CaCO_3}} \tag{1-9-3}$$

按上式，K_{Ca}可以理解为，在一定 pH 值下，单位小时内 1L 浆液（反应槽）中消耗的摩尔数是浆液中未反应的 $CaCO_3$ 浓度的倍率。此倍率越大，K_{Ca}越大，表明单位时间内消耗的 $CaCO_3$ 越多，石灰石的活性越高。显然 K_{Ca}值与反应槽浆液中未反应的 $CaCO_3$ 有关。例如某电厂石灰石试样在 pH 值 5 的情况下测试反应活性，反应槽浆液中未反应的 $CaCO_3$ 浓度

$C_{CaCO_3}=0.09$mol/L，1h、1L浆液中消耗的$CaCO_3$为0.126mol/L·h，由此得出该石灰石的反应速率常$K_{Ca}=1.4h^{-1}$。

如果将式（1-9-2）改写成

$$K_{Ca}=\frac{-d[CaCO_3]/C_{CaCO_3}}{dt} \tag{1-9-4}$$

那么K_{Ca}可以理解为，当$C_{CaCO_3}=1$mol/L时，单位小时内1L浆液中消耗的$CaCO_3$摩尔数。假定浆液在反应槽中的平均停留时间为τ_t（h），那么可以认为在τ_t小时内，浆液中$CaCO_3$的摩尔数由最初的$(1+K_{Ca}\tau_t)$消耗了$K_{Ca}\tau_t$摩尔，所以石灰石的利用率$\eta_{Ca}=\frac{K_{Ca}\tau_t}{1+K_{Ca}\tau_t}$，即本篇第三章第三节中已给出的式（1-3-24）。

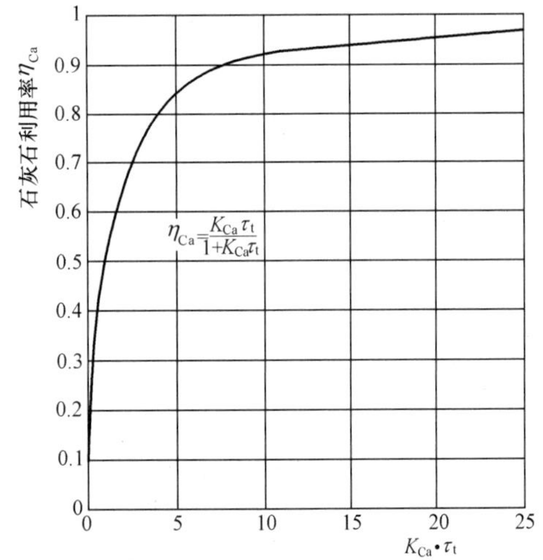

图1-9-6 石灰石利用率与吸收剂反应速率常数K_{Ca}和浆液在反应罐中停留时间τ_t乘积的关系

由于试验是在模拟吸收塔反应罐工况的情况下进行的，由上式得出的η_{Ca}就是该工况下吸收塔反应罐中石灰石的利用率。按上式绘出的石灰石利用率η_{Ca}与$K_{Ca}\tau_t$的关系曲线如图1-9-6所示，从该图可看出增大反应罐有效体积，延长浆液在反应罐中平均停留时间τ_t，或采用反应速率常数K_{Ca}高的吸收剂，将有利于提高石灰石的利用率η_{Ca}。

石灰石反应速率方程式（1-9-2）是建立在一定pH值的基础上，因此K_{Ca}除与石灰石特性、反应罐浆液成分有关外，还与浆液的pH值有关。pH值越低，K_{Ca}越大，η_{Ca}也就越高。K_{Ca}与pH值呈线性关系。

用上述方法可以在一定程度上评价石灰石反应活性，由于试验条件贴近设计运行工况，能较真实地反映石灰石反应活性。但试验重现性差，反应条件很难做到完全相同。

目前实测石灰石反应活性的方法主要是上述第二种方法。但从上述介绍可以看出，试验条件不同，试验结果的可比性差，特别是石灰石的细度对其反应活性影响很大，因此应尽量使石灰石样品的细度，粒度分布与实际所采用的相近。

我国石灰石粉反应速率测定方法（见附录五）属于上述第二种恒定pH测定法，是参照ASTM有关标准制订出来的。与上述测定方法不同之处以及值得商榷的是：①将定量石灰石粉试样置于0.1mol/L $CaCl_2$溶液中而不是置于蒸馏水中进行测试。好处是，$CaCl_2$和试验开始后滴加进来的HCl溶液形成缓冲溶液，可以使滴定终点的突跃更明显；其次是在未加盐酸滴定液之前，溶液中Cl^-和Ca^{2+}浓度就分别具有7090mg/L和4008mg/L，接近实际工况下吸收塔循环浆液中这两种离子浓度，因为这两种离子会影响$CaCO_3$的溶解速率；另外，在滴加盐酸溶液之前，石灰石测试浆液的pH（大约为6）接近恒定pH设定值5.5。如将石灰石粉置于蒸馏水中，浆液pH7～8，这样可以避免将pH7～8的石灰石测试浆液滴定至5.5时消耗盐酸溶液带来的测试误差。②先测定石灰石粉中$CaCO_3$、$MgCO_3$质量百分率，根据公式确定石灰石粉中这两种碳酸盐的80%［即石灰石粉转化分数$x(t)$］参与反应所需滴定盐

酸的体积 V_{HCl}（t），再根据 V_{HCl}（t）值可以较准确地测出石灰石粉转化分数达到 0.8 所需的时间。但问题是，测定石灰石粉中 $CaCO_3$、$MgCO_3$ 质量百分率的方法未规定，不同测定方法会带来不可忽视的偏差，同一种方法也存在测量误差，这些都将影响所需时间的确定。另一个问题是，正如在本章第一节“一、石灰石”所指出的，石灰石中的白云石[$CaMg(CO_3)_2$]在试验条件下不会与 0.1mol/L 盐酸液反应，用常规质量检测的化学分析方法是无法确定石灰石中的方解石和白云石含量，如果根据化学分析结果将白云石都归为可反应的 $CaCO_3$ 和 $MgCO_3$，将为计算 V_{HCl}（t）值带来较大误差，特别当石灰石中白云石含量较高时。③试验温度 50℃和恒定 pH 设定值为 5.5，好处是接近脱硫时石灰石反应的实际条件，能较真实的反映石灰石试样的反应速率。④测试方法中规定石灰石的细度不一定合适，因为石灰石细度是电厂确定的参数，而同种石灰石，细度不同测出的反应速率值有明显差别。

研究表明，一些溶解于液相中的化学物质也会影响石灰石溶解速率。这些物质中最重要的是可溶性亚硫酸盐、Mg^{2+}、AlF_x 络合物和 Cl^-。Cl^- 浓度对石灰石溶解度的影响已讨论过，下面介绍前三种物质对石灰石溶解速率的影响。

2. 浆液中可溶性化合物对石灰石溶解速率的影响

在任何一种 FGD 装置的循环浆液中都不同程度地存在有可溶性亚硫酸盐（包括 H_2SO_3，HSO_3^- 和 SO_3^{2-}）。亚硫酸盐的一种作用是提供可溶性碱量，这种作用可提高 SO_2 脱除性能；另一种作用是会抑制 $CaCO_3$ 的溶解。在强氧化系统中，由于鼓入的氧化空气流量不足，或鼓气点距液面没有足够深度等原因，浆液中亚硫酸盐含量将增加。当亚硫酸盐相对饱和度较高时，会发生亚硫酸盐严重抑制（或称“封闭”）作用。发生亚硫酸盐严重抑制的现象是，运行 pH 值下降，SO_2 脱除效率下降，运行 pH 值出现失去控制的现象，即使在设定的 pH 值下运行，也无法维持所希望的石灰石利用率，浆液中未反应的石灰石浓度增大。

有试验表明，在浆液 pH 值为 5.5、温度 50℃、浆液中可溶性亚硫酸盐浓度为 0.1～10mmol/L 的试验条件下，随着可溶性亚硫酸盐浓度的增加，$CaCO_3$ 溶解速度下降，并引起脱硫效率降低。试验还显示，当可溶性亚硫酸盐浓度为 1mmol/L 时，对 $CaCO_3$ 的溶解速度已显现出有明显的影响，超过 2mmol/L 时，溶解速度急速下降。

表 1-9-2 给出了我国某电厂湿式石灰石强制氧化 FGD 系统中循环吸收浆体液相中可溶性亚硫酸盐浓度（I-SO_3）与浆体中未反应 $CaCO_3$ 浓度（T-CO_3）的关系。从表 1-9-2 可看出，随着 I-SO_3 的增加，T-CO_3 增加。这预示石灰石利用率和石膏纯度下降。当 I-SO_3 浓度超过 1mmol/L 时，T-CO_3 急剧上升，出现亚硫酸盐的严重抑制作用。因此，对于湿式石灰石强制氧化 FGD 工艺，可溶性亚硫酸盐浓度最好低于 1mmol/L，一般不应超过 2mmol/L。也有人认为，只要浆体液相亚硫酸钙（$CaSO_3 \cdot 1/2H_2O$）的相对饱和度低于 1.0，就认为氧化率接近或等于 100%，抑制作用较小，FGD 系统能正常运行。当相对饱和度超过 1.0 时，可能形成固体亚硫酸钙，氧化率将低于 100%，发生亚硫酸盐严重抑制作用的趋势增大。

表 1-9-2　　浆液中可溶性亚硫酸盐浓度与未反应 $CaCO_3$ 浓度的关系

FGD 装置编号	pH 值	I-SO_3（mmol/L）	T-CO_3（mmol/L）
3 号	5.37	0.49	78.4
	5.32	1.05	103
	5.30	6.5	406
	5.05	7.7	384
	5.33	22.1	486

续表

FGD 装置编号	pH 值	I-SO_3（mmol/L）	T-CO_3（mmol/L）
4 号	5.62	4.6	213
	5.59	6.2	330
	5.59	7.0	349

可溶性镁盐也会抑制石灰石的溶解，在这种情况下，随着可溶性镁盐浓度的增加，运行 pH 值下降。在许多 FGD 设计中，由于可溶性镁盐提高了液相的碱度，所以能提高系统的性能。但可溶性镁盐有一最佳浓度，在最佳浓度下，可溶性 Mg^{2+} 提供的碱量较之其对石灰石溶解的抑制作用更为重要。超过最佳浓度继续增加 Mg^{2+} 浓度，脱硫效率不但不会提高，而且产生的抑制作用可能造成脱硫效率下降。

在上节中，已讨论了由石灰石带入系统浆液中的 Al^{3+} 可能"封闭"石灰石活性的问题。但浆液中的 Al^{3+}、F^- 离子可能更多的来源于烟气中的 HF 和飞灰中酸可溶性 Al。也就是说，在实际运行中，烟气中飞灰浓度较高是引起 AlF_x"封闭"更常见的主要原因。另外，运行 pH 值过低，有助于飞灰中酸可溶性 Al 的溶出，是诱发 AlF_x"封闭"的另一原因。要防止这类原因引起对石灰石活性的"封闭"，应保持 FGD 系统上游侧除尘设备的正常运行，应该让管理除尘设备的工程技术人员了解，虽然 FGD 装置具有除尘能力，但除尘设备投运不正常将给 FGD 系统的正常运行带来严重的影响。

二、石灰的反应活性

氢氧化钙（熟石灰）比石灰石中 $CaCO_3$ 的反应活性高得多，另外，白云石中不溶性 $MgCO_3$ 在不过火焙烧时分解得到的 MgO，在通常的湿法石灰 FGD 系统的工况下是可溶解的，即可以水化为 $Mg(OH)_2$。因此，一般生石灰的反应活性能满足石灰 FGD 系统的要求，而不会成为一个问题，但是，由于石灰的反应活性仍会影响工艺性能，因此与石灰反应活性有关的一些问题仍应予以重视。

生石灰必须消化后才能加入 FGD 吸收塔的反应罐中，生石灰的消化一般在消化池或球磨消化机中完成。对于这两种消化方式，重要的是生石灰在消化装置中应有足够的停留时间，以使消化反应完全。因此，生石灰应具有足够的活性以保证在规定的停留时间内达到完全消化的程度。

生石灰的消化速率与消化温升直接有关，可以在规定的时间内通过测定定量生石灰消化过程的温升来确定生石灰的反应活性。尽管用这种试验方法测出的消化速率随生石灰中 MgO 含量的增加而降低，但这种试验仍是石灰石焙烧工艺质量控制的主要方法。用这种试验也可以测定生石灰在规定的消化时间内是否能达到完全消化。

还有一种测定熟石灰中 $Ca(OH)_2$ 和 MgO 反应活性或含量的试验方法。即在恒定的 pH 值 6.0 下，溶解一定量的熟石灰样品，根据加入的酸量求出熟石灰可利用的碱量，用化学分析方法测定液相中溶解镁，得到试样中可利用 MgO 含量。与测定温升的试验方法相比，此试验方法更适合于生石灰的质量检查，此方法还可以预测熟石灰在 FGD 工艺过程中不溶解氧化镁的数量。

三菱重工提出的生石灰活性试验方法是，将一定细度和定量的生石灰置于盛有定量蒸馏水的试验烧杯中，在一定温度和搅拌下，加入酚酞指示剂，用 4N HCl 标准溶液连续滴定，保持滴定液为微红色（pH 值约为 9 左右），每 1min 记录一次 HCl 耗量，测定 10～20min 内的盐酸耗量，绘制出滴定时间—盐酸标液耗量曲线，与标准生石灰试样比较（见本篇第十六章第二节图 1-16-1）。这种试验方法适用于实际生产中对生石灰活性的定性比较，是一种较简单，快捷的质量检测方法。

第三节　吸收剂粒径的影响

电厂 FGD 吸收剂浆液的制备可以采取将石灰石碎石运抵电厂，用球磨机或其他类型的磨机将石灰石碎石湿磨成由石灰石细小颗粒组成的吸收剂浆液，或干磨成一定细度的石灰石粉，再配制成浆液使用。如果电厂附近有符合要求的石灰石粉供应，可以直接购入粉状石灰石配制成一定浓度的浆液供脱硫使用。这些方法都涉及石灰石应磨细的程度，表示颗粒物细度的参数是粒径或粒径分布（Particle Site Distribution，PSD）。粒径对于单一颗粒，如果将其视为球形体，就是颗粒的直径。但实际上颗粒物不仅大小不同，而且形状各异，这样往往由于粒径测定方法不同，其定义也不同，得到的粒径数值常差别很大，因而实际上多根据应用目的来选择粒径的测定和定义方法。对于颗粒群，往往用平均粒径来表示其物理特性和平均尺寸大小，常用的平径粒径有算术平均直径、中位直径、众径及几何平均直径等。PSD 是指细小颗粒物中各种粒径的颗粒所占的比例。对脱硫吸收剂细度多用 PSD 表示，即用某一筛号的筛网筛分石灰石粉，用筛下质量百分数来表示石灰石粉的细度。有时也用不同筛号的筛子筛分石灰石粉，测出小于各粒径的累积质量百分数，应用对数概率坐标纸，其横坐标为对数刻度，表示粒径，纵坐标表示累积质量百分数，为正态概率刻度。绘出对数正态分布曲线，以累积筛下质量百分数 50% 对应的粒径即中位粒径 d_{50}来表示石灰石粉的平均粒径。

石灰石的 PSD 是一个重要的设计和运行参数。由于石灰石在 FGD 工艺条件下的反应性相对较低，石灰石的 PSD 决定了石灰石溶解表面积，它影响反应罐 pH 值与石灰石利用率之间的相互关系。

本节将讨论与石灰石 PSD 有关的一些问题，这些问题包括概述石灰石 PSD 对 FGD 工艺性能的影响；现有 FGD 系统为保证研磨系统正常运行监测石灰石 PSD 的方法以及对石灰石 PSD 有直接影响的石灰石硬度。

如前所述，石灰的反应活性比石灰石强得多，因此，除了石灰消化后剩余的残渣外，石灰的 PSD 不影响工艺性能。也不是一个重要的设计因数，所以仅讨论石灰石的细度。

一、石灰石粒径对 FGD 系统性能的影响

FGD 系统中固体石灰石溶解的总表面积直接影响到循环浆液的运行 pH 值和吸收塔内溶解石灰石的总量，这些变量决定了脱硫效率。改变石灰石总表面的一种方法是改变研磨细度，磨细石灰石可以提高单位质量石灰石的表面积。另一种方法是改变单位体积洗涤浆液中过剩固体石灰石的质量，实际上就是通过改变石灰石利用率来改变石灰石的总表面积。

如果将石灰石研磨得较细些，那么在维持反应罐相同 pH 值和相同脱硫率的情况下，FGD 系统可以在一个较高的石灰石利用率的工况下运行。如果采用粒径较大的石灰石，通过提高反应罐 pH 值（即降低石灰石利用率）也可以达到相同的脱硫率。因此，应比较研磨设备的投资、运行成本和改变石灰石利用率引起的费用变化，依此来选择石灰石最佳粒径分布。例如，要研磨出较细的石灰石，就需要较大的球磨机，生产单位质量的石灰石要消耗较高的电能，较细的石灰石带来高利用率，即低石灰石用量，较高质量的石膏副产品，对于固体副产物作废弃处理的工艺则可减少废弃物总量。对品位较低的石灰石，欲获得较高质量的

石膏，提高石灰石的细度是必由之路。

从总体来看，目前大多数 FGD 系统设计趋向于将石灰石研磨得相对较细些，例如，美、日、德石灰石细度的典型技术要求是 90% ~95% 通过 325 目的金属筛网，筛孔净宽大约 44μm。也就是说单位质量的石灰石中 90% ~95% 的颗粒物直径小于 44μm。虽然国外现有的一些系统，特别是较老的系统，曾设计采用较粗的石灰石，例如 200 目，60% 通过，筛孔净宽 74μm，但这种粒度可能是 FGD 装置运行的极端情况。我国目前已投运的 WLFGD 装置中多数采用 250 ~325 目，90% ~95% 通过的石灰石，仅有个别为 100 目，95% 以上通过，筛孔净宽达 147μm。如此粗的石灰石，其利用率和石膏纯度很难达到较高的设计值。湿式 FGD 中的鼓泡式反应器（BJR）运行 pH 值较低，3 ~5，较为适合采用粒径相对较粗的石灰石。

二、石灰石粒径的测量

为了保证石灰石研磨、分级装置的正常运行或为了检验进厂石灰石粉的细度，应定期监测石灰石的 PSD。有多种测定的石灰石粒径分布的方法，如金属网筛分法，各种仪器测试方法（如显微镜法、沉降分析法、光散射法、超声波法以及吸附法等）以及在线 PSD 监测仪。

FGD 系统试验室普遍采用金属网筛分法（或称标准筛法）来监测石灰石的 PSD。此方法是采集石灰样品进行筛分，测定通过某筛号筛网的石灰石质量。根据要求研磨的细度来选择筛号，筛号表示 1in 上筛孔的数量，对应一定的丝径和孔径（参见表 1-9-3）。这种方法测出的结果是以某一孔径值来表示 PSD，这一孔径值通常在 PSD 范围的高端。例如研磨细度为 90% 通过 325 目的筛网，那么大于该筛网孔径（44μm）的颗粒物仅占 10%，这样来表示石灰石的细度较适合对石灰石细度的控制，因为粒径较大的石灰石对其利用率的影响最大。

工业发达国家已日益广泛地采用粒度分析仪来测量 PSD。这些方法得出的是整个粒径分布的平均值，而不仅仅是测出小于某一粒径的颗粒物的百分率。激光衍射目前被广泛用于测定悬浮液和干态粉末的粒度分布，可测定粒度范围为 0.1μm 至几毫米。但由于该技术是利用光的传送并要求确保颗粒单颗分散，所以只限于测量稀释的试样。超声波声谱测定法采用声波测量样品，可以对高浓度的颗粒试样进行粒度分析。声波对颗粒的相互作用与光波类似，但优点是声波可通过像石膏浆液这样高浓度试样。超声波声谱测定法采用不同频率的超声波来检测样品，频率通常为 1 ~200MHz，可测定 0.1% ~60% 浓度的悬浮液，粒度范围为 0.01 ~3000μm。

表 1-9-3　　各国常用筛网的主要尺寸

中国		美国 ASIM		美国 Tylor		英国 BS		日本 JIS		前苏联 ГОСТ		
筛号	孔径（μm）	筛号	孔径（μm）	筛号	孔径（μm）	筛号	孔径（μm）	筛号	孔径（μm）	筛号	孔径（mm）	目数
100	147	100	149	100	147	100	147	100	149	015	0.15	100
150	104	140	105	150	104	150	104	145	105	010	0.10	140
170	89											
200	74	200	74	200	74	200	74	200	74	0080	0.080	180
250	61	230	62	250	61	240	66	250	62	0063	0.063	225
270	53	270	53	270	53							
325	44	325	44	325	44	300	53	325	44	0056	0.056	215
400	37	400	37	400	37					004	0.04	

不同类型的粒度分析仪采用不同的测量原理，仪器的价格相差很大。电厂可以购置这类仪器也可以将样品委托厂外的试验室分析。

由于筛分和仪器测量方法都不能实时提供 PSD 数据，采用在线 PSD 分析仪的 FGD 系统在逐渐增多。这类分析仪有助于 FGD 系统操作人员建立最佳研磨工况，及时发现研磨、分级装置的异常情况。

顺便要提到的是，粒度分析除了应用了石灰石浆液的制备外，还应用于对吸收浆液中石膏结晶的生长、水力旋流分离器的性能监控。

三、石灰石硬度

硬度是石灰石的一个重要特性，这是因为石灰石硬度对石灰石的 PSD 有重要影响。虽然习惯上也采用可研磨指数来表示石灰石的硬度，但石灰石硬度通常用帮德功指数（Bond Work Index，略写 BWI）表示。帮德功指数的单位是 kWh，表示研磨生产 1 美吨（1 美吨 = 0.907 公吨）或 1 公吨要求粒度的产品所消耗的功率，常用来代表某些物料的粉磨难易程度，运用帮德功指数可预测磨机功率与产量的关系。石灰石 BWI 的典型范围是 4 ~ 14（BWI 越高，石灰石硬度越大），石灰石研磨至一定细度的能耗正比 BWI，即如果一种石灰石的 BWI 是另一种的 2 倍，那么研磨至相同细度所消耗的电能是另一种石灰石的 2 倍。在实际生产中，石灰石 BWI 的变化会改变 PSD，或者说对于达到规定的细度，BWI 的变化将影响到研磨和分级设备的最大出力。

球磨、分级设备制造商应用设计计算公式对假定的石灰石研磨系统推算 PSD，重要的设计变量是研磨和分级设备的类型、研磨原料和产生物的 PSD 以及石灰石的硬度。这些变量的相互关系在一定程度上要依赖实验来建立，由于石灰石的特性变化很大，实际经验是非常重要的。

作为 FGD 工程技术人员应知道原材料的粒径分布（级配）会影响研磨最终产品的粒径分布。例如，为了便于原料的装卸和在寒冷的季节里尽可能避免结冰，有时规定采用筛除了石屑的原材料（例如采用除去细小颗粒的 19mm × 6mm 级配的原材料），但是将这种原材料研磨至规定的细度能耗会明显增大。

第十章　脱硫石膏的质量控制

第二代湿法石灰石 FGD 系统的特点是就地强制氧化和生产商业质量的石膏副产品，目前采用这种工艺的系统占已装湿法 FGD 装置总容量的 90%，在欧洲和日本、脱硫石膏几乎得到 100% 的利用。虽然湿法石灰 FGD 系统也可以设计成能生产出商业质量的石膏副产品，但很少被采用。因此，本章仅介绍石灰石 FGD 系统石膏副产物的质量控制。

第二代湿法石灰石 FGD 系统的特点决定了石膏副产品质量成为一项重要的设计保证值，成为 FGD 装置运行控制的重要参数之一。脱硫石膏质量的高低和质量的稳定性直接影响石膏销售价格，要保证脱硫石膏的质量应从设计和运行管理两方面采取措施。下面将从这两方面讨论石膏质量的控制。

第一节　保证石膏质量 FGD 系统设计应考虑的问题

一、石膏副产品质量保证值的提出

选择湿法石灰石强制氧化 FGD 工艺的电厂通常会在其技术规范中提出石膏质量保证值，目前国内对石膏质量的保证项目有两种表示方法，一种是在设计条件下（既额定工况下的烟气条件、达到规定的脱硫率和给定的石灰石品质）要求石膏副产品的以下组成成分含量达到规定的保证值：游离水含量（wt%）、$CaSO_4 \cdot 2H_2O$ 含量（wt%）、可溶性 Cl^-、F^-、Mg^{2+} 含量（mg/kg 干基）或总可溶性盐含量；另一种表示方法是对石膏副产品游离水、未反应的 $CaCO_3$ 和 $MgCO_3$（wt%）、$CaSO_3 \cdot 1/2H_2O$（wt%）以及可溶性 Cl^-、F^- 和 Mg^{2+} 含量提出保证值要求。这两种表示方法，只要提出的保证值指标合理，并无本质的区别。

第一种表示方法较为直观，对石膏的有效成分以及有害成分提出了明确的指标要求。但当进行性能考核验收试验时，当石灰石质量和烟尘含量偏离设计条件时，则需对石膏纯度（$CaSO_4 \cdot 2H_2O$ 含量）保证值进行修正，因此需要卖方事先提出石灰石纯度、烟尘含量对石膏纯度的修正曲线。第二种表示方法由于不涉及石膏有效成分含量，石灰石纯度和烟尘含量的变化（只要变化不很大）不影响对石膏质量保证的考核。卖方只需保证石灰石利用率、氧化率和对石膏滤饼的冲洗质量。由于石灰石中酸惰性物含量过多或烟尘含量偏高造成的石膏有效成分含量的下降则由买方承担责任。所以性能考核验收时一般无需考虑对石膏质量保证值进行修正。

石膏质量保证值的确定可根据以下已知条件预测后提出：

（1）单位时间 SO_2 脱除量（mol/h 或 kg/h）。

（2）石灰石等效 $CaCO_3$ 含量（wt%）。

（3）石灰石中酸不溶物含量（wt%）。

（4）Ca/S 比，可在 1.02～1.06 范围内取值（即 η_{Ca}94%～98%）。

（5）烟气中飞灰含量（mg/m^3）以及烟气流量（m^3/h）。

根据 $CaCO_3$ 脱除 SO_2 的总化学反应方程式可以计算出单位时间 $CaSO_4 \cdot 2H_2O$ 产量、石灰石耗用量，根据 η_{Ca} 可得出未反应 $CaCO_3$ 量。假定石灰石中的酸不溶物、飞灰和未反应的

$CaCO_3$ 全部进入石膏中，并假定氧化率为 100%，即忽略石膏中 $CaSO_3 \cdot 1/2H_2O$ 含量，由此可得出石膏产出量，从而计算出石膏中 $CaSO_4 \cdot 2H_2O$、未反应 $CaCO_3$ 含量（wt%），以此作为石膏质量保证值。石膏中 $CaSO_3 \cdot 1/2H_2O$ 含量保证值可取≤0.1wt% ~ ≤0.35wt%。电厂提出石膏质量保证值后，应将石灰石的细度留给 FGD 供应商去确定。因为细度的确定除了与石膏质量保证值有关外，还涉及到研磨设备和吸收塔模块的设计和运行 pH 值的选择。如果电厂既规定石膏质量保证值又给出石灰石细度，往往会限制卖方的优化设计。

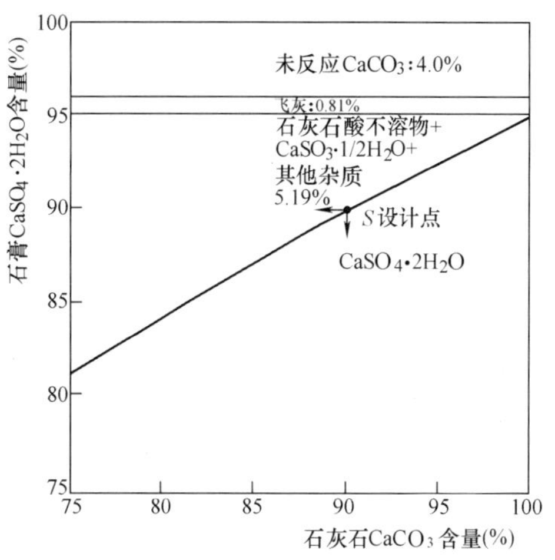

图 1-10-1　珞璜电厂 FGD 装置石灰石纯度与石膏成分的关系

需要指出的是，电厂在确定石膏质量保证值时可以参考已建电厂的技术规范，但不可照搬有关保证值，因为石灰石的特性不尽相同。表 1-10-1 列出了我国一些电厂 FGD 系统石膏质量保证值，并附有石灰石主要特性，可供参考。图 1-10-1 示出了珞璜电厂一期 FGD 系统石灰石纯度与石膏成分的关系。从图 1-10-1 及表 1-10-1 可看出脱硫石膏的主要杂质是石灰石中惰性物、未反应的石灰石以及飞灰。从表 1-10-1 可看到，大多数脱硫石膏质量保证值取 $CaSO_4 \cdot 2H_2O$ 含量不低于 90%，采用第二种方法提出石膏保证值时要避免石灰石本身品位较低而保证值提得偏高，造成今后难以获得稳定的石膏质量，或造成要求较高细度的石灰石。

表 1-10-1　　我国一些电厂 FGD 系统脱硫石膏质量保证值

项目	单位	保证值						
		珞璜	重庆电厂	香港南丫	陡河（1）	陡河（2）	汕头	太仓
$CaSO_4 \cdot 2H_2O$	wt%	≥90	—	≥90	90		>90	>90
$CaSO_3 \cdot 1/2H_2O$	wt%	—	≤0.35	—	<0.1	<0.35	<1	<1
$CaCO_3$ 和 $MgCO_3$	wt%	—	≤1	—	<3	<3	<3	≤3
游离水	wt%	≤10	<10 ~ 12	≤10	<10	<10	<10	
可溶物（石膏干基）Cl^-	mg/kg	<100	—	<200	100		<100	<100
F^-	mg/kg	<100	—				<100	<100
Mg^{2+}	mg/kg	<450	—		≤450		<210	<210
K_2O	mg/kg	—	—		—		<700	<700
NaO	mg/kg	—	—		—		<350	<350
SiO_2	wt%	—		—	3		—	
飞灰（以碳计）	wt%	—		—	4.5	5.3	—	
石灰石 $CaCO_3$ 含量	wt%	>90	91.2 ~ 92	≥96	≥96	≥96	90	89.1（MgO_2 <5%）
石灰石细度		250 目 >90%	<30μm >95%	325 目 >90%	325 目 >90%	325 目 >90%	卖方提出	325 目 >90%

二、循环吸收浆液在反应罐中的停留时间对石膏质量的影响

由于石膏中 $CaSO_3 \cdot 1/2H_2O$ 的含量通常在0.4%以下，因此对于特定的石灰石，特定的烟气条件，提高石膏纯度的主要途径是降低石膏中未反应的 $CaCO_3$ 含量。但是，如本篇第三章第三节所述，循环吸收浆液 pH 值、浆液中 $CaCO_3$ 浓度与脱硫效率有密切的关系。提高 pH 值和浆液中 $CaCO_3$ 浓度，脱硫效率增大。而提高浆液中 $CaCO_3$ 浓度则会降低石灰石的利用率和石膏纯度。解决这一矛盾的方法之一是增大吸收塔反应罐的有效体积，即提高循环浆液固体物在反应罐的停留时间 τ_t，亦即提高浆液循环一次在反应罐中的停留时间 τ_c。据计算，循环吸收浆液通过吸收塔吸收区一次，浆液中仅约1%的 $CaCO_3$ 参与了反应，绝大部分 $CaCO_3$ 在反应罐中进行反应。从式（1-3-24）也可得出，对于给定的石灰石，K_{Ca}值为一定值，τ_t 大，η_{Ca}高；τ_t 小，η_{Ca}和石膏纯度下降。例如某电厂 FGD 装置，在设计工况下，为了达到规定的脱硫率，需在较高的 pH 值（5.6 左右）运行，由于 τ_c、τ_t 值设计得过小（分别为2~3.3min 和9.6~10.8h），石膏纯度下降，石膏中未反应的 $CaCO_3$ 高达5.4%~9.7%。如降低 pH 值运行，石膏质量得到提高，脱硫效率又低于保证值。因此，为了提高 η_{Ca}，保证石膏质量和有利反应罐中石膏结晶体的长大，通常在技术规范中规定 τ_t 不低于15h，τ_c 大约不低于5min。

三、强制氧化程度对石膏质量的影响

影响强制氧化率的因素很多，当强制氧化装置设计不当时，很可能造成氧化率达不到接近100%的要求，这对于高硫煤是较易发生的问题。当氧化率下降时，循环浆液中的可溶性亚硫酸盐浓度增大，严重时石膏中会出现较高含量的固体 $CaSO_3 \cdot 1/2H_2O$。正如本篇第九章第二节所述，浆液中可溶性亚硫酸盐浓度的增大将抑制 $CaCO_3$ 的溶解，使 η_{Ca}下降，使浆液中未反应的 $CaCO_3$ 浓度增大，从而导致石膏纯度下降。因此完全氧化不仅有利提高脱硫效率，而且是保证石膏质量的重要因素。通常氧化率每下降1.4%，石膏纯度将下降1%。

表1-10-2 列出的分析结果能很好地说明上述观点。随着循环浆液中可溶性亚硫酸盐（I-SO_3）浓度的增大，浆液中全亚硫酸盐（T-SO_3）、$CaCO_3$（T-CO_3）浓度增大，石膏副产物中未反应的 $CaCO_3$ 含量也随之增加，石膏纯度下降。

表1-10-2　　某电厂 FGD 系统吸收塔循环浆液和石膏副产物对比分析结果

序号	吸收塔循环浆液（mmol/L）				石膏副产物（wt%）	
	pH 值	I-SO_3	T-SO_3	T-CO_3	$CaCO_3$	$CaSO_4 \cdot 2H_2O$
1	5.62	4.6	5.7	213	5.42	88.0
2	5.59	6.2	9.9	330	8.62	83.3
3	5.59	7.0	8.8	349	8.91	84.1

注 1. I-SO_3 浆体液相中可溶性 SO_3^{2-} 浓度。
2. T-SO_3 浆液总 SO_3^{2-} 浓度（包括可溶性亚硫酸盐和固态亚硫酸盐）。
3. T-CO_3 浆液总 CO_3^{2-} 浓度（包括溶解和未溶解的 $CaCO_3$）。

造成氧化不充分的主要原因有，氧化装置设计不合理和氧化区体积过小。对于搅拌器和空气喷枪组合式强制氧化装置来说，设计不合理多表现于：①布置的喷枪数不足；②氧化空气流量不足或各喷枪氧化空气流量不均衡；③搅拌器输出功率不足或氧化罐体直径过大，使氧化空气泡分布不均匀；④喷嘴浸没深度不足，氧化空气泡在浆液中停留时间过短；⑤吸收塔循环泵吸入浆体对罐体浆液流态的影响，使氧化空气泡分布不均，甚至大量被吸入循环泵

中。对于固定管网式氧化装置则主要表现于：①管网、搅拌器、循环泵吸入口布置不合理，相互干扰，影响氧化空气泡的分布、流向和停留时间；②喷嘴布置不合理或部分喷嘴被沉积的固体物堵塞造成氧化空气分布不均匀；③氧化空气流量不足。

对于高硫煤 WLFGD 系统，强制氧化量较大，易发生氧化不完全的现象，国内有些高硫煤 FGD 系统已出现程度不一的氧化不完全的情况。因此，在技术规范中规定循环浆液中可溶性 SO_3^{2-} 浓度低于 1 ~2mmol/L，对于防止由于设计不当造成氧化不完全是有好处的。

四、水力旋流分离器分离效率对石膏质量的影响

通常从吸收塔反应罐排出的浆液先送至第一级脱水装置—水力旋流分离器，浓缩至含固量 40wt% ~60wt%，然后再经真空布带过滤机脱水。旋流器不仅有浓缩浆液的作用，由于石灰石和飞灰较石膏结晶粒度小，易富集在旋流器的溢流稀浆中，降低了底流浓浆中石灰石和飞灰的含量，因而具有提高石膏质量的作用。旋流器溢流稀浆中富集的石灰石返回吸收塔，有利于提高石灰石利用率。

分级效果较好的液力旋流器大致可提高石膏纯度 1% 左右。

第二节 提高石膏质量运行管理可采取的措施

1. 对石灰石吸收剂的管理

图 1-10-1 所示的脱硫石膏组分中，石灰石的酸不溶物和亚硫酸盐等占 5. 19wt%，一般亚硫酸盐含量不会超过 0. 3%，因此，石膏中由石灰石酸不溶物带入的杂质所占的比例最大，接近 5%。石灰石中的酸不溶物一部分是石灰石矿的伴生物，一部分是采矿时带入的黏土、泥沙。通过冲洗、分筛可以大量减少后一部分。因此，采用较高纯度的石灰石，降低石灰石原材料中夹带的黏土、石英、砂石是提高石膏质量的重要手段。按物料平衡计算，石灰石纯度与石膏纯度的关系大致是石灰石纯度提高 1. 7 个百分点，石膏纯度可上升 1%。例如，在某工况下，采用纯度为 90% 石灰石，可获得纯度为 90% 的石膏。如果工况不改变，要想通过提高石灰石纯度使石膏纯度提高到 93%，那么需采用纯度为 95. 1% 的石灰石。

如前所述，石灰石研磨细度对石灰石的反应活性影响很大，当吸收系统的运行条件未发生大的变化，如果出现石膏中 $CaCO_3$ 含量不正常的增加，而循环浆液可溶性亚硫酸盐浓度不高，那么很可能石灰石研磨工序出现了异常，石灰石粒径变粗。因此，定期检测石灰石浆液的粒度和测定石灰石 $CaCO_3$ 和酸不溶物含量是运行管理保证石膏质量的重要措施。

此外，当石灰石浆液浓度波动较大，对于未采用石灰石浆液密度来修正按化学计量确定石灰石供浆流量的系统来说，可能造成供浆量的紊乱，反应罐浆液 pH 值出现不正常的波动，从而使得浆液中过剩 $CaCO_3$ 浓度大大超过预定值，影响石膏质量。

2. 对烟尘的控制

从烟气中脱出的飞灰可以通过“封闭”石灰石的活性来间接影响石膏质量。飞灰的直接影响是飞灰的大部分将进入石膏，通常成为石膏中含量居第三位的杂质成分。烟尘对石膏纯度的影响程度与烟尘浓度和脱除 SO_2 的相对量有关。也就是说，烟尘含量越高，脱除的 SO_2 量越低（或燃煤含硫量越低，或入口 SO_2 浓度越低），烟尘对石膏质量的影响越大。可以根据灰/硫比来估算烟尘浓度对石膏质量的影响，现介绍两种估算方法：

一种方法是，标准状态下，根据 FGD 系统入口烟尘浓度（mg/m^3 干基）与 SO_2 脱除量（mg/m^3 干基）的比值，即灰硫比（灰/SO_2%）来估算石膏副产物中飞灰含量（wt%）

$$石膏中飞灰含量(wt\%)=\frac{灰/SO_2(\%)}{3\%}\times 100$$

另一种方法是根据FGD系统入口烟尘浓度、燃煤含硫量与石膏中飞灰含量的关系（见图1-10-2）来预估。当煤中含硫量超过1.2%时可按灰（g/m^3 干基）/S（%）来计算，此处的灰/S比取无量纲，而灰/S比与石膏中飞灰含量（wt%）的比值为一常数，等于6.9。因此，知道了灰/S比便可估算出石膏中飞灰含量。

现举例说明：某电厂燃煤设计煤种含硫4.02%，燃用设计煤种FGD装置入口 SO_2 浓度为10000mg/m^3（标态、5.59% H_2O、4.94% O_2），入口烟尘浓度213mg/m^3（标态、5.59% H_2O、4.94% O_2），设计脱硫效率为95%。

按第一种方法：

$$灰/SO_2比=\frac{213\ (mg/m^3)}{10000\times 0.95\ (mg/m^3)}\times 100=2.24\%\ （标准状态）$$

$$所以，石膏中飞灰含量（wt\%）=\frac{2.24}{3}\%=0.75\%$$

$$按第二种方法：灰/S=\frac{0.213/\ (1-5.59\%)}{4.02}=0.056$$

$$那么，石膏中飞灰含量（wt\%）=\frac{0.056}{6.9}\times 100\%=0.81\%$$

上述两种计算方法得出的结果与图1-10-1示出的石膏中飞灰含量值一致或很接近。从上述估算和图1-10-2所示的线性关系可看出，FGD系统入口烟尘浓度增加一倍，石膏中飞灰含量也增加一倍。因此，FGD系统上游侧除尘设备的正常运行是保持FGD装置稳定运行不可忽视的条件之一。

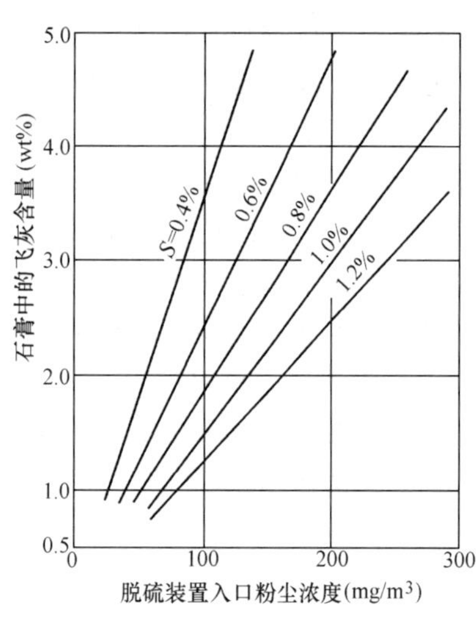

图1-10-2　脱硫装置入口烟尘浓度和石膏中的飞灰含量的关系

我国大多数电厂中锅炉电除尘器和FGD装置分属不同的部门管理，电除尘器投运情况不能及时为FGD运行人员所知道，石膏中飞灰含量又非常规分析项目，当FGD系统出现石灰石“封闭”现象或石膏纯度下降时，无法及时准确地判断造成的原因。因此在FGD系统入口安装在线烟尘监测仪或通过其他方式让FGD运行人员及时了解电除尘器的运行状况，有利于FGD系统的运行管理。

3. 对氧化效率的控制

由于FGD系统无在线检测循环浆液和石膏成分的分析仪，运行操作人员无法及时了解系统氧化效率。为了保证氧化效率，运行人员应根据入口 SO_2 浓度，烟气流量及时合理地调整氧化空气流量，在这种情况下，经验往往起到主要作用。对于可调节流量的氧化鼓风机，当增大氧化风机入口风门开度，风机电流并不随之升高或升高程度偏低，而风机出口风压下降，则有可能是风机入口空气滤网被飞尘堵塞，应及时更换滤网以保证氧化空气流量。反应罐液位和浆液浓度会影响风机出口风压，但当风机出口风压不正常的增大，同样，当增大风机入口风门开度，电机电流增大不明显时，有可能雾化空气喷嘴部分被堵塞，这种情况对于固定管网式氧化装置尤其易于发生，严重时甚至造成风机喘振。部分喷嘴被堵塞将造成氧化空气分布不均匀，使氧化效率下降，出现这种情况应停机疏通喷嘴。

前面已提到，在低 pH 值下运行有利提高氧化率。因此，在确保脱硫率的前提下应尽量降低运行 pH 值，避免高 pH 值运行。

4. 对水力旋流分离器的管理

对于水力旋流站，需要运行人员操作的工作不多，除了调整旋流站投入运行的旋流子个数外，还要注意监视旋流器入口浆液压力，当压力下降或波动较大时会影响分离效果。压力波动往往是供浆泵造成的，例如浆泵叶轮磨损、吸入较多的氧化空气气泡、管道部分堵塞等。定期测定底流和溢流浆液的浓度也是检查分离效果的手段。

5. 运行 pH 值的控制

运行 pH 对石膏纯度有最明显、最直接的影响。当入口烟气条件不变时，降低运行 pH 值即可降低浆液中过剩 $CaCO_3$ 含量，有利提高石膏纯度，但将以损失脱硫率作代价。过分降低 pH 值可能对石膏质量产生负面影响，过低 pH 值将增加浆液中有害离子浓度，有可能造成“封闭”石灰石活性。因此，一般运行 pH 值不宜低于 5.0。提高 pH 值，脱硫效率增大，石膏纯度下降。当 pH 值超过 5.7 后不仅脱硫效率提高不多，未反应石灰石浓度却增加较多，石膏纯度将明显下降。因此，运行人员合理设定 pH 值是提高石膏质量的重要保证。

6. 反应罐浆液含固浓度的控制

反应罐浆液含固浓度是 FGD 装置运行控制的重要参数之一。当浆液 pH 值和固体物浓度一定时，浆液固体物中 $CaCO_3$ 与 $CaSO_4 \cdot 2H_2O$ 有一定的质量比，此时生产出来的石膏纯度相对稳定。当浆液浓度下降时，比值增大，石膏副产品中的 $CaCO_3$ 含量将增大。相反，提高浆液固体物浓度则有利提高石膏副产品的质量，但是，在实际运行中通常并不以提高浆液浓度作为提高石膏副产品质量的手段，保持浆液浓度的稳定将有助于稳定石膏副产品质量。

7. 运行控制方式对石膏副产品质量的影响

对于 FGD 系统脱硫效率，通常有三种运行控制方式，采用不同的运行控制方式对石膏纯度的影响不同。图 1-10-3 示意地表示了三种控制方式时浆液中 $CaCO_3$ 浓度、pH 值、脱硫效率以及石膏纯度的变化情况。图中的实线代表恒定控制浆液中 $CaCO_3$ 浓度的运行方式，当 FGD 装置入口 SO_2 浓度下降时（上升时的情况，读者可以类推）始终维持反应罐浆液中 $CaCO_3$ 浓度不变［见图 1-10-3（a）中的实线］。维持 $CaCO_3$ 浓度恒定的方法是通过调节回路自动设定脱硫效率，使之随入口 SO_2 的下降略高于设计点的脱硫效率［图 1-10-3（c）］，这是一种按预定程序自动调节的运行方式（参阅本篇第十二章第二节），这种运行控制方式可以获得居中的脱硫性能，稳定而不低于保证值的石膏纯度［图 1-10-3（d）］。

图 1-10-3 中的虚线表示恒定 pH 值控制的运行方式，即当入口 SO_2 浓度在设计值范围以内时，pH 值取定值运行［图 1-10-3（b）］，这样随着入口 SO_2 浓度的下降，脱硫率上升［图 1-10-3（c）］，这种运行方式可获得较高的脱硫效率。浆液中 $CaCO_3$ 浓度亦随入口 SO_2 浓度的下降后上升［图 1-10-3（a）］，石膏纯度则下降［图 1-10-3（d）］。

图 1-10-3 中的点画线代表自动控制恒定脱硫率运行方式［图 1-10-3（c）］，在这种运行方式下，脱硫率为定值，根据入口 SO_2 浓度和脱硫率自动设定出口 SO_2 浓度设定值，pH 值将随入口 SO_2 浓度的下降而下降［图 1-10-3（b）］，浆液中 $CaCO_3$ 浓度也随 pH 值下降而下降［图 1-10-3（a）］。因此，可以获得三种运行方式中最高石膏纯度［图 1-10-3（d）］。

FGD 系统实际上采用何种运行控制方式，取决于供应商的设计。第一、二种方式只要

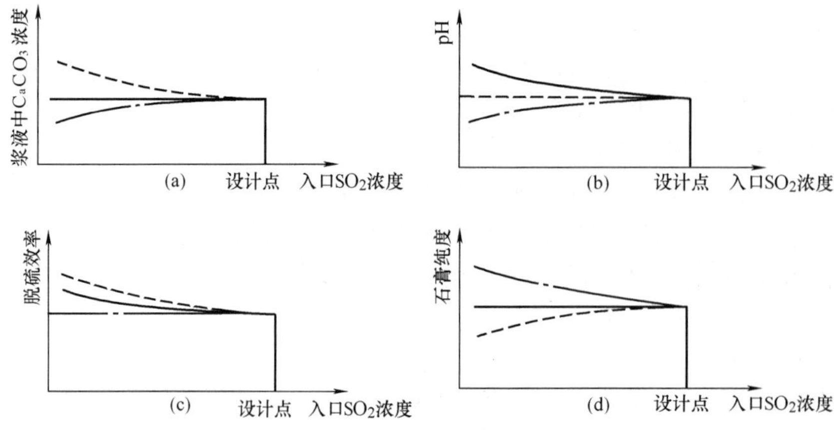

图 1-10-3　运行控制方式对石膏纯度的影响示意图

———— 恒定控制 $CaCO_3$ 浓度运行方式

— — — — 恒定控制 pH 值运行方式

－－－－－－ 恒定控制脱硫效率运行方式

设置合理都能保证石膏纯度不低于保证值。当操作人员用手动控制方式运行时，则是采取第二种控制运行方式，即只要脱硫率不低于规定值则以固定 pH 值运行。在这种情况下，当入口 SO_2 浓度变化时，石膏纯度难以得到保证。从提高石膏质量的角度来说，应采用第三种控制运行方式，即恒定脱硫效率控制方式，随着 FGO 装置入口 SO_2 的下降，石膏纯度提高。

第十一章　FGD 主要设备类型和特性以及设计应考虑的问题

一个典型的石灰或石灰石湿法 FGD 系统一般包括 7 个子系统：烟气系统（含烟气加热装置）、吸收/氧化系统、吸收剂/化学添加剂制备/配制系统、脱硫固体产物脱水/废弃系统、废水处理系统、仪器仪表控制系统和配电系统。根据工艺选择、流程配置的不同，可以对以上 7 个系统有所取舍。系统配置、各子系统主要设备的选型和设计对整个系统的功能、性能、稳定运行以及投资和运行成本会产生直接的影响。

由于脱硫配电系统与电厂其他配电系统并无特别之处，因此本手册未涉及这方面的内容。只是需要指出的是，FGD 系统应有可靠的备用电源，只要罐体中还有浆液，就不能长时间中断搅拌器的供电，并使搅拌器具有短时失电后自启动功能；电动旁路挡板门和事故急冷装置应备有保安电源。

本章将向读者介绍上述前 6 个子系统主要设备类型、性能以及设计和运行特点。

第一节　吸　收　塔

吸收塔是吸收/氧化系统的主要设备，是石灰或石灰石 FGD 工艺中的关键模块。吸收塔设计最主要的目标是，以尽可能低的成本，使设计制造出来的吸收塔具有尽可能大的吸收 SO_2 的液体表面积，而且具有高可靠性和稳定性。有各种类型的吸收塔已应用于石灰或石灰石 FGD 工艺中，就是同一种类型的吸收塔，不同制造商的设计也各有特点。至于选择何种类型的吸收塔，应通过综合评价制造商的报价、设计特点、性能保证、业绩以及现有装置的实际运行情况才能做出决策。

一、吸收塔类型和特点

按照烟气和循环吸收浆液在吸收塔内的相对流向，可将吸收塔分成逆流塔和顺流塔两大类（见图 1-11-1）。目前 FGD 装置供应商提供的吸收塔大多数是逆流布置。理论上讲，逆流操作吸收效率稍高些，在逆流操作中，在吸收塔塔体的底部含 SO_2 浓度最高的原烟气与将要离开塔体的循环吸收浆液接触，这样可以使吸收浆液最终吸收的 SO_2 浓度达到最大值。在塔

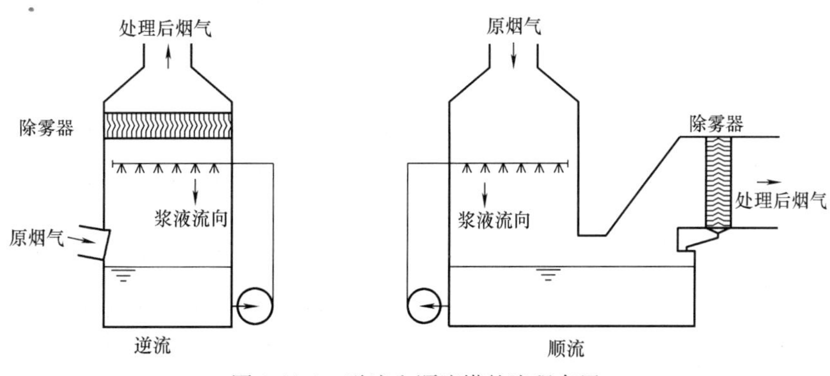

图 1-11-1　逆流和顺流塔的流程布置

顶，新鲜的吸收浆液与出塔的已脱除大量SO_2的烟气接触，可使出塔烟气中SO_2浓度降至最低值。即逆流操作的好处是气液两相的吸收平均推动力最大，而且稳定，但逆流的压力损失比顺流大。顺流塔气液两相的吸收平均推动力要低些，但顺流塔允许较高的流速，气液相对流速越大，加剧了气液两相的扰动，使气液界面更新更快，膜层厚度减小，从而能降低扩散阻力，提高吸收速度。总的来说，在石灰或石灰石 FGD 工艺中，顺、逆流吸收布置的差别一般是不太明显的，这两种吸收塔都可以达到较高的SO_2脱除效率。

逆流操作的一些优点特别适合像喷淋空塔这种类型的吸收塔，例如，随着喷淋液滴与烟气相对流速的提高，传质效率增大。这是因为烟气流速的增大加剧了液滴表面的湍流程度，同时，延长了液滴在吸收区的停留时间，提高了吸收区的持液量和吸收塔单位体积的浆液表面积（m^2/m^3）。所以，在其他条件相同的情况下，逆流喷淋塔的吸收效率要高些。

顺流布置与逆流设计相比较有一个重要而实用的优点，即可以采用较高的吸收塔烟气流速。较高的烟速意味着可减小吸收塔的尺寸，降低成本。甚至有人认为，高流速顺流塔是今后发展方向。在逆流布置中，烟气流速的上限取决于烟气夹带循环浆液透过除雾器的情况，这一点对逆流喷淋塔是一个非常实际的问题。喷淋液滴的典型粒径是1000～3000μm目前逆流喷淋塔烟气流速必须低于大约5m/s，否则，会有过量循环浆液随高速烟气带出吸收塔顶部。但在顺流塔内，烟气一般是从上向下朝着吸收塔底部的反应罐液面流去，然后急转向上流向吸收塔的出口，烟气夹带的大部分液滴由于惯性作用撞击反应罐液面而被捕获，因此顺流塔的设计烟气流速通常都可以达到约6m/s，有的高达近10m/s。

基于充分利用顺、逆流塔的优点以及减小单个吸收塔的塔径和降低塔高度，也有采用顺、逆流串联组合双塔的流程布置。

吸收塔除了循环浆液和烟气的相对流向不同外，主要的差别是通过何种方式来增大吸收浆液的表面积，从而提高SO_2从烟气到吸收浆液的传质速率。按此分类，目前在石灰或石灰石湿法 FGD 工艺中应用较多的吸收塔类型有：喷淋空塔、装有多孔塔盘的喷淋塔、喷淋填料塔（或称涌泉式填料塔）、双循环湿式洗涤器（Double Loop Wet Scrubber，DLWS）、喷射鼓泡反应器（JBR）以及双接触液柱塔（Double Contact Flow Scrubber，DCFS）。下面将依次介绍这些吸收塔的特点。

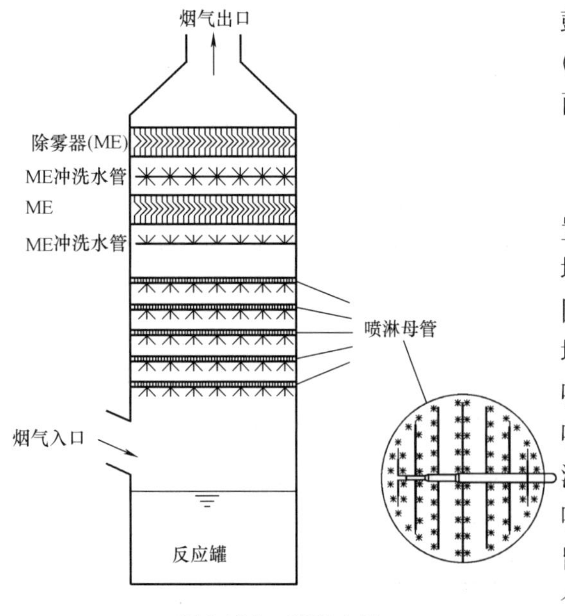

图 1-11-2 喷淋空塔

（一）喷淋空塔

喷淋空塔是石灰或石灰石湿法 FGD 装置中应用最广的洗涤器。图 1-11-2 是喷淋空塔典型的结构布置图，塔体的横断面可以是圆形或矩形。通常烟气从塔的下部进入吸收塔，然后向上流，在塔的较高处布置了数层喷淋管网，循环泵将循环浆液经喷淋管上的喷嘴喷射出雾状液滴，形成吸收烟气SO_2的液体表面。每层喷淋管布置了足够数量的喷嘴，相邻喷嘴喷出的水雾相互搭接叠盖，不留空隙，使喷出的液滴完全覆盖吸收塔的整个断面。虽然对各层喷淋管可以采用母管制供浆，但最通常的做法是一台循环泵对应一个喷淋层。这样可以根据机组负荷，燃煤含硫量以及不同工况下所要求的洗涤效率来调整喷淋泵的投运台数，从而达到节能效果。也有的按满负荷工况设置一台备用泵，作为事故备用，或当燃用高硫煤的校核煤种时作备用喷淋层投运。

通常将塔体与反应罐设计成一个整体，反应罐既是塔体的基础，也是收集下落浆液的容器。也可以在塔外另设反应罐，但这种设计已被整体设计所代替。由喷嘴喷出的粒径较小的液滴易被烟气向上带出吸收区，当这种饱含液滴的烟气进入除雾器后，液滴被截留下来。最为通常的做法是将除雾器水平横跨地布置在吸收塔顶部，当然，也可以垂直布置在吸收塔出口水平烟道中。

喷淋空塔的优点是压损小，吸收浆液雾化效果好，塔内结构简洁，不易结垢和堵塞，检修工作量少。不足之处是，脱硫效率受气流分布不均匀的影响较大，循环喷淋泵能耗较高，除雾较困难，对喷嘴制作精度、耐磨和耐蚀性要求较高。

1. 吸收塔入口水平烟道的设计

逆流喷淋塔入口烟道通常设置在反应罐液位以上和塔体吸收区下部之间，处于高温烟气与下落浆液第一次接触的交界面上。当烟气进入吸收塔时被绝热饱和，沿入口烟道和干/湿交界区形成一个很大的温度梯度，在这一区域烟气温度通常从80～150℃迅速降至50℃左右。由于旋涡作用或入口烟气分布不均匀，下落的浆液会被带入入口烟道，带入的浆液接触到烟道的热壁面后水分蒸发，于是形成了固体沉积物。固体物的不断堆积将减小入口烟气流道面积，增大系统的流动阻力，严重时被迫停机清除堆积物。入口烟道的这种环境决定了此处是湿法FGD系统腐蚀最严重的区域之一。

另外，烟气在吸收塔上游侧烟道中的流速一般高达每秒十余米，而湿式吸收塔内烟气流速通常是3～4m/s，因此吸收塔入口烟道还起着流速过渡作用，入口烟道的设计不仅会影响压损，而且还会影响进入塔内烟气分布的均匀性。所以对吸收塔入口烟道的设计有以下要求：①防止在烟道内沉积固体物；②压损小；③进入塔内的烟气分布均匀；④结构材料的选择应考虑高温、沉积物中高浓度腐蚀物质和沉积物引起的点蚀和缝隙腐蚀。

图1-11-3（a）、（b）示出了适合传统吸收塔烟气流速（3～4.6m/s）的入口烟道过渡段的结构。采用遮挡帽檐结构将湿/干界面推向塔内，使之离开入口烟道壁面，这样可以防止入口烟道中沉积过多的固体物。在吸收塔常规流速情况下，由于入口烟气的动量接近喷淋区烟气的动量，烟气在吸收区的分布大致是均匀的，入口处的压损也增加不多。图1-11-3（c）是吸收塔高流速（4.6～6m/s）时入口烟道的一种设计方式。这种设计方式是将入口烟道过渡段布置在反应罐与塔体之间的斜锥面上，将干/湿界面进一步推进至塔内，远离了

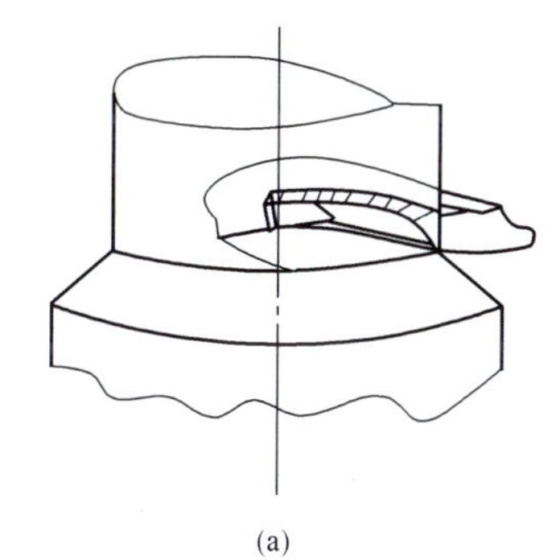

(a)

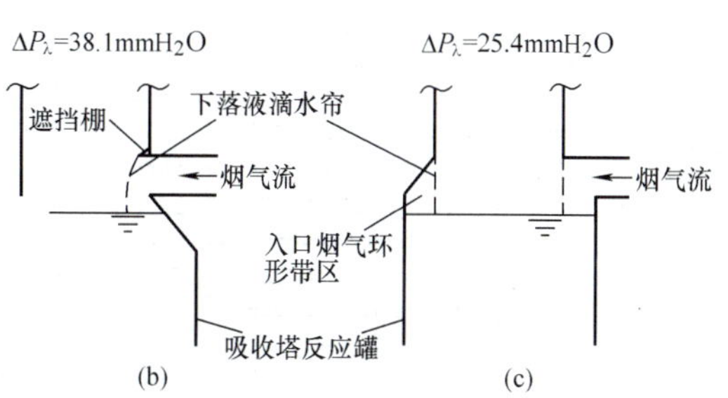

图1-11-3　吸收塔入口烟道
（a）传通入口烟道设计；（b）垂直塔壁入口烟道过渡段；（c）喇叭锥顶入口烟道过渡段

烟道的下底板面。由于塔体直径小于反应罐直径，在下落液滴形成的水帘与斜锥面之间形成了一个入口烟气环形带区域，烟气可以顺畅地先进入这一环形区域再向上流动。这样不仅降低了入口压损（$\Delta P_{入}$），而且使烟气在塔内的分布较为均匀。按这种方式设计的入口烟道过渡段的压损仅为传统设计压损的 2/3，水力模型试验以及流体动力计算机模拟分析均证明，这种入口烟道设计更适合高烟气流速。但这种设计的结构布置较困难。

入口烟道过渡段的结构材料通常选择耐高温、耐高浓度氯化物、氟化物、低 pH 值腐蚀和耐点蚀以及沉积物下缝隙腐蚀的高镍合金材料，如 C－276、59 号合金等。但当采用了 GGH，吸收塔入口烟温降至 100℃左右时，也可以采用价格较低的耐高温玻璃鳞片树脂防腐。

2. 喷淋母管的布置

喷淋空塔中喷淋母管的布置应使喷出的液滴完全、均匀地覆盖吸收塔的整个截面，而且尽可能减少沿塔壁流淌的浆液量和降低喷射浆液对塔壁的直接冲刷磨损。喷淋母管最重要的设计是母管层数（高度）以及母管之间的垂直间距。这些因素影响塔的总高度，而塔高是投资成本中的关键组成部分。

对于石灰石基工艺，喷淋空塔典型设计喷淋层是 3～6 层，交错布置，覆盖率达200%～300%。在石灰基工艺中，由于获得相同脱硫效率所需要的 L/G 较低，所以需要的喷淋层也较少。如图 1-11-2 所示，通常每层布置一个喷淋管网，每层应装有足够多的喷嘴，应尽量减少连接喷嘴的管道长度。第一层或称最下层喷管以及多孔托盘距入口烟道顶部必须有足够的高度，这一高度一般大约是 2～3m。这样可以使得喷出的浆液能有效地接触进入塔内的烟气，并避免过多的浆液带进入口烟道。每层喷管以及最下层喷管与多孔托盘之间应相隔大约 1～2m。最上层的喷淋管网与除雾器底部至少应有 2m 的距离。当烟气流量和 SO_2 浓度高时可取上述范围值上限。

喷淋层数和喷淋层的间距是影响吸收区高度的主要因素，吸收区的高度一般指吸收塔烟气入口中心线到最上层喷淋层之间的高度，以下因素决定吸收塔直径和吸收区高度：烟气量和 SO_2 浓度；脱硫效率；吸收循环浆量；烟气入口流向（顺流或逆流）及入口型式；喷淋层数和喷淋覆盖的叠加面积；吸收剂反应活性系数。

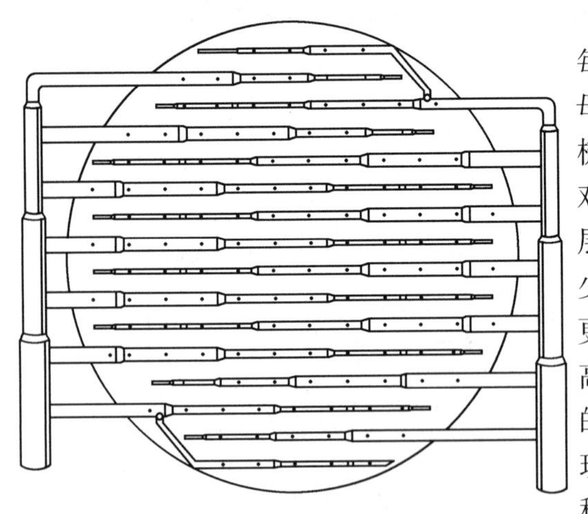

图 1-11-4 对插入式喷淋管布置方式

近年研究开发了一种对插喷淋层技术，即每层布置两组喷淋管网（如图 1-11-4 所示），将母管置于塔外，喷淋支管相互平行、交替、成梳状地插入塔内。这种布置方式的特点是：①对插布置的每组喷淋管网的覆盖率为 100%，每层的喷嘴数增加了一倍，增大了液滴密度，减少了塔内烟气“短路”的可能性，使气/液分布更均匀；②降低了塔高，如 4 层减至 2 层，塔高至少可以降低 3m；③与分层布置相比，造成的压损增加很少；④可以降低喷淋泵的压头。现场全规模商业运行装置的试验数据证明，这种布置方式不影响脱硫效率。

3. 喷嘴特性和布置

喷淋塔的脱硫效率主要取决于液滴大小和数量（这两个因素决定了吸收 SO_2 液体的表面积）以及塔内烟气流速。液滴的大小和数量又取决于喷淋浆液的总流量和喷嘴的特性。

喷嘴雾化特性主要包括喷嘴压力—流量—平均粒径的关系、喷嘴雾化均匀性、雾化角和雾化粒径分布特性等。研究应用于烟气吸收的喷嘴特性时，常用索特尔平均直径（Sauter Mean Diameter，SMD）来表示喷淋液滴的大小，SMD 的含义是：对于一个实际的液滴群，假想一个粒度均匀的液滴群，此假想液滴群与实际液滴群的总体积和总表面积相同，那么，假想液滴群的液滴直径就是实际液滴群的 SMD。在 FGD 应用中，液滴的 SMD 通常在 1500 ~ 3000μm 范围内。液滴越细，单位体积循环浆液产生的洗涤效果就越好。但是，由于受喷嘴特性的限制以及吸收塔所具有的流体状况，对 FGD 吸收塔来说有一最佳液滴直径。在实际工况下并非液滴越小越好，细液滴易被烟气带离吸收区，在一个典型烟气流速为 3 ~ 4m/s 的逆流喷淋塔中，直径小于 500μm 的液滴会被烟气夹带进入除雾器，如果烟气夹带的液滴过多，将给除雾器下游侧的设备带来不利的影响。过分追求细小液滴需要较高的压力，能耗增大。通常在 FGD 应用中，直径小于 500μm 的液滴数量不应超过总量的 5%，<100μm 的液滴则要尽量减少。

电厂应要求喷嘴供应商提供其供应的喷嘴雾化粒径分布数据，以便掌握所选喷嘴的特性。需要指出的是，喷嘴生产厂提供的喷嘴雾化粒径分布数据是在实验室条件下用室温水测得的，只能作为近似参考值，而且有多种表示平均粒径方法，例如除了上面提到的 SMD 外还有算术平均直径、表面积平均直径、体积平均直径、体积中位直径、粒数中位直径、表面积-直径平均直径、蒸发平均直径等等。对同一个液滴群，用不同的直径表示方法表示的滴径差别很大。

在工作压力相同时，通常较小口径的喷嘴产生的液滴较细。但是喷嘴必须大到足以让垢片这类碎块通过喷嘴而不至于发生堵塞。喷嘴布置的间距应合理，要使喷嘴喷出的锥形水雾相互搭接，不留空隙。否则烟气可能不接触到液滴就从这些空隙中“溜走”。调整喷嘴布置密度和喷淋层数，可获得不同的喷雾重叠度。重叠度越高，脱硫效率也就越高，但阻力也会增加。一般喷雾重叠度为 200% ~ 300%。对喷嘴布置的另一要求是不冲刷塔壁，喷淋母管和支撑件。

对于石灰或石灰石湿法 FGD 喷淋空塔，喷嘴的典型设计特性是工作压力（表压）0.5 ~ 2kgf/cm^2（50 ~ 200kPa），喷嘴出口流速约 10m/s，每个喷嘴的流量 36 ~ 80m^3/h，雾化角 90°。采用这种规格的喷嘴，喷嘴的典型分布密度是吸收塔截面每平方米布置 0.7 ~ 1 个喷嘴。

通过一个全规模喷淋塔的试验证实了喷雾有效覆盖范围的重要性以及喷嘴大小的影响。在该试验中，最初喷淋塔设计为每个喷淋层装有 25 个口径 130mm 的喷嘴，每个喷嘴流量是 31.5L/s（126.4m^3/h），该塔的脱硫率大约仅 80%。后来改为每层布置口径为 50mm 的喷嘴 60 ~ 84 个，每个喷嘴的流量为 12.6L/s（45.4m^3/h），喷嘴压力大致相同。此外，在喷淋塔的入口区加装了多孔塔盘以改善烟气分布。经过这些改进后，该塔的脱硫效率提高到 96% 以上。分析认为，脱硫效率的提高主要归因于喷雾有效覆盖范围的提高以及采用较小口径的喷嘴显著地减小了液滴的平均直径。

在湿法 FGD 工艺中，一般采用压力式雾化喷嘴。喷嘴结构、工作压力和流量影响喷出液滴的大小。对同一喷嘴，工作压力和流量越大，即喷嘴喷出的平均速度越高，液滴的平均粒径越小。不同设计结构的喷嘴喷出的立体状的水雾分布形态是不相同的，不同的喷雾形态将影响不同大小液滴的数量。目前国内外在湿法 FGD 工艺中常用的浆液喷嘴有以下 5 种：

（1）空心锥切线型（Hollow Cone Tangential）。采用这种设计的喷嘴，循环吸收浆液从切线方向进入喷嘴的涡旋腔内，然后从与入口方向成直角的喷孔喷出，产生的水雾形状为中空锥形，可以产生较宽的水雾外缘，在相同流量和压力下可以形成较小的液滴，允许自由通过的最大颗粒尺寸大约是喷孔尺寸的 80% ~100%，喷嘴无内部分离部件，其外形如图 1-11-5（a）所示。

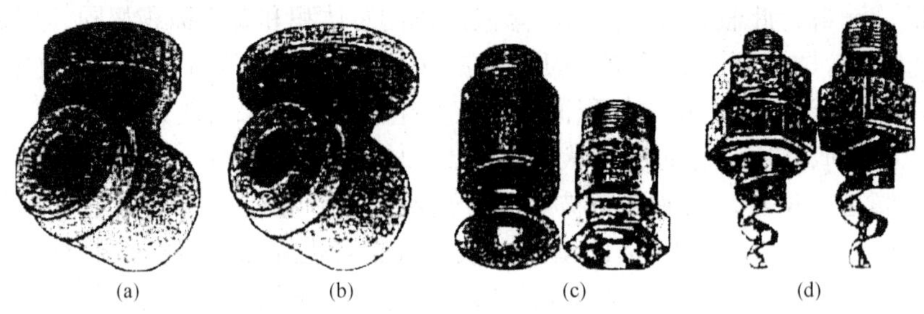

图 1-11-5　应用于 FGD 的几种常用喷嘴

（a）空心锥切线型；（b）实心锥切线型；（c）实心锥型；（d）螺旋型

（2）双空心锥切线型（Double Hollow Cone Tangential）。这种喷嘴是在空心锥切线型喷嘴的腔体上设计两个喷孔，一个喷孔向上喷，另一个喷孔向下喷，喷嘴允许通过的颗粒最大尺寸为喷孔直径的 80% ~100%。我国重庆电厂 21 号、22 号 FGD 喷淋塔就是采用这种类型的喷嘴，喷嘴材质为 SiC。

（3）实心锥切线型（Full Cone Tangential）。这种喷嘴的设计思想与空心锥切线型喷嘴近似，所不同的是在涡旋腔封闭端的顶部使部分液体转向喷入喷雾区域的中央，产生的水雾形态为全充满锥形，其外形如图 1-11-5（b）所示。这种喷嘴允许通过颗粒的尺寸为喷孔直径的 80% ~100%，产生的液滴平均粒径比相同尺寸的空心锥形喷嘴的大 30% ~50%，而且液滴粒度范围相当宽。

（4）实心锥（Full Cone）。这种喷嘴通过内部的叶片使浆液形成旋流，然后以入口的轴线为轴从喷孔喷出，产生的水雾形态为全充满锥形。根据不同的设计，这种喷嘴允许通过的最大颗粒直径从喷孔直径的 25% ~100% 不等。在同等条件下，这种喷嘴雾化粒径相当于相同尺寸的空心锥切线型喷嘴的 60% ~70%，其外形如图 1-11-5（c）所示。

（5）螺旋型（Spiral）。又称猪尾巴型。在这种喷嘴设计中，随着连续变小的螺旋线体，浆液水柱体被剪切除一部分，形成在一个空心锥水雾中还有 1 ~2 个同轴的锥形水雾，所以称为实心锥形水雾，或用剪切力使水柱沿螺旋线体旋转成空心锥形水雾形。其外形如图 1-11-5（d）所示。这种喷嘴设计无分离部件，自由畅通直径等于喷孔直径的 30% ~100%，在同等条件下这种喷嘴的平均粒径相当于相同尺寸的空心锥切线型喷嘴的 50% ~60%。

螺旋型喷嘴可以在很低的压力下提供很强的吸收效率，所以这种喷嘴推出后迅速得到脱硫系统的认可，典型操作压力在 0.05 ~0.1MPa。但也有资料指出，这种喷嘴停用时易结垢。

在螺旋型喷嘴中还有一种大通道螺旋型（Large Free Passage Spiral）喷嘴，这种喷嘴是通过增大螺旋体之间的距离后设计出来的，允许通过的固体颗粒直径与喷孔直径相同，最大可达 38mm。

4. 塔内烟气流速对脱硫率的影响

塔内烟气流速对喷淋塔 SO_2 的脱除也有重要的影响。由式（1-3-21）可得出，假定 K、A 与烟气流速无关，那么 NTU 与烟气流速成反比（烟气流量 G = 烟气密度 × 烟气流速 × 吸收塔截面面积），即提高烟气流速，脱硫效率下降。但是，在逆流喷淋塔内，增大烟气流速，由于提高了液滴和烟气之间的相对流速，加剧了湍流，减薄了液膜和气膜的厚度，将有助于 K 值的增大。同时，提高烟气流速则延长了液滴在塔内的停留时间，提高了吸收区的持液量，使 A 值增大。在一个石灰石 FGD 喷淋塔的试验显示，NTU 与 $1/G^{0.3}$ 成正比。假定 K、A 不受烟气流速的影响，烟气流量增加一倍（相当烟气流速提高一倍），NTU 仅下降 18.8%。也就是说，适当提高烟气流速对喷淋塔性能综合影响的结果仍然能提高脱硫效果。

需要指出的是，烟气流速对喷淋空塔入口烟气的分布影响较大，后者又会显著地影响脱硫效率。对要求高脱硫效率的现代吸收塔来说，特别在入口 SO_2 浓度较高的情况下，塔内烟气分布的均匀性成为影响洗涤效果的重要因素之一。烟气流速对吸收塔入口烟气分布的影响与吸收塔类型、入口过渡烟道的结构和布置方式有关，需通过流体动力试验来确定这些因素的影响。

5. 喷淋总流量对脱硫率的影响

改变循环喷淋泵的投运台数可以增加或降低喷淋塔内的喷淋总流量（L）。多数情况下，每层喷淋母管单独由一台浆泵供浆，采用这种布置方式，吸收塔内液滴总表面积大致与喷淋总流量成正比。这是因为循环泵投运台数的改变不会影响喷嘴工作压力的稳定性，因而液滴粒度分布也不会随之变化。当然，塔内液滴总表面与喷淋总流量的这种正比例关系是假定液滴不会因为相互碰撞而聚积，或因液滴碰撞喷淋母管以及支撑件而消失。在一个石灰石逆流喷淋塔的试验显示，NTU 与 $L^{0.7}$ 成正比，而横向气流喷淋塔的 NTU 与 $L^{1.0}$ 成正比。

6. 喷淋层高度（吸收塔高度）对脱硫率的影响

在一个装有多个喷淋层的喷淋空塔内，每个喷淋层向吸收区贡献的液滴表面积随喷淋层高度增加而增加，这是因为上层喷管产生的液滴在塔内运行的轨迹较长，在塔内停留的时间也较长。但是，另外一些因素则降低了喷淋层高度对 SO_2 脱除的影响。例如，液滴离开喷嘴出口一段距离后，速度下降，于是气—液膜厚增大，另外液滴越往下降，其表面的碱度下降越大，而且，液滴还可能相互碰撞聚集成大液团。最后的结果是，顶部喷淋管雾化的液滴当落至塔体较低部位时其对 SO_2 脱除的影响不如低位喷管产生的“新鲜”液滴的作用。实际情况也是如此，在一个有 4 个喷淋层的全规模喷淋空塔中的试验结果是，仅投运底部两个喷淋管时，SO_2 脱除效率是 73%（NTU = 1.31），而只投运顶部两个喷淋层时，脱硫率也只有 76%（NTU = 1.43）。所以，过分依靠提高喷淋层的高度来增加脱硫效率并非上策。喷淋区的典型高度是 7 ~ 18m。

7. 入口 SO_2 浓度对脱硫率的影响

在石灰和石灰石 FGD 系统中，在其他运行条件不变的情况下，SO_2 脱除效率通常随着入口烟气 SO_2 浓度增加而下降，各种类型的吸收塔都存在这种关系。特别当 SO_2 浓度超过设计点时，由于鼓入的氧化空气严重不足，脱硫效率将急剧下降。入口 SO_2 浓度对 SO_2 脱除效率影响的大小取决于液相碱度，pH 值越高，浆液的缓冲作用越大，当入口 SO_2 浓度上升时，脱硫率的下降要小些，特别对于石灰 FGD 以及采用有机酸添加剂的石灰石基工艺，这种影响将会小得多。在一个石灰石 FGD 工艺的喷淋空塔中进行的全规模试验得出，NTU 与 $1/Y_{in}^{0.25}$（Y_{in}—吸收塔入口烟气 SO_2 浓度，摩尔分率）成正比。

（二）喷淋—多孔托盘吸收塔

喷淋—多孔托盘吸收塔是在传统逆流喷淋空塔吸收区的下部安装一个多孔塔盘，图 1-11-6示出了这种吸收塔的结构布置图。现有的一些吸收塔为了提高性能有的也增装这种托盘。通常是将托盘布置在喷淋层的下方。也可以在托盘的下方布置 1 ~ 2 个喷淋层，以确保烟气在接触到托盘之前被完全饱和，这有利防止托盘结垢、堵塞，也可缓和托盘所处的腐蚀环境。托盘上的孔径一般 25～40mm，开孔面积占 25%～50%。托盘板厚 6mm，托盘上用高约 300mm 左右的隔板将托盘分隔成若干小块，使得托盘上的持液高度能随塔盘下方的烟气压力自动调整。托盘上持液深度的调整，反过来又使托盘下烟气分布均匀。运行时，烟气穿过一些孔朝上流，同时浆液通过另外一些孔向下流。由于托盘上的浆液处于湍动状态，烟气和浆液在托盘孔中的流动是脉动式的，烟气和浆液间歇地穿过板孔，这种脉动频率受托盘上持液量以及托盘下烟气压力的控制。对这种类型的逆流托盘，通常可以将这一流动状态描述成：托盘上是连续液相，烟气用喷射或鼓泡的方式通过托盘上的孔洞。吸收塔装有这种托盘后一般将使烟气压损增加 400～800Pa（41～81mmH_2O 表压）。

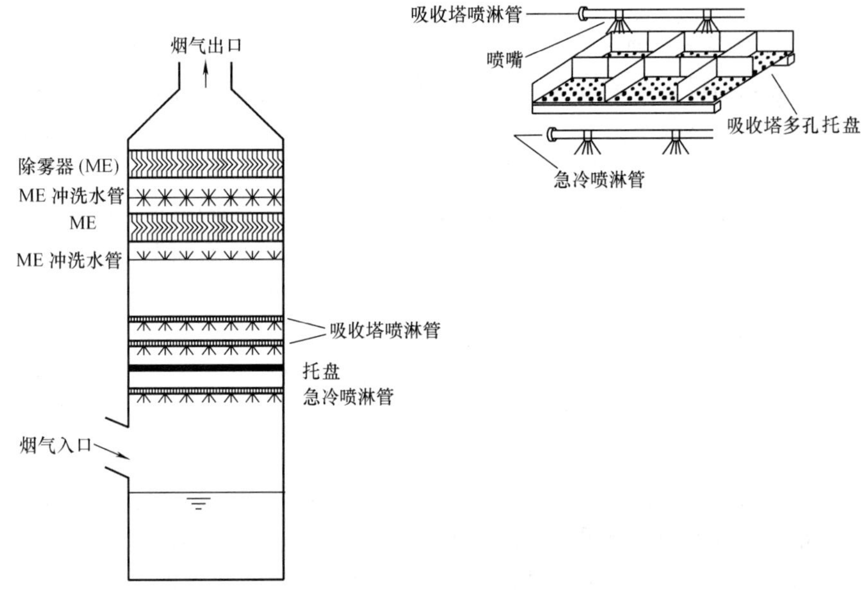

图 1-11-6　喷淋/多孔托盘吸收塔

1. 多孔托盘对喷淋塔性能的影响

喷淋/多孔托盘吸收塔与喷淋空塔相比，逆流托盘有以下优点：①烟气鼓泡穿过托盘上的液层增加了气—液传质面积，其效果相当 1～1.5 个喷淋层，特别在高硫煤时起作用较大，而一个托盘需要占有的高度低于一个喷淋层。如果维持脱硫率不变，增加一层托盘可省去一个喷淋层，降低塔高和喷淋总流量（即降低 L/G）。塔高的降低可以节省投资成本，循环泵节省的能耗可以弥补由于托盘增加压损所造成的 BUF 能耗的增大。表 1-11-1 给出了容量为 500MW 的逆流喷淋塔采用托盘与不采用托盘设计参数的比较，其他设计条件是 FGD 入口 SO_2 浓度为 1800×10^{-6}，吸收剂是石灰石，脱硫率 95%。从该表可看出，采用托盘后循环泵和增压风机总能耗较不采用塔盘可节省约 7%。②托盘上浆液产生的阻力通过与托盘下烟气压力的平衡作用，提高了塔内烟气分布的均匀性。提高了塔内烟气分布的均匀性也就意味着提高了塔内 L/G 比的均匀性。对于烟气流量大、SO_2 浓度高或要求脱硫效率较高的设计条件，塔内烟气和 L/G 比的均匀性显得尤为重要。③由于为了减少喷浆对塔壁的冲刷作用以及靠近塔壁的雾状浆液有被塔壁吸附的趋势，因此靠近塔内壁处的喷淋密度要低些，顺着塔壁离开喷淋区的烟气的洗涤效果也要稍微低些，托盘具有驱使烟气流向塔中心的作用，对于

SO_2浓度较高的烟气来说托盘这种作用显得较为突出。因此B&W公司对于烟气流量大、SO_2浓度高或要求脱硫效率较高的设计条件，主张减少一个喷淋层采用双托盘，两托盘的间距为1m。

表1-11-1　　采用托盘与不采用托盘逆流喷淋塔设计参数比较

比较项目	采用托盘	不采用托盘
化学计量比（即Ca/S比）	1.03	1.03
L/G（l/m^3）（标准状态）	14.5	20
压损（Pa）	1240	870
循环泵功率（kW）	2760	3750
FGD增压风机功率（kW）	6860	6580
总功率（kW）	9620	10330

据报道，某喷淋塔为提高性能，加装了一个托盘，结果脱硫率从先前的90%（NTU=2.3）提高到94%（NTU=2.8）。在某些情况下，如果在一个脱硫性能较低的喷淋塔中加装托盘后能明显改善塔内烟气分布状况，托盘对脱硫率的提高可能超过前面提到的程度。有文献认为，为了降低循环泵以及与其相关的管道、阀门、喷嘴的维修工作量，今后可能在一个吸收塔内设计多个塔盘，这样，循环浆液量可以非常低，目前美国有单个吸收塔内采用3个托盘的系统在运行。

托盘的位置是设计中着重要考虑的问题。如果过于靠近其上方的喷淋区，喷淋区损失的液滴表面积将会明显抵消掉在托盘上获得的液体表面积。因此，采用模型试验或中试模拟试验研究托盘对烟气分布的影响是非常有必要的。

加装托盘增加了塔内构件，会增加结垢、堵塞的可能性。但是，对FGD化学过程的深入认识和工艺控制技术的发展已大大地降低了结垢、堵塞的风险，国内喷淋托盘塔（托盘下方无喷淋层）的运行经历表明托盘未出现结垢和堵塞现象。

2. 烟气流速对托盘脱除SO_2的影响

随着烟气流速的提高，托盘上的持液量增多，烟气通过托盘上的液层产生的湍动将加剧，当然压损也增大。其结果是，随着式（1-3-21）中G的增加，K与A的乘积明显增大，即明显地提高了传质速率和传质表面积。托盘通常是按额定烟气工况来设计的，因此，在额定负荷下，托盘往往能发挥其最大的优点。当低负荷时，有可能在塔盘上形不成液层而影响其优点的发挥。因此在喷淋—托盘吸收塔内，随着G的增加，亦即烟气流速的提高，对脱硫率的负面影响要小于未装多孔托盘的喷淋空塔。另外，没装托盘的喷淋空塔，在其他条件不变的情况下，提高烟气流速，塔内烟气分布的均匀性将下降，而喷淋/托盘吸收塔则能明显改善烟气分布的均匀性。

在富镁石灰基多孔托盘吸收塔的中间试验表明，随着烟气流速的提高，其SO_2脱除效率要么维持不变，要么还略有提高。

3. 循环浆液总流量对托盘脱除SO_2的影响

提高装有多孔托盘吸收塔内浆液流量也就增大了吸收区和托盘上的持液量，同时也增大了托盘的压损。富镁石灰的中间试验显示，托盘吸收塔的NTU大致与循环浆液总流量成正比例地增大。

（三）填料吸收塔

在湿法FGD工艺中，较早采用的是喷淋吸收塔，由于当时喷嘴材料、结构工艺不过关，腐蚀、堵塞问题严重，喷淋效果不理想，脱硫效率低，逐渐被填料塔代替。非金属填料虽然克服了磨损、腐蚀问题，气—液传质效果也较好，但堵塞、结垢问题仍难以完全克服，且塔内结构复杂，投资成本高、维护工作量大，所以后来逐渐被空塔所替代。但是，填料塔气—液传质面积大，烟气压损小，喷浆压力低等优点仍是其他类型吸收塔所不能相比的。随着对湿法 FGD 化学过程认识的深入了解和工艺控制技术的发展，填料塔的堵塞、结垢问题也像多孔托盘吸收塔一样是可以克服的。此外，也有设计人员将传统喷淋和填料组合在一个塔内，根据顺、逆流流程在格栅填料床的上面或下面安装传统的喷淋母管。因此，虽然近年已少有选择填料塔，但我们仍向读者介绍这种吸收塔的性能。

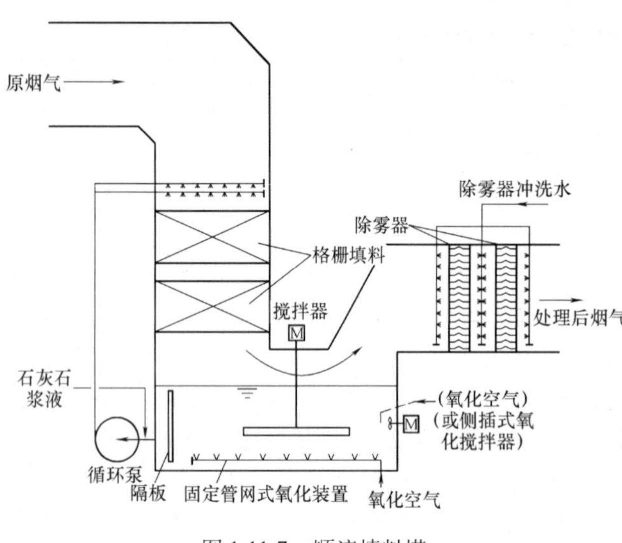

图 1-11-7　顺流填料塔

图 1-11-7 示出了用于石灰或石灰石湿法 FGD 装置的顺流填料塔的一种配置方式。为了减少堵塞和当需要时便于冲洗，一般采用结构空隙较大的填料，格栅式填料应用最为普通，图 1-11-8 示出了我国发电厂目前唯一的两套石灰石 FGD 顺流填料塔所采用的格栅填料和无压涌泉式喷浆管和喷嘴。填料格栅在塔内被整齐码放。一般每层 2～3m，通常不超过三层，层间间距不小于 1.5m。码放的格栅不能紧靠塔壁，需留有 100～150mm 间隙，每层格栅要设法固定牢固，防止运行时格栅晃动碰擦塔壁而损坏防腐层。可以采用各种材料来制作填料，但多选用 PP 材料。填料表面应光滑，保持表面清洁是防止格栅结垢措施之一。有些在最上层填料床上设计有事故和停机冲洗管网，事故时用以降温防止格栅热变形和停机时冲洗格栅。

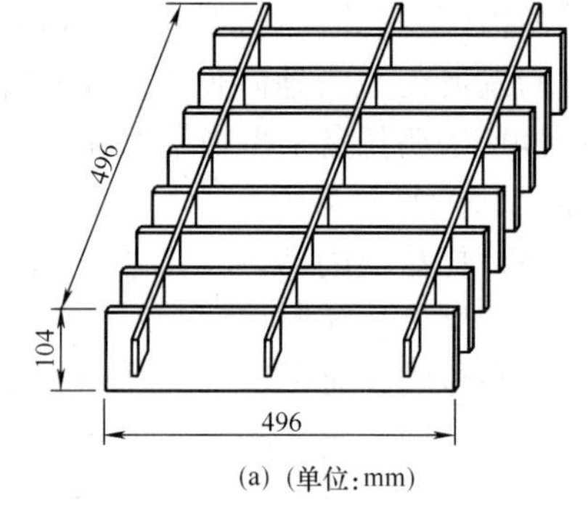

(a)（单位：mm）

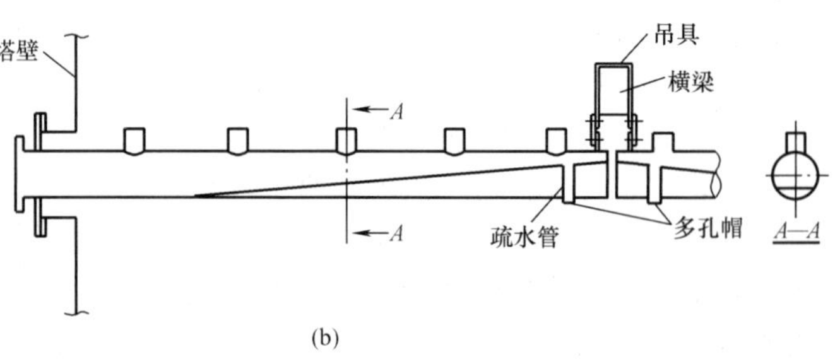

(b)

图 1-11-8　格栅填料、喷浆管及喷嘴
（a）格栅；（b）喷浆管及喷嘴

由于填料塔是依靠湿化填料表面来获得吸收 SO_2 的液体表面积，因此可以采用母管制供给循环吸收浆液，塔内顶部的分支喷浆管和喷嘴的数量比喷淋塔少得多，喷嘴的结构简单［见图 1-11-8（b）］，为大口径低压喷嘴，背压仅需 $0.1kgf/cm^2$（表压）。喷出的浆液呈涌泉状，要求各喷嘴

喷出的浆液均匀，有一定的重叠度，确保能覆盖整个格栅面，即使在减少循环泵投运台数时，也应能达到这一要求。浆液分布的均匀性直接影响脱硫效率，不间断地湿化吸收塔的各种部件才能防止石膏垢的形成。

应用于 FGD 中的填料单位体积的典型表面积大约为 35 ~ 140m^2/m^3，上述两台 FGD 填料塔的填料比表面积为 43m^2/m^3。而根据有关计算机程序，预测喷淋空塔吸收区单位体积中液滴所具有的表面积仅 10 ~ 15m^2/m^3。因此填料塔的气—液接触面积大，传质效率高，与喷淋空塔相比可以采用较矮的吸收塔，较低的循环总流量，可以获得较高的脱硫效率。格栅床中气—液的高效率接触除了有利 SO_2 的吸收外，也有利于烟气中的氧气溶解于吸收液中，有助于提高吸收区的自然氧化率，降低反应罐强制氧化量。

填料塔的另一个优点是气侧压损小，适合处理大流量烟气。顺流时吸收塔内烟气流速一般取 5m/s，逆流取 2.5m/s。表 1-11-2 列出了国内三种类型吸收塔的压损，尽管它们的烟气流量、流速不同，但仍可看出，喷淋空塔的压损最低，液柱塔的最高。

表 1-11-2　　三种类型吸收塔压损比较（标准状态下）

吸收塔类型及流程描述	烟气流量 (m^3/h)	烟气流速 (m/s)	L/G (L/m^3)	吸收区压损 (Pa)	吸收塔 + ME 压损 (Pa)
顺流填料塔	1087200	4.4	23.3	1100	1499
逆流喷淋空塔	1760000	3.3	18.2	—	1125
顺、逆流液柱组合塔	915500	10.0（顺流） 4.6（逆流）	7.7（顺流） 14.9（逆流）	2589	2746

1. 烟气流速对填料床脱除 SO_2 的影响

在填料塔中，湿化填料表面与烟气之间的相对流速就等于烟气流速，当烟气流速提高时，液膜厚度减小，传质系数（或称吸收系数）明显增大。根据烟气流速对填料塔传质影响的各种相互关系得出总传质系数正比 $G^{0.3}$ ~ $G^{0.4}$。由于湿化的表面积基本与流速无关，因此填料塔的 NTU 与 $G^{0.6}$ ~ $G^{0.7}$ 成反比。例如，在一个石灰石基湿法 FGD 系统的全规模顺流填料塔中，当锅炉负荷增加 50%，根据 NTU 得出脱硫率下降 20%，这表明该吸收塔 NTU 正比于 $1/G^{0.6}$。

2. 浆液总流量对填料床脱除 SO_2 的影响

来自同一个全尺寸填料吸收塔的数据显示，在烟气流速不变时，NTU 与 $L^{0.8}$ 成正比，这一比例关系类似喷淋空塔。

（四）双循环湿式洗涤器（DLWS）

前面已谈到，石灰石湿法 FGD 系统的脱硫效率与 L/G、运行 pH 值以及石灰石利用率（即石膏副产品质量）有如下相互制约的关系：①提高运行 pH 值亦即增加循环吸收浆液中过剩 $CaCO_3$ 含量，有利提高脱硫效率，但石灰石利用率和石膏质量将下降。而且高 pH 运行，氧化效率低，易发生对石灰石的“封闭”。相反，低 pH 值运行，有利提高氧化效率，石灰石利用率和石膏质量，但脱硫效率下降。②对于达到要求的脱硫效率，如果谋求低石灰石耗量（即高利用率），则需较高 L/G（即高电耗）；如果希望低 L/G，则要求多过量点石灰石，石膏质量则将下降。针对这些情况，美国 Research Cottrel（RC）公司开发了 DLWS，成立了诺尔—克尔茨（NOELL-KRC）公司，至今已开发出第三代 DLWS。

DLWS 的特点是有两个独立的反应罐和形成两个循环回路，这两个循环回路在不同的

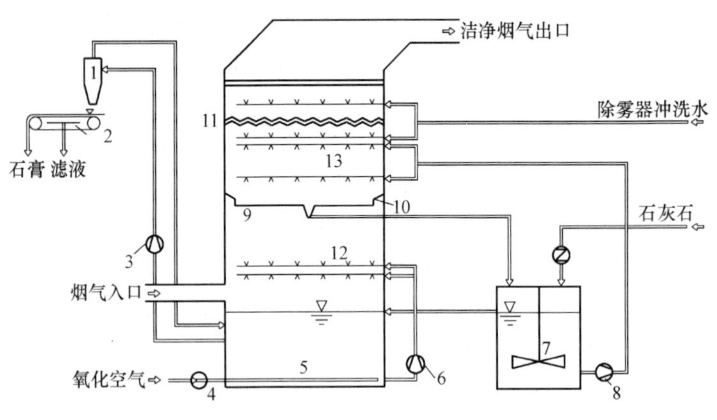

图 1-11-9 诺尔双循环湿式脱硫工艺流程

1—水力旋流器；2—真空布带过滤机；3—吸收塔出浆泵；4—氧化鼓风机；5—下回路反应罐；6—下回路循环泵；7—上吸收区加料槽；8—上回路循环泵；9—集液斗；10—导流叶片；11—ME；12—下循环喷淋；13—上循环喷淋

pH 值下运行，其工艺流程如图 1-11-9 所示。图 1-14-3 是加拿大 Belledune 电厂建于 1993 年的一台容量为 450MW 的双循环吸收塔结构图。如图 1-11-9 所示，下循环浆液来自作为吸收塔塔体基础的下回路反应罐 5，下循环浆液经下回路循环泵 6 送至位于吸收塔较低处的下循环喷淋母管 12 中，进入吸收塔的烟气被喷出的下循环浆液冷却至饱和温度，经预洗涤后的烟气向上提升，经碗形集液斗 9 上的导流叶片 10 进入上循环回路的吸收区，上吸收区通常布置有 2 ~ 3 个喷淋层，为了提高脱硫效率也有的在上吸收区布置填料床。来自另一个单独的上吸收区加料槽 7 的上循环浆液经上循环泵 8 送至上吸收区，洗涤烟气后经集液斗流回加料槽，构成上循环回路。加料槽的溢流浆液流入下回路反应罐中。石灰石浆液可以单独加入加料槽中，也可以同时引入下回路反应罐中。下回路反应罐中的浆液经吸收塔出浆泵 3 送至脱水系统，经水力旋流器 1、真空布带过滤机 2 脱水得到高质量的石膏副产物。经水力旋流器分离出来的部分浓浆和溢流稀浆返回下回路反应罐，调节下回路浆液浓度至 12wt% ~ 15wt%。上回路循环浆液的浓度也需控制，通常 8wt% ~ 12wt%。由此可看出，DLWS 较之前面讨论的单循环吸收塔的结构和设备要复杂些，所需测量和控制设备也要多些，操作要繁琐些。

DLWS 通过优化两个不同的浆液循环回路的化学反应过程可以获得一些特有的优点。通过分析上、下循环回路的主要化学反应可以看出其特有的优点。

下循环回路主要化学反应：

$$SO_2 + CaCO_3 + 1/2O_2 + 2H_2O = CaSO_4 \cdot 2H_2O + CO_2$$

$$CaSO_3 \cdot 1/2H_2O + 1/2O_2 + 3/2H_2O = CaSO_4 \cdot 2H_2O$$

$$SO_2 + CaSO_3 \cdot 1/2H_2O + 1/2H_2O = Ca(HSO_3)_2$$

上述反应生成的 $Ca(HSO_3)_2$ 使下循环浆液具有相当强的缓冲性能，使得浆液的 pH 值不会因为烟气中 SO_2 浓度的变化而发生太大的波动，大致为 4 ~ 5。这使得下回路具有以下特点：

（1）下回路的低 pH 值有助于石灰石溶解，使浆液中的石灰石得以充分利用，从而减少了石灰石耗用量，提高了石膏质量，可使 Ca/S 仅略高于 1.0。下回路的低 pH 值使得来自上回路的 $CaSO_3 \cdot 1/2H_2O$ 的溶解度增大，可以使亚硫酸盐几乎全部就地完全氧化。而且有助于提高氧化空气利用率，降低氧化风机容量，下循环浆液脱水后可获得高纯度的石膏副产品。

（2）烟气中的 HCl、HF 大部分在下回路中被脱除，上循环浆液中 Cl^- 的浓度仅相当于循环浆液的 1/10，因此，接触上循环浆液的塔体和相关构件可以采用等级较低的耐腐蚀合金。

通过上述分析，可以看到下循环回路的主要功能和特点是：冷却烟气，吸收部分 SO_2，脱除大部分 HCl、HF，充分溶解上回路溢流液中带入的 $CaCO_3$，强制氧化充分，可获得高纯度石膏产品。

上循环回路的主要功能是获取高脱硫效率，上循环浆液固体物中过量 $CaCO_3$ 多达 20% 及以上，pH 值 6 左右。上循环回路主要化学反应可用下式表示：

$$SO_2 + CaCO_3 + 1/2H_2O = CaSO_3 \cdot 1/2H_2O + CO_2$$

$$SO_2 + 2CaCO_3 + 3/2H_2O = CaSO_3 \cdot 1/2H_2O + Ca(HCO_3)_2$$

上述反应中生成的 $Ca(HCO_3)_2$ 以及过量石灰石的存在，使上循环浆液具有很高的缓冲容量，这使得上回路浆液 pH 值可自动调节在 6.0 左右。浆液的高 pH 值以及高缓冲容量使得可以在低 L/G 比情况下，即使吸收塔入口烟气流量或 SO_2 浓度发生较大变化，也能保持稳定和较高的 SO_2 脱除效率。

表 1-11-3 列出了 DLWS 上、下循环浆液的组成和特性，通过对比可以清楚地看到上、下循环回路的工作特点。

DLWS 的主要缺点是，较之单循环 WLFGD 要多一个加料槽、集液斗和导流叶片以及相应的机械、测量和控制设备；上、下循环回路会相互影响，需协调运行才能获得满意的结果，增加了操作的复杂性。

表 1-11-3　　DLWS 上、下循环浆液组成和特性

项目			典型数据		某电厂 DLWS 数据①	
			下循环浆液	上循环浆液	下循环浆液	上循环浆液
pH 值		(wt%)	4.0~5.5	6 左右	4	5.56
含固量		(wt%)	12~16*	8~12*	10.72	10.65
固体物组成	$CaSO_4 \cdot 2H_2O$	(wt%)	≥90**	10~60**	97.1	85.1
	$CaSO_3 \cdot 1/2H_2O$	(wt%)	<3	15~60	0.13	0.13
	$CaCO_3$	(wt%)	<5	20~40	0.10	9.2
惰性物		(wt%)			1.1	1.2
石灰石利用率		(%)			99.9	84.3
氧化率		(%)			99.9	99.9

① 添加有 DBA，浓度 1470mg/L，上下循环回路均采取了强制氧化。

* 与负荷有关。

** 与石灰石纯度有关。

（五）喷射鼓泡反应器（JBR）

1971 年日本千代田化工建设公司开发了型号为 CT-101 的第一代 JBR 烟气脱硫装置，1976 年在 CT-101 的基础上开发出第二代 JBR CT-121。

具有各种技术特点的 FGD 吸收塔都是要实现排烟与吸收浆液的直接、密切的接触。传统的填料塔和喷淋塔由吸收塔循环泵提供动力，分散吸收浆液，尽可能地扩大气—液接触表面积。在这种气—液两相中，烟气是连续相，而液体是分散相。JBR 独特之处则是，借助脱硫风机的动力将烟气分散鼓入浆液中，形成一个深约 600mm 的气泡层。与上述情况相反，气体成为分散相，浆液为连续相，以此来实现浆液对烟气中 SO_2 的吸收。

图 1-11-10 是 JBR 工作原理图。原烟气在进入 JBR 之前在预洗涤器或 JBR 入口垂直烟道的冷却区中被工艺回收水或 JBR 浆液冷却并饱和（见图 3-4-3）。JBR 被上、下隔板分成三个区域，冷却后的烟气进入上、下隔板之间的原烟气分布室，经垂直向下插入浆液中的多根

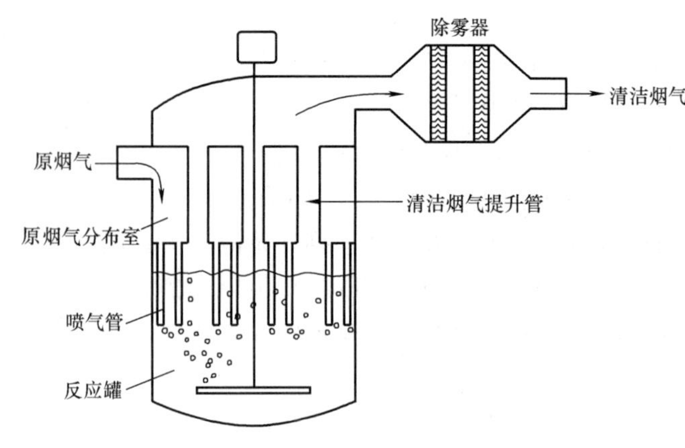

图 1-11-10　喷射鼓泡反应器（JBR）工作原理图

喷射鼓泡管喷入反应罐中不断搅动的浆液中，喷射鼓泡管插入浆液的深度 100～400mm。强大的烟气流在反应罐的上层形成一个高 600mm 左右的气泡层，这是气—液传质的主要区域。洗涤后的烟气沿烟气提升管向上进入上隔板上面的清洁烟气室，再经外置除雾器排往烟囱。

反应罐浆体液位（即喷气管浸没深度）通过溢流堰来调节，喷气管浸没深度根据锅炉负荷、入口烟气 SO_2 浓度和脱硫率来确定。溢流出来的浆液进入石灰石浆罐，作配浆用，再随浓度为 15%～25% 的石灰石浆返回反应罐。氧化空气和石灰石浆液经各自的管道送至反应罐浆液的底部，同时连续地从反应罐底部将浆液泵送至脱水系统制成商业质量的石膏。由此可看到，SO_2 的吸收、氧化和中和、石膏结晶析出以及烟尘的除去全部发生在 JBR 反应罐中。

JBR 系统主要控制工艺参数是，反应罐烟气压损（或液位）、反应罐浆液 pH 值和浆液密度。而前两项是控制 SO_2 脱硫效率的参数，压损是影响脱硫效率的主要参数。对系统性能有影响的参数除了前面提到的外，还有入口烟气 SO_2 浓度和烟气流量。JBR 没有 L/G 的概念。

JBR 具有以下特点：

（1）增加烟气压损（Δp）即提高液位，增加喷气管在浆液中的浸没深度和鼓泡区的高度，由此增大了气液接触面积，脱硫效率将随之提高。国外某电厂 JBR 装置的试验表明：JBR 的 NTU 按 $\Delta p^{1.2\sim1.5}$ 增加，增加的程度与运行 pH 值有关。在其他工况不变的情况下，pH 值从 4.0 升至 4.5 时脱硫率提高明显，pH 值进一步从 4.5 提高到 5.0 时，脱硫率只有很少的提高。但国内某电厂 600MW 的 JBR 的试验表明：在 JBR 一定液位下（即 JBR 压损一定），pH 值分别在 4.0、5.0、5.6、5.8 的工况下测定脱硫效率，各 pH 值测试期间的入口 SO_2 浓度分别为 591、661、650 和 719mg/m^3（标态、干基），测得脱硫率分别为 94.8%、96.3%、97.9%、98.7%，即 pH 值在较大的范围内对脱硫率有明显影响。

脱硫效率也随入口烟气 SO_2 浓度的增加而降低。

（2）试验还表明，当运行 pH 值和烟气压损不变时，其 NTU 近似与 G 成反比，例如当差压为 3kPa 时，锅炉负荷从 75MW 增至 100MW，SO_2 脱除效率从 93%（NTU = 2.7）降至 86%（NTU = 2.0）。

（3）JBR 通常运行 pH 值范围是 3～5，这比传统 FGD 吸收塔的 pH 值低得多。如此低的 pH 值，加速了石灰石的溶解和亚硫酸盐的氧化，可以获得高纯度的石膏副产品。这也使得 JBR 对石灰石粒度的要求较传统吸收塔低。试验表明，在 pH 值 4.0～4.5 时，200 目 90% 和 70% 通过的两种细度的石灰石，对石灰石利用率没有显著影响。

低 pH 值有利石灰石溶解和提高亚硫酸盐氧化率。当 pH 值高于 5.0 时，石灰石溶解度、利用率陡然下降，过量石灰石会直接与 JBR 液面上的 SO_2 反应形成石膏垢。当运行在过量供入石灰石浆液工况下时，还可能造成喷管口、原烟气分布室甚至除雾器结垢。

（4）当烟气含尘浓度高，pH 值不超过 4 时，随着洗涤液中 Al^{3+}、F^- 浓度的增加，也会

发生 AlF_x “封闭” $CaCO_3^-$ 活性，石灰石利用率下降的情况。

（5）JBR 吸收区的高度有限，600mm 左右，气—液接触时间很短，仅约 0.5s。但气液之间剧烈碰撞，烟气被分散成大量的气泡，气泡层单位体积的传质表面积大。由于气泡层不高，因此传质表面积在很大程度上受反应罐直径的影响，这也决定了反应罐直径与烟气流量的平方根成正比。因此，通常 JBR 的直径较大，JBR 的直径大带来的问题是，占地面积较大，需设置多台搅拌器，好处是浆液固体物在反应罐中的停留时间可长达 30h 以上。

由于气液的剧烈碰撞，JBR 除尘效果较好，CT-120 的论证试验表明，除尘效率可达 97%～99%。对大于 2μm 的尘粒可除去 99%，对 0.6～1μm 的除尘效率则明显下降。对小于 0.6μm 的尘粒没有捕获作用。

（6）由于 JBR 循环流量低（仅作冷却用）对石膏结晶体的磨损小，因此 JBR 生产的石膏晶粒相对较大，易脱水。

（7）JBR 的压损较大，增压风机电耗占脱硫系统电耗约 60%～80%。国内某电厂一台 600MW 的 JBR，在满负荷时，仅喷射鼓泡反应器的压损就高达 2.9～3.7kPa，增压风机电耗 4221kWh/h 左右。但省除了循环泵，只需要 2 台循环冷却泵，600MW 的 JBR 的循环冷却泵电耗仅需约 2×22kWh/h。国外有资料报道，JBR 的总电耗相对低些。国内某电厂 600MW 的 JBR，168h 试运中平均电耗为 6488kWh/h。

（8）可以在现场用 FRP 制作 JBR，17000h 的论证试验证明利用率可达 97%，认为结构强度和耐化学腐蚀性能满足要求，但使用温度有一定限制。JBR 明显比传统洗涤器矮得多，内部构件较拥挤，如内部构件采用 FRP 材质，长期维修工作量大，不方便。如采用合金材料，由于运行 pH 值较低，需要等级较高的合金。

（9）原烟气分布室以及清洁烟气室需设计冲洗装置，否则易发生固体物沉积，甚至堵塞喷射管。但投运冲洗装置，JBR 液位不稳定，出现周期性的高液位。据报道，改进后的 JBR 可以取消预洗涤器，如果将未饱和的高温烟气经喷射管喷入浆液中，会在喷气嘴上形成石膏垢，为避免结垢，喷管需定时水冲洗。

（10）由于所有反应都发生在反应罐中，JBR 的搅拌应确保充分混合，pH 值检测回路的滞后时间应少于 30s（即石灰石浆流量改变一级到 pH 值计测出这种变化所经过的时间）。JBR 正常运行的 pH 值较低，浆液中过剩 $CaCO_3$ 含量少，因此 pH 值对供入罐中的石灰石浆量十分敏感，石灰石浆供入量偏差较大将引起 pH 值大幅度波动。通常在 pH 值高于 4.5 时，pH 值调节回路的稳定性比低 pH 值时差。

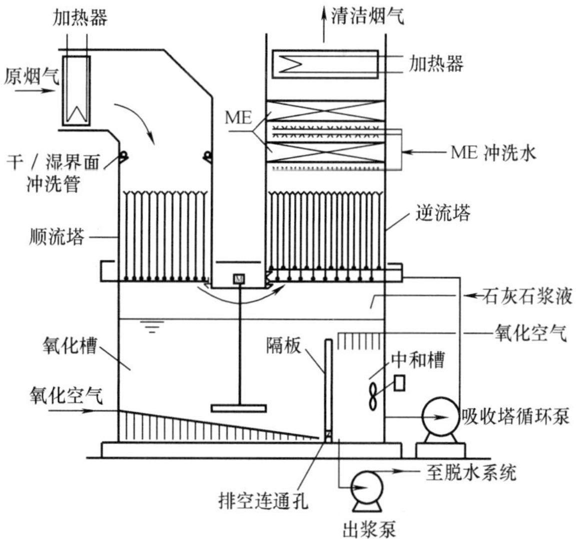

图 1-11-11　珞璜电厂顺—逆流组合式双接触液柱塔

（六）双接触液柱洗涤器（DCFS）

日本三菱重工（MHI）于 1987 年开始研制 DCFS，1989～1991 年为工厂试验阶段，1991～1993 年进行了论证性示范试验，1993 年在日本鹿岛南电厂 2 号燃油锅炉湿式石灰石 FGD 改造工程中将原双回路填料塔（填料塔的上游装有急冷塔）改为单回路逆流 DCFS，处理烟量 431000m^3/h，这是 MHI 提供的第一套商业 DCFS。随后又在日本下关 1 号燃煤 FGD 装置的改造中，将原双回路逆流填料塔改建为双回路顺流 DCFS，处理烟量 621857m^3/h（W），于 1994 年 2 月投入工业运行。我国华能珞璜电厂二期工程 3 号、4 号 FGD 系统采用了这种类型的洗涤器，处理烟量为 2×915500m^3/h，流程为顺、逆流组合塔（即所谓双塔，见图 1-11-11），分别于 1999 年 3、7 月投入运行。

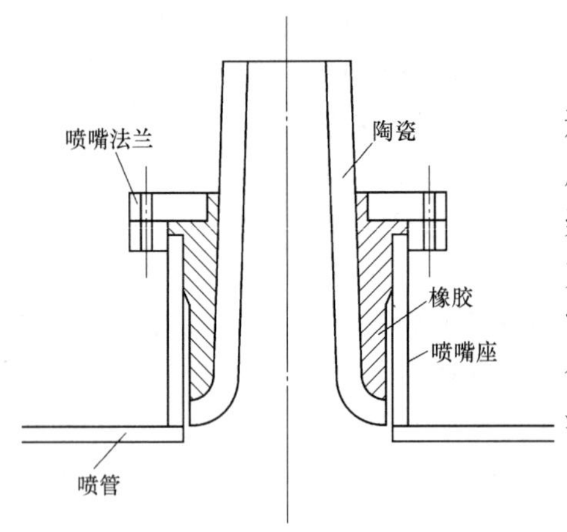

图 1-11-12　DCFS 喷嘴结构

1. DCFS 工作原理

为便于布置喷浆管，DCFS 塔体的截面多为矩形。喷浆管位于反应罐上部，吸收塔循环浆泵将反应罐中的浆液送至喷浆母管，经平行插入塔内的喷浆支管以及喷嘴向上喷出，形成液柱状。塔内喷浆支管呈单层布置，也可两层错位布置，因为喷嘴不能重叠。珞璜电厂 DCFS 喷嘴分布密度为 4.10～4.17 个/m^2，喷嘴用陶瓷做成，喷口内径 39.5mm。喷嘴法兰、陶瓷喷嘴和橡胶座构成一个整体，通过螺栓固定在喷管的喷嘴座上，结构如图 1-11-12 所示。

DCFS 的吸收过程是，浆液上喷下落两次与烟气接触，故称之为双接触液柱塔。密布上喷的液柱与下落的液滴发生剧烈碰撞和扰动形成了一个稠密的液滴层，从而获得较大的气—液接触面积。当烟气通过液柱区时，烟气随扰动的吸收液形成湍流，当烟气到达喷嘴附近时，由于喷嘴喷出浆液的初时流速很高，在喷嘴附近形成负压，烟气被高速吸入液柱中产生了气—液密切接触的效果。气—液的湍动和相对流速的提高使气膜和液膜厚度减薄，气、液两相界面得以很快的更新，因此显著地提高了传质速率。由于喷出的浆液呈液柱状，液滴的平均直径较喷淋塔的大得多，吸收效果主要取决于液柱高度和气、液的相对流速。珞璜电厂和日本下关电厂 DCFS 设计液柱高分别为 6.5m 和 10m。珞璜电厂 3 号、4 号 FGD 装置的 DCFS 采用双塔，顺流塔的烟气流速高达 10m/s，进入逆流塔后流速降至 4.6m/s，是传统低流速（3.3m/s）喷淋塔的 1.4 倍。也由于塔内的吸收液呈液柱状，分散的液滴粒径相对较大，因此在逆流塔内可以采用较高流速。DCFS 设计的另一特点是逆流塔内液柱最高点与第一级除雾器端面之间留有 3～4m（烟速 3.5～4.6m/s）的空高，此空间充满了悬浮液滴，使有效吸收区延引至除雾器的端面。

2. 双接触液柱洗涤器的特点

根据珞璜电厂 DCFS 运行经验，除了上面已提到的外，DCFS 还具有以下特点：

（1）DCFS 属于空塔的一种类型，塔内结构异常简洁，除了喷浆管的下面会出现无碍运行的垢外，塔体可以实现无垢运行。由于喷浆管布置在塔体的下部，减少了塔外喷浆管、浆管支撑架的用量，而且方便检修。所采用的陶瓷喷嘴结构简单，磨损很小，珞璜电厂 DCFS 运行 6 年也未因磨损更换喷嘴。

（2）传质效率高，当入口 SO_2 浓度为 3700ppm（d）时，脱硫效率不低于 95%。DCFS 类似 JBR，除尘效果好。

（3）由于喷浆管布置在塔的底部，喷嘴结构简单、口径大，所需静压扬程低，管道、喷嘴压损相对较小，因此吸收塔循环泵的电耗相对较低。

但是，从表 1-11-2 列出的数据可看出，双液柱塔的总压损（包括 ME）比填料塔和喷淋空塔高得多。就其原因是，吸收区主要由密布的液柱构成，对烟气的阻力大；顺流塔内烟气和上喷浆液的相对流速较高；双塔的烟气流程长；为了使液柱相互搭接，塔内的喷浆管排列较密，增大了烟气的阻力，但有利于使烟气分布均匀。如果按逆流喷淋托盘通常使烟气在吸收塔中的压损增加402～794Pa计，双液柱塔的总压损甚至高于喷淋/多孔托盘吸收塔。因此，在相同条件下比较，双液柱塔总电耗（循环泵、氧化风机、吸收塔搅拌器、脱硫风机电耗之和）不比其他三种类型的塔低。

近年，液柱塔的设计商通过增加吸收塔循环泵的压头（即提高液柱高度）和运行台数（提高喷淋密度），将双塔改为单塔，使液柱塔也能随锅炉负荷调整循环泵运行台数。但根据对同一FGD系统技术标书的比较，液柱塔的设计总电耗比喷淋＋托盘塔的还高17%。

（4）由于液柱不能重叠，为保证液柱的均一性，喷浆母管宜采用母管制，一般吸收塔循环泵投运台数不能随锅炉负荷改变。减少投运台数，泵出口母管压力下降，液柱高度将明显降低。当循环泵过流件被磨损，泵出口压力和流量下降，也会影响液柱高度。以珞璜3号、4号FGD为例，在其他条件不变时，液柱高度与脱硫效率有如图1-11-13的关系。从该图可看出，降低液柱高度，脱硫率下降，特别当液柱高度低于6m后，脱硫率下降较快，当液柱高度超过6.5m后，脱硫效率随液柱高度增加变化不大。

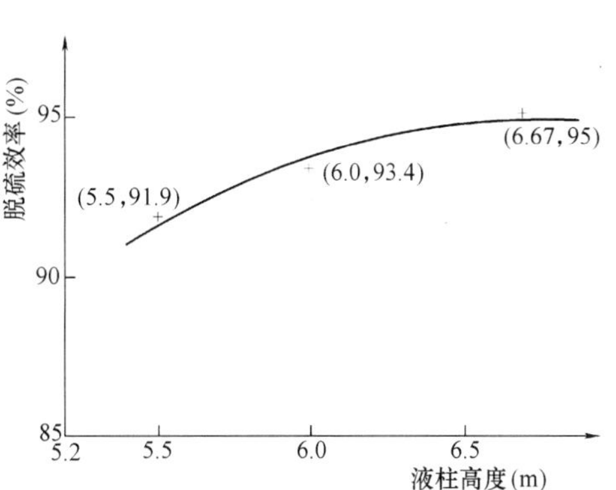

图1-11-13　液柱高度与脱硫效率的关系

（5）在其他条件不变时，与填料塔、喷淋塔相比，DCFS的L/G下降对脱硫率的影响大于前两种吸收塔，因为对DCFS来说，L/G的改变不仅影响喷淋密度［$m^3/(m^2 \cdot h)$］，而且影响液柱高度。

（6）由于喷嘴不能重叠布置，对喷嘴口的水平度要求＜1/100（如以倾斜角表示则＜0.5°），倾斜的液柱有可能造成液柱间有明显的间隙。也由于此原因，要求所有的喷嘴正常工作，即使一个喷嘴被堵塞，也能观察到一个明显的空隙，易造成烟气“短路”逃逸。采用双塔，除了能利用顺、逆流塔的优点外，也有增加液柱重叠率的作用，这对于高浓度SO_2烟气的脱硫是十分重要的。

（7）当较多的氧化空气被吸入循环泵后，液柱高度不稳定，会出现液柱高度间歇地上下跳动的情况。总言之，液柱的状态对这种塔的性能影响很大。

（8）下落浆液对喷浆管有严重的磨蚀作用，要重视这部分材料的选择。特别是顺流塔内的喷浆管，其所处环境温度高，pH值低（可能低于4），Cl^-浓度高，材料选择要充分考虑冲刷磨损和化学腐蚀。

二、吸收塔模块的结构材料

吸收塔模块所处的环境，就整个FGD系统而言，属于较为温和的腐蚀环境。其腐蚀性主要取决于循环浆液的pH值、氯化物浓度、温度以及是否有固体沉积物。除了腐蚀外，与流动浆液接触的部件应具有耐磨损性，因为石膏浆液是一种含固量较高的、研磨性非常强的介质。

碳钢衬覆防腐材料或整体合金材料是吸收塔容器通常选用的材料，一些非金属材料，例如玻璃钢（FRP）和耐酸瓷砖也用来制作吸收塔容器。除了选材技术方面的原因，材料选择的意见分歧主要源于对投资成本和使用寿命的不同考虑。例如橡胶或增强树脂衬覆碳钢虽具有良好的耐腐蚀性，但与正确选择的整体合金，合金—碳钢复合板或合金墙纸相比，前者的使用寿命比后者短。当采用有机或无机材料作为防腐衬层时，要获得良好的防腐效果，必须认真、仔细地对基材进行表面处理并严格执行全过程质量控制。衬覆材料易于损坏，而且局部修补可能比补焊合金容器要困难些，维修工作量也比较大。因此在与合金结构比较材料费用时，应将定期检修和更换费用加到碳钢衬里吸收塔的初期投资成本中，应采用寿命周期成本分析方法来比较材料的总费用。有关吸收塔不同材料的性能和使用寿命的问题将在本篇第十四章中详细讨论。第三篇第三章“烟气脱硫工程标书的技术经济评估”还将详细讨论使用寿命周期成本分析方法在吸收塔不同材料经济比较中的应用。

吸收塔循环泵过流件通常选用的材料是橡胶衬覆铸铁或硬质合金。喷淋管和塔外浆管材料有橡胶衬覆碳钢、FRP 或合金。喷嘴材料有合金钢和硬质陶瓷，例如碳化硅。有关这部分内容将在第二篇“FGD 主要设备”中详细介绍 FGD 系统这些特殊设备的材料特性和材料选择。

第二节　反　应　罐

设置反应罐的目的是：①汇集通过吸收区洗涤烟气后下落的循环浆液；②为石灰或石灰石吸收剂的溶解和中和，亚硫酸盐的氧化以及亚硫酸钙、硫酸钙固体副产物的结晶析出和长大提供所需要的时间；③向罐内鼓入氧化空气，提供氧化区。反应罐最重要的工艺设计参数是罐体的总体积，反应罐的体积通常用固体物停留时间（τ_t）来表示。采用固体物停留时间而不采用罐体体积本身是因为可以根据 SO_2 脱除总速率的不同适当地调整罐体的体积，SO_2 脱除总速率还决定了罐体中吸收剂的溶解速度和固体副产物结晶析出的速率。

除了反应罐的体积外，反应罐设计中要考虑的问题还有，罐体布置（指与塔体成为一个整体还是独立于吸收塔之外）、强制氧化装置和搅拌器的类型和布置位置、吸收剂加入的部位以及吸收塔循环泵和出浆泵吸入口的位置。反应罐是整个吸收塔模块中布置设备较多的部位，这些设备布置是否合理不仅会相互影响这些设备的工作特性，而且可能影响整个吸收塔的性能。

一、反应罐体积

石灰和石灰石 FGD 工艺反应罐的最佳体积有明显的差别。由于 WLFGD 工艺的反应罐设计对系统性能有较为重要的影响，因此先讨论 WLFGD 的反应罐。

1. 石灰石湿法 FGD 工艺反应罐体积

本篇第三章第三节、第九章第二节以及第十章第一节都阐述了反应罐体积或固体物在反应罐中停留时间（τ_t）对 FGD 一些工艺性能的影响。经验表明，在石灰石工艺中，反应罐的最小体积通常要求能达到一个较高的石灰石利用率。一般反应罐的体积要使 τ_t 为 12 ~ 24h，通常不低于 15h。表 1-11-4 列出了国内一些 FGD 装置的 τ_t 设计值，可供比较。国内运行经验也证明，τ_t 值太小势必造成石灰石利用率偏低。当石灰石研磨得较细时，采用较小的反应罐也可以获得相同的石灰石利用率，但石灰石研磨得越细，能耗就越高，增加了磨机的投资和运行费用，因此应综合权衡反应罐体积、石灰石粒度或石灰石研磨细度的设计值。

表 1-11-4　　国内一些 WLFGD 装置 τ_t 和 τ_c 设计值

吸收塔类型	入口 SO_2 浓度 ($\times10^6$)（d）	脱硫率（%）	L/G（L/m^3）（w）（标准状态）	石灰石特性		石膏质量要求（%）	τ_t（h）	τ_c（min）
				$CaCO_3$ 含量（wt%）	细度			
1 号顺流填料塔	3707	≥95	23.3	≥90	<61μm 90%	≥90	10.8	3.3
2 号顺流填料塔	411～497	90.5～92.5	19～20	≥96	<43μm 95%	90	32～42	2.1
顺/逆流液柱塔	3707	≥95	21.8	≥90	<61μm 90%	≥90	9.6	2
1 号逆流喷淋塔	371	>95.6	12.2	91.2～95.3	<60μm 90%	$CaCO_3$ 含量 ≤1 $CaSO_3\cdot1/2H_2O$ ≤0.35	26	5.5
2 号逆流喷淋塔	2660	>95.2	18.2	89.2	<30μm 95%	（同上）	15	5.1

反应罐的体积还影响脱硫副产物的沉淀析出反应［反应式（1-3-11）～式（1-3-13）］。当 SO_2 脱除量一定时，反应罐浆液中石膏过饱和度随着反应罐体积的减小而增大，在强制氧化工艺中，较高的石膏过饱和度会在吸收塔内造成结垢。在抑制氧化工艺中，这一情况一般不成其为问题。多数情况下，能够达到较高石灰石利用率的反应罐的体积总是大到足以防止石膏结垢。在填料塔选取的 L/G 比喷淋塔较低的情况下，填料塔采用体积大些的反应罐将有助于防止在吸收塔填料层中产生结垢。

反应罐体积还将影响固体副产物粒径和脱水性能。理论上讲体积较大的反应罐产生的固体副产物的粒径应该要大些，但是，在实际运行中发现，还有其他一些更重要的因素会影响固体副产物的特性。例如，在抑制氧化的石灰石工艺中，氧化程度较之反应罐体积的大小对副产物脱水性能有大得多的影响，多台全规模 FGD 装置的试验表明，当氧化率从 2% 或 3% 变至大约 15% 时，固体副产物的沉降速度降低了 90%（指采用浓缩池作一级脱水装置）。另外，反应罐浆液在循环过程中，由于搅拌器和泵叶轮的作用，固体副产物颗粒被磨损，粒度减小。这种机械作用往往抵消了反应罐大体积对固体副产物粒度所产生的正面影响。因此，反应罐的体积过大未必会使固体副产物的特性更好。

2. 湿法石灰 FGD 工艺反应罐体积

在石灰基工艺中，由于消石灰较易溶于水，反应罐的大小通常比石灰石基工艺的小得多。实际情况表明，对石灰基工艺，τ_t 取 1～4h 已足够了。

二、循环浆液固体物含量

反应罐固体物停留时间与循环浆液固体物含量以及反应槽的体积成正比。像反应罐体积一样，石灰基和石灰石基工艺的循环浆液固体物含量的设计值是不同的。

1. 石灰石基工艺浆液固体物含量

在石灰石基工艺中，通常循环浆液固体物的设计含量可以高到只要浆液循环设备不发生明显磨蚀和堵塞事故。正如本篇第三章第三节中谈到，在反应罐体积相同的情况下，浆液含

固量高的 τ_t 值大。换句话说，τ_t 值相同时，采用固体物含量较高的浆液可以减小反应罐体积。采用固体物含量较高的浆液运行，在相同石灰石利用率的情况下，浆液中有较多石灰石可供溶解，浆液具有较大的缓冲容量，在其他条件不变的情况下，可以提高 SO_2 脱除效率。如果单位重量（或单位体积）中 $CaCO_3$ 含量相同，在固体物含量较高的浆液中，浆液中 $CaCO_3$ 与石膏的质量比较小，因此，在相同脱硫率情况下，可提高固体副产物的品质。此外，循环浆液固体物含量高有利于石膏的脱水。有 FGD 供应商推出这样的设计，控制循环浆液固体物含量为 30wt%，仅经过一级真空布带过滤机脱水生产商业等级石膏，另设置一个容量较小的水力旋流器用作调节反应罐浆液浓度和从系统中排放一定量废水，以期减少设备投资费用。

但是，大多数石灰石基工艺设计循环浆液固体物含量范围是 10wt% ~15wt%，认为超过此浓度对搅拌器和浆泵叶轮磨损较大。FGD 循环浆液是气、液、固三相流体系。高铬合金（浆泵叶轮常采用的一种耐磨合金）在这种腐蚀环境中发生磨损腐蚀（又称流体腐蚀），当固体物含量较低时，腐蚀电化学因素起主要作用，但由介质流速和流道结构、固体颗粒特性和含量等构成的流体力学因素会加速电化学腐蚀过程。国内应用情况也证明：浆液固体物含量 30%，Cl^- 浓度 1000×10^{-6}，pH 值 5 ~5.6，采用 HB≥380，含铬 23% ~30% 的高铬铁（ASTMA532 Ⅲ级 A 型）铸造的循环泵叶轮使用寿命仅 8000h 左右，此数据还包括了叶轮严重磨损，浆泵出力下降的运行时间。而浆液固体物含量 15wt%（10wt% ~18wt%），Cl^- 浓度 $>4000\times10^{-6}$，pH 值 5 ~6.0，材质为双相不锈铸钢，（Cr：25、Ni：60、Mo：2.5，KSB 公司牌号为 NORIDUR® DAS）HB≤300 的循环泵叶轮，使用至 16000h 时尚未出现明显磨损。国外资料表明，FGD 浆泵采用双相不锈钢的过流件，在浆液固体物含量 120 ~200g/L（约 10wt% ~17wt%）的工况下，循环泵运行寿命可达 30000h。

在上述国内两个实例中，ASTMA532 Ⅲ级 A 型高铬铸铁的硬度明显高于后一种双相不锈铸钢，也就是说前者耐冲刷磨损性能要优于后者，尽管后者耐电化学腐蚀性要好于前者，但后者所处的电化学腐蚀环境较前者严酷，因此，可以认为，浆液高含固量明显加剧了冲刷磨损，使高铬铸铁叶轮使用寿命大为缩短，这是不争的事实。因此，牺牲浆液过流部件的磨损，依靠大幅度增加浆液固体物含量来提高 FGD 系统的某些性能和缩小反应罐的体积，从长远经济角度来看，未必是一个可取的方案。

2. 石灰基工艺浆液固体物含量

在石灰基工艺中，脱除 SO_2 所需的碱度几乎全部由液体的亚硫酸根提供，循环浆液固体物含量高对改善脱硫性能并无好处。因此，石灰基工艺浆液固体物最佳含量要比石灰石工艺的低得多，大多数设计范围是 4wt% ~10wt%。实际上，在石灰基工艺中，固体副产物晶体的磨损可能对其脱水性能产生重要影响，循环浆液低固体物含量反而表现出最好的综合性能。

三、反应罐的布置和浆液的搅拌

在石灰或石灰石 FGD 工艺中，有两种布置反应罐的方式，一种方式是将反应罐与吸收塔构成一个整体，这是目前几乎所有 FGD 供应商采用的设计方法，另一种方式是单独设置一个反应罐，如果罐体的设计体积大到不适合布置在吸收塔的底部，可以考虑单独设置反应罐。

除双循环湿式洗涤器设置两个反应罐外，现代的其他 FGD 工艺都仅有一个反应罐。也有的制造商用隔板将反应罐一分为二，上半部为氧化区，下半部为中和区，在塔外用连通管将氧化区的浆液引入中和区［见图1-11-14（a）］，其特点类似双循环湿式洗涤器，新加入的石灰石浆液不与从塔体下落的已吸收SO_2的循环浆液相混合，下落的浆液中尚有足量的未反应的$CaCO_3$。这样，上半部浆液的pH值可以控制得较低，有利亚硫酸完全氧化和$CaCO_3$的溶解。从氧化区底部抽出的石膏浆中$CaSO_3 \cdot 1/2H_2O$和$CaCO_3$含量较低，用于脱水有利于提高了石膏的品位。新鲜的石灰石浆液加入中和区，中和在氧化区已氧化而未被中和的H_2SO_4，提升浆液pH值，以利于循环浆液能吸收更多的SO_2。这种设计应用于大直径反应罐时，隔板和联通管的结构复杂，结构材料耗用量大，增加了反应罐的投资成本，但这种设计思想值得研究。德国鲁奇能捷斯公司对反应罐的设计有其独特之处，其用占反应罐断面2/3的分隔管，将反应罐分成上下相通的两部分，氧化布气管布置在分隔管之间，上部分为氧化区，反应罐在分隔管部位的流通截面大为缩小，形成文丘里效应，浆液经氧化后向下进入中和区［见图1-11-14（b）］，而中和区的浆液不会进入氧化区，这样就起到了分隔氧化区和中和区的作用。其设计思想和效果类似图1-11-14（a）。

还有的FGD制造商用半腰隔板将反应罐（或槽）左右分隔成氧化槽和中和槽（见图1-11-11），这种布置除了具有上述类似的特点外，隔板的另一个作用是企图减少氧化空气泡被吸入循环泵中而影响泵的工作特性，图1-11-7以及图1-11-14（e）反应罐中的隔板或称折流板也是起隔离空气泡的作用。

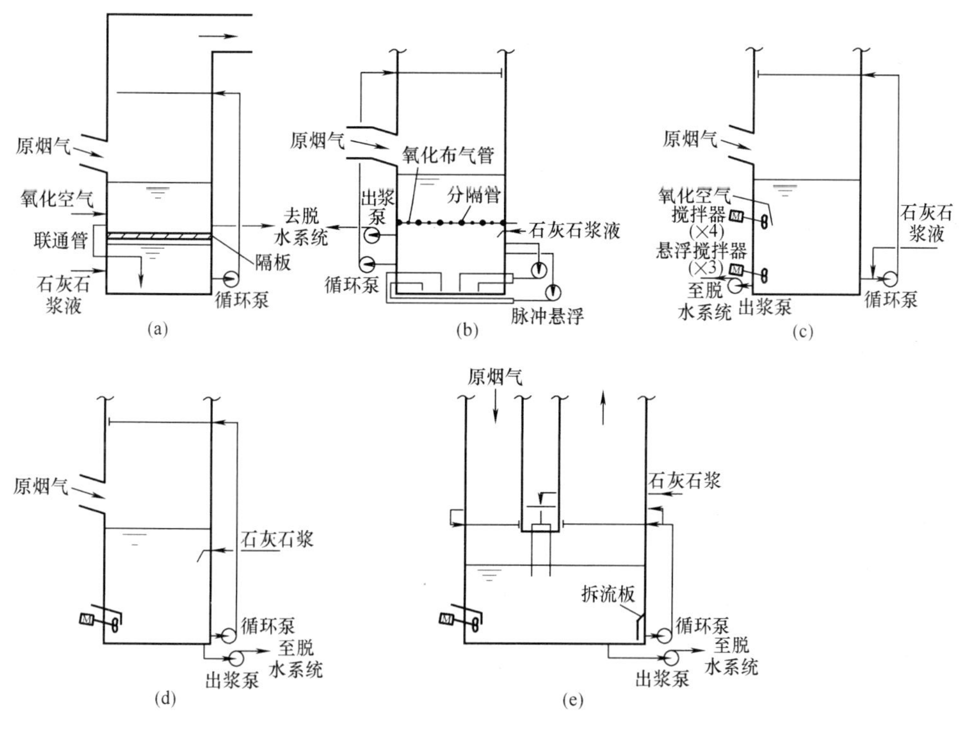

图1-11-14 吸收塔反应罐区域设备布置方式

无论采用哪种反应罐布置方式，都必须充分搅拌罐体中的浆液，搅拌的目的除了悬浮浆液中的固体颗粒外，还有以下作用：①使新加入的吸收剂浆液尽快分布均匀（如果吸收剂浆液直接加入罐体中），加速石灰石的溶解；②避免局部脱硫反应产物的浓度过高，这有利防止石膏垢的形式；③提高氧化效果和有利石膏结晶的形成。

通常搅拌反应罐浆液的方式有两种，一种方式是采用脉冲悬浮泵，从罐体中抽取浆液向罐体底部喷射起搅拌作用［如图 1-11-14（b）所示］。这种搅拌方式在 FGD 系统短时停机期间可以停运脉冲悬浮泵（7 天），此时不消耗搅拌动力。脉冲悬浮泵有上下两个吸入口，当需要搅动已沉淀浆液时，先开启上吸入阀门，启动泵，10min 后沉淀浆液搅拌均匀后切换下吸入口阀门进浆。另一种方法是采用螺旋桨搅拌器，这是一种传统成熟的技术，设备较简单，布置灵活。缺点是 FGD 系统短时停机时，只要罐体中有浆液，就不能停止搅拌器的运行，如果停运超过大约 8h，石膏沉积物就不容易再搅动起来。搅拌器可以垂直安装在反应罐的顶部（见图 1-11-11），也可以从罐体侧面插入［见图 1-11-14（c）、（d）、（e）］，后一种布置方式更为常见。为了避免罐体底部出现固体物沉淀“死区”，需沿罐体侧壁合理地布置多台搅拌器。有的将悬浮浆液用搅拌器与氧化空气用搅拌器合二为一［见图 1-11-14（d）、（e）］，也有的将其分开设计、布置［见图 1-11-14（c）］。这两种设计的特点将在本节稍后予以讨论。

反应罐还应设置便于检修人员、机械设备进出的人孔门。在罐体的最低位置需设置排空阀，便于排尽浆液和冲洗罐体底部淤积的固体物。

四、强制氧化装置的型式和布置方式以及性能比较

在强制氧化石灰石基工艺中，必须设置强制氧化装置，由专门的压缩鼓风机来提供所需的氧化空气，通过向反应罐浆液中鼓入空气来实现完全氧化已吸收的 SO_2。

1. 强制氧化装置的类型和布置方式

将氧化空气导入罐体氧化区，并使之分散的方法不同而有多种强制氧化装置，但采用得最普遍的两种方法是管网喷雾式，又称固定式空气喷雾器（Fixed Air Sparger，FAS）和搅拌器与空气喷枪组合式。

FAS 是在反应罐的一定深度（通常大于 3m）［见图 1-11-14（b）］或在罐体的底部（见图 1-11-7、图 1-11-11），在整个罐体截面上均布若干根布气主管，有直接在主管上开许多喷气孔［见图 1-11-15（a）、（b）］，也有在主管上装分支管，使喷嘴分布得更均匀［见图 1-11-15

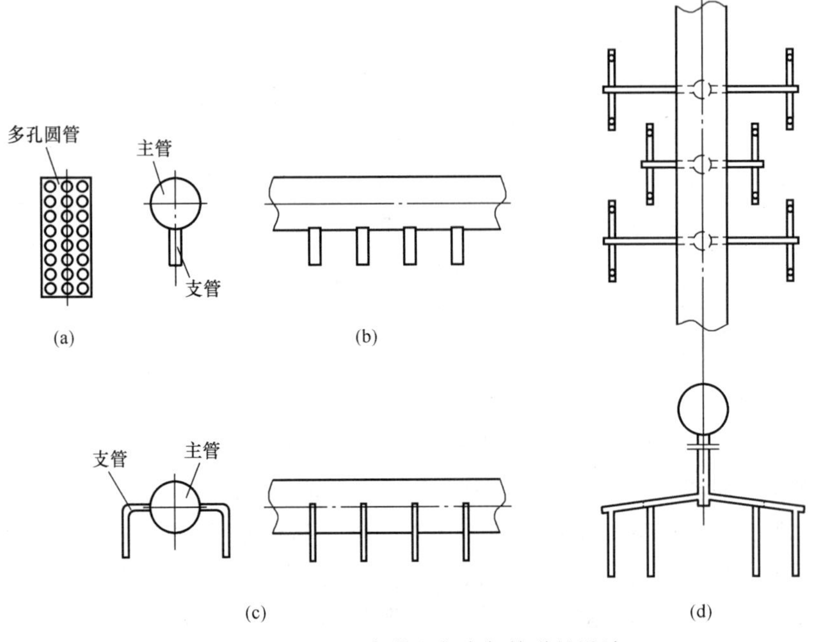

图 1-11-15　氧化空气布气管道的设计

(c)、(d)]。图 1-11-15(a)的多孔管小孔直径一般采用 $\phi5 \sim 12mm$;图 1-11-15(b)的主管直径一般采用 $\phi80 \sim 180mm$,支管直径采用 $\phi20 \sim 40mm$;图 1-11-15(c)的主管直径一般采用 $\phi80 \sim 180mm$,支管直径一般采用 $\phi8 \sim 15mm$;图 1-11-15(d)的主管内径按管内空气流速 20m/s 来计算,支管按流速 20 ~ 25m/s 计算内径,喷嘴内径 8 ~ 16mm,喷射空气流速取 40 ~ 80m/s,喷嘴间距 300 ~ 1000mm,标准间距 500mm,喷嘴与罐底的间距应不小于 400mm,这种设计的喷嘴分布较均匀,但管道的阻力大,支管易堵塞。FAS 氧化空气管道的设计应使喷嘴均匀地分布在整个罐体截面上,使雾化空气泡充满整个氧化区且使气泡细小。

在本篇第六章第四节强制氧化工艺中的“结垢控制”中已谈到,为防止氧化空气喷嘴结垢堵塞,应将工业水喷入氧化空气主管中。有些脱硫公司将这种喷入氧化空气主管的工业水称作冲洗水,有的称作减温水,但主要目的是防止喷嘴结垢堵塞,当然,喷水还降低了氧化空气的温度有利于氧气的溶解。图 1-11-15(d)氧化空气管的冲洗结构如图 1-11-16 所示,每个喷嘴冲洗水的平均流量约为 4L/h,程序控制定时冲洗,冲洗频率参见本章第三节“除雾器”。

图 1-11-16 FAS 冲洗结构

ALS 是将氧化空气喷管布置在侧插入式搅拌器桨叶的前方,如图 1-11-14(c)、(d)、(e)所示,图 1-11-17 是其结构图。依靠氧化搅拌器桨叶产生的高速液流使鼓入的空气分裂成细小的气泡,散布至氧化区各处,以有利于氧气溶解。尽管 ALS 氧化空气喷管口径比 FAS 的人得多,但倘若无氧化空气管冲洗水,或冲洗程序设计不合理,喷管结垢堵塞是早晚会发生的。

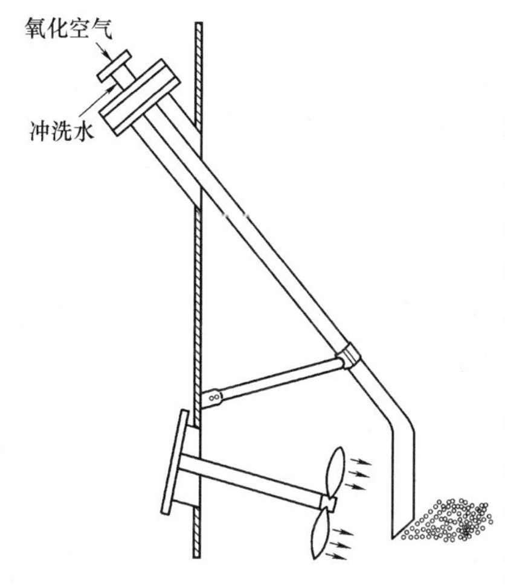

图 1-11-17 ALS 结构图

强制氧化装置的布置有 3 个问题应予以重视,①氧化喷气嘴的浸没深度不应小于 3m,以保证氧化空气在氧化区有足够的停留时间;②对 FAS 来说,管网的布置应能使鼓入浆液的氧化空气泡均匀地分布于整个氧化区。对 ALS 来说,应布置足够的喷枪,搅拌器能提供足够的动力,使其产生的液流足以将氧化空气泡输送至氧化区的整个断面上,对于大直径的反应罐,尤应关注此问题;③防止空气进入循环泵和出浆泵,进入泵体的气泡占浆液的体积比应低于 1%,当超过 3% 时,泵的效率、扬程和流量将陡降,这将造成 L/G 下降、喷浆不均匀或造成液柱高度不稳定。对于出浆泵,将使泵出口压力波动,影响水力旋流分离器的分离效果。在反应罐体积较小,强制氧化量较大的情况下,这种现象会变得尤为严重。

将 FAS 或 ALS 布置在反应罐底部[见图 1-11-7、图 1-11-11 以及图 1-11-14(d)、(e)]的优点是可以显著降低罐体高度,但空气泡易吸入泵体。当如图 1-11-7、图 1-11-11 所示的方式布置 FAS 时,由于搅拌器布置在固定管网的上部,干扰了氧化气泡的运动,缩短了气泡在氧化区的停留时间。当罐体的隔板设计成底部不完全拦断的半腰墙式隔板时,垂直安装的搅拌器产生的液流使大量氧化空气泡经隔板底部进入泵体;如果隔板完全拦断底部,仅留有排浆连通孔,可以防止上述情况的出现,但中和槽应安装搅拌器,以防止备用循环泵停运时中和槽发生局部沉淀，堵塞泵入口。另外，在这种情况下，由于隔板高度必须始终低于罐体正常液位，造成相当一部分从塔体下落的浆液在未经充分氧化后即从隔板上方进入中和罐。因此，通常建议将搅拌器或搅拌泵布置在固定管网的下面，如图 1-11-14（b）所示，或将 ALS 布置在罐体的较高部位，如图 1-11-14（c）所示，特别当反应罐的体积比要求的氧化区体积大得多的情况下，更应这样布置。

通常 ALS 有如图 1-11-14（c）~（e）所示的两种布置方式。图 1-11-14（c）为高位布置，氧化区在罐体上部，氧化搅拌和悬浮搅拌分两层由不同的搅拌器来承担，互不干扰，这种布置方式的思路类似图 1-11-14（b），其特点不再重复介绍。图 1-11-14（d）、（e）为低位布置，（d）中反应罐截面为圆形，ALS 沿圆周均布，图 1-11-14（e）中反应罐截面为矩形，ALS 布置在罐体的一侧。低位布置的氧化搅拌器同时还承担悬浮浆液固体物的作用，这种布置降低了罐体高度，减少了搅拌设备，适合 FGD 系统入口 SO_2 浓度较低、要求氧化区体积较小的情况。但是，如何使氧化空气分布均匀、防止气泡吸入泵体中是这种布置方式应着重考虑的问题。

图 1-11-14 所示的几种强制氧化装置布置方法都是可以采用的，除了要考虑上述因素外，强制氧化量（影响到要求的氧化区体积）、脱硫效率、石灰石活性以及 FGD 供应商传统设计习惯都会影响到布置方式的选择。

2. 两种强制氧化装置性能比较

FAS 雾化空气泡粒径较 ALS 要大些，FAS 的传质性能正比于 $C\times$［喷气口的浸没深度（m）］×［氧化空气总流量（m^3/h）］/［氧化区体积（m^3）］。C 为经验系数。也就说 FAS 的传质效率在很大程度上依赖于浸没深度，其次是氧化区单位体积的氧化空气流量。如罐体液位较低，喷气嘴的浸没深度就低，要获得相同的氧化效果就必须鼓入相对较多的空气。

FAS 最低氧化空气流量一般不能低于最大流量的 30%～40%，而且只要罐体内有浆液，氧化鼓风机就不能停运，否则喷管易发生堵塞。FAS 的机械构件较多，又都在罐体内，发生堵管的可能性较大，维护工作量大。

ALS 与 FAS 相比，ALS 产生的气泡较细，而且降低了对浸没深度的依赖性。ALS 的传质性能正比于［搅拌器的输出功率（W）/氧化区体积（m^3）］^{a}×［空气表面流速（cm/s）］^{b}，式中 a、b 为经验常数。为了提高 ALS 的传质性能，氧化搅拌器应提供足够并与鼓入的空气流量相匹配的功率，搅拌器功率不足将影响空气的分散和输送。当空气流量超过液流分散能力时会导致大量气泡涌出，出现泛气现象，严重时搅拌器叶片吸入侧也汇集大量气泡，使搅拌器输送流量下降。

ALS 的氧化空气流量可以无限调低而不必担心喷气管被堵，因此可以采用多台较小容量的鼓风机并联运行。

当气泡表面速度一定时，ALS 的传质效率明显超过 FAS。在很多实际比较中都显示 ALS 的能耗效率较 FAS 高些，特别在浸没深度大约低于 4m 的范围内。但随着浸没深度的增加，设计正确的 FAS 的能耗效率有超过 ALS 的趋势。由于 ALS 可以采用多台较小容量的氧化鼓风机并联运行，所以 ALS 具有提高系统设计和运行灵活性的优点，氧化风机投运台数和风机的出力可以随工况变化，可在较宽的范围内调整氧化空气流量。但多台鼓风机会增加风机的辅助设备。因此，对于高硫、带基本负荷的 FGD 装置，FAS 可能是较经济的方案。在其他情况下，在氧化风机负荷可以大幅度调低的情况下，最适合采用 ALS，可提高能耗效率。

应该说，上述两种常见的强制氧化装置只要设计正确都可以满足运行要求。但氧化装置设计正确与否，其性能差别很大，在一个液位深度为10m 的反应罐中，FAS 的浸没深度不小于 8m，氧化装置的典型设计 O_2/SO_2 摩尔比大约为 1.5，即氧化空气的利用率大约为 33.3%。设计较好、传质效率高的氧化装置的 O_2/SO_2 摩尔比可达 1.14～1.25，即利用率 40%～44%，而设计不合理的这一比例甚至大于 2.5，即氧化空气利用率低于 20%。可以通过以下两个主要方面比较氧化装置的性能：氧化效率和能耗效率。对于前者要待装置投入实际运行后才能观察到真实的氧化效果；在标书评估阶段就只能比较氧化风机和氧化搅拌器（对 ALS）的能耗和比能耗（氧化装置输出功率/氧化区单位体积）以及氧化空气利用率或 O_2/SO_2 摩尔比。

五、注入石灰石浆液的部位

通常，吸收系统有 3 个地方可选作注入石灰石浆液的部位：①当反应罐不明确划分氧化区和中和区时，直接向罐体注入石灰石浆液，如图 1-11-14（d）、（e）所示以及 JBR 加石灰石浆液的方式；②当将反应罐划分成氧化区和中和区时，向中和区注入石灰石浆液，如图 1-11-11、图 1-11-14（a）、（b）；③第三个部位是，无论是否对反应罐有区域划分，都经吸收塔循环泵入口管道将石灰石浆液加入吸收系统中，如图 1-11-7、图 1-11-14（c）。这种方式实际上将循环泵入口至喷嘴之间的浆管和泵体部分视作为中和区，因此类似于第②种方式。

如前所述，通过吸收区的循环浆液中的 $CaCO_3$ 只有很少部分参与了反应，也就是说，落入反应罐的浆液含有的 $CaCO_3$ 足以中和氧化产生的大部分 H_2SO_4，因此无需向氧化区补加 $CaCO_3$。另外，就地强制氧化的最佳 pH 值是 4～4.5，但实际 pH 运行值往往在 5.0 以上（JBR 除外），当向氧化区加入石灰石浆液时，将会抬高氧化区浆液的 pH 值，降低氧化速度。此外，$CaCO_3$ 与 H_2SO_3 和 H_2SO_4 的中和反应速度比氧气溶解速度和亚硫酸盐的氧化速度快，当将 $CaCO_3$ 加入氧化区，将造成浆液中有较多过剩的 $CaCO_3$，易生成难于氧化的亚硫酸钙，而且过剩的 $CaCO_3$ 将进入脱水系统影响石膏的纯度。试验证明将石灰石浆加入中和区或循环泵入口，可以保持中和区或循环泵出口浆液中有较高过剩 $CaCO_3$ 浓度，这不仅不会影响石膏质量，而且与第①种加入石灰石浆液的方式相比，可以提高脱硫效率和 $CaCO_3$ 利用率、降低 L/G 比。

但是，当入口 SO_2 浓度较低，强制氧化量不高（即补加石灰石浆量较少）或石灰石活性较高以及罐体体积较大的情况下，采用第①种方式也可以满足技术要求，有时与第②、③种方式相比，差别不大。

六、反应罐的结构材料

就整个 FGD 系统而言，反应罐所处的腐蚀环境是较为温和的。由于目前大多数 FGD 系统的反应罐都与吸收塔塔体构成一个整体，因此将吸收塔模块作为一个整体，根据不同的腐蚀、磨损环境，统一考虑材料的选择。用作塔体的材料，例如橡胶或玻璃鳞片树脂衬覆碳钢、碳钢贴合金墙纸、合金覆盖碳钢板、整体合金或混凝土 + 耐腐瓷砖都可以用于反应罐。由于罐体机械搅拌器的转速较低，浆液对罐体的磨损较之吸收塔喷淋区要缓和得多。相对而言，反应罐磨损较为严重的区域是罐体底部和吸收塔循环泵吸入管与罐体交接的拐角处。前者是搅拌器引起的固体物冲刷，后者是被循环泵吸入的高流速浆液冲刷所致。罐体底部可以采用坚固不易受机械力损伤的耐蚀材料，例如橡胶或树脂 + 耐腐瓷砖，这种结构防渗性好又便于使用机械设备清除罐底淤积的沉淀物和在罐内搭设脚手架。对上述后一种冲刷，应将交接的拐角处设计成流线型［见图1-11-18（a）］，以减缓冲刷作用。采用树脂内衬时，可在该处选用防腐耐磨衬层结构（参见第十四章第二节）。对于泵吸入口直径较小的管道，例如吸

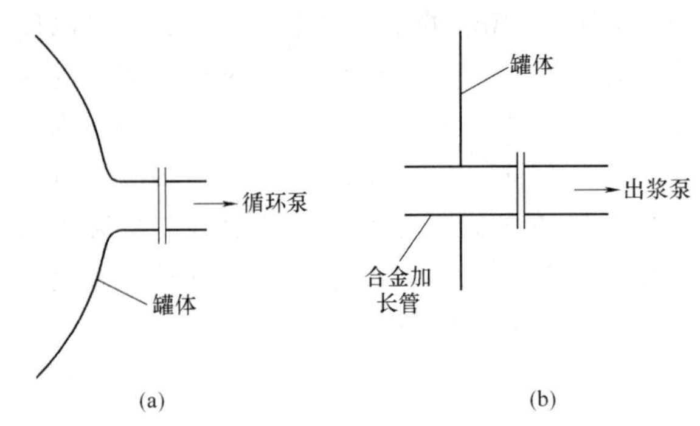

图 1-11-18　反应罐与泵吸入管交接处的防磨损设计

收塔出浆泵等可以将吸入管向罐内加长，并采用耐磨含金材料，使磨损部位离开罐壁与吸入管的交接处，即使磨损也易修复［见图1-11-18（b）］。

罐体的壁面采用坚固性稍低、具有适当耐腐性的材料，如橡胶或玻璃鳞片树脂就可以满足实际需要。如果选择合金材料制作罐体，则应根据浆液设计 Cl^- 浓度以及今后由于废水排放量减少可能出现的最高 Cl^- 浓度、pH 值以及温度来确定合金的等级。国外普遍认为，当浆液 Cl^- 浓度低于 20000×10^{-6} 时，选样合金覆盖板从周期成本来说是经济的。有关材料选择更详细的讨论可参阅本篇第十四章有关部分。

第三节　除　雾　器

经吸收塔处理后的烟气夹带了大量的浆体液滴，特别是随着当今吸收塔烟气流速的不断提高，烟气携带液滴量将加剧。如果不除去这些液滴，这些浆体液滴会沉积在吸收塔下游侧设备表面，形成石膏垢，加速设备的腐蚀，对烟气再加器还会影响热交换。如果采用湿排工艺，则会造成烟囱“降雨”（排放液体、固体或浆体）、污染电厂周围环境。因此，在吸收塔出口必须安装除雾器（ME）。除雾器的性能不仅直接影响吸收塔烟气流速的确定，而且影响湿法 FGD 系统的可靠性，因除雾器故障造成 FGD 系统停运的事例并不少见。所以，科学合理地设计除雾器，了解除雾器的一些重要参数，正确操作和管理除雾器对保证湿法 FGD 整个系统的可靠性有着非常重要的意义。

一、除雾器的基本工作原理

常用的气水分离器有折流板式（又称 V 形板式）除雾器、旋流板除雾器、丝网层雾沫分离器、旋风分离器等。湿法 FGD 系统的除雾器所处的环境有其独有的特点：洗涤后烟气中的含液量（$L/s\cdot m^2$ ㎡或 mg/m^3）相对较高，液滴大小的范围很宽，直径从几个微米到 2000μm，而且这种水雾是一种具有化学反应活性的浆液，这种液滴可以引起 ME 结垢或堵塞。因此对湿法 FGD 的除雾器有特殊的要求。全世界湿法 FGD 系统 20 多年的运行经验表明，折流板除雾器具有结构简单、对中等尺寸和大尺寸雾滴的捕获效率高，压降比较低、易于冲洗，具有敞开式结构便于维修和费用较低等特点。最适合湿法 FGD 系统除去烟气中的水雾。

折流板除雾器利用水膜分离的原理实现气水分离。当带有液滴的烟气进入人字形板片构成的狭窄、曲折的通道时，由于流线偏折产生离心力，将液滴分离出来，液滴撞击板片，部分黏附在板片壁面上形成水膜，缓慢下流，汇集成较大的液滴落下，从而实现气水分离，其工作原理如图 1-11-19 所示。

由于折流板除雾器是利用烟气中液滴的惯性力撞击板片来分离气水，因而除雾器捕获液滴的效率随烟气流速增加而增加，流速高，作用于液滴的惯性大，有利气水分离。但当流速超过某一限值时，烟气会剥离板片上的液膜，造成二次带水，反而降低除雾器效率。另外，流速的增加使除雾器的压损增大，增大了脱硫风机的能耗。

二、折流板除雾器板片的形状和特点

折流板除雾器的板片按几何形状可分为折线型［见图 1-11-20（a）、（b）、（c）、（d）］和流线型［见图 1-11-19（e）、（f）］。根据烟气在板片间流过时折拐的次数，可分为 2～4 通道的除雾器板片。烟气流向改变 90°为一个折拐，亦称为一个通道，因此图 1-11-20（a）、（e）、（f）为 2 通道板片，图 1-11-20（b）、（c）为 3 通道板片，图 1-11-20（d）为 4 通道板片。通道数和板片间距是 ME 板片的两个重要参数。有些板片上设计有特殊的结构，如图 1-11-20（f）中的倒钩、凸出的肋条（见图 1-11-19）或沟槽和狭缝，以便捕获液滴和排走板片上的液体。

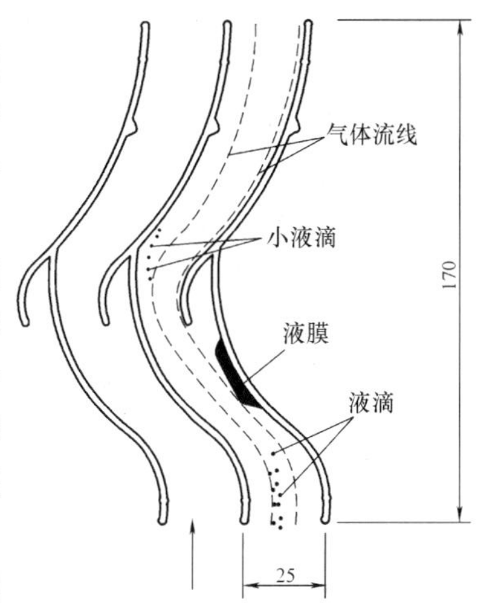

图 1-11-19　折流板 ME 工作原理

不同结构的 ME 板片各有其特点，图 1-11-20（a）型板片结构简单，加工方便，可用聚丙烯（PP）、不锈钢或 FRP 制作，易冲洗。主要应用于垂直向上流的高流速吸收塔，通常 2 级布置，烟气流速可以超过 6.2m/s。图 1-11-20（e）、（f）型板片临界流速较高，易冲洗，特别是 f 型比折线型的除雾效率高，但有堵塞的倾向，多用作要求高除雾效率的 ME 的第二级。图 1-11-20（e）、（f）的板片只能用 PP 材料制作，其性价比较好，目前在大型 FGD 装置中采用较多。我国重庆电厂、北京一热 FGD 装置的 ME 一、二级均采用 f 型板片，华能珞璜电厂二期 3 号、4 号 FGD 的 ME 一、二级则采用 e 型板片，一级板间距 35mm，二级 25mm。c 型板片 ME 是一种专为 FGD 吸收塔设计的气水分离装置，具有除雾效率高，易清洗、低压损和坚固耐用的特点。这种板片的 ME 可用于垂直烟气流也可用于水平烟气流，可单级也可多级使用，可采用不锈钢、PP、聚砜、Noryl 或 FRP 制作。

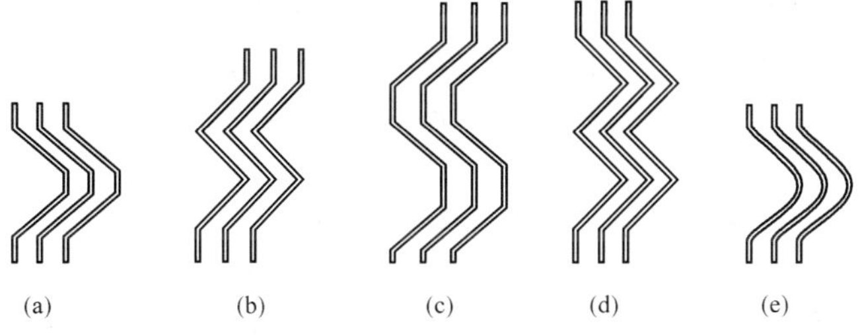

图 1-11-20　折流板 ME 几种结构形式的板片

图 1-11-20（d）型是一种 4 通道板片，通常仅用一级 ME，要求较高除雾效率时也可以考虑设置两级。在最大设计烟量时，烟气流速在 4.0～4.5m/s 范围内。华能珞璜电厂一期 1 号、2 号 FGD 采用这种板片作第一级 ME，板片间距 40mm，第二级采用 f 型板片，一、二级 ME 垂直布置在顺流塔出口烟道中，设计吸收塔烟气流速 4.5m/s。这种板片制作的 ME 除雾效率高，由于通道多，除 ME 的正面和背面需定时冲洗外，其顶部也装有定时冲洗管道［见图 1-11-27（a）］。

三、除雾器布置方向及优缺点比较

除雾器布置方向是根据烟气流过除雾器截面的方向来定义。烟气的流向可以是水平流向也可以是垂直向上流，因此除雾器有两种布置方向：垂直流除雾器和水平流除雾器。对于垂直流除雾器，除雾器的组件水平放置，烟气垂直向上流过除雾器组件，如图 1-11-2 所示。水平流除雾器的组件是垂直布置，烟气流沿水平方向通过除雾器，如顺流填料塔（见图 1-11-7）和喷射鼓泡反应器（见图 1-11-10）的除雾器。虽然可以不依据吸收塔的流程（顺流或逆流）

来确定除雾器的布置方向，例如也可以在逆流塔出口水平烟道中布置水平流除雾器；或者除雾器的第一级在塔内水平放置，第二级垂直安装在吸收塔出口烟道。但是，一般吸收塔的类型决定了除雾器的布置方向。

在比较除雾器上述两种布置方面的优缺点时，涉及到除雾效率以及与其有关的几个概念，现作简要介绍。通过 ME 后的烟气夹带液体量指 ME 下游侧烟气流中的液滴量，这些液滴或者是 ME 未除去的，或者是被烟气重新带出的所谓二次带水。夹带液体量用 L/（s·m^2）或 mg/m^3（标准状态）来表示。通常在研究除雾器性能时所讲的除雾效率是指除雾器捕获液体量与进入除雾器烟气夹带液体量的比值。除雾效率不仅与除雾器入口烟气夹带液体量有关，而且与液滴粒径分布有关，但对于液滴粒径的分布是个很难限定的入口烟气条件。另外，在实际 FGD 装置中，烟气夹带的是浆体液滴，而不是纯液体。因此，在实际中很难应用除雾效率这一技术指标。在 FGD 技术规范或性能保证值中往往以除雾器出口烟气颗粒物含量［mg/s·m^2 或 mg/m^3（标准状态）］来规定除雾器的除雾效果，上述颗粒物应该包括液体和固体物，对除雾器入口烟气条件不作限定，但应明确是否在除雾器冲洗期间也应达到除雾效果保证值，一般规定在不冲洗时应达到的除雾效果保证值。

除雾器的这两种布置方向都有优缺点，水平流除雾器可以在比垂直流除雾器较高的烟气流速下达到很好的除雾效果，水平流除雾器在试验装置中的试验显示，当烟气流速高达 8.5m/s 和入口烟气含液量明显高于许多 FGD 系统预计的含液量时，通过除雾器的烟气夹带液体量非常少或几乎不含液体。FGD 装置中大多数垂直流除雾器过去设计烟气流速不超过 3.6m/s，但现在先进的垂直流除雾器已证实在烟气流速高达约 5.2m/s 时仍具有优良的除雾效果，虽然垂直流除雾器最大允许烟气流速低于水平流除雾器，但这一最大允许烟气流速不低于大多数逆流吸收塔的最大设计流速。

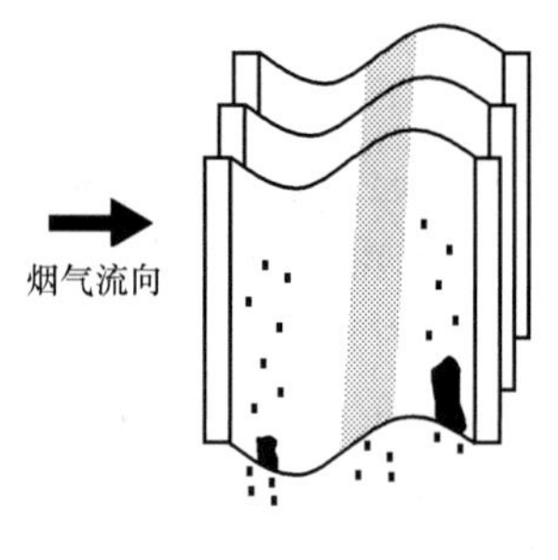

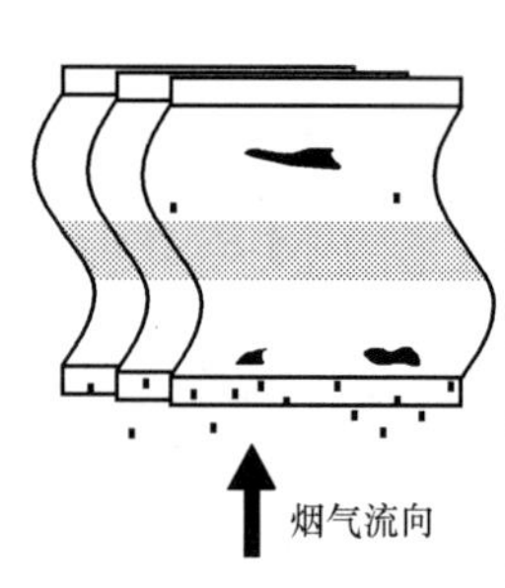

图 1-11-21 ME 布置方向对排去板片上液体的影响

从图 1-11-21 可看到，在水平流除雾器中，从烟气中去除的液滴沿板片凹槽、垂直于烟气流向向下流，而垂直流 ME 捕获的液滴是沿除雾器板片较宽的一边逆着气流方向向下流。因此，水平流除雾器降低了气流剥离板片上液流形成二次带水的可能性。而垂直流除雾器的情况正好相反，特别当离开板片的液滴较小时，即使烟气流速比较低，也易于被再次雾化进入烟气中。因此，在较高烟气流速下，水平流除雾器表现出来的性能比垂直流除雾器更好。

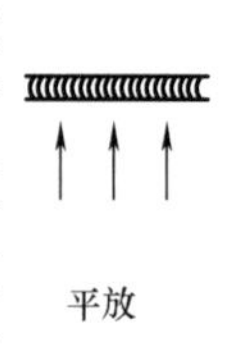

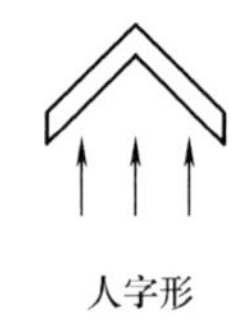

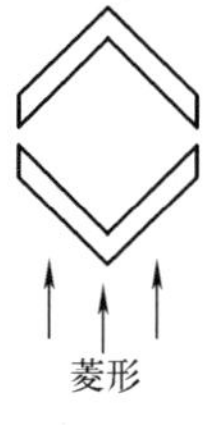

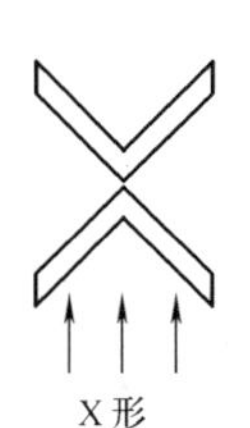

图 1-11-22 垂直流 ME 的几种布置方式

图 1-11-22 示出了垂直流除雾器几种布置方式。将水平布置的垂直流除雾器改成人字形或 V 形以及组合型布置（菱形或 X 形），水平流 ME 能较好地排放捕获液体的优点就可以在垂直流除雾器上体现出来。国内重庆电厂、北京一热以及杭州半山电厂 FGD 系统的 ME 采取菱形布置（见图 1-11-23）。中试结果

表明，人字形布置的 ME 能处理高达 7m/s 的烟气流速，这种布置方式改进了液体的排放路径，提高了水雾除去的表面积，但压损和占用的空间比水平放置的大，增加了吸收塔的高度，设备费较贵，冲洗系统较复杂。

由于水平流除雾器能处理较高流速的烟气，因此所需材料和占据的空间比垂直流除雾器少。但是，垂直流除雾器可以布置在吸收塔内，而水平流除雾器则需布置在吸收塔出口水平烟道中，这也使得水平流除雾器的组件可以采用除雾器烟道顶部的固定吊具吊装，组件可以做得比较大，拆装、更换方便。而垂直流除雾器组件的拆装需靠人工搬运，劳动强度大，组件的质量不宜太重，通常 34 ~45kg。

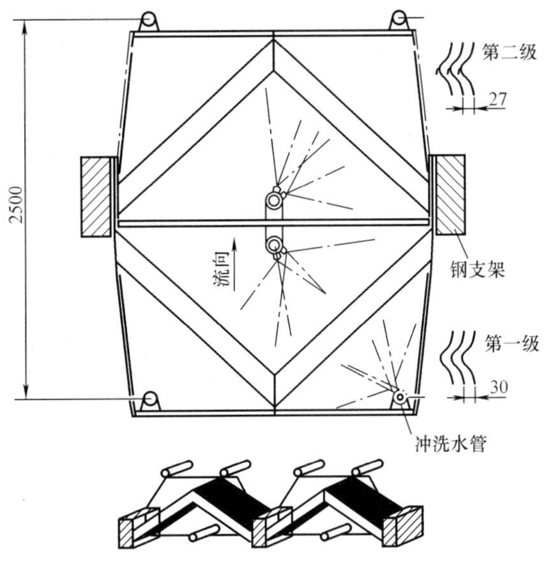

图 1-11-23 重庆电厂 FGD 除雾器总体布置

水平流除雾器的缺点是，由于烟气流速较高，烟气通过除雾器的压损较大，一个二级水平流除雾器在典型设计烟气流速 6m/s 的情况下，压损大约 250Pa，而设计烟气流速 3.4m/s 的二级垂直流除雾器的压损大约 180Pa（600MW FGD 装置）。在美国，由于大多数电厂 FGD 系统采用湿烟囱工艺，在一个现有的电厂中加装 FGD 系统时，有时无需加装脱硫增压风机，在这种情况下，除雾器压降在 FGD 系统总压降中所占比率有可能影响到是否需要增装脱硫风机。对于新建电厂的 FCD 系统，除雾器采用何种布置方向应综合考虑这两种布置方向的优缺点、GGH 的类型和可供布置的位置。

四、烟气流速对除雾器性能的影响

前面谈到通过折流板除雾器的烟气流速有一定限制，速度太低，气流弯曲流动时产生的离心力不足以使细小液滴从烟气中分离出来，但气速过高会撕裂板片上形成的液膜，造成烟气中夹带的液量骤然增大，并且其中大粒径的液滴明显增多，即所谓二次带水，从而破坏除雾器的正常工作。通常将通过除雾器断面的最高且不产生二次带水的烟气流速定义为除雾器的临界流速（或称二次带水流速、撕裂流速）。除雾器的临界流速是除雾器的一个重要性能参数，是吸收塔烟气设计流速的重要依据之一。

临界流速与除雾器结构、布置方式、系统带水负荷以及气流方向等因素有关。图 1-11-24 是 3 种二级垂直流 FRP 除雾器烟气流速与夹带物含量关系试验的结果。从该图可看出，除雾器 C 的临界流速最高。当烟气流速低于除雾器的临界流速时，除雾器 A、B 透过除雾器夹带物含量较高。当气速超过其临界流速时，夹带物含量按数量级递增。由于透过除雾器的夹带物含量对烟气流速十分敏感性，因此，无论是水平流还是垂直流除雾器，使烟气在除雾器的整个端面上分布均匀是极其重要的。烟气分布不均匀或除雾器部分堵塞和结垢是造成除雾器局部烟气流速超过临界流速的主要原因，为了防止高烟气流速区的出现，建议除雾器烟气流速分布偏差不超过平均流速的 ±15%。对除雾器而言，吸收塔最高允许流速的确定除了要考虑除雾器的临界流速外，还应考虑除雾器烟气流速分布不均匀和除雾器支撑结构和冲洗水管对气流流通面积的减少。例如，一个临界流速为 5.8m/s 的除雾器，假定除雾器端面中心烟气流速比平均流速高 20%，除雾器支撑结构和冲洗水管使气流流通断面面积减少了 15%，那么，除雾器端面处烟气平均流速不应超过4.1m/s。

五、除雾器板片特性对除雾器性能的影响

经吸收塔洗涤后烟气中的液体绝大多数是直径大于和等于30~40μm的液滴，性能良好的V形折流板ME基本上可以除去上述粒径范围的液滴。V形板片便于排水，而且板片间距相对较宽，易于在线冲洗板片。V形板片除雾器还具有相对较低的烟气压降，这对于处理大量烟气是十分重要的。其他除雾器，例如丝网层雾沫分离器不易冲洗，因此可能由于结垢或堵塞而堆积固体物，棒束除雾器的除雾效率比V形除雾器低得多，而离心式分离器在达到相同除雾效率的情况下，有较高的烟气压降。

按照板片的形状，烟流方向改变的通道数、排水方法、板片上倒钩状物或其他表面结构、板片的间距以及烟气出口直段的长度，有各种可供选用的板片（见图1-11-20）。除雾器板片特性对除雾器性能主要有以下影响：

1. 板片通道数

图1-11-20给出了2~4通道的几种除雾器板片。通道数是除雾器一个重要的设计技术指标。通道越多，去除液滴的效率越高，但增加了充分冲洗掉板片上沉积物的难度。另外，如果V形板片有3个或更多的通道，对除雾器板片的检查较困难，因此在除雾器设计时应综合考虑板片的通道数，一般建议用于湿法FGD系统的V形折流板至少有两个通道，但不超过4个通道。

2. 板片间距

板片间距的确定需要在透过除雾器的夹带物量和充分冲洗除雾器之间进行权衡。间距小，除雾器有较高的除雾效率，但压损大，增加能耗和难以将板片冲洗干净，板片易结垢和堵塞，严重时可能造成系统停运。间距大，冲洗效果好，但临界流速下降、除雾效率低，烟气夹带浆液量增多，易在除雾器下游侧再加热器换热元件表面形成固体沉积物。如果脱硫风机布置在FGD系统的出口（即D位置），则易造成风机震动，风门卡涩等故障。用于FGD系统的多级除雾器，板片间距范围通常大约是20~75mm。由于第一级ME接触的烟气含液体量较多，板片上有较多的浆液要冲除，因此第一级板距稍宽些30~75mm。第二级除雾器为了尽可能多地去除雾滴，提高除雾效率，板距通常较窄20~30mm。

3. 板面特殊结构设计

在除雾器板面上可以设计倒钩、凸起的肋条、沟槽或窄缝这类特殊结构，这有利于捕获液滴，提高除雾效果或便于排走聚积在板片上的浆液。水平流除雾器板片上的倒钩具有较好的效果，但不推荐垂直流除雾器板片上采用这类结构。电厂FGD系统的运行经验表明，这些结构易于积聚固体物和引起结垢，原因可能是被捕获的浆液不能从这些地方很顺畅地排走，建议垂直流ME采用表面平整、光滑的板片。

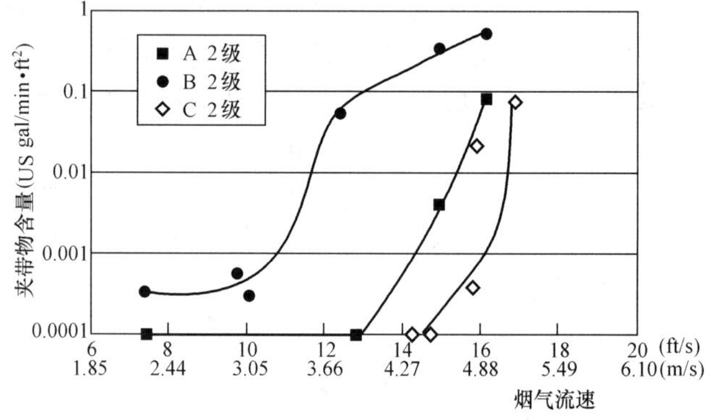

图1-11-24 三种ME烟气流速与夹带物含量的关系

4. 板片烟气出口侧直段长度的设计

板片烟气出口侧直段长度也是V形板片设计的一个重要环节。当烟气

通过除雾器最后一个通道流出来时，烟气的流向与除雾器所处的烟道或塔体形成一定的角度（见图1-11-25），如果第一级ME的出口部分没有一段有足够长度的直流通道，烟气就会以一定角度离开第一级除雾器，造成下一级除雾器烟气分布更加不均匀，这会导致下一级除雾器局部烟气流速过高，从而降低除雾器性能。一些全规模FGD装置已遇到过这种情况。除雾器板片烟气出口直段必需的长度取决于板片间距和板片的形状。

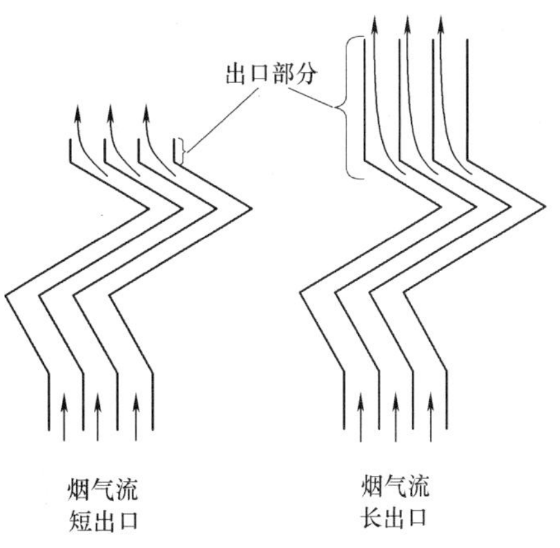

图1-11-25 V型板片烟气出口直段对烟气流向的影响

六、除雾器的级数和级间距

要求ME既能从液滴含量较高的烟气中去除浆体液滴又保持除雾器板片清洁曾经是件困难的事。如前所述，V形板除雾器通道数和板间距的确定要综合考虑除雾器的除雾效率和便于冲洗干净板片。为了满足这些相互矛盾的要求，最初在FGD系统中曾采用过单级除雾器，但除雾效率低，经常造成除雾器下游设备结垢和严重腐蚀。目前几乎所有的FGD系统都采用2级除雾器。第一级板片间较宽，可除去烟气中大部分雾沫（超过95%），同时易于冲洗干净；第二级板距较窄，除雾效率较高，除去剩余的液滴，由于进入第二级的液体量明显低于第一级，所以冲洗干净第二级的板片并不困难。目前普遍采用的2级除雾器可将清洁烟气中的液滴含量降到50mg/m^3，除雾器制造商提供的数据甚至可以降到23mg/m^3。因此，FGD系统技术规范可以要求卖方提供的ME除雾效果达到<75mg/m^3。设置第3级ME，除雾效率进一步提高的余地较小，与投资成本和烟气压损的增加相比是不合算的，因此在FGD系统中很少采用3级除雾器。

除雾器两级之间的间距以及各级除雾器与吸收塔中其他部件的距离也是除雾器设计的重要参数。特别在垂直烟气流的吸收塔内，当除雾器布置在吸收塔喷淋区或液柱区的上方时，第一级除雾器与吸收塔最上层喷淋母管或液柱最高点应有足够的距离，这样可以提供一个空间，让一些被烟气夹带的、较大的液滴依靠重力向下坠落，脱离进入除雾器的烟气流，降低除雾器除去雾沫的负荷。另外，有利于使烟气分布均匀，也便于布置冲洗管道。对于高烟气流速（4.6m/s）的逆流塔，适当加大这一间距相当延长了烟气吸收区的高度。对于垂直流除雾器，建议这一最小距离为1.2~1.5m。

近年我国从德国引进的逆流喷淋塔，除雾器采用菱形布置，吸收塔喷嘴为双空心锥切线型，最上层喷淋母管中心线与第一级除雾器端面的平均距离为4.1m（最小距离3.5m）。从日本引进的逆流液柱塔，烟气流速3.55~4.56m/s，液柱最高点与平放垂直流除雾器第一级相距3~4.6m。

由于水平流除雾器通常布置在与吸收塔分开的水平烟道中，与喷淋层之间往往有足够的间距。

通过第一级除雾器后的烟气中有二次夹带形成的较大的液滴，为使较大的液滴从烟气中分离出来，为了便于布置第一级除雾器背面和第二级除雾器迎风面的冲洗水管和水管支架等以及为了方便检修、人工清洗除雾器和更换除雾器板片组合件，两级之间也必须有足够的空高，垂直流和水平流除雾器两级之间必须的最小间距是1.5~1.8m。目前除雾器的发展趋势是减少板片的通道数，缩小各级ME的厚度和板距，增加第一级除雾器与最上层喷淋层以及除雾器两级间的距离，使除雾器在保持高除雾效率和易冲洗的前提下更适合高流速烟气。在烟气流速较高（4.5m/s）的情况下，水平流除雾器和平放的垂直流除雾器两级间距离大多取上述范围的上限。

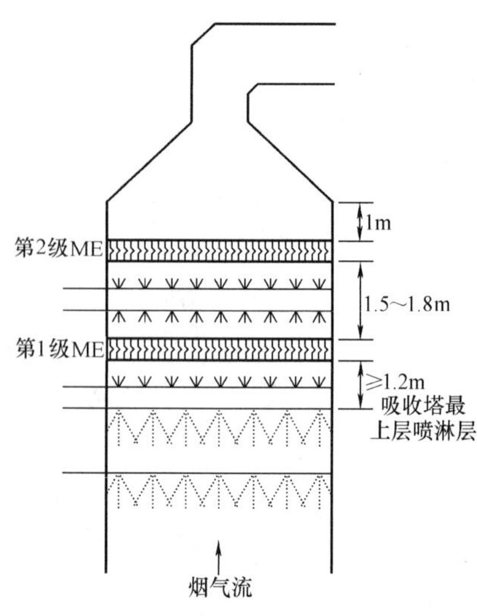

图 1-11-26 ME 各级之间以及它与塔内其他部件之间的推荐间距

在采用垂直流除雾器的逆流吸收塔中，第二级除雾器背面至吸收塔或烟道截面开始变窄处，即至离开第二级除雾器后烟气流速开始增大处也应有足够的距离。烟气二次带水形成的液滴一般比依靠烟气流速才能托起的液滴要大得多，留有一定的距离可以使这些较大的液滴从烟气中分离出来落回除雾器上，这样可以减少夹带到除雾器下游烟道和设备中的液滴量。推荐的这一最小间距大约是1m。图 1-11-26 示出了一个二级除雾器各级之间以及它与塔内其他部件之间的建议间距。

七、除雾器冲洗系统

湿法 FGD 系统中的除雾器通常由除雾器本体和冲洗系统组成。冲洗系统则由冲洗喷嘴、冲洗管道、冲洗水泵、冲洗水自动开关阀、压力仪表、冲洗水流量计以及程控器等组成。除雾器冲洗系统的作用是定期冲洗掉除雾器板片上捕集的浆体、固体沉积物，保持板片清洁、湿润，防止叶片结垢和堵塞流道。另外，除雾器冲洗水还是吸收塔的主要补加水，是系统水平衡中的重要部分。如果冲洗系统设计不合理将会造成 ME 板片间局部或大面积结垢或堵塞，系统水平衡被破坏。全规模试验证实，设计不合理的除雾器冲洗系统仅运行一天，除雾器板片上就出现了结垢。中试也显示，即使除雾器板片表面有薄层垢就会明显降低除雾器性能。实际运行中出现过由于冲洗系统故障，停止冲洗仅 2～3 天，除雾器一、二级正面板间几乎全部被石膏所堵塞，除雾器下游侧螺旋肋片管再加热器迎风面的肋片间也几乎被石膏填满。由此可看出，洗涤后的烟气夹带浆液的严重性，定时冲洗的重要性以及堵塞发展的迅速。在除雾器中，结垢或堵塞一旦发生，那么结垢和堵塞会进一步发展。结垢、堵塞的发生，使得与结垢和堵塞部位相邻区域的烟气流速增大，从而助长了堵塞、结垢的漫延，加速恶化除雾器性能。因此，毫不夸张地说，正确设计和正常工作的冲洗系统对除雾器乃至整个 FGD 系统的稳定运行是非常重要的。

1. 除雾器结垢和堵塞原因

分析造成除雾器结垢和堵塞的原因，有助于理解冲洗系统的设计思想。造成除雾器结垢和堵塞的原因有：

（1）系统的化学过程：吸收塔循环浆液中总含有过剩的吸收剂（$CaCO_3$），当烟气夹带的这种浆体液滴被捕集在除雾器板片上而又未被及时清除时，会继续吸收烟气中未除尽的 SO_2，发生生成亚硫酸钙/硫酸钙的反应，在除雾器板片上析出沉淀而形成垢。

（2）冲洗系统设计不合理：当冲洗除雾器板面的效果不理想时会出现干区，导致产生垢和堆积物。对冲洗系统的研究表明，从保持 ME 的清洁和可工作性而言，在运行期间，保持除雾器板片表面湿润比在线高压水冲洗更为重要。因此，通常认为采用低压水、较长的冲洗时间对保持 ME 板片的清洁是更为有效的措施。影响冲洗效果的因素有喷嘴类型，喷嘴布置、喷射角度、覆盖率、冲洗水压力、流量、冲洗保持时间和周期。有关这方面的内容随后将予以讨论。

（3）冲洗水质量：如果冲洗水中不溶性固体物含量较高，可能堵塞喷嘴和管道造成很差的冲洗效果。如果冲洗水中 Ca^{2+} 达到过饱和，例如高硬度的地下水或工艺回收水，则会增加产生亚硫酸盐/硫酸盐的反应，导致板片结垢。

（4）板片设计：板片的设计对除雾器的工作效率是至关重要的，板片表面有复杂隆起的结构和有较多冲洗不到的部位，会迅速发生固体物堆积现象，最终发展成堵塞通道，并越演越烈。

（5）板片的间距：板片间距的确定也是除雾器设计的关键。正如前面已谈到，太窄易发生固体堆积、堵塞板间流道。太宽使得临界流速下降，除雾效果下降。

2. 除雾器冲洗面

烟气中大部分浆体液滴在 V 形板片的第一个通道处被捕获，所以对除雾器迎风面这一区域的冲洗最为有效。因此除雾器冲洗系统至少需冲洗 ME 每级的迎风面。在一个有二级的除雾器中，建议最好还应冲洗第一级的背面。如前所述，通常超过 95% 的液滴在第一级中被除去，也就是说第一级的正面和背面都易被浆液“污染”，冲洗第一级的背面将有助于防止固体物聚积在板片出口侧的通道上。如果第一级的通道超过两个或板间距相对较窄，就更有必要冲洗第一级的背面。

一般不建议冲洗最后一级的背面，试验证明，在烟气流速为 3.0～3.7m/s 时，烟流将夹带最后一级背面冲洗水的 10%～20%，而且这部分冲洗水被直接带至除雾器下游侧的设备、烟道和烟囱内，对于采用湿烟囱工艺的 FGD 系统，可能造成烟囱“降雨”。有的设计在第二级除雾器背面布置有冲洗水管，但仅在启停 FGD 系统时冲洗其背面。

3. 冲洗喷嘴与冲洗面的距离

冲洗喷嘴太靠近除雾器表面，则单个喷嘴喷出水雾的覆盖面积下降，保证冲洗水覆盖整个除雾器表面所需要的喷嘴数将增多。喷嘴离除雾器表面远些可以减少所需喷嘴数量，如离得太远，烟气流的作用可能使喷射的水雾形状发生畸变，造成有些区域得不到充分的冲洗。从实际冲洗情况来看，喷嘴离除雾器表面 0.6～0.9m 比较合理。

4. 冲洗覆盖率

如前所述，如果除雾器得不到全面、有效的冲洗，就会迅速产生结垢和堵塞。因此，冲洗系统的设计重要的是冲洗要覆盖除雾器的整个表面。冲洗喷嘴一般采用实心锥喷嘴，喷射水雾的断面呈圆形，相邻喷嘴喷射出的水雾必须适当搭接、部分重叠，以确保冲洗水对整个除雾器表面有一定的覆盖程度。常用冲洗覆盖率来表示这种覆盖程度。冲洗覆盖率可按式（1-11-1）计算，即

$$\text{冲洗覆盖率}(\%) = \frac{n\pi h^2 \tan^2(\alpha/2)}{A} \times 100 \qquad (1\text{-}11\text{-}1)$$

上式中 A 为 ME 某一冲洗面的有效通流面积（m^2）；n 为该冲洗面的喷嘴数；α 为喷射角度；h 为喷嘴距 ME 表面的垂直距离（m）。

如果喷嘴按矩形阵布置，为了确保完全覆盖，应使冲洗覆盖率大约为 150%，为了得到可靠的覆盖余量，一些冲洗系统的设计更接近 180%～200% 的覆盖率。

为了确保除雾器的表面获得全面、有效的冲洗，另外应注意的问题是，要尽量减少除雾器支撑梁对冲洗的影响，喷嘴的布置要考虑支撑梁和其他障碍物的位置。如果布置不合理会造成除雾器的某些区域得不到冲洗。

5. 冲洗喷嘴类型

许多类型的喷嘴都可用于除雾器的冲洗。但经验表明，用于除雾器冲洗的喷嘴在结构、有效流道的大小、水雾形状、喷射角度、雾化粒度分布以及喷射断面上水量分布的均匀程度等方面有特殊要求。有关喷嘴类型和几何形状的详细内容放在第二篇第五章“喷嘴”中讨论。

有一种装有固定阀片的喷嘴，喷射出的水雾均匀、呈实心锥形，液滴比较大，建议采用这种喷嘴冲洗除雾器。如果采用的喷嘴喷射出大量细小的液滴（<30~40μm），那么，这些细小的液滴就可能被烟气夹带穿过除雾器。由于要求喷嘴能长期可靠的工作，所以不推荐采用有内旋转头的喷嘴。当采用含有较多固体颗粒物的回收水作冲洗水时，冲洗喷嘴还应有较大的有效流通通道，这样可以减少喷嘴堵塞的可能性。

一般采用的冲洗喷嘴的喷射角为90°~120°，对于除雾器冲洗系统，应采用喷射角为90°的喷嘴，当喷射角大于90°时，使锥形水雾边缘部分的水流达到能充分冲洗板片所需要的时间稍长些。因为是间歇冲洗，冲洗持续时间较短，喷嘴开始喷射时以小角度喷水冲击除雾器，随着压力、水流量的稳定、喷射断面上水量分布才逐渐均匀。

最后，要求冲洗喷嘴喷射断面上水量分布均匀、稳定。对一些喷嘴的试验发现，喷射断面边缘的水量明显高于中间的水量（含液比高达3:1）。采用这种喷嘴，在水雾边缘搭接、重叠的布置中，将造成水雾中心的冲洗水量不足，而搭接重叠区的冲洗水又过多。

6. 冲洗水流量、持续时间和周期

除雾器表面冲洗水的瞬时水量常被称作冲洗水流量，用 $L/s \cdot m^2$ 表示。冲洗水流量也是设计除雾器冲洗系统的一个重要参数量。如果冲洗水量太小，易造成结垢或堵塞，冲洗水量太大会使除雾器板片中充满水沫，造成烟气夹带水雾量增多。冲洗水量、冲洗持续时间和冲洗频率除了要满足冲洗除雾器的要求外，还需考虑FGD系统的水平衡，特别当采用全部或部分冲洗水作为吸收塔的补加水时。因此，有些冲洗程序考虑了锅炉负荷，使冲洗时间和频率随烟气流量调整，或将冲洗时间和频率作为控制吸收塔反应罐液位的变量（参阅十一章第二节）。

经验表明，垂直流除雾器第一级迎风面的冲洗水流量应为 $1.0L/s \cdot m^2$，第一级背面和第二级迎风面的冲洗水流量应为 $0.34L/s \cdot m^2$。对于水平流除雾器，推荐的冲洗水流量为，第一级迎风面 $1.0L/s \cdot m^2$，第一级背面和第二级迎风面为 $0.7L/s \cdot m^2$。

冲洗周期指两次冲洗的时间间隔。冲洗持续时间和冲洗周期的确定需综合考虑保持ME清洁和避免影响FGD系统水平衡。冲洗时间长，周期短有利保持除雾器清洁，但大量冲洗水进入吸收塔可能破坏系统水平衡，造成正水平衡，并给反应罐浆液浓度的控制带来困难。此外，除雾器冲洗期间烟气带水量增大，一般是不冲洗时的3~5倍。

冲洗的目的是在结垢或堵塞发生之前冲去或稀释黏附在除雾器板面上未流走的浆液。冲洗频率高可以减少浆液在除雾器板片上的停留时间和变成过饱和浆液的时间。冲洗时间只需要足以保证有充足的水量冲洗至板片上，按上述推荐的冲洗水流量可以在短时间内冲洗干净除雾器的所有板片。冲洗时间必须包括冲洗水阀开启、喷嘴达到额定冲洗水流量所需要的时间、洗净板片所需要的最短时间和水阀关闭时间。

由于除雾器每级以及各级的每面黏附浆液的情况不同，因此每面冲洗周期不同。第一级正面多为30min冲洗一次，每次持续冲洗时间45~60s，而其背面则30~60min冲洗一次，每次持续时间45~60s；第二级正面每小时冲洗一次，每次时间为45~60s，而其背面不装冲洗水管或装了冲洗水管也仅在启停机时进行冲洗。

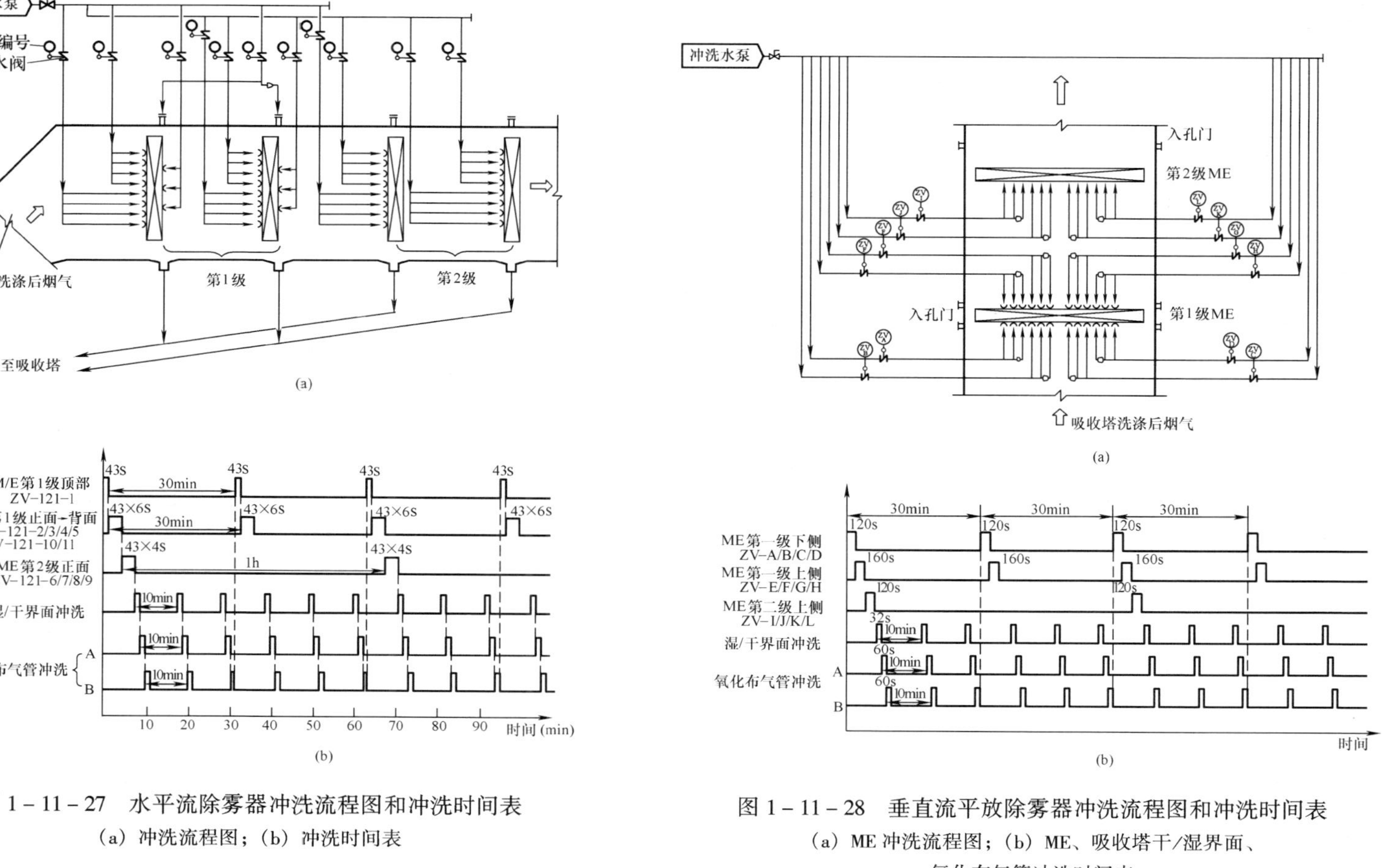

图 1－11－27　水平流除雾器冲洗流程图和冲洗时间表

（a）冲洗流程图；（b）冲洗时间表

图 1－11－28　垂直流平放除雾器冲洗流程图和冲洗时间表

（a）ME 冲洗流程图；（b）ME、吸收塔干/湿界面、氧化布气管冲洗时间表

对于冲洗水阀的设置，通常一个水阀控制1~2根冲洗水管，执行冲洗程序时每次仅开启一个水阀，在水阀开、闭过程中水压和流量都达不到设计要求，此期间的冲洗效果不理想。如果水阀开、闭时间偏长（采用电动阀往往开、闭时间较长），不仅耗水量大而且要延长单个阀门的冲洗时间，延长单个阀门的冲洗时间就将延长冲洗周期，因此应选用开闭时间1.5~2.5s的气动阀，为避免阀门快开快关时出现水锤现象，可使一个阀门未全关时另一阀门开始打开。

为了降低除雾器瞬时冲洗水流量，保持每个喷嘴压力稳定，在实际冲洗除雾器每个面时是分区依次冲洗，图1-11-27和图1-11-28分别示出了一个水平流除雾器和垂直流除雾器冲洗流程图和冲洗时间表。从上述两图可看出，在任何时间里，仅开启一个冲洗水阀，每次仅冲洗除雾器一面约25%的面积。除雾器的冲洗按预先编好的程序执行，运行操作人员应能很方便地从操作屏上监视冲洗程序的执行情况，系统工程师则可根据冲洗效果以及其他需要调整冲洗顺序和冲洗时间。FGD系统除了除雾器需定时冲洗外，吸收塔入口干/湿交界面和氧化喷气管也需定时冲洗，因此通常将FGD装置中需定时冲洗的设备用一个冲洗程序和逻辑控制程序执行定时冲洗和事故冲洗（例如吸收塔入口的急冷装置）。

7. 冲洗水压力

冲洗水压力影响喷射液滴大小和水雾的形状。压力过高易使冲洗水雾化，增加烟气带水量，而且会降低板片的使用寿命。压力过低有可能形成不了理想的水雾形状，烟气流还会使水雾形状发生畸变，降低冲洗效果。应根据冲洗喷嘴的特性以及喷嘴与冲洗表面的距离等因素来确定冲洗水压，一般冲洗水压力为140~280kPa较为适合。

8. 冲洗水质量

冲洗水质量主要指冲洗水中石膏相对饱和度和固体悬浮物含量，这是设计除雾器冲洗系统必须考虑的因素。除雾器冲洗水的一部分会黏附在板片上直到下个冲洗周期，附在板片上的这些水会吸收烟气中残留的SO_2而增加其石膏相对饱和度。如果冲洗水原来就具有较高的石膏相对饱和度（例如采用来自脱水系统的回收水作冲洗水时），那么，这种水就会变成石膏过饱和溶液，从而产生结垢。已证实，冲洗水石膏相对饱和度低于50%能成功地防止由于冲洗水质量造成的除雾器结垢。当冲洗水的石膏相对饱和度高于50%时，可以将其与石膏相对饱和度较低的其他补加水或与部分新鲜水混合使用。

抑制氧化FGD系统回收水的石膏相对饱和度一般较低，而且含有硫代硫酸盐（有助于抑制石膏氧化），因此可以单独用回收水来冲洗ME。

冲洗除雾器的目的是清除除雾器板片上的固体物，如果冲洗水中固体悬浮物含量较多，显然无助于达到这一目的。而且还可能最终造成堵塞冲洗母管和喷嘴。冲洗喷嘴被堵塞是采用回收水冲洗时最常见的原因之一，因此近年湿法FGD系统多采用无固体悬浮物的工业水冲洗除雾器，在冲洗水母管上安装滤网有助于防止外来较大的颗粒物堵塞冲洗喷嘴。

八、除雾器系统配置的仪器

为了保持除雾器稳定运行，适当安装一些监测除雾器和冲洗水系统的仪器是十分有必要的。对除雾器应连续显示、记录除雾器两侧的压降，除雾器压降能很好地反映除雾器的清洁状况。虽然除雾器的烟气压降会随处理烟气流量的增加而增大，但除雾器压降不正常地增大往往预示可能存在某种异常情况。

对于冲洗系统，喷嘴的类型和压力决定了冲洗水流量，因此，对每个冲洗母管的水压力，除就地应装压力表外，应实现远方监视。在每个冲洗周期中，母管冲洗水流量的瞬时值可以反映母管和喷嘴是否有堵塞。ME 冲洗水流量累加值除了可以检查冲洗母管和喷嘴是否有堵塞外，还可以用来查找 FGD 系统水平衡异常原因和确定冲洗水是否存在泄漏。但国内为降低造价也有的不设置冲洗水流量监测仪表。

九、除雾器的结构材料

除雾器板片结构材料的选择需要考虑的因素有：烟气温度、材料易燃性、耐久性和耐化学腐蚀性。用作除雾器的典型材料是聚丙烯（PP）、玻璃耦合聚丙烯、聚砜、FRP 以及各种等级的不锈钢，采用前两种材料的占多数，但美国采用 FRP 更普遍，其次是 PP 材料。美国是基于日本和欧洲的成功经验才接受 PP 除雾器。美国的使用经验表明，PP 的使用寿命与 FRP 一样，也有的仅为 FRP 使用寿命的一半，认为这主要取决于工艺情况和除雾器的设计。国内多数采用 PP 材料，个别 FGD 装置第一级除雾器采用 PVC 制作，运行情况表明，PVC 的耐热变形性差，曾发生过热变形事故，建议最好不采用这种材质。

通过除雾器的烟气温度通常是 45～60℃，上述材料都能应用于这一温度范围内。但当吸收塔喷淋泵突然全部事故停运时（例如由于电源故障），通过 ME 的烟温会迅速上升，上升的幅度和持续时间取决于吸收塔入口烟气温度，吸收塔的体积，吸收塔入口烟道是否设置有事故急冷装置以及隔离吸收塔模块所需要的时间。当吸收塔上游侧装有降温换热器时，吸收塔入口烟温一般约为 80～100℃，当出现上述事故情况时，要求旁路烟道挡板能在 20s 内开启，从降温换热器过来的热烟气与塔内冷烟气混合后再接触到除雾器时，烟温一般不会超过 80℃，因此在这种工艺流程中，采用 PP 除雾器是可行的。即使由于某种原因不能隔断吸收塔模块，只要旁路挡板能迅速开启，必要时开启除雾器冲洗水降温（设置事故时自动开启全部冲洗阀保护回路）也能防止 PP 板片发生热变形。因此，目前国内大多数电厂湿法 FGD 系统不要求在吸收塔入口设计事故急冷装置。

当 FGD 系统不采用 GGH 时，吸收塔入口烟温通常约为 120～140℃，当出现吸收塔循环泵全停事故时，吸收塔模块中的组件都将面临高烟气温度的威胁，如果吸收塔采用橡胶内衬防腐，橡胶内衬将先于 PP 除雾器遭受更严重的热损坏，PP 和玻璃耦合聚丙烯在上述温度下在较短的时候内也将热变形。其他几种材料能够承受较高的温度，因此，在美国，对于没有设置合适的事故急冷保护装置的系统不推荐采用 PP 或玻璃耦合聚丙烯，建议采用 FRP 材料，尽管后者比前两者的价格贵，但 FRP 耐热性比后两者高。然而如果高温时间很长（5～10min 以上），制作 FRP 所采用的树脂不合适，也会发生问题。

国内确有在吸收塔上游既未采用降温换热器也不设置事故急冷保护装置的湿式 FGD 装置，吸收塔采用橡胶内衬，除雾器采用 PP 制作。其安全保障全部押在入口和旁路挡板在事故发生时能迅速关闭和开启上。但是，由于旁路挡板不经常动作，可能卡涩，挡板开启设备也可能出现故障而拒动，因此出现“烧”塔的可能是存在的。国外有类似报道，广东连州电厂 FGD 系统 2002 年就曾 4 次因系统失电，旁路挡板拒动，需就地手动开启旁路挡板，致使高温烟气流入吸收塔，每次长达 10～15min，造成 PP 材质除雾器严重损坏。奇怪的是耐温性能远低于 PP 的吸收塔橡胶内衬却仅有伤害而未严重损坏。因此，对于这种工艺流程，设置吸收塔事故急冷装置是防止烧塔的措施之一。需要指出的是，在 FGD 系统热备用时，如果紧靠除雾器的管式再加热器处于暖管状态，温度又失去控制，也可能造成除雾器热变形，国内 FGD 系统就曾发生过此种事故。

除雾器所处的腐蚀环境，从接近中性到强酸性、浆体液滴的 Cl^- 浓度可能超过 10000mg/L。上述有机材料都能耐受这种腐蚀环境。而一些等级较低的奥氏体不锈钢对于低

pH 值和高 Cl^- 浓度的耐腐蚀性往往让人担心。另外，奥氏体不锈钢机械加工成形的 V 形板片，在折拐处会加速应力腐蚀和缝隙腐蚀。一般要求采用高等级不锈钢，例如 317L、317LMN 或更好的不锈钢，具体采用何种等级的不锈钢，则取决于 Cl^- 浓度。同样，插入塔内的冲洗水管和喷嘴如采用金属材质，也应按上述原则选材。通常不建议采用 FRP 冲洗水管，在运行中发生过 FRP 冲洗水管折断，除雾器堵塞被迫停机的事故。

FGD 运行时，除雾器材质易燃性显然不是一个需要担心的问题。但在停机检修吸收塔、检修与除雾器相邻烟道或除雾器区域的支撑件需要焊接时，应考虑到除雾器板片材料的可燃性。在这种情况下，对 PP 和玻璃耦合 PP 制作的除雾器必须采取防火措施。例如用防火材料临时覆盖或遮挡，并在现场备有消防设备，派专人监护。FRP 可以作成具有阻燃性，聚砜树脂本身就具有阻燃性，但在上述施工情况下，也不能忽视防火措施。

除雾器板片材料耐久性是一个要综合考虑初期投资成本和使用寿命的问题。除雾器的使用寿命除与材料本身的性能有关外，在一定程度上与使用情况有关，例如易于结垢，垢的清除需用高压水冲洗，则可能损坏板片。PP 和玻璃耦合 PP 在使用数年后会逐渐变脆，高压水会使板片破裂。另外，检修中如在除雾器上行走或让除雾器承受高应力，FPR 表面会产生裂缝，FGD 工艺液会顺着裂缝渗入纤维中，如果纤维没有经过很好的树脂饱和处理，纤维将膨胀，导致板片起层。

关于耐久性需要注意的一个问题是，上面所提到的材料无一在维修期间可以在 ME 上行走。因此在检修期间为保护除雾器板片，应搭建临时平台和人行通道。即使用不锈钢或聚砜这类较能耐受机械损伤材料制作的 ME，也应如此。

国外的经验显示，PP、玻璃耦合 PP、FRP 除雾器板片的平均使用寿命是 5～8 年。国内采用 PP 制作的除雾器已有 12 年的使用经历，目前除质地变硬，有个别板片开裂外，仍在使用之中。聚砜树脂是一种均匀性与 PP 相同的柔韧性较好的材料，不像 FRP 那样易出现破裂。聚砜商业应用于 FGD 系统的时间不长，安装的数量还不足评价其平均使用寿命，但预计有较长的使用寿命，不过聚砜除雾器比 PP 和 FRP 的除雾器初期投资费用高。不锈钢除雾器耐久性很好，选材合理的不锈钢使用寿命应在 15 年以上，美国应用的经验是 10～20 年。

第四节　湿　烟　囱

电厂烟囱由外烟筒和内烟道组成，如图 1-11-29 所示，通常高度超过 200m，外烟筒与内烟道之间的部分称为烟囱的环状夹层，外烟筒作为内烟道的结构支撑，使其免受风力作用。锅炉排烟经 FGD 装置处理后的清洁烟气经 FGD 系统出口烟道、烟囱入口烟道，沿烟囱内烟道抬升到烟囱出口一定高度后逐渐扩散到大气中。

常见的湿法 FGD 烟系统主要由脱硫风机（BUF），气气加热器（GGH），吸收塔模块，FGD 旁路烟道，FGD 出口烟道，烟囱入口烟道以及相关的挡板门等组成，如图 1-11-30 所示。如果省去 GGH，从吸收塔模块排出的经处理的绝热饱和湿烟气则直接经出口烟道和烟囱向大气排放。湿烟气温度通常为 45～55℃，吸收塔下游侧的烟道和烟囱处于湿状态下运行，故将这种工艺流程称为湿烟囱工艺。显然，GGH 的省去简化了系统，缩短了进出口烟道，降低了投资和运行成本，省除了故障率较高的 GGH 带来的大量维修工作。但是，湿烟囱工艺对环境会带来三个问题：①湿烟气的温度比较低，抬升高度较小，影响烟气扩散条件，可能会提高最大落地浓度影响地面环境空气质量；②湿烟气含有大量水蒸气，处于饱和状态，排出的烟气会因水蒸气的凝结而使烟羽呈白色，影响视觉；③饱和湿烟气夹带的液滴以及因水蒸气凝结形成的凝结水可能造成烟羽在传输过程中形成降雨，影响局地环境和气候。此外，湿烟囱工艺对处于湿状态下的烟道、烟囱的设计和材料选择有特殊要求，本节将讨论这些问题，以供选择工艺方案时参考。

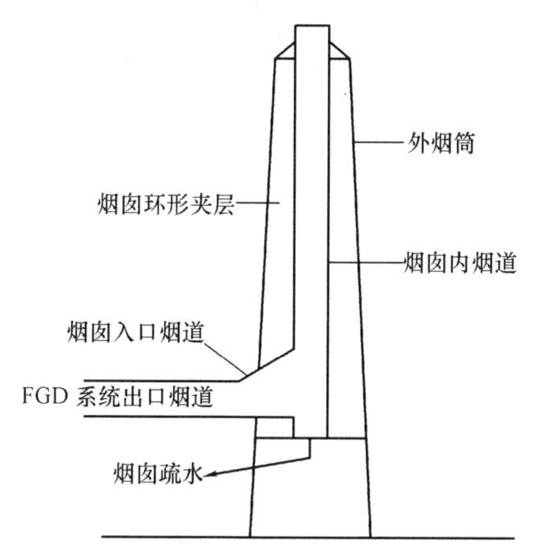

图 1-11-29 电厂烟囱结构示图

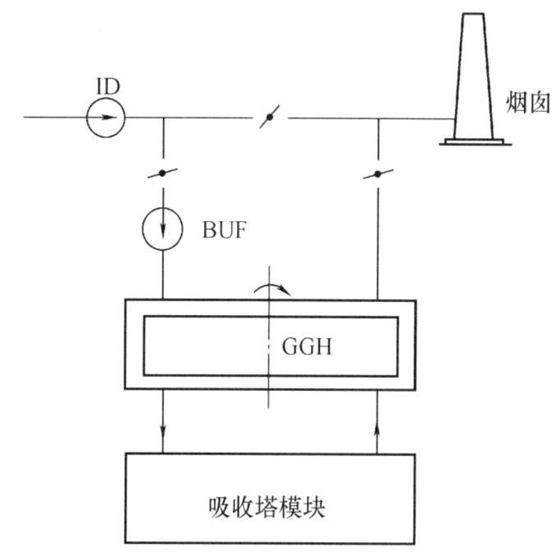

图 1-11-30 湿法 FGD 主要设备流程图

一、选择湿烟囱需考虑的因素

虽然全世界许多 FGD 系统都安装了烟气再加热装置，但自 20 世纪 80 年代中期以来美国设计的大多数 FGD 系统已选择湿烟囱运行。国内福建后石电厂 6×600MW 燃煤机组配套的 6 台海水 FGD 系统是我国第一个采用湿烟囱工艺的大型火电厂，在建的常熟华润电厂 3 台 600MW WLFGD 也采用了这种工艺，预计近年湿烟囱工艺将会在国内获得更广泛的应用。通常发电厂决定采用湿烟囱运行，最重要的考虑因素是投资和运行成本，在多数情况下湿烟囱方案具有最低的总费用。但是，其他一些因素，例如烟气扩散、烟囱排放液体和烟羽的不透明度等问题，可能压到湿烟囱在经济方面带来的优势。

1. 湿烟羽的抬升与扩散

烟气离开烟囱后在周围气象条件的影响下形成形态各异的烟羽并逐渐扩散到大气中去，烟羽的扩散状况有可能影响烟囱附近地区和下风侧较远的区域，如果烟羽下落到烟囱出口高度的下方，而且靠近烟囱的附近地区则发生了称之为烟羽下洗（downwash）的现象。当风吹过烟囱时，也像吹过其他任何障碍物一样，背风侧形成了一个低压区，风速加大，低压区的范围扩大，而且低压区的压力下降越多，如果烟气离开烟囱后，抬升的浮力不足或垂直向上的流速不够时，就会被低压拖入低压区中，发生烟流下洗。烟羽的下冲气流不仅会腐蚀烟囱组件，而且降低了烟羽的扩散程度，在低于0℃气温下会造成烟囱结冰。有多个内烟道的大直径烟筒发生烟羽下洗的可能性较单烟道的烟囱更大，因为外烟筒的直径大会产生较大的低压区。为防止烟囱本身对烟流产生的下洗现象，烟囱出口气流速不宜低于该高度处平均风速的 1.5 倍，当烟囱出口烟气流速等于烟囱口高度的风速，烟羽下洗会达到一个烟囱直径的高度。

大型火电机组烟气抬升高度与烟囱出口高度的风速成反比，与烟气热释放速率的 1/3 次方成正比，对于烟囱出口风速较大的情况，大型火电厂烟囱出口风速对烟气抬升高度的影响，远大于排烟温度对抬升高度的影响；对于烟囱出口风速较小时，排烟温度对抬升高度的影响趋于明显。因此为了有利烟气抬升，烟囱出口烟气流速不宜过低，一般宜在 20～30m/s，烟温宜在100℃以上。

烟囱出口烟温对烟囱排放污染物的落地浓度影响很大，这是因为烟羽的温度越高，浮力就越大，离开烟囱后的抬升就越高，烟羽落到地面前的扩散时间和横向飘浮的时间就越长，扩散范围越宽，污染物稀释后的落地浓度就越低。而湿烟气由于温度低，浮力小，垂直扩散速度低，因此湿烟囱排放的低温烟气造成的SO_2（和其他污染物）地面污染浓度比排放加热烟气的烟囱要大，而且更靠近烟囱，这相当于降低了脱硫效率，降低程度随环境条件而变。具有关资料介绍，当不考虑湿烟气从烟囱排出后会发生的水汽凝结效应时，降低程度最大可达40%以上。如果湿烟羽在离开烟囱时处于饱和状态，在传输过程中，烟羽中的水汽通常会发生凝结。水汽凝结会释放出凝结潜热，这部分潜热会增加烟羽的浮力通量，使烟羽获得额外的浮力，造成湿烟羽抬升高度的增大，从而可适当降低地面污染浓度，有时（比如在夏天温度梯度接近于中性），这种效应相当明显，最大抬升高度甚至会超过加热至100℃的烟气。在这种情况下，发生凝结的饱和湿烟羽造成的地面最大浓度比加热到100℃时烟气造成的地面最大浓度还低。

湿烟囱运行的另一个问题是烟囱“降雨”（stack rainout），其起因是烟气夹带的液滴和湿烟气离开烟囱后形成的凝结水。前者与ME的除雾效果、烟气流速（过高将造成二次带水）以及烟道和烟囱的设计（主要是集水装置）有关，而凝结水量除取决于环境条件和烟气条件外，还与过饱和度有关。过饱和度增大，会减少凝结水量。夏季环境温度升高，也会减少凝结水量。这些凝结水也并非全部变成降雨，是否降落地面，降落多少，取决于凝结核的大小、凝结核的多少以及气象条件等多种因素。实际上，大部分凝结水的直径介于200～600μm。因此，凝结水中只有那些较大的液滴才会形成雨水降到地面，大部分较小的液滴在传输过程中若没有机会形成大液滴，最终会重新蒸发。此外，由于凝结水量不大，形成雾的概率很小，所以火电厂FGD排出的湿烟羽所形成的凝结水不会对当地的气候产生影响。因此，烟囱“降雨”的主要原因是烟气夹带的液滴。如果湿烟囱造成了降雨，通常发生在烟囱下风侧几百米内。虽然加热烟气的湿法FGD也可能发生烟囱降雨，但湿烟囱出现的概率要高些。通过调整FGD系统设定参数，改进出口烟道和烟囱的设计，可以最大限度地减少烟囱降雨问题。

2. 烟羽的黑度

烟羽的黑度是烟气中的固体颗粒物，液体和气体与照射光相互作用的结果，用林格曼图来鉴定黑度等级是我国和一些国家与地方控制烟气排放的指标之一。发电厂排放烟气的透明度主要受飞灰颗粒物、液滴和硫酸雾的影响，造成烟气不透明的最主要的气体物质是NO_2。当饱和热烟气离开烟囱后温度急速下降，从而形成了水雾。这种含有较多水汽或其他结晶物质的白色烟气一方面会降低烟气的黑度，使测得的烟气黑度不能真实地反映污染情况，另一方面，居住在采用湿烟囱发电厂附近的人们可能认为烟囱冒出的烟羽透明度不高是因为烟气中含有较多的固体颗粒物，而实际上是烟气中的水雾造成的。因此，打算采用湿烟囱的电厂必须考虑湿烟囱冒出的大量白色烟羽对附近居民的心理影响。应该指出的是，加热烟气可以推迟或减少水雾的形成，但大多数烟气加热装置并不是按照在各种大气情况下都能消除烟羽中的白色水雾来设计的。特别在寒冷的季节里，即使采用了排烟再加热的系统也会形成看得见的水雾烟流。

3. 经济性比较

如果发电厂根据技术和环境保护法规的要求以及公众可接受的程度，对排烟扩散和黑度的评价表明湿烟囱是可行的，那么就应对湿烟囱最佳运行方式进行经济评价，这种评价应该包括有、无再加热系统之间的所有差别。在大多数情况下，一个精心设计的湿烟囱FGD装置的总投资、运行和维护等费用较装有烟气加热器的要低得多。

无再加热系统和有再加热系统的年总费用比较应包括出口烟道、烟囱和烟气再加热装置的投资成本和年总费用。因为正如前面已提到的，湿烟囱工艺对出口烟道和烟囱有特殊要求。不同形式再加热装置的运行费用是不相同的，这对经济评价是尤为重要的。采用蒸汽管排加热烟气的方法会使发电机组的热耗率（每发1MW电所消耗的MW能量之比）增加5%及以上，采用气—气热交换器将FGD入口烟气的热量传递给出口烟气的加热方式，对机组热耗率影响要小些，但投资费用大。容量为300MW的FGD装置，按国内的报价，回转式换热器的设备费约占整个系统（不含水处理系统）设备费用的14%～16%左右。容量为2×600MW的FGD装置，按国内2004年的报价，管式GGH的设备费约占整个系统（不含水处理系统）设备费用的10%。另外，GGH的压损占系统总压损25%到接近40%。省除GGH后不仅节省了GGH本身的能耗，而且可以显著降低脱硫风机的电耗。此外，省去GGH后入/出口烟道可以大为缩短，系统的总压损还可以再降低约2.5%～5.0%。再则，FGD系统变得异常简洁，占地面积可以明显减少。

4. 我国对湿烟囱工艺的意见

我国国家环境保护总局环评司于2004年5月20日在北京主持召开了“火力发电厂烟气排放环境影响有关问题讨论会”，同年9月8日以会议纪要的方式，对火电厂烟气湿法脱硫后是否需要进行烟气升温问题提出了意见：①湿法脱硫烟气升温主要是在一定条件和程度上提高烟气抬升高度和有效源高，进而在一定程度上改善烟气扩散条件，而对污染物的排放浓度和排量没有影响；②对燃煤电厂较密集的地区、对环境质量有特殊要求的地区（京津地区、城市及近郊、风景名胜区或有特殊景观要求的区域），以及位于城市的现有电厂改造等，在景观要求和环境质量等要求下，火电厂均应采取加装GGH等设备或工艺，进一步改善烟气扩散条件；③在有环境容量的地区，比如农村地区、部分海边地区的火电厂，在满足达标排放、总量控制和环境功能的条件下，可暂不采取烟气升温措施；④新建、扩建、改造火电厂，其烟气排放是否需要升温，应通过项目的环境影响评价确定。

二、冷凝物形成的原因和特点

对于湿烟囱的设计，其中一个主要目标是尽可能减少烟囱降雨。烟囱降雨的直接原因是烟气中的水滴，水滴形成的原因和特点是：①透过ME夹带过来的液滴。这种液滴直径通常100～1000μm，少数大于2000μm，其量变化很大，与ME的性能、清洁状况、烟气流速等因素有关，在有些FGD装置中可能是烟气水雾的主要来源；②饱和烟气顺着烟囱上升时压力下降，绝热膨胀使烟气变冷，形成直径大约1μm细小水滴，烟羽中绝大多数是这种液滴。由于这些液滴非常小，烟囱降雨主要不是这些细小水滴造成的。这些细小水滴从烟囱排出后，大部分在降落到地面之前被蒸发了；③热饱和烟气接触到较冷烟道和烟囱内壁形成了冷凝物，其量取决于出口烟道长度、保温方式、烟囱内烟道衬里材料以及环境温度。

由于受惯性力的作用，烟气夹带的较大水滴撞到烟道和烟囱内壁上与壁面的冷凝物结合，壁面冷凝物的不断的增多也使得细小的液滴汇集成较大的液滴，这些较大的液滴可能被烟气带离壁面重新进入烟气中。烟气重新夹带水的数量取决于壁面的特性和烟气流速，粗糙的壁面和较高的烟气流速使夹带水量增加。这类重新被带出的液滴直径通常比冷凝形成的液滴和透过ME夹带的液滴大得多，大约1000～5000μm。通常这类液滴是造成烟囱降雨的主要因素。

三、湿烟囱工艺对设备的设计要求

本节将介绍收集烟气冷凝物和尽可能减少烟囱排放液体可以采取的设计原则。

1. 除雾器的设计和运行

在许多 FGD 系统中，烟囱中的液体主要来源于透过除雾器的夹带液。虽然 ME 的正确设计和运行对任何 FGD 装置都重要，但由于除雾器是湿烟囱工艺系统中第一个也是最重要的集水装置，因此，对于湿烟囱工艺显得尤为重要。除雾器的正确设计和运行主要包括以下几点：最上层喷淋母管与除雾器端面应有足够距离，除雾器端面烟气分布应尽量均匀；选用临界速度高、透过夹带物少、材料坚固和表面光滑的高性能除雾器；在便于布置的情况下选择水平烟气流除雾器，或第一级除雾器水平布置，第二级垂直布置；设置冲洗和压差监视装置，保持除雾器清洁，确保不发生堵塞。

2. 出口烟道的设计

接触湿烟气的烟道壁、导流板、支撑加固件上会留有液体。因此，烟道设计应尽量减少水淤积，这样有利于冷凝液汇集和排往吸收塔收集池。膨胀节和挡板不能布置在低位点，同时也要设计排水设施。为了尽量减少烟气重新夹带液体，甚至不允许烟道内有加固件。

每种烟道材料都有其特有的烟气重新夹带液体的临界速度，如果烟气流速始终低于所用结构材料的这一临界流速，就可最大限度地减少烟气重新夹带液体量。对大多数出口烟道材料来说，开始明显重新夹带液体的烟气流速是 12～30m/s，对于表面平整光滑，不连续结构少的烟道，临界流速可取该范围的上限。烟囱入口烟道也应避免采用内部加固体。此外，烟囱入口烟道的宽度和布置方向影响液滴在烟道底部的沉积。一般主张烟囱入口烟道的宽度等于烟囱内烟道的半径，这样可以加剧烟气的旋流，有利于液滴沉积到烟囱壁上。

对出口烟道和烟囱的烟气流进行实际模拟和计算机模拟试验，将有助于降低烟气压降，有助于确定烟道尺寸、走向、导流板和集液设施的最佳位置，还可以检测液体沉积和被烟气重新夹带的情况。

3. 烟囱内烟道的设计

湿烟囱内烟道的设计应能最大限度地减少烟囱排放液体，可以通过收集随烟气带入烟囱的较大液滴和防止烟流重新夹带内烟道壁上的液滴来达到这一设计要求。由于绝热膨胀形成的液滴细小，不是烟囱排放液体主要因素，因此出口烟道，烟囱入口水平烟道和烟囱内烟道的设计以及液体排放专用设备的选择和布置，成为尽可能减少烟囱排放液体的关键。

一方面要尽可能地减少进入烟囱的水沫，另一方面可以在靠近内烟道的底部收集进入烟囱的较大液滴。当烟气进入烟囱时，烟气由水平流急转成垂直流，惯性力使较大的液滴撞向烟囱入口烟道对面的内烟囱壁上，因此，在此位置上布置集液装置能有效地收集液滴。集液装置的位置要通过模拟试验来确定。这种装置实际上很简单，例如格栅状 FRP 型材已成功地用于此位置上。另外，烟囱的底部应低于烟囱入口烟道的底部，形成一个集液槽，并配以疏水排放管道和防淤塞装置。

美国基于其二十多年湿烟囱的研究和实际运行经验，在有关湿烟囱内壁材料和烟气临界流速方面积累了经验。表 1-11-5 列出了运用模拟试验测得的几种烟囱材料的烟气临界流速（表中数据有余量）。如果烟气中的液体量较少或在靠近烟囱入口烟道处能有效地收集水滴，烟气流速可以再高些。实践表明，按参考表中数据设计的烟囱，可以避免排放液体。

表 1-11-5　　不同材料内烟道的烟气临界流速

材　料	内烟囱形状	烟气临界流速（m/s）	材　料	内烟囱形状	烟气临界流速（m/s）
合金		21	CXL-2000 内衬		18
塑料内衬		21	耐酸砖	垂直光滑	17
FRP		18	耐酸砖	3.2mm 斜度	9

注　CXL-2000 是一种合成橡胶。

过去，大多数用耐酸砖砌的内烟囱是圆锥形，现在大部分是等直径圆柱状。从表 1-11-5 所列数据可以看出，后者允许烟气临界速度（17m/s）比斜度为 3.2mm 的（9m/s）高得多。锥形烟囱每层内衬砖之间有一处砖缝要错位，当水顺着烟道壁的砖缝向下淌时，水在这些错位缝处会漫出来，因而易被烟流重新带离壁面。大量的错位缝会成为烟气重新夹带液体的源头。减少砖砌锥形内烟囱的斜度，可以允许采用较高的烟速。由于烟流在烟囱上部的壁面上形成了边界层，贴近壁面的烟气流速明显低于主流体的流速。因此，烟囱上部的烟流允许有较高流速。增加烟囱出口处的烟速可以减少烟羽下洗和增强扩散，为此，美国的做法是在烟囱出口处装设调节门。但是液滴可能会汇集在节流门的表面上，并被烟流带走，因而增加排放液体量。因此，节流门的边缘应设计成流线型，操作时应渐进地改变开度。

对于有多个的烟道的烟囱，可以使内烟道高出外烟囱 2 倍内烟道直径的高度，这样可以减少烟羽下沉。对单烟道的烟囱则无此必要，因为内外烟囱的直径相差不大。

4. 替代湿烟囱的设计方案（冷却塔排放湿烟气）

从 20 世纪 80 年代初开始，以德国为代表的一些发达国家的火电厂开始尝试省去烟气加热器，利用自然通风冷却塔排放脱硫后烟气。这种排烟方式不改变电厂原烟囱的设计，也无需再建专门排放低温湿烟气的湿烟囱，由此形成了另一种湿烟囱方法。经过 20 年的发展，至今全世界约有三十多台机组采用了这种技术。

这种湿排放方式是将低温饱和湿烟气用烟气管道送入冷却塔配水装置上方集中排放，与冷却水不接触。由于烟气温度 50℃ 左右，高于塔内湿空气温度，发生混合换热现象，混合的结果改变了塔内气体流动工况。塔内气体向上流动的原动力是湿空气（或湿空气与烟气的混合物）产生的热浮力，热浮力克服流动阻力而使气体流动。热浮力为

$$Z = h_c \times \Delta\rho \times g \tag{1-11-2}$$

式中　h_c——冷却塔有效高度；

$\Delta\rho$——塔外空气密度与塔内气体密度之差。

通常进入冷却塔的烟气密度低于塔内气体的密度，对冷却塔的热浮力产生正面影响。另外，冷却塔内湿空气流速很低，一般在 1.0m/s 左右，而进入塔内的烟气占塔内气体的份额一般不超过 20%，占容积份额小，对塔内气流速影响甚微。

此外，冷却塔的阻力系统主要决定于配水装置，烟气从配水装置上方进入，对配水装置区间段阻力不产生影响。塔内烟道和支撑件的覆盖面积不大（一般在 15% 以下），由此产生的阻力对总阻力的影响甚微，在工程上亦可忽略不计。所以，烟气能够通过自然通风冷却塔顺利排放而对冷却塔原有的热力性能影响不大。

脱硫后的烟气通过冷却塔排放，烟道需穿过塔体进入冷却塔内部，因此冷却塔薄壳结构设计必须考虑塔体开设烟道孔洞对塔体强度的削弱。

湿法脱硫后的净烟气在通过冷却塔排放的过程中，净烟气中一部分水蒸气会遇冷凝结成雾滴，这些雾滴和烟气带入冷却塔的液滴部分会附着在冷却塔壁面上，这些液滴含有酸性腐蚀物质，将对混凝土壳体造成腐蚀。另外，大风天气，风会造成混合湿气下洗，对塔外壁造成腐蚀。因此，塔内部喷淋层以上和塔外部从上向下1/3的部分必须作防腐处理。通常采用玻璃鳞片树脂防腐涂层，德国已有十多年成功运用的经验。引入冷却塔的净烟气烟道一般采用FRP管道，这种管道轻，并具有优良的防腐性能。

脱硫后净烟气通过冷却塔排放，可能对循环水产生两方面的影响。一方面，冷却塔的冷却能力可能会发生变化，一般会增加循环水的蒸发损失量，使循环水损失量增加。如果循环水排污量保持不变，循环水中的杂质和盐类的浓缩倍率将增加，为维持循环水的浓缩倍率不变，就必须增加排污量。两者都将导致循环水的补水量增加。另一方面，净烟气中残留的酸性气体（CO_2、SO_2、SO_3、HCl、HF和NO_x）和固体颗粒物，其中一部分会进入循环水系统，导致循环水pH值下降和可溶性盐类和固体悬浮物浓度的增大。如不采取措施，累计的结果将导致循环水质恶化。有两种控制循环水质的方法，一是增加排污量和补加水量；二是对循环水进行过滤、除盐处理和pH值调整。但德国的运行经验表明，烟气通过冷却塔排放对循环水水质影响不大，无需另设水质处理系统。

采用冷却塔排放湿烟气会对设备的总体布置带来困难，尤其对于已建电厂脱硫改造工程，现有烟道和冷却塔的距离往往较远，在可以靠近现有锅炉或靠近冷却塔布置吸收塔的情况下，靠近冷却塔布置的优点要多些。

冷却塔排放湿烟气工艺会增加冷却塔的投资成本，但有关方案论证资料表明，采用冷却塔排烟方案的总费用仍低于常规方案。因此采用冷却塔排放湿烟气不仅可行而且经济效益显著。

四、湿烟囱的结构材料

湿烟囱衬里材料的可靠性是至关重要的，如果湿烟气中腐蚀性液体和颗粒物对内烟道造成损坏以致衬里失效将造成严重后果。对于结构材料不适合湿态运行的现有烟囱必须用合适的材料重新衬覆，或再建一个湿烟囱。对现有烟囱的改造不仅涉及防腐内衬问题，而且涉及烟囱原有的倾斜度和烟气流速是否有利防止烟气二次带水。另外，由于饱和湿烟气的温度低，烟囱可能出现正压或扩大正压区的范围。建干、湿两个烟囱，干烟囱排放高温原烟气，湿烟囱仅排放低温湿烟气，这样有利材料选择，可以有针对性地设计湿烟囱，运行方式较灵活，今后维修工作量较少，但占地大，投资成本高。

如仅采用一个湿烟囱，那么湿烟囱会遇到以下三种情况；①排放湿法洗涤后的低温饱和湿烟气；②在FGD系统设计为处理部分烟气的情况下，洗涤后的湿烟气与未处理的旁路原烟气混合排放；③必要时排放未处理的高温原烟气，甚至于有可能要排放空气预热器故障时高达300℃以上的烟气。在大多数时间里，湿烟道和湿烟囱的内壁暴露于含有硫酸、亚硫酸、氯化物和氟化物的低pH值（pH值<2）冷凝物和固体沉积物的腐蚀环境中。遇到上述②、③情况时，还要遭受高温以及由于高温使水分蒸发而形成的高酸性和高浓度氯化物、氟化物的腐蚀介质，因此对内衬材料的要求较为苛刻。制约湿烟囱材料选择的主要因素是，耐高温、耐化学腐蚀，防止二次带水和今后的维修工作量以及经济性，而且这些因素又相互影响。例如采用FRP、增强树脂衬覆碳钢等材料，耐化学腐蚀和防止二次带水都不成问题，也较经济，但不耐高温，今后需定期维修。采用硼硅酸盐玻璃泡沫块衬覆碳钢或混凝土可耐高温和化学腐蚀，价格适中，防二次带水性能也良好，但定期修补工作量大。采用高镍合金如C-276、59号合金或钛板则投资成本高。

在美国，出于费用考虑，耐酸砖成为燃煤电厂衬砌内烟囱的主要材料，但近年趋向于采用高镍合金（C-276、59 号合金或钛）复合板或墙纸工艺。前两种镍基合金对许多氧化性或还原性腐蚀介质都具有良好的耐腐蚀性，对无机酸，例如硝酸、磷酸、硫酸和盐酸具有优良的耐腐蚀性，是装有湿式 FGD 装置的火电厂金属烟囱最合适的防腐用材。

我国是贫镍国，但盛产钛，钛的密度低于镍，钛合金价格低于高镍合金，这两种合金就耐一般腐蚀和耐由 Cl^- 引起的局部腐蚀（点蚀和缝隙腐蚀）性能而言，属同一等级。无 GGH 的吸收塔入口湿/干界面和早期采用旁路烟气加热饱和净烟气的烟道混合区是 FGD 系统中腐蚀最严重的区域，美国应用金属防腐材料的经验指出，C-级合金和钛是上述区域可以采用、性能最好的材料。有基于此，认为钛覆盖碳钢板也是湿烟囱可选用的防腐结构材料。例如，福建漳州后石电厂与 6×600MW 燃煤机组配套的 6 台海水 FGD 系统采用湿烟囱工艺，电厂烟囱采用集束式，每 3 台机组设置一根集束烟囱，外烟筒为钢筋混凝土结构，由于采用大量海水洗涤烟气，净烟气温度较低，烟囱内烟道采用进口钛基合金板挂贴，钛板厚 1.6mm，一个烟囱总造价 8000 万元，6 台机组已分别于 1999～2004 年投产。常熟华润电厂 3×600MW 在建的 3 套 FGD 装置也是湿烟囱工艺，采用多管钢内烟囱，烟囱内管采用国产钛合金覆盖碳钢板（TA2＋Q235），钛板厚 1.2mm，烟囱总价格为 5650 万元。

需要指出的是，钛在还原性腐蚀介质（HCl、稀 H_2SO_4）中的耐腐蚀性下降，且随硫酸浓度和温度的增加，腐蚀率急剧增大。因此，钛是否适用于排放烟气温度较高的烟囱，例如排放经 GGH 加热后的烟气，是需要慎重考虑的。因为硫酸冷凝液、残留的 HCl、HF 以及它们的盐类是造成烟囱腐蚀的主要腐蚀物，随着烟温的提高，冷凝硫酸的浓度越高，对钛的腐蚀就越严重。

陡河电厂 7 号、8 号机组的湿法 FGD 装置（在建项目）计划采用进口硼硅酸盐玻璃泡沫块衬砌，将原有的烟囱改为湿烟囱，玻璃泡沫块的价格为 1500 元/m^2。唐山电厂 2×300MW 新建 FGD 装置的湿烟囱则采用国产耐酸釉面砖和玻璃钢复合防腐设计，该湿烟囱为单烟筒，防腐结构为钢筋混凝土＋高温涂料＋憎水珍珠岩保温层＋呋喃树脂玻璃钢网片＋耐酸胶泥筑切耐酸釉面砖。造价较无防腐烟囱增加 600 万元。上述湿烟囱防腐设计在国外均有应用实例，性能得到证实。表 1-11-6 列出了部分已用或计划用于新建或改造湿烟囱的材料特性，可供选材时参考。

表 1-11-6　　　　湿烟囱结构材料特性

特　点	耐酸砖/胶泥	合金 C-276	碳钢板/硼硅酸盐玻璃泡沫块*	玻璃钢（FRP）	碳钢板/上釉陶瓷砖板	增强有机树脂衬里
烟气部分加热	适合	适合	适合	不适合	适合	不适合
偶尔 100% 旁路	适合	适合	适合	不适合	适合	不适合
烟气完全不加热运行	适合	适合	适合	适合	适合	适合
地震活跃区	不适合	适合	适合	适合	不清楚	适合
改造现有钢制内烟囱	不适合	适合（贴墙纸）	适合	不适合	有时适合	适合
烟气临界流速（m/s）	～17（垂直光滑）	～21	～14	～18	～18	14～20
	～9（典型）	—	—	—	—	—

续表

特 点	耐酸砖/胶泥	合金 C-276	碳钢板/硼硅酸盐玻璃泡沫块*	玻璃钢（FRP）	碳钢板/上釉陶瓷砖板	增强有机树脂衬里
湿烟囱性能是否得到证实	是	是	是	是（有限）	否	否
是否需要进一步研究	不需要	不需要	不需要	需要	需要	需要
其他说明	需气封内外烟筒夹层并用耐蚀箍加固		隔热性好，重量轻，减少冷凝物		依据出口烟道应用的经验	严格质检

* 以二氧化硅和氧化硼为主要成分的玻璃，这种玻璃热膨胀系数小，耐温差急变性和化学稳定性好，熔化温度低，易于成型。

第五节 烟气加热器

加热烟气是指吸收塔出口已处理烟气在经烟囱排放前提升烟温的工序。在国外，尤其是日本和德国，加热烟气是一道常见的工序。在美国，虽然现有的许多电厂 FGD 装置确实采用了烟气加热器，但大量新建的电厂已不再安装烟气加热器。

用加热装置提升吸收塔出口烟温的程度取决于各国环境保护法规的要求。在德国，有关大型燃煤装置的法规中规定，在烟囱出口处的烟气温度不得低于 72℃，否则必须经冷却塔排放。英国规定的排烟温度为 80℃，而日本要求将烟气加热到 90～110℃。我国和美国则无排烟温度要求。提高 FGD 排烟温度将会显著增加 FGD 系统的投资和运行费用，因此，如果环境保护法规不要求加热烟气，通常湿烟囱工艺是较为经济的选择。

一、加热烟气的理由

历史上，电厂 FGD 系统安装烟气加热装置的 4 条理由是：①提高污染物的扩散程度；②降低烟羽的可见度；③避免烟囱降落液滴；④避免对下游侧设备造成腐蚀。就目前 FGD 技术工艺水平来说，上述第①、②条理由仍然是有根据的。但是，随着烟道和烟囱设计的改进以及结构材料的发展已使后两条理由显得有点牵强。加热烟气能有效地减少吸收塔下游侧形成的冷凝物，但是对于蒸发烟气二次带水形成的液滴通常是不起作用的。正如前节“湿烟囱工艺对设备的设计要求”所述，在不加热烟气的情况下，通过合理地设计烟囱可以避免烟囱降落液滴。至于第④条理由，加热烟气对减缓出口烟道和内烟囱的腐蚀是有限的，而实际上，加热器本身的腐蚀反成了主要问题。下面我们就上述 4 个理由作进一步的分析。

1. 加强污染物的扩散

如前一节所述，提高烟气温度，增大了烟羽的浮力，能提高烟气离开烟囱后的抬升高度，使烟羽能更好地扩散，有利防止发生烟羽下洗，降低污染物稀释后的落地浓度，推迟或减少了水雾的形成。另外，在一定程度上能提高烟羽的透明度。在世界上有些地区，尤其在发电厂靠近人口聚居区的情况下，有些地方环保法规可能要求提升烟温高达 90℃，使排放物充分扩散，满足污染物落地浓度的限值。另外，有些电厂为了加强烟气扩散，可能规定了烟囱出口烟气最低温度。

我国虽然未明确规定火电厂 FGD 装置排烟温度，对白色烟羽也未加限制，但提高排烟温度将增大烟囱烟气抬升高度，使火电厂能获得较高的 SO_2 最高允许排放量。因此，从加强污染物的扩散，降低污染物落地浓度来说，加热FGD排放烟气仍是一种行之有效的方法。

2. 降低烟羽的能见度

上一节已介绍了加热烟气对烟羽黑度的影响。如果没有将烟气加热到足够的温度，从烟囱中排放的脱硫烟气将呈现出大量的白色蒸汽，为防止出现白色蒸汽烟羽，烟温需提升的程度在一定程度上取决于环境温度和风的情况。如果烟温提升不够，将会出现白色蒸汽烟羽。但是蒸汽烟羽在离开烟囱很短的一段距离后会很快被分散而消失。在大多数天气情况下，要防止形成任何可见的蒸汽烟羽需要提升排烟温度50～100℃，在寒冷的天气里，需要加热到更高的温度。因此，虽然加热烟气可以降低烟羽的能见度，但是很难做到在任何气候条件下都不形成白色蒸汽烟羽。

另外，烟气的其他成分，包括颗粒物（飞灰）、H_2SO_4和NO_2也可以造成烟气黑度。加热烟气可以提高烟气这些成分的扩散率，但无助于降低这些物质造成的烟气黑度。

3. 防止降落液滴

来自湿法FGD系统的饱和烟气总会含有一定量的液滴，其含量的多少取决于ME的效率和其他一些因素。过去认为加热烟气能蒸发这些液滴和防止烟气中的水分冷凝形成液滴。实际上，由于烟气在烟道和烟囱中停留的时间很短，加热烟气只能蒸发非常小的液滴，汇集在烟道壁上的液体被烟气二次带出所形成的较大液滴在它们离开烟囱前是不会被蒸发的。当然，加热烟气可以减少甚至有可能消除烟气在烟道壁上形成的冷凝液，烟道壁面冷凝液的减少也会降低烟气中形成大液滴的概率。

有以下原因会造成烟气通过烟道和烟囱时产生热损失：①经烟道和烟囱内壁散发热量；②漏风；③烟气顺烟囱上升时的绝热膨胀。热损失导致了烟气在烟道和烟囱中的冷凝。烟气的热损失率主要取决于烟道和烟囱的结构、保温材料以及环境温度。因此，这种热损失因地而异。烟气在烟囱中因绝热膨胀造成的烟温下降可以根据烟囱高度去估算，当烟气沿着150m高的烟囱上升时，由于压力下降，烟气温度大约降低0.3℃，由此产生的冷凝液大约是18mg/kg（干烟气）。对于一个500MW的机组，冷凝液可能多达1.2L/s。加热烟气对于弥补这一温度下降和降低由此形成的冷凝液是一种有效的方法。

4. 避免腐蚀

早期FGD系统采用烟气再加热的主要理由之一是，避免腐蚀吸收塔下游侧烟道和烟囱的内烟道。但是，许多这种加热装置下游侧的设备依然遭受了大面积的腐蚀。采用旁路加热（见图1-11-31）的设备腐蚀问题特别严重。在有些情况下，加热装置下游设备的腐蚀速度和腐蚀程度实际上比采用类似材料的湿烟囱的腐蚀更厉害。这些设备的腐蚀情况清楚地说明，如果有酸性冷凝物存在，在较高的温度下材料的腐蚀要快得多。

虽然通过精心设计再加热器和改进结构材料已减少了与加热烟气有关的腐蚀问题，但是腐蚀问题的减少还难以认为有理由采用烟气加热器。下面我们还将介绍腐蚀对设计烟气加热装置的影响。

二、可供选择的烟气加热方式

烟气再加热系统一般是根据需要传递给烟气流的热量来设计，加热烟气的总热量等于抬升和扩散烟气、消除（或降低）烟羽可见度、蒸发液滴以及防止烟气在烟道和烟囱中发生冷凝所需热量的总和。最常见的5种烟气再加热方式是：旁路加热、循环加热、在线加热、热空气间接加热以及直接燃烧加热。下面将依次介绍这5种烟气加热方式的特点。有关加热器结构材料、能耗和费用方面应考虑的问题放在后面的章节中讨论。烟气再加热方式对吸收塔模块出口烟道和出口强制通风设计的影响将在第二篇第一章“烟道和烟气挡板”中介绍。

1. *旁路加热*

旁路加热方式是在吸收塔模块下游侧的烟道中，将部分未处理的温度约130～150℃的原烟气与洗涤后温度为40～65℃的冷烟气混合，达到加热湿烟气的目的。图1-11-31示出了这种加热方式的流程图。有些设计采用多孔板或其他方式来促使这两种烟流更好地混合。过去，有些FGD系统设计成旁路热烟气和已洗涤的烟气沿各自的烟道直接进入烟囱，在烟囱中混合这两种烟流。混合后烟气的温度取决于两种烟气的流量和温度，假定两种烟气能完全混合，可按下式估算混合后的烟气温度（T_{sta}）：

$$T_{sta} = T_1 - \frac{F_2}{F_1 + F_2}(T_1 - T_2) \tag{1-11-3}$$

式中　T_{sta}——烟囱入口烟气温度,℃；

T_1——锅炉引风机出口烟温,℃；

T_2——吸收塔出口湿烟气温度,℃；

F_1——标准状态下，旁路烟气流量，m^3/h（w）；

F_2——标准状态下，吸收塔出口湿烟气流量，m^3/h（w）。

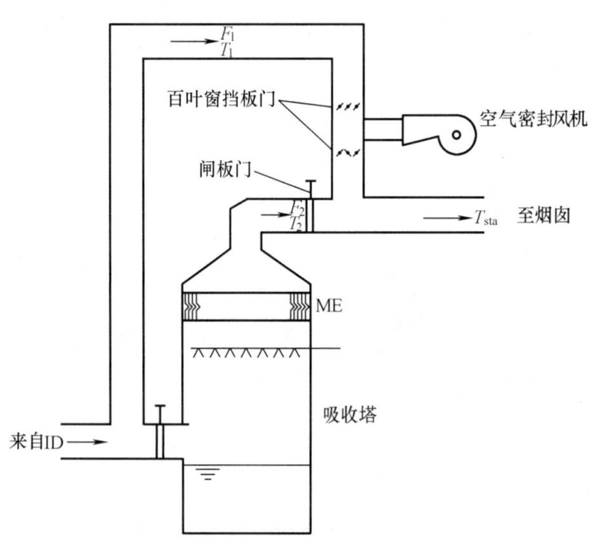

图1-11-31　旁路加热流程图

但是在实际运行中，冷热烟气很难达到完全混合，温差较大的两种烟气通常会形成明显的层流。如果两种烟气在进入烟囱之前混合时间短，或没有设计促使两种烟流混合的专门装置，这种层流现象就尤为严重。另外，已处理烟气所夹带的液体量也会影响加热烟气的程度，已处理烟气夹带水雾越多，混合后的烟气温度越低，因为旁路烟气的大部分热能消耗于蒸发液滴。

图1-11-31所示是一种典型的旁路加热布置方式，在旁路烟道中设置双百叶窗式挡板门来隔离和控制烟气流量。当挡板门关闭时，向双挡板门之间鼓入密封空气，可以阻止泄漏，提高挡板的密封性。图中上游侧百叶窗式挡板门的叶片是平行同方向转动，这种挡板门价格低，而且密封性较好。下游侧挡板门的叶片分成两组，两组叶片的转动方向相反，与前一种挡板门相比较，这种挡板门具有流量调节范围宽，更接近线性调节特性，适合用来调节烟气流量。有关双百叶窗式挡板门的内容，在第二篇第一章中还将详细介绍。

旁路加热系统的投资和运行费用相对较低，一般根据烟囱排烟要求的温度自动调节旁路挡板叶片的位置来控制旁路烟气流量。由于大多数FGD系统都装有旁路烟道，当锅炉启动和FGD事故时用来旁路原烟气，因此，只要使旁路烟道的设计增加具有控制旁路烟气流量和促使冷热烟气混合的功能，就可实现用旁路烟气加热处理后的冷烟气。旁路加热方法主要的限制是，旁路未处理的烟气会降低FGD系统的总脱硫效率，因此，这种加热方式限于应用在脱硫效率要求不太高（低于 80%）的 FGD 系统中。当要求平均 SO_2 脱除率为 70% 时，旁路加热方式最受欢迎。但是，由于要求越来越高的 SO_2 脱除效率以及旁路加热在冷热烟气混合区形成了一个严重腐蚀的环境，目前，通常已不采用这种加热方法。

对于旁路烟气和饱和烟气经各自的烟道在烟囱中混合的旁路加热工艺，已有多起砖砌内烟囱发生倾斜的事故报道，内烟囱倾斜的原因是烟囱入口水平烟道对面烟囱内侧的砖和灰浆发生了鼓胀。

2. 循环加热

循环加热系统是将吸收塔模块上游侧未处理烟气的热量通过换热装置传递给处理后的烟气，图 1-11-32 示出了两种换热器的工作原理。

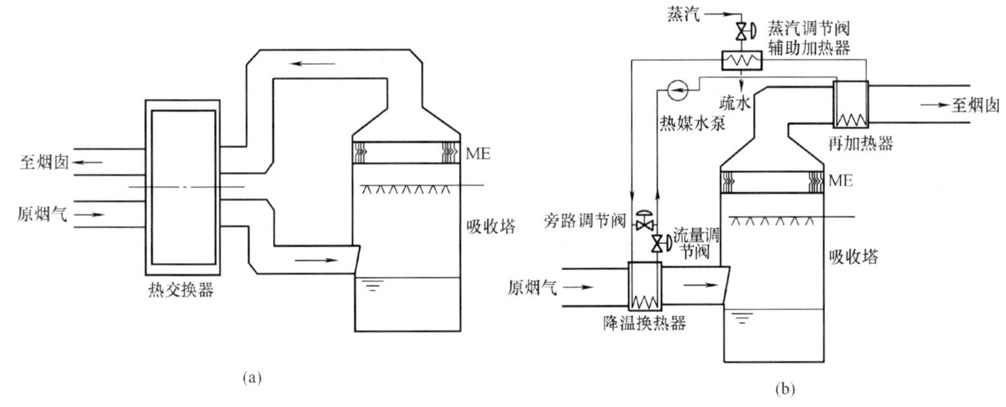

图 1-11-32 循环加热流程图
（a）回转式 GGH；（b）管式 GGH

德国和日本大多数燃煤发电机组的 FGD 系统采用循环加热方式。德国 80% 的湿法 FGD 系统安装了回转式 GGH［见图 1-11-32（a）］。日本自 20 世纪 80 年代后，大多数湿法 FGD 装置也都安装了这种 GGH，也有些 FGD 系统采用管排式 GGH［图 1-11-32（b）］。我国华能珞璜电厂 4 台 350MW、贵州安顺电厂两台 300MW 湿式石灰石 FGD 系统均采用螺旋肋片管式 GGH，而国内其他 FGD 系统则采用回旋式 GGH。

各种循环加热系统的运行费用相对较低，但由于处理烟气量大，必须采用大型换热装置，占用空间大，所用材料应能耐受严酷的腐蚀环境，所以设备投资费用高，按 2004 年国内报价，用于 300～600MW FGD 系统的回转式 GGH，一台的价格在 1100 万～1700 万元左右，搪瓷螺旋肋片管式 GGH，一套的价格大约 850 万～1200 万元，约占 FGD 系统设备费 10%～17%。

（1）回转式 GGH。类似锅炉尾部的容克式回转空气预热器，这类换热器可以是蓄热板转动或者固定蓄热板机壳转动。可以根据烟气垂直或水平流向来布置回转式 GGH 的方向，也有的按回转式 GGH 垂直和水平转轴来分类布置方式。采取烟气垂直流向布置需要的烟道较短，系统较为紧凑。烟气垂直流向回转式 GGH 按 GGH 冷端的朝向和其与吸收塔的相对位置有 3 种布置方式，回转式 GGH 布置图和布置方式优缺点比较列于表 1-11-7。国内绝大多数 FGD 系统的回转式 GGH 采取冷端朝上烟气垂直流向布置，不到 5% 的采取冷端朝下烟气垂直流向布置，而这两种布置方式在欧洲的 FGD 系统中各占大约 50%。烟气水平流向布置的回转式 GGH 尽管烟道布置紧凑、造价较低，吸收塔出口至 GGH 的烟道壁上的浆液和冷凝液很少直接流入 GGH 净烟气侧，但由于吹扫和冲洗 GGH 的污垢不易排出转子以及不均匀积聚的污垢和换热元件不均匀腐蚀会造成转子的动不平衡，国内和欧洲的 GGH 还没有采用这种布置方式。

回转式 GGH 的缺点是一小部分烟气会从压力高的一侧向压力低的一侧泄漏。在大多数 FGD 系统中，锅炉引风机或脱硫增压风机位于回转式 GGH 的上游侧，未处理烟气侧压力较高，造成未处理的烟气漏入已脱硫的烟气中，这种泄漏率通常可达 1% ~5%，因此会降低 FGD 系统的总 SO_2 脱硫效率。当烟气中 SO_2 浓度很高，又要求较高脱硫效率时，需要吸收塔有很高的脱硫效率来弥补泄漏造成的系统脱硫率下降。加装改进后的密封板和在密封板处喷入密封空气以及采用低泄漏风机，可使总泄漏率 <1%。有一种可供选择的布置方案是将脱硫风机布置在 B 或 D 位置（见图 1-2-3），可使总泄漏率低于 0.75%，但风机处于腐蚀较严重的环境中，对风机防腐要求较高。

表 1-11-7　　FGD 系统回转式 GGH 几种布置方法比较

GGH 布置图	位置名称	优　点	缺　点	所占比率
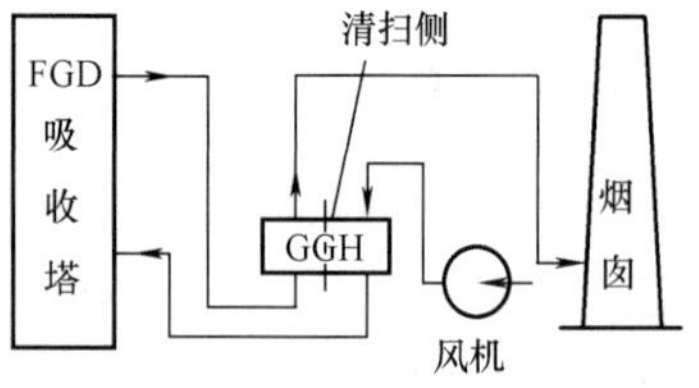 FGD 吸收塔 清扫侧 GGH 风机 烟囱	冷端朝下、烟气垂直流向布置	·有利于水冲洗形成的灰浆水排出转子 ·吸收塔出口烟道壁上的浆液和冷凝液不会直接流入转子	·烟道布置较困难，烟道造价最高 ·必须采取措施防止换热元件仓冷端仓盒支撑梁的长期腐蚀	欧洲 50% 中国 <5%
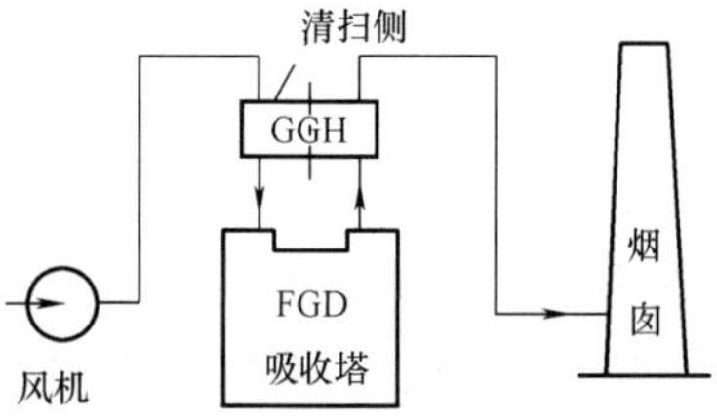 清扫侧 GGH FGD 吸收塔 风机 烟囱	冷端朝下、烟气垂直流向、积木式布置	·烟道易布置，烟道造价最低 ·吸收塔出口烟道壁上的浆液和冷凝液不会直接流入转子 ·有利于水冲洗形成的灰浆水排出转子	·很少 FGD 承包商有适合这种布置方式的特殊的吸收塔设计 ·需考虑冲洗的灰浆水流入吸收塔的影响 ·必须采取措施防止换热元件仓冷端仓盒支撑梁的长期腐蚀	
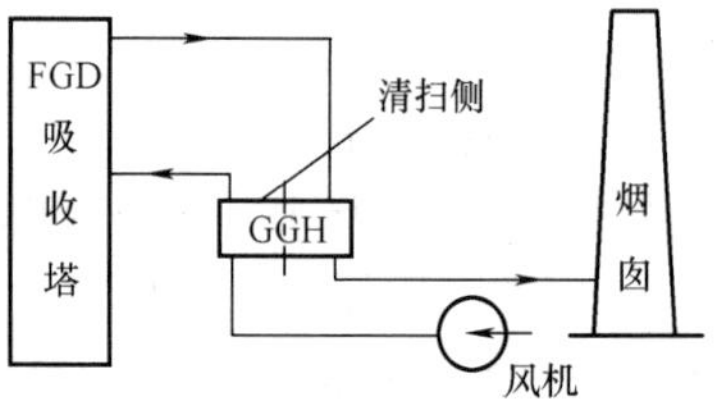 FGD 吸收塔 清扫侧 GGH 风机 烟囱	冷端朝上烟气垂直流向布置	·烟道易布置，烟道造价较低 ·换热元件仓冷端仓盒支撑梁的长期腐蚀问题不是太严重 ·有利于水冲洗形成的灰浆水排出转子	·吸收塔出口烟道壁上的浆液和冷凝液将直接流入转子 ·原烟气向上流阻碍了灰浆水流出转子 ·起泡吸收塔和当液位失去控制时会造成浆液溢入转子中	欧洲 50% 中国 >95%
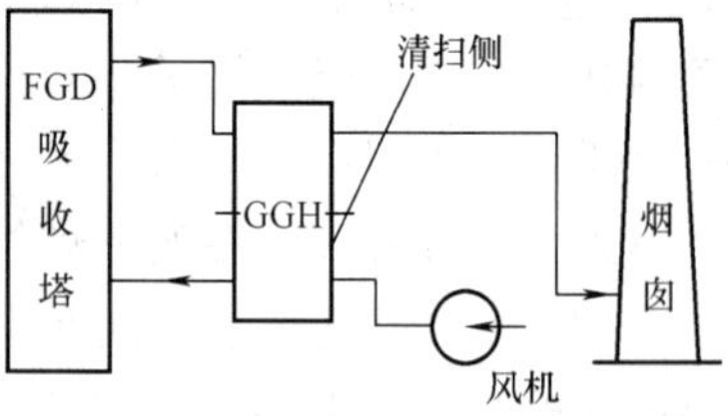 FGD 吸收塔 清扫侧 GGH 风机 烟囱	烟气水平流向布置	·烟道易布置，烟道造价仅高于积木式布置 ·吸收塔出口烟道壁上的浆液和冷凝液很少直接流入转子	·转子中的灰浆水不能依靠重力流出 ·由于不均匀的污垢和腐蚀会出现严重动不平衡问题	欧洲 0% 中国 0%

采用与电站锅炉回转式空预器漏风率相类似的方法，GGH 的烟气泄漏率定义为，漏到净烟侧的原烟气质量占进入 GGH 的净烟气质量的百分数。GGH 的烟气泄漏率（α_{GGH}）也可以通过烟气 SO_2 浓度来推算：

$$\alpha_{GGH}=\frac{C_3-C_2}{C_1-C_3}\times\frac{\rho_1}{\rho_2}\times\frac{1-C_{2H_2O}}{1-C_{1H_2O}}\times 100\%$$

式中 C_1，C_2，C_3——分别为 GGH 入口原烟气，入口净烟气和出口净烟气 SO_2 浓度，mg/m^3；

ρ_1，ρ_2——分别为 GGH 入口原烟气（即漏入净烟侧的原烟气），入口净烟气密度，kg/m^3；

C_{1H_2O}，C_{2H_2O}——分别为 GGH 入口原烟气，入口净烟气含水量，V%。

如果进行粗略估计，GGH 泄漏率每增加 1 个百分点，系统脱硫率较之吸收塔脱硫率将下降接近 1 个百分点。

采用回转式 GGH 的另一个缺点是换热容量不可调，当锅炉低负荷时，系统出口烟温偏低。

采用回转式 GGH 也存在堵灰结垢问题。国内大多数 FGD 系统的 GGH 采用冷端朝上的布置方式，造成 GGH 堵灰结垢的主要原因有以下几点：

· 除雾器性能下降，烟气透过除雾器夹带的液滴过多，液滴中的石膏沉积在换热板上使压差增大。即使除雾器效率正常，烟气透过除雾器夹带的液滴在设计范围内，但由于烟气流量大，GGH 持续运行时间长，累计进入 GGH 的石膏量也相当可观。当黏附在换热板上的浆液转至原烟气侧经高温烟气烘烤变成硬块时，难以清除。

· 当吸收塔循环浆液的 pH 值较高时，烟气透过除雾器夹带的液滴中含有未反应的 $CaCO_3$ 增多，$CaCO_3$ 与原烟气中高浓度的 SO_2 反应形成结晶石膏，即所谓石膏硬垢，牢固地黏附在换热板上，很难清除。

· 吸收塔出口烟道壁上的浆液和冷凝液直接流入或被烟气带入 GGH 净烟气侧的冷端。

· 当吸收塔入口烟道的倾斜度太小，烟道又较短，在吸收塔液位失去控制或出现起泡现象时，浆液可能溢流进入 GGH。

· 当系统未进烟，循环泵在运行时，由于吸收塔入口烟道的倾斜度太小，烟道又较短，喷淋下落的浆液可能被气流带入 GGH 中。当吸收塔排空门和净烟气挡板门开启时，这种情况可能会很严重。

· 烟气含尘量大将很快形成堵灰，差压显著上升。另外，飞灰具有水硬性，飞灰中含有由煤中石灰石在锅炉高温下煅烧产生的 CaO，CaO 的存在可以激发飞灰的活性。换热板上沉积的硫酸钙（$CaSO_4$）、冷凝产生的 H_2SO_4、飞灰和 CaO 相互反应形成类似水泥的硅酸盐，经过长时间逐渐硬化，即使用高压水冲洗也很难清除。

· 在 GGH 的原烟气侧，特别在其冷端，烟气中的 SO_3 将冷凝成黏稠的硫酸，黏稠的硫酸将有助于飞灰的黏附，从而加剧堵灰的形成。当燃烧高硫煤或 FGD 系统上游侧装有 SCR 反应器时（SCR 反应器可以使部分 SO_2 转化为 SO_3）或 GGH 冷端长时间运行在低于烟气露点温度的工况下时，会加剧上述情况。

基于上述情况，除了应采取相应措施防止或缓解上述情况和应定期吹灰外，即使 GGH 压差未达到需要水冲洗的程度，也应定期在线高压水冲洗，建议至少每月一次。此外，吹灰和冲洗效果仍然是需要改进的问题。

（2）管式 GGH。有两组分开布置的热交换器，通常将吸收塔上游侧的热交换器称作降温换热器，将下游侧的换热器叫作再加热器，在这两组换热器之间通过泵送传热流体来实现热量的传递，这是一种无泄漏的 GGH。管式 GGH 通过控制热媒体的流量可以调节出口烟气温度，并可加装辅助加热器，例如蒸汽加热器，当出口烟气达不到要求的温度时，通过控制蒸汽流量来提升烟温。管式 GGH 的另一优点是布置方式灵活，可以不增加烟道的长度。其缺点是占据的空间大，防腐蚀问题不好解决，换热管一旦腐蚀穿孔必须停机处理，修复难度大，往往要割管，这样，换热效率将下降。另外，当积灰严重时只能停机冲洗，不像回转 GGH 可以在线冲洗。

（3）热管 GGH。是管式换热器的一种特殊形式。热管 GGH 无需泵送传热流体，也没有转动机械部件。图 1-11-33（a）是热管结构示意图，热管被抽成真空后充入适量的液体，热管垂直或倾斜地布置在两个紧连的热交换器中，当热烟气通过其一端时，工作液吸收烟气热量变成热流体，密度下降，由于冷热工作液的密度差，使热工作液流向另一端，向净烟气放出热量，变成冷流体，密度增大，再流回热管的热端，从而完成了在冷、热烟气之间的热传递。大多数热管 GGH 要求入/出口烟道紧靠在一起［见图 1-11-33（b）］，但已经设计出分离型热管 GGH，其工作原理如图 1-11-33（c）所示。热管 GGH 对烟道布置的限制程度取决于吸收塔入/出口烟道以及烟囱的位置。需要指出的是，热管 GGH 应用于 FGD 系统尚不普遍，缺乏成熟的经验。

循环加热降低了吸收塔入口烟气温度，这样既降低了烟气的绝热饱和温度，也减少了吸

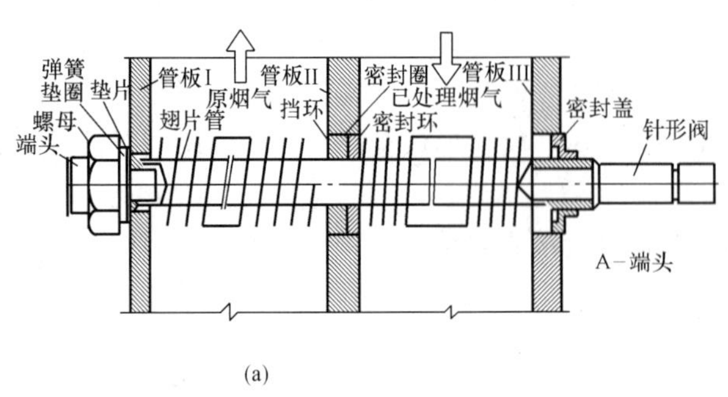

(a)

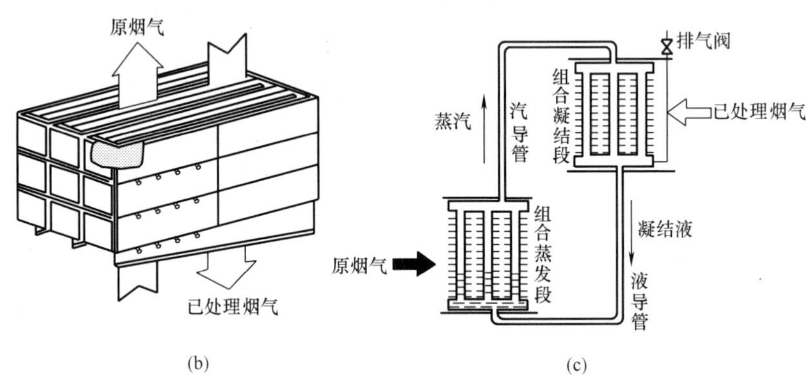

(b) (c)

图 1-11-33 热管 GGH

（a）热管结构示意图；（b）热管 GGH 实物图；（c）分离型热管 GGH 原理简图

收塔内水分蒸发量。由于吸收塔内蒸发至烟气中的水分占系统耗水量的主要部分，因此采用循环加热方式可以降低系统耗水量。

上述三种 GGH 的烟气压损较大，在清洁状况下压损 1000Pa 左右，约占系统总压损 25% 至近 40%，严重积灰污染后可达到 1700Pa，可占到系统总压损近 50%，以致会影响 FGD 系统的正常运行。由于这类 GGH 易积灰，所以都配备有换热件清洁装置，清洁方法有：压缩空气吹扫、蒸汽吹扫、燃气脉冲吹灰、低压和高压水洗等，管式 GGH 还有设计采用钢球机械除灰。就国内螺旋肋片管 GGH 运行经验来看，燃气脉冲吹灰效果较好。回转式 GGH 通常配有压缩空气（或蒸汽）吹扫、在线高压水（8～12MPa）冲洗和离线大流量低压水（0.5MPa 左右）冲洗装置。有些 GGH 压缩空气（或蒸汽）吹扫和低压水冲洗使用同一根可伸缩式吹灰器的吹管和喷嘴，高压水洗使用单独的固定式喷管和喷嘴，有些 GGH 采用一根可伸缩吹灰器实现压缩空气、低压水和高压水吹扫和冲洗。当用压缩空气或蒸汽吹扫无法将换热元件上的污垢吹扫干净或压损升高到转子洁净时压损值的 1.5 倍时，需投运在线高压水清洗，使压损恢复到正常值。停机时采用大流量低压水冲洗蓄热板上的沉积物。但实际运行发现，需要用压力水冲洗蓄热板时，GGH 的积灰已相当严重，冲洗造成短时间内大量积灰通过集水坑或直接进入吸收塔反应罐，常发生“封闭”石灰石反应活性的现象，一旦出现这种情况往往需要数小时至十余小时才能使反应罐中的反应逐渐恢复正常。当黏附在换热板上的颗粒物变成硬垢时，往往冲洗效果很差，GGH 的压差难以恢复。

管式 GGH 中管排数多，在线水冲洗效果差，如果换热管和管架等采用不耐腐蚀的金属制作，运行中水冲洗将加剧腐蚀，所以一般不装在线水冲洗装置，一旦积灰严重只能停机冲洗。管式 GGH 体积庞大，占地面积大。检修难度大，更换管束组件需大型吊车。尽管管式 GGH 换热管之间的间隙大于回转式 GGH 蓄热板之间的间隙，后者可能比前者更易积灰，但在高硫煤 FGD 系统中，这两种 GGH 实际运行结果表明，后者仍优于前者。国内也仅有 7～8 套 FGD 系统选用了管式 GGH。

3. *在线加热器*

图 1-11-34 示出的是一种结构较为简单的在线加热器，加热媒质可以是蒸汽或热水。如采用汽轮机排出的低压蒸汽通过光管或肋片管束来加热脱硫后的饱和烟气，通常称为蒸汽—烟气加热器（Steam Gas Heater 略写 SGH），简称蒸汽加热器。SGH 设计和运行操作较简单，但也易遭受腐蚀和堵塞，耗汽量大，运行费用高。其所处腐蚀环境类似管式 GGH 的再加热器，但是，由于 SGH 采用的加热媒质是温度较高的蒸汽，管束表面温度较高，腐蚀环境有所缓和。如能始终保持 SGH 传热表面温度高于 120℃，并将烟气饱和度降至 80% 以下，可以明显降低已处理烟气对 SGH 的腐蚀速度，在这种工况下有成功应用碳钢管作换热元件的报道。

图 1-11-35 是国内电厂引进 SGH 结构和工作原理示意图。在 SGH 中有数千根加热管，分成若干组，但一般仅在迎风面设置有冲洗水管，定时冲洗。据报道冲洗效果不太理想，运行一段时间后，加热管表面有垢层，使换热效率下降。冲洗下来的浆液中的固体物堆积在加热管束的根部，阻碍传热，使管束表面的有机氟树脂涂层热老化。而且堆积固体物含酸性物浓度高，曾测得经 SGH 底板流出的泄漏水 pH 值仅 1.5。由于加热管表面的防腐树脂涂层较薄，涂层易遭受机械损伤和热老化破裂，涂层一旦破损，1～2mm 厚的碳钢管将很快腐蚀穿孔，漏管停机的事故时有发生，但据了解，也有些电厂的 SGH 运行良好，很少发生漏管。因此保持除雾器处于良好工作状态，减少透过除雾器夹带过来的水雾和

浆体液滴，加强 SGH 冲洗和防止检修和运行中机械损伤加热管的防腐涂层是减少漏管，延长加热管束寿命的关键。SGH 最大的缺点是蒸汽耗量大，例如某电厂 FGD 装置处理烟气量为 1760000m^3/h（标准状态、干基），SGH 将净烟气温度提升至 80℃，消耗 250℃压力为 6kgf/cm^2 的蒸汽 32.5t/h。

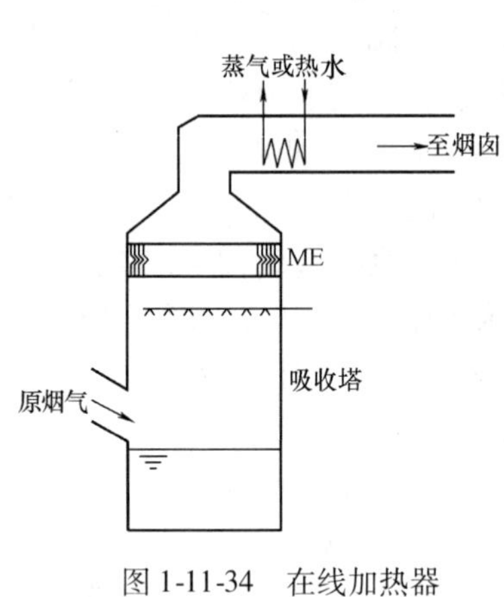

图 1-11-34　在线加热器

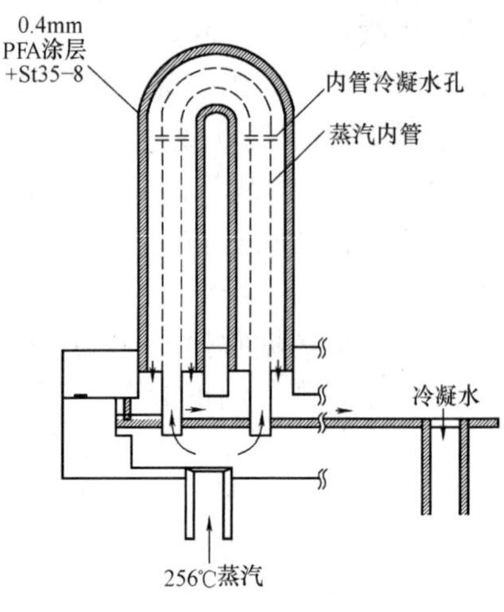

图 1-11-35　SGH 结构和工作原理示意

PFA—可熔性聚四氟乙烯

4. 热空气直接加热

热空气直接加热装置也称为环境空气加热装置，如图 1-11-36 所示。热空气直接加热类似在线加热，管内的加热媒质也是蒸汽，不同的是流过翅片管束外的不是净烟气而是空气。锅炉供给的热水由于温度较低，不宜用作加热媒质。蒸汽将空气加热到 175～200℃后喷入烟气流中，这样提高了烟气温度，也增大了烟气的质量流量。如要将烟气温度提升 30℃，需要 200℃的热空气流量约为烟气流量的 12%。由于增大了烟气体积，下游侧烟道和烟囱的尺寸也需加大。

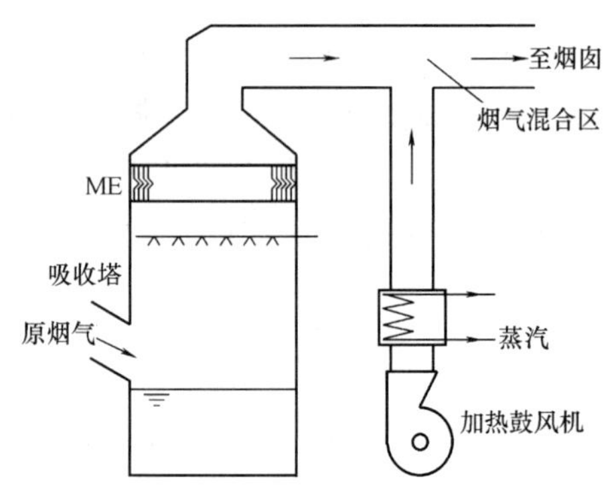

图 1-11-36　热空气直接加热

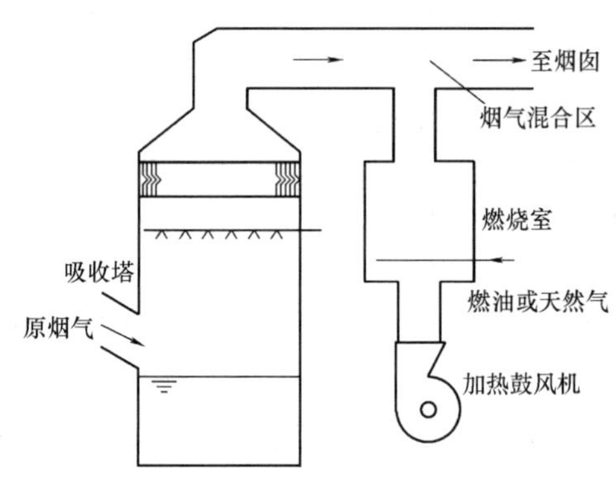

图 1-11-37　直接燃烧加热

热空气加热主要优点是空气加热管束处在环境空气流中，可以采用碳钢制作管束。另一优点是，对于改造项目，由于增加了原烟囱排烟体积，提高了烟囱出口烟气流速，增强了烟羽的扩散，由于减少了烟气中的水雾含量，可以降低烟羽的黑度。

虽然这种加热器管束可以采用价廉的碳钢管，但运行费用明显高于在线加热器，因为需要加热的气体总量（烟气和加热的空气）大，加热器鼓风机还需消耗较大电能。

5. 直接燃烧加热

直接燃烧加热（见图 1-11-37）是在靠近吸收塔出口烟道的燃烧室内燃烧低硫燃油或天然气，将燃烧后的热烟气鼓入已脱硫的净烟气中，提升烟气温度。由于直接燃烧产生的热烟气温度比直接加热的热空气高得多，所以只需较少体积的热烟气。这样就减少了加热器鼓风机的容量，烟气总排放量也增加不多。缺点是需消耗燃料，另外，燃料燃烧增加了排烟的 SO_2 浓度，降低了系统总脱硫效率。这种加热烟气的方式在日本燃油发电机组的 FGD 系统中较为常见，一般将净烟气加热提升 80～90℃。

三、加热装置结构材料的选择

本小节将讨论制作烟气加热装置组件所采用的材料，这些组件包括换热板片、蛇形蒸汽（或热水）管、空气风机、烟道和烟气混合室。这类材料的选择主要取决于设备工作环境——烟气温度、湿度、腐蚀物质的种类和浓度以及 pH 值。本篇第十三、十四和十五章以及第二篇还将涉及 FGD 结构材料的选择，读者可参照有关章节阅读。

1. 旁路加热装置结构材料选择

从入口烟道到下游侧控制挡板门前的旁路烟道（见图 1-11-31）可以用碳钢制作。如果采用双挡板，上游侧密封挡板可以用碳钢，但下游侧控制挡板和该挡板至吸收塔出口的烟道必须用耐腐蚀材料制作，控制挡板应采用耐腐蚀合金，该处烟道典型的用材是镍基合金墙纸，6-Mo 超级奥氏体不锈钢和双相不锈钢墙纸也是可供选择的材料。

由于高温、含有高浓度 SO_2 旁路烟气与来自吸收塔已处理的饱和湿烟气在烟气混合区混合，该区的腐蚀环境极为严酷。在混合区内，可能会形成冷凝物，应设计收集和排放冷凝物的装置。该区域中接触烟气的结构材料应能耐受 150℃的连续运行温度，能耐受酸性非常高（pH 值≤1）、含 Cl^- 超过 100g/L 冷凝物的侵蚀。在空气预热器故障时旁路烟气温度可能高达 315℃，因此不推荐采用有任何明显渗透率的衬材，例如喷射涂层或有机物衬层。显示出有很好适应性的材料有：镍基合金、底层采用玻璃鳞片树脂作为防渗透层，再覆盖耐酸瓷砖或单独衬覆硼硅酸盐玻璃泡沫块。但是，混合区在极端严酷的情况下，即使最耐腐蚀的金属材料有时也会遭受损坏。

2. 循环加热装置结构材料选择

在讨论循环加热装置结构材料选择之前，有必要了解烟气露点温度的一些基本概念。

空气中往往含有一定量的水蒸气，假定该空气中水蒸气分压为 P_{H_2O}，在空气含湿量和压力不变的情况下，逐渐降低该空气温度，假定该空气温度降至 t_{dp}时，P_{H_2O}等于 t_{dp}对应的空气饱和水蒸气分压，t_{dp}即为该空气的露点温。此时空气中的水蒸气开始凝结，即所谓结露现象。因此，空气露点温度是空气中水蒸气开始凝结的临界温度，在定压下，其随空气中的 P_{H_2O}增加而升高。

在煤燃烧生成的烟气中，由燃料带入和燃烧生成的水分约占烟气体积的百分之几，一般比空气中的水蒸气含量高些，因此烟气中水蒸气的露点也较高。例如褐煤、烟煤和无烟煤燃烧产生的烟气的露点分别为 50℃、43℃、25℃。如果烟气中存在有 SO_3，即使含量很低也会对烟气的露点产生很大影响。

烟气中的 SO_3 会与烟气中的水蒸气化合成为硫酸蒸汽，其反应式为：

$$SO_3 + H_2O \leftrightarrow H_2SO_4$$

按上式，SO_3 转化为 H_2SO_4 的转化率为

$$X = \frac{P_{H_2SO_4}}{P_{SO_3} + P_{H_2SO_4}} \times 100\%$$

温度对转化率 X 的影响很大，温度越低，H_2SO_4 蒸汽的平衡分压 $P_{H_2SO_4}$ 越高，SO_3 转化率 X 也越高。烟温从 150℃降至 110℃，转化率 X 大约从 73%升至 100%，也就是说当烟温降低到 110℃时，几乎全部 SO_2 都与水蒸气反应生成硫酸蒸汽。

当烟气中有硫酸蒸汽，即使含量很少时，烟气的露点却会急剧上升，此时烟气的露点与烟气中的水蒸气和硫酸蒸汽的分压（及烟气中的 SO_3 含量）有关。烟气露点温度越高意味着烟气越易于结露。

需要说明的是，烟气露点也叫酸（硫酸）露点或硫酸蒸汽的露点，在下文中这几种提法会交替出现。通常硫酸蒸汽会提高烟气露点而盐酸蒸汽则会降低烟气露点。

进入 GGH 降温侧的原烟气到达热侧的低温区（即出口区）时多半已被冷至烟气露点温度以下，烟气中的 SO_3 将转变成硫酸蒸汽，如果此时硫酸蒸汽分压力高于其饱和分压力，硫酸蒸汽就会在 GGH 的换热面上凝结成硫酸雾滴，造成对换热面的腐蚀。硫酸蒸汽凝结过程的一个重要特点是凝结的硫酸雾滴的浓度比烟气中硫酸蒸汽的浓度高得多，凝结硫酸雾滴的 GGH 换热面的温度越高，硫酸浓度就越高。附着在换热面上黏稠的硫酸不仅使烟尘易于黏附在受热面上，而且使积灰难以被吹扫掉。黏附在受热面上的浓硫酸与飞灰反应，在高温作用下形成硬垢，增加了清除的难度。停机时，烟气中的水汽凝结成液体，使受热面积聚的飞灰湿化，这种湿灰的 pH 值低于 1，极具腐蚀性。当用水冲洗积灰时，流出的污水含酸量（以 H_2SO_4 计）可达 13%左右，对不具有耐硫酸腐蚀的传热组件和 GGH 烟道会产生严重的腐蚀。

判断是否发生硫酸露点腐蚀需确定烟气硫酸露点温度，烟气硫酸露点温度随烟气中 SO_3 浓度和含水量变化。式（1-11-4）是日本电力工业中心研究所提供的烟气硫酸露点温度（t_{dp}）计算式

$$t_{dp} = (a - 80) + 20\lg[SO_3] \quad (℃) \tag{1-11-4}$$

式中 a 为水分常数，当烟气中水分含量为 5%、10%、15%时，a 分别为 184、194、201；［SO_3］为烟气 SO_3 浓度（ppm）。图 1-11-38 是根据式（1-11-3）绘出的硫酸露点温度与 SO_3 浓度的关系曲线。

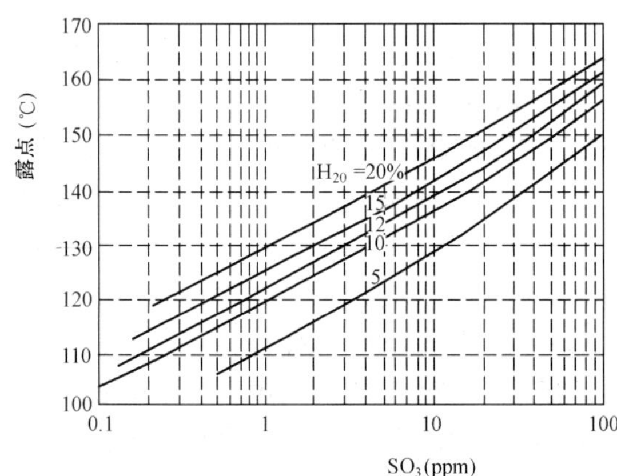

图 1-11-38　硫酸露点与 SO_3 浓度的关系

计算烟气硫酸露点温度的另一个较为方便使用的公式是

$$t_{dp} = 186 + 20\lg[H_2O] + 26\lg[SO_3] \quad (℃) \tag{1-11-5}$$

式中［H_2O］和［SO_3］分别为烟气中水分和 SO_2 含量，单位取体积百分数，%。

在相同条件下，上述两式计算的 t_{dp} 不相同，但较为接近。还有多种计算 t_{dp} 的公式，计算结果都不相同，有的结果差别较大，在

此不一一介绍。

如 GGH 入口烟气含水量为5%，SO_3 浓度为10ppm，按式（1-11-4）和图1-11-38 可得出露点温度为 124℃。GGH 热侧出口烟气温度一般为 100℃左右，因此可以预计，在热侧的低温区烟气中的 SO_3 将凝结成硫酸雾，将出现硫酸露点腐蚀。从图 1-11-38 可看出，烟气 SO_3 浓度越高，含水量越高，烟气露点温度就越高，烟气中的 SO_3 也就越易凝结成硫酸雾。烟气 SO_3 浓度随 SO_2浓度和烟气温度的升高而增加，这成为高硫煤烟气腐蚀性强的主要原因之一。

进入 FGD 系统的 SO_3 浓度除与煤中含硫量、锅炉燃烧温度以及是否装有脱硝装置有关外，还与空气预热器出口烟温密切有关。空气预热器出口烟温高，在空气预热器中凝结的 SO_3 减少，空气预热器出口烟气中的 SO_3 除一部分在除尘器中被飞灰吸附外，大部分进入 FGD 系统，因此燃用高硫煤的 FGD 系统的腐蚀环境比低硫煤的要恶劣得多。

GGH 再加热侧属于硫酸和亚硫酸低温腐蚀区，造成腐蚀的主要原因是烟气透过 ME 夹带的水沫黏附在传热表面，会继续吸收烟气中残留的硫酸雾、SO_2、HCl 和 HF，这些酸性物质随着水分的蒸发而浓缩，成为引起腐蚀的主要原因。另外，烟气夹带的浆液在受热面形成固体沉积物，造成垢下缝隙腐蚀。

由此可看出，GGH 以及 GGH 至吸收塔入/出口之间的烟道均处于较严酷的腐蚀环境，所以必须采取防腐措施。回转式 GGH 通常用玻璃鳞片酚醛环氧乙烯基酯树脂（日本富士树脂株式会社的型号为 6H）涂料衬覆壳体，也有采用耐硫酸露点腐蚀钢 S-TEN 制作壳体和原烟气入口烟道，这要视烟气温度而定。采用镍基合金/碳钢覆盖板，从技术角度来说是最理想的材料。6H 树脂在干烟气中可耐受 150℃高温，如烟温长时间超过 150℃，衬层易遭受损坏。在湿态下，使用温度不宜超过 120℃，因此在选用 6H 树脂涂料时必须考虑其工作环境温度和干/湿状态。目前，有些在运的回转式 GGH 壳体树脂内衬已出现损坏，原因是烟温长时间接近或超过 140℃，且处于干/湿交替状态。回转式 GGH 的密封件多采用耐腐蚀铬镍合金，蓄热板则采用搪釉碳钢板。

管式 GGH 的管束可采用有机氟树脂涂覆碳钢管、不锈钢管（等级不低于 316L）、搪瓷管或优质碳钢管。国内在蒸汽-烟气再加热器中采用过两种有机氟树脂衬覆碳钢管，一种是可熔性聚四氟乙烯（PFA）涂料，其耐蚀性优良，长期使用温度达 260℃。另一种是聚偏氟乙烯（PVDF）涂料，耐蚀性也优良，最高使用温度为 165℃。有机氟树脂涂层厚度通常 0.5mm 左右，由于涂层较薄，易遭受机械损伤，一旦破损，碳钢管将很快腐蚀穿孔。这两种有机氟树脂涂料也可以用于衬覆管式 GGH 的管束，但涂层易遭受烟尘磨损（原烟气侧）和机械损伤以及价格较高，这些是制约其在电厂 FGD 应用的主要原因。采用不锈钢管，性能可以满足要求但造价昂贵，在我国，至少目前难以实际应用。从性价比考虑，采用搪瓷管最合适，但国产搪瓷肋片管使用仅 4 个月就出现大面积剥瓷现象，尚不清楚这是质量问题还是弯曲半径较小的换热管不适合烧结较薄的釉层。采用优质碳钢管价格便宜但耐腐蚀性差，国内 FGD 系统螺旋肋片管 GGH 有采用优质碳钢和国产 09CrCuSb（ND）钢作管材的长期应用经验，降温换热器和再加热器的使用寿命分别仅 15000h 和 30000 多小时。针对这种情况，三菱开发了在 GGH 降温换热器上游侧烟道中喷射石灰石粉工艺，用石灰石粉来包裹硫酸雾滴，使换热管表面保持干燥，以减缓硫酸露点腐蚀。这种工艺在国外有试用，国内华能珞璜电厂也采用了这种方法，效果较好，管束表面干燥不易积灰，可以明显延长碳钢管 GGH 的使用寿命。这种方法的缺点是，增加了烟气对管束的磨损；应控制石灰石粉的喷射量并保持分布均匀，过量喷射的石灰石粉会沉积在换热器的底部，增大烟气压损；喷入的石灰石粉会影响系统的物料平衡。

管式 GGH 降温换热器烟道的壁面和顶部可采用耐硫酸露点腐蚀用钢，如 S-TEN 或国产 09CrCuSb（ND）钢，但底部宜采用高镍合金（如 C-276 或 59 合金）覆盖板。再加热器烟道则可采用玻璃鳞片双酚型乙烯基酯树脂（6R）涂料衬覆碳钢。

热管加热器的材料选择可参考管式 GGH，目前典型的是用碳钢制作热管和肋片，也可以采用不锈钢或合金材料。

3. 在线加热器结构材料选择

在线加热器所处腐蚀环境类似管式 GGH 中的再加热器，可以按前一小节所述选择结构材料。国内目前已投运的在线加热器为 SGH，采用 PFA 或 PVDF 有机氟树脂衬覆碳钢管。有的电厂反映运行良好，而有的电厂反映频繁发生漏管现象。分析其原因可能是安装或检修时损伤了氟树脂保护层，运行中管束与固定件摩擦损坏保护层以及管束根部长期堆积固体沉积物阻碍了热传递，导致保护膜老化破裂。另外，换热管与联箱的连接密封不好也是造成漏管的原因。国外通常建议采用不锈钢或镍基合金制作加热管。

4. 热空气直接加热装置的结构材料选择

由于热空气直接加热器的组件不接触吸收塔出口湿烟气或旁路烟气，因此大多数这类加热器可以采用低等级合金或全部用碳钢制作，而且可以采用翅片管以增加传热面积，因为与在线加热器相比，不用担心管束表面和翅片之间沉积固体物。这种加热器的烟气混合区处在腐蚀环境中，虽然与旁路加热器的烟气混合区相比，其腐蚀程度要缓和得多，但仍建议该区域采用与旁路加热器烟气混合区相同的防腐材料。

5. 直接燃烧加热装置的结构材料选择

直接燃烧加热器的燃烧室必须采用类似锅炉耐火材料来衬砌，耐火材料可以是耐火砖或耐火灰浆。由于这种加热器的燃烧室通常在 FGD 出口烟道的外面，因此对温度的考虑比对防腐蚀的考虑更为重要。对这种加热器的烟气混合区内衬材料的要求也类似旁路加热器的烟气混合区。

四、烟气加热器的能耗

上述烟气加热器的热源是未处理的热烟气，或机组循环蒸汽，或另外的燃料。旁路加热器和循环 GGH 的热源是未处理的热烟气，有效地利用了废热，对机组的热效率影响很小。但是，循环 GGH 的投资成本高，旁路加热器虽然费用较少，但只能用于 SO_2 脱除效率要求不高的 FGD 系统。其他几种加热器的热源是锅炉循环蒸汽或热水，或燃料，这些都是较贵的能源，而且影响机组的热效率。下面分别来讨论这些热源及消耗情况。

1. 未处理烟气热能的利用

旁路和循环加热方法利用的热源是原烟气的热能。如果不加利用，原烟气的这部分热能也将被浪费掉，而且还会增加 FGD 系统的耗水量。旁路加热仅限于应用在 SO_2 脱除效率低于 80% 的 FGD 系统中，由于大多数新建的 FGD 系统都要求较高的脱硫率，因此，这种加热方法通常已不再采用了。循环 GGH 已在欧洲、日本和我国得到广泛应用，回转式 GGH 本身电机消耗的电能相对较少，其实，循环 GGH 最大能耗是消耗在增压风机克服循环 GGH 的烟气压损上。管式 GGH 辅助加热器耗蒸汽量大约是 3 ~ 5t/h（以珞璜电厂 350MW FGD 装置为例）。

2. 锅炉循环蒸汽或凝结水的消耗量

在电厂，蒸汽和锅炉凝结水是很容易获得的热源。但是，加热烟气消耗的蒸汽或锅炉凝结水对机组热耗率有显著的影响。除此外，对一个锅炉蒸汽裕量不多的发电机组来说，增建一个消耗蒸汽的烟气加热器势必要减少机组的发电量。加热烟气消耗的蒸汽量取决于加热烟气方式，由于在线加热装置仅加热烟气，其蒸汽利用效率最高。一个在线加热装置将烟气提升 30℃ 所消耗的热量约占锅炉产热量的 2%。热空气直接加热方式由于还需先加热空气，其消耗的热量比在线加热方式要多 10% ~15%。正如前所述，热空气直接加热方式不能采用锅炉凝结水加热烟气，因为锅炉凝结水的温度不能将空气加热到要求的温度。

3. 燃料消耗量

燃料是直接燃烧加热装置的热源，由于这种加热方式最常见于燃油发电机组的 FGD 系统中，因此加热烟气所用的燃料通常是低硫油，燃油的耗量取决于烟气温度提升值，例如提升烟温 30℃，燃油量相当锅炉耗油量的 1.5% 左右。如果能获得天然气，也可以燃烧天然气直接加热烟气。

第六节　吸收剂和添加剂制配设备

大多数湿法 FGD 系统采用的吸收剂是石灰或石灰石，采用的化学添加剂是乳化元素硫、二元酸、已二酸、甲酸钠。吸收剂和添加剂制配系统由运送、卸料、厂内运输、制配和贮存设备组成，按功能可将这些设备分成 3 个子系统：原材料接受和贮存、吸收剂制配以及吸收剂浆液贮存。本节将介绍这些设备的特点和布置方式。

一、石灰吸收剂制备设备

生石灰可以以块状或粉状的形式运抵电厂，这两种形态的生石灰都可以用来制备熟石灰浆液，但电厂 FGD 系统最常用的是块状生石灰，粒径范围大致是 6 ~50mm。为防止贮料仓、给料斗和给料机堵塞、满溢和泄漏，不同形态的生石灰对配制设备的设计有不同的要求。本小节讨论石灰吸收剂制配设备，重点放在块状石灰上。图 1-11-39 示出了石灰吸收剂制配系统图。

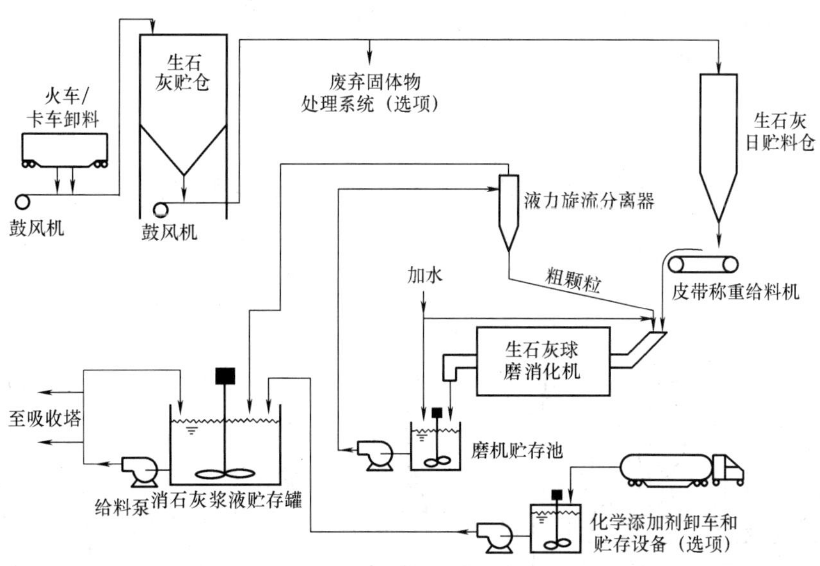

图 1-11-39　石灰吸收剂制备系统流程图

1. 生石灰的运输、卸车和贮存设备

将生石灰运抵电厂有三种方式：卡车、火车或驳船运送。这三种方式都被现有的 FGD 系统所采用。选择哪种运输方式取决于现场具体情况，例如石灰产地离电厂距离、石灰供应能力、年石灰耗量以及铁路、驳船的运力。

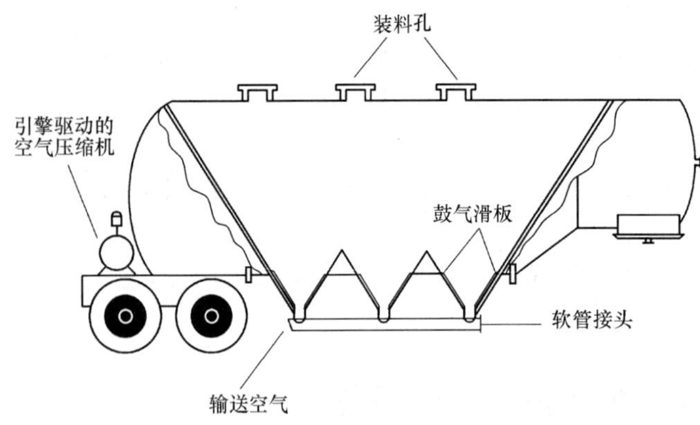

图 1-11-40　运送生石灰的汽车拖车

运送石灰的卡车（如图 1-11-40）典型运量是 10 ~ 23t，卡车本身一般都配有气动卸车装置，可将生石灰直接气力送到生石灰贮存仓内。卸车时间大约 1 ~ 2h。如果每天石灰运量很大，可以设置固定气动卸料装置，同时为数台卡车卸料。如果石灰供应点离电厂较近，最常见的是用卡车运送生石灰。

火车车厢（如图 1-11-41 所示）的典型载运量是 60t，可以通过车厢底部的卸料孔将生石灰卸入低位储仓或借助铁路旁固定气力设备卸料。车厢的这两种卸料方式比卡车卸料相对更困难些，必须采用专用车厢，在一个封闭的、有防雨的建筑物中卸料。一般铁路运费比卡车便宜，但电厂需建专用铁路支线和站台。也有用火车运送一段路程再改用卡车转送进厂的运输方式。

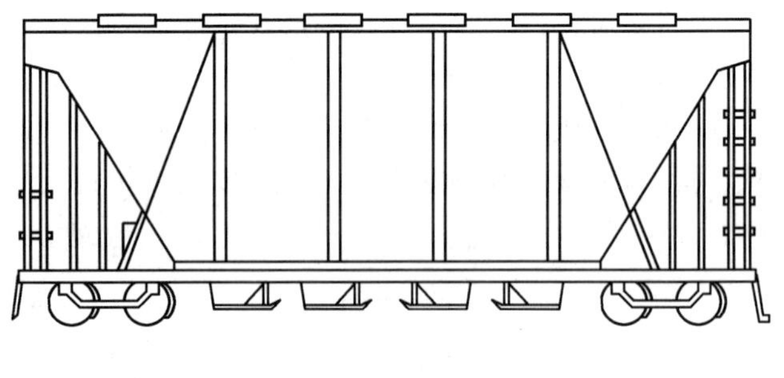

图 1-11-41　运送生石灰的车厢

如果电厂靠近可通航的地方，而且可以停靠大型驳船，通常用驳船运输大量石灰到发电厂是最经济的运输方式，驳船的装载量为 725 ~ 1800t。图 1-11-42 是一个典型的驳船卸料转运系统，采用机械和气动相结合的卸料装置可以在几小时内卸完一驳船的生石灰。

具体选用何种运输方式，决定因素是经济性和可靠性，通常在编制 FGD 系统技术规范之前应对可能的供货点、承运能力、运费作全面调查、比较，然后确定最可靠、费用最低的运输方案。

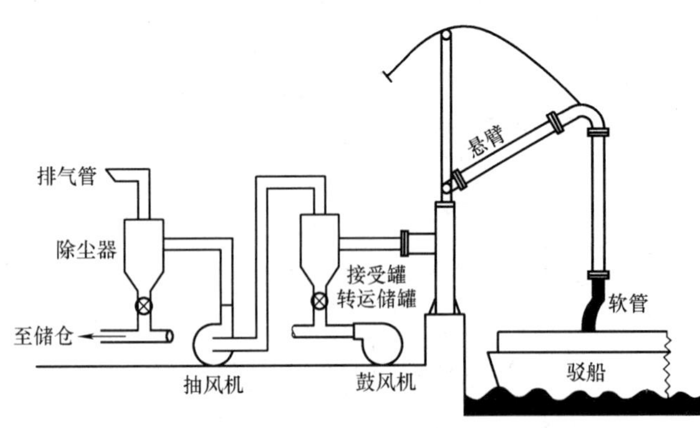

图 1-11-42　驳船卸料设备

不管采用何种运输方法，最终要将生石灰转送到一个或多个石灰储存仓中，石灰储仓的数量和容量取决于以下因素：石灰最大日耗用量，运输方式，可能中断供货的时间。式（1-11-6）给出了一种确定吸收剂有效储存量 $M(t)$ 的计算方法

$$M = F \times (d_1 - d_2) \times 24 + W \tag{1-11-6}$$

式中　F——额定耗粉量，t/h；

d_1——中断供应吸收剂的最短时间，天；

d_2——日贮料仓存量可维持运行时间，天；

W——每批供货量，t。

石灰是一种较贵的原材料，过大的石灰库存量不仅占用了大量周转资金，而且生石灰易于受潮结块和失去活性，国外典型设计要求库存量可维持 FGD 系统运行 7～14 天，我国一般要求不小于设计工况下 3 天的吸收剂耗量，如耗用量小可按 7 天用量设计，耗用量大时取 3 天。

依靠气力从储仓将生石灰送到石灰浆液制配区的日贮料罐中，一般是一个生石灰消化器配备一个日贮料罐。根据石灰消化器的容量和消化时间来确定日贮料罐的容量，日贮料仓典型贮存容量按每日从储仓输送一次来考虑。

如果在废弃 FGD 固体副产物之前需用石灰或飞灰固定副产物，那么在固体副产物处理设备区还应设置一个石灰粉日贮料仓。

2. 生石灰消化设备

石灰消化设备的作用是将运抵电厂的生石灰（CaO）转化成固体物含量 20%～25% 的熟石灰［$Ca(OH)_2$］浆液。生石灰消化是干燥生石灰与水发生水合反应的过程，反应式如下：

$$CaO + H_2O \rightarrow Ca(OH)_2 + Q$$

上式表明，消化 1mol 生石灰需 1mol 的水，并放出热量。但是，实际上需要加入过量的水才能配制成具有一定固体物含量的消石灰浆液。在较高的温度下，消化反应能迅速完成，还可以提高石灰浆液的活性。但是，为了防止熟化过程中蒸汽产生得过于猛烈，应调整生石灰和水的比例，控制消化器温度至 80～96℃。

如图 1-11-39 所示，经皮带称重给料机将日贮料仓中的生石灰放入消化器中，用给料机的给料信号来控制加入消化器中的给水量，加水率还要受消化器温度和消石灰浆液密度信号的控制。为了尽可能地减少那些会降低消化效率的化学反应在消化器中发生，应该用相对较少的水进行消化，而且不要采用脱水系统的回收水来消化石灰。

大型电厂 FGD 系统多采用以下两种类型的消化器：浆状消化器和球磨消化机。这两种消化器采用了不同的消化过程，但都能获得质量大致相同的熟石灰。两种工艺过程的主要差别是，浆状消化器要从消化浆液中分离出生石灰中未反应的惰性物质（石渣等），而球磨消化机则不分离这些惰性物质。这种石渣可能占生石灰重量的 1%～2%。如果在消化过程中分离这种石渣，就必须运出去处理，通常是用来填埋。临时存放这些石渣会造成污染，运去废弃将增加运行费用。球磨消化机则将这些石渣研磨成非常细的颗粒，让其留在消石灰中，最终进入 FGD 的固体副产物，这样也就无需临时存放石渣和不产生单独废弃石渣费用。此外，生石灰在研磨过程中消化可以提高消化速度。但是，消石灰浆液中的这些细颗粒会增加工艺浆液对管道、阀门和浆泵过流件的磨损。

一个典型的大型浆状消化器的容量大约是 3.6t/h，而球磨消化机的生产率可以超过 45t/h。因此，采用球磨消化机可以显著减少消化器的台数。由于浆状消化器需要处理石渣，而球磨消化机易操作，容量大，因此多数电厂 FGD 系统采用球磨消化机。图 1-11-43 是采用球磨消化机的石灰消化设备典型布置图。第二篇第七章“吸收剂球磨机”中还将详细介绍球磨消化机的有关内容。

3. 消石灰浆液的贮存

消化后的石灰浆直接送入一个或几个装有搅拌器的石灰浆贮存罐中，再经给浆泵送入吸收塔。石灰浆液的贮存量取决于石灰最大用量和石灰消化设备的工作时间。一般，石灰消化设备每周七天，每天工作一个台班。按这种安排，石灰浆贮存罐的容量应能在最大石灰浆用量工况下维持运行24h。

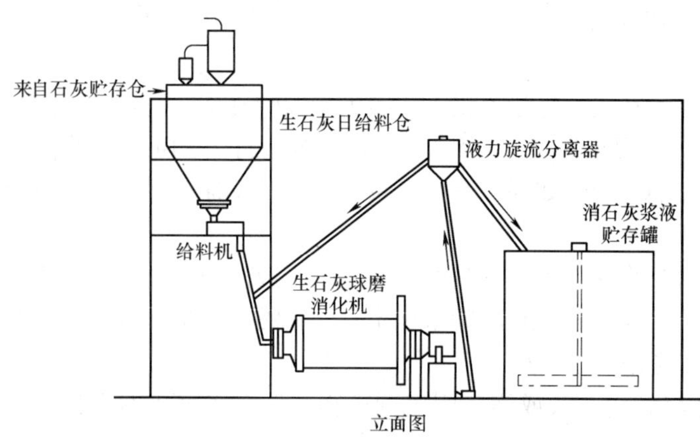

立面图

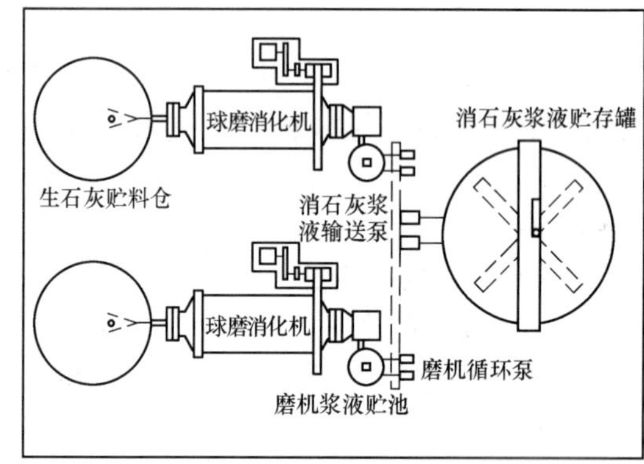

平面布置图

图1-11-43 石灰吸收剂制备设备的典型布置方式

吸收剂浆液给浆泵将石灰浆送入吸收塔模块中，控制反应罐的pH值。石灰浆馈送至吸收塔的管道回路如图1-11-44所示。当FGD系统投运时，石灰浆给浆泵将始终保持运行，浆泵出口流量一定，但供入吸收塔的浆量受调节阀开度控制，未进入吸收塔的石灰浆液沿装有节流孔板的回流管道返回石灰浆贮存罐。为了防止浆液中的固体物在管道中沉淀而堵塞管道，管道的设计必须使管道中的浆液流速在2～3m/s范围内，即使在调节阀全开时，返回管线中的浆液流速也不应低于上述值。通常在自动调节运行方式时，调节阀有最小设定开度，以免调节阀全关时，阀门下游侧管道中的浆液沉淀。浆液的流速也不宜太高，否则会增加管道、阀门、浆泵过流件的磨损。浆管的设计还应做到当给浆泵停运时，应能自动排空管道和泵中的浆液，并进行自动冲洗。上述吸收剂供浆管道的设计也适合石灰石给浆。

二、石灰石吸收剂制备设备

运抵发电厂的石灰石可以是碎石状或粉状。美国除少数FGD系统采用石灰石粉外，大多数采用粒径0～19mm石灰石碎石，因为运输和贮存石灰石粉（典型的粒度是小于44μm的占95%）要困难些，外购石灰石粉成本一般要比自己磨制石灰石浆液高。而德国的情况正相反，除一家外，其余的FGD系统都采用石灰石粉末，因为德国所有的石灰

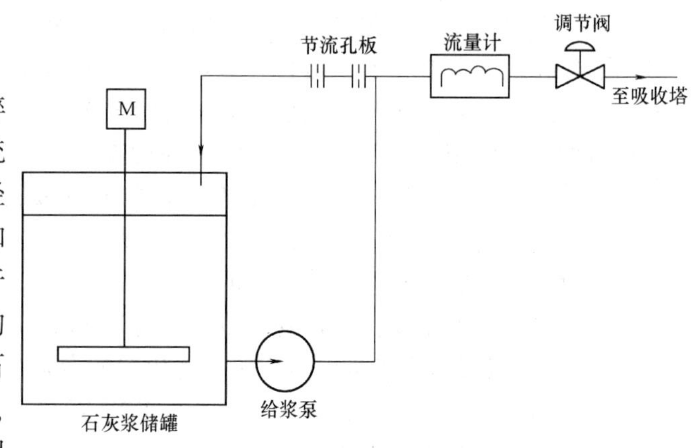

图1-11-44 石灰浆馈送管线图

石采石场都有能力供应石灰石粉，并认为电厂装备破碎，研磨设备制备石灰石粉并不具有经济性。而在日本，由于有可靠的石灰石粉供应市场，所有 FGD 系统都采用石灰石粉，认为这样使 FGD 系统简单，易操作。采用石灰石碎石的优点是原材料易获得，可以在户外或户内大量贮存（如有地方布置），而且一般比采用石灰石粉要便宜些。但系统较大且较复杂，增加 FGD 系统占地面积。石灰石磨制系统还是 FGD 系统故障率较高的设备。

我国由于地域辽阔，情况各异，全面铺开电厂脱硫工程的时间不长，供应电厂脱硫原材料的市场尚未形成，因此，各电厂根据当地情况来决定采用石灰石碎石还是石灰石粉末。我国电厂 FGD 系统最早投入商业运行的华能珞璜电厂采取资助地方建立石灰石粉厂的办法，电厂用自备散装卡车将石灰石粉运抵电厂，运距仅 6km，多年双方协作良好。目前我国已建 FGD 系统的电厂如果当地有可靠石灰石粉供应，则倾向于直接采用石灰石粉，否则将石灰石碎石运抵电厂，多数采用湿法磨制石灰石浆液。但也有电厂采取干法磨制石灰石粉，认为贮存量大，配浆和供浆运行方式灵活。

如果采用石灰石碎石，电厂更愿意采用经过筛分，粒径符合磨机要求并经冲洗的石灰石，因为碎石的石粉易造成扬尘污染，混有过粗的石块可能需要增设破碎设备，石灰石黏附的黏土、泥沙会增加石灰石惰性物含量，加重对设备的磨损。图 1-11-45 和图 1-11-46 给出了采用湿式球磨机和塔式磨机的石灰石吸收剂制备系统主要设备和工艺流程。

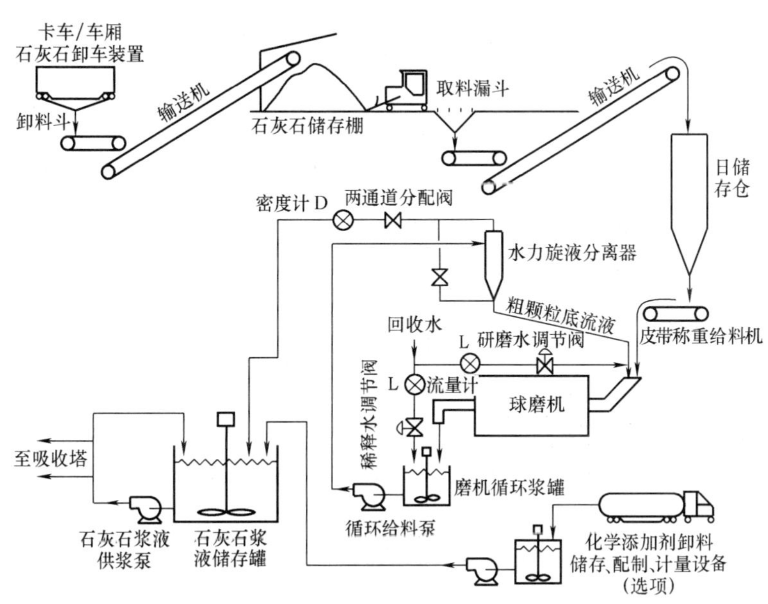

图 1-11-45　卧式球磨机石灰石吸收剂制备系统

（一）石灰石的卸车、输送和贮存

如同生石灰的运输一样，可以用卡车、火车或驳船将石灰石运抵发电厂，具体选用何种方式仍要视现场情况以及经济性而定。由于石灰石分布极为广泛，易于获得，所以普遍采用卡车运送。石灰石是一种惰性矿石，可以采用类似煤运输和贮存方式，在有些地方，煤和石灰石采用同一设备卸车和输送。

在上述三种运输石灰石的方法中，船运较少见，但是，如果煤是用船运抵现场，而当地又无合适的石灰石可供采用，那么对卸煤设备作一些改变就可以用于石灰石的卸船，因此用

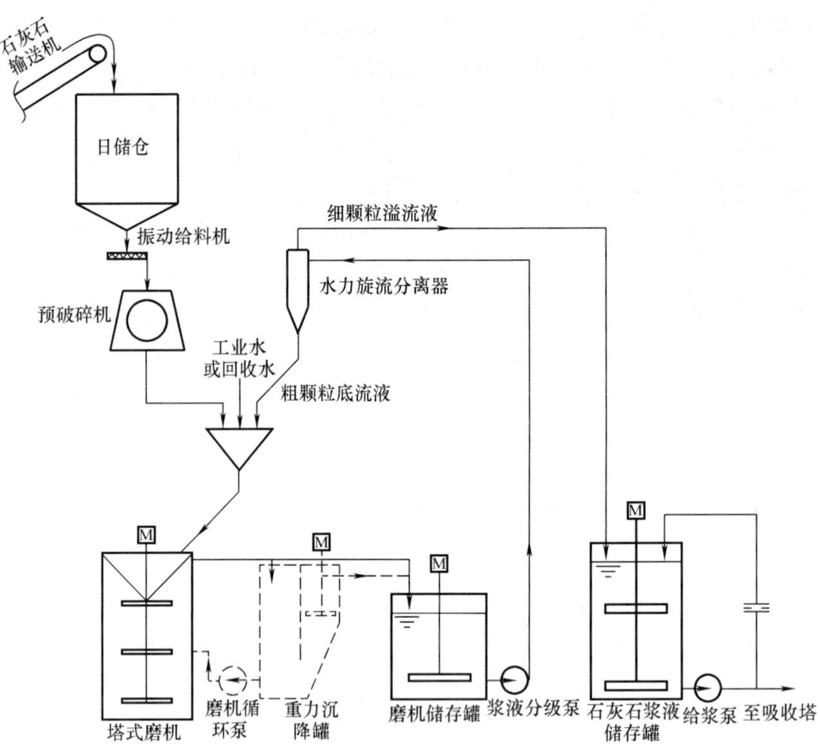

图 1-11-46 塔式磨机单循环回路/双循环回路石灰石吸收剂制备系统

船运也可能是经济合适的方法。我国华东某电厂就是用船将粒径 <10mm 的石灰石碎石送抵现场干磨，石灰石粉贮仓按最大工况下的用量可维持运行 7 天设计。

石灰石碎石可在露天场地储存或堆放在防气候变化的建筑物中，采用后种储存方法是为了尽可能减少扬尘，避免冬季石灰石冻结而难以取运。决定现场石灰石贮量的因素与现场生石灰储量应考虑的因素是相同的，但是，由于石灰石是一种价格较低的材料，美国国土辽阔，人口少，往往在现场维持较大的贮存量，达到能提供 30 天的石灰石用量。我国现有电厂 FGD 系统，现场石灰石或石灰石粉贮量通常按石灰石设计耗用量可连续运行 3 ~ 7 天来考虑。香港某电厂由于石灰石粉来自广东省，经海运至现场，考虑到台风等因素，现场石灰石粉贮量按 30 天设计日耗量再加上 2000t 装运余度（驳船载运量为 2000 t/船）来设计。

图 1-11-45 所示的设备配置是在石灰石浆液制备区为每台磨机配置一个石灰石碎石日贮料仓，日贮存仓的大小按石灰石贮存棚取料和输送设备每天工作几小时来设计。在我国一些电厂由于受场地限制，FGD 系统不设置石灰石贮存棚和日贮料仓，只设置一个破碎后的石灰石贮仓，直接向湿式球磨机供料，如图 1-11-47 所示。

（二）石灰石浆液制备设备

1. 外购石灰石粉厂内配制石灰石浆液系统

如果电厂外购石灰石粉，现场就只需加水配制浆液，系统变得十分简单。图 1-11-48 是卡车运送石粉的一种浆液配制系统，配浆调节回路也较简单，浆池的液位控制转盘给料量（也可控制给水量），以维持浆池的液位，给料量（或给水量）按灰/水比控制给水量（或给粉量），以保持浆液浓度为一定值，浆液浓度仅作显示不参与调节，当浓度偏离设定值较多时，调整灰/水比系数。也有将浆液密度测值参与调节，根据测值与设定值的偏差调整给水或给粉量。

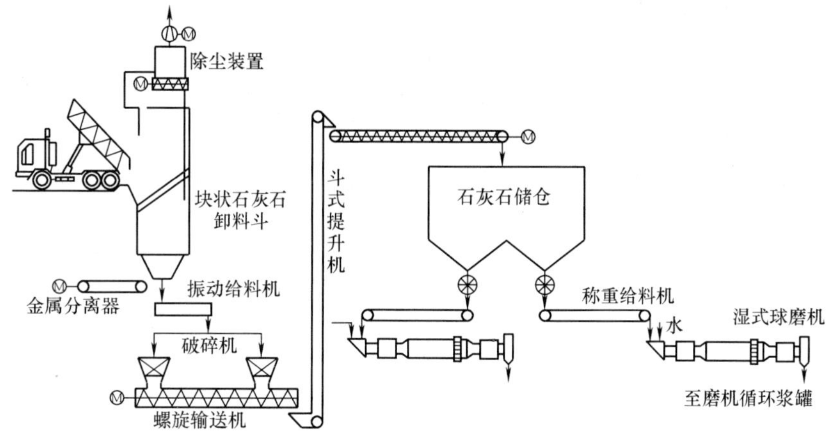

图1-11-47 我国某电厂FGD系统石灰石进料、破碎和研磨工艺流程图

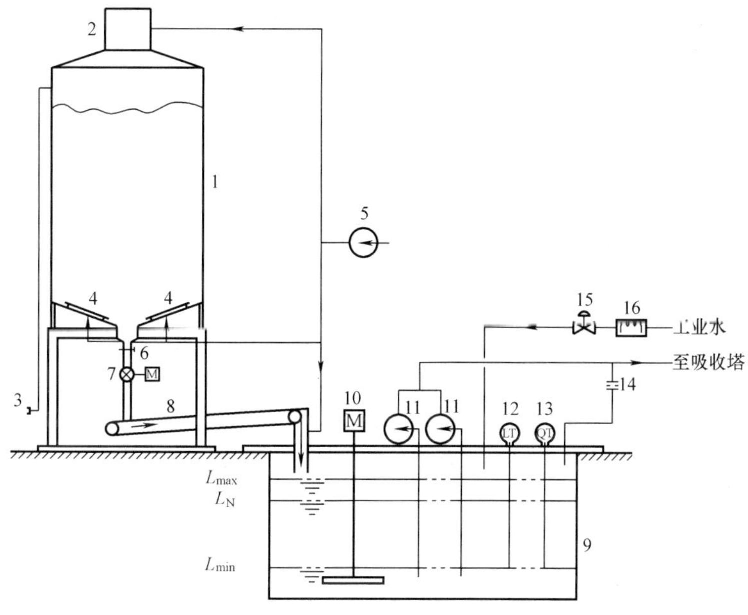

图1-11-48 石灰石粉配制石灰石浆液的系统图

1—石灰石粉仓；2—袋式除尘器；3—石灰石粉罐车接口；4—气动流化盒；5—鼓风机；6—手动插板门；7—转盘给料机；8—链条刮板输送机；9—石灰石浆池；10—搅拌器；11—石灰石浆泵；12—液位计；13—石灰石浆浓度计；14—节流孔板；15—调节阀；16—供水流量计

图1-11-48中的L_{max}、L_N和L_{min}分别表示浆池的最高、正常和最低液位。石灰石浆池的有效可利用体积V_{eff}（m^3）可按下式确定

$$V_{eff} = S \times F + V_e \tag{1-11-7}$$

式中 S——给粉和输粉设备故障停止供粉时间（国内一般要求4h），h；

F——额定工况下供入吸收塔的石灰石浆液量，m^3/h；

V_e——L_{max}与L_N之间的有效体积，取浆池液位控制允许偏差和事故停运时从浆管返回浆池的浆液体积中较大值，m^3。

L_{min}取决于石灰石浆泵吸入口高度和泵的特性。

石灰石粉仓的有效容量根据市场供粉运输情况以及 FGD 系统设计工况下耗石灰石粉量来确定，一般不小于设计工况下 3 天的石灰石耗量。

2. *厂内湿磨石灰石浆液系统*

石灰石研磨分干法磨制和湿式磨制两种方法，这两种磨制方式的效果相同，但各有优缺点。一般湿磨比干磨更受欢迎，主要原因是湿磨的产品可直接用于湿法 FGD 工艺，干磨设备投资费和能耗较高。运抵电厂的石灰石块可能有较高水分，当石块表面含水量超过2wt% ~ 3wt%时，采用干磨通常需要热空气烘干，这会造成令人难以接受的高能耗费用。因此，人们更趋向于选择湿磨工艺。干磨主要的优点是贮备量大，研磨设备故障停运时可维持系统较长的运行时间。鉴于大多数电厂选择湿磨工艺，因此，在此仅介绍湿磨石灰石工艺特点。

如图 1-11-45、图 1-11-46 所示，石灰石浆液制备设备由湿式磨机和相关的辅助设备组成。石灰石碎石经称重给料机进入球磨机，根据称重给料量信号和磨机循环浆罐的浆液密度信号调节加入磨机的供水量，供水可以是工业水或石膏浆旋流器的溢流或过滤机的滤液。制备系统最终将石灰石磨制成含固体物 25wt% ~30wt% 的石灰石浆液，浆液中石灰石的粒度一般至少应达到 90% 通 325 目（孔径为 44μm）的筛子，平均粒径 10 ~20μm。

应用于 FGD 系统湿磨石灰石的球磨机主要有两种类型：卧式球磨机（见图 1-11-45）和立式球磨机，或称塔式球磨机（见图 1-11-46）。前者是湿法 FGD 系统流行采用的研磨设备，主要优点是：容量大，对进料粒径要求宽，有很高的粉碎度，耐磨损，操作简单，易于控制以及维修工作少。立式球磨机由机体、螺旋搅拌器、驱动装置和塔内的研磨介质——钢球等四部分组成。螺旋搅拌器由螺旋体、螺旋体上的抗磨衬面及底边螺旋叶片组成。这种研磨机使钢球和石灰石在筒体内作整体的多维循环运动和自转运动，将能量更为直接地传送给钢球而不是用来旋转沉重的罐体和它的内含物。钢球和石灰石在筒体内上下相互交换，在钢球的重压和螺旋回转产生的挤压力作用下，利用摩擦、少量冲击和剪切而有效地粉碎石灰石。这种磨机与典型的卧式球磨机相比具有以下优点：有较高的能耗利用效率，能有效地研磨出细颗粒含量较高的浆液，设备布置灵活。由于立式磨机能研磨出较细的颗粒，当采用水力旋流分离作为最终的分级装置时，可以降低分离过程中的循环负荷。循环负荷的含义是指，水力旋流分离器的底流流量比进浆流量。循环负荷的降低意味着可以采用较小的水力旋流分离器。立式球磨机对进料粒径、粒径的级配、钢球的级配要求较高。立式球磨机的这些优点使其成功地应用于当前的一些 FGD 系统中，而且具有较好的前景。在第二篇第七章“吸收剂球磨机”还将详细介绍这两种球磨机。

球磨机磨制出的石灰石浆液颗粒物含量往往大于所要求的浓度，通常在 55wt% 左右，最高接近 70wt%，卧式球磨机循环浆罐的浆液经一级或两级水力旋流分离器分离出较粗的石灰石颗粒，这些较粗的颗粒物随底流液返回磨机中重新研磨，分离器的溢流液进入石灰石浆液贮存罐。至于采取一级还是两级分离器，取决于对石灰石粒度的要求和分离器的分离效果。图 1-11-49 是一个二级水力旋流分级石灰石浆液的流程图。

立式球磨机可以仅采用一级水力旋流分离器，即所谓单循环回路。双循环回路则增加一个重力沉降罐（如图 1-11-46 中的虚线部分），构成第一级循环回路，沉降的粗颗粒返回磨机。水力旋流分离器组成第二级循环回路，其底流浆液返回磨机的供料端，溢流液进入石灰石浆液贮存罐。双循环回路的循环负荷比单循环回路的低得多。

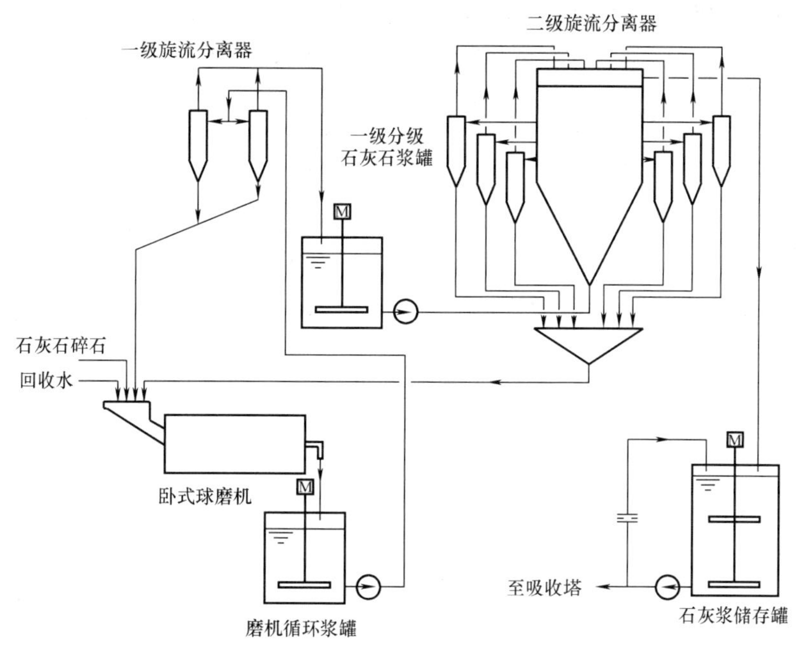

图 1-11-49　二级水力旋流分离石灰石浆液制备系统

3. *石灰石浆液制备系统和磨机配置的一般原则*

石灰石浆液制备系统和磨机配置的一般原则是：

（1）300MW 及以上机组厂内石灰石浆液制备系统宜每两台机组合用一个制备系统，当规划容量明确时，也可多炉合用一个系统。对于一台机组脱硫的石灰石浆液制备系统宜配置一台磨机，相应增大石灰石浆液贮存罐容量。200MW 及以下机组石灰石浆液制备系统宜全厂合用一个系统。

（2）当两台机组合用一个石灰石浆液制备系统时，每个系统宜设置两台石灰石湿式球磨机及石灰石浆液旋流分离器，单台设备出力按设计工况下石灰石消耗量的 75% 选择，且不小于 50% 校核工况下的石灰石消耗量。对于多炉合用一套石灰石浆液制备系统时，宜设置 $n+1$ 台石灰石湿式球磨机及石灰石浆液旋流分离器，n 台运行一台备用。

（3）每套干磨石灰石制备系统的容量宜不小于 150% 的设计工况下石灰石消耗量，且不应小于校核工况下的石灰石消耗量。磨机的台数和容量应经综合技术经济比较后确定。

（三）石灰石浆液的贮存量

石灰石浆贮存罐为吸收剂制备系统提供所需要的缓冲容量。如同前面已讨论过的熟石灰浆贮存罐的情况一样，依据吸收剂的最大耗量和石灰石研磨设备的工作时间来确定石灰石浆贮存量。一种可供选择的方案是，研磨设备每天工作一个台班，按吸收剂每小时最大耗量，维持 24h 运行来设计浆液贮存罐的大小。另一方案是，为了尽可能降低球磨机的投资成本，可以将石灰石吸收剂制备系统设计成每天工作 24h，这样石灰石浆液贮存量可以减少到在吸收剂每小时最大耗量情况下维持 8h 运行。采取这种方案，设备的可靠性应非常高，并且要注意确定设备的裕量。

三、化学添加剂配制设备

1. *硫乳化液*

将硫乳化液加入 FGD 系统是为了产生硫代硫酸以抑制亚硫酸的氧化。在国外，通常是以硫乳化液的形式供货。用少量的粘土和表面活性剂来乳化元素硫，使固体元素硫以非常细小的颗粒悬浮于水中，形成一种含固体物大约70wt%的稳定的悬浮液，这种悬浮液可以用罐装卡车运输。

现场硫乳化液贮罐按罐装卡车最大运载量，以能存放1～2台罐装车的载运量来确定容量。对于一个燃煤含硫2%的500MW的电厂FGD系统，硫的需用量大约是6～12kg/h（假定50%的硫转变成硫代硫酸），如以现场贮存20t硫乳化液计，足以维持1.5～3个月运行。由于硫乳化液的耗量低于0.06L/s，因此一般间歇地从贮存罐泵送乳化液至吸收剂浆液贮存罐中。典型的做法是每周补充一次硫乳化液，用计量泵定时馈送定量的硫乳化液，这样已足以使FGD系统浆液中保持稳定和合适的硫代硫酸浓度。对于大型FGD系统，也有根据浆液中需要保持硫代硫酸的浓度，将罐装的硫乳化液直接卸入吸收剂浆液贮存罐中，不再设置添加剂贮存罐。采用这种方法，在卸入硫乳化液初期，工艺过程浆液中硫代硫酸浓度提升很快，然后浓度缓慢下降直到卸入下一罐硫乳化液。

2. DBA、甲酸钠和甲酸

DBA、甲酸钠和甲酸的贮存和运输类似硫乳化液，所不同的是DBA贮存罐必须加热。在国外，DBA通常以50%的水溶液用罐装车运抵电厂，这种溶液必须保持大约50℃，以防止结晶析出。甲酸是以85%的水溶液供货，但无需加热保温。甲酸钠水溶液贮存罐也需加热保温，除非贮存罐布置在有保温的户内。当供给的甲酸钠是50%的水溶液时，其结晶温度为25℃，40%的水溶液结晶温度为10℃。

现场有机酸贮存罐的大小也按能容纳2个罐装车的有机酸载运量来设计（大约20t），这样，在贮存罐尚未完全用完之前可以卸入满载的一车有机酸。对于一个燃煤含硫2%，500MW的电厂，DBA或甲酸耗用量可能大约为50kg/h（如果有机酸的浓度是50%，则为100kg/h）。因此，20t的贮存量至少应可维持运行一周。

与硫乳化液一样，无需连续向工艺中供入DBA或甲酸钠或甲酸，可以间断地添加有机酸。为了防止发生堵塞，给料泵和管道不能太小。例如，可以每天向吸收剂浆液贮存罐泵送1～2h DBA。另外，应根据环境温度和DBA输送管道的长度，决定输送管道是否需要伴热以防止DBA结晶而堵塞管道。

四、选择结构材料应考虑的问题

本小节仅就与吸收剂、添加剂接触的设备结构材料可能出现的磨损和腐蚀以及材料选择应考虑的问题作一般性介绍。

1. 石灰和石灰石浆液制备系统的结构材料

干燥的生石灰、块状或粉状石灰石都不具有腐蚀性。消石灰属中强碱，用冷水配制的石灰石浆液具有弱碱性，因此腐蚀性很弱。用脱水系统的回收水制备或配制石灰石浆液时，由于回收水中含有一定浓度的Cl^-，使得石灰石浆液具有弱酸性和腐蚀性。但总的说来，对于石灰和石灰石吸收剂制备设备，在结构材料的选择中，磨损是主要考虑的因素。

生石灰贮存仓可以用碳钢或混凝土制作，生石灰日贮存仓宜用碳钢制作，用碳钢管气动输送生石灰，管道的弯头以及料仓的取料口是易磨损部位，应选用耐磨铸铁。

消石灰浆液中的颗粒物非常细，对输送浆液的泵和管道磨损十分轻微。如果石灰中的石渣没有去除，含固量20%～30%的石灰浆的磨损性要稍强些。一般采用无内衬的碳钢罐来贮存石灰浆液，建议罐体的底部涂复耐磨增强树脂涂层，避免罐体搅拌器造成对罐底的磨损。搅拌器的轴和桨叶采用橡胶衬覆碳钢，使之能耐受较严重的磨损环境。

耐磨 FRP 和高密度聚乙烯（HDPE）管也适合用作石灰浆管道，但在美国几乎全部采用碳钢管输送石灰浆液。石灰浆制备系统的浆泵可以用衬橡胶铸铁泵，也可以采用耐磨合金铸铁。

装卸、输送和贮存石灰石的设备结构材料与输煤设备用材料相同。石灰石日贮存仓用碳钢制作，仓体取料口是高磨损区，应采用专用的耐磨衬层。石灰石粉贮存仓可用碳钢制作，但倒锥形出料口宜采用不锈钢，这样有利于粉料下滑。

石灰石浆液磨损性比石灰浆液强，需采用耐磨性强的材料。如石灰石研磨时采用了回收水，石灰石浆液中有一定浓度 Cl^-，则需采取防腐措施。因此，如果石灰石浆液贮存罐（或池）用碳钢或混凝土作结构材料，表面应衬覆橡胶或玻璃鳞片树脂涂层。含固量 30% ~ 40% 的石灰石浆液对无衬层的碳钢管和一般的 FRP 管会造成磨损，多采用橡胶内衬碳钢管输送石灰石浆液。HDPE 管有在 FGD 系统成功地替代橡胶内衬碳钢管的业绩，HDPE 管价格较低，在输送石灰石浆液的工况下有与衬橡胶管道相同的使用寿命。可以采用橡胶衬覆铸铁浆泵输送石灰石浆液，也可采用耐磨合金铸铁浆泵，例如含铬量 20% ~25% 的高铬铸铁。

2. 化学添加剂供料系统的结构材料

对于化学添加剂供料设备的结构材料，主要考虑的是腐蚀问题。硫乳化液不具磨损性和腐蚀性，可采用碳钢、FRP 或塑料制作接触硫乳化液的设备。对于需要防冻的管件，选材时则应考虑伴热设备对温度的要求。

DBA、甲酸钠和甲酸具有腐蚀性，其中甲酸的腐蚀最强。甲酸是一种比醋酸更强的一元羧酸。因此，这些添加剂的贮存罐、输送管道和泵通常采用 304 或 316 不锈钢来制作。阀门应采用不锈钢或橡胶衬覆碳钢阀门。

第七节　脱硫固体副产物处理设备

电厂在总体规划 FGD 系统工艺流程和编写标书时，脱硫固体副产物的处理方式与选择吸收剂类型一样是首先要进行评价并初步做出决定的问题之一。图 1-11-50 示出了处理 FGD 副产物的一些常用的方法。其中有些方法是由于美国早年普遍采用抛弃法 FGD 工艺以及美国人少地广的具体国情而形成的。我国人多地少，经济实力有限，抛弃法形成的脱硫废渣的处理使电厂需要扩大征地，增大了处理废渣的费用，还可能带来严重的二次污染。因此，大规模抛弃法不适合我国国情。尽管如此，但部分脱硫副产物抛弃的方式在目前已建的 FGD 系统中仍有采用。因此，我们仍向大家介绍美国脱硫副产物废弃处理方法，目的是为大家提供可选择的方案和了解废弃处理时应考虑的问题。

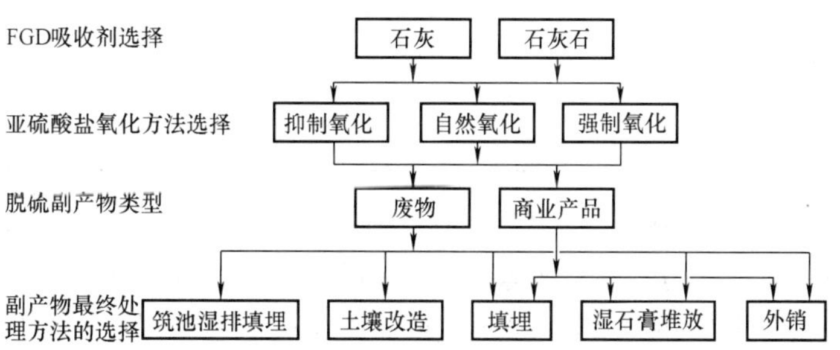

图 1-11-50　处理脱硫副产品可供选择的方案

一、脱硫副产物处理流程及设备配置

脱硫副产物的处理可以分成 4 道工序，但并非每个 FGD 系统都必须具备这 4 道工序，这取决了脱硫副产物的最终处理方式。这 4 道工序是：一级脱水；二级脱水；为改善固体副

产物物化特性的第三道处理工序和副产物的最终处理。表 1-11-8 列出了三种脱硫工艺的副产物各道处理工序可选择的设备。在确定脱硫副产物处理系统时，必须综合考虑每道工序的设备选择，例如，如果最终生产商业品质的石膏，可以有多种工序组合，其中可以①第一级脱水选用水力旋流分离器，二级脱水采用卧式真空皮带过滤机，无需上面提到的第三道工序，最终外销处理副产物，这是目前国内采用最流行的流程；②不设一级脱水，二级脱水采用卧式真空皮带过滤机，无需第三道工序，最终外销处理。这种工艺流程已出现在国内计划建设的 FGD 系统中。工序组合方式以及设备选择在很大程度上取决于副产品的最终处理方法、经济性、环保法规的要求、设备占用的空间以及技术性能。

表 1-11-8　　脱硫副产物处理设备的选择

副产物处理工序	设备选择	副产物生产工艺			商业品质石膏
		抑制氧化	自然氧化	强制氧化	
一级脱水	浓缩池	✓	✓	✓	✓
	水力旋流分离器			✓	✓
	无	✓	✓	✓	✓
二级脱水	卧式转鼓真空过滤机	✓	✓	✓	✓
	卧式皮带真空过滤机			✓	✓
	离心过滤机	✓	✓	✓	✓
	其他	✓	✓	✓	✓
	无	✓	✓	✓	
第三道工序	稳定化处理设备	✓	✓		
	固定化处理设备	✓	✓		
	造粒器			✓	✓
	无	✓	✓	✓	✓
最终处理	筑池湿排填埋	✓	✓	✓	
	填埋	✓	✓	✓	✓
	湿石膏堆放			✓	✓
	改良土地	✓	✓	✓	
	外销	✓	✓	✓	✓

图 1-11-51 是一个典型的废固体副产物处理系统，该系统可以处理抑制氧化、自然氧化或强制氧化石灰或石灰石 FGD 系统生产出来的副产物。

图 1-11-52 示出的是采用强制氧化工艺，生产可销售石膏副产品的处理系统。

二、一级脱水

一级脱水设备有以下 3 种组合形式：仅采用一级旋流分离器或浓缩池；两级旋流分离器；一级旋流分离与溢流澄清槽相组合。

一级脱水有如下作用：

（1）提高浆液固体物浓度，减少二级脱水设备处理浆液的体积。进入二级脱水设备的浆液含固量高，将有助于提高石膏饼的产出率。

（2）用分离出来的部分浓浆和稀浆来调整吸收塔反应罐浆液浓度，使之保持稳定。

（3）分离浆液中飞灰和未反应的细颗粒石灰石，降低底流浆液中飞灰和石灰石含量，这

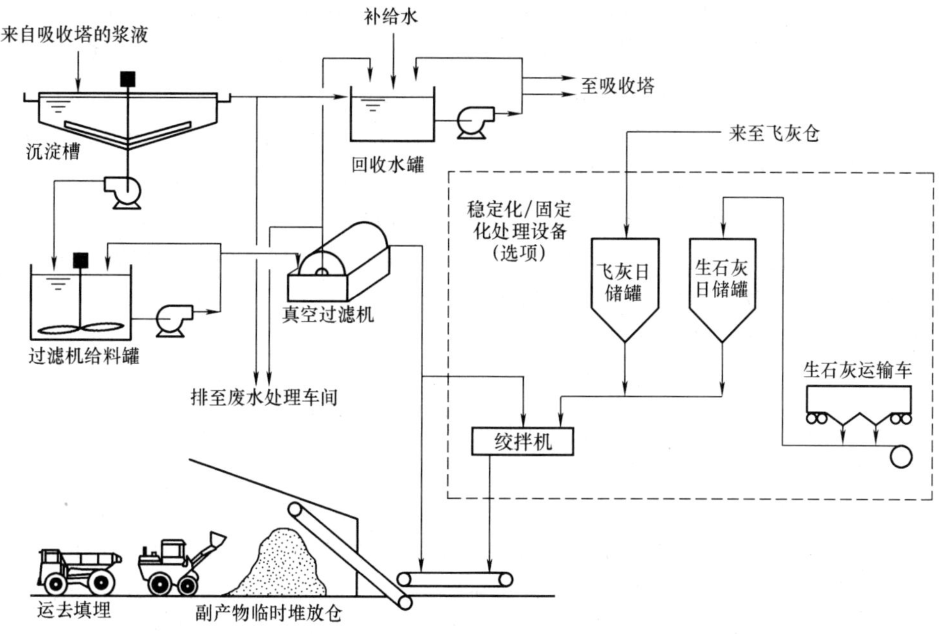

图 1-11-51　典型的废固体产物处理系统

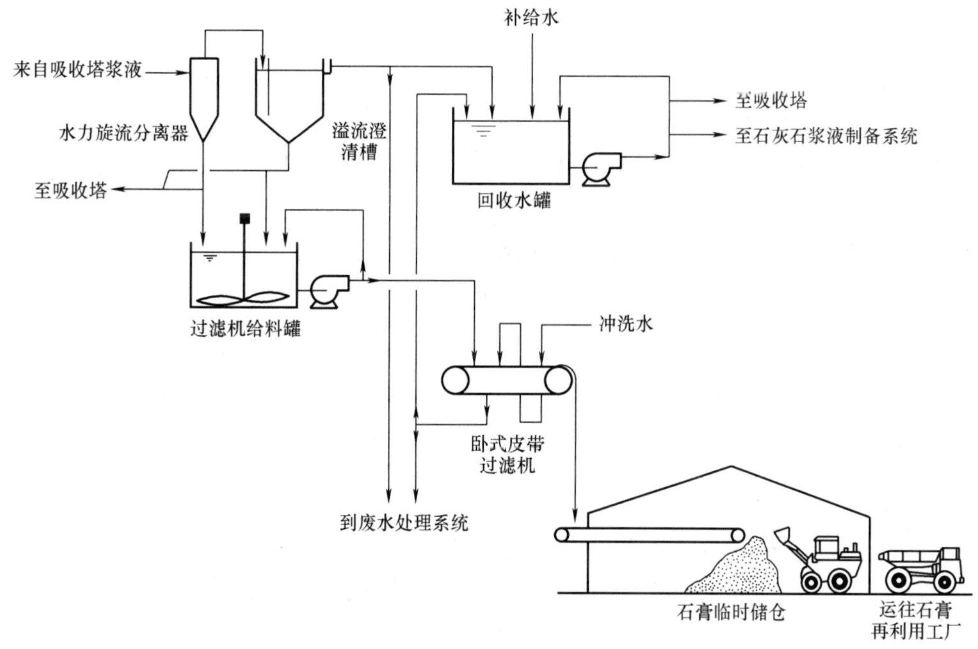

图 1-11-52　典型的商业等级石膏处理系统

有助于提高石灰石利用率和石膏的品位，有助于降低吸收塔循环浆液中惰性细颗粒物浓度。

（4）向系统外（经废水处理系统）排放一定量的废水，以控制吸收塔循环浆液中 Cl^- 浓度。

（5）经一级脱水装置获得含固量较低的回收水，用来制备石灰石浆液和返回吸收塔调节反应罐液位。

从反应罐馈送至一级脱水设备的浆液含固量大约是10wt% ~30wt%。对大多数FGD系统来说，这一浆液浓度取上述范围的下限10wt% ~15wt%。经一级脱水后浆液可浓缩至40wt% ~60wt%。图1-11-51中的一级脱水设备采用浓缩池，图中仅绘出一个浓缩池，实际上往往要设置多台浓缩池。抑制氧化和自然氧化工艺适合采用浓缩池作一级脱水设备，浓缩池占地面积大，随着抛弃工艺的逐渐被淘汰，已很少有再采用浓缩池的FGD系统了。在图1-11-52中，一级脱水设备由水力旋流分离器和溢流澄清槽组成。水力旋流分离器能有效地从浆液中分离出较大的颗粒物，提高浆液浓度，非常适合浓缩石灰石强制氧化FGD工艺产出的硫酸钙固体物。反应罐排出浆液中未反应石灰石颗粒的平均粒径（d_{50}）为10~20μm，而脱硫副产物二水硫酸钙结晶的平均粒径（d_{50}）在40μm左右，其中较大的可超过100μm。因此，细颗粒的石灰石将富集在溢流液中并返回吸收塔反应罐，这样既提高了石灰石的利用率，又降低了成品石膏中石灰石含量。有关一级脱水设备设计和运行的其他内容将在第二篇第六章“脱水设备”中详细讨论。

但是，也并非所有FGD系统都需要设置一级脱水。脱硫副产物最终处理采取筑池填埋或湿石膏堆放方式的大多数FGD系统不设置一、二级脱水工序，从吸收塔排出的浆液直接送至废弃池或湿石膏堆放地。另外，也有一种强制氧化工艺的石灰石FGD系统，其反应罐液浓度控制在20% ~30%，不设置一级脱水，从反应罐排出的浆液直接送至二级脱水设备。从理论上讲，即使反应罐浆液浓度为10wt% ~15wt%，也可以省除一级脱水，但这会使二级脱水设备所要求的容量增大，造成总投资成本比有一级脱水设备的FGD系统还大。此外，如前所述，有些一级脱水设备还担负着调节反应罐浆液浓度和系统排污的作用。实际上，这种流程布置还是要设置一台容量较小的旋流分离器，承担调节浆液浓度的作用，这种系统的脱水工艺流程如图1-11-53所示。再就是，取消一级脱水后，石膏副产物中未反应的石灰石含量可能会有所增加。其优点是对反应罐浆液浓度的调节和皮带脱水机的运行相互不发生干扰；可以较灵活地布置旋流分离器和皮带脱水机，无需从上向下依次布置旋流分离器和皮带脱水机，这样可降低皮带脱水机高度和给浆泵的压头。

一级脱水回收的工艺水送入回收水罐供FGD系统再使用。图1-11-52中的浓缩池的溢流

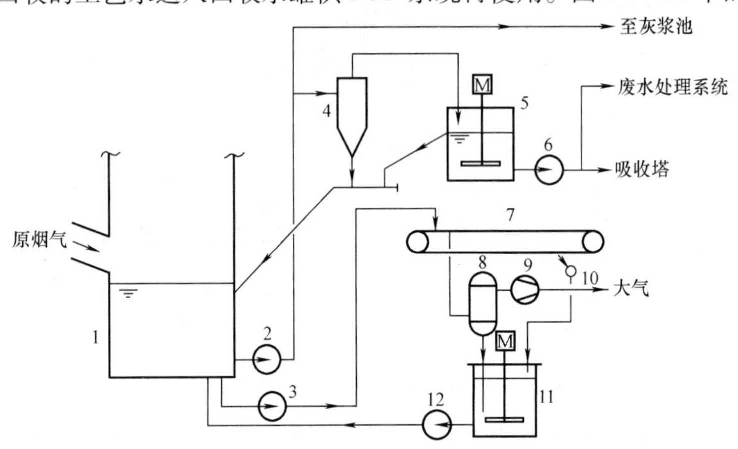

图1-11-53 无一级脱水设备的FGD系统

1—吸收塔；2—排浆泵；3—皮带脱水机给浆泵；4—水力旋流分离器；5—回收水罐；6—废水泵；7—真空皮带脱水机；8—滤液接受器；9—真空泵；10—冲洗水；11—滤液器；12—滤液泵

液可以直接进入回收水罐，而一级水力旋流器的溢流液由于仍含有 5% 左右的固体物，须经溢流澄清槽或二级水力旋流器（见图 1-11-54）处理后送入回收水罐。回收水大部分返回吸收塔，部分送往废水处理系统，这样可以减少回收水含固量，从而减少废水处理系统对废水固体物的处理量。

目前也有一些 FGD 系统供应商为简化一级脱水设备，不设置溢流澄清槽，设计两级旋液分离器，一级旋液分离器处理容量大，其溢流液全部进入回收水箱，从回收水箱抽取少量废水送入处理容量较小的二级旋液分离器（又称废水旋液分离器），以获得含固量较低的废水，送往废水处理车间。

系统补加水可根据情况加入回收水罐（图 1-11-51 和图 1-11-52）或滤液回收水罐（图 1-11-54），或直接加入吸收塔内。

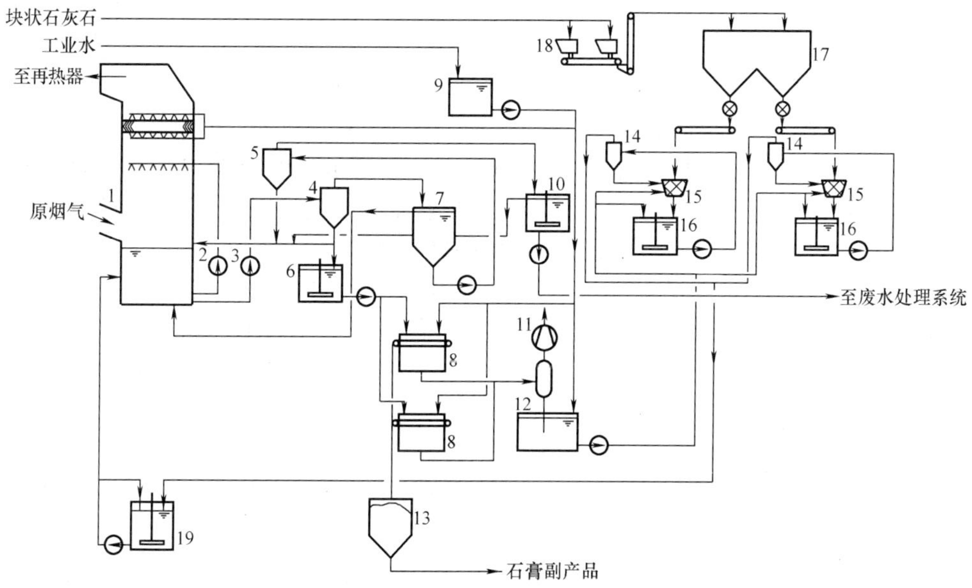

图 1-11-54 采用二级水力旋流器处理废水的工艺流程

1—吸收塔；2—吸收塔循环泵；3—吸收塔出浆泵；4—石膏浆水力旋流分离站；5—废水旋流分离站；6—过滤机给料罐；7— 一级脱水溢流液罐；8—皮带过滤机；9—工业水罐；10—回收水罐；11—真空泵；12—滤液回收罐；13—石膏仓；14—石灰石浆旋流分离器；15—球磨机；16—磨机循环浆罐；17—石灰石储仓；18—破碎机；19—石灰石浆贮存罐

经一级脱水设备浓缩的浆液流入底流浆贮存罐（也称过滤机给料罐），此罐起缓冲作用，使一、二级脱水设备能相互不影响地独立运行。一级脱水设备必须 24h 连续运行，当一级脱水设备故障停运，吸收塔液位偏高，需临时将反应罐排出浆液改送至灰浆池，作短时废弃处理。为使二级脱水设备在一个稳定给料量下运行，一种典型设计给料罐大小的方法是，使二级脱水设备每天工作一定的时间（例如 10h），根据给料罐的液位启停二级脱水设备，尽量减少对二级脱水设备运行的调整。另一种设计方法是，不考虑给料罐液位对二级脱水设备运行的影响，二级脱水设备连续运行，但调整其运行使之跟踪锅炉负荷，即真空皮带过滤机的给浆量随吸收塔入口烟量以及烟气 SO_2 浓度变化（相当石膏产出量）。真空皮带过滤机的走速随皮带上石膏饼厚度变化，维持石膏饼有一定的厚度，以保证石膏的脱水。

三、二级脱水

二级脱水设备的作用是降低副产物的含水量，使之可用作回填，或在生产商业等级石膏时，便于运送和石膏再利用。如前所述，如果废固体产物的最终处理方式是废弃至人工筑砌的废弃池中（或废弃至灰场）就不需要二级脱水设备。根据亚硫酸盐在FGD吸收塔内的不同氧化程度，二级脱水产物的含固量低的仅45%，高的可超过90%，抑制或自然氧化石灰FGD工艺的二级脱水产物含固量通常在上述范围的低限，石灰石基工艺生产出的商业等级的石膏通常在上述范围的高限。

有各种不同类型的二级脱水的设备，应用得最多的是卧式真空皮带过滤机、转鼓真空过滤机和离心过滤机。无论亚硫酸盐的氧化程度如何，转鼓真空过滤机和离心过滤机都能用于处理FGD各种类型的副产物。美国湿式FGD多以抛弃法为主，大多采用转鼓式真空过滤机，卧式真空皮带过滤机应用不普遍，而卧式真空皮带过滤机更受生产商业品质石膏和必须冲洗石膏饼中的可溶性盐的FGD系统青睐。德国除燃用褐煤机组的FGD装置以及原东德的一些FGD系统生产的副产物采用回填煤矿的废坑道或作临时填埋处理外，其他石灰石FGD系统几乎都采用强制氧化石膏工艺，产生的石膏均得到工业再利用。日本由于石膏矿床已几近消耗完，以及高成本等原因，石膏矿山已被封闭，制造水泥的石膏主要来自FGD石膏以及化工行业的副产石膏。另外，日本天然石灰石极其丰富，纯度很高，脱硫石膏的品位高于天然石膏。再加之日本国土狭窄，无法提供堆放FGD废渣的场地。所以，日本是采用石灰石-商业石膏FGD工艺比率最高的国家。因此，德国和日本的FGD系统大多采用真空皮带过滤机。真空皮带过滤机在国内电厂投入商业运行的第一套FGD系统中也应用得很成功，故障率低，维修工作量少。因此，国内已建或设计建设中的电厂湿法石灰石FGD装置几乎都采用这类过滤机。

对于一个特定的FGD系统，如何选择最佳脱水设备，主要取决于FGD工艺类型、脱硫副产物的特性以及副产物最终用户对副产物的质量要求，这种质量要求除了纯度外，含水量和可溶性氯化物含量也是重要的指标。

就脱水性能而言，真空皮带过滤机优于转鼓真空过滤机，前者生产的石膏饼含水量8%~12%，后者15%~20%，而且后者冲洗石膏饼的效果要差些。但后者投资成本明显低于前者和离心过滤机。

选择真空过滤机还是离心过滤机仍是个有争议的问题。就全世界现有的FGD装置而言，脱水设备选用的类型有一种明显的倾向，抑制氧化FGD多选用离心过滤机，在一些新建的强制氧化系统中，真空过滤机和离心过滤机都有采用。近年，一些大型FGD工程选择了立式篮式离心过滤机。例如，美国北部印第安纳公共事业公司的Bailly电厂和英国国家电力公司的Drax电厂都采用立式离心过滤机生产制作墙板的石膏。

对一个特定的石膏脱水工艺来说，真空皮带过滤机和立式离心过滤机的基本投资可能很接近，虽然经常有报道说真空皮带过滤机的能耗比离心过滤机低，但如果包括所有辅助设备的能耗进行比较，真空皮带过滤机的能耗优势就大为降低了。

离心过滤机的主要优点是：脱水性能高，能获得较干的产品，离心机的布置更紧凑，需要的辅助设备较少，不需要真空过滤机所需要的诸如真空泵、真空罐和工艺浆池等辅助设备。因此，离心机降低了辅助设备的费用、减少了占用的空间和维修费用。另外，真空过滤机的真空泵对密封水水质要求较高，过滤机滤布需定期更换，离心机的维修费用可能低于真空过滤机。

但是，真空过滤在有些方面优于离心机，除了转鼓过滤机投资成本低外，真空过滤机可连续运行，运转速度较离心机低得多，这使得过滤机磨损和震动之类的故障较少，运行中发生故障易于发现。另外，离心机滤液含固量通常比真空过滤机的高。真空皮带过滤机除了机架和冲洗水管外，大多数部件是用有机耐腐蚀材料制作或衬覆，因此几乎不存在腐蚀问题。

美国电力研究协会（EPRI）曾支持一项有关比较卧式真空皮带过滤机和转鼓真空过滤机以及立式和卧式离心机设备选择的研究项目，在该项研究中，将含 Cl^- 5000mg/L 和 40000mg/L 的石膏浆液，先经浓缩池或水力旋流分离器脱水至含固量 40wt% ~60wt%，二级脱水的要求是产生的石膏饼含固量 85%，并将石膏饼冲洗到含 Cl^- 200×10^{-6}（干基）。报道的试验结果表明，真空过滤机和立式离心机都能满足上述两项要求，而立式离心机的技术性能最好，生产出的石膏饼含固量达 90%。但转鼓过滤机的工程费用最低，卧式离心机在进行石膏饼冲洗时达不到石膏饼含固量 85% 的要求。

不管采用何种类型的二级脱水设备，一般要平行地安装多台脱水设备，以保持一定的备用容量。其设计原则是每套石膏脱水系统宜设置 2 ~3 台石膏脱水机。如设置 2 台，单台设备出力按设计工况下石膏产量的 75% 选择，且不小于 50% 校核工况下的石膏产量。如设置 3 台，单台容量按 50% 考虑。对于多炉合用一套石膏脱水系统时，宜设置 $n+1$ 台石膏脱水机，n 台运行，一台备用。

此外，如果二级脱水设备没有备用容量，当设备因故障停运时，应有旁路二级脱水设备的浆液废弃输送管线。

二级脱水的回收水一般送至供 FGD 系统再利用的回收水罐，如果回收水含有较多的固体副产物，那么回收水可能需再返回一次脱水设备。

四、脱硫固体副产物第三道处理工序

来自二级脱水的固体副产物有两种，一种是抛弃法生产出来的富含亚硫酸钙（40% ~71%）的泥浆状的废弃固体副产物；另一种是具有商业价值的含水约 8% ~12% 的脱硫石膏。第三道处理工序是处理来自二级脱水的这两种固体副产物，目的是改善副产物的物理、化学特性。在对二级脱水后的废弃固体副产物的处理中，主要要改善的物化特性是：①装运特性，使废弃固体产物便于装卸、运输；②承压强度，当废弃固体产物作回填处理时，需要副产物具有一定的承载能力；③浸出液的特性，当副产物作填埋，堆放处理时，降低其透水性以及改变浸出液的化学特性。

对商业品质脱硫石膏的处理是指石膏造粒或烘干，以满足石膏最终用户的使用要求。

1. 对二级脱水废固体副产物的稳定化和固定化处理

在二级脱水废弃固体副产物的第三道处理工序中，最常见的做法是对废弃副产物进行稳定化和固定化处理。稳定化处理是将副产物与飞灰混合，这种混合物便于装卸、运输，可以提高废弃副产物的承压强度和降低废副产物的透水性。飞灰与废副产物混合的重量比通常是 1:3 ~1:1。固化处理类似稳定化处理，所不同的是向副产物与飞灰的混合物中加入混合物重量 1% ~3% 的石灰，激发飞灰活性，发生亚硫钙和硫酸钙参与的磺化凝固反应，使混合物具有水凝固性，能逐渐产生固化强度，从而提高混合物抗压强度、降低压实后混合物的透水性，抑制飞灰、脱硫废渣中的重金属溶解渗出，减少亚硫酸盐造成的二次污染。可以用泥浆搅拌机混合脱硫废弃副产物、飞灰和石灰，搅混均匀后的混合物在运去回填前应在临时堆放区停留数小时，使混合物发生初期的化学反应。这种固定化处理的产物在美国和日本称为烟灰材料，商品名为 POZ-O-Tec，图 1-11-55 是生产这种烟灰材料的工艺流程。这种材料的典型物理特性是，单轴抗压强度（4 周后）：10 ~ 50kg/cm^2，压实后的质量轻，干燥密度1.2 ~ 1.4t/m^3，透水率 10^{-5} ~ 10^{-7}cm/s，处于黏土与混凝土之间。这是一种符合美国和日本土壤污染防止条例的回填材料，其主要用途是：

（1）公路、铁路路基或道路建设用回填材料。

（2）用作工业区、公园、绿化区等的填土材料。

（3）堤、坝隔水性材料。

（4）作为隔水性的内衬材料。

（5）挡土墙、桥墩、码头等的内部填充材料。

（6）建筑用轻型板块的骨料。

（7）地表土质松软地区的地表铺垫材料。

以上用途已有许多年的历史。近年来，用这种经固定化处理的材料来减缓地面下沉和减少地下矿井排放酸水已显现出效果。

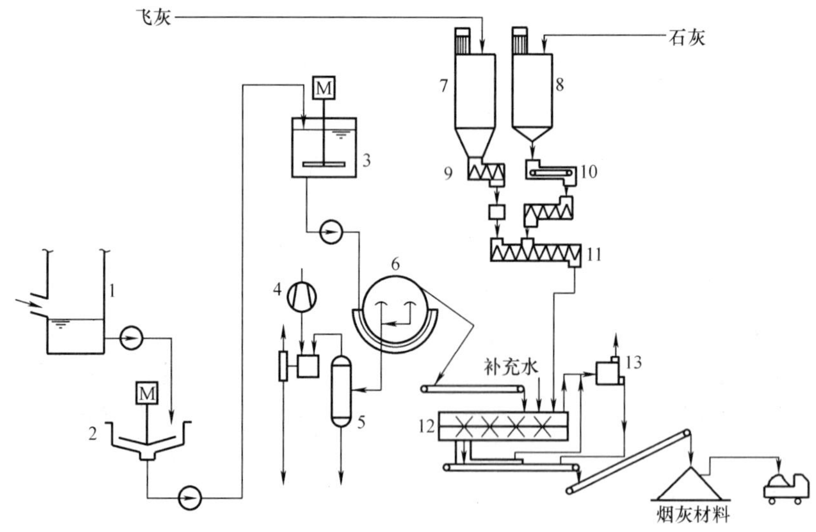

图 1-11-55　脱硫废固体副产物固定化处理流程

1—吸收塔；2—沉淀槽；3—脱硫泥浆罐；4—真空泵；5—滤液收集罐；6—滚筒式真空过滤机；7—飞灰仓；8—石灰仓；9—飞灰给料机；10—石灰给料机；11—飞灰/石灰传送带；12—绞拌机；13—集尘器

2. 脱硫石膏的造粒和烘干处理

当电厂 FGD 系统生产商业品质的石膏时，通常不设第三道处理工序，直接外销。但有的 FGD 系统将商业石膏造粒或加热烘干后外销，虽然一些石膏副产品用户（主要是水泥工业）更喜欢采用粒状或烘干石膏，这样便于装运、贮存和计量，但石膏造粒或干燥后的价格较高，这成为脱硫石膏不能广泛应用于水泥生产的原因之一。

国内第 1 套用于烘干脱硫石膏的装置于 1998 年在山西太原第一热电厂投入使用，其烘干流程见图 1-11-56（a），脱硫石膏经烘干、炒制，以半水石膏外售，设计生产能力为 5 × 10^4t/a。该烘干工艺用煤作燃料，产生的热烟气经除尘器 4 进入烘干筒，松散状脱硫石膏经皮带送料机 8、螺旋给料机 7 送入烘干筒，在烘干筒中粉状石膏随气流上升，烘干并脱水，结块的石膏落入打散机 6，打碎后再随气流上升。烘干后的石膏大部被旋风分离器 10 收集，其余部分经循环风机11由布袋除尘器12收集。烘干后的成品经螺旋送料机9，斗式提升机14，贮存在石膏料仓15中。该工艺选用较廉价的煤作燃料，热烟气中未除尽的飞灰，对石膏白度有些影响，但用作纸面石膏板或石膏砌块的原料是完全可以满足要求的。

北京第一热电厂于1998年引进国外技术建造了一套集FGD、石膏烘干、脱硫石膏砌块生产于一体的装置，石膏烘干装置的产品为半水石膏，设计生产能力也约为5×10^4t/a，工艺流程见流程图1-11-56（b），其原理与图1-11-56（a）所示的基本相同，所不同的是北京一热的烘干装置采用重油作燃料，石膏白度好，产出的石膏粉可作粉刷石膏。另外，从旋风分离器6出来的气体少部分经布袋除尘器8除尘后排空，大部分经循环风机9、11返回炒锅3，由于热空气采用了闭式循环方式，可减少燃料消耗。

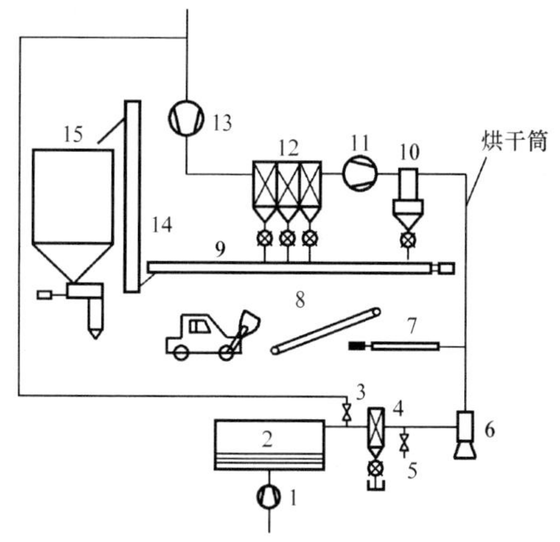

1—送风机；2—热风锅炉；3—调节阀；4—除尘器；5—进风阀；6—打散机；7—螺旋给料机；8—皮带送料机；9—螺旋送料机；10—旋风分离器；11—循环风机；12—布袋除尘器；13—循环风机；14—斗式提升机；15—石膏料仓

(a)

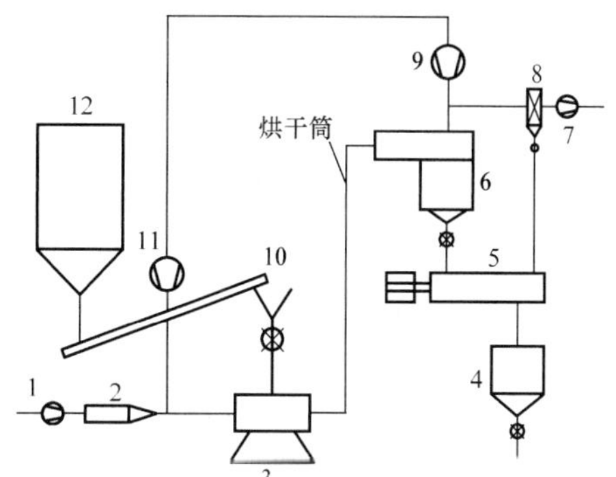

1—送风机；2—燃烧器；3—炒锅；4—成品料仓；5—稳定器；6—旋风分离器；7—排风机；8—布袋除尘器；9—循环风机；10—皮带送料机；11—循环风机；12—原料仓

(b)

图1-11-56　太原一热和北京一热脱硫石膏烘干工艺流程

重庆发电厂在引进21号/22号机组脱硫装置的同时，建成了一套年产1×10^5t脱硫石膏造粒车间。石膏造粒的基本原理是，将二级脱水后的石膏副产物送入造粒机内，加入黏结剂，在加压和加热的情况下，石膏形成硬颗粒，装运前将未固化的石膏颗粒送入临时贮存仓中硬化。

还有多种类型的工业加热烘干机也可以用来降低石膏副产物的含水量，使含水量低于5%。

五、脱硫废弃副产物最终处置方法

本小节所讨论的脱硫废弃副产物最终处置方法不涉及脱硫副产物的综合利用，主要介绍国外发电厂FGD系统处置脱硫废弃副产物通常采用的方法。正如前面已经指出的，处置脱硫废弃副产物需占用大量的土地，不适合我国的国情。因此我国电厂湿法石灰石FGD系统大多数采用强制氧化工艺，最终产品为可工业利用的石膏，但由于脱硫石膏尚未被广泛应用，部分石膏以浆液的形式被废弃。另外，国内有相当一部分电厂将未经处理的脱硫废水直接排向灰场，还有些电厂将销售不了的石膏直接倒入未经防渗处理的坑内作回填处理，这些都有可能对周围环境造成不良影响。本节所介绍的内容将有助于我们了解正确处置废弃脱硫副产物的方式。

处置 FGD 系统产生的废弃副产物的方式必须对周围环境不造成危害。在国外，主要是美国，最终处置脱硫废弃副产物的方式主要有以下三种：筑池湿排填埋、以固体废物的形式填埋处理和湿石膏地面堆放。处置方式的选择完全取决于现场特定情况，例如应考虑地形、地貌、可利用土地、地下水深度等因素，并根据实际可行性、经济性以及环保法规做出决策。对于各种处置方案，防止废弃副产物浸出液对地下水的污染是设计处置方案时主要应考虑的问题。下面简要地介绍这三种处置脱硫废弃副产物的方法。

1. 筑池湿排填埋

图 1-11-57 示出了一个典型的废弃池的平面和剖面图。我国电厂目前普遍采取的将废弃的石膏浆液送往灰场，类似这种处置脱硫废弃副产物的方法。电厂根据现场附近的地势建一个或多个废弃池。通过管道将废弃浆液排入池中，由于废弃浆液中的固体物在进入废弃池后会很快在靠近排放口的地方沉淀出来，因此排放口应设计成移动式，以便有效地利用废弃池的整个库容。废弃池的出水口设计成能控制废弃池的水位，因为随着废弃固体物填入池底，溢流水位随之提高。为了防止污染地下水，在池底应敷设防渗层，可以用黏土或人造防渗材料作防渗层。有些电厂用抗渗黏土层作废弃池的基础，不另外再加铺垫层。当采用人造衬层时，必须安装浸出液收集设施，以防浸出液进入地下水层。在美国，即使采用了防渗层和浸出液收集设施，有关管理机构可能还要求设置一个地下水监测井，用来监视废弃池对地下水质的影响。从废弃池回收的水既可以返回废弃池任其蒸发，也可以供 FGD 系统再使用。废弃池填满后，在废弃物上铺防渗覆盖层，防止雨水经池中浸出。在多数情况下，这种方式用来填埋抗压强度很低的固体物，这种废弃物很少有再利用的商业价值。上述处置方式类似国内将废弃的脱硫浆液排往灰场，但国内的灰场是不做防渗处理的，因此外溢水，浸水会影响周围水体和地下水的水质。

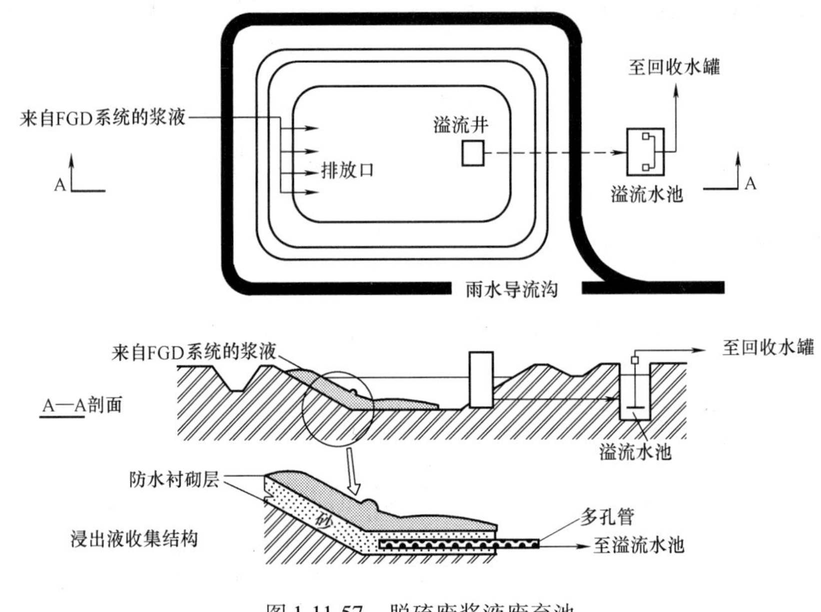

图 1-11-57　脱硫废浆液废弃池

2. 地面堆放填埋处理

填埋是美国处置 FGD 固体副产物常采用的一种方法，美国所产生的固体废物中约 80%

仍用填埋方式处置。固体副产物地面堆放场地的典型剖面图如图 1-11-58 所示。用卡车将固体副产物送至堆放现场摊铺开来，每次铺垫厚度不超过 600mm，然后充分压实。每个堆放区堆满后铺设防渗面层。地面堆放位置比废弃池填埋要灵活些，地面堆放宜采取多个分隔开来的小堆放区进行堆放，每个堆放区不宜过大，尽可能减少雨水冲刷。由于地面堆放的固体副产物逐渐产生出一定的强度，因此可供今后各种可能的商业用途或加工再利用，但更多的是用作回填矿山废弃的坑井、铺垫路基等。

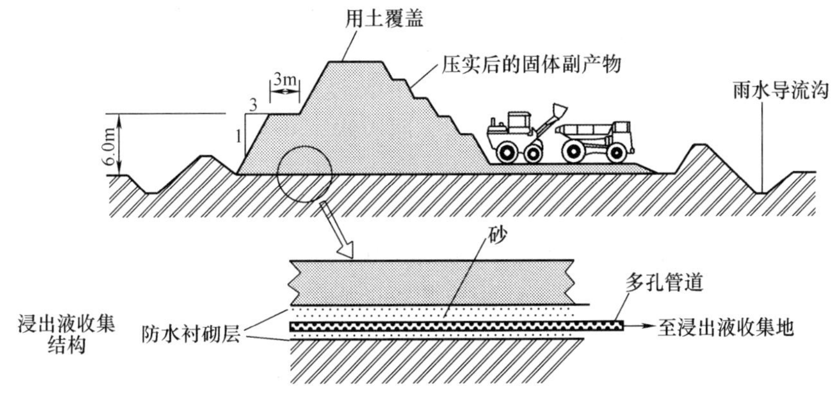

图 1-11-58　脱硫固体废弃副产物地面堆放填埋处置

像废弃池填埋一样，地面堆放也必须有衬层和收集浸出液的设施。经固化处理的脱硫副产物适合用作衬砌材料，有些电厂就是用经固化处理的脱硫副产物来封闭经稳定化处理的副产物或没有经过第二道工序处理的固体物。另外，往往将收集的浸出液和地面雨水喷洒在回填堆上以防止扬尘和使堆放的固体物更密实，同时让收集的废水蒸发。

在美国，由于受地形、地下水深度、土质条件或其他特定因素的限制而不宜采用废弃池填埋的地方，往往采用就地地面堆放。地面堆放处置的最大缺点是必须有一、二次脱水设备，堆放占地面积大，并可能产生扬尘。

3. 湿石膏堆放

在美国，湿石膏堆放是处置 FGD 副产物较新的一种方法。多年来，磷酸盐工业废料处置就一直采用类似的做法。湿石膏堆放的典型剖面图如图 1-11-59 所示。类似废弃池的作

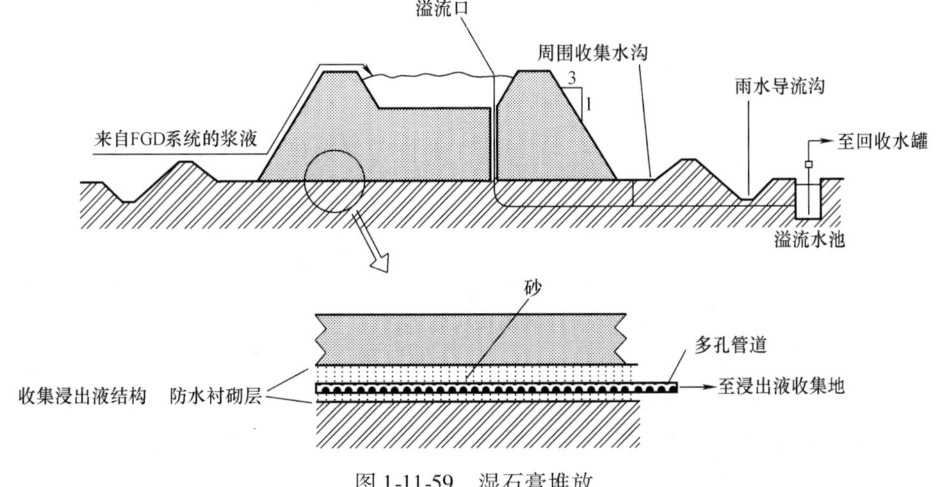

图 1-11-59　湿石膏堆放

法，将吸收塔排放的浆液送入沉淀区，待固体副产物沉淀出来后，将澄清的水引入溢流池中。透过石膏围堰的水汇集在周围的水沟中也流入溢流池中，回收水返回 FGD 系统重新使用。定期将沉积的固体物挖出来填高四周的围堰。像废弃池填埋一样，湿石膏堆放可以筑成单个或多个堆放池。停止堆放后，雨水会从料堆中浸出，因此要铺防水面层。这种石膏堆的无侧限抗压强度较低，封闭后很少有商业价值或加工再利用。

第八节 排放氯化物和废水处理

本篇第五章第三节“溶解固体物（氯化物）浓度”已讨论了 FGD 系统氯化物平衡问题，正如该节所述，FGD 工艺液（包括浆液、回收水）中的氯化物主要来源于煤中的氯，其次是吸收剂和补加水。

煤中所有化合态的氯均在燃烧高温下分解，最终转变成氯化氢（HCl）气体，HCl（气）极易溶于水，在吸收塔内与 SO_2 一起被循环浆液吸收，HCl（气）溶于水后形成盐酸，并迅速离解成 H^+ 和 Cl^-，盐酸是比亚硫酸强得多的强酸，其离解的 H^+ 与石灰或石灰石吸收剂发生中和反应：

与石灰产生的 OH^- 发生中和反应：$H^+ + OH^- \rightarrow H_2O$

与石灰石离解的 CO_3^{2-} 发生中和反应：$2H^+ + CO_3^{2-} \rightarrow CO_2 + H_2O$

FGD 工艺液中的氯化物主要以 $CaCl_2$、$MgCl_2$、NaCl、KCl 以及其他金属氯化物的形式存在。在 FGD 运行条件下，这些氯化物不会形成沉淀，而是以溶解盐的形式在工艺液中累积起来，形成很高的浓度。工艺液中 Cl^- 浓度除与氯的来源有关外，主要取决于工艺运行方式，即回收水的利用和系统对外排污量。通常，FGD 工艺液中氯化物浓度 5000～20000mg/L。限量排放废水或无废水排放的 FGD 系统，氯化物浓度 15000～50000mg/L 也是常见的，在有些情况下甚至超过 100000mg/L。我国电厂已建的多数 FGD 系统由于对废水排放、回收和补加水量控制不太严格，另外燃煤氯含量不高，工艺液中 Cl^- 浓度大多按低于 20g/L 设计，而实际浓度多数低于 15g/L，有的为了降低 Cl^- 浓度对系统性能的影响以及可以选择等级较低的耐腐蚀金属材料，吸收塔反应罐浆液 Cl^- 设计浓度仅 1000mg/L，以大量排污来保持低氯化物浓度。

FGD 工艺液中高浓度氯化物对系统运行会产生有害影响，因此需要通过向系统外排放氯化物来控制系统工艺液中氯化物浓度。本节将简要介绍我国煤中氯含量和氯在煤中的赋存状态以及讨论排放氯化物的原因、排放氯化物的方法以及对排放废水的处理方法。

一、煤中氯含量及其赋存状态

对于我国煤中氯含量等级的划分，前煤炭工业部曾经采用过 MT/ 5597—1996 划分方案，即：特低氯煤氯含量≤0.050%；低氯煤氯含量 >0.050% ～0.150%；中氯煤氯含量 >0.150% ～0.300%；高氯煤氯含量 >0.300%。据 1998 年有关统计资料，在全国国有重点煤矿的总储量中，“特低氯煤”级别煤储量占绝大多数，即 89.92%，“低氯煤”级别煤储量占 10.08%，而“中、高氯煤”级别煤储量几乎没有。在“低氯煤”级别煤中，72.42% 分布在华北地区，12.02% 分布在西北地区，其余地区的“低氯煤”级别煤储量很少，几乎都属“特低氯煤”。1999 年的统计资料表明，我国主要煤田中个别煤田煤中氯含量高达 0.47%。据 2001 年对全国 280 个样品分析数据的统计，大多数煤含氯量处于 0.005% ～0.05% 范围内，平均 0.022%。

关于氯在煤中赋存的状态，众说不一。但对以下三种赋存状态的认识是一致的：呈氯离子溶解于孔隙水中；在硅酸盐、磷酸盐、碳酸盐、氧化物和氢氧化物等多种矿物中呈类质同象或成为其他杂质；在富氯煤里成为独立矿物（如：石盐、钾盐、水氯镁石。氯钙石等矿物）。争议之处在于煤中是否存在与有机质结合的氯，某些文献提到的证据只表明氯的赋存与有机相有关系，但不是有机氯的依据。我国学者在贵州六枝矿区的超高硫无烟煤中首次发现了分子氯。

二、排放氯化物的原因

FGD 系统工艺液中高浓度氯化物在三个主要方面影响系统的运行：①降低脱硫效率或吸收剂利用率；②增加对结构材料的腐蚀性；③降低石膏副产物的质量。

工艺液中高浓度氯化物对脱硫效率和吸收剂利用率的影响已在本篇第五章第三节中作了阐述，在此不再重复。下面讨论氯化物对结构材料的腐蚀性和对石膏质量的影响。

造成金属结构材料电化学腐蚀的主要环境因素是工艺液的 pH 值、Cl^- 浓度、温度、冷凝物、金属材料表面的沉积物以及结构设计（可能引起缝隙腐蚀），而最令人关心的是前三个因素。本篇第十四章将讨论各种类型材料通常可耐受氯化物浓度的限值，表 1-14-12 按耐氯化物腐蚀能力的强弱顺序列出了常用的合金材料。有些材料，例如橡胶内衬和增强树脂涂层是不受浆液氯化物浓度的影响，这些材料没有最高氯化物浓度的限止。但是，大多数合金的腐蚀速度与氯化物浓度有直接关系。因此，必须限制工艺液中氯化物最高浓度。但是，至今尚没有一个能依据工艺液中 Cl^- 浓度来选择合金的准确而又可靠的标准。图 1-11-60 给出了用于 FGD 装置的不锈钢与镍合金选择指南。从该图可看出，工艺液 pH 值越低、Cl^- 浓度越高，需要选择耐腐蚀金属的等级就越高。图中尽管指导性地给出了一些常用合金能耐受的最高氯化物浓度以及对应的 pH 值，但图中标出的分界线不能看成一个准确的划线，腐蚀环境的任何变化都会引起氯化物最高浓度限值的改变，例如有资料提出，在吸收塔中，在浆液连续冲洗、无垢和不发生点蚀的情况下，316L 能耐受的最高氯化物浓度为 3000mg/L，317LM 则为 6000～8000mg/L。造成这种说法不一的主要原因是腐蚀环境的差异，腐蚀环境的千差万别使得很难定出一个准确的限值。现场挂片试验结果和经验往往更有助于正确选择耐腐蚀合金。

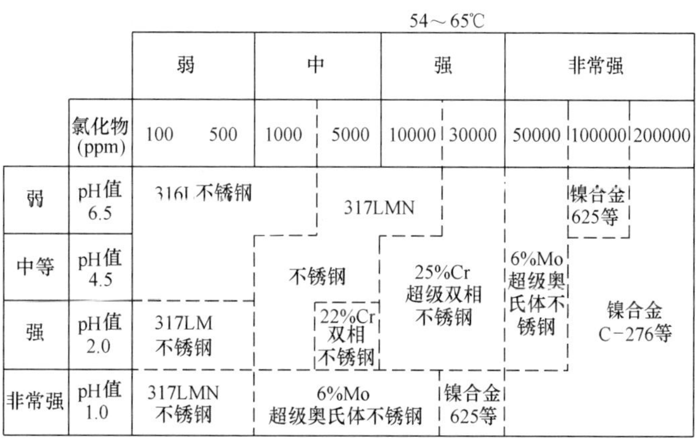

图 1-11-60　用于 FGD 装置的不锈钢与镍合金选择指南

脱硫石膏质量是生产商业用石膏 FGD 系统要控制的一个重要生产指标，对商业品质石膏的主要成分、有害成分含量有一定的要求，有害成分中包括对最高氯化物含量的限制。美国和德国脱硫石膏买主对商业品质脱硫的规格列于表 1-7-5、表 1-7-6，其中允许氯化物最高含量为 100～400mg/kg（干基），我国电厂 FGD 系统通常要求卖方保证副产品石膏中可溶性 Cl^- 含量为 100～200mg/kg（干基）。排放废水和冲洗石膏饼是降低 FGD 系统工艺液中和副产品石膏中可溶性氯化物浓度的方法，通常这两种方法同时被采用。

三、FGD 系统废水排放量和废水排放方式

如前所述，FGD 系统通过排放废水（即排污）可以降低系统工艺液中的氯化物浓度，除此以外，排放废水还有以下两个作用：①通常将水力旋流器分离出来的部分溢流液作废水排放，溢流液中含有较多细小颗粒物，例如飞灰、石灰石中的惰性物和补加水中的悬浮物。减少返回吸收塔的这些细小颗粒物的数量，有利石膏浆液的二次脱水。②降低工艺液中金属离子的浓度，工艺液中某些金属离子的累积最终会影响 FGD 系统的性能。

为了尽可能减少废水排放量和废水处理设备的容量，从理论上讲，应选择含氯化物浓度高的工艺液作为废水排放。但通常选择一次或二次脱水设备含固量较少的工艺液作废水排放，例如沉淀池/水力旋流器溢流液或真空过滤机的滤液。

（一）FGD 系统废水排放量

FGD 系统的排污量取决于脱硫副产物处理方式、燃煤含氯量、锅炉容量以及工艺液氯化物浓度控制值。如前所述，由于石膏用户对石膏副产物中氯化物含量的限制，允许随商业品质石膏带出 FGD 系统的氯化物非常少，因此生产商业品质石膏的系统必须通过排放一定量的废水来控制系统中氯化物浓度。而对于自然氧化，抑制氧化工艺填埋处置脱硫浆液，或者湿石膏浆液堆放处置方式，由于废弃浆液含水在 25% 以上，因此无需单独设置废水排放口。

对于强制氧化生产商用石膏的系统，废水排放量可参见图 1-5-2，从该图可看出，当锅炉容量在 300 ~ 600MW 范围内，燃煤含氯为 0.05% 时，维持系统工艺液中 Cl^- 浓度为 20g/L，需排放废水量在 3.3 ~ 6.0m^3/h 范围内，当燃煤含氯增至 0.1% 时，废水排放量应提高到 6 ~ 12m^3/h。同样，煤含氯量增加约 1 倍，如废水排放量保持不变，那么工艺液中氯化物浓度将增至 40g/L。FGD 工艺液中氯化物浓度与煤含氯量以及废水排放量的这种线性关系，是因为煤中大多数氯以 HCl 的形式从烟气进入 FGD 系统中，而由补加水、吸收剂带入系统和由石膏副产物带离系统的氯化物相对较少所造成的。

（二）FGD 系统废水排放方式

对于 FGD 系统排放氯化物的废水，有以下几种可供选择的排放方式：经废水处理系统处理后外排；将废水与飞灰混合；将废水喷入烟道蒸发；以及将废水排入蒸发池中蒸发。

1. 经废水处理系统处理后排放

对脱硫废水污染物有最高允许排放浓度限止的主要项目是：pH 值、浊度、SS、氟化物、硫化物、COD（化学需氧量，Chemical Oxygen Demand，COD）、BOD（生化需氧量，Biochemical Oxygen Demand，BOD）、重金属。可溶性重金属包括 Hg、Cd、As、Cr、Cu、Pb、Ni、Ag、Be、Zn 和 Mn。在美国还包括溶解固体物总量（TDS）。脱硫废水处理系统则应根据当地环保法规的要求将脱硫废水处理达标后排放。有关这方面的内容放在后面介绍。

我国一些电厂的 FGD 系统建有脱硫废水处理系统，通过调整废水 pH 值，除去悬浮物和重金属物质后达标排放。有些则未建废水处理系统，将脱硫废水、废浆单独或经灰浆池与飞灰混合后排往灰场，环保机构监测灰场澄清后的溢流排放水。由于电厂排往灰场的灰浆量远大于脱硫废水排放量。因此混排后灰场溢流水的水质在很大程度上取决于灰浆水，这种溢流水一般能达到我国规定的污水综合排放标准。但由于脱硫废水的特点，这种混排方式很可能很快被禁止。

2. 废水与飞灰混合

将脱硫废水与飞灰混合是降低 FGD 系统氯化物浓度最经济的方法之一。这种处理废水的方法是在飞灰运出去废弃处理之前，用废水来湿化飞灰，例如当从贮灰库将飞灰装入卡车

或火车车皮中时，为了减少扬尘，有利填埋时压实，通常要湿化飞灰，因此可以用脱硫废水来湿化飞灰。但是，如果飞灰全部用作生产水泥或沥青制品的掺合料时，飞灰通常是干态运输，而且对飞灰氯化物含量有限制，因此不能采用这种方法。但是，在美国，较少的电厂能够全部销售飞灰，因此许多电厂至少有一定量的飞灰可以采用此方法吸纳脱硫排放的废水。

3. 喷入烟道蒸发

这种处理方式是将 FGD 排放的废水喷入空气预热器与除尘器之间的烟道中，让烟气（150℃）蒸发排放的废水，残留的固体物随飞灰一块被除尘设备收集。这种方法的优点是，工艺简单、投资费用较低、充分利用了烟气的废热。废水在烟道内蒸发前还可以吸收烟气中的 HCl，减少进入 FGD 系统氯化物的数量。有些电厂还在喷入的废水中加入少量的石灰或廉价的石灰石来中和已吸收的酸性物质（主要是 HCl 和 SO_3），在这种情况下 SO_2 很少被吸收。

废水蒸发量受空气预热器出口烟气流量、温度和含水量的制约，为防止蒸发后的固体颗粒物堆积在蒸发区，应根据烟气流速、蒸发区长度和高度来选择最佳雾化液滴的直径。实际应用中发现两相流喷嘴比高压喷嘴喷出的液滴大小更均匀，更容易控制蒸发量。此外，还要控制除尘设备入口烟气温度至少应高于烟气绝热饱和温度 10℃，以防止形成腐蚀性冷凝物。

将废水喷入烟道蒸发的方法对除尘和飞灰处理设备有正面和负面影响，除尘设备入口烟气的增湿会降低飞灰的电阻率，这可以提高电除尘器的捕获效率，但由于会发生局部水分凝结和造成飞灰中的较高浓度的氯化物，可能会加重烟道和电除尘器/袋式过滤器的腐蚀，飞灰还可能较难从极板上脱落，飞灰中氯化物、石膏含量的增加可能影响飞灰的品质。

要指出的是，至今向烟道喷射 FGD 排放废水的电厂的实际经验并不多，一些文献介绍了美国北印第安纳公共服务公司（NIPSCO）的巴利（Bailly）电站的废水蒸发装置（不添加碱性物质），但有关该电站废水蒸发装置性能的资料却公布得很少。

4. 废水蒸发池蒸发

当电厂处所地区气候干旱，不能或不允许排放任何废水（零排放电厂），那么采用蒸发池蒸发脱硫废水也许是电厂一种选择方式。但是，干旱缺水地区往往又非常重视废水回收利用，而不太可能任其蒸发。因此，采用这种方法处理废水的电厂相对较少。

蒸发池填满后需要再建新的蒸发池或将填满的蒸发池倒空后再使用。这样做往往需要花费较多的费用。采用蒸发池处理废水要占用大量土地，投资成本较高，但蒸发法利用太阳能处理废水，无需操作能耗。

以上虽然介绍了几种 FGD 废水排放方式，但就国内目前情况而言，采用废水处理后排放的方法较为普遍。但当要求电厂实现废水零排放时，其他几种排放方式有可能被考虑。

四、除去脱硫废水中溶解固体物的废水处理系统

废水处理的目的不外乎是回用或达标排放。脱硫废水由于水量不稳定，水质很差，无法回用，所以只能单独处理后达标排放。

FGD 废水处理工艺的选择取决于要除去的污染物的类型。如果对排放废水中的氯化物浓度没有规定，那么电厂可能只需要调整废水的 pH 值，除去悬浮物和有排放浓度限止的可溶性金属。如果向水质好、流量小的河流排放脱硫处理后的废水，地方排放水标准还可能限止排放水中可溶性固体物总量。可以用来处理 FGD 废水的方法有：沉淀金属离子；活性炭处理；生物处理；物理蒸发和膜分离技术。这些处理方法最终都会产生一种残余物，例如淤泥或近乎饱和的含盐水。在有些情况下，废弃这些残余物之前可能还需要作进一步处理。

1. 沉淀金属离子

脱硫废水的水质比较特殊，其特点是：①水量不稳定；②不同脱硫装置的废水水质往往有很大差异，即使同一套脱硫装置在不同阶段排出的废水水质也不相同；③废水呈弱酸性，pH4～6，悬浮物（石膏、氧化硅、金属氢氧化物以及飞灰）、COD 和可溶性的氯化物、硫酸钙、硫酸镁等盐类含量高；④脱硫废水既含有对环境有很强污染性的一类污染物重金属离子（Cd、Hg、Cr、As、Pb、Ni 等重金属离子），又含有二类污染物（Cu、Zn、氟化物、硫化物等），由于这些金属离子来源于不同产地的煤、吸收剂以及补加水，个别重金属离子的浓度可能差别很大，由于 FGD 系统水分蒸发和循环使用回收水，废水中这些金属离子的浓度可能高于废水排放标准，脱硫废水的 COD、悬浮物等也都比较高。基于脱硫废水的上述特点，一些脱硫技术发达的国家已制定了相应的水质排放标准。我国电力行业根据 GB 8979—1996《污水综合排放标准》，参照德国脱硫废水标准，已于 2006 年制定了 DL/T 997—2006《火电厂石灰石-石膏湿法脱硫废水水质控制指标》。同年还修订颁布了 DL/T 5046—2006《火力发电厂废水治理设计技术规程》，增加了“脱硫废水处理”章节。已明确规定，电厂脱硫系统的废水处理装置应单独设置，脱硫废水不应稀释排放，更不应直接外排，但脱硫废水可直接作为冲灰用水。

沉淀金属离子工艺是除去废水中的重金属等污染物非常有效的方法，但是这种废水处理方法不能除去氯化物，在不允许排放高含氯化物废水的地方就需要采取稍后要提到的较为彻底的废水处理方法。

最常见的沉淀工艺是将金属离子转变成难溶的金属氢氧化物，碳酸盐、硫化物或这些混合物的沉淀。图 1-11-61 所示的是一种处理 FGD 废水，沉淀金属离子的典型工艺流程。此种工艺在德国应用较多，美国也有采用，我国北京第一热电厂和杭州半山电厂的 FGD 系统采用的废水处理系统也属这种工艺（见图 1-11-62）。该金属离子沉淀工艺分成四个步骤：氧化、中和与降低石膏饱和度、沉淀重金属离子、分离悬浮物和沉淀物。

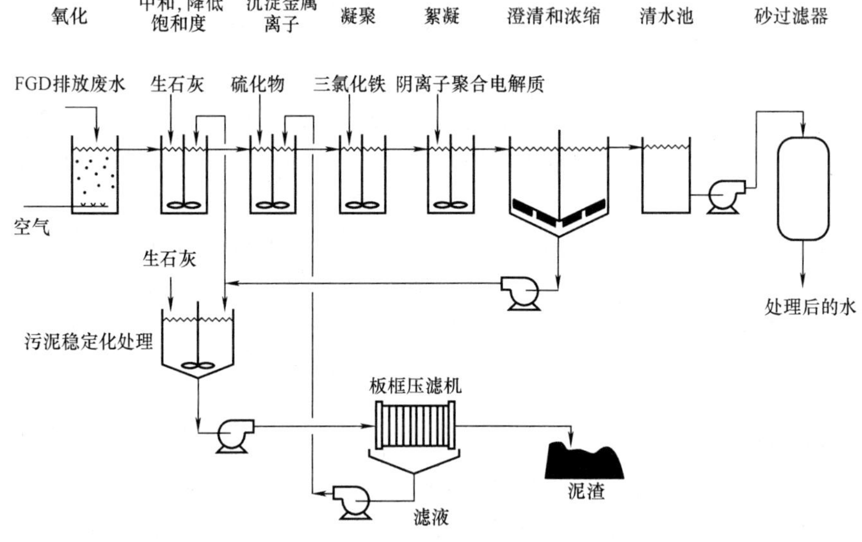

图 1-11-61 FGD 排放废水金属离子沉淀分离工艺

氧化工序是将空气鼓入废水中，使亚硫酸盐氧化成硫酸盐。如果 FGD 采用强制氧化工艺，氧化较彻底，可以不需要此工序。由于对排放的废水有化学需氧量限制，如果废水中亚硫酸盐浓度超过 100mg SO_3^{2-}/L，为了降低 COD，氧化这一步骤还是必不可少的。在此步骤中，废水在氧化罐中应有足够的停留时间，以使所有的亚硫酸盐氧化。有些废水处理工艺在此步骤中，通过加盐酸和次氯酸钠分解废水中的有机物和氧化亚硫酸盐。需要指出的是，用上述方法不能降低由连二硫酸盐（$S_2O_6^{2-}$）贡献的 COD。

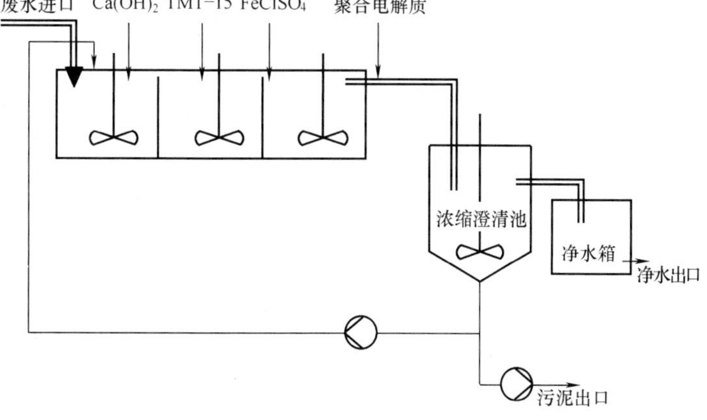

图 1-11-62　杭州半山电厂脱硫废水处理系统流程

如果废水中有氮—硫有机化合物，采用这种氧化工序不一定能达到废水排放 COD 标准，出现这种情况时，需要在澄清和浓缩池下游侧设置专门降低 COD 的设备，即氮—硫分解罐和曝气罐。在分解罐中将废水 pH 值调至 1.0～1.5，加入 $NaNO_3$ 并加热到大约 50℃，然后将废水引入曝气罐去除分解过程中产生的氮，再经清水池用 NaOH 溶液调整 pH 值后进入热交换器，冷却废水至一定温度排放或回收利用。

第二步是提升废水 pH 值和降低石膏饱和度。排放的废水通常是石膏的过饱和溶液，为了防止在下面的设备中结垢，在除去金属物质前必须使溶解的石膏沉淀析出。从澄清池底部将一部分泥浆返回中和罐，一方面用作石膏结晶的晶种，另一方面可以降低溶液的饱和度。同时将生石灰或氢氧化钙浆液或氢氧化钠溶液加入中和槽中，使废水 pH 值达到 9.0～9.2，在此 pH 值范围内形成了重金属的氢氧化物沉淀，但不会形成 $Mg(OH)_2$ 沉淀。FGD 工艺液中（亦即废水中）通常含有大量溶解 Mg，将废水 pH 控制在 9.2 以下是为了让 Mg^{2+} 留在废水中，一方面可减少重金属污泥量；另一方面 Mg^{2+} 还能提高溶液的碱度，如果处理后的废水返回吸收塔将有助于增进 SO_2 的脱除作用。

生石灰中的 Ca^{2+} 还能与废水中的部分 F^- 反应，生成难溶的 CaF_2，可以将废水中的氟化物（以 F^- 计）含量降低至 30mg/L 以下。

第三步是沉淀重金属离子。将一种硫化物加入沉淀罐中，使在中和罐中未以氢氧化物沉淀的重金属离子（主要是 Cd^{2+} 和 Hg^{2+} 等）生成硫化物沉淀。由于金属硫化物通常比其氢氧化物的溶解度低得多，一些金属氢氧化物将转变成金属硫化物沉淀。大多数金属硫化物不溶于酸，因此，形成了一种稳定的沉淀物。加入的硫化物可以是硫化钠（Na_2S），或者是硫化氢钠（NaHS），由于这些硫化物是有毒的，使用时需特别小心，因此无毒的有机硫化物更受欢迎，目前国内采用较多的是 TMT-15 有机硫化物。絮凝剂三氯化铁（也有的采用聚合氯化铝 PAC）的作用是，使废水中细小，分散的颗粒物和胶体物质凝聚成大颗粒，加速沉淀物的沉降。加入三氯化铁还有一个好处是可以形成氢氧化铁，可与其他金属形成共沉淀，共沉淀的金属离子包括六价砷和六价铬，在形成氢氧化物和硫化物沉淀的步骤中不能有效除去这两种金属离子。加入阴离子聚合电解质（如聚丙烯酰胺 PAM）是作为助凝剂，为了进一步提高固体物的絮凝速度。

第四步是用单个澄清和浓缩池使废水中的固液分离，澄清的溢流水进入砂过滤器，除去残留的大部分悬浮固体物。池底部的刮板将沉淀的固体物汇集在池底中心形成浓缩的泥浆，然后被泵送入污泥调整罐，将生石灰加入调整罐中可以改善污泥的脱水性能。污泥经板框压滤机或离心过滤机脱水得到泥渣。泥渣可送往厂外干灰场或处置地处置，滤液返回废水贮存池。

中和罐中废水 pH 值被提升至 9.2 左右，由于随后添加的三氯化铁等絮凝剂呈弱酸性，从而使澄清和浓缩池的 pH 值有所下降。另外，在中和、沉淀、凝聚和清水池中均装有在线 pH 值监测仪，其检测探头需定时用 3% 盐酸冲洗，这样在一定程度上也会降低净水的 pH 值，使净水的最终 pH 值接近 9.0，达到 pH 值 <9.0 的排放要求，因此在澄清池后面无需设置 pH 值调整罐。处理后的净水在进入净水池前通过 pH 值计和浊度仪检测水质，如果处理后的净水 pH 值 >9 或浊度不符合外排条件，净化后的水将自动返回中和池重新处理。

废水在各罐体中的停留时间、投加药量等是影响废水处理效果的主要因素。

2. 活性炭处理

按照废水排放标准，FGD 系统废水在排放前可能需要作降低 COD 和 BOD 的处理。脱硫废水中的痕迹有机物和未氧化的 SO_3^{2-} 离子会造成化学需氧量，如果要使排放的废水达到较低 COD，采用粒状活性炭（Granular Activated Carbon 略写 GAC）处理废水可以令人满意地达到排放要求。但是，GAC 不能降低由 $S_2O_6^{2-}$ 贡献的 COD，需要采用专门合成的吸收剂进行离子交换才能除去 $S_2O_6^{2-}$。

3. 生物处理

废水生物处理是通过微生物的新陈代谢作用，将废水中一部分有机物转化为微生物的细胞物质，另一部分转化为比较稳定的化学物质（无机物或简单有机物）的方法。

FGD 系统排放的废水通常 BOD 较低，但是如果系统采用了有机酸添加剂，废水的 BOD 会较高。为了提高 FGD 系统脱硫效率常采用的有机酸有甲酸、已二酸、丁二酸或戊二酸，当脱硫工艺液中羧酸浓度一定时，可以根据有机酸的浓度计算出废水的 BOD 值，例如每克甲酸的 BOD 是 0.24g，每克 DBA 的 BOD 大约为 1g（不同厂家生产的 BOD 值有差异）。可以用生物滴滤器或间歇式活化污泥反应器（Sequencing Batch Reactors，SBR_S）来处理采用有机酸添加剂的 FGD 系统废水。

中试和全尺寸处理装置的试验结果显示，采用生物滴滤器甲酸除去率超过 90%，此结果是在生物滴滤器入口废水 COD 为 1000mg/L 和氯化物浓度为 9000mg/L 的试验条件下得出的，但是当氮化物浓度超过 10000mg/L 时，可能会抑制生物过程。用 SBR_S 进行了试验台规模的可处理性试验，试验采用模拟 FGD 的排放废水，废水氯化物含量约 15000mg/L，溶解固体总量（Total Dissolved Solids，TDS）28000mg/L，BOD 可降低 92% ~96%。

4. 物理蒸发

物理蒸发常称为盐水浓缩，是采用电厂蒸汽加热废水，使废水气化，再冷凝废水蒸气，从而获得可再利用的蒸馏液和废水浓缩液。有些废水浓缩液可作副产品出售。可以根据物理蒸发的类型来命名这种工艺过程，其中有多效蒸发、蒸汽加压蒸发、薄膜蒸发和强制循环蒸发。多效蒸发是在一个多效蒸发器中，通过多级蒸发来提高蒸发效率。在这种多效蒸发器中，第一级采用蒸汽加热废水，废水大部分蒸发，留下废水浓缩液。再用废水蒸气加热第二级的废水，大部分废水蒸气在加热第二级废水时冷凝成蒸馏液，剩余的废水蒸气最后在冷凝器中被冷却水冷凝。由于利用了每级废蒸汽的潜热。因此提高了热效率，降低了净化单位体积废水的能耗。图 1-11-63（a）是一个二级蒸发器系统。

虽然每增加一级可以提高热效率，但随着设备的增加，投资和维修成本也增大。因此需比较投资/维修费用和能耗费用来确定最佳蒸发级数。

另一种提高热效率的方法是用压缩机使废水的蒸汽进行循环热交换，其原理如图 1-11-63（b）所示。在蒸汽加压蒸发（VCE）系统中（也称为蒸汽机械加压），将废水蒸发产生的蒸汽压缩至较高的压力，以提高饱和温度，并用来加热循环废水，加压蒸汽释放蒸汽的潜热后冷却、凝结成蒸馏液。虽然在蒸汽加压蒸发器启动时需要通过外部的蒸汽向系统输入热量，以后输入系统的主要能量是压缩机的电能。通常采用压缩比为 1.2～1.5 的离心或轴流压缩机。一个一级 VCE 装置的效率相当一个 15 级的多级蒸发系统。虽然 VCE 工艺可能仅有 1 级或 2 级，但压缩机和循环泵的投资、运行费用相对较高，因此，选择一个费用效益超过多级蒸发器的 VCE 装置在很大程度上取决于蒸汽和电能的相对费用。

全世界普遍采用物理蒸发处理各种废水，国外虽然许多电厂采用了这种技术，但仅有少数电厂用来蒸发 FGD 废水。通过蒸发来浓缩 FGD 排放液的主要问题是，蒸发过程结晶析出的石膏和 NaCl 会形成垢覆盖在热交换面上，降低热交换效率以及废水浓缩和沉淀固体物的效率。

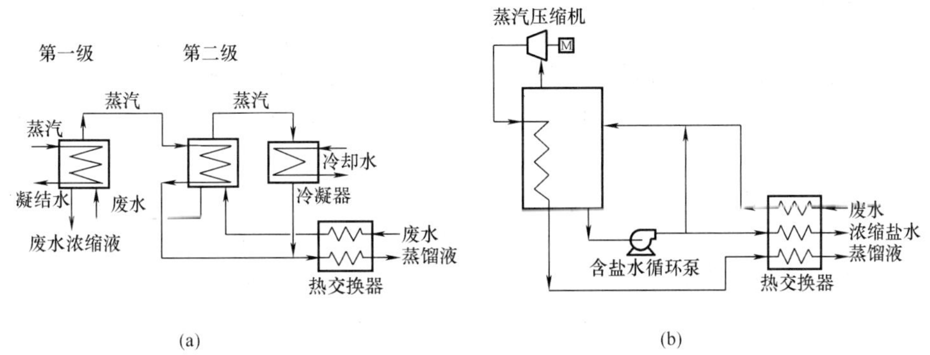

图 1-11-63　废水二级蒸发器和蒸汽加压蒸发器工作原理图

5. 膜分离技术

膜分离法是利用特殊的薄膜对液体中的成分进行选择性分离的技术。膜分离法包括扩散渗析、电渗析、反渗透、超滤、液体膜渗析和隔膜电解等分离技术。

用于处理 FGD 排放液的膜分离技术有反渗透（Reverse Osmosis，RO）和反向电渗析（Electrodialysis Reversal，EDR）。膜分离技术可用来浓缩废水，但这种工艺比蒸发工艺残留了较多的低浓度的废液。上述两种膜分离技术，特别是 RO，膜结垢是主要问题。因此，膜分离技术并不常用于处理 FGD 排放废水，但在其他工业中应用非常广泛。实际上，美国发电厂经常在离子交换之前采用 RO 或 EDR 技术来处理锅炉补加水，与用来处理脱硫废水不同的地方是，用作锅炉的补加水通常未被石膏饱和，用膜处理锅炉补加水时不会产生沉淀物。RO 和 EDR 还用来脱除海水中部分盐分，使海水成为可饮用水。虽然海水通常含有较高浓度的 NaCl，但海水中石膏相对饱和度比 FGD 排放水的低得多。

RO 和 EDR 技术都是用半透膜从含盐水中分离出水分子，但分离方法完全不相同。RO 是以醋酸纤维等制作半透膜，在含盐水（即原水）一侧施加大于渗透压的压力，使原水中的水分子透过半透膜，流向净水一侧。而截留离子化合物或分子量大于水分子量 10 倍的有机污染物于膜的另一侧，从而达到去污目的。EDR 是用直流电荷吸收阳离子和阴离子透过离子交换膜，清洁水留在膜的另一侧。EDR 中的“反向”指周期地改变电场方向使沉淀在膜上的盐溶解。

RO 作为一种浓缩可溶性固体物的废水处理装置，由于没有产生相变，能耗效率比蒸发处理工艺高得多。RO 膜从废水中分离溶解固体物的效率通常可达 90% ~99%，此效率称为膜分离装置的滤除效率［即膜分离装置可以将废水中可溶性固体总量（TDS）的 90% ~99% 滤除］。RO 装置主要有板框式、管式、螺旋卷式和中空纤维式四种。用多达 4.5×10^6 根直径大约为 50μm 的空心纤维可以组合成一个反渗透器，用一个这种反渗透器处理低含盐水时，最多可回收原水的一半。螺旋卷式反渗透装置是在两层反渗透膜中间夹一层多孔支撑材料（柔性格网），并将他们的三端密封起来，再在下面铺上一层供废水通过的多孔透水格网，然后将它们的一端粘贴在多孔集水管上，绕管卷成螺旋卷筒便形成一个卷式反渗透膜组件。单个这种组件仅可回收原水的 8% ~10%，所以需将多个组件组合起来使用。

各种类型的 RO 元件对污染物堵塞和结垢都非常敏感，所以用 RO 来处理被石膏饱和的脱硫废水会遇到一些特殊问题。采有六偏磷酸钠、聚磷酸或聚丙烯酸这类防垢剂，半透膜可以工作到石膏相对饱和度约为 1.8。但将废水的石膏相对饱和度从 1.0 浓缩到 1.8 仅能回收废水的 40%，剩余 60% 需进一步处理或废弃。可以用 OR 来处理抑制氧化 FGD 系统的排放液，因为这种排放液的石膏相对饱和度可能仅 0.5。但是，自然氧化或强制氧化 FGD 系统的废水在 RO 处理之前需先进行软化处理，虽然可以用生石灰作软化处理，然后再进行 RO，但经济性差，软化处理明显增加了废水处理系统的费用。

EDR 装置回收水率从 50% 到超过 90%，而盐分的滤除率通常为 80% ~90%，略微低于 RO。但 EDR 可以工作的石膏相对饱和浓度明显高于 RO。用石膏相对饱和度较低（0.27）的原水在 EDR 上试验，得到了石膏相对饱和度为 4.4 的浓缩液，也就是说在这种条件下 EDR 可以工作到石膏相对饱和度为 4.4。

如前所述，从 FGD 排放的废水中除去重金属离子需要大量的容器（罐、槽）和化学药剂加料、输送装置。可以将 EDR 与蒸发装置结合起来处理 FGD 的排放液，这种工艺产生的浓缩废液很少。目前美国、欧洲和日本已进行了 EDR 处理 FGD 排放液的试验，在日本的试验中，其工艺过程由 4 个主要步骤组成：过滤除去悬浮固体物，EDR，蒸发和固体化处理。将 EDR 产生的浓缩液送入蒸发器中，可以采用较小的蒸发器，节省了投资和运行费用。试验的原水流量为 0.39 L/s，氯化物浓度为 20g/L，将蒸发器产生的浓缩液与水泥、飞灰按 1.0∶0.67∶1.1比例混合。这种 EDR 系统运行得很成功，试验得出的结论是，这种复合工艺与一般的金属沉淀工艺相比更具经济性。

6. *废水处理后的废物处置方法*

前面介绍的除去废水中污染物的所有方式最终都会产生两种物质，一种是相对较清洁的水，在有些情况下可以再循环使用；另一种是浓缩了污染物的废物。对于这种废物必须采用不危害环境的方式进行处置。这种废物可能是液体或湿淤泥，沉淀金属离子产生的淤泥可能只含有 50% 的固体物，采用板框压滤机或离心过滤机，可使淤泥脱水至含固率 75% ~80%。然后通常作填埋处理。也有的电厂将这种淤泥或经脱水处理的淤泥渣在煤棚中与煤混合，再送入锅炉中燃烧，使淤泥中的金属物最终进入灰渣和飞灰中。

对浓缩废液也需要处理成干状态，这可以采用喷雾干燥或采用结晶的方法来除去水分。喷雾干喷即前面谈到的将废水喷入烟道的方法，结晶法是使废液中的溶解盐结晶析出，再离心过滤，这样可以得到较干、较纯的固体物，这种固体物有销售价值。但由于费用较高，电厂通常不采用结晶法。

另外，可以将湿废料与生石灰，水泥或飞灰混合，进行稳定化、固定化处理。对废物进行稳定化处理的优点是产生出一种无危害的废料，与废弃有害废物相比可以降低废弃费用，减少短期和长期的环境责任。对特殊的废物则需进行试验，以确定选择那种添加剂才能形成稳定的废物。

第十二章 烟气脱硫工艺过程控制和仪器

石灰和石灰石FGD工艺过程像任何一个化工生产过程一样需要将一些化学和物理工艺参数值维持在规定的范围内，以获得稳定的性能和最佳经济效益。本章将介绍FGD工艺过程控制基本知识、基本要求、各种控制方法以及测量仪器的选择。而有关调节阀、挡板门和烟气排放连续监测系统(CEMS)这类过程控制硬件的内容将在第二篇“FGD主要设备”中详细介绍。

第一节 自动调节基础知识

为了便于理解以后要讨论的FGD调节系统，先介绍有关自动调节系统的一些基本知识。

一、自动调节回路的主要设备及作用

过程调节回路由保持过程变量在规定工作范围内的硬、软件组合而成。一个过程调节回路由以下主要部件构成：

（1）传感器。用来测量被调过程变量的实际值，被调过程变量包括温度、压力、流量、物位以及物质的成分、特性等，并将检测获得的信号作适当转换。传感器包括测量元件和变送器。在后面的调节回路图中以⊗表示之，⊗左上角的符号表示测量对象，有时用⊗—|∗/E|表示被测信号∗转变成电信号E，被测信号用字母表示。

（2）调节器。传感器将反映被调过程变量实际值的信号（又称调节器输入信号）送至调节器，调节器同时还可能接受其他信号，调节器将输入信号与变量预期值（即设定值）进行比较，得出偏差值。根据偏差的大小及变化趋势，按预先选择的调节规律进行运算，产生出调节器的输出信号。调节器常用的调节规律主要有比例调节（P）、比例积分调节（PI）和比例积分微分调节（PID）三种。调节器用小圆圈表示，圆内由表示被测变量和表示仪表功能的字母组成。

（3）执行器。执行器接受调节器的输出信号，直接控制能量或物料等调节介质的输送量，使过程变量等于期待的设定值。执行器一般由执行机构和调节机构两部分组成。执行机构是执行器的推动部分，它按照调节器给出的信号产生推力和位移，调节机构是执行器的调节部分，最常见的是调节阀，它受执行机构的操纵，改变阀芯位置，调节工艺介质的流量。

二、过程调节回路的分类

过程调节回路按回路的结构可以分成：反馈调节回路、前馈调节回路或前馈—反馈相结合的复合调节回路。这三种调节回路的方框图如图1-12-1所示。

1. 反馈调节回路

在反馈调节回路中［见图1-12-1（a）］，被调参数y以反馈方式送至调节器的输入端，与给定值X（亦即设定值）进行比较产生一偏差信号e，调节器依据此偏差信号向执行器发出调节信号，调节机构作用于被调对象，克服干扰f对被调参数的影响，直至被调参数最终等于设定值。由于被调参数的测量值反馈而形成一个闭合回路，所以反馈调节回路又称闭路调节回路。对于这种简单调节回路，如果被调整参数响应较慢，调节品质可能较差。在

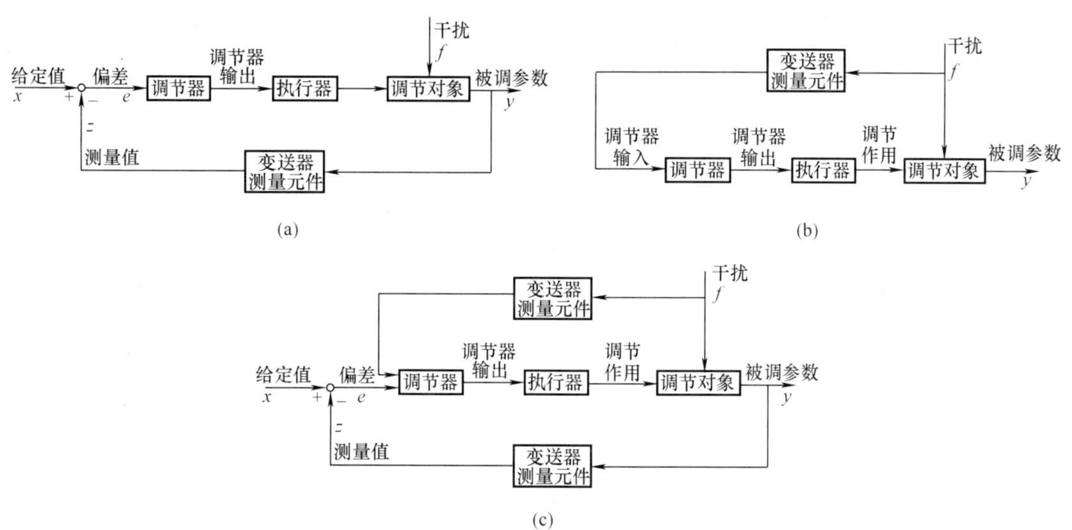

图 1-12-1 三种简单调节回路的方框图

（a）反馈调节回路方框图；（b）前馈调节回路方框图；（c）复合调节回路方框图

FGD 工艺过程中常采用这种调节回路来控制一些罐体的液位，可以满足过程控制的需要。

2. 前馈调节回路

在前馈调节回路中［见图 1-12-1（b）］只是根据引起被调参数 y 变化的扰动信号 f 进行调节，不存在被调参数反馈回路，所以又称开环调节回路。由于在被调参数还未变化之前，扰动信号就提前送到调节器输入端，所以能迅速克服这种扰动。但由于这种调节回路缺乏被调参数变化的反馈信号，对调节后的被调参数值既不能自动检测也不能进行纠正，所以不能保证调节参数最终等于（或接近）给定值。由于 FGD 工艺过程的干扰变量对被调参数的影响一般较为缓慢，所以在 FGD 工艺过程中基本不采用这种调节回路。

3. 复合调节回路

在复合调节回路中［见图 1-12-1（c）］，对影响被调参数的主要干扰变量 f 采用前馈控制，对干扰作用引起被调参数的变化采用反馈控制来克服。这样，当干扰量变化作用到调节系统而被调参数还没有发生改变之前，先由前馈部分进行粗调，尽快使控制作用在一开始就能大致抵消干扰的影响，避免了被调参数发生太大的变化。但由于这种前馈控制作用不太可能恰到好处，被调参数相对于设定值仍会出现一些偏差，因此需要通过反馈闭环回路进行细调来消除这一偏差。这类调节回路对干扰变量能获得比一般反馈调节回路更好的调节效果，所以这种调节回路广泛用于控制 FGD 工艺过程的主要变量。

4. 简单调节系统和复杂调节系统

自动调节系统还可以按照闭环回路的数目分为简单调节系统和复杂调节系统。

在 FGD 系统中，除了采用上述简单调节系统外，还往往采用复杂调节系统中的串级调节回路、复合的前馈—反馈调节回路、取代调节回路和多冲量调节回路来控制一些重要的工艺参数，例如脱硫效率、吸收剂给浆流量、反应罐浆液浓度和脱硫风机风门开度等。简单调节系统通常指由一个测量元件、变送器，一个调节器，一个调节机构（例如一个调节阀）和一个被调对象所构成的闭环调节系统，也称单回路调节系统。如图 1-12-1 所示的三种调节回路都属于简单调节系统。所谓复杂调节系统是相对简单调节系统而言，复杂调节系统指凡是多参数，两个以上变送器、两个以上调节器或两个以上调节机构组成的多回路自动调节系统。由于串级调节系统在 FGD 过程调节中应用较多，所以有必要介绍一下串级调节系统的工作原理。

5. 串级调节系统的工作原理

串级调节系统典型方框图如图 1-12-2 所示。串级调节系统的特点是，有两个闭合回路，两个调节器（即主副调节器），这两个调节器分别接受来自对象不同部位的测量信号。主调节器的输出作为副调节器的给定值，而副调节器的输出操纵调节机构实现对主参数的定值调节。从系统的结构来看，这两个调节器是串接工作的，由此称为串级调节系统。为进一步说明串级调节系统的工作原理，结合图 1-12-5“调节浆液 pH 值对出口 SO_2 浓度的控制”来解释图 1-12-2 串级调节系统的常用名词。

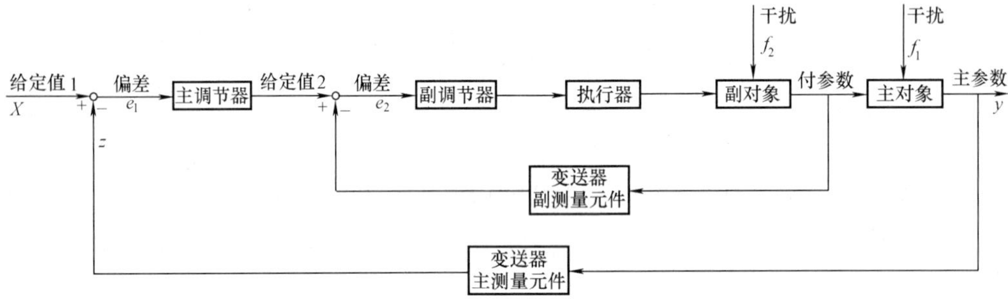

图 1-12-2 串级调节系统典型方框图

（1）主参数：是工艺控制指标，在串级调节系统中起主导作用的被调参数，如图1-12-5中吸收塔排出浆液的 pH 值。对于该调节系统来说，浆液 pH 值是主参数（被调参数），但对于该 FGD 工艺控制指标—出口 SO_2 浓度来说，又是间接控制指标。

（2）副参数：串级调节系统中为了稳定主参数或因某种需要而引入的辅助参数，如图 1-12-5 中的吸收剂浆液流量。

（3）主调节器：按主参数与给定值 1 的偏差 e_1 而动作，其输出作为副调节器的给定值 2。如图 1-12-5 中的 pH 值调节器是主调节器，给定值 1 是出口 SO_2 浓度过程值经 SO_2 调节器产生的 pH 值给定值（pH_{SP}），主参数过程 pH 值（pH_{PV}）与 pH_{SP}的偏差经 pH 值调节器产生的输出作为副调节器—流量调节器的给定值 2（F_{SP}）。

（4）副调节器：其给定值 2 由主调节器的输出所决定，并按副参数对给定值 2 的偏差 e_2 而动作。如图 1-12-5 中的吸收剂浆液流量调节器是副调节器。

（5）主对象：为主参数表征其特性的生产设备，如本例中的吸收塔。

（6）副对象：为副参数表征其特性的工艺生产设备，如本例中的吸收剂浆管、流量计和调节阀。

（7）主回路：由主测量器、变送器、主调节器、副调节器、执行器（调节阀）和主、副对象构成的外回路，亦称外环或主环。例如在图 1-12-5 中，由出口 SO_2 检测器→SO_2 调节器→pH 值调节器→流量调节器→调节阀→吸收剂浆管→吸收塔，构成了该调节回路的主回路，亦称外环或主环。

（8）副回路：由副测量器、变送器、副调节器、执行器（调节器）和副对象所构成的内回路，亦称内环或副环。对照图 1-12-5 则可看出，由流量计→流量调节器→调节阀→吸收剂浆管形成了调节回路的副回路，亦称内环或副环。

在串联调节系统中，副参数的引入往往是为了提高主参数的调节质量。由于副回路的存在，改善了对象特性，使调节过程加快，具有超前调节作用，从而能有效地克服滞后，提高调节质量。下面仍以图 1-12-5 所示的浆液 pH 值与吸收剂浆液流量的串级调节系统为例，来解释串级调节系统的特性。SO_2 调节器根据 CEMS 测出的出口 SO_2 浓度过程值、入口烟气流量和 SO_2 浓度、确定 pH 值设定值（pH_{SP}），当入口烟气流量和 SO_2 浓度稳定时，我们希望浆液 pH 值（pH_{PV}）稳定且等于 pH_{SP}，为此，在本例中是采用改变吸收剂浆液流量来克服干扰对浆液 pH 值的影响，从而保持浆液 pH 值和出口 SO_2 浓度的稳定。但由于浆液 pH 值相对滞后比较大，当吸收剂浆液流量波动比较大时，调节质量就不够理想。为了解决这一问题，就采用了 pH 值与浆液流量的串级调节。pH 值调节器的输出作为浆液流量调节器的给定值（F_{SP}），亦即流量调节器的给定值（F_{SP}）应该由 pH 值调节器的需要来决定它应该“变”或“不变”，以及变化的“大”或“小”，希望在吸收塔浆液 pH 值稳定不变时，吸收剂浆液流量能保持定值，当 pH 值在外来干扰作用下偏离给定值时，又要求浆液流量能作相应的变化，从而保持浆液 pH 值在要求恒定的数值上。采用串级调节后，当干扰来自吸收剂浆液的压力或流量的波动时，副回路能及时加以克服，从而大大减小了这种干扰对主参数（浆液 pH 值）的影响，使吸收塔浆液 pH 值的调节质量得以提高。

第二节　烟气脱硫工艺过程主要调节回路

FGD 工艺过程中的主要调节回路有：SO_2 脱除效率的控制；吸收剂浆液流量的控制；烟气流量控制；吸收塔反应罐液位和浆液密度控制；除雾器冲洗控制等。由于工艺流程设置不相同，可能还有其他调节回路。例如，如果采用管式 GGH 或 SGH 则有 FGD 出口烟温调节回路以及真空皮带过滤机走速控制等。下面对这些主要调节回路作简要介绍。

一、SO_2 脱除效率的控制

脱硫效率（或 SO_2 排放量）是 FGD 工艺过程中要监控的主要性能变量，无论机组在稳定工况下运行，还是处于负荷或燃料含硫量变化时，脱硫效率的调节系统都必须使脱硫效率满足环保法规的强制性要求，同时调节系统还应能找寻出运行费用最低的运行条件。

可以用来控制脱硫效率的工艺变量是有限的，以下工艺变量直接影响脱硫效率，因此可以调节这些工艺变量来控制系统的脱硫效率：

（1）处理烟量与旁路烟量。

（2）吸收塔循环浆流量（即吸收塔循环泵投运台数）。

（3）吸收塔循环浆液 pH 值。

（4）吸收塔循环浆液中化学添加剂浓度。

（5）早期 FGD 系统有一炉多塔，因此投入运行的吸收塔台数也是控制脱硫效率的工艺变量。

表 1-12-1 汇列了可以用来控制 FGD 系统脱硫效率的调节方案，比较了这些调节方案的优缺点。从该表可看出，所有的方案都采用了 FGD 系统出口 SO_2 浓度作为主要输入参数，从位于烟囱入口的 CEMS 获得此主参数的过程值。由于 CEMS 在 FGD 装置中有非常重要的应用，有关 CEMS 更详细的内容将在第二篇第九章中予以介绍。

需要指出的是，随着 FGD 技术的发展，污染物排放标准的日趋严格，目前的 FGD 系统

几乎都是采用吸收塔循环浆液 pH 值来控制系统的脱硫效率，其他调节方案，要么已不再采用，要么仅作为辅助手段用来控制脱硫效率。

1. *调节吸收塔处理烟量控制系统脱硫效率*

采用改变吸收塔处理烟气量来控制脱硫效率的方法（表 1-12-1 中第一种方案）必须满足两个条件：①FGD 系统的设计可以使来自锅炉的烟气部分经旁路排入烟囱；②在烟囱入口处测得的系统总脱硫效率超过规定值。例如某电厂 FGD 系统设计在锅炉 ECR 工况时，吸收塔处理锅炉额定排烟量的 85%，吸收塔设计脱硫率为 95%，允许 15% 的原烟气经旁路烟道与处理后的烟气混合后排入烟囱，规定在设计工况下系统总脱硫率不低于 80%。当锅炉低于额定负荷时，如果吸收塔处理的烟气量和脱硫率保持不变，那么总脱硫率将高于规定的 80%，这时可以在保持吸收塔脱硫率不变的情况下，通过减少吸收塔的进烟量来维持 80% 的总脱硫效率。也可以不改变吸收塔进烟量，降低吸收塔脱硫率（例如降低运行 pH 值，以达到提高吸收剂利用率的效果）来保持 80% 的总脱硫率。

根据是否设置脱硫增压风机（BUF），可以有两种调节旁路烟量的方法。图 1-12-3（a）是当采用湿烟囱工艺，不设置 BUF 的工艺流程，旁路烟道装有开度可调挡板，通过调节旁路挡板开度连续改变旁路烟气流量。旁路挡板通常设计成单百叶窗式或双百叶窗式。根据烟囱入口实测 SO_2 浓度与烟囱入口 SO_2 浓度给定值之间的差值来调节旁路挡板的开度，从而实现对旁路烟气流量的调整。当旁路烟量偏大，总脱硫效率低于规定值，则自动减小旁路挡板开度，增加进入吸收塔的烟气量，最终使总脱硫率不低于规定值。吸收塔的脱硫率则用另外的调节回路，根据吸收塔浆液 pH 值或吸收塔入/出口 SO_2 浓度来控制。

表 1-12-1　控制 SO_2 脱除效率的方法

控制方法	传感器（或传感信号）	被调变量	调节机构	优　点	缺　点
调节处理烟气量	·烟囱入口的 CEMS ·旁路挡板开度或脱硫风机风门开度	旁路烟气变量	旁路挡板或脱硫风机风门	·响应快 ·有简单的连续响应特性 ·可以部分加热处理后的烟气 ·不影响工艺化学过程	·如不采用再加热器，在旁路混合区有严重腐蚀 ·旁路挡板门的泄漏限止了最高脱硫效率 ·原烟气与清洁烟气不易混合均匀
调节吸收塔循环浆流量	·烟囱入口的 CEMS ·循环泵的启/停	循环泵投运台数	循环泵电机控制装置	·响应快 ·响应特性简单 ·不影响工艺化学过程 ·节省电耗	·泵的启/停增加了电机和传动装置的磨损 ·可停用的喷淋层有限制
调节吸收塔循环浆液的 pH 值	·烟囱入口的 CEMS ·浆液 pH 值	吸收剂浆液给量	吸收剂浆液调节阀	·可以达到最高吸收剂利用率 ·pH 值调节回路可以控制工艺化学过程 ·吸收剂浆液流量的波动对 pH 值影响较小	·响应较慢 ·非线性灵敏度 ·调节范围有限 ·会影响工艺化学过程的其他方面（例如氧化、脱水）
调节吸收塔循环浆液中化学添加剂浓度	·烟囱入口的 CEMS ·化学分析	化学添加剂给药量	添加剂计量泵或调节阀	·可以扩展吸收塔效率的控制范围并可降低 FGD 系统费用	·响应慢 ·需要增加设备和消耗添加剂

续表

控制方法	传感器（或传感信号）	被调变量	调节机构	优　点	缺　点
调节吸收塔模块投运台数来调整吸收塔烟气流速	·烟囱入口的 CEM ·模块启/停	模块投运台数	隔离挡板	·在机组很宽的负荷范围内可以保持吸收塔最佳烟气流速 ·在锅炉运行期间，停运的模块可以进行清洁和维修	·多个吸收塔模块增加了费用并使 FGD 系统较为复杂

注 1. 控制目标：根据 SO_2 排放要求和尽量降低脱硫费用的原则来维持 SO_2 的脱除。
2. 工艺过程发生变化的原因：锅炉负荷和燃料含硫量。

在图 1-12-3（b）中，脱硫风机布置在 FGD 系统的出口处（也可布置在入口），旁路烟道不设置挡板，通过脱硫风机入口调节风门开度来控制吸收塔入口烟气流量，同时使旁路烟气流量跟随变化。当锅炉排烟量发生变化时，前馈信号使风机风门的开度即时做出响应，对风门开度进行粗调，改变进入吸收塔的烟量。烟囱入口 SO_2 浓度与烟囱入口 SO_2 浓度给定值的偏差经烟囱入口 SO_2 调节器输出反馈信号，对风机风门开度进行微调，并最终确定风门开度，使总脱硫率稳定在某一预期值上。同样，吸收塔脱硫效率由另外的调节回路控制。

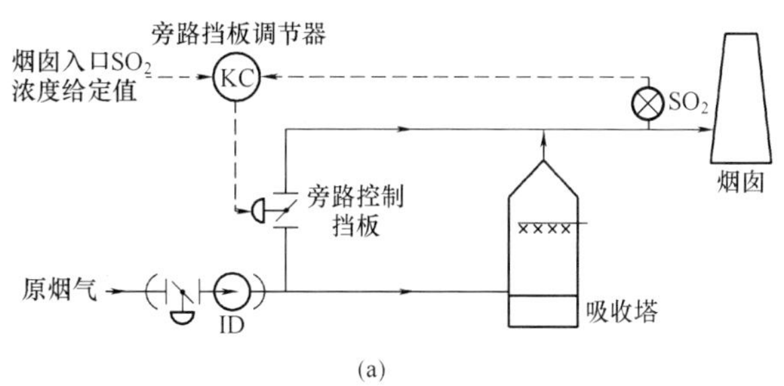

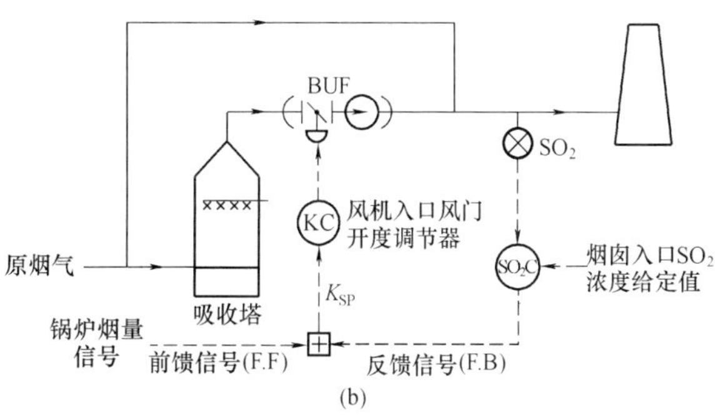

图 1-12-3　调节吸收塔处理烟量控制系统脱硫率的调节方式

图 1-12-3 所示两种调节方式可以用于湿烟囱工艺或采用 GGH 的工艺流程（图中未绘出），由于采用旁路原烟气加热已脱硫的低温湿烟气会造成烟气混合区结构材料的严重腐蚀以及排烟脱硫标准的日趋严格，这种调节方式在欧、美、日已基本不再采用了。另外，如前所述，温度较高的原烟气与脱硫后的饱和湿烟气或与经再加热器加热后的清洁烟气混合时会出现分层现象，若无使烟气均匀混合的可靠措施，很难准确测定烟囱入口 SO_2 浓度，从而会影响调节回路的准确性。

2. 调节吸收塔循环浆液流量控制脱硫效率

表 1-12-1 中控制脱硫效率的第二种调节方式是通过调整吸收塔循环泵的投运台数来改变吸收塔循环浆流量，由此来提高或降低 L/G 比。这种方法更多地用来适应吸收塔入口烟气流量发生大幅度变化的工况，使 L/G 维持在一定范围内。图 1-12-4 是我国某电厂 FGD 喷淋吸收塔的锅炉负荷、喷淋投运层数与脱硫效率的关系，从该图可看出，当锅炉负荷降至 30.2%～63%范围，维持脱硫率不低于 94.7%，可减少 1～2 个喷淋层。这种方式实行起来简单，通过手动操作，吸收塔脱硫效率能迅速地随 L/G 变化，对工艺化学过程没有明显的

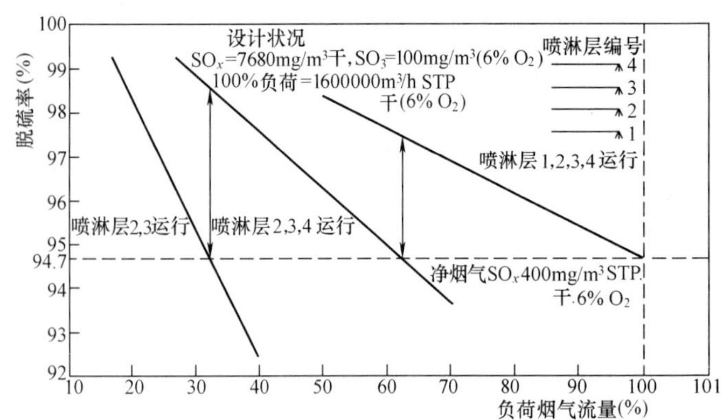

图 1-12-4　我国某电厂喷淋塔锅炉负荷、喷淋层投运数与脱硫率的关系

影响。但这种调节方式仅适合一台循环泵对应一个喷淋层的喷淋吸收塔和填料塔，不适合吸收塔循环泵出口管道采用母管制的吸收塔。对采用母管制的喷淋塔，减少循环泵投运台数将影响喷嘴的压力和流量，从而会影响喷嘴的喷雾特性，对液柱塔来说，通常会影响液柱高度并使液柱之间露出空隙，易造成烟气“短路”。液柱塔为了实现在锅炉低负荷时也可以减少循环泵投运台数，又不至于出现上述情况，近年采用增加循环泵的设计台数，并适当提高额定工况下液柱高度的方法来实现这一目的，但这样可能会明显增加循环泵的设备费用和耗电量。

另外，这种调节方式通常仅当喷淋塔有 3 ~ 5 个喷淋层的情况下，可减少泵的投运数 1 ~ 2 台，对有 4 ~ 6 台循环泵的液柱塔可减少 1 ~ 3 台。当锅炉负荷下降时，如果不减少循环泵的运行台数，也不调节其他过程变量，在大多数时间里，FGD 系统脱硫率将超过规定值。

实际上，现在这种调节方式主要是用于锅炉低负荷时，在保证脱硫效率的前提下，节省 FGD 系统的能耗，并不将其视作一种控制系统脱硫效率的方法。

3. 调节吸收塔循环浆液 pH 值控制脱硫效率

表 1-12-1 所列第三种方法是通过调节吸收塔反应罐浆液 pH 值来控制脱硫率，调节方式如图 1-12-5 所示。在多数情况下，改变浆液 pH 值将改变 SO_2 的脱除效率，但富镁石灰 FGD 工艺（MEL）是个例外，因为这种工艺中 SO_2 的吸收可能受气膜控制。在本调节方式中，通过改变供入反应罐吸收剂浆液的流量来提升或降低循环浆液 pH 值，从而使 SO_2 脱除效率随 pH 改变。吸收塔循环泵投运台数确定后，在负荷稳定时，通过人为或自动调整 pH 值给定值可以达到预期的 SO_2 脱除效率。当手动方式时人为设定 pH 值给定值，烟囱入口 SO_2 浓度信号不参与调节。自动方式时，SO_2 调节器对烟囱入口 SO_2 测值和预期的 SO_2 浓度进行比较，向 pH 值调节器输出 pH 值给定值 pH_{SP}，pH_{SP}的调节范围受某一高值和低值的限止。浆液 pH 值与吸收剂浆液流量构成的串级调节系统的调节原理和特点在前面已作了详细介绍，在此不再复述。这种调节方式具有连续可调节性，可以使 FGD 装置在满足 SO_2 排放要求的前提下，以最低 pH 值运行，达到节约吸收剂耗量，提高石膏品质的目的。由于采用了 pH 值与浆液流

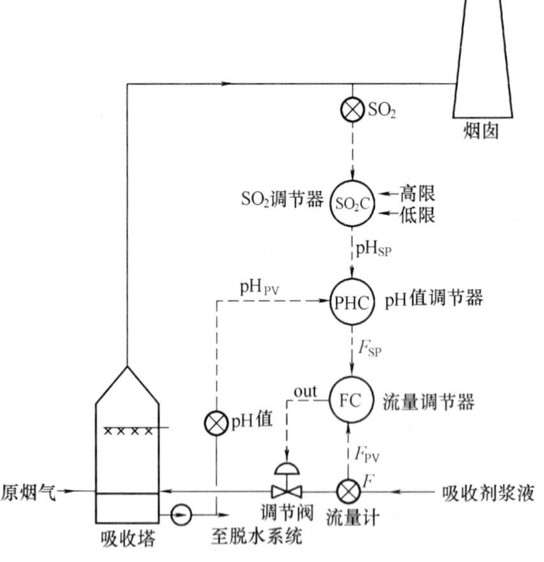

图 1-12-5　调节浆液 pH 值控制出口 SO_2 浓度

量的串级调节，大大减少了浆液流量波动对 pH 值的影响。但是，由于反应罐浆液体积庞大，浆液 pH 值响应相对较慢，但在锅炉负荷和燃料含硫量大幅度波动时间不超过 1 ~2h 的工况下，这种调节方式是非常有效的。

当在低 pH 值下运行时，调节 pH 值对脱硫率的改变很灵敏，而在高 pH 值运行时，则显得有些迟缓，也就是说 pH 值对脱硫率的调节是非线性的。另外，调节 pH 值会影响工艺过程的其他参数，如氧化效率，石灰石利用率和石膏脱水性等。

4. 调节化学添加剂浓度控制脱硫率

一个 FGD 系统可能在设计时考虑了或未考虑采用化学添加剂，在这两种情况下，化学添加剂的应用都可以提高脱硫率，节省吸收剂和降低循环泵的电耗（降低循环浆流量）。采用化学添加剂的经济效益取决于添加剂的价格和耗用量。由于反应罐的体积较大以及添加剂的消耗量非常低，与改变吸收塔喷淋流量或改变浆液 pH 值相比，改变化学添加剂的浓度是一个很慢的过程。因此，不能逐时甚至不能逐日地调整化学添加剂的浓度。通常使化学添加剂浓度保持在一个预先选定的范围内，以获得最佳经济效益。如果预计燃料含硫量在较长的时间内将发生明显改变，或者用其他控制手段不能满足所要求的脱硫效率时，才改变添加剂的浓度。

5. 调节吸收塔投运台数控制脱硫效率

表 1-12-1 所列的最后一种方法是早期建设的 FGD 系统采用一炉配备多个吸收塔的情况下，根据锅炉负荷的变化来改变吸收塔模块的投运台数，以保持投运的吸收塔具有最佳烟气流速，从而提高单塔或总脱硫效率。这种方法通常在锅炉负荷大幅度变化并持续数小时以上才考虑改变投运吸收塔的台数。吸收塔投运台数的确定不是自动进行的，而是操作人员根据经验或 FGD 供应商提供的习惯做法来确定吸收塔最佳运行台数。

随着 FGD 技术的发展，现在不仅不再需要一炉多塔，而且是多炉一塔，这种调节吸收塔投运台数控制脱硫效率的方法已转变成当多炉一塔设计，当其中一炉停留时，调整吸收塔循环浆流量来控制脱硫效率。

二、吸收剂浆液流量控制

表 1-12-2 列出了 4 种控制吸收剂给浆量的方法，并简单比较它们的优缺点，下面依次分析这 4 种方法的特点。

1. 反应罐 pH 值调节法

反应罐 pH 值调节吸收剂给浆流量的方法如同表 1-12-1 第三种控制脱硫率方法中的手动调动方式（见图 1-12-5），但不设 SO_2 调节器，人为给定 pH 值调节器的设定值 pH_{SP}，对 pH 值调节器设置高限和低限值，采用 pH 值反馈简单调节回路，调节吸收剂给浆量使反应罐浆液 pH 值达到给定的设定值。

这种 pH 值调节回路除了用来控制脱硫效率外，还必须将反应罐浆液 pH 值控制在一定范围内，使得既要达到预期的脱硫效率又要获得吸收剂最佳利用率，同时还要考虑 pH 值对氧化、结垢、副产品石膏品质和腐蚀环境的影响，即 pH 值不能太高或太低。不同的脱硫装置有自己最佳 pH 值限制范围，这一最佳 pH 值设定值范围需通过性能试验和根据运行经验来确定。

需要指出的是，反应罐 pH 值调节法是假定工艺过程的最佳 pH 值设定范围不随时间改变，但实际上其他工艺参数的变化，例如吸收剂石灰石粒度的改变和浆液中可溶物浓度的变化（特别是 Mg^{2+}）都会逐渐改变浆液 pH 值与吸收剂利用率之间的相互关系。因此，需要定期进行化学监测，监控工艺的化学过程，检验 pH 值控制范围是否合适。

表 1-12-2　　吸收剂给浆量控制方式

控制方式	传感器	被调变量	调节机构	优　　点	缺　　点
根据反应罐浆液 pH 值调节吸收剂给浆量	·浆液 pH 值计 ·吸收剂浆液流量计	吸收剂浆液流量	吸收剂浆液调节阀	可以使过程 pH 值处于合适的范围内	·pH 值传感器需要经常维护和校验 ·pH 值响应慢而且是非线性响应 ·最佳 pH 值范围会随时间变化
采用吸收塔入口 SO_2 负荷作为调节吸收剂给浆量的前馈信号；反应罐浆液 pH 值为反馈信号，细调吸收剂给浆量	·锅炉负荷 ·入口 CEMS 或燃料分析仪 ·吸收剂浆液流量、密度计 ·浆液 pH 值计	吸收剂浆液流量	吸收剂浆液调节阀	·比 pH 值简单调节回路有较好的响应时间 ·可以使过程 pH 值处于合适的范围内	·需要入口烟气 CEMS 或连续分析燃料含硫量 ·pH 值传感器需经常维护和校验 ·最佳 pH 值范围随时间变化
根据反应罐浆液 pH 值调节吸收剂给浆量，依据出口 SO_2 浓度调整 pH 值设定值	·浆液 pH 值计 ·烟囱入口 CEMS ·吸收剂浆液流量计	吸收剂浆液流量	吸收剂浆液调节阀	·可以获得吸收剂最高利用率 ·可以使过程 pH 值处于合适的范围内	·需要经常维修和校验 pH 值计 ·不能及时跟踪锅炉负荷的变化，当锅炉负荷短时间上升时，脱硫率往往会下降 ·响应时间较慢且是非线性响应 ·最佳 pH 值范围随时间变化
根据连续测得浆液中未反应碳酸钙量来调节吸收剂给浆量	·自动滴定仪 ·吸收剂浆液流量计	吸收剂浆液流量	吸收剂浆液调节阀	·可以达到吸收剂最高利用率 ·不依赖浆液 pH 值与吸收剂利用率之间的相互关系	·连续测定浆液中未反应 $CaCO_3$ 含量的在线分析仪仍处在开发之中

注　控制目标：按要求的脱硫效率和尽量降低脱硫费用的原则来调节吸收剂给浆量；引起工艺过程变化的原因：锅炉负荷和燃料含硫量。

仅采用一个简单的 pH 值反馈调节系统来控制吸收剂供浆量的调节方式存在一些不足之处。在石灰石 FGD 工艺中，反应罐浆液中一般含有大量未反应的石灰石，改变吸收剂供浆量，浆液 pH 值响应较慢。而且，吸收剂给浆量与反应罐浆液 pH 值的关系是非线性的，在正常运行 pH 值范围（5.2～5.5）的较低端，改变吸收剂给浆量，反应罐浆液 pH 值会随之发生明显的变化。但当运行 pH 值为 6.0 左右时，加入大量的吸收剂浆液，pH 值提升也非常小。而且以高 pH 值运行时，pH 值测值的一个小偏差就会造成向反应罐加入过量的吸收剂浆液。

对于石灰 FGD 工艺，浆液的碱度主要由可溶性亚硫酸盐来提供，浆液中未反应的过量吸收剂很少，当石灰浆给量改变时，反应罐浆液 pH 值会迅速做出响应。因此，一般采用 pH 值反馈简单调节回路就够了。

2. 入口 SO_2 负荷和反应罐 pH 值调节法

（1）入口 SO_2 负荷和反应罐 pH 值调节法的基本原理。入口 SO_2 负荷和反应罐 pH 值调节法是表 1-12-2 所列的第二种调节吸收剂给浆量方法，其调节原理见图 1-12-6。在这种调节回路中，仍以反应罐浆液 pH 值作为反馈控制信号，采用吸收塔入口 SO_2 负荷信号（入口烟气流量与入口 SO_2 浓度的乘积）作为前馈信号，这样可以改善调节回路的响应时间，防止由于 pH 值的测量差错造成石灰石浆液给量出现较大的偏差。pH 值调节器和石灰石浆流量调节器仍构成串级调节回路。在这种调节方式中，吸收剂给浆流量的设定值与吸收塔入口 SO_2 负荷成正比。可以用布置在 FGD 系统入口烟道上的、单独的 SO_2 分析仪和烟气流量计或由锅炉给出的排烟流量信号来确定入口 SO_2 负荷，国外还有用位于给煤机处的燃煤含硫在线连续分析仪来确定入口 SO_2 负荷，而目前大多通过 CEMS 来获得这一前馈信号。根据反应罐浆液 pH 值来微调吸收剂给浆量，即在较小的范围内增减给浆量。这种调节方式使吸收剂给浆流量可以迅速跟踪锅炉负荷和燃煤含硫量的变化，获得较好的响应，同时仍可使循环浆液的 pH 值保持在一个合适的变化范围内。由于选用了吸收剂浆液流量为副调节参数，减少了浆液流量波动对 pH 值的影响。如果考虑入口烟气参数对烟气流量的影响，可以根据入口烟气温度和湿度来修正入口烟气流量。同样，也可以根据吸收剂品质和密度来修正给浆流量。

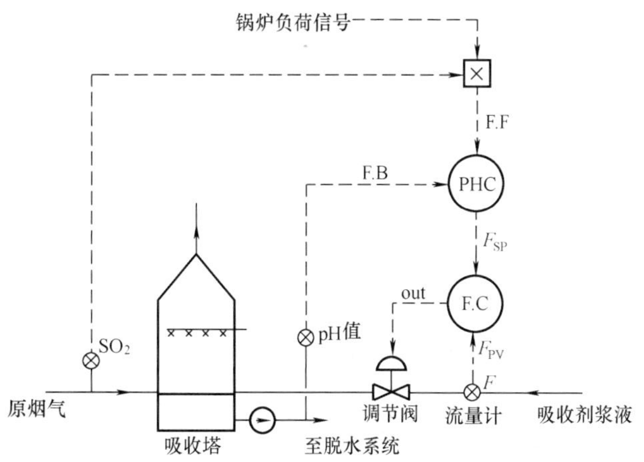

图 1-12-6　吸收剂给浆量前馈（入口 SO_2 负荷）/反馈（反应罐 pH 值）调节系统

由于入口 SO_2 负荷和反应罐 pH 值调节方法具有上述优点，其在 FGD 系统中得到了广泛的应用，目前世界上较大的 FGD 供应商都以这种调节方式为基础，根据各自的设计经验和习惯，考虑影响因素的多少，作了些改进。下面将介绍德国斯坦缪勒、鲁奇能捷斯和日本三菱公司设计的吸收剂给浆量调节方式。

（2）三家 FGD 公司吸收剂浆液流量控制方法介绍。图 1-12-7 和图1-12-8 分别是德国斯坦缪勒公司和鲁奇能捷

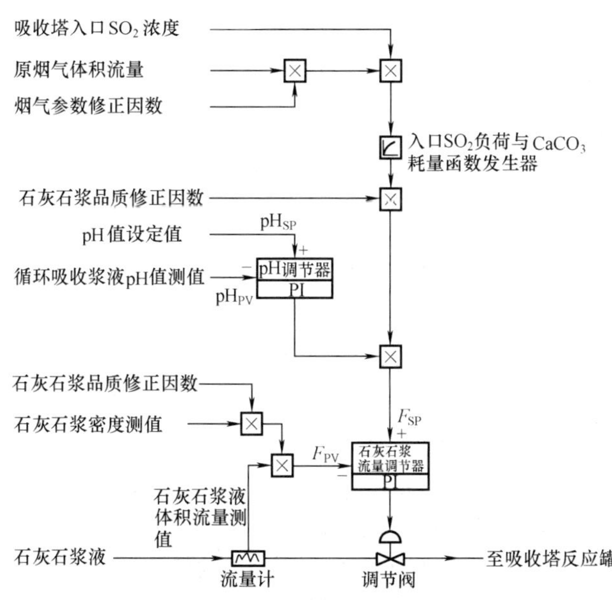

图 1-12-7　德国斯坦缪勒公司为我国 FGD 装置设计的石灰石浆流量调节回路概念图

斯公司实际采用的石灰石浆流量调节系统，这两种调节方式都属于上述前馈/反馈调节系统。在斯坦缪勒公司的前馈/反馈调节系统中，根据烟气参数对原烟气流量进行了修正，根据石灰石品质和石灰石浆液密度修正了石灰石浆液的给浆量。在鲁奇能捷斯公司的调节方式中采用了多冲量（三冲量）调节，所谓多冲量调节是指，在调节系统中有多个参数信号经过一定的运算后共同控制调节阀，以使某个被调工艺参数有较高的调节质量。图 1-12-8 是石灰石浆给量的三冲量调节系统，这三个冲量信号是：脱硫量偏差信号（前馈信号）、pH 值偏差信号（反馈信号）和石灰石浆流量信号。在该调节系统中，依据吸收塔循环泵投运台数来确定脱硫率给定值，脱硫率的过程值与给定值的偏差经死区环节器 9 限幅后送至比较器 18，死区环节 9 的作用是避免脱硫效率大幅度波动。pH 值给定值根据入口 SO_2 负荷来确定，pH 值偏差（比较器 15 的输出）不直接用来调节石灰石浆流量，这样可以防止系统 pH 值波动过大。石灰石浆流量信号参与调节，有利于克服由于供浆压力波动引起的浆液 pH 值变化。

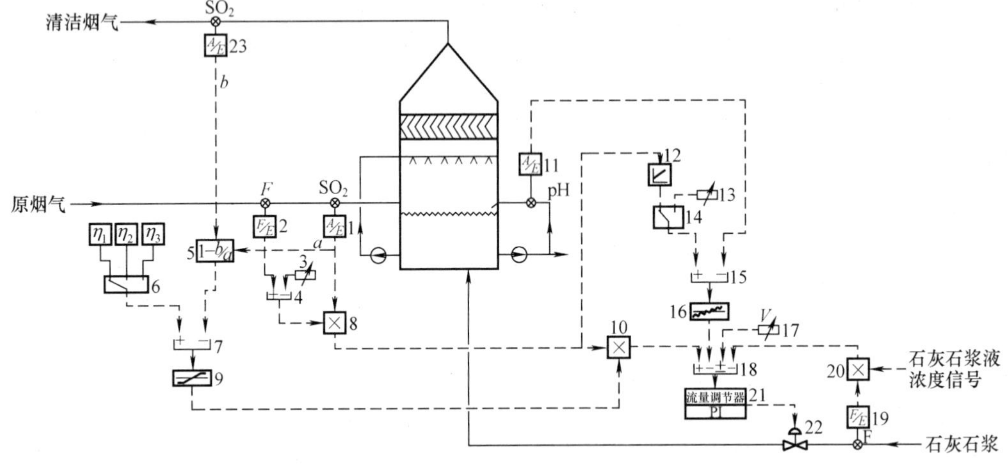

图 1-12-8　德国鲁奇能捷斯公司 FGD 装置石灰石浆流量调节回路概念图

1—入口 SO_2 浓度传感器；2—入口烟气流量传感器；3—湿度修正器；4—烟气标态换算器；5—吸收塔脱硫效率运算器；6—吸收塔脱硫效率给定值选择模块；7—比较模块；8—入口 SO_2 负荷乘法计算器；9—死区环节；10—入口 SO_2 负荷修正器；11—循环吸收浆液 pH 值传感器；12—入口 SO_2 负荷与 pH 函数发生器；13—手动 pH 设定器；14—选择器；15—比较器；16—多级修正器；17—比例发生器（$V=1kgSO_2/x kg$ 石灰石）；18—比较器；19—石灰石浆体积流量传感器；20—石灰石给量换算器；21—石灰石浆流量调节器；22—调节阀；23—出口 SO_2 浓度传感器

日本三菱公司设计的石灰石浆液流量控制方法（见图 1-12-9）的特点是，通过一个选择器 11 将入口 SO_2 负荷前馈/反应罐 pH 值反馈调节系统与入口 SO_2 负荷前馈/出口 SO_2 浓度反馈调节系统组合在一起，使调节较为灵活，为操作人员提供了控制方式的选择。

这种调节方法仍然以吸收塔入口 SO_2 负荷作为前馈信号，经选择器 11 可人为选择反应罐浆液 pH 值作为反馈信号来控制脱硫率和石灰石浆流量，这时出口 SO_2 浓度不参与调节。或者选择出口 SO_2 浓度（亦即脱硫率）作为反馈信号来控制。在后一种调节方式下，SO_2 调节器 14 选择串级（CAS）方式，而 pH 值调节器 10 选择自动方式，当出口 SO_2 浓度（S_{PV}）高于出口 SO_2 浓度设定值（S_{SP}）时，高选器 12 自动选择 SO_2 调节器 14 的输出作为反馈信号，只有当 $S_{PV} \leqslant S_{SP}$时，pH 值才有可能被选为反馈信号。pH 值设定值 pH_{SP}需人为设定，一般选择 $S_{PV} \approx S_{SP}$时的 pH 值过程值 pH_{PV}为 pH_{SP}。当锅炉负荷稳定、FGD 系统运行稳定时，适

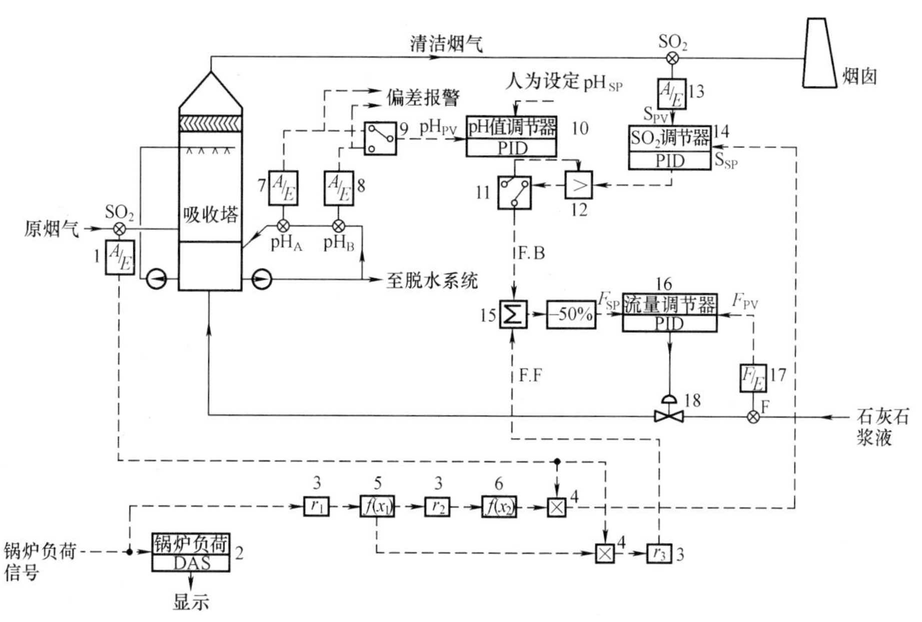

图 1-12-9　三菱重工 FGD 系统脱硫率和石灰石浆液流量控制概念图

1—入口 SO_2 浓度传感器；2—锅炉负荷数据收集器；3—比值设定器；4—乘法器；5—锅炉负荷与烟气流量函数发生器；6—烟气流量与（$1-\eta_{SO_2}$）函数发生器（η_{SO_2}：脱硫率）；7、8—pH 值传感器；9—pH_A/pH_B 选择器；10—pH 值调节器；11—出口 SO_2/pH 值控制方式选择器；12—高选器；13—出口 SO_2 浓度传感器；14—SO_2 调节器；15—加法器；16—流量调节器；17—石灰石浆流量传感器；18—调节阀

合选择 pH 值作反馈控制，在达到规定脱硫率的前提下，逐渐降低 pH 值设定值，以获得较高石灰石利用率和石膏品质。选择出口 SO_2 浓度控制石灰石浆流量时，由于采用了高选器 12，可以在维持脱硫效率不低于预期值的情况下，保持浆液 pH 值稳定。

这种调节方式的另一个特点是，脱硫效率设定值 η_{SO_2}随锅炉负荷改变，锅炉负荷低，设定值 η_{SO2}高，这使得在负荷变化时，可以保持浆液 pH 值和浆液中过剩 $CaCO_3$ 含量不变，从而使得石膏副产品的质量保持稳定，也使得脱硫率能很快跟踪负荷变化。从图 1-12-10 可看出上述特点的基本设计思想，假定锅炉负荷为 75% 时 $\eta_{SO_2}=95.5\%$，浆液 $pH=pH_1$，浆液中过剩 $CaCO_3$ 浓度为 X_1；当负荷升至 100%，如果仍维持$\eta_{SO_2}=95.5\%$，那么浆液 pH 值应提升至 pH_2，$CaCO_3$ 浓度提高到 X_2，由于反应罐浆液体积很大，注入大量石灰石浆液短时也无法达到 X_2，而且浆液 $CaCO_3$ 浓度的变化还将影响石膏质量的稳定。如果将负荷 75% 时的 η_{SO_2}设定为 97.5%，当负荷提升到 100% 时，η_{SO_2}取 95.5%，那么可以维持浆液 pH 值和 $CaCO_3$ 浓度始终分别为 pH_2 和 X_2，并且脱硫率能迅速跟踪负荷的变化，石膏质量也

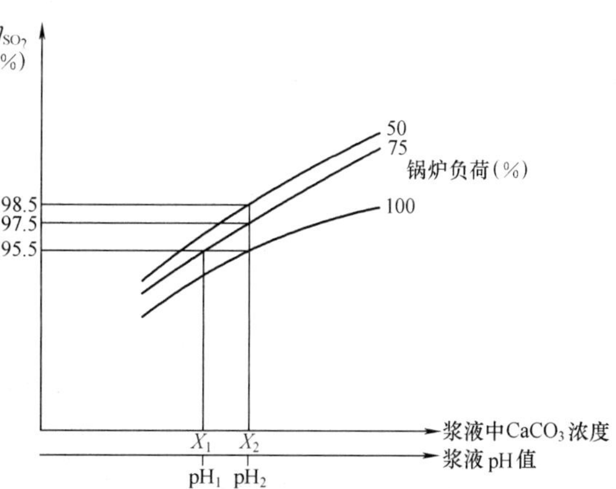

图 1-12-10　脱硫率设定值 η_{SO_2}与浆液 pH 值、$CaCO_3$ 浓度关系示意图

能保持稳定。由此，图 1-12-9 中函数发生器 $6f(x_2)$ 的函数关系示意图如图 1-12-11 所示。

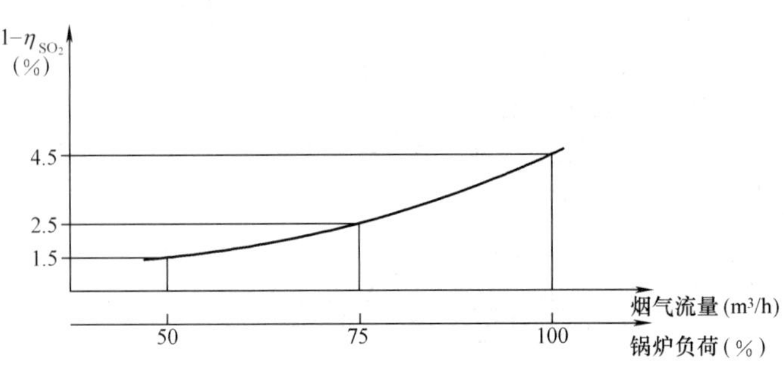

图 1-12-11 烟气流量与 $(1-\eta_{SO_2})$ 关系示意图

三菱为华能珞璜电厂设计的石灰石浆液流量控制方案中，不实测系统入口烟气流量，而由主机提供锅炉负荷与排烟流量关系，也不对烟气状态和石灰石品质（如石灰石浆液密度等）进行修正，从应用情况来看，通常情况下这些因素的影响不大。但是，当石灰石浆液密度偏离控制值较多时，仍会影响调节性能。随着强制性要求应用 CEMS，采用实测烟气流量，并用烟气参数和石灰石浆液密度分别修正烟气和石灰石浆液流量能进一步提高调节品质。

3. 反应罐 pH 值和出口 SO_2 浓度调节法

这种调节方法即表 1-12-2 所示第 3 种控制方式，与表 1-12-1 中第三种控制 SO_2 脱硫率的方法相同（见图 1-12-5）。反应罐 pH 控制回路用来使反应罐浆液 pH 值等于某一 pH 值设定值，但 pH 值设定值本身受保持烟囱入口 SO_2 浓度（亦即脱硫率）为预期值的控制。这种调节方法的优点是能获得吸收剂最高利用率，因为供入的吸收剂浆量仅足够维持所要求的脱硫效率。但这种调节方法不能即时跟踪锅炉负荷，当锅炉负荷短时间内上升时，脱硫效率往往会下降。

4. 反应罐浆液中未反应碳酸钙含量调节法

表 1-12-2 列出的最后一种控制石灰石浆液流量的方法是采用一种在线浆液连续分析仪测定反应罐中过剩 $CaCO_3$ 量，根据测出的过剩 $CaCO_3$ 含量的信号来调节石灰石浆液流量，使浆液中过剩 $CaCO_3$ 量为一预定值。浆液 $CaCO_3$ 分析仪（又称 $CaCO_3$ 传感器）由以下部分组成：①采样器：以固定流量连续采集循环吸收浆样；②反应器：向样品中添加 H_2SO_4，产生 CO_2 气体；③CO_2 气体分析仪：用以测定产生的 CO_2 量；④控制单元：计算、显示循环吸收浆液中 $CaCO_3$ 浓度并提供相关的输出信号。

采用此控制方法基于这样一种情况，当锅炉负荷和烟气 SO_2 浓度急速度变化时，采用浆液 pH 值控制方法很难维持脱硫性能的稳定。这是因为在锅炉负荷变化时，即使维持循环吸收浆液的 pH 值不变，浆液中未反应的 $CaCO_3$ 含量也不相同。脱硫负荷高时未反应的 $CaCO_3$浓度高，脱硫负荷低时未反应的 $CaCO_3$ 浓度低，原因主要是吸收剂在反应罐中的停留时间不同造成的。脱硫负荷高时，供给吸收剂流量大，停留时间要短些，$CaCO_3$ 溶解不充分，结果未反应完的 $CaCO_3$ 浓度变高。脱硫负荷低时，情况正好相反，结果浆液中未反应的 $CaCO_3$浓度变低。循环浆液中未反应的 $CaCO_3$浓度的高、低反映了浆液吸收容量（或吸收能力）的大小。因此，当负荷变化时，及时测出循环浆液中未反应的 $CaCO_3$浓度，并根据要求的脱硫率（即浆液中需维持未反应 $CaCO_3$浓度）调整吸收剂浆液流量。这样，不仅能在保持脱硫率稳定的情况下跟踪锅炉负荷，还能使石膏质量稳定。而且，pH 值测量差错不会造成浪费吸收剂浆液，浆液 pH 值与吸收剂利用率相互关系的改变也不会影响这一控制方式。

据有关资料介绍，如果配以叶距可调式循环泵，连续调节循环吸收浆液流量来维持脱硫率，就可以获得最佳控制系统。这种控制系统的优点是：①提高脱硫调节的可靠性；②改进了对锅炉负荷的跟踪能力；③石膏副产物的纯度稳定；④节能。但是，目前这种浆液在线连续分析仪仅在个别装置中试用，仍处在研发阶段。

上面介绍的吸收剂浆液流量控制方法中都采用了吸收剂浆液流量计和流量调节器。在实际调节回路中，并不直接用pH值调节器的输出来控制调节阀的开度，而是采用串级调节方式，pH值或SO_2调节器的输出作为流量调节器的流量设定值F_{SP}，流量计将浆液流量的过程值F_{PV}输入流量调节器，调节阀的开度受F_{SP}与F_{PV}的差值控制。采用这种串级调节可以改善调节系统的响应特性，当由于压力变化或阀门磨损等原因造成吸收剂浆液流量波动时，流量调节器可以迅速进行补偿，使流量稳定，而无需等到由这些原因造成反应罐浆液pH值发生变化后再调整调节阀的开度。另外操作人员还可以根据流量计显示的流量值来发现、查找控制系统的其他问题，例如pH值测量偏差，调节阀故障等。

三、烟气流量控制

烟气流量控制指对引入系统烟气流量的控制方法，又称为增压风机入口压力控制方法。对烟气流量控制方法的要求是，能将要求脱硫的烟气量引入FGD系统；能迅速跟踪锅炉负荷变化；BUF的启、停和运行不能影响锅炉炉膛工作压力。烟气流量控制方法与FGD系统设计处理烟气量以及旁路烟道是否设置挡板有关，因此，先讨论这方面的内容。

1. FGD系统设计处理烟气量对烟气控制系统的影响

为了使FGD系统出现故障停机时不影响发电机组的正常运行，一般都设置了旁路烟道，显然烟气控制系统会因旁路烟道是否设置挡板，FGD系统处理锅炉全部或部分排烟而有所差别。

当FGD系统处理锅炉部分排烟时，有如图1-12-3所示的a、b两种烟气控制方法，其中a是采用调节旁路挡板开度来控制引入FGD系统的烟气流量，当锅炉引风机（ID）对FGD系统有足够压头时，可以省去BUF。图1-12-3（b）旁路烟道未设置挡板，引入FGD系统的烟量通过BUF来控制，BUF的位置可以布置在系统的A位或D位置上。

当FGD系统处理锅炉全部排烟时，为避免由于FGD系统对烟气流量控制不当而引起锅炉内爆或外爆，必须使FGD烟气流量控制与锅炉燃烧自动控制系统保持协调，图1-12-12示出了可供采用的三种典型的烟气控制系统：

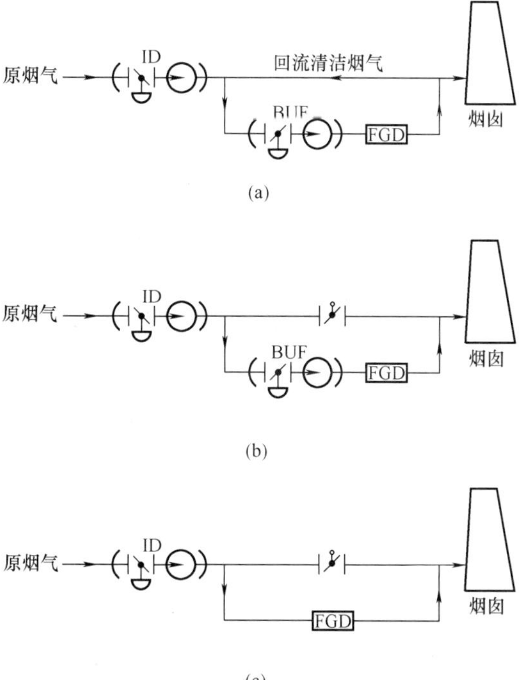

图1-12-12　FGD系统处理全部烟气的烟气控制方式

（1）旁路烟道不设挡板，要求FGD系统处理锅炉全部排烟。如图1-12-12（a）所示，BUF需吸入锅炉全部排烟量的105%（v），其中5%的烟量是经旁路烟道返回至系统入口的清洁烟气。如果没有一定量的清洁烟气返回，很难避免部分原烟气经旁路烟气排入大气。由于旁路烟道未设置挡板，处于常开状，对锅炉运行是安全的。但是，BUF容量和电耗因有

5%的烟气循环和旁路烟道的阻力而较旁路烟道关闭系统的高5%。另外，当返回至系统入口的湿烟气流量较大时，会对处于A位置的脱硫风机造成腐蚀。

（2）旁路挡板关闭、BUF控制全部待处理烟气。如图1-12-12（b）所示，旁路挡板关闭运行，锅炉全部排烟由BUF引入FGD系统。当旁路采用单百叶窗式挡板时，大约不超过1%的清洁烟气经旁路烟道返回系统入口，以防止原烟气经旁路挡板向清洁烟气侧泄露，此时BUF必须受旁路挡板两侧压力差控制，并保持此压差为一恒定值。当旁路采用双百叶窗挡板、充气密封时，BUF可以不受旁路挡板两侧压差控制。这种烟气控制系统要求旁路挡板有很高的可靠性，在FGD系统事故时，能立即开启而不影响锅炉。

（3）旁路挡板关闭，ID控制全部待处理烟气流量。如图1-12-12（c）所示，旁路挡板关闭运行，ID对FGD系统有足够压头，省除了BUF，ID控制锅炉全部排烟进入FGD系统，ID的运行仅受锅炉送风量和炉膛负压控制。当然，ID也可以布置在FGD系统的出口侧。这种控制烟气流量的方法多应用于湿烟囱工艺。

2. 烟气流量控制方法

FGD系统处理锅炉部分排烟的烟气流量控制方法已在本节"SO_2脱除效率的控制"中作了介绍（见图1-12-3），下面介绍的是FGD系统处理锅炉全部排烟时的烟气流量控制方法。对这种烟气流量的控制方法可以分成两类，一类是旁路烟道不设挡板，用锅炉负荷信号来控制进入FGD系统的烟气流量，这种控制方法适合图1-12-12（a）所示的工艺流程，其控制原理如图1-12-13所示。锅炉负荷信号经函数发生器$f(x_1)$转变成锅炉烟气流量信号，为防止烟气经旁路烟道短路进入烟囱，引入FGD系统的烟气流量应在锅炉排烟量的基础上增加5%，再经流量与BUF调节风门开度函数发生器$g(x)$去控制BUF开度。显然，这种烟气流量控制方法最简单，对锅炉运行也最安全，但BUF的电耗大。

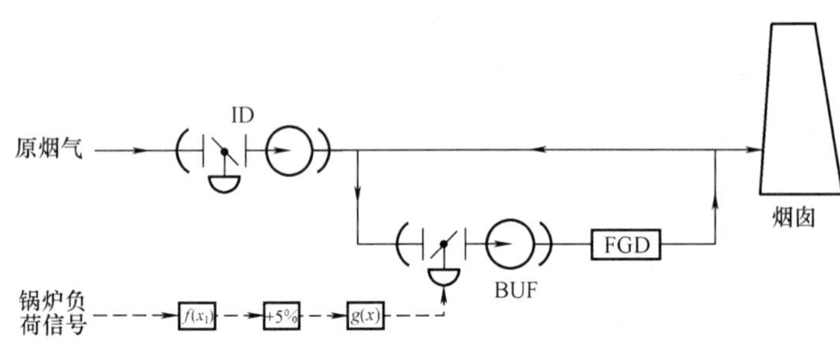

图1-12-13 无旁路挡板FGD装置处理全部烟气的烟气流量控制原理图

另一类控制烟气流量的方法是旁路挡板关闭运行，采用烟气压力来控制烟气流量。这种控制方法适合图1-12-12（b）所示的工艺流程，但BUF不限于布置在A位置。在这种控制方法中，通常采用锅炉负荷信号或锅炉炉膛压力或ID开度指令信号作为烟气流量控制回路的前馈信号，采用旁路挡板两侧压差或ID出口烟道的烟气压力（即增压风机入口烟气压力）为反馈信号。下面介绍这种控制方法在3个FGD系统中的应用实例。

图1-12-14（a）所示烟气流量控制是以锅炉负荷信号为前馈（F. F）控制信号，以旁路挡板两侧压差为反馈（F. B）控制信号。锅炉负荷信号经比值设定r_1，函数发生器$f(x_1)$转变成烟气流量信号，后者再经比值设定器r_2、函数发生器$G(x)$转变成BUF风门开度信号。当锅炉负荷发生变化时，BUF风门开度立即根据前馈信号做出响应，并根据旁路挡板两侧压差设定值自动调整BUF风门开度，使挡板两侧压力保持平衡。旁路挡板两侧的差压设定值为0Pa，当采用单百叶窗式挡板时，为防止原烟气经旁路泄漏至清洁烟气一侧，挡板下游侧与上游侧差压设定为0~100Pa。

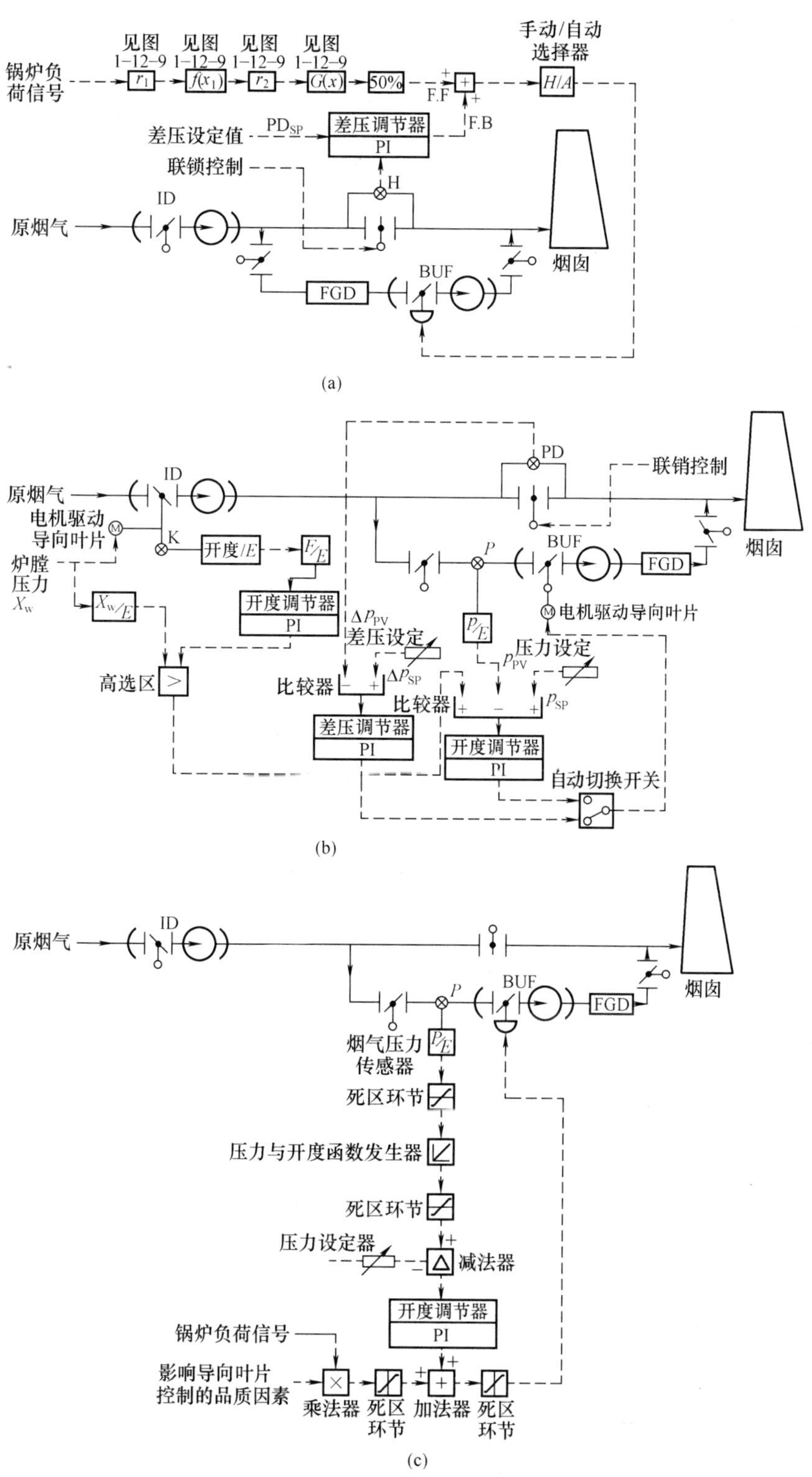

图 1-12-14 烟气压力控制 FGD 烟气流量的 3 种应用实例

FGD 系统是在锅炉投运稳定并停止烧油助燃后再启动 BUF，BUF 的启动可以经选择器选择手动或自动启动方式。但为稳妥起见，主张手动启动。风机启动顺序（指风机前后的烟气挡板、导叶开启和电机启动的顺序）因风机类型不同而不同，可按风机制造厂的启动步骤执行。风机带上一定负荷后，逐步关闭旁路挡板，同时增加 BUF 负荷，待稳定后再进一步关闭旁路挡板。在此操作过程中，保持旁路挡板两侧压差在一定范围内。对于旁路挡板，有的将其设计成 3 组，先上后下最后关闭中间一组挡板，但目前更多的是设计成 2 组，分别由 2 个执行结构控制，以降低 FGD 系统故障快开旁路挡板时，不能开启的风险，旁路挡板可同步、无级逐步关小旁路挡板开度，具有15～20s 快开功能。

图 1-12-14（b）所示烟气流量控制系统有两个调节回路：差压调节回路和烟气压力调节回路。BUF 启动时采用差压调节回路，当缓慢关闭旁路挡板时，挡板两侧压差控制 BUF 的导向叶片缓缓开启，维持挡板两侧为恒定压差。当挡板关闭后，自动切换成根据 BUF 上游侧烟气压力来控制 BUF，并维持此烟气压力为设定值，设定值一般为 -500～0Pa。在此烟气流量控制回路中，通过高选器来选择 ID 导向风门开度或炉膛压力作为前馈信号。在有些控制回路设计中，也有选取 ID 导叶开度指令信号作为 BUF 的前馈信号。

图 1-12-14（c）所示的烟气流量控制方式与图 1-12-14（b）的基本相同，只是前者的前馈信号选取锅炉负荷信号。另外不同的是 BUF 的启动过程，图 1-12-14（c）所示控制回路可以完成 BUF 的自动启动，但 BUF 动叶的开启和旁路挡板的关闭需手动操作，即自动程序完成系统入口挡板开启→系统出口挡板开启→BUF 动叶以最小角度启动。然后在手动逐步调大风机动叶角度的同时逐步关小开度可调节式旁路挡板，控制 BUF 上游侧烟道烟气压力在0～-500Pa，当旁路挡板关闭 95% 时，将调节回路切至自动控制方式，然后全关旁路挡板，BUF 动叶角度将自动跟踪锅炉负荷和烟气压力变化。

上述三种控制烟气流量方法均能满足锅炉和 FGD 系统运行要求，连续跟踪锅炉负荷，不影响锅炉炉膛压力。

四、吸收塔反应罐液位和浆液密度控制

在石灰或石灰石 FGD 工艺中，吸收塔反应罐液位和浆液密度是两个重要的控制参数。在大多数 FGD 设计中，吸收塔的水平衡是负平衡，即吸收塔中蒸发至烟气中的水分、废水处理系统外排水量以及脱水副产物带离系统的水分超过进入系统的固定水流量。固定水流量包括制备吸收剂浆液所消耗的工业水，泵、搅拌器和水环式真空泵等的密封水，除雾器、氧化布气管和吸收塔入口干/湿界面冲洗水。控制反应罐液位实质上就是维持这一水平衡。维持反应罐液位所需要的平衡水来自回收水罐的回收水（包括向回收水罐或在系统其他部位补加的工业水），工艺回收水则来自脱水系统的澄清溢流水，旋流器的溢流液和过滤机的滤液。

维持反应罐正常液位可以保证浆液有适当的停留时间，也有利保持浆液密度的稳定，过低的液位还可能造成循环泵吸入空气而降低效率和引起气蚀，液位过高对逆流塔可能造成浆液漫入吸收塔入口烟道，进入 GGH。

维持反应罐浆液密度的稳定，对于保持反应罐中适当的化学反应过程是十分必要的，对脱硫效率、固体物停留时间（即反应罐浆液体积）、石膏结晶、石膏纯度和防止结垢有最直接、明显的影响。由于反应罐液位与浆液密度调节密切相关，所以将这两部分内容放在一起讨论。

表 1-12-3 汇列了控制反应罐液位和浆液密度的 7 种方法，对这 7 种方法的优缺点作了简

单的比较。图 1-12-15 是前六种控制方法的调节回路图。现依次作简要介绍。

表 1-12-3　　　　控制反应罐液位和浆液密度的方法

<table>
<tr><th>方法编号</th><th>控制方式描述</th><th>传感器</th><th>被调变量</th><th>调节机构</th><th>优　点</th><th>缺　点</th></tr>
<tr><td>1</td><td>通过溢流浆液维持罐体液位
调节回收水流量保持浆液密度</td><td rowspan="4">·罐体液位计
·浆液密度计
·回收水流量计</td><td>回收水流量</td><td>回收水流量调节阀</td><td>·调节方式简单，调节设备少
·回收水调节阀不易磨损</td><td>·需设溢流浆池和泵
·当液位或密度偏低时不能自动调节，需手动干预
·溢流管插入罐中深度不够时，罐中浆液密度偏高</td></tr>
<tr><td>2</td><td>调节回收水流量保持液位
通过排浆调节阀来保持浆液密度</td><td rowspan="2">·回收水流量
·浆液排放流量</td><td>·回收水流量调节阀
·浆液排放流量调节阀</td><td>·液位和密度的调节效果较方法 1 好，较为灵敏</td><td>·浆液排放阀易磨损
·影响循环浆液流量稳定
·排浆调节阀出口管道易堵塞
·需设石膏浆中间罐和泵
·当低负荷，浆液密度偏低时，密度提升慢</td></tr>
<tr><td>3</td><td>调节回收水流量保持液位
通过调速出浆泵来维持浆液密度</td><td>·回收水流量调节阀
·调速电机</td><td>·液位和密度的调节效果较方法 1 好，较为灵敏
·出浆泵提供了连续流量，不会发生管道堵塞；
·采用调速泵有节能效果</td><td>·需要配置单独的出浆泵
·当低负荷，浆液密度偏低时，密度提升慢</td></tr>
<tr><td>4</td><td>用工业水保持液位
用调节阀调节出浆流量来控制浆液密度</td><td>·工业水流量
·回收水流量
·浆液排放流量</td><td>·工业水调节阀
·浆液排放流量调节阀
·回收水调节阀</td><td>·调节灵敏，响应快</td><td>·出浆调节阀易磨损
·由于出浆流量、压力不稳定，当采用旋流分离器时需设置中间罐和泵
·调节设备较多</td></tr>
</table>

续表

方法编号	控制方式描述	传感器	被调变量	调节机构	优　点	缺　点
5	调节回收水流量维持液位 通过控制返回吸收塔的旋流分离器底流浆流向来调节浆液密度	·罐体液位计 ·浆液密度计	·回收水流量 ·返回吸收塔的底流浆流量	·回收水调节阀 ·底流浆分流定位器	·调节灵敏，响应快 ·出浆泵以恒定流量、压力排浆有利发挥水力旋流器的分离效果	·水力旋流分离器增加了晶体的磨损 ·需设置底流浆蓄罐，并需设置液位控制 ·影响过滤机运行方式
6	用工业水调节液位 同时采用旋流分离器分离出来的溢流浆和底流浆来调节浆液密度	·罐体液位计 ·浆液密度计 ·溢流浆流量计	·工业水流量 ·溢流浆流量 ·底流浆流量	·工业水调节阀 ·溢流浆液量调节阀 ·脱水机给浆调节阀	·调节灵敏、连续、响应快 ·出浆泵以恒定流量、压力排浆有利发挥水力旋流器的分离效果 ·自动化程度高	·需要的调节器设备较多 ·如果经溢流浆调节阀排出的浆液不回收，耗水量较大 ·水力旋流分离器增加了石膏晶体的磨损
7	在回收水返回吸收塔的情况下通过调整ME冲洗时间来控制反应罐液位 起停脱水设备控制浆液密度	·罐体液位计	·ME冲洗水量（通过调节冲洗时间） ·停止脱水设备运行	·ME冲洗程序器	无需增加液位调节设备，只需通过编程就可实现对液位的控制 无需密度调节设备	·有可能影响冲洗效果或增加透过ME的烟气带水量 ·调节浆液密度的操作复杂 ·调节不灵敏，浆液密度变化大 ·当密度低，反应罐液位高时调节困难

注　1. 控制目标：保持反应罐正常液位和获得最佳浆液密度。
2. 引起工艺过程变化的原因：锅炉负荷和燃料含硫量。
3. 方法7中仅讨论液位控制方法，浆液密度控制可以采用上述任一种方法。

1. 溢流控制反应罐液位和用回收水控制浆液密度

这种控制方法如图1-12-15（a）所示，经过溢流管将超过溢流管最高点以上的浆液从反应罐中排至溢流浆池，使罐体液位始终低于溢流高度。吸收塔出浆泵不与反应罐相连，从溢流浆池中将浆液送至脱水系统。反应罐浆液密度通过调节返回反应罐的回收水水量来控制。反应罐仍需安装液位计，用于显示和报警。这种调节方式简单，回收水流量调节阀不易磨损，维护工作量少，但当液位或密度偏低时不能自动调节。由于溢流口在罐体的上部，溢流液密度偏低，反应罐中会累积大量的固体物，加大溢流管插入深度可以缓解这种情况。另外，需要另设置一个溢流浆池。

2. 回收水调节反应罐液位和用排放阀控制浆液密度

图1-12-15（b）示出了这种控制方法的调节回路。在这种控制方法中，回收水流量受反应罐液位控制，用溢流管来限制最高液位。由反应罐浆液密度经排浆调节阀来控制排浆量。这种方案将液位和密度分开来控制，效果较第1种好，调节较为灵敏，但也要设置排浆池，

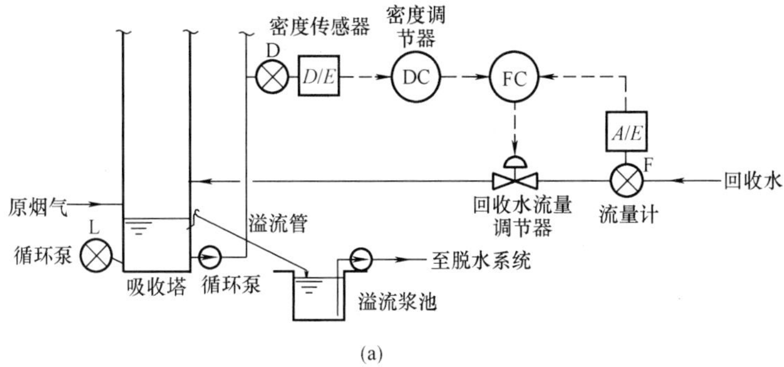

(a)

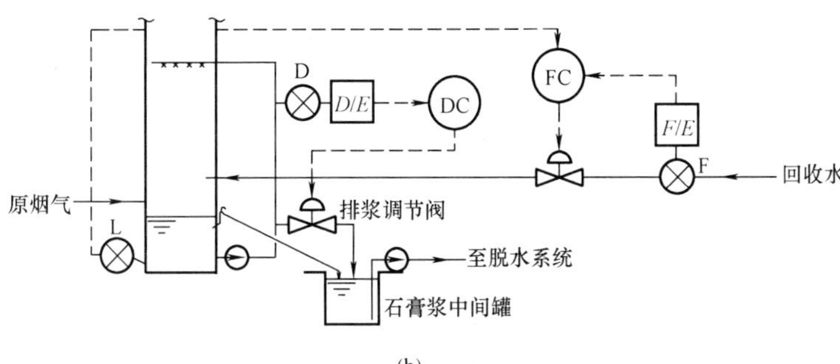

(b)

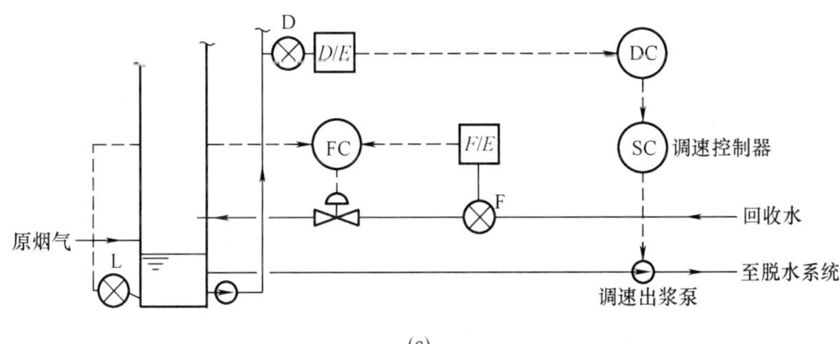

(c)

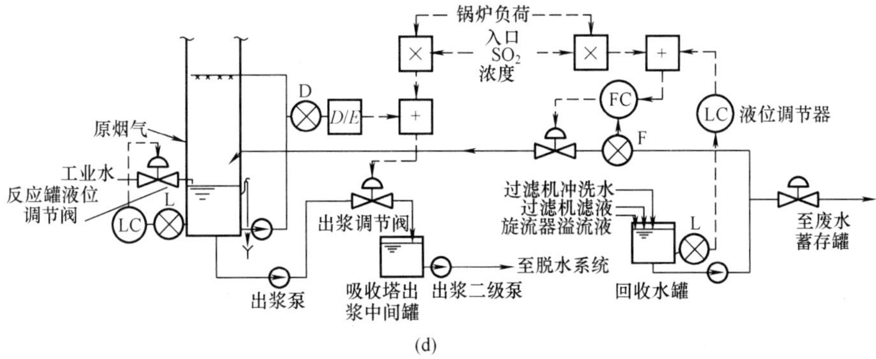

(d)

图 1-12-15　吸收塔反应罐液位和浆液密度控制方法（一）

(a) 通过溢流控制反应罐液位和用回收水控制浆液密度；(b) 用回收水调节反应罐液位和用排放阀控制浆液密度；(c) 回收水调节反应罐液位和变速出浆泵控制浆液密度；(d) 用工业水调节反应罐液位和用出浆调节阀控制浆液密度

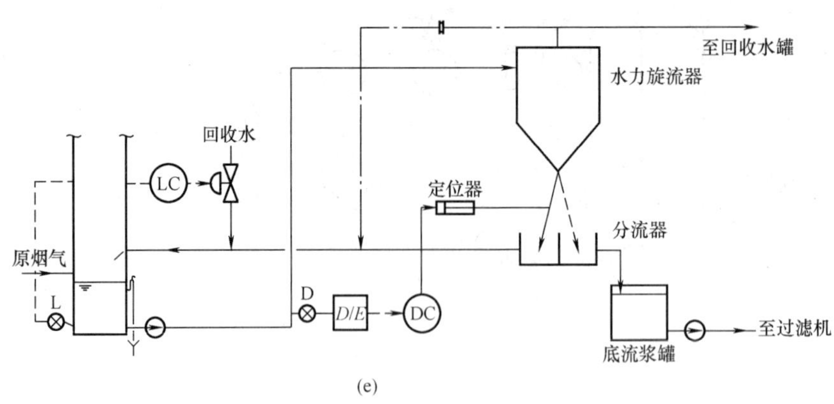

(e)

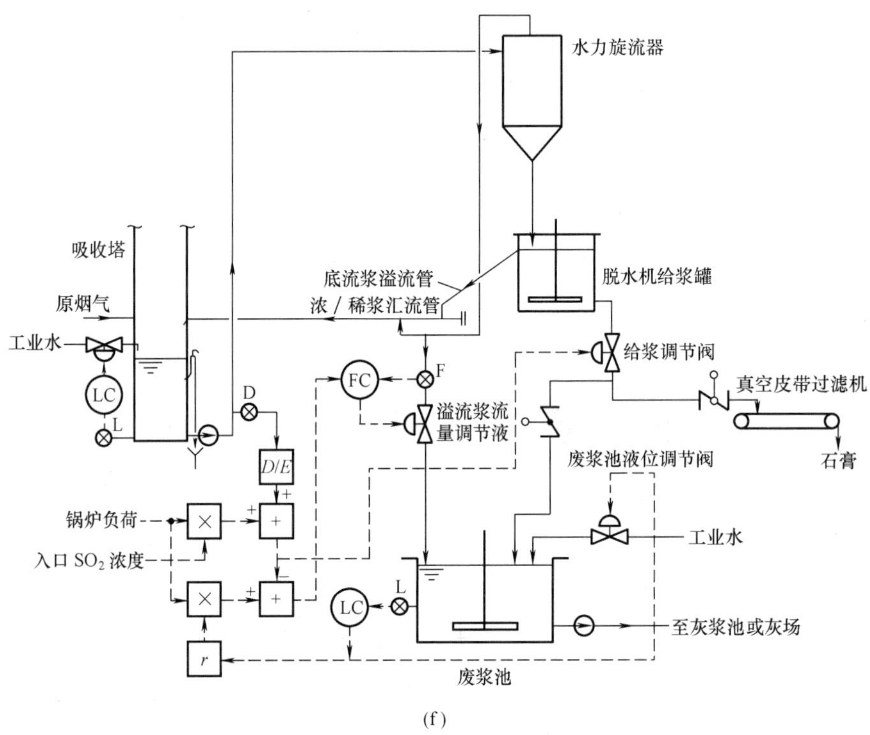

(f)

图 1-12-15 吸收塔反应罐液位和浆液密度控制方法（二）

(e) 用回收水调节反应罐液位通过旋流器底流控制浆液密度；(f) 用工业水调节反应罐液位、旋流器溢流/底流液控制浆液密度

排浆调节阀易磨损，而且排浆管道易堵塞。当锅炉低负荷，浆液密度偏低时，密度提升较慢。另外，由于排浆管道装在循环泵喷淋母管上，会影响循环浆流量的稳定性。

3. 回收水调节反应罐液位和变速出浆泵控制浆液密度

这种方案［见图 1-12-15（c）］与第 2 种方法的区别仅在于改用调频调速出浆泵代替排浆调节阀，只要调速泵的容量选择适当，可以经该泵将反应罐浆液直接送至脱水系统，而无需再设置石膏浆中间罐。采用调速泵有节能效果。由于变速出浆泵具有连续浆流，较之采用调节阀能避免堵塞管道。

4. 用工业水调节反应罐液位和用出浆调节阀控制浆液密度

本方案［见图 1-12-15（d）］类似上述第 2 方案，不同的地方是在保持回收水罐正常液位的前提下将回收水返回吸收塔，维持吸收塔正常液位不足的水量由反应罐液位调节阀直接加入反应罐。为了能对反应罐液位变化提前做出反应，对回收水流量调节回路引进了入口 SO_2 负荷量作为前馈信号，由于采用了两个独立的调节回路来调节进入反应罐的水量，反应罐的液位较稳定。在实际运行中，通过反应罐液位调节阀补入的工业水量不多。对反应罐浆液浓度的控制也引入了 SO_2 负荷量前馈信号，使石膏的产出和排放保持平衡，减少了浆液浓度的波动。图中反应罐的溢流管仅起限制最高液位的作用，溢流浆液通过地沟进入吸收区的集水坑，再返回反应罐。当然，也可以采用调速泵代替出浆调节阀来控制排放浆流量。

5. 回收水调节反应罐液位和旋流器底流液控制浆液密度

如图 1-12-15（e）所示，本方案采用回收水控制反应罐液位，吸收塔出浆泵以恒定流量将石膏浆液送至水力旋流器，分离出来的溢流稀浆进入回收水罐，也有的设计成经节流孔板将一定量的溢流液直接返回反应罐（见图中点画线所表示的管线）。通过旋流器底流浓浆液返回反应罐来控制反应罐浆液密度，当浆液密度低至一定值时，分流器使旋流器底流浓浆全部返回反应罐，使密度逐渐提升。当浆液密度达到某一定值后，分流器将浓浆切向底流浆罐。这种控制浆液密度的方法多用于强制氧化石灰石 FGD 工艺中。

在本方案中，由于吸收塔出浆流量、压力稳定，有利于旋流器的分离，减少了出浆管道的堵塞。由于底流浆浓度大，浆液密度的调节响应较快。但这种方法不是连续调节浆液密度，底流浆罐应有足够体积，否则过滤机可能是间断运行，即当底流浆返回反应罐时，停止过滤机运行，当底流浆流入底流浆罐时则启动过滤机。另外，水力旋流器会增加石膏晶体的磨损，形成细小结晶，有时会堵塞真空过滤机的滤布。

6. 用工业水调节反应罐液位和旋流器溢流/底流液控制浆液密度

图 1-12-15（f）是第 6 种方案的工艺流程和调节回路图，其特点是：

（1）吸收塔排浆采用恒速出浆泵，水力旋流分离器工作稳定。

（2）旋流器分离出来的溢流/底流浆液同时参与反应罐密度控制，连续控制浆液密度，对密度的调节灵敏、波动小。其密度调节原理是，如果浆液密度偏高（或偏低），脱水机给浆调节阀开度增大（或减小），经底流浆溢流管返回反应罐的浓浆减少（或增多）。与此同时，溢流浆流量调节阀开度减小（或增大），返回反应罐的稀浆量增多（或减少），使反应罐浆液密度迅速下降（或提升）至设定值。由于采用了入口 SO_2 负荷作前馈信号，使真空皮带过滤机过滤机的进浆量随锅炉负荷变化，保持了石膏产出和排出平衡，也加快了浆液密度的调节响应。由于过滤机的进浆量是变化的，所以皮带过滤机需根据给浆量调速运行，以保证一定的滤饼厚度。

（3）皮带过滤机滤液、冲洗水返回反应罐（图中未绘出），当反应罐液位依然偏低时直接将工业水经液位调节阀加入反应罐，这样可以始终保持液位稳定。

（4）当过滤机故障停运时，可经切换阀将供给过滤机的底流液引入废浆池，不影响旋流器的运行，也不会影响反应罐浆液密度的控制。

（5）正常运行时，脱水系统的运行处于全自动控制，无需运行人员手动操作干预。

（6）由于排往废浆池的浆液未作回收处理，全部作废水排放。为维持废浆池液位需耗用工业水，系统耗水量偏高。

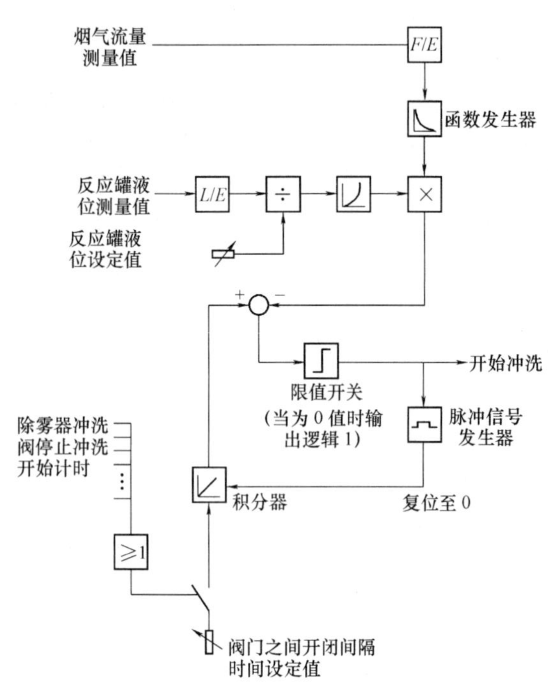

图 1-12-16　除雾器冲洗及反应罐液位控制图

7. 调节除雾器冲洗水量控制反应罐液位/启停脱水设备控制浆液密度

前面已提到系统补加的工业水可以加入回收水罐，也可以直接加入反应罐。本方法是根据反应罐的液位和锅炉负荷，调节除雾器冲洗间隔时间来调整补加工业水量，从而达到控制反应罐液位的目的。这样既补加了工业水又使补加水参与了除雾器的冲洗，其工作原理将在下一节中介绍，其控制功能见图 1-12-16。

采用旋流器和石膏脱水机间断运行的方法来控制反应罐浆液密度，即当浆液密度偏低至 1.044kg/L、浆液含固量为 80g/L 时停止脱水设备运行，吸收塔排浆泵抽出的浆液返回吸收塔，待浆液密度回升至 1.10kg/L、含固量为 180g/L 后，恢复脱水设备运行。这种方法的优点是省除了浆液浓度调节设备，缺点是操作复杂，调节不灵敏，浆液浓度变化大；当浆液浓度低反应罐液位高时会给调节带来困难。

在一些简易 FGD 装置中，采用手工测量浆液密度也可以实现对浆液密度的控制。由于反应罐浆液体积大，积聚了大量的石膏固体物，只要系统水平衡保持稳定，大多数石灰石 FGD 系统的浆液密度随时间变化较慢，再者，浆液浓度的控制范围（一般 10% ~15%，或 15% ~25%，或 25% ~35%）比 pH 值或反应罐液位要宽得多。用已校准的细颈瓶，用称重方法（见本章第三节“简易密度瓶法”），每台班测定 1 ~2 次浆液密度，然后手动调整回收水流量或吸收塔浆液排出流量的给定值就可以实现对浆液密度的控制。这种手工分析方法已证明对有些系统是可行的，尤其适合锅炉负荷和燃料含硫量变化不大的系统。

五、除雾器冲洗控制

如本篇第十一章第三节“除雾器”所述，必须定时冲洗除雾器以防止除雾器流道堵塞，冲洗顺序、冲洗时间和间隔时间可以预先设定（见图 1-11-27 和图 1-11-28）。当出现正水平衡或冲洗效果不理想时，由自动控制工程师离线调整冲洗时间和冲洗频率。由于冲洗后的水流回反应罐，成为了水平衡中的补加水，因此设计固定冲洗时间和频率时应考虑系统的水平衡。由于这种设计是按锅炉最大工况来考虑冲洗时间和频率，当低负荷时，浪费了冲洗水，还有可能造成正水平衡，影响反应罐液位和浆液密度的控制。因此，有些 FGD 系统设计了除雾器冲洗控制回路，用以控制反应罐液位（见图 1-12-16），这种控制回路根据锅炉负荷（即烟气流量和反应罐液位）改变冲洗间隔时间，当锅炉负荷高，吸收塔内水分蒸发量大或液位偏低时，增大冲洗频率；当负荷下降或液位偏高时则延长冲洗间隔时间，以此达到控制反应罐液位，调节补加水量的目的。

奥地利能源公司（AE）在为广东连州电厂 2×125MW 燃煤机组提供的一套 FGD 装置中，对除雾器冲洗采取的控制方法是，建立除雾器冲洗间隔时间与烟气量和吸收塔液位的函数关系式，根据测量的烟气量和液位实时计算出冲洗间隔时间。据报道，采用这种控制方法也可以很好地控制吸收塔的液位，并保证除雾器的清洁。

六、FGD 系统总水平衡控制

总水平衡控制是 FGD 系统一项复杂而又重要的控制项目，也是运行管理的一项重要工作，在现有的一些装置中，总水量控制混乱成了造成许多运行问题的根源。在设计阶段应通过对系统总水平衡的计算确定不同运行工况下的平均耗水量和最大耗水量，使得 FGD 系统无论是短期或长期尽可能保持负水平衡，并对过渡工况提供足够的平衡容量。

一般用补加水来维持回收水罐的液位以控制 FGD 系统的总水量，在低负荷期间，系统可能耗水较少而造成正水平衡，在这种情况下应将过量水贮存起来。临时贮水量有可能大于回收水罐的有效贮水量，这取决于系统的负荷曲线。许多 FGD 系统设置了贮水池（或罐），用于贮存多余的水，当系统停运或设备检修时，这种贮水池（或罐）还可以用来腾空反应罐或其他浆罐的浆液。当系统高负荷运行时，可以将贮水池（或罐）中的水返回系统，当吸收塔模块重新启动时则可以将浆液返回吸收塔。

第三节　主要测量仪表的选择和使用

上面介绍的所有控制方法都首先要依赖对烟气脱硫过程中各有关参数的准确而及时的测量。用来测量 FGD 工艺过程中各种介质的温度、压力、流量、物位、浓度、密度以及化学成分等参数的仪表称为测量仪表。选择适合石灰/石灰石 FGD 工艺的测量仪表在很大程度上要考虑被测介质是清洁液还是浆液。本节将介绍 FGD 主要测量仪表的选择和应用。烟气排放连续监测系统（CEMS）放在第二篇中单独介绍。

一、浆液 pH 值计

所有石灰/石灰石 FGD 工艺都采用了某种类型的 pH 值调节回路来控制脱硫吸收剂的给浆量，但这种调节方式仍存在一些难以解决的问题，其中浆液 pH 值传感器本身就是 FGD 系统调节回路中最需精心维护的测量仪器之一。现以日本 DKK 公司生产的一种浸没式支架固定复合电极式浆液 pH 值为例，介绍其结构和使用中应注意的问题。这种浆液 pH 值测量系

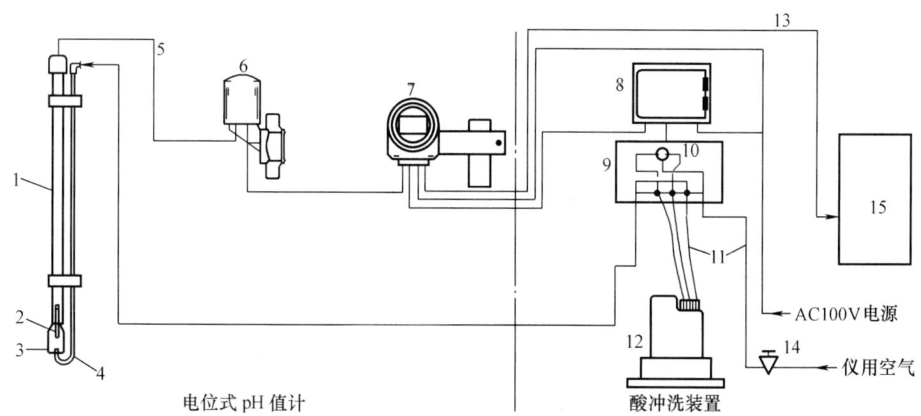

图 1-12-17　浸没式 pH 值计测量系统

1—电解液贮液筒；2—复合电极；3—电极护罩；4—酸洗管；5—电极导线；6—接线盒（带温度补偿器）；7—变送器；8—定时器；9—冲洗液控制箱；10—电磁阀；11—气、液管；12—酸液箱（内装计量器）；13—输出信号；14—调压器；15—显示器、记录仪

统如图 1-12-17 所示，复合电极总装图和结构见图 1-12-18，各部件的作用和主要参数列于表 1-12-4 中。

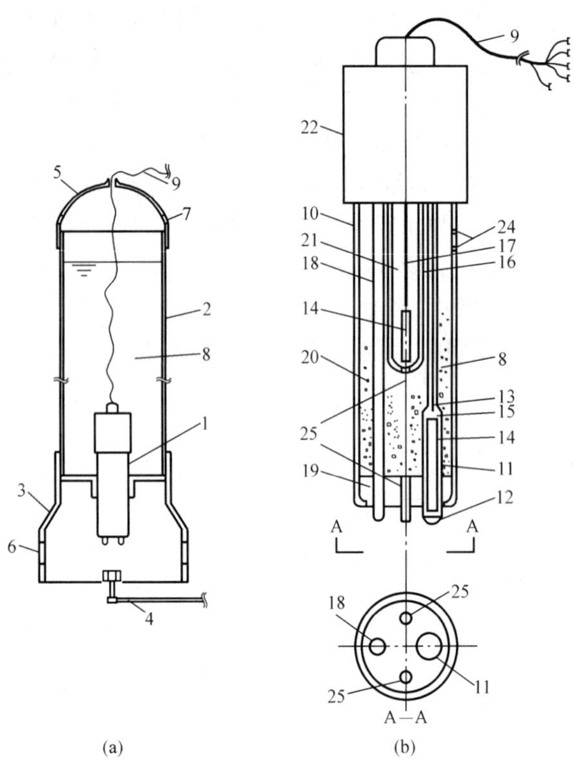

图 1-12-18　pH 值电极总装和复合电极结构图

(a) 总装图；(b) 结构图

1—复合电极；2—电解液贮液筒；3—电极保护罩；4—冲洗管；5—橡胶帽罩；6—浆液流通孔；7—通气孔；8—KCl 电解液 (3mol/L)；9—导线；10—玻璃管；11—玻璃电极；12—pH 敏感球膜；13—Ag - AgCl 内电极；14—塑料棒；15—缓冲液；16—甘汞参比电极；17—铂丝；18—温度补偿电极；19—电极密封橡胶座；20—吸收泄漏的 AgCl 小球；21—饱和 KCl 溶液；22—绝缘固定端；23—接线片；24—小孔；25—多微孔砂芯

pH 值测量系统（见图 1-12-17）由电位式 pH 值计（包括复合电极 2、电极护罩 3、酸洗管 4、电解液贮液筒 1、接线盒 6 和变送器 7）和酸冲洗装置（包括定时器 8、冲洗液控制箱 9 和酸液箱 12）两部分组成。复合电极 1（见图 1-12-18）则主要由指示电极—玻璃电极 11、参比电极—饱和甘汞电极 16 和温度补偿电极 18 三部分构成。玻璃电极最重要的部位是与浆液接触的下端，此端是由特殊成分的玻璃和采用精细的工艺制成的球状薄膜（薄膜厚 0.1mm 左右），称为 pH 敏感球膜 12，玻璃电极内部还有一支 Ag - AgCl 内参比电极 13，玻璃电极内部的密闭空间里除了内参比电极外，还充装有适量的具有固定 pH 值的缓冲溶液 15。甘汞参比电极 16 由铂丝 17、饱和 KCl 溶液 21、塑料棒 14 和多微孔砂芯 25 组成。温度补偿电极 18 内装有一热敏电阻，用以测定浆液温度。三个电极的引线经绝缘固定端 22 引出导线 9 和接线卡 23。玻璃电极与参比电极合装在一个玻璃管 10 中，成为一个整体，这种电极称为复合电极。玻璃电极浸没在被测浆液中，经多微孔砂芯 25、KCl 电解液 8 与甘汞参比电极 16 构成原电池系统。由于原电池中参比电极的电位在一定条件下是不变的，那么原电池的电动势的数值就随着被测介质液相中氢离子浓度而变。因此，可以通过测量原电池的电动势，获得介质的 pH 值。这就是电位式 pH 值计测定 pH 值的原理。

由于浆液中细小的悬浮物和固体沉淀物会堵塞砂芯，pH 值敏感球膜表面也可能会结垢，出现这些情况时 pH 值计灵敏度会逐日发生变化，为了保证 pH 值计测值准确性，采用酸冲洗装置定时冲洗复合电极。用 5% 的盐酸液定时吹洗复合电极不仅可以清除 pH 值敏感球膜表面的垢，而且较之不用酸洗的电极能延长使用寿命。另外，需定期用 pH 值标准溶液校验玻璃电极和变送器，定期检查冲洗装置的工作状况。及时补加 KCl 电解液，保持一定的液位高度，pH 值计的日常校验和维护工作对于保证测值的准确性是十分重要的。复合电极有一定的工作寿命（6 个月），应按时更换。由于 pH 值敏感球膜较薄，极易被浆液中的固体颗粒物冲破，这也是造成复合电极用量较大的原因。

在大多数 FGD 系统中，每个 pH 测点至少装有 2 套 pH 计，并设置有 pH 测值偏差（不应超过 0.2pH）报警，这样可以及时发现不正确的测值。另外有必要每天用经过校验的便携式 pH 计验证测值，一旦对测值有疑问应及时用标准液进行 1 点或 2 点式校验。

pH 计测点的位置十分重要，必须使复合电极接触的浆液能代表反应罐循环浆液的"平均状态"，pH 电极的位置和固定方式要便于运行时插入和取出来校验或更换。过去 pH 电极曾从侧面插入反应罐中，即所谓浸入式安装。现在一般的布置方式是：①直接插入出浆泵或脉冲悬浮泵出口管道上。但应避免将探头置于管中心高流速处，否则易磨损玻璃电极，造成数值漂移。电极应置于流体边缘又始终能接触流体。这种安装方式往往仅有简易水冲洗装置，冲洗效果不太好，但设备简单，价格较低。②从吸收塔出浆泵出口分支管采集测量浆液，将测量浆液引入一个装有 pH 电极的测量腔内或开口的小型浆槽或罐中，测试过的浆液进入废浆池或返回反应罐中，这种布置方式称为流经式安装。pH 电计易于放入和取出；降低了浆液对电极的磨损，设计有较完善的冲洗装置，测值较稳定；方便用便携式 pH 计在同一位置检测和校验在线 pH 计。

表 1-12-4　　日本 DKK 产 pH 值计各部件的作用以及主要技术参数

组件名称	部件名称和型号	结构、作用和主要技术参数
检测器	复合电极 6462-3F	作用： 测定与浆液 pH 值有关的两电极间的电动势 结构： 指示电极：Ag－AgCl 玻璃电极 参比电极：甘汞电极 温度补偿电极：温度补偿，热敏电阻 电解液与被测液连通方式：陶瓷砂芯 应用温度范围：－5～70℃
	接线盒	带有温度补偿回路
	电极支架 NAC-883	固定电极，不锈钢材质
变送器	HD-35	作用： 将测得的电极间的电动势转换输出一个与浆液 pH 值对应的 4～20mA 电流信号，供显示和调节使用 主要技术参数： 带有模拟显示：刻度 0～8pH 值 电源：24VDC 输出信号负荷 530Ω 或更低 输出信号：4～20mA 线性度：±0.1pH 值 重现性，最小刻度的 ±1/2 以内
定时冲洗装置	定时器	作用： 用带压空气输送酸液清洗电极，带压空气还起冲开电极周围浆液的作用
		设定冲洗和间隔时间，冲洗时间 1～2min/每次，间隔时间 1～12h 可调
	冲洗液控制箱（电磁阀） 酸液箱、计量器、 仪用空气调压阀	装盛 5% 盐酸冲洗液，控制冲洗电磁阀的开闭 计量每次冲洗液为 100mL 调节仪用空气压力为（1±0.5）bar

二、浆液密度计

在石灰或石灰石 FGD 工艺过程中，需要连续在线监测反应罐浆液和吸收剂浆液的密度，再换算成对运行操作人员更直观的浆液固体物重量百分浓度。用于 FGD 工艺过程中测定浆液密度的仪表有：核辐射密度计（或称射线式密度计），超声波密度计、科里奥利质量流量计（可同时测定浆液密度和温度）、光电式密度计、差压式密度计和吹泡式双管静压密度计。在一些简易 FGD 装置中也有用简易密度瓶法手工分析代替自动检测仪。

1. 核辐射密度计

核辐射密度计在一些工业发达国家的石灰/石灰石 FGD 系统中得到最广泛应用，我国引进的 FGD 系统也有采用，应用效果较好，准确性高，维护工作少。

这种密度计将具有一定入射强度的 γ 射线穿透被测浆液的工艺管道，当射线穿透浆液时，会被组成浆液的原子吸收，引起放射性活度的衰减，通过测量活度就可得到浆液的密度。计算公式为

$$\rho = \frac{1}{\mu_{m} l}(\ln A_0 - \ln A) \tag{1-12-1}$$

式中　A——出射活度；

A_0——入射活度；

μ_m——质量衰减系数；

ρ——浆液密度；

l——射线穿过介质的厚度。

核辐射源和检测器分别装于管道两侧，检测器接受的射线强弱反映出管道中浆液的密度大小，检测的输出信号经放大器放大后供调节、显示或记录介质的密度。图 1-12-19 所示是这种密度计的基本原理图。γ 射线能够穿透如钢管等各种固体物，仪器的组件完全不接触被测介质，因此核辐射密度计可适用于高温、高压、高黏度、强腐蚀、易燃、深冷、剧毒以及强电磁场干扰等恶劣环境。这种密度计在 FGD 的实际应用显示其具有可靠、准确度高、基本无需日常维护的优点。但这种密度计仍需要定时校验才能保持良好的准确性，管道内壁结垢及磨损将引起测量误差。另外，γ 射线对人体有害，它的剂量要严格控制，经过培训并获得许可证才能维修这种仪器，环保部门对这类可能造成核污染的仪器管制得较严格。

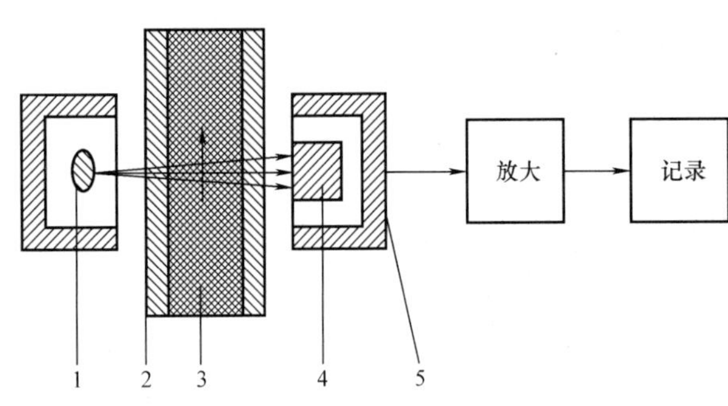

图 1-12-19　核辐射密度计基本原理图

1—发射源；2—管道；3—被测介质；4—探测器；5—铅屏蔽

国产的核辐射密度计主要有以下几种：FD-3 型 γ 射线密度计；用于矿浆和煤浆密度测量的 FT1914 型和 FXY217G 型等密度计；FSM 系列 γ 射线密度计以及 NNF 系列 γ 射线密度计。

2. 科里奥利质量流量计（Coriolis Mass Flowmeter，CMF）

CMF 是利用流体在振动管中流动时能产生与流体质量成正比的科里奥利力这一原理制成的一种直接式质量流量仪表。CMF 可以进行多参数测量，在测量流量的同时，还可以同时测得介质密度、体积流量、温度等参数。由于 CMF 不能用于大管径流量测量，在石灰石 FGD 系统中多用于测定反应罐浆液密度，所以将 CMF 放在密度计中讨论。

CMF 的工作原理是，当流体以匀速流过一个旋转的管道时，会产生一个与流体流向垂直、作用于管道壁面上的所谓科里奥利力，科里奥利力的大小与旋转管道的旋转角速度以及

质量流量等成正比，而质量流量等于流体密度×流速×管道内截面积。因此只要直接或间接测出这种科里奥利力，就可以测得流体通过管道的质量流量、体积流量和流体的密度。

在工业应用中，要使流体通过的管道围绕某点以角速度旋转显然是不切合实际的。这也是早期的质量流量计始终未能走出实验室的根本原因。经过几十年的探索，人们终于发现，使管道绕管轴某一点以一定频率上下振动，也能使管道受到科里奥利力的作用。而且，当充满流体的管道以等于或接近于其自振频率振动时，维持管道振动所需要的驱动力是很小的。

实际应用的一种双直管型 CMF 外形和结构图如图 1-12-20 所示，在测量管 4 中部装有驱动器 B，在驱动器两侧约 1/4 测量管处装有两个电/动力传感头 A。当管道中流体不流动时，驱动器使测量管振动，管中流体不产生科里奥利力，两个传感头检测到的信号相位相同。当测量管中的流体以一定速度流动时，由于测量管本身在振动，测量管中的流体将受到科里奥利力的作用，从而使测量管产生变形，由于这个变形使得两个传感头 A 检测到的信号产生一相位差，这一相位差与测量管中的质量流量成正比，从而达到测量流体质量流量和流体密度的目的。

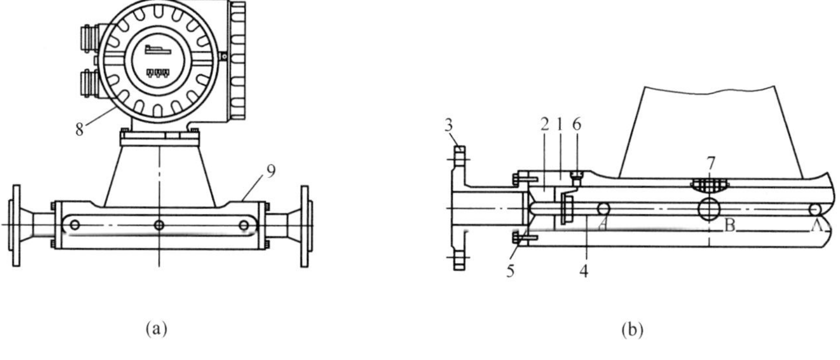

图 1-12-20　科里奥利质量流量计外形和结构图

（a）测量仪外形图；（b）传感器结构图

1—传感器外壳/容器；2—歧管连接头；3—连接法兰；4—测量管；5—O 型密封圈；6—插头；7—馈电；8—变送器；9—传感器；A—电/动力传感头；B—驱动器

CMF 的优点是：①计量精确度高，稳定性好；②对介质的适应性较广，可以测量种类很多的液体和浆液；③不受管内流动状态的影响，无论是层流还是湍流都不影响测量精度，对上游侧的流速分布不敏感，从而在流量计的前后不必设置很长的直管段；④检测管内无可动部件，也无阻碍流体流动的部件，使得流量计便于清洗；⑤测量范围大，可进行多参数测量，可同时分别输出瞬时质量流量或体积流量、流体密度、流体温度等信号，还带有若干开关量输入输出口。

CMF 也有缺点，选用时应充分注意以下几点：①零点稳定性差；②浆液中含气量超过某一定量时，会显著地影响测量值，到目前为止还没有用 CMF 成功测量气液两相流的实际例子，因此通常将被测浆液先送入稳流、排气罐中，维持排气罐一定的液位，从罐底将浆液引入传感器的测量管中；③测量管的管径一般较小，应根据浆液浓度选择合适的浆液流速，防止浆液固体物沉淀而堵塞测量管；④ CMF 对外界振动干扰较敏感，为防止管道振动的影响，大多数 CMF 的流量传感器对安装固定有较高要求；⑤测量管内壁磨损或沉积结垢会影响测量精度，尤其对薄壁测量的 CMF 更为显著；⑥价格昂贵，约为同口径电磁流量计的2～

5倍或更高。

CFM在国内石灰石FGD系统中已得到广泛应用，一般投运初期效果较好，使用一段时间后测量管被堵、结垢或磨损，故障较多，特别应用于高浓度（30wt%）石膏浆液中时有发生堵管现象，价格较贵。

CFM主要产品有美国FISHER-ROSEMOUNT公司的D型质量流量计，德国KROHNE公司的CORIMASS系列质量流量计、德国E+H公司的Promass系列质量流量计、德国RHEONIK公司的RHM/RHE系列质量流量计等。

3. 差压式密度计

一种差压式密度计的结构如图1-12-21所示，将石膏浆液送入侧压管的外管中，工业清水送入侧压管中的内管—水管中，在等高情况下测出两个液柱产生的压差Δp（Pa）

$$\Delta p = \rho_{SL}gh - \rho_{wa}gh = gh(\rho_{SL} - \rho_{wa}) \tag{1-12-2}$$

式中g为重力加速度（9.81m/s^2）；ρ_{SL}、ρ_{wa}分别为浆液和水的密度（kg/m^3），h是液柱高度（m）。ρ_{wa}和h为已知值，因此测出Δp也就能得到浆液的密度或质量百分浓度。

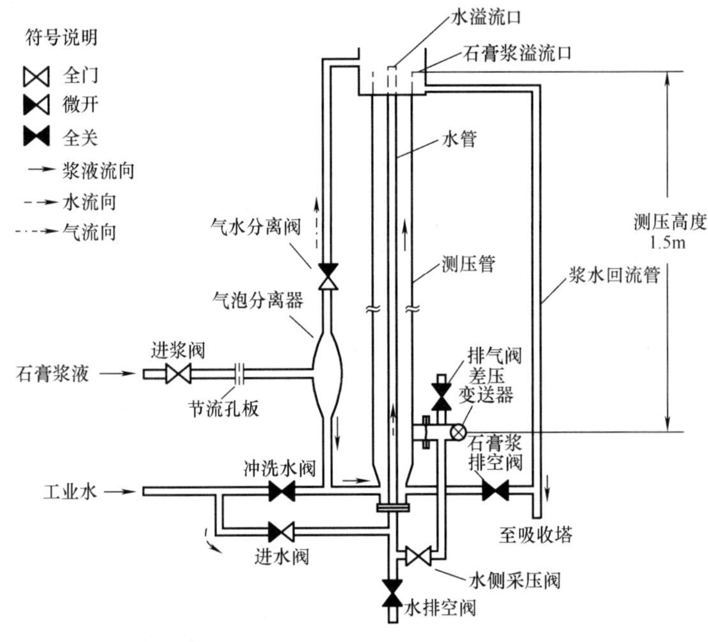

图1-12-21 差压式密度计

这种密度计的结构简单、价格低，虽然测量精度低，但在精心维护的情况下能够满足生产要求，华能珞璜电厂1号、2号FGD装置的吸收塔浆液浓度控制较高（20wt%），所以能采用这种密度计测定反应罐浆液密度。由于浆液（包括石膏和石灰石浆液）密度通常是1.05～1.22kg/L(浓度相当10wt%～30wt%)，所以须采用低感量、高灵敏度的差压变送器（测量范围0～4kPa，根据被测浆液密度范围来选择），当浆液固体含量低时，准确度下降。在实际应用中应防止浆液中的气泡进入测量管中，进水阀的开度应适当，避免进水压力传入变送器中，需定期清洗变送器传感膜上的石膏垢或沉积物。

4. 吹泡双管静压式密度计

吹泡双管静压密度计的测量原理与差压式密度计基本相同，前者适合安装于浆池中，增加一个差压变送器就可以同时测定池中浆液的液位。这种密度计和液位计的工作原理如图1-12-22所示。鼓入气管的空气流所形成的背压正比气管的浸没深度，当两气管端头的高差一定时，以及鼓入的空气流量相等时，两气管背压差正比浆液密度。应用这种密度计关键问题是，测量时通入两管中的气体流量要稳定且保持一致。因两管管端的距离一定，液面变动的影响不重要。珞璜电厂4台FGD装置均采用这种方式测定石灰石浆池的液位和浆液的浓度（控制在30%左右）。测量精度能满足控制石灰石浆液浓度的需要，但偶有发生鼓气管堵塞的情况，加装工业水冲洗阀可以及时消除堵塞现象。

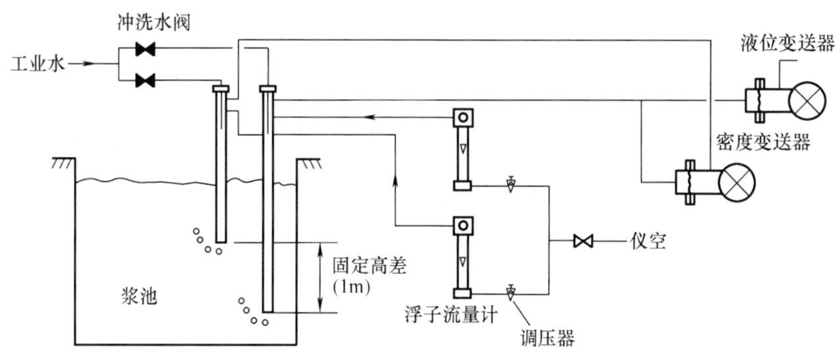

图 1-12-22　吹泡双管静压式密度计和液位计

在石灰或石灰石 FGD 系统中自动测量浆液密度的其他方法还有超声波法和光电检测法，超声波声速式密度计是利用声波在媒质中传播的速度与密度及体积模量的关系来确定介质密度。C 为声速，ρ 为介质密度，κ 为体积模量，R 为压缩系数。当体积模量或压缩系数恒定时，由公式 $C=\sqrt{\kappa/\rho}=\sqrt{1/\rho R}$可知，声速仪是密度的函数，并与密度成反比关系。

光电检测密度计的原理是使浆液通过一个玻璃槽，并受激光照射，散射光汇集并聚焦在一个光电检测器上，产生一个与浆液中颗粒物体积成正比的电信号。这两种密度计国内 FGD 系统尚未有使用的业绩，所以不作更详细的介绍

5. 简易密度瓶法

在一些小型简易 FGD 装置中可以在现场采用手工方式测定浆液密度。用经校核过体积的容量瓶或量筒称重已知体积的浆液，得出浆液密度 ρ_{SL} （g/mL），按下式计算浆液固体物质量百分浓度（C_S）

$$C_S = \frac{1-\dfrac{1}{\rho_{SL}}}{1-\dfrac{1}{\rho_{SO}}}\times 100(\%) \tag{1-12-3}$$

式中　ρ_{SO}——浆液中固体物密度；对于石灰石浆液 ρ_{SO} 取 2.71g/cm^3，石膏浆液取2.32g/cm^3。

这两个密度值分别是石灰石（方解石）和二水硫酸钙的密度。上式是建立在将浆液中的固体物视为单一成分、将液相视作净水并取密度为 1g/mL 的基础上。按上述方法得出的浓度值虽然与实际值有一定的偏差，但足以满足生产的需要。如果采用标准测量方法测定 ρ_{SL}和 C_S 其中一个参数，按上式求算另一参数，其准确度会令人相当满意。

现场手工测定快捷、简单、无需精密仪器，操作人员不必经过专门训练。但手工测定不能像前面介绍的测量仪表可以实现自动调节。即便如此，用手工测量来检验和校核密度检测仪的测量结果还是非常有用的。

三、罐、池液位计

有多种类型的液位计可以用来测定工艺罐、池的液位，表 1-12-5 介绍了一些不同类型的液位传感器并比较了它们的优缺点。在选择和安装液位计时应考虑的主要因素有：仪表的测量精度以及是否需要用于自动调节和远程显示；液体的特性，是清洁液、稀浆或浓浆液；液面上方是否有大量浆液下落、飞扬；搅拌器对浸入浆液中的液位计部件的影响；沉淀、结

垢和堵塞的影响；罐、池底部局部沉积物的影响；液面波动和起泡的影响以及浆液密度变化对测量结果的影响等等。

表 1-12-5　　石灰或石灰石 FGD 系统液位计的选择

液位计类型	测量原理	优点	缺点
浮子液位计	用浮在液体或浆体液面上的浮子来指示罐体液位，可采用机械、电子或磁力联动装置	简单、直接测量	·应用于石灰或石灰石 FGD 装置中时浮子表面会形成沉淀物 ·泡沫影响液位显示
吹泡管式液位计	用稳定的空气流鼓入垂直浸没在罐或池中的气管，液位正比于维持空气流所必需的背压	用一个普通的差压变送器来转换液位信号	·应用于石灰或石灰石 FGD 装置中时气泡管易堵塞 ·浆液密度的变化影响校验
浮力式液位计 displacement	经测力装置将传感器垂直悬挂于罐体中，传感器的质量与其所处液位浓度有关	简单、直接测量	·应用于石灰或石灰石 FGD 装置中时传感器表面会形成沉积物 ·最适宜于敞开罐体 ·浆液或液体密度影响校验
差压式液位计	容器内液位改变时，由液柱产生的静压也相应变化，用差压传感器测静压的变化	简单、直接测量	·用于石灰或石灰石 FGD 装置中时测压膜片易堆积沉积物 ·浆液或液体密度变化影响校验 ·法兰式差压变送器需经关断阀与罐体相连，以便于检修和更换，还需安装冲洗水管
超声波液位计	传感器发出的声波传到液面被反射回传感器，液位与声波返回传感器所需要的时间成反比	·传感器不接触工艺液 ·液体密度变化不影响对液位的校正	·传感器无法区分泡沫层和液面
电容式液位计	将涂有塑料的棒状电极垂直固定在罐中适当位置，在电极和罐壁之间施加一定的电压，电极棒与壁体之间电容量的变化与电极浸没液体中的深度成正比	系统较为简单	测棒上的垢或沉积物会产生不真实的测值
核辐射液位计	将γ射线发射器固定在罐体顶部或侧面，另一侧安装接收器。射线透射强度随着通过介质层厚度的增加而减弱。可以提供一个点或连续液位测定	·传感器不接触工艺液 ·工艺液的密度和罐中的泡沫不影响测量准确性	·装置的价格较贵 ·需经专门培训才能进行维修工作
雷达液位测量仪	类似超声波液位计，但采用较低频率的声波	·传感器不接触工艺液 ·工艺液的密度和罐中的泡沫不影响测量准确性	·价格比超声波液位计高

石灰/石灰石 FGD 系统应用较多的液位计是差压式液位计、吹泡管式液位计和超声波液位计。前两种液位计测值受浆液密度影响。差压式液位计测压膜易堆积沉积物，法兰直接固定在罐壁上的差压式液位计在运行中不能拆卸，因此，需经关断阀与罐体相连，还需安装冲洗水管。吹泡管式液位计的气管有可能被堵塞。超声波液位计测量精度高，能长期稳定运

行，常用于需要较准确控制液位的浆罐、池中。

吸收塔反应罐多采用差压液位计，不宜采用超声波液位计，差压传感器安装位置应高出罐底约1m。为保证测值的可靠性，至少应安装两台差压液位计。FGD系统的其他罐、池则可根据具体情况选用上述三种液位计，为了减少在一个系统中采用多种液位计，一般罐体选用差压式液位计，浆池则可采用吹泡管式液位计或超声波液位计。石灰石浆液储存罐、过滤机石膏给浆罐等需要准确控制液位的部位可选用超声波液位计，适合采用超声波液位计的地方也可以采用雷达液位计，但后者价格较贵。核辐射液位计虽然有其优点，但价格贵，维修人员需经专门培训，人们对核辐射的担心等影响了这种液位计的应用。

四、流量计

石灰/石灰石FGD系统中需测定流量的流体有工业水、浆液和烟气。对于烟气流量的测定放在第二篇 第九章CEMS中讨论。在此仅介绍测定前两种液体流速的流量计。FGD系统测定工业水和浆液的流量计主要有四类：差压式流量计、电磁流量计、多普勒（Doppler）超声波流量计和科里奥利质量流量计。科里奥利质量流量计在讨论浆液密度计时已作了详细介绍，不再复述。表1-12-6比较了前三种流量计的优缺点。差压式流量计不适合测定浆液流量，由节流装置（如标准孔板）和差压计组成的节流式流量计在FGD系统用于工业水、蒸汽的流量测定。浆液流量计的选择主要考虑结垢、堵塞和磨损的影响，电磁流量计和多普勒超声波流量计由于在管道内无可动部件或突出于管内的部件，最适用于浆液，其中电磁流量计又以测量准确度和可靠性高于多普勒流量计而在FGD系统中得到广泛应用。

表1-12-6　　石灰或石灰石基FGD系统测定液体流量三种方法的比较

流量计类型	测量原理	优点	缺点
差压式流量计（也称节流式流量计）	利用流体流经节流装置时产生的压力差与流体的流速有关的原理实现流量测量。通常由能将被测流量转变成压差信号的节流装置（如孔板、喷嘴或文丘里管等）和能将此压差转变成对应的流量值的差压变送器组成	·是目前生产中测量流量最成熟、最常用的方法之一 ·节流装置结构简单、价格低廉，差压变送器是通用的仪器	·主要用于测量清洁液 ·用于浆液中时，流量元件会遭受磨损而且会堵塞采压支管 ·浆液或液体密度变化影响校验
电磁流量计	在管道（用非导磁材料制成）的两侧建立磁场，当导电液体流过管道时，因流体切割磁力线而产生感应电动势，用与磁极垂直方向的两个电极引出此电势。此感应电动势的大小仅与流体的流速有关	·测量元件不与液体接触，适合用于腐蚀性或含有颗粒、悬浮物等液体 ·输出信号与流量之间的关系不受液体的物理性质（例如温度、压力、黏度等）变化和不受流动状态的影响，对流量变化反应速度快，测值准确、可靠	·仅能用于浆液流体 ·需要单独的一节两端带有法兰的测量导管作为传感器的整体部件 ·易受外界电磁场干扰的影响，安装时要远离一切磁源，并要采取防振措施 ·被测流体未充满测量导管或浆液中有过多的气泡会影响测量结果
多普勒超声波流量计	将超声波信号穿过管道，声波遇到流体中的颗粒和气泡被反射，反射波频率不同于发射波频率，频率的差值与流体的流速有关	·传感器可以固定在已安装好的管道外表面上 ·当DN>250时比电磁流量计价格要便宜些	·仅能用于浆液或带有气泡的液体中 ·超声波不能穿透大口径的FRP管道

2. 多普勒超声流量计

多普勒超声流量计属于超声流量计中的一种类型。超声波在流动的流体中传播时，可以载上流体流速的信息，因此，通过接收穿过流体的超声波就可以检测出流体的流速，从而换算成流量。超声流量计按测量原理，可以具有多种不同的形式。它们所依据的原理有：①传播速度差法；②多普勒法；③波束偏移法；④噪声法；⑤旋涡法；⑥相关法；⑦流速—液面法。这些测量流量的方法各有利弊，应根据被测流体、精确度要求等的不同来选择。

多普勒超声流量计的测量原理如图 1-12-26 所示，它是利用声波的多普勒效应进行测量。多普勒效应可表述为：当发射器和接收器之间有相对运动时，接收器的接收频率与发射器的声频率之差跟两者之间的相对速度成正比。当多普勒超声流量计的发射换能器以一定的角度 θ 向流体发射频率为 f_1 的连续超声波时，流体中的悬浮颗粒体将声波反射到接收换能器，因为悬浮颗粒的运动，所以反射的超声波将产生多普勒频移 Δf，设频移后接收换能器收到的超声波频率为 f_2，超声波在流体中的速度为 C，悬浮颗粒与流体速度相同，都为 v，则多普勒频移

$$\Delta f = f_2 - f_1 = \frac{2v\cos\theta}{C} \cdot f_1 \tag{1-12-7}$$

所以可通过测量 Δf 得到流速

$$v = \frac{C}{2f_1\cos\theta}\Delta f \tag{1-12-8}$$

多普勒超声流量计适用于测量两相流的情况，另外，它也只适用于被测流体中有足够的具有反射声波本领的颗粒的场合。

多普勒超声流量计既有一般超声流量计所具有的优点，传感器可安装管外，无流动压损，安装、维护时不影响生产过程等，而且在测量中响应灵敏，分辨率高，不易受被测流体的状态参数和物性参数等因素的影响，没有零点漂移。但它的测量准确度易受流体中的颗粒的浓度，颗粒大小，流动状态等因素影响，因而，在投入使用安装前预先进行准确调校比较困难，对于有一定准确度的测量，需进行现场校准。在校准后，如测量条件不变，重复性还是相当好的，可达 1%。准确度则在 2% ~5% 之间或者更差。其准确度比电磁流量计低得多。其价格与管道直径有关，在 $D_N < 200$ 时，超声波仪表比电磁流量计贵，而在 $D_N > 250$ 时，前者比后者便宜。

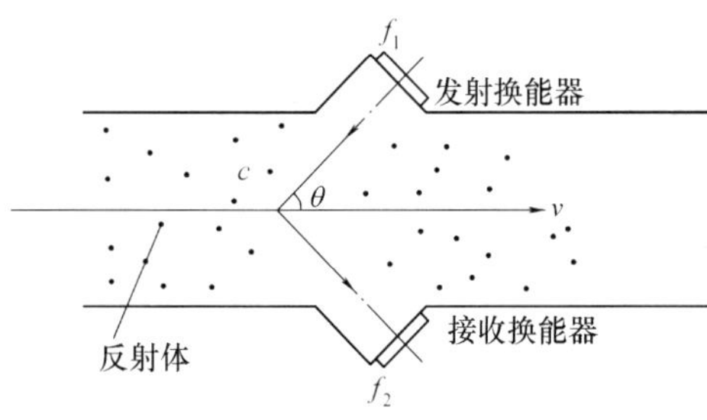

图 1-12-26 多普勒效应示意图

多普勒超声流量主要由两部分组成：一部分为换能器；另一部分是信号处理、检测及显示。在利用多普勒效应进行流量测量时，换能器的结构形式和材质性能是很重要的，换能器直接影响流量计测量的准确度，它的组成有晶片（超声波振子）、声楔等。换能器通常可以做成带测量管式的测量计（如图 1-12-26 所示），也可以做成如图 1-12-27 所示的收发一体结构的超声换能器。

我国 FGD 系统尚未见应用多普勒超声流量计在线监测浆液流量，但应用过便携式多普勒超声流量计，价格昂贵，调整、操作较复杂，需要有熟练的操作技术，测量结果较好。

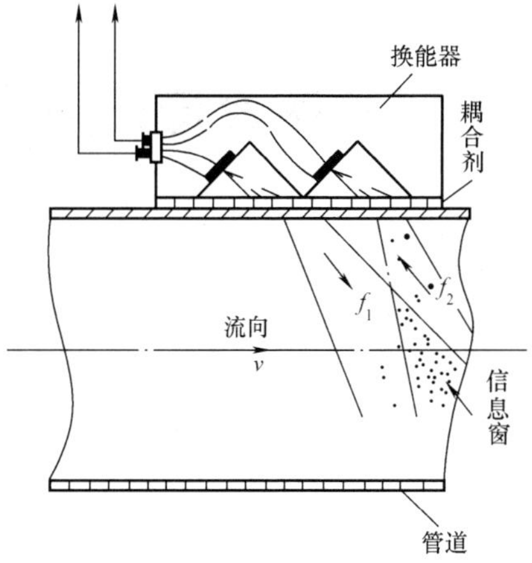

图 1-12-27　收发一体结构的超声换能器

第十三章　烟气脱硫防腐设计原则和腐蚀环境

本章第一节介绍 FGD 系统防腐的重要性以及防腐设计原则和步骤。由于防腐蚀材料的选择与其所处的腐蚀环境密切相关，本章的第二节详细讨论了影响工艺过程腐蚀性的环境因素，以及 FGD 系统不同区域的腐蚀特点，对结构材料的选择提出了一些意见。随后的第十四章以及第二篇还会涉及有关腐蚀环境和结构材料选择的一些问题，读者可以结合这些章节的有关内容来阅读。

结构材料的腐蚀、磨损，设备结垢和堵塞是造成湿法 FGD 系统事故停机最常见、最主要的原因。FGD 装置的投资费用、年维修费用和使用寿命在很大程度上也取决于防腐、防磨损结构材料的选择。但是，人们并非一开始就认识到湿法 FGD 系统腐蚀环境的特点，大概在四十多年前第一次设计 FGD 时，原以为 FGD 的腐蚀环境是温和的，很可能碳钢材料就能满足结构材料的要求。但是，第一台 FGD 洗涤器遇到了始料未及的严重腐蚀问题。因此，有人说，在过去数十年中 FGD 的"进化"是建立在对脱硫化学过程和材料选择不断认识的基础上。由此可见，FGD 系统材料选择的重要性。目前我们面临的情况是：一方面，随着 FGD 系统闭路运行、零排放和采用海水作补加水的运行方式的提出，腐蚀环境变得更为严酷，与此同时，对 FGD 系统的可靠性提出了更高要求，这样对材料的选择变得更加苛刻，从而造成 FGD 装置结构材料费用的不断攀升；另一方面，建设和运行湿法 FGD 装置的成本较高，人们又一直在致力于降低成本。因此，在编制标书技术规范、标书的评审、技术合同的签订，最终用材类型的确定以及 FGD 系统投运中的管理和今后设备改造的整个过程中，科学、经济地选择结构材料是非常重要的一项工作。

第一节　FGD 系统防腐工程的重要性以及防腐设计的原则和步骤

一、FGD 系统防腐工程的重要性

化石燃料在燃烧过程产生了多种具有强腐蚀性的酸性气体：SO_2、SO_3、HCl、HF、NO_x，部分 SO_3 随着烟气温度下降与烟气中的水分结合形成极具腐蚀性的高浓度硫酸冷凝液。绝大部分 SO_2、HCl、HF 被吸收浆液吸收生成硫酸、亚硫酸、盐酸和氢氟酸，虽然最终大多转化成相应的钙盐和镁盐，但它们的水解产物都具有酸性。这样，在系统不同部位会造成不同低 pH 值的腐蚀环境，而 Cl^-、F^- 的存在恶化了腐蚀环境。相对来说，F^- 浓度较低，Cl^- 则可能出现很高的浓度。由于上述原因，引起金属发生一般化学腐蚀、点蚀、缝隙腐蚀、应力腐蚀断裂等各种类型的化学腐蚀。另外，烟气中的固体颗粒物会对吸收塔上游侧的设备（如 GGH、挡板、风机叶片等）造成磨损。烟气中大部分固体颗粒物最终将进入吸收浆液，与浆液中脱硫生成的固体颗粒物对吸收塔模块的非金属内衬、构件产生冲刷磨损，对金属构件、过流件则会产生电化学腐蚀和磨损相结合的流体腐蚀（磨蚀）。FGD 系统各部位形成的沉积物、垢可以引发金属的缝隙腐蚀，高温则会加剧上述腐蚀的发展。

FGD 系统的腐蚀情况还与 FGD 的类型、流程有关，FGD 系统的这种差别很大的腐蚀环

境和腐蚀形态的多样性、复杂性给FGD系统防腐蚀结构材料的选择带来了许多不确定的因素，增加了选材的困难性。

经验证明，湿法石灰石FGD工艺形成的腐蚀环境可以很快地毁坏选择不合适的工程材料，但是，对防腐成本的控制明显影响到FGD装置的设计和材料选择。如果设计选择过高等级的防腐材料，那么有可能既提高了投资成本，还不能降低周期寿命成本，如果设计选择较低等级的防腐材料，则可能会明显降低投资成本而大大提高周期寿命成本。因此在整个设计过程中，必须兼顾这两方面来考虑材料选择。

工艺流程的选择也会对材料选择产生重要影响，例如一个重要的设计决策是，是否采用烟气加热系统，如果要求加热已处理的烟气，采用何种形式的烟气加热器。在美国，许多一、二代的FGD系统采用直接旁路再加热工艺，即用部分原烟气与已处理的低温饱和湿烟气混合，这种方案确实比其他方案简单，电厂不发生额外的能耗。但实践表明，在直接旁路再加热工艺中，冷热烟气混合处形成的腐蚀环境可以导致目前工业上可用的大多数耐腐蚀合金都会被损坏，因此，目前已不推荐这种再加热方式。又如，如果燃烧高硫煤的FGD系统决定采用GGH系统，则在材料选择时必须充分考虑吸收塔上游GGH降温侧的防腐问题。特别是当烟气含尘量偏高时，腐蚀和堵灰的倾向会加剧，有可能造成较多的非计划停运以及今后庞大的维修和改造费用。因此，在这种情况下，不设置GGH，采用湿烟囱工艺是值得考虑的替代方案。

美国调查了1982～1993年FGD系统材料事故的原因。调查报告指出，尽管造成材料损坏的具体原因是各种各样的，但这些材料故障大致可以分成以下四种类型：

（1）质量控制事故，占32.1%。质量控制事故包括设计质量控制事故（7.2%）、材料质量控制事故（10.5%）、施工质量控制事故（7.2%）和运行过程质量控制事故（7.2%）。后一种指工艺过程失控，致使运行工况超出设计条件。

（2）不良的材料选择，占32.1%。这类事故起因于选材时违背已有的技术规范，未留有适当的腐蚀裕量。换句话说，根据设计工作环境和可借鉴的资料，可以预计到将发生这类材料事故。

（3）材料选择技巧欠佳，占21.4%。某些FGD工艺设计造成的腐蚀环境使得当时的结构材料都无法满足要求，由此引起的这类材料故障可以通过改变工艺设计来避免。

（4）改造工艺过程引起的材料事故，占14.3%。指在对FGD工艺过程或对工艺的化学反应过程进行改造时，未考虑到现有结构材料的适应性。最为常见的工艺改造是：ⓐ为适应环保标准的改变，将工艺过程改为零排放，从而造成吸收塔浆液中氯化物含量大幅度增加；ⓑ添加硫代硫酸抑制氧化和控制结垢。

从上述统计数据可看出，至少接近八成（78.5%）的材料事故是可以避免的，同时也说明FGD系统材料选择的重要性。另外，需要指出的是，这些统计数据代表了FGD发展中期的技术水平，又经过20年的经验积累，目前通过精心设计、合理选用材料，FGD系统的大多数材料事故是可以避免或减少到最低限度。

二、防腐设计的两个基本原则

如果所选材料的性能满足了预期的实际腐蚀环境，而且成本最低，那么，材料的选择就是成功的。要做到合理的选材，在确定材料的类型和等级之前，有两个基本原则要事先确定，这两个基本原则对材料选择具有重要的影响。这两个基本原则是：

（1）氯化物设计浓度的确定。这一浓度的确定既要考虑FGD系统设计条件下的实际氯化物浓度，还要考虑今后环保标准提高或煤种变化可能出现的氯化物浓度。以确保在可预见的期间内 FGD 装置始终运行在氯化物设计浓度限值内。如前所述，引起 FGD 材料事故值得注意的原因之一是，FGD 系统运行一段时间后由于废水排放量或补加水量的减少，或改烧含氯较高的煤，造成工艺液中 Cl^- 含量的增加。氯化物设计浓度决定了合金的选择，如果今后 Cl^- 浓度超出此设计值，就可能引起合金材料的严重腐蚀。氯化物设计浓度偏低限制了今后对工艺过程的改造。如果此值定得过高，则导致选择等级过高的合金材料，增加了投资成本。

国内较早建成的一些 FGD 系统，由于电厂没有明确规定氯化物设计浓度和限定耗水量，FGD 装置设计商为降低成本，选择较低的氯化物设计浓度，造成废水排放量大，所选合金材料等级偏低，缩短了使用寿命。这不仅无法适应今后工艺过程的改造，而且当工艺条件稍偏离设计条件时就可能引发包括合金材料事故、脱硫性能或石灰石利用率下降等一系列问题。也有些 FGD 系统的技术规范虽然明确规定了氯化物设计最高浓度（例如 20g/L），但供应商选择的合金材料并不适合 Cl^- 浓度达到此设计值的腐蚀环境，而是按其实际设计 Cl^- 浓度（例如 15g/L 甚至更低浓度）来选材。因此，在技术规范中除明确规定氯化物设计最高浓度外，应要求供应商对主要防腐材料和重要设备所处的实际设计腐蚀环境详加说明，明确所选材料能适合的最恶劣的腐蚀环境。

（2）降低初期投资成本与高年维修费用之间的比较。在许多情况下，较低的初期投资成本往往带来较高的寿命周期成本，较高的初期投资成本则有较低的寿命周期成本。橡胶和增强树脂衬里往往初期投资费相对较低，但有较高的年维修费用。而耐腐蚀合金有较高的初期投资费用，而具有低年维修费用。釉瓷砖/板、硼硅酸盐玻璃泡沫块和 FRP 都可能具有较低的初期投资费用。近年工业发达国家在 FGD 系统中趋向于大量采用合金材料，甚至建全金属 FGD 系统，追求 FGD 系统的长期可靠性和低维修费用。我国在近期内仍会以有机和无机材料为首选防腐材料，在一些高温、腐蚀和磨蚀严重的区域选择合适的合金材料，这种选材原则适合我国经济情况和维修人工费较低的国情。

三、防腐蚀设计步骤

可按以下几个主要步骤重复进行防腐蚀设计：

（1）步骤 1：确定系统各部分的运行参数（即腐蚀环境：pH 值、温度、Cl^- 浓度、是否有腐蚀冷凝物或固体沉积物等）。

（2）步骤 2：根据 FGD 各部分的腐蚀环境，列出主要防腐设备备选结构材料性能等级表。材料选择时要考虑正常运行、系统启停时和系统发生严重事故时的工况。

（3）步骤 3：全面考虑每种备选材料对设计和运行的影响，应包括事故备用设备，例如事故冷却装置可能发生故障的情况。

（4）步骤 4：进行经济比较。应包括由于选用特殊材料增加或省去的备用设备的费用。

（5）步骤 5：考虑改变系统运行参数是否会产生显著的选材经济效益，如果会，那么应该考虑修改系统运行参数再返到步骤 2。

（6）步骤 6：确定所选材料。

第二节　腐蚀环境和材料选择

前一节已谈到，当烟气通过湿法 FGD 系统时，排烟与湿法 FGD 洗涤介质的相互反应造成了差别很大的多种腐蚀环境，必须根据不同的腐蚀环境合理选择防腐材料，才能达到最佳防腐蚀费用效益。本节将先讨论影响 FGD 工艺过程腐蚀性的因素，再对 FGD 系统分区域讨论其腐蚀环境并推荐各腐蚀区可选用的材料。

一、影响 FGD 工艺过程腐蚀性的因素

造成材料腐蚀的因素很多，大体上可分为腐蚀的内在因素和外在因素两方面。内在因素是指材料本身的问题，内在因素将在以后介绍材料耐腐蚀特性的章节中谈到。本小节主要讨论外在因素对腐蚀的影响。

1. 温度

环境温度是影响 FGD 装置材料选择的重要因素。不同类型的 FGD 装置工艺过程的环境温度范围是有所差别的，但正常运行时遭遇到的最高和最低温度大致相同，最高温度是锅炉排烟温度，一般为 120～160℃，最低温度是湿法 FGD 吸收塔出口温度为 45～55℃。橡胶、增强树脂和 FRP 等有机衬材或构件有长期和短时最高使用温度的限制，应根据不同温度选择不同的材料，错误的材料选择往往对有机衬材是致命的。有机或无机衬砌材料与基材（金属）的线膨胀系数相差较大，在温度作用下会产生不同步线膨胀，温度越高，设备越大，其负面作用越大，FGD 装置正好具有这一特点。这种不同步线膨胀会导致二者粘接界面产生热应力，使黏结强度下降，甚至脱粘和起层。另外，有机防腐衬里材料多是高分子化合物，温度使材料的物理化学性能下降，加速老化过程，严重时在短时间内可以使有机高分子链断裂甚至炭化。施工时衬层内形成的气泡、微裂纹、界面孔隙等受热应力作用可能出现起泡、龟裂，为介质的渗透提供条件。

在 FGD 运行可预见的环境温度范围内，就耐热性而言，对于耐腐蚀金属没有温度限制。但是，温度的升高通常会加速合金的腐蚀。温度分布不均匀，例如热交换器的局部过热将引起温差腐蚀，通常高温部位成为阳极，腐蚀速度加快。

2. 干/湿过渡区

干/湿过渡区由于高温、腐蚀性盐的浓缩和高浓度酸性沉积物成为极具腐蚀的区域。

3. 固体颗粒物的作用

湿法脱硫工艺中引成磨蚀的固体颗粒物主要是烟气带入的飞灰，浆液中的石英砂、石膏和碳酸钙。烟气中的飞灰对布置在 FGD 入口的增压风机有轻微的磨损，对螺旋肋片管换热器的磨损较明显。烟气中的大部分飞灰最终将进入吸收塔循环浆液中，浆液中的飞灰、主要由石灰石带入浆液中的石英砂、浆液中石膏和石灰石对吸收塔模块中的塔壁、梁柱、喷嘴、浆管、搅拌器以及浆泵和阀门的磨损是这部分结构材料选择时必须引起重视的问题。从图 1-13-1 可看出，浆液中上述几种主要固体颗粒对 316L 不锈钢的磨损率依次是石英砂＞灰飞＞石膏＞石灰石，而且随着含固量的增加磨损率增大。因此，选用酸不溶物低的石灰石、降低烟尘含量、降低浆液含固量和颗粒尺寸是减少固体颗粒物磨损的重要措施之一。

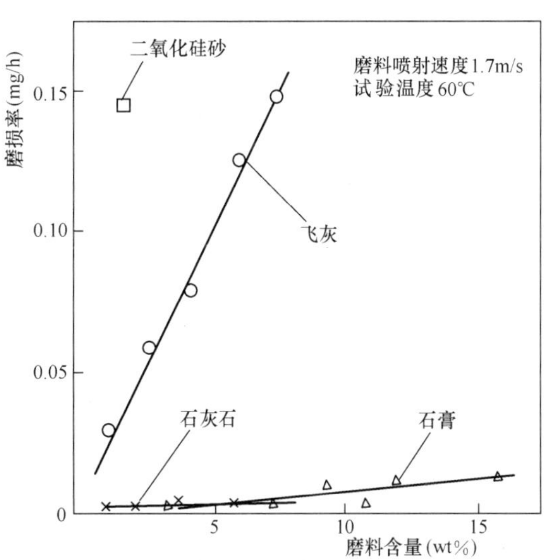

图 1-13-1 循环浆液中主要固体颗粒物对 316L 不锈钢板的磨损比较

4. 流速

提高介质的流速，会加剧介质对材料表面的冲刷。对金属材料，介质流速的增加容易损坏金属表面的钝化膜，使腐蚀产物易于脱落。同时，不断更新金属表面的溶液，将有利于腐蚀反应的进行。所以多数情况下，介质流速的增加会加速金属的腐蚀。对于 FGD 系统浆管的设计，流速是一个重要的参数，流速过低会形成沉积物，过高则会增加对管件设备的磨蚀，通常浆泵入/出口的设计浆液流速应分别取（2.0±1）m/s 和（2.5±1.0）m/s，当浆管直径较大时取上述设计流速的上限，但最大流速不应超过 3.7m/s，最低流速为 0.8m/s。

当喷嘴连接法兰、固定管网式氧化布气管的连接法兰松动时，外泄的浆液和带压空气很快将磨损法兰面。当氧化空气喷嘴距底板较近时，应在正对喷气嘴的底板上采取防冲刷措施，例如在增强树脂或橡胶衬层的表面再衬砌一块瓷板。

烟气流速对烟道和烟道构件的磨损影响相对较小。国外标准设计流速，矩形烟道取 15～18m/s，圆形烟道取 18～22m/s。对清洁烟气烟道几何形状的设计应尽可能避免冷凝液汇集在底板上而加剧腐蚀。

5. 结构设计

设备中不合理的结构设计常常造成局部应力，造成腐蚀介质的停滞和局部过热等现象，这些都会导致金属腐蚀。为了避免因不良结构而导致腐蚀的产生，在 FGD 系统结构设计时应注意以下问题：① 防止腐蚀介质的停滞、冷凝液的积存；② 防止在金属表面形成沉积物或采取措施即时清除不可避免形成的沉积物；③ 尽量减少金属与金属、金属与非金属之间形成的特别小的缝隙，以免引起缝隙腐蚀；④ 避免不同金属接触，两种不同材料的金属连接时可用绝缘材料隔开，以避免产生电偶腐蚀；⑤ 吸收塔、GGH 应有排气结构，在系统停运时，用来排出废气；⑥避免采用弯度较小的弯管，流体方向迅速变化的急弯部分容易引起磨损；⑦尽量减少合金材料的焊缝。

二、腐蚀环境分区和推荐选用的材料

干、湿状态是 FGD 腐蚀环境的特点之一。按干、湿状态可以将 FGD 设备划分成干区和湿区。湿区是以烟气通过系统时在烟道壁上或在容器壁上最先形成水珠的地方作为起点，一直延伸到烟囱，而无论采取何种烟气再加热装置。实际情况证明，由于液滴（水雾）蒸发过程是缓慢的，而烟气在再加热器、出口烟道和烟囱中的停留时间很短，再加热烟气很难使烟气完全干燥。湿区起点上游侧的区域划分为干区，干区烟气温度通常高于酸露点温度，烟气温度高且未饱和，无水雾形成。因此，对于采用管式 GGH 和回转再生式换热器的 FGD 系统，湿区的起点在原烟气降温换热侧的低温区，具体位置应视 FGD 入口烟温和烟气含水量而定。而对于采用蒸汽再热器和湿烟囱工艺的 FGD 系统，吸收塔入口烟道干/湿交界处是干/湿区的分界点。

下面以图 1-13-2 所示的 FGD 系统为例来说明各腐蚀环境区的特点：

0 区即干区，烟气温度一般高于酸露点温度，且为不饱和状态，不带有水雾，基本不具腐蚀性。此区的烟道、挡板可采用碳钢或考登钢（如 ASTMA242）。布置在该区的增压风机可以选用与锅炉引风机完全相同的材料。但当停机后，烟道中残留的烟气冷却后仍会产生具有腐蚀性的酸冷凝物。如果系统入口挡板密封性能差，FGD 系统停运而机组运行时会造成烟气泄漏，当 BUF 布置在该区域时，必须防止这种情况，否则会对增压风机、烟道、挡板造成腐蚀。烟气中的飞灰对该区的部件会造成冲刷磨损，螺旋肋片管式 GGH 迎风面的肋片最易被磨损。

1 区指湿区起点至吸收塔入口的区域，是 0 区和 2 区的过渡区域。如果在吸收塔入口上游侧布置有 GGH，1 区则包括换热器原烟气侧的低温区，靠近吸收塔入口的烟道属于 1 区中的干/湿交界区。原烟气进入换热器的低温区后，烟温已降至酸露点温度以下，在换热元件的表面会形成浓度较高的硫酸冷凝液，使该区呈现为严酷的腐蚀环境。管式 GGH 原烟气侧，换热管表面温度大致在 75 ~ 110℃之间，而回转再生式 GGH 原烟气侧换热面的温度较高，几乎等于入口高温烟气和出口降温后烟气温度的平均值，大致 100 ~ 120℃，因此，回转再生式 GGH 原烟气侧的腐蚀环境较之管式 GGH 的原烟气侧要稍微缓和些。另外，后者一旦换热管腐蚀穿孔，泄漏的热媒水将加剧腐蚀，腐蚀范围将扩展到泄漏水流经的部位，因此，必须停机处理。而前者传热元件允许较大的磨损，即使波形板上出现孔洞也无需停运。一般当传热元件的磨损量等于其质量的 20% 时才考虑更换。

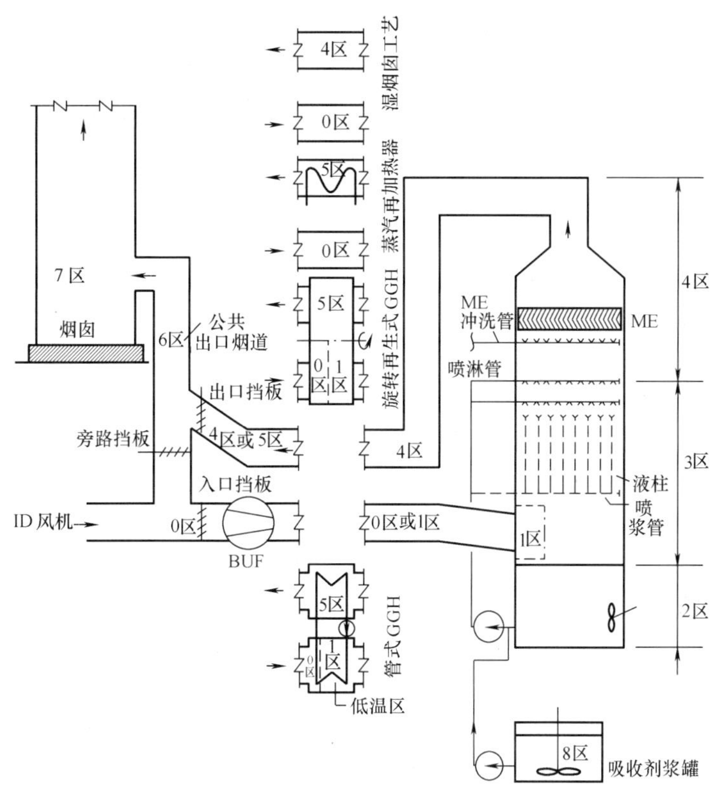

图 1-13-2　石灰石基逆流喷淋塔（液柱塔）FGD 系统腐蚀环境分区图

在吸收塔入口干/湿交界面，热烟气第一次接触到来自吸收塔的浆液，产生高浓度的酸雾。同时，热烟气使浆液的水分蒸发形成含有高浓度可溶性盐的沉积物，氯化物浓度可能超过 10%。特别在吸收塔入口上游侧未安装 GGH 的情况下，由于烟温高，干/湿交界面的腐蚀情况到了令人生畏的程度，成为 FGD 系统腐蚀最为严重的区域之一。但当吸收塔上游侧装有 GGH 时，吸收塔入口烟温通常不超过 105℃，吸收塔干/湿交界面的腐蚀环境有明显缓和，选材时可以不仅限于耐腐蚀合金。

早期的 FGD 系统多采用双回路工艺，在 1 区还设置有文丘里管或急冷塔，用来除去烟气中的颗粒物、HCl 和 HF，这部分的 pH 值 $<0.1\sim3$，呈现强酸腐蚀和高磨损，现在的 FGD 系统已不再设置急冷塔了。如果吸收塔上游侧不装 GGH，吸收塔内的烟气入口区成为烟气急冷区，该处的温度较吸收塔内其他部位高而且 pH 值低，pH 值可以低至 3.5 左右。因此，吸收塔内烟气入口区就腐蚀环境而言也属 1 区。

当安装有 GGH，GGH 原烟气侧出口至吸收塔入口的烟道较长时，同一区的腐蚀情况也不尽相同，靠近 GGH 出口烟道和靠近干/湿交界面的烟道腐蚀环境要严重些。可以根据温度、烟气饱和程度的不同选用以下防腐材料：整体高镍合金板、高镍合金或钛合金覆盖碳钢板，合金墙纸、硼硅酸盐玻璃泡沫块或耐高温玻璃鳞片树脂涂层。

2 区指吸收塔反应罐。2 区的腐蚀环境相对比较温和，罐中的浆液阻隔了热烟气接触罐壁，浆液温度一般不超过 60℃，浆液中含有过剩碱性吸收剂，使 pH 值相对较高，通常为 5.0 ~ 6.2（石灰石基）或 8 ~ 14（石灰基）。但浆液中的 Cl^- 会引起金属点蚀，低 pH 值则会加剧点蚀的发展。反应罐的底板会遭受浆液轻度磨损，当采用固定管网式氧化配气装置，喷嘴距罐底较近时，气流会冲刷底板。吸收塔循环泵和反应罐搅拌器由于电化学腐蚀和冲刷磨损的协同作用，加速了泵的金属过流件和搅拌器桨叶的磨蚀，特别当循环浆液固体物和 Cl^- 含量较高时，将大大缩短磨损件的使用寿命，因此，在选材时必须作防腐和防磨设计。实践表明，降低浆液的含固量（不超过 15%），采用硬度较高的超双相不锈钢制作的叶轮、前护板和桨叶可以明显提高其使用寿命。

3 区的范围是吸收塔的吸收区，该区是 FGD 系统最为温和的腐蚀环境，冷却后的烟气温度通常是 50℃左右，而且浆液中含有充裕的碱度可中和酸性烟气，所以 pH 值相对温和，浆液的 pH 值自上向下，从 6.2 ~ 5.0 下降至 4.5 ~ 3.5。对于喷淋塔，3 区中的磨损很少成为严重的问题，但当浆液喷嘴射出的浆液直接对着塔壁或塔内构件时，或浆液中石灰石颗粒较粗时，磨损现象会很快显现出来。国内这类吸收塔，在试运期间，在喷淋母管区，曾发生过塔壁橡胶内衬被冲刷损坏的事故。该区采用合金墙纸防腐也有被磨损的记录。当采用表面无耐磨层的树脂内衬防腐时，2 ~ 3 年后，浆液顺吸收塔壁下淌造成的磨损已达到需要进行修补的程度。顺塔壁下流的浆液对突出于塔壁上的构件（梁、柱等）的冲刷会显得特别明显，需要加强这些部位的防磨措施。由于增强树脂内衬表面较橡胶内衬表面粗糙，前者显得较易磨损。当浆液温度超过 60℃时，橡胶内衬表面软化，耐磨损性能明显下降。

对于喷淋塔来说，由于喷出的液滴较细，喷淋母管又布置在吸收区的上部，下落浆液对喷淋管的冲刷要缓和些，现多采用 FRP 喷管。但对于液柱塔，由于喷浆母管布置在塔的下部，布管密度比较大，下落液滴粗大，甚至形成液流，对喷浆管的冲刷十分严重。特别在顺流塔内，流速高达近 10m/s 的烟气夹带下落的浆液更加剧了冲刷磨损，如果采用 FRP 管，玻纤布层数要增多，结构设计应具有耐酸、耐磨性，表面必须有两层耐磨树脂砂浆层，日本富士树脂公司的这类 FRP 喷浆管规格型号为#6RU-AC 或#6HU-AC（见表 1-14-6）。没有耐磨层的 FRP 管仅运行 4200h 就被磨穿（浆液浓度为 30%）。如果采用不锈钢管，由于该处的 pH 值可能低至 3.5，在选择不锈钢钢种时要考虑电化学腐蚀和冲刷磨损协同作用形成的较为严重的流体腐蚀，所选材质既要耐化学腐蚀又要耐冲刷磨损。

4 区，对于没有设置再加热器的 FGD 系统，4 区从吸收塔最上层喷淋母管一直延伸到系统出口挡板。对于设置有再加热器的系统，4 区范围到再加热器入口处为止。该区烟温一般在 50℃左右，在这一区域的壁面上集积有水滴或水膜，这些水滴或水膜会继续吸收烟气中的 SO_2，即使水膜中含有残留的碱也会很快消耗殆尽，少量的 SO_3 也会冷凝在这些水膜中，因此水膜的 pH 值一般比除雾器上游侧的低得多，大约低于 3.5，曾在停机后测得冷凝液的 pH 值仅 2.1。这使得这一区域的腐蚀性变得较 2、3 区严重。除了塔壁和烟道壁需采用防腐衬层外，应注意设计这一区域烟道的几何形状，如果让酸冷凝物积存在烟道底板上将造成严重腐蚀。烟道内应设置排水装置以缓和腐蚀。由于此区域烟温低，采用橡胶或增强树脂衬里已足以满足防腐要求。

5 区，对于采用加热器的系统，从加热器入口至系统出口挡板的区域为 5 区。该区的烟温从 50℃左右逐渐升至 80 ~ 100℃，在提高烟气温度的同时，也增加了环境的腐蚀性。实际情况表明，由于烟气在再加热器中停留时间较短，烟气中透过除雾器夹带过来的水雾以及烟气二次带水形成的水滴很难在短时间蒸发，因此，再加热器以及其下游侧烟道很少是干状态的。而且在采用管式 GGH 和 SGH 的情况下，烟气流具有分成冷、热两层的强烈趋势。国内采用 SGH 的电厂发现 SGH 出口烟道上下烟温差 20℃左右，这对于通过提高烟温来缓和腐蚀是不利的。对于采用循环加热器或 SGH 的烟道，采用树脂鳞片衬里也能满足防腐要求。

由于进入 5 区的烟气往往夹带有水滴，这些水滴中含有石膏等固体物。液滴撞击到再热器换热元件的表面，形成具有腐蚀性的液膜和固体沉积物。有人测得再加热器出口烟气携带的水滴 pH 值低于 1.7，呈现出严重的腐蚀性。因此，处于该区的换热元件必须采取防腐措施。

6 区，公共出口烟道的 6 区指出口挡板、旁路挡板与烟囱入口之间的烟道。该区域的腐蚀环境随以下情况而变化：是否采用加热器，加热烟气的方式，采用一个烟囱还是分干/湿双烟囱。现将 6 区分成 6A、6B、6C 三种情况，按只采用一个烟囱来讨论。

该区的一个共同特点是，在机组启、停和 FGD 故障停运时，需较长时间通过高温（120～160℃）原烟气。在空气预热器故障的极端情况下，短时可能遭受 315℃的高温。因此，在大多数情况下都限制使用有机防腐材料。当无烟气加热器时，将 6 区定为 6A 区。在正常运行情况下，6A 区的腐蚀环境类似 4 区，考虑到有时需要输送高温原烟气，6A 区多采用合金墙纸防腐，也有采用耐酸瓷砖胶泥或硼硅酸盐玻璃泡沫块作防腐材料。

对于采用间接加热器的系统，将此区定为 6B 区，在正常运行情况下，6B 区的腐蚀环境类似 5 区。如果加热后的烟气温度在 90℃以上，加热器出口烟道和公共出口烟道不太长，烟道采取了良好的保温措施，同样，考虑到 6B 区也需要输送高温原烟气，可以采用碳钢制作该区的烟道，国内有使用 14 年的经历。但是，当锅炉低负荷时烟气温度仅 70～80℃，为安全起见，也为了减少今后的维护工作，采用贴合金墙纸工艺是一种更稳妥的防腐措施。采用硼硅酸盐玻璃泡沫块衬覆碳钢也是一种可供选择的方案。

对于采用旁路烟气加热已处理烟气的系统，公共出口烟道 6C 区是冷热烟气的混合区，如前所述，此区形成了极为严酷的腐蚀环境，以至新建的 FGD 系统已不会再考虑采用这种加热方式。

7 区，烟囱的腐蚀环境是公共出口烟道腐蚀环境的延伸。但是，由于烟囱内烟道的壁面是垂直的，冷凝物不易汇集在壁面，这使得烟囱的环境要好于公共烟道。

当不采用 GGH 时，即湿烟囱工艺，7 区的腐蚀环境类似 6A 区。有关湿烟囱防腐材料的选择已在本篇第十一章第四节作了介绍，不再复述。

对于采用 GGH 的系统，7 区的腐蚀环境类似 6B 区。再加热区出口烟温多为 80～110℃，这对缓和饱和烟气对烟囱的腐蚀是有利的。但当再加热器至烟囱入口的烟道较长，烟囱较高时，烟囱内的烟温可能会再次降到露点以下。另外，烟气中不可避免地会夹带酸性水滴和固体颗粒物，它们会附着在烟囱内烟道表面，在湿润的沉积物下面形成了侵蚀性腐蚀环境。烟囱还要排放高温原烟气，这种高、低温烟气的交互作用，会加速腐蚀作用。采用无机和有机防腐材料衬砌的内烟囱都会因烟气温度高和腐蚀环境而造成一定程度的损坏，必须定期维修。在日本通常每隔 6～7 年必须重新衬砌。我国火电厂投运最早的湿法 FGD 系统，装有 GGH，烟囱入口烟温不低于 90℃，烟囱为双筒体，烟囱内烟道的结构为陶土砖＋耐酸胶泥。运行约 9 年后，对烟囱进行了检查，壁面积灰厚 88～150mm，烟囱上部积灰比下部严重、陶土砖表面侵蚀深度 10mm 左右，外墙砖体出现多条不连续的裂缝。目前我国对脱硫烟气对烟囱的腐蚀还缺乏足够多的实际经验，但湿法脱硫后的烟气腐蚀性增大是不争的事实，因此重视脱硫烟气的防腐措施并加强定期检查烟囱，对电厂烟囱安全运行是十分重要的。目前发达国家，包括韩国，多采用耐腐蚀合金复合板或贴合金墙纸工艺衬砌内烟囱，以确保在电厂工作寿命期间，烟囱无大的维修工作。

8 区，石灰石浆罐的 pH 值在 7 ~8 之间，熟石灰浆罐 pH 值在 12 左右，腐蚀不是主要问题。虽然细小的石灰石颗粒对浆泵的磨损性低于石膏浆体，但由于石灰石浆液浓度高，对浆泵过流件仍有相当严重的磨损，如果在石灰石浆液的制备过程中采用了回收水，则应考虑 Cl^- 引起的腐蚀。石灰石浆罐搅拌器的转速较低，搅拌器转轴和桨叶可以采用碳钢外衬橡胶防腐结构。

布置在 4 区或 5 区的增压风机，均属于湿态风机，无论增压风机上游侧是否安装有烟气加热装置，增压风机都处于腐蚀较严重的环境中。此区域的腐蚀特点正如前面已谈过的，主要是酸性水滴、SO_3 冷凝液（H_2SO_4）和透过除雾器的浆体液滴造成的点蚀、附着在叶轮或蜗壳表面的固体沉积物引起的缝隙腐蚀。这种酸性水滴的 pH 值可低至 1.7 ~3.0。曾在装有加热器的增压风机出口采集烟气中的固体颗粒物，用 NaOH 标准液测得固体颗粒物含酸性物质达 0.0118mmol/mg，如以 H_2SO_4 计相当 0.58mg/mg。因此多数 FGD 设计商认为，布置在此区的增压风机必须采取防腐措施。但也有 FGD 设计商认为，如果装有再加热器，增压风机入口的烟气温度高于 85℃，增压风机可以采用碳钢材料。理由是，烟气中 SO_3 冷凝产生的 H_2SO_4 浓度与温度有关，烟气温度越高，冷凝产生的 H_2SO_4 浓度就越高［见图 1-13-3（a)］，当 H_2SO_4 浓度 >60%（对应烟气温度 >80℃）后，由于浓 H_2SO_4 的钝化作用使碳钢的腐蚀速率急剧下降［见图 1-12-3（b）中 SS41 曲线］，当烟气温度为 100℃时（凝结硫酸浓度约 67%），碳钢 SS41 的腐蚀速率才接近降至最低点。

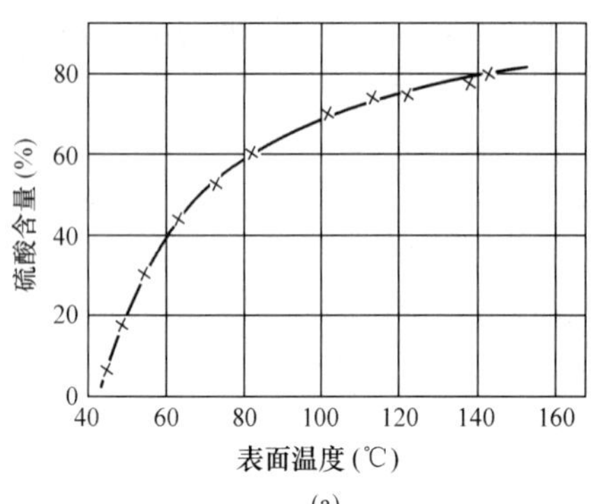

(a)

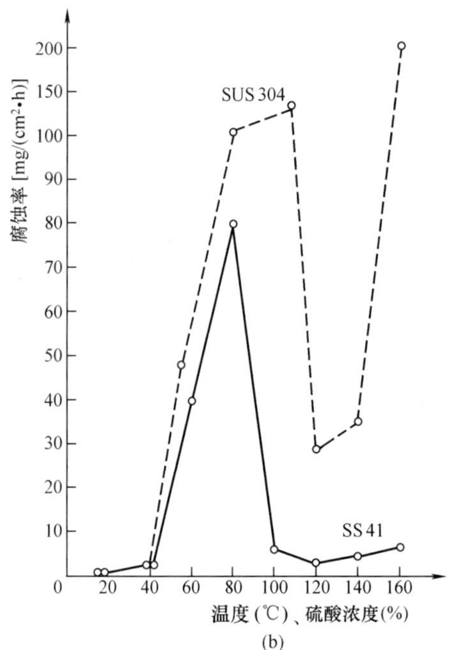

(b)

图 1-13-3　烟气温度与凝结硫酸浓度、腐蚀率的关系

（a）烟气中金属表面温度与凝结硫酸之间的关系；（b）普通碳钢与不锈钢的硫酸浸没试验［浸没时间为 6h、浸没试验的硫酸浓度按（a）同温度对应的硫酸浓度］

国内 FGD 系统安装在此位置的增压风机运行的经验是，采用低合金钢 ASTM 583GR – B + 514GR – A 制作的增压风机叶轮，在增压风机入口烟温为 88℃左右的情况下，运行 8 年后出现了腐蚀，又运行了 3 年后，因叶轮上的防腐板被腐蚀而进行了更换。而采用 WEL-TEN590（日本钢号，高抗张强度钢、微合金化）制作的增压风机叶轮，由于增压风机入口烟气温度 75 ~77℃，仅运行了 3 年叶轮就产生了严重点蚀，有些焊缝被腐蚀露出了对焊的坡口并出现了数条裂缝。焊缝腐蚀较快的原因是焊材比基材耐蚀性低。经分析认为叶轮遭受严重腐蚀的主要原因是，增压风机未作防腐

设计，材料选择不当；增压风机入口烟气温度太低；频繁停机加速腐蚀。因此，布置在 D 位置的增压风机，最好还是采取防腐措施。如果选用碳钢或低合金钢，增压风机入口烟温最好不低于 100℃，而且应减少停机。

对材料将会遭遇到的工作环境，必须考虑到正常运行情况、系统启停和非正常情况。非正常情况还应包括最可能发生的最严重的事故。对 FGD 系统，最可能发生的最严重事故可能是空气预热器、吸收塔循环泵同时发生故障，而隔离挡板又无法关闭，这将导致从吸收塔到出口烟道的温度猛升到 315℃。这种似乎不太可能发生的事故曾在美国一个 FGD 系统中出现过，起因是雷击使该电厂内外电源包括事故急冷装置的电源全部中断，结果损坏了吸收塔和出口烟道的增强树脂内衬，并熔化了聚丙烯制作的除雾器。一些工业发达国家倾向于全金属 FGD 系统，上述非常情况也是考虑因素之一。全金属 FGD 系统固然有许多优点，但初装费用太高，发展中国家难以承受。采用事故急冷装置，隔离挡板采用带有储气罐的气动操纵机构或有保安电源的电动操纵机构仍是发展中国家首选防患措施。

最后需要指出的是，以防腐蚀理论和实验室材料试验结果作指导，借助材料实际应用经验和现场挂片试验结果来选择材料是较为可靠的选材方式。对 FGD 装置供应商提出的主要防腐、防磨材料，应要求其说明预计的腐蚀、磨损环境，防腐、防磨选材思想，使用业绩，这将有助于电厂工程技术人员判断所选材料的正确性。

第十四章 金属腐蚀基本概念和常用防腐材料的应用

在美国，由于用来衬覆碳钢的橡胶和增强树脂与其他防腐材料相比有较低的初装费用而大量用于第一、二代FGD装置中，第三代FGD装置则趋向于采用合金防腐材料。近年，虽然德国的FGD装置也大量采用合金材料，但通常仍采用橡胶衬里作为吸收塔、管道和低温烟道的防腐材料。在日本，可大致将20世纪70年代建造的FGD装置划为第一代，80年代的为第二代。对第一代FGD装置，当时约80%的火力发电厂是采用油作燃料，所以316L和317L不锈钢成为当时FGD装置的首选材料。80年代后，日本绝大多数火电厂（大约84%）改为燃煤。燃料由油改煤后，烟气含尘量、HCl和HF含量增大，再加上FGD工艺技术的逐渐成熟，制造商正朝着降低建设成本的方向努力，日本第二代FGD装置改用树脂或橡胶内衬来代替不锈钢，但多数采用增强树脂内衬。近年，为了减少设备的停机维修，已有重新考虑使用合金材料的倾向。

自20世纪80年代末以来，我国火力发电厂的FGD装置无一例外都是采用橡胶和增强树脂内衬作为主要防腐材料。而且，可以预见，在今后10年左右的时间内，这种选材趋向不会有大的改变。这两种防腐材料尽管有维修工作量大、周期寿命成本高、耐高温性能差和易着火的缺点，但投资成本低，不受高浓度Cl^-的影响是其突出的优点，是符合我国国情的材料选择。另外，即使主选上述两种防腐材料，在FGD系统中的某些区域或某些构件仍需采用合金材料或无机防腐材料。因此本节将依次介绍橡胶、增强树脂内衬、纤维增强塑料（FRP，俗称玻璃钢）、耐腐蚀合金和无机防腐材料在FGD装置中的应用。

第一节 橡 胶 衬 里

橡胶和增强树脂衬里主要用于FGD系统以下区域：GGH壳体内壁、吸收塔内壁以及其内部的一些构件、与吸收塔相关的浆池和罐体、吸收塔上下游侧低温烟道和湿烟囱。橡胶还用作浆液管道内衬和阀门的密封材料。

美国和欧洲的FGD装置对这两种衬里材料都有采用，德国的FGD装置多采用橡胶衬里，日本的FGD装置几乎都采用增强树脂衬里。我国由于尚没有自己开发的FGD技术，因此FGD装置所采用的衬里材料主要取决于技术引进国和业主的使用习惯。

橡胶和玻璃鳞片聚酯树脂用来衬覆无外保温的吸收塔，预计大约5年内无大的维修工作，但需每年1～2次检修小部分内衬表面，5～10年就需频繁地、大范围地维修或更换玻璃鳞片树脂或橡胶衬里。典型的使用寿命是10～15年，即可能是FGD寿命的1/3～1/2。如果循环浆液的含固量高，大范围频繁维修的时间可能要缩短1～3年。由于要彻底清除残留的衬里十分困难，更换衬里是件费时的工作，清除不彻底可能影响新衬层的黏结强度和平整度。以下衬胶或衬树脂设备和部位易被磨损：衬胶弯管、衬胶管法兰连接处、阀门阀座的衬层、阀门和节流孔板下游侧的衬胶管、喷淋母管布置区的塔壁衬层、循环泵入口浆管与塔壁相连的拐角部位。FGD系统入口高温烟道，特别是高温烟道的干/湿交替区、系统出口原烟气和清洁烟气混合区以及可能输送高温原烟气的公共出口烟道和烟囱，不推荐采用这两种材料。

一、橡胶产品和特性以及在 FGD 装置中的应用

橡胶衬里是把整块已加工好的橡胶板利用胶粘剂粘贴在防腐基体表面，将腐蚀介质与基体隔开，从而起到防护作用。

早在 1855 年就开始应用橡胶衬里防腐，当时是将硬天然橡胶粘贴在金属表面，再经硫化，可以获得很高的黏结强度和良好的防腐性能。第二次世界大战后，发明了一系列耐腐蚀性能优异的合成橡胶，大大地扩大了橡胶衬里的应用范围。近年，随着更多性能优异的合成橡胶和胶粘剂的出现，使橡胶衬里不仅能粘贴在金属表面，而且可以衬贴在混凝土或 FRP 等其他材料的表面上。随着自然硫化技术和低温热水硫化技术的出现，橡胶衬里设备的尺寸已不受硫化设备的限制。

橡胶衬里按硫化工艺可分类为未硫化胶板、预硫化胶板和自然硫化胶板。未硫化胶板衬覆后需进行热硫化，在 FGD 装置中多用于可在车间衬胶的小型罐体、管道或构件；预硫化胶板是在衬前已硫化好的胶板，便于在现场直接衬覆大型设备；而自硫化胶板是在胶板中加入室温硫化剂，衬后在室温下即可自行硫化的胶板，但它在衬前必须低温冷藏。在 FGD 系统现场应用较多的是预硫化胶板，其优于自硫化橡胶板，但预硫化橡胶板要求黏合剂能很快产生较高的初始黏合强度，预硫化胶板的另一个优点是在常温下（20℃）的保存期为 18～24 个月。

橡胶衬里的种类很多，应用于 FGD 装置中的橡胶衬里主要有以下几种：天然橡胶（NR）丁基橡胶（IIR）、氯化丁基橡胶（CIIR）、氯丁橡胶（CR）和自硫化溴化丁基橡胶（BIIR）。

1. 天然橡胶（NR）

天然橡胶需要添加大量的抗氧化剂来防止开裂，而这种抗氧化剂会削弱胶片与基材的粘贴强度。天然橡胶还易受 FGD 启动期间烟气夹带的油滴的损坏，其最大允许使用温度是 66℃。因此，不推荐用天然橡胶作 FGD 吸收塔的衬里，但天然橡胶具有非常强的弹性，有优良的耐磨蚀性，特别能耐受粒径小于 10mm 颗粒物浆液的磨损，因此，天然橡胶仍广泛用于泵叶轮和蜗壳的衬里。

橡胶衬里的抗渗性是评价和选择橡胶性能的一个非常重要的指标，几种橡胶的抗水蒸气渗透性能见表 1-14-1，从该表可看出渗透系数随温度的升高而增大，丁基类橡胶具有优良的抗水蒸气渗透性，而天然橡胶抗水蒸气渗透性较差。

2. 丁基橡胶（IIR）

丁基橡胶是异丁烯单体与少量异戊二烯共聚合而成的，代号为 IIR。这种橡胶的基本特性是：①气体透过性小，气密性好；②耐水性好，对水的吸收量最少，水渗透率极低；③回弹性小，在较宽温度范围内（－30～＋50℃）均不大于 20%，因而具有吸收振动和冲击能量的特性；④耐热老化性优良，具有良好的耐臭氧老化、耐气候老化、耐高温性（可用于 100℃以下）和对化学稳定性；⑤缺点是硫化速度慢，黏合性和自黏性差，与金属黏合性不好，工艺性能差，与不饱和橡胶相容性差。由于丁基橡胶不容易硫化，需要较高的硫化温度，所以丁基橡胶不适合制作预硫化和自硫化胶板，适合作在车间硫化的橡胶衬里，如小型罐体和管道等。德国一些电厂的 FGD 装置曾采用过这种橡胶内衬。

表 1-14-1　几种橡胶对水蒸气的抗渗性能

参数	丁基橡胶		氯化丁基橡胶			溴化丁基橡胶		氯丁橡胶	天然橡胶
温度（℃）	20	38	20	38	65	20	65	38	38
渗透系数［ng·cm/(cm²·h·torr)］	1.2	4.0	0.8	5.0	5.8	0.8	5.8	44	53

注　1torr＝133.3224Pa。

3. 氯化丁基橡胶（CIIR）

氯化丁基橡胶属卤化丁基橡胶（XIIR）中的一类，是丁基橡胶的改性产品，目的是氯化后提高 IIR 的活性，使之与其他不饱和橡胶产生相容性，以提高共混并用时的自黏性和互黏性，增大彼此共硫化交联能力，同时保持 IIR 的原有特性。目前仅美国、德国、日本、加拿大、比利时的一些公司生产 XIIR。CIIR 抗水蒸气渗透性优良（见表 1-14-1），CIIR 除仍保持 IIR 的固有特性外，还有以下特性：硫化速度快；提高了自黏性和互黏性，与金属黏结性好，具有工艺性能好的优点，适合制作自硫化和预硫化胶板；由于硫化致密性好，提高了耐热性、耐撕裂强度和耐磨性，可连续工作温度达 93℃；较 NR、CR 更耐二元酸；但比 IIR 的成本高，价格贵。

在 CIIR 内掺入一定比例的 CR 不仅不会明显增大 CIIR 的渗透性，而且可以改善 CIIR 的加工性。用掺了 CR 的 CIIR 制成的预硫化橡胶板在 FGD 装置中显示了优良的性能，已获得广泛应用。

4. 氯丁橡胶（CR）

氯丁橡胶是氯丁二烯经乳液聚合而成的，称聚氯丁二烯橡胶，简称氯丁橡胶，代号为 CR。CR 是合成橡胶中最早研究开发的胶种之一。CR 具有耐酸、碱、耐氧化和耐老化性能，用 CR 制成的自硫化胶板在防腐界应用最广泛。CR 胶浆黏结力较高，并且有自硫化特点。但这种橡胶吸水性很强，水蒸气扩散系数比丁基橡胶和氯化丁基橡胶高得多，这被认为是这类橡胶衬里使用寿命低于丁基类橡胶衬里的主要原因。另外，CR 耐寒性差，生胶稳定性差不易保存，比天然橡胶和氯化丁基橡胶更难施工。其使用温度为 70℃，短期内可为 90℃，较丁基类橡胶低 30℃。德国的 FGD 装置在 20 世纪 80 年代曾主要采用这种衬胶，代替原先使用的丁基橡胶。美国的 FGD 装置采用这种橡胶衬里通常仅因为其具有阻燃性，因此在要求采用具有阻燃性衬胶时才采用。如果必须采用 CR，仅铅硫化的 CR 可用于 FGD 装置，不能采用锌硫化或镁硫化的 CR。

5. 自硫化溴化丁基橡胶（BIIR）

自硫化溴化丁基橡胶属于 XIIR 的一种类型。BIIR 除具有 CIIR 的固有特性外，其硫化速度比 CIIR 更快，黏合性比 CIIR 更好。燃褐煤锅炉的 FGD 装置由于吸收塔的运行温度通常比燃烧烟煤的高出 20～25℃，德国在这种 FGD 装置中都采用 BIIR 作吸收塔衬里。

历史上，NR、IIR、CIIR 和 CR 四种橡胶片都曾用于 FGD 装置，但目前在 FGD 装置中应用最广泛的是预硫化 CIIR。1985～1986 年美国三家 FGD 装置橡胶衬里主要生产商对一直用于 FGD 装置的 NR、CIIR 和 CR 三种橡胶作了一次调查，一致推荐 CIIR 制品用于 FGD 吸收塔和管道的衬里，而无一家继续赞成将 NR 和 CR 用作吸收塔和管道衬里。

广东连州电厂、重庆发电厂、杭州发电厂、北京第一热电厂以及石景山等电厂的 FGD 吸收塔主要是采用从德国引进的预硫化氯化丁基软橡胶，胶板厚 2～5mm（通常采用 3.6mm），一般在吸收塔磨损较严重的部位（如吸收塔喷射区）衬覆双层胶板（6～7mm），其他部位粘贴一层胶板。对塔内支撑梁、柱采用抗压、耐磨、热稳定性好和黏结性能好的双层复合式预硫化氯化丁基软胶板衬覆，面层是经专门设计的抗压、耐磨性优良的氯化丁基橡胶，底层的胶片中掺有 PVC 以增加胶板对金属表面的黏结强度。最高使用温度为 100℃、抗剥离强度≥3N/mm（DIN28055-2）、肖氏 A 硬度 55±5。

表 1-14-2 列出了武汉西格里集团公司（SGL CARBON GROUP）生产的、广泛应用于 FGD 系统的两种预硫化 CIIR 软橡胶衬里的技术性能指标。

后形成的保护层。涂料的主要成分是具有化学活性的液态状的合成树脂，合成树脂在未固化前是线型或轻度交联的高分子化合物。涂装过程中，在涂料中加入一定量的固化剂，将具有一定流动性的涂料涂覆在防腐基体上，合成树脂的线型或轻度交联的高分子化合物在固化剂的促进与参与下转化为三维网状结构的固体涂膜，并牢固地粘贴在基体上，形成防腐衬层（或膜）。

合成树脂涂料中加入增强材料的目的是改善树脂衬层的物理性能，主要是提高抗渗透性、耐磨损性、抗拉强度，减少硬化时的收缩率和热膨胀系数。最常用的增强材料有玻璃鳞片、剪短的玻璃纤维。据报道还有采用镍合金不锈钢鳞片，但这种鳞片需用专门机械装置制作，价格昂贵，实际应用较少。在 FGD 装置中，为提高防护层的耐磨性、抗变形性能（如构件拐角、混凝土表面的衬层)，在防护衬层中还采用玻璃纤维布和毡作为增强材料。

各种各样的填充材料，例如氧化铝（矾土）、石英砂、碳化硅有时也被采用，特别在耐磨（AR）树脂衬里的配方中，填充材料在 82℃的硫酸中应呈现惰性，而且本身不应是多孔结构，禁止使用云母鳞片，因为云母能与硫氧化物反应。

增强树脂衬里的耐蚀和耐温等性能主要取决于涂料中的树脂种类。通常应用的树脂有酚醛环氧、酚醛环氧—密胺—酚醛聚合物、双酚环氧、乙烯基酯以及双酚聚酯树脂。这些树脂的耐化学性和抗水分渗透性依上述顺序依次递增。在湿法 FGD 系统中应用最广泛的是双酚型乙烯基酯树脂和酚醛型环氧乙烯基酯树脂。间苯聚酯树脂用于 FGD 装置中时的耐化学性不够理想。

由于玻璃鳞片树脂涂料在 FGD 装置中获得广泛、成功的应用，因此我们重点介绍乙烯基酯玻璃鳞片涂料主要成分、特性以及在 FGD 中的防腐应用。

一、乙烯基酯（VE）树脂的特性

乙烯基酯（VE）树脂是 20 世纪 60 年代后期发展起来的一类新型高度耐蚀的聚酯树脂。经 70 年代的推广应用后，到 80 年代已在许多领域成为国内外新一代耐蚀不饱和聚酯（UP）树脂的代表。

VE 树脂又称乙烯基酯不饱和聚酯树脂、丙烯酸类聚酯树脂或称环氧丙烯酸聚酯树脂。

（1）VE 树脂通常是环氧树脂和含烯键的不饱和一元酸（如甲基丙烯酸）加成反应的产物，其反应为

$$\underset{\text{甲基丙烯酸}}{2CH_2{=}\overset{\overset{\large CH_3}{|}}{C}{-}\overset{\overset{\large O}{\|}}{C}{-}OH} + \underset{\text{环氧树脂}}{\overbrace{CH_2{-}CH}^{O}{-}CH_2{-}R{-}CH_2{-}\overbrace{CH{-}CH_2}^{O}} \xrightarrow[\text{加热}]{\text{催化剂}}$$

$$CH_2{=}\overset{\overset{\large CH_3}{|}}{C}{-}\overset{\overset{\large O}{\|}}{C}{-}O{-}CH_2{-}\underset{\underset{\large OH}{|}}{CH}{-}CH_2{-}R{-}CH_2{-}\underset{\underset{\large OH}{|}}{CH}{-}CH_2{-}O{-}\overset{\overset{\large O}{\|}}{C}{-}\overset{\overset{\large CH_3}{|}}{C}{=}CH_2$$

乙烯基酯树脂

从上述 VE 树脂分子结构可看出，VE 树脂的大分子中既含有环氧树脂分子（以 R 表示）的主链结构，又含有带不饱和双键的聚酯结构。因此，这类树脂既具有环氧树脂良好的黏结性、机械强度和耐热性能，又具有 UP 树脂优良的加工工艺性，尤为突出的是在耐蚀性能方面。

（2）酯基基团（ $-\overset{\overset{\displaystyle O}{\|}}{C}-O-$ ）是UP树脂最薄弱的环节，易受酸、碱的水解破坏，使分子键裂解。而VE分子中只含端点酯基，酯基浓度较低，此外，它的酯基的相邻碳原子上有甲基（$—CH_3$），此甲基可起到保护酯基的作用，使之对水解稳定。即使VE分子中的酯基受到侵蚀，环氧部分的分子键仍被保留。故VE较其他UP树脂具有更优良的耐蚀性。

（3）由于VE树脂分子中羟基（—OH）的存在提高了树脂对玻璃等填料的浸润性、黏结性，具有优良的施工工艺性。

（4）由于VE树脂大分子链中存在大量苯环（具有双酚型VE和酚醛环氧VE分子结构），且交链密度相对比一般通用UP高得多，因而固化后树脂具有较高的耐热性和热刚性。

（5）VE树脂属于UP树脂，其具有UP树脂所共有的以下主要优点：

1）UP树脂最突出的优点是具有优良的工艺性能。UP树脂在室温下具有适宜的黏度，可以在常温下固化，常压下成型，因而施工方便，易保证质量，并可用多种措施来调整它的工艺性能。

2）UP树脂在生产后期需经交联剂苯乙烯稀释成具有一定黏度的树脂溶液，实际使用的UP树脂就是这种树脂溶液，在UP树脂固化过程中，加入的引发剂促使线型UP树脂分子和上述交联剂分子之间发生自由基共聚反应，生成性能稳定的体型结构的树脂涂层。这一固化过程可以在室温下进行，而且固化过程无小分子形成。不像环氧、酚醛树脂由于黏度大，施工过程中需加入稀释剂，固化过程产生小分子产物，再加上稀释剂不参加固化，在树脂固化后逐渐挥发，从而给树脂固化物带来孔隙，也增加了树脂的固化收缩率。

用不同的环氧树脂与各种不同的不饱和一元羧酸相结合可得到多种VE树脂，但其基本型、在FGD装置防腐应用最多的是双酚A型VE和酚醛环氧VE。双酚A型VE是双酚A型环氧树脂与不饱和一元酸（通式为 $\overset{\overset{\displaystyle R}{|}}{CH}=\overset{}{C}-\overset{\overset{\displaystyle O}{\|}}{C}-OH$ ）加成反应的产物，分子结构式为

$$CH_2=\overset{\overset{\displaystyle R}{|}}{C}-\overset{\overset{\displaystyle O}{\|}}{C}-O\left[CH_2-\overset{\overset{\displaystyle OH}{|}}{CH}-CH_2-O-C_6H_4-\underset{\underset{\displaystyle CH_3}{|}}{\overset{\overset{\displaystyle CH_3}{|}}{C}}-C_6H_4-O\right]_n CH_2-\overset{\overset{\displaystyle OH}{|}}{CH}-O-\overset{\overset{\displaystyle O}{\|}}{C}-\overset{\overset{\displaystyle R}{|}}{C}=CH_2$$

酚醛环氧VE是酚醛环氧树脂与不饱和一元酸加成反应的产物，分子结构为

$$\underset{\underset{\displaystyle C_6H_4-CH_2}{|}}{O-CH_2-\overset{\overset{\displaystyle OH}{|}}{CH}-CH_2-O-\overset{\overset{\displaystyle O}{\|}}{C}-\overset{\overset{\displaystyle R}{|}}{C}=CH_2}\left[\underset{\underset{\displaystyle O-CH_2-\underset{\underset{\displaystyle OH}{|}}{CH}-CH_2-O-\underset{\underset{\displaystyle O}{\|}}{C}-\underset{\underset{\displaystyle R}{|}}{C}=CH_2}{|}}{C_6H_3}-CH_2\right]_n-C_6H_4-O-CH_2-\overset{\overset{\displaystyle OH}{|}}{CH}-CH_2-O-\overset{\overset{\displaystyle O}{\|}}{C}-\overset{\overset{\displaystyle R}{|}}{C}=CH_2$$

在合成双酚A型VE和酚醛环氧VE中，采用最多的不饱和一元酸是甲基丙烯酸（ $CH_2=\overset{\overset{\displaystyle CH_3}{|}}{C}-\overset{\overset{\displaystyle O}{\|}}{C}-OH$ ）和丙烯酸（ $CH_2=CH-\overset{\overset{\displaystyle O}{\|}}{C}-OH$ ）。

双酚 A 型 VE 由于仅在它的末端含有酯基和双键，有最小的酯基密度，并且酯基旁又有甲基（甲基丙烯酸）提供基团的空间障碍保护，因而具有极优良的耐酸、耐碱性和较好的韧性，其延伸率可高达 6%，最适合用作玻璃鳞片涂料和 FRP。目前国外的主要牌号如美国的 Derakme411、Hetron922 和日本的 R806（这类树脂的日本富士鳞片涂料牌号为 6R）；国内牌号为 YX-931。酚醛环氧型 VE 因分子结构中含有两个以上的乙烯基端基而具有高度的交联密度，又因为链中以酚醛结构（有大量的苯环）为主，有着良好的耐酸、耐溶剂和耐热性，是许多耐蚀环境中的最佳选择。国外主要牌号为美国的 Derakme470、Hetrom970，这类树脂的日本富士鳞片涂料牌号为 6H，国内牌号为 W-2 和 YX-1。

二、玻璃鳞片（GF）

玻璃鳞片是玻璃鳞片树脂涂料中非常重要的组分，玻璃鳞片是采用专门工艺用 C 玻璃制作成的片状填充剂。玻璃鳞片的性能直接受玻璃原料成分、鳞片厚度、鳞片是否经过处理及鳞片大小等诸多因素的影响。由于 C 玻璃耐酸性和耐水性好（故称化学玻璃 Chemical Glass），因此用于制作玻璃鳞片的玻璃原料必须为 C 玻璃。

玻璃鳞片树脂涂料中的玻璃鳞片占组成的质量百分数为 20wt% ~30wt %，它们在衬层中采取和基材表面平行的方向重叠排列，只有当玻璃鳞片的厚度达到要求范围（2 ~5μm），才能保证在衬层中有百余层的 GF 排列（1mm 厚约 100 层）。这种结构阻止了腐蚀性离子、水和氧气等的渗透，减小了树脂硬化的收缩率和残留应力，缩小了涂层和金属基体之间在热膨胀系数上的差值，因此可阻止因反复、急剧的温度变化而引起的龟裂和剥落，增强了衬层的附着力，提高了衬层的机械强度、表面硬度，而且增强了衬层的耐磨性。

玻璃鳞片的片径大小影响涂层的抗渗透性。从表 1-14-4 可看出，大片径的 GF（最大达 3.2mm）可以获得明显小的渗透系数。在 FGD 应用中，喷涂较薄的涂层（例如约 1.2mm）一般采用较细的 GF（如 0.4mm）。有特别防渗要求，采用泥刀涂抹施工的厚型涂层可采用 3.2mm 的 GF。通常采用的 GF 粒经为 0.2 ~3.2mm，但从施工性能考虑，以 0.5mm 以下为宜。

表 1-14-4　GF 片径对涂层水蒸气渗透性的影响

涂　　层	渗透系数［38℃，ng·cm/(cm²·h·torr)］
无玻璃鳞片 VE 树脂	15.5
0.4mm 玻璃鳞片的 VE 树脂	4.6
3.2mm 玻璃鳞片的 VE 树脂	2.8

玻璃鳞片需用硅烷偶联剂进行处理，这样可以明显增加玻璃鳞片与树脂之间的黏结力，有效地增加涂层的抗渗性，降低涂层的吸水性。此外，也有资料报道，玻璃鳞片经磷酸或表面活性剂等物质处理后可减少玻璃鳞片间的相互重叠，增加玻璃鳞片在树脂中的漂浮性，有利于玻璃鳞片与基体之间的平行排列，涂层的抗渗性提高。

三、VE 树脂玻璃鳞片衬层的性能和结构

1. VE 树脂玻璃鳞片衬层的性能

涂料作为防腐的最简单的方法，其主要功能是使腐蚀介质与基体隔绝。但涂层通常均存在孔隙，一种是结构孔隙，其大小与涂料成膜物质的分子结构有关，一般在 10^{-5} ~10^{-7}cm 范围内；另一种是涂料成膜过程由于溶剂等挥发形成的针孔，这种针孔较大约为 10^{-2} ~10^{-4}cm。而介质如水、酸和碱等小分子的直径一般均比涂层的结构孔隙要小，再加上这些与涂层接触的介质都是直线地通过涂膜，而涂层又不可能涂得很厚，否则要产生裂纹，因此就一般防腐涂料而言，即使该涂料可以较好地耐受其所接触的介质腐蚀，也抵挡不住这些介

质向基体的扩散渗透。这也就是为什么普通防腐涂料一般只能作为大气防腐而不能起到衬里的功能，尤其在液相介质和温度较高的场合。

玻璃鳞片的加入使涂料发生了两方面的变化：一是可以加工得很厚而不会发生裂纹，这是因为玻璃鳞片把涂层分割成许多小的空间而大大地降低了涂层的收缩应力和膨胀系数；二是由于玻璃鳞片多层平行地与基体排列，使介质扩散渗透的路径变得弯弯曲曲，延长了介质渗透扩散至基体的时间。

此外，VE 树脂优良的物化特性，玻璃鳞片的良好耐磨性、耐温性和机械性能，给 VE 树脂玻璃鳞片涂料增添了新的功能，使得其具有以下突出的性能：

(1)极优良的抗介质渗透性。其抗水蒸气渗透性优于橡胶和 FRP，更小于树脂浇铸体。VE 树脂玻璃鳞片涂料的抗渗透性除了与上面谈到的鳞片大小以及是否经过处理有关外，还与鳞片含量、衬层厚度等有关。一般 GF 含量越高，水蒸气渗透性越低，但当 GF 质量分数含量达到 20% ~30% 后继续增加 GF 含量，水蒸气渗透率变化不大。衬层的抗渗透性与衬层的厚度成正比。

(2)优良的耐化学腐蚀性。VE 树脂和玻璃鳞片各自的优良的耐酸、碱腐蚀性和相互结合形成的抗渗透性，使得 VE 树脂鳞片成为 FGD 中防腐蚀应用最广泛、最成功的衬里材料。就耐化学腐蚀性而言优于耐蚀合金。而酚醛环氧 VE 树脂的耐化学性和耐温性在常用的两种 VE 树脂中显得更为优越。

(3)优良的耐磨损性。在无腐蚀条件下双酚 A 型 VE 玻璃鳞片衬里的耐磨性优于天然橡胶和丁基橡胶，但较氯丁橡胶略差些。然而在经过腐蚀介质的浸泡后，橡胶的耐磨性能急剧下降，玻璃鳞片涂层的耐磨性却几乎保持不变。

(4)耐温性。双酚型 VE 和酚醛环氧 VE 树脂鳞片涂料在液体和干气体中的耐温性分别为 90、100℃和 120、150℃。这两种树脂硬化后的玻璃化转变温度(DIN53445)分别为 125 ~130℃和 155 ~165℃。

(5)机械性能。表 1-14-5 列出了 VE 树脂玻璃鳞片涂层的一些典型机械性能。从表 1-14-5 所列数据可看出，这种涂层比较坚硬，随着钢材基体的变形仅在有限的范围内具有较低的扯裂延伸率。

表 1-14-5　　VE 树脂玻璃鳞片涂层的机械性能

名　　称		数　据
抗拉强度 DIN43455	(N/mm^2)	20 ~40
扯裂延伸率 DIN53455	(%)	<1
抗弯强度 DIN53452	(N/mm^2)	30 ~60
由抗弯试验获得的弹性模数 DIN53454	(N/mm^2)	5000 ~8000
抗压强度 DIN53454	(N/mm^2)	50 ~80
巴科尔(Barcol)硬度 DIN EN59		34 ~45
对钢材的黏结力 DIN ISO 4624	(N/mm^2)	2 ~7

注　1kgf = 9.8N，$1kgf/cm^2 = 9.8 \times 10^4 Pa$。

2. VE 树脂玻璃鳞片衬层结构

在 FGD 装置的应用中，有两种类型的 VE 树脂玻璃鳞片衬层结构：一种是单独 VE 树脂衬层；另一种是 VE 树脂玻璃鳞片涂膜与玻璃钢(FRP)复合结构。单独玻璃鳞片涂膜的抗渗性能、耐磨性和线膨胀性以及施工工艺性等方面优于 FRP，但 FRP 在力学性能和抗变形性能上优于玻璃鳞片涂料。因此，将两者复合起来的结构可改进单独涂膜结构的上述缺点。

这种复合结构的衬里常用于FGD设备的拐角、烟道与伸缩节连接法兰面、梁柱、混凝土浆池表面和有特殊耐磨、耐温度要求的部位。表1-14-6列出了日本富士(Fuji)树脂有限公司常用于FGD装置的VE树脂玻璃鳞片衬里的结构图、用途和适用范围，可供选择玻璃鳞片衬里结构时参考。

表1-14-6 常用于FGD装置的玻璃鳞片VE树脂衬里结构

用 途	牌 号	衬 里 结 构	厚度(mm)
正常温度下的耐酸腐蚀衬里 耐热： 90℃(液体) 100℃(气体)	6R	面涂层(面漆) 玻璃鳞片衬层 底涂层(底漆) 喷砂面 ISOSa2 1/2 基材	0.1~0.2 1.5~2.0(三层，包括底涂层) 标准：2 最小：1.5
高温耐酸腐蚀衬里 耐热： 120℃(液体) 150℃(气体)	6H	面涂层 GF衬层 底涂层 喷砂面 ISOSa2 1/2 基材	0.1~0.2 1.5~2.0(三层，包括底涂层) 标准：2 最小：1.5
拐角部件或有轻微磨损部位的防酸内衬 耐热： 90℃(液体) 100℃(气体)	6R-AR-2.1	面涂层 耐磨衬层(表面毡层) 耐磨衬层(玻纤厚毡层) GF衬层 底涂层 喷砂面 ISOSa2 1/2 基材	0.1~0.2 0.3~0.4 0.7~1.0 1.5~2.0(三层，包括底涂层) 标准：3 最小：2.5
120℃(液体) 150℃(气体)	6H-AR-2.1		
高耐磨、防酸、碱腐蚀衬里 耐温： 90℃(液体) 100℃(气体)	6RU-AC	面涂层 AC玻纤布层 AC树脂砂浆层(含陶瓷粉或石英砂) GF衬层 底涂层 喷砂面 ISOSa2 1/2 基材	0.1~0.2 3.0~4.0(三层) 1.5~2.0(三层，包括底涂层) 标准：5 最小：4
120 ℃(液体) 150℃(气体)	6HU-AC		

续表

用 途	牌 号	衬 里 结 构	厚度(mm)
含氟酸防护衬里 耐温: 正常温度	6RAR-F	面涂层 酚醛表面毡衬层 玻纤厚毛毡衬层 GF衬层 底涂层 喷砂面 ISOSa2 1/2 基材	0.1~0.2 0.3~0.4 0.7~1.0 1.5~2.0(三层,包括底涂层) 标准:3 最小:2.5
高温	6HAR-F		
混凝土表面防腐衬层,适合稀浆混凝土池和地沟防腐衬层 耐温: 70℃(液体) 80℃(气体)	CHEMEQ FX5506-11	6R面涂层 表面毡衬层 玻纤厚毛毡衬层 鳞片FLEX501树脂层 500 M底涂层 Polytac 2000底涂层 喷砂层 混凝土基面	1.0(三层) 1.0(三层,包括底涂层) 标准:2.0 最小:1.5
高温区拐角部件加强型衬层 耐温: 120 ℃(液体) 150 ℃(气体)	6H-AR2.1C	面涂层 玻纤布层 表面毡层 玻纤厚毛毡层 GF6H 底涂层 喷砂面 ISOSa2 1/2 基材	1.3(四层) 2(三层,包括底涂层) 标准:3.3 最小:2.5
耐高温干烟气喷涂衬层 耐温: 150~170℃(气体)		GF6H 底涂层 喷砂面 ISOSa2 1/2 基材	0.4×3 0.1 标准:1.3 最小:1.1

玻璃鳞片树脂衬层与橡胶衬里的搭接应后者覆盖在前者的上面,必须有150mm的重叠接合面。重叠在玻璃鳞片树脂衬层上的胶片端头坡口应涂覆树脂涂料和面涂层,使其与玻璃鳞片树脂衬层浑然一体。

需要指出的是,根据树脂玻璃鳞片内衬的使用经验,应用于湿区的内衬一般应选择片径较大的玻璃鳞片,采用泥刀涂抹施工,压实涂层,减少施工带入的气泡并保证有适当的衬层厚度。湿区涂层损坏的主要原因是采用喷涂施工,且喷层太薄,或鳞片片径较小以及树脂的黏着力差等。对干区则应采用高压无空气喷涂施工,喷涂层GF含量在20%左右或更低些,应选用片径较小(<0.4mm)的GF,分3次喷涂,喷涂层总厚约1.2mm,这种喷涂层的使用效果较好,在高温干区采用厚浆型GF衬层的使用效果并不理想。

玻璃鳞片涂料的主要优缺点见表1-14-7。

表 1-14-7　　玻璃鳞片树脂涂料的优缺点

优　　点	缺　　点
1. 具有较高的耐酸、碱腐蚀型，耐水解性。 2. 具有较高的耐热性和耐寒性(见表 1-14-6)。 3. 对基体表面黏着力强，耐温度骤变性好。 4. 由于增强材料的应用增加了衬层的表面硬度、抗压、抗拉强度等机械性能，使之具有优良的抗渗透性和耐磨损性。 5. 可以设计出具有各种特性的衬层结构。 6. 投资费用低于橡胶衬里和合金	1. 耐温性仍受到应用温度的限制。 2. 遭受机构撞击时易损坏，抵抗机械冲击力不如橡胶内衬，烟道壁过分振动可能使衬层开裂。 3. 施工环境恶劣，施工步骤严格。 4. 维修工作量大，对吸收塔 5～10 年需大修或更换。 5. 不能在衬层背面的基材进行焊接施工，树脂是易燃物，检修过程中的电焊易引发火灾

3. 橡胶内衬和玻璃鳞片树脂衬里性能比较

橡胶和玻璃鳞片树脂内衬在 FGD 系统均有长期成功应用的经验，但对于刚接触 FGD 系统的工程技术人员往往对这两种衬层的选择提出疑问。应该说这两种衬里均可以应用于 FGD 系统，各有优缺点。至于选择哪种，在很大程度上取决于 FGD 供应商的习惯和经验，电厂也可能因为习惯或为了减少防腐材料的种类而指定采用某种防腐材料，FGD 供应商会予以满足。

但是，吸收塔采用橡胶衬里的 FGD 系统往往在 GGH 和吸收塔上、下游烟道等部位要采用 GF 树脂内衬，而采用 GF 树脂内衬的 FGD 系统一般无需在现场进行橡胶衬里施工，这样可以减少采用防腐材料的种类。这两种防腐衬材料的主要性能比较见表 1-14-8。

表 1-14-8　　橡胶和玻璃鳞片涂料的主要性能比较

比　较　项　目	比　较　结　果
耐腐蚀性、耐 Cl^- 浓度	相同
对钢材的黏结力	橡胶稍强于 GF 涂料
耐高温性	橡胶低于 GF 涂料
耐温度骤变性	橡胶不如 GF 涂料
抗渗透性	橡胶稍次于 GF 涂料
耐磨损性(在腐蚀介质中)	橡胶略差于 GF 涂料，但 GF 涂料表面较粗糙可能影响耐磨性
抵抗机械冲击力	橡胶好于 GF 涂料
耐老化性	橡胶不如 GF 涂料
投资费用	橡胶略高于 GF 涂料
对施工环境的要求	橡胶要求较高，但 GF 涂料施工环境更恶劣
维修工作量	相同
衬层修补性	橡胶略次于 GF 涂料

四、玻璃鳞片涂料的施工要求

喷砂处理基材表面和涂敷涂料时的工作条件是：环境温度以 15～30℃ 为宜，一般应不低于 5℃，最低 0℃，基材表面温度应高于露点温度 3℃，环境相对湿度应不高于 85%。

1. 基体的表面处理

对涂覆基材表面的处理如橡胶衬里一样有严格要求，是涂装质量控制重要而又难以控制的一个环节。有人对影响涂膜寿命的钢材表面处理、涂膜厚度、涂料种类和涂装工艺条件等因素进行了统计分析，钢材表面处理质量的影响程度几乎占到50%，由此可见表面处理的重要性。基材表面处理包括两方面的工作：

(1)喷砂处理前基材表面的预处理。衬里侧的焊缝应为连续焊缝，不能有重叠焊缝。焊区表面应平整、焊缝凸出高度和焊瘤高度不应超过0.5mm，否则应打磨平整。需要进行衬里施工的阴阳拐角应有圆滑过度，凸出的拐角半径应不小于3R，凹处半径应不小于10R。

钢材表面的点焊、焊瘤、焊渣、焊接的飞溅物和毛刺均应打磨掉。钢材表面的针眼、裂缝应补焊打磨。对混凝土基体或水泥砂浆抹面的基体，不应有裂缝、黏附的水泥砂浆和明显的凹凸不平处，必要时应进行清除和修补。用木锤敲打检查有无夹层和松脆的表面，表面强度应不低于150kg/cm^2。混凝土表面必须干燥，表面残余湿度应低于4%。同样，混凝土构件的拐角也应有适当的弧度。

(2)对基体表面进行喷砂处理。喷砂处理所用的砂应采用硬度较高、洁净、无油污、杂物、粒度为14~65目的石英砂，石英砂含水量应小于1%，必要时应进行烘干。喷砂的气压取6~8kgf/cm^2。喷砂应彻底清除金属表面的油脂、氧化皮、锈蚀产物等一切杂物，使钢材表面达到ISO Sa 2½或我国GB 8923—1988除锈等级中的Sa 2½，表面粗糙度应不小于50μm。混凝土表面应达到清洁、无油污和无松动物。

2. 涂装和检测

基体表面喷砂处理后应尽快涂刷底涂层，最迟不应超过8h。否则基体表面会吸湿、生锈。完成底涂层的涂刷后至少应间隔2h(均针对表1-14-6所列树脂而言，下同)再进行下一道工序，以后每道工序之间的最小间隔时间均为2h，已涂层应完全干后才能进行下一道涂层施工。如果间隔时间超过30d，应先用2号砂布砂一遍底涂层，抹上苯乙烯(清洗和软化底涂层)后再涂复第一层GF树脂胶泥。

在涂抹树脂层时应掌握每层厚度和均匀性，避免过厚、过薄和漏涂。涂抹每层后应用浸有苯乙烯的滚筒全面无遗漏地碾压一遍，使涂层密实、厚度均匀并排去施工带入涂层的气泡。待第一层GF树脂涂层完全干后进行一次目视检测，看涂层有否漏涂、流挂、厚度不均以及隆起或剥离等异常现象，然后根据情况进行修补。

第一层GF树脂涂层应添加着色颜料，而第二层则不加着色颜料，这样方便观察第二层是否有漏涂抹处。在最后一道GF树脂涂层完工后，除目视检查外，用9000V放电式针孔检测仪检测针孔，检测电刷应逐一扫过整个涂装面，不得有漏检处。用电磁测厚仪检测涂层厚度，用木锤或硬橡胶锤进行敲击检查，通过敲击异音来判断是否有涂层缺陷。在需要修补的地方做好标记，进行全面整修，整修完毕后涂刷面涂层。在涂装全部结束后应按上述检测方法作最后验收检测。用测厚仪检测时，每2m^{2}取一个随机抽检测点检测涂层厚度。对较厚、层数较多的涂层，可在施工到中间厚度时，按上述方法增加一次检测。

对需要在GF涂层上衬覆玻璃纤维布、毡、表面毡的涂装，应将玻璃布等铺平展，吃透树脂涂料并滚压密实，玻璃布之间，相互有适当搭接。

涂层施工后至能使用的这段时间称为保养期，保养期的长短取决涂层完全固化所需时间，一般夏季在室温下至少需5d，冬季应10d以上。如需提前使用，则可以加温来加速涂层固化，可60℃固化4h，再80℃固化2h。

玻璃鳞片涂料施工的工序多，现场有毒气体、易燃溶剂较多，施工环境较恶劣，因此，注意通风，加强劳动保护，防止发生火灾是十分重要的。

第三节　橡胶和增强树脂衬里损坏原因和形态

橡胶和增强树脂衬里在使用过程中损坏的原因很多，我们按损坏时间来讨论损坏的主要原因。

一、衬里过早损坏的原因

造成橡胶和增强树脂衬里过早损坏最值得注意的原因是：不正确的技术规范；产品的变更和替代，造成采用了不适当的产品以及严酷的温度和机械损坏。

除了不正确的选材外，产品的变化在橡胶衬里损坏中是最为重要的因素。在美国 FGD 应用历史上，由于胶片产品技术规范过于粗糙，由产品变化引起的质量问题曾相当普遍，以致美国电力研究协会(EPRI)主持制定了“用于 FGD 橡胶的技术要求导则”。美国的一次调查曾发现，用于同一 FGD 模块中的三种截然不同的橡胶，却号称是同一种橡胶。此外，有些厂家已经改变了他们生产的橡胶和树脂产品的配方却没有改变牌号或产品名称，有些产品的“改进”还导致了性能下降。随着环境保护法规越来越严格，许多树脂产品正在重新制定配方，以便减少或不使用芳香胺固化剂和苯乙烯交联剂，但这些重新设计的配方对性能的长期影响，至今尚未得到证实。这些经验提示我们，为了保证衬里质量，首先必须保证原材料的质量。合成橡胶和树脂均是高聚合物，不同批次的产品在聚合度等性能方面不尽相同，一些生产技术较差的小厂很难保证质量的稳定性，因此必须选择信誉好的厂家生产的胶片和树脂。严格按要求的条件存放这些原材料，防止胶板、树脂和各种添加剂过期。我国电力系统也应制定用于 FGD 橡胶和树脂的技术规范，以指导电厂工程技术人员选择这类材料和对这类材料进行质量检查。

如前所述，要成功地应用胶板和增强树脂衬里除了原材料必须合乎要求外，主要取决于施工质量。施工中任何疏忽都可能导致衬层早期黏结方面的缺陷。例如，衬层早期局部起泡的原因多为：基体有砂眼、气孔等缺陷，衬前未发现或处理不当；压贴胶板或滚压 GF 树脂胶泥或衬覆玻璃纤维布时，局部未除去残存气体；喷砂除锈不彻底，或在衬里过程中落上了灰尘或其他污物；设备焊缝、转角的处理未达到规定的要求。多处或大面积起泡或脱层则可能是：胶板或树脂过期；粘贴橡胶板的胶浆混入水分或失效；树脂固化剂选择不适当；衬里施工时湿度过大或温度过低以及两道工序之间的间隔时间掌握不好等原因。

运行期间或事故时温度骤变、浆液中较大垢块或机械异物、检修期间的机械碰撞都会使橡胶和树脂衬里过早损坏。在检修时不允许用铁锤等敲打衬里的外壁，在清除衬里表面的石膏垢时应格外小心，不得伤及内衬。塔内检修时脚手架钢管两端应用柔软的东西包扎，立在罐底的管件应垫有木板，在清除吸收塔反应罐底部的沉积物时应格外小心，不要损伤衬层。一旦衬层破裂，很快就会发生基体被腐蚀穿孔。在喷淋塔中，喷嘴喷射出的浆液如果正对塔壁，会在较短的时间里(2～4 月)将内衬磨穿。应用在 FGD 装置中的这两种衬里有严格的温度限制，当出现不正常工况，温度异常偏高时，对衬里的损坏会逐渐显露出来。因此，当锅炉排烟温度超过一定限值(通常取 180℃)时，应有自动保护措施，例如，迅速隔离 FGD 系统或投入事故冷却装置，防止这两种衬里遭受高温损坏。

在衬里施工过程中，所用溶剂多为易燃物，发生火灾的风险非常高，必须加强通风，特别要注意防止易燃气体积聚到危险程度。此外，大多数固化后的增强树脂和硫化后的胶片衬里、塔内的填料以及除雾器都是易燃物，在吸收塔内或外壁上焊接，国内外都曾多次发生过严重火灾，直接经济损失有超过百万元，因此衬有有机防腐材料的吸收塔应在显著的地方挂有"禁止焊接"的警示牌。在必须进行电火焊时，应有周密的防火措施。

二、衬里最终损坏的原因

胶板和增强树脂衬里都是属于具有半渗透性的防护层，这些衬里最终失效的一个原因是水分渗透至衬层与钢板基体之间造成脱层；另一个原因是材料的老化。在这方面，橡胶衬层的老化比玻璃鳞片 VE 树脂要快些。涂层或衬里的局部隆起，鼓泡中充满了气体和液体证明了渗透的存在。橡胶衬层失去原有的弹性、变硬甚至发脆或龟裂是老化的特征。影响鼓泡产生时间的主要因素是，材料抗水分渗透性、衬里的厚度以及透过衬层的温度梯度。温度梯度的影响通常被称为"冷壁"效应。此外，树脂衬层的含树脂量、树脂对增强材料的黏结性也会影响鼓泡产生的时间。

许多文献都提到，衬层表面和衬覆壁面外侧的温度差所形成的温度梯度加速了鼓泡的形成，美国阿托拉斯(Atlas)试验室对橡胶和涂层的加速试验也证明了这种"冷壁"效应。但对于"冷壁"作用的机理还无法做出明确的解释。实验室的研究和 FGD 的经验都指出，采用外部保温层来降低透过墙体的温度梯度可以延长橡胶或树脂衬里的寿命。尽管如此，但文献并没有任何有关"冷壁"效应的透彻、全面的研究，也没有有关任何电厂有意识地采用这一方法来延长衬里寿命的研究结果。我国投入商业运行最早的重庆华能某电厂 1、2 号吸收塔采用 6R 玻璃鳞片树脂衬里，塔外未敷设保温层，运行了 12 年，衬层未出现任何鼓泡现象。但当地极端最低环境温度仅 -2.3℃(历史上仅出现过 2d)，历年平均大气温度 18.4℃，通常气温在 0℃以上。在气候寒冷的北方，吸收塔敷设保温层可能对延长衬里使用寿命有更明显的作用。

第四节 纤维增强塑料(FRP)

一、FRP 组成和主要特性

1. FRP 组成

以合成树脂为黏结剂，玻璃纤维及其制品作增强材料，并添加各种辅助剂而制成的复合材料称为玻璃纤维增强塑料(Fiber-Reinforced Plastic，FRP)。因其强度高，可与钢铁相比，故又称为玻璃钢。常用的合成树脂有环氧树脂、酚醛树脂、呋喃树脂以及乙烯基酯树脂，但在 FGD 系统中更多的是选用后一种合成树脂。增强材料主要有碳纤维、玻璃纤维、有机纤维，但目前 FGD 装置中使用最多、技术最成熟的 FRP 仍采用玻璃纤维及其制品作为增强材料。常用的辅助剂有固化剂、促进剂、稀释剂、引发剂、增韧剂、增塑剂、触变剂和填料。

合成树脂在 FRP 中，一方面将玻璃纤维黏合成一个整体，起着传递载荷的作用，另一方面又赋予 FRP 各种优良的综合性能，如良好的耐蚀性，电绝缘性和施工工艺性等。因此 FRP 制品的性能，往往取决于所用合成树脂的种类。换句话说，在讨论 FRP 的性能和应用时，如果不明确所采用的树脂类型是意义不大的。

玻璃纤维及其制品是 FRP 的主要承力材料，起着增强骨架的作用，对 FRP 的力学性能起主要作用，同时也减少了产品的收缩率，提高了 FRP 的热变形温度和抗冲击等性能。

各种辅助剂起着控制树脂的聚合程度、硬化时间和改善施工工艺性的作用。对固化后树脂的性能，如韧性、硬度、抗渗、耐磨等也有重要影响。

2. FRP 主要特性

FRP 的主要特点是：①轻质高强；②优良的耐化学腐蚀性；③良好的耐热性和隔热性；④良好的表面性能，表面少有腐蚀产物，也很少结垢，FRP 管道内阻力小，摩擦系数较低；⑤可设计性好，可以改变原材料种类、数量比例、纤维布排列方式，以适应各种不同要求；⑥良好的施工工艺性，可以加工成所需要的任何形状，最适合大型、整体和结构复杂防腐设备的施工要求，适合现场施工和组装。

FRP 的缺点是：同金属相比，FRP 的弹性模量较低，长期耐温性一般在 100℃以下，个别可达 150℃左右，仍远低于金属和无机材料的耐温性；对溶剂和强氧化性介质的耐蚀性也较差。FRP 在 FGD 的应用以及优缺点归纳在表 1-14-9 中。

表 1-14-9　FRP 在 FGD 系统中的应用和优缺点

项　目	管　道	其他独立的组件
产　品	推荐玻璃纤维增强热固型乙烯基酯树脂。应用于吸收塔内或外部的浆管、氧化空气管和 ME 冲洗管道。应根据介质的磨损情况，决定管道的内侧或外侧或内外侧是否具有耐磨衬层	推荐玻璃纤维增强、热固型乙烯基酯树脂或溴化乙烯基酯树脂
应用最多的地方	吸收塔内的喷淋母管，塔外的浆管，氧化布气管，ME 冲洗水管	除雾器、圆筒形贮罐、烟道、烟囱内衬
较少应用的部件	其他工艺管道	圆筒形吸收塔
主要优点	1. 轻质高强，管道内阻小。 2. 相对于其他耐蚀管道费用较低。 3. 易于装配、修复。 4. 无氯化物浓度限制。 5. 不常发生磨损事故，管内外不易结垢。 6. 已在 FGD 获得广泛的应用	1. 轻质高强。 2. 耐浆液和凝结液(高浓度酸凝结液除外)化学腐蚀。 3. 在有耐磨要求的部位可以采用耐磨配方。 4. 可在现场制作构件
主要缺点	1. 连续运行温度限于 93℃，最高温度不超过 150℃。 2. 浆液流速限于 2.4m/s。 3. 荷重强度有限。 4. 需定期维修	1. 浸没区和喷淋区的温度限于 93℃，干烟气温度不超过 160℃。 2. 需定期维修。 3. 用于 FGD 罐体、烟道、烟囱内衬不普遍，缺乏可借鉴的资料、经验和 FGD 应用标准

二、耐蚀 FRP 的应用

FRP 是 1932 年首先在美国出现的一种新型复合材料，到 20 世纪 60 年代末，FRP 在防腐蚀领域得到了较为广泛的应用。到 70 年代，耐蚀 FRP 已发展成美国复合材料工业第二大产品。在我国 FRP 工业应用中，耐蚀 FRP 居首位。主要应用方式是，衬里、增强和整体结构三种。表 1-14-6 示出的树脂 GF 涂料与 FRP 相结合的复合衬里，由于系手工操作，施工简单，总费用较低，在 FGD 系统中得到广泛的应用。FRP 应用于增强，实际上是 FRP 与塑料等材料的复合结构，用塑料、玻璃或陶瓷为内衬，外面用 FRP 进行加强，利用塑料优良的抗渗性、耐腐蚀性和加工方便、价格较低等优点，又充分发挥了 FRP 的轻质高强的特点。整体全结构 FRP 是今后发展方向，它能体现 FRP 的轻质高强度以及良好整体性等特点。这种具有独立结构的整体 FRP 在 FGD 系统的应用有发展的趋势，广泛用作 FGD 装置的浆管、ME、烟道和烟囱衬里。另外，已出现了整体 FRP 气体洗涤塔或反应罐，但目前仅用于小型 FGD 系统。

1. FRP 管道

在美国，吸收塔外的浆液输送管道广泛采用 FRP 管。此外，目前大多数湿法 FGD 系统的吸收塔喷淋母管都趋向于采用 FRP 管。出现这种趋势的两个主要原因是：FRP 管质量轻、价格较低；有优良的耐腐蚀性，通过改变配方可以达到要求的耐磨损性。由于大多合金管道不适用于高浓度 Cl^- 的腐蚀环境，价格又昂贵，加之不断增加的 FRP 喷淋母管成功应用的实例，使得人们更趋向于选择 FRP 管。表 1-14-10 列出了美国巴威公司对不同材质喷淋母管费用的比较，从该表可看出，耐磨 FRP 喷淋母管的费用最低。

表 1-14-10　　吸收塔喷淋母管费用比较

材　　料	1997 年费用比	材　　料	1997 年费用比
耐磨 FRP	1.0	317L 不锈钢	2.4
橡胶内外衬覆碳钢管	1.5	317LMN 不锈钢	2.5
316L 不锈钢	2.1	合金 C-276/C-22	7.0

对于制作 FRP 管道的合成树脂，多选用乙烯基酯树脂。

安装于吸收塔外部的 FRP 浆管，要求其内侧必须有耐磨树脂衬里。在吸收塔内，根据性能要求的不同有三种类型的 FRP 管：①FRP 喷淋母管必须具有耐化学性，管的内外侧表面应具有抗磨性；②除雾器 FRP 冲洗管，在冲洗水中固体物含量低于 5% 时，仅要求其具有耐化学腐蚀性；③位于反应罐中的 FRP 氧化喷气管，主要要求其具有耐化学性，管外侧具有耐磨性。另外，需要特别注意的是，凡与腐蚀环境接触的 FRP 构件的表面应有一层富含树脂的涂层，这层富含树脂的涂层可以起到隔离腐蚀介质和水分的作用，阻止水分渗入纤维层中。在 FRP 中，最薄弱的地方是玻璃纤维与树脂的结合面，减少 FRP 中纤维含量，增加树脂含量是改善抗渗性的主要方法，因此，在耐蚀 FRP 中普遍采用富树脂层设计，美国曾规定富树脂层的厚度为 2.5mm，近年，在 FRP 长期实践经验的基础上，在某些苛刻应用条件下（高温湿氯气和盐水等介质中），要保持 FRP 设备 15 ~25 年的寿命，其富树脂层的最小厚度要求 6mm，过薄的富树脂层往往是造成 FRP 过早损坏的原因。如果 FGP 构件表面仅暴露于大气中，那么表面富含树脂的涂层则可有可无。

通过改变富含树脂涂层的配方，还可以获得优良的耐磨性，图 1-14-1 是液柱塔内喷浆管的一种叠层结构。除了管内侧具有一般耐磨性外，其外表面有一层 3mm 左右的高耐磨层，使之能耐受大量浆液下落造成的冲刷磨损，图 1-14-1 的结构类似表 1-14-6 中 6RU-AC，如果冲刷磨损严重的喷浆管外侧没有这层高耐磨层，在数千小时后就将磨穿 FRP 管。尽管喷淋母管所处的冲刷环境要温和些，但管外侧也必须有高耐磨层。

采用 FRP 管对工艺有一定限制，FRP 管连续工作温度不超过 93℃（有的设计温度仅 60℃），可耐受极限偏差温度 149℃（有的设计偏差温度限值为 80℃，短时可承受 100℃）。这种设计使用温度的差异可能与所用树脂类型不同有关。浆液颗粒的平均直径不应超过 150μm（100 目），因此要严格控制石灰石的磨细程度并减少烟气的含尘量。浆液固体物含量不应超过 25%。浆液局部流速超过约 6.5m/s，即会产生严重磨损。一般 FRP 浆管的典型设计体积流速为 1.5 ~2.5 m/s，允许弯头和类似结构部位的流速稍微超过上述流速值。采用半径较大的弯头和较长的大小头能减少磨损。另外，浆液喷嘴与浆管之间的法兰连接要严密，法兰处的浆液漏泄会造成浆液成扇形状喷出而迅速磨损法兰面。

FRP 管道比其他管道（如橡胶内衬碳钢管、合金管）质量轻，比较易于安装和更换。但 FRP 管的载重有限，在进行维修时应注意防止机械荷重超过 FRP 管的承载能力。特别要注意的是，绝不能将脚手架坐落在 FRP 管上，维修人员也不能在管道上行走。设计时应考虑支撑结构，以防止维修时荷重过大而损伤 FRP 管。

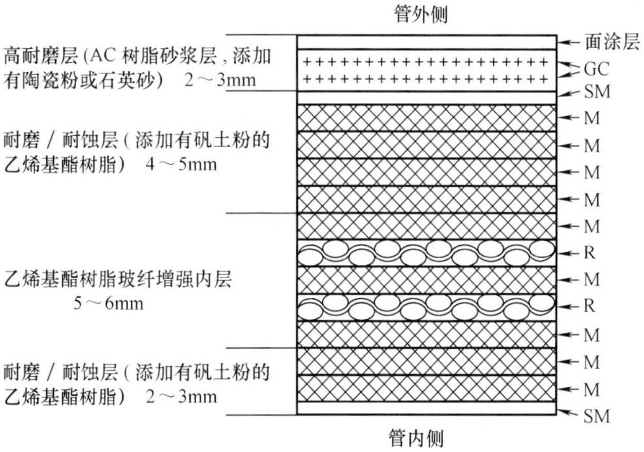

图 1-14-1　液柱塔 FRP 喷浆管叠层结构
（相当日本富士树脂公司吸收塔喷浆管牌号 6R-AC）
GC—玻纤布 230 号；SM—表面毡 30 号；
M—短切毡 450 号；R—粗纱布 800 号

2. 独立的 FRP 构件

在美国，FGD 除雾器通常采用的材料是 FRP，其次是聚丙烯（PP），而欧洲、日本和我国则多采用聚丙烯，还有采用奥氏体不锈钢和高镍合金的。采用 FRP 制作的除雾器的费用是 PP 的 2.5 倍，而且 PP 除雾器可以达到与 FRP 除雾器相同的耐久性，但也有报道前者使用寿命是后者的一半，这可能与工艺情况和除雾器的设计有关。

近年，人们对用 FRP 制作 FGD 主要组件，如浆罐、吸收剂罐、吸收塔壳体、烟道和烟囱内衬的可能性给予了很大关注。采用缠绕机械设备在现场制作大直径组件具有非常现实的意义，现在已可在现场制作直径达 3.6～27m 的 FRP 容器，例如美国乔治亚电力公司于 1990～1994 年在他们的鼓泡喷射反应器示范论证工程（100MW，入口 SO_2 浓度 1000～3500ppm）中，采用了现场缠绕浇注 FRP 反应器施工工艺。2 年的论证运行表明，FRP 鼓泡喷射反应器能满足防腐和结构强度的要求。美国 Potomac 电力公司在 Dickerson 电厂的湿法除尘洗涤装置中已使用了直径 3.6m 的 FRP 烟道。Ershigs 国际公司为 Intermoutain 电力工程的 Delta 电厂制造了一个直径为 8.5m、高 208m 的烟囱内衬，满负荷运行 18 个月后，该烟囱的表面几乎光亮如新，未出现裂缝。另外，在电力系统以外，特别在冶金、纸浆和造纸工业中，各种 FRP 制作的组件已应用了多年。

由于氧茵酸酐聚酯树脂、溴化双酚 A 富马酸聚酯树脂具有优良的耐热性，在 1977～1992 年之间，国外有 17 座用这些材料制作的 FRP 衬里烟囱投入运行，据 1992 年的资料，有 15 座仍在运行。因为乙烯基酯树脂制作的烟囱更具有耐用性（强度保留特性比聚酯烟囱更好），德国自 1988 年以来一直采用乙烯基酯制作 FGD 出口烟道。

溴化乙烯基酯树脂比无溴化的乙烯基酯树脂更具有耐酸性和耐温性，并且具有阻燃性。在电厂启动期间，溴化乙烯基酯树脂烟囱一般可以在无冷却的情况下，在 163℃ 的温度下运行。一座溴化乙烯基酯内衬的烟囱，在旁路运行 160℃ 的工况下，9 个月后依然完好无损。而用耐酸砖作隔热体衬砌的 FRP 急冷器和烟囱允许运行温度为 260℃。

用导热性良好的填料来改善树脂，可以最大限度地降低这种叠层制品中的温度梯度，从而能进一步提高其耐热性。层压结构不同的热膨胀产生的内应力是这种复合叠层结构出现分层事故的主要原因，石墨填料可以提高导热性，因此能降低层压结构中的内应力。在法国，一个市政垃圾焚化炉的吸收塔，采用石墨作填料的乙烯基酯树脂制作吸收塔入口烟道，该烟道可以持续输送温度达200～250℃的焚化炉排烟。

美国一个垃圾焚烧处理装置，采用了非特定的树脂制作FRP烟道，结果运行9个月后，FRP烟道被烧焦。后来用一种添加有25%石墨粉的乙烯基酯树脂制作的FRP烟道进行了更换，将石墨粉添加到结构层的内防腐层中，FRP的结构层采用缠绕加捻玻璃纤维。2年后，这种采用了石墨粉作填料的FRP烟道未显现热氧化的迹象。添加25%石墨粉的乙烯基酯树脂对82℃、75%硫酸的耐腐蚀性没有下降。

因此，可以认为，对于独立的FRP构件，乙烯基酯树脂是当前的首选树脂。溴化乙烯基酯树脂具有公认的改进后的性能，这类树脂可能会被指定用作今后的烟道和烟囱衬里。通过添加石墨粉填料来提高复合层压制品的导热性，可以进一步提高其耐热性能。

尽管这类树脂有发展潜力，但由于缺乏明确的设计和制造标准，已阻碍了这类树脂在FGD中的应用。由于FRP复合材料的一些典型问题还未暴露，人们也未充分认识这种材料的特性，即使在国外，也仅有少数几家非常专业的厂家设计和制造大型FRP整体件。另外，由于设计大型FRP结构件需要非常专业化的知识，这使得公共发电厂很难对这类结构件进行标书评价，这些都使得FRP整体结构件在FGD系统中的应用受到限制。

第五节 金属腐蚀基本概念

耐腐蚀金属是FGD工艺可供选择的重要防腐材料，耐腐蚀金属所具有的以下综合性能是其他防腐材料所不能相比的：可同时具有优良的防腐耐磨性、机械强度高、防腐结构简单、耐温防火性和耐久性好、不易遭受机械损伤、易于施工和修复且维护工作量小。但是，正确、合理地选择耐腐蚀金属对于发挥其优良性能、获得较好的经济效益是至关重要的。要做好选材工作，首先应了解产生腐蚀的原因、影响腐蚀的因素以及控制的机理。本节简要地介绍金属腐蚀的基本概念，供不太熟悉金属腐蚀学的读者在选择FGD耐蚀金属材料时参考。

一、金属腐蚀机理

金属材料或其制件和它们所处的环境介质之间发生化学、电化学和物理作用而引起的变质和破坏称为金属腐蚀。在腐蚀性流体中发生的磨损是化学腐蚀和磨损协同作用造成的。称为磨损腐蚀，也属于金属腐蚀研究的范畴。

金属的腐蚀是一个十分复杂的过程。首先，环境介质的组成、浓度、压力、流速、温度、pH值等千差万别；其次金属材料的化学成分、组织结构、表面状态等也是各种各样的；另外，由于受力状态不同，也可能对腐蚀损伤造成很大的影响。因此，金属腐蚀的分类方法很多。按反应机理，可分为化学腐蚀和电化学腐蚀两大类；按腐蚀形态，可分为全面腐蚀与局部腐蚀两大类。还有其他一些分类方法，不一一述说，我们结合FGD系统的腐蚀特点来简单阐述腐蚀机理和形态。

1. 化学腐蚀

化学腐蚀指金属表面与非电解质直接发生纯化学作用而引起的破坏。其反应历程的特点为，在一定条件下腐蚀介质直接同金属表面的原子相互形成腐蚀产物。反应过程没有电流产生。但实际上，单纯化学腐蚀的例子是少见的。例如铝在四氯化碳、三氯甲烷或乙醇中，镁和钛在甲醇中皆属化学腐蚀。但上述介质往往因为含有少量水分而使金属的化学腐蚀转化为电化学腐蚀。

2. 电化学腐蚀

电化学腐蚀指金属与电解质溶液发生电化学作用而产生的破坏，反应过程同时有阳极反应（例如较活泼的金属失去电子）和阴极反应（例如溶液中 H^+ 离子在不太活泼的金属上获得电子）两个相对独立的过程，并有电流产生。例如金属在海水，各种酸、盐、碱溶液中发生的腐蚀都属于电化学腐蚀。金属的电化学腐蚀是最普遍、最常见的腐蚀。FGD 金属构件所遭受的腐蚀多是电化学腐蚀造成的。金属电化学腐蚀有时单独由金属和介质造成腐蚀，有时和机械作用、生物作用等共同导致腐蚀。例如在 FGD 系统中，浆泵叶轮、护板同时受到电化学腐蚀和机械磨损作用而导致磨损腐蚀。又如高速旋转的泵叶轮由于在高速流体作用下产生了所谓的空穴，空穴会周期性地产生和消失，当消失时因周期高压形成很大压差。在靠近空穴的金属表面发生"水锤"作用，破坏了金属表面的保护膜，加快了金属的腐蚀，造成"空穴"腐蚀或"空化"腐蚀。

二、金属腐蚀形态和分类

（一）全面腐蚀

腐蚀分布在整个金属表面上，它可以是均匀的，也可以是不均匀的，但总的来看，腐蚀分布相对较均匀。这种腐蚀的危害相对比较小，因为这种腐蚀是在整个表面上以基本相同的速度向金属内部蔓延，所以可以预测它的腐蚀速度和材料的使用寿命，据此在设计时留出一定的腐蚀裕度。

（二）局部腐蚀

腐蚀主要集中在金属表面局部区域，而表面的其他部分几乎没有腐蚀或腐蚀轻微。由于局部腐蚀的分布、深度和发展很不均匀，无法并很难估算其腐蚀速度，常在整个设备较好的情况下，突然发生破坏。局部腐蚀的危害性较大，有人统计分析了 767 个各类腐蚀失效事故的实例，发现全面腐蚀占 17.8%，局部腐蚀占到 82%，可见局部腐蚀的危害性。常见的局部腐蚀有点腐蚀、缝隙腐蚀、应力腐蚀、腐蚀疲劳、磨损腐蚀、电偶腐蚀、晶间腐蚀和选择性腐蚀。前 6 种是 FGD 系统常发生的局部腐蚀，本节将简要介绍这 6 种局部腐蚀产生的主要原因和腐蚀形貌。在上述的 6 种局部腐蚀中，前 5 种又是 FGD 系统中最常见、危害性较大的腐蚀形式，图 1-14-2 示出了 FGD 装置中腐蚀损坏部位和出现损坏的频率。从该图可看出，点腐蚀和缝隙腐蚀占了 75% 以上。

1. 点腐蚀

（1）点腐蚀的基本概念。点腐蚀简称点蚀，也称小孔腐蚀。这种腐蚀主要集中在某些活性点上，范围小，但向金属内部深处发展，形成蚀孔状腐蚀形态。而金属的其他部位几乎不腐蚀或腐蚀轻微。它的特点是蚀孔深度大于直径，腐蚀集中在个别点上，有些较分散，有些较密集，严重时可使设备穿孔。蚀孔的形成有一个诱导期，但长短不一，蚀孔一旦形成便具有向深处自动加速进行的作用。腐蚀的孔口表面常用腐蚀产物覆盖，少数呈开放式，无腐蚀产物覆盖。

（2）点蚀发生的主要条件和特征。点蚀主要表现为以下三点：

1）点蚀多发生于表面生成钝化膜的金属或合金材料上，如不锈钢、铝及铝合金、钛及其合金。当这些膜上某点发生破坏，破坏区下的金属基体与膜未破坏区之间形成了腐蚀电池，钝化表面为阴极而且面积比膜破坏区（活化区）大很多，腐蚀就在膜破坏区向深处发展形成小孔。

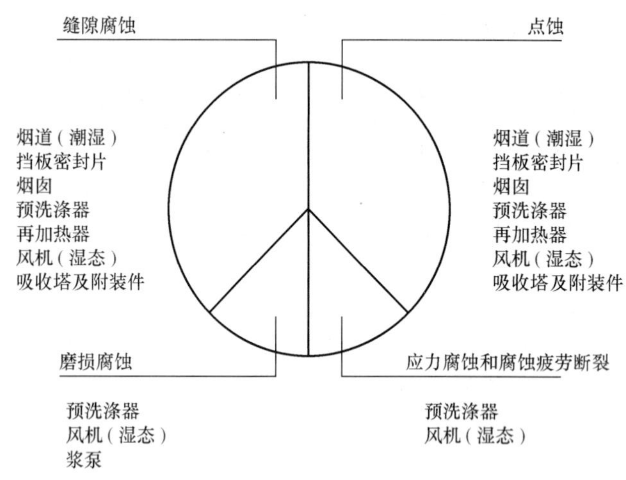

图 1-14-2　FGD 装置中常见腐蚀、损坏事故分析

2）点蚀破坏多数发生在有特殊离子的介质中，如不锈钢对含有卤素离子的介质特别敏感，其作用顺序为 $Cl^- > Br^- > I^-$，这些阴离子在合金表面不均匀吸附导致钝化膜的不均匀破坏。

3）点蚀损伤往往是由于超过材料在具体介质中的腐蚀临界电位（又称点蚀电位或击破电位）造成的。在许多情况下是由于材料在给定介质中耐点蚀能力不足，更常见的原因是设计不合理以及制造失误，如造成静止状态死角和焊接缺陷等。

（3）影响点蚀的因素。影响点蚀的因素有环境因素和冶金因素。

环境影响因素是指材料所处介质特性，它对点蚀的形成有重要的影响。环境影响主要有以下方面：

1）介质类型：如不锈钢易在含卤族元素阴离子 Cl^-、Br^-、I^- 的介质中易发生点蚀，当溶液中含有 $FeCl_3$、$CuCl_2$ 为代表的二价以上重金属氯化物时，将大大促进点蚀的形成与发展。

2）介质浓度：以卤族离子为例，只有当卤族离子达到一定浓度时才发生点蚀，不锈钢的点蚀电位与卤族离子浓度有一定的关系，Cl^- 对点蚀电位的影响最大。介质中其他阴离子或阳离子则有些可能对点蚀起加速作用，有些起缓蚀作用。FGD 系统浆液中较多见的 SO_4^{2-} 对不锈钢点蚀起缓蚀作用。

3）介质温度：温度升高，不锈钢点蚀电位降低。在含氯介质中，各种不锈钢都有一临界点蚀温度（CPT），达到这一温度发生点蚀概率增大，并随温度上升而趋于严重。

4）介质流速：一般流速增大，点蚀倾向降低，若流速过大，则将发生冲刷腐蚀。对不锈钢有利于减少点蚀的流速为 1m/s 左右。

冶金因素主要指合金元素的作用。当合金表面的钝化膜局部被破损，点蚀开始后，如果被侵蚀的钝化膜不能很快地自动修复，点蚀将进一步发展。提高不锈钢耐点蚀性能最有效的元素是铬（Cr）和钼（Mo），氮（N）与镍（Ni）也有好的作用。增加含铬量可以提高钝化膜的稳定性。钼的作用在于能抑制 Cl^- 的破坏作用和形成保护膜，防止 Cl^- 穿透钝化膜。氮的作用在于能在初期形成的蚀孔中抑制 pH 值的降低。镍有助于修复被损坏的保护膜，还可改进合金的加工性能及焊接性能。铬、钼、氮的联合作用更为显著。不锈钢中加入适量的 V、Si 以及稀土元素对提高耐点蚀性能也稍有作用。从合金材料的组织结构来看，提高其均匀性可增强其抗点蚀能力。降低钢中 S、P、C 等杂质元素，则可减小点蚀敏感性。

耐点蚀当量数（PREN）是根据合金成分来判断其在含氯离子介质中耐点蚀能力的指数。PREN 越高，合金耐点蚀性能越好。有关合金 PREN 的计算将在后面介绍。

（4）防止点蚀的措施。为了防止点蚀，可以采取以下几种措施：改善介质条件，如降低 Cl^- 含量，降低温度、提高 pH 值、减少氧化剂（如除氧、防止 Fe^{3+} 和 Cu^{2+} 的存在）；选择耐点蚀的合金材料；结构上避免出现“死区”；采用阴极保护；对合金表面进行钝化处理和使用缓蚀剂。但在 FGD 系统中主要是采用前三种方法。

2. 缝隙腐蚀

(1)缝隙腐蚀的基本概念。缝隙腐蚀是因金属与金属，金属与非金属，金属与其表面的固体沉积物、垢层等之间存在很小的缝隙，缝内介质不易流动而形成滞留状态，促使缝内的金属加速腐蚀，发生在缝隙内的局部腐蚀形态。只有缝宽在 0.025～0.1mm 之间，才可能形成强烈的腐蚀，在这种情况下，液体能流入，流入后呈滞流状态。缝窄了，液体进不到缝内；缝宽了，液体能进行对流。这两种情况都不会发生缝隙腐蚀。

(2)缝隙腐蚀的特征。缝隙腐蚀可以发生在所有金属与合金上，特别易发生在依靠钝化耐腐蚀的金属及合金上。而且在任何侵蚀性溶液、酸性或中性溶液中都可能发生，含 Cl^- 的溶液最容易引起缝隙腐蚀。另外，与点蚀相比，对同一种合金来说，缝隙腐蚀更易发生。缝隙腐蚀的临界电位要比点蚀电位低。

(3)影响缝隙腐蚀的因素。除了前面讲到的缝隙宽度是造成缝隙腐蚀的主要因素外，温度、pH 值、Cl^-、材料组成元素及含量对缝隙腐蚀的影响与对点蚀的影响是相同的。腐蚀介质流速的影响则是：一方面会增加缝隙腐蚀；另一方面，当流速加大，有可能把沉积物冲掉，则会使缝隙腐蚀减轻。

(4)缝隙腐蚀的防止。主要是在结构设计上避免形成缝隙和能造成表面形成沉积物的几何构形，正确进行焊接，避免出现楔形和 V 形焊缝。

3. 应力腐蚀断裂

(1)应力腐蚀断裂的基本概念。在拉应力和特定腐蚀环境共同作用而发生的脆性断裂现象，简称为应力腐蚀。由于应力腐蚀断裂往往在没有明显预兆情况下发生，所以危害性大。特别是对于压力容器和大型风机，将造成严重后果。

(2)应力腐蚀断裂产生的条件。应力腐蚀只有在拉应力和特定介质的协同作用下才能发生。拉应力包括加工过程中产生的内应力和使用过程中的外加应力。并非所有的金属与介质的组合都能发生应力腐蚀。对于 FGD 环境，常用合金与产生应力腐蚀断裂的腐蚀介质的组合有：低合金高强钢—氯化物；奥氏体不锈钢—氯化物；铁素体和马氏体不锈钢(400 系列)—氯化物；马氏体时效钢—氯化物。处于湿态下的脱硫风机，如果不采取防腐措施或防腐材料选择不合适，都有可能产生应力腐蚀断裂，这是选择湿态脱硫风机时特别要引起重视的问题。

(3)应力腐蚀断裂的特点和损伤原因。应力腐蚀断裂的特点和损伤原因是在金属的局部出现由表及里的裂纹。裂纹断口的形貌宏观上属于脆性断裂，常见的损伤原因是热处理不当、焊接条件不合适和出现了有利金属材料发生应力腐蚀断裂的特定腐蚀环境。

4. 腐蚀疲劳

(1)腐蚀疲劳的基本概念。疲劳是指材料在交变应力作用下，经过一定周期后发生的断裂过程。由交变应力与腐蚀环境联合作用而引起金属的断裂破坏，则称为腐蚀疲劳。腐蚀疲劳往往在很低的应力条件即会发生断裂。腐蚀疲劳造成的破坏要比单纯的交变应力造成的破坏(即疲劳)或单纯的腐蚀作用造成的破坏严重得多。由于腐蚀作用，使疲劳裂纹萌生所需时间及循环周次都有减少，从而使裂纹扩展速度增大。

(2)腐蚀疲劳的特点。与应力腐蚀不同，绝大多数金属和合金在交变应力作用下都可以发生腐蚀疲劳，而且发生腐蚀疲劳不需要材料—环境的特殊组合。也就是说，在任何腐蚀环境中，在交变应力作用下就可能发生。

腐蚀疲劳裂纹多起源于表面腐蚀坑或表面缺陷，裂纹源往往数量较多。腐蚀疲劳裂纹多为穿晶型，裂纹分支少，断口大部分有腐蚀产物覆盖，少部分断口较光滑，呈脆性断裂，没有明显的宏观塑性变形。

(3)常见腐蚀疲劳断裂的原因。腐蚀小孔和点腐蚀处往往是腐蚀疲劳的源点。同样，缺陷和焊接处也是容易出现裂纹的地方。防护方法有多种途径，最有效的办法是选择合适的防腐材料，降低受腐蚀部件的应力。后者可以通过改进设计和正确的热处理予以改善。

对于 FGD 系统，湿态风机、浆泵的轴常发生腐蚀疲劳断裂破坏。

5. 磨损腐蚀

(1)磨损腐蚀的基本概念。磨损腐蚀又称冲刷腐蚀或冲蚀。是腐蚀性流体与金属构件以较高速度相对运动而引起的金属损伤，是流体的冲刷与腐蚀协同作用的结果。当流体中含有固体颗粒、气泡时，会加剧这种腐蚀。FGD 装置中的离心浆泵叶轮、搅拌器的桨叶、填料密封及转轴等经常出现这类腐蚀。如果选材不当，或结构设计不当，或冲蚀环境过于严酷(低 pH 值、高 Cl^- 浓度和高含固体颗粒)，往往在很短的时间内造成装置的破坏。

(2)磨损腐蚀种类。在 FGD 浆液系统中发生磨损腐蚀的形式主要是湍流腐蚀和空泡腐蚀(又称气蚀)。湍流腐蚀是流体速度达到湍流状态而导致加速腐蚀的一种腐蚀形式。空泡腐蚀是由于腐蚀介质与金属构件作高速相对运动时，气泡在金属表面反复形成和崩溃而引起金属破坏的一种特殊腐蚀形态。在高速流体有压力突变的区域最易发生气蚀，例如离心泵叶轮的吸入侧和叶片的出口端。螺旋桨叶的背部等。

(3)磨损腐蚀的影响因素。影响磨损腐蚀的因素十分复杂。材料本身的化学成分、组织结构、机械性能、表面粗糙度、耐蚀性等；介质的温度、pH 值、溶解氧量、各种活性离子的浓度、黏度、密度、固相和气相在液相中的含量、固相的颗粒度和硬度等；过流部件的形状、流体的流速和流态等都对磨损腐蚀有很大的影响。就 FGD 浆泵而言，合金过流部件的耐腐蚀性(钝化膜的特性)、硬度对抵御流体运动引起的冲刷腐蚀是十分重要的。此外，浆液含固量较高或含有磨损性强的飞灰和由石灰石带入的石英颗粒会加剧冲刷的力学作用，使钝化膜减薄、破碎，从而加速腐蚀。腐蚀使过流件表面粗化，形成局部微湍流，又促进了冲刷过程。另外，浆液中的气泡在泵金属过流件表面的溃灭造成表面粗化，出现大量直径不等的呈火山口状的凹坑，最终使过流件丧失使用能力。

(4)防止磨损腐蚀的措施。防止磨损腐蚀的措施主要是：改进设计，避免恶劣的湍流工作条件，避免截面急剧变化的设计，保持过流表面的光滑；正确选材，选择耐腐蚀、硬度大的合金材料；控制介质环境，避免过低的 pH 值，减少 Cl^- 浓度和流体中的气泡和固体物含量；对多相流可考虑选用合金铸铁、双相不锈钢；降低流体流速，例如，在条件允许的情况下选择低转速的浆泵。

6. 电偶腐蚀

(1)电偶腐蚀基本概念。在同一个介质中，两种不同腐蚀电位的金属或合金互相接触而引起电位较低的金属在接触部位发生的局部腐蚀，称为电偶腐蚀，又称接触腐蚀，或称异金属腐蚀。造成加速电位较低的金属腐蚀的原因是由于不同金属构成了电偶。而且，腐蚀电位高，亦即较耐腐蚀的金属形成了大阴极，腐蚀电位低，不太耐蚀的金属成了小阳极。

(2)防止电偶腐蚀的措施。有多种防止电偶腐蚀的办法，但最有效的方法是从设计上解决，一是尽量选择腐蚀电位相近的金属相组合；二是设计合理的结构，避免大阴极小阳极的结构。不同金属部件之间应绝缘，可有效地防止电偶腐蚀。

第六节　耐腐蚀金属材料

一、耐腐蚀金属材料在 FGD 系统中的应用概述

在 FGD 系统中得到广泛应用的耐腐蚀金属材料有：奥氏体不锈钢、双相不锈钢、镍基 Cr－Mo 合金、钛合金、高铬铸铁以及低合金钢。特别在一些高温、严重腐蚀区域和动态设备防腐蚀区域，耐腐蚀金属材料成为橡胶和增强树脂衬层的主要替代物。

尽管采用耐腐蚀金属材料相对于大多数有机和无机防腐材料有较高的投资成本，但如果选材合理，则可以减少检修时间，降低长期的年维修费用。随着环保法规的日趋严格，美国 1990 年以后建成的一些 FGD 装置为了对付预计非常高的 Cl^- 浓度，在 FGD 装置不同部位采用不同等级的耐腐蚀合金材料，建成全合金的 FGD 系统。20 世纪 80 年代，欧洲的 FGD 系统也普遍由橡胶衬覆碳钢防腐结构转为采用合金结构，出现了 FGD 系统采用更耐腐蚀、更具耐久性材料的高合金化倾向。韩国电力集团公司在近年建成的 FGD 装置中也大量采用含镍合金作为吸收塔干/湿交界区、喷淋区、烟道和烟囱的防腐材料，期盼在 FGD 装置 30 年的设计寿命中无需进行大修，达到与电厂相同的使用寿命。

在国外，一般在 FGD 系统腐蚀较严重的区域，特别是吸收塔入口干/湿区域以及公共出口烟道区域采用高性能合金(6－Mo 超级奥氏体不锈钢、C 级合金和钛)作为防腐结构材料或衬覆材料。对吸收塔、反应罐和烟囱则根据腐蚀环境采用不同等级的奥氏体不锈钢或镍基合金。我国近年在建和拟建的 FGD 装置也在喷淋吸收塔入口干/湿交界区、吸收塔内的 1 区以及处于腐蚀区域的烟气挡板采用整体镍基合金或镍基合金覆盖碳钢板。

由于合金墙纸显示出较好的性价比，20 世纪 80 年代期间，在美国就有超过 40 套 FGD 装置采用了合金墙纸。为了解决越来越严重的腐蚀问题，合金墙纸多用来替代出口烟道的增强树脂内衬。现在许多 FGD 的新设计更多地采用合金墙纸或其他合金结构。

由于国情所致，我国短期内 FGD 装置的主要防腐材料仍会是橡胶和增强树脂涂料。即使如此，以非金属防腐材料为主防腐材料的 FGD 系统也需要采用一定数量、不同等级的耐腐蚀合金。

采用合金结构明显而独特的优点是：合金不像橡胶和树脂衬层那样对温度敏感，合金在不正常工况下不易损坏；全合金装置一般无需事故急冷装置；合金构件的清洗、除垢要比涂层容易得多，不用担心会损坏涂层；对合金表面的检查和维修也容易得多，维修时只需合格的焊工就可以进行修复工作；对合金构件的施工方法和施工环境虽有一定要求，但远不如橡胶和树脂衬里施工要求那么严格；合金产品性能的变化一般比橡胶和树脂要小，后两者有保存期。另外，合金材料的检验也较为简单。

在合金构件的施工中焊接是关键，因为焊缝是防腐最薄弱的部位。对焊接的几何形状有严格要求，焊工必须具备焊接特定合金的资质。另外，一旦选定了某种合金材料后，对环境腐蚀介质的浓度就有一定的限制。这使得金属材料种类、等级的选择不仅要考虑投资成本、设计腐蚀环境，还要预见到今后环境保护标准的提高可能引起的腐蚀环境的变化。表 1-14-11 概括了 FGD 常用耐腐蚀合金结构的优缺点。

为了做到正确评价、合理选择耐腐蚀金属材料，要求电厂工程技术人员掌握金属腐蚀基本理论。因此，本章特辟了一节介绍金属腐蚀基本概念。在掌握金属腐蚀基本概念的基础上，随后将讨论 FGD 系统常用耐腐蚀金属材料及性能、耐腐蚀金属结构选择、耐腐蚀金属

材料的检验和焊接质量控制。

表 1-14-11　　　　FGD 常用耐腐蚀合金结构的优缺点

	整体板结构	轧制覆盖板结构	墙纸和局部压合金属板结构
钢　种	316L 317L、317LM、317LMN 4-Mo 奥氏体不锈钢 6-Mo 超级奥氏体不锈钢 625 级合金 C 级合金 钛	6-Mo 超级奥氏体不锈钢 625 级合金 C 级合金	6-Mo 超级奥氏体不锈钢 625 级合金 C 级合金 钛
较为常用的区域	上述所有等级的材料都能用于吸收塔和反应罐中，但不采用烟气加热器的吸收塔入口水平烟道和公共出口烟道只能采用 625 级和 C 级合金	上述三种合金覆盖板用于吸收塔和反应罐中，但仅 625 级合金和 C 级合金用于不采用烟气加热器的吸收塔入口水平烟道和 FGD 公共出口烟道	625 级合金、C 级合金和钛用于不采用烟气加热器的吸收塔入口水平烟道和 FGD 公共出口烟道
较少应用的区域	无		可以用于反应罐和吸收塔塔体部分，但一般不推荐
主要优点	1. 如果正确地选用合金，今后的维修工作较少。 2. 修补工作一般较简单。 3. 施工较简单。 4. 不受温差影响。 5. 耐机械损坏。 6. 少有出现磨损损坏。 7. 荷重构件可以直接落在容器壁上		1. 如正确地选用合金，今后的维修工作较少。 2. 修补工作一般较简单。 3. 不受温差影响。 4. 耐机械损坏。 5. 很少会发生磨损损坏
主要缺点	1. 合金的选择决定了装置最高允许 Cl^- 浓度。 2. 初装费高		1. 合金的选择决定了装置最高允许 Cl^- 浓度。 2. 初装费中等。 3. 难以做到焊缝完全密实。 4. 环境介质可能浸入墙纸和基体之间。 5. 荷重件不能直接落在容器壁上。 6. 在某些环境中可能出现金属疲劳损坏

二、合金的耐腐蚀性能和 FGD 系统常用耐腐蚀金属材料的选择

（一）合金耐点蚀能力的比较

如前所述，所有前述合金，除了钛，它们的耐腐蚀性应归功于合金表面自身形成的、且可再生的钝化膜。按成相膜理论，当耐腐蚀金属溶解时，可在合金表面生成致密的、覆盖性良好的保护膜。这种保护膜作为一个独立的相存在，将金属和腐蚀介质机械地隔开，使金属的溶解速度大大降低，使金属转为钝态，这种保护膜被称为钝化膜，钝化膜很薄，厚约为 1～10μm，由钼补强铬组成。只要这层钝化膜完整无损，合金的腐蚀速度极低。决定不锈钢和镍基合金表面钝化膜稳定性的主要因素是合金显微结构，合金中 Cr、Mo、N 的含量以及环境温度、pH 值和 Cl^- 浓度。其他次要因素，例如环境中各种痕量金属离子，则可能产生有利或不利的、有时是不容忽视的影响。

而钛的耐腐蚀性则归功于在金属表面自然形成的二氧化钛膜，这种二氧化钛膜的特性与不锈钢和镍基合金表面形成的钝化膜的特性是不同的，但钝化膜防腐作用的概念仍可以应用

于钛。

能形成钝化膜的耐腐蚀合金的耐点蚀能力与其特有的 Cl^- 浓度临界值有关。当介质中 Cl^- 浓度高于合金的这一临界值时，钝化膜就出现非常细小的破裂。如果这种破裂发生在机械缝隙中或发生在沉积物下，就会导致缝隙腐蚀。如果钝化膜的这种破裂发生在合金暴露的表面上，就会导致合金点蚀。正如以前指出的，点蚀和缝隙腐蚀是 FGD 装置中的主要腐蚀形态。

提高腐蚀环境温度或降低 pH 值都会使合金的 Cl^- 浓度临界值下降，而且合金从钝态到发生严重点蚀或缝隙腐蚀的过渡状态可能是十分突然的。合金的这一临界值意味着，对于某种耐腐蚀等级较低的合金，如果它暴露的腐蚀环境没有超过这一临界值，那么其所表现出来的耐腐蚀性与处于同一腐蚀环境的、等级比它高的其他耐腐蚀合金的耐蚀表现基本相同。

用于 FGD 装置中的奥氏体不锈钢和镍基合金在含 Cl^- 介质中的耐点蚀和耐缝隙腐蚀能力可以根据合金成分，运用耐点蚀当量值(PREN)来表示。合金的 PREN 值越高，其耐点蚀和耐缝隙腐蚀能力就越强。前面谈过，在氯化物环境中影响奥氏体不锈钢和镍基合金耐点蚀和缝隙腐蚀的主要合金元素是铬(Cr)、钼(Mo)、氮(N)，为了描述合金元素含量(wt%)与腐蚀性能之间的关系，建立了数学关系式，其中应用最普遍的是称为耐点蚀当量值或称点蚀指数(PREN)的数学关系式，即

$$PREN = (Cr) + 3.3(Mo) + 16(N) \tag{1-14-1}$$

上述方程仅考虑了 3 种元素的作用,随后又建立了引入其他元素的数学关系式,即

$$PREN_W = (Cr) + 3.3(Mo) + 16(N) + 1.65(W) \tag{1-14-2}$$

$$PREN_{Mn} = (Cr) + 3.3(Mo) + 30(N) - 1(Mn) \tag{1-14-3}$$

$$PREN_{(S+P)} = (Cr) + 3.3(Mo) + 30(N) - 123(S+P) \tag{1-14-4}$$

这些关系式给出了一个快捷评价合金耐点蚀能力的方法。但需要指出的是，采用不同的 PREN 数学关系式会得出不同的 PREN 值，因此，通常在比较合金的 PREN 值时应注明所采用的计算公式。另外，上述公式只考虑了 Cr、Mo、N 等元素的作用，而没有考虑相组织的不均一性和析出相的影响，因此单独用 PREN 值来评估双相不锈钢的耐点蚀能力并非最合适的参数。

表 1-14-12 根据式（1-14-2）计算出的 $PREN_W$ 值对最常推荐用于 FGD 的耐腐蚀合金进行了分级排序。同一级别的合金又进一步分成若干组，各组中的合金在 FGD 应用中很可能具有类似的耐腐蚀性。由于合金成分的质量百分含量（wt%）允许在规定范围内变化，因此对合金的 $PREN_W$ 值标出了一个范围。正如上面提到的，单独用 PREN 值来评估双相不锈钢的耐点蚀能力并非最合适的参数。因此，根据实验室加速试验的数据和在 FGD 中应用的经验，将双相不锈钢和钛插列在表 1-14-12 中。

（二）合金可耐受 Cl^- 浓度的限值

虽然可以根据 PERN 值来比较不同成分合金的耐点蚀性能，并进行排序，但到目前为止还未建立合金成分与其在 FGD 应用中可耐受 Cl^- 浓度之间的可靠的定量关系。图 1-11-60 考虑了 pH 值和 Cl^- 浓度对耐蚀金属选择的影响，并具有相当大的保守性，对耐蚀金属材料的选择有一定的指导作用。但实际上，各种文献提出的合金可耐受的 Cl^- 浓度，即使对同一种合金来说，也可能有两个数量级的差别。造成这种差异的原因是除了 Cl^- 浓度外，还有许多腐蚀环境因素会影响到合金耐氯化物腐蚀的性能，这些因素包括温度、pH 值、介质流速、浆液的磨损、是否有沉积物、特殊部位的设计特点以及液相中其他阴离子和高价金属离子的

浓度等。

综合有关文献资料，对 FGD 常用的几种耐腐蚀合金能耐受的 Cl^- 浓度值提出以下参考数据：316L 不锈钢在 Cl^- 浓度低于 2～3g/L 的吸收塔和反应罐中显现出优良的性能；合金中钼（Mo）含量的变化对合金的耐 Cl^- 腐蚀性非常敏感，在烟气脱硫 Cl^- 腐蚀环境中，通常情况下，Mo 含量 2%～3% 的不锈钢是允许采用的最低等级的不锈钢；304 不锈钢（不含 Mo）样片在许多现场挂片试验中都发生了严重腐蚀，国内 FGD 装置应用 304 不锈钢的经验也证明了这一点。

对于吸引塔和反应罐，一般倾向于采用较 316L 更高级的不锈钢，317LM、904L 可能是该部位最常采用的不锈钢，NiDI 认为用于该区域上述等级合金的保守 Cl^- 限值是 6～8g/L。

含 Mo 6% 的奥氏不锈钢统称为 6-Mo 超级奥氏体不锈钢。近年，这类合金很受人们的青睐，基本上已替代了价格较贵的含 Mo 6% 的镍基 G 级合金。由于这种超级奥氏体不锈钢相对开发较晚，它们在 FGD 中应用的实际经验有限。以往 NiDI 指出 6-Mo 超级奥氏体不锈钢适用于 Cl^- 浓度高达 20g/L 的 FGD 吸收塔中，625、C 级合金以及钛是吸收塔中 Cl^- 浓度超过 20g/L 时所选择的合金，C-276 合金则规定可用于 Cl^- 浓度为 50g/L 的环境，但不清楚这类合金在 FGD 应用中 Cl^- 浓度的上限。为此，NiDI 在 20 世纪末采用 6-Mo 超级奥氏体不锈钢、C-276、2205 双相不锈钢等试样，在美国和德国 6 个湿法石灰石 FGD 装置的吸收塔中进行了最长达 687d 的现场挂片试验，吸收塔浆液的 pH 值为 5.0～6.3、温度为 49～69℃，试验得出的结论是，在浆液 Cl^- 平均浓度约 9000～70000ppm（9～70g/L）的范围内，6-Mo 超级奥氏体不锈钢显现出良好的耐腐蚀性，C-276 显现出优异的耐局部腐蚀性能；2205 双相不锈钢在浆液 Cl^- 平均浓度约为 9000～35000ppm（9～35g/L）的范围内有良好的耐腐蚀性。

（三）FGD 系统耐蚀金属材料的选择

1. 吸收塔入口烟道

正如前面已指出过的，对于不采用 GGH 的吸收塔入口湿/干交界面和直接旁路再加热出口烟道的混合区，即使那些耐腐蚀性很强的合金通常也发生了小范围的腐蚀。应用于这些区域的 C-22 和 C-276 腐蚀速度大致是 100～250μm/年，腐蚀形貌是宽开口浅坑。钛在这种区域也遭受了类似的侵蚀。如果忽略这些问题，C 级合金和钛是这一区域可以采用的、性能最好的材料。

对于采用 GGH 的吸收塔入口烟道，由于此处烟温已降至 80～110℃，除了上面提到的两种 C 级合金外，耐高温玻璃鳞片酚醛乙烯基脂树脂涂料也是可供选择的防腐衬里材料。

2. 烟囱

烟囱内烟道主要采用无机材料衬里。但是，由于采用湿法 FGD 装置，含有腐蚀成分的高湿度、低温烟气通常造成每隔 6～7 年必须进行维修或重新衬里。有些烟囱采用 316L 或 317L 不锈钢内衬，也不能始终保持足够的耐腐蚀性，国外对于装有湿法 FGD 的电厂烟囱趋向采用高耐蚀合金与碳钢的覆盖板或采用合金贴墙纸工艺，所采用的耐蚀合金对硫酸造成的露点腐蚀和氯化物引起的局部腐蚀应具有极好的耐蚀性。据有关文献报道，在开发研制用于烟囱的不锈钢钢种中，通过实验得出合金化学成分（wt%）与其耐全面腐蚀指标（G.I.）之间的关系为

$$G.I. = -(Cr) + 3.6(Ni) + 4.7(Mo) + 11.5(Cu) \tag{1-14-5}$$

合金化学成分（wt%）与其耐局部腐蚀指标（L.I.）之间的关系为

$$L.I. = 1(Cr) + 0.4(Ni) + 2.7(Mo) + 1(Cu) + 18.7(N) \tag{1-14-6}$$

表 1-14-12　　通常用于 FGD 的合金化学成分和分级排序　　%

合金分级	合金描述	钢种代表	化学成分										PREN$_W$
			C	Si	Mn	P	S	Cr	Ni	Mo	N	其他	
2-3Mo 奥氏体不锈钢	含 Mo2%～3%的奥氏体不锈钢	316L (S31603)	≤0.03	≤1.00	≤2.00	≤0.045	≤0.030	16.0～18.0	10.0～14.0	2.0～3.0	—	—	23～28
		316LM (S31653)	≤0.03					15.5～18.0	11.5～14	2.5～3.0	0.14～0.22		27～31
4-Mo 奥氏体不锈钢	含 Mo4%～5%的奥氏体不锈钢，有些添加了 N	317LM (S31725)	≤0.03	≤0.70	≤2.00	≤0.045	≤0.030	13.0～20.0	13.0～17.0	4.00～5.00	≤0.10	Cu≤0.75	31～38
		317LMN (S31726)	≤0.03	≤0.75	≤2.00	≤0.045	≤0.030	17.0～20.0	13.5～17.5	4.00～5.0	0.10～0.20	Cu≤0.75	32～40
		合金 904L (N08904/1.4539)	≤0.02	≤1.00	≤2.00	≤0.045	≤0.035	19.0～23.0	23.0～28.0	4.0～5.0		Cu1.0～2.0	32～40
22-Cr 双相不锈钢	名义含 Cr22%的双相不锈钢	2205	≤0.03	≤1.0	≤2.00	≤0.03	≤0.02	21.0～23.0	4.5～6.5	2.5～3.5	0.08～0.20		PREN$_W$ 不适合，相当于 4-Mo 奥氏体不锈钢
G 级合金②	含 Mo 约 6%的 Cr-Mo-Fe-Ni 合金	合金 G	≤0.05	≤1.0	1.0～2.0	≤0.04	≤0.03	21.0～23.5	余量	5.5～7.5	—	Fe 20 W≤1.00 Co≤2.5 Cu1.5～2.5 Nb1.75～2.5	41～50
		合金 G-3	≤0.015	0.40	0.80			21.0～23.5	44.0	6.0～8.0	—	W≤1.5 Co≤5.0 Cu1.5～2.5 Nb/Ta0.30 Fe18～21	43～52
		合金 G-30	≤0.03	≤1.0	≤2.0			29.5	余量	5.0	—	W≤2.5 Co≤5.0 Cu 1.70 Nb/Ta0.7 Fe 15.0	41～50

续表

合金分级	合金描述	钢种代表	化学成分										PREN$_W$
			C	Si	Mn	P	S	Cr	Ni	Mo	N	其他	
6-Mo超级奥氏体不锈钢②	名义含Mo 6%并加有N的奥氏体不锈钢	AL-6XN™①（N08367）	≤0.03	≤1.00	≤2.0	≤0.04	≤0.03	20.0～22.0	23.5～25.5	6.0～7.0	0.18～0.25	Fe余量 Cu～0.5	43～49
		254SMO™（S31254）	≤0.02	≤0.80	≤1.00	≤0.03	≤0.01	19.5～20.5	17.5～18.5	6.0～6.5	0.18～0.22	Cu0.50～1.00	42～45
		1925 hMo™（N08926/1.4529）	0.02	0.05	1.00	≤0.045	≤0.030	19.0～21.0	24.0～26.0	6.0～7.0	0.10～0.20	Cu0.8～1.5 Fe余量	40～47
		25-Mo6（N08026）	≤0.03	≤0.05	≤1.00	≤0.030	≤0.030	22.0～26.0	33.0～37.2	5.0～6.70	0.10	Cu2.0～4.0	40～50
25-Cr双相不锈钢②	名义含Cr25%和含Mo4%的双相不锈钢	Ferralium 255™（S32550）	≤0.04	≤1.00	≤1.50	≤0.04	≤0.03	24.0～27.0	4.50～6.50	2.00～4.00	0.10～0.25	Cu1.5～2.50	PREN$_W$不适合，相当6Mo超级奥氏体不锈钢等级
		SAF2507（S32750）	≤0.03	≤0.8	≤1.20	≤0.035	≤0.020	24.0～26.0	6.00～8.00	3.00～5.00	0.24～0.32		
625级合金	名义含Mo9%的Cr-Mo-Fe-Ni合金	合金625（N06625/2.4856）	≤0.025	≤0.50	≤0.50			21.0～23.0	61.0	8.0～10.0		Al≤0.40 Ti≤0.40 Nb3.65	47～56
		合金H-9M™	≤0.03	≤1.0	≤1.0			22.0	余量	9.0		Cu≤5.0 W2.5 Fe15.0 Nb/Ta0.70	47～56

续表

合金分级	合金描述	钢种代表	化学成分										PREN$_W$
			C	Si	Mn	P	S	Cr	Ni	Mo	N	其他	
C-级合金	Mo 含量不少于 12%，含 Cr 不低于 15% 的 Cr-Mo-Ni 合金	合金 C-276（N10276/2.4819）	≤0.02	≤0.05	≤1.0			14.0～16.5	余量	15.0～17.0		W3.0～4.5 Co≤2.5 V≤0.35 Fe4.0～4.7	68～80
		合金 C-22™（N06022/2.4602）	≤0.015	≤0.08	≤0.50	≤0.025	≤0.010	20.0～22.5	余量	12.5～14.5		W2.5～3.5 Co≤2.5 V≤0.35 Fe2.0～6.0	65～76
		合金 59™（N06059/2.4605）	≤0.010	≤0.10				22～24	余量	15～16.5		Co≤0.3 Fe≤1.5 Al0.1～0.4	72～83
		合金 622™（N06622）						20.5	59	14.2		Fe2.3 W3.2	73
		合金 686™（N06686/2.4606）	≤0.008	≤0.008		≤0.04	≤0.02	19.0～23.0	余量（54.3～61.9）	15.0～17.0		W3.0～4.4 Ti0.02～0.25 Fe≤1	80
		Allcorr41™						29～33		9～12			59～73
钛	钛基合金	二级钛（UNS R50400 DIN 3.7035）	≤0.1	余量 Ti							≤0.03	Fe≤0.3 H≤0.015 O≤0.025	没有 RPEN$_W$，但耐氯腐蚀类似 C 级合金

注　常用 FGD 的不锈钢还有含 Mo3%～4%的 317L（S31703）。另外，据有关资料介绍，合金 31（6Mo 超级奥氏体，PREN$_W$ = 51）耐局部腐蚀性好过合金 625，耐硫酸环境腐蚀能力甚至比 C276 还好，适合用作挡板门、吸收塔和塔内构件。

① TM—TRADE MARK。

② 属同一级。

适合用于烟囱腐蚀环境的合金，要求其 G. I. ≥60，L. I. ≥36（或 >48）。因此，可以据此判断所选合金材料是否适合用作烟囱的内衬。通常采用 1.6 ~ 2mm C-276 + 6 ~ 8mm 碳钢的覆盖板，由于烟囱下部是潮湿区，采用 6 ~ 7mm 的整体 C-276 合金板。也有采用 1.6mm × 2324mm × 6121mm 大张 C-276 薄片，用贴墙纸工艺内衬烟囱，以尽量减少焊缝和焊接费用。此外，59 合金和 C-22、C-31、C-926、钛、钛钼合金（含钼 10% ~32%）也是烟囱常采用的衬里材料。1986 年日本三菱重工和新日铁联合开发了用于烟囱和烟道、可以长期使用不用维修、具有高耐腐蚀性且经济的不锈钢，牌号为 YUS260 和 YUS270，后一种不锈钢可以用于腐蚀环境更严重的区域。通常用于 FGD 的合金化学成分和分级排序号表 1-14-12。

3. 吸收塔

下面通过一个实例进一步介绍吸收塔各部位合金材料的选择，图 1-14-3 示出了一个双循环湿法石灰石 FGD 全金属吸收塔各部位合金材料的使用情况。该 FGD 系统是加拿大新布伦斯威克电力委员会（N. B.）Belledume 发电厂 2 号机组的配套设备，于 1993 年投入运行。该机组容量为 450MW，燃煤含硫 2%，氯化物含量 160ppm（0.016%），FGD 系统处理烟量 $2\times10^6m^3/h$（标准状态），脱硫效率不低于 90%，年产量石膏 10 万 t。吸收塔直径 17m，采用了 6 种含镍防腐材料。

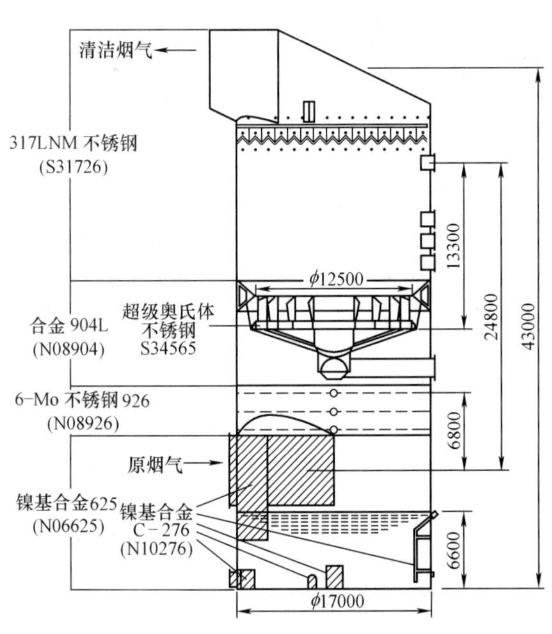

图 1-14-3　Belledune，N. B. FGD 吸收塔各部位合金材料使用情况

为了降低造价，也有的在吸收塔喷淋层以上的部位采用 316L 整体不锈钢，在吸收塔模块其他部位采用合金/碳钢覆盖板或合金贴墙纸。例如，在有磨蚀作用的喷淋区采用 2mm 厚的 6-Mo 超级奥氏体不锈钢 1925hMo 与碳钢的覆盖板；吸收塔入口烟道的干/湿交界和急冷区是腐蚀最严重的区域，如装有 GGH，腐蚀情况要缓和得多，但如选用合金作防腐材料仍多采用 C-276 或 59 合金，有采用这两种合金的整体板，也有采用 2mm 厚的合金 C-276 或 59 合金与碳钢的覆盖板，或采取贴墙纸工艺，显然，后两种防腐结构更经济、实用；吸收塔反应罐全部采用 2mm 合金 625 与碳钢的覆盖板，允许吸收塔反应罐浆液 Cl^- 浓度最大为 40000ppm。

4. 烟道挡板门

对于处于高温、原烟气的挡板，如 FGD 系统入口挡板，双百叶旁路挡板中原烟气侧的一组挡板可以采用碳钢制作。如果在 FGD 系统入口/出口烟道设计有检修用堵板，正常运行时将检修用堵板提升出烟道，由于这类堵板多处于大气腐蚀环境中，应采用 ASTM A242 考登钢或 317L 不锈钢。处于 FGD 系统其他部位的百叶窗式挡板，过去曾采用过低合金不锈钢，现已多被含 Mo 4% ~6.5% 的不锈钢所代替。例如挡板的叶片和框架采用 6-Mo 超级奥氏体不锈钢 1925hMo 或 AL-6XN 与碳钢的覆盖板，密封板为 C-276 或 59 合金。

5. 增压风机

除了布置在 A 位置的 FGD 增压风机外，其他位置的风机均需采取防腐措施，风机的涡壳可以采用衬胶防腐，叶轮应采用特殊防腐钢材，如合金 625。德国一些电力公司也有采用 2.4836 高镍合金材料。

6. 浆液泵

对于 FGD 全金属浆泵的材料选择，既要考虑其耐腐蚀性（由 pH 值、Cl^- 含量引起的点蚀）又要兼顾材料的耐磨损性，即由浆液中固体物造起的冲刷磨损。材料的耐腐蚀性取决于 Cr、Mo 含量，耐磨损性则取决于材料的硬度。提高 Cr 含量可以提高材料的硬度，而 Mo 和 Ni 含量高会降低硬度。通过增加 Ni 的含量可以提高材料的含 Mo 量。降低合金中的含碳量就降低了碳化硅的含量，能释放出更多的铬进入金属母体，这有利于提高合金的耐腐蚀性。基于这些基本认识，根据以下合金的化学成分，不难理解它们的适用范围。通常的建议是：在 pH 值高于 3.5、Cl^- 浓度低于 50000ppm 的情况下，金属叶轮选用沃曼公司的 A49（Cr27.5%，Ni1.8%、Mo1.8%、HB430）、A51（Cr36%、Ni1.8%、Mo1.84%、HB450）、ASHMET LCHC™（Cr28%、Ni2.1%、Mo1.5%、HB550）和 ASTM A532Ⅲ级 A 型（Cr23%～30%、Ni2.5%、Mo3%、Cu1.2% HB≥380）是较为经济和适用的。在 pH 值不低于 2、Cl^- 浓度低于 80000ppm 的情况下，推荐 C_{26}（沃曼公司）、ASHMET CDM™ 325（Cr25%、Mo2%、Ni5%、Cu3%、HB 约 250）等双相不锈钢。上述双相不锈钢材料由于 Mo、Ni 含量较高，所以硬度相对较低，因此更适合酸性较高的浆液。也就是说，这类材料在 pH 值较低且具磨损性的环境中才显示出较高的耐磨损性（见图 1-14-4）。因此，过分追求材料的耐腐蚀性，忽略其硬度不一定能取得较好效果，例如采用 6-Mo 超级奥氏体不锈钢制作的搅拌器浆叶，在含固量 15% 左右的浆液中仅使用 2 年就遭到严重磨损。因此在耐磨蚀材料的选择时应根据介质特性兼顾材料的耐腐蚀性和硬度。

近年，德国 KSB 公司提供的应用于湿法 FGD 的浆泵在我国电厂被广泛采用，这种全金属浆泵的蜗壳和叶轮的材质均属奥氏体—铁素体铸造双相不锈钢，化学成分（%）均为 C≤0.04、Si≤1.5、Mn≤1.5、Cr25、Ni6、Mo2.5、Cu3、N0.1～0.2。泵蜗壳和叶轮材质的 KSB 专利牌号分别为 NORIDUR® 9.4460、NORIDUR® DAS，前者为含有大约 50% 奥氏体的奥氏体—铁素体铸造双相不锈钢，在各种酸性介质中，在很宽的范围内显现出优良的耐均匀腐蚀性能，耐局部腐蚀性能也有所提高，并具有可焊接性，但硬度偏低（HB30＝230），因此适合制作流体腐蚀相对较缓和的浆泵蜗壳。NORIDUR® DAS 是一种经过特殊热处理的耐磨双相不锈钢，其具有以奥氏体基体为特性的沉淀硬化显微结构，这种奥氏体基体中含有金属间相和一定量的残余铁素体。由于经过了特殊的热处理，在 NORIDUR® 基材的铁素体中沉淀出高硬度、耐磨金属间相，因此具有较高的硬度（HB30≤300）。这种材料不仅在酸性含 Cl^- 介质中具有优良的耐腐蚀性，而且较之 NORIDUR® 9.4460 具有更好的耐流体磨蚀性。KSB 的现场试验表明，NORIDUR® DAS 制作的浆泵，在输送含

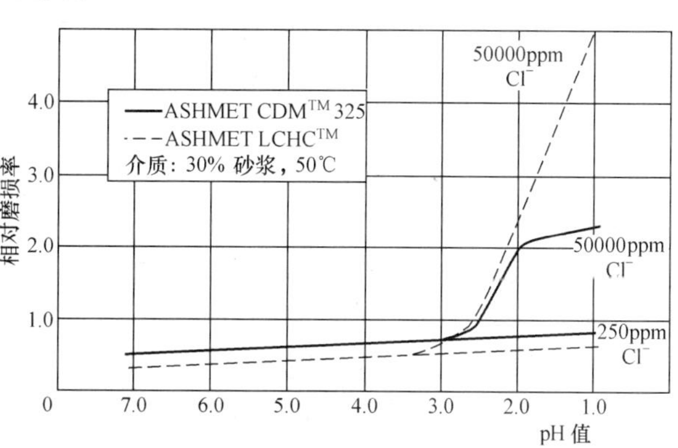

图 1-14-4　两种合金耐腐蚀/磨损性能比较

固量15wt%～20wt%的石膏和石灰石浆液，Cl^-浓度高达50000ppm、pH值约为5、温度为60℃的工作环境下，使用寿命可达4.5万～5万h。KSB还在泵的前护板衬覆聚合碳化硅陶瓷（Ceramic Poly SiC），以提高耐磨性。

我国近年的试验研究和实际应用也表明，Cr25双相不锈钢具有优良的耐磨损腐蚀性能，适合用作FGD浆泵材料。

7. 烟道

GGH原烟气侧出口至吸收塔入口的烟道属于低温硫酸露点腐蚀区，如采用金属材料，可采用C-276或59合金墙纸衬贴。吸收塔出口至系统出口净烟气挡板门之间的烟道可采用316L或317LM整体不锈钢板，如果采用更高等级的合金，则可改用贴墙纸工艺。旁路挡板门、净烟气挡板门和烟囱之间的烟道需要交替输送干/湿、高低温烟气，如果选用金属防腐材料，C基合金和6-Mo超级奥氏体不锈钢墙纸是较为合适的选材。

三、合金板结构选择和焊接工艺

耐腐蚀合金结构的初期投资成本高于大多数其他防腐结构。为了降低耐腐蚀合金设备的费用，已开发了数种不同结构的高性能耐腐蚀金属板材，目前，用于FGD系统最常见的合金材料结构类型有整体合金板、轧制覆盖板（Millclad plate，又称金属复合板）、贴衬板（又称贴墙纸）和局部压合金属板。

1. 整体合金板

整体合金板是合金结构采用的传统板材形式，对于大多数不锈钢来说，可能仍然选用整体板。习惯上，采用厚6.4mm的板材对接焊制作壳体，但也有采用厚4.8mm板材的设计。在大多数装置中，典型的设计是外部采用碳钢作支撑构件，承受大部分结构强度。整体合金板设备的结构和施工相对轧制覆盖板和贴墙纸工艺要简单，焊接量较少，焊接槽口加工较简单，不会出现轧制覆盖板焊接时易发生的铬、镍和钼等元素被铁元素稀释的现象。但是，当选用高合金化的镍基材料和钛整体板时，则是费用最高的一种选择。一般来说，当合金的价格较高时，用整体合金板的成本就大大高于用轧制覆盖板或贴墙纸的成本。

2. 轧制覆盖板（又称复合板）

轧制覆盖板是采用抽真空热滚轧的方式，将耐蚀合金薄片（典型厚为1.6mm）压合在较厚的碳钢底板上所形成的金属覆盖板。复合板压合的另一种工艺是爆炸压合，这种压合工艺是借助点燃炸药爆炸产生的高压冲击波束压合两种不同的金属，是在环境温度下进行的压接。对于复合大面积金属板，爆炸压合方式的费用相对较高，在特种不锈钢和镍基合金轧制压合覆盖金属板技术成功开发之前采用这种方法。生产不锈钢复合板的方法还有堆焊法和铸造法等多种方法，前一种方法常用于生产高温、高压设备。

由于合金板是紧密地压合在碳钢板上，因此可以采用覆盖板的总厚度来计算结构性能。当用C级合金作覆盖层时，覆盖板的费用显著低于整体合金板，国外资料指出，厚1.6mm合金与厚6.4mm碳钢轧制覆盖板的成本较整体合金板低10%～15%，用C-276轧制的覆盖板又比C-276墙纸贵25%左右。国内FGD系统应用59合金与厚6mm碳钢采用爆炸法压合的覆盖板的费用（按2000年计）情况是，采用进口厚2mm 59合金与厚6mm碳钢在国内采用爆炸法压合成的覆盖板的总费用较3mm整体59合金板（进口）低5.8%，较4mm整体59合金板低25.4%。

合金C-276轧制覆盖板已成功用于制作烟囱内烟道，现在大量新建FGD工程都要求采用这种合金覆盖板。

合金覆盖板的焊接应采用规定的高合金焊条进行焊接。对接焊的坡口形式和尺寸见表1-14-13。图1-14-5示出了两种对接焊接头的设计，可供参考。具体的焊接工艺应由专业焊接工程师来确定。在轧制覆盖板的焊接中，有以下几点应予以重视：

（1）从焊接的角度来说，降低耐腐蚀合金板的厚度将增加焊接的难度；

（2）焊接的覆盖板彼此必须准确地对中、找平，这样可以使合金一侧的焊接接头覆盖均匀；

（3）为使焊接有很好的耐腐蚀性，应尽可能减少合金成分被Fe、C稀释，典型的措施是采用窄焊道方式，用细焊丝适当多焊几层焊道；

（4）在基材接头焊好后应用树脂黏合的砂轮打磨碳钢侧的焊根，再进行合金侧的焊接。

表1-14-13　合金覆盖钢板对接焊缝的坡口形式和尺寸

坡口名称	坡　口　形　式	坡口尺寸（mm）
V形坡口	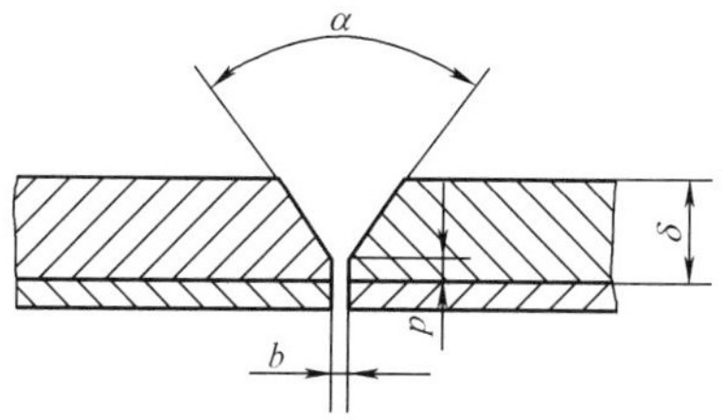 α, δ, p, b	$\delta=4\sim12$ $p=2$ $b=2$ $\alpha=70°$
反V形坡口	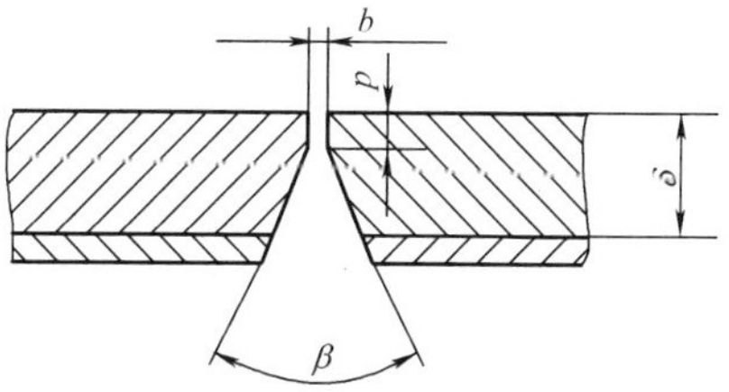 b, p, δ, β	$\delta=8\sim12$ $p=2$ $b=2$ $\beta=60°$
带钝边双V形坡口	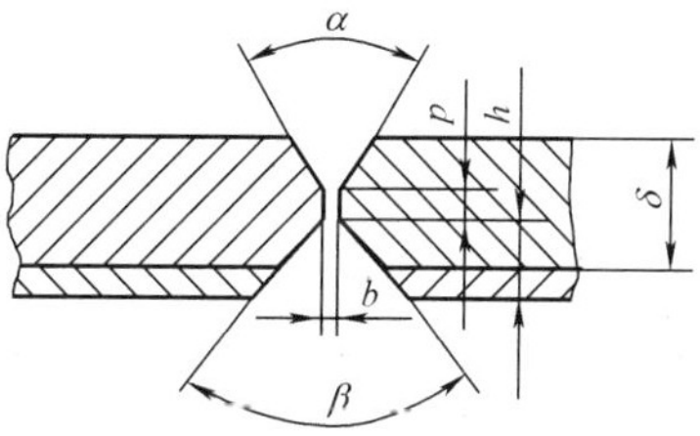 α, p, h, δ, b, β	$\delta=14\sim25$ $p=2$ $b=2$ $h=8$ $\alpha=60°$ $\beta=70°$
U形、V形坡口	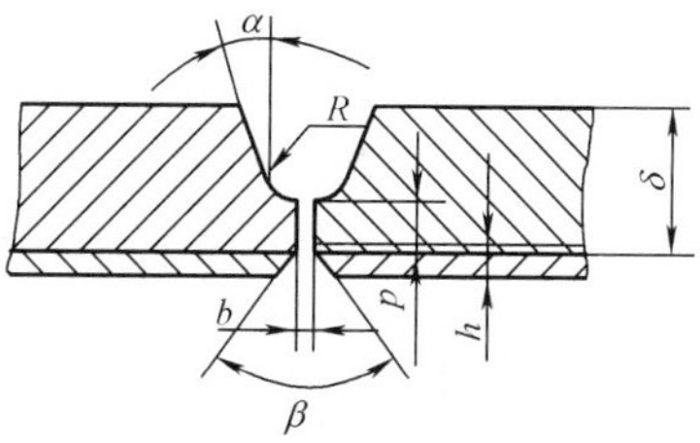 α, R, δ, p, b, h, β	$\delta=26\sim32$ $p=2$ $b=2$ $h=8$ $\alpha=15°$ $\beta=60°$ $R=6$

3. 贴墙纸工艺

贴墙纸工艺是在现场将耐腐蚀合金薄板（1.6mm）覆盖在基材上面的一种施工方法。虽然在翻新改造中也有用更高级的合金墙纸来覆盖已遭腐蚀的不锈钢和合金G基材的事例，但基材一般是碳钢板。

在衬覆合金板前必须清除基体上先前已有的衬层，但是，对基体清洁程度的要求不像衬

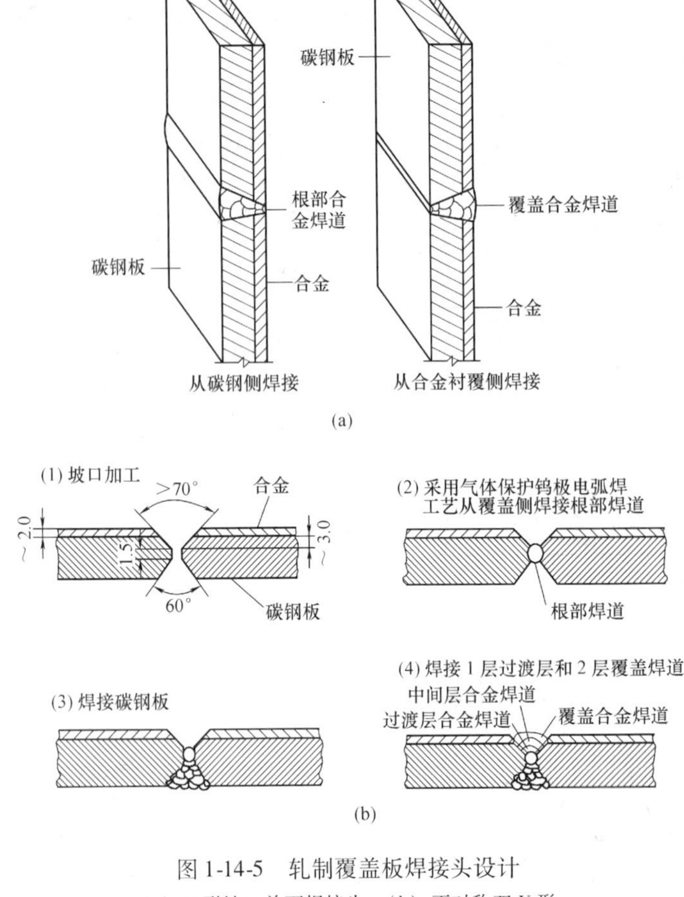

图 1-14-5 轧制覆盖板焊接头设计

（a）V 形坡口单面焊接头；（b）不对称双 V 形接头坡口加工和双面焊接工序

覆橡胶或树脂衬里时那么严格。对新建工程，通常用电动刷清扫就可以达到要求，对基体表面，特别是基体上的焊缝应进行必要的修补、打磨，使基体的整个衬贴面有足够的平整度，无凸凹，便于平整地铺设合金墙纸，使得合金薄板能非常平顺地贴合在基体上，便于衬板完全密封焊接。

对于更新改造工程，要衬贴的基材表面往往积聚有污染物，而且可能被腐蚀，有蚀坑。在衬贴合金板前必须彻底清理干净，可以采用喷砂方式，必要时还需用化学方法中和残留的腐蚀产物，然后再修补打磨平基材表面。

最常用的墙纸衬层合金是 C-276 和 C-22。合金墙纸衬覆的一般施工方法是在合金薄板的周边采取跳焊的方法将合金薄板固定在基体上，跳焊焊缝长 25mm，间隔 150mm。然后搭接铺上第二块薄板，两块薄板的搭接量至少为 50mm，合金板与合金板的搭接边采用连续密封焊。按上述工序重复进行，直到要衬贴的区域全部被合金薄板覆盖，所有暴露在外的焊缝都应是连续密封焊。为防止合金薄板颤动或容器内产生真空而损坏合金薄板，如设计有要求时，在薄板的中间往往会采取塞焊或电弧点焊将薄板加固衬贴于基体上，这种方法用于可以直接焊接在基体上的合金薄板。

塞焊是在衬贴合金板上预先冲出一个直径通常为 13 ~ 20mm 的圆孔，使用熔化极气体保护焊（GMAW）或气体保护钨极电弧焊（GTAW）封填该圆孔。为了减少焊缝被基材稀释，采取两道焊层，如图 1-14-6（a）所示。另一种塞焊方法叫覆盖塞焊，合金板圆孔内的填角焊为单焊道，然后用一块预先冲制的合金圆板盖住塞焊孔，并密封焊接，如图 1-14-6（b）所示。点焊是使用熔化极气体保护焊熔透贴衬板，将衬板焊接在基板上，而无需事先打孔。采用两道焊层，将焊点处的合金稀释限制到最低限度。

由于钛合金板不能直接焊接在碳钢基体上，可以采用如图 1-14-7（a）所示的机械方法将钛合金薄板固定在基体上。典型的做法是用钛或碳钢制作的螺栓和垫片从钛合金板一侧插入预先已钻出的螺孔中，螺帽在钛合金板一侧，螺孔可以是攻丝螺孔，也可以用螺母固定。如果采用钛合金螺栓和垫片，则密封焊死螺帽；如采用碳钢螺栓和垫片，则用钛合金衬贴板预冲压成的罩帽罩住螺帽，然后密封焊接罩帽的帽沿。像其他合金衬板一样，钛板与钛板的边缘也要相互搭接并连续密封焊。

钛覆盖碳钢板还可以采用如图 1-14-7（b）所示的方法焊接，碳钢板相互对接焊，在覆盖钛板侧的对接缝上再覆盖宽 50 ~ 100mm 的钛板条，钛板条与覆盖钛板之间进行密封焊。

某电厂 3 ×600MW 在建的 3 套 FGD 装置湿烟囱采用多管钢内烟囱，烟囱内管采用国产钛覆盖碳钢板（TA2 + Q235），钛板厚 1.2mm，即采用上述焊接方法。这种焊接方法解决了钛合金板不能直接焊接在碳钢基体上的问题，但钛合金板侧的焊接工作增加了一倍，而且钛合金板的用量大。

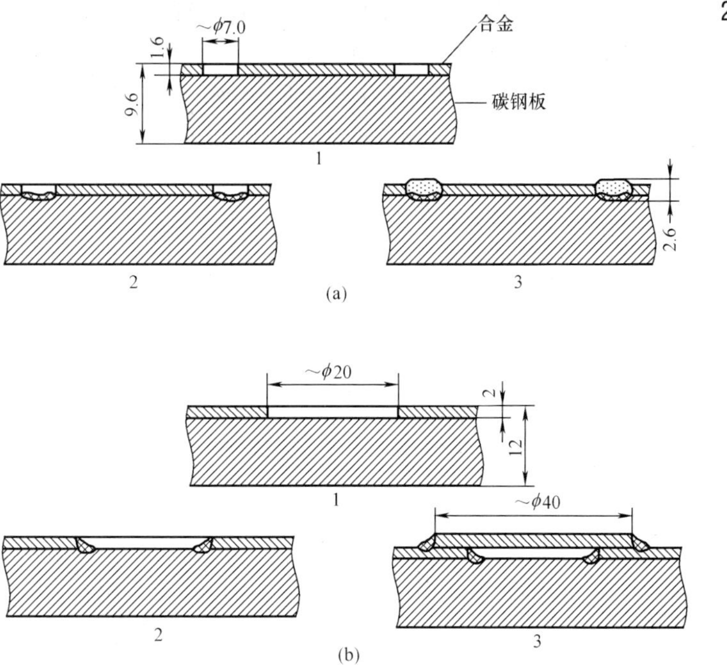

图 1-14-6　衬贴合金墙纸的两种塞焊方法
（a）塞焊；（b）覆盖塞焊

不管采用何种墙纸材料，特别要注意拐角的衬覆施工。有二种常用于拐角衬贴施工的型材：一种是用耐蚀金属或合金板条预先弯制成 L 形，边长至少 50mm；另一种是 90°圆弧衬贴板条，圆弧半径 50mm，边长不小于 100mm。衬贴拐角方法如图 1-14-8（a）所示。第三种是斜槽形衬贴板条，衬贴方法如图 1-14-8（b）所示。采用后一种衬贴板条可以减少打磨拐角结构焊缝的工作量。

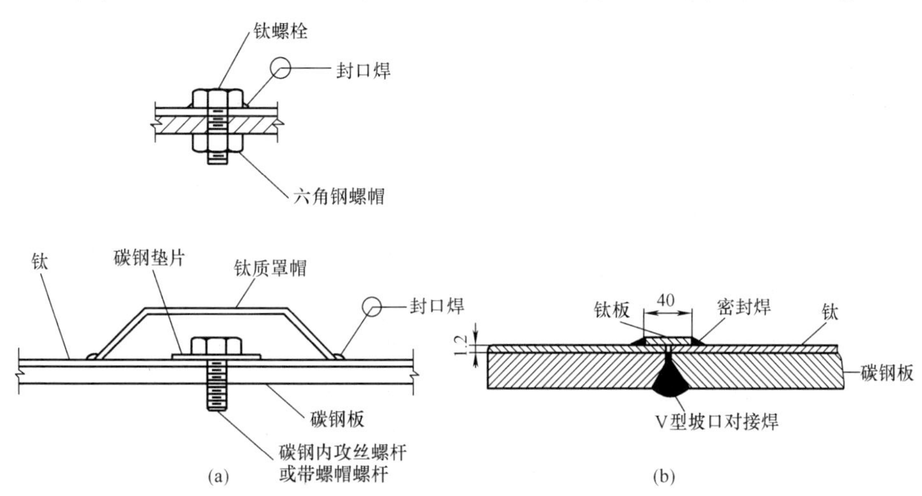

图 1-14-7　钛板衬贴的机械固定方法和钛覆盖碳钢板的焊接
（a）钛衬贴碳钢板的机械固定方法；（b）钛覆盖碳钢板焊接方法

为了防止腐蚀介质渗过衬贴合金板造成碳钢基板的迅速腐蚀，衬贴板密封焊缝 100% 无泄漏是至关重要的。否则，腐蚀液会集存在衬板和基板之间，不断地腐蚀基板。有些 FGD

装置在基板上开渗水孔，以便尽早发现衬板渗漏或穿孔。进行真空箱试验能有效地检查焊缝是否有泄漏点，这种试验是用一个真空箱，真空箱的箱底是开口的，四沿贴有橡胶，箱顶装有有机玻璃板，在待查焊缝上涂上肥皂液，然后将真空盒罩住待查焊缝，对真空箱抽真空，焊缝出现鼓泡的地方即为渗漏点。

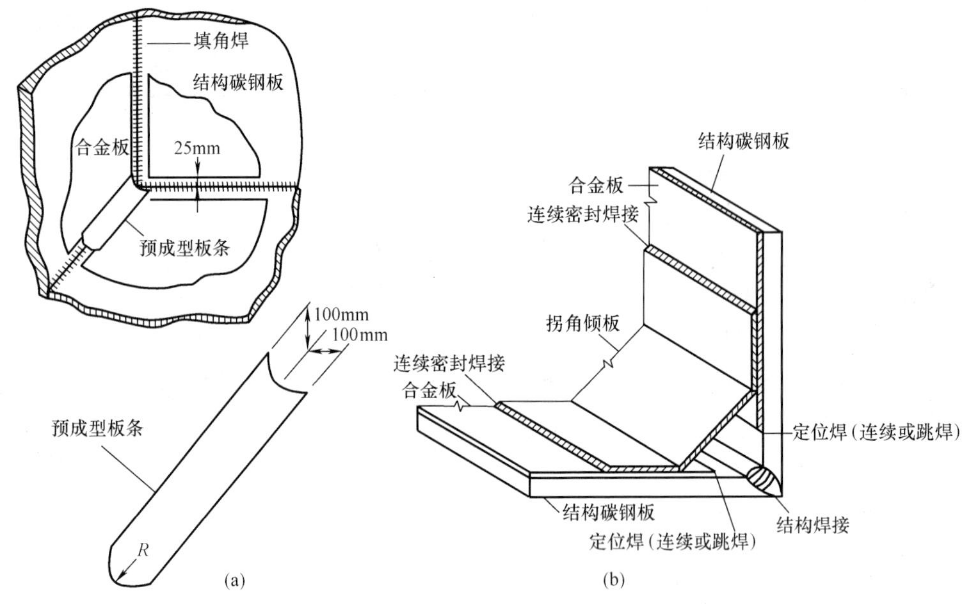

图 1-14-8 合金墙纸衬贴拐角的两种常见施工方法（可用 L 形衬贴板条代替）

合金与合金衬板搭接处的密封焊接不能烧透，否则会出现焊缝被基板金属稀释，使焊缝的耐腐蚀性下降。采取跳焊将合金衬贴板固定于基体上的缺点是，合金贴板一旦发生腐蚀穿孔，或密封焊焊缝出现泄漏，腐蚀液可以在夹层中迁移很长的距离，以致修补时可能很难查出泄漏的位置。因而有些电厂要求对每块合金衬板的周边全部进行密封焊，或分区域采取合金板/基体密封焊，将衬板与基体之间的夹层分隔成若干个不连通的区域，限制腐蚀泄漏液在夹层中的流动范围，这样便于查找合金板泄漏点。

当贴墙纸工艺应用于吸收塔塔体和反应罐时，上述焊接施工方法是十分重要的，但这样将增加施工费用，而且这种做法只能应用于耐腐蚀合金板能直接焊在基材上的衬贴材料。因此，一般对盛浆液的罐体，例如吸收塔反应罐，不推荐采用贴墙纸工艺。吸收塔塔体部分衬覆合金墙纸是一种可行的选择，但在喷淋浆液直接冲刷的区域，墙纸的厚度不宜低于 1.6mm。虽然近年以墙纸形式提供的合金数量有明显增加，但贴墙纸工艺仍多用于烟道系统。

衬贴的合金薄板不能承受荷载，任何构件不能焊接在衬板上，不能依靠衬板来支撑任何构件。另外，如果合金薄板安装在有液体冲击的部位，固定衬板的焊点可能需要密些，因为震动很可能造成衬板损坏。例如，一台 FGD 吸收塔的锥形排气烟道采用 317LM 墙纸衬贴，由于合金薄板安装不良，省除了大量的塞焊，结果造成衬板剧烈颤动，仅运行数小时后就造成衬板破裂而停止运行。

4. *局部压合金属板*

就制作工艺而言，局部压合金属板类似轧制覆盖板，都是通过轧制使两种金属板压合在一起的。只是轧制覆盖板的耐腐蚀金属或合金板是 100% 紧密地被压合在钢材基体上的，而局部压合金属板的两种金属的压合是不连续的。但从应用的角度来看，局部压合金属板实际上是一种预贴墙纸的复合板。局部压合金属板的结构和接头的处理方法如图1-14-9所示。

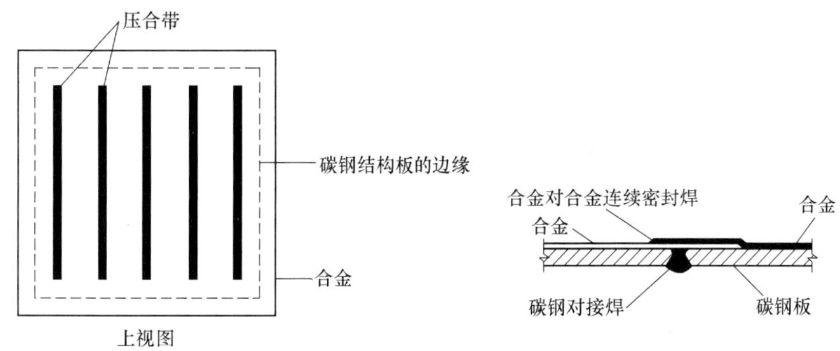

图1-14-9　局部压合金属板结构和接头设计

安装时，局部压合金属板的碳钢底板采取碳钢焊接工艺，对接焊。耐蚀金属的搭接头像传统贴墙纸工艺一样采取连续密封焊，但局部压合金属板无需定位焊和塞焊，而且消除了轧制覆盖板焊接时合金被稀释的问题。因此局部压合金属板综合了传统贴墙纸工艺和轧制覆盖板的优点。

采用局部压合金属板时，对拐角的处理与传统贴墙纸的施工方法相同。根据需要可以用耐蚀合金贴面板条来覆盖局部暴露的基体金属焊接缝。

四、合金的检验和焊接质量控制

对于全金属FGD系统，需要采用大量、多种不同等级的耐蚀合金材料。虽然合金产品在运抵现场时都有容易识别的合金牌号标记，但这些材料在现场放置久后，往往会出现标记不易辨认的情况，因此应采用一种便携式合金分析仪检验、核实每块合金板，确保按设计要求安装规定的合金板。由于合金板表面往往有一层钝化膜，这层钝化膜的成分与合金主体成分是有区别的，偶尔，这种便携式放射型分析可能无法识别镍基合金，如果出现这种情况只要稍微打磨合金表面就可以纠正测试结果。此外，必须用便携式分析仪检查每一条焊缝，确认采用了正确的焊条。

焊接前，应根据合金的种类正确选择焊接工艺，精心加工坡口。焊接时严格遵守焊接操作规程。焊工必须经过考试取得了焊接某种特种合金的资格证书，并且有焊接过类似设备的经验，这些是保证焊接质量的关键措施。

焊接后必须严格检查所有的焊接处，除了检验焊接金属的成分外，首先是目视检查所有焊缝是否有熔渣、气孔、裂纹、未熔合、未焊透或其他瑕疵，如果发现有焊接缺陷必须打磨掉并进行修补。经过初步目检和修补了明显的缺陷后，还必须采用真空箱试验法或无损探伤检查焊缝和缝点，以保证良好的焊接效果。

为了增加耐蚀合金的耐腐蚀性，焊后应按要求进行表面处理，处理的方法有抛光和钝化。耐蚀合金焊件表面如有刻痕、凹痕、粗糙点和污点等会加快腐蚀，如将耐蚀合金表面抛光，就能提高其抗腐蚀能力，表面粗糙度越小，抗腐蚀性能就越好。钝化处理是在耐蚀合金的表面人工地形成一层氧化膜，以增加其耐腐蚀性。钝化处理的流程为：表面清理和修补→酸洗→水洗和中和→钝化→水洗和吹干。经钝化处理后的合金具有较高的耐腐蚀性。但是，并非所有的耐蚀合金都需要进行钝化处理，是否必须进行钝化处理，可以咨询合金材料生产厂家或有关专家。

第七节 耐腐蚀无机材料

用于 FGD 系统的耐腐蚀无机材料的种类有：整体喷涂胶泥、耐酸砖板、釉面陶瓷砖板、搪瓷、碳化硅砖和硼硅酸盐玻璃泡沫块。

一、整体喷涂胶泥

无机耐酸胶泥最典型的是水玻璃胶泥，水玻璃胶泥是以水玻璃（胶结剂）、氟硅酸钠（硬化剂）、辉绿岩粉（耐酸填料）为原材料，按一定比例调制而成，因其在固化前貌似黏土，习惯上称胶泥。将这种胶泥喷涂到钢板表面，钢板表面有机械锚固钩，胶泥最后在空气中凝结成石状材料衬覆在钢板的表面。这种材料的机械强度高，耐热性能好，耐强氧化性酸腐蚀，稍耐磨。缺点是：不耐氢氟酸以及碱的腐蚀，对水和稀酸也不太耐蚀，且抗渗性差；因防腐层较厚，增加了设备重量；损坏后不易修复，新旧层易开裂、脱落。这类不同的产品曾广泛用于早期湿法 FGD 装置中，主要应用于入/出口烟道和高磨损区。应用这类防腐胶泥的最大问题是，当构件弯曲变形或温差急变时会导致胶泥开裂、起层，腐蚀液渗入胶泥与基材之间造成基材严重腐蚀。由于这类防腐胶泥在 FGD 装置中应用效果始终较差，已不再推荐这类材料用于 FGD 系统中。

二、耐酸砖

黏土质耐火砖和红板岩耐火砖非常广泛地用于建造烟囱的砖砌内烟道。在美国，在这种烟囱的外烟筒与砖砌内烟道之间的环形夹层中，采取加压气封来防止烟气漏进夹层空间。

采用黏土质耐火砖和红板岩耐火砖筑砌的内烟道的表面都出现了不可逆转的膨胀。黏土质耐火砖比红板岩耐火砖显现出较大的吸水膨胀率，因此黏土砖的膨胀率主要取决于烟气湿度而不是烟气温度，而温度对红板岩砖膨胀率的影响更大些。因此，红板岩耐火砖更适合于烟气湿度梯度较大的烟气，而黏土质耐火砖更适用于温度梯度较大的烟囱。

需要指出的是，砖砌烟囱内烟道在超过一定的时间后易发生倾斜，特别在旁路热烟气与湿冷烟气在烟囱中混合的情况下。在大多数采用直接旁路加热的系统中，以及在已处理的湿冷烟气和干热的旁路烟气通过各自的烟道进入同一烟囱的情况下，内烟道将发生倾斜。这是由于烟囱受热烟气冲击的一侧产生的不可逆膨胀最大，从而使烟囱发生歪斜。

三、耐酸釉面陶瓷砖板

耐酸釉面陶瓷砖板的特点是：表面有坚硬、光滑的釉面，耐腐蚀、耐温、耐磨且具有抵抗一定机械损坏的能力。过去这类材料在 FGD 装置中最常用于衬砌吸收塔反应罐底板和较低部位的墙体，其板材也用于衬砌反应罐、吸收塔和出口烟道的墙面。虽然这类材料可以承受 FGD 系统在最坏工况下的不正常温度和严重冲刷磨损的影响，但也存在以下缺点：材料较重，需要更牢固的钢支撑结构；衬层较厚，增大了设备体积；施工中大部分为手工操作，施工工期较长，劳动强度大；结构上胶合缝多，整体性不够好，稳定性差，易产生施工质量问题；一般耐冲击、振动以及温度剧变的性能差；修复性差，修复工作量大；另外，产品的尺寸受设备外形尺寸的制约，无标准件。因此，近年建的大型 FGD 装置很少采用这类防腐材料，多用于小型 FGD 系统。国内近年仅在增建的 FGD 装置中应用这类防腐材料来改造公共出口烟道和烟囱。但是，在反应罐底板上和较低部位的墙体上，用耐酸陶瓷砖板衬覆在树脂或橡胶衬里的表面，既可防止机械损伤衬里，又充分利用了树脂和橡胶的防渗性能，是一种可取的防护结构。这种结构也用于吸收塔入口烟道干湿交界区和急冷区。

在 FGD 装置中采用过的耐酸陶瓷砖板防腐结构有以下两种：一种是衬覆在钢板上，又称铠装陶瓷或复合衬里；另一种是自支撑结构。这两种衬里结构的优缺点见表 1-14-14。

表 1-14-14　　耐酸釉面陶瓷砖板两种防腐结构的优缺点对比

	衬　覆　钢　板	自　支　撑　结　构
防腐结构	在起支撑作用的碳钢外壳内表面依次衬覆聚氨基甲酸乙酯防渗层、水泥砂浆、耐酸釉面陶瓷砖/板	釉面陶瓷板或砖筑砌的独立结构
最常应用的区域	反应罐底板和罐体的腰墙板	无
较少应用的区域	吸收塔、入/出口烟道、烟囱衬里	整体式反应罐、吸收塔的壳体
主要优点	1. 具有非常强的耐磨性。 2. 能耐受较高的烟气温度。 3. 不受酸冷凝物影响。 4. 抗机械损坏性能强。 5. 隔热性好，可以省去烟道外部的保温层	1. 具有非常强的耐磨性。 2. 能耐受较高的烟气温度。 3. 不受酸冷凝物影响。 4. 抗机械损坏性能强。 5. 造价低
主要缺点	1. 陶瓷砖板的尺寸受设备外形尺寸制约、除衬覆平面设备外，砖板表面必须稍带弧度。 2. 单位面积的重量较大，需要加强支撑钢结构。 3. 衬覆施工多为手工操作，施工工期较长，劳动强度大。 4. 结构上胶合缝多，整体性不够好，稳定性差，易发生施工质量问题。 5. 耐冲击、振动以及耐温度剧变性能差，修复工作量大	1. 陶瓷砖板的尺寸受设备外形尺寸制约、除衬覆平面设备外，砖板表面必须稍带弧度。 2. 防腐结构较厚，设备体积大。 3. 衬覆施工多为手工操作，施工工期较长，劳动强度大。 4. 结构上胶合缝多，整体性不够好，稳定性差，易发生施工质量问题。 5. 限于作为基础水平底板和垂直墙体，修复工作量大

1. *耐酸陶瓷砖板形状及应用*

国外应用于 FGD 系统的陶瓷板表面有坚硬、光滑的釉面，背面有燕尾槽。用于衬砌底板的是平面板材，用于墙体的板材稍带有弧形。陶瓷砖与板之间没有严格的界限，一般长与宽在 200mm，厚 30mm 以上的称砖，厚度小于 30mm 的称为板。陶瓷砖应用于苛刻、严酷的环境中能呈现出较好的防护性能，同样，应用于烟囱和墙体的陶瓷砖也稍有弧形。

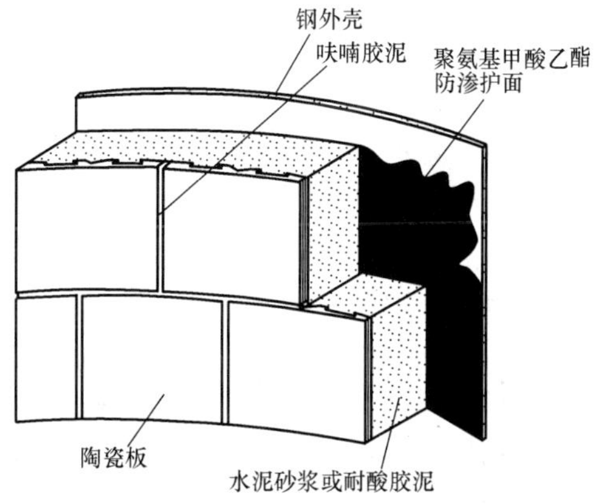

图 1-14-10　耐酸釉面陶瓷板衬覆碳钢壳体的结构

2. *防腐结构*

图 1-14-10 是用陶瓷板内衬钢制吸收塔和反应罐墙体的一种复合衬里结构。在衬砌陶瓷板之前，碳钢表面须经喷砂处理，然后用镘刀涂覆厚约 6.4mm 的聚氨基甲酸乙酯防渗层，待树脂固化后，用呋喃树脂胶泥作接缝材料，将衬板垂直筑砌几层，无需支撑架。待呋喃胶泥固化后将水泥砂浆灌入衬板与碳钢墙体之间，待水泥砂浆固化后依次从下向上筑砌，就形成了复合衬里防腐结构。

呋喃树脂能耐强酸、强碱和有机溶剂，耐热性可达 180 ~ 200℃，是现有耐蚀树脂中耐热性能最好的树脂之一。但呋喃树脂固化工艺不如环氧树脂和不饱和树脂那样方便。为使其固化完全，一般需要加热处理。呋喃树脂胶泥在固化过程中有假硬化现象，经初期硬化后的胶泥在热处理时，会发软而出现流动倾向，即所谓的“流胶”现象。为避免或减少“流胶”，热处理前应充分进行室温养护（3～7d），然后进行热处理。这种固化工艺使得陶瓷砖板防腐施工工序多、工期长。

无支撑钢外壳的陶瓷砖/板独立结构和施工方法如图 1-14-11 所示。这种结构也用于建造单独的反应罐和反应罐与塔体为一整体的吸收塔，板—板和砖—板筑砌的容器可以不用支撑模板进行施工，将陶瓷砖或板筑砌至已布好钢筋的预定高度，然后浇灌混凝土，重复上述过程直到整个模块建成。对于模块的锥形顶部，如果仍采用陶瓷板衬里，就需要支撑模板。板—板独立结构的费用比同类型的陶瓷板衬覆碳钢结构的约低 15%。衬砌断面为圆柱形或圆锥形的设备必须用表面为弧形的陶瓷板，陶瓷砖比陶瓷板更多地用于衬覆出口烟道。

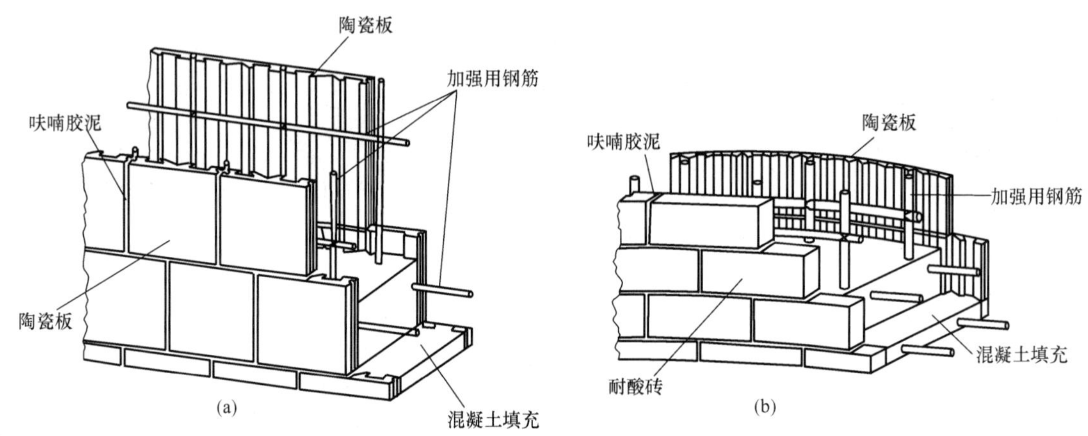

图 1-14-11　陶瓷砖/板筑砌的独立结构施工图

（a）板—板独立结构；（b）砖—板独立结构

四、搪瓷

搪瓷又称搪玻璃，通常化工设备的搪瓷工艺是将含硅量很高的瓷釉通过 900℃左右的高温煅烧，使瓷釉紧密地附着于金属表面，瓷釉厚度一般为 0.8～1.5mm。搪瓷设备具有优良的耐腐蚀性能和机械性能。搪瓷能耐各种浓度的无机酸、有机酸、盐类、有机溶剂和弱碱的腐蚀，但氢氟酸和含氟离子介质除外。另外，当温度超过 200℃时，搪瓷设备不能耐受 10%～30% 的硫酸介质的腐蚀。搪瓷表面耐磨、光滑、能缓解表面积灰，易于清除表面沉积的固体物。化工搪瓷设备由于搪瓷较厚，在缓慢加热或冷却条件下，使用温度为 -30～240℃。

搪瓷设备的瓷釉与钢铁的热膨胀系数不同，搪瓷后它们之间可能会产生应力，由于制造上的缺陷、安装检修中不慎造成的机械损伤、使用中温度急变等，往往会使较薄的瓷釉层发生剥瓷、穿孔、爆瓷、裂纹等损坏现象。搪瓷工件的凸起和边缘部分往往是瓷釉层较薄弱的部位，因此这些部位是搪瓷设备出厂时应重点进行质量检查的地方。

发电厂回转式空气预热器的蓄热板以及管式空气预热器的换热管也有采用搪瓷防腐的。由于上述换热器所处工况的特点，除了要求这类搪瓷传热元件具有前述化工搪瓷设备所具有的特点外，还要求其有良好的导热性、高密着力并能耐受温度急变。发电厂上述两种换热器换热元件的瓷釉层一般仅 0.1～0.4mm，因此搪瓷元件的传热性能基本上与相同形状的碳钢及考登钢相同。搪瓷传热元件表面光滑，采用蒸汽、高压空气或水冲洗易清除其表面的积灰，这对于维持换热器长期稳定运行是十分重要的。

湿法 FGD 系统中最常使用的烟气加热器是再生式 GGH，通常情况下壳体采用玻璃鳞片树脂喷涂防腐，而蓄热板进行搪釉。当搪釉质量控制不好时，蓄热板的端头和波纹板的凸起部分往往最先发生腐蚀。国内少数高硫煤电厂 FGD 系统的 GGH 采用搪瓷螺旋肋片管换热器，由于瓷釉煅烧设备对搪瓷加工件尺寸的限止，国内还无法对整排蛇形换热管进行整体搪瓷，只能将蛇形换热管分解成直管和 U 形弯管分别进行搪瓷，搪瓷层厚约 0.36mm。直管和 U 形管接头以及直管与集箱接头焊接后按照图 1-14-12 所示的方式用搪瓷套管和高温密封胶保护焊接头。这种搪瓷螺旋肋片管 GGH 运行 3～4 个月后就出现较大面积的剥瓷现象。这表明薄层搪瓷的质量还不过关，瓷釉的密着力低，因此采用搪瓷管式 GGH 尚有待这一技术问题的解决。焊缝的这种防腐方式最初曾令人担心，在一个管束组件中有数百个这种封堵接头，如此之多的防腐接头成为整个换热器令人担心的薄弱环节。但 3 年多实际运行情况表明，焊缝的这种防腐方式还是可行的。

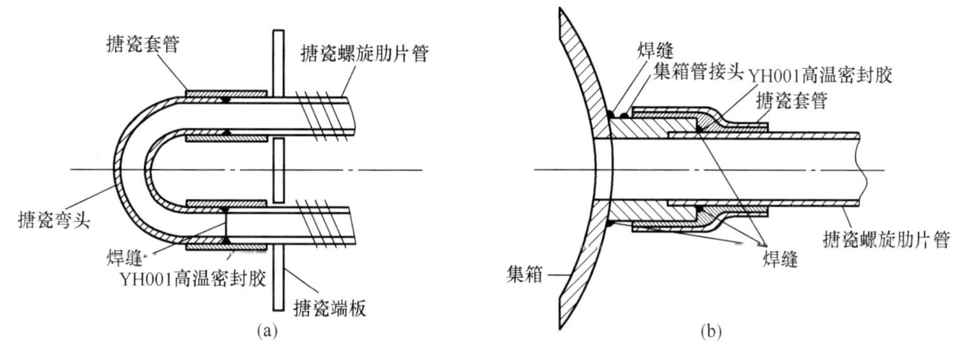

图 1-14-12　搪瓷螺旋肋管换热器接头防腐处理方法
（a）搪瓷直管与弯管的接头；（b）搪瓷直管与集箱的接头

五、碳化硅砖

碳化硅砖是一种耐磨防腐衬里材料，广泛和成功地用于衬砌口经可调式文丘里洗涤器的咽喉部位，用一种碳化硅有机树脂胶泥粘贴碳化硅砖。

碳化硅还广泛用于制作吸收塔喷嘴、FGD 系统浆泵的吸入侧护板（套）和机械密封装置的密封副。

六、硼硅酸盐玻璃泡沫衬块

硼硅酸盐玻璃泡沫衬块具有封闭微孔的结构，能阻止烟气、酸冷凝物和水分的渗透。硼硅酸盐玻璃基本上是一种惰性的无机物，可以抵抗除氢氟酸以外的各种不同浓度酸、溶剂以及弱碱的侵蚀。这种衬块多孔、质轻（12.8mg/cm^3）和导热系数低，是一种优良的防腐、隔热材料，如果衬覆在钢制烟道和烟囱内可以省去外部的保温层，而且不必增加加固和支撑件。可将这种泡沫块直接黏贴在钢板、混凝土、砖或瓷砖表面，无需锚固，施工简单，不仅适用于新建烟道和烟囱，而且适用于现有烟道和烟囱的改造，施工时间短。硼硅酸盐玻璃泡沫衬块本身可耐受 390～516℃的高温，其热稳定性、热膨胀系数低和隔热性使得由其构成的衬里结构能承受反复、剧烈的温度波动。硼硅酸盐玻璃泡沫块还具有一定的柔性，其衬覆的钢制烟道壁可以承受轻微的绕曲和振动，而不会导致衬层开裂。衬块不可燃、无贮存期要求。另外，这种衬块可以在现场很方便地切割成所需要的形状。

国外一些防腐公司为电厂烟道和烟囱的防腐专门设计了一种硼硅酸盐玻璃泡沫块内衬结构。在FGD系统主要用于衬覆吸收塔入/出口烟道和烟囱，可以衬覆在碳钢、混凝土、砖体和玻璃钢基材表面。在美国、欧洲、韩国、菲律宾和我国台湾省的发电厂均有应用业绩，而以美国发电厂应用最多。国内陡河电厂、湛江电厂和江苏利港电厂采用进口硼硅酸盐玻璃泡沫衬块将原有的烟囱改造为湿烟囱或用于建新的湿烟囱。

电厂FGD系统应用的玻璃泡沫砖有28和55号两种规格的宾高德玻璃泡沫砖，前者适用于冷热剧烈、频繁交替变化的环境，如FGD系统中的旁路热烟气与已洗涤的低温、饱和湿烟气混合的烟道、吸收塔入口干/湿交界处。后者适用于通常烟气条件下的烟道和烟囱。这两种玻璃泡沫砖的物理特性见表1-14-15。

硼硅酸盐玻璃泡沫块的一个主要缺点是易破碎。人在烟道中行走或用手推车运出烟道中的沉积物时会压损烟道底板上衬覆的玻璃泡沫块，手推车无意的冲撞也会损坏墙面内衬层。有报道在出口烟道中这种材料衬里发生过严重磨损的事例，主要原因是烟道内有造成冲击目标的几何结构。另外，不允许用水力或喷砂的方法来清除这种衬层上的飞灰堆积物。表1-14-16列出了这种玻璃泡沫块的特点。

表1-14-15　　宾高德硼硅酸盐玻璃泡沫砖物理特性

物理特性		宾高德28号玻璃砖	宾高德55号玻璃砖
成分		无机物、硼硅酸玻璃，不含黏合剂	
最高使用温度		517℃（不加载） 425℃（不加载）	199℃
平均热传导率（ASTM，C-518）	38℃	22.9W/(m·℃)[0.084W/(m·k)]	22.8W/(m·℃)[0.084W/(m·k)]
	93℃	25.9W/(m·℃)[0.095W/(m·k)]	26.8W/(m·℃)[0.098W/(m·k)]
	149℃	28.7W/(m·℃)[0.105W/(m·k)]	30.0W/(m·℃)[0.11W/m·k)]
	204℃	31.9W/(m·℃)[0.117W/(m·k)]	
比热容		837J/(kg·℃)	837J/(kg·℃)
密度（ASTM C-303）		12.8mg/cm^3	12.8mg/cm^3
抗压强度（ASTM C-165，热沥青覆盖）		14.0kgf/cm^2	14.0kgf/cm^2
挠曲强度（ASTM C-203，C-204）		621kPa	621kPa
弹性模量（ASTM C-623）		12600kgf/cm^2	12600kgf/cm^2
线性热膨胀系数（ASTM E-228）		8.5×10^{-6}/℃	8.5×10^{-6}/℃
可燃性		不可燃	不可燃
毛细作用		无	无
吸湿率（ASTM C-240）		体积的0.2%（仅表面湿润）	体积的0.2%（仅表面湿润）
水汽渗透		无	无
贮存期		无限期	无限期
玻璃砖外形尺寸		38mm×152mm×229mm	50mm×152mm×229mm

注　1kgf/cm^2 = 9.8×10^4Pa。

表1-14-16　　硼硅酸盐玻璃泡沫块特点

衬层结构	用聚氨基甲酸乙酯胶泥作黏合剂和防渗层，将封闭多孔的硼硅酸盐玻璃块粘贴到钢板或混凝土等基材上
最常应用的区域	吸收塔入/出口烟道、旁路烟道、公共出口烟道和烟囱
较少应用的区域	无

续表

主要优点	1. 质量轻。 2. 易施工。 3. 耐热性好，不受温度波动影响。 4. 极好的隔热材料，可以省去外部隔热层。 5. 有较好的不透水性，能耐受酸凝结物侵蚀（除 HF 酸）。 6. 不燃烧，可长期储存
主要缺点	易碎，极易受机械损坏和冲击磨损。为防止机械损坏可在玻璃砖表面再喷涂一薄层水玻璃胶泥

硼硅酸盐玻璃泡沫块衬覆碳钢基材的衬层结构如图 1-14-13 所示。玻璃块的典型外形尺寸是 150mm×230mm×38（或 50）mm，用一种厚浆型（3.2mm）的聚氨基甲酸乙酯沥青树脂胶泥将玻璃泡沫块黏贴在基材上。施工时，将这种胶泥涂抹在块材的背面和侧面以及基材表面上，再将玻璃块平铺、压实在基材表面，衬块之间的接缝宽约为 3.2mm。

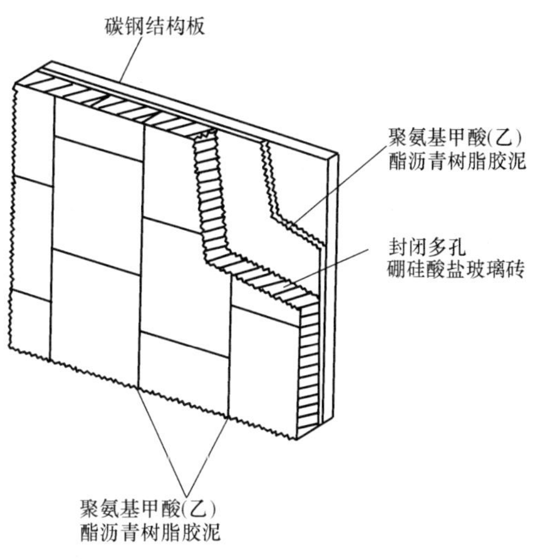

图 1-14-13 硼硅酸盐玻璃泡沫块衬覆碳钢的衬层结构

聚氨基甲酸乙酯胶泥成为防止腐蚀性水分渗入的最后一道阻隔层。由于泡沫玻璃有良好的隔热性，黏合胶泥夹在衬块和基材之间，黏合胶泥层的温度梯度大为减小，水分到达玻璃块下面时，其渗透压力大为下降，使黏合胶泥层免受高温烟气的作用。玻璃泡沫块黏结剂是一种双组分的聚氨基甲酸沥青树脂胶泥，具有弹性，可以用泥刀涂抹。这种黏结剂形成的膜对各种不同的酸、碱和盐溶液均具有较好的抗化学腐蚀性，但有一定的工作温度，处于衬块与基材之间的黏结剂膜，当温度不超过 93℃时，该膜能长期保持弹性。

在衬覆硼硅酸盐玻璃泡沫块之前，需对金属基材表面进行喷砂处理，喷砂表面达到较低等级标准就可以了，不必达到树脂涂装所要求的喷砂等级。金属基材经喷砂处理后也需及时涂覆底层涂料。对于混凝土和砖体基材有两种树脂底层涂料可供选用。施工中也需要做到衬覆表面无飞尘，控制施工湿度和表面温度，但不像增强树脂和橡胶内衬施工要求那么重要和严格。

为了弥补这种材料特别易碎的缺点，一些已衬覆了玻璃泡沫块的发电厂在烟道底板和墙体较低的部位喷涂厚约 13mm 的水玻璃砂浆。喷涂的水玻璃砂浆层可能会有些裂缝，由于这层喷浆的作用是防止机械损伤玻璃泡沫块，因此，这种裂缝对于防腐无关紧要。

目前，已有一种改进后的玻璃泡沫块问世，这种改进型玻璃泡沫块的一侧有一层压碎的硼硅酸盐玻璃与硅酸盐胶泥形成的坚硬的耐磨层。

尽管玻璃泡沫块本身有很高的耐温性，但黏结剂的工作温度不超过 93℃。当这种衬层长时间或经常处于高温环境中时，泡沫块之间勾缝的黏结剂将暴露在高温下，已有报道，黏结剂表面出现收缩、老化和开裂。因此，在应用时应考虑其所处环境的经常性温度。

第八节　主要防腐材料及组件的经济比较

国外已经对 FGD 不同用材选择方案所产生的费用进行了比较，并发表了许多论文，但所有这方面的文献都遇到一些共同的问题，其中一个问题是材料价格（特别是不锈钢、镍基合金以及钛）有很大波动，尤其是镍基合金的价格在近十年里变化较大，这给选材费用的比较带来了困难。在进行不同选材方案的经济比较时，很重要的一点是必须有一个共同的、相近的、可比较的基础。这一比较基础至少应包括以下几方面：①工程基建投资，包括直接投资、间接投资和其他投资；②使用过程中的维护和检修费用；③设备的折旧和贴现率；④使用寿命；⑤其他，如保险、税费等。而假定员工工资与用材选择无关，寿命周期成本中也不包括这一项。另外，如果将增强树脂与合金结构作比较，树脂内衬的费用应包括碳钢基材。在进行其他材料经济比较时，类似这种情况都应采取相同的处理办法。

一般认为根据总建设费用和寿命周期成本来进行材料的经济比较是最为合理的。在进行寿命周期成本的比较时，易产生分歧的是，假定的维护和检修周期和假定的检修费用以及其他一些经济方面的变数。

一、防腐方案相对成本比较

表 1-14-17 列出了湿法 FGD 主要容器防腐方案的相对成本系数的比较结果，这些材料的相对成本系数是美国能源部于 1996 年根据 1992 年的经济评价得出的。为了得出每个方案的总建设费用和现价周期寿命成本（Present-Value-Life-Cycle，PVLC）的范围，考虑了基本建设费用和假定的维修费用，并假定投资费用按每年价格上升 5.0% 调整，11.5% 的现值率（Present Value Rate）和设计寿命 30 年。另外，假定吸收塔无保温，出口烟道的费用包括外部保温，但当采用釉面陶瓷砖/板和硼硅盐玻璃泡沫块方案时，由于这些材料本身有保温作用，因而无需外部保温。假定的维修工作见表 1-14-18。

表 1-14-17　　吸收塔和出口烟道防腐方案的相对费用比较

名　称		吸　收　塔		出口烟道	
		基本建设费用	PVLC 费用	基本建设费用	PVLC 费用
橡胶和增强树脂内衬碳钢	玻璃鳞片树脂	1.0	1.0	1.0	1.0
	6.4mm 氯化丁基橡胶	1.4 ±0.2	1.4 ±0.4	不适合	
釉面陶瓷和玻璃泡沫砖/板	陶瓷砖/板衬砌混凝土	1.1 ±0.1	0.5 ±0.1	不适合	
	陶瓷砖/板衬覆碳钢	1.3 ±0.1	0.6 ±0.2	1.1 ±0.1	0.5 ±0.2
	陶瓷砖/板独立结构	1.6 ±0.2	0.8 ±0.2	不适合	
	硼硅酸盐玻璃泡沫块衬覆碳钢	不适用于吸收塔		1.4 ±0.1	0.7 ±0.2
合金墙纸衬贴碳钢	钛/碳钢局部压合金属板	无应用实例		1.5 ±0.1	0.7 ±0.2
	H-9M			1.4 ±0.1	0.7 ±0.2
	螺栓固定钛板			1.8 ±0.2	0.7 ±0.2
	合金 625	1.7 ±0.2	0.8 ±0.2	1.6 ±0.2	0.7 ±0.3
	C 级合金	1.7 ±0.2	0.8 ±0.2	1.6 ±0.2	0.7 ±0.3

续表

名　称		吸　收　塔		出口烟道	
		基本建设费用	PVLC 费用	基本建设费用	PVLC 费用
轧制覆盖板（1.6mm 合金覆盖在 4.8mm 厚的碳钢板上）	合金 625 覆盖板	2.1 ±0.2	1.0 ±0.2	1.94 ±0.16	0.9 ±0.3
	C 级合金覆盖板	2.1 ±0.2	1.0 ±0.2	1.94 ±0.16	0.9 ±0.3
整体合金板（6.4mm）	6XN 超奥氏体不锈钢	1.3 ±0.1	0.6 ±0.1	1.26 ±0.09	0.6 ±0.2
	合金 625 板	2.7 ±0.3	1.3 ±0.3	2.40 ±0.21	1.1 ±0.4
	C 级合金板	2.7 ±0.3	1.3 ±0.3	2.40 ±0.21	2.4 ±0.4

表 1-14-18　　防腐方案经济比较时假定的维修工作

材　料		吸　收　塔	出　口　烟　道
合金方案		检修工作少	检修工作少
釉面陶瓷砖/板结构			
硼硅酸盐玻璃泡沫块		不考虑	由于磨损，10 年内更换 20% 的玻璃泡沫块
氯化丁基橡胶衬覆碳钢	最好的情况下	在无大量修补的情况下，按每年修补 5%，10 年全部更换	不考虑
	最坏的情况下	在无大量修补的情况下，按每年修补 5%，5 年更换 50%	
优质玻璃鳞片树脂衬覆碳钢	最好的情况下	在无大量修补的情况下，按每年修补 5%，8 年全部更换	
	最坏的情况下	在无大量修补的情况下，按每年修补 5%，4 年更换 50%	

从表 1-14-17 所列数据可看出：

（1）就基建费用而言，玻璃鳞片树脂内衬碳钢的费用最低，如果考虑到现在的 FGD 系统除烟囱还采用陶瓷防腐外，其他部位已不再采用陶瓷防腐结构，那么，其次是橡胶内衬方案，整体合金板的费用最高。

（2）比较几种合金墙纸工艺可看出，钛—碳钢局部压合金属板基建费仅稍高于 H-9M 合金墙纸，螺栓固定钛板的基建费甚至高于 C 级合金墙纸。

（3）比较 PVLC 费用则可看出，合金墙纸衬贴碳钢和轧制覆盖板有很好的经济性，PVLC 费用低于玻璃鳞片树脂和橡胶内衬。

（4）另一个值得注意的情况是，碳钢衬覆硼硅酸盐玻璃泡沫块用于烟道的经济效益界于玻璃鳞片树脂和贴墙纸之间，在不能采用玻璃鳞片树脂防腐的高温烟道中，采用玻璃泡沫有较好的性价比。

整体 625 合金和 C 级合金板的两种费用系数都是最高的，因此在应用时应慎重考虑，可以采用同等级合金的复合板代替。根据腐蚀环境合理选择适当等级的整体合金板，有时费用甚至低于高等级的合金墙纸。

正如前面已提到的，各种方案假定的维修工作往往是最具争论的问题，合金墙纸和轧制覆盖板的 PVLC 费用所具有的经济优势，在很大程度上取决这种假设和维修人工费。例如，国内已有 12 年玻璃鳞片树脂衬里的使用经验，在树脂内衬质量较好的情况下，至少 8 年无需全部更换，这与表 1-14-18 中的假设相差较大。因此，任何一种经济比较很难准确地反映它们的 PVLC 费用，但可以反映出一种趋势，即采用合适的合金材料具有相对较低的长周期寿命成本。

二、喷淋塔和塔内主要组件材料成本比较

表 1-14-19 列出了湿式 FGD 喷淋塔和塔内主要组件的材料成本系数，这是美国 B&W 公司 1997 年对装有多孔塔盘的逆流喷淋空塔所做的材料经济比较。从材料成本系数可看出，国外含 Mo 2% ~4% 的整体奥氏体不锈钢制作的吸收塔总费用低于碳钢衬覆树脂和橡胶，这可能与国外树脂和橡胶衬里的施工费高和不锈钢价格较低有关。树脂和橡胶衬覆碳钢的总费用仍低于 6Mo 超级奥氏体整体不锈钢、整体双相不锈钢以及 C 级合金墙纸，远低于整体 C 级合金。C 级合金墙纸的施工费用虽然很高，但总费用仅比树脂和橡胶内衬高 1.3% ~7.0%，因此合金贴墙纸是一种很有吸引力的内衬材料。采用 C-276，C-22 整体合金板无论总费用还是寿命周期成本都是最高的。

从我国的实际情况来看，由于人工费较低，国产耐蚀合金材料价格较贵，进口这类钢材的关税较高，在短期内大量采用耐蚀合金尚不实现，因此在满足耐磨防腐的前提下，仍应优先选用玻璃鳞片树脂、橡胶、硼硅酸盐玻璃泡沫块、聚丙烯或 FRP 等费用较低的防腐材料。

对于吸收塔托盘则应根据吸收塔的腐蚀环境选择耐蚀金属，6Mo 超级奥氏体不锈钢或 25-Cr 双相不锈钢是性价比较为合适的选择。对于不易检修的重要部位，如湿烟囱，以及对于高温、严重腐蚀的区域或严重磨蚀件，则应侧重考虑材料的耐久性而选用适合的合金材料。应用于这些区域的合金材料一般等级较高，价格高，如果过于侧重经济考虑而采用较低等级的合金，则可能造成今后频繁检修或更换磨损件，这不仅影响装置的可靠性，而且增加了寿命周期成本。

表 1-14-19　　喷淋吸收塔及塔内主要组件材料成本系数

名　称	吸　收　塔			喷淋母管	除雾器	吸收塔托盘
	材料费	安装费	总费用	材料费	材料费	材料费
CS（6.4mm，带加强肋）	1.00	1.00	1.00			
CS + 玻璃鳞片树脂	4.60	1.28	2.15			
CS + 合成橡胶	5.00	1.28	2.26	1.5（内外衬胶）		
316L 不锈钢	4.00	1.00	1.79	2.1		1.0
317L	4.40	1.00	1.89	2.4		1.1
317LMN	5.30	1.00	2.13	2.5	3.0	1.3
AL-6XN/254-SMO	7.55	1.05	2.71			1.9
双相不锈钢 255	7.00	1.05	2.58			1.8
合金 C-276	14.00	1.19	4.55	7.0	7.7	3.5
合金 C-22	14.00	1.19	4.55	7.0	7.7	3.5
CS + C-22 复合板	9.50	1.14	3.34			
CS + C-22 墙纸	4.5	1.43	2.30			
CS + 陶瓷板	6.20	包括在材料费中	2.37			
混凝土/耐酸块材	10.00	包括在材料费中	2.63			

续表

名　称	吸　收　塔			喷淋母管	除雾器	吸收塔托盘
	材料费	安装费	总费用	材料费	材料费	材料费
耐磨 FRP				1.0		
一般 FRP					2.5	
聚丙烯					1.0	

注　费用最低的材料以 1.0 作为基数费用；CS——碳钢。

第十五章　FGD系统的可靠性

FGD系统的可靠性是其工业应用所必须具备的主要条件之一。人们之所以对FGD系统的可靠性特别关注，除了作为工业应用的任何装置都必须具备一定可靠性这一原因外，早期FGD装置可靠性很差也是引起人们担心的原因之一。历史上，人们认为FGD系统不可靠、运行效果差、维修费用高、会降低发电机组的可靠性。但是，随着FGD技术近40年的发展，FGD装置的可靠性早已今非昔比了。本节在简要回顾FGD系统可靠性逐步提高过程的基础上，讨论设计一个具有高度可靠性的FGD系统时必经考虑的设计条件、化学工艺过程和设备等方面的因素。

第一节　FGD系统可靠性发展过程

20世纪30年代，在英国出现了最早的石灰或石灰石法湿式涤气技术，并应用于工业锅炉的烟气脱硫，形成了采用石灰或石灰石浆液脱除烟气中SO_2的湿式洗涤法的初步应用，但是，诸如设备腐蚀、磨损、结垢和堵塞等严重问题很快成为这种系统的主要顽疾。

30年代初期，伦敦电力公司在一台大型锅炉上安装了一台FGD试验装置，试验完成后，在伦敦泰晤士河堤岸的巴特西（Battersee）电厂建成了一套大型涤气装置，这套装置用白垩类$CaCO_3$浆作吸收剂，采取非循环吸收运行方式，用冷凝器排水稀释吸收后的pH值较低的废浆排放液，然后将废浆液排至泰晤士河，结果是将空气污染转变成水污染。由于这一原因和设备腐蚀等原因，该装置被迫关闭。随后英国帝国化学工业公司（ICI）和詹姆斯·豪登（James Howden）公司开发了无固体物排放的工艺流程，并应用于伦敦电力公司的富勒姆电厂。此法用石灰浆或白垩浆循环通过栅条填充塔，吸收塔排出的淤泥过滤除去固体生成物。然而，由于大量难以处理的固体废渣、严重结垢阻塞吸收塔、很高的维修费用以及在二战期间担心烟囱排出的带水汽的烟羽会招来敌机，停止了该装置的使用。

二战后，在相当长一段时间里对控制污染的湿式涤气和烟气净化技术研究的兴趣下降了，直到20世纪60年代这些问题才重新受到重视。

20世纪60～80年代中期的湿法烟气脱硫装置大致属于第一代，多为自然氧化工艺，双回路或单回路非就地氧化工艺以及湿式再生式工艺。第一代湿法烟气脱硫装置仍为严重结垢等问题所困扰，造成频繁停机清垢，可靠性很差，维修费高。另外，设备冗余度高，流程复杂，操作繁琐，对工艺操作要求较高（如再生式），即使美国70年代第一套发电厂FGD系统的可靠性也非常之差。

随着对FGD化学过程的深入了解，20世纪80年代中期前后，出现了控制氧化程度的抑制氧化和强制氧化工艺。随着这两种工艺技术的不断改进，提高了湿法FGD装置的稳定性并降低了投资和运行费用。这两种工艺不但克服了设备严重结垢问题，大大地提高了设备的可靠性，而且强制氧化工艺还生产出可销售的固体副产物——石膏，简化了系统，改善了可操作性，因此这两种工艺成为第二代洗涤器占优势的技术，特别是湿法石灰石强制氧化工艺，在电厂脱硫技术中得到了最广泛的应用。

随着近十年各种新材料的应用，湿法石灰石 FGD 系统的故障已降至很低的程度，即使一些装置在运行中仍会出现故障，通常对降低发电机组的可靠性已无明显影响。大多数 FGD 装置的供应商现已提供合同保证，在性能保证期中（美国通常是运行的头 12 个月）FGD 系统的可靠性不低于 99%。

美国石灰石湿法 FGD 系统的可靠性在 1978～1980 年均为 85%，1985 年提高到 94%。1985 年燃用高硫煤电厂的可靠性为 88%，燃用低硫煤的电厂可靠性为 97%，采用抛弃法机组的可靠性得到提高，但仍为 95% 左右。北美电力安全理事会（NERC）调查、分析了美国 1986～1991 年期间 111 套 FGD 系统的可靠性，得出 FGD 系统对发电机组的等效不可利用系数（EVF）和等效被迫停运率（EFOR）影响很小的结论。这 111 套 FGD 系统在上述期间内的 EVF 和 EFOR 中位数分别仅为 0.23% 和 0.07%。

德国和荷兰，电厂每年仅有 10d 运行时间不投运 FGD 装置，另外附加条件是每次停机时间不能超过 72h。也就是说 FGD 每年必须投运 355d（假设锅炉连续运行），可靠性达到 97.3%。可靠性高的 FGD 系统可达到 99% 或更高。Salvaderi 等人于 1992 年报道了德国 1984～1990 年燃煤电厂和 FGD 装置的可靠性，电厂计划外不可利用率保持在 5.2%～5.9%，而由 FGD 装置造成的计划外不可用率由 1988 年的 1.8% 降到 1990 年的 0.3%。FGD 装置的检修周期相应地延长到 3 年。

在日本，1975 年的可靠性就达到了 95%，1980～1990 年达到了 99%～100%。日本获得很高可靠性的部分原因是燃用了低硫煤以及几乎所有电厂都采用了强制氧化工艺。

我国 1992～1993 年最早投入商业运行的某电厂 2 套 FGD 系统，由于燃用高硫高含灰烟煤，采取石膏部分脱水回收、部分石膏湿排抛弃运行方式，湿排抛浆泵一旦事故停运就将迫使 2 套 FGD 系统全停；再加之由于初期对 FGD 工艺特点认识不足，对衬胶泵过流件的严重磨损始料不及，当时国内又无相应的备件可供替换，完全依靠进口，造成无备件更换而停机，因此，初期投运率偏低，54%～62%。经过配件国产化和技术改造后，到 1996 年已达到 85%（以主机运行小时数为基数），到 2000 年，包括后来（1999 年）扩建的 2 套 FGD 装置，4 套 FGD 系统的综合投运率已达到 90%～96%。2004 年已稳定地达到 95%。由于这 4 套 FGD 系统规定只有当锅炉燃烧稳定停止烧油后才能投运，而主机运行小时是以并网开始计时，并网到停烧油往往需要数小时到十余小时。另外，当主机停运时有时要求 FGD 装置提前停运。如果考虑这两个因素，该 4 台 FGD 装置可投运率已达到 96%，2005 年提高到 98%。在十余年的运行中仅有 2 次因 FGD 电气设备故障造成了主机短时停机。因此，该 FGD 系统几乎就未造成主机可利用率下降。

北京某电厂 2002～2003 年上半年 FGD 投运率按月计已达到 98%～99%，由此可见，随着 FGD 技术的发展、新材料的采用和对环境保护的重视，FGD 装置的可靠性已有很大的提高。

第二节　表示 FGD 系统可靠性的指标

上节中已用到诸如 FGD 装置可靠性、投运率、等效不可利用系数（EVF）和等效被迫停运率（EFOR）等评价装置可靠性的一些专用术语，本节将对上述术语和另外一些同样可以用来评价装置可靠性的术语进行定义。

（1）可靠性（或投运率）——装置运行小时数与实际要求装置运行小时数之比，以百

分数表示为

$$可靠性=\frac{装置运行小时}{实际要求装置运行小时}\times100\% \tag{1-15-1}$$

可靠性的另一种表示方式是，装置运行小时扣除装置强迫降负荷和强迫带负荷运行小时数的差值与实际要求装置运行小时数之比，即

$$可靠性=\frac{装置运行小时-强迫降负荷运行小时-强迫带负荷运行小时}{实际要求装置运行小时}\times100\% \tag{1-15-2}$$

（2）不可靠性（或未投运率）——与可靠性（或投运率）互为补数，用百分数表示为

$$不可靠性=100\%-可靠性 \tag{1-15-3}$$

（3）可利用率——装置可以运行时间（运行时间与备用时间之和）与考核期间的总时间之比，以百分数表示为

$$可利用率=\frac{可运行小时}{考核期总小时}\times100\% \tag{1-15-4}$$

（4）不可利用率——与可利用率互为补数，是装置不可运行时间（与是否实际要求投运无关）与考核期总小时数之比，以百分数表示为

$$不可利用率=100\%-可利用率 \tag{1-15-5}$$

（5）等效可利用系数（EAF）——是一个用来评价装置满负荷运行能力的综合指标，指装置不强制减负荷和不强制带负荷的运行时间以及装置备用时间之和与考核期间总时间之比，即

$$\mathrm{EAF}=\frac{装置不强制减负荷和不强制带负荷运行小时+备用小时}{考核期总小时} \tag{1-15-6}$$

（6）等效不可利用系数（EUF）——EUF 与 EAF 互为补数，EUF 反映装置事故停机、强制减负荷或强制带负荷运行以及计划停机总小时数占考核期总小时数的比例。与 EFOR 相比，EUF 包括了计划停机时间，即

$$\mathrm{EUF}=\frac{事故停机小时+减负荷和强制带负荷运行小时+计划停机小时}{考核期总小时} \tag{1-15-7}$$

或

$$\mathrm{EUF}=1-\mathrm{EAF} \tag{1-15-8}$$

（7）等效被迫停运率（EFOR）——EFOR 表示装置事故停机、被迫减负荷和强制带负荷运行时间占装置要求投入运行时间的比率，即

$$\mathrm{EFOR}=\frac{强迫停机+强制减负荷运行和强制带负荷运行小时}{装置要求投运小时}\times100\% \tag{1-15-9}$$

（8）事故（或故障）平均间隔时间（MTBF）——MFBF 用来表示系统或系统中某一设备连续可运行或不发生故障的时间。

上述评价指标用得较多的是可靠性（投运率）和利用率。国内也有的将可靠性（或投运率）式（1-15-1）和式（1-15-2）称作可利用率。应用这些指标可以从不同角度反映 FGD 装置的可靠性、稳定性以及设备的健康状态。我国投入商业运行的 FGD 系统相对还较少，多数运行时间还较短，目前还没有表示 FGD 装置可靠性的统一指标，但多数 FGD 系统用可靠性（或投运率）式（1-15-1）来表示系统的运行状况。随着我国环境保护有关法规、制度和标准日趋严格以及监测手段的逐步完善，FGD 装置降低出力也将会纳入评价统计。

在有些 FGD 工程招标书中，按式（1-15-1）或式（1-15-2）提出 FGD 装置可靠性保证

值，要求 FGD 装置在正式移交后一年内其可靠性不得低于 95% ~99%，按式（1-15-2）计算的可靠性较严格，也较准确地反映出装置的可靠程度和设备稳定运行的水平。

第三节 影响 FGD 系统可靠性的因素和对策

影响 FGD 系统可靠性的因素主要有设计条件、化学工艺过程和设备。

一、设计条件对系统可靠性的影响

影响 FGD 系统可靠性的设计条件主要是锅炉燃煤性质即烟气特性。燃烧褐煤产生的烟气温度通常比燃烟煤的高 20 ~25℃，而且烟气含水量较高，因此对防腐内衬材料要求较高。德国 1987 年的调查表明，德国燃无烟煤 FGD 装置使机组的可利用率下降 1%，而且燃褐煤机组降低了 3%。另外，燃用高硫煤 FGD 系统的可靠性明显低于燃用低硫煤的 FGD 系统。这不仅因为高硫煤烟气的腐蚀性强，而且由于脱硫量大，脱硫率高，要求的化学工艺参数也较高，任何设计失误或设备容量、类型选择不当都将影响系统的可靠性。例如，强制氧化装置会由于设计不当造成氧化不充分，这不仅会发生结垢，还会影响脱硫效率和石膏纯度，使装置的出力下降。燃烧高硫煤时，烟囱的腐蚀将更严重。另外，产生大量脱硫固体产物，一方面需要增大设备容量，另一方面给固体副产物的处理带来困难。

对于燃用高硫煤的 FGD 系统，特别要注意 L/G，塔内烟气分布均匀性、反应罐体积（即浆液固体物滞留时间），氧化装置的选型、氧化风机容量等参数，防止供应商为片面追求经济利益、选取了裕度较小甚至偏低的参数。

燃煤的灰分或氯化物含量高将使烟气中的飞灰含量和 HCl 含量增加，这些物质最终将进入循环吸收浆液。飞灰会增加浆液的磨损性，飞灰带入浆液中的 Al^{3+} 与 F^- 形成的络合物则会影响石灰石的活性。浆液中的高 Cl^- 含量不仅会增加浆液的腐蚀性、影响废水排放量和材料选择，而且可能影响石灰石的溶解度，从而影响脱硫效率。这些因素在设计中稍有疏忽或处理不当都可能降低系统的可靠性。

二、化学工艺因素对系统可靠性的影响

影响 FGD 系统可靠性的主要化学工艺因素是，亚硫酸钙的氧化程度、除雾器冲洗水质量和浆液中氯化物浓度。

1. 亚硫酸钙氧化程度对系统可靠性的影响

第一代 FGD 系统可利用率低的主要原因之一就是吸收塔模块内部的构件表面迅速形成了大量黏附很牢的亚硫酸钙/硫酸钙硬垢，那时的 FGD 系统几乎都是采用自然氧化工艺，亚硫酸盐氧化率在 15% ~90% 之间。随着抑制和强制氧化工艺的出现和不断改进，使结垢的形成得到控制，一般认为这两种工艺具有相同的可靠性。目前，强制氧化工艺已成为电厂广为选用的脱硫工艺，再加上普遍采用空塔，已基本消除了塔内结垢对装置稳定运行的威胁。但是亚硫酸盐氧化程度仍然是湿法石灰石强制氧化 FGD 工艺重要的控制参数。一个设计较好的 FGD 系统，强制氧化程度应接近 100%。通常，对于低硫煤 FGD 系统，达到这一要求的难度不大。而对于燃用高硫煤、处理大烟气量的 FGD 系统，往往会由于氧化装置设计不合理，例如反应罐直径较大，氧化空气分布不均匀，或由于过于侧重降低投资成本而将氧化风机容量和氧化区的体积设计得偏小，或反应罐区域的设备布置不合理等原因使氧化不充分。如果出现这种情况，仍会发生大量结垢、垢块堵塞喷嘴、卡住蝶阀、堵塞小口经管道或结垢使流道面积减小的现象。这些将引起故障频发、事故停机或降低出力。此外，氧化不充

分还将影响脱硫效率、石灰石利用率和石膏品质等系统性能。

2. 除雾器冲洗水质量对系统可靠性的影响

美国曾对111套FGD系统的可靠性进行了调查。调查结果表明，由于亚硫酸钙/硫酸钙垢堵塞除雾器对FGD系统可利用率下降起了主要作用。这在利用脱硫回收水冲洗除雾器的系统特别要引起重视，必须确保冲洗水中硫酸钙的相对饱和度低于50%，才能避免由于冲洗水质量引起除雾器板片结垢、堵塞，最终迫使吸收塔停运。在回收水中补加一部分工业水是通常防止回收水中硫酸钙相对饱和度较高的方法。但必须强调的是，即使冲洗水质量很好也不能完全保持除雾器板片表面清洁，设计合理的冲洗覆盖范围、冲洗持续时间和冲洗频率是保持板片清洁、避免流道堵塞的关键。另外，在运行管理中保持冲洗水压力和流量、定时检查冲洗阀门是否按程序控制的顺序启闭、避免烟气流量过大也是防止除雾器堵塞的重要措施。近年还发现一些已投入运行的FGD系统，运行人员不明白或不重视除雾器的冲洗作用，有的电厂甚至长时间停止冲洗，造成除雾器堵塞和被压垮。

3. 浆液氯化物浓度对系统可靠性的影响

在第一代FGD系统中，由于低估了吸收塔浆液对吸收塔和吸收塔入口烟道结构材料的腐蚀，烟道和吸收塔的修补成为影响FGD系统可靠性的重要原因之一。浆液对金属材料造成腐蚀损坏的主要因素是氯化物浓度、pH值和温度，其中氯化物浓度变化范围最宽，给金属防腐材料的选择带来了困难，成为由于材料损坏而使FGD系统可利用率下降的主要原因之一。随着对这种环境中浆液腐蚀特点和材料特性认识的提高，通过选择适当的结构材料和安装过程中严格控制内衬和焊接质量，新建的FGD系统已很少由于浆液 Cl^- 浓度而降低系统的可利用率。

三、机械设备对系统可靠性的影响

机械设备影响FGD系统可靠性的主要因素是：运行条件、设备类型、设备容量和备用容量以及结构材料。

（一）烟气系统设备

烟气系统的设备包括增压风机（BUF）、烟道、烟道挡板门以及烟气加热器（如包括在设计中）。这些设备的可靠性直接与它们所暴露的腐蚀环境有关。

1. 增压风机（BUF）

国外少数第一代FGD系统将BUF布置在FGD系统的下游侧（即湿风机运行）。但是，处于这种腐蚀环境的BUF可靠性很差。腐蚀、风机叶片上的沉积物引起的风机振动、调节风门卡涩是造成BUF事故停运和装置被迫降低出力的重要原因。国内的经验也证明了这一点。因此，现在所有美国的设计都将BUF布置在FGD系统的上游侧，我国近年新建成的或正在建设中的电厂FGD系统也未见再采用湿风机的报道。布置在FGD系统上游侧的BUF的工作环境与电厂引风机的相同，因此BUF无需因设备可靠性而提出特殊的设计要求。

德国虽然有成功应用湿态风机的经验，但BUF蜗壳必须采用橡胶或树脂内衬防腐，采用高强耐蚀合金制作叶轮，并且要求执行严格的停机检查制度。

2. 烟道

输送高温原烟气和低温湿烟气烟道的工作环境有很大的差别，输送高温原烟气的入口烟道就FGD系统可靠性来说没有特殊的设计要求。但是，输送低温原烟气的烟道（GGH至吸收塔入口）和输送脱硫后的低温湿烟气的烟道，应分别根据所处的腐蚀环境选择合适的防腐材料、设计合适的排放疏水的设施。特别是靠近吸收塔入口的干湿交界处的烟道处于严酷的腐蚀环境，其特点是高温、干/湿交替、烟道表面有沉积物和含有高浓度的氯化物。美国安全理事会（NERC）的资料指出，烟道材料的腐蚀损坏也是造成降低FGD系统可靠性的主要因素之一。

许多FGD系统都装有旁路烟道，目的是减少FGD系统对发电机组可靠性的影响。但在美国，由于FGD系统的可靠性很高，甚至超过发电机组，同时为了避免因旁路烟道泄漏而影响脱硫效率，另外，因为相当一些FGD系统采用全金属制作，或机组是一炉多塔，或设置有备用吸收塔模块，所以也并非所有的FGD系统都设计有旁路烟道。虽然在美国许多新建的FGD系统仍设计有旁路烟道，但现有的一些FGD装置有的已拆除（或永久封堵）了原有的旁路烟道，原因是这些旁路烟道从来就未曾用过或很少被用上，以至旁路控制挡板的操作机构失灵。

但我国电厂FGD系统的情况与美国的不完全相同：首先，除了FGD系统的可靠性和管理水平有差距外，都是一炉一塔，甚至是两炉一塔，而且都是采用橡胶与树脂内衬为主要防腐材料；其次，机组启动锅炉燃烧不稳定仍烧油时，不允许投运FGD系统；再次，从确保发电机组安全运行来说，还必须设置旁路烟道。

3. 挡板

FGD系统的挡板起隔离作用，当发电机组处于运行状态，FGD被迫停机检修时，FGD系统入/出口挡板应能隔断这两个系统，确保被隔离的FGD系统具备人员进入系统内长时进行检修工作的安全条件。当机组出现空气预热器故障或脱硫岛全岛失电，吸收塔循环泵全停时能迅速关闭入/出口挡板。旁路挡板则要求FGD系统正常运行时能隔断原烟气向清洁烟气侧泄漏，在FGD系统发生事故停机时能迅速开启旁路挡板，确保不影响发电机组的正常运行。

我国电厂投运较早的一些湿法石灰石FGD装置由于长期将旁路挡板开启运行，因此FGD系统的运行几乎不影响本身和机组的可靠性。新建的一些电厂FGD系统关闭旁路挡板运行，已发生过旁路挡板拒动影响锅炉炉膛负压，烧损吸收塔内部组件的事故，因此，确保挡板（尤其是旁路挡板）操作的可靠性对于保证系统和机组安全、稳定运行是至关重要的。挡板常发生的故障是叶片与挡板框架卡涩，或叶片转轴、轴承锈蚀而动作失灵；烟道底部积灰使挡板门关不到位；烟道变形，使开、关时不能到位，关闭时影响严密性；运行中挡板门位移，限位开关动作，发出挡板门关闭信号致使系统事故停机。旁路挡板由于长期不操作，发生拒动的可能性较大。挡板卡涩的主要原因是用材不当，因锈蚀而引起卡涩。因此处于低温腐蚀环境的挡板不仅叶片、转轴和密封片要采用耐腐蚀合金，挡板的框架也应采用与叶片相同的耐蚀合金覆盖碳钢板作结构材料。叶片转轴的轴封设计应能防止腐蚀气体和烟尘等固体颗粒物进入轴承中。为了确保旁路挡板操作的可靠性，可以将叶片分成2~3组，由各自独立的操作机构进行操作，以降低事故时不能开启的风险。在锅炉低负压时，试转动挡板门，避免长期不操作转动部件被卡死。最好定期，如每周或每天开启一次旁路门。如果挡板采用电动操作机构，操作电源应绝对可靠。如果采用气动操作机构，应在就地设置一定容量的气罐，在空压机停止供气的情况下也能迅速开启旁路挡板和关闭入/出口挡板。

为了保证挡板的密封性，大多数选择两级百叶窗式挡板，在两级百叶门之间鼓入密封空气，也有采用双层单百叶窗式挡板，当这两种挡板关到位后，鼓入的空气压力大于挡板两侧的烟气压力，密封性应该不成问题，在实际运行中往往由于挡板关不到位，或挡板门制造质量差，挡板在关闭位置时叶片之间或叶片与框架之间的空隙过大，致使形不成一定气压而造成烟气泄漏。

4. 烟气加热器

在对烟气加热器的看法上，美国与欧洲及日本有截然不同的态度。美国 NERC 的调查显示，在他们调查的 111 套 FGD 装置中，烟气加热器对于降低等效不可利用系数（EUF）和等效被迫停运率（EFOR）影响很小。因此，美国自 20 世纪 90 年代中期以后，很少有 FGD 系统设计烟气加热装置，除了有充分理由证明需要提高烟羽的浮力和扩散能力。早期安装烟气加热器的另一个理由是降低对出口烟道、烟囱的腐蚀，现在对于不采用烟气加热器所形成的腐蚀环境，则宁可通过选择更耐腐蚀的材料来满足。德国、日本以及我国已建的电厂 FGD 系统大多数装有烟气加热器，近年德国、日本有扩大采用湿烟囱工艺的趋势，我国一些在建或拟建的电厂 FGD 系统也有这种应用趋势。

GGH 和 SGH 是最常采用的烟气加热方式，但是，再生式回转换热器运行一段时间后烟气泄漏率的增大以及换热板的堵灰、沉积物的板结，管式 GGH 和 SGH 的堵灰和换热管的腐蚀穿孔仍是令人烦恼、易发的故障。特别是燃用高硫煤的 FGD 系统，国内管式 GGH 和 SGH 的应用都不太成功，漏管成了引起 FGD 系统事故停运的最主要原因，造成 FGD 系统的大量检修工作都花费在 GGH 上，GGH 的检修、改造、更换费用占了系统年检修费用的主要部分。对于低硫煤，上述情况要缓和得多，大多选用再生回转式 GGH，运行效果虽然要好些，但换热板的堵灰、沉积物的板结和冲洗效果不理想的问题仍不断有所反映。对于高硫煤，选择回转式 GGH 主要的担心是，运行一段时间后泄漏率增大将影响脱硫效率，这对高硫煤是个较为突出的问题；另外，认为回转式 GGH 换热片板间距小，更易堵灰。但是，根据国内高硫煤 FGD 系统采用回转式 GGH 较长时间的运行经历，综合比较回转式和管式 GGH 的优缺点，高硫煤 FGD 系统选择前者仍优于后者。

减少烟气加热器故障的措施有：选择合适的防腐材料制作烟气加热器；降低进入 FGD 系统烟气温度和含尘量；及时维护回转换热器的密封装置；防止吸收塔浆液带入 GGH 原烟气侧和降低穿过除雾器的液滴量；提高吹灰效果。对于燃用高硫煤的系统，在 GGH 原烟气入口上游侧烟道中喷射少量石灰石粉，有利于减缓管式 GGH 的腐蚀，延长换热管束组件的使用寿命。

（二）吸收塔模块

早期 FGD 系统设计需要做出的最重要决策之一是吸收塔模块的数量和容量，与这一决策有关的是确定吸收塔是否有理由要设置一个备用喷淋层。但目前，由于吸收塔可靠性的提高，为了降低投资成本，一炉多塔或多炉共享一个备用塔的设计方案已不为人们所接受，代之是大容量（单塔已能处理在标准状态下 306 万 m^3/h 的烟量）、一炉一塔，甚至两炉一塔，已成为第三代 FGD 系统的发展方向，因此对吸收塔模块的可靠性提出了更高的要求。

吸收塔模块的主要故障是：内衬损坏，塔壁穿孔漏浆；喷嘴堵塞和磨损；固定管网式氧化布气管堵塞，如果气管固定抱箍松动、脱落，气管将抖动，甚至折断；吸收塔循环泵过流件磨损；液柱塔喷管磨穿以及除雾器堵塞。减少这些故障发生的措施是：合理选择耐腐蚀、耐磨损材料；有适当的备用容量，例如设计一个备用喷淋层，设置 3 台 50% 容量的氧化鼓风机；采用化学系统添加剂来弥补吸收塔循环泵运行台数的减少是简单易行的方法；设计合理的除雾器冲洗系统和配备必要的监测仪器以及正确管理除雾器的运行是防止除雾器堵塞的有力保证。

（三）吸收剂浆液制备设备

熟化石灰球磨机和石灰石的球磨机具有出力大和高可靠性的特点，石灰或石灰石每小时产出量可达到 110t，故障平均间隔时间超过 6 万 h。球磨设备的供应商推荐他们的设备每天

24h 运行，这是因为球磨机启停时，设备受力作用最大。从设计有效容量大的观点出发，通常的作法是设计 2 个吸收剂制备系列，每个系列由日贮存罐、皮带输送机、球磨机和分级系统组成。每个系列的容量是，24h 内可以生产出 FGD 系统设计工况下吸收剂浆液日耗用量，也就是说，2 台球磨机可以每天工作 12h，这种 2 系列运行方式有充裕的时间对球磨机和辅助设备进行定期检修，而不会影响吸收剂制备系统的可靠性。

一个电厂往往有多台发电机组，在可能的情况下应将吸收剂制备系统、脱水系统以及固体副产物第三级处理系统作为公用系统统一规划。例如对所有脱硫装置所需要的吸收剂浆液由一个单独的吸收剂制备系统提供，对每台 FGD 装置配置一条或多条球磨系列，共享一个备用球磨系列。

尽管厂内湿磨制备吸收剂浆液具有较好的经济效益，球磨机也是电厂熟悉的设备，但据了解，湿磨制浆系统仍是 FGD 系统故障率较高的装置。因此，从 FGD 系统管理角度来说，在有可靠石灰石粉供应的情况下，还是选择外购石灰石粉为好。

对于外购石灰石粉的电厂设计集中配、供浆系统，既便于管理也可减少占地和投资成本。如每台 FGD 装置设置一个石灰石粉仓和配浆系统，那么至少应使相邻的 2 台 FGD 装置的吸收剂供浆系统互为备用，以提高供浆的可靠性。

（四）固体副产物处理设备

固体副产物处理设备可以由一级脱水设备、二级脱水设备以及三级处理设备组成。

1. 一级脱水设备

一级脱水可以采用沉淀池或水力旋流分离器。虽然一级脱水设备可以中断数小时而不会限制 FGD 系统的运行，但通常这种设备必须 24h 连续工作。

当采用沉淀池作一级脱水设备时，典型地是采用 1 个满负荷或 2 个较低负荷的沉淀池。造成沉淀池事故停运的主要原因是，沉淀池出口堵塞，刮泥机被淤泥掩埋以及刮泥机驱动设备发生机械或电气故障。如果发生这种故障，需要排空沉淀池，清除淤泥和修复故障设备，这可能需要停运沉淀池数天，出现这种情况将影响 FGD 系统的可利用率。因此，常见于采用 2 个 50% 容量的沉淀池系统，在有多台 FGD 装置的系统中，1 个公用的备用沉淀池为所有 FGD 装置所共享可能是较为合理的设计。由于沉淀池占地面积大、投资成本高和浓缩效率低，新建的 FGD 系统几乎都不再采用了。

水力旋流分离器由于投资成本低、占地少、浓缩效率高以及可靠性较沉淀池高而广泛应用于 FGD 强制氧化工艺中。可以根据一级脱水流量设置一台或多台水力旋流分离站，每个分离站的浆液分配罐上装有多支旋流分离器，可以选择其中的 1 个或多个旋流分离器作备用。当单个旋流分离器发生故障时可以在较短时间里完成换新工作，而不会影响旋流分离站的整个运行。这种装置没有运动部件，主要故障是旋流分离器内衬磨损，通常采用聚氨酯树脂内衬。各旋流分离器的进浆阀必须采用耐腐蚀、磨损的金属，否则会发生阀芯腐蚀、磨损或生锈卡涩的故障。由于无需经常操作各旋流分离器的进浆阀，选用插板阀较适合。如果底流浓浆的汇集漏斗槽为敞开的，蒸发的水雾将腐蚀分离站的金属部件。浆液本身如果有结垢倾向或管道较长，旋流分离站的浆液分配罐和溢流浆罐以及与其相连的管道可能会出现结垢。

水力旋流分离站通常布置在底流浆罐的上方，分离出来的底流浓浆依靠重力经浆管直接流入底流浆罐。一般是每台装置设置一个底流浆罐，底流浆液含固量较高，质量百分数为 40wt% ~60wt%，需配置搅拌器，搅拌器的减速齿轮和连轴法兰是易发生故障的部位。底流浆罐贮存容量视工艺而定，有的按固体副产物最大日产量和二级脱水装置每天运行的小时数来确定；有的将罐体设计得较小［仅 $2m^3$，见图 1-12-15（f）］，保持溢流状态。在权衡可靠性、投资成本和搅拌非常大的贮存罐的难度时，往往更多地考虑后两个因素来决定底流液罐的大小。另外，底流浆液搅拌时间不宜过长，否则会减小石膏结晶的粒度、影响固体物的过滤特性。因此，底流浆在贮存罐中的停留时间应限制在 12h 之内。

在一些采用水力旋流分离站作为一级脱水的较新的设计中，不设底流浆罐。旋流分离器的罐体直接与每个二级脱水装置（例如卧式皮带过滤机）相连，旋流器的底流液依靠重力直接送至过滤机，这样省去了底流浆罐、搅拌器、过滤机给料泵、浆管和阀门。

2. 二级脱水设备

采用卧式真空皮带过滤机作二级脱水设备的定期维护和检修工作不多，过去布带搭接头处易于损坏，经改进后的布带搭接头已明显提高了使用寿命。皮带过滤机常发生的缺陷是皮带和布带走偏；由于固体副产物脱水性能恶化或操作不当造成滤饼含水偏高而堵塞下料斗；当布带有破裂，将造成滤液含固量增多甚至游积堵塞滤液接受罐；当石膏脱水性能差或布带刮板调整不好时，布带上会粘附过多的石膏，造成堵塞滤饼冲洗水罐、泵以及相关的管道。因此，有些脱水系统取消了滤饼冲洗水罐，改用工业水冲洗滤饼。

离心过滤机定期维护和检修工作较多，我国电厂尚无选用离心过滤机的 FGD 系统。

脱水设备的系列数根据脱水固体物的设计产量来确定。无论采用何种类型的二级脱水设备，一个备用系列应该包括在设计中。备用系列可以为多台发电机组所共享，也可以每台发电机组分别配置一个备用系列。正如前而已提到的，从降低投资成本、减少占地出发，对于有多台机组的发电厂应作长远考虑，设计公用脱水系统，集中处理全厂的石膏浆液。

二级脱水后的固体副产物一般经输送皮带送至第三级处理设备或送往临时贮存仓。

3. 固体副产物第三级处理设备

在对固体副产物进行稳定化和固定化处理的系统中，用来将固体物废渣与飞灰和生石灰混合的搅拌混料机有效容量超过 180t/h，因此只需 1 台或 2 台混料机就能满足大多数 FGD 系统的要求，为检修和清洗方便，建议设置一个备用混料机。正如先前讨论的，备用混料机可作为数台发电机组所公用。在这种固体副产物处理系统中，还需设置一个飞灰和石灰日贮存仓。

我国近年建的电厂 FGD 系统还没有这类固体废渣处理设备。少数燃用低硫煤机组的 FGD 系统，由于脱硫石膏日产量较低或由于所处地理位置不允许作废弃处理，对脱硫后的全部石膏浆液进行脱水处理，得到的石膏副产品烘烤脱水后制成石膏板外销，或直接外销脱硫石膏。相当一些 FGD 系统由于缺乏脱硫石膏市场，仅能回收部分脱硫石膏，部分或大部分石膏湿排至灰场。一些计划建设 FGD 系统的电厂也苦于石膏销路，或基于降低投资成本，而不想设置脱水装置，选择湿排灰场作为最简单的处理办法，或打算将全部脱硫固体废渣填埋处理，但不对填埋坑作任何防渗处理。这些不规范、不符合环境保护的废浆、废渣的处理方法也许在我国某些地区、在一段时间内尚不被禁止，但这绝不是长宜之计。这种造成二次污染（污染地下水）的处理方法终将会被日益严格的环境保护法规所禁止。因此电厂应有长远眼光，积极开拓脱硫石膏再利用市场，尽早考虑符合环境保护的脱硫废渣处理方法，或留有场地，在适当的时候增建适合的处理设备。

第十六章　化　学　监　测

虽然在湿法 FGD 系统中装有许多在线监测仪器，可以及时反映工艺过程的主要性能参数，但化学分析仍然是不可或缺的离线监测、控制手段。本节将介绍 FGD 化学监测目的、任务，化学分析项目，分析结果的计算和判断。

由于电厂燃煤管理不属于 FGD 系统的工作范围，而且在本篇第一章中已对煤中硫的测定作了一般性介绍，因此本节不涉及煤的化学分析。但电厂 FGD 工程技术人员应掌握燃煤中硫、氯、氟含量的变化。

第一节　化学监测的目的和任务

一、化学监测目的

在一个化学工艺过程中往往有多种物质参与了复杂的物理、化学反应，在线仪表只能反映一些影响工艺过程，需要及时调整、控制的主要参数。还有相当多的参数（特别是物质化学成分）是间接控制，目前还无法用在线仪表反映出来。因此，往往需要通过化学分析来揭示工艺过程最本质的内在特性。在线分析仪可能发生偏差或故障，也需要用化学分析方法定期校验。另外，系统还可能出现一些难以判明起因的异常现象，装置运行一段时间后需要重新优化工艺参数，这些都需要借助化学分析方法去查找原因和选择最优参数。概括起来，在 FGD 工艺中，化学监测的目的有以下几点：

（1）校核在线仪表。

（2）定期检测工艺过程中的各种流体。这实际上是在线监测的一种补充监控手段，例如石灰石粉、石灰石浆液粒度和成分分析，循环吸收浆液、副产物石膏主要成分分析。

（3）鉴别和查找工艺过程出现的问题。例如当固体副产物石膏中未反应的石灰石含量偏高时，需要通过分析石灰石、吸收塔循环浆液来查找原因。又例如，通过分析腐蚀介质，腐蚀产物来判断腐蚀的原因。

（4）测定 FGD 系统的性能。FGD 系统安装、调试后须通过一系列考核试验来验证 FGD 装置能否达到设计性能保证值，通过化学分析结果来描述 FGD 系统的性能。在 FGD 装置运行一段时间后也需要测试系统性能，以判断系统性能的稳定性。

（5）优化系统性能。通过一系列化学分析判明整个系统或某个子系统目前的性能，如果其性能下降则需寻找最佳运行参数，使系统达到预期的性能并获得较好的经济效益。

（6）按环保标准检测系统排放物是否达到标准；检测原材料和脱硫副产物是否达到购入和外销合同所规定的要求。

由此可看出，化学监测在 FGD 装置经济、稳定运行中担负了重要的责任，电厂应根据化学监测目的确定化学监测任务，制订 FGD 化学监测项目和程序。

二、化学监测任务

根据上述化学监测目的，一个 FGD 化学监控方案包括三种类型的化学分析。

1. 操作和控制过程中的日常分析

进行这类分析是为了校验在线仪表，为工艺过程的控制和操作提供反馈信息。需要定期用化学分析方法校验的在线仪表有：FGD 入/出口 CEMS（用于测定 SO_2、NO_x、O_2、H_2O 以及烟气温度、压力和流量），浆液和废水处理采用的 pH 计和 Cl^-、F^-浓度计，吸收剂浆液和吸收塔循环浆液密度计等。分析周期根据仪器制造厂商的规定和仪器实际运行情况确定。

2. 为监测性能进行的日常分析

这类日常分析工作是为了监测吸收塔模块和辅助系统（吸收剂制备和副产品处理子系统）的性能。检查这些系统在运行中是否达到了设计性能，尽早发现 FGD 系统发生的非正常的性能变化。为此，需对 FGD 系统以下各种物流进行日常分析：

（1）对吸收塔循环浆液的固、液相或石膏副产物进行化学分析以确定吸收剂利用率和亚硫酸盐的氧化效率。

（2）对吸收塔循环浆液的液相进行化学分析，确定 $CaSO_4$、$CaSO_3 \cdot 1/2\ H_2O$ 等关键化合物的相对饱和度，判断结垢趋势。测定液相 Cl^-、SO_3^{2-} 浓度以评价浆液的腐蚀性和液相 SO_2 吸收能力。

（3）对吸收剂浆液（或现场研磨的石灰石粉样）进行成分、含固量和粒度分析，检查吸收剂制备系统的工作特性。

（4）检测液力旋流分离器底流和溢流中 $CaCO_3$ 和固体物含量，确定分离效果。

（5）测定固体副产物石膏的游离水，水可溶性 Cl^-、F^-、Mg^{2+} 离子或总可溶性盐含量，检查过滤机脱水和石膏饼冲洗效果。

（6）分析工业水、FGD 回收水，检查水质变化情况。分析处理前后的废水，检查废水处理系统的工作情况。

这类化学分析的特点是，在 FGD 系统工作寿命的整个期间都应按化学监测制度（按日、周和月）不间断地进行分析。分析项目和周期则随 FGD 系统工艺类型、工艺流程、工艺过程的稳定性和监测目的而变化。

表 1-16-1 列出了湿法石灰石 FGD 系统正常运行时推荐的化学分析项目和分析周期。

表 1-16-1　　FGD 系统正常运行时的分析项目和分析周期

采样对象和位置	分析项目	建议周期
FGD 入口原烟气	烟气成分：CO_2、O_2、CO、N_2、H_2O、SO_2、SO_3、NO_x、HCl、HF、烟尘 烟气流量、温度	3 月一次
FGD 出口（或烟囱入口）烟气	烟气 SO_2、NO_x、固体颗粒物、水雾含量、烟气流量、温度	3 月一次
入厂吸收剂（石灰或石灰石）	粒度、活性、消化速度 化学成分、自由水、烧失量和酸不溶物	半月一次（或按批次或按吨位数取样）
吸收剂配制过程	浆液浓度、粒度、pH 值和密度	1 日一次
吸收塔循环浆液	浆液浓度、温度、pH 值和密度 化学成分（主要为 $CaCO_3$、$CaSO_4 \cdot 2H_2O$、$CaSO_3 \cdot 1/2H_2O$、Cl^-、F^-、化学添加剂浓度）	1 周一次 2 周一次
水力旋流分离器	溢流和底流浆液浓度、浆液中 $CaCO_3$ 含量	1 周一次
回收水	固体悬浮物、Cl^-	1 周一次

续表

采样对象和位置	分析项目	建议周期
工业水	pH 值、固体悬浮物、Cl^-	1 月一次
脱硫石膏（外销）	游离水、pH 值 化学成分（$CaSO_4 \cdot 2H_2O$、$CaCO_3$、$CaSO_3 \cdot 1/2H_2O$） 可溶性物总量（Cl^-、F^-、Mg^{2+}）	半月一次（或按产量取样）
废弃浆液	pH 值、COD、BOD 溶解物：Ca^{2+}、Mg^{2+}、Cl^-、F^-、SO_4^{2-}、$S_2O_6^{2-}$、重金属离子	2 月一次
经废水处理系统排放的废水	温度、pH 值、固体悬浮物、F^-、硫化物、COD、可能超标的重金属	半月一次

3. 按照环保标准和有关合同要求进行的论证性化学分析

这类分析是检查 FGD 系统排放的废水、废浆和废渣是否符合环保规定的标准，核查购入的吸收剂、废水处理药剂和外销的脱硫固体副产物石膏是否符合合同规定的要求。至于对电厂排放烟气的环保监测，当电厂 FGD 系统装有固定污染源排放烟气连续监测系统（CEMS）时，则由 CEMS 来监测排放烟气。

对于未装 CEMS 的 FGD 系统，如果 FGD 系统处理锅炉 100% 的排烟，FGD 系统 DCS 测出的出口 SO_2、NO_x 浓度应遵守火电厂二氧化硫和氮氧化物最高允许排放量标准。如果 FGD 系统处理锅炉部分排烟，那么，还应在电厂烟囱入口定期监测排放烟气参数（温度、压力、流量、湿度、含氧和二氧化碳量）、烟气中颗粒物、二氧化硫、氮氧化物浓度。

FGD 系统经废水处理装置排放的废水应按照国家污水综合排放标准进行定期检测。

FGD 系统向灰场排放的废浆应测定 pH 值、COD（c_r）、BOD_5、硫化物、溶解物（Ca^{2+}、Mg^{2+}、Cl^-、F^-、SO_4^{2-}、$S_2O_6^{2-}$）以及主要重金属离子。

FGD 系统废弃的脱硫固体废渣应如同废浆液一样测定可溶解物。

对购入的石灰、石灰石和外销脱硫石膏需定期或按批次抽样进行化学分析。根据购销合同规定的有效成分、主要杂质或有害成分含量来确定分析项目。

第二节 化学监测项目和石膏浆液分析流程

一、化学监测项目

合理选择化学监测项目是每项监测工作首先要解决的问题，通常是按有关规定或监测目的来确定监测项目。对于后一种情况，监测项目过多既浪费人力、物力也无助于达到监测目的。但是，如果漏选了应做的项目，则可能导致试验无法得出正确的结论。因此，最好由懂 FGD 工艺和熟习化学分析的工程师共同议定分析项目。

表 1-16-2 列出了 FGD 吸收剂生石灰、石灰石和副产物石膏可供选择的化学分析项目。该表中活性试验一栏的生石灰和石灰石的活性试验滴定装置和滴定曲线见图 1-16-1，可以采用活性试验，运用对比方式来检查进厂生石灰和石灰石的活性变化情况，也可以采用活性试验确定 FGD 工程设计用生石灰和石灰石的活性指标，用以编写工程标书。有关生石灰和石灰石活性以及活性试验更详细的资料可参见本篇第九章。

表 1-16-3 ~ 表 1-16-6 分别列出了 FGD 烟气监测项目，FGD 工艺过程中石灰、石灰石和石膏浆液的分析项目，FGD 工业水、回收水和废水化学分析项目以及脱硫工艺中垢块分析

项目。FGD 湿排废弃浆液的分析项目可参考表 1-16-4 和表 1-16-5 来选择。上述表中标有◎的为常规分析项目，标有○的为选择项目，电厂在调试、性能考核和正常运行时可根据实际情况和需要选择分析项目。

我国对固定污染源排放烟气和排放废水规定了测定项目和分析方法，读者可参考有关分析手册。但对于 FGD 吸收剂、工艺过程的浆液尚无行业分析标准，尽管其他工业行业有类似的分析方法可供参考，但不可完全套用。上述表 1-16-2、1-16-4 主要介绍了日本三菱的分析方法。目前我国已投运的电厂 FGD 系统几乎都是引进国外技术专利，因此供应商有责任提供相关的分析方法。可供参考的分析方法有，美国 EPRI 于 1990 年编制的标准 CS-3612《FGD 化学原理和分析方法手册（卷 1、卷 2）》、日本三菱重工广岛研究所编写的《FGD 装置分析手册（1 ~ 4 卷）》、德国 VGB-M701 脱硫石膏分析方法以及德国两家主要脱硫公司（鲁奇能捷斯和斯坦缪勒）有关脱硫石膏浆液和石灰石分析方法。

表 1-16-2 ~ 表 1-16-6 所列项目大多数为常规分析，但表 1-16-2 和表 1-16-4 中的"全碳酸盐"分析方法具有一定的特点，现结合图 1-16-2 简要介绍 2 种碳酸盐分析方法。

图 1-16-2（a）是日本三菱分析石膏浆液中未反应碳酸盐的试验装置图。测定原理是，试样在碳酸盐测定装置的分解瓶中被盐酸分解，试样中的碳酸盐分解释放的 CO_2 被氢氧化钡溶液吸收，用盐酸标液滴定过剩的氢氧化钡，求出碳酸盐总量。试验方法是，在烧瓶 D 中加入 0.05NaOH 溶液 50mL、1% $BaCl_2$ 溶液 30mL（含有酚酞乙醇指示剂）。将 10 ~ 25mL 试样放入试样分解长颈烧瓶 B 中，加入 2mLH_2O_2（15%）和蒸馏水至 50mL 刻度，再加入甲基橙指示剂数滴，摇均匀后经滴液漏斗 A 滴加 1∶5 盐酸液至指示剂显红色，再加 1∶5 盐酸液 1 ~ 2mL。加热烧瓶 B，使球形器皿 C 中蛇形玻管滴出的冷凝液每分钟 1 ~ 2 滴，再加热 15min。停止加热后关闭 G，夹紧 F，将吸收装置 C、D 与分解装置 B 分离，剧烈摇动吸收装置 5min，开启 G、F 让吸收液流回 D 中，用少量蒸馏水洗涤 C 和 C 中的蛇形管，洗涤液并入 D 中。将烧瓶 D 装上滴定管 H，用 0.05mol/L 盐酸标准溶液滴至红色消失。以同样方式做空白试验。按下式计算试样中全碳酸根浓度 To－CO_3（mol/L）

$$\mathrm{To-CO_3(mol/L)} = (a-b) \times 0.025/V$$

式中　a——空白试验 0.05mol/L 盐酸标准液消耗量，mL；

b——试样消耗 0.05mol/L 盐酸标准液量，mL；

V——试样体积，mL。

上述分析方法的特点是，所有仪器可向玻璃仪器厂定做，价格便宜，测定精度满足生产要求，但操作手续较繁琐。

图 1-16-2(b)是采用 DL-50 自动滴定仪测定石膏副产品中未反应碳酸盐含量的装置图。测定方法是,将 1.0g 经烘干除去游离水的石膏置于滴定瓶中,用除盐水稀释,加入 0.5 ~ 1m LH_2O_2, 5min 后用自动滴定仪准确加入 10mL 0.1mol/L 盐酸标液,搅拌 5min 后用 0.1mol/L 的 NaOH 标液自动滴定过剩盐酸。整个滴定过程在设定好滴定终点 pH 值后可自动完成,并显示滴定结果。如果测定循环吸收浆液中过剩碳酸盐,则需滤出固体物烘干后按上述方法操作。

DL-50 自动滴定仪测定未反应碳酸盐的方法在常温下进行，测定结果可能低于三菱的测定结果。

DL-50 自动滴定仪相对测量误差 0.1%，分辨率 0.1mV 或 0.002pH，可采用 1、5、10、20mL 不同体积的自动滴定管，滴定管体积分辨率为 1/5000 滴定管体积。采用不同电极可以实现酸碱滴定、氧化还原滴定、卤素滴定、络合滴定和卡尔费休水分等滴定。整个滴定过程自动完成，消除了人为判断终点的误差，分析手续简单、劳动强度低，但这种自动滴定仪价格较贵，在10万元人民币左右，配件依赖进口。目前电厂FGD系统多采用这种滴定仪。

表 1-16-2 FGD吸收剂生石灰、石灰石和固体副产品石膏分析项目

项目	表示方式和单位①	分析方法简介	生石灰	石灰石	石膏
游离水	wt%	称重法，45℃烘至恒重		◎（粉状）	◎
比表面积	cm^2/g 或 μm	透气比面积测定法。由比表面积计算出比表面积直径（或体积表面积平均直径）	○	○（粉状）	
粒径分布或粒度	累计筛余 wt% 或 μm 或通过某筛号的百分率（%）	筛分法，绘出对数正态分布曲线，得出 d_{50} 粒径（μm）或测定通过某筛号的百分率（%）	○	◎（粉状）	
活性试验	盐酸耗量与时间的滴定曲线	滴定法，在恒定pH值下测定盐酸标液耗量与滴定时间的关系（见图1-16-1）②	○	○	
消化速度	1. 温升曲线。 2. 全部消化反应时间。 3. 总温升	1. 测定消化时间与温升关系。 2. 测定加入试样到30s～5min内温升第1次低于0.5℃之间的消化反应时间。 3. 每30s记录一次温升，将消化反应最终温度减去开始试验前溶液温度	○		
结合水	wt%	干基试样250℃烘至恒重，测定损失质量			○
烧失量	BL：wt% 或 mg/g	1000℃灼烧至恒重，测定烧失质量	◎	◎	
pH值		用pH计测定试样水溶解液pH值			○
全碳酸盐	To-CO_3：wt% 或 m mol/g	采用图1-16-2（a）所示碳酸盐测定装置，用盐酸、H_2O_2 分解试样，用含有 $BaCl_2$ 的NaOH标液吸收分解的 CO_2，盐酸标液回滴剩余的NaOH或采用图1-16-2（b）DL-50自动滴定仪，用 H_2O_2 氧化试样中的亚硫酸盐，用过量盐酸标液溶解试样，用NaOH标液滴定剩余盐酸，电位法测定终点	◎		◎
全硫	To-S（包括硫酸盐和亚硫酸盐）：m mol/g To-SO_4（硫酸盐）：m mol/g或 wt%	H_2O_2 氧化、盐酸溶解试样，滤除酸不溶物，对滤液进行 $BaSO_4$ 质量分析或对 SO_4^{2-} 进行离子交换法分析	◎	◎	◎
亚硫酸盐	SO_3：m mol/g 或 wt%	用盐酸处理试样， 碘—硫代硫酸钠容量法或采用DL-50氧化还原电位滴定法②			◎
全钙	To-Ca：m mol/g CaO：wt% $CaCO_3$：wt% $CaSO_4 \cdot 2H_2O$：wt%	用盐酸溶解试样，分离酸不溶物，用EDTA容量法测定滤液中 Ca^{2+}	◎	◎	◎
全镁	To-Mg：m mol/g $MgCO_3$：wt% $Mg(OH)_2$：wt% MgO：wt%	试样处理方法同“全钙” 1. 亚硫酸钠沉淀分离 Ca^{2+} 等，EDTA容量法测全 Mg^{2+}。 2. 用草酸铵分离 Ca^{2+} 等，用EDTA容量法分析	◎	◎	◎
铁	Fe_2O_3：wt% Fe：wt%	试样处理方法同“全钙” 将滤液中 Fe^{3+} 还原为 Fe^{2+}，采用邻菲罗啉分光光度法测定 Fe^{2+}	○	○	○
锰	MnO：wt%	亚砷酸钾容量法 高锰酸分光光度法	○		

续表

项 目	表示方式和单位[①]	分析方法简介	生石灰	石灰石	石 膏
铝	Al：m mol/g Al_2O_3：wt%	王水分解试样，铝试剂吸光测定法	○	○	○
二氧化硅+酸不溶物	wt%	称重测定盐酸不溶物含量	◎	◎	◎
显微粒度测定	μm	观察石膏的粒径			○
氯化物	Cl^-：mg/g 或 ppm	蒸馏水处理试样，过滤，采用硝酸汞容量法测定滤液中可溶性氯化物[②]	○		○
氟化物	F^-：mg/g 或 ppm	试样处理同“氯化物”，离子选择电极法	○		○

① 由于分析对象不同，对一个项目的测定结果可以有多种表示方式和计量单位。

② 目前电力行业 FGD 系统多采用梅特勒-托利多（METTLER-TOLEDO）DL-50 自动电位滴定仪（见图 1-16-2）测定石灰石粉活性，石膏中全碳酸盐（采用 DG111-SC pH 玻璃电极）、亚硫酸盐（采用氧化还原电极 DM140-SC 铂金电极）、Cl^-（采用 DM141-SC 银电极）。

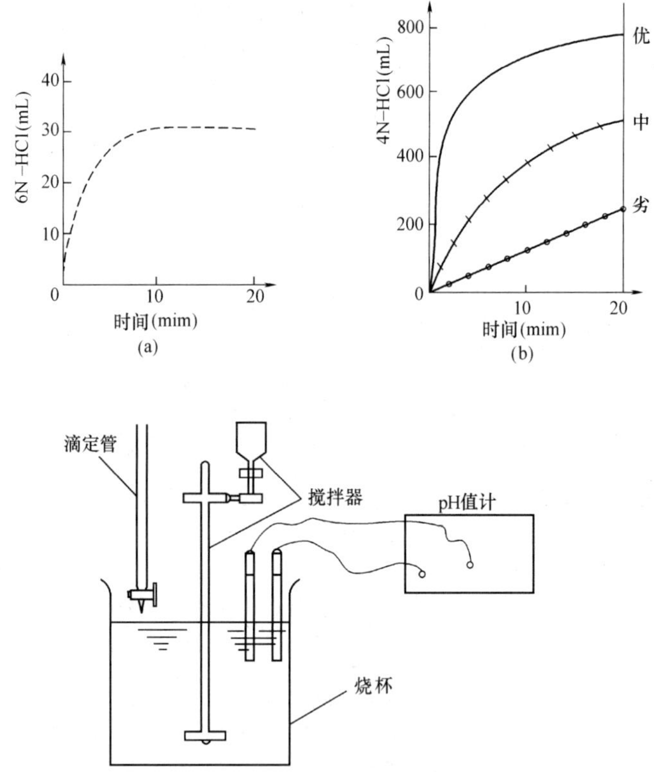

图 1-16-1 石灰、石灰石粗颗粒活性试验滴定装置和滴定曲线示意图

（a）石灰石滴定曲线；（b）石灰滴定曲线；（c）石灰和石灰石粗颗粒滴定装置图

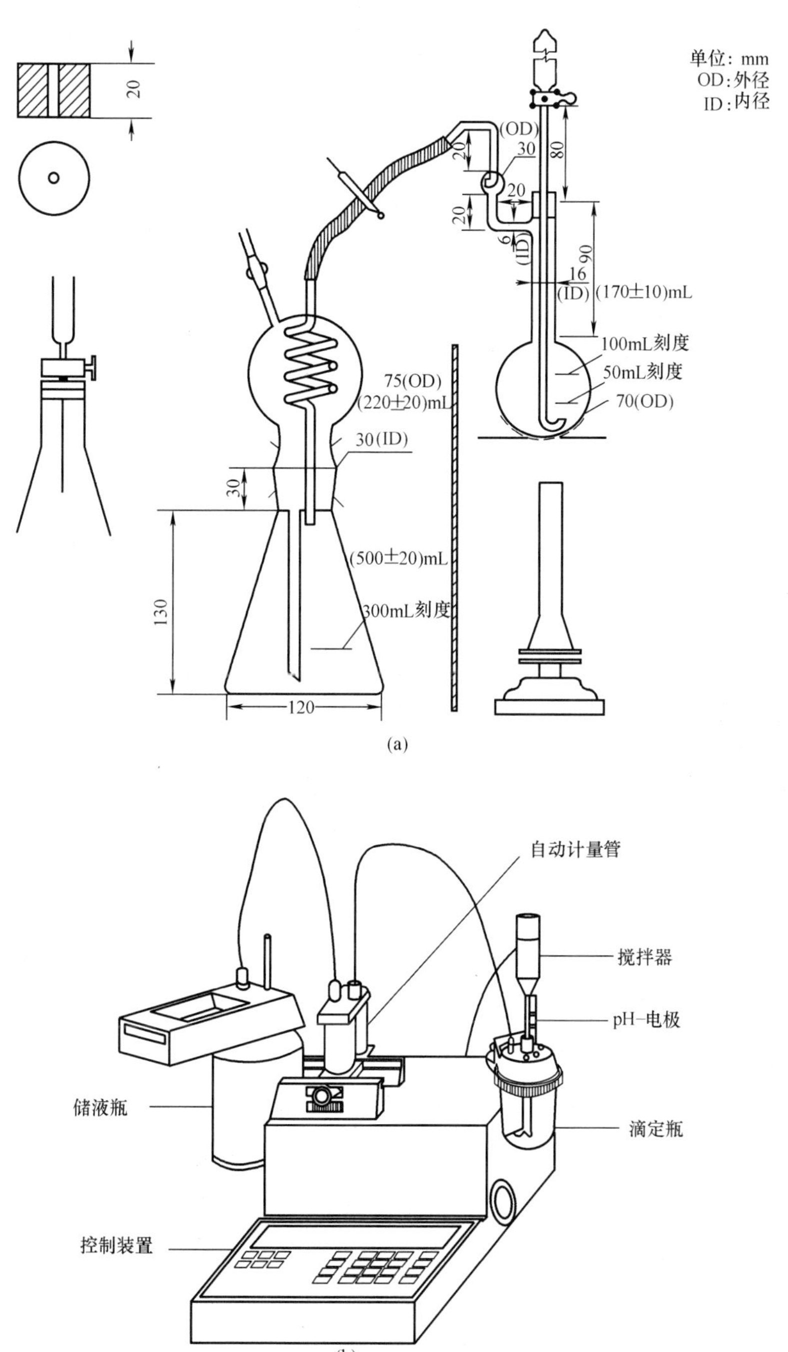

图 1-16-2　碳酸盐测定装置

（a）日本三菱碳酸盐测定装置；（b）梅特勒—托利多全自动滴定仪 DL-50 用于测定碳酸盐

表 1-16-3 烟气监测项目

项目	单位	分析方法、内容和采样分析位置	分析项目
烟气有关参数测定：奥氏烟气成分分析	V/V%	奥氏气体分析器法测定烟气主要成分：CO_2、O_2、CO、N_2	◎
水分含量（含湿量）	V/V%	质量法，测定烟气中的含水量	◎
烟气温度、压力	℃、Pa、mmH_2O	用热电偶或热电阻测温，用皮托管测定烟气静压、动压和全压	◎
烟气体积密度（计算）	kg/m^3	根据烟气主要成分、含水量和测点静压计算	◎
烟气流速、流量	m/s，m^3/h [d（干）或 w（湿）]	根据动压、烟气体积密度计算烟气流速，根据烟道截面积得出烟气流量	◎
烟气含尘量	mg/m^3（d）	过滤计重法，测定 FGD 系统入口烟气含尘量或系统出口固体颗粒物含量	◎
硫酸酸雾	mg/m^3、ppm（d）	控制冷凝法采集硫酸雾，采用偶氮胂Ⅲ容量法或铬酸钡分光光度法测定硫酸雾浓度。 测定 FGD 系统入/出口烟气中硫酸雾浓度	○
二氧化硫（SO_2）	mg/m^3、ppm（d 或 w）	容量法：碘量法、偶氮胂Ⅲ法、中和法 便携式分析仪：红外吸收法、紫外吸收法 测定 FGD 系统入/出口烟气中 SO_2 浓度	◎
硫氧化物（SO_x）	mg/m^3、ppm（d 或 w）	容量法：偶氮胂Ⅲ法、中和法，测定 SO_2、SO_3 总量 测定位置 FGD 系统入/出口、烟囱入口	○
氮氧化物（NO_x）	NO_x mg/m^3、ppm（d）	中和滴定法、苯酚二磺酸分光光度法 测定 FGD 系统入/出口 NO_x 浓度	◎
氨（NH_3）	NH_3 mg/m^3、ppm（d）	靛酚分光光度法，FGD 系统入口	○
氯化氢（HCl）	mg/m^3、ppm（d）	硝酸汞滴定法，FGD 系统入口	○
氟化物	气态氟：HF 或 F mg/m^3、ppm（d） 固态氟（尘氟）：F mg/m^3（d）	氟离子选择电极法 FGD 系统入口	○
湿烟气悬浮液滴浓度	g/m^3（w）	质量法，测定直径≥3μm 液滴浓度，等速采集烟气中的烟尘、液滴，扣除烟尘和可溶性盐含量得出液滴浓度	○
烟尘成分分析	wt%	测定烟尘成分，以 Fe_2O_3、Na_2O、K_2O、MgO、CaO、SO_3、Al_2O_3、SiO_2、TiO_2、MnO、P_2O_5 表示	○

注 气体容积的计算单位（m^3）均以标准状态下的立方米为单位。

表 1-16-4 石灰、石灰石和石膏浆液分析项目

项目	表示方式和单位	分析方法	石灰浆	石灰石浆	石膏浆
1. 表观密度	ρ：g/L	比重瓶法，或用容量瓶简易测定（用浆样温度修正容量瓶体积）	◎	◎	◎
2. 固体悬浮物含量	SS：g/L	过滤浆样，45℃烘干滤渣、称重	◎	◎	◎

续表

项　　目	表示方式和单位	分 析 方 法	石灰浆	石灰石浆	石膏浆
3. pH 值	—	用 pH 计测定			◎
4. 二氧化硅 + 酸不溶物含量	g/L	同表 1-16-2 “二氧化硅 + 酸不溶物”		◎	◎
5. 全硫（亚硫酸盐 + 硫酸盐）	To-S：mol/L	同表 1-16-2 “全硫”，滤液供以下全钙、全镁、全铁的测定	◎	◎	◎
6. 全碳酸盐（$CaCO_3$ + Mg CO_3）	To-CO_3：mol/L	同表 1-16-2 “全碳酸盐”	◎		◎
7. 全钙	To-Ca：mol/L	采用分析全硫的滤液，分析方法同表 1-16-2 “全钙”	◎	◎	◎
8. 全亚硫酸盐	To-SO_3：mol/L	将定量浆样加入定量碘溶液中，再加入盐酸常温分解浆样，硫代硫酸钠标液滴定			◎
9. 全氢氧化钙	To-Ca$(OH)_2$:mol/L	充分研磨浆样中的大颗粒物，用盐酸标液滴定，酚酞作指示剂			◎（石灰基 FGD）
10. 全镁	To-Mg：mol/L	取“全硫”分析滤液，分析方法同表 1-16-2 “全镁”	◎	◎	◎
11. 全铁	To-Fe：mol/L	取“全硫”分析中的滤液，分析方法同表 1-16-2 “铁”			○
过滤石膏浆样，分离固体悬浮物，分析滤液中以下主要可溶物					
12. 可溶性全硫	I-S：mol/L	同表 1-16-2 对应的各项目			◎
13. 可溶性亚硫酸盐	I-SO_3：mol/L				◎
14. 可溶性钙	I-Ca：mol/L				◎
15. 可溶性镁	I-Mg：mol/L				◎
16. 可溶性铝	I-Al:mol/L 或 mg/L				○
17. 可溶性氯化物	I-Cl:mol/L 或 mg/L				◎
18. 可溶性氟化物	I-F:mol/L 或 mg/L				○

注 1 石膏浆液指 FGD 工艺过程中主要含石膏的所有浆液。
2 可根据需要增加全锰、全铝分析项目。
3 目前大多数 FGD 装置在调试、性能考核试验以及正常运行时对石膏浆液仅做上表中第 1、2、3、17 项，对浆液固相测定 5、6、8 项，对石灰石浆液仅做第 1、2 项。

表 1-16-5　　FGD 工业水、回收水、废水化学分析项目

分析项目	工业水	FGD 系统回收水	处理前废水	处理后废水
温度℃			○	○
pH 值	◎	◎	◎	◎
导电率（μ_s/cm）	○			
固体悬浮物（SS）	◎	◎	◎	◎

续表

分析项目	工业水	FGD 系统回收水	处理前废水	处理后废水
溶解固形物	○	○		
硬度	○			
COD	○		◎	◎
BOD_5	○		○	○
残余油		○	○	○
残余氯气（Cl）	○			
Cl^-	◎	◎		
F^-	○	◎	◎	◎
氰化物（CN^-）			○	○
硫化物			◎	◎
全硫（S）		◎		◎
亚硫酸盐（SO_3^{2-}）		◎		◎
连二硫酸盐（$S_2O_6^{2-}$）			○	○
全 SiO_2	○			
总铬（Cr）			◎	◎
镍（Ni）			◎	◎
镉（Cd）			◎	◎
铅（Pb）			◎	◎
汞（Hg）			◎	◎
铜（Cu）			○	○
锌（Zn）			◎	◎
砷（As）			◎	◎
银（Ag）			○	○
锰（Mn）	○（溶解 Mn）		○	○
铝（Al）	○			
钙（Ca）	○	◎		
镁（Mg）	○			
铁（Fe）	○			

注 “FGD 系统回收水”指回收再利用的工艺液；除注明了测量单位的，其他单位为 mg/L。

表 1-16-6　　湿法石灰石 FGD 工艺中垢块分析

项　目	目的和内容
垢样采集和制备	采集 FGD 装置中有代表性的垢样。由于同一处的垢块中可能会形成不同成分、形态的垢层，应目视观察，对不同垢层分别制样。将垢样研磨至通过孔径 74μm 筛子，低于 45℃烘干，保存于干燥器中
扫描式电子显微镜（SEM）观察	观察垢的晶体结构和晶体大小，与 FGD 装置的典型垢样或 FGD 装置生产的石膏晶体进行对比

续表

项　　目	目的和内容
X—射线（XRD）衍射分析	测定结垢晶体组成
热重分析（TGA）	对垢样进行动态热解质量分析，测定结合水量
组分含量分析	测定以下组分含量：$CaSO_4 \cdot 2H_2O$、$CaSO_4 \cdot 1/2H_2O$、$CaSO_4$、$CaSO_3 \cdot 1/2H_2O$、SiO_2 + 酸不溶物、$Al_2O_3 + Fe_2O_3$、$CaCO_3$ 和 $MgCO_3$

二、石膏浆液化学分析流程

在 FGD 系统运行中，分析吸收塔反应罐的浆样可以揭示反应物的平衡状态，是日常监测中重要的化学分析项目。为了便于理解表 1-16-4 列出的石膏浆分析项目、分析成分的表达方式以及随后要介绍的化学分析结果的计算方法，图 1-16-3 示出了日本三菱重工采用的石膏浆液化学全分析流程图。

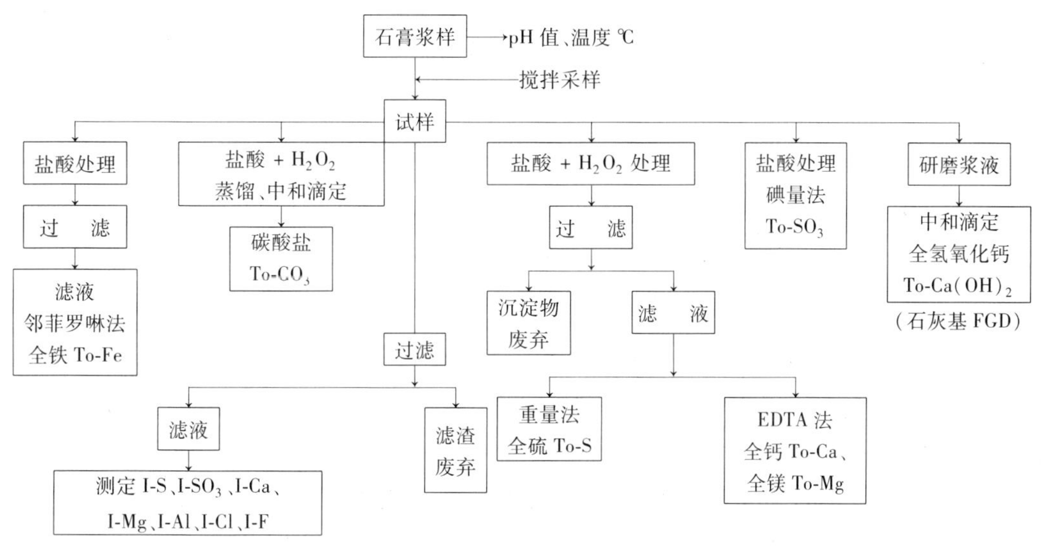

图 1-16-3　石膏浆液化学全分析流程图

从上述分析流程可看出，脱硫石膏浆液固体悬浮物的化学分析方法与传统化学分析方法有所不同，区别在于对样品的处理方式。传统化学分析方法对固体样品的处理是将其全部转化成可溶性化合物，然后进行离子分析。而脱硫石膏浆液固体悬浮物的化学分析是根据脱硫的化学反应环境，考虑到固体物中盐酸不溶物实际上未参与脱硫化学反应，将其视为烟灰和石灰石中的酸不溶物残留在脱硫石膏浆液，无需了解其化学组成。因此，用盐酸处理固体样品，仅分析酸可溶物的化学成分，知道了酸可溶物的化学成分就可以帮助我们了解脱硫反应物的平衡状态。在日本三菱的 FGD 化学分析中，脱硫石膏、石灰、石灰石以及它们的浆液的化学分析流程都是建立在上述认识的基础上。而石膏浆液的另一种化学分析流程是，过滤石膏浆液分离出固体物，烘干除去游离水后，按石膏分析方法进行分析，通常仅分析固体物中的 SO_4^{2-}、SO_3^{2-} 和 CO_3^{2-}，由此得出 $CaSO_4 \cdot 2H_2O$、$CaSO_3 \cdot 1/2H_2O$ 和 $CaCO_3$ 含量。对滤液仅测定 Cl^- 浓度，另外还测定浆液含固量和密度，这种分析流程较简单。前一种分析流程严谨，分析项目较全面，考虑了液相可溶性盐对反应平衡的影响。

第三节　化学分析结果的计算

本节将介绍根据化学分析结果计算生石灰、石灰石、石膏和石膏浆主要矿物成分的方法。以下计算式中出现的符号可分别参见表1-16-2和表1-16-4。

一、生石灰成分的计算

$$CaCO_3(mmol/g) = To\text{-}CO_3(mmol/g) \quad (1\text{-}16\text{-}1)$$

$$CaSO_4(mmol/g) = To\text{-}S(mmol/g) \quad (1\text{-}16\text{-}2)$$

$$CaO(mmol/g) = To\text{-}Ca(mmol/g) - [To\text{-}CO_3 + To\text{-}S + Ca(OH)_2](mmol/g) \quad (1\text{-}16\text{-}3)$$

即将全钙（To－Ca）视为由CaO、$CaSO_4$和$Ca(OH)_2$构成。

$$Ca(OH)_2(mmol/g) = \frac{BL(mg/g) - 44 \times To - CO_3(mmol/g)}{18} \quad (1\text{-}16\text{-}4)$$

上述各组分的含量（x，mmol/g）按下式转换成质量百分含量（wt%）

$$某组分质量百分含量(wt\%) = x(mmol/g) \times M(g/mol) \times 10^{-1} \quad (1\text{-}16\text{-}5)$$

式中　M——摩尔质量，g/mol。

例如 $CaCO_3(wt\%) = To\text{-}CO_3(mmol/g) \times 100.09(g/mol) \times 10^{-1}$

二、石灰石成分的计算

$$CaCO_3(mmol/g) = To\text{-}Ca(mmol/g) - To\text{-}S(mmol/g) \quad (1\text{-}16\text{-}6)$$

$$CaSO_4 \cdot 2H_2O(mmol/g) = To\text{-}S(mmol/g) \quad (1\text{-}16\text{-}7)$$

$$CaCO_3(mmol/g) = \frac{BL(mg/g)}{44} \quad (1\text{-}16\text{-}8)$$

如果石灰石中的Mg含量较低，由上述式（1-16-6）、式（1-16-8）得出的结果很接近。式（1-16-8）计算结果可作为参考值。

当石灰石中的Mg含量不容忽略时，应按以下关系式计算各成分含量，即

$$CaCO_3(mmol/g) = To\text{-}Ca(mmol/g) - To\text{-}S(mmol/g)$$

$$MgCO_3(mmol/g) = To\text{-}Mg(mmol/g)$$

$$CaSO_4 \cdot 2H_2O(mmol/g) = To\text{-}S(mmol/g)$$

$$BLc(mg/g) = 44[CaCO_3(mmol/g) + MgCO_3(mmol/g)]$$

比较烧失量实测值BL与计算值BLc，可以检验$CaCO_3$、$MgCO_3$含量测值的正确性。如第九章第一节所述，石灰石中的$MgCO_3$可能以白云石［$Ca \cdot Mg(CO_3)_2$或$CaCO_3 \cdot MgCO_3$］和方解石固溶体的形态存在。用化学分析方法无法确定这两者的含量。需要进行X—射线（XRD）分析。

表1-16-7给出了一个石灰石试样化学分析结果和组成成分计算的实例。主要组成成分按上述两种方法计算，表中分子未考虑Mg，分母示出了$MgCO_3$含量。

三、脱硫石膏成分计算

脱硫石膏矿物成分含量可用以下两种方式计算：

1. 硫基计算法

$$CaSO_4 \cdot 2H_2O(mmol/g) = To\text{-}S(mmol/g) - SO_3(mmol/g) \quad (1\text{-}16\text{-}9)$$

$$CaCO_3(mmol/g) = To\text{-}Ca(mmol/g) - To\text{-}S(mmol/g) \quad (1\text{-}16\text{-}10)$$

$$CaCO_3(mmol/g) = To\text{-}CO_3(mmol/g) \quad (1\text{-}16\text{-}11)$$

$$CaSO_3 \cdot 1/2H_2O(mmol/g) = SO_3(mmol/g) \quad (1\text{-}16\text{-}12)$$

$CaCO_3$ 的含量应以式（1-16-11）为准，式（1-16-10）得出的结果供参考。

如石膏中的 $S_2O_6^{2-}$ 和 Mg 不容忽略时，应按下式修正为

$$CaSO_4 \cdot 2H_2O(mmol/g) = To\text{-}S(mmL/g) - (SO_3 + S_2O_6^{2-})(mmol/g)$$

$$MgCO_3(mmol/g) = To\text{-}Mg(mmol/g)$$

$$CaCO_3(mmol/g) = To\text{-}CO_3(mmol/g) - To\text{-}Mg(mmL/g)$$

2. 钙基计算法

$$CaSO_4 \cdot 2H_2O(mmol/g) = To\text{-}Ca(mmol/g) - (To\text{-}CO_3 + SO_3)(mmol/g) \quad (1\text{-}16\text{-}13)$$

$$CaCO_3(mmol/g) = To\text{-}CO_3(mmol/g) \quad (1\text{-}16\text{-}14)$$

$$CaSO_3 \cdot 1/2H_2O(mmol/g) = SO_3(mmol/g) \quad (1\text{-}16\text{-}15)$$

考虑 $S_2O_6^{2-}$ 和 Mg 的存在，修正式为

$$CaSO_4 \cdot 2H_2O(mmol/g) = To\text{-}Ca(mmol/g) - (To\text{-}CO_3 - To\text{-}Mg)(mmol/g) - (SO_3 + S_2O_6^{2-})(mmol/g)$$

$$CaCO_3(mmol/g) = To\text{-}CO_3(mmol/g) - To\text{-}Mg(mmol/g)$$

$$MgCO_3(mmol/g) = To\text{-}Mg(mmol/g)$$

如果采用 $BaSO_4$ 质量法测定全硫（To-S）、硫基计算方法的准确性要好于钙基计算方法。

表 1-16-7 列出了一个脱硫副产品石膏试样的化学分析结果和组成成分含量的计算实例。全硫（To-S）采用 $BaSO_4$ 质量法，按硫基计算方法计算石膏组成成分含量，分子未考虑 Mg，分母考虑了 Mg。两种计算方法的差异仅在于 $CaCO_3$、$MgCO_3$ 的含量。如果采用钙基计算方法，考虑 Mg，将影响 $CaSO_4 \cdot 2H_2O$、$CaCO_3$ 和 $MgCO_3$ 的含量。

表 1-16-7　石灰石、吸收塔石膏浆液和脱硫石膏分析结果和组成成分计算实例

项　目	单　位	石灰石（粉状）	吸收塔石膏浆液	脱硫副产品石膏
水　分	%	0.18	—	11.80
烧失量 BL	%/mg/g	40.34/403.4	—	—
粒度（通过 250 目筛）	%	94.48	—	—
SiO + 酸不溶物	%/g/L	7.18/	/14.2	2.44/
全钙 To-Ca	mmol/g / mol/L	8.70/	/2.25	5.67/
全镁 To-Mg	mmol/g / mol/L	0.35/	/0.046	0.17/
全硫 To-S	mmol/g / mol/L	0.017/	/1.92	5.22/
全碳酸盐 $To\text{-}CO_3$	mmoL/g / mol/L	—	/0.213	0.542/

续表

项目		单位	石灰石（粉状）	吸收塔石膏浆液	脱硫副产品石膏
	全亚硫酸盐 To-SO_3	mmol/g mmol/L	—	— 5.7	0.017
	可溶性钙 I-Ca	mol/L	—	0.0158	—
	可溶性镁 I-Mg	ppm mol/L	—	390 0.035	<36
	可溶性氯化物 I-Cl	ppm mol/L	—	390 0.0110	35
	可溶性氟化物 I-F	ppm mg/L	—	— 42	49
	可溶性全硫 I－S	mol/L	—	0.045	—
	可溶性亚硫酸盐 I-SO_3	mmol/L	—	4.6	—
	表观密度 ρ	g/mL	—	1.231	—
	固体悬浮物 SS	g/mL	—	0.368	—
	pH 值/℃	—	—	5.62 48.5	7.76 24.5
	实测浆液浓度 c_{sm}	%	—	29.9	—
	计算浆液浓度 c_{sc}	%	—	29.7（S 基）	—
固体物组成成分	$CaCO_3$	%	86.91/86.91	5.79/5.48	5.42/3.72
	$MgCO_3$	%	—/2.95	—/0.27	—/1.43
	$CaSO_4 \cdot 2H_2O$	%	0.29/0.29	89.53/87.66	89.57/89.57
	$CaSO_3 \cdot 1/2H_2O$	%	/	0.20/0.03	0.22/0.22
	SiO＋酸不溶物	%	7.18/7.18	3.85/3.85	2.44/2.44
	其他	%	5.62/2.67	0.63/2.71	2.35/2.62
	吸收剂利用率	%	—	89.77	90.60
	Ca/S	—	—	1.114	1.104
	氧化率	%	—	99.95	99.67

注 1 吸收塔石膏浆液试样采自吸收塔出浆泵入口，脱硫副产品石膏采自真空皮带脱水机卸料口，表中三种试样是在同一石灰石基 FGD 系统中同时采集的。

2 表中 Ca/S 按“不依据 Ca”计算方法求得。

四、石膏浆液组成成分的计算

根据图 1-16-3 分析流程和表 1-16-4 所列石膏浆液的分析结果，可以计算出石膏浆液组成成分含量，进而计算出浆液固相和液相组成成分的含量。下面介绍有关计算方法，计算式中出现的测量项目符号的含义见表 1-16-4。

1. *石膏浆液中固体物各组分摩尔浓度（mol/L）计算方法*

（1）硫基计算方法。

$$CaSO_4 \cdot 2H_2O(mol/L) = To\text{-}S(mol/L) - To\text{-}SO_3(mol/L) \tag{1-16-16}$$

$$CaSO_3 \cdot 1/2H_2O(mol/L) = To\text{-}SO_3(mol/L) \tag{1-16-17}$$

$$CaCO_3(mol/L) = To\text{-}CO_3(mol/L) \tag{1-16-18}$$

$$CaCO_3(mol/L) = To\text{-}Ca(mol/L) - To\text{-}S(mol/L) \tag{1-16-19}$$

以式（1-16-18）计算的 $CaCO_3$ 含量为准，式（1-16-19）计算结果做参考。

如果 Mg 盐和 HSO_3^- 等可溶性离子不容忽略时，浆样中固体物各组分浓度计算式为

$CaSO_4 \cdot 2H_2O$(mol/L) = To-S(mol/L) − ($To\text{-}SO_3$ − $I\text{-}SO_3$)(mol/L) − I-S(mol/L)

$CaSO_3 \cdot 1/2H_2O$(mol/L) = $To\text{-}SO_3$(mol/L) − $I\text{-}SO_3$(mol/L)

$CaCO_3$(mol/L) = $To\text{-}CO_3$(mol/L) − (To-Mg − I-Mg)(mol/L)

$MgCO_3$(mol/L) = To-Mg(mol/L) − I-Mg(mol/L)

（2）钙基计算方法。

$$CaSO_4 \cdot 2H_2O(mol/L) = To\text{-}Ca(mol/L) - (To\text{-}SO_3 + To\text{-}CO_3)(mol/L) \quad (1\text{-}16\text{-}20)$$

$$CaSO_3 \cdot 1/2H_2O(mol/L) = To\text{-}SO_3(mol/L) \quad (1\text{-}16\text{-}21)$$

$$CaCO_3(mol/L) = To\text{-}CO_3(mol/L) \quad (1\text{-}16\text{-}22)$$

如果 Mg 盐和 HSO_3^- 等可溶性离子浓度不容忽略时，浆样中固体物各组分浓度计算式为

$$CaSO_4 \cdot 2H_2O(mol/L) = To\text{-}Ca(mol/L) - [To\text{-}CO_3 - (To\text{-}Mg - I\text{-}Mg)](mol/L) - (To\text{-}SO_3 - I\text{-}SO_3)(mol/L) - I\text{-}Ca(mol/L)$$

$$CaSO_3 \cdot 1/2H_2O(mol/L) = To\text{-}SO_3(mol/L) - I\text{-}SO_3(mol/L)$$

$$CaCO_3(mol/L) = To\text{-}CO_3(mol/L) - (To\text{-}Mg - I\text{-}Mg)(mol/L)$$

$$MgCO_3(mol/L) = To\text{-}Mg(mol/L) - I\text{-}Mg(mol/L)$$

2. 计算石膏浆液中各固体物组分重量百分浓度 W_n（wt%）

$$W_n\ (wt\%) = \frac{c_n \times M_n}{\rho} \times 100 \quad \%$$

式中 n——0、1、2、…、$n-1$、n（固体物各组分编号）；

c_n——计算得出的各固体物在浆液中的摩尔浓度，mol/L；

M_n——各固体组分的摩尔质量，g/mol；

ρ——浆液表观密度，g/L。

其中，SiO_2 + 酸不溶物在浆液中的质量百分浓度 W_0（wt%）的计算式为

$$W_0(wt\%) = \frac{SiO_2 + 酸不溶物(g/L)}{\rho(g/L)} \times 100$$

3. 石膏浆液中悬浮固体物质量百分浓度实测值 c_{sm}（%）与计算值 c_{sc}（%）的比较

$$c_{sm}(\%) = \frac{SS(g/L)}{\rho(g/L)} \times 100$$

式中 SS——浆液中固体悬浮物浓度，g/L。

$$c_{sc}\ (\%) = W_0 + W_1 + \cdots + W_n$$

c_{sc}（%）与 c_{sm}（%）应接近。如差值较大，可先重测 c_{sm}（%），如 c_{sm}（%）正确，则表明 W_n（wt%）中某些组分的误差偏大。

4. 计算固体物各组分在浆液固相中的质量百分含量 W_{sn}（%）

$$W_{sn}(\%) = \frac{W_n}{c_{sm}} \times 100$$

或

$$W_{sn}(\%) = \frac{c_n \times M_n(g/L)}{SS(g/L)} \times 100$$

SiO_2 + 酸不溶物的质量百分含量 W_{so}（%）的计算式为

$$W_{so}(\%) = \frac{SiO_2 + 酸不溶物(g/L)}{SS(g/L)} \times 100$$

表 1-16-7 列出了两种硫基计算方法计算吸收塔石膏浆液中固体物各组分在固相中的质量百分含量 W_{sn}（%）的实例。分母是考虑 Mg 盐和其他可溶性盐的计算结果。比较分母、分子的数据可看出，当 Mg 盐含量低时，对 $CaCO_3$、$MgCO_3$ 的计算结果影响不大；当浆液中可溶性硫酸盐和亚硫酸盐含量较高时，对 $CaSO_4 \cdot 2H_2O$ 和 $CaSO_3 \cdot 1/2H_2O$ 的计算结果有明显的影响。通过对石膏浆液固体物组成成分的测算，可以预估石膏副产物的成分含量，并揭示工艺过程中存在的问题。

5. *石膏浆液相组成*

石膏浆液相中的主要离子是 Ca^{2+}、Mg^{2+}、Fe^{2+}、Al^{3+}、Mn^{2+}、SO_4^{2-}、HSO_3^-、Cl^-、F^-，但从 FGD 运行管理角度来看，通常关心的是 Ca^{2+}、Mg^{2+}、SO_4^{2-}、HSO_3^-、Cl^-、F^-离子的浓度。当出现吸收剂 $CaCO_3$ 被"封闭"、失去活性时，应检测液相 Al^{3+} 浓度。

尽管可以根据液相测出的阴、阳离子的浓度计算出溶液中 $MgCl_2$、$MgSO_4$、$CaCl_2$、$Ca(HSO_3)_2$ 和 $CaSO_4$ 浓度,但电厂化学工程师并不关心液相这些化合物的浓度，只需要根据浆液 pH 值、Cl^- 和 F^- 浓度来判断浆液的腐蚀性，根据 HSO_3^-（或以 SO_3^{2-} 表示）浓度判断氧化程度。有关液相分析结果较复杂的计算是，根据各离子活度、pH 值、黏度和温度计算液相中 $CaSO_4 \cdot 2H_2O$、$CaSO_3 \cdot 1/2H_2O$ 和 $CaCO_3$（如果测定了液相 CO_3^{2-} 浓度）的相对饱和度，从而判断浆液结垢趋势和 $CaCO_3$ 溶解速度。

如前所述，还有一种分析石膏浆液的方法是，将固液两相分离，分别进行化学分析。浆液固相的分析和组成成分含量的计算与副产品石膏的分析和计算方法相同。表 1-16-8 列出了 2 组将浆液固、液两相分别进行化学分析、计算的实例。2 个浆样分别来自一个如第一篇第十一章第一节所述的双循环湿式石灰石强制氧化 FGD 装置的上吸收区加料槽和下回路反应罐。

这种分析流程和计算方法较简单，但分析准确性不如图 1-16-3 所示的分析流程。后一种分析流程虽然较复杂，但严谨、准确性高。

五、石灰石中活性碳酸镁含量的估算

如前所述，石灰石中的 $MgCO_3$ 通常以白云石[$Ca \cdot Mg(CO_3)_2$ 或 $CaCO_3 \cdot MgCO_3$]和固溶体的形式存在。前者在湿法石灰石 FGD 吸收塔的环境中不参与化学反应，也就是说不具有脱除 SO_2 的活性。而后者则具有脱硫活性，是石灰吸收剂中的有效成分。用常规容量分析方法是无法测定石灰石中这两种形式的 $MgCO_3$ 含量，需要进行 X 射线（XRD）分析。但是通过分析吸收塔反应罐浆液的化学成分可以估算出后者的含量。浆液中的 To-Mg 主要由 $Ca \cdot Mg(CO_3)_2$和 I-Mg 构成,I-Mg 主要来自石灰石中活性 $MgCO_3$、灰飞中酸可溶性 Mg 盐、工业水带入的 Mg^{2+}，后两者的含量相对于第一种要少得多，可以忽略不计。因此，石灰石总 $MgCO_3$ 中活性 $MgCO_3$ 的含量 c_{MgCO_3}（%）的估算式为

$$c_{MgCO_3} = \frac{\text{I-Mg(mol/L)}}{\text{To-Mg(mol/L)}} \times 100$$

例如按表 1-16-7 中的相关分析数据，依上式计算出石灰石总 $MgCO_3$ 中活性 $MgCO_3$ 的含量为 76.1%。由此，可按式 1-9-1 估算石灰石中有效成分含量，即

有效成分含量为：86.91 + 0.761 × 2.95 × 100.09/84.32（%）= 89.6%。

表 1-16-8　双循环湿式洗涤器（DLWS）浆液化学分析结果和计算实例

吸收循环浆样（2个）		pH/℃	浆液固体物（wt%）	惰性物（wt%）	Ca（mm/g，mm/L）	Mg（mm/g，mm/L）	Na mm/L）	Cl（mm/L）	CO_3（mm/g，mm/L）	SO_3（mm/g，mm/L）	SO_4（mm/g，mm/L）	固体可溶性物（wt%）	$CaSO_4\cdot 2H_2O$（wt%）	$CaCO_3$（wt%）	$CaSO_3\cdot 1/2H_2O$（wt%）	惰性物（wt%）	吸收剂利用率（%）	Ca/S	氧化率（%）	相对饱和度		
																				$CaSO_4\cdot 2H_2O$	$CaSO_3\cdot 1/2H_2O$	$CaCO_3$
固相	上回路	5.26/54.8	11.01	1.32	6.34	0.02			1.09	0.01	5.02	0.2	86.42	10.91	0.13	1.32	82.2	1.122	99.8			
	下回路	5.18/54.6	11.50	1.28	5.98	0.01			0.19	0.02	5.56	0.2	95.72	1.90	0.26	1.28	96.7	1.034	99.6			
液相	上回路	5.26/54.8			36.8	14.80	86.7	253.7	3.2	0.4	55.7									1.04	0.13	0.01
	下回路	5.18/54.6			35.4	190.2	112.2	348.6	3.3	19.5	61.0									0.89	4.17	0.01

注　1　固、液相化学分析结果分别用 mm/g，mm/L 表示，mm = mmol。
2　上、下回路浆液固相组成成分含量（wt%）系按不考虑 Mg，以硫基计算方法得出。
3　吸收剂利用率和 Ca/S 按“不依据 Ca 计算法”得出。

六、Ca/S 和氧化率的计算

1. Ca/S 的计算

正如本篇第三章第三节所述，Ca/S 定义为每脱除 1mol SO_2 需加入系统的 $CaCO_3$ 或 CaO 的摩尔数（注意，不是石灰石耗量）。可以通过以下两种方式来计算 Ca/S 比。

（1）根据 Ca/S 定义计算。测定某一时段内石灰石耗量、FGD 装置入口烟气流量、SO_2 浓度和脱硫效率。按式（1-16-23）计算 Ca/S 比，即

$$Ca/S = \frac{0.6401 \times T_{LS} \times c_{Ca}}{G \times t \times c_{SO_2} \times \eta_{SO_2}} \times 10^9 \tag{1-16-23}$$

式中　0.6401——SO_2 与 $CaCO_3$ 分子量之比；

T_{LS}——测试期石灰石累计耗量，t；

t——测试期小时数，h；

c_{Ca}——石灰石中 $CaCO_3$ 含量，wt%；

G——测试期 FGD 装置入口平均烟气流量，m^3/h（d，标准状态）；

η_{SO_2}——测试期 FGD 装置的平均脱硫效率，%；

c_{SO_2}——测试期 FGD 装置入口烟气平均 SO_2 浓度，mg/m^3（d，标准状态）。

按式（1-16-23）得出 Ca/S 的准确性取决于 G、η_{SO_2} 和 c_{SO_2} 取值的准确性。

前面已提到，吸收剂利用率 η_{Ca}（%）与 Ca/S 互为倒数关系，即 $\eta_{Ca} = (Ca/S)^{-1} \times 100$。

（2）根据脱硫石膏化学分析结果计算 Ca/S。如果从吸收塔反应罐中排出的浆液全部脱水生产石膏，无废弃浆液，仅有少量废水经废水处理后向外排放，那么分析脱水装置产出的石膏副产物，测定石膏中 Ca^{2+}、Mg^{2+}、CO_3^{2-}、SO_3^{2-}、SO_4^{2-} mmol/g 含量，可按以下 3 种方式计算 Ca/S：

1）不依据 Ca 计算（Ca-Independent）式为

$$Ca/S = \frac{SO_3 + SO_4 + CO_3}{SO_3 + SO_4}$$

2）不依据 SO_4 计算（SO_4-Independent）式为

$$Ca/S = \frac{Ca + Mg}{Ca + Mg - CO_3}$$

3）不依据 CO_3 计算（CO_3-Independent）式为

$$Ca/S = \frac{Ca + Mg}{SO_3 + SO_4}$$

由于仍有少量石灰石随废水离开脱硫系统，因此按上述计算式得出的 Ca/S 不能完全真实地反映系统的 Ca/S。但是，只要废水排放量不是很大，由此带来的偏差可以忽略。如果系统排放废浆液或废水排放量较大，由脱硫石膏得出的 Ca/S 会明显低于实际的 Ca/S。

2. 氧化率的计算

对石灰石基强制氧化 FGD 工艺来说，氧化率是指被氧化的 SO_2 在已吸收的 SO_2 中所占的比率。在正常运行时，当循环吸收浆液中固相物质达到稳定状态时，通过测定固相中 SO_3 和 SO_4（mmol/g）含量，按式（1-16-24）来计算氧化率 η_{O_2}（%），即

$$\eta_{O_2} = \frac{SO_4(mmol/g)}{SO_3 + SO_4(mmol/g)} \times 100 \tag{1-16-24}$$

表 1-16-7 和表 1-16-8 中的氧化率就是按式（1-16-24）计算得出的。

显然，上述计算式未考虑浆体液相中未氧化的、可溶性亚硫酸盐。表 1-16-7 和表 1-16-8 中的数据显示，即使液相中 I-SO_3 高达 4.6～19.5mmol/L，按上式得出的氧化率仍在 99.6% 以上。按上式得出的氧化率仅反映了脱硫石膏的氧化程度，而不能全面反映吸收塔实际的氧化性能。

另一种方法是根据浆液温度、pH 值、各种离子浓度，计算出 Ca^{2+}、SO_3^{2-} 离子的活度，再算出液相中亚硫酸钙的饱和度。认为只要亚硫酸钙的相对饱和度低于 1.0，就不会形成固态的亚硫酸钙，氧化将接近或等于 100%。如果亚硫酸钙相对饱和度超过 1.0，将形成固体亚硫酸钙，氧化率将低于 100%（见表 1-16-8）。这种观点仍然是从防止形成 $CaSO_3 \cdot 1/2H_2O$ 结晶析出的角度来衡量氧化率的。

较简单的判断氧化程度的方法是，当 pH 值在 5.0～6.0 的范围内，如果液相中的 SO_3^{2-} 含量低于 1～2mmol/L（最好不超过 1mmol/L），即认为氧化率接近 100%。在这种氧化程度下，不仅可以防止 $CaSO_3 \cdot 1/2H_2O$ 结晶析出，又不至于影响 $CaCO_3$ 的活性和浆液吸收 SO_2 的能力。

根据浆体液相化学分析结果还可以计算出液相 $CaSO_4 \cdot 2H_2O$ 和 $CaCO_3$ 的相对饱和度，以此衡量结垢趋势和 $CaCO_3$ 的溶解能力。当 $CaSO_4 \cdot 2H_2O$ 的相对饱和度超过 1.3 时，将会产生石膏硬垢。$CaCO_3$ 相对饱和度越低，固体 $CaCO_3$ 的溶解速度就越高。

七、浆液密度、体积含固量和悬浮固体物质质量百分浓度的换算

这里谈到的浆液指石灰石和石膏浆液，后者包括循环浆液、旋流站底流、溢流和回收水。

浆液密度（ρ_{SL}）指一定温度下，单位积浆液所具有的质量，单位为 g/L、g/mL、kg/L 或 kg/m^3。

浆液体积含固量（S.S）指单位体积浆液中所含固体悬浮物的质量，有时也称浆液含固量、浆液固体悬浮物含量或浆液浓度（见表 1-16-7），其单位与浆液密度相同，但含义不同。

浆液悬浮固体重量百分浓度（C_S）指浆液中悬浮固体物的质量与浆液质量的百分比，有时也称浆液重量百分浓度或简称浆液浓度。单位是 wt%。

由于习惯原因，不同 FGD 装置供应商采用上述 3 种物理量中的一种来表示浆液特性。

ρ_{SL}（g/l）与 C_S（wt%）的换算关系式见式（1-12-3）。ρ_{SL}（g/L）、C_S（wt%）和 S.S（g/L）之间还有以下近似换算关系式：

$$C_S(\mathrm{wt\%}) = \frac{S.S}{1000 - S.S/\rho_{SO} + S.S} \times 100 \tag{1-16-25}$$

$$\rho_{SL}(\mathrm{g/L}) = 1000 - S.S/\rho_{SO} + S.S \tag{1-16-26}$$

ρ_{SO}的含义见本篇第十二章第三节，单位取 g/cm^3。

上述换算结果的准确性主要取决于测量值的准确度和浆液悬浮固体物中主要成分的含量，含量越高准确性越高。就生产管理而言，其准确度足以满足需要。

八、固体物质量流量的计算

在石灰石供浆调节回路中，一般都要测定石灰石浆液的体积流量 Q_{SL}（m^3/h）和密度 ρ_{SL}（kg/m^3）。利用这两个测值，按下式可计算出石灰石的耗量 M_{Lime}（kg/h）：

$$M_{Lime} = \rho_{SL} \times Q_{SL} \times C_S = \frac{\rho_{SO}(\rho_{SL} - 1000)}{\rho_{SO} - 1000} \times Q_{SL} \tag{1-6-27}$$

式中　ρ_{SO}——石灰石密度，取2710kg/m^3。

式（1-16-27）也可计算石膏浆液中的固体物质量流量。此时，ρ_{SO}为石膏密度，取2320kg/m^3。

将式（1-16-27）输入DCS，就可实现在DCS操作屏上显示石灰石耗量瞬时值，如设定时段，就可以适时显示出该时段的石灰石耗量。

第四节　化学分析结果的判断

依据化学分析结果和相关的计算结果，对脱硫原材料、脱硫固体副产物以及工艺过程出现的问题做出评价和判断是化学监测的最终目的。要做出正确的评价和判断，除了要求合理选择分析项目和化学分析结果准确外，还要求作出判断的人员应了解化学分析的基本步骤，熟悉工艺流程和了解FGD的主要化学过程。本节将通过表1-16-7和表1-16-8的实例来描述化学分析结果反映出来的问题。

一、石灰石

主要通过粒度、$CaCO_3$、$MgCO_3$、SiO_2+酸不溶物三个项目的分析结果来评价石灰石的特性。如有必要可进行活性测试等试验。

表1-16-7中实测石灰石粉粒度为94.48%通过250目筛，而设计要求粒度为90%通过250目筛。因此，可以认为石灰石的细度不是造成石膏浆液中未反应$CaCO_3$含量（5.48%～5.79%）偏高的原因。

如果设计要求石灰石中$CaCO_3$含量不低于90%，虽然实测$CaCO_3$含量偏低约3%，但按本章第三节计算出的石灰石有效成分接近90%，因此，石灰石的耗量不应有明显增大。

如果石灰石中$MgCO_3$含量过高，将降低石灰石有效成分含量，使石灰石耗用量增大，降低石膏副产物的纯度。实例试样中的$MgCO_3$含量略低于长年分析结果的平均值，因此可以排除$MgCO_3$含量对石灰石有效成分含量的影响。

实例中，SiO_2+酸不溶物含量偏高，约7.2%，这不仅会加剧石膏浆液的磨损性，而且会增加副产物石膏的杂质含量。

二、吸收塔石膏浆液

从表1-16-7和表1-16-8石膏浆样固、液两相的分析结果可以看出以下几点：

（1）通过分析石膏浆样固相成分可以预测副产物石膏组成成分的含量。表1-16-8中虽未给出副产物石膏化学分析结果，但下回路浆液固体物中$CaSO_4 \cdot 2H_2O$含量为95.72%，由于是将下回路反应罐中的浆液送去脱水生产石膏，因此可以估计石膏纯度不会低于95.72%，因为石膏浆液经旋流分离器浓缩后能稍许提高石膏的质量。

（2）从表1-16-7的分析结果可看出，浆液中未反应的$CaCO_3$含量偏高，达5.48%～5.79%，吸收剂利用率较低，仅约90%（Ca/S偏高，1.114）。如果排除石灰石粒度偏粗和循环吸收浆液停留时间偏短的原因，那么，可能的原因是，浆液中可溶性亚硫酸盐含量偏高（4.6mmol/L），反应罐氧化不完全，或运行pH值（5.62）控制偏高，或两者兼有。表1-16-8所列下回路浆液固相未反应的$CaCO_3$含量较低，仅1.9%，这可能与运行pH值（5.18）控制较低有关。另外，对于双循环工艺，上回路浆液中通常未反应的$CaCO_3$含量较高，上回路给料槽返回下回路反应罐的浆液流量也会影响下回路浆液固相中的$CaCO_3$含量。

（3）从表1-16-7所列数据还可看出，吸收塔石膏浆液固相中SiO_2＋酸不溶物含量偏高（3.85%），这是石灰石中酸不溶物含量偏高（7.18%）所致。

（4）表1-16-7中，液相Cl^-浓度仅390ppm，pH值为5.62，因此浆液的点腐蚀性较温和。而表1-16-8显示下回路液相中Cl^-浓度高达12338ppm，且pH值为5.18，浆液的点腐蚀性较强。

（5）当pH值为5.6时，$CaSO_3 \cdot 1/2H_2O$的饱和浓度大约为2mmol/L。显然，表1-16-7石膏浆液相中$CaSO_3 \cdot 1/2H_2O$相对饱和度已超过1.0。这表明浆体液相的氧化不充分。但计算氧化率却接近100%。类似的情况在表1-16-8中也可看到，下回路液相SO_3^{2-}含量高达19.5mmol/L，$CaSO_3 \cdot 1/2H_2O$相对饱和度为4.17，氧化效率明显偏低，固相中的$CaSO_3 \cdot 1/2H_2O$含量（0.26%）也有所增多，但计算氧化率仍达到99.6%。

实际上，对一个有经验的FGD工程师来说，根据浆液To-CO_3、I-SO_3、pH值就可以大致判断出浆液的特性，运行工况是否正常。因此，为了简化试验，缩短分析时间，日常化验仅测试浆液pH值、密度、含固量（wt%）、固相SO_4、SO_3、CO_3含量以及液相I-SO_3、I-Cl，就可以分析运行工况，推算石膏副产品的主要成分含量。

需要特别指出的是，目前已投运的大多数FGD装置，在运行管理中不甚了解或不太重视强制氧化的作用。表现在：不测定吸收塔循环浆液中可溶性亚硫酸和亚硫酸盐的浓度（I-SO_3）；为防止吸收塔溢流，液位控制过低（液位的高低影响氧化区的深度）；随意降低氧化风机出力；忽略了氧化空气管气流分布均匀性的检查；不太重视如何防止氧化空气管喷嘴的堵塞。

由于I-SO_3浓度的变化对反映强制氧化程度最为敏感，特别在高硫煤的FGD装置。因此，有必要开展日常I-SO_3浓度的测定。

三、副产物石膏

对副产物石膏化验结果的分析类似于对浆液固相化验结果的分析，在此不再复述。从表1-16-7可以看出，石膏浆液固体物组成成分含量所反映出来的问题在副产物石膏中都有体现。表1-16-7根据石膏副产物成分计算的Ca/S比浆液计算的Ca/S低，这是因为实例的工艺流程是，一级脱水后的部分溢流和底流浆液送至灰场废弃，也就是说并非所有的浆液都脱水生产石膏，因此根据石膏副产物成分计算的Ca/S比实际值偏低。

第十七章 FGD 系统施工应考虑的问题

FGD 系统的建设，无论是与新建发电机组同时进行还是在现有机组上增装，都是规模较大的施工项目，而且通常涉及 FGD 系统的卖方和多家合同单位。电厂需协调 FGD 系统工艺设计方，设备、材料供应方和施工方，管理整个 FGD 施工过程。在 FGD 施工中，应考虑的主要方面是：①施工进度；②吸收塔模块、工艺罐、池和烟道内衬施工所要求的特殊施工条件；③质量保证和质量控制（QA/QC）的检验和试验；④性能试验。本节将简要介绍上述前 3 方面的内容，另辟一章讨论性能试验。

第一节 施 工 进 度

一、美国 FGD 工程典型施工进度

在美国，一个 FGD 系统从合同签字到投入商业运行的典型时间是 36 ~ 48 个月，时间的长短取决于系统的复杂性和施工情况。表 1-17-1 是在现有的一个 650MW 机组上安装一个 FGD 系统的计划施工进度表。该 FGD 系统的合同供货范围是：锅炉引风机出口至新建烟囱之间的烟气输送系统，吸收塔模块、吸收剂制备和副产品处理设备。新建烟囱的供货和施工属于另外的合同。FGD 系统的合同还包括支撑钢结构、电气设备、控制和仪表以及布置所有设备的厂房建设物。但所有设备的基础又属于另外的合同范围。从表 1-17-1 可看出，从合同签字到完成第一次性能试验，该工程的施工期为 43 个月。进度表包含以下主要设计和安装工作：

（1）初步设计。

（2）详细设计。

（3）设备订货。

（4）设备制造。

（5）设备交货。

（6）安装。

（7）启动试验。

（8）性能试验。

随着合同的签字，工程的初设阶段就开始了。在本例中，初设时间大约为 8 个月。初设包括编绘管道和仪表图（P&I）、总体布置图、物料平衡计算、工艺流程图和逻辑控制图。初设结束后提交电厂认可，然后进行详细设计。

实际上，初设和详设并非截然分开的，详细设计也是随着合同签字后就开始了。在本例中，详细设计分成机械、结构、电气、仪表和控制 4 个方面来进行，持续时间接近 2 年。

一旦 FGD 系统各主要组件的详细设计结束，并经电厂确认后，就可以开始设备的订货工作，订货工作大致在合同签字 4 个月后开始，2 年后完成。合同签字后约 5 个月内开始第一台订购设备的制造，全部设备的制造计划在合同签字后 31 个月内完成。

合 同签字大约18个月后开始基础和现场安装工作。FGD系统计划交货的第一批组件设

表 1-17-1　　美国 FGD 系统设计和施工典型进度表

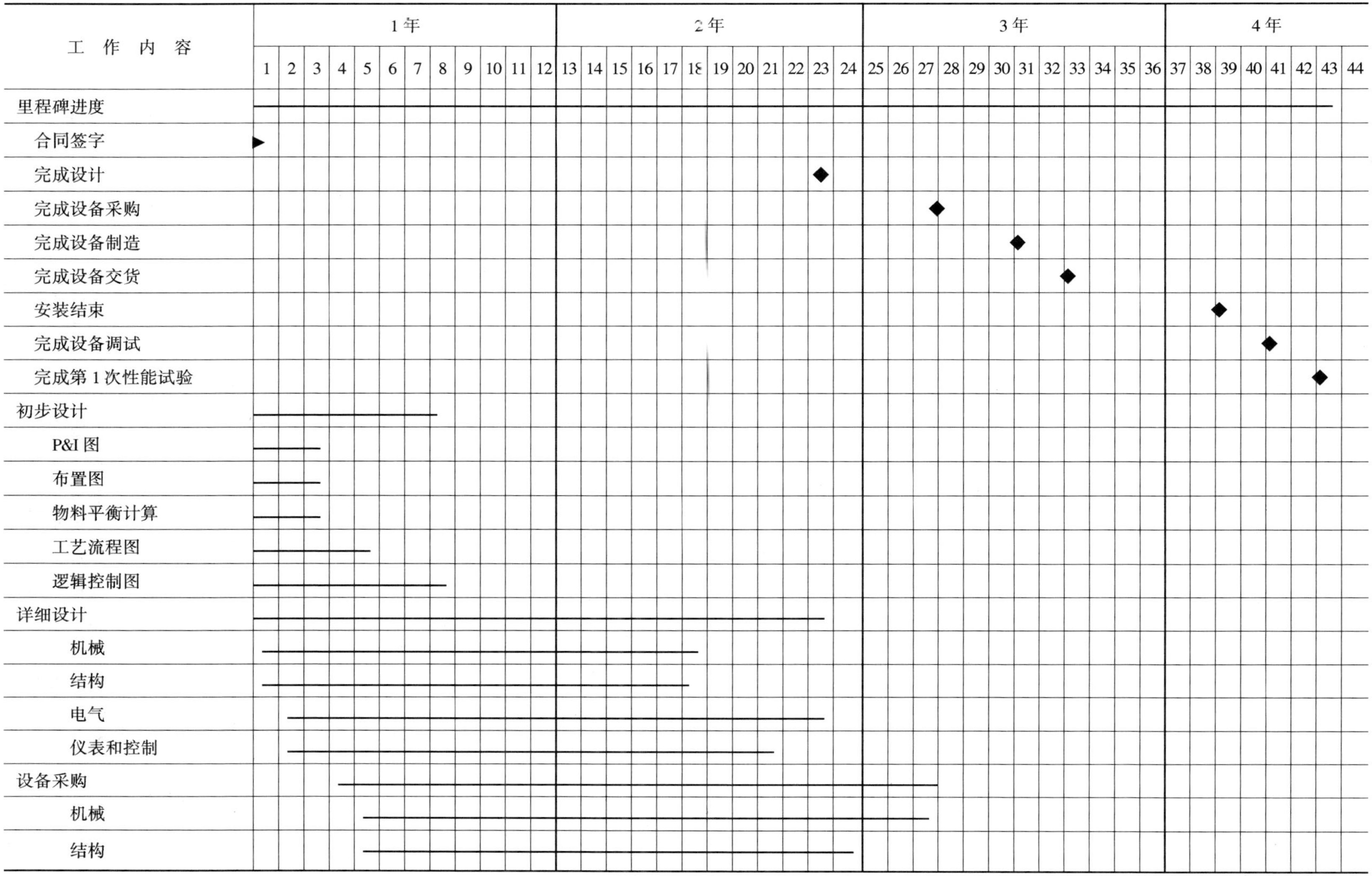

工作内容	1年												2年												3年												4年							
	1	2	3	4	5	6	7	8	9	10	11	12	13	14	15	16	17	18	19	20	21	22	23	24	25	26	27	28	29	30	31	32	33	34	35	36	37	38	39	40	41	42	43	44
里程碑进度	—	—	—	—	—	—	—	—	—	—	—	—	—	—	—	—	—	—	—	—	—	—	—	—	—	—	—	—	—	—	—	—	—	—	—	—	—	—	—	—	—	—	—	
合同签字	▶																																											
完成设计																							◆																					
完成设备采购																											◆																	
完成设备制造																														◆														
完成设备交货																																◆												
安装结束																																						◆						
完成设备调试																																								◆				
完成第 1 次性能试验																																										◆		
初步设计	—	—	—	—	—	—	—																																					
P&I 图	—	—	—																																									
布置图	—	—	—																																									
物料平衡计算	—	—	—																																									
工艺流程图	—	—	—	—	—																																							
逻辑控制图	—	—	—	—	—	—	—	—																																				
详细设计	—	—	—	—	—	—	—	—	—	—	—	—	—	—	—	—	—	—	—	—	—	—	—																					
机械	—	—	—	—	—	—	—	—	—	—	—	—	—	—	—	—	—	—																										
结构	—	—	—	—	—	—	—	—	—	—	—	—	—	—	—	—	—	—																										
电气		—	—	—	—	—	—	—	—	—	—	—	—	—	—	—	—	—	—	—	—	—	—																					
仪表和控制		—	—	—	—	—	—	—	—	—	—	—	—	—	—	—	—	—	—	—	—																							
设备采购				—	—	—	—	—	—	—	—	—	—	—	—	—	—	—	—	—	—	—	—	—	—	—	—																	
机械					—	—	—	—	—	—	—	—	—	—	—	—	—	—	—	—	—	—	—	—	—	—	—																	
结构					—	—	—	—	—	—	—	—	—	—	—	—	—	—	—	—	—	—	—	—																				

续表

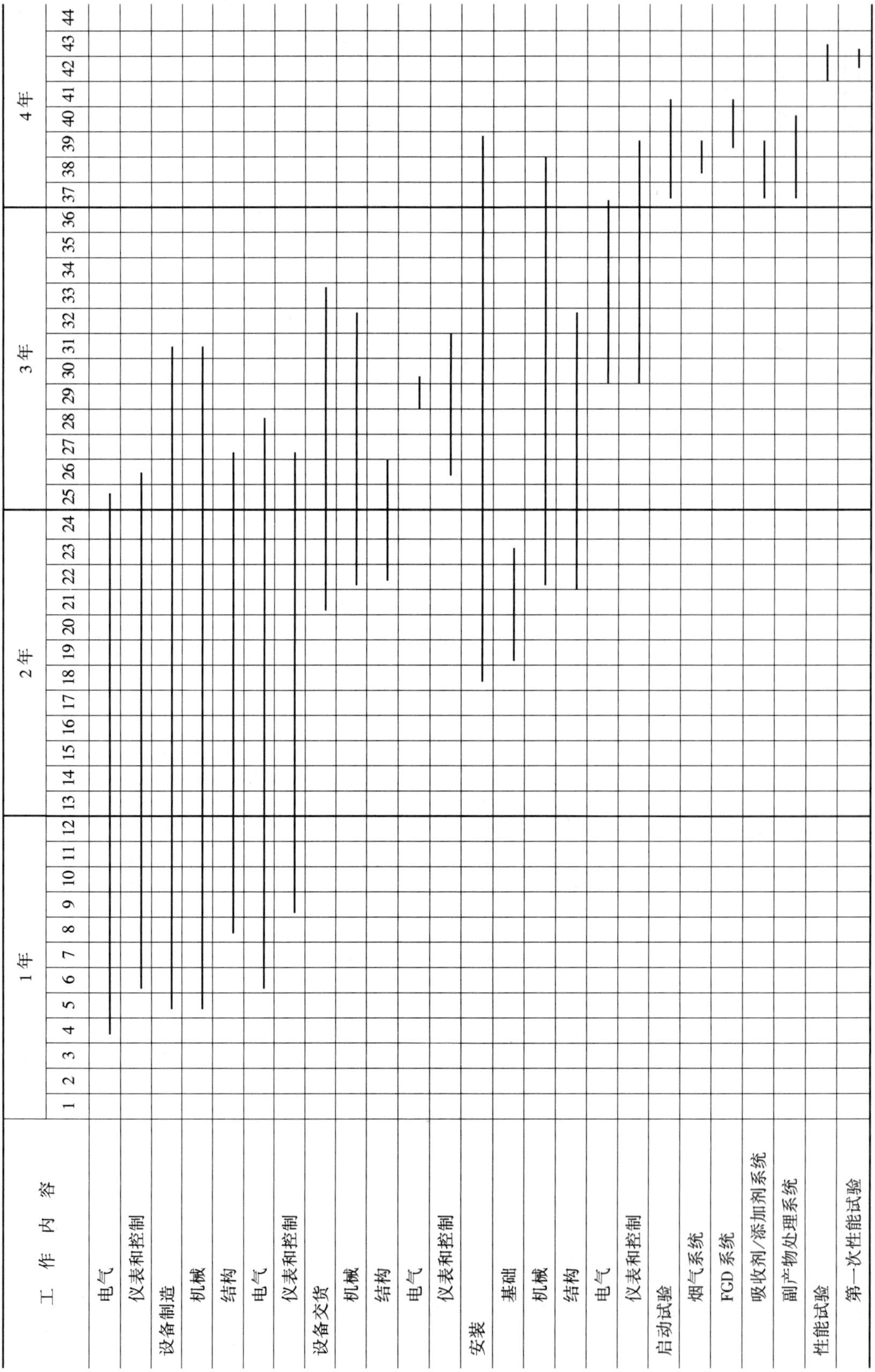

工作内容	1年												2年												3年												4年							
	1	2	3	4	5	6	7	8	9	10	11	12	13	14	15	16	17	18	19	20	21	22	23	24	25	26	27	28	29	30	31	32	33	34	35	36	37	38	39	40	41	42	43	44
电气																																												
仪表和控制																																												
设备制造																																												
机械																																												
结构																																												
电气																																												
仪表和控制																																												
设备交货																																												
机械																																												
结构																																												
电气																																												
仪表和控制																																												
安装																																												
基础																																												
机械																																												
结构																																												
电气																																												
仪表和控制																																												
启动试验																																												
烟气系统																																												
FGD 系统																																												
吸收剂/添加剂系统																																												
副产物处理系统																																												
性能试验																																												
第一次性能试验																																												

备是吸收剂制备球磨机、结构钢、吸收塔模块和罐体的钢板。这些设备在基础工作开始4个月后运抵现场，计划最后一批装运交货的时间是在合同签字后的33个月。

计划在合同签字22个月后开始FGD系统的实际安装，大约17个月后结束。

当每个子系统的安装结束后，就可以开始试验工作。合同签字41个月，整个系统计划达到随时可以投入商业运行的程度。计划在FGD系统投入商业运行大约1个月后进行第1次性能试验，第2次性能试验（表1-17-1中未列出）安排在第1次性能试验成功结束12个月后。可靠性或可利用率试验安排在2次性能试验之间。

二、日本三菱FGD工程施工进度实例

日本三菱公司于20世纪90年代初为香港南丫发电厂建设的一套湿法石灰石FGD系统，从合同签字到第1次性能试验结束，交付买方使用，工期仅33个月。该套FGD系统是为现有的一台350MW燃煤机组增建的，FGD系统包括增压风机、吸收塔、GGH、脱水系统、废水处理系统和吸收剂配制系统，吸收剂为船运石灰石粉，石膏副产品装船外运，因此，该系统包括石灰石粉卸料和石膏装运设备。该FGD工程的设计进度如下（以合同签字日为基准）：

（1）1个月后提交系统最终布置图和主要设备性能数据。

（2）5个月后开始土建施工。

（3）12个月后开始脱硫区域的设备安装工作。

（4）29个月后完成设备安装工作，随即开始调试和试运。

（5）33个月完成性能试验，交付买方使用。

实际工程进度与计划基本相符。该FGD系统的实际施工期为24个月。

三、国内FGD工程施工进度实例

华能某电厂一期工程2套FGD系统（无石灰石湿磨和废水处理系统）与2台360MW燃煤发电机组同时建设的经验表明，从FGD系统合同签字到第1次性能试验结束的工期约为39~45个月。FGD系统从土建开工到第1次进烟调试的施工期可控制在25个月内。单台FGD系统的树脂内衬施工期为4个月。该FGD工程以以下几个目标作为施工进度的关键点来控制：

（1）土建完工移交安装。

（2）现场内衬开始施工。

（3）现场内衬施工结束。

（4）FGD岛受电。

（5）FGD系统分步调试结束开始充水试运。

（6）FGD系统进烟调试结束。

当FGD系统与发电机组同步建设时，机组施工往往会影响FGD系统的施工进度。因为FGD系统整机调试和性能试验需在机组基本达到稳定运行后才能开始。FGD系统整机调试和性能试验所需要的时间取决于设计水平、设备的选型和质量，设计和设备缺陷往往会拖长性能预试时间，并可能造成性能试验不能一次成功。

华能某电厂二期3、4号机组（2×360MW）的FGD工程（一炉一塔）由国外厂商负责总体设计，设备由电厂和设计厂商合作供货。电厂确定设计厂商的供货范围，设计厂商的供货范围主要是国内不能供货和可能影响FGD系统性能的重要设备。其他设备由电厂在国内采购，设计厂商提供所有设备、材料的订货技术资料、加工设备的工程图纸。电厂据此初步选择国内供货厂商，由设计厂商对国内供货厂商做出技术评价，并对国内重要供货厂商进行实地考察，最后双方确定国内供货商，以保证国内产品的技术可靠性。选定的国内制造厂商在供货合同签订后 1 ~3 个月内完成设计转换后的制造图或加工图，经 FGD 系统的买卖双方审核后再下料加工。对于制造和加工图纸的传递和审核借助国际互联网电子邮件传递方式来完成，并在网上交流意见。这样既可减少昂贵的专家派遣费，又节省了审核时间。

第二节　现场设备内衬施工应注意的问题

吸收塔容器、反应罐、浆液贮存罐（池）、GGH 壳体、GGH 至吸收塔入口烟道和吸收塔出口至系统出口烟道可能需要在现场进行橡胶或增强树脂内衬施工。当采用这些内衬材料时，施工和固化期间的环境条件将对内衬性能产生重要影响。这些条件包括基材温度、环境温度和相对湿度的限制，例如，增强树脂内衬施工的最低温度要求是 13 ~ 15℃，具体温度限制取决于材料供应商。在整个施工和固化期间，材料允许最高温度在 27 ~ 38℃ 范围内。对于橡胶内衬的施工，允许金属温度范围为 15 ~ 32℃。由于在大多数情况下，内衬施工都是依靠季节来满足上述施工条件。另外，内衬施工的时间较长，要求连续施工。再者，吸收塔模块内的大多数设备（例如喷淋母管、氧化空气管、反应罐搅拌器和除雾器）必须在吸收塔模块的内衬工作结束后才能安装。因此，内衬施工可能成为影响整个 FGD 系统施工进度的重要因素。由于气候变化，特别在北方、南方和多雨地区，有时自然环境不能满足内衬施工要求，为了保证施工进度，必要时应有预防措施，考虑加热、降温、除湿和通风措施。

橡胶和增强树脂内衬施工工作量大，持续时间长，施工环境恶劣，施工质量要求高，因此在内衬施工的整个过程中，应严密监测施工环境条件，绝不能为赶工期，在环境条件不符合要求的情况下强行施工。在内衬施工过程中，严格执行内衬材料商制定的检验程序，使施工留下的缺陷降至最低程度。施工过程的所有记录都是极为重要的文件，应妥为保存。如果在质量保证期内内衬遭受损坏，这些记录将可能成为损坏索赔的依据，正如本篇第十四章第三节“橡胶和增强树脂衬里损坏原因和形态”所指出的，在一些施工中，产品的变异或替代是内衬损坏的原因之一，因此，应通过 QA/QC 程序来保证运抵现场的内衬材料规格，质量符合技术规范要求，对每批到货应有完整的检验文件，有条件的现场应进行抽样检验，避免出现采用材料规格不一、质量变化大、甚至过期材料的情况。现场应严格按照材料商的要求保管内衬原材料，防止因保管不善而使材料变质。绝对不能采用超过保存期的材料。

鉴于现场内衬施工质量保证的局限性，在可能的情况下应尽量选择在工厂车间进行内衬、现场组装的施工方法，即使对于吸收塔这种大型容器也有分成数段在工厂内衬橡胶，再在现场进行组装的施工案例。

橡胶和增强树脂内衬现场施工的另一特点是施工的安全要求：一是防止施工人员中毒；二是施工过程的防火，国内已发生多起火灾事故，应引起足够重视。

第三节　质量保证和质量控制（QA/QC）的检验和试验

QA/QC 检验和试验是所有施工工程中关键的一项工作，因此，应要求 FGD 系统承包商以及分包商建立专门的 QA/QC 程序，并提交业主认可。QA/QC 程序包括设备制造的检验和试验、现场检验和试验、试运行和性能试验。

一、在设备制造厂进行的检验和试验

设备制造厂检验和试验的目的是保证为 FGD 系统制造的所有主要设备达到技术规范所规定的标准和质量。因此，FGD 系统承包商应建立一个全面质量控制程序，该程序至少具有以下突出的特点：

（1）制定在制造厂内对生产过程进行质量控制的体系。

（2）具有适合特殊类型设备或重要部件的检验和试验方法，应在制造的不同阶段进行检验和试验，从原材料到最终产品的包装。

（3）对所有试验应有成文的检验和试验步骤，以便具体实施。

（4）对所有设备和部件的所有质量检查应有合适的记录。

质量控制程序应覆盖 FGD 技术规范所规定的供货范围内的所有设备和部件。FGD 系统供应商应根据自己的经验和电厂工程师所要求的试验项目，进行工厂检验和试验。FGD 系统供应商应提交一个质量检查计划，并经电厂认可，该计划列出在制造厂执行的所有检查项目，由 FGD 系统业主确定业主需到制造厂目击检验的设备和项目，表 1-17-2 是一个供参考的检查项目和三方检验方式。

表 1-17-2　　设备制造检验和试验项目以及三方的检验方式

检验和试验项目	设备制造厂	FGD 系统承包商	FGD 系统业主
1. 吸收塔/烟气加热器			
材料：材料检验合格证或制造厂材料成分、力学试验结果记录（承压部件）	R	R	R
焊接：焊接程序合格证书	M	R	R
焊工资格证书	M	R	R
制造过程：坡口加工检查	M	—	—
非破坏性检验（如有规定）			
液态渗透剂检验	M	R	R
2. 其他制造设备（不包括装置的辅助设备）			
材料：材料检验合格证或制造厂材料成分、力学试验结果记录	R	R	R
焊接：焊接程序合格证书	M	R	R
焊工资格证书	M	R	R
制造过程：坡口加工检查	M	R	—
非破坏性检验（如有规定）			
液态渗透检验	M	R	R
完工后：压力容器水压试验或气压试验	M	W	R
外形尺寸和外观检查	M	W	R
油漆检验	M	W	R
3. 泵			
材料：泵壳和其他主要部件工厂检验合格证书	R	R	R
外形尺寸和外观检查	M	W	R
非破坏性检验	M	R	R
承压泵壳水压试验	M	R	R
静、动平衡试验（如有规定）	M	R	R
内衬检验（对橡胶泵）	M	SW	R
泵机械运行试验	M	W	SW①
泵性能试验	M	W	SW①
油漆检验	M	W	R
4. 空气压缩机			
材料：工厂检验合格证或制造厂材料成分、力学试验结果记录（缸体和其他主要部件）	R	R	R

续表

检验和试验项目	设备制造厂	FGD 系统承包商	FGD 系统业主
非破坏性检验（如有规定）	M	R	R
外形尺寸和外观检查	M	W	R
缸体水压试验	M	R	R
机械运行试验	M	W	R
安全装置			
安全阀	M	SW	R
其他安全装置	M	R	R
其他辅助设备	M	R	R
油漆检验	M	W	R
5. 风机/压缩鼓风机			
材料：工厂检验合格证或制造厂材料成分、力学试验结果记录	R	R	R
非破坏性试验	M	R	R
动、静平衡试验	M	R	R
外形尺寸和外观检查	M	W	R
机械运行试验	M	W	SW①②
性能试验	M	W	SW①②
油漆检验	M	W	R
6. 搅拌器			
材料：工厂检验合格证或制造厂材料成分、力学试验结果记录	R	R	R
非破坏性试验	M	R	R
外形尺寸和外观检查	M	W	R
衬层检验	M	W	R
运转试验	M	W	R
油漆检验	M	W	R
7. 管道部件			
管道			
材料：材料检验合格证书（特殊材料）	R	R	R
外形尺寸和外观检验	M	R	R
预制管道			
材料：材料检验合格证书	R	R	R
焊接程序合格证书	M	R	R
外形尺寸和外观检查	M	SW	R
内衬检验	M	SW	R
阀门（≥8in）			
材料：材料检验合格证书（主要组件）	R	R	R
外形尺寸和外观检查（生产厂标牌）	M	SW	R
压力试验/密封试验	M	SW	R
安全阀的操作检验	M	W	R
装配部件			
材料：材料检验合格证书（特殊材料）	M	R	R
非破坏性试验（如有规定）	M	R	R
外形尺寸和外观检查（生产标志）	M	R	R
挡板			
材料：材料检验合格证书	M	R	R
外形尺寸和外观检查	M	W	R
操作试验	M	W	R
油漆检验	M	W	R
8. 仪表、仪器			
数字控制系统	M	W	W

续表

检验和试验项目	设备制造厂	FGD 系统承包商	FGD 系统业主
辅助设备盘柜	M	W	R
变送器	M	W	R
记录仪和指示器	M	R	R
调节阀	M	W	R
其他仪表、仪器	M	R	R
9. 电气设备			
电机（>150kW）	M	W	W②
电机（<150kW）	M	R	R
电机控制中心	M	W	R
6kV 开关装置	M	W	W
电力变压器	M	W	R
蓄电池和充电装置	M	W	R
其他电气设备	M	R	R
10. 起重设备			
材料检验（仅主要部分）	R	—	—
外观检查	M	SW	R
外形尺寸检查	M	SW	R
功能试验（空载）	M	SW	R
油漆检验	M	W	—

注 表中符号含义为 M：制造厂检验。W：目击检验。SW：抽样目击检验。R：审查检验报告。—：不检验。

① 额定功率超过 300kW。

② 仅对每种类型的一台泵、风机、增压鼓风机或电机进行目击检验/试验。

以下检验通常应由 FGD 系统承包商进行：

（1）材料试验。应对用于 FGD 系统的重要设备或部件的材料进行材料试验。但是，制造厂对上述材料的试验报告可以作为代替。

（2）焊接件的检查。为了证明焊接件，特别是承压部件的完整性和无缺陷，如果认为有必要应对焊缝进行以下检验：检查焊缝倒角加工是否符合要求；适合焊接类型的无损试验；对需要作退火处理的焊件检查退火记录；如有必要，进行焊接试样试验。

（3）油漆检查。为证明油漆质量的完整性和坚固性，应进行以下车间检验工作：表面准备、二底层和第一道底涂料；面涂层和固化后漆膜总厚度。

（4）内衬检查。表面准备：内衬环境条件和固化后的内衬厚度；如有必要进行黏结强度试验。

（5）水压试验。应通过非破坏性试验证明壳体、轴、叶轮这类组件无缺陷。

（6）目视和外形尺寸检查。在生产的最后阶段，产品包装外运前对所有主要设备进行外观和外形尺寸检查。

（7）运行和性能试验。所有主要设备、主要辅助设备都应在车间进行试运行，以证明符合技术规范要求。车间试运的检测项目有：性能曲线、电耗、轴承温升、噪声和振动。对于 300kW 以上风机和泵的试验，电厂应派人到制造厂目击检验，FGD 系统承包商至少应在车间试验前一个月向业主提交运行和性能试验程序，以便得到业主的认可。

（8）电气和仪表试验。所有的电机应按照双方同意的标准（如 IEC34 或制造厂的国家标准）测试输出功率、效率、功率因数和温升。每种类型的电机仅抽取一台做试验，但额定功率超过 150kW 的电机则应每台都进行试验，而且业主应派人目击电机试验。额定功率低于150kW的电机由制造厂自行试验。所有试验报告都应提交给业主。

所有电力变压器都应按照双方商定的标准（例如IEC76或制造厂的国家标准）进行试验，并将试验报告提交业主。

所有的控制盘应在制造厂由厂家进行绝缘电阻、绝缘强度试验和程序检查。并向业主提交试验报告。

所有的TV和TA都应在生产厂进行常规试验，试验报告应提交业主，特别是应提交每个TA的励磁曲线。所有开关柜和断路器都应按照双方商定的标准（例如相关的IEC标准和制造厂的国家标准）进行典型和常规试验，业主应派人目击试验。相关的试验报告应提交给业主。

可编程控制器（PLC）和计算机系统应在制造厂在业主派员目击下进行功能试验，在上述功能试验期间应演示PLC和计算机系统各组件的功能以及所有逻辑判断。业主派员应详细核对计算机硬软件配置，输入/输出点的冗余量是否符合技术规范要求。必须试验每个输入/输出点，以检查接线、点地址寻访、前端硬件和公用部件。应通过适当的仪器对模拟和数字输入/输出点进行模拟试验。

应全面检验备用电源、存储器、CPU以及外围设备，并且进行转换性能演示。

电气和仪器仪表的其他车间试验应遵守IEC的有关标准或设备制造厂国家标准。

二、现场检验和试验

设备运抵现场后，首先进行开箱验货，检验外观，所配附件和各种文件和证书。在验收前，所有装置和设备都应通过业主要求的各种试验，以证明装置和设备符合技术规范，无论该装置和设备事先是否在制造厂做过试验。

1. 电气试验

设备安装后，应在卖方指导下，由业主进行有关试验，以下是必做的试验项目：

（1）绝缘强度试验。所有6kV的设备、变压器、电缆、开关装置（不包括TV）和电机应进行高压试验，可以是交流或直流耐压试验，以检验其绝缘强度。试验电压等级和耐压时间应符合IEC或生产厂国家标准。

（2）摇绝缘。应用500V绝缘电阻表测量所有低电压设备（不包括电子设备）的绝缘电阻。

（3）电机试验。应在现场测定所有电机空载和带负荷时的电机温升试验。

（4）仪表校验。所有仪表、仪器在出厂前应经过校验，但业主应在现场重新校验，卖方应提供专用校验工具和所需设备。

（5）蓄电池试验。应通过放电试验检验电池组的容量，卖方应提供试验方法和验收标准。

2. 表面准备和内衬的检验和试验

为了保证内衬的质量符合技术规范和制造厂推荐的技术标准，应进行以下检验工作：

（1）对每批进场材料进行严格检查，核对产品规格、生产日期，在有条件的情况应开展检验工作。

（2）表面准备的检验。

（3）内衬施工条件和固化后内衬厚度。

（4）电火花检验和黏结强度试验（如有必要）。

3. 额定负荷试验

所有起重、提升装置、缆绳在安装后应进行以下试验：

（1）操纵试验。

（2）起重机过载试验（指示最大载荷的1.25倍）。

（3）链式提供机的载荷试验（规定最大载荷的2倍）。

4. 单个设备现场试运行

由买方对例如泵，风机，压缩机，电动、气动阀等测定噪声、振动、轴承温升和流量。无论先前设备在生产厂家的试验情况如何，所有单个设备的现场试验结果应符合各设备的技术规范。

在现场检验或试验期间，装置的任何部件或设备出现故障，卖方应指导安装合同单位进行调整，如果发生的故障是由设计或制造缺陷所造成的，卖方应对维修、改造或更换部件或设备承担完全责任。

在单个设备的现场检验、试验工作顺利结束后，则可开始调试和试运行，最后进行性能试验。

第十八章 FGD 系统调试和性能考核

FGD 岛配电设备安装、试验结束后（用施工电源进行），即可向 FGD 系统受电。与此同时，在脱硫控制室内装修结束后进行 DCS 系统安装和现场调试。在 FGD 系统机械、电气、仪器仪表设备全部安装完毕后，将全面开展设备调试工作。FGD 系统调试一般分成以下步骤：分部调试、整套启动试运行。在调试工作开始前，调试单位应提交调试大纲，在调试各步骤开始前还应提交相关的调试方案和步骤，电厂组织相关单位进行审查，批准后方可实施。

分部调试指设备安装完毕后从单机/单体调试开始至整套启动试运行前的调试工作，包括单体/单机调试和分系统调试。单机/单体调试验收后，设备移交电厂临时代管。

整套启动试运行指分部试运结束后的 FGD 装置整套启动调试和试运，包括带水和空气的冷态整套调试、热态（通烟）整套调试和 168h 试运行三个过程。满负荷 168h 试运行成功结束后，FGD 系统全面临时移交电厂代管，进入商业试运行阶段。

调试阶段需要控制的关键节点为：

（1）电气系统受电、运行。

（2）DCS 调试。

（3）单机/单体调试。

（4）分系统调试。

（5）FGD 系统冷态整套调试。

（6）FGD 系统热态（通烟）整套调试。

（7）168h 试运行。

（8）FGD 系统临时移交。

如果时间充裕，可在 FGD 系统热态（通烟）整套调试阶段安排性能调试、性能预测试，这样在完成 168h 试运行、短期商业试运后即可进行性能考核试验或称交接验收试验。有时由于受 168h 试运行节点限制，将性能调试、性能预测试安排在 168h 试运行后进行。然后，经过适当时间的商业试运行后进行性能考核试验。

性能考核试验合格后，电厂向 FGD 装置供应商签发临时移交签证。随后进行 3 个月 ~1 年的长期稳定性考核试验，如有必要，在长期稳定性考核试验后进行第二次性能考核试验，以验证设备长期运行后是否还能保持合同规定的性能。

第一节 单机/单体调试和试运

当安装进入最后阶段时，应按调试大纲要求成立相应的调试组织机构。FGD 系统相对发电系统要小得多，调试工作涉及的单位也少些，一般参与的单位有电厂、FGD 系统供应商、基建施工队和监理公司，如果由专业调试单位负责调试，则还包括调试单位。因此，FGD 系统调试组织机构应尽量简化，不必完全照搬发电机组启动试运组织分工形式，图 1-18-1 是供参考的调试组织机构图。整个调试工作应在以电厂为主的调试领导小组领导下进行。

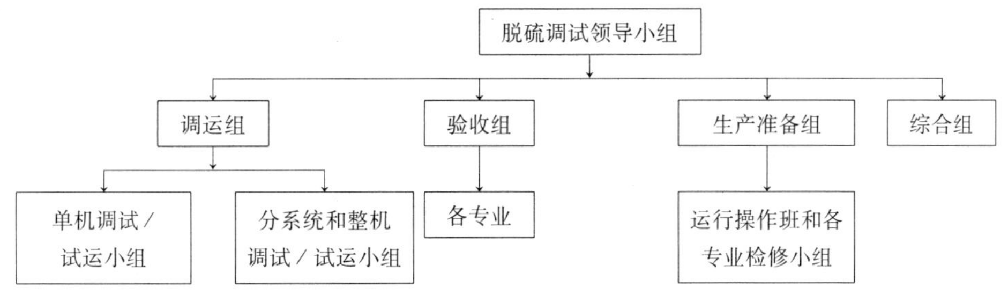

图 1-18-1　调试组织机构

单机/单体调试单位负责编写单机/单体调试方案，并准备好调试所需要的工具、仪表仪器和其他物品，专用测试仪器可要求设备制造商提供。单机/单体调试方案经调试领导小组组织参试各有关单位专业人员讨论通过后方可实施。单机/单体调试和试运是电厂运行人员学习 FGD 操作方法很好的机会，因此电厂应主动、积极地组织运行人员熟悉设备和工艺流程，认真学习单机/单体调试方案，通过调试向 FGD 系统供应方和调试方专家学习实际操作和异常分析经验。

一、进行单机/单体调试前应具备的条件

进行单机/单体调试前应具备以下条件：

（1）《调试大纲》已获批准。调试组织机构已经建立，开始主持调试工作。参加调试的有关单位分工明确，人员配备齐全。

（2）土建工作已结束，验收合格，交付使用。安装工作基本结束，试运区域场地平整、脚手架已经拆除，道路和检修通道畅通，电梯、楼梯、栏杆、护板已安装完毕，现场清扫无杂物。

（3）照明、通信、暖通和消防系统安装、调试完毕，投入运行。

（4）DCS 现场调试和程序检查和模拟试验已完成。

（5）配电设备已试验合格，FGD 系统已受电，能为脱硫系统的调试提供可靠电源；工业水、蒸汽、仪用空气和杂用压缩空气（如由主机系统供给）已送至 FGD 系统。

（6）FGD 系统所有输送液体和蒸汽的管道已冲洗干净，空气管道已吹扫；罐体、池、地沟和各种容器已清扫干净；向罐体和池中充注水，在需要的部位加装滤网或过滤器。

（7）脱硫岛内、外排水设施能正常投运，沟道畅通，沟道及孔洞盖板齐全；试运范围的工业、生活用水系统和职业安全卫生设施已投入正常使用。

（8）生产准备已经完成，运行和检修常用工器具、记录表格已准备齐全；运行人员上岗培训基本结束，考核合格，可上岗操作。

（9）转动设备已注入合格的润滑油脂，设备已经挂牌。

（10）调试时需要增加的临时设施、测量装置和所需的公用材料等已经准备完毕。

二、单机/单体调试步骤

1. 准备工作

检查和确认是否具备单机/单体调试的条件；形成机械设备试运行回路，即使运转设备、相关的管道、阀门和容器构成一个正确的运行回路；固定临时检测仪表仪器，确定在线仪表显示的初始值正确；现场运行操作人员，检测人员已到达工作地点；通信联系畅通。

如果 FGD 系统配置有独立的仪用空气系统，应先进行仪用空气装置的调试和试运行，使仪用空气系统投入正常连续运行。

2. 安全工作

在进行单机/单体调试期间，所有参试设备均视作运行设备。当需要对设备进行检修、调整或拆装某些部件（如联轴器等），而又可能造成不安全现象时，应遵守电力安全工作规程，执行工作票制度。

3. 单机/单体调试步骤

单机/单体调试、试运的目的是检查单个设备安装的正确性和设备的可工作性，检查其性能是否初步达到设计要求。

（1）电机单转。电机单转前应完成电机测试和电气保护回路模拟试验，电机单转时相关的保护回路均应投入。通常，电机单转检测项目有，转向、空载电流和电压、轴承和定子温升以及振动，试转持续时间应使测值已达到稳定，保持2h，一般不少于4～8h。

电机单转测试完成后进行电气保护回路跳闸试验。

（2）电/气动阀门试动。进行电/气动阀门（包括烟气挡板门）就地和远方单操，检测开闭时间和到位情况，对调节阀还应测试DCS输出信号和开度的对应关系。

（3）一次测量设备。调整和校验一次测量设备，检查测量输出回路和初始显示值。调整设定值、报警和跳机值。

（4）单机/单体试转。试转的单机分两类：一类不需要介质可运转的设备，如挡板门、GGH和固体物料输送机等；另一类是需要介质和构成介质循环回路才能试转的设备，例如泵、风机和搅拌器等。后一类设备试转时，需事先向相关的箱罐注水，确定介质流动通道。因此，对各参试机械设备应编制详细的单机试转步骤、机械设备试运记录表，并配有相关的逻辑控制图。单机试转步骤应包括以下内容：机械设备试车回路图（标明应开、应关的阀门）；顺序操作项目和步骤；每项操作后的检查和测量项目。记录表格应包括以下内容：设备名称、设备主要技术规格、标注有测点位置和项目的机械设备总装简图、测量标准值、实测量结果和评价。

现以烟道挡板、吸收塔循环泵和脱硫增压风机（BUF）为例，简要说明单体调试和操作试验步骤。

1）烟道挡板门。解除连锁条件，使挡板门具备单独开闭条件→现场手动开、闭挡板→远方气动或电动开、闭挡板→就地检查挡板门开、闭到位情况，位置开关分、合和控制室位置显示对应情况→测量开、闭时间→挡板门关闭时检查密封空气压差和漏风情况。

2）吸收塔循环泵。试验步骤如下：

启动条件检查：电机开关在试验位置，已完成了泵的手动、顺控启停模拟试验和联锁以及保护模拟试验；泵和电机的各测点已核对，初始显示值正确，保护回路已投入；已确认电机转向和泵要求的转方一致；反应罐达到要求液位，应考虑到泵启动后液位的下降和补加水方式；仪用空气压力正常（气动装置）；机械密封水已供入，压力正常；浆管上的排空阀、冲洗阀已关闭，泵入口阀、出口阀（如有）关闭到位；塔内喷淋母管、喷嘴或喷浆管已具备喷水条件，循环回路已形成。

手动盘车：检查是否有卡涩、声音是否正常。

点动循环泵：再次检查转向、震动、异音和漏泄。

热运行：检查泄漏，检测噪声、电机和泵轴承温升和震动、泵转速、泵出口压力、电机电流和电压、电机线圈温升，检查塔内喷淋情况。测量值应达到稳定，确保已获得满意的测试数据，通常热运行时间为4～8h。

原则上应在泵带负荷的工况下，重复联锁和保护试验。

需要强调的是，绝对禁止泵在电机驱动下反转。目前单台循环泵的容量越来越大，国内电厂FGO系统单台容量已达10400m^3/h，一旦出现电机驱动下的泵反转将造成泵和电机的严重损坏，国内电厂已发生过这类事故。有些泵采用了齿转减速箱，要特别注意减速箱输出轴转向与电机转向的不同。

3）FGD增压风机。试验步骤如下：

启动条件检查：BUF是FGD系统最大的设备，在试运前必须完成电机和风机的保护模拟试验并将保护回路投入；BUF油、水冷却系统（如有）已投入运行；通过强制信号满足BUF启动条件。

主机已停运，引风机风门已关闭。确认风机保护回路已投入。确认旁路挡板门全开，根据BUF启动条件确认FGD系统入/出口挡板门和其他挡板门的开闭位置，使得当BUF启动后形成由BUF→GGH原烟气侧→吸收塔→GGH净烟气侧→旁路烟道→BUF入口的冷空气循环回路。检查吸收塔模块、烟气加热器、烟道人孔门已关闭，如需开启则应设置临时遮栏和警示线、挂警示牌。

点动BUF：确认转向正确、无明显异音、无不正常的震动和漏风。

热运行：按BUF制造厂要求的方式启动BUF，在启动过程中，现场和控制室运行人员应密切监视，如出现异常情况应及时报告试运指挥。BUF启动正常后测量噪声、转速、震动、轴承温度、电机电流电压，检查烟道和各容器的震动情况，记录BUF油、冷却水压力、温度、流量等参数。热运行时间为4～8h，并应确保已获得满意的测试数据。在完成测试工作后，应重复BUF带负荷连锁保护试验。热运行结束后应对风机进行全面目视检查。

参照上述方式完成机械、自动控制和电气所有单机/单体设备的调试和试运行。调试小组对各试运设备提出测试或校验报表，给出评价，提交调试领导小组审定。对调试和试运中发现的问题应明确责任单位，限期完成消缺工作，以免影响下一步调试工作。

第二节　分系统调试

单机/单体设备调试成功结束后就可以开始分系统调试工作。分系统调试的目的是检查子系统各设备的协调运行情况，验证各子系统功能组的联动功能、连锁和保护功能，调试闭环调节回路。

一、分系统调试范围的划分

根据系统组成，分系统调试可包括以下子系统：

（1）工艺水系统。

（2）仪用及杂用压缩空气系统。

（3）石灰石浆液制备及供给系统。

（4）吸收塔系统。

（5）烟气系统。

（6）石膏脱水系统。

（7）回流水（或回收水）系统。

（8）废水处理系统等。

二、分系统调试和试运内容

分系统调试和试运仍以水或空气为介质，调试和试运内容如下。

1. 手动操作启停子系统

确定调试/试运范围，做好与不运行设备的隔离措施，向试运范围的箱罐注水至要求液位，然后按子系统功能组设计的程序，手动依次启动子系统内各设备。子系统内各设备投运后应更多地观察运行设备之间的影响。例如吸收系统循环泵、搅拌装置、氧化装置和吸收塔出浆泵均投运时，多台循环泵同时运行的稳定性，鼓入反应罐的空气是否会影响循环泵和出浆泵的稳定运行，这些泵出口压力和电机电流的波动情况。如子系统中有多个箱罐，则应注意箱罐液位的协调变化。分系统运行数小时后，依次停运各设备。

2. 联动启动子系统

联动启动子系统的目的是验证系统是否能按功能组设定的程序，依次自动启停各设备；检查功能组设计的合理性；试验当顺控条件不满足时，连锁保护执行情况。

3. 主连锁保护模拟试验

主连锁保护可能包括以下项目：

（1）吸收塔循环泵全停。

（2）FGD 入口烟气温度≥180℃（三取二）延时 10s。

（3）烟道挡板门位置出现异常。

（4）FGD 系统入口烟气压力超出限值范围，延时 10s（三取二）。

（5）系统内烟气压力（正压或负压）超出限值范围，延时 30s。

（6）GGH 故障停运。

（7）增压风机故障停运。

（8）脱硫主电源失去。

（9）锅炉 MFT 跳闸。

（10）紧急停机事故按钮被按动。

上述主连锁保护动作的必要条件是增压风机在运行。

在主机停运时安排主连锁保护试验。实验方法是：将风机断路器置试验位置，通过强制信号，满足 BUF 允许启动条件，开启 FGD 系统入出口挡板门，关闭吸收塔排空门，闭合增压风机电机断路器，模拟风机启动，关闭旁路挡板门。按照主连锁保护项目逐一进行跳机试验。当主连锁保护动作后，旁路挡板门、增压风机和 FGD 系统入出口挡板门等应按设计顺序依次正确动作。

4. 调试闭环调节回路

FGD 系统通常有以下 5 个闭环调节回路：烟气流量调节回路；石灰石浆液制备调节回路；石灰石供浆调节回路；吸收塔浆液浓度调节回路；真空皮带脱水机皮带走速调节回路等。但有些系统仅有前 3 个调节回路。在分系统调试阶段主要是对烟气流量调节回路、石灰石浆液制备调节回路进行调试。石灰石供浆调节回路需在热态（进烟）整套调试阶段进行调试。如果是通过控制旋液分离器溢流和底流返回吸收塔的流量来调节吸收塔浆液浓度，那么，该调节回路通常也放在热态（进烟）整套调试阶段进行调试。如果是通过启停吸收塔排浆泵或脱水系统来控制吸收塔浆液浓度，那么，这种控制方式并不属于闭环调节方式，可以在分系统调试时进行模拟操作，验证前述设备自动启停功能。有些真空皮带脱水机皮带走速受锅炉负荷和滤饼厚度控制，在脱水系统调试时可以利用主机在运行时给出的锅炉负荷信号，通过人为改变滤饼厚度输出信号来粗调皮带走速，更细致的调整工作可在热态（进烟）整套调试阶段进行。由于该调节回路较简单而且最终要依据石膏脱水效果来调整，因此该调节回路的调试工作也可以完全放在热态（进烟）整套调试阶段进行。也有的脱水机是在保持滤饼一定厚度的情况下调整皮带速度，这种调节方式就更简单，可在系统通烟试转后进行调试。

通常在石灰石浆液制备系统充水试运完成后就可以进行投料试运，在投料试运中调整研磨水、稀释水和磨机循环箱液位调节回路，使制备的石灰石浆液密度达到预计值。

在进行冷态烟气流量调节回路的调试时，要求主机停运，启动送、引风机，然后启动脱硫增压风机，关闭旁路挡板门，将烟气流量调节回路投自动，然后改变送、引风机送风量检查增压风机跟踪情况，即检查对炉膛负压和增压风机入口段烟气压力的影响。试验快开旁路挡板门时对炉膛负压的影响。需要指出的是，由于进行冷态烟气流量调节回路试验时引风机送入 FGD 系统的风量很小，冷态烟气流量调节试验不能完全反映烟气流量调节回路的调节性能，因此还需在热态工况下重新检查和调整烟气流量调节回路。

第三节　整套启动试运行

整套启动试运行指分部试运结束后的 FGD 装置整套启动调试和试运，包括带水和空气的冷态整套调试、热态（进烟）整套调试和 168h 满负荷试运行三个过程。

一、冷态整套调试

冷态整套调试仍以水代替浆液，用空气代替烟气经旁路烟道构成循环回路。冷态整套试运时应按今后正常运行的要求投运所有应投运的设备，将备用设备置自动备用状态。

分系统调试和试运工作做得越细越全面、遗留问题越少，冷态整套启动试运就能顺利并较快地完成。冷态整套启动试运的主要调试工作是运行方式操作试验，包括：

1. 按三种方式进行整套启停操作试验

（1）手动操作依次启动各设备，使整个系统投入运行；然后手动操作依次停运各设备，使整个系统退出运行。

（2）按各子系统功能组，依次启动子系统，使整个系统投入运行；然后，通过停运各子系统停运整个系统。即所谓用小顺控方式启停整个系统。

（3）按大顺控方式（如设计有）一次全自动启停整个系统。

整个系统进入正常运行后，主要检查全系统各设备协调运行情况，检查输送介质的压力和流量是否在设计范围内，介质流动是否顺畅，箱罐和地坑液位能否处于控制范围中，有否出现不正常的溢流或液位过低。

2. 运行方式改变操作试验

FGD 系统往往设计有个别设备或个别子系统故障不能运行时的特殊运行方式，还可能设计有多种浆液废弃排放方式，应根据设计进行运行方式改变操作试验。例如旁路脱水系统，浆液抛弃运行方式试验等。

试验结束后，排尽各罐、池和管道中的水，进行全面清扫、检查，根据冷态整套调试中发现的设备缺陷进行检修。随后，将进行热态（进烟）整套调试或称进烟试运行，也有的称投料试运。

二、热态（进烟）整套调试

FGD 系统热态（进烟）整套调试包括进烟前准备、进烟调试和停机检查。整个热态（进烟）整套调试大约需要 2 个月。

热态试运行的原则是先手动后程序启停；先旁路门打开运行后关闭运行；先调整烟气系统后调整其他系统；先做带负荷保护连锁试验后做调节回路试验。

（一）进烟前的准备

进烟准备工作应在首次进烟试运 1 周前开始，进烟主要准备工作如下：

1. 成立热态整套调试小组

成立在 FGD 系统调试领导小组领导下的热态整套调试小组，热态整套调试小组负责具体实施热态整套调试工作。热态整套调试小组包括工艺、机械、自动控制和电气专业组。

2. 审查和通过热态整套调试方案

调试责任方负责编写调试方案，经热态整套调试小组讨论修改后提交调试领导小组审查、通过。电厂应组织运行人员认真学习调试方案，以便作好调试和试运中的运行操作工作。

3. 公用原材料的准备

工业水、仪用和杂用空气、蒸汽已送抵 FGD 系统，各储气罐压力正常。向除吸收塔反应罐以外的各罐、池中充水，启动搅拌器。

如果是外购石灰石粉，石灰石粉仓已备有粉料，已完成石粉计量装置的校验工作，石灰石浆罐已配有一定浓度的石灰石浆液。如果配置了石灰石磨制系统，石灰石磨制系统应已调试、试运完毕，石灰石浆液储存罐中已储存了浆液。

经适合的地坑，例如吸收区集水坑，配制石膏晶种浆液再转入吸收塔反应罐内。也可以将一定量的晶种直接送入吸收塔反应罐，如果侧插入式搅拌器桨叶靠罐底较近，应将石膏晶种尽量堆放在罐体的中间，然后加水，水位升至一定高度后及时启动搅拌装置。采用这两种方法配制的反应罐浆液浓度应不低于 5%。吸收塔液位达到正常控制值后，适时启动氧化配气装置。

如果采用管式 GGH，应向 GGH 管束注满热媒水。

4. 进烟前的设备启动

全面检查控制系统：在线仪表应 100% 投入，输入初定的设定值，仪表测值初始显示值应正确；调节回路 100% 投入，并已置于要求的调节方式；连锁保护回路 100% 投入。

采用手动操作或子系统功能组小顺控方式启动以下设备：

（1）启动工艺水、仪空和压缩空气系统。

（2）启动各集水坑功能组。

（3）启动吸收系统，包括循环泵、搅拌和氧化装置以及除雾器冲洗程序。

（4）启动石灰石配浆或制浆系统，石灰石供浆调节回路投手动。

（5）启动吸收塔出浆泵，在反应罐和第一级脱水装置之间形成小循环回路（在有些设计中，这种小循环回路可能不包括第一级脱水装置）。

（6）启动石膏输送机和真空皮带脱水系统，保持空转状态。

（7）如果采用回转式 GGH，启动回转式 GGH。如采用管式 GGH 则启动热媒水循环泵，用蒸汽加热热媒水，预热 GGH 管束，控制热媒水温度在一定范围内。

5. 进烟前的最后检查

确认各烟道挡板位置正确，BUF 辅助设备已启动，进烟前应启动的设备已启动，运转正常；确认未启动的设备所选择的运行方式（自动、手动或备用）正确；各罐体液位和其他初始测值显示正常；确认供电方式正确，待启动或备用设备的电源开关已送至工作位置。

（二）进烟调试

第一次进烟试运为稳妥起见，将旁路挡板强制于全开状态，采取手动分步操作将烟气引入 FGD 系统，然后逐步增加进烟量，待各设备运转正常，各主要测值无突出异常情况并趋于稳定、吸收塔反应罐浆液密度基本稳定、脱硫石膏已能连续产出，连续观察至少 12h，FGD 首次进烟即告成功。随后便可开始调试工作。

进烟初步调试分以下 3 个阶段，大约需要一个半月。

1. 控制系统调试内容

控制系统初步调试的主要项目有：

（1）系统热态手动、小顺控和大顺控启停试验。

（2）仪表检验，特别是烟气和浆液特性测定仪表，例如 CEMS、浆液 pH 值计、流量计和密度计的校验。

（3）设定值的调整。

（4）调试各调节回路，初步确定调节参数。

（5）如认为有必要，带负荷重复主连锁保护停机试验或只重复易发生的主连锁保护试验。

在完成烟气流量调节回路（又称增压风机入口压力）的调试和主保护连锁停机试验后，将旁路挡板门关闭运行，烟气流量调节回路投自动。

控制系统初步调试一般约需 15d，在此期间要求锅炉提供 50%、75%、100% 的稳定负荷，所需时间分别为 3、3、9d。具体所需天数可能随系统调节回路的多少、简繁程度而变化。

2. 性能初步调试

初步性能调试时间通常约需 14d 左右，目的是为了初步摸清楚 FGD 系统的基本性能，为下一步的性能初步测试选择最佳运行参数。

在 14d 左右的测试期间内，用 1 ~ 2d 时间使系统稳定，在上述 3 种锅炉负荷下各保持 4d，在各负荷下 FGD 入口烟气流量和 SO_2 浓度应尽可能保持稳定。在 3 种锅炉负荷下，通过改变运行参数，如浆液 pH 值设定值、循环泵投运台数、鼓入氧化空气量和循环浆液密度，测定各保证项目的实际值。在此阶段，将对各种浆液（石灰石浆液、吸收塔循环浆液、旋流底流和溢流以及废水）和石膏进行采样分析。如果此前对 CEMS（烟气排放连续监测系统）进行了实测对比校验，可以采用 CEMS 数据来表示烟气特性。

3. 性能初步检验

根据性能初步调试结果，初步确定最佳运行参数，然后进行性能初步检验。性能初步检验包括两方面的内容：一是在确定的最佳运行参数和锅炉稳定负荷下检测 FGD 系统的性能；二是检验 FGD 系统跟踪锅炉负荷变化的调节特性。

性能检验所需时间 13d：100% 负荷 5d、75% 和 50% 负荷各 2d、变负荷跟踪试验 4d。第 1、2d 锅炉负荷变化为 50%（4h）→75%（4h）→100%（8h）→75%（4h）→50%（4h），第 3、4d 锅炉负荷变化为 50%（8h）→100%（8h）→50%（8h）。

（三）停机检查

热态整套调试结束后，由于系统是第一次长时间热态运行，一些设备可能已出现缺陷，容积或烟道内的设备和构建可能出现松动、脱落或损坏现象。另外，为了确保随后的168h试运能一次成功，在热态整套调试顺利结束后，应停止FGD系统运行，排空系统箱罐、池中的浆液，将吸收塔浆液转储存于事故浆液储存罐中，对系统设备进行全面检查和消缺，所需时间大约7～10天。

三、168h满负荷试运行

168h满负荷试运行是FGD系统调试/试运最后一项考核工作，通过168h试运行全面考察系统在满负荷工况下、连续不停机稳定运行的能力；考核自控仪表、调节回路和连锁保护投入率；检查系统主要性能——脱硫效率能否达到保证值；统计其他性能指标，但不作为评判168h试运行是否成功的依据。

168h满负荷试运行成功结束后，停止FGD系统运行，将浆液储存在事故浆液储存罐中，对系统设备进行全面检查，消除设备缺陷。然后，系统重新投入运行。至此，FGD系统全面移交甲方代管，进入商业试运行阶段，甲方向乙方颁发临时移交签证。

根据FGD工程合同，FGD系统经过一段时间的商业试运行后便可开始性能考核验收试验。

在国内FGD系统调试中，有时受完成168h试运行节点时间的限制，将热态整套调试中的性能初步调试和检验工作放在168h试运后、性能考核验收试验之前来完成。而且热态整套调试的时间较短，这对于搞清楚系统的性能、特点是不够的。

第四节 性能考核试验

一、性能考核试验概述

性能考核试验也称交接验收试验。性能考核试验的目的是验证已竣工的FGD系统是否达到合同规定的各项技术、经济保证指标，全面评价系统的性能。为了验证系统的性能，一般要做两次性能考核试验。第1次试验在系统调试和试运行后进行，第2次试验在第1次考核试验获得通过、运行数月或一年以后进行，即在可靠性考核后进行。

FGD系统的技术合同可能包含以下性能保证项目：

（1）SO_2脱除效率（或出口SO_2排放率）。

（2）HCl、HF和SO_3脱除效率。

（3）系统出口颗粒物排放量。

（4）系统出口烟气温度（装有GGH的系统）。

（5）除雾器出口烟气夹带水滴最大含量。

（6）固体副产物成分和游离水含量。

（7）吸收剂利用率（或吸收剂耗量）。

（8）电能耗量（最大耗电量、平均耗电量和停机备用时的电耗）。

（9）耗水量（最大耗水量和平均耗水量）。

（10）蒸汽耗量。

（11）系统可靠性或可利用率。

（12）废水成分和废水排放量（包括废水处理的系统）。

（13）烟气压损（总压损或特定组件压损）。

（14）噪声控制保证。

（15）某些材料的使用寿命。

（16）吸收剂最低研磨细度和产出量。

（17）吸收塔反应罐氧化装置最低氧化程度。

（18）增压风机、循环泵效率和泵的效率损失。

（19）化学添加剂最大用量（采用化学添加剂系统）。

上述性能保证项目中，前12项中除第二项外的其他项目是FGD技术合同通常包含的项目。

除系统可靠性或可利用率外，其他保证值的评价在第1次性能考核试验中进行。性能考核试验通常应由独立的第三方进行，卖方提供性能考核试验方案和特殊试验仪器，试验方案需经三方认可，试验费用一般由电厂支付。

在性能考核试验期间，电厂锅炉的运行工况要尽可能接近设计工况，在试验要求的各种负荷下保持稳定运行。电厂可以事先贮备供性能考核期间燃用的、接近设计煤或考核煤含硫量的煤，以便使烟气SO_2含量尽可能接近设计浓度，这样有利于电厂对FGD系统的性能考核。

合同通常都会规定，由卖方提供FGD装置性能修正曲线，当性能考核试验时的工况不同于设计工况时，运用修正曲线修正试验数据，以此评价系统的保证性能。而性能修正曲线一般在详细设计的后期由卖方提出。由于实际运行工况不可能完全与设计工况相符，设计值也会有一定的偏差，因此设计性能与装置的实际性能可能有差距，这是很正常的情况，可以根据试运行中所获得的并为双方认同的数据修改修正曲线，这样可以使得修正曲线更具实用性。

需要特别指出的是，FGD系统的技术合同应明确要求，在设计条件下，FGD系统相互有关联的性能应同时达到规定的保证值。例如脱硫效率、石膏成分和石灰石耗量这三个指标应在同一运行条件下进行考核。避免卖方在某一时段里选择最佳参数来满足个别保证值，然后改变系统运行参数来满足另外一些保证项目。

如果第1次性能考核试验结果表明，系统的保证值中有一项或多项不能满足要求，允许卖方经过调整或改进后重新进行性能考核试验，所需费用由卖方承担。如果再次证明某些性能仍不能达到保证值，应按合同执行罚款。通常合同会规定一个最大总违约罚金。如果试验结果证明系统已成功满足了所有性能保证，那么，可以进行可靠性和可利用率试验和第2次性能考核试验。

可靠性和利用率试验应在一个连续的长周期中进行，通常是数月至一年或更长。在可靠性和可利用率试验期间，发电机组以其正常方式运行（基本负荷，低负荷、高负荷等），允许对FGD的各别设备进行计划和非计划的维护和保养，而且可以用备用设备来代替停运设备。

如果FGD系统不能达到要求的可利用率和可靠性，由卖方自费对系统进行改进。然后重新进行可靠性和可利用率的验证试验。如改进后仍不能满足保证值，应按合同执行违约罚款。

之所以要规定进行第2次性能考核试验，目的是验证系统经过较长时间的连续运行后，FGD系统是否仍能满足性能保证。因此，通常可靠性或可利用率试验期为一年。试验期过短既不能真实反映系统的可靠性和可利用率，也失去了进行第2次性能考核试验的必要性。

当然，也可以根据可靠性和可利用率试验期间系统反映出来的性能，综合评价系统长周期运行后的性能保证，以决定是否需要进行第2次性能考核试验。

二、性能考核试验步骤和数据整理

（一）性能考核试验步骤

1. 在线仪表的标定和校验

电厂FGD系统都要求在系统和烟囱入口装有CEMS，考核试验期间的有些性能参数可以从CEMS获取，因此在考核试验前应对CEMS和其他涉及性能指标的在线仪表，如密度计、pH计、浆液流量计、石灰石粉称重装置、计量电水耗的关口电度表和水表等，进行仔细的标定和校验，这种标定包括零点和测量范围的标定、实测值对仪表显示值的修正标定。

需要标定的烟气参数有：

（1）烟气流量标定。在锅炉满负荷稳定工况下，采用皮托管运用网格法同时实测FGD装置入口和烟囱入口烟气流量，对比这两个流量测值可以了解测值的准确性。根据实测值和CEMS烟气流量计示值，建立对DCS显示值的修正公式，即标定CEMS烟气流量计。这种标定至少要进行2次，如果有条件还应在不同锅炉负荷下进行标定，以获得较为满意的标定结果。

（2）烟气温度标定。在实测烟气流量的同时测定烟气温度，通常原烟气温度实测值与在线温度计示值很接近，可以不进行修正。但是净烟气可能有分层现象，特别当采用管式GGH或蒸汽-烟气加热器时，因此对DCS显示的净烟气温度也往往要进行修正，以便真实考核加热后净烟气的温度。

（3）净/原烟气含氧量标定。在烟道测点断面选两个测点实测烟气O_2含量，建立对DCS显示值的修正公式。同样，应有重复测试，以便检查所建立的修正公式的准确度。

（4）净/原烟气SO_2浓度标定。方法同烟气含氧量的标定，由于净烟气有分层现象，可适当增加测点数。在对SO_2浓度仪标定前还需用零气和SO_2标准样气标定在线仪的零点和量程。

（5）净/原烟气粉尘浓度标定。由于烟道中粉尘分布不均匀，标定粉尘浓度计也需要采用网格法测定2次，得出DCS粉尘浓度显示值的修正系数。

（6）净/原烟气含水量标定。如果CEMS有水分含量测定仪，也应在烟道测点断面选两个测点进行标定。若无水分含量测定仪也应测出此值以便计算出干烟气流量。采用奥氏气体分析仪可以同时测出烟气含O_2、CO_2、N_2和H_2O含量。

（7）工业水流量计标定。利用工业水箱已知容积的耗水量来校核工业水流量计，确定修正系数，建立修正公式。标定工作可在冲洗管道和向各箱罐注水时进行，这样标定总水量大，标定的准确度高。

（8）校验石灰石粉称重计量装置。按供货厂家提供方法校验，性能考核试验期间按DCS显示值直接获得石灰石消耗量。

在性能考核试验开始前应仔细校验密度计、pH计和浆液流量计，性能考核试验期间至少还要校验2次，以确保这些重要参数控制在预定范围内。

上述标定工作一般需要7d左右时间。

2. 性能保证值设计条件的检查

在性能考核试验期间，电厂应提供不超出或不低于设计条件的试验条件。主要试验条件有烟气条件、吸收剂和工业水品质。

烟气条件包括 FGD 系统入口烟气流量、温度和有害成分浓度（SO_2、SO_3、HCl、HF 和粉尘）。在进行在线仪表的标定和校验时，对烟气流量、温度、SO_2 和粉尘浓度已作了检测，因此需测定烟气 SO_3、HCl、HF 浓度，如这些成分的浓度在设计烟气条件范围内或超过不太多，在以后的性能考核试验期间可不再测定，认定这些成分的浓度符合设计条件。如这些成分的浓度超出设计条件太多，可能成为 FGD 装置供应商要求修改某些性能保证值或达不到这些保证值的理由。因此，电厂在给出设计条件时应避免这种情况的出现。此外，电厂应通过调整锅炉燃烧条件、电除尘器的运行工况或通过配煤方式使烟气流量、温度、SO_2 和粉尘浓度在烟气设计条件范围内。性能考核试验期间烟气的这些试验条件则以 DCS 采集的数据为准。

化学分析吸收剂和工业水，检查它们是否满足设计条件。在性能考核试验期间至少还须测定吸收剂品质 3 次，工业水品质 1 次，每次应有平行试验，以检查分析结果的精度。

3. 性能考核试验

性能考核试验正式开始前，需要 2d 的稳定运行期。在三方商定的运行条件下，通过观察脱硫效率、吸收塔浆液 pH 值变化、各种在线仪表显示值和通过分析各种浆液以及脱硫石膏的成分来判断系统运行是否已趋于稳定，一旦系统运行稳定便可正式进入性能考核试验期。

对于满负荷性能考核试验的时间，如果主机能提供 7d 24h 连续满负荷，通常能获得较为满意的考核数据。如果主机无法提供 7d 24h 连续满负荷，建议将满负荷性能考核试验的时间延长至 14d，要求主机每天白天提供 12h 连续满负荷，2 个 7d 的夜间分别提供 8 ~ 10h50% 和 75% 的稳定负荷。采集每天从低负荷升至满负荷 2h 后 10h 的数据，作为满负荷性能考核试验的依据，夜间的数据用于考核低负荷时的性能。这样做的目的是省除锅炉负荷因素对考核结果的修正，直接得出的试验结果总比通过未经验证的修正曲线修正后得出的试验结果可靠。

此外，还需用 1d 的时间进行变负荷跟踪试验，锅炉负荷变化和保持负荷的时间为：50% 4h→75% 4h→100% 4h→75% 4h→50% 4h，负荷变化率按合同规定，通常为 2%/min。

有些工程合同可能规定的 FGD 系统保证值的设计条件是锅炉连续经济运行工况（ECR），要求在锅炉最大工况（MCR）下 FGD 系统能稳定运行，但对 MCR 工况下系统的性能不提出保证值要求。MCR 工况下 FGD 系统稳定运行试验需 8 ~ 16h，考核 FGD 系统是否能在达到某一脱硫效率的情况下，建立新的物料平衡，稳定运行，考察主要设备是否会出现不稳定运行状况，设备的出力是否超出了设计值，在线测值有否接近甚至达到报警值。

因此，依据性能考核项目的多少，包括在线仪表标定的整个性能考核试验约需 14 ~ 24d。

（二）性能考核试验数据整理

1. SO_2 脱除效率和系统出口净烟气 SO_2 浓度

取满负荷工况时由 DCS 采集的系统入口原烟气、出口净烟气 SO_2 和 O_2 浓度的平均值，并用修正系数修正，按式（1-7-1）折算至 6% O_2 下的相应 SO_2 浓度，再按式（1-18-1）计算 SO_2 脱除效率，即

$$\eta_{SO_2}=\frac{\text{系统入口原烟气}SO_2\text{浓度}-\text{系统出口净烟气}SO_2\text{浓度}}{\text{系统入口原烟气}SO_2\text{浓度}} \tag{1-18-1}$$

最后根据修正曲线得出修正后的 SO_2 脱除效率。

如果锅炉满负荷工况是分时段的，则应分时段计算 SO_2 脱除效率，再得出平均值。

对 SO_2 脱除效率保证值的考核，除按上述方式得出的修正后的 SO_2 脱除效率应不低于合同规定的保证值外，如果 FGD 系统入口原烟气 SO_2 浓度始终在设计值范围内，还应要求在考核时段内，由 DCS 显示的未经折算的脱硫效率或系统出口净烟气 SO_2 浓度在任何时刻都不低于保证值。若出现由于原烟气 SO_2 浓度高于设计值而使脱硫率低于保证值或使系统出口净烟气 SO_2 浓度高于保证值的情况，则应单独计算和修正这一时段的脱硫率或净烟气 SO_2 浓度，根据修正曲线修正后的脱硫效率或净烟气 SO_2 浓度也应不低于保证值。将低于保证值的脱硫率或净烟气 SO_2 浓度值参与取平均，由此得出的平均值作为考核依据显然是不合理的。

2. SO_3、HCl 和 HF 脱除效率

由于电厂锅炉排烟中 SO_3、HCl 和 HF 的浓度通常都较低，它们的脱除效率变化范围较大，而且 SO_3 的脱除率并不主要取决吸收塔的设计，因此一般不将这三种有害气体的脱除效率列为保证值。但通常要求测定它们的脱除效率，作为考察数据。由于电厂采用的 CEMS 都不具有测定这三种气体浓度的功能，因此需要手工测定。一般在性能考核试验期测定 2 次，按 DCS 显示的烟气 O_2% 值折算至 6% O_2 值，然后计算它们的脱除效率，不再进行修正。

3. 系统出口净烟气温度和粉尘浓度

取满负荷试验期间 DCS 的平均值，经修正系数修正后作为考核数据。

4. 工业水和电耗

取满负荷试验期间 DCS 的数据，工业水总耗量经修正系数修正，总电耗量直接由电能表得出，再计算小时平均值耗水、电量作为考核数据。由于系统入口原烟气 SO_2 浓度对耗水、电，影响较小，只要投运的吸收塔循环泵台数未变化，就不必再用修正曲线修正。

5. 脱硫石膏质量

在满负荷试验期间采样，分析结果不修正，按实测值评估。对石膏质量的考核，重要的是采样分析次数、分析方法和项目。分析样品数不应少于 4 个，每日分析一次当然更好。推荐分析方法为总 SO_4^{2-} 采用重量法测定，另外测定 SO_3^{2-}、CO_3^{2-} 和酸不溶物含量。如能增加 Ca_2^+、Mg_2^{2+} 含量测定，则可分别计算出石膏中 $CaCO_3$ 和 $MgCO_3$ 含量，并可分别用硫基和钙基计算石膏中 $CaSO_4 \cdot 2H_2O$ 含量，进行相互验证。测定酸不溶物含量有助于判断分析结果的准确性，因为由上述分析结果得出的 $CaSO_4 \cdot 2H_2O$、$CaSO_3 \cdot 1/2H_2O$、$CaCO_3$、$MgCO_3$ 和酸不溶物的质量百分含量的总和应接近 100%。

6. 石灰石耗量

目前较多采用的石灰石耗量测量方法有两种，一种是从德国引进的 FGD 技术，通过计算方法来确定石灰石消耗量。具体做法是，在整个试验时段内，由 DCS 采集净烟气、原烟气中 SO_2 和 O_2 的浓度值，取得平均值，并用修正系数修正。取石灰石浆罐样品进行石灰石纯度分析，取石膏样进行 $CaSO_4 \cdot 2H_2O$、$CaSO_3 \cdot 1/2H_2O$ 和 $CaCO_3$ 的分析，由钙硫摩尔比和脱硫量计算石灰石消耗量。

石灰石耗量计算式为

$$m_{CaCO_3} = \frac{G_R\ (C_{SO_2R} - C_{SO_2C})}{10^6} \frac{M_{CaCO_3}}{M_{SO_2}} \frac{1}{F_R}\ (Ca/S) \tag{1-18-2}$$

式中　m_{CaCO_3}——石灰石耗量，kg/h；

G_R——原烟气体积流量（标准状态干烟气，6% O_2），m^3/h；

C_{SO_2R}——原烟气 SO_2 浓度（标准状态干烟气，6% O_2），mg/m^3；

C_{SO_2C}——净烟气 SO_2 浓度（标准状态干烟气，6% O_2），mg/m^3；

M_{CaCO_3}——$CaCO_3$ 千摩尔质量，100.09kg/kmol；

M_{SO_2}——SO_2 千摩尔质量，64.06kg/kmol；

F_R——石灰石纯度,%；

Ca/S——钙硫摩尔比。

上式中钙硫摩尔比（Ca/S）根据脱硫石膏分析结果，按本篇第十六章第三节六“Ca/S 和氧化率的计算”所列 Ca/S 计算公式得出。

根据 G_R、C_{SO_2R} 和 F_R 值和修正曲线，将 m_{CaCO_3} 修正至设计条件下的石灰石耗量。

上述计算石灰石耗量的方法，就式（1-18-2）本身来说，理论上是正确的，如果公式中各测量取值较准确，得出的 m_{CaCO_3} 值是可信的。问题是 G_R、C_{SO_2R} 和 C_{SO_2C} 取值的合理性和准确性，特别是 G_R 值，目前相当一部分在线烟气流量测定仪使用不太理想，除了仪器本身的精度外，性能考核试验前的烟道流场校验工作做得不够细致，甚至根本就未做，也不会校验低负荷时的烟道流场。此外，将低于满负荷时的烟气流量、SO_2 浓度值参与平均，忽略了不同锅炉负荷下的不同运行时间的影响，使得这样得出的平均值（G_R、C_{SO_2R} 和 C_{SO_2C}）很难说有代表性。Ca/S 的测量误差，再加上按修正曲线经烟气量、原烟气 SO_2 浓度、脱硫效率和石灰石品质的多次修正，可能给最终结果带来较大误差。曾出现过这样的情况，按上述方法得出的设计条件下的石灰石耗量甚至低于设计条件下的理论石灰石耗量。显然，这样得出的设计条件下的石灰石耗量是不正确的。实际上，将按上述方法得出的设计条件下的石灰石耗粉量（t/h），根据石灰石的纯度计算出 $CaCO_3$ 每小时摩尔耗量（kmol/h），再按设计烟气条件和脱硫效率保证值计算小时 SO_2 脱除量（kmol/h），如果两者相比得出的 Ca/S＞1 并接近设计 Ca/S，那么得出的石灰石耗量值可信度较高。如 Ca/S≤1，可信度就很低。

另一种石灰石耗量测量方法是，根据满负荷工况时称重计量获得的石灰石粉耗用量得出石灰石耗量（t/h），根据 C_{SO_2R}、实测脱硫率和石灰石品质按比例折算成设计条件下和保证脱硫效率时的石灰石耗量（t/h）。另外，还可根据满负荷工况时吸收塔石灰石供浆小时平均流量、浆液平均密度，按式（1-16-27）计算出石灰石耗量（t/h），以此检验称重计量得出的石灰石耗量。如果石灰石粉配浆系统为数台 FGD 系统所公用，或 FGD 系统采用湿磨石灰石，可能无法从称重计量得出石灰石耗量，也可以采用上述后一种方法计算石灰石耗量（t/h）。

根据我们经验，后一种方法较前一种方法得出的试验条件下的石灰石耗量更准确，另外，后一种方法避免了采用修正曲线进行修正，得出的最终值可信度要高些。因此建议采用第二种方法。读者不妨对同一试验数据采用这两种方法进行对比。

三、对性能考核试验中一些问题的讨论

1. 脱硫效率的控制方式

在试验前，三方应确定性能考核期间，FGD 系统脱硫效率的控制方式。前面讲过，可以选择 pH 值或出口 SO_2 浓度作为控制脱硫效率的方法。应该说，在试验中，这两种方法都可以采用。当锅炉负荷 24h 稳定、FGD 系统入口 SO_2 波动不大时，选择一个合适的 pH 设定值，使得既能满足脱硫效率，又有利于提高石灰石利用率（即降低单位时间的石灰石耗量）和石膏副产物的纯度。但当负荷昼夜有变化时，如始终采用一个不变的 pH 值，在夜间低负荷时，将影响石膏纯度、并使吸收塔循环浆液中积累较多的未反应的 $CaCO_3$，而影响白天满负荷时石灰石耗用量的考核。如果 pH 设定值随负荷调整，则很难确定 pH 值调整方法。因

此选择系统出口 SO_2 浓度作为运行控制方式是较为合理的。

2. 锅炉负荷

锅炉负荷对 FGD 系统来说就是系统入口的烟气流量。在性能考核试验期间，最好能始终维持稳定的锅炉满负荷，尽量使 FGD 系统入口烟气 SO_2 浓度接近设计值。但在试验期间，要在长达 10 余天内，昼夜维持满负荷有时也并非易事。变通的一种办法是，要求锅炉白天提供 12h 连续稳定的满负荷，采集这段时间内的数据作为考评依据。另一种方法是当锅炉低负荷时，开启旁路挡板，让 FGD 增压风机入口调节风门开度和电机电流维持在锅炉满负荷时的状况，让一部分已处理的清洁烟气经旁路烟道返回到 FGD 系统的入口，保持 FGD 系统入口烟气流量不变。这种方法会产生 2 个问题，一是当低温清洁烟气与高温原烟气混合时，可能会出现分层现象，是否会影响入口 SO_2浓度测值的准确性，需在预试中验证；另一个问题是，会降低入口 SO_2 浓度。但是，相比之下，保持入口烟气流量稳定更有利于评价系统性能。

3. 修正曲线的应用

在 FGD 系统技术合同中往往会规定，当性能考核试验期间的运行条件与设计工况有差别时，采用卖方事先提供的修正曲线对试验数据进行修正，用修正后的数据来评价是否达到了保证值要求。但是卖方提供的修正曲线是单因素相互关系，即固定其他条件，给出某一因素对某一保证值的影响。当试验过程中出现 2 个或多个运行条件与设计工况差别较大时，例如烟气流量和 SO_2 浓度都偏离设计值较多时，运用修正曲线以简单叠加的方式来修正试验数据是否合理是值得商榷的。因此我们强调在试验期间应尽量保持系统入口烟气流量稳定。

另外，目前 FGD 的设计水平，就脱硫效率而言，可能有约 ±1% ~ ±2% 的误差。也就是说，卖方在详细设计阶段提供的性能修正曲线与系统的真实性能可能有一定的差别。此外，不能完全排除卖方为便于通过性能考核试验，有意提供对己有利的修正曲线。因此，一方面应注意收集整机热态调试和试运的数据，验证修正曲线，另一方面应尽量减少需要修正的因数。

4. 测量仪表误差

试验结果的误差与计量仪表的测量误差有关，计量仪表主要指烟气流量和烟气参数测定仪、SO_2 浓度测定仪和石灰石粉计量装置（或石灰石浆流量计和密度计）。在性能考核试验前，试验三方应确认上述仪表的测量误差以及测量误差对测试结果的修正方法。

5. 其他问题

FGD 系统入口烟气中的烟尘含量、石灰石的纯度和细度影响石膏纯度、石灰石耗用量，当烟尘含量较大时还可能影响脱硫效率，当发生影响时，很难确定影响程度，这可能会使买卖双方对保证值的评价产生分歧，在试验过程中应避免这种情况的出现。

试验过程中，手工分析和在线仪表测出的脱硫效率都应不低于脱硫效率保证值。

一般 FGD 设备布置较紧凑，在审查详细设计时，应注意 FGD 系统各采样点的位置，避免到安装施工结束后甚至到性能考核试验时才发现采样点的位置布置不合理，影响测值的准确性。

第二篇

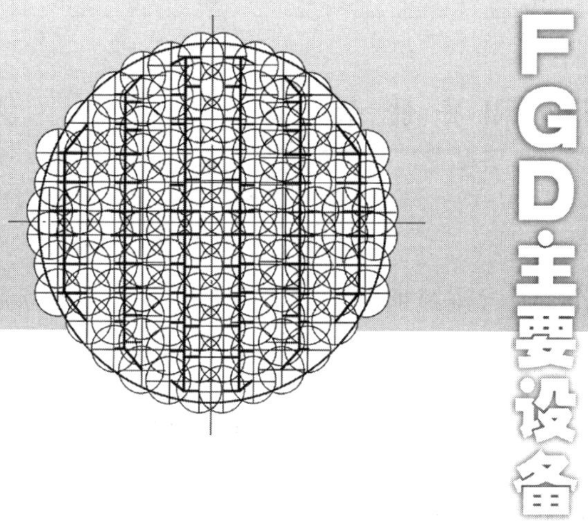

FGD主要设备

本篇主要介绍FGD系统主要设备的技术资料、设计选型和材料选择方面应考虑的问题以及根据现有经验提出的一些建议。这些技术资料对首次接触FGD系统的工程技术人员、管理干部、检修和操作人员是非常有用的。一些在第一篇中已作过详细介绍的设备，如烟气加热装置、除雾器和氧化装置在本篇中就不再复述。

编写这一篇时对于电厂技术人员不太熟悉的设备作了较详细的介绍，这类设备包括球磨机、液力旋流分离器、真空皮带机等；对于电厂技术人员比较熟悉的一些设备，如风机、烟气挡板、管道、阀门和浆泵等，则侧重讨论在FGD系统应用时应特别考虑的一些技术问题。

本篇将要介绍的FGD主要设备是：

(1) 烟道、膨胀节和挡板。

(2) 增压风机。

(3) 泥浆泵。

(4) 管道和阀门。

(5) 喷嘴。

(6) 脱水设备（浓缩器、旋流器、真空皮带过滤机和离心脱水机）。

(7) 吸收剂球磨机。

(8) 工艺浆池和搅拌器。

(9) 烟气排放连续监测系统。

第一章　烟道、膨胀节和烟气挡板

FGD系统中输送烟气的烟道由刚性壳体构成，在需要的地方安装膨胀节，用来减震和补偿烟道热膨胀引起的位移。烟气挡板有两种作用：隔离系统和调节烟气流量。在目前的FGD系统中，后一作用已很少被采用。正如第一篇第十三章在讨论腐蚀环境分区时所指出的，FGD系统干区的烟道及其组件所处的腐蚀环境与电厂锅炉尾部的相同，只有处于湿区的烟道及其组件才遭受与FGD系统运行条件有关的腐蚀环境。

第一节 烟道和膨胀节

一、烟道和膨胀节的类型

1. 烟道

事实上所有的脱硫烟道都是在现场制作，通常按照烟道在FGD系统中的位置和所起的作用来定义烟道。考虑到不同部位烟道所处的腐蚀环境不同，从FGD系统入口开始将烟道划分如下：

（1）FGD系统入口烟道，从FGD系统入口至GGH入口，输送从引风机、除尘器或其他设备到FGD系统的未处理的热烟气。

（2）吸收塔入口烟道，从GGH原烟气侧出口至吸收塔入口，输送经GGH降温后的中温未脱硫烟气。为区分这部分烟道所具有的不同腐蚀环境，将靠近吸收塔入口2m左右的烟道称为吸收塔入口干/湿交界区。

（3）吸收塔出口烟道，从吸收塔出口至GGH净烟气侧入口，输送来自吸收塔的低温饱和净烟气。

（4）FGD系统出口烟道，从GGH净烟气侧出口至与旁路烟道交接处，输送经GGH升温后的净烟气。

（5）旁路烟道，从FGD系统入口至烟囱入口的直通烟道。FGD系统未启动时输送来自引风机的原烟气，FGD系统正常运行时旁路挡板上游侧烟道接触原烟气，旁路挡板下游侧烟道接触经GGH升温后的净烟气。由于旁路挡板下游侧烟道有时要输送原烟气，有时要输送已处理的中温净烟气，所以将这段烟道称为FGD系统公共出口烟道。

如果是湿烟囱系统，则可简单地将烟道划分为吸收塔入口烟道（从系统入口至吸收塔入口）、吸收塔出口烟道（从吸收塔出口至与旁路烟道交接处）和旁路烟道。同样，距吸收塔入口2m处的烟道为吸收塔入口干/湿交界处；旁路挡板至烟囱入口的旁路烟道仍称为系统公共出口烟道。

2. 膨胀节

FGD烟道中大多数膨胀节采用非金属膨胀节，非金属膨胀节由纤维或金属丝加强的或者由纤维和金属丝网复合加强的氟塑料或氟橡胶片，保温材料，内部挡板和连接法兰构成。

二、设计中应考虑的问题

（一）对工艺特点的考虑

对工艺特点应考虑的问题如下：

（1）基本运行模式。

（2）烟气流速的限制。

（3）除雾器效率。

1. 基本运行模式

（1）基本运行模式定义。基本运行模式指是否加热烟气、烟气加热方式和启停过程中旁路烟气的输送方式，基本运行模式对FGD系统烟道的设计有很大影响。图2-1-1给出了几种工艺流程的烟道分类和它们所处腐蚀环境的分级。

烟道基本运行模式的说明和腐蚀环境分类见表2-1-1。

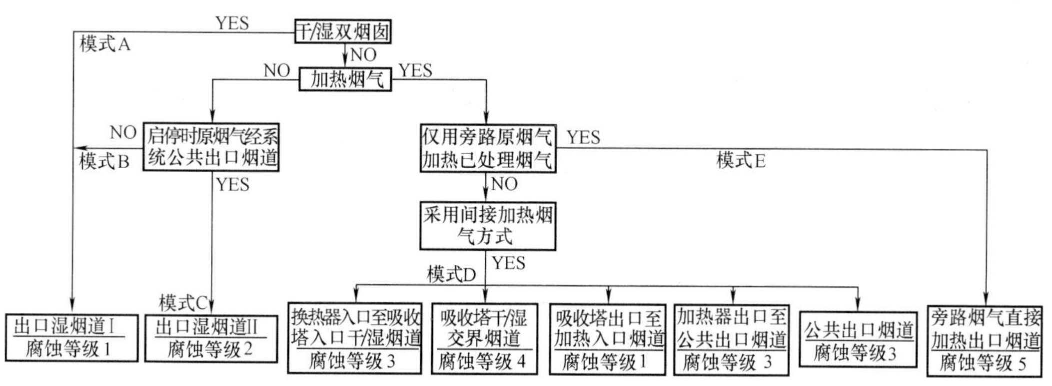

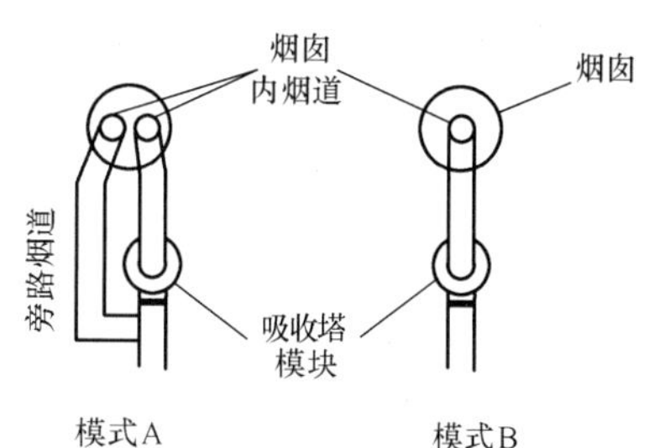

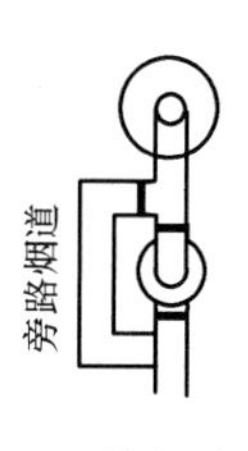

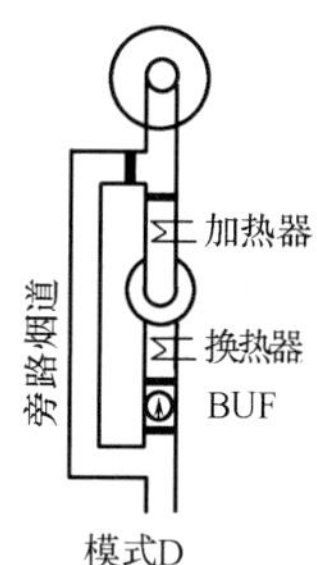

图 2-1-1　FGD 烟道分类及腐蚀等级

注：腐蚀等级 1→5 腐蚀性增强

表 2-1-1　　FGD 系统烟道基本运行模式

模　式	模式名称	说　　明	腐　蚀　分　级
A	出口湿烟道Ⅰ	热烟气不进入吸收塔出口烟道，始终输送低温饱和湿烟气	等级 1。可选择低温耐腐蚀材料，腐蚀性最小。烟道暴露于吸收塔温度冷凝液中，没有干/湿烟气的交接面
B			
C	出口湿烟道Ⅱ	启停时热烟气进入吸收塔和烟囱之间的烟道，正常运行时无热烟气	等级 2。比等级 1 腐蚀性大，在短时旁路热烟气时，公共出口烟道要经受剧烈热冲击
D	吸收塔出口湿烟道	始终输送低温饱和湿烟气	等级 1。可选择低温耐腐蚀材料，腐蚀性最小。烟道暴露于吸收塔温度冷凝液中，没有干/湿烟气的交接面
	FGD 系统出口湿烟道	净烟气经间接方式加热。在启停过程中热烟气通过旁路进入公共出口烟道	等级 3。比等级 2 腐蚀性大。烟道表面有热液膜，蒸发浓缩了液膜中的腐蚀性离子
	吸收塔入口湿烟道	输送已降温的原烟气，形成了水雾	等级 3。烟气温度低于硫酸露点温度，形成硫酸冷凝液。当燃用高硫煤时，腐蚀等级略高于 3
A/B/C/D/E	吸收塔入口干/湿交界处	吸收塔入口 2m 左右烟道，原烟气与吸收浆液交汇处	等级 4～5。烟道内有卷入的吸收浆液，产生高浓度的酸性冷凝物，存在干/湿交接面，有固体沉积物，形成严酷的腐蚀环境。当上游侧无换热器时腐蚀环境为 5 级，有换热器时为 4 级
E	旁路烟气直接加热的出口烟道	热烟气与低温饱和湿烟气在进入出口烟道混合	等级 5。存在干/湿交接面，温度高，产生了高浓度的酸性冷凝物，因此形成极为严酷的腐蚀环境

模式 A 是湿烟囱工艺，干/湿双烟囱设计，干/湿烟气分别经各自烟囱排放，旁路烟道为独立的烟道，吸收塔出口烟道不接触干态热烟气。

在模式 B 中，100% 的烟气经过洗涤，绝对没有干态热烟气经过出口烟道，这是一种完全的湿烟囱工艺。A、B 运行模式对烟道和烟囱的腐蚀问题最好解决。

模式 C 是湿烟囱工艺，仅在启停过程中，原烟气经旁路烟道进入 FGD 系统公共出口烟道，而正常运行中，出口烟道不输送热原烟气。这种运行方式的出口烟道的腐蚀性比运行模式 A、B 要大些。

模式 D 采用间接加热烟气方式，间接加热已处理烟气的方法可以是回转式换热器、管式换热器、蒸气加热器或喷入热空气等其他方式。吸收塔出口至加热器入口烟道的运行环境同模式 A、B 出口烟道，属始终不接触高温烟气的低温湿烟道。在启停过程中，原烟气经旁路烟道、公共出口烟道被旁路。正常运行中原烟气不经过旁路烟道。这种工艺流程使再加热器及再加热器出口烟道的腐蚀性较模式 C 出口烟道严重。降温换热器至吸收塔的烟道处于湿状态下，存在腐蚀问题，其腐蚀性略高于运行模式 C 出口烟道。

模式 E 为旁路烟气直接加热，在正常运行中部分原烟气旁路进入 FGD 出口烟道与低温饱和净烟气混合。这种运行方式对出口烟道的腐蚀最严重。

对于吸收塔上游侧烟道不设置降温换热器的各种运行方式，吸收塔入口烟道均为干状态，基本上不存在腐蚀问题。

不采用 GGH 的吸收塔入口干湿交界处腐蚀环境的恶劣程度相当 E 的出口烟道。采用 GGH 的吸收塔入口干湿交界处，由于烟气温度比不采用 GGH 的低得多，腐蚀环境要缓和些。

（2）加热烟气与湿烟囱运行的比较。净烟气经过加热后可以提高烟气的浮力和烟囱的抽吸力，同时烟气经过加热后，可以减少烟囱附近的“降雨”。

加热烟气的方法已在第一篇第十一章第五节中作了介绍。在旁路烟气直接加热方法中，一部分未处理的烟气与处理过的净烟气在出口烟道中混合，它是最简单的加热方式，但腐蚀问题最为严重。

除原、净烟气混合加热方式外，其他的加热方式包括循环加热、在线加热、间接热空气加热和直接燃烧加热都会使吸收塔下游的烟气体积增大，其中后两种加热方式使烟气体积和烟道尺寸增大最多。通常间接加热使腐蚀加重，比湿烟囱运行严重，但是比旁路烟气加热要缓和得多。

在现有的 FGD 中，不同烟气再加热方式的出口烟道的运行经验表明，由于两方面的原因，加热不能完全干燥烟气。首先，烟气在加热器中的停留很短，烟气中的雾滴在离开烟囱前不能完全蒸发；其次，在没有较大压降的情况下，烟道不能形成充分的湍流以使热烟气或者热空气与密度较大的湿烟气混合，热力分层非常严重，如图 2-1-2 所示，一个褐煤电厂 FGD 系统出口烟道中的热力分层的情况十分明显。

由于再加热不能有效地干燥烟气，在美国，逐渐将兴趣转移到没有再加热的系统上，采用这种系统还避免了加热烟气引起的热损失。但是，应当注意到，在正常运行状态下即使烟气 100% 经过脱硫系统，对于湿烟囱运行模式中的未处理烟气和处理过的烟气，要么建立各自独立的烟囱，要么采用耐高温又耐低温酸腐蚀材料衬砌的单个烟囱。关于这一点在第一篇第十一章第四节中已作了介绍，本节还将谈到这一问题。

（3）FGD 系统的启停。在启停过程中对烟气的输送方式是烟道工艺设计中应考虑的另一个重要问题。对于在正常运行中不采用烟气加热器的FGD出口公共烟道，在FGD启停过程中，未处理烟气通过旁路进入FGD出口公共烟道会引起烟道严重的热负荷变化和出现类似于用旁路烟气加热的腐蚀问题，因此，这成为一些无烟气加热的湿烟囱系统对原烟气和净烟气采用各自独立的烟道和烟囱的原因。

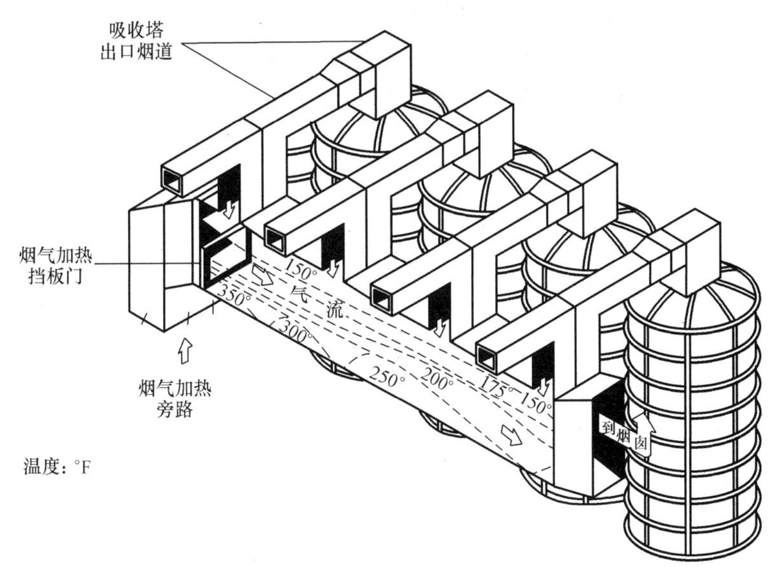

图2-1-2 直接旁路加热的出口烟道热分层

对于采用烟气加热装置的系统，上述问题依然存在，但公共出口烟道的热负荷变化要小些，而腐蚀问题因为净烟气温度的提高而稍有加剧。

（4）基本运行模式的影响。基本运行模式的选择制约了烟道材料的选择，材料的选择对FGD系统的造价影响较大。有关FGD烟道材料的选择将在本节稍后予以讨论。

如果选择烟气再加热，会增大再热器下游侧的烟气体积，烟道设计必须考虑满足体积增加后的要求。另外，是否选择烟气再加热对烟囱的设计影响较大。

2. 烟气流速的限制

最大烟气流速取决于FGD系统中烟道的位置。当不采用烟气加热装置时，吸收塔入口烟道和旁路烟道的尺寸与FGD系统工艺流程设计无关。这些烟道的设计烟气流速，国外通常为15~18m/s，按国内设计规程一般小于15m/s。

无论选择何种运行模式，吸收塔出口烟道和公共出口烟道的典型设计烟气流速为12~15m/s，这主要是为了减少烟道壁、烟道内的支撑件和导向板上的水膜被烟气重新夹带。有关烟道结构材料对烟气临界流速的影响在第一篇第十一章第四节中已作了介绍。

3. 除雾器效率

应尽可能提高除雾器的效率，以减少除雾器下游侧设备表面结垢和出口烟道内积聚泥浆，这种泥浆是透过除雾器来自吸收塔的浆体液滴中的固体沉积物。对于在吸收塔下游侧不装回转式换热器或管式加热器的系统，即使除雾器能有效地工作，在运行一段时间后出口烟道中也会积聚一定量的泥浆沉积物。主要成分为石膏的这种沉积物会逐渐变硬，附着在烟道壁上、导流板、内支撑构件上。美国20世纪90年代初的调查发现，许多FGD系统出口烟道中出现过超过150mm厚的沉积物。随着除雾器性能的不断提高，出口烟道中的沉积物已不像早期那么严重。对于在吸收塔下游侧装有回转式换热器或管式加热器的系统，透过除雾器的相当一部分吸收塔浆体液滴附着在加热器换热元件表面上，在换热元件表面上形成硬石膏垢，堵塞换热元件之间的流道，使GGH压损增大，换热效率下降。另外，使得出口烟道中的沉积物相对有所减少。这些沉积物会加快材料的腐蚀和增加烟道与支撑部件的荷重。

（二）机械方面应考虑的问题

机械方面应考虑的因素如下：

（1）机械方面应考虑的基本问题；

（2）烟道几何形状；

（3）振动和变形。

1. 机械方面应考虑的基本问题

FGD 烟道机械方面应考虑的基本问题类似于大流量烟道设计中应该考虑的问题。关于这方面的详细讨论不在本文范围之中。然而，一些基本原则必须说明一下，烟道必须具有足够的强度，能够支撑烟道本身的重量和保温层以及积灰等的重量。另外，烟道还应能够支撑风、雪和检修活动等引起的最大负荷。如果电厂位于地震活动区域，还应考虑地震引起的负荷。烟道的相对运动必须在膨胀节允许的位移范围之内。

膨胀节应有设计合理的内部挡板，非金属膨胀节内部挡板可防止介质直接冲刷隔热层表面，避免隔热层过早损坏。

2. 烟道几何形状

烟道截面形状可以是矩形或圆形（或椭圆形）。这几种几何形状都有其优缺点，如果 FGD 技术规范允许设计方选择形状，大多数设计方都有自己的喜好。

因为矩形烟道在现场容易加工制造，维修时方便搭建脚手架，所以通常比圆形烟道用得多。另外，矩形烟道的钢结构设计比较简单。然而，矩形烟道必须进行外部加强，有可能还需要内部支撑。采用内部支撑件可以减少外部加强件所需量。但是，内部支撑件有以下缺点：内部构件会使结垢加重，结垢必须在停机时才能进行清除；运行经验表明，内部构件还会发生严重冲刷磨损和化学腐蚀；当采用合金贴墙纸衬里防腐时，使衬里结构复杂化。在矩形烟道的设计中，趋向于尽可能减少或者避免采用内部支撑件。

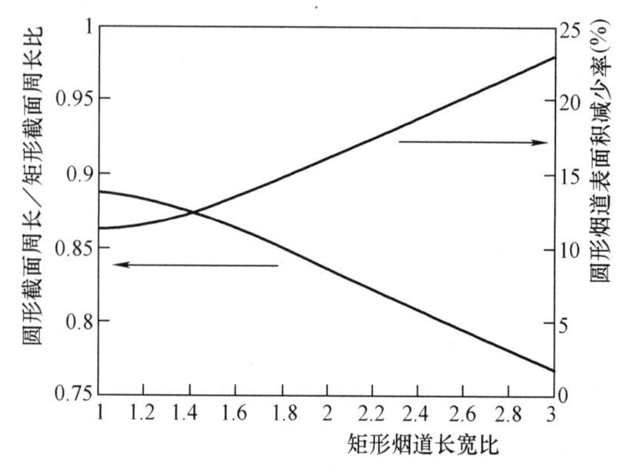

图 2-1-3　截面面积相同时圆形烟道与矩形烟道的表面积比较

圆形烟道的强度比矩形烟道高，所需的内部支撑件和外部加强筋较少，但没有矩形烟道用得多。在同样烟气流量的情况下，圆形烟道比矩形烟道表面积小，如图 2-1-3 所示。同容量下圆形烟道的表面积比正方形烟道小 11.25%。与一个截面为 2:1（高与宽之比）的矩形截面相比，圆形烟道表面积小 16%，与一个截面为 3:1 的矩形烟道相比，圆形烟道表面积小 23%，这样就减少了保温材料和防腐方面的费用。由于结构和制造方面的原因，采用玻璃钢（FRP）和釉面陶瓷砖做衬里的烟道必须采用圆形。

3. 振动和变形

机械方面应考虑的另一个重要问题是烟道的振动和变形。出现过烟道内的导流板与增压风机发生共振，从而引起附近烟道的焊缝迅速损坏。补救的办法是重新设计导流板，改变导流板的固有频率，避免发生共振。在设计中必须确保导流板和类似的结构具有明显不同于风机的共振频率。

烟道的剧烈振动往往也是损坏膨胀节的原因之一。

烟气压力的脉动可以引起烟道壁的弯曲变形。这种现象通常发生在矩形烟道中，很少发生在圆形烟道中。烟道壁的严重弯曲会造成烟道增强树脂防腐衬里的损害。

（三）其他应考虑的问题

其他应当考虑的问题是：

（1）二次夹带液体。

（2）排水。

（3）保温。

（4）事故急冷措施。

现分述如下：

1. 二次夹带液体

烟气二次夹带液体是烟道设计中应考虑的重要问题，因为烟气二次夹带液体是造成湿烟囱“降雨”和烟道下游侧设备腐蚀的重要原因。因此，在湿烟道设计中减少烟气二次夹带液体是个关键问题。内部支柱和突出边角都会明显的增加烟气二次夹带液体，所以在湿烟道设计中应尽可能减少这类结构。

2. 排水

使烟道中的积水能顺畅地排出是出口烟道设计的另一个重要问题。如果排水不好，将有助于烟气二次夹带液体和固体沉积物的积聚，同时也会加重材料的腐蚀，尤其是烟道底部。

现有的 FGD 运行经验表明，平底烟道排水不好。烟道结构板的弯曲变形会导致烟道底部形成积水坑。因此建议，对于矩形烟道，底部至少应有 3°的 V 形斜坡，底部沿长度方向到排水口也应有一定的倾斜度。

圆形烟道排水效果比矩形烟道好，但纵向也应有一定的斜坡，以便排水，防止在烟道中形成积水。

实际上，烟道安装后可以通过用水冲洗的办法来检验是否有积水。如果发现有排水不好的较低点，可补加排水口。

如果内部有导流板和支柱，也应当在设计时考虑避免形成积水。

吸收塔入口干/湿交界处烟道应向吸收塔方向倾斜，使这部分烟道中的积水排向吸收塔。否则，湿烟道中的液体可能流向由碳钢做成的干烟道，如果 GGH 靠吸收塔入口较近，甚至可能流入 GGH 中形成沉积物和造成严重腐蚀。

3. 保温

FGD 入口烟道需要进行保温，以防止在吸收塔上游侧烟道中形成酸冷凝液，对于高温原烟气烟道的保温还可防止人接触金属表面时被烫伤（150℃）。出口烟道的保温是为了减少通过烟道壁面的热损失。对于湿烟道，或者有再加热装置的湿烟道部分，保温可以降低烟气流的热量散发，减少烟道中产生的冷凝液和排水量以及可能存在的烟气二次带水。

通常，多数烟道是在其外部用块状绝热材料覆盖，再铺设金属外护板来保温的。烟道外部加强件的合理保温常常被忽略，应使烟道壁和加强件都得到保温。经常出现这样一种情况，实际上只是外部加强件之间有保温层，而加强件仅覆盖了金属外护板。这种情况会使烟道局部温度较低，导致腐蚀加剧。同时，由于冷壁效应（见第一篇十三章第三节）会加速增强树脂衬里的破坏。

由陶瓷砖和硼硅酸盐玻璃泡沫块衬砌的烟道不需要外部保温，因为这两种材料本身就是很好的绝热材料，从而可以大幅降低烟道的造价。

4. 事故急冷措施

对于采用增强树脂或FRP内衬的烟道，如果在事故情况下会接触高温烟气，一般主张在设计中应考虑事故急冷措施。但是，防范锅炉空气预热器故障时出现高温的措施是个棘手的问题。国外通常采取的做法是，设计事故急冷装置或采用合金结构。前一种方法，由于事故急冷装置很少投运，关键时刻未必能发挥作用，而且增加了设备的复杂性。采用合金结构不仅有造价问题，对于吸收塔内非金属构件，如除雾器，还得采取事故急冷措施。因此，确保在事故时能及时开启旁路挡板、关闭系统入口挡板可能是既经济又现实的办法。

三、材料选择

有关FGD系统防腐结构材料的选择，已在第一篇第十一章和第十四章作了介绍，处于腐蚀环境下的烟道和膨胀节的材料选择归纳如下。

（一）烟道

烟道材料的选择可以将烟道分为以下几部分来讨论：

1. FGD系统入口烟道和吸收塔入口烟道

装有GGH的FGD系统入口烟道和不采用GGH的吸收塔入口烟道输送SO_2浓度高、未饱和的高温烟气，烟气温度通常在120～160℃，空气预热器出故障时，可能达到300℃，属于干烟区。这部分烟道通常采用无衬里的碳钢较好。

对于采用回转再生式GGH或管式GGH的系统，湿区的起点在降温换热器的低温区。烟气中部分SO_3将在这一区域，特别会在GGH的换热元件表面凝结成硫酸。因此，从GGH原烟气侧的入口到吸收塔入口干/湿交界区的烟道（包括GGH的壳体）应有防腐措施。

当GGH入口烟温低于130℃时，采用耐高温酚醛型乙烯基酯玻璃鳞片树脂衬覆碳钢制作GGH壳体是可行的。但当超过此温度时，GGH壳体的增强树脂内衬的使用寿命将大大缩短，因此不建议采用增强树脂衬覆碳钢防腐结构。如果采用耐蚀金属，625级或C级合金覆盖碳钢的复合板是首选材料。

GGH原烟气侧出口烟温通常低于100℃，吸收塔入口烟道采用增强树脂或硼硅酸盐玻璃泡沫块内衬是较为经济的防腐方案，采用625级或C级合金墙纸衬覆碳钢则有初期投资高但使用寿命长的特点。

对于吸收塔入口干/湿交界处的烟道，无论其上游侧是否装有GGH，由于烟气温度高、吸收浆液卷入该区域加剧了酸冷凝物的形成，再加上固体沉积物的形成，造就了干/湿交界区极具腐蚀性的环境。目前国内流行采用C-276、合金59™等C级整体合金板或覆盖碳钢板，从可靠性和耐久性考虑，无疑是最佳选择。但是，对于装有GGH的吸收塔入口干/湿交界处烟道，如果此处烟温低于120℃，也可以选用耐高温的酚醛型乙烯基酯玻璃鳞片树脂内衬。华能某电厂1～4号吸收塔入口干/湿交界处都是采用这类玻璃鳞片树脂衬覆碳钢，运行经验表明，只要吸收塔入口烟温不超过120℃，树脂内衬的安全运行是有保证的，当烟温达到140℃后，内衬很易损坏（炭化和龟裂）。

不采用GGH的吸收塔入口干/湿交界处的烟气温度一般超过120℃，该区的腐蚀性较采用GGH的严酷。所用的材料通常为C级合金，其中包括合金C-276，C-22™，59™，622™等。典型的结构是整体合金板、合金覆盖碳钢板和合金墙纸衬覆。当有高强度和防腐性要求时采用合金625。G级镍基合金钢、不锈钢和增强树脂衬里往往不能获得满意的结果。

碳钢衬砌耐酸釉面陶瓷砖防腐结构虽然不常用，但是也可以用于该区域。然而，由于结构上的原因，陶瓷砖只能用于圆形或椭圆形烟道。

2. 没有烟气加热装置的出口烟道

在没有烟气再热的系统中，吸收塔下游的烟道运行于湿状态下。这部分湿烟道一直延伸到系统公共出口烟道的入口处。湿烟道的特点是，饱和烟气中含有液滴，这些液滴撞击并附着在烟道壁上。另外，烟道壁上也会产生冷凝液。烟道壁上的液膜会继续吸收烟气中残留的酸性气体，使酸度增高。如果排水不好，在烟道底部会形成高酸度的冷凝液水凼。即使不存在蒸发浓缩，酸性液膜中含有的氯化物和氟化物也会逐渐浓缩。这一区域的腐蚀特点是，腐蚀性强但温度不高。因此，可以采用增强树脂衬覆碳钢，但国外多主张采用耐腐蚀合金贴墙纸，认为采用增强树脂衬覆碳钢每隔 3 ~6 年需大修或者更换。但国内将玻璃鳞片双酚型乙烯基酯树脂（日本富士 6R 树脂）衬覆碳钢防腐结构应用于吸收塔出口至管式 GGH 加热侧出口烟道的经验表明，运行至今 13 年未进行大修。

对于低氯含量的无再热器的出口烟道如果采用耐腐蚀合金，至少应当采用 G 类合金钢和超级奥氏体不锈钢（Mo≥6%，并含有 N），低等级不锈钢（如 316L，317LM）即使在低氯离子含量的无加热器的出口烟道中，使用结果证明不能达到满意的效果。合金钢 625 和 C 级合金对于低氯含量的出口烟道是最好的材料。合金钢 625、C 级合金和钛合金钢是唯一可以用在高氯离子含量湿烟道中的合金材料。C 级合金比合金 625 有较高的耐 Cl^- 腐蚀性，但只是在非常高的 Cl^- 浓度时，它们的这种差异才显现出来。而合金 625 的机械强度则明显高于 C 级合金，合金 625 用于对机械强度、疲劳强度要求较高的场所，例如应用于湿态增压风机。

应用这一区域的树脂内衬如采用鳞片增强，应当采用玻璃鳞片（玻璃纤维磨损大）。有时也采用其他一些加强材料或填充材料，如碳化硅和氧化铝，主要应用于耐磨配方中。填充材料在 82℃的硫酸中不应具有活性，而且不应是多孔性的。禁止使用云母片，因为它们会与硫氧化物发生反应。

正如在第一篇第十四章第二、四节所指出的，不同类型的树脂内衬具有在湿态和干态下长期使用时的最高耐受温度以及短时最高耐受温度，选用时应注意区别，切不可不分烟气的干湿状态、混淆长期使用时的最高耐受温度和短时最高耐受温度。树脂内衬应用中另一个应注意的问题是，在干湿状态频繁变化下，或温度剧烈变化时，树脂衬里很易遭受损坏。

硼硅酸盐玻璃泡沫砖是一种具有多封闭孔的玻璃材料，其具有优良的化学惰性（除氢氟酸外），可以用来代替增强树脂衬里。衬敷施工时，在每块砖的背面和侧面以及金属基底上涂敷聚氨基甲酸乙酯沥青树脂胶泥，将玻璃泡沫砖黏贴在金属基底上。玻璃泡沫砖本身具有一定的防渗性，而聚氨基甲酸乙酯沥青树脂胶泥是阻止水汽和酸性冷凝液渗透的主要屏障。硼硅酸盐玻璃泡沫砖衬里是非常好的隔热材料，其热稳定性和较好的保温特性避免了聚氨基甲酸乙酯沥青树脂胶泥膜遭受交替的高温变化。因此，采用硼硅酸盐玻璃泡沫砖衬里的烟道不需要进行外部保温。

硼硅酸盐玻璃泡沫砖重量很轻，衬敷在烟道内，无需增加烟道内外加强筋和支撑件。整个内衬结构具有一定的柔韧性，可以承受烟道中的压力脉动、烟道的震动和变形。普通硼硅酸盐玻璃泡沫砖的主要缺点是脆而易破碎，耐磨损性差。铺设在烟道底部的玻璃泡沫砖在人行走和搬运货物时很容易损坏。据报道，在有高速气流冲击的出口烟道衬里表面，发生过严重冲刷磨损。这种材料不能承受水力冲击和喷砂冲击。

针对硼硅酸盐玻璃泡沫砖的缺点，一些使用单位在铺设硼硅酸盐玻璃泡沫砖后，在烟道底部和下部墙壁泡沫砖上喷涂约 13mm 的水玻璃胶泥，用来防止机械损伤。由于其作用只是分散荷重，所以水玻璃胶泥喷涂层的裂缝是无关紧要的。

已有一种改进型的玻璃泡沫块问市，这种改进型玻璃泡沫块的一侧有一层压碎的硼硅酸盐玻璃与硅酸盐胶泥形成的坚硬的耐磨层。

近年，利用金属熔炼和造纸工业在类似FGD的环境中应用FRP烟道所获得的各种经验，人们采用独立结构的FRP作为FGD烟道的兴趣有所增加。目前制作具有独立结构的FRP构件几乎都选择乙烯基酯树脂。溴化乙烯基酯树脂可以获得更好的性能，可能将来会用作烟道和烟囱的衬里。添加石墨粉可以增加合成材料的导热性，从而提高其耐温性。

尽管独立结构的FRP构件具有明显的潜力，但是由于缺乏明确的设计和制造标准，使FRP在FGD烟道中的应用受到了限制。除了设计中常遇到的典型问题外，FRP设备的合理设计还有很多复杂的问题有待解决，因此，大型FRP构件需由一些专业生产厂设计和制造。由于采用大型FRP构件需要非常专业的工程知识，所以目前广泛使用还非常困难。

3. 装有间接加热的出口烟道

烟气间接加热造成的腐蚀性比无再加热时强。如上所述，间接加热几乎不能产生干烟气，而只能在液滴撞击烟道壁之前蒸发气流中的部分液滴。由于提高了烟温和浓缩了液膜中的溶解物，间接加热烟气加剧了环境的腐蚀性。这种被加剧的腐蚀环境从热源或热空气喷入点直到烟囱入口的水平烟道。

国内电厂FGD系统在这部分烟道中（包括回转式或管式GGH壳体）普遍采用双酚型（日本富士6R）乙烯基酯玻璃鳞片树脂衬覆碳钢防腐结构，GGH出口烟气温度80～85℃，已有运行至今13年未进行大修的经历。

在此腐蚀环境中通常成功采用的合金为C级合金和钛合金钢，至少应当采用的合金等级是625。FGD系统中常用的镍基合金中等级最低的G类合金，在再加热器出口烟道使用中出现了严重的点蚀，需要用合金C-276墙纸重新衬覆。

虽然在FGD烟道中不常采用耐酸陶瓷砖，但这种方案仍值得考虑。在圆形或椭圆形烟道的基体上涂敷聚氨基甲酸乙酯沥青树脂胶泥底涂层，这种树脂胶泥底涂层主要起抗渗作用，用1～2层上釉陶瓷砖覆盖其上，勾缝和两层陶瓷砖之间采用呋喃树脂胶泥黏合。这种防腐结构能耐受高温和大多数酸的侵蚀，并具有耐磨损性。陶瓷砖具有很好的隔热特性，能够保护氨基甲酸乙酯胶泥防腐层，烟道外部也无需保温层。但是，由于结构稳定性的原因，陶瓷砖衬里只能用在圆形和椭圆形烟道中。而且由于陶瓷砖较重，烟道支撑结构比采用其他材料要大。

前面介绍的硼硅酸盐玻璃泡沫砖也能够有效地用于烟气间接加热的环境中。独立结构的FRP，特别是溴化乙烯基酯FRP可以应用于烟气间接加热的环境中。

4. 采用旁路烟气加热的出口烟道

SO_2浓度高的原烟气和处理后的湿烟气混合会形成严重的腐蚀环境。烟道壁面形成的液膜中的硫酸浓度估计达到70%或者更高，从烟气混合区下游烟道底板较低的水凼中采集的试样，酸的浓度超过了12%。原烟气中的氯化氢和氟化氢也进入液膜中，从而使腐蚀加剧。即使采用导流板或者其他结构来加强烟气混合，原、净烟气的混合仍然较差，结果使混合区的烟道表面有时处于湿状态，有时暴露于热烟气中，热烟气使壁面的液膜蒸发，从而提高了腐蚀成分的浓度。这种恶劣的环境从烟气流开始混合处一直延伸至烟囱入口。

旁路加热混合区域和下游烟道材料的选择受到很大的限制。虽然C级合金和钛合金等高耐腐蚀合金在旁路烟气加热的出口烟道中也出现了一些问题，许多采用这种材料的烟道都进行过翻新改造，但它们仍是目前常用的材料。有关资料表明，合金 C-22 和 C-276 点蚀速率为 100～250μm/年，蚀坑的形貌为宽开口、浅坑。钛合金在类似的部位也遭受了类似的侵蚀。通常，腐蚀局限在整个烟道的一小部分区域，这些区域的腐蚀环境足以腐蚀那些通常耐腐蚀性很高的合金。

前面谈到的釉面陶瓷砖在直接旁路烟气加热烟道中的防腐特性可能比 C 级合金和钛合金好，但使用经验很有限。

5. 系统公共出口烟道

无论 FGD 系统是否装有烟气加热器，正常运行时，系统公共出口烟道接触的是湿烟气，烟道壁面呈湿状态。在 FGD 系统启停时，公共出口烟道需输送高温原烟气。虽然这种干、湿交替状况不是频繁发生，但仍使这部分烟道具有类似采用旁路烟气加热的出口烟道中所述的、但要缓和些的腐蚀环境。湿烟囱工艺的公共出口烟道在上述情况下，温度差和湿度差都较装有 GGH 的大，因此会呈现出较为严重的腐蚀环境。

公共出口烟道防腐材料建议选择 C 级合金墙纸、硼硅酸盐玻璃泡沫砖或釉面陶瓷砖。

6. 旁路烟道

旁路挡板上游侧烟道的环境与系统入口干烟道相同，常采用的材料是不带衬里的碳钢。然而，除非旁路烟道采用独立的烟道，直接连接烟囱，否则，旁路挡板门下游的旁路烟道的环境与系统公共出口烟道相同，具有较严重的腐蚀性。因此，防腐材料的选择应与系统公共出口烟道相同。

（二）膨胀节

FGD 烟道膨胀节的作用是吸收烟道之间以及烟道与固定组件（如吸收塔等）之间的相对位移。腐蚀和扭曲是金属膨胀节遇到的主要问题，因此，除尘装置下游 FGD 烟道中所用的膨胀节多用加强的含氟聚合物胶板，典型厚度应为 4.8mm。有些膨胀节在烟气侧衬有 PTFE（聚四氟乙烯），以提高耐化学腐蚀性。加强材料可以是尼龙丝、玻璃/尼龙纤维、玻璃布、编织金属网，或者是纤维和金属线相结合的加强材料。表 2-1-2 比较了国外三种加强方式的膨胀节的性能。表 2-1-3 给出了一些标准膨胀节的尺寸和允许伸缩量。

含氟聚合物在 FGD 烟道中具有很高的耐受酸冷凝液腐蚀的性能。但是在石灰基 FGD 系统中，当系统工艺过程失常时，膨胀节接触到未反应的石灰时，会遭受氢氧化钙的侵蚀。

表 2-1-2　　FGD 烟道膨胀节

性　能	纤维编织物加强的弹性片	金属线加强的弹性片	织物/金属线加强的弹性片
聚合物	含氟聚合物，如氟橡胶	含氟聚合物，如氟橡胶	含氟聚合物，如氟橡胶
增强材料	多层尼龙纤维编织物	多层金属线	多层尼龙纤维编织物和金属线
典型厚度（mm）	4.8	4.8	4.8
干/湿烟气中使用温度限制（℃）	连续使用 205，瞬间 345	连续使用 205，瞬间 400	连续使用 205，瞬间 400
最低使用温度（℃）	-40	-40	-40
最大压差（kPa）	±34.5	±34.5	±34.5

表 2-1-3 标准膨胀节尺寸和允许伸缩量 mm

标准膨胀节尺寸	150	229	305	406
烟道标准间距	140	216	279	381
标准法兰宽度	127	152	178	203
最大轴向压缩量	38	70	89	127
最大轴向拉伸量	13	13	25	25
最大位移量	38	70	89	127

含氟聚合物具有很好的耐磨性，因此也可以不加装内部防护隔板。高质量加强型含氟树脂膨胀节的使用寿命可达 6 年左右。下面列出的因素会缩短膨胀节的使用寿命：

（1）较大的相对位移，特别是较大的扭曲和摆动。

（2）紧靠百叶窗挡板下游侧的膨胀节，遭受气流引起的卷吸振动。

（3）膨胀节底部聚集冷凝液、飞灰或浆体的沉积物。

（4）膨胀节法兰的不正确连接，造成垫圈周围漏气。

（5）不合理的设计使挡板的叶片擦挂膨胀节。

（6）清除烟道积灰时的人为损坏。

（7）烟气含尘过高造成的磨损。

四、建议

（1）在规划 FGD 系统时应尽早决定是否采用烟气加热装置、加热方式和启停时原烟气是否通过公共出口烟道旁路，因为这些因素对烟道的设计影响很大，对脱硫系统的造价有明显影响。

（2）由于防腐结构材料的原因，如果可能的话应避免采用旁路烟气加热方案。

（3）烟道应有足够的强度，以支撑最大设计荷载，其中包括：

1）烟道重量。

2）保温层重量。

3）维修和清渣时人员和机具的重量。

4）允许沉积物重量。

5）抗风、雨和地震等自然力。

（4）应避免将膨胀节布置在最低处的烟道上，烟道的相对位移必须在膨胀节的允许范围内。

（5）湿烟道内应尽量减少或不设计支撑件，矩形烟道底部应设计成斜坡形以确保排水。

（6）表 2-1-4 给出了烟道材料选择方面的建议。

表 2-1-4 FGD 烟道材料选择建议

烟 道 条 件	腐蚀等级/腐蚀环境分区①	首选材料	最低等级的材料	不建议的材料
热、干烟道 包括结露点上游的入口烟道和旁路烟道 不包括烟气加热器和旁路挡板门下游的烟道	0/0	碳钢		

续表

烟道条件	腐蚀等级/腐蚀环境分区[①]	首选材料	最低等级的材料	不建议的材料
FGD 系统入口湿烟道 入口烟道中产生结露的部分(不包括吸收塔入口干/湿交界区)	3~4/1	1. 625 级或 C 级合金。 2. 钛合金钢。 3. 釉面陶瓷砖	1. 玻璃鳞片树脂衬覆碳钢(根据烟温确定)。 2. 硼硅酸盐玻璃泡沫砖	1. 不锈钢(所有级别)。 2. G 级合金。 3. 喷涂钢。 4. FRP
吸收塔入口干/湿交界	4/1	1. 625 或 C 级合金。 2. C 级合金覆盖碳钢板	玻璃鳞片树脂衬覆碳钢(根据烟温确定)	
出口湿烟道(Ⅰ) 包括没有烟气再热的出口湿烟道(和再热器上游侧湿烟道) 热烟气不经过的出口烟道 出口湿烟道(Ⅱ) 没有烟气加热的出口烟道,但不包括热烟气经过的公共出口烟道	1~2/4	1. C 级合金。 2. 钛合金。 3. 乙烯基酯树脂衬里。 4. 乙烯基酯或溴化乙烯基酯 FRP。 5. 釉面陶瓷砖	1. 6% 钼超级奥氏体不锈钢。 2. G 级合金	1. 泡沫硼硅酸盐玻璃砖。 2. 聚酯基树脂衬里。 3. 喷涂钢
装有间接加热器的出口烟道 间接加热器的壳体及之后的烟道	3/5	1. C 级合金。 2. 钛合金。 3. 陶瓷砖。 4. 乙烯基酯树脂衬里	硼硅酸盐玻璃泡沫砖(用于烟道)	1. 聚酯基树脂衬里。 2. 喷涂钢。 3. FRP。 4. G 类合金钢。 5. 不锈钢(所有级别)
旁路加热烟道 采用旁路烟气直接加热系统的混合室及下游烟道	5/6	玻璃陶瓷砖	1. 硼硅酸盐玻璃泡沫砖。 2. C 级合金。 3. 钛合金	1. 聚酯基树脂衬里钢。 2. 乙烯基酯树脂。 3. 喷涂钢。 4. FRP。 5. G 级合金。 6. 不锈钢(所有级别)
系统公共出口烟道 旁路挡板和出口挡板与烟囱之间的烟道	2、3/6	1. C 级合金墙纸。 2. 玻璃陶瓷砖	硼硅酸盐玻璃泡沫砖	1. 聚酯基树脂衬里钢。 2. 乙烯基酯树脂。 3. 喷涂钢。 4. FRP。 5. G 级合金。 6. 钼含量 6% 以下的不锈钢

① 腐蚀等级参看本节图 2-1-1,腐蚀分区见第一篇第十三章图 1-13-2。

第二节 烟气挡板门

烟气挡板门有三个作用：隔离设备、控制烟气流量和排空烟气。在一个 FGD 系统中，当增压风机布置在 A 位置时，在增压风机入、出口和系统出口设置有隔离挡板；如果增压风机布置在 D 位置，则在系统入口和增压风机出口安装隔离挡板。安装隔离挡板的目的是，可以在不影响发电机组运行的情况下停运脱硫系统，安全地进行 FGD 系统内部检修。多数 FGD 旁路烟道中装有隔离挡板门，以防止原烟气进入烟囱。烟气流量控制挡板主要用在旁路烟气加热系统中的旁路烟道上。过去，在一炉多塔的系统中，还将烟气流量控制挡板布置在吸收塔入口烟道上，用来调节烟气流量或者平衡多个吸收塔模块之间的流量，随着 FGD 工艺的改进，烟气挡板已较少用于调节烟气流量。有些系统在 GGH 或吸收塔顶部装有排空挡板，以便在系统停运时及时排空容器中的烟气，避免由于烟气温度下降产生冷凝液而加剧腐蚀。但实际应用的效果并不明显，而且会污染附近的空气。本节主要讨论烟气隔离挡板。

一、类型

通常，由于对隔离挡板和烟气流量控制挡板有不同的运行要求，要求使用的挡板类型也不同。对隔离后的系统有检修人身安全要求的挡板，需要安装闸板门或双百叶窗挡板门（或称零泄漏挡板）。允许有少量烟气泄漏时，可以采用闸板门或者单百叶窗挡板门。通常要求旁路烟道上的隔离挡板具有快速打开的功能，因此需要采用单百叶窗挡板门。控制烟气流量则总是采用双百叶窗挡板门。

美国电力行业在 FGD 系统中只用闸板门和百叶窗挡板门，而欧洲还用阀瓣挡板门和门型挡板门。

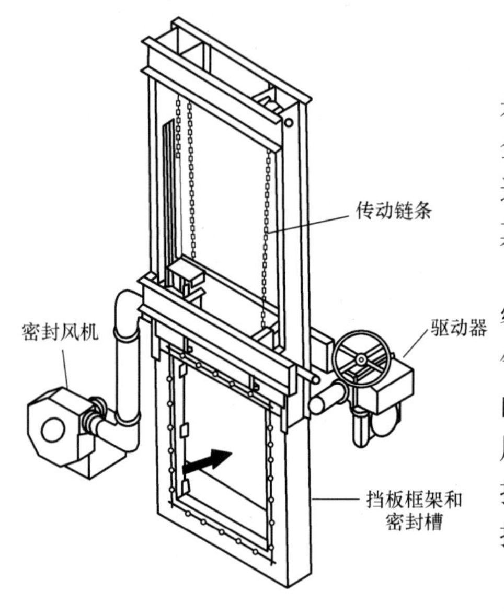

图 2-1-4 典型的闸板门

1. 闸板式挡板门

闸板式挡板门简称闸板门，如图 2-1-4 所示，是具有一个叶片的隔离挡板门，当闸板从烟道内完全抽出时，烟道全开。当闸板完全落入烟道时，烟道被关闭。这是一种零泄漏的挡板门，检修人员在其下游侧工作，能保障人身安全。

闸板顺着挡板门框架的内侧插入到周围有空气密封的密封室内。喷入密封室的空气压力要大于烟气侧压力，以防止烟气漏入密封空气室。挡板框架内侧的挡板槽内装有密封薄片，以减少密封空气的用量，当闸板被提升起来时，密封片紧靠在一起。挡板典型密封系统的详细结构如图 2-1-5 所示，各挡板制造商的密封设计不尽相同、各具特色。

挡板在烟道中的提升和落下，最常用的方法是，在挡板上部两端装有固定的链条，用一个链条驱动装置来提升挡板。根据挡板的尺寸和质量，一般用 2 ~ 4 根链条。另一种提升方式是用齿轮驱动机构沿挡板两侧的齿条提升挡板。

闸板门也可以采用气动/液压驱动方式，但实际很少采用，因为要求的驱动力较大，需要很大的气压或液压缸。

虽然图 2-1-4 所示的单闸板门是 FGD 系统中常用的挡板门，但还有一种由两块平行的插板构成的双闸板门，在两个插板之间和插板周围供给密封空气。这种闸板门可以保证维修人员不会接触到热挡板。但是，其驱动装置复杂、闸板门较重和造价较高。

2. 百叶窗挡板门

闸板门在打开时是将插板从烟道中抽出来，而百叶窗挡板门有多个叶片，通过旋转叶片来开闭烟道，叶片始终处于烟道中。不同的百叶窗挡板门有不同数量的叶片、其宽度和旋转方向也可能不相同。

单叶片百叶窗式挡板门也叫蝶型门，像一个大的蝶型阀。这种挡板门的叶片通常是圆的，绕直径旋转。大多数情况下，旋转轴是水平布置的，这样轴封不会受到烟道底部的冷凝液和沉积物的损害。在 FGD 系统中，这种挡板门常常用在密封空气风道、GGH 或吸收塔排气烟道中。大型烟道中不采用这种挡板。

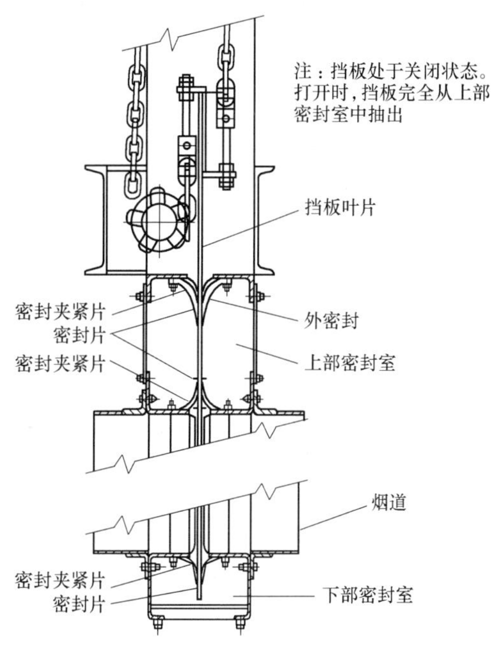

图 2-1-5　闸板门的典型密封设计

图 2-1-6 是一个多叶片单百叶窗挡板门，由一系列平行的叶片组成，FGD 系统中主要采用的是这种百叶窗挡板门。

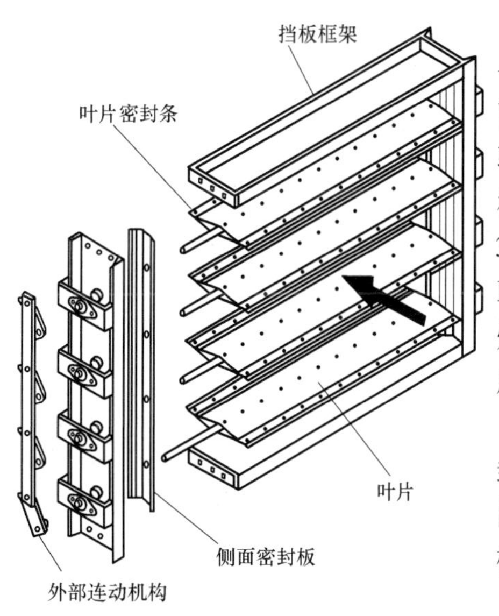

图 2-1-6　典型的多叶片单百叶窗挡板门

百叶窗挡板门的叶片通过外部联动机构连接在一起，多数情况下由一个电机来驱动联动机构，从而带动所有的叶片旋转。也有的 FGD 系统采用气动驱动装置，优点是能快速开闭，停电时也能操作挡板门。也有的将百叶窗式旁路挡板门的叶片分成 2 ~ 3 组，分别由 2 ~ 3 个执行机构驱动，其目的是在 FGD 系统启动、关闭旁路挡板时最大限度地降低对炉膛压力的影响；在需要快速开启旁路门时，降低所有叶片不能开启的风险。

在大多数设计中，每个叶片的边缘都设计有密封条，在挡板门关闭时起叶片之间相互密封的作用。门框的密封（也叫侧面密封）布置在叶片两端的门框边缘上，侧面密封是防止烟气从叶片两端泄漏。

如图 2-1-7 所示，百叶窗挡板门也可以按相邻叶片的相对旋转方向来分类。相邻叶片反向旋转的挡板门具有较宽范围的线性控制特性，适合用作旁路加热挡板门来控制流量。平行挡板门密封性较好，适合于用作截止门。虽然平行叶片单百叶窗挡板门的隔离特性不如周围带密封的闸板门好，不能保证下游的人身安全，但是其动作速度比闸板门快得多。因此，当要求 FGD 旁路挡板能够迅速动作，且少量漏风是允许的情况下，旁路烟道中常常采用平行叶片单百叶窗挡板门。

有时，在同一个位置需要一个反向叶片挡板门和一个平行叶片挡板门。在这种情况下，可以把两个门串联起来，上游侧的平行叶片挡板门起隔离作用，下游侧的反向叶片挡板门用来控制流量。在要求没有漏风的情况下，可以采用两个平行叶片单百叶窗挡板门串联的办法，在两挡板门之间鼓入密封空气。这种布置可以由两个完全独立的百叶窗挡板门组成，每个挡板门有各自独立的框架。也可以由装在一个门框上的两组百叶窗挡板组成，如图2-1-8所示。

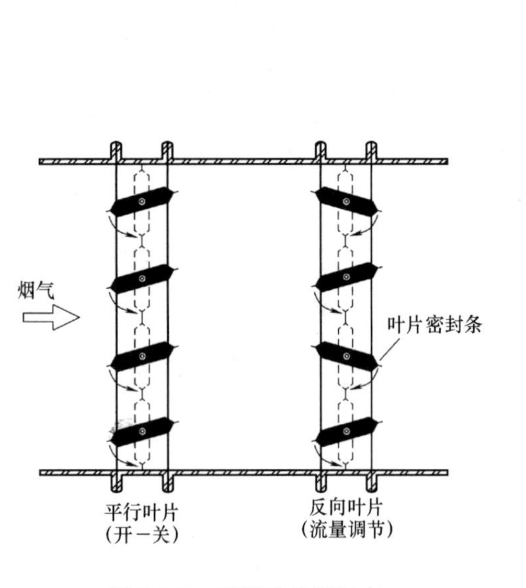

图 2-1-7　平行叶片和反向叶片百叶窗挡板门

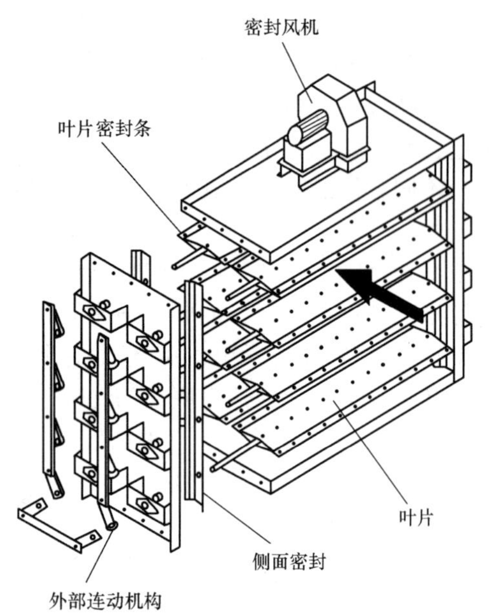

图 2-1-8　典型双百叶窗挡板门

闸板门和双百叶窗挡板门隔断性好，但占据的空间大，造价贵。单轴双百叶窗挡板门（见图 2-1-9）则具有隔断性好、占据的空间小和造价低的优点。单轴双百叶窗挡板门的叶片由两块间距约 150mm 左右的平行钢板构成，烟气可在两层钢板之间流动，两块钢板绕同一轴转动，叶片的四周如同单、双百叶窗挡板门的叶片一样有密封片和密封板。当叶片处于关闭位置时，相邻叶片的两层钢板相互对齐，形成空气密封室，由于空气密封室的体积相对较小，可以选用容量较小的密封风机。单轴双百叶窗挡板门隔断烟气的严密性低于闸板门和双百叶窗挡板门，其开启时产生的烟气压损较大。

二、设计中应考虑的问题

（一）工艺上应考虑的问题

影响烟气挡板门设计的主要工艺问题是该挡板门是起隔离作用还是起流量控制作用。这一问题上面已讨论过。以下是需要考虑的其他一些重要工艺问题：

（1）确保人身安全的隔离。

（2）烟气压降。

（3）挡板门安装方向。

1. 确保人身安全的隔离

为了能在锅炉运行状态下对脱硫系统进行维修，需要安装人身安全隔离挡板门。比如可能要进行除雾器、喷嘴、吸收塔衬里等的检查、维修和更换等。

人身安全隔离挡板应达到无烟气泄漏至隔离区。在所有密封件完好且鼓入足够密封空气的情况下，图 2-1-8 和图 2-1-9 所示的百叶窗挡板门都能够提供人身安全的保障，但美国主要采用的是闸板门。

2. 烟气压降

因为闸板门打开时闸板从烟道中完全抽出，门框与烟道截面相同，所以闸板门全开时没有压力损失。如果内部采用支撑件可能会产生很小的压降，对于一些较大的闸板门，采用内部支撑件是为了防止闸板门打开、关闭和导入门框下的密封室时造成门框或烟道变形。

百叶窗挡板门全开时，叶片占去截面的 10% ~25%，并引起下游烟气的湍动，因此，产生压力损失，压降的大小取决于叶片的形状和位置以及烟气的流速。

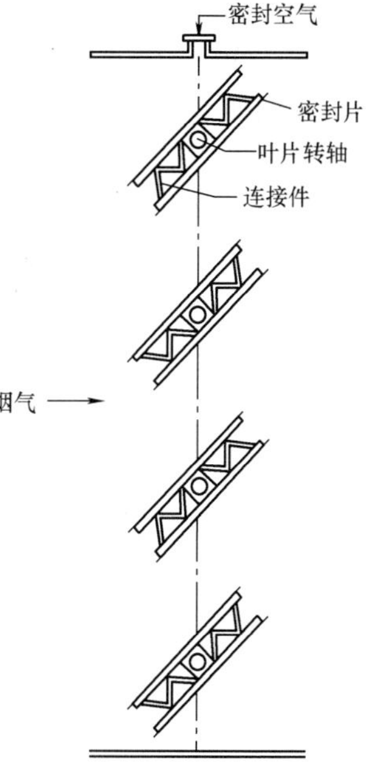

图 2-1-9　单轴双百叶窗挡板门

3. 挡板门方向

挡板门的安装方向可以根据其安装的烟道的方向（垂直或水平）和叶片的方向来分类。闸板门过去也有其他布置方法，但现在都安装在水平烟道中，从烟道的顶部插入闸板门。过去有些闸板门从烟道底部进入烟道，使用效果很差，因为烟道底部的冷凝液腐蚀了驱动机构，现在大多数都改成了顶部插入式设计。

百叶窗挡板门大多数都安装在水平烟道中，叶片在烟道中绕水平轴旋转。如果叶片垂直安装，烟道底部的沉积物会阻碍叶片的动作，垂直叶片的设计还会使挡板门轴承的设计复杂化。百叶窗挡板门可以在不作任何设计改动的情况下用在垂直烟道中，如果这种挡板门在正常运行时处于关闭状态，沉积物会积聚在叶片的上表面上，当挡板门打开时沉积物会落到挡板门下面的设备上，有时还可能会给维修带来危险。

（二）机械方面应考虑的问题

挡板门的机械设计是较为复杂的，在此不详细讨论设计方面的所有影响因素。有关挡板门的机械设计资料可以向挡板门制造商索取。机械方面应考虑的问题是指挡板在 FGD 系统应用中的一些特定问题：

（1）空气密封系统。

（2）挡板门动作时间。

（3）烟道沉积物。

1. 空气密封系统

空气密封系统用来防止烟道中的烟气通过关闭的挡板门叶片漏入隔离的设备中，因此空气密封系统在人身安全挡板门的设计中是一个非常关键的设备。如果密封风机出问题或者不能满足要求，检修人员必须撤离被隔离的设备（如吸收塔）。因为在电力工业中采用闸板门对人身安全最有保障，所以下面的讨论以闸板门的空气密封系统为基础。图 2-1-8 所示的双百叶窗挡板门的空气密封系统与闸板门的有相似的要求。

一个性能良好的挡板门空气密封系统应能维持密封室压力高于挡板烟气侧压力 500 ~ 700Pa。密封空气流量取决于挡板门叶片的总泄露量，应通过图 2-1-5 和图 2-1-8 所示的叶片密封条使这一泄漏量尽可能小。密封空气量还取决于要求保持的压差和密封条磨损和损坏等引起的泄露，密封风机的容量应为计算流量的两倍以上。

大多数情况下，隔离挡板门的密封空气由一个安装在其上面的密封风机提供。有时考虑到挡板门非常大，或为了减小风机的容量，安装两个密封风机，一个作为备用。从风机到密封室的风道上应安装蝶型门，以便对风机进行检修。在大多数情况下，密封风机一直处于运行状态（即使挡板门开启时），这是为了防止烟气进入密封室，烟气冷却后，酸性气体会冷凝在密封室中，造成腐蚀。即使密封风机设计成连续运行，密封风机、风道和蝶型门的布置方向也应能防止可能产生的冷凝液流入风道，从而损坏蝶型门和风机。

一些 FGD 系统设计 1 ~ 2 个中央密封风机，为几个挡板门提供密封空气。采用中央密封风机可以节省投资和维修费用，但是，节省的费用被风机长时间运行和由于风道较长产生的压力损失所抵消。

一些电厂安装了密封风加热装置，把空气温度提高到酸露点温度以上（约 75℃）。这样可以减少密封空气室和密封条上出现酸的冷凝液。

闸板门可以装设或不装设挡板抽出烟道时的闸板保护盖罩。在有些设计中，空气密封系统对盖罩和挡板密封室提供密封气压力。大多数情况下，不需要盖罩，因为这可能给烟气中的酸性气体提供了冷凝的场所。

密封空气的压力必须满足密封室各点的要求。如果挡板板片将沉积物推入下部的密封室造成堵塞，这可能是件麻烦的事。下部密封室两端应当设置清扫口，以便能定期的清除带入的沉积物。密封室还应布置排水口，以便排出进入密封室的冷凝液和冲洗水。

在多数情况下，密封室的压力是连续监测的，压力低时，控制室将发出报警信号。

2. 挡板门动作时间

隔离挡板门从全开到全关，或者从全关到全开所需要的时间叫作动作时间。对于百叶窗挡板门，其动作时间也可以这样定义。对于闸板门来说，由于闸板很重，关闭时间可能比打开时间稍微短些。

通常，要求旁路烟道的百叶窗挡板快开时间为 10 ~ 25s，开启过快可能造成锅炉炉膛负压较大波动。对快速动作的要求是基于，当 FGD 系统故障需要紧急停机时，能快速开启旁路挡板门，以确保烟气旁路进入烟囱。为确保动作可靠，挡板门电动执行器的电源应接在电厂事故备用电网上。百叶窗式旁路挡板门关闭时的开度应具有分级可调行性，以减少旁路门关闭时对锅炉炉膛负压的影响。系统其他挡板门的动作时间一般为 40s 左右。

闸板门打开和关闭时的运动速度一般为 1.3 ~ 2m/min。大型入口烟道的高度多在 3m 以上，门完全打开或者关闭需要 2 ~ 3min。因此，它不能应用在要求快速动作的烟道中，主要用在系统入口或吸收塔入口，仅作隔离之用。

3. 烟道沉积物

飞灰、吸收塔浆液中的固体物会积聚在 FGD 系统烟道内，尤其是烟道底部，因此挡板门设计时要考虑这些沉积物对挡板门动作的影响。

对于通常的闸板式开关门，如系统或吸收塔入口、出口隔离挡板门，其板片必须能挤掉这些沉积物插入烟道。挡板门驱动装置，如驱动电机，应有足够的功率能使闸板插入沉积物中。对所需功率的大小，制造商通过在车间进行 150mm 以上的人造沉积物的试验来确定。密封件也必须有足够的强度克服沉积物造成的阻力而不会产生影响密封性的永久变形。

对于一个长期处于关闭状态的闸板门，驱动装置和执行器必须有足够的启动功率，以克服板片和门框之间的粘连。正如下面要讨论的，闸板门启动需要的功率大于关闭需要的功率。

对于一个常开的百叶窗挡板门，如 FGD 入、出口门，或常关闭的百叶窗挡板门，如旁路隔离挡板门，如果叶片长期处于某一位置，烟道沉积物可能会使叶片难以动作。对于底部的叶片，这一问题尤为严重。其一，烟道底部是沉积物最多的区域；其二，如果其他的叶片转动灵活，驱动器的整个扭矩都作用在底部叶片上，这可能损坏叶片和连接机构。因此，一些百叶窗挡板门配有两套驱动器和连接机构。一套供最下面的叶片使用，另一套供其他叶片使用。

另外，对于常关闭的百叶窗挡板门，如果烟道积灰出现在挡板门的一侧，叶片旋转方向应朝向积灰的下游侧，避免积灰阻挡叶片转动。

不论何种挡板门，最好的操作方式是定期将挡板门在其活动范围内动一动，以防挡板门长期不动作发生卡涩。对于常关闭的旁路挡板门尤其应该如此。

（三）其他应当考虑的问题

在整个 FGD 系统维修平台和楼梯的布置中必须考虑挡板门的维修，应留有对挡板门驱动设备、密封风机和密封条进行日常维修的场地和通道。对于挡板门的驱动器、叶片轴承和密封风机的更换，应考虑是否设置平台和起重设备，接近这些检修设备的通道是采用梯架还是楼梯。几乎所有的百叶窗挡板门和一些闸板门的密封片（或板）都设计成在烟道内进行更换，在这种情况下需要的检修通道和平台较少。然而，也有一些闸板门需要在外部更换密封片，在这种情况下就需要增设固定或者临时平台以便在下部密封室处工作。

挡板门是 FGD 系统中较大和较重的可移动部件之一。更换挡板门不是一件容易的事情，因此，在 FGD 系统布置上应留有位置和空间，以便用起重机将挡板门从烟道中吊出放置到地面上。

三、材料选择

挡板门的材料选择取决于其在 FGD 系统中的位置，挡板门可能处于原烟气、腐蚀性较弱的环境中，或者处于 FGD 下游腐蚀性较强的环境中。FGD 挡板门的选材必须考虑其工作环境、挡板门故障对 FGD 系统可靠性的影响、挡板门更换所需的时间和难度以及耐腐蚀合金挡板门的高投资费用。

1. 闸板式挡板门

闸板式挡板门框架材料的选择取决于 FGD 系统中浆液的氯离子含量。在低氯离子系统（氯离子浓度低于 10000mg/L 的系统），闸板门的框架接触烟气一侧通常采用碳钢覆盖含钼 4% 的奥氏体不锈钢，如 317LM，317LMN，或者 904L。框架的导槽也采用相同的合金钢。在高氯离子含量的系统中（氯离子含量大于 10000mg/L），碳钢的覆盖层通常是合金 625，H-9M，或者 C-276 系列中的一种。钼含量 6% 的超级奥氏体合金钢，如合金钢 6XN 和 254SMO 也适合相对短暂的恶劣的腐蚀环境。除挡板门的板片外，挡板门暴露于烟气中的所有其他部件，包括空气密封室也可以采用上述材料。

由于仅当关闭时，系统入口闸板门的板片才暴露于腐蚀性烟气环境中，而当开启时则处于大气腐蚀环境中。因此，闸板门板片可以采用 ASTM A-242 碳钢。也有些板片采用上面所提到的奥氏体不锈钢。对于系统出口隔离挡板门的板片，推荐材料是：低氯离子浓度的系统，挡板门通常处于打开状态，采用 317LM；对于高氯离子浓度的系统，如挡板门多处于关闭状态时采用合金钢 625。选择何种板片材料必须根据具体情况来考虑，如使用环境和在烟道中的时间的长短。

不论工艺过程氯离子浓度的高低和挡板门框架采用何种材料，薄而韧性较好的密封条不能有较大的腐蚀，通常采用合金钢 625，或者 C-276 系列中的一种。

从挡板门框架到密封风道挡板门之间的风道应采用与门框内衬和密封室相同的材料。空气密封挡板暴露在烟气中的部分也应采用这些材料。密封风机、风机与密封空气挡板门之间的风道不与烟气接触，温度也不高，可以采用碳钢和 FRP。

2. 百叶窗挡板门

国外资料提出百叶窗挡板门内框和叶片的防腐材料可采用与其所在烟道相同的防腐材料。对于双百叶窗挡板门，一侧可能与碳钢烟道接触，另一侧可能与衬里烟道或者合金钢烟道接触，每侧应当采用与其所处的烟道相同的材料。而国内对于有防腐要求的挡板门多数采用 6Mo 超级奥氏不锈钢，如 1. 4529、合金 31 等。

不论叶片采用何种材料，叶片密封条和侧面密封板应当采用合金 625 或者 C-276 系列中的一种。

四、建议

(1) 对于挡板门的关键性能，制造厂应在模拟运行条件下进行全尺寸检验试验。这些性能如下：

1) 在设计烟气压差下挡板门的动作时间。

2) 设计烟气压差下挡板门的漏气率。

3) 即使框架和叶片上有沉积物也能够开、关挡板和保证密封性能。

4) 驱动装置和执行机构能够在不损坏设备或超负荷的情况下克服叶片卡涩现象。

(2) 应细心审查挡板门的运行条件，挡板门所选择的材料应适合预期的运行条件。

第二章 增 压 风 机

在 FGD 系统中，烟气的输送依靠增压风机来克服烟道、烟气挡板、GGH、吸收塔、烟囱和其他设备的阻力，因此，一个很重要的问题是增压风机的可靠性和经济性，与此问题相关联的是增压风机类型的选择和布置方式。风机类型、风机的调节和布置方式等可以有多种变化的搭配，因此对于具体情况要做到合理的选择，需要作全面考虑。

第一节 风 机 类 型

增压风机的类型可以根据风机结构来分类。电厂常用的两种风机的基本类型是：离心风机和轴流风机，如图 2-2-1 和图 2-2-2 所示。轴流风机又分静叶可调和动叶可调轴流风机。离心风机沿叶轮转轴径向加速烟气，运行方式与离心泵相同。而轴流风机则是沿叶轮转轴方向加速烟气，运行方式与船的螺旋桨相同。

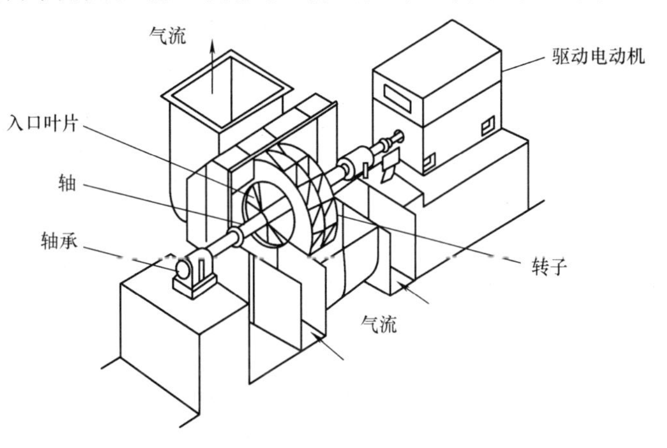

图 2-2-1 典型的离心风机

离心风机的特点是：它只有一个转动部件—叶轮，叶轮直径 3.5 ~ 4.5m，叶片数较少，截面积较大，转速一般为 590r/min，由于磨损速度与转速的二次方成正比，因此离心风机叶轮的磨损小，检修费用低。它的最高效率可达 86% 左右，与轴流风机相比它的风压最高。但是，这种风机在变工况运行时效率下降明显，尤其是在低负荷运行时效率下降最大。另外，它的体积庞大，占地面积大，检修困难。由于离心风机的转子质量大，因此在结构设计上只能采用滑动轴承，并配以外加油站对轴承进行润滑，同时在检修中对检修起重设备的配备也要大一些。离心风机的可靠性高于动调轴流风机，低于静调轴流风机。价格约为动调风机的 2/3。

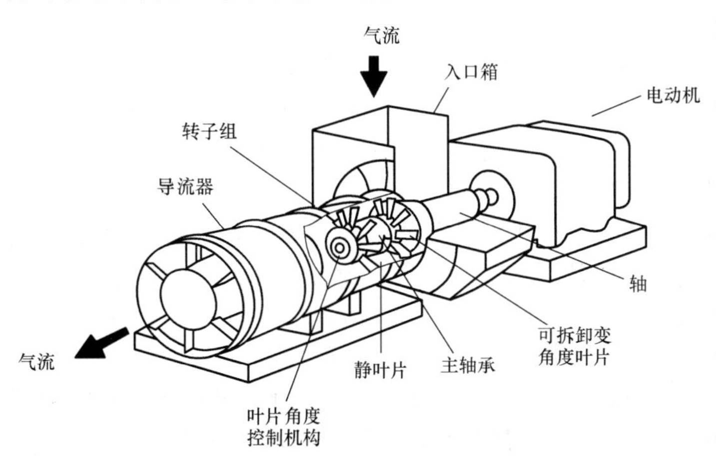

图 2-2-2 典型的轴流风机

动调轴流风机的特点是：低负荷时的效率比离心和静调风机高，这是动调风机最突出的优点，但是它的转动部件多，结构比较复杂。动叶调节部分的液压系统设计要求高，结构精密，维修工作量大。特别是大容量机组（例如 600MW）的引风机，由于风机的参数高，要求的调节力大得多，因此液压系统尺寸更大，精密度更高，而液压系统的设计和加工在我国是个薄弱环节，目前尚需进口。据了解，目前国内 300MW 机组动调风机易出现调节机构的压力油泄漏故障，一旦出现这类故障，液压系统必须返厂维修，600MW 机组的风机出现类似故障的可能性更高，更需返厂维修。另外，动调风机为达到在低负荷时具有较高效率而提高了转速，改变叶型，由此带来的第一个问题是叶轮的应力增大，安全系数降低，第二个问题是磨损加剧，在同等条件或采用相同防磨措施情况下其远不如另两种风机耐磨。因此动调轴流风机的可靠性比静调轴流风机和离心风机低得多，这也是国内外 600MW 锅炉送风机普遍采用动调轴流风机，而引风机多采用离心式或静调轴流式风机，只有烧精煤或燃油机组才有采用动调轴流风机的原因。动调轴流风机价格是静调轴流风机的一倍，比离心风机高 20%，维修费用也较高。

静调轴流风机的特点是：静调轴流风机属于高效混流式通风机，与离心式通风机一样结构简单，转子上只有一个焊接结构的叶轮，直径一般为 3.7m 左右，转速较低，一般为 500r/min 左右。与动调轴流风机相比，在相同参数条件下，叶轮直径相同时，其转速要低一挡；转速相同时，直径要小几号。也就是说静调轴流风机的线速度比动调的低，因此它的耐磨性低于离心式而大大高于动调轴流式。静调轴流风机采用滚动轴承无润滑油站，无转动可调的叶片及复杂的液压调节机构，避免了动调轴流风机可能出现的动叶轮、叶片转动发生卡涩和压力油漏油的现象，可以在比较恶劣的工况环境中运行。综上所述，它与前两种风机相比可靠性最高、体积小、检修方便；它的最高效率为 87% 左右，与其他风机相比它的风量最大；虽然三种风机的最高效率相差不多，但就调节效率而言，静调风机低于动调而高于离心风机；静调风机初投资大约是动调风机的 70% ~80%。

通常对现有机组进行脱硫系统改造时，由于锅炉原来的引风机压头较低，不能克服脱硫系统的阻力，需要增装一台排烟风机，可以采用离心风机或单级轴流风机。这类风机的工作特点是流量大，压头相对较低。对于新建机组，同时建设脱硫系统时，如果采用湿烟囱工艺（即不采用 GGH），由于脱硫系统的压损相对要小得多，可以考虑由引风机来克服脱硫系统的阻力，不另设脱硫风机，这样可以进一步降低投资，简化风机的运行控制方式。如果采用 GGH，国内通常考虑在脱硫系统设置增压风机。

增压风机可以安装在吸收塔的上游，吸收塔正压运行，也可以安装在吸收塔的下游，吸收塔负压运行。装有 GGH 的 FGD 系统，增压风机有如图 1-2-3 所示的 4 种布置方式。采用湿烟囱工艺，由于 FGD 系统烟气压损相对较小，可以将锅炉引风机和 FGD 增压风机合并设计，引风机有如图 2-2-3 所示的 2 种布置方法。安装在 FGD 系统上游侧的风机，输送高热干烟气，叫作干风机，布置在吸收塔下游侧的风机均为湿风机。

在美国，少数脱硫系统将脱硫风机布置在吸收塔的下游，这其中很多是将除尘和脱硫合并在一个系统中，有些在风机以前安装有烟气加热系统，有些没有安装烟气加热系统。美国所有安装在吸收塔下游的脱硫风机都采用离心风机。由于结垢、腐蚀等问题，位于吸收塔下游的风机的可靠性不如上游侧的风机。尽管 FGD 系统负压运行有其优点，但湿风机曾发生的问题使美国自 20 世纪 80 年代以后已没有安装湿风机的 FGD 装置了。我国火电厂的 FGD 系统也仅有华能某电厂的 1 ~4 号的 4 台 360MW 燃煤机组的 FGD 系统（建于 20 世纪 80 年代末至 90 年代末）将脱硫风机安装在 D 位置上，4 台风机均遭受了沾污和腐蚀等问题。

在采用湿式风机方面欧洲取得了较好的经验。欧洲通过采用高效除雾器，降低了吸收塔下游烟气中雾滴的含量，采用耐腐蚀高强合金制作风机叶轮，从而降低了湿风机的沾污和腐蚀。湿风机主要采用轴流风机，其中包括卧式、上进气立式和下进气立式轴流风机。

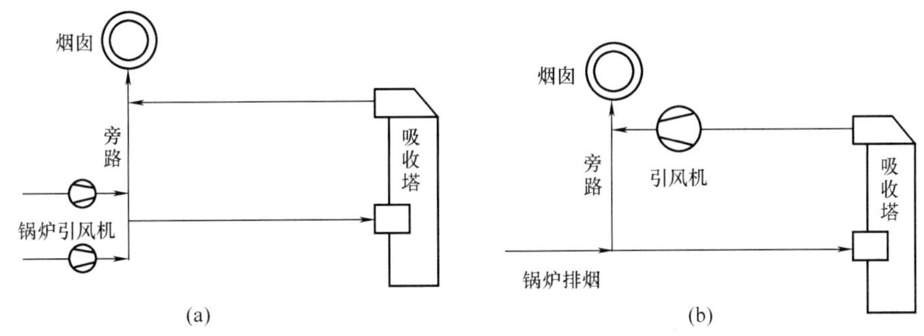

图 2-2-3　湿烟囱工艺合并设计引风机的 2 种布置方式
（a）合并设计的上游侧引风机；（b）合并设计的下游侧引风机

第二节　设计上应考虑的问题

一、工艺上应考虑的问题

工艺上考虑的问题包括风机类型的选择、风机的布置、风机的控制和对除雾器的要求。

1. 风机型式的选择

由于锅炉烟气流量随负荷、燃料和运行方式的不同而变化，再加之系统阻力与烟道和设备的沾污情况有关，例如脱硫系统中烟气加热器沾污后阻力较大，所以脱硫风机通常必须具有较大的工作范围。基于这种情况，低负荷时从风机的调节效率来考虑，选择动叶可调轴流风机较好，因为其在较宽的范围内都具有较高的效率，而离心风机和静叶可调轴流风机只有在满负荷时可以保证较高的效率，低负荷时效率很低，尤其当负荷低于40% 后离心风机的效率较轴流风机低得多（见图 2-2-4）。但从初期投资、可靠性、检修方便、运行和维修费用等方面综合考虑，选择静调风机较为理想。

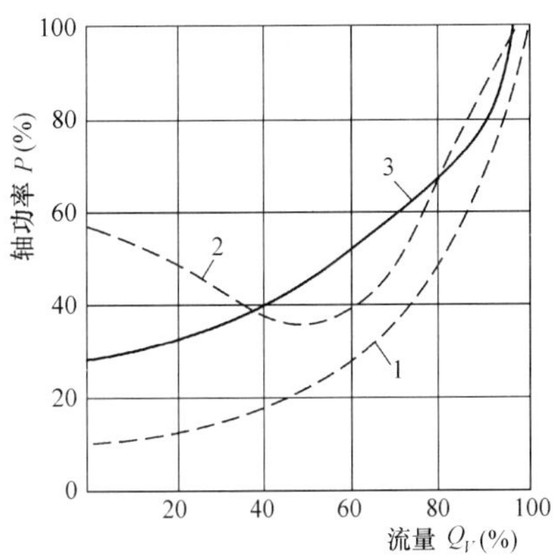

图 2-2-4　轴流风机与离心风机的轴功率对比
1—动叶可调轴流风机；2—静叶可调轴流风机；3—机翼型离心风机

在德国，通常 200MW 以上发电机组的送风机和引风机选用动叶可调轴流风机。轴流风机如今已在德国 100MW 以上的燃煤电厂占有主导地位，它是效率最高的风机，它用作锅炉送风机、引风机和脱硫系统增压风机。在国内，300MW 以上发电机组的送、引风机基本都采用轴流风机。对于 300MW 发电机的送风机和引风机，动调和静调轴流风机都有采用，而 600MW 发电机组的引风机采用静调风机较多。湿式 FGD 系统的脱硫风机基本上也是采用轴流风机，至于选择动调还是静调轴流风机与锅炉引风机的选择趋向相同，对于与发电机组同步建设的湿式 FGD 系统来说，脱硫风机的选型应与锅炉引风机保持一致。

2. 增压风机布置位置

在德国，新建机组几乎都是采用引风机来克服从锅炉到烟囱（包括脱硫系统在内）的所有阻力。但是，对于改造工程，通常在原来引风机后安装一个增压风机来克服脱硫系统的阻力。

对于在引风机后吸收塔前安装的增压风机，工作环境与引风机完全相同，要求也与引风机相同，所以可以采用在锅炉引风机使用中证明是成熟可靠的风机作为增压风机，不需要进行特殊的防腐。将风机布置在吸收塔上游侧的缺点是，回转式 GGH 原烟气侧压力大于净烟气侧压力，原烟气向净烟气侧泄漏，影响系统的脱硫效率。另外，由于烟气温度较高，烟气体积较大，所以增压风机电耗较大。

对于布置在吸收塔下游的湿式增压风机要考虑风机腐蚀和沾污问题，但有如下优点：

（1）烟道系统简单，可以节省投资和占地。

（2）由于净烟气的压力高于原烟气，净烟气向原烟气侧泄漏，不会影响系统的脱硫效率。

（3）净烟气经风机压缩后温度可提升 5℃左右，可提高烟气的抬升能力。

（4）尽管经过吸收塔后的烟气含水量提高了，标准状态下的烟气体积增大，但是由于烟气温度较低，实际状态下的净烟气体积较小，所以可以减小增压风机的尺寸。

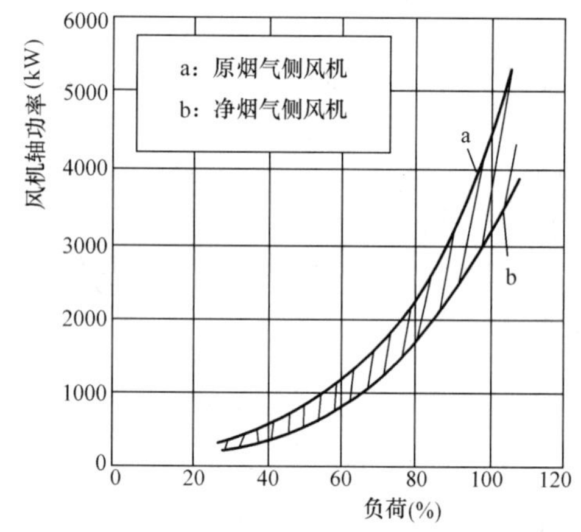

图 2-2-5　原烟气和净烟气侧风机的电耗比较

（5）在运行成本方面，如图 2-2-5 所示，净烟气侧风机的电耗小于原烟气侧的风机。电耗相差约 25%。

有关脱硫风机不同布置位置的优缺点更详细的比较可参看表 1-2-1。

3. 风机控制

如果脱硫系统的阻力由锅炉引风机来克服，那么不论采用何种类型的风机也不论风机布置在何位置，引风机的控制由锅炉运行工况来控制，控制系统比较简单。然而，如果脱硫系统的阻力由增压风机来克服，脱硫增压风机的控制就变得较为复杂。增压风机的控制必须兼顾引风机出口的压力，以免引起锅炉负压的波动，还必须能够快速和安全的跟踪机组负荷变化以及满足脱硫系统启停要求。有关这方面的内容已在第一篇第十二章第二节作了介绍，在此不再重复。

4. 对除雾器的要求

在所有脱硫系统中，除雾器高效运行都是非常重要的，但是，如果增压风机布置在吸收塔下游，除雾器的效率就显得特别重要。烟气透过除雾器携带的液滴黏附在风机叶片上可能导致风机振动、磨损和腐蚀等问题，因此，吸收塔下游的湿风机需要两级高效除雾器和可靠的冲洗监视系统。

二、机械方面考虑的问题

对脱硫系统中采用的增压风机，以及布置在吸收塔下游的湿式增压风机，需要考虑的重要问题是压头和冲洗系统的布置问题。

1. 风机压头要求

脱硫系统的压降，从引风机出口到烟囱入口通常在 1～4kPa 左右，有烟气加热器（GGH）时压降要大些，没有烟气加热器时要小得多。对于与新建机组同步建设的脱硫系统，可以考虑由引风机来克服脱硫系统的压降。对于湿烟囱工艺，由于系统压降小，易于实现这种考虑。对于一些新建机组，暂时不配套建设脱硫系统，预计以后要安装脱硫系统，在引风机的设计中可以考虑满足以后脱硫系统的要求，或者通过改造引风机来满足脱硫装置对烟气压损的要求，例如将离心风机原来的转子换成较大的转子。对于轴流风机，安装一个二级叶片，以及更换成大功率的风机马达，这样可使造价相对较低。如果通过引风机改造不能满足脱硫系统的压降要求，那么就需要安装一个增压风机。

2. 湿风机冲洗系统

布置在吸收塔下游的湿风机，通常需要安装在线冲洗系统，防止风机沾污和结垢引起风机振动。通常湿风机冲洗系统由一个管网和喷嘴组成。冲洗水应当采用氯离子含量、固体物含量和硫酸根含量较低的工艺水，常常与除雾器冲洗水共用一个水泵。冲洗频率取决于结垢速度，可以由运行人员进行调整以满足运行条件。

三、其他需要考虑的问题

在增压风机选择方面需要考虑的一些其他问题通常与其布置的位置有关。这些因素如下：

（1）风机尺寸。

（2）结构设计。

（3）吸收塔正压运行还是负压运行。

（4）烟气加热器的漏风。

1. 风机尺寸

进入脱硫系统的烟气温度通常在 110～150℃之间。当引风机和增压风机合并设计，引风机布置在 FGD 系统入口时，系统入口烟气压力在 1.0～3.0kPa 之间。吸收塔下游的烟气温度通常为 42～60℃，压力为 0.5～1.5kPa。压力的高低取决于是否装有烟气加热器和烟气加热器的位置。由于温度的降低，吸收塔下游风机输送的烟气体积比上游风机小 15% 以上。烟气流量小需要的风机尺寸就小。但是，吸收塔下游侧烟气质量流量越大，风机消耗的电能越多，也就可能需要较大容量的电机。这样，由于采用较小风机带来投资费用低的优点被以下因素抵消：增加了年电耗量、电机投资费用较高和增加了风机冲洗装置。另外，吸收塔下游侧的风机还要求采用耐腐蚀性较高、价格较贵的结构材料。

2. 结构设计

在脱硫系统设计时应考虑锅炉送风机突然停止时，由于锅炉引风机和脱硫增压风机不能立即停运而继续运行的情况。在这种情况下，锅炉、除尘器和锅炉到增压风机之间的烟道的负压突然增加，它比没有增压风机时大 1.0～3.0kPa。如果脱硫系统和锅炉同时建造，在设计锅炉、锅炉与增压风机之间的烟道和设备时应在结构上考虑增加的负压。如果属于改造项目，那么应当对原结构进行处理，防止突然产生的较大负压造成这些烟道和设备的损坏。

如果增压风机布置在吸收塔上游，脱硫系统烟道和吸收塔的结构设计必须考虑在吸收塔和烟囱之间的通道突然关断后造成的正压波动，烟道和吸收塔必须能够承受风量为零时风机造成的最大压力。如果增压风机布置在吸收塔下游，脱硫系统烟道和吸收塔要有承受负压波动的能力，其值等于锅炉和风机之间的烟道关断、风机流量为零时风机造成的最大负压。

3. 吸收塔的正、负压运行

吸收塔负压运行还是正压运行对于脱硫的化学过程没有太大影响。然而，正、负压运行的主要区别是，吸收塔下游的增压风机应能耐承受湿态、腐蚀性烟气的腐蚀。

其他关于正、负压运行的影响同锅炉运行中应考虑的问题相似。当烟道或吸收塔有泄漏时，在增压风机布置在吸收塔上游的正压运行情况下，吸收塔将把烟气排入环境中，会引起周围环境的污染。吸收塔是否泄漏，检修时比较容易发现，因为泄漏所携带的浆液沉积在吸收塔的外面。这种泄漏可以引起金属材料表面、设备和控制仪器的腐蚀。出口烟道的泄漏可能引起酸凝结，损坏烟道壳体、保温材料和支撑材料。

如果增压风机布置在吸收塔下游，吸收塔运行在大气压力以下，那么吸收塔和烟道泄漏时，空气将漏入脱硫系统。这种情况看起来比正压运行好，但在检修过程中难以发现漏点。虽然泄漏量通常相对于烟气流量来说是非常小的，但是也会使增压风机的流量增加，电耗增大。

4. 烟气加热器泄漏

欧洲一些国家和日本的脱硫系统通常为了提高烟气温度，提高烟气的抬升能力，使烟气扩散较远，安装有烟气加热器，在烟气进入烟囱以前加热净烟气。在国内采用的湿式石灰石/石膏法脱硫系统中，多数采用烟气加热器，少数不采用烟气加热器，这主要取决于当地的环保要求，但近年不采用烟气加热器的FGD系统有增加的趋势。理想情况下，不应当有原烟气漏入净烟气，因为泄漏会降低整个系统的脱硫效率。然而，当采用回转式GGH时，肯定要发生烟气泄漏。当增压风机布置在吸收塔下游，烟气加热器在增压风机的上游侧时，净烟气侧的压力较高，净烟气将泄露到原烟气，因而不会影响脱硫效率。

第三节　材料选择和建议

一、材料选择

材料的选择取决于风机的位置。布置在吸收塔上游的风机工作条件与锅炉引风机相同，所以可以选择与引风机相同的材料。一般情况下，机壳用碳钢，叶片的高磨损区域用耐磨碳钢。

对于布置在吸收塔下游的湿风机必须考虑防腐。在选择材料时应考虑以下腐蚀特点：

（1）酸性液体引起的腐蚀。

（2）氯离子引起的缝隙腐蚀。

（3）烟气中水滴引起的侵蚀。

（4）石膏等固体颗粒引起的侵蚀。

因此，必须使用适合于腐蚀条件的材料。静止部件，如机壳可以采用碳钢衬胶或者耐腐蚀镍基合金，如合金625或C-276。镍基合金也用于制造旋转部件，如叶片和风机转子。耐磨材料可以用在高磨损部位，如叶片尖端，这些部位的防磨比防腐蚀更重要。旋转部件通常不应当采用衬胶或其他涂层，因为局部衬胶的脱落可能引起设备的振动损坏。

二、建议

（1）在新建机组同时建设脱硫系统时，最好不设增压风机，而是由引风机克服锅炉和脱硫系统的阻力，特别对于湿烟囱工艺更应如此，这样可以简化风机的控制，并可以降低造价。

（2）在改造项目中，增加增压风机比更换引风机经济。

（3）动叶可调轴流风机低负荷时的效率比静叶可调轴流风机和离心风机高，运行电耗低，因此国外通常建议采用动叶可调轴流风机。但正如本章第一节所述的国内动、静调风机实际应用情况，特别是大容量风机（如600MW 机组的风机），国内采用静叶可调风机的数量不在少数。

（4）风机类型（离心风机或轴流风机）和布置位置（吸收塔上游或下游）的选择最终需要根据具体情况进行工程可行性研究。

（5）布置在吸收塔下游的湿风机应选择适合腐蚀环境的材料，并配备冲洗系统。

现在大型泵与电机的连接几乎都是采用直连的方式。

二、立式泵

如图2-3-2所示的立式离心泵常常用在FGD系统的地坑中，通常是采取悬臂设计。在悬臂设计中，上下轴承在地坑液面以上，避免固体颗粒物损坏轴承。由于下轴承与叶轮之间的距离较长，需要设计刚性好、大直径轴和重型轴承。如果泵轴太长，也有的立式泵在下轴承与叶轮之间设计一个工业水润滑的橡胶或聚四氟乙烯轴套。叶轮可以采用双吸入方式，从叶轮的上部和下部吸入浆液，避免轴承承受过大的推力。入口滤网可以防止大的机械异物损坏或者卡塞叶轮。

立式离心泵的轴较长，将整体泵吊出浆池检修时，往往将泵卧放于地面，由于叶轮较重，易造成长轴永久弯曲变形，长轴弯曲变形将导致泵振动，严重时甚至损坏泵壳和叶轮。

第二节 浆液泵设计应考虑的问题

一、工艺上应考虑的问题

在工艺方面，影响离心浆液泵设计和运行应考虑的问题包括浆液特性、泵的冲洗要求和泵的启停控制。

1. 浆液特性

浆液的物理和化学特性（如密度、氯离子含量、pH值和固体颗粒物的尺寸和形状）影响泵的材料和类型的选择。密度高的浆液和剥蚀性较强的固体颗粒物使叶轮和衬里的磨损速度加快。浆液中的大颗粒物和机械异物容易损坏衬胶部件，尤其是衬胶叶轮。因此，现在越来越多地采用耐剥蚀合金钢叶轮。高铬合金叶轮在大量的FGD系统使用中证明具有较长的寿命和较高的可靠性。浆液中氯离子含量对泵材料的选择具有重要的影响。过去衬胶泵常常用在FGD系统吸收塔浆池氯离子含量大于10000mg/L的条件下。然而现在，由于合金叶轮具有较好地防止机械损坏和耐化学腐蚀的性能，使得它可以在氯离子含量大于15000mg/L的环境中使用。

2. 泵的冲洗

如果浆泵以及与其连接的管道需要较长时间停止运行，应及时排空泵和管道的浆液，一般还主张用清水冲洗泵和管道，以清除其中无法排尽的浆液。如果不将泵体内的浆液排出，叶轮可能会被沉淀的石膏堵塞而无法启动。用于浆液浓度高，如浓度为30%的石灰石浆池的立式离心泵，长时间停运后再启动时可能出现堵塞叶轮的情况。在泵出浆管道上安装冲洗水管，启动前用压力水冲除泵壳中的沉淀物，可使泵顺利启动。为了避免冲洗水影响FGD系统水平衡，有的FGD系统用副产品脱水系统的回收水来冲洗浆泵和管道。当吸收塔循环泵出口不设置关断阀时（喷淋塔一般如此），烟气会进入不运行的泵和管道中。烟气的冷凝液具有很强的腐蚀性，pH值低于2.0，因此，冲洗完毕后，应重新向吸收塔喷淋泵注水，注水高度应超过泵出口伸缩节，或超过泵出口附近管道上装有的压力表和冲洗管道，以防止泵内部组件、压力表隔膜和冲洗阀阀片与烟气接触而遭受腐蚀损坏，注入的水还可以起到稀释冷凝液的作用。吸收塔循环泵以外的其他浆泵排水后无需再注水。

现在国内大多数FGD系统为了冲洗泵和管道，设置了许多冲洗管道和电动阀，这样不仅增加了设备费用而且冲洗程序繁琐、复杂，有些FGD系统甚至要求泵在停运后和启动前都用工业水冲洗，这不仅增加了水耗，而且可能破坏系统水平衡。国内湿法FGD装置十多年的运行经验表明，只要管道布置合理，设置有足够的排空管路，也可以不用工业水冲洗停运的泵和管道，通过排浆就能满意地排除泵体大部分浆液，几乎排净浆管中的浆液，而不会发生堵塞叶轮和管道的现象。华能某电厂一、二期4台FGD系统的浆泵和管道均未设计水冲洗装置，多年运行证明是可行的，未发生过因为未冲洗而堵塞泵和管道的事故。对于喷淋吸收塔，当雾化喷嘴的流通口径较小时，冲洗泵和浆管对于防止垢块的形成、防止堵塞喷嘴可能是有益的，但是雾化喷嘴堵塞的根本原因并不是未冲洗泵和管道。用工业水冲洗金属泵，确实有利于避免泵内残留浆液对金属泵组件的腐蚀。

对于装有出口关断阀的吸收塔循环泵，在出口关断阀与泵出口之间的管道上应安装带有阀门的进气管，在排浆时起进气作用，在泵启动时作排气用，这样可以缓解大型泵启动时造成的震动和有利于排空浆液。

3. 泵的控制

多数浆泵是单速的，有时需要用到两速或者变速泵，特别是在FGD系统入口SO_2浓度变化较大时，可能采用调速泵的有吸收塔石膏排出泵、旋流器底流液输送泵等。变速浆泵的主要优点是，可以根据工艺要求改变输送流量，无需装调节阀；可以避免频繁启停。正如前面所述，浆泵停运时需要排浆和冲洗，采用调速泵可以减少工艺水的消耗量和避免频繁操作；与采用恒速浆泵相比还可以降低电耗；另外，频繁启停泵会增加泵、电机、管道和构架等的振动和磨损。通常建议吸收塔石膏排出泵采用调速泵。采用调速泵也存在一些问题，大容量调速泵的调速器大而昂贵，控制和调节系统复杂，当出现故障时电厂往往缺乏检修力量，如果管理不好调速器常被弃之不用。因此有些系统在需要采用调速泵的地方，按额定负荷选择恒速泵，当系统低负荷运行时，采取让多排出的浆液返回吸收塔或采用其他调节方法来保持物料平衡。

二、机械方面应考虑的问题

在选择浆液输送设备时，必须考虑许多机械方面的问题。采用离心浆液泵时必须考虑的三个问题是泵的结构、叶轮设计和轴封类型。

1. 泵的结构

FGD系统浆液泵具有比清水泵大得多的重型构件。泵壳（蜗壳）有两种结构，一种是垂直中分拼装泵壳，拆分后可更换蜗壳衬里和叶轮。用户希望尽量减少壳体连接螺栓，因此，在外部加肋来增加壳体的刚性。如图2-3-1所示，两个半边壳体上有贯穿螺栓连接构造，也就是说泵的壳体上没有内丝牙孔。贯穿螺栓使泵的维修方便，因为普通螺栓在攻丝孔中容易腐蚀和锈死。泵的抽吸口和排出口法兰上也应使用贯穿螺栓。这种壳体结构的离心浆泵的缺点已在本章第一节中谈到，在此不再复述。

另一种泵壳是整体浇注，在制造厂衬覆橡胶，衬胶黏结牢固，蜗壳内流线型好，运行中衬胶磨损小，局部磨损可以在现场修补。检修和更换过流件时将叶轮、轴和轴封作为一个整体从驱动侧抽出（即背拉式设计），泵壳留在管路上，这样易于维护和检修。国内电厂FGD系统已有5年多的使用经历，用户反映较好。

2. 叶轮设计

下面的讨论针对硬合金钢和橡胶衬里叶轮。

FGD泵叶轮可以是半开式的或者闭式的。半开式叶轮在驱动端有一个后盖板，闭式叶轮有前、后盖板。美国的FGD系统中几乎所有的泥浆泵都是采用闭式叶轮。当输送含有大颗粒固体物的浆液时，由于可能堵塞和损坏闭式叶轮，采用半开式叶轮较好，但是效率比闭式叶轮小得多。当连续输送量为 200L/s、扬程 20m 时，即使提高少许效率也能明显降低电耗。效率提高 1%，一台泵每天就可以节电 6200kW·h。

闭式叶轮通常有 4～6 个叶片，叶片位于叶轮前后盖板之间。叶片的数量取决于所输送的固体颗粒物的特性和泵的最佳效率。

叶轮前盖板上应铸有能驱出浆液的副叶轮，这种副叶轮可以减少浆液在叶轮和前护板之间的循环，因为这种循环浆液会引起磨蚀和降低泵的效率。除非采用机械轴封，叶轮后盖板上（驱动端）也应有副叶轮，尤其当采用轴封水时更应如此，其作用是减少轴封或者填料箱区域的浆液压力。然而，机械密封需要该区域有流体循环来冷却和润滑机封的密封面，因此无须这种设计。

3. 泵的轴封

影响浆液泵安全工作的重要因素之一，是采用何种轴封方式来防止转轴与静止泵壳之间的浆液泄漏。有多种轴封装置，有一些轴封装置需要密封水而有一些不需要密封水。近年，FGD 浆液泵最常选用轴封装置是机械密封。

（1）带有密封水的填料密封。填料密封是最早使用在泵轴上的一种轴封形式，图 2-3-3（a）是使用最多的一种带水封环的压盖填料密封，它由填料箱、水封环（密封水由此

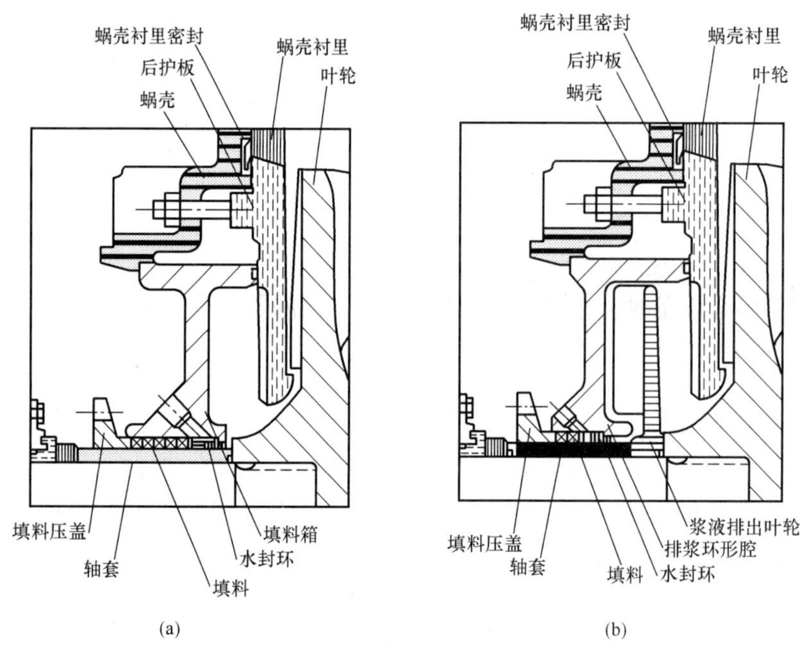

图 2-3-3　填料箱密封

（a）普通填料密封；（b）密封水加离心密封

引入），4～7 圈填料和一个压紧填料的压盖组成。在泥浆泵中密封水用来冲掉填料箱区域的固体颗粒、冷却和润滑泵的填料。如果密封水压力和流量不足，固体颗粒可能会进入填料中引起轴套的磨损。轴套的磨损将增大填料与轴套的间隙，这将导致泵的水力密封失败，严重时会造成填料与轴套干摩，烧损轴套。为了确保有合适的密封水流量，在运行期间必须始终保持密封水的压力高于填料箱附近浆液的压力。虽然在正常运行期间泵的出口压力是变化的，但是密封水和填料箱之间的压差维持在 35～70kPa 就可以保证有足够的密封水流量。

采用普通填料密封的大型泥浆泵的密封水流量通常为1.3～2.2L/s。可以选择低流量水封环，大约可节省密封水0.6L/s。

FGD浆泵的填料一般采用软填料，它是用石棉、橡胶、棉纱等动植物纤维和聚四氟乙烯树脂等合成树脂纤维编织成方形或圆形，再浸渗石墨和润滑油或聚四氟乙烯树脂，起到润滑和防止渗漏的作用。

（2）带有密封水的离心轴封。如上所述，采用普通水封装置的泵常常在叶轮后盖板上设计副叶轮，以减小填料箱的压力。有些制造商在叶轮和填料箱之间的轴上安装了另外一种浆液排出装置，如图2-3-3（b）所示，浆液排出器产生的离心力能进一步降低填料附近的浆液压力。这种装置也可以看作是离心轴封，在有些情况下可以减少或者取消密封水。一般来说，如果泵的抽吸压力比排出压力小10%，离心密封就可以取消密封水。然而，吸收塔循环泵抽吸压力通常比排出压力大10%。通过降低浆液压力和采用小流量水封环可以降低密封水流量。

吸收塔循环泵采用这种技术可以在密封水流量为0.13～0.3L/s的情况下成功的运行。然而，采用离心密封会增加电耗，可使大型喷淋泵电耗增加近1%。

（3）机械密封。可以直接购买装有机械密封的浆泵，也可以将带有水密封的普通填料密封改装成机械密封。如图2-3-4所示，FGD系统浆液泵中的机械密封通常有两个经过精密加工、光滑的陶瓷或碳化硅密封端面（动环和静环），依靠这两个端面沿轴向紧密接触来达到密封。所以又称为端面密封。动环装在转轴上与轴同时转动，静环装在泵体上为静止部件。静环在浆液压力和弹性橡胶产生的压力作用下紧压在动环上，也有的机械密封设计为动环经弹簧力紧压在静环上。这样，就不必在叶轮后盖板上设计排浆副叶轮用以降低填料附近的浆液压力。影响机械密封寿命的最关键的因素之一，是密封面的温度和避免动、静环干摩擦。因此，应使浆液在密封面附近循环，带走热量，在动、静环的轴向密封端面间保持一层水膜。图2-3-4中的锥形密封腔是大多数泵和机械密封制造商所推荐的，这种锥形密封腔体积大，润滑充分，可以有效地带走密封面的摩擦热、大颗粒物和气体，及时排出介质中的气体有利于防止机械密封干运转。

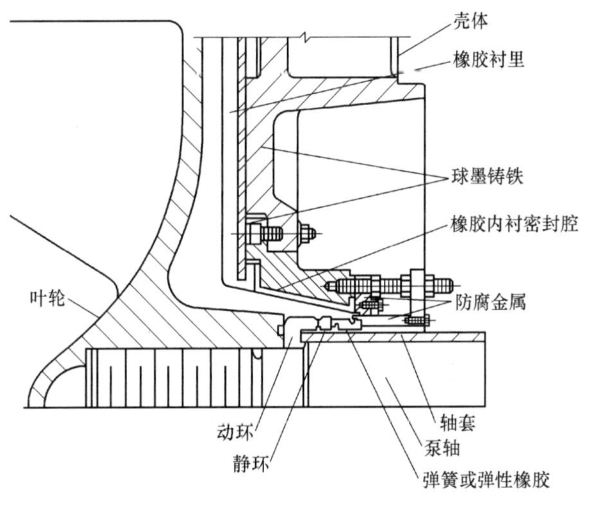

图2-3-4 机械密封

机械密封无需安装密封水管。也可以选择采用密封水，通常国产的机械密封要求在泵启动前先通入密封水，泵停转时，需等轴静止后才能切断密封水。

在过去十多年中，机械密封技术的不断提高，使其可靠性越来越高。电厂也获得了使用这种密封的经验和信心，使其在泥浆泵中的应用不断得到推广。机械密封的优点是，比填料密封的密封性能好，泄露量少，轴或轴套不易损坏。机械密封的机械损失功率较小，为填料密封的10%～15%。机械密封一旦运行正常后，几乎无需维护。如果采用无密封水的机械密封可以降低FGD系统工艺水用量。所以机械密封在FGD系统的浆泵中得到了广泛的应用，但机械密封也存在结构较复杂，价格较贵，并要求有较高的加工精度与安装技术等缺点。

三、其他需要考虑的问题

在FGD系统中应用离心泵时还应考虑以下问题：

（1）降低磨蚀和减少其他机械损坏。

（2）降低泵的转速。

（3）泵的工作范围。

（4）泵制造商的经验。

（5）泵的隔离。

（6）泵的串联运行。

1. 降低磨蚀和减少其他机械损坏

FGD系统中的固体大颗粒物（如石膏垢）和机械异物可能损坏泵的衬里和叶轮。一些用户在泵的入口安装了滤网来防止这种损坏，但需要定期清理滤网以防影响流量。在FGD系统的建设过程中，焊条等杂物往往会遗留在容器中，因此新建FGD系统启动时滤网是非常有用的。设备检修时也常有一些废料，检修后应彻底清除这些废物。这些机械废料、运行中产生的大石膏垢块和破碎的内衬是造成转动设备损坏、管道堵塞的主要原因。

超速运转会使叶轮边缘产生巨大的应力。叶轮边缘橡胶承受的应力按轮缘速度的平方增加，因此超速常常引起橡胶从叶轮上脱落。按照下面的公式，橡胶的硬度限制着衬胶叶轮的最大轮缘速度，该公式的使用范围为肖氏硬度（Shore）A20～A60，公式为

$$最大轮缘速度（m/min）=1160+（6.1\times 肖氏硬度\ A） \qquad (2\text{-}3\text{-}3)$$

用于FGD浆泵的橡胶的肖氏硬度约为A55，按上式可得出最大轮缘速度为1490m/min。

硬质合金钢叶轮在橡胶内衬的泵壳中可以在1650m/min的轮缘速度下运行，在金属衬里的泵壳中可以以2290m/min的轮缘速度运行。

2. 降低转速

多数清水泵都是与电机直接连接的，所以转速与电机相同。由于叶轮轮缘速度的限制，浆液泵必须以相对较低的速度运行。例如，吸收塔大型循环泵转速可能仅300r/min，电机的转速1200～1800r/min。从降低泵的磨损来说，吸收塔循环泵转速一般应≤725r/min。

在美国，FGD系统浆液泵采用齿轮减速和皮带传动。认为齿轮减速效果较好，但是价格较贵，尤其是应用于小泵。选择什么样的减速方式主要取决于电机的容量。300kW以下的电机都采用皮带减速，300kW以上常使用齿轮减速，375kW以上，则主要用的是齿轮减速。我国脱硫界多主张，较大型的浆泵采取与电机直接连接的方式可以提高传动效率，降低噪声和省去传动装置的维修工作，缺点是不能再调整泵的工作范围。

3. 泵的工作范围

同一型号的浆泵有不同的规格，它们的主要区别是吸入口、排出口和叶轮尺寸不同。每台泵都有其运行特性曲线，根据特性曲线可以确定泵不同转速下的性能（流量和总压头）。泵的最佳运行工况应当是具有较高的运行效率，叶轮的轮缘速度在合理的范围内。

然而，在实际使用中，考虑到将来运行要求的变化，应谨慎选择泵的工作范围（泵的流量和扬程）。例如，将来可能由于煤的含硫量提高或者要求较高的脱硫效率，而必须提高吸收塔的液气比。这时，很希望在不更换吸收塔循环泵的情况下提高流量。因此，通常在浆液泵和电机选择时，应考虑到在叶轮轮缘速度不超过推荐值的情况下，可以将转速提高

10% ~15%，扬程提高 15% ~20%。

4. 制造厂商的经验

由于 FGD 系统浆液的剥蚀和腐蚀特性，浆液泵的运行条件较差。要想成功的应用浆液泵，往往要汲取已有 FGD 系统的运行经验，或者汲取在相近的剥蚀环境下（如采矿方面）取得的运行经验。对于预期要选择的供货商，应详细调查流量和扬程类似的浆泵的实际使用结果，选择经验丰富、业绩好、产品实际使用效果好的生产厂家。

5. 泵的隔离

浆液泵的设计一般有备用泵，以便运行泵出现故障时投运备用泵。为了能在运行时检修故障泵，多数泵的入、出口管道上安装有隔离阀。然而，对于吸收塔循环泵来说，通常只在泵的入口装有隔离阀，在这种情况下，当吸收塔运行时需要检修循环泵，就需要在与泵出口相连接的喷淋母管上加装临时堵板，以防烟气外泄。但也有些 FGD 系统在循环泵的出口安装了隔离阀。

浆液泵的入出口阀门应有良好的密封性，否则，浆液漏入备用泵中会堵塞叶轮而无法启动。

6. 泵的串联运行

浆液泵通常是单个使用，但是长距离输送时浆泵可以串联布置，以提高扬程。FGD 系统浆液可能需要输送到几千米的灰场或专门的填埋场去，在这种情况下，需要将数台泵串联运行。串联运行泵的入口压力将逐台升高，因此密封水压力也要随之变化。当串联运行泵出口与浆管出口的高差较大时，泵出口应装有坚固可靠的止回阀，并能远程监视泵出口压力。

第三节 材 料 选 择

如前所述，腐蚀磨损是泥浆泵面临的重要问题，因为它影响着泵的使用寿命和性能。浆液的腐蚀性会加剧介质对转动设备的磨损，磨损又会反过来助长腐蚀的发展，这种腐蚀和磨损的协同作用并非腐蚀和磨损作用的简单叠加，比较电厂灰浆泵和 FGD 浆泵的磨蚀情况，就可以理解 FGD 浆泵所遭遇的严酷磨蚀环境。因此，必须根据介质的特性来选择泵过流件的材料。对于特定的介质，泵的几何结构和材料是影响磨损速度的主要因素。

一、叶轮

浆液泵的叶轮可以用耐腐蚀、耐磨合金钢制作，也可以用碳钢外衬橡胶制作。衬胶叶轮是过去 FGD 浆泵常选用的材料，然而，近年主要采用的是硬质合金钢叶轮。但是，FGD 脱水系统、废水处理系统中的多数卧式离心浆泵仍可以选用衬胶泵，因为这些系统的浆泵容量、压头较低，所输送的浆液含固量较少，衬胶泵的性能和使用寿命完全能满足实际需要，而且衬胶泵的价格比金属泵低得多。但是，用于这些系统的立式离心泵仍建议采用金属泵。

1. 衬胶叶轮

如果电厂不是燃用双燃料（煤和油），天然橡胶通常性能很好。因为油会使天然橡胶老化，受油污染的浆液会对天然橡胶造成危害。由于天然橡胶比合成橡胶软，所以它也容易受水力冲击损坏。在软橡胶不能满足要求时，可以选择氯丁橡胶，但必须是加铅硫化橡胶。国外有些电厂试用过聚氨酯衬覆碳钢叶轮，但对使用的效果评价不一。

衬胶叶轮损坏的原因通常是：发生了气蚀；由垢块和机械异物造成的机械损伤；或者是由于泵的运行超出了水动力设计极限。超极限运行的例子如为提高扬程而增加泵的转速，在过高流量下运行，或者是入口没有足够的净吸压头（即出现气蚀）。

2. 合金钢叶轮

如果不能避免大颗粒物进入泵体，或者希望降低使用橡胶叶轮造成泵严重损坏的风险时，可以选用硬质合金叶轮。而目前大多数叶轮采用金属制作是因为金属叶轮使用寿命长，可以通过适当的外形尺寸设计来获得最佳水力效率。对于较高 pH 值、低氯离子含量的浆液可采用含铬 27%、高硬度的热处理白口铁。较低 pH 值、中等氯离子含量的浆液，可采用含铬 27%，中等硬度的热处理白口铁。对于较低 pH 值、高氯离子含量的浆液，采用 CD-4 MCu 和双相不锈铸钢。这些合金的耐剥蚀能力由前到后减小。有关金属叶轮材料选择的详细讨论可参见第一篇第十四章。

近年，有些电厂的 FGD 系统还选用了以耐磨树脂浇铸件为过流件的循环浆泵。如德国的 DÁCHTING PUMPEN 生产的中分式卧式离心泵/ROWA-MCC 系列，采用的树脂是环氧类树脂，耐磨填充料为碳化硅（SiC）。泵蜗壳为球墨铸铁，高压浇铸耐磨树脂内衬。吸入侧套管为耐磨树脂整体浇铸件。驱动侧护板类似泵蜗壳，为球墨铸铁 + 耐磨树脂。叶轮也是耐磨树脂整体浇铸件，内有金属骨架。这类泵在 FGD 系统中的实际使用效果，国内尚未见报道。

二、泵壳前后护板

泵壳的前、后护板又称吸入侧衬板和驱动侧衬板，或通称防磨板。它们也是易磨损部件，尤以前护板为甚。防磨板采用的材料一般与叶轮的材质相同，近年已有陶瓷和碳化硅防磨板，据介绍保证使用寿命为 24000h，期望使用寿命 >100000h。

三、泵壳

泵壳可以用前面谈到的防腐、防剥蚀合金钢制造，也可以衬天然橡胶、氯化丁基橡胶、加铅硫化氯丁（二烯）橡胶或者聚氨酯。蜗壳衬胶的肖氏硬度一般为 A40 ~ A45，比叶轮用的橡胶稍软一些。常见的是橡胶和硬合金部件混合设计，近年，多数 FGD 系统吸收塔循环泵指定采用金属叶轮和蜗壳衬覆橡胶。

四、使用寿命

当流量过大，或泵入口没有足够净吸压头，或有较多气泡进入泵体时，泵的衬胶和金属部件将很快气蚀损坏。此外，浆液含固量较高（如 30%）会明显缩短过流件的使用寿命。细心选择衬胶叶轮泵的规格和在制造厂规定的温度、压力和流速范围内运行对衬胶泵是很重要的。然而，即使泵的材料选择是合适的，运行温度、压力和流速也在设计范围内，浆液泵过流部件（特别是壳体衬胶和衬胶叶轮）的寿命通常只有 2 ~ 5 年，在有些情况下甚至不到 2 年。因此，用户应当备足定期更换的衬胶和叶轮。

第四章　管 道 和 阀 门

第一节　管　　道

FGD 系统中的管道用来输送浆液、澄清液（浓缩器或者旋流器的溢流液）、除雾器冲洗水、各种疏水、工艺水、消防水、化学添加剂溶液以及空气等介质。输送空气的管道有两类：氧化空气管道、仪用和杂用空气管道。FGD 工艺水、消防水、仪用和杂用空气管道的设计与电厂同类管道并无特别之处，所以本节不讨论这类管道。表 2-4-1 列出了 FGD 系统输送的典型流体、流体的工作条件和浆液浓度，这是 FGD 系统管道设计必须考虑的主要因素。

表 2-4-1　　FGD 管道系统输送的典型工艺流体

工 艺 流 体	工 作 条 件		侵 蚀 性①		
	固体含量（wt%）	温 度（℃）	磨 损 性	腐 蚀 性②	结 垢 性①
吸收剂浆液	25～40	<50	2～3	1	2
化学添加剂	<5	<50	0	2	0
吸收塔循环浆	10～15 15～25 25～35	<60	2 2～3 3	2～3	2
浓缩器/旋流器浓浆	30～50	<50	3	2～3	3
浓缩器/旋流器稀浆	<10	<50	1	2～3	1
除雾器冲洗水	<1	<50	0	0～2	0

① 侵蚀程度和结垢性：0—小或没有；1—轻微；2—中等；3—严重。

② 对金属和合金钢管道而言。

一、类型

FGD 系统中的管道可以有几种分类方式：按接触介质分类；按容器内外的管道分类和根据管道材质分类。

FGD 系统中的多数管道是吸收塔或者烟道的外部管道，这类管道仅内表面与 FGD 工艺流体接触，对管道的外表面没有特殊要求。还有一类管道的内表面接触输送的流体，外侧暴露于工艺环境中，例如吸收塔内的喷淋管、反应罐内的氧化空气管，烟道内的冲洗水管和事故降温水管等。因此，容器内部管道的设计必须考虑两种工作环境。

FGD 系统管道根据材料类分类，常用的管道如下：

（1）碳钢管（无衬层，包括镀锌钢管）。

（2）容器外部使用的橡胶内衬碳钢管，内部使用的内外衬覆橡胶（RLRC）碳钢管。

（3）玻璃钢管（FRP）。

（4）高密度聚乙烯（EHDPE）挤压成型热塑塑料管。

（5）耐腐蚀合金钢管（包括不锈钢、镍基合金钢和钛合金钢）。

按接触介质分类，则可将FGD系统管道简单地分为浆液管，化学试剂管道、工业水管和空气管道。FGD管道输送的典型工艺流体的特性见表2-4-1。

二、设计中应考虑的问题

（一）工艺上应考虑的问题

表2-4-1从磨损性、腐蚀性和结垢性三方面给出了FGD工艺流体的侵蚀性。磨损性定性的说明了流体引起磨耗的程度。清水，如除雾器冲洗水和化学添加剂，不具磨损性。同样，如果颗粒物分离效率很高，浓缩器或者旋流器分离出来的稀浆液磨损性也很小。但当稀浆液的含固量达到10%左右时，在流速较高的部位，如旋液分离腔稀浆液出口管道处仍会表现出严重的磨损性，特别在采用金属材料时。浆液的磨损性随颗粒物含量和颗粒物硬度的提高而增加，吸收剂浆液和浓缩器/旋流器浓浆液的磨损性一般比吸收塔循环浆液大，但当吸收塔循环浆液浓度超过15%，尤其达到25%及以上时，其磨损性强于通常浓度为30%的石灰石浆液。腐蚀性是指对金属材料的化学侵蚀程度，不针对非金属管道。表2-4-1提到的结垢性是指管道内固体物的附着和沉积程度。腐蚀性和结垢程度对管道的设计影响很大。FGD各部位的管道设计，可根据第一篇第十三章第二节所介绍的FGD系统腐蚀环境分区来考虑工艺过程的因素。

管道的工艺设计指管道的尺寸和布置，如果选择耐腐蚀合金管道，还要确定合金材料能耐受的最高氯离子含量。吸收剂类型和制备质量（指研磨细度）也影响管道设计和材料选择。

（二）机械方面应考虑的问题

电厂其他管道系统应考虑的主要机械问题也适用于FGD工艺管道。由于FGD系统大多数管道需输送不同浓度的浆液，因此浆管设计必须保证在最大和最小流速时都能保持浆液处于悬浮状态，并使冲刷磨损降低到最低程度。

必须为管道系统设计合适的支架来承受所有的动、静负荷。FGD系统中通常有很长的管道，输送的浆液密度高、动能大，发生水锤现象造成设备损坏的可能性很大。当突然关闭或开启管道阀门时，管路中的流速就会急剧变化，由于液体的惯性作用，必然会引起管中液体压强的上升或下降，伴随而来的有液体的锤击声音，所以称为水锤现象。流体的密度越大、速度越高、截止阀前的管道越长，水锤压强就越大。水锤压强有时是非常大的，可能引起管道爆裂；水锤引起的压强降低，管内形成真空，有可能使管道扁缩而损坏。国内FGD系统发生过由于循环泵入口浆管较长，又被沉淀物堵塞了大部分流道，泵启动后，当沉淀物被泵抽吸疏通后，泵入口流速突然猛增，使泵体和泵入口管道发生了剧烈振动，导致泵入口管道的混凝土支撑基础破裂。水锤现象的发生对管道是十分有害的，设计中必须设法减弱它的作用。减弱水锤现象的几种常用方法是，缓慢关闭阀门；缩短管道长度，避免淤积沉淀物；在管道上装设缓冲罐或安全阀。

在管道的设计中还应考虑不同热膨胀引起的位移和应力，特别应注意吸收塔外管道与贯穿吸收塔管道之间的相对位移。要注意FRP管和挤压成型的热塑塑料管的热膨胀系数比金属管大得多，在采用这些材料进行管道系统设计时，要特别注意热膨胀的影响。

（三）其他应考虑的问题

在设计FGD系统管道时还必须考虑的一些其他问题是：选择流体的流动状态以减少浆液造成的磨蚀；管道的尺寸；避免管道内局部流速剧增；管道的清洁；管道的埋设和防冻。下面依次讨论这些问题。

1. 选择流体的流动状态以减少浆液造成的磨蚀

FGD 系统工艺管道输送的各种浆液都具有一定的磨蚀性，因此减小这种磨蚀是 FGD 管道设计的一个重要问题。对于非金属管道，磨损是通过单纯的机械冲刷磨耗来影响其使用寿命的。对于金属管道，磨蚀是机械磨损和化学腐蚀协同作用的结果，金属管道的磨蚀表现不单单是这两种作用结果的简单叠加，这种协同作用加速了合金的磨损和腐蚀。为了方便叙述，我们将单纯的机械冲刷磨耗称之为磨损，将同时存在化学腐蚀的磨损称之为磨蚀。

浆液的磨损性是浆液中固体颗粒物的动能、颗粒物相对于被磨损材料的硬度、颗粒物撞击角度和撞击频率的函数。在管道流体中，在大多数几何结构的管道中，颗粒物撞击角度较小，可以近似地视为常数。在其他影响因素相同的情况下，颗粒物撞击频率正比于单位质量或单位体积浆液中的颗粒物质量。因此，可以用式（2-4-1）表示磨损性，即

$$\mathrm{Abr} = k \times \rho \times d_{\mathrm{P}}^{3} \times v^{2} \times c_{\mathrm{s}} \tag{2-4-1}$$

式中　Abr——磨损性，无量纲；

k——比例常数；

ρ——单个颗粒的密度；

d_{P}——颗粒直径；

v——流体流速；

c_{s}——浆液浓度（颗粒质量/单位浆液质量）。

式（2-4-1）表明，磨损性与颗粒密度、颗粒物直径的立方、流速的平方和浆液浓度成正比。从这个公式可以看出，限制管道内浆液流速、采用细磨的吸收剂以及在可能的情况下采用浓度较低的浆液是降低浆液磨损性的重要措施。曾经有一个系统，由于吸收剂磨制系统出现故障，磨制出的吸收剂颗粒较粗，使不锈钢喷嘴的寿命缩短了十分之九，管道的使用寿命也有类似程度的降低。在另一个系统中，很快就磨损了吸收塔喷淋层四周的橡胶内衬，而不得不进行更换。

FGD 系统浆液中固体颗粒物的密度很接近，大约 2.3～3.0g/cm^3，因此保持浆液颗粒物悬浮所要求的流速也很相近。提高流体流速会加剧磨损，流速降低得太低也会增加磨损性。多数运行良好的 FGD 系统浆液中的颗粒直径小于 200μm。如果流体流速足够高，形成均匀流动，此时颗粒均匀地分散在流体中，与管壁接触的机会最少。从减少磨损的观点出发，这是最理想的情况，引起的磨损率最小，但是代价太高，并难以维持。

如果把流速稍微降低，达到非均匀流动，此时颗粒物仍然能保持悬浮于流体中，但水平管道下部的浆液密度大于上部。非均匀流动会使水平管道下部四分之一的部分和任何方向布置的弯管外缘部分的管壁磨损稍微增加，但是维持这种流动比均匀流动经济，因为泵的耗电量较少。

FGD 系统管道内的流速一般设计为 1.5～2.4m/s，浆液保持非均匀流动。但泵入口和出口的设计流速范围一般分别为（2.0±1.0）、（2.5±1.0）m/s，最大流速用于吸收塔的大型管道中。在流量变化的情况下，最大流速一般不应超过 3.5m/s，从防止浆液沉淀的角度来说，石灰石浆液最低流速为 0.9m/s，石膏浆液为 0.8m/s。

如果流速降低到非均匀流动的临界过渡流速以下，接近于从紊流运动到层流运动的过渡流动状态，此时发生跳跃流动，颗粒沉淀到管道底部，又弹跳起来，这种情况会使磨损加重。当颗粒物脱离悬浮液状态，在管道的底部被流体拖着滚动，此时为滑动流动。滑动层的流动会造成严重磨损。

不论流速多高，大于200μm的颗粒一般不能维持均匀流动。非均匀流动是容易达到的最好的流动状态。大颗粒的跳跃和滑动层流动是难以避免的，但危害性特大。

2. 管道尺寸

（1）泵输送浆液管道内径的确定。上面已给出了FGD系统管道浆液流速的一般设计范围，根据物料平衡可以计算出浆液流量，管道内径D（mm）则根据流体的流量和流速，由式（2-4-2）确定为，即

$$D = 18.8 \times \sqrt{\frac{q_V}{v}} \tag{2-4-2}$$

式中　q_V——流体的体积流量，m^3/h；

v——流体的平均流速，m/s。

（2）溢流管尺寸的确定。罐体溢流管标准尺寸见表2-4-2。

表2-4-2　　罐体溢流管和排空管标准尺寸

罐体溢流管		排　空　管	
溢流液流量（m^3/h）	公称尺寸（in）	罐体容积*（m^3）	公称尺寸（in）
<5	2.5	<30	2.5
<8	3	<50	3
<15	4	<100	4
<25	5	<150	5
<40	6	<200	6
<80	8		
<130	10		
<200	12		
<280	14		

*　罐体容积基于在1h内可排空。

溢流管内径的确定应符合以下经验公式：

$$D = 32.8 \times q_V^{2/5} \tag{2-4-3}$$

$$v = 0.057 \times D^{1/2} \tag{2-4-4}$$

溢流流速应低于0.8m/s。

（3）罐体排空管尺寸的确定。罐体排空管的标准尺寸见表2-4-2。按式（2-4-5）和式（2-4-6）计算罐体排空管内径，即

$$D = 109 \times D_t \times T^{-1/2} \times H^{1/4} \tag{2-4-5}$$

$$v = 2.8 \times \sqrt{H} \tag{2-4-6}$$

式中　D_t——罐体直径，m；

T——排空时间，min；

H——液位，m；

v——流速，m/s。

罐体排空管内径不应小于2.5in。对各种容量的吸收塔排空管的标准尺寸可取8in。

（4）不同材料管道对流量和压损影响的相对比较。图2-4-1～图2-4-3从三个方面相对

比较了不同材料管道对流量和压损的影响：图 2-4-1，在恒定流速下比较不同材质、不同直径管道的相对体积流量；图 2-4-2 示出了在湍流和恒定压损情况下，不同材质、不同直径管道的相对体积流量；图 2-4-3 显示了在湍流和恒定体积流量下，不同材质、不同直径管道的相对压损。

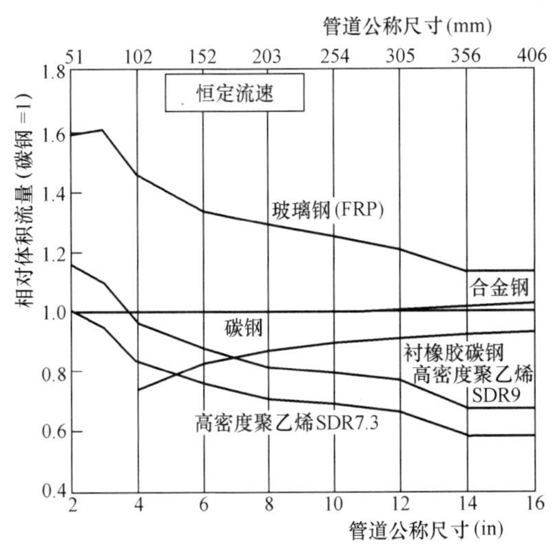

图 2-4-1　恒定流速下 FGD 不同材质管道的相对体积流量

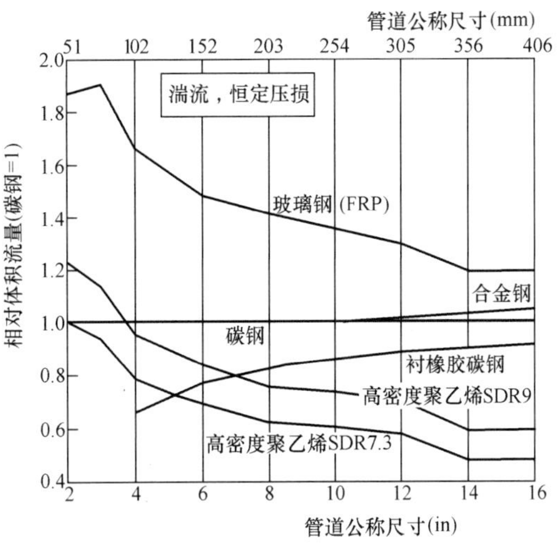

图 2-4-2　在湍流和恒定压损情况下 FGD 不同材质管道的相对体积流量

从图 2-4-1 ~ 图 2-4-3 可以看出，衬胶钢管的输送能力比不衬胶碳钢管小得多，原因是衬胶减小了管道的内径。因此，在设计时，衬胶管道应选用比不衬胶碳钢管道较大的公称尺寸。

高密度聚乙烯（Extra-High-Density Polyethlene 略写 EHDPE，一种可挤压成型的热塑性塑料）管的管壁必须有足够的强度，才能承受浆液温度下的工作压力。对于这种管道的尺寸要根据管道直径和标准尺寸比（SDR）来确定。图 2-4-1、图 2-4-2 给出了两种标准尺寸比（SDR）的 EHDPE 管的标准流量和压降参数。在美国，这两种 EHDPE 管最常用于 FGD 系统中。标准尺寸比是管道外径与公称壁厚之比。在 FGD 应用中，应当采用标准尺寸比小于或等于 9. 3 的 EHDPE 管，以避免长期的蠕变损坏。显然，在使用高密度聚乙烯管或者类似的热塑性塑料管时需要选用较大的管道公称尺寸。国内尚无应用 EHDPE 管的经验，但在 FGD 浆液管路中少量试用过国产 EHDPE 内衬碳钢管，耐磨和耐腐蚀性能满足要求，但与碳钢管壁黏结不太牢固。

另外，各种直径的玻璃钢（FRP）管的输送能力都比碳钢管大，因此可以选用小尺寸的玻璃钢管。

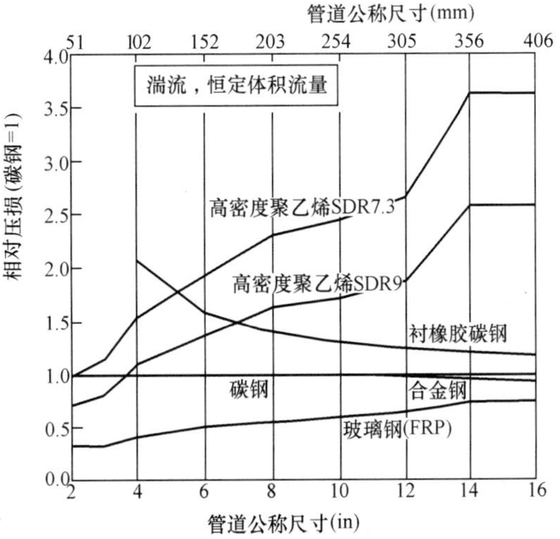

图 2-4-3　在湍流和恒定体积流量情况下 FGD 不同材质管道的相对压损

图2-4-1～图2-4-3中的合金钢管指不锈钢、镍基合金和钛。过去用碳钢管来计算合金钢的流量和压降。然而，为了节约资金，现在常常选用薄壁管。在管道公称尺寸相同的情况下，还可以增加内径。

3. 避免管道局部流速剧增

有些管接头和管道的配置会引起浆液流速局部加速，流速局部加速引起的磨损是管道损坏最常见的现象，所以尤其应避免管道直径突然减小，应当采用弯曲半径大的管件。

4. 管道清洗

保持管道内的清洁对系统的可靠性特别重要。在系统初次启动前，在设备大修和事故停运后，应检查所有的管道以及与管道相连的设备内是否留有杂物。这些杂物可以损坏泵、阀门和管道或堵塞管道。管道的入口应安装滤网以防止外来杂物、垢块或橡胶破损块进入管道中。

如果由于流体之间的混合、流体温度的下降或蒸发使浆液变成过饱和状态，则会引起管道结垢，即使很少的结垢都会增加流动阻力。

结垢最容易附着在衬胶、碳钢和合金钢管上，玻璃钢管不太容易结垢。最不容易结垢的是挤压成型的热塑性塑料管，如EHDPE管。

如果在停运期间浆管内有淤积的浆液，当泥浆沉淀和沉淀物板结后，会极大地增加结垢和堵塞的危险。在运行中，应该关闭的阀门未关到位或阀门内漏，浆液漏入阀门下游侧的管道或设备中，也是造成堵塞常见的原因。FGD系统所有的浆液管道一般主张设计水冲洗装置，但是，根据华能某电厂FGD系统多年运行的经验，如果能在停运后排空管内的浆液，也可以不采用水冲洗措施，输送稀浆液的泵和管道就更无冲洗的必要。

对于FGD系统中很长的浆液管道，如到湿排废弃浆池的来回管道，国外有些FGD系统配备有清管器。设计清管装置时需要安装发射装置和接收装置，并且清管器出入口管道不应有急转弯和变径。清管器是插入管道中不断向前推进、机械清除管道内表面结垢和沉积物的装置。最简单的清管器像一个大的橡胶锥形体。有各种类型和大小的清管器，有的可能还有各种刮泥器和刷子。清管器用水力方式压入管道，或者由一个轻导向金属块用绳索拉入管道。

碳钢和合金管可以采用带有刷子和刮泥器的硬清管器。玻璃钢（FRP）和挤压塑料管只能采用软清管器。橡胶衬里管不能采用清管器。

5. 管道的埋设

FGD系统中有些管道埋在地下。地下金属管道需要进行外部防腐处理，特别是在有可能遇到FGD工艺液和含盐地表水的地方，至少应当采取隔离措施或者涂覆聚乙烯保护层。虽然在电厂环境中对埋管进行阴极保护是困难的，但是如果可行，也应当采用阴极保护。难以采取阴极保护的原因是管道靠近其他系统的地下设备以及电厂接地系统的杂散大电场。地下耐腐蚀合金钢管也要求有类似的外防护，特别是如果有可能遇到含盐地表水时。

非金属管道，如玻璃钢（FRP）和高密度聚乙烯管，埋管时不需要进行外防腐保护，但应采取措施防止回填时石头等物撞击非金属管道，还必须考虑地基塌陷的可能性和防范措施。在安装过程中应按照制造厂的设计和安装说明书施工。

EHDPE管比水轻，可浮于水面，因此如果它经过或者进入水池中应有固定措施。

6. 防冻

曾经发生过由于天气寒冷，浆液管道冻结使整个FGD系统长时间不能运行的事例。

FGD 管道在正常运行中不会冻结，但是在很冷的天气里，短时停运时发生过管道冻结。对于在启动过程和停运工况下可能冻结的 FGD 工艺管道，应考虑防冻措施。是否采用防冻保护取决于电厂所在地理位置和管道所处的环境。

三、材料选择

碳钢、橡胶衬覆碳钢管、玻璃钢（FRP）管、高密度聚乙烯管、不锈钢和镍基合金管以及钛管的一些基本性能和选择、应用时应考虑的问题分别汇总在表 2-4-3 ~ 表2-4-8 中。

表 2-4-3 碳钢管

说明	碳钢管
应用条件	消防水，工艺水，除雾器冲洗水采用工艺水时的外部管道，吸收塔外的氧化空气管
连接方法	焊接，法兰连接，螺纹连接
使用温度限制	在 FGD 运行温度下无限制
化学限制	pH≥6 的低 TDS 水。有些系统的吸收剂浆液
浆液最大流速	通常 1.5 ~ 2.4m/s，最大流速 3.5m/s
单位长度重量	相对较重
摩擦系数	中等
单位长度热膨胀系数	11.8μm/（m·K）
耐压极限值的热力降低	FGD 运行温度范围内为零
热力变化要求间隔的支撑和固定件	与室温条件下差别很小
结垢程度	趋向在金属表面结垢成核并黏附在金属表面上，尤其在表面腐蚀粗糙后
清洁	可以使用带刮泥器和刷子的硬清管器或软清管器

表 2-4-4 橡胶衬覆碳钢管

说　明	耐磨氯丁橡胶或丁基橡胶内衬碳钢管。如果用在吸收塔内，内外衬胶
应用条件	衬胶管广泛用于 FGD 系统浆液输送。内外衬胶用于吸收塔喷淋管
连接方法	拴结法兰
温度极限	90 ~ 100℃
化学限制	没有化学限制。与油接触有害
浆液最大流速	通常 1.5 ~ 2.4m/s，石膏浆液最大流速 3.5m/s，石灰石浆液最大流速 3.0m/s
单位长度重量	比钢管稍高
摩擦系数	比钢管高得多
单位长度热膨胀系数	11.8μm/（m·K）
耐压极限值的热力降低	在 FGD 运行温度范围内为零

续表

热力变化要求间隔的支撑和固定件	与室温条件下差别很小
结垢程度	比钢管稍高
清洁	不能使用清洁器
其他	1. 有较高的耐磨损性。 2. 法兰连接过紧会损坏衬胶。 3. 如果衬胶损坏，脱落物可能堵塞管道、阀门和泵。 4. 泵入口抽吸正压很低时会将衬胶从管壁上吸脱。 5. 衬胶管的公称尺寸往往需要比钢管大一号规格，以弥补衬胶的厚度和较大的摩擦系数

表 2-4-5　　玻璃钢（FRP）管

说明	乙烯基酯树脂常用以制作 FRP 管，管道必须有耐磨（AR）层，如果用在吸收塔内部，管外壁也要有耐磨（AR）层
应用条件	广泛用在吸收塔外部输送浆液。近年，吸收塔内的喷淋层管也应用较多，也有用作氧化布气管，还用于输送化学添加剂
连接方法	较常用的方法是黏结。用法兰连接其他材料的管件
温度极限	93℃
化学限制	FGD 运行中没有限制
浆液最大流速	典型设计流速 1.5～2.4m/s，不超过 3.65m/s
单位长度重量	碳钢管的 11%～24%
摩擦系数	比碳钢低得多
单位长度热膨胀系数	19.1μm/（m·K）
耐压极限值的热力降低	温度从 24℃增加到 93℃降低 30%
热力变化要求间隔的支撑和固定件	66℃时支撑件之间的最大允许间隔将减小 14%，93℃时减小 23%
结垢程度	比碳钢稍低
清洁	只能用软清管器
其他	1. 玻璃钢管（FRP）易遭受冲击损坏。用作吸收塔中固定管网式氧化装置时，需要较多的固定件。 2. 特别应当注意，在吸收塔的维修期间不能把玻璃钢管作为承载结构。 3. 在玻璃钢管上行走或者在其上搭建脚手架会损坏管道

表 2-4-6　　高密度聚乙烯管（EHDPE）

说明	超高分子聚乙烯挤压成型的热塑性塑料管
应用条件	外部浆液输送管。是输送化学添加剂管道的优选材料
连接方法	热熔。采用法兰专用管件与其他材料连接
温度极限	带压运行 66℃
化学限制	与 FGD 系统中的化学添加剂和工艺液中的成分不发生化学反应

续表

浆液最大流速	直径小于254mm的管道2.1m/s。直径254～711mm的管道3m/s
单位长度重量	碳钢管的25%～50%
摩擦系数	比碳钢低
单位长度热膨胀系数	162μm/（m·K）
耐压极限值的热力降低	严重，见图2-4-4
热力变化要求间隔的支撑和固定件	随着温度的升高，需要的支撑件迅速增加。65.6℃时需要连续支撑
结垢程度	垢不容易粘在管材上
清洁	只能用高密度聚乙烯清管器
其他	1. 由于其在FGD工作温度下有较大的热膨胀系数和伴随出现材料变软问题，应特别注意支撑和固定件的设计。 2. 与其他材料相比，EHDPE管的管壁较厚，所以应当选择较大的管道公称尺寸

表2-4-7　　奥氏体不锈钢和镍基合金管

说明	奥氏体不锈钢或镍基合金管
应用条件	主要用作吸收塔和烟道内的各种管道，如喷淋管、氧化空气管等
连接方法	焊接或法兰连接，不应螺纹连接
温度极限	在FGD系统运行温度范围内无限制
化学限制	合金种类的选择要考虑pH值和Cl^-浓度，宜在环境最恶劣的地方选择合金钢
浆液最大流速	通常1.5～2.4m/s，石膏浆液最大流速3.5m/s，石灰石浆液最大流速3.0m/s
单位长度重量	比碳钢稍高
摩擦系数	比碳钢稍低
单位长度热膨胀系数	15.3～18.8μm/（m·K）
耐压极限值的热力降低	FGD运行范围内为零
热力变化要求间隔的支撑和固定件	与室温条件下差别很小
结垢程度	管表面较光滑，比碳钢稍低
清洁	可以使用硬或软清管器，如果使用刮泥器和刷子，刮泥器和刷子必须是奥氏体不锈钢或者镍基合金钢

表2-4-8　　钛　　管

说明	2级钛管
应用条件	限于用在高流速的外部管道
连接方法	焊接或法兰连接，不应螺纹连接
温度极限	在FGD系统运行温度范围内无限制
化学限制	在多数FGD应用场合下没有限制
浆液最大流速	18m/s
单位长度重量	等效碳钢管的58%

续表

摩擦系数	比碳钢稍低
单位长度热膨胀系数	8.6μm/（m·K）
耐压极限值的热力降低	在 FGD 运行范围内为零
热力变化要求间隔的支撑和固定件	与室温条件下差别很小
结垢程度	管表面较光滑，比碳钢稍低
清洁	可以使用硬或软清管器，如果使用刮泥器和刷子，刮泥器和刷子必须是奥氏体不锈钢或者镍基合金钢

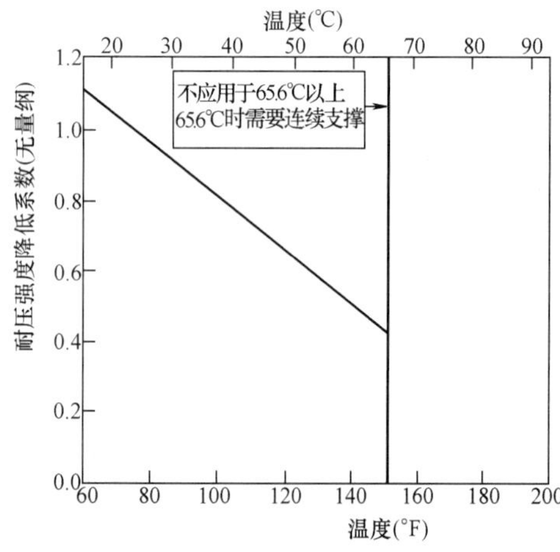

图 2-4-4 高密度聚乙烯管耐压强度降低系数与温度的关系

四、建议和应用经验

（1）在美国，建议吸收塔的外部管道首先考虑选择乙烯基酯树脂玻璃鳞片增强的玻璃钢（FRP）管。而在我国，FGD 浆管大部分选用橡胶内衬碳钢管。吸收塔内的喷淋管多选用 FRP 管，这种设计 FRP 喷淋管需要支撑横梁。也有个别脱硫公司的喷淋母管采用内外衬橡胶碳钢管，喷淋支管采用 FRP 管，喷淋母管无需支撑横梁。石灰石浆液磨制系统和废水处理系统的一些管路也有采用 FRP 管的。

吸收塔体内的氧化空气管可以采用 FRP 管，但是，如果是固定管网式氧化装置最好采用耐腐蚀金属管。吸收塔体外的氧化空气管道可以采用碳钢管，由于温度和压力较高不宜采用 FRP 管。

（2）玻璃钢（FRP）浆管与浆液接触的壁面必须有耐磨层。

（3）如果设计上能够确保在两次维修期间 FRP 管不会发生机械损坏，目前多建议吸收塔喷淋层采用内外都有耐磨层的玻璃钢（FRP）管。否则，建议采用合金钢或者内外衬覆橡胶的碳钢管。

（4）浆液流速必须足以维持浆液均匀流动或者非均匀流动，但是不应高到引起严重的高流速磨蚀。对于大多数材料来说不应高于 3.7m/s。流速高于 3.7m/s 的管道以及某些部位的弯头和异径管接头建议采用耐磨蚀金属。紧靠调节阀和节流孔板下游侧的浆管最易磨穿，在这一部位装一短节陶瓷管可以满意地解决管道磨穿问题。

水力旋流分离器的旋流腔、底流和溢流管采用聚氨酯树脂内衬管，耐磨效果非常理想。美国有资料指出，到灰场或湿排废弃石膏浆池的长距离地下浆管采用高密度聚乙烯厚壁管可能具有吸引力。国内投运最早的某电厂，一期 2 套 FGD 装置采用 316L 不锈钢管将废浆液输送至 6km 外的灰场作废弃处理，管道敷设在地沟或地面，焊接连接。废弃浆液的设计浓度为 20%，实际运行时的浓度大约为 10%～15%，管外径为 216mm（JIS 标准），根据输送浆液的压力，将整个管线从泵出口到灰场浆液出口分成高、中、低压 3 个区域，管壁厚分别为 6、5、4mm，已运行十余年，未发生事故和检修工作。

第二节 阀　　门

根据阀门的主要用途，FGD 系统应用的主要阀门是隔离阀（或称截断阀）、调节阀、止回阀、减压阀和安全阀等，而应用最多的是前两种阀门，所以本节仅介绍这两种阀门在 FGD 系统的应用。在 FGD 各种管道系统中都布置有隔离阀，隔离阀用以控制管路中介质的通过或截断，将管路系统、泵、罐、仪器和调节阀隔离开来，以便确定运行范围、改变运行方式或进行设备维修。调节阀用来调节管路中的介质流量和压力，使工艺参数稳定在所希望的范围内。在磨损严重的浆液管路系统中应尽可能避免节流，在有些情况下，可以采用调速泵和开关阀运行，或其他的运行方式，而不用调节阀，避免阀门磨损。

FGD 系统中隔离阀和调节阀的选型和设计在很大程度上取决于流体的特性。FGD 系统工艺流体的特性已列于表 2-4-1 中。

一、阀门类型

FGD 中所用阀门的种类很多，电厂所用的普通阀门都可以用在 FGD 系统清水管路中（工艺水管路和除雾器冲洗水管路）。然而，对于具有腐蚀、磨损和结垢性的流体需要用专门的阀门。由于一种类型的阀门通常很难满足隔离和调节流量的要求，所以常常需要采用不同类型的阀门串联起来，起到这两个作用。FGD 系统中通常使用的阀门有以下四种：

（1）闸阀。

（2）夹紧阀。

（3）蝶型阀。

（4）柱阀和球阀。

下面仅限于讨论上述四种基本阀门。

1. 闸阀

图 2-4-5 所示的是闸阀的一种类型，又称插板阀，它采用薄合金阀片，可以穿透阀体中的沉积固体物。填料密封插板阀［见图 2-4-5（a）］是美国第一代 FGD 系统中采用的典型的工艺水插板阀。阀体内衬橡胶，阀片座入橡胶的阀座内，阀杆采取填料密封以防泄漏。如果阀片上的沉积物被带入填料中，填料很容易被损坏。如果填料盖压紧程度不适当，介质很容易从阀杆周围泄漏出来。另外，阀座

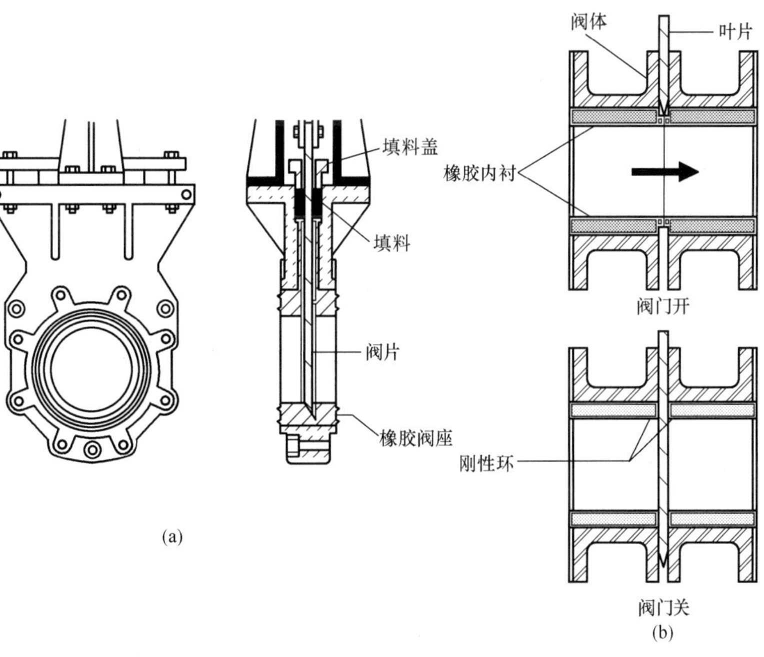

图 2-4-5 插板阀
（a）插板阀；（b）无填料插板阀

上的固体沉积物常常阻碍阀片紧密地插入阀座中，从而导致阀门内漏。

现在，美国 FGD 系统采用的多数插板阀是如图 2-4-5（b）所示的无填料型插板阀。这种阀门在开启状态时阀片完全从浆液中抽出，阀内衬胶的两部分用刚性环夹紧形成无泄漏的密封。当阀门关闭时，阀片把阀体内整个圆周的内衬橡胶结合面分开。这种设计，在阀门关闭和打开时泄漏很小，而且避免了固体沉积物使阀片关闭不严密。美国现有的插板阀的直径为 76～100mm。

我国引进的 FGD 系统有在旋流器站的每个旋流器入口、旋流器溢流浆液管路上安装这种无填料插板阀，其他浆液管道上不采用闸阀。国产通用闸阀无法保证关闭严密不发生内漏，因为管道和阀体底部总是会有残留浆液形成的固体沉淀物。国产闸阀限用于清洁液、空气或蒸汽管道上，而且多用作手动操作阀。

2. 隔膜阀

隔膜阀是通过弹性衬板的叠合来关断流体的。这种类型的阀门有图 2-4-6（a）、（b）、（c）所示的双膜夹叠阀、屋脊式隔膜阀和中心节流阀。阀门的驱动可以手动、电动、气动，或者水力方式。

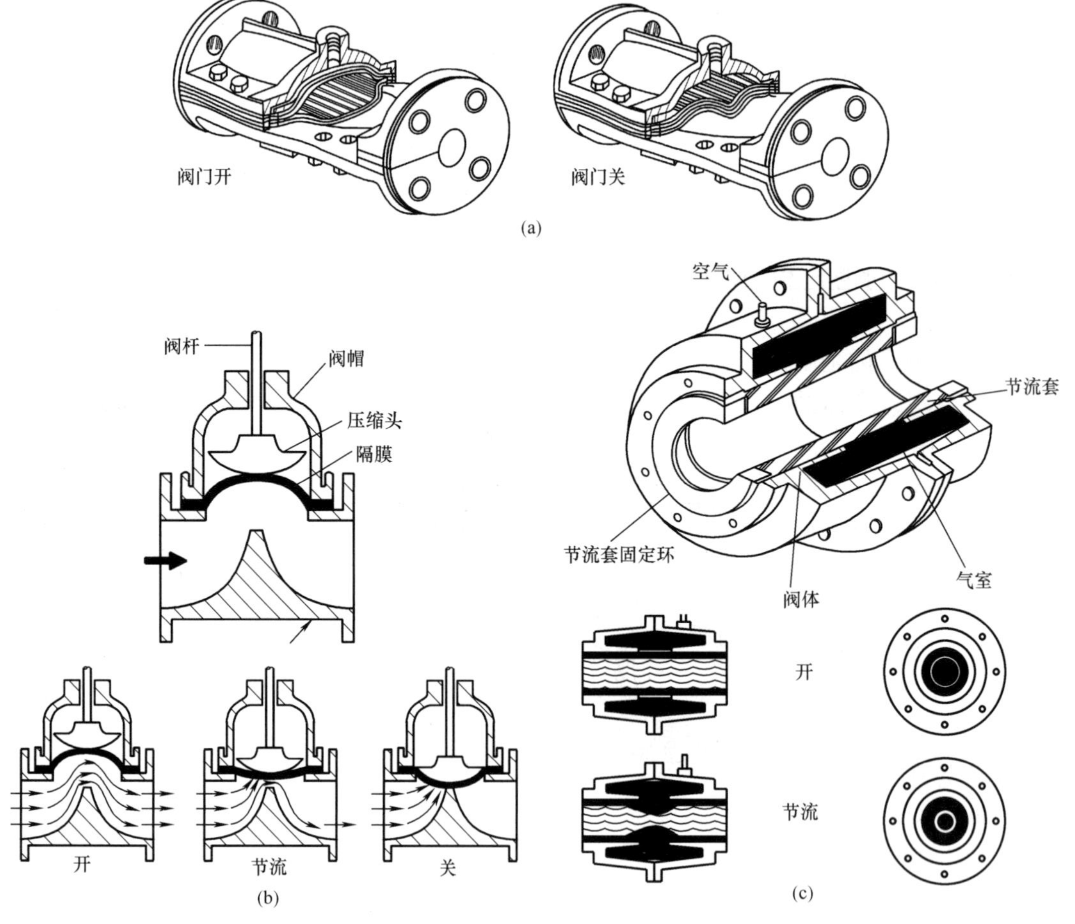

图 2-4-6　隔膜阀

（a）双膜夹叠阀；（b）屋脊式隔膜阀；（c）中心节流阀

与闸阀、蝶阀相比，这些阀门的使用尺寸很有限。双膜夹叠阀和屋脊式隔膜阀的直径最大到406mm，中心节流阀的最大直径到203mm。在FGD系统中，隔膜阀多用于清洁水、废水处理系统加药流量调节。用于小口径浆管中，如测量仪和排空管路上的隔离阀。

3. 蝶阀

如图2-4-7所示，蝶阀的阀芯是由阀杆带动旋转的阀盘，通过旋转阀盘来改变阀门开度。阀体衬有可更换的橡胶衬套，阀杆穿过橡胶衬套与阀盘连接，橡胶衬套也就成了阀杆的密封件。蝶阀结构简单、外形尺寸小，流体阻力和开闭力矩较小，开闭速度快且方便，管内有少量沉积物不影响阀门的开闭，低压下有良好的密封性。因此蝶阀是FGD系统应用最多的一种阀门，大量用作各种浆液管道的隔离阀，也用于需频繁自动开闭的冲洗水管和排空管中。蝶阀可电动、气动或手动操作。蝶阀还可以做调节阀用，但不能用来调节带有大量固体颗粒物的浆液流量。由于阀盘始终处于浆液流体中，用阀盘来节流，不仅阀盘易磨损，而且会很快磨穿其下游侧的橡胶衬管，特别在流速较高的管路中，阀门接近关闭时更是如此。因此，蝶阀在大多数浆液管道上最好作关断阀使用。

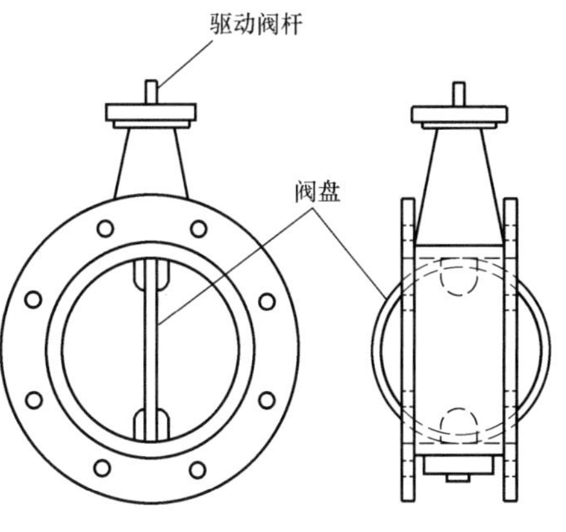

图2-4-7 蝶阀

由于阀盘始终处于具有腐蚀性的浆液中，阀杆也可能接触腐蚀液，因此阀盘和阀杆应采用不锈钢或等级更高的合金，SUS316是可供选择的等级最低的合金材质。根据FGD系统长期使用的经验，阀体的衬胶采用乙烯丙烯二烯橡胶（Ethylene Propylene Diene Methylene Rubber略写EPDMR，一种乙丙橡胶），使用效果较好。

现有蝶型阀的直径从50mm到1m以上。

4. 柱阀和球阀

柱阀和球阀在设计上很相似，区别主要在阀芯上。柱阀的阀芯是锥形，阀芯上有矩形流道，如图2-4-8（b）所示。球阀，顾名思义，具有球形阀芯，阀芯上的流道常见的有两种：V形缺口和圆孔通道如图2-4-8（a）所示。转动球心，V形缺口起到节流和剪切的作用，适

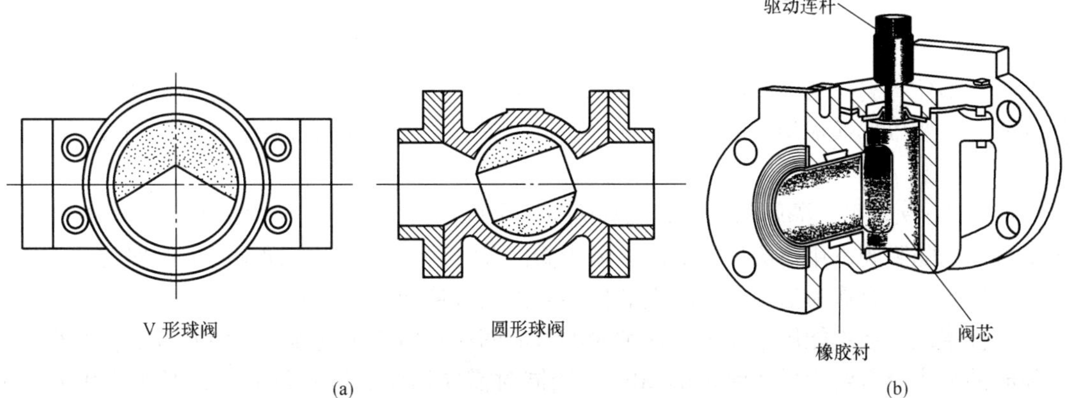

图2-4-8 柱阀和球阀
（a）球阀；（b）柱阀

用于纤维、纸浆、泥浆等含有颗粒物介质的流量调节。因此，V 形球阀在 FGD 管道系统中最常用来调节浆液流量。带有圆孔流道的球芯，转动球体可起调节和切断作用，常用于双位式调节。

为了防止柱阀和球阀阀芯周围泄露，阀体和球芯应有精密配合。用于浆液调节的球阀阀芯应优先选用精密陶瓷。柱阀和球阀的直径从 50～203mm。

二、设计中应考虑的问题

（一）工艺上应考虑的问题

阀门选择时应考虑的主要工艺问题是：阀门的用途（隔离、调节流量或者两者兼有）；流体特性（磨损性、腐蚀性、结垢特性或是清水）和操作频率程度。

1. 阀门的用途

表 2-4-9 给出了在各种使用条件下四种阀门适合隔离和流量调节的程度。有些阀门给出了一个适合程度范围，这取决于特定的使用条件和阀门的材质，例如，蝶阀适合用于吸收塔循环管路中隔离浓度为 10%～30%、具有中等磨损性的浆液。但不太适合作吸收剂磨制过程中，浓度为 30%～60%、粒径较粗、高磨损性半成品浆液管路中的隔离阀。

表 2-4-9　四种阀门适合隔离和流量调节的程度

阀门类型		适用性①							
		清水		磨损性		腐蚀性		结垢性	
		隔离	调节	隔离	调节	隔离	调节	隔离	调节
闸阀	普通闸阀	3	0	0	0	0～3	0	0	0
	插板阀	3	0	3	0	0～3	0	3	0
隔膜阀	双膜夹叠阀	2	1	2	1	2	1	2	1
	屋脊式隔膜阀	3	2	2	1	3	3	2	2
	中心节流阀	0	3	1	3	0	2～3	0	3
蝶阀		3	3	0～2	0	3	3	2	1
柱阀/球阀		3	3	2～3	2～3	3	3	1	1

① 适用性等级：0—不适用；1—有限适用；2—适用；3—很适用。

插板阀在全开状态下对流体没有任何阻力，适合用于隔离 FGD 系统中的各种流体，但不能用作流量调节。

三种隔膜阀在全开状态下对流体都有一定的阻力。除中心节流阀外，其他隔膜阀能够关闭严密，即使有夹带的固体物，也适合用作隔离阀。然而，因为关闭力必须始终维持大于流体的压力，所以比插板阀的适用等级低。如果夹紧力失去，例如压缩空气压力变低，就可能造成阀门内漏。

由表 2-4-9 可见，隔膜阀作隔离阀和流量调节阀用时的适用性变化很大。通常在 FGD 系统中普通的隔膜阀不用作流量调节阀，因为阀门节流后的高流速会冲刷磨损阀门弹性膜。然而，隔膜阀很适合作为清水和有轻微磨损性浆液的流量调节阀。中心节流阀过去专门用来节流磨损性浆液，但不能用于隔离。这种阀的节流圈在阀门关闭过程中向中间收缩，最小节流孔径时的最小流量约为最大流量的 20%。当同时需要调节流量和隔离时，必须为中心节流阀串联一个合适的隔离阀。

蝶阀和柱阀、球阀可以用作隔离阀和调节阀，这取决流体的特性。这两种阀门对于清水、具有磨损性和腐蚀性的流体具有很高的适用性。但是，由于受最大直径限制，柱阀、球阀作隔离阀仅用于小口径管道上，在吸收塔循环浆管回路则多采用蝶阀。由于 FGD 浆液压力较低，蝶阀的价格相对便宜，除非有特殊要求外，FGD 浆管隔离阀都可以采用蝶阀。

在 FGD 系统中，对于浆液浓度或流速较高、调节精度要求高的管路最好采用陶瓷阀芯的球阀。在一些自流管路上，即流速较低的地方，也可以采用蝶阀调节流量。

2. 流体特性

表 2-4-9 所列四种阀门适用性等级对应的 FGD 系统四种流体是：清水、磨损性流体、腐蚀性流体和结垢性流体。通常，所有的阀门都能很好地用于清水，即使一般带填料的闸阀也具有令人满意的性能。

这些阀门对磨损性流体的适用性与流体的磨损性和阀门的设计有关。阀门内部件、流向突然改变的地方和高流速区的磨损程度与流体的固体物含量成正比。当吸收塔反应罐浆液浓度控制在 10% ~15% 时，系统中磨损性最强的流体为吸收剂浆液。但当反应罐浆液浓度控制在 20% ~30% 时，磨损性最强的流体为吸收塔循环浆液，由于吸收塔循环浆液同时具有较强的腐蚀性，所以对金属阀门表现出一定的磨蚀性（严格讲是流体腐蚀性）。插板阀这类能够完全打开的阀门最适合用作磨损性流体中的隔离阀。FGD 系统在吸收塔循环管路中（浆液浓度 20% ~30%）采用衬胶蝶阀也取得了很好的运行效果。蝶阀出现的故障往往并不表现在磨损上，大多数故障原因是衬胶破损、变形或沉淀物卡涩阀芯。

阀门对腐蚀性流体的适用性取决于流体的化学特性。如果输送的腐蚀性流体是化学添加剂，如 DBA 或甲酸，那么无填料插板阀就不适用，因为打开和关闭时，这些阀门会发生泄漏。然而，如果腐蚀性是由高氯离子含量引起的，如浓缩器的溢流管路，那么可以采用无填料插板阀。在不能有泄漏的化学添加剂管道和其他腐蚀性流体管道，隔膜阀、蝶阀和柱阀、球阀适合作隔离阀和流量调节阀。

对于 FGD 系统，人们做了许多工作来防止产生结垢条件。然而，一些 FGD 工艺流体在输送过程中，在一定的条件下仍可能出现结垢。例如，硫酸钙的溶解度随流体温度的降低而降低，在旋流分离器的溢流液通过较长的管路排至废水池的过程中、在石膏浆液堆放池澄清液经过长距离回收管道送回 FGD 系统的过程中，特别在冬天，由于这两种工艺液中的硫酸钙已达到饱和状态，固体物含量又低（缺少结晶晶核），随着温度的下降，很可能形成硫酸钙过饱和溶液而产生结垢。

阀门对结垢性流体的适用性主要取决于阀门的密封方法。如果阀门的结垢影响阀门关闭时的严密性，那么该阀门就不适合用作隔离阀。蝶阀存在这样的问题，如果在阀体和内部可动部件之间结垢，阀门可能在需要时无法打开和关闭。碟型阀和柱阀、球阀容易发生这种问题。

3. 操作频繁程度

操作频率程度指阀门是否经常开、关。在 FGD 系统中阀门的操作频繁程度相差很大。例如，吸收塔循环泵的隔离阀可能 1 个月甚至更长时间处于关闭或者打开状态而不进行操作。与此相反，除雾器冲洗水阀每小时要开关几次。又例如吸收剂浆液流量调节阀，阀门的开关位置常常改变，甚至每分钟都在变化。动作频繁的阀门减少了结垢和沉积物引起故障的可能性，但是容易磨损。

插板阀不能用在需要频繁动作的地方。插板在密封面之间的进出运动是磨损的基本原因。如果阀门频繁动作，开关期间少量的泄漏都会给维修带来麻烦。因此，插板阀常常用在不常动作的场合。其中包括泵隔离和罐体排空。

隔膜阀非常适合动作频繁的场合，但也可以用在通常为开或关的场合。这种阀所用的弹性衬里是主要磨损件，动作次数可达数千次。隔膜阀常常用在除雾器冲洗管路上，因为其具有较长的反复动作寿命、弹性膜价廉，易于更换。但有一个问题需要注意，当这种阀门经常处于常闭状态、很少动作时，弹性衬片长时处于拉伸状态，容易撕裂。因此，罐体的排空阀和类似的通常处于关闭状态的阀门不宜采用夹紧阀。

蝶阀和柱阀、球阀很适合频繁操作。然而，如果长时间处于关闭状态（特别是在结垢性流体中），阀芯可能被卡死，难以动作。吸收塔循环泵入口蝶阀应尽量靠近罐体安装，当该阀门长时间处于关闭位置时，要确保靠近阀门的浆液始终处于流动状态，不会发生局部沉淀，否则，堆积的沉积物可能使阀门无法开启。

（二）机械方面应考虑的问题

在确定FGD系统所用阀门类型时，电厂工程师应确定阀门执行机构的类型，检查设计商选定的阀门的最大流速。

1. 最大流速

通过阀门的最大流速应当与确定管道尺寸时所采用的速度范围相同。因此阀门的尺寸通常与其连接的管道的尺寸相匹配，而不采用异径管过渡。然而，有时也用较小的阀门来达到较高的流速，对于流量调节阀就常有这种情况，用较小的阀门可以获得较为正确的流量调节特性。

2. 阀门执行器的类型

阀门可以手动、电动、气动或者液压驱动。选择什么方式取决于阀门的设计、操作的频繁程度、要求的操作时间、需要驱动力的大小以及用户和供货商的喜好。

四种阀门都可以采用手动操作，但手动方式限于阀门不经常动作和可以等待操作人员到达后再操纵的情况，例如，罐体和管道的排空阀、控制阀前后的隔离阀和旁路阀以及仪表的维修隔离阀。即使不常操作的阀门，有些类型的阀门和大型阀门可能也不能手动操作，例如，大型插板阀和蝶阀很难手动开、关阀门。关闭一个305mm的插板阀，即使采用齿轮减速器来减小驱动力，也要花5分多钟。

对不容易接近、需要远程操作和实现连锁控制的阀门，常采用电动驱动器。电动驱动器可以是电磁式或电动机驱动。电磁驱动器只能用于诸如浆管自动排空和冲洗这类小阀门，其难以提供足够的动力来操纵大型阀门。对于大阀门一般采用电动或气动驱动器，当操纵阀门所需要的驱动力超过气动驱动器或者压缩空气所能提供的力量时，特别适合采用电动机驱动器。

FGD系统中大多数自动阀采用气动驱动器，气动阀中尤以气动蝶阀应用最多，公称通径在50～1000mm以上。气动阀开闭快，易与泵的自动启/停、事故停运实现逻辑控制。气动驱动器与电动驱动器相比，气动驱动器价格低，且相对易于维护。像除雾器冲洗水阀这种频繁动作的阀门常采用气动阀或电磁阀，气动驱动器也常用在不常动作的阀门上，如泵的隔离阀和管道排空和冲洗阀。

液压驱动器一般只限于特大型循环泵入口隔离插板阀上。这些阀门的直径可能在1m以上，气动驱动器可能无法提供需要的驱动力。液压驱动系统造价通常低于电动机驱动器，且结构简单。尽管这些阀门不常动作，但是它们通常是泵自动启/停逻辑控制的一部分，需远方控制开和关。如果设备中有3～5个以上这样的大阀门，通常采用中央液压系统；如果少于 3 个阀，可能每个阀门用一个液压系统更经济。

（三）其他应考虑的问题

在阀门的选择上应当考虑的另外一些主要问题是动作的频繁程度、耐磨损性、维护和检修以及更换的难易程度。对于频繁动作的阀门，如除雾器冲洗水阀，应选择便于运行人员检查阀门动作情况、维修人员易于靠近和更换易损件的阀门；对于频繁动作又易磨损的调节阀，如吸收剂浆液流量调节阀、石膏浆液旋液器底流调节阀等，阀门的耐磨性至关重要，一个耐磨性优良的调节阀，日常几乎无需检修。调节阀是控制工艺参数的重要器件，需定时检查和校验，因此安装位置应便于观察，有便于检修和校验的通道和场地。

有些阀门和阀门驱动装置很大又重（如吸收塔循环泵隔离阀），在这些地方必须留有临时起吊的通道和空间。

三、材料选择

FGD 系统所用阀门的材料取决于阀门接触流体的性质。吸收剂浆液管道、吸收塔循环管道和浓缩器/旋流器浓浆液管道的阀门多数采用橡胶衬里来防磨损和腐蚀。

插板阀的阀板通常采用不锈钢制作，也可以用耐腐蚀镍基合金。在有的插板阀设计中，基于阀板在工作状态时易于更换，采用耐腐蚀等级较低的材料，定期更换比用昂贵的耐腐蚀材料合算。

隔膜阀的弹性衬里是橡胶或者其他材料。在特殊使用条件下，应考虑采用最好的材料。在磨损性环境中，隔离阀的阀体通常为橡胶衬里，国内有长期成功使用采用乙烯丙烯二烯橡胶（EPDM，一种乙丙橡胶）衬覆阀体的经验。蝶阀的阀盘可以用不锈钢和其他防腐合金钢制作，或者采用橡胶和其他的防腐耐磨材料衬覆。阀杆通常不遭受磨损，可以采用不锈钢或者防腐合金钢。如前所述，在磨损性严重的环境中，蝶阀不适合作调节阀，即使是不锈钢和耐腐合金钢制作的阀盘也不适合。

防化学腐蚀是化学添加剂管道、废水处理加药管路主要考虑的问题，因此不锈钢或者非金属材料制作的柱阀/球阀适合用于这些管路上。

前面已提到，FGD 浆液调节阀在调节过程中，流道的改变使阀内流体的流向发生变化，流速高于与其连接的管道内的流速，阀芯处于严重磨损的工作环境中，再加之浆液的腐蚀性，因此最好采用精密陶瓷阀芯。在某些流速、流量较低的浆管上也可以选用耐磨耐腐蚀的合金材料。阀体和阀杆都应采用耐腐蚀不锈钢。

四、建议

（1）在不经常操作，具有磨损和结垢的环境下，采用无填料插板阀作为隔离阀较好。

（2）在需要调节流量和动作频繁的场合应根据流体特性选择隔膜阀、蝶阀和柱阀、球阀。

（3）如采用调节阀来控制磨蚀性强的浆液的流量，应优先选用陶瓷阀芯的球阀。如果调节流量大，没有合适的调节阀可供选择，可以采用开关阀和变速泵，或者其他的方式来调节流量。

（4）在浆液中采用蝶阀时，蝶盘转轴应当水平安装，蝶盘底应当向下游方向旋转，这样可以避免阀盘上游侧管道底部的沉积物卡死阀盘。

第五章 喷 嘴

在FGD系统中，吸收塔喷淋喷嘴将循环吸收浆液雾化成细小的液滴，以提高气液之间的传质面积；吸收塔入口烟道干湿界面通常装有冲洗喷嘴，用来清除该处出现的沉积物；除雾器冲洗喷嘴用来冲洗除雾器板片；石膏冲洗喷嘴用来冲洗石膏滤饼中可溶性物（主要是氯化物）；有时也在吸收塔入口烟道安装喷嘴来冷却进入吸收塔的烟气。喷嘴型式和材料的选择取决于其在脱硫系统中的位置和流体的特性。在大多数情况下，FGD系统的喷嘴型式由脱硫系统承包商根据自己的经验和系统的特殊要求来选择。

第一节 喷 嘴 型 式

FGD系统中常用的喷嘴主要有三种型式：切向喷嘴、轴向喷嘴和螺旋喷嘴。图2-5-1为这些喷嘴的型式和流形图，图1-11-5是FGD常用的几种喷嘴的实物图。

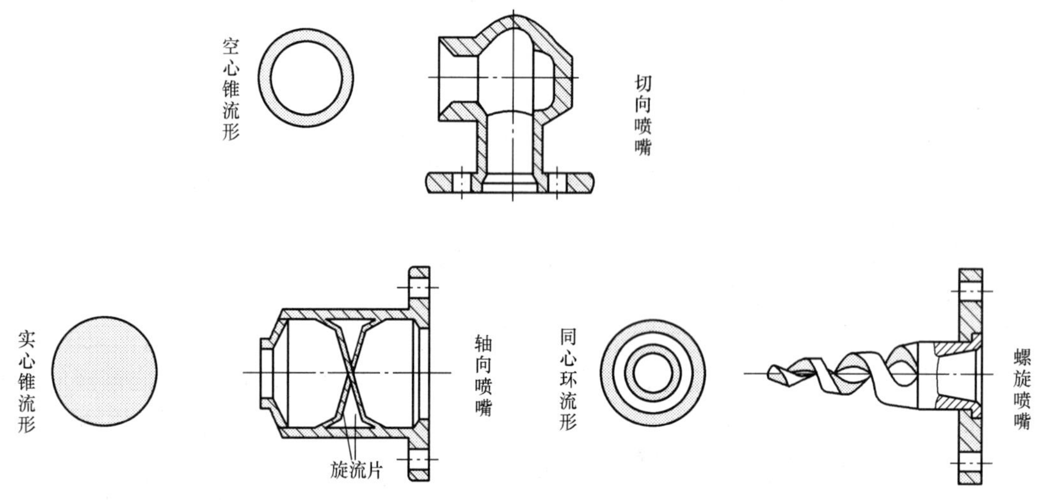

图2-5-1 喷嘴型式

一、切向喷嘴

切向喷嘴，又称空心锥切线型喷嘴，通常把流体雾化成空心锥流形，其喷出的流体在喷嘴的下游形成圆环状的图形，流体从切向进入旋流室，喷出流体的出口与入口垂直。旋流室内部没有部件，自由通径（能够通过喷嘴的最大颗粒直径）近似等于喷嘴入口直径。

切向喷嘴又分切向单喷嘴和切向双喷嘴，上面提到的是切向单喷嘴，切向双喷嘴是在同一旋流室上、同一轴线上有上下2个连通的喷出口。最近还出现一种连体双胎式切向双喷嘴、这种喷嘴将流体入口通道分隔成上下两个流道，流体分别进入互不相通但连成一体的上下2个旋流室，通过各自的出口喷出。这种喷嘴结构复杂，但上下喷流互不影响。吸收塔的单向喷嘴一般用于最上层喷淋层，双向喷嘴则用于下面几层喷淋层。

如果在旋流室装有导流片，把一些流体偏斜到空心锥流场的中心，那么切向喷嘴可以产生实心锥流形。这种喷嘴的自由通径与空心锥切向喷嘴相等，但是雾化粒径较大。

二、轴向喷嘴

轴向喷嘴，又称实心锥喷嘴，雾化流型为实心锥流形。浆液通过旋流室内部的旋流片形成旋流，然后从与入口同轴的孔喷出。自由通径通常比喷嘴入口直径小得多，近似等于出口孔径。在雾化粒径相同的情况下，轴向喷嘴需要的压降小。在压降相同时，可以形成比切向喷嘴小的雾化粒径。

滤饼冲洗喷嘴通常是没有内部旋流片的轴向喷嘴。这种喷嘴出口设计比较特殊，使流体聚集成实心锥、扁平形流态，典型的流形为宽50mm，长305mm。

三、螺旋喷嘴

螺旋喷嘴（按照其形状也叫“猪尾巴”喷嘴）形成同心环状流形。与轴向喷嘴相同，流体入口和出口轴心线相同。但是，喷嘴没有内部旋流器。喷嘴是由一个直径逐渐减小的螺旋体形成的，螺旋喷嘴把流体切成两个或者几个同心圆环。在有些螺旋喷嘴中，圆环非常靠近，基本形成实心锥流形。出口直径等于自由通径，通常小于喷嘴的入口直径。螺旋喷嘴雾化粒径分布接近于空心锥切向喷嘴，但压降较低。在相同的压力下，螺旋喷嘴比轴向喷嘴流量大，但是螺旋喷嘴较脆弱，容易在吸收塔维修过程中损坏。

第二节 设计中应考虑的问题

一、工艺上应考虑的问题

FGD 系统中所采用的喷嘴可以分成以下 5 种：

（1）吸收塔浆液喷淋喷嘴；

（2）填料吸收塔浆液喷嘴；

（3）除雾器冲洗喷嘴；

（4）石膏饼冲洗喷嘴；

（5）烟气事故冷却喷嘴。

这些喷嘴还可以按照其流形进一步分类，见表 2-5-1。

表 2-5-1 喷嘴流形和使用条件

使用场合	流体	压力（kPa）	流形
吸收塔浆液喷淋	浆液	48～140	实心锥或空心锥
向吸收塔填料喷注浆液	浆液	7～70	实心锥
除雾器冲洗	清水	140～275	实心锥
石膏饼冲洗	清水	138～275	实心锥（偏平形流态）
烟气事故冷却	清水	275	实心锥或空心锥

逆流空塔采用压力较高的喷淋喷嘴。为了提供足够的传质表面积和液/气比，这类喷嘴必须具有较好的雾化特性。通常，浆液喷淋喷嘴喷出的液滴的体积表面积平均直径为1.5～3.0mm，由于体积表面积平均直径是基于表面积表示颗粒直径的一种方法，所以经常用于FGD 系统设计中。当一个颗粒的体积与其表面积之比等于某一颗粒群的总体积与总面积之比时，那么，就可以用这一颗粒的直径表示此颗粒群的平均直径，这种平均直径称为体积表面积平均直径。实心锥或空心锥流形的喷嘴都可以用于吸收塔浆液喷淋。

填料吸收塔，如顺流塔、孔板塔和双回路塔等，采用低压浆液喷嘴（注水喷嘴）。由于主要是依靠填料来增加气液之间的传质表面积，所以不需要很小的雾化粒径。注水喷嘴产生的液滴的体积表面积平均直径可达 5.0mm。在填料塔中采用实心喷嘴，确保喷出的浆液能完全覆盖整个填料层断面。

除雾器的作用是除去洗涤后的烟气所携带的液滴。液滴中的固体物会黏附在除雾器板片上，如果不除去这些黏附在除雾器板片上的固体物，除雾器阻力将会增大，还会引起结垢，从而影响整个脱硫系统的安全运行。通常采用实心锥喷嘴来冲洗掉除雾器板片上黏附的固体物，在冲洗水沿板片向下流动的过程中把浆液带入吸收塔中。冲洗喷嘴的雾化粒径通常不能太小，因为细颗粒（小于 0.5mm）很容易被烟气带走。

在脱硫过程中，除烟气中的 SO_2 与石灰石反应生成石膏外，HCl 也与石灰石反应生成可溶性氯化物进入石膏中。为了降低石膏中的氯离子含量，在二级脱水中需要采用含固量和含氯量较低的水对石膏饼进行冲洗。通常情况下，必须用水冲洗到满足商用石膏对氯离子含量的要求。石膏冲洗喷嘴不需要较细的雾化粒度，因为喷嘴的作用只是沿真空过滤机滤布宽度方向均匀地分布冲洗水。

烟气事故冷却喷嘴布置在吸收塔的入口烟道中，只是在事故紧急情况下才投用。例如循环泵供电突然中断，吸收塔停止喷淋时，立即启动事故水系统冷却吸收塔入口热烟气，避免吸收塔内衬和除雾器等因过热损坏。这种场合可以采用空心锥或实心锥喷嘴。

二、机械方面应考虑的问题

在喷嘴的设计中应考虑以下机械方面的问题：

（1）喷嘴数量和流量。

（2）雾化粒度。

（3）雾化角。

（4）喷淋覆盖率。

（5）喷嘴的固定连接方法。

1. 喷嘴数量和流量

对于一定的烟气量和 SO_2 浓度，达到一定脱硫效率所要求的液/气（L/G）比决定了吸收塔浆液循环流量，而喷嘴的数量和流量取决于浆液循环流量。因此，烟气量、原烟气 SO_2 浓度和要求的脱硫效率决定了喷嘴数量和流量，要求的液/气比又受气液传质表面积的影响。传质表面积与喷嘴型式、流体压力和单个喷嘴流量有关。增大单个喷嘴的流量可以减少喷嘴数量，但是自由通径的增大将使雾化粒径增大和总传质表面积减小，因此需要较大的液/气比。相反，采用大量的小流量喷嘴可以减小液/气比，但会增加投资费用。通常脱硫装置供货商会根据自己的运行经验来选择最佳喷嘴流量。

2. 雾化粒度

如上所述，吸收塔喷嘴的雾化粒度直接影响着气/液之间的传质表面积和液/气比。雾化粒径越小，一定体积浆液产生的传质表面积就越大，达到需要的总表面积所要求的液/气比就越小。雾化粒径取决于喷嘴的型式、流量、雾化角和喷嘴压降。在压力一定时，流量大的喷嘴雾化粒径大。较大的雾化角和提高喷嘴压降可以减小雾化粒径。对于具体的运行条件需要通过试验来测定其实际雾化性能。

3. 雾化角

雾化角是喷出的射流离开喷嘴时形成的角度。不同的设计具有不同的雾化角，在脱硫系统中通常使用的喷嘴雾化角在90°~120°之间。在达到一定的喷淋覆盖率的条件下，喷嘴雾化角越大，需要的喷嘴数量越少。通常，脱硫系统供货商根据实际运行经验对特定的使用场合选择雾化角。除雾器冲洗喷嘴雾化角应小于或等于90°，如果雾化角大于90°，冲洗水与除雾器板片的喷射角太小，冲洗除雾器板片的深度就会不够，这样将会降低除雾器冲洗效率。

4. 喷淋覆盖率

喷淋覆盖率是在离喷嘴出口一定距离处确定的，覆盖率与喷嘴的雾化角和喷嘴的布置有关。在吸收塔中，喷嘴喷出的浆液必须能够完全覆盖离喷嘴出口一定距离的吸收塔截面或者整个填料层，以免烟气中的浆液分布不均匀或填料中出现没有浆液的区域，产生烟气短路问题，从而降低脱硫效率。除雾器没有冲洗到的区域会发生堵塞，从而使其他区域的烟气流速增高，使吸收塔出口烟气中液滴携带量提高。

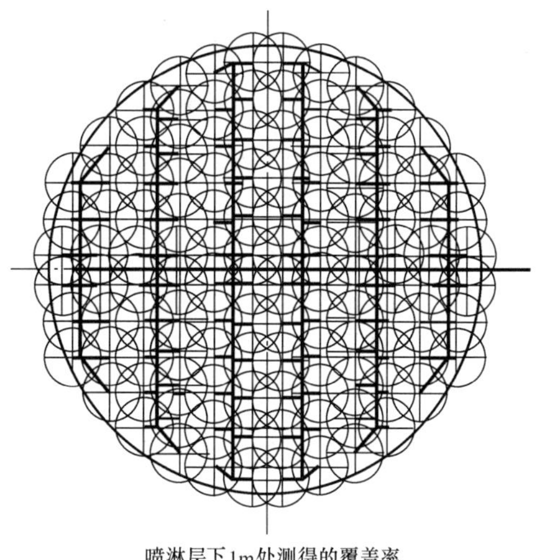

喷淋层下1m处测得的覆盖率

图 2-5-2 吸收塔循环浆液喷嘴喷淋覆盖率实例

图 2-5-2 是在喷嘴出口 1m 处测得的喷淋覆盖率的一个实例。如图所示，在上述距离处喷淋流体具有很大的重叠度。脱硫装置供货商通过喷嘴类型的选择和喷嘴位置的布置来设计覆盖率。覆盖率计算公式为

$$覆盖率 = \frac{N_{noz} \times A_{noz}}{A_{abs}} \times 100\% \tag{2-5-1}$$

式中 N_{noz}——每个喷淋层喷嘴的数量；

A_{noz}——距喷嘴出口 1m 处测得的每个喷嘴的覆盖面积，m^2；

A_{abs}——距喷嘴出口 1m 处吸收塔横截面积，m^2。

对于吸收塔循环浆液喷淋喷嘴，通常在喷嘴出口 1m 处测量覆盖率。对于填料塔注水喷嘴和除雾器冲洗喷嘴，在填料层或除雾器表面计算覆盖率。在这几种情况下，覆盖率通常为200%~300%。

5. 喷嘴固定方法

通常有四种方法将喷嘴固定在喷嘴座上：螺纹连接，法兰连接，黏结连接。

(1) 螺纹连接。螺纹连接通常用在除雾器冲洗、石膏饼冲洗和烟气事故冷却等小喷嘴上，很少用在较大的吸收塔循环浆液喷嘴上。采用螺纹连接时，通常喷嘴上是公螺纹，喷嘴座是母螺纹。

(2) 法兰连接。法兰连接是采用螺栓将喷嘴和喷嘴座上的法兰连接起来，它是吸收塔循环浆液喷嘴最常用的连接方法。图 2-5-1 所示的喷嘴都是采用法兰连接的。通常，每对法兰用四个螺栓连接。由于吸收塔内的腐蚀环境，所以需要采用镍基合金螺栓、垫圈和螺母。

许多脱硫系统供货商采用法兰连接吸收塔循环浆液喷嘴。这种连接方法有几个问题，首先，一个大容量脱硫系统可能会有 1000 多个喷嘴，连接这些喷嘴就需要 4000 多个合金钢螺栓。除了这些螺栓造成的成本增加外，大量的小部件很容易在喷嘴安装过程中掉落，这些掉落物会造成系统堵塞、损坏循环泵和石膏排除泵以及循环浆液喷嘴。其次，如果喷嘴在安装时螺栓上得过紧可能会损坏陶瓷喷嘴，这常常是喷嘴损坏的最常见的原因。如果喷嘴的螺栓

上紧不均匀，会出现法兰结合面泄漏，这种研磨性很强、高速喷射的泄露浆液，不仅会很快磨损法兰面，而且可能冲刷损坏附近的设备，这种泄漏在运行前是很难查出来的。最后，即使采用合金钢螺栓，使用时间较长后也很难拆卸，松动锈死的螺母也是喷嘴损坏常见的原因。

（3）黏结固定。以前不采用黏结方式将喷嘴永久固定在喷淋管上，是因为这种连接方式使更换喷嘴很困难。但是，近年通过喷嘴材料和设计的改进，喷嘴已很少需要更换。国内外已有一些电厂的FGD吸收塔成功地采用了黏结方式，虽然更换喷嘴有些麻烦，需要从喷管与喷嘴的黏合面锯开喷嘴，打磨平喷管的外缠绕黏合层，再重新黏结新喷嘴，但黏结固定的总造价远远低于其他几种方法。黏结材料可采用添加了耐磨填料的乙烯基酯鳞片树脂，并用玻璃纤维布增强。黏结方式是，将喷管摆放水平，使喷管和喷嘴入口管内径对齐，调整喷嘴使喷嘴口上沿保持水平，然后用树脂胶泥和玻纤布在管外缠绕黏结。

三、其他需要考虑的问题

如果喷嘴被固体颗粒堵塞，喷淋覆盖率将减少。因此，应当采用自由通径较大的喷嘴，以减小堵塞的可能性。尽管多数浆液中的固体颗粒小于100μm，但是在脱硫系统中可能有较大的颗粒物。例如，当吸收塔或者循环管道中出现亚硫酸钙或者硫酸钙结垢时，脱落的垢块通过管道带入喷嘴，造成喷嘴堵塞。另外，吸收塔、管道和浆泵等衬胶破损形成的碎片，这种碎片可能会很大，甚至可能堵塞喷淋管。在安装和维修过程中留在吸收塔中的杂物，如工具、焊条、螺母、螺栓和其他杂物也会造成喷嘴的堵塞。对于流量一定的喷嘴，切向喷嘴自由通径最大，轴向喷嘴最小，所以轴向喷嘴容易堵塞，切向喷嘴和螺旋喷嘴不容易堵塞。

第三节 材料选择和建议

喷嘴中局部流速特别高，磨损非常严重，有些喷嘴所处的环境腐蚀性很强。因此，应根据不同的工作环境和工作特点采用不同材料的喷嘴。最常用的材料有合金钢、陶瓷和其他非金属材料。

一、合金钢

合金钢喷嘴一般适合于喷水，如除雾器冲洗和吸收塔入口事故冷却喷水。喷嘴合金钢的防腐性能至少应当与安装喷嘴位置的其他金属材料相同。300系列不锈钢一般适合除雾器冲洗喷嘴。吸收塔入口事故冷却喷嘴则需要采用防腐镍基合金。个别也有把合金钢用于浆液喷嘴的，但是，经验表明随着浆液颗粒物尺寸和浓度的增加，合金钢喷嘴的使用寿命迅速降低。例如，石灰石粒度从90%小于44μm（325目）增加到90%小于149μm（100目），会使喷嘴的寿命降低90%。

二、陶瓷

烧结碳化硅或者烧结氧化铝陶瓷喷嘴特别能耐受脱硫浆液的冲刷磨损和腐蚀，是目前吸收塔喷嘴最常用的材料。然而，这种喷嘴很脆，在清除堵塞时常易弄破，喷嘴从1m高的地方掉下就会被打碎。这种喷嘴，包括法兰，可以完全由陶瓷制作。但在安装过程中上紧螺栓时易将法兰弄破，所以陶瓷喷嘴常常用合金钢或者玻璃钢（FRP）做法兰。陶瓷喷嘴不应采用螺纹连接，这种连接方法在拆装过程中很容易损坏喷嘴。黏结固定具有损坏量小和造价低的优点，所以现在很多脱硫系统供货商都采用黏结固定。

三、其他非金属材料

用作喷嘴的非金属材料还有聚氨酯、聚四氟乙烯、聚丙烯和玻璃钢（FRP）。

有些脱硫系统中曾采用耐磨聚氨酯作为吸收塔循环浆液喷嘴。这种喷嘴与陶瓷喷嘴相比不容易破碎，但是耐磨性较差，在烟气温度较高时会损坏。喷嘴法兰可以采用玻璃钢（FRP）或者防腐合金钢。

聚四氟乙烯、聚丙烯和玻璃钢（FRP）喷嘴也缺乏令人满意的耐磨性，所以不能用作吸收塔循环浆液喷嘴，它们常用作除雾器冲洗喷嘴。

四、建议

在一个新建的脱硫系统中，喷嘴的类型和材料通常由脱硫系统供货商按具体的设计条件和运行经验选择。在对供货商的选择进行审查或者以后更换喷嘴时，需要考虑如下因素：

（1）三种型式喷嘴都可以用作吸收塔循环浆液喷嘴。切向空心锥喷嘴自由通径大，没有内部部件，不容易堵塞。轴向和螺旋喷嘴在同样的运行压力下雾化粒径小。

（2）吸收塔循环浆液喷嘴流量为10～25L/s时，压力应在48～140kPa范围内；体积表面积平均直径应在2.0～2.8mm范围内，应尽量减少粒径小于1.0mm的液滴，因为这些液滴易被烟气带入除雾器；雾化角应为90°～120°。

（3）吸收塔循环浆液喷嘴和除雾器冲洗喷嘴的喷淋覆盖率至少应为200%。对于吸收塔循环浆液高压喷嘴，覆盖率应当在离喷嘴出口1m处计算。对于低压注水喷嘴和除雾器冲洗喷嘴，覆盖率应当在填料或者除雾器表面处计算。

（4）轴向喷嘴通常用作填料层低压注水喷嘴。对于低压注水喷嘴，运行压力只需要7～70kPa。可以采用小雾化角大流量喷嘴（19L/s）。液滴粒径可达5.0mm。

（5）除雾器冲洗和吸收塔入口事故冷却水喷嘴需要90°雾化角、实心锥流形。喷嘴压降可以高达275kPa。

（6）假如要形成均匀的石膏饼冲洗水覆盖率，石膏饼冲洗水喷嘴雾化角可以为120°或者更大。

第六章 脱 水 设 备

第一节 浓 缩 池

浓缩池一般用于湿式石灰/石灰石基FGD副产品的一级脱水。浓缩池是通过重力沉淀来浓缩浆液的装置，它可以将脱硫系统吸收塔中固体浓度为15%左右的浆液浓缩到25%～50%，然后再进行二级脱水。

一、设备类型

图2-6-1是脱硫系统中传统浓缩池结构简图。这种浓缩池是一个开口的圆柱形罐体。吸收塔中的石膏浆液通过石膏排出泵送到浓缩池中心的进料管。进料管插入浓缩池液面以下，浆液被送入中央给料井中，中央给料井使浆液降低紊流，产生均匀流动分布，缓慢进入浓缩池，浆液中的固体颗粒物在重力作用下沉降，并由旋转耙将沉淀固体耙至浓缩池底部中央，在液体静压力作用下从底流排出口排出。在连续运行中，进入浓缩池的浆液分离成溢流液和底流浆液，溢流液通过浓缩池周围的溢流堰进入出水槽中。溢流液含固量很低，底流液含固浓度为给料浆液浓度的2～5倍。

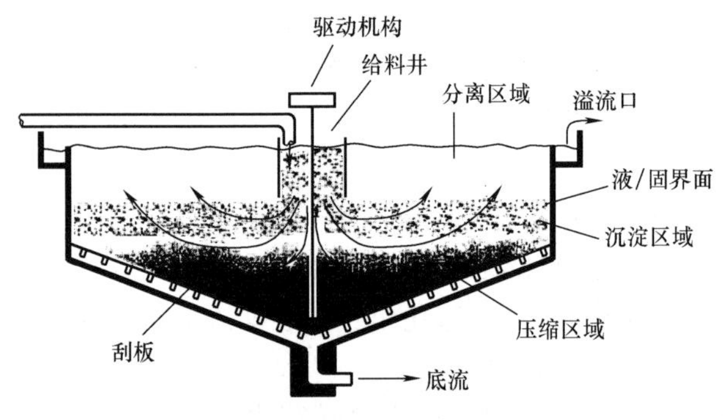

图2-6-1 传统浓缩池简图

浓缩池可以根据耙臂机构驱动方式和支撑种类，底流浆液排放条件来分类。在较小的浓缩池中，中心耙臂和驱动机构由横跨整个容器直径的支架和容器壁支撑。在较大的浓缩池中，用中心支柱代替桥式支架来支撑耙臂和耙臂驱动机构。选择桥式支架还是中心支柱，其经济性取决于容器的直径。

耙臂可以依靠自身刚性来支撑，或者沿其长度方向安装数根吊挂缆绳来支撑。当沉淀物造成的阻力太大使耙臂的旋转力矩大于设计力矩时，耙臂通过升降机构从正常运行位置提升起来。自身刚性耙臂支撑结构是耙臂固定在旋转的中心驱动机构上，当中心驱动机构提起时，耙臂沿整个长度方向被提起。缆绳吊挂耙臂结构较轻，但需要沿其长度方向设计一些吊挂缆绳。图2-6-2（a）、（b）、（c）示出了各种耙臂支撑和提升结构。缆绳吊挂耙臂通常固定在中心轴上，由力臂来提升，缆绳悬在力臂上。

二、设计上应考虑的问题

（一）工艺设计上应考虑的问题

1. 浓缩池尺寸

根据石膏浆液给料量、固体物浓度、石膏的分离特性来正确选择浓缩池直径和深度，从而使底流和溢流达到理想的分离效果。石膏浆液给料量和浓度由脱硫系统工艺过程的物料平

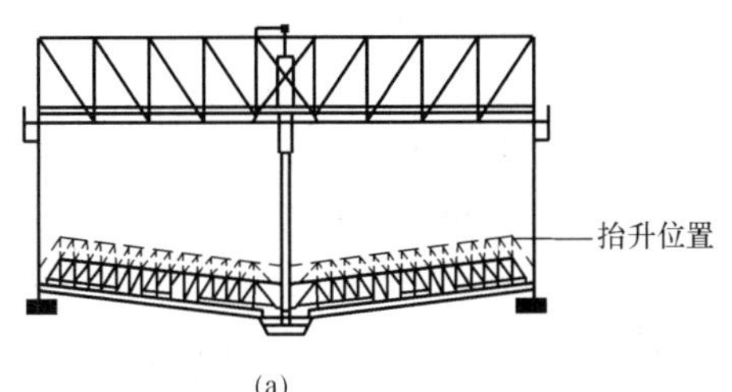

(a)

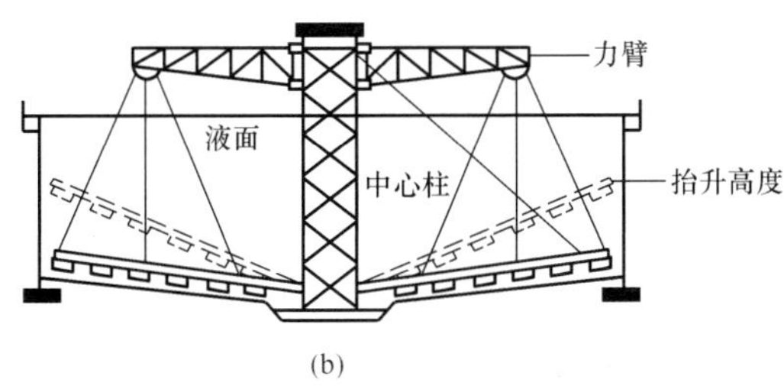

(b)

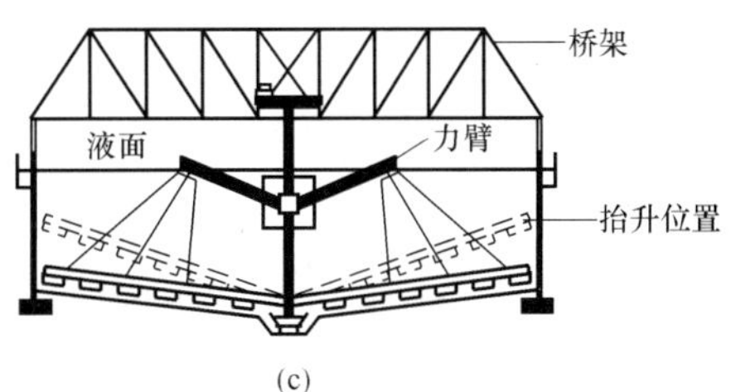

(c)

图 2-6-2 浓缩器耙臂支撑型式

(a) 桥式支撑耙臂和带有支架型耙臂的驱动机构；(b) 中心支柱支撑缆绳吊挂浓缩池；(c) 桥式支撑悬臂吊挂浓缩池

衡、吸收塔的设计和运行方式来决定。一般情况下，对于特定的脱硫系统，浓缩池进料浓度变化不大。但随着锅炉负荷和燃煤含硫量的变化，浓缩池的进料流量变化较大，锅炉负荷大、燃煤含硫量大时石膏浆液给料量大，石膏的分离特性变化也较大，给料量大时，石膏在吸收塔中的停留时间较短，石膏颗粒较小，分离效果较差。浓缩池通常按照最差的运行条件来设计，例如高流量、低颗粒分离特性，在运行中可根据具体情况来调节。

在脱硫系统中，通常根据要求的底流固体物浓度来设计浓缩池。如果一个浓缩池底流浓度能达到要求，其溢流浓度一般也能满足要求。通常是根据“比面积”来确定浓缩池的规格。比面积［m^2/（t·d）］表示对于给定的进料浆液浓度和要求的底流浓度，1d 浓缩 1t 固体物需要的面积。

对于新设计的系统，浓缩池供货商通常根据类似设备的使用经验来选择比面积。对于已经运行的设备，可以采集石膏浆液试样，通过实验室试验或者中间规模的沉降试验来确定所需要的比面积。实验室的沉降试验是将混合浆液倒入量筒中，记录液/固交界面的高度和时间，根据沉淀曲线比面积计算式为

$$A_U = K \times \frac{t}{h_0 \times c_0} \tag{2-6-1}$$

式中 A_U——比面积，m^2/（t·d）；

K——单位转换系数；

t——达到一定界面高度的沉降时间，min；

h_0——原始液柱高度，mm；

c_0——原始浆液浓度，kg/m^3。

任何时间相应的底流浆液中固体物浓度计算式为

$$c_u = K \times \frac{m}{h \times A} \tag{2-6-2}$$

式中 c_u——给定界面高度底流浓度，t/m^3；

K——单位转换系数；

m——量筒中固体物的总质量，kg；

h——给定时间的界面高度，mm；

A——量筒横截面积，mm^2。

图 2-6-3（a）和（b）是试验得出的典型沉淀曲线和计算得出的比面积与底流浓度的关系曲线。

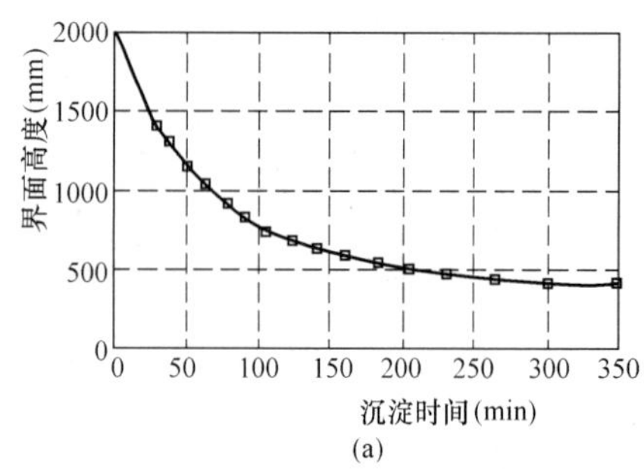

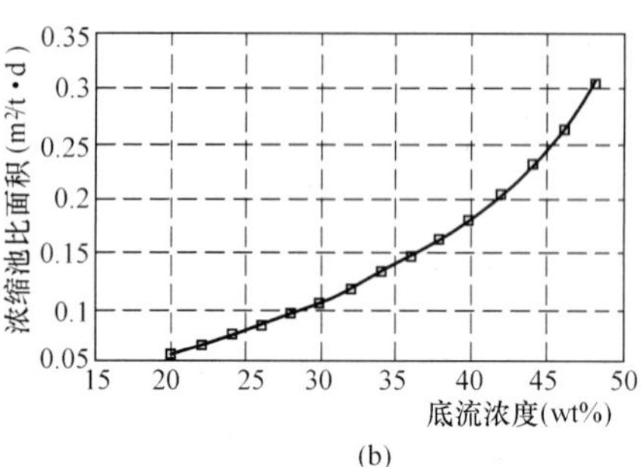

图 2-6-3　FGD 固体副产物典型的沉淀和比面积曲线

（a）自然氧化石灰石/石膏法脱硫工艺浆液的典型沉淀曲线；（b）根据石灰石 FGD 浆液沉淀试验预测的浓缩池典型运行曲线

表 2-6-1 列出了一些脱硫系统浆液通过实验室沉降试验得到的沉淀特性。试样 1 为石灰石强制氧化脱硫工艺。在强制氧化工艺中形成的石膏晶体通常具有良好的沉淀特性。在这种工艺中，至少有 99% 的亚硫酸钙氧化成硫酸钙，排出浆液浓度为 17%。底流浓度为 30% 时，测量的比面积为 0.1～0.4m^2/（t·d）。在试验量筒中，固体物沉淀最大浓度为 65%。

表 2-6-1　以浓缩池比表面积表示的全尺寸 FGD 系统浆液沉淀率

试　样	工艺类型（石灰石基）	氧化率（%）	进料浆液浓度（%）	底流浓度 30% 时的比面积［m^2/（t·d）］	最大沉淀浓度（%）
1	强制氧化工艺	>99	17	0.1～0.4	65
2	抑制氧化工艺	4	10	0.2	63
3	抑制氧化工艺	13	17	1～3	40～44
4	抑制氧化工艺	19	13	2.5	33

试样 2、3、4 为石灰石抑制氧化工艺。在抑制氧化工艺中，沉淀率受氧化率影响很大。在试样 2 中，氧化率为 4%，测得的亚硫酸钙浆液的沉淀率和最大沉淀浓度与试样 1 的范围相同。只有当亚硫酸钙氧化率低于 5% 时，亚硫酸钙浆液的沉淀率才接近石膏浆液的沉淀率。

试样 3 的氧化率为 13%，底流固体物含量为 30% 时的比面积为 1～3m^2/（t·d）。最大沉淀固体物浓度为 40%～44%，这是抑制氧化石灰石脱硫工艺典型数据。当运行条件发生变化时，这种试样的沉淀率变化范围通常达到 3 倍，特别是锅炉负荷变化时，对于固体物的脱水特性影响很大。

试样4是抑制氧化工艺，其运行的氧化率大于15%。由此系统产生的浆液，对于底流浓度30%的比面积与试样3的范围相同，但是其最大沉淀物浓度要小得多，只有33%。氧化率为15%～40%的石灰石脱硫工艺浆液的脱水要比低氧化率浆液困难得多。

表2-6-2列出了对于石灰和石灰石FGD工艺所建议的比面积和底流浓度典型设计范围。

表2-6-2　　脱硫系统浓缩池推荐设计条件

工　艺　类　型	比面积［m^2/（t·d）］	底流浓度（%）
石灰石基		
强制氧化	0.3～0.8	40～55
抑制氧化	1～2	30～45
自然氧化	1～3	30～40
富镁石灰基抑制氧化	2.5～4	25～35

2. 与过滤机或离心脱水机综合考虑的最佳尺寸

显然，对于浓缩池的规格，是选择大一些生产高浓度底流液，还是规格选择小一些生产低浓度底流液，存在一个最佳的浓缩器规格。其次，底流浓度影响二级脱水设备的设计规格和造价。因此，需要统一考虑一、二级脱水设备的总造价来选择最佳浓缩池规格。

3. 絮凝剂的使用

絮凝剂是一种化学添加剂，它使细颗粒和粗颗粒凝聚成大块来改善浓缩器中浆液的沉淀特性。脱硫装置中用的絮凝剂通常是高分子阴离子聚合电解质，它可以中和浆液颗粒表面的电荷，从而促进颗粒之间的碰撞物理结合。聚合物的剂量一般为浆液量的1%～2%。采购的聚合物可以是干态、乳剂或者溶液形式。加入浓缩器入口浆液中的絮凝剂浓度通常为1%，流量为浆液流量的1/10000。絮凝剂可以使浓缩器的比面积最大减少4/5，通常也可以降低溢流液的固体物浓度。

研究表明，合理使用絮凝剂可以使脱硫脱水设备的投资减少0～40%，但是实际上，脱硫系统浓缩器的设计很少根据添加絮凝剂来设计。因为浆液脱水特性的不确定性和锅炉运行特点对浆液特性影响的不确定性，浓缩器的设计较为保守，保证在没有絮凝剂的条件下能够获得理想的浆液浓度，在浓缩器的性能不能满足设计要求时才采用添加絮凝剂的措施。

4. 浓缩器的运行

在理想条件下，浓缩器会在稳定的浆液流量下达到稳定的底流和溢流浓度，液—固界面维持一定的高度。然而，脱硫系统很少在一个稳定条件下运行，浆液的流量和浓度随着锅炉负荷和燃料含硫量的变化而变化。为了适应这种变化，允许浓缩器中固体物进料量和界面高度有一定的变化，但浓缩器的运行要维持相对稳定的底流浓度。理想的底流浓度是能保证二级脱水设备达到最佳性能的条件。

控制底流浓度的一般方式是控制浓缩器的底流液流量。底流泵通常连续运行，以防浓度较高的浆液发生堵塞。有些系统采用变频泵，通过调节底流泵的流量来满足浓缩器的给料变化，以保证达到合适的底流浆液浓度。也有些系统采用恒定流量泵，浆液被送至底流储罐或者循环到浓缩器入口。有些采用变速泵的系统也采用了循环管，使得当底流储罐装满时底流液泵也能继续运行。当底流循环时，浓缩器固体物浓度增加。

（二）机械方面应考虑的问题

1. 耙臂和耙臂提升型式

上面提到的耙臂和耙臂提升型式各有优缺点。桥式支撑机构通常对于直径小于40m的浓缩池来说较经济，而中心柱支撑机构对于大直径浓缩池较好。桥式支撑机构的另一优点是底流排料锥体堵塞较轻，提升机构简单。

缆绳悬吊机构的设备费比桥式支撑机构便宜，但是缆绳吊挂的耙臂不能很好地控制耙臂的高度，因为它提升时，耙臂的一端会高出浓缩器底部浓浆或沉积物层。缆绳吊挂耙臂也有采用中心支点提升机构，耙臂的中心端固定在驱动机构上，耙臂提升的高度沿着耙臂的长度方向增加，如图2-6-2（b）所示。当运行条件波动引起浆液浓度较高时，这种型式的提升机构不能提供足够的高度来避免扭矩过大的问题。桥式耙臂也用中心支点提升，但是它通常是通过提升整个驱动轴来提升耙臂，这样，沿耙臂长度方向的提升高度是相等的，如图2-6-2（a）所示。

缆绳悬耙臂的优点是，在浓缩池底部浓度较高的浆液中的机械设备较少，驱动机构扭矩较小。

提升机构可以手动操作或者电动操作。在自动操作系统中，当耙臂扭矩超过允许的最大值时，将自动启动耙臂提升机构。其次，运行人员也可以根据扭矩值手动启动耙臂提升机构。

2. 底流泵的布置和型式

有几种底流泵的布置方式。图2-6-4（a）、（b）和（c）是其中的三种方式。投资费用最高的方式是布置在地下隧道中，如图2-6-4（a）所示。在这种方式中，底流泵直接布置在浓缩池排料锥体的下面。这样布置的泵的入口管道短，泵的入口处于正压状态，运行情况一般较好，没有故障，允许排放高浓度浆液。在中心柱支撑中可以采用立式泵，如图2-6-4（b）所示。泵和螺旋桨的维修比较困难，维修时需用起重机或导链将泵吊起。底流泵也可以布置在浓缩池周围地面上，如图2-6-4（c）所示。这是最经济的布置方式，但是入口管道堵塞后清理非常困难。与其他底流泵布置方式相比，这种布置入口管道较长，泵的入口压力较小。由于泵入口正压很小，管道稍有堵塞就会产生泵的气蚀现象，损坏泵。底流泵可以采用离心泵、容积泵和隔膜泵。

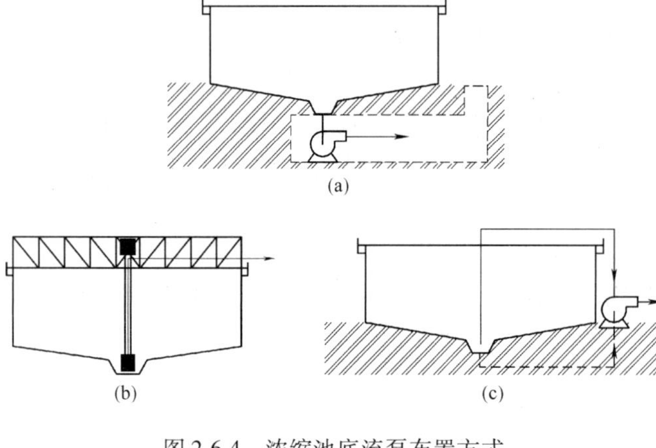

图2-6-4　浓缩池底流泵布置方式
（a）隧道中的底流泵；（b）中心柱上的垂直底流泵；（c）带有架空或者地下抽吸管道的布置在地面上的底流泵

（三）其他需要考虑的问题

1. 备用方式

浓缩池的连续运行对于脱硫系统的可靠运行是非常重要的。脱硫系统在脱硫副产品不进行一级脱水的情况下，运行的最长时间通常是24h，如果需要排空浓缩池，则维修工作可能需要几天时间才能完成。因此，通常每个脱硫系统设计两个并列的浓缩池和一个公用溢流箱。每个浓缩池配一个底流泵。因为浓缩池的规格设计通常是保守的，如果需要，可以通过添加絮凝剂来改善其性能，所以每个浓缩池的设计出力常常为满负荷的75%。这样，一个浓缩池由于维修而停运对脱硫运行影响较小。采用添加絮凝剂时一个浓缩池也能保证满负荷运行。当低负荷或者燃烧比设计含硫量低的煤时，一个浓缩池就可能满足脱硫副产品的处理。

2. 浆液排空和临时储存

有时，浸没在浓缩池中的机械设备，如耙臂的维修需要把浓缩池排空，而浓缩池的容量很大，装有大量石膏浆液。每个电厂通常都有一个事故浆罐，其容积近似为最大吸收塔浆池的容积，它足以容纳下浓缩池中的石膏浆液，所以浓缩池在维修时，可以把其中的石膏浆液排入事故浆罐，维修完后再把事故浆罐中的浆液送回浓缩池。

三、材料选择和建议

1. 材料选择

与其他工艺设备相同，浓缩池的材料应根据其所处的腐蚀环境选择。浓缩池的工作条件除pH值和固体物浓度外与吸收塔反应罐类似。浓缩池底部的浆液浓度能达到50%以上。浓缩池通常采用碳钢或者混凝土加衬里，衬里可以是玻璃鳞片、玻璃钢或橡胶。浓缩池中的机械部件根据其侵蚀和腐蚀条件采用不同的材料制作。驱动机构和耙臂是浸没在浆液中的，必须防止腐蚀和侵蚀，通常由碳钢加衬胶制成。溢流口和管道通常由玻璃钢（FRP）、防腐合金钢或衬胶钢制成。不与浆液接触的部件可以采用碳钢。耙臂和其他浸没部件在运行中很难检查，浓缩池不排空无法进行修理。很小的衬胶破损都会导致局部腐蚀，进一步造成衬胶分层。因此，浸没部件的衬胶质量是非常重要的，在浓缩池修理时应进行衬胶的检查。

2. 建议

对于单台机组应建立两个平行的浓缩池，每个处理能力约为脱硫系统石膏产量的75%。对于多机组脱硫系统应建立一个公用的备用浓缩池。

每个浓缩池应有两个100%出力的底流泵，一台运行一台备用。如果锅炉负荷和燃料含硫量变化较大采用变速泵较好。底流泵应配有返回到浓缩池的回流管路。

通常浓缩池的设计应在不加絮凝剂的情况下具有一定的余量。但是，当场地有限时，可以考虑添加絮凝剂来使浓缩池处理能力满足要求。

第二节 旋流器

旋流器是利用离心力分离和浓缩脱硫浆液的装置。在脱硫系统中，它们常常用在石灰石浆液制备系统中石灰石颗粒尺寸的控制和石膏浆液的一级脱水。

一、设备类型

图2-6-5是一种典型的旋流器。带压浆液从旋流器的入口切向进入旋流腔，在旋流腔内产生高速旋转流场，受离心力的作用，密度大的颗粒同时沿轴向向下运动，沿径向向外运动，形成外旋涡流场，这样，浓相浆液就由底流口排出，形成底流液。而密度小的颗粒向轴线方向运动，并在轴线中心形成一向上运动的内漩涡，于是，稀相浆液就由溢流口排出，形成溢流液。这样就达到了两相分离的效果。

影响旋流器性能的因素有旋流腔直径、旋流筒的长度、锥体角度、溢流和底流口直径。对于一个特定的旋流器，它只有在一定的参数，如流量、压力、给料浓度和颗粒分布等条件

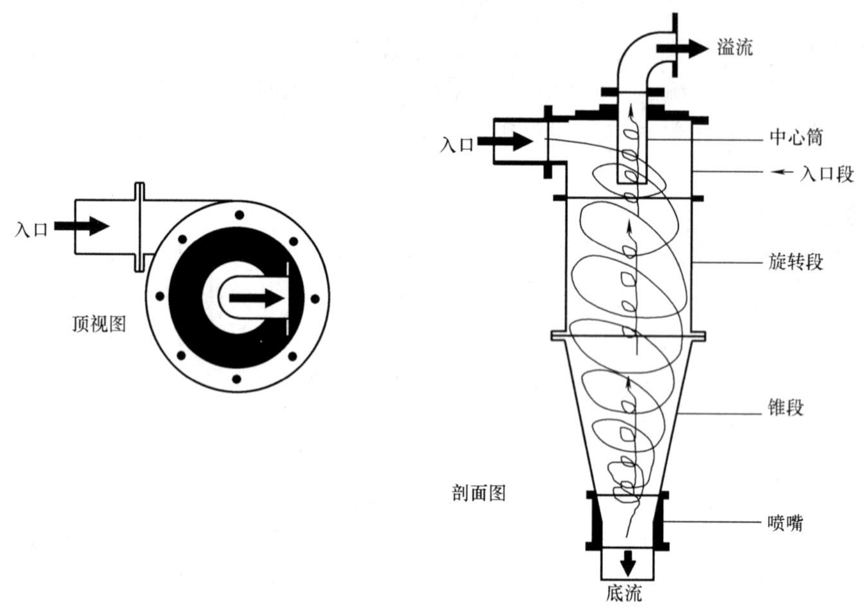

图 2-6-5　典型旋流器

下，才能达到最佳的运行性能。旋流器一般成组安装，几个完全一样的旋流器安装成为一组，通过调整旋流器的运行数量，使旋流器达到最佳运行性能。如图 2-6-6 所示，旋流器的入口连接到一个公用的圆柱体分配器上。每个旋流器入口安装一个隔离阀，以便在不影响其他旋流器运行的情况下切断某个旋流器进行维修。每个旋流器的底流和溢流分别收集到底流和溢流槽中。

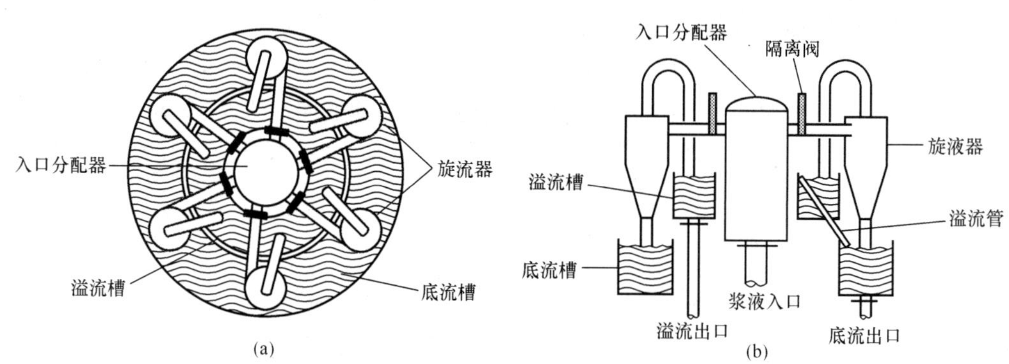

图 2-6-6　旋流器组

（a）顶视图；（b）剖面图

在湿式石灰石浆液制备系统中，旋流器用来将颗粒较大的石灰石从浆液中分离出来，再送回球磨机中继续磨细。即含有较大石灰石颗粒的旋流器底流返回球磨机的给料端，含有较细石灰石颗粒的溢流液进入石灰石浆液箱。

在石膏一级脱水中，旋流器的目的是浓缩石膏浆液。旋流器入口浆液的固体颗粒物含量一般为 15% 左右，底流液固体颗粒物含量可达 50% 以上，而溢流液固体颗粒物含量为 4% 以下，分离浆液的浓度大小取决于石膏颗粒尺寸分布。底流液送至二级脱水设备，如真空皮带过滤机进一步脱水。大部分溢流液返回吸收塔，少部分送至废水旋流器再分离出较细的颗粒。采用旋流器进行脱水的另一个特点是，浆液中没有反应的石灰石颗粒的粒径比石膏小，它倾向进入旋流器的溢流部分再返回吸收塔，使没有反应的石灰石进一步反应。因此，吸收塔浆液固体物中石灰石含量略高于最终副产物石膏中的石灰石含量，这样，既有利于获得高脱硫效率，又可以使副产物中的石灰石含量降至最低程度，提高石灰石利用率。

一般在一级旋流器下游安装废水旋流站，一级旋流站溢流浆液的一部分进入废水旋流站作进一步处理。采用高效率的二级旋流器从浆液中除去更细的颗粒，含有细小石灰石颗粒的二级旋流器底流液送回吸收塔，含有很细的飞灰颗粒的溢流液送往废水处理系统，这样可以降低废水处理的负荷，减少废水处理产生的废固体物量。

二、设计上应考虑的问题

1. 工艺上考虑的问题

旋流器的两个基本作用是：将大颗粒分离出来；浓缩浆液。石灰石浆液制备系统用旋流器将大颗粒分离出来，石膏脱水系统则是用旋流器把低浓度的石膏浆液浓缩为高浓度的石膏浆。

由于旋流器利用离心力分离浆液中的颗粒物和液体，所以质量大的颗粒比质量小的颗粒容易从底流分离出来。图 2-6-7 示出了旋流器对吸收塔浆液的分离性能。图 2-6-7（a）是在典型的石灰石强制氧化脱硫系统中，采用直径为 150mm 旋流器浓缩吸收塔排出浆液所得到的旋流器入口浆液、底流和溢流的颗粒尺寸范围。图 2-6-7（b）为不同大小颗粒的分离效率，即每种尺寸的颗粒在底流液中的质量占该尺寸颗粒总质量的百分率。将分离效率为 50% 的颗粒直径定义为 D_{50}。

在本例中，浆液中固体颗粒和液体的比重分别是 2.32 和 1.02。旋流器入口浆液流量 9L/s，浓度 15%。底流和溢流出口压力均为大气压，旋流器入口浆液压力为 165kPa（表压）。如图 2-6-7（a）所示，入口浆液中 90% 的颗粒直径大于 20μm，大于 60μm 的不到 10%，入口浆液中约 50% 的颗粒大于 38μm。

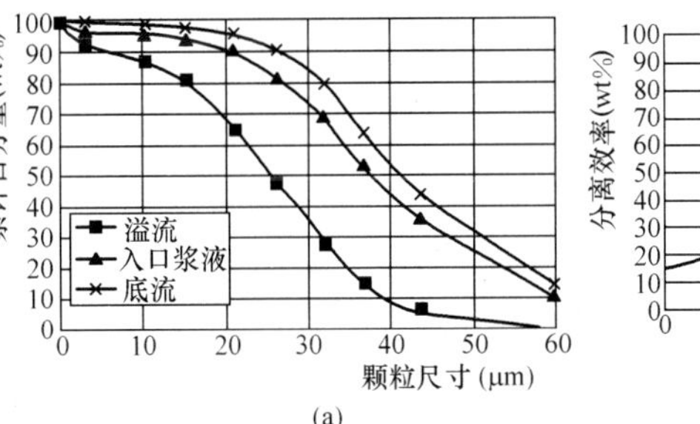

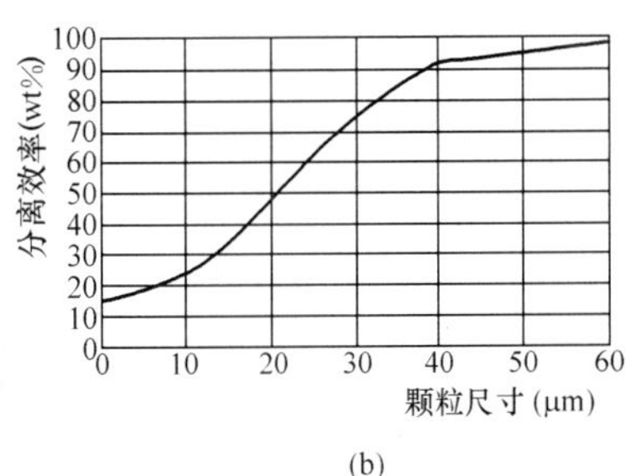

图 2-6-7 旋流器性能曲线

（a）颗粒尺寸分布；（b）颗粒回收率

如图 2-6-7（b）所示，在 3～45μm 的范围内，分离效率受颗粒尺寸影响较大。3μm 以下的颗粒分离率小于 15%；45μm 以上，分离率大于 95%。D_{50} 是 20μm。从底流和溢流的颗粒尺寸分布曲线可以看出颗粒尺寸和分离效率的关系。底流曲线在入口浆液曲线上方，粗颗粒含量较大；溢流曲线在入口浆液曲线下方，粗颗粒含量较少。溢流中大于 38μm 的颗粒不到 15%，而在底流中占到 55% 以上。

图 2-6-7 是根据直径 150mm 的旋流器在给定流量下绘制成的。因为 D_{50} 是离心力的函数，所以在相同流量下，旋流器的直径越小，细颗粒的回收率越高，旋流器直径越大，细颗粒回收率越小。

当旋流器主要用作分离时（例如在闭路循环的石灰石磨制系统中），旋流器的性能通常用溢流中颗粒直径小于某值的百分量来表示。在上面的曲线中，分离性能可以表示为小于 40μm 的为 90%，或者小于 44μm 的为 95%。

在图 2-6-7 所示实例中，入口浆液固体物浓度为 15%，在试验条件下，底流和溢流液中固体物浓度分别为 50% 和 4%。大约入口浆液流量的 80%（7.2L/s）进入旋流器的溢流部分。分离效果取决于固体和液体的密度差。颗粒和密度大的物质比小颗粒和小密度的物质更容易分离，密度较大的石灰石（密度为 2.93）和硫酸钙（密度为 2.32）比密度小的颗粒物容易分离出来，进入底流。飞灰的密度小于 2，颗粒尺寸很小，不容易分离出来，容易进入溢流。石灰石密度尽管比硫酸钙稍大些，但粒径比脱硫石膏结晶小得多，因此循环浆液中的石灰石仍然能很好地与石膏分离。

2. *机械方面应考虑的问题*

旋流器是相对简单、没有旋转部件的设备。机械上应考虑的问题有旋流器尺寸、入口流量和压力的控制、设备的备用和部件更换等。

（1）旋流器尺寸。旋流器的尺寸由供货商或者旋流器制造厂根据他们的经验和试验结果确定。除分离性能外，设计还必须考虑浆液成分、颗粒尺寸分布、浆液固体物浓度和流量、颗粒密度和压降。

旋流器的几何尺寸影响底流和溢流的固体物浓度以及 D_{50} 值。在设计上影响旋流器性能的因素如下：

1）旋流腔入口面积：入口面积是影响旋流器 D_{50} 的因素。较小的入口可以提高入口压力，降低 D_{50} 值。入口越大，则情况相反。通常，入口面积是旋流室面积的 6%～8%。

2）旋流器直径：旋流器直径影响离心力的大小。直径越大，底流部分细颗粒的比例越小，D_{50} 越大。

3）溢流中心筒直径：溢流中心筒是旋流器运行中为了改变运行性能需要经常更换的部件。溢流中心筒直径越大，底流部分细颗粒的比例越小。

4）旋流筒长度：增加旋流筒的长度可以增加浆液在旋流器中的停留时间，从而增加底流部分细颗粒的份额，即 D_{50} 较小。

5）锥体角度：通常锥体角度为 10°～20°。减小锥体角度的效果与增加旋流筒的长度相同。

6）底流嘴直径：底流嘴直径影响着底流固体物浓度。底流口的直径越小，底流颗粒浓度越高。然而，如果底流口太小，D_{50} 将增加，溢流中大颗粒的份额将很高。底流口的直径通常不小于溢流中心筒直径的 25%。

上述影响旋流器性能的设计因素都受浆液流量的影响。对一个特定的旋流器，除底流嘴直径外，旋流器其他部件的几何尺寸是固定的，但是，如果有必要，可以通过更换一个或者几个部件来改变其大小。底流嘴可以是固定的，或者通过节流阀来调整底流嘴直径。通过调节底流嘴直径可以控制分离性能，但提高了设备成本，也较复杂。因此，多数脱硫系统采用固定的底流嘴，通过更换不同口径的喷嘴来获得较好的分离效果。

（2）浆液流量控制。浆液流量（特别是每个旋流器的流量）对于旋流器的选择特别重要。如前面讨论的那样，分离性能随着流量的变化而变化。因此，理想状态是浆液流量维持恒定或者变化很小。这一要求对于闭环控制的石灰石浆液制备分离系统是没有问题的，因为该系统通常是以恒定的出力工作，它是通过控制运行时间来满足石灰石需要量。石灰石浆制备系统的旋流器通常由石灰石制备系统供货商来选择。用户工程师的作用是选择来料石灰石块的尺寸或者对石灰石细度提出要求，如90%的颗粒小于44μm。

然而对于石膏旋流器来说，吸收塔石膏产量随机组负荷、煤的含硫量、脱硫效率和其他因素而变化，因此吸收塔送往石膏旋流器的流量也会随之变化，对于这种变化的流量有几种处理方式。一种解决方法是维持去旋流器站的浆液流量恒定，在吸收塔石膏浆液密度较低时通过切换阀使旋流器底流返回吸收塔，这种系统的简图如图2-6-8（a）所示。为了避免用泵输送旋流器的分离液，旋流器站通常布置在离吸收塔相对较近的地方，离吸收塔浆池有足够的高度，这样可以通过重力使分离液返回到吸收塔。另一种方法是以恒定的流量间歇地把吸收塔排出的石膏浆供给旋流器。旋流器的启停很方便，在启动几秒钟后就能达到设计性能。然而，这种方法需要经常冲洗旋流器入口管路。旋流器溢流和底流管路通常可以自动排空，在停运状态不需要进行冲洗。第三种方法是供给旋流器的石膏浆流量是变化的，根据需要起停旋流站的旋流器，以保障进入每个旋流器的流量恒定，如图2-6-8（b）所示。这种方式需要控制旋流器的给料，如采用隔离阀，但隔离阀的磨损严重。否则，需要增加调节阀和相应的控制设备。

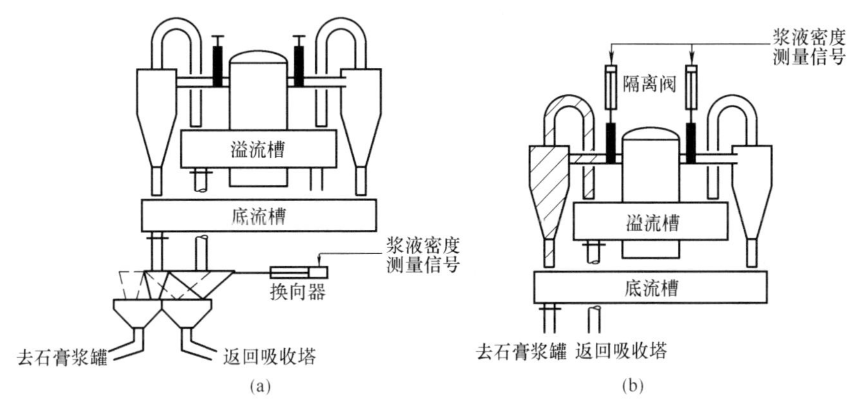

图2-6-8 旋流器石膏浆液排出控制方法
（a）底流换向器法；（b）隔离阀法

（3）设备的备用。无论有几个旋流器在运行，一个旋流器站通常有1～2个旋流器处于备用状态。建议至少应有20%的备用旋流器，这样就可以在不影响系统性能和正常运行的情况下，在线维修旋流器。

（4）部件的更换。每个旋流器都可以在不影响其他旋流器运行的情况下迅速而且容易地从旋流器站拆下来维修，而必须更换整个旋流器的情况相对很少。一个旋流器由几个用螺栓连接在一起的部件组成，每个部件采用了防剥蚀衬里或者由防剥蚀材料制成。旋流器部件或衬里的更换一般需要几小时。

3. 其他需要考虑的问题

如前所述，副产品一级脱水采用的旋流器用来分离不同粒径和密度的颗粒。这种分离效果在石灰石法烟气脱硫系统中是非常有用的，特别是那些生产商用石膏的脱硫系统。因为没有反应的石灰石、惰性物质和飞灰比强制氧化系统中的石膏颗粒小，这些小颗粒在溢流部分的浓度高于底流部分。

这种分离有四个重要优点。首先，没有反应的石灰石返回脱硫系统可以减少石灰石的消耗量，从而降低脱硫运行费用。其次，商用石膏对在脱水过程中残留在石膏中的惰性物质的最大含量有要求，如过剩石灰石和飞灰。旋流器把一部分没有反应的石灰石送回吸收塔，把很细的飞灰送到废水处理设备中。第三，商用石膏通常要求石膏平均粒径在20μm以上。随溢流液排掉的包括细石膏在内的细颗粒物可以提高底流液平均粒径。由旋流器性能曲线［见图2-6-7（b）］可知，实例浆液小于20μm的颗粒物的分离效率小于50%。最后，如果要过滤的浆液中含有相对较少的细颗粒，那么可以保证真空过滤机的性能。细颗粒非常容易堵住滤饼和滤布的孔，会增加滤饼形成和干燥所需的时间。其结果是，要么增加真空过滤机的尺寸，要么减小出力。

然而，如果由石膏旋流器分离出来的细颗粒不排掉一些，全部返回吸收塔，会给脱硫系统带来一些问题。诸如飞灰、没有反应的石灰石和惰性物质等很细的颗粒物会在吸收塔浆液中不断积累，最后会达到有害程度。因为脱硫系统是在吸收塔浆液密度相对稳定的条件下运行的，很细的惰性物质的积累将取代副产品和反应剂的重量，这样会由于亚硫酸钙、硫酸钙和石灰石浓度的减少而影响脱硫工艺过程。所以，至少应当使部分一级脱水溢流液不返回吸收塔。通常，再采用一套高效旋流器分离剩余的细颗粒，将主要含有石灰石的底流液送回吸收塔，把含有很细的飞灰颗粒的溢流液送到废水处理系统。或者，直接把石膏旋流器溢流液的一小部分送到废水处理系统。

三、材料选择和建议

1. 材料选择

由于采用了防剥蚀衬里，旋流器的壳体可以根据工艺流体的压力来选择。可以采用碳钢、铝、聚丙烯和玻璃钢（FRP）。为了便于拆卸，采用镀镍或者合金钢螺栓连接较好。

旋流器防剥蚀衬里可以采用多种材料制作，包括天然橡胶、聚氨酯、铬合金和陶瓷。橡胶是最便宜的材料，常用在剥蚀性较弱和中等程度的区域。在严重剥蚀条件下，如锥体的下部和上部出口处，通常采用陶瓷材料。可以采用的陶瓷材料包括碳化硅、渗氮碳化硅和氧化铝。防剥蚀铬合金钢用在强度低、易碎陶瓷材料不能承受的严重剥蚀区域，如底流出口。一般，不同材料的衬里是可以互换的，如果一种材料在使用过程中证明其抗剥蚀能力较差，可以换用抗剥蚀能力强的材料。

进料圆筒、底流槽和溢流槽及所有的管道通常由衬胶碳钢制作，也可以采用防剥蚀玻璃钢（FRP）。有些工程，从旋流器溢流到溢流槽的管路采用橡胶软管。

2. 建议

每个旋流站应当有一个或者两个备用旋流器（最小20%的备用度）。

旋流器起初可以采用便宜的橡胶衬里。当在运行中发现有磨损严重的区域时，根据需要可以更换耐剥蚀较强的材料。

一级脱水和废水处理系统的设计应考虑对吸收塔循环浆液中细颗粒物浓度的控制。

第三节 真空过滤机

真空过滤机用作湿式石灰或石灰石/石膏法FGD副产品的最后一级脱水。真空过滤机通常用来处理经过浓缩器或旋流器一级脱水后的石膏浆液。用于石膏二级脱水的真空过滤机有几种类型，但工作原理都相同。浆液供给过滤机，由真空泵透过滤布抽出石膏浆液中的液体，而固体颗粒留在滤布上面。真空过滤机主要根据其滤布的支撑方式、浆液供给方式、副产品的卸料方式来分类。石膏脱水所用的真空过滤机的选择取决于石膏浆液浓度和其他物理特性，以及副产品的处理方式和最终用途。

一、类型

广泛用于湿式石灰和石灰石/石膏FGD系统的过滤机有水平皮带过滤机、旋转滚筒真空过滤机和滚筒/带式真空过滤机。

1. 水平皮带过滤机

水平皮带过滤机如图2-6-9所示，采用真空泵透过滤布抽出石膏浆液中的液体，固体颗粒留在滤布上形成滤饼。水平皮带过滤机是采用多孔皮带支撑滤布，皮带沿着上部是平底的真空盒（或称真空室）移动。浆液经布置在过滤机一端的给料箱均匀地分配到水平滤布上。在另一端，滤布和支撑皮带分开，滤布绕过小直径滚筒旋转时，从滤布上刮下石膏饼。支撑皮带绕大滚筒旋转，在绕过真空室、返回到给料端的过程中皮带和滤布重新叠合在一起。水平皮带过滤机具有连续运行、容量大和转速低、故障少的优点，但价格高和占地面积较大。

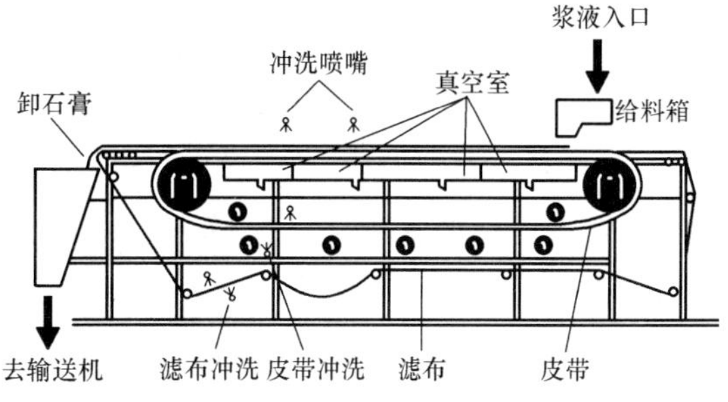

图2-6-9 典型的水平皮带过滤机

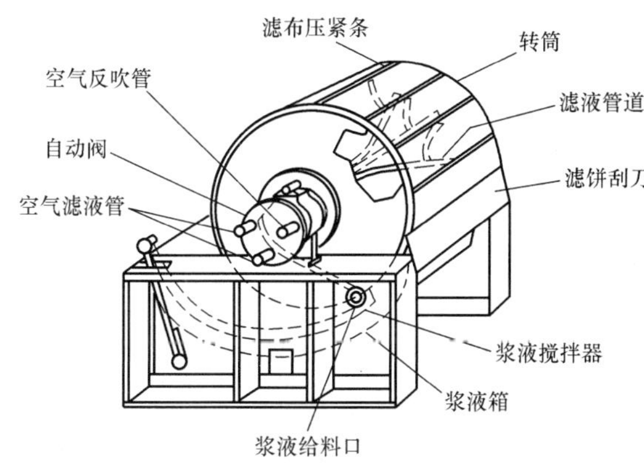

图2-6-10 典型的滚筒真空过滤机

2. 旋转滚筒真空过滤机

旋转滚筒真空过滤机如图2-6-10所示，这种过滤机是将浆液送到设备底部的浆液箱，浆液箱中装有一个摆动叶片形搅拌器，保持固体颗粒处于悬浮状态。滤布贴在旋转空心滚筒上，滚筒划分成几个扇形区，每个分区表面有一个浅槽，从滚筒内部使一个或多个分区形成真空，从而将浆液箱中的浆液抽到滚筒浸没部分的表面上，浆液中的固体颗粒被捕获到滤布表面形成滤饼，浆液中的液体，即“滤液”透过滤饼和滤布被抽出，排往过滤机和真空泵之间的滤液箱中。图2-6-11是这种过滤机、滤液箱和真空泵的一种典型布置方式。

滚筒在浆液箱的浸没部分所形成的滤饼在滚筒转到浆液箱液面以上、滚筒顶部的过程中进行脱水。在转动一圈的后半部分可以用净水冲洗滤饼，降低残余的溶解盐。生产商用石膏的工艺通常需要对滤饼进行冲洗。在滚筒旋转的末端，靠近滚筒表面处装有刮刀，刮落滤布上的石膏。为避免磨损滤布，刮刀片不能接触滤布。也可以采用压缩空气帮助清除滤布上的固体物，固体物由输送机送走，滚筒和滤布再进行新的循环。

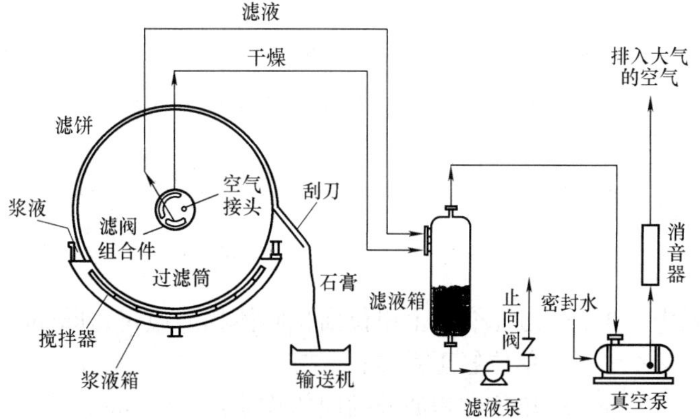

图2-6-11 连续旋转滚筒真空过滤机的典型流程图

对于滚筒式过滤机，在定轴和滚筒之间采用阀门控制转筒不同区域的真空度和持续时间（或者采用

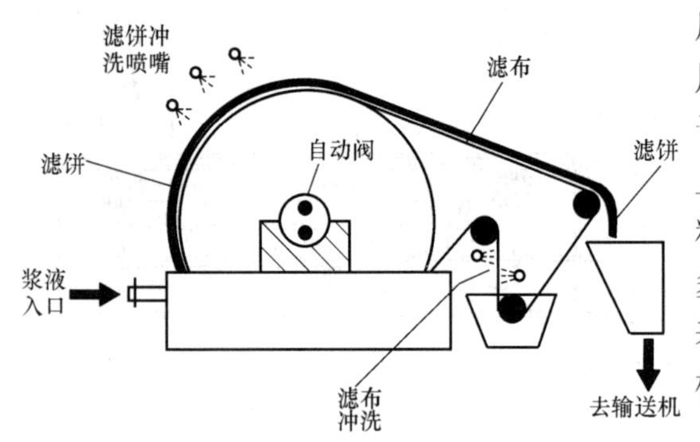

图 2-6-12 典型的滚筒/带式真空过滤机

压缩空气的区域），并将滤液导向滤液箱。用真空阀控制滚筒上用于滤饼形成、冲洗、干燥和卸料相互有关的各部分。显然，转筒上起不同作用的各部分受浆液箱、转筒和卸料机构外形尺寸的限制。通常，滚筒表面最多30%用作滤饼形成，20%用作卸料，其余表面用作冲洗和脱水。过滤循环的最佳设计根据各应用情况而定。

3. 滚筒/带式真空过滤机

如图 2-6-12 所示，滚筒/带式真空过滤机的滤布由多孔皮带托着，多孔皮带贴在滚筒表面上移动，在旋转末端，皮带和滤布与转筒分开，当皮带和滤布通过小直径转筒拐弯时把石膏卸下。在石膏卸料端和进行下一个循环之前可以对滤布进行冲洗。如果浆液含有大量容易堵塞滤布孔洞的细颗粒，细颗粒将粘在滤布上堵塞滤布孔，增加过滤阻力，降低过滤能力。通过冲洗可以将这些细颗粒冲洗掉，恢复滤布的过滤能力。

二、设计上应考虑的问题

在设计真空过滤时，根据浆液的过滤特性来确定过滤机的尺寸和运行条件。如果能从现场获得实际运行的石膏浆液，可以进行过滤特性的台架试验或者半工业试验，为过滤机的设计和选择提供科学依据。对于新建脱硫系统来说，可以根据预测的石膏浆液特性以及与现有工艺过程相似的石膏浆液的经验，进行过滤机设计和选择。

多数情况下是用户选择真空过滤机的型式和数量，设备供货商进行真空过滤系统的设计。下面通过介绍有关真空过滤机设计的一些基本知识，可能有助于应用工程师掌握过滤机基本运行原理和选择过滤机类型。

1. 过滤过程

真空过滤机设计的主要参数是单位过滤速度［kg/（m^2·s）］，它表示单位时间内处理一定量的石膏所需的过滤面积。总过滤表面积是过滤过程中每个环节所需面积的总和：滤饼形成，滤饼冲洗和滤饼脱水。每一环节所需的表面积反比于这一环节的处理速度：

滤饼形成速度——过滤介质上滤饼的形成速度；

滤饼冲洗速度——冲洗水置换滤饼中残余含水量的速度；

滤饼脱水速度——滤饼中的水分被脱除到最小含水量的速度。

处理相同的浆液，不同形式的过滤机所需要的过滤面积不同，因此相对成本和最佳过滤机类型的选择取决于过滤过程中各环节的相对处理速度。下面讨论过滤过程中每一环节的参数关系。

（1）滤饼的形成。表述滤饼形成的经验公式为：

$$W = k\sqrt{\left(\frac{2w\Delta p t_f}{\mu\alpha}\right)} \tag{2-6-3}$$

式中 W——过滤介质上单位面积固体物的质量，kg/m^2；

k——单位修正系数；

w——单位体积滤液的固体物质量，kg/m^3；

Δp——真空度，mmHg（1mmHg = 1.33 × 10^2Pa）；

t_f——过滤循环中滤饼形成时间，s；

μ——滤液黏度，Pa·s；

α——单位滤饼阻力，m/kg。

式（2-6-3）表明单位面积过滤机上滤饼质量随着浆液固体物浓度（w）、真空度（Δp）、形成时间（t_f）的增加而增加，随着滤液的黏度（μ）和滤液通过滤饼的流动阻力（α）的增加而减少。滤饼的阻力主要由颗粒尺寸和形状决定。公式表明，通过提高浆液固体物浓度可以减少形成一定滤饼厚度所需的时间，石膏浆液浓度的提高可以由一级脱水设备来实现，如石膏旋流器。

对于给定的石膏浆液和过滤机，设计中应着重考虑滤饼形成时间 t_f，以便在滤饼形成部位的末端获得理想的石膏滤饼厚度。允许的滤饼厚度随过滤机形式不同而不同。对于筒式或者筒/带式过滤机，最小滤饼厚度通常为 4～5mm，滤饼太薄卸料困难。这类过滤机的最大滤饼厚度是 20～25mm。较厚的滤饼会在卸料点以前从筒上落下。水平带式过滤机可以在非常厚的滤饼厚度下运行（直到 130mm），因为滤饼不会从水平皮带上落下。

（2）滤饼冲洗。如果脱硫系统需生产商用石膏，通常要用氯离子含量和含固量较低的补给水进行冲洗，不能采用含可溶盐较高的工艺液。滤饼所需冲洗时间 t_w 与冲洗水通过滤饼所需时间有关，因此冲洗时间正比于滤饼厚度或者滤饼形成时间。滤饼冲洗时间可用如下公式表示为

$$t_w = Kt_f n \tag{2-6-4}$$

式中 t_w——滤饼冲洗时间，s；

K——冲洗水流动常数，无量纲；

n——冲洗水体积与滤饼中残余水分体积的比，无量纲。

所需冲洗水比率 n 取决于所要求的滤饼最终可溶盐含量与初始可溶盐含量的比率（R）和冲洗水比率为 1（$n=1$）时的冲洗效率（E），即

$$R = \left(1 - \frac{E}{100}\right)^n \tag{2-6-5}$$

例如，冲洗效率 70%，滤饼中某种可溶盐减少 10 倍（$R=0.1$），需要的冲洗比率为 1.9。

（3）滤饼脱水。滤饼在滤布上形成以后，在真空泵通过滤饼抽取空气的时候，大部分水从滤饼中分离出来。对于这种滤饼，如果不采用蒸发干燥的方式，石膏中将含有一定量的水分，它很难通过真空泵抽吸出来，这部分水叫残余含水量。

残余含水量与固体物颗粒尺寸、形状和表面积有关。石膏晶粒的形状直接影响其脱水性能，针状晶粒和叶状晶粒相互纠缠和搭接在一起，其脱水性能较差。纯石膏在结晶过程中容易形成针状石膏晶粒，如有其他物质存在可使晶粒结构发生变化。石膏浆液中石膏含量较多时，容易形成难脱水的针状石膏。石膏含量较少，容易形成很薄的叶状石膏晶粒，其脱水性能也很差。只有石膏含量适中的浆液能够结晶出很短的棒状石膏晶粒，其脱水性能较好。铁、铝、氟和有机物质有助于形成短粗的石膏晶粒。脱硫产生的石膏一般是土豆形状的，容易脱水。粒度分布比较均匀，也容易脱水。如果石膏中较细的飞灰或其他杂质含量较多，会由于这些细小的飞灰等杂质堵塞滤布的孔，使脱水困难。在脱水刚开始时，含水量减少速度很快，但随着接近滤饼固有残余含水量时，含水量减少速度变慢。

从设计的目的出发，脱水速率用相关系数 t_d/W 表述，t_d/W 是过滤机干燥时间与过滤机

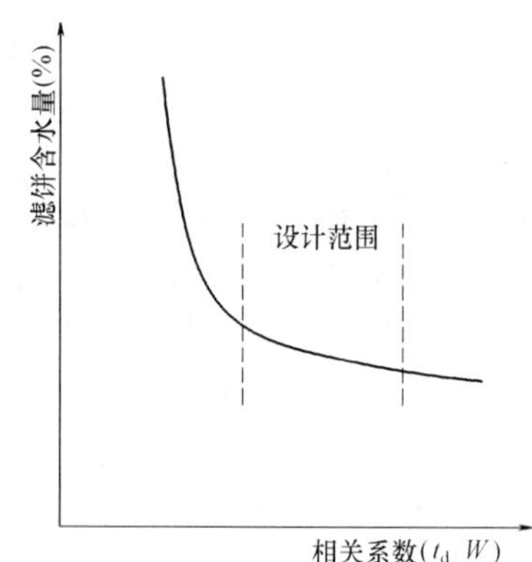

图2-6-13 石膏饼含水量与相关系数的典型曲线

单位面积滤饼重量之比（正比于滤饼厚度）。图2-6-13为石膏饼含水量与相关系数的典型曲线，从该图可看出，随着相关系数 t_d/W 的增大，石膏饼含水量降低，但当 t_d/W 增加到一定程度后继续再增加，石膏饼含水量变化不大。在石灰或者石灰石脱硫系统中，通常尽量把滤饼含水量降低到最低值。因此，选择合适的滤饼厚度和干燥时间，使相关系数的设计值在曲线陡峭部分的右边。设计点可以是薄饼和较短的干燥时间，或者是厚饼和较长的干燥时间。

2. 各过滤环节的设计

一旦确定了滤饼形成、滤饼冲洗和滤饼干燥的速度关系，就可以根据试验数据或者类似的全尺寸应用情况计算任何型式过滤机的尺寸和运行条件。观察图2-6-14中的转筒和给料箱的几何形状可以看到，对于滚筒式过滤机，最佳的滤饼形成、冲洗和脱水时间是相互有关联的。该图表示了过滤机转筒旋转一周各部位的功能是如何分配的，如果不冲洗滤饼，滤饼形成的面积通常占30%，脱水所占面积为50%～60%。

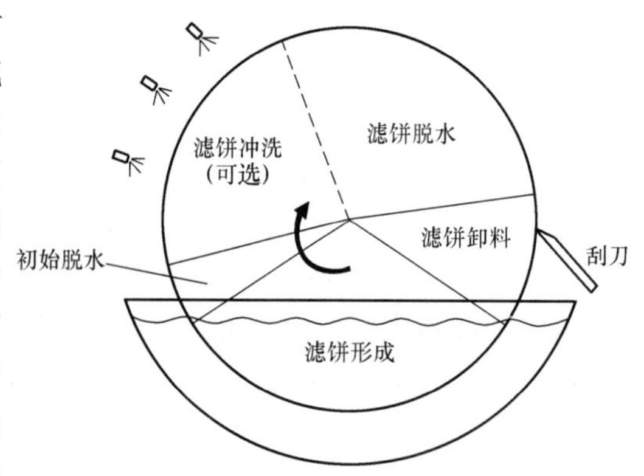

图2-6-14 旋转滚筒式真空过滤机的运行区域

例如，假定石膏饼密度为800kg/m³，设计石膏饼形成速度为0.3kg/（m²·s）。那么形成25mm厚的石膏饼的时间（t_f）为0.025m乘以800kg/m³除以0.3kg/（m²·s）等于67s。因为过滤循环一周时间中只有30%用于滤饼的形成，因此总过滤时间为67s除以30%，为223s。对于这一结果，采用一个典型的比例扩大系数0.8，得出设计总时间为279s。对应于脱水机的这一转速，最大脱水时间为279s的60%，即167s。如果实际要求的脱水时间大于此值，那么在获得最大滤饼厚度的情况下，滤饼不能充分脱水。在这种情况下，需要降低给料箱中的液位，或者降低真空度获得较薄的滤饼和降低滚筒速度以达到较好的脱水。另一种方法是，改变确定真空范围的真空阀的排布，减少滚筒浸没于浆液中的真空部分的表面积。

类似的情况是，形成滤饼的时间可能比脱水时间长。例如，滤饼在脱水过程中出现破裂的情况下，会影响脱水效果。在这种情况下，滚筒最佳旋转速度应慢些，以便形成较厚的滤饼，而且应调整真空阀使滚筒整个浸没部分都形成滤饼，真空将只用在干燥部分。然而，在这种情况下，整个滚筒的某一部分是多余的，这部分区域既不作为滤饼形成部分，也不作为脱水部分。如果需要冲洗，冲洗速度也应当考虑，它也影响滚筒的设计转速。

上面谈到的滚筒式和筒/带式过滤机的设计不能用于水平带式过滤机，因为真空盒布置在皮带下面，可以通过调整皮带速度得到滤饼形成时间、冲洗时间和脱水时间之间的任一比值。皮带过滤机的整个过滤区表面都可以被有效利用，能很好地优化过滤能力，这是水平带式过滤机设计的优点。因此，对于实际脱硫石膏，水平带式过滤机过滤速度比滚筒式高20%～100%。

有人用4个全尺寸脱硫装置的石膏浆液进行了试验室过滤试验，试验数据列于表2-6-3，它表示了不同运行条件下生产出的脱硫石膏浆液典型的过滤特性。在所有试验中，含有30%固体物的石膏浆液在500mmHg（66.66kPa）真空度下过滤，形成12～25mm厚的滤饼。然后脱水120s，通常达到最低含水量。表中列出了滤饼形成速度［kg/（m^2·s）］、滤饼形成时间和滤饼固体物浓度以及脱水末端的最终真空度。

表2-6-3　　四个脱硫系统石膏浆液的过滤试验（浆液含固量30%）

工艺形式	副产品氧化率（%）	500mmHg真空度下滤饼形成速度［kg/（m^2·s）］	25mm厚滤饼的形成时间（s）	滤饼密度（kg/m^3）	120s脱水后含水量（%）	脱水末端的真空度（mmHg）
石灰石，强制氧化	99	0.5～1.6	20～50	700～800	14～22	350～500
石灰石，抑制氧化	3～4	0.3～0.9	20～60	670～760	29～32	400～450
石灰石，抑制氧化	12～13	0.3～0.5	30～80	560～750	42～48	380～460
富镁石灰，抑制氧化	7～10	0.1～0.3	40～80	450～500	56～61	150～200

注　1mmHg = 1.33×10^2Pa。

从表2-6-3可以看出，强制氧化石灰石/石膏法脱硫副产品石膏滤饼形成速度最快，残余含水量最小，滤饼密度最高，这种工艺过程产生的石膏颗粒通常比亚硫酸钙颗粒容易脱水。通过优化设计脱水过程，石灰石强制氧化工艺的石膏浆液通常可以脱水到残余含水量小于10%。

在以石灰石为脱硫剂的抑制氧化工艺中，副产品的脱水性能随氧化率的大小变化很大。当氧化率小于5%时，副产品亚硫酸钙表现出几乎与石膏具有相同的脱水特性。如果氧化率接近15%，则脱水性能很差。表2-6-3中列出了两个以石灰石为脱硫剂的抑制氧化工艺，第一个氧化率较低，这时副产品滤饼形成速度的上限范围与石膏浆液的滤饼形成速度范围重叠，滤饼密度接近石膏饼密度，脱水产物的残余含水量相对较低，大约为30%；第二个氧化率较高，滤饼形成速度相对较低，脱水产物的残余含水量相对较高，大约为45%。

表2-6-3中最后一行的数据为富镁石灰法的副产品。这种工艺过程中产生的副产品脱水最困难，滤饼形成速度和滤饼密度最低、最终脱水产物含水量最大，达60%。

表2-6-3还给出了过滤试验中120s脱水后测得的最终真空度，富镁石灰工艺浆液的真空度最低。原因是这种工艺产生的副产品在脱水过程中形成的滤饼容易破裂，从而使空气通过裂缝漏入真空区，使真空度下降，结果滤饼中的残余含水量较大。滤饼破裂使富镁石灰工艺的副产品脱水困难，即使加长脱水时间也不能解决问题。

从表中可以看出，不同的脱硫工艺和不同的氧化率所产生的脱硫副产品脱水性能不同。对于同一种脱硫工艺，运行条件不同，石膏的脱水性能也不同。例如，锅炉负荷、进入脱硫系统的原烟气的SO_2浓度和飞灰含量的变化，也会对脱硫副产品石膏的脱水性能产生重要的影响。当锅炉负荷较低或者SO_2浓度较低时，由于石膏排出量减小，使得石膏在吸收塔中的停留时间加长，石膏颗粒粒径变大，脱水性能变好。当飞灰量增加时，由于石膏中细颗粒飞灰的增加，会使石膏脱水性能变差。因此，应当谨慎地进行石膏脱水系统的设计，使其满足各种运行条件下的要求。一般，过滤机设计成能够处理24h锅炉最大负荷和额定SO_2脱除量时产出的副产品，并且考虑一定的备用量，例如，为机组满负荷时处理脱硫副产品量的150%，这样过滤机的设计运行时间小于每天24h，例如为16h。一级脱水后的石膏浆液存放在一个石膏浆罐中，再供给过滤机，根据脱硫副产品的过滤特性和石膏产量，调整过滤机速度和过滤机运行时间来满足运行要求。

通常脱硫浆液设计过滤速度范围从0.1～1kg/（m^2·s），下限值适用于富镁石灰工艺中难脱水的浆液，浓缩器底流部分固体物浓度为25%～30%，上限值适用于易脱水的石膏浆液，旋流器底流固体物浓度大约为50%。对于强制氧化石灰石/石膏法脱硫工艺，如果石膏抛弃处理，那么，最终产物石膏的含水量和氯离子含量可以不用降至太低，也无需冲洗石膏饼，所以可以选择较小的过滤面积。

3. 过滤机选择

从上述分析可见，三种类型的过滤机都可以用作脱硫副产品的脱水设备，选择哪一种主要从投资方面考虑。通常，对于同样的过滤面积，滚筒式或者滚筒/带式过滤机比水平带式过滤机便宜。但是，投资与容量有关，对于总面积小于10m^2的小型过滤机，投资比较接近。水平带式过滤机通常生产墙板质量的石膏。水平带式过滤机过滤速度快，冲洗和脱水环节可以进行优化和灵活控制，因此，这种过滤机在生产商用石膏方面具有很大的吸引力。滚筒式或者滚筒/带式过滤机常用于石灰石抑制氧化和富镁石灰抑制氧化工艺中需要大型过滤机的地方。

选择过滤机类型时还应注意的是，过滤机的选择和设计面积要考虑一级脱水装置的性能，因为浆液固体物浓度对滤饼形成速度影响较大。

三、机械方面应考虑的问题

多数真空过滤机是按照标准化设计的，然而对于用户来说，可以做一些机械设计方面的选择。下面讨论这方面的问题。

1. 过滤机的数量

真空过滤机是整个脱硫系统可靠运行的重要设备，但是由于事故浆罐的容积通常为一个吸收塔浆池的容积，大约为满负荷时12～20h的石膏产量，因此，如果一台机组对应一台100%容量的真空过滤机，过滤机故障停运时间在12h之内时，不会影响整个脱硫系统的可用率。通常建议采用两个100%容量的过滤机，但是也可以考虑保守量小一些（两台75%容量或者两台50%容量的过滤机）的配置。但至少要配置两台过滤机，这样脱硫系统有较好的运行灵活性，可以进行定期的检修。

2. 单双真空系统

图2-6-11所示的过滤布置只有一个真空系统。根据特定浆液的过滤特性，也可以采用两个独立的真空系统。这种系统允许过滤设备的不同部分采用不同的真空度和空气流量，从而使得整个过滤系统的设计具有较大的灵活性。

3. 变速驱动机构

为了增加过滤机运行的灵活性，对于滚筒式或者带式过滤机也可采取变速驱动，这样特别适合锅炉运行条件变化引起的浆液过滤特性的变化。

4. 滤布选择

过滤机滤布材料通常包括聚丙烯、聚乙烯、尼龙和涤纶（聚酯纤维）。与其他设备的选择一样，滤布材料的初期投资必须与使用寿命一并考虑。

5. 真空泵设计

过滤系统中采用的真空泵通常是水环式真空泵。对于每平方米过滤机，真空度为20～22mmHg（2.67～2.93kPa）时，空气流量一般为20～100m^3/h。

四、材料选择和建议

1. 材料选择

真空过滤机所使用的材料范围很广。与脱硫系统中的其他设备一样，真空过滤机也要考虑所处的腐蚀环境。工艺流体的设计氯含量是材料选择的一个关键因素。对于低氯离子的情况，滚筒、真空盒和管道可以采用奥氏体不锈钢制作。对于高氯离子含量的情况，可以采用碳钢衬胶或者增强树脂衬层，也可以采用玻璃钢（FRP）或者高镍合金钢。

2. 建议

滚筒式、滚筒/带式或者水平带式过滤机都可以用于石灰和石灰石湿法脱硫系统中副产品的脱水。选择的经济性取决于脱硫副产品的特性和最终用途。对于大尺寸的设备，滚筒式过滤机比水平带式过滤机便宜，比如富镁石灰工艺过程中使用的滚筒式过滤机。水平带式过滤机最适合生产墙板级石膏的脱水，因为水平带式过滤机的滤饼形成时间短，脱水时间长。

在任何情况下，过滤系统的设计容量都应当具有足够的余量，以满足脱水浆液特性较宽的变化范围。典型的设计是过滤机每天运行8～12h就能够处理一天的最大产量。

第四节 离心脱水机

除用真空过滤机外，也可以用离心脱水机进行副产品的二级脱水，离心脱水机一般可以生产残余含水量5%～10%的副产品。离心脱水机已成功地用于强制氧化和抑制氧化脱硫系统副产品的二级脱水。离心脱水机的工作原理类似于重力沉淀池，但是由于浆液旋转产生的离心力要远远高于重力，所以沉淀速度要高得多。离心脱水机的选择取决于脱硫浆液的特性和对脱水产物特性的要求。

一、类型

脱硫系统中通常采用的离心脱水机有两种类型：沉降式离心机和立式转筒离心机。

1. 沉降式离心机

图2-6-15所示的是一种沉降式离心机。这种离心机有一个绕着水平轴或者垂直轴旋转的滚筒。在脱硫应用中，通常采用的是水平轴。滚筒可以是圆柱形、圆锥形，或者是部分圆柱形和部分圆锥形。通常将一级脱水后的浓浆液连续供入离心机内的某一位置，随着滚筒的旋转，浆液中的固体颗粒向滚筒内壁运动。离心机内的螺旋输送机以比滚筒速度低的转速旋转，把固体颗粒推向圆锥部分，这样固体颗粒就从浆液中分离出来了。脱水的副产品在圆锥端离开离心机，被分离的液体在另一端排出。离心机中液体的深度可以通过排液口水闸来调整。减小液体深度可以减小离心机的出力，同时由于加长了滤饼

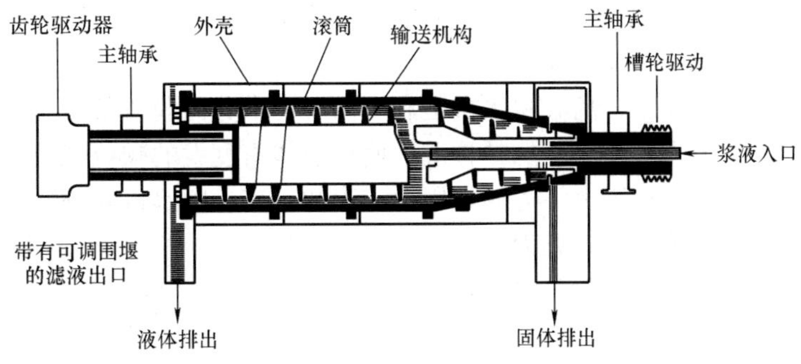

图2-6-15 沉降式离心机

的脱水时间，脱水副产品的残余含水量降低。

脱硫系统采用的沉降式离心机的滚筒旋转速度一般为 2000～2500r/min。螺旋输送机构的旋转速度比滚筒转速低 20～80r/min。可以在圆锥部分对固体颗粒进行水冲洗以降低副产品中的氯离子含量。冲洗水流向离心机的圆柱部分与脱水液体混合排出。

2. 立式转筒离心机

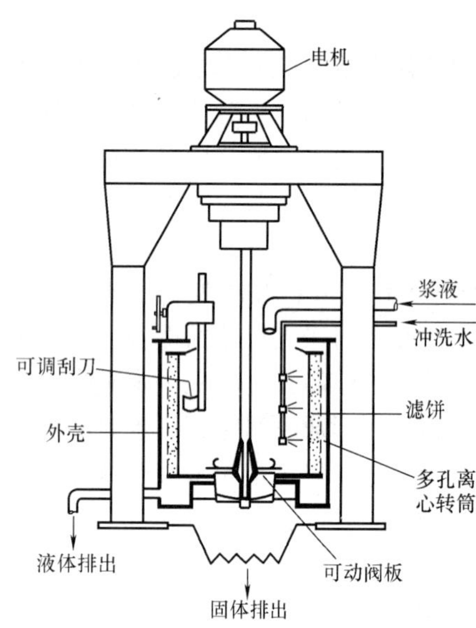

图 2-6-16　立式转筒离心机

如图 2-6-16 所示的立式转筒离心机可以用来进行脱硫副产品的脱水。圆柱形或者圆锥形篮式转筒呈悬吊状，在整个脱水过程中，转筒的旋转速度是变化的，副产品的脱水是一批一批地完成的。筒中衬有很密的过滤网使固体颗粒保留在筒内。

立式转筒离心机的整个脱水过程分以下四步进行：

（1）旋转筒加速。

（2）脱水（同时冲洗）。

（3）旋转筒减速。

（4）铲出石膏。

转筒以较低的旋转速度启动，在不断地从一个或者两个给料管向转筒内供浆的过程中，筒的旋转速度缓慢增加。液体通过滤网流出，在转筒内壁上形成固体滤饼。可以向滤饼喷水冲洗以降低氯离子浓度和其他可溶性盐含量。滤饼在 800r/min 下旋转甩干，当脱水完成后，筒的速度降低到 30r/min，固体物由缓慢移动的刮刀卸下。筒底部的门被打开，排出固体物，然后清洗干净过滤网，转速提高到开始时的速度。

如前所述，立式转筒离心机是以分批处理的方式运行。因此，多数脱水系统都是采用几个离心脱水机并列运行，每个运行在不同的工艺阶段。因此浆液的供给、脱水等实际上是连续的。

二、设计上应考虑的问题

对于具体的应用情况，选择什么型式的离心机较好，取决于脱硫工艺是抑制氧化还是强制氧化、是否具有一级脱水设备和一级脱水设备的型式、副产品是商业应用还是抛弃。对于新建脱硫系统，离心脱水机供货商应当与脱硫供货商合作，尽可能多的获得系统副产品特性和处理要求方面的资料。如果脱硫系统已经存在，需要对脱水系统进行改造，通常从要改造的脱硫系统中获取脱硫副产品浆液试样，在供货商的小型设备上进行试验，根据试验数据把试验设备放大后进行实际尺寸的离心脱水机设计。

1. 离心分离理论

正如其名，离心脱水机是利用离心力来分离脱硫浆液中的固体颗粒和液体的。在浓缩器中，重力作用在悬浮的颗粒上，使比液体密度大的颗粒沉淀下来。在一个旋转的离心脱水机中，重力远小于离心力的作用力，因此，离心脱水机的分离效果是浓缩器的几千倍。离心力加速度可按下式计算为

$$a_c = \frac{v^2}{r} = \omega^2 r \qquad (2\text{-}6\text{-}6)$$

式中　a_c——离心加速度，m/s^2；

v——线速度，m/s；

r——圆形轨道的半径，m；

ω——角速度，rad/s。

在离心脱水机中，离心力的大小通常用标准重力加速度的多少倍来表示，即

$$F_c = \frac{\omega^2 r}{g} \tag{2-6-7}$$

式中　F_c——离心力，无量纲；

g——标准重力加速度，m/s^2。

对于一给定的离心脱水机，也可以按式（2-6-8）计算离心力即

$$F_c = 3.6 \times 10^{-6} n^2 D_b \tag{2-6-8}$$

式中　n——滚筒转速，r/min；

D_b——滚筒内径，mm。

虽然一些工业离心脱水机具有10万的离心力，但是脱硫中所用的离心脱水机的离心力较低。通常沉降式离心机的运行离心力约3000，立式转筒离心机的运行离心力约570。

2. 工艺上应考虑的问题

采用离心脱水机的优点是它可以取消副产品的一级脱水设备浓缩器或者旋流器。缺点是滤液中含有的固体颗粒通常比真空过滤机滤液多。

（1）是否采用一级脱水。在有些情况下可以采用离心脱水机，省掉一级脱水。例如，美国一个石灰石强制氧化脱硫系统直接把浓度为20%～25%的浆液从吸收塔送到离心脱水机给料箱。8个立式转筒离心机生产出残余含水量为6%～8%的副产品。尽管看起来是省掉了一级脱水系统，但是通过一级脱水系统可以使脱硫副产品浆液浓缩，从而使供给二级脱水系统的浆液流量减小，这样就减小了二级脱水设备的数量和容量。在没有一级脱水的情况下，直接采用离心脱水机处理脱硫浆液，较大的浆液流量必然会增加离心脱水机数量和容量，增加运行能耗，从而增加脱水系统的投资和运行成本。因此，是否采用一级脱水，需要进行经济性比较。

（2）滤液处理。立式转筒离心机的滤液通常含有2%的固体颗粒。一些小颗粒在旋转过程中通过过滤网进入滤液，在加浆液的初始阶段，浆液的溢流也可能使一些颗粒进入滤液。滤液可以返回吸收塔或进入吸收剂浆液制备系统或送往废水处理系统。滤液中颗粒较小的亚硫酸盐或者硫酸盐晶体返回吸收塔后可进一步长大。也可以将一部分滤液通过废水处理系统排掉，这样也可以排掉滤液中的一部分飞灰或者其他惰性物质，从而使整个脱硫系统中的惰性物质含量不至于太高。

（3）聚合体的应用。也可以采用浓缩器所用的相同的絮凝剂来增加细颗粒的聚集速度，降低滤液中颗粒物含量。然而，因为小颗粒比大颗粒脱水困难，絮凝剂的使用会使副产品的含水量增加。由于絮凝剂的使用会带来这样的负面效果，再加之絮凝剂的消耗使运行成本增加，所以离心脱水机中很少采用絮凝剂。

3. 离心脱水机的选择

对于特定的情况，选择何种离心脱水机最好，这取决于脱硫工艺过程和对脱硫副产品的要求。另外，对二级脱水设备的选择还应对真空过滤机和离心脱水机进行技术和经济性比较。

在两种型式的离心脱水机中，沉降式离心机最适宜分离颗粒较小的脱硫副产物，如石灰

或者抑制氧化石灰石脱硫工艺的副产品，因为很细的亚硫酸盐晶体容易堵塞或者通过离心脱水机的网孔。立式转筒离心机较适用于石膏的脱水，因为较大的硫酸钙晶体不易堵塞或者通过滤网孔，而且较易冲洗。

4. 机械方面应考虑的问题

当采用离心脱水机时，电厂工程师应了解旋转速度和转子直径对材料应力和离心力的影响，以及对设备冗余度的要求。

（1）转筒的应力。转筒的机械应力可以根据转筒转速和直径按下式计算为

$$\sigma = kn^2 D_b^2 \tag{2-6-9}$$

上式中任何一个设计参数的增大都将增加转筒的应力。转筒应力越大，出现机械故障的可能性就越大。公式（2-6-8）表示离心力 F_c 正比于转筒直径和旋转速度平方的乘积。根据式（2-6-8）和式（2-6-9）的关系，滚筒转速加倍和滚筒直径减半对滚筒的机械应力没有影响，但是可以使离心力加倍。因此，为了在最低应力下达到理想的离心力 F_c，离心脱水机宜设计成小直径滚筒、高转速。

（2）离心脱水机的数量。市场提供的离心脱水机的出力通常小于一个脱硫系统中副产品的生产量，因此，一般采用多个离心脱水机并列运行。当采用立式转筒离心机分批处理石膏浆液时，用多个离心脱水机可以实现几乎连续运行的过程。一般情况下还应具有一定的备用容量，每个发电机组通常安装一套备用设备。如果两台及两台以上发电机组，则共用一个二级脱水系统，可以安装一套备用设备，备用离心脱水机可以用于任何一台机组。

脱硫系统副产品脱水中用的沉降式离心机的最大出力通常为12～15t/h。立式转筒离心机每批为1t，每小时的出力取决于副产品的特性。显然，10%残余含水量的副产品需要的时间比5%残余含水量的副产品少。滤饼冲洗也会延长每批处理的时间。典型的处理时间是，采用水冲洗生产商用石膏时每小时5～6批，不采用水冲洗抛弃处理时每小时10批。

三、材料选择和建议

1. 材料选择

为了防止浆液的腐蚀和克服高速运转中的高应力，沉降式离心机接触浆液的部件用不锈钢或者其他合金钢制作。用于滚筒和输送机构的材料有317LMN不锈钢和254SMO（6Mo超级奥氏体不锈钢）。由于立式转筒离心机在低得多的转速下运行，转筒和离心机外筒可以采用橡胶衬里，配件采用317L不锈钢或者镍基合金钢。过滤网通常采用带有40～55μm小孔的316不锈钢。过滤网是磨损部件，每3～4个月需要更换1次。

因为高转速和具有剥蚀性颗粒的存在，防剥蚀也是离心脱水机设计中需要关注的问题。沉降式离心机的输送机构是剥蚀较严重的部件，这一区域通常安装由碳化钨或者其他材料制造的可拆卸的防磨片。试验表明烧结碳化钨比镍基合金、氧化铝陶瓷等材料更耐磨蚀。

2. 建议

离心脱水机的选择取决于脱硫工艺和副产品的处置方式。沉降式离心机最适合于石灰或者抑制氧化石灰石脱硫系统小颗粒副产品的情况。立式转筒离心机更适合强制氧化石灰石脱硫系统。

当要求滤饼残余含水量较低时，应当考虑采用离心脱水机取代真空过滤机，因为离心脱水机的副产品含湿量通常为5%～10%。

第五节 真空过滤机和离心脱水机的比较

表2-6-4给出了各种过滤设备的基本特征，从中可以看出立式转筒离心机的处理量最大可达3.5～5.0t/h。真空滚筒式和带式过滤机的单位处理量为1.0t/（m^2·h），它相当于每小时最大可处理20t。沉降式离心机的处理量也可达到20t/h。

表2-6-4 各种脱水设备的比较

过滤机	处理量 t/h	价格	耗电	过滤机	处理量 t/h	价格	耗电
立式转筒离心机	最大3.5～5t/h	高	高	真空带式过滤机	大约1.0t/（m^2·h），最大20t/h	低	低
真空滚筒过滤机	大约1.0t/（m^2·h），最大20t/h	低	很低	沉降式离心机	20t/h	高	适中

立式转筒离心机的工作是不连续的，这种不连续的工作方式通常有30%的时间处于不工作状态。为了达到连续脱水必须采用多台脱水机。为此，必须对并联运行的多台脱水机进行精确地控制，另外，还需增加附属设备，例如离心脱水机前的浆液储存容器。相反，真空滚筒式和带式过滤机的工作完全是连续的，即石膏浆的加入、冲洗、石膏饼的铲除和滤布的冲洗都是同时进行，所有与脱水有关的设备承受的载荷都是均匀的，所以比较容易控制整个脱水过程。

石膏晶粒的形状也是选择过滤机时应考虑的因素。在石膏晶粒为针状、棒状和片状的情况，较适宜于采用真空滚筒式或带式过滤机。对菱形和立方体晶粒来说，前面所介绍的过滤设备都可采用。

表2-6-5列出了几种过滤设备的基本过滤性能。用离心脱水机可得到残余含水量6%～8%的石膏。用真空带式或筒式过滤机所得石膏残余含水量一般在8%～12%。经验表明，用真空带式过滤机可获得残余含水量小于10%的石膏。

表2-6-5 各种脱水设备的过滤效果

过滤设备	残余含水量（%）	冲洗水量	滤液	石膏晶粒应力
立式转筒离心机	6～8	高	混浊	高
真空筒式过滤机	10～12	适中	清	很低
真空带式过滤机	8～10	低	清	很低
沉降式离心机	7～10	高	混浊	很高

为使石膏中的易溶物分离出来，在过滤过程中要用新鲜水冲洗石膏饼。为了达到同样的冲洗效果，不同过滤设备需要不同的冲洗水量。真空带式过滤机所需的冲洗水量最小。经验表明，要使氯离子含量从40000ppm冲洗到小于100ppm，对于带式过滤机来说，1t干石膏需要冲洗水300L。运行经验表明，石膏中的氯离子含量可达到20～60ppm。因为几乎在所有的设备中都是采取两级逆流方式冲洗石膏饼，也就是说用新鲜水冲洗后的滤液循环回来对石膏饼进行预冲洗，所以需要少量的冲洗水就足够了。与真空带式过滤机相比，离心脱水机只是单级冲洗。按照制造商的说明，每吨干石膏需要300～1000L的冲洗水，原因是在离心

脱水机中无法进行逆流冲洗。

不同的过滤设备所产生的滤液也有所不同。大多数立式转筒离心机的滤液是混浊的，沉降式离心机的滤液也是混浊的。由于沉降式离心机中石膏饼的不断转动使石膏饼疏松，渗水性也就大于立式转筒离心机生产的石膏，其结果是滤液中的固体含量较高。而真空带式和滚筒式真空过滤机的滤液含固体物要少些。

过滤设备的另一个区别是过滤后石膏饼的密实性，卸料的难易程度。在沉降式离心机中，石膏饼是在没有减速的情况下用刀子铲下的，石膏饼较密实。立式转筒离心机中生产的石膏饼密实性略微小些，因为它的石膏饼是在降低转速的情况下用刀子铲下的。真空带式或滚筒式过滤机中生产的石膏饼密实性很小，与布带黏附较松，易于卸料。

由于以上所介绍的各种脱水设备的优缺点，如今大部分采用的都是真空带式过滤机，许多离心脱水机已被真空带式过滤机所取代。

第七章 球 磨 机

多数脱硫系统都是用石灰或者石灰石作碱性物质来脱除锅炉烟气中的 SO_2。如果购买直接可以用于脱硫的石灰或石灰石粉，则成品粉的价格和运输费用可能都比较高。因此，运送到电厂的吸收剂（石灰或石灰石）通常在使用之前需进一步加工成浆液，才能加入吸收塔中。

脱硫系统所用的吸收剂石灰石通常以破碎的石块运送到电厂，粒径在20mm以下。它必须进一步磨制成粒度较小的颗粒，以提高表面积和反应活性。石灰石可以湿磨，也可以干磨。在把石灰石磨制成相同粒度的情况下，干磨系统的投资比湿磨系统大30%左右，磨制电耗也比湿磨系统大10%～30%，所以，多数脱硫系统采用湿式球磨机系统。在球磨机中把石灰石磨制成可用泵输送到吸收塔去的浆液。石灰石浆液磨制的好坏直接影响脱硫系统的运行参数和性能，如液/气比、钙/硫摩尔比等，最终还会影响脱硫石膏的质量。

用石灰作吸收剂的脱硫系统所用的块状生石灰（CaO）必须消化成消石灰[$Ca(OH)_2$]，制成能够输送到吸收塔去的浆液。曾有三种型式的消化设备用来为脱硫系统生产消石灰：搅拌消化机、静置消化机和球磨消化机。商用搅拌消化机的出力一般在3.6t/h以下，它比大型脱硫系统所要求的出力小得多，因此，需要多台搅拌消化机。可以采用大容量静置消化机，但是这种消化机的效率比搅拌消化机和球磨消化机低，石灰消化运行成本相对比较高。因此，一般采用石灰的脱硫系统都选择大容量球磨消化机制备石灰浆液。

第一节 球磨机类型

石灰石磨制或者石灰消化所用的球磨机可以是卧式或者立式。两种型式的出力都可以达到100t/h以上。下面将讨论这两种球磨机的差别和优缺点。

一、卧式球磨机

脱硫系统石灰石浆液的制备主要选择的是卧式球磨机，石灰消化常用的也是卧式球磨机。图2-7-1示出了卧式球磨机系统，装有钢球的滚筒旋转速度为15～20r/min。吸收剂和水从滚筒的一端进入，碾磨后的浆液从另一端排出。在滚筒旋转的过程中，钢球被提起，然后再落入吸收剂和其他钢球上。在石灰石球磨机中，这种运动把大颗粒磨成小颗粒。在石灰消化球磨机中，它使石灰和水混合，促进消化反应。磨制过程中，连续不断地把未消化的CaO颗粒外面的 $Ca(OH)_2$ 包裹层磨掉，促进了消化。石灰中不发生消化反应的物质也被磨制成小颗粒与石灰浆一起排出。球磨机的出口有一套反向旋转的螺旋片，在其旋转的过程中把钢球推回球磨机。球磨机出口有一个带有小孔的圆柱形筛网，吸收剂浆液通过小孔排放到球磨机浆液箱中，而钢球和大颗粒杂物留在球磨机中。没有磨碎的石头、杂物和钢球碎片通过出口螺旋片，经斜槽，而不通过筛网，排往废弃物漏斗中。

卧式球磨机要制备粒度均匀的浆液需要许多辅助设备，皮带称重给料机用来计量加入球磨机的干态吸收剂量，球磨机将碾磨后的浆液排入装有搅拌器的浆液罐中。在闭路石灰石浆液制备系统中，球磨机浆液罐中的石灰石浆液被输送到旋流器，旋流器分离粗颗粒和细颗

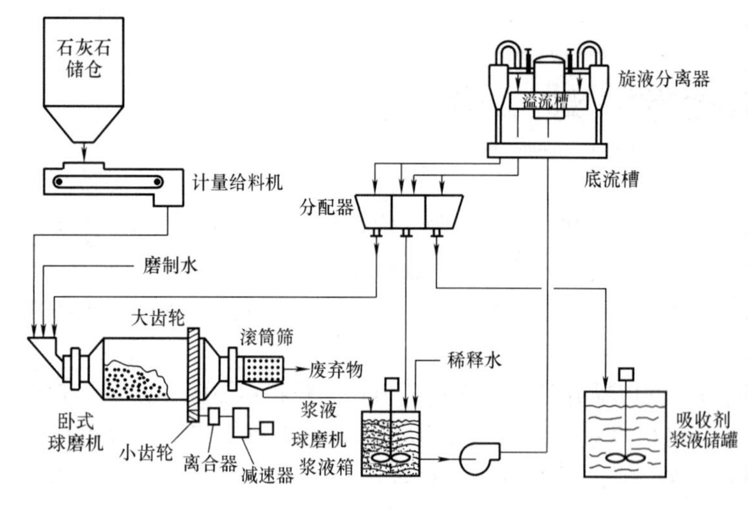

图 2-7-1　卧式球磨机系统

粒。旋流器分离出来的稀浆直接输送到吸收剂浆液罐中，底流浓浆则返回到球磨机的入口进一步碾磨。当制备了足够的吸收剂浆液后，称重给料机停运，球磨机驱动离合器分离，球磨机停运。球磨机停运后旋流器分离出来的稀浆和浓浆均送入球磨机浆液罐中。

当球磨机作为石灰消化机使用时，卧式球磨机通常为开路运行，浆泵将碾磨后的石灰浆液直接从球磨机浆液罐输送到石灰浆液储存罐中。有的石灰消化球磨机采用闭路系统以提高消化效率和减小石渣的粒度。采用具有辅助设备的闭路系统是否经济取决于石灰的价格和质量，在采用价格较高或者质量较差的石灰时，宜采用闭路系统。

第一次启动球磨机时，应向球磨机中装入不同尺寸的钢球，直径从 19 ~ 750mm。石灰石球磨机的装球量通常为 40% ~ 50%，石灰消化球磨机的装球量要少一些。在运行期间，由于钢球的磨损，直径逐渐变小，所以要定期地向球磨机中加入大直径的钢球，以维持钢球尺寸分配合理。随着球磨机总重量的减少，球磨机电动机电流降低。由于吸收剂和水的重量相对不变，所以重量的减少是由于钢球重量的减少引起的。通常，在出力相同时，如果球磨机电动机的电流降低，则应补加钢球。

二、立式球磨机

立式球磨机，也叫作塔式磨或者搅拌球磨机，是一种相对较新的磨制方式。这种球磨机的主要优点是：设计简单，基础制作简单，易安装，可节省安装时间 50% ~ 70%；占地较少；电耗低，比卧式球磨机节能 30% ~ 40%；噪声低；控制简单。与卧式球磨机不同，卧式球磨机可以碾磨高达 50mm 的颗粒，而立式球磨机只能碾磨相对较小的颗粒，石灰石必须预先破碎到直径小于 6mm 的颗粒，用于石灰消化，生石灰的直径应小于 16mm。如果购买不到规定尺寸的吸收剂，则必须在球磨机前安装一个破碎机。可以安装容量较大的破碎

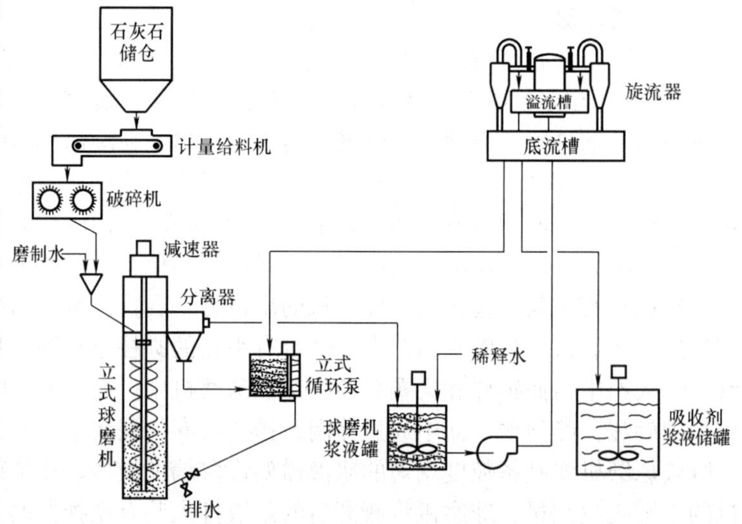

图 2-7-2　立式球磨机系统

机，减少破碎机运行时间（例如，每天工作 8h），将破碎的吸收剂储存起来供给球磨机。然而，比较经济的做法是使破碎系统与磨制系统相匹配，同时运行。

图 2-7-2 中的立式球磨机比卧式球磨机轻得多，因为它的外壳是静止的，内部的螺旋搅拌器以 28 ~85r/min 的转速旋转，直径较大的球磨机以较低的转速运行。螺旋搅拌器的旋转将球磨机中心的钢球从底部提升到顶部，然后缓慢地从外壳的周围落入球磨机的底部。螺杆从顶部插入球磨机中，螺杆在磨制介质中的部分无支撑轴承。

石灰石或者生石灰从球磨机的顶部加入，溢流口也靠近球磨机顶部。球磨机循环泵的设计应使球磨机内部浆液向上的流速为一最佳值，从而能将细颗粒带离球磨机，而大颗粒留在球磨机中。球磨机顶部的分离器把球磨机顶部浆液中粗颗粒分离出来，带有粗颗粒的浆液通过球磨机循环泵返回到球磨机的底部。用来磨制石灰石的立式球磨机通常采用旋流器，它类似于闭路循环卧式球磨机系统中的旋流器。立式球磨机的消化系统不需要旋流器，但是需要球磨机循环泵和分离器。

运行的磨制设备需要消耗一定的能量，其中主要能量用在破碎吸收剂上，但在磨制过程中产生的热和噪声仍会浪费很大的能量。立式球磨机产生的热和噪声较小，所以消耗能量较低。磨制同样细度的石灰石浆液，立式球磨机（包括破碎系统）耗能是卧式球磨机的 70%。磨制得越细，立式球磨机节能越大。

通过合理的设计和选择材料可以降低球磨机内部的磨损。球磨机内表面上有几个竖直的保护条，磨制介质和石灰石堆积在其表面，可以起到防磨作用。螺旋搅拌器的防磨部件的使用寿命通常为 12 ~18 个月。保护条的使用寿命通常为螺旋体防磨部件的一半。

立式球磨机采用的钢球比卧式球磨机的小，最大 2. 5cm，钢球的磨损率约为卧式球磨机的二分之一。与采用卧式球磨机的情况相同，当驱动电动机电流降低时，则需要加入钢球。在磨制石灰石时，碾磨介质的深度通常为 1. 8 ~2. 4m，在进行生石灰消化时，碾磨介质的深度通常为 1. 2 ~1. 5m。

第二节 设计上应考虑的问题

一、工艺上应考虑的问题

在石灰石浆液制备系统的设计中应考虑的工艺问题如下：

（1）产品颗粒尺寸。

（2）石灰/石灰石的特性。

（3）需水量。

（4）最大/最小出力比。

1. 产品颗粒尺寸

石灰石的溶解速度主要取决于其表面积，它是石灰石粒度分布（PSD）特性的函数。石灰石的细度对吸收塔设计中的液/气比、吸收塔浆池中的 pH 值、钙/硫摩尔比（石灰石利用率）和石膏纯度都有重要的影响。在脱硫系统设计中，通常石灰石细度为 90% ~95% 的小于 44μm（325 目）。

石灰石给料尺寸通常用粒径范围（例如，0 ~19mm）表示。表 2-7-1 列出了一些常用的给料尺寸、成品尺寸和成品 80% 通过的筛孔尺寸（即质量份额 80% 的颗粒能够通过的筛孔尺寸）。

表 2-7-1 石灰石给料和球磨机产品粒径之间的典型关系

给料尺寸		成品尺寸			
尺寸范围（mm）	F_{80}^*（μm）	通过率（%）	筛孔尺寸（μm）	筛孔尺寸（目）	P_{80}^*（μm）
3～25	19000	80	74	200	74
12～19	15000	80	44	325	44
0～19	14000	85	44	325	37
0～12.7	9400	90	44	325	31
0～9.5	6400	95	44	325	23

* F_{80}和P_{80}分别为80%给料和产品通过时的筛孔尺寸。

2. *石灰/石灰石特性*

石灰石浆液制备系统是按照石灰石的硬度来设计的，其硬度通常用可磨指数（Bond Work Index 略写 BWI）表示。可磨指数是用实验室球磨机将3.36mm的石灰石磨制到80%小于100μm所消耗的能量来表示。如图2-7-3和图2-7-4所示，BWI的改变直接影响产品的细度或者制备系统的出力。可以用下面的关系式来预测湿式闭路石灰石浆液制备系统中球磨机的电耗，即

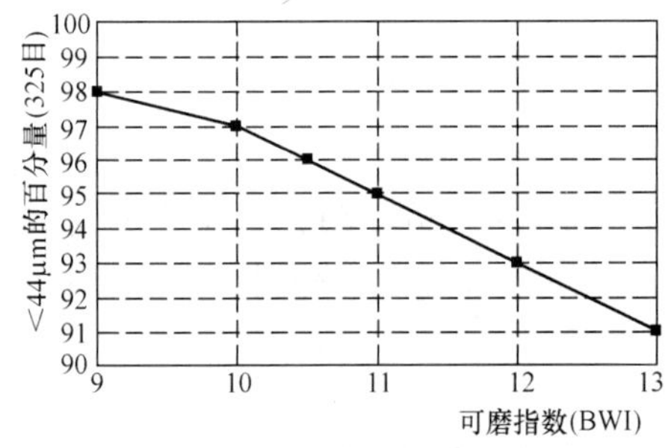

图 2-7-3 典型石灰石磨制系统球磨机成品颗粒尺寸与可磨指数的关系

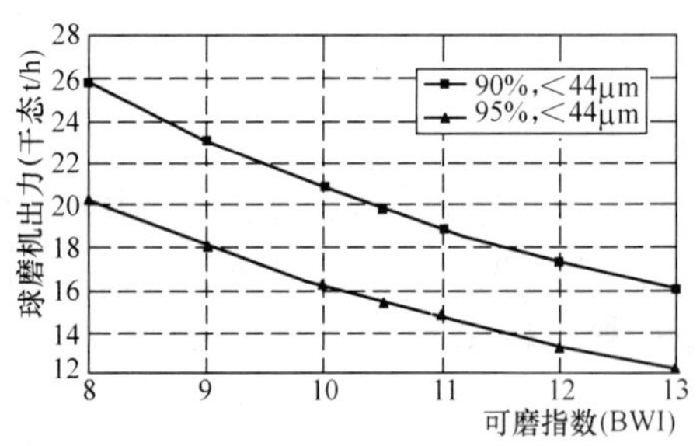

图 2-7-4 典型石灰石磨制系统球磨机出力与可磨指数的关系

$$W=\left(\frac{11\text{BWI}}{\sqrt{P_{80}}}-\frac{11\text{BWI}}{\sqrt{F_{80}}}\right)\times \text{CF} \tag{2-7-1}$$

式中 W——磨制能耗，kW·h/t；

BWI——可磨指数；

P_{80}——磨制产品的80%能够通过的筛孔尺寸，μm；

F_{80}——磨机给料的80%能够通过的筛孔尺寸，μm；

CF——修正系数，无量纲。

对于许多不同的碾磨工况，可以采用一个经验修正系数（CF）。例如，对于湿式闭路石灰石浆液制备系统，当磨制的石灰石成品粒度很小时，如果P_{80}小于75μm，可以用下式计算修正系数为

$$\text{CF}=\frac{P_{80}+10.3}{1.145P_{80}} \tag{2-7-2}$$

对于干磨石灰石的开路制粉系统，在辊式碾磨介质（不同于球磨介质）、非正常的给料

粒径分布以及其他一些有差异的情况下，也可以在公式（2-7-1）中应用经验修正系数来预测磨机的电耗。电厂工程师可以用公式（2-7-1）进行预测，但设备供货商往往根据经验进行设计。有时，供货商可能需要根据特定的石灰石进行一些试验。

图 2-7-5 所示为湿式闭路石灰石浆液制备系统中球磨机所需要的理论磨制电耗、成品颗粒尺寸与石灰石可磨指数（BWI）的关系。该曲线是卧式球磨机的理论关系曲线，对于立式球磨机来说也可以得出类似的曲线。如图 2-7-5 所示，磨制电耗正比于 BWI。磨制电耗也与成品细度有关，磨得越细，电耗越大。同样，尽管该图中没有表示，但是随着给料尺寸增加电耗必然增加。

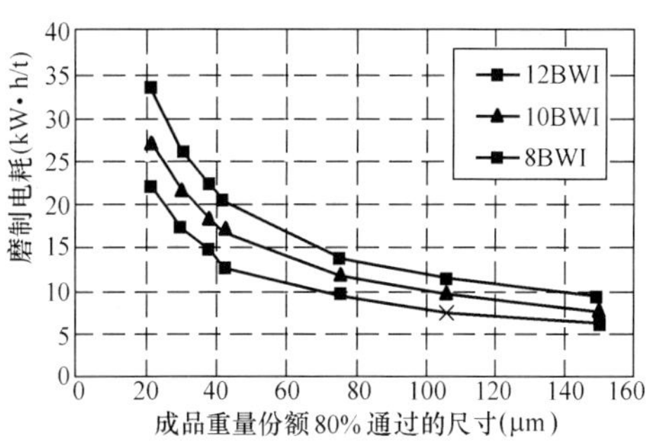

图 2-7-5 球磨机理论电耗和产品颗粒尺寸与可磨指数的关系

在一个闭路系统中，旋流器把大颗粒分离出来送回球磨机中，把磨制合格的细颗粒送到石灰石浆液罐中，使其不再参与磨制。而在开路系统中，为了减小离开球磨机的最大颗粒的粒径，必须对所有的颗粒反复碾磨，合格的产品不能及时的从球磨机中分离出来，这样，必然有大量的已经合格的石灰石在球磨机中继续磨制，从而要消耗高得多的能量。因此在磨制相同平均粒径的成品时，闭路系统比开路系统消耗的能量小。因此，在脱硫系统中，石灰石浆液制备系统通常采用闭路系统。

石灰石中常常含有少量硬度较大的石头，其中有一些离开卧式球磨机时没有磨细，这些东西叫作废渣，通过卧式球磨机的废料口排出。如果废料的量很小，可以采用安装在废料口上的废料桶收集这些废料。然而，对于大量的废料，可能必须安装输送机来运走这些废料。在卧式球磨机中，石灰石可磨指数太大时会增加废渣量。立式球磨机没有滚筒和废料口。废渣和其他杂质或者留在球磨机中磨制成足够小的尺寸随浆液离开磨机，或者留在球磨机中起着附加的磨制介质的作用。石灰石可磨指数太大会降低磨机的出力。

生石灰中含有一些惰性物质，它们由没有煅烧的石灰石、惰性氧化钙和不与酸反应的惰性物质组成，惰性物质约占 1% ~2%。用卧式球磨机或者立式球磨机消化的优点是惰性物质与石灰一起进行研磨，不产生废料。

3. 制浆系统的用水

在脱硫系统中，石灰石浆液制备或者石灰消化系统需要消耗大量的水。整个工艺水消耗量的 10% ~30% 通过吸收剂浆液提供到吸收塔浆池中，其数量的大小取决于原烟气 SO_2 浓度和 SO_{2-}、脱除率，即取决于吸收剂的消耗量。

石灰石浆液的制备可以采用品质相对差些的水，如常常采用脱硫系统二级脱水产生的滤液，或者采用石膏浓缩器/旋流器的稀相作为石灰石浆液制备水。但是，在氯离子含量较高的脱硫工艺系统中，为了避免腐蚀问题，采用工艺水制备石灰石浆液。生石灰的消化采用工艺水较好，因为水中的硫酸根和亚硫酸根离子会阻止石灰的消化反应，造成一些生石灰无法消化。虽然通常在消化过程中采用工艺水，但消化以后可以采用脱硫系统中的滤液或者其他水来稀释浆液使其达到要求的密度。

两种类型的球磨机都需要可靠的冷却水系统，以冷却卧式球磨机支撑轴承和立式球磨机变速箱。在系统停运时，应当用水冲洗球磨机，防止球磨机中浆液固体物板结。球磨机中钢球与浆液固体物板结在一起启动时会造成齿轮箱、支撑轴承和球磨机内衬的严重损坏。在消化系统中，球磨机中始终有一定量的水非常重要，因为石灰消化是一个放热反应，必须用足够的水来控制温度，防止衬里损坏或者汽爆。在消化系统断电时，对于卧式球磨机应迅速注水冲洗，立式球磨机应通过疏水阀排水。

4. 最大/最小出力比

卧式球磨机是根据一定的出力来设计的。在给料量较小的情况下，由于钢球之间的碰撞和钢球与壳体之间的碰撞，使得钢球和球磨机衬里的磨损加快。虽然立式球磨机也是根据一定的出力设计的，但是它在较低的给料量下也具有较好的性能。在进行石灰消化时，立式球磨机的最大/最小出力比可达10∶1。两种球磨机在超出设计出力的条件下运行时，都会使产品的粒径变大。石灰消化系统在大于设计出力的条件下运行时，会使石灰消化不完全。

对于上述磨损问题，石灰石制备系统通常不在低负荷下运行，当需要的浆液量减少时，可缩短吸收剂制备系统的运行时间。因此，设备是否具有较高的最大/最小出力比并非很重要。

二、机械方面应考虑的问题

球磨机是在其他工业领域具有悠久应用历史的重型设备。一般，球磨机的运行可靠性很高，但是脱硫系统要求连续供应吸收剂浆液。因此，吸收剂制备系统通常需要有备用容量。另外，为了准确地控制加入吸收塔中的吸收剂量，还需要对吸收剂浆液密度进行控制。球磨机的润滑和钢球添加方式也是在脱硫系统设计和运行中应当考虑的问题。

1. 设备备用容量

卧式球磨机和立式球磨机通常都是成套提供的，其中包括称重给料机、球磨机、球磨机浆液箱和石灰石浆液分离系统。通常吸收剂浆液制备系统的出力大于脱硫系统满负荷运行时吸收剂的消耗量，例如，为脱硫系统最大消耗量的150%，即相当于50%的备用量。也可以每个吸收塔配备一套吸收剂制备系统，几个吸收塔共享一套备用吸收剂制备系统。

2. 浆液密度控制

根据吸收剂称重给料机给料量信号，在球磨机的给料端定量地加入石灰石磨制用水或者石灰消化水。在球磨机供水管路上装有流量计和流量调节阀门，通过调整加水流量，达到石灰石磨制或石灰消化所需的最佳值。另外，在供给球磨机浆液箱的水管路上也应配置流量仪和流量调节阀门，按照要求的吸收剂浆液密度，根据给料量和球磨机加水量向球磨机浆液箱中加入一定比例的水。石灰石浆液制备系统球磨机出口固体物含量一般为65%，球磨机入口加水量大约为石灰石制备系统所用水量的25%～45%，其余的水加入球磨机浆液箱。

将制备合格的吸收剂浆液送入吸收剂浆液储存罐中，吸收剂浆液储存罐配有吸收塔吸收剂供浆泵，在泵的出口管路上设置有返回吸收剂浆液储存罐的管道，在返回管路上安装吸收剂浆液密度仪，测量供入吸收塔的吸收剂浆液密度，用以控制吸收剂浆液制备系统各浆液的固体物浓度和调节吸收塔吸收剂供浆流量。表2-7-2给出了球磨机和吸收剂浆液储存罐中浆液的典型固体物浓度。

表2-7-2 吸收剂浆液典型固体物浓度

用途	磨机中固体物浓度（%）		吸收剂浆液储存罐浆液固体物浓度（%）
	卧 式	立 式	
石灰石磨制	65～70	50～60	25～40
石灰消化	30～35	25～28	20～25

3. 球磨机润滑

卧式球磨机要求有专门的润滑系统，两个独立的油泵分别提供顶推润滑和喷淋润滑。在启动之前，顶推润滑油泵将高压油送到支撑球磨机转轴的两个滑动轴承的底部，顶起球磨机转轴防止转轴与轴瓦发生干磨和减小启动扭矩，防止在启动过程中损坏轴承。喷淋油泵在运行过程中把一定流量的油送到每个轴承的顶部，起润滑和冷却作用。美国卧式球磨机传统采用滑动轴承，欧洲通常采用滚动轴承。滚动轴承比较便宜，而且不用轴承油泵。

卧式球磨机由电机通过气动离合器、小齿轮、环绕球磨机的大齿轮来驱动。润滑油脂喷射到大齿轮上。润滑油和油脂系统应有伴热装置，以确保在寒冷的气候条件下球磨机能正常运行。

立式球磨机由电机通过齿轮减速箱来驱动。支撑螺旋搅拌器的轴承用油脂周期性的润滑。减速箱有一个循环润滑油系统。

4. 钢球加载漏斗

由于钢球的磨损，必须定期地向球磨机中加入钢球。因此在球磨机上应当配备便于装载钢球的设备。这一设备通常包括提升机和装载漏斗，它可以把钢球倒入石灰石给料斜槽中。

三、其他需要考虑的问题

其他需要考虑的问题包括占地要求、噪声和粉尘控制。

1. 占地要求

在许多电厂，占地面积是一个非常重要的问题，特别是老厂改造项目。制浆系统的其他设备布置在球磨机的上层，其中包括储仓、称重给料机和旋流器，这样可以节约占地面积，球磨机和球磨机浆液罐布置在同一层。在同等出力下立式球磨机的占地约为卧式球磨机的1/3。立式球磨机所需要的破碎机通常布置在上层。

由于立式球磨机产生的动负荷很小，所以卧式球磨机需要的基础比立式球磨机大得多。卧式球磨机的旋转筒、驱动机构和基础都必须能承受运动部件产生的巨大作用力。在大多数情况下，卧式球磨机安装在与地基构成整体的巨大的钢筋混凝土基础上。然而，立式球磨机可以用螺栓固定在水泥地板上。所以，卧式球磨机的安装费用高、安装时间较长。

2. 噪声水平

如果球磨机安装在室内，噪声的高低是非常重要的事。然而，即使球磨机布置在室外，运行的球磨机附近也需要进行噪声防护。通常，卧式球磨机和立式球磨机附近的噪声分别为90～95db和85db。立式球磨机的噪声通常比卧式球磨机小，因为立式球磨机的运动部件大部分在静止的充有液体的容器中。

3. 粉尘控制

石灰石浆液制备过程中粉尘通常不是很重要的问题，因为从石灰石进入储仓这一点起，石灰石始终都处于封闭的设备中。输送机的卸料点通常有除尘装置，如布袋除尘器。

石灰消化过程会产生粉尘和水蒸气，从健康和室内环境考虑必须加以控制。一种解决办法是在入口安装捕集器，维持入口负压，通过除尘器排放是一个很有效的方法，但是比较复杂。除尘器必须保持在水露点温度以上，这样才可以使石灰入口处于干燥状态。

第三节 材料选择和建议

一、材料选择

虽然磨损是吸收剂制备系统中最严重的问题，但是腐蚀也是一个应该注意的问题，特别是在采用高氯离子含量的二级脱水滤液或浓缩器/旋流器溢流液进行石灰石浆液制备时，应当注意球磨机以及相应的管路、阀门和其他有关设备的防腐。卧式球磨机通常采用橡胶衬里，铸钢外壳和排料筒。钢球通常由表面洛氏硬度62～65和内部洛氏硬度60～64的铸钢制造，有些在高氯含量环境下使用不锈钢钢球，以延长钢球的使用寿命。也可以采用氯含量较低的水磨制石灰石浆液，从而不必采用费用昂贵的钢球。

立式球磨机的内部部件，包括外壳、保护条和螺杆部件，通常采用衬胶。磨损严重的螺旋体的部件采用耐磨铸钢。一种新的方法是在保护条上采用磁性衬，磁性衬把金属吸附在上面，形成一个磨损表面。

石灰石浆液制备系统中的管路要经受严重的磨损和腐蚀。获得成功应用的材料有橡胶管（特别是与泵的连接管道）、超高密度聚乙烯（EHDPE）、玄武岩衬里钢。也有些用户采用厚壁碳钢，定期轮换或者更换磨损部件。

二、建议

卧式和立式球磨机都可以用于石灰石浆液制备和石灰消化，至于具体的应用应根据设备价格、安装费用、运行费用和维修费用进行最经济的选择。

应根据实际磨损和腐蚀环境选择合适的防磨、防腐材料。

设计时应充分考虑为球磨机以及辅助设备设置必要的维修通道和吊装空间。

所有比较高的设备周围都应有平台和护栏，特别是称重给料机和旋流器周围。

第八章 工艺容器和搅拌器

第一节 工 艺 容 器

在湿式石灰石/石膏 FGD 系统中，除前面提到的球磨机浆液箱和石灰石浆液罐等工艺容器外，还有：接受浓缩器/旋流器底流和溢流的石膏浆液罐和溢流箱；石膏二级脱水设备真空过滤机/离心脱水机的滤液箱；为脱硫系统提供补充水、管道冲洗水和除雾器冲洗水的工艺水箱；排空吸收塔反应罐所需的事故浆罐等。本节将介绍有关这类容器的一些基本知识。

一、工艺容器的类型

在湿式石灰石/石膏 FGD 系统中，采用各种容器收集和储存脱硫系统中的工艺液。这些容器可以根据其所在的位置和其储存的流体进行分类。

脱硫系统中所用的容器可分为地上的或者地下的。一般，地下的叫作地坑或者池，地上的叫作罐或者箱。在脱硫系统中，设置地坑是为了收集其附近容器的排水和管路冲洗水。例如，通常在吸收塔区域设置地坑，用来收集附近其他罐体、循环泵、反应罐出浆泵等排放的浆液，浆泵和浆管等冲洗水和各种泄漏液等。如果二级脱水系统真空过滤机布置在楼上，那么采用布置在地面的滤液箱来收集脱水滤液。如果真空过滤机布置在底层，则采用地下滤液池来收集滤液。地坑的另一作用是汇集地面和建筑物楼层地板的冲洗水。

由于工艺或者设备的要求，有时需要设置中间罐体，例如多个吸收塔共用一个脱水系统时，可以设置一个或多个中间罐体，将吸收塔排出浆液送至这些中间罐，再进行分配，这样脱水机的运行较为灵活，或当脱水楼距吸收塔较远，楼层较高时也可以设置中间罐。

工艺容器也可以根据其容纳的是浆液还是清水来分类。在设计上，浆液和清水容器的主要区别是浆液容器需要安装搅拌器和采取防腐衬里。在脱硫系统中，如果一个容器大部分时间储存清水，有时储存浆液，对于这种情况必须根据浆液特性来设计容器。

二、设计上应考虑的问题

脱硫系统中的罐体和地坑一般按照相关的机械标准和民用工程标准设计，但是有一些特殊情况需要考虑。

（一）工艺上应考虑的问题

工艺箱罐和地坑在设计上应考虑的主要工艺问题如下：

（1）容器的容积。

（2）顶部是敞开还是封闭。

（3）吸收塔反应罐的事故浆罐。

1. 容器的容积

罐体和地坑的容积通常根据设计流量下流体在容器中的停留时间来计算，这样得出的是容器的有效容积。例如，供给真空皮带过滤机的石膏浆液流量为 $30m^3/h$，要求石膏浆液罐的储存量为 2h，则有效容积应为 $60m^3$。因此，需要的有效容积取决于容器所服务的设备的设计和运行条件。例如，收集浓缩器/旋流器底流的石膏浆液罐可能需要8~24h的有效容积，其大小取决于脱硫工艺过程，诸如SO_2脱除率、二级脱水设备的运行时间等因素。

容器的有效容积为容器的最低液位和最高正常液位之间的容积，小于实际总容积。容器的最低液位通常由防止与容器相连接的泵产生气蚀所需要的液位决定。泵的气蚀是由于泵的入口侧压力较低，冲刷泵的液体气化产生气泡，这些气泡在泵内压力高的区域破裂和液化所引起的气蚀会引起泵的振动，损坏泵的衬里、轴承和其他部件。泵入口需要的压力随泵的设计和容量不同而不同，对于卧式泵，如果液位比入口管高0.6~1m，就可以保证具有足够的压力而不发生气蚀。

如果容器中装有搅拌器，也可以由搅拌器桨叶最低浸没液位来确定最低液位。搅拌器桨叶必须浸没在工艺液中有一定的深度，防止搅拌器工作时由于桨叶负荷不平衡造成搅拌器的机械损坏。浆液搅拌器的最低液位取决于搅拌器的型式和布置，以及容器的设计。通常桨叶的浸没深度为0.6~2m，在大直径罐中可能要深些，具体的最低浸没深度可要求供货商提供。

地坑的最高正常液位应在地坑流体入口最低点以下。对于地面以上的箱罐，最高液位在溢流管以下。

2. 容器顶部是敞开还是封闭

地坑和箱罐的顶部可以设计成敞开的或者封闭的。虽然在有些脱硫系统中，箱罐的顶部都设计成敞开的，但是，建议装盛浆液的容器的顶部最好是封闭的，除了可防止落入异物外，可以避免外溢的水汽腐蚀布置在容器顶部的设备，尤其是室内布置的箱罐，可以避免影响室内湿度。如果箱罐顶部是封闭的，通常为了检修方便，需要在箱罐较低的位置设置人孔门。在有些FGD系统中，箱罐的顶部采用格栅型顶盖，为搅拌器维修提供一个安全的工作平台，格栅顶盖是活动的，可以作为检修通道。地坑顶部通常是封闭的，也有采用格栅型顶盖，主要是户外的地坑。一方面是为了安全，另一方面可以防止杂物进入坑内。在用格栅顶盖的地方，格栅盖的设计应易于移动，以方便地坑的维修和清洁。

3. 吸收塔反应罐的事故浆罐

在湿式石灰石/石膏FGD系统中，通常设计一个事故浆罐，当需要维修吸收塔、反应罐或反应罐中的设备时，通过石膏浆液排出泵将吸收塔反应罐中的浆液排入事故浆罐，浆液中含有没有反应的吸收剂和副产品，当吸收塔恢复运行时，通过事故浆泵把浆液送回吸收塔浆池继续使用。这样既减小了化学平衡所需时间，也减少了吸收剂的消耗量。通常事故浆罐的容积相当于吸收塔浆池的容积。吸收塔浆池通常是脱硫系统中最大的容器，容积在$1000m^3$以上。事故浆罐应布置在吸收塔附近，以减少管道的长度和泵的容量。

（二）机械方面应考虑的问题

湿式石灰石/石膏FGD系统中工艺地坑和箱罐在机械上应考虑的问题包括：

（1）固体颗粒的悬浮。

（2）粗颗粒和杂质的分离。

（3）液位控制。

1. 固体颗粒的悬浮

所有可能储存浆液的地坑和箱罐必须具有维持浆液中固体颗粒处于悬浮状态的方法，以防止容器中固体颗粒沉淀，保证泵排出的浆液是均匀的。地坑和箱罐通常采用的是顶部安装的搅拌器，大型箱罐则一般采用侧装搅拌器或脉冲悬浮泵，如吸收塔浆池和事故浆罐。为了达到最有效的混合，最佳设计是液体深度与罐直径比为1:1~1:1.2，并且应当在罐中安装扰流板，如采用脉冲悬浮泵则无需安装扰流板。

顶装搅拌器通常必须采用横跨容器的支撑横梁作为搅拌器的基架。靠罐壁支撑的搅拌器只适合于相对较小的金属或混凝土制作的罐体。搅拌器的支撑必须具有足够的刚度，防止由于搅拌器基架不牢固而引起振动。

地坑有时也用其他方法取代搅拌器，如向浆液中鼓入空气或者水。如图 2-8-1 所示，水、气喷嘴安装在立式地坑泵吸入口附近，鼓入水或空气，使沉淀的固体颗粒悬浮起来。如果用水搅拌，只是在泵启动之前用水进行短时的搅拌。如果固体颗粒容易迅速沉淀，才在泵运行的过程中不断用水搅拌。自带搅拌器的地坑泵在泵的吸入口、泵的驱动轴上装有一搅拌叶轮，这种搅拌器可以防止泵的入口堵塞，但不能对整个地坑起到搅拌作用。

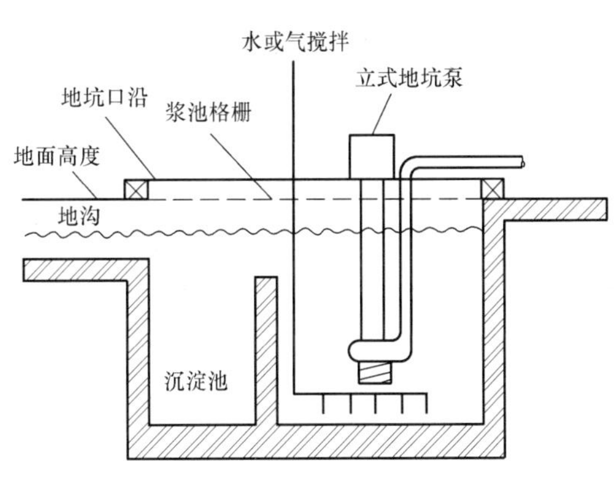

图 2-8-1　带有沉淀池的地坑

2. 粗颗粒和杂质的分离

地坑中收集的冲洗水和地面水中可能有堵塞地坑泵的大颗粒物和杂物，所以必须采取措施防止这些颗粒和杂物进入泵内。通常可以在地沟或者在地坑中安装滤网来防止杂物进入泵体，也可以采用如图 2-8-1 所示的方法，在地坑中设计一个沉淀池，收集的浆液先进入沉淀池，从沉淀池溢流到装有泵的池中，大颗粒物和杂物在沉淀池中分离出来，定期清除沉淀池中的大颗粒物和杂物。在石灰石浆液制备区的地坑采取这种设计方法是非常有用的，如果该区域给料机散落的没有磨制的粗石灰石被冲入地坑中，若不分离出来可能会损坏地坑泵叶轮和泵出口侧的管道。

3. 液位控制

有的地坑和箱罐的液位要求相对稳定，而有些液位容许有较大变化。不论哪种情况，都需要安装相应的液位计。

在脱硫系统中，对地坑和箱罐液位控制的要求见表 2-8-1。在要求液位稳定的地坑和箱罐中，通过补给水调节阀来控制液位，使液位维持在一个相对较小的变化范围内。在允许液位变化较大的地坑和箱罐中，通过设备（泵或者阀门）的启停使液位维持在一个较宽的变化范围内。例如，地坑液位计发出的高液位信号使地坑泵启动，待液位降至低液位时泵自动停止。对于允许液位变化较大的箱罐，如收集浓缩器/旋流器底流的石膏浆罐，当液位降至某一特定低液位时发出报警信号，提示操作人员进行某项操作，如手动操作停止二级脱水设备，而不一定要实现自动操作。然而，在一些有液位报警的箱罐中，如果液位降低到防止泵气蚀需要的最低液位时，液位计除发出报警外还将自动停止泵的运行。

表 2-8-1　　脱硫罐体对液位控制的要求

罐名称	对液位控制的要求	罐名称	对液位控制的要求
吸收剂浆液罐（石灰石浆液罐）	报警	浓缩器/旋流器底流罐（石膏浆液罐）	允许液位变化大
球磨机浆液箱	稳定	事故浆罐	允许液位变化大
化学添加剂储罐	报警	工艺水箱	稳定
浓缩器/旋流器溢流罐	稳定	地坑	允许液位变化大

通常，箱罐、地坑可以根据需要设置以下报警、控制和保护液位：溢流液位、报警高液位、正常液位、报警低液位、搅拌器自启停液位、泵保护自停低液位、泵自启动高液位以及其他保护液位。但是，并非所有的箱罐、地坑都需要设置上述液位，原则是满足需要尽量简化。

（三）其他需要考虑的问题

脱硫系统设计时应考虑地坑和箱罐停运时便于进行维修工作。箱罐的排水阀应当尽可能布置在较低的位置，以便箱罐的排水。应当在浆液罐底部罐壁上布置人孔门，便于在停运期间维修人员进入罐中进行衬里和搅拌器的检查和维修。在罐底部设置排水管或者人孔门可以大大方便罐体的清洗工作，罐中沉积的固体颗粒可以迅速冲洗出去，进入附近的地坑中。有些浆罐设置了较大的人孔门（2～3m），小型装载车可以驶入箱罐中清理沉淀物，吸收塔浆池常采用这样的人孔门，其他一些大型罐体，如事故浆罐，也常采用这样的人孔门。

顶盖或者格栅盖板应设计成便于移动，以便进行衬里和搅拌器维修时向罐内送进脚手架和材料。

三、材料选择和建议

1. 材料选择

脱硫区域浆液的地坑通常用混凝土建造，并采用合适的衬里材料防止硫酸和氯离子对水泥的侵蚀，防止浆液腐蚀钢筋。地坑最常用的衬里材料是增强树脂涂层或在聚氨酯防渗胶膜上粘贴瓷板，也有采用衬贴橡胶板。当采用增强树脂涂料时，常采用耐磨填料，如氧化铝或者碳化硅粉，甚至球形氧化铝，加强材料可以是玻璃鳞片填料或者玻璃纤维布，采用玻璃纤维布具有较高的耐久性。树脂和瓷板常常结合起来使用，容器的底部和靠近底部的壁面采用瓷板，瓷板以上壁面采用增强树脂。

箱罐多数采用碳钢制作，布置在水泥基础上。除工艺水箱外，所有钢制罐体都应当采用防腐蚀和磨损衬里。最常用的衬里材料是增强树脂或橡胶。与水泥地坑相同，也有将增强树脂或橡胶与瓷板结合起来使用的。

有关罐体和浆池防腐耐磨材料选择的详细内容可参阅第一篇第十四章。

2. 建议

（1）地坑和箱罐的设计应保证固体颗粒处于悬浮状态。

（2）应当考虑采用大人孔门、排空管道和可移动顶盖，以方便维修和清除淤泥。

（3）结构材料应根据腐蚀和磨损环境选择。虽然其他工艺箱罐的工作环境要好于吸收塔浆池，但是侵蚀和腐蚀仍然是必须考虑的主要问题。

第二节 搅　拌　器

地坑和箱罐搅拌器的合理选择和安装对脱硫系统的可靠运行非常重要。脱硫工艺中有多种不同的浆液，这些浆液中的固体悬浮物由石灰或石灰石、脱硫固体副产物、惰性固体物（如飞灰）组成。在湿法 FGD 系统中，除了工艺水罐、蒸汽凝结水箱等外几乎所有其他工艺液箱罐和地坑都充斥着各种浆液。安装搅拌器的目的是防止固体颗粒在这些箱罐或地坑中沉淀，确保浆液能够均匀的输送到下一个工艺过程中去。吸收塔浆池搅拌器的另一个作用是加强氧化空气的扩散、促进亚硫酸钙的氧化、石膏晶体的成长和石灰石的溶解。

一、类型

脱硫系统中用的搅拌器多数是顶部安装型和侧面安装型，如图 2-8-2 和图 2-8-3 所示。这两种搅拌器都是由电机、减速箱、轴和叶轮组成。脱硫系统中多数罐池采用顶部安装的搅拌器，吸收塔浆池中的搅拌器可以使用顶部安装型或者侧面安装型，其主要取决于吸收塔和吸收塔浆池的结构。当吸收塔和吸收塔浆池为一整体时，多采取侧装搅拌器。当采用顺流吸收塔或吸收塔和吸收塔浆池分开时，常常采取顶装搅拌器。如图 1-11-7、图 1-11-11 所示，吸收塔浆池采用单个顶装搅拌器，又如图 2-8-4 双循环湿法脱硫系统的吸收塔浆池使用了顶部安装型和侧面安装型搅拌器。

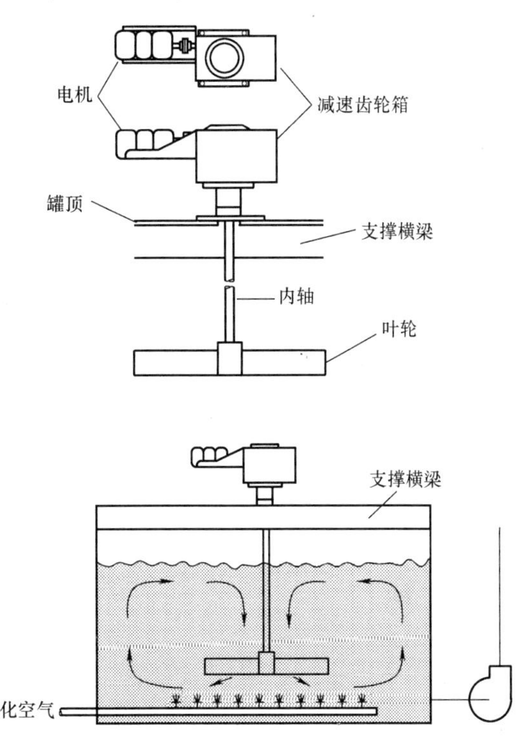

图 2-8-2　顶装搅拌器

德国鲁奇（即原比肖夫）公司应用于吸收塔浆池和事故浆罐的搅拌装置是一种获得专利的、由脉冲悬浮泵和脉冲悬浮管组成的所谓脉冲悬浮装置，脉冲悬浮装置是用脉冲悬浮浆泵从罐体中抽出浆液，经布置在罐中的脉冲悬浮管喷向罐底，以达到搅拌浆液的作用，其原理图可参见图 1-11-14（b）。这种搅拌装置的优点是浆液中无机械转动部件，不存在螺旋桨出现故障时需停机排浆检修的问题。另外，只要罐体中有浆液，螺旋桨搅拌器就不能长时间（一般不超过 4h）停运。但采用脉冲悬浮装置，在 FGD 系统7d停机时间内可以停运脉冲悬浮泵，再次启动搅拌泵10min后可将已沉淀的浆液重新搅

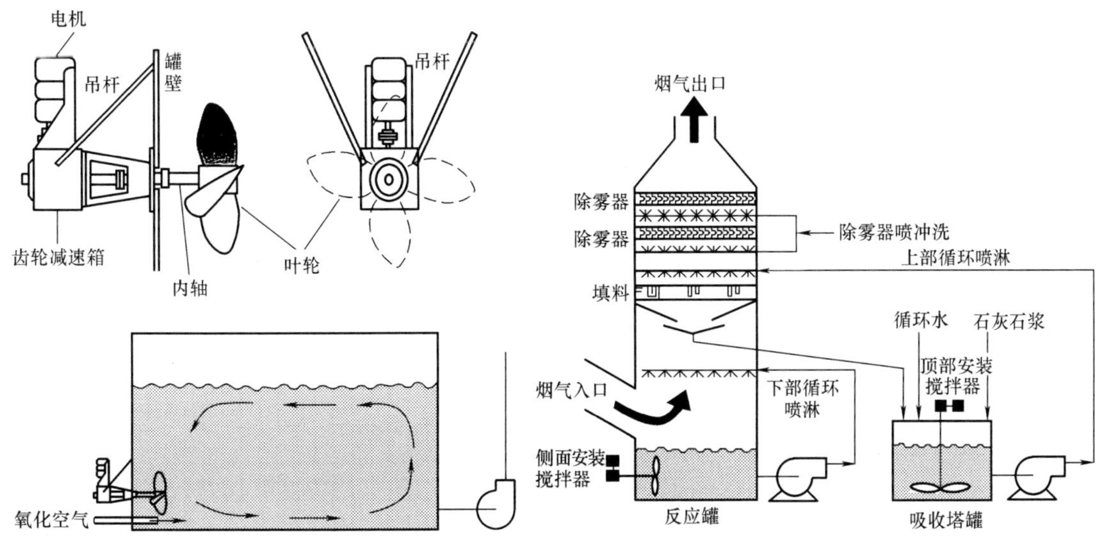

图 2-8-3　侧装搅拌器

图 2-8-4　双循环吸收塔顶装和侧装搅拌

动起来，因此可以降低 FGD 备用时的电耗。缺点是造价高于螺旋桨搅拌器。

脉冲悬浮管的设计适合德国鲁奇公司在吸收塔浆池中采用分隔管的设计，即固定脉冲悬浮管（FRP）的吊架焊接在分隔管上。在事故浆罐中则需安装横梁来吊挂脉冲悬浮管。脉冲悬浮管的喷嘴采用碳化硅实心锥喷嘴，喷嘴口径 70mm，喷射角度 0°，单个喷嘴流量 $150m^3/h$，压力 200kPa，流速 20m/s，喷嘴正对罐底，距罐底约 1m 左右。脉冲悬浮浆泵有 2 个吸入口，高、低位吸入口分别距罐体底 1.4、5m 左右。正常运行时，脉冲悬浮泵连续运行，从低位吸入口吸入浆液。当系统短时停机时，脉冲悬浮泵可以停运。系统再次启动时，先从高位吸入澄清液，10min 后即可将沉淀于罐底的固体物搅拌均匀，然后改从低位进浆。由于靠从喷嘴喷出的浆液来起搅拌作用，因此要求脉冲悬浮泵有一定的压头。

螺旋桨搅拌器叶轮主要分为两类：径流和轴流型。图 2-8-5 所示叶轮为径流、轴流和混合型。脱硫系统中所用搅拌器叶轮可以是轴流［见图 2-8-5（a）］、径流［见图 2-8-5（b）］或者组合型。一般，轴流叶轮能使固体颗粒很好地维持在悬浮状态，而径流叶轮有利于气液最好地混合。轴流水翼叶轮［见图 2-8-5（c）］像一个有倾斜叶片的普通叶轮，但是其叶片是弯曲的并具有变截面，这种设计效果较好，在产生相同轴向流量的情况下能够降低电耗。侧装搅拌器通常使用的叶轮很像船用螺旋桨［见图 2-8-5（d）］。高可靠性轴流水翼叶轮［见图 2-8-5（e）］是一种改进型顶装搅拌器，其优点是采用了较宽的叶片，能够产生较大的搅拌流量。

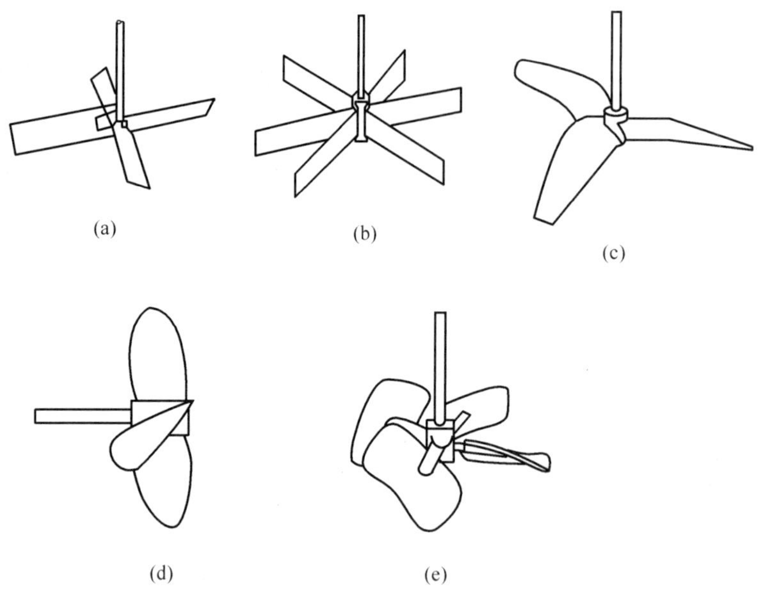

图 2-8-5　几种搅拌器叶轮

（a）轴流斜叶片螺旋桨；（b）径流直叶片螺旋桨；（c）轴流水翼；（d）轴流螺旋桨型叶轮；（e）高可靠性轴流水翼形叶轮

二、设计上应考虑的问题

有关搅拌器选择应考虑的主要问题在厂商的资料和一些书籍中能够找到，这些大都是相当理论性的，超出了本手册讨论的范围。从实用的观点出发，用户应当了解有关综合选择的一些基本知识。

（一）工艺上应考虑的问题

影响搅拌器设计的三个重要工艺问题是浆液特性、需要的搅拌程度、是否要进行副产品强制氧化生成石膏。

1. 浆液特性

对于大型箱罐，特别是顶装搅拌器，多数是根据实际使用情况来设计。影响搅拌器设计的因素有浆液密度、黏度和固体物含量等浆液特性。颗粒物尺寸和密度也是一个重要的影响因素，因为外形大和质量重的颗粒比小而轻的颗粒难以维持悬浮状态。这些因素影响叶轮的设计、搅拌器的数量和布置位置以及电机的大小。

2. 要求的搅拌程度

搅拌程度主要分为三种：

（1）部分悬浮——有一些颗粒短时间沉淀在罐底，从罐顶到罐底具有较大的固体物浓度梯度；

（2）完全悬浮——罐底没有沉淀物，由罐底算起浆液深度10%～20%的范围以外，固体物浓度是均匀的；

（3）均匀悬浮——罐底没有沉淀物，除由罐底算起浆液深度的1%～2%外，固体物浓度是均匀的。

在多数脱硫系统中，搅拌器设计成能达到完全悬浮。地坑搅拌器通常设计成部分悬浮。在脱硫系统中很少采用电耗较大的能形成均匀悬浮的搅拌器。

为了维持固体颗粒悬浮，罐中每一点必须有合适的流速，流速是由叶轮、罐体几何形状和扰流片相互作用形成的流场产生的。罐中各点的流速必须大于固体颗粒的沉降末速度，罐中流速不足的区域将发生沉淀。即使要求完全悬浮，多数搅拌器允许罐底面积2%～3%被固体颗粒覆盖，这种沉淀区常出现在罐壁的根部。搅拌装置至少应当保持泵的入口处没有沉淀发生，泵的入口堵塞后，会由于入口压力不足而产生气蚀，造成泵的衬里和叶轮损坏。

3. 强制氧化

当采用强制氧化时，吸收塔浆池搅拌器必须能使气体分散在悬浮液中。在其他工业中，气体是在没有固体悬浮物的液体中扩散，所以一般采用径流叶轮。然而，在脱硫系统中，在维持固体颗粒物悬浮的同时，还要保证空气泡的扩散，所以采用轴流叶轮。

不同的脱硫装置供货商设计的氧化空气系统可能不同。采用顶装搅拌器时，在搅拌器叶轮下方布置氧化空气管网，氧化空气通过管网上的小孔均匀分布于吸收塔浆池中，如图2-8-2所示。当采用侧装搅拌器时，氧化空气可以通过布置在吸收塔浆池内的管网均匀分布到浆液中，也可以将氧化空气喷枪布置在搅拌器叶轮正前方或正下方，通过搅拌器产生的强烈湍流使气泡破碎后均匀地分布到浆液中，如图1-11-15和图2-8-3所示，促使空气中的氧气溶解在浆液中。有关氧化装置更详细的内容可参阅第一篇第十一章第二节。

（二）机械方面考虑的问题

搅拌器是一种较为复杂的机械设备，通常要根据具体应用情况来设计。在搅拌器设计中，机械方面主要应考虑的问题如下：

（1）叶轮设计；

（2）搅拌器轴和驱动机构；

(3) 轴封。

1. 叶轮设计

搅拌器叶轮的作用是将驱动电机的能量转化为浆液的流动和湍动。影响叶轮性能的三个重要设计因素有叶轮直径、叶轮转速(圆周速度)和叶轮几何形状。在湍流状态下，几何形状相似的叶轮产生的浆液流量正比于 nD^3，电耗正比于 $\rho n^3 D^5$，其中 n 是叶轮转速，D 是叶轮直径，ρ 是流体密度。

(1) 叶轮直径——按照上述的关系，在转速一定时，增加叶轮直径会显著的增加搅拌产生的流量和电耗。叶轮的尺寸受以下因素的限制：重量、圆周速度和电耗率。脱硫系统中用的搅拌器的叶轮直径随搅拌器的型式不同而不同。吸收塔浆池中常用的是侧装搅拌器，叶轮直径一般从0.46～1m，石灰石浆液储存罐、吸收塔浆池、石膏浆液旋流器溢流箱和底液储存罐所用的顶装搅拌器的叶轮直径通常从1.5m以下到3m以上。地坑中安装的顶装搅拌器的叶轮通常从0.3～1.5m。当箱罐直径较大，一个顶装搅拌器不能满足搅拌要求时，可以考虑采用几个小叶轮顶装搅拌器。

(2) 叶轮速度——叶轮转速和叶轮直径决定着叶轮的圆周速度，其计算式为

$$v=\frac{\pi\times n\times D}{60} \tag{2-8-1}$$

式中 v——圆周速度，m/s；

n——叶轮转速，r/min；

D——叶轮直径，m。

叶轮的最大允许圆周速度取决于叶轮的材料，但是一般的范围为2.5～6.5m/s。对于顶装搅拌器，其对应的叶轮转速为15～30r/min，对于侧装搅拌器为190～280r/min。叶轮的圆周速度越高，磨蚀越严重，浆液密度越大，叶轮的磨蚀也越严重。因此，高密度浆液，如石灰石浆液罐和石膏浆液罐中的搅拌器应当运行在上述范围的低速区，浆液密度较低的滤液箱、石膏旋流器溢流箱和吸收塔浆池搅拌器可以运行在高速区。

(3) 叶轮几何形状——叶轮的几何形状指的是叶片形状、尺寸、角度和叶片的数量。正如上面指出的，叶轮的设计对搅拌的综合效率有非常大的影响。叶轮的几何形状是搅拌器生产商研究的领域，许多专利设计可应用于特定的工艺条件。所以，对于叶轮几何形状的选择应交给搅拌器制造商去决定。

2. 搅拌器轴和驱动机构

搅拌器的运行方式与离心泵相似，但是效率要低得多，而且轴很长。轴、轴承和传动机构必须能够承受作用在叶轮上的力。脱硫系统所用的搅拌器通常采用齿轮减速器，但地坑所用的顶装搅拌器也有用皮带传动的。

搅拌器轴必须具有足够的刚度来克服其承受的扭力和弯曲力。扭力是由叶轮在流体中的旋转引起的。弯曲力是由于每个叶片的受力不同而引起的，采用侧装搅拌器时，轴悬臂端叶轮的重力也会产生弯曲力。轴的设计还必须考虑轴和叶轮的临界速度，旋转装置的临界速度是达到该装置的横向固有振动频率时的旋转速度。当旋转装置达到临界速度时，机械设备会产生强烈的振动。临界速度主要受轴的长度和直径、轴承间距、轴的材料、轴和叶轮的重量等因素的影响。大多数情况下，搅拌器转速应当比临界速度低50%。

搅拌器驱动机构的作用有两个：减速以及支撑轴和叶轮。虽然驱动机构可能不太引人注意，但是它常常是搅拌器总造价最高的部件。因为驱动机构传递着最大的应力，所以它也是

常常出问题的地方。虽然可以通过加大驱动机构的尺寸来延长其使用寿命，但是这样会降低其效率。因此，必须在电耗和维修等费用之间进行最佳选择。

连接叶轮轴和齿轮驱动机构的联轴器起传递两者之间的运动和力的作用。显然，重要的是将轴的运动和驱动机构隔离开来。在顶装搅拌器中，可以采用衬套设计来实现，如图 2-8-6 所示。在这种设计中，叶轮轴的轴承与终端驱动轴的轴承是独立的。两个轴用弹性联轴器连接。由于两个轴只在联轴器处接触，叶轮轴的弯曲力传递不到驱动机构。

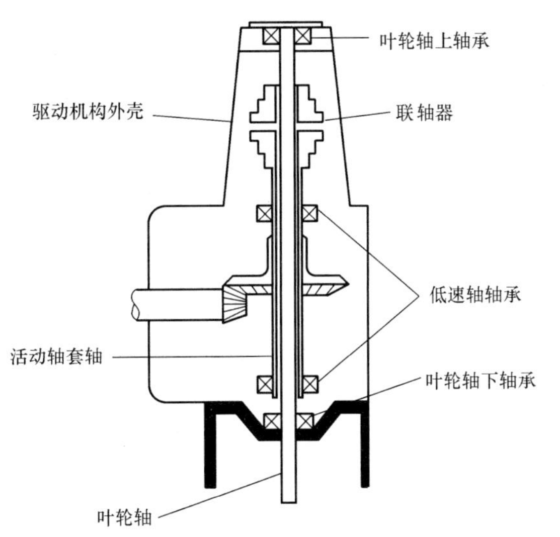

图 2-8-6　搅拌器驱动机构中的活动轴套轴

侧装搅拌器必须克服较大的弯曲力，因为它不能采用轴套设计。图 2-8-7 是一种典型的侧装搅拌器轴承配置图。

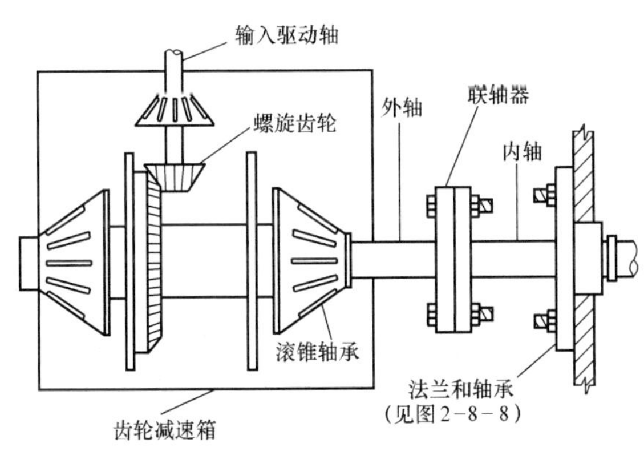

图 2-8-7　侧装搅拌器轴承

3. 轴密封

顶装搅拌器安装在箱罐或地坑的顶部，不需要对轴进行密封。然而，对于侧装搅拌器，必须要有防止工艺浆液泄露的密封装置来防止轴承损坏。可以采用带密封水的填料密封或者机械密封。这里将着重讨论机械密封，因为多数脱硫系统供货商喜欢用机械密封以减少工艺水的消耗量。搅拌器轴密封的基本原理与泵轴的密封原理相似。

侧装搅拌器制造商提供的机械密封一般为单密封或者双密封结构。在脱硫系统使用中，单密封结构一般足够了。双密封结构一般用在高压或者有害流体中。图 2-8-8 为一个典型的侧装搅拌器单密封结构。密封面通常由碳化硅制作，接触浆液的金属部件由合金钢 C-276 或者类似的防腐不锈钢制作。对于侧装搅拌器来说，要能够在不排浆液的情况下进行密封装置的维修。通常是把轴抽出一小段，通过密封轴环堵住轴与法兰之间的间隙，如图 2-8-8 所示。采用这种设计，除内轴和叶轮外其他部件可以在箱罐不排浆液的情况下更换。

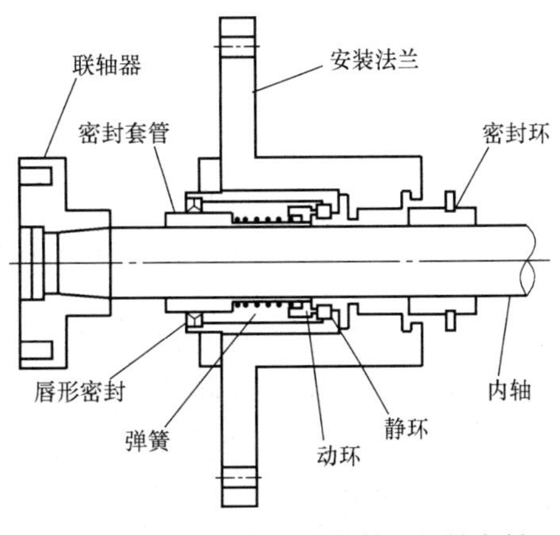

图 2-8-8　侧装搅拌器叶轮轴的机械密封

轴的刚度对所有的搅拌器都很重要，但对于采用机械密封的侧装搅拌器尤其重要，很小的弯曲就可能损坏密封面。

（三）其他应考虑的问题

其他应考虑的问题有工艺容器中搅拌器的数量，是否设置备用，是否采用扰流片和搅拌器的布置方式。应该指出的是，对于具体的应用情况应进行具体的设计。例如，一个在固体物浓度为40%的浆液中运行很好的搅拌器，在固体物浓度为10%的浆液中运行时可能会产生很大的振动，尤其在设备启动的时候。

1. 备用

顶装搅拌器一般不安装备用搅拌器。如果罐体很大，一个搅拌器的出力不能满足搅拌要求，则可能考虑安装几个搅拌器，一个作为备用。顶部搅拌器的可靠性相对较高，除搅拌器轴和叶轮外，其他部件可以在箱罐不排空的情况下进行更换。多数搅拌器都只能将在短时维修期间产生的沉淀重新搅拌起来，脉冲悬浮泵则可在停运7d后仍能将沉淀物重新搅动起来，因此在FGD冷备用期间，脉冲悬浮泵可以长时停运，具有明显节电效果。

侧装搅拌器的出力比顶部搅拌器小，一般吸收塔浆池需安装3个以上。如前所述，如果采用了密封轴环，除内轴和叶轮外，其他部件都可以在不排浆液的情况下更换。试验表明，当3个搅拌器中的1个短时间停运时只有很少的沉淀，停运的搅拌器恢复运行后可以把这些沉淀物重新搅拌起来。因此，对于侧装搅拌器来说，通常不安装备用搅拌器。

2. 扰流板

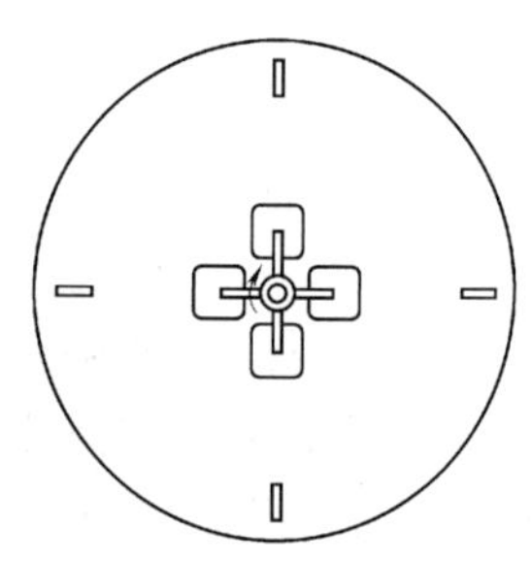

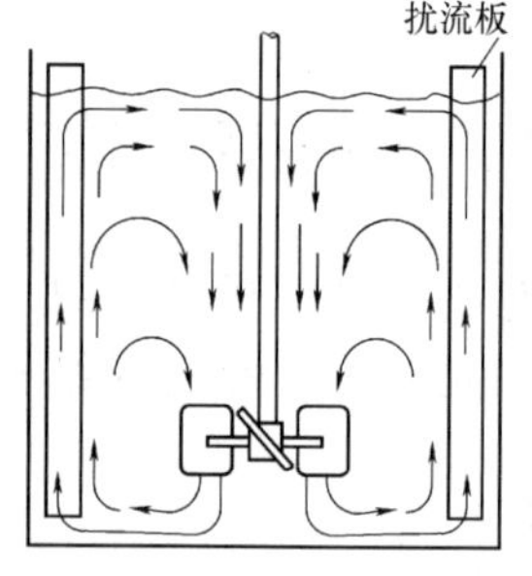

图2-8-9　采用轴流顶装搅拌器和扰流板的罐体中的流场

扰流板是安装在箱罐壁上的很窄的垂直平板，通常的安装方法是在箱罐的圆周上均匀的安装四个扰流板。扰流板用来减小罐中流动场产生的旋涡，如图2-8-9所示。在脱硫系统中，装有顶装搅拌器的罐中通常需要扰流板来维持搅拌器受力的稳定。没有扰流板，在搅拌器以上、罐的中心会形成涡流，这种涡流可以使叶轮的受力波动较大和受力不平衡，严重时甚至损坏搅拌器。另外，如果不装扰流板，形成的旋涡很容易造成流体外溢，还影响液位的测定。采用侧装搅拌器的箱罐中一般不用扰流板，因为它产生的流场很少产生涡流。

当在罐中心线上安装一个顶装搅拌器时，扰流板的宽度一般为罐直径的1/12，每90°安装一个。在浆液罐中，扰流板一般离开罐壁一定的距离，等于其宽度的1/2，以防止颗粒物沉积在扰流板上。

3. 搅拌器方向

如果采用单个顶装搅拌器，应当安装在罐的中心线上。如果安装一个以上的搅拌器，搅拌空间应当均匀分配，使得每个搅拌器搅拌相同体积的流体，流场之间不产生干扰。搅拌器的间距取决于叶轮和罐体的几何形状等因素，应当由模型试验来确定。

侧装搅拌器布置的径向角度和水平角度通常由搅拌器供货商根据使用条件（容器直径、搅拌器的数量和浆液浓度）来确定。角度的选择对于浆液中固体颗粒均匀分布、防止固体物堆积具有决定性的作用。如果搅拌器沿容器相互垂直的直径线安装，搅拌器之间和容器壁附近的浆液就搅拌不到，会出现沉淀结垢，沉淀区如图2-8-10（a）所示。一个搅拌器停止运行时，高浓度的浆液可能进入泵中，造成泵的损坏。如果搅拌器的角度不进行优化设计，可能会造成浆液绕着中心旋转，在中心区域产生沉淀，如图2-8-10（b）所示。如果一个搅拌器停止运行，通常浆液仍然保持旋转和中心区域出现沉淀。只有在搅拌器通过优化布置后，才能保证容器中没有固体颗粒的沉淀，如图 2-8-9（c）所示。一个搅拌器停止运行时，在中心会出现沉淀，但是在搅拌器恢复投运后，沉淀的固体颗粒可以重新搅拌起来。

近年的试验研究和使用结果表明，三个侧装搅拌器安装在吸收塔浆池的 1/4 圆周上时，性能比搅拌器之间间隔为 120°的均匀分布好。对于所有侧装搅拌器，最佳方向是向下倾一定的角度，轴中心线在罐的外部相交，如图 2-8-11 所示。试验发现，这种布置方式，循环泵可以安装在搅拌器组对面的 180°～210°范围内，这样，搅拌器、吸收塔循环泵和出浆泵的布置相互不发生干扰。

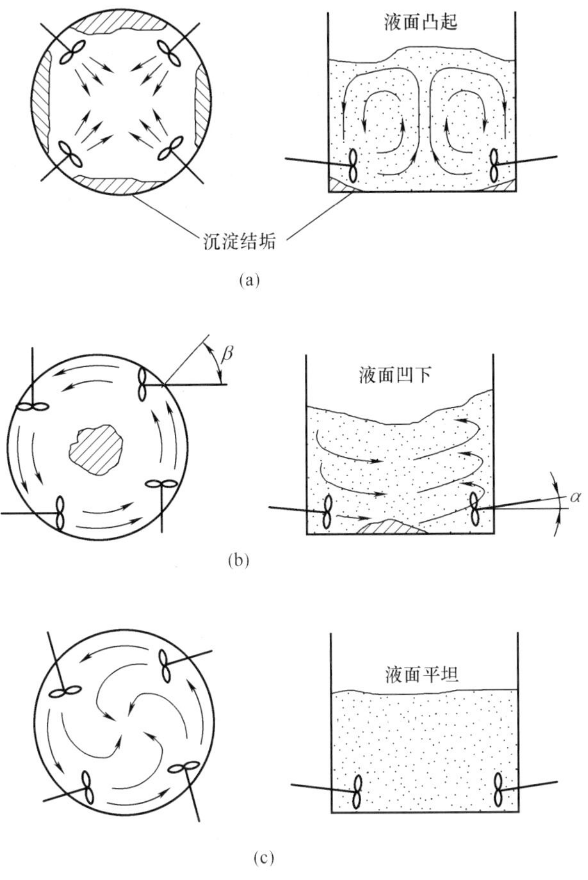

图 2-8-10　侧装搅拌器安装角度对罐中浆液流场的影响
（a）$\beta=0°$，沉淀结垢；（b）$\beta>\beta_{yh}$，中心沉淀结垢；（c）$\beta=\beta_{yh}$，无沉淀结垢

三、材料选择和建议

1. 材料选择

对于顶装和侧装搅拌器来说，内轴和叶轮叶片通常采用的材料是碳钢衬胶。在脱硫系统中采用的有天然橡胶和氯化丁基橡胶。对于双燃料系统，脱硫系统的浆液可能受到油的污染，不能采用天然橡胶，铅硫化氯丁（二烯）橡胶可能好于氯化丁基橡胶。不论采用什么橡胶，硬度通常为肖氏 A 50～60。

搅拌器轴和叶轮橡胶衬覆的金属材料通常是碳钢。在有些情况下采用高强度低合金钢可能较为合适，特别是对于侧装搅拌器，较重的悬臂叶轮对轴会产生很大的弯曲应力。

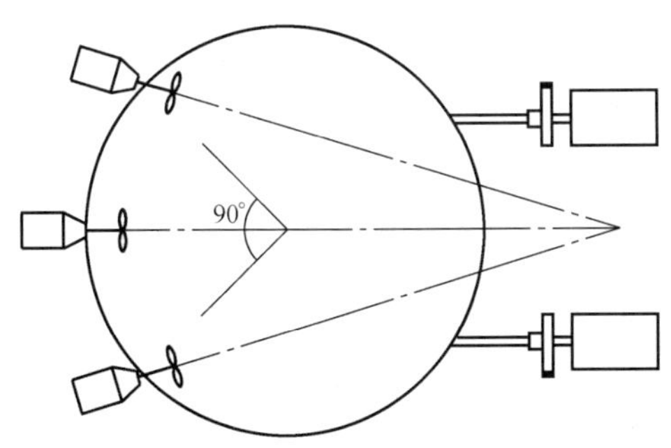

图 2-8-11　在吸收塔浆池一侧布置侧装搅拌器的方法

侧装搅拌器轴和叶轮可以采用碳钢衬胶或者合金钢。就防腐蚀来说，这些部件的材料选择通常与容器选择的合金钢一致。但由于叶轮叶片的圆周速度大，还应重视叶片的耐磨性。第一篇第十四章第六节讨论了合金的耐磨蚀性，在合金钢叶轮材料选择时，合金的防腐和耐磨性都是必须予以重视的问题。

另外，在侧装搅拌器设计中必须考虑轴的扭—弯疲劳。由于悬臂叶轮的重量，侧装搅拌器承担很大的弯曲力。低碳奥氏体合金钢抗扭—弯疲劳能力较低，不适合于这种轴，有时必须采用双相不锈钢或沉淀硬化不锈钢。

2. 建议

（1）应通过中间试验和全尺寸试验来确定叶轮设计和搅拌器布置方向。

（2）顶装搅拌器应采用重型轴和轴承，驱动机构采用活动轴套设计。

（3）侧装搅拌器也应采用重型轴和轴承以及机械密封，机械密封的设计应能在不排浆的情况下更换除内轴和叶轮外的所有其他部件。

第九章　污染物排放连续监测系统（CEMS）

我国2004年1月1日开始实施的GB13223—2003《火电厂大气污染物排放标准》，强制性要求火力发电锅炉须装设烟气排放连续监测仪器。这种对火电厂排放烟气进行连续地、实时地跟踪监测系统叫作污染物排放连续监测系统（Continuous Emissions Monitoring System 略写CEMS），也称作烟气排放连续监测系统。本章讨论装有FGD系统的燃煤电厂的CEMS系统。

一个CEMS由以下子系统组成（见图2-9-1）：

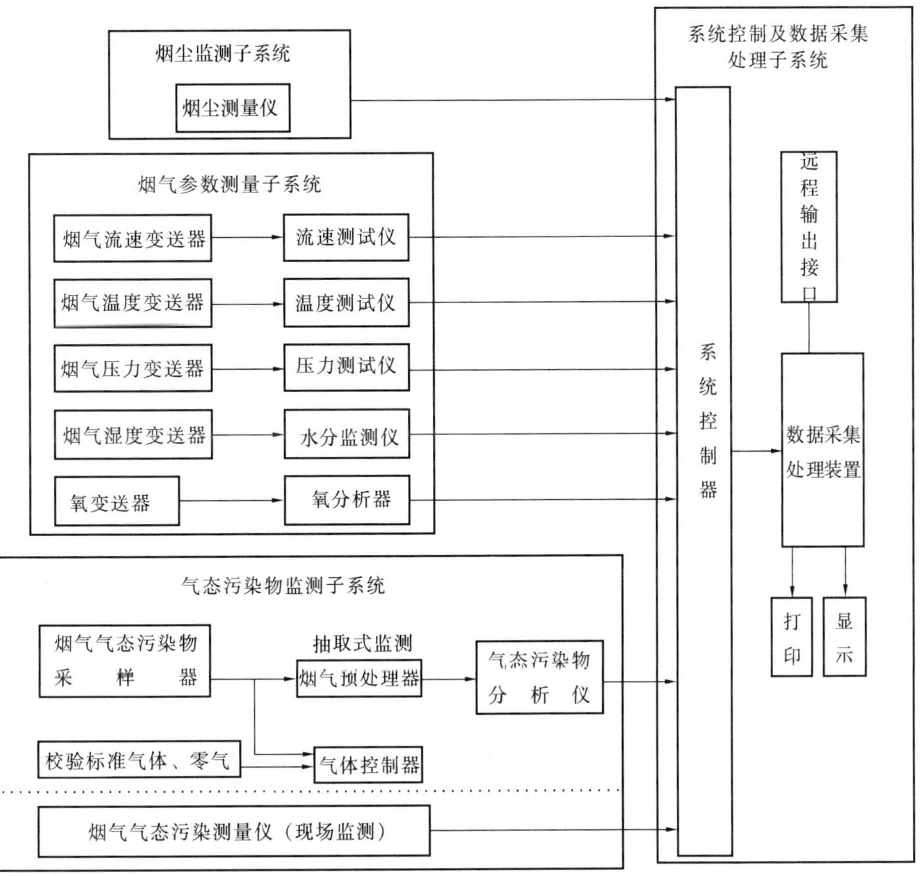

图2-9-1　烟气排放连续监测系统示意图

（1）烟尘监测子系统。

（2）气态污染物监测子系统。

（3）烟气排放参数监测子系统。

（4）系统控制和数据采集处理子系统（DAHS）。

在美国，现有安装了FGD装置的燃煤电厂的CEMS分析系统至少由SO_2、氮氧化物（NO_x）、二氧化碳（CO_2）、烟气不透明度（即浊度）和烟气流量测定部分组成。现有和新建电厂如果采用了氨喷入炉膛降低 NO_x 排放，那么还必须监测排烟中的氨。一些国家或者环境法规管理局（例如空气质量管理局）可能还强制执行要求监测其他项目。我国要求火电厂的 CEMS 监测排烟烟尘、SO_2、NO_x、CO 和烟气参数（温度、压力、流量和含氧量）。目前这类商用监测仪器至少还能监测以下参数：碳氢化合物、氯化氢（HCl）、水分（H_2O）、总汞和元素汞。

正如在第一篇第十二章所讨论的，一些 FGD 系统采用来自 CEMS 的数据进行工艺过程控制和管理，因此 CEMS 具有以下三个重要功能：

（1）提供环保法规所要求的污染物排放信息；

（2）向电厂管理提供控制锅炉运行的重要信息；

（3）提供 FGD 工艺控制系统所需要的信息。

本章主要讨论选择 CEMS 时通常应考虑的一些问题。

第一节 类 型

如上所述，一个 CEMS 由一系列与系统控制和数据采集处理系统接口的分析仪和表计组成。分析仪和其他表计或者是抽气式的或者是就地式的，这取决于在何处对烟气样品进行分析。任何一种 CEMS 可能是抽气式和就地测量式分析仪和表计的组合。

CEMS 的主要分析仪和表计如下：

（1）测量特定气态污染物的分析仪。

（2）氧量分析仪。

（3）烟气流量计。

（4）烟尘连续监测仪。

一、抽气式气体分析系统

抽气式气体分析系统通过取样探头从烟囱或者烟道中抽取有代表性的气体试样，再采用某种方式对样气进行处理，然后将处理后的样气流送给一个或者多个小型分析仪进行分析。有以下三种类型的抽气式分析系统：

（1）湿式抽气系统。

（2）干式抽气系统。

（3）稀释抽气系统。

图 2-9-2 为上述三种系统的图示比较。

有些资料将湿式和干式抽气系统归纳为直接抽气系统或称为完全抽气系统。

1. 湿式抽取烟气分析系统

湿式抽取法分析系统是用特定的气体分析仪（改进型气体分析仪可运行在烟温为 180～250℃的范围内）测量滤除颗粒物后的烟气试样中的污染物浓度。这种分析系统通过取样探头从烟囱中抽出烟气，并在取样处滤除颗粒物，气体成分不发生变化，然后，无粉尘的湿烟气通过伴热管道从探头处送至远处的恒温室（或机柜中），伴热管必须维持在 180～250℃的温度范围内，以防止亚硫酸、硫酸、氯化氢、硝酸和其他可能导致错误分析结果和严重腐蚀取样管道的酸性气体凝结。连接分析仪的整个气体通道都必须保持高温，防止酸和水蒸气的冷凝，保证试样的正确分析。

湿式抽气法 CEMS 可以测定干式抽气法 CEMS 不能测定的一些成分的浓度，如 HCl 和氨等。因为湿式抽气法在进行分析前没有改变样气流的成分，所以这种系统在大多数精确测量技术中很有潜力。

目前，仅有少数几个供应商提供湿式抽气系统，而且湿式抽气系统比干式抽气系统价格高得多。然而在有些情况下，湿式抽气系统的优点可以抵消这些缺点。例如，在控制 NO_x 排放的选择性催化还原（SCR）系统的下游必须测量氨的排放时，选择湿式抽气系统比较合适。

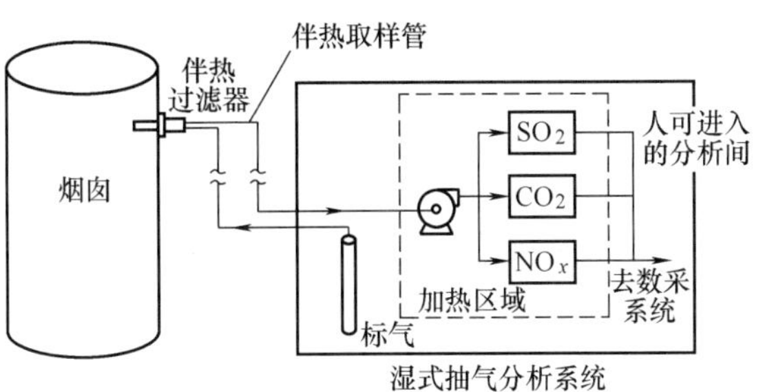

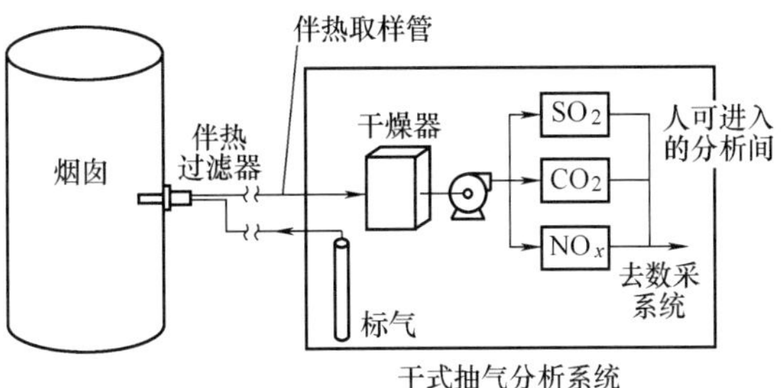

稀释抽气分析系统

图 2-9-2　抽气分析系统的三种基本型式

2. 干式抽气式烟气分析系统

干式抽气式烟气分析系统采用传统的气体分析仪，测量除去粉尘和水蒸气的烟气试样中的污染物浓度。干式抽气通过取样探头从烟囱中抽出烟气样气，烟气中的颗粒物在取样点被过滤掉，无粉尘的湿烟气用伴热管从取样探头输送到气体干燥器中，伴热管温度大于140℃小于160℃，以保持烟气不结露。湿烟气在干燥器中经过冷却、冷凝和通过除湿膜或者分子筛等组合方式被干燥。但在干燥过程中，样气中极性强的化合物，如氨和 HCl 等也被除掉了。烟气干燥后排除了酸凝结的可能性，因此干燥器下游的样气不需要伴热，各分析仪器之间的气体管道也无需伴热。在这种系统中，合理的抽取样气和对样气的预处理是关键所在。由于对样气进行了干燥，降低了试样烟气的腐蚀性，仪器的维护工作最少，而且提高了干式抽气系统的分析准确性。

干式抽气式分析仪测出的烟气体积浓度转换成质量浓度时，需要用湿烟气的湿度去修正，因此必须测量或估计烟气湿度，这样增加了系统的复杂性，而且可能降低干式抽气分析方法的可靠性和准确性。

3. 稀释抽气分析系统

稀释抽气分析系统在不需要对整个分析系统伴热的情况下，用稀释样气的方法避免抽出的样气产生冷凝。与前述方法一样，通过取样探头从烟囱中抽出烟气，抽取的烟气在取样头中经金属丝网（粗过滤）、可更换的石英棉和烧结陶瓷砂芯（两级细过滤）滤除烟气中的颗粒物，过滤后的烟气进入音响小孔（或称临界孔板），依靠音响小孔下游侧文丘里泵产生的负压抽吸烟气。当文丘里泵产生的负压小于0.05MPa时，流经音响小孔的烟气流量为一定值，仅与小孔的大小有关。当控制流经文丘里泵的纯净干燥的稀释空气压力为0.28～0.62MPa时，稀释空气的流量会相当稳定。因此选择不同规格的音响管可以获得不同的烟气稀释比，也可以通过调节稀释空气压力来获得一定的稀释比，因此可以达到非常精确的稀释比。稀释比的范围一般在50∶1～300∶1之间。稀释比的选择主要取决于原烟气的含水量，稀释后样气含水量将大为降低，根据稀释样气中的水分在分析仪器所处环境温度下不结露为原则来决定稀释比，因此可以对稀释样气远距离输送而无需采用伴热管道。稀释抽气是带湿测量，即在测定烟囱湿基烟气流量的同时测定气体污染物的湿基浓度，这样省去为修正数据而另外采用湿度仪，而且还可节省维护费用，维护费用比非稀释抽气 CEMS 低 50% ~100%。

音响管用耐热玻璃制作，由于玻璃的膨胀系数低，流速精度可控制在 2% 以内。流经音响小孔的气流的特点是，对于任何小孔，如果其阻力长度和它的直径相比很小，并且其下流向压力比上流向压力小 0.46 倍，那么，流过小孔的流量则与下流向压力无关，流量仅受气体分子运动速度即音速的限制。

由于抽取的烟气样气被高倍精确稀释，因此可以用传统的环境污染分析仪来测量固定污染源排放的高浓度污染物。当采用精度高于 1ppb（10^{-9}）的环境污染分析仪时，则需要用 12: 1 ~700: 1 的稀释比率来降低烟气污染物浓度以适合这种仪器的分析范围。

综上所述，稀释采样探头与传统采样系统相比具有以下优点：

（1）由于采样速度低、采样量非常少，仅 16 ~50mL/min，延长了过滤器使用寿命，一般一季度更换石英棉一次。

（2）稀释样气的露点低于周围环境可能出现的最低温度，因而无需加热探头和管线，分析仪也不再受样气结露的困扰。

（3）无需在探头上加装阀门和用电设备。

（4）系统中的所有部件都可用校正气检验。

（5）可使用传统环境污染分析仪。

稀释抽气式 CEMS 通常包括以下主要仪器设备：

（1）带有过滤器、音响管和文丘里稀释泵的采样探头。

（2）连接采样探头和分析仪器柜的无伴热采样管线，可能包括稀释空气管道、稀释样品气管道、校准气管道和真空表连接管。

（3）仪器柜，装有探头控制器、污染物分析仪、烟气参数测定仪和数据采集系统。

（4）零气发生器，零气被干燥到露点低于 -40℃，而且应除去所有微量 SO_x、CO、CO_2、NO_x 以及其他分析物气体，零气用于稀释、校零和对粗过滤层进行反吹灰。

（5）校准用钢瓶标气，校准标气应经校准气管一直输送到音响小孔前，使标气和样气流经相同的路径，这样才能保证校准的准确性。

就地（烟囱内）稀释烟气可以在玻璃棉、烧结陶瓷或金属过滤器后进行，也可以在采样探头过滤器前进行，前一种探头必须定期从烟气中取出来进行维护。过去采用过非就地采样探头装置，在烟囱外过滤烟气，然后稀释，即用高速旋风颗粒物分离器过滤，采用非就地取样探头，在颗粒物分离器下游进行稀释。

目前国内 70% 电厂的 CEMS 采用稀释抽气分析系统，其中绝大多数采用就地（烟囱或烟道内）稀释抽气采样系统。

据美国环保局 2003 年四季度的统计资料表明，美国电力企业 88% 的 CEMS 采用稀释抽气系统监测排烟 SO_2，采用干式或湿式抽气系统监测的仅占 10%，其余 2% 的 CEMS 采用下面将要提到的就地烟气分析系统。而 47.2% 的 CEMS 采用稀释抽气系统监测排烟 NO_x，采用干式或湿式抽气系统监测的达到 51.5%，其余 1.3% 的 CEMS 采用就地烟气分析系统。

4. 分析仪器

无论采用何种抽气方式，分析仪器分为下面两类：

（1）单一成分分析仪。

（2）多成分分析仪。

单一成分分析仪是环境空气分析仪，或者是这种仪器的改进型，这些分析仪根据所要分析的污染物，有针对性地选择一定波长的红外或者紫外线、化学发光或者火焰电离，依据污染物对这些光波的相对吸收率测定烟气污染物浓度。用单成分分析仪的 CEMS 由一系列的分析仪组成，分别测出每个监测污染物的浓度。美国已建的多数电厂的抽取式 CEMS 采用这种分析仪。

同样据美国 2003 年第四季度电子数据报告的资料，美国环保局酸雨监测计划对 10 多年应用 CEMS 的统计表明，80% 的美国电力企业采用紫外荧光法监测 SO_2，14% 采用紫外分光光度法；96.4% 的采用化学发光法监测 NO_x，采用紫外分光光度法和非分散红外法的分别仅为 2.3% 和 1.3%；在 CO_2 监测技术中，100% 的采用非分散红外法；对于 O_2 的测量，73% 的采用顺磁吸收法，27% 的采用电容法。

傅里叶变换红外光谱（Fourier Transform Infrared 略写 FTIR）测量技术的发展使多组分分析仪得以问世，在这种分析仪中，所有的分析项目在同一仪器中同时进行。多组分分析仪另一个优点是在软件控制下进行分析目标的选择，分析装置可以很容易地随今后 CEMS 要求的改变进行改造或扩展。新安装的 CEMS 多采用多成分分析仪。

上述 2 种仪器每 24h 用标气自动标定，另外，也需要定期进行人工标定。

二、就地烟气分析系统

就地气体分析系统直接分析烟囱内的烟气，而无论烟气流处于何种状态。不同于抽气式系统，烟气试样不需要预处理，所有的取样和分析设备都集中在一个地方。早期的就地探头在探头端部测量单一污染物的浓度，采用固态电极技术或者吸收摄谱技术。吸收摄谱术通常在探头光学腔内用电磁图谱中的紫外线或者红外线以双波长对比法来测量污染物浓度。这种单点、单分析传感器随着被分析物数量的增加实用性有明显降低。

然而，吸收摄谱法适合于就地、横穿烟囱的分析仪，它可以获得横穿烟囱的一条线上的平均值。横穿烟囱的分析仪可以是单通道或者双通道系统，图 2-9-3 进行了图示比较。在单通道系统中［见图 2-9-3（a）］，分析光束通过透明窗进入烟囱，穿过烟气流到达对面烟囱壁上的接收器。光缆构成第二光通道，将光源传递到烟囱外的接收器，污染物浓度与所选择的辐射波长的吸收率成比例，采用外部光缆不需要预标定横穿烟道光通道长度。

在双通道系统中［见图 2-9-3（b）］，分析光束通过透明窗进入烟囱，到达对面墙上的

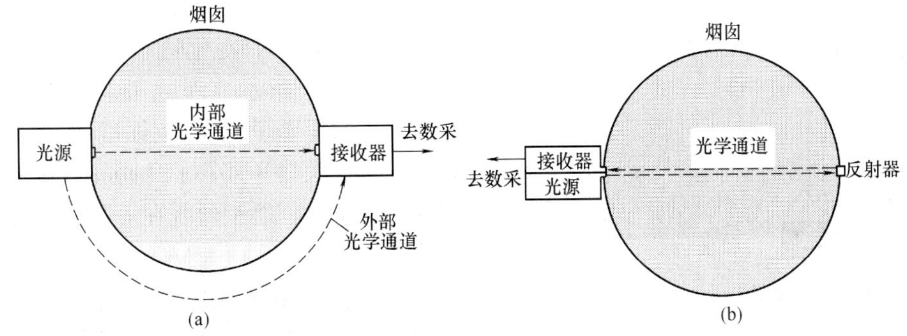

图 2-9-3　就地单通道和双通道分析仪图示比较

（a）就地单通道分析仪；（b）就地双通道分析仪

反射器后再返回光学透明窗。仪器比较光源和返回光束的强度，根据吸收率计算出污染物的浓度。双通道分析仪必须对横穿烟囱的通道长度进行预标定。横穿烟囱分析仪的精度受漂移、有限测距和光学污染问题的影响很大。漂移造成两次标定之间零点值和满刻度范围值发生明显变化，当对环境条件考虑不当时会出现这一问题，当根据满刻度测量值推定零点时则常发生漂移问题。在整个测量距离内，如果仪器不能传递足够的光能时会发生测量距离问题。

就地分析系统省去了复杂的抽气管路，也不需要仪表机柜。然而，就地系统需要把复杂的电子器件直接放在烟囱中，这可能会使精密电子元件处于难以控制的高温和腐蚀环境中，与稀释、干式和湿式抽气分析系统相比稳定性较差、运行费用高。另外，使仪器的维修难以接近。由于这些原因，为了满足环境法规要求，随着更多的 CEMS 被采用，就地烟气分析仪相对较少采用。

三、流量监测仪

烟气分析仪测出污染物浓度是以单位体积为基础，而环境管理部门要求提供单位时间排放污染物的质量。为了进行必要的计算，在进行烟气成分分析时，必须准确地测量烟气流量，常采用的三种类型的就地流量计是：

（1）热式质量流量计。

（2）压差式流量计。

（3）超声波流量计。

上述三种测量方法都是我国火电厂烟气排放连续监测技术规范推荐的烟气流量测量方法。

1. 热式质量流量计

热式质量流量计（Thermal Mass Flowmeters 略写 TMF）国内习称量热式流量计，TMF 是利用流体流过外热源加热的管道时产生的温度场变化来测量流体质量流量的，或利用加热流体时流体温度上升某一值所需的能量与流体质量之间的关系来测量流体质量流量。早期的 TMF 直接将加热线圈和测温元件放入流体中与流体直接接触，是一种接触式流量计，由于不能解决腐蚀和磨损以及防爆等问题，使它的工业应用受到很大限制。随着科技的发展，经过对流量计结构的改进，在接触式流量计的基础上，推出了一种浸入型的 TMF，并得到很大发展，可以用来测量较大管径的气体流量，下面介绍这种流量计原理。

浸入型的 TMF 传感器的测量原理如图 2-9-4 所示。它有两个探头插入烟气流中，一个速度探头检测烟气质量流量（ρu），一个温度探头检测烟气温度 T，并自动对烟温的变化进行修正，如图 2-9-4（a）所示，现代工业用的浸入型的 TMF 探头是用做标准级铂电阻温度探头（Resistive Thermal Detector 略写 RTD）的铂丝绕在一陶瓷芯棒上插入一坚固的不锈钢套管（或温度计套管）中组成的。速度探头的电阻比温度探头的电阻低得多，并用电子设备供电产生热量。如图 2-9-4（b）所示。

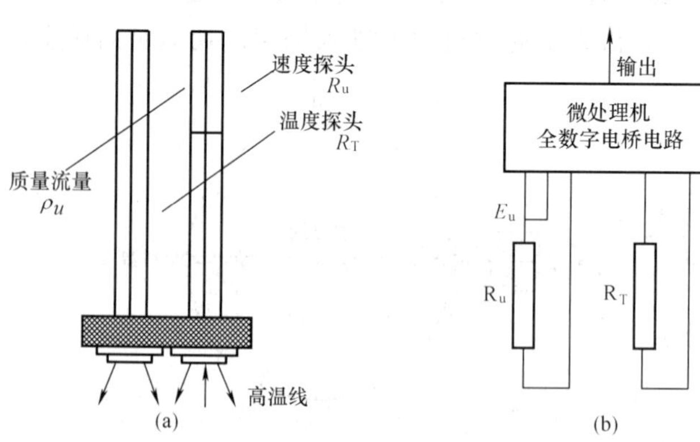

图 2-9-4　浸入型热式质量流量传感器原理
（a）传感器结构；（b）电子设备供电线路

浸入型 TMF 传感器的工作原理基于热力学第一定律，即电子设备提供给速度探头的电功率（E_u^2/R_u）应等于流动的烟气对流换热所带走的热量，而流动烟气对流换热所带走的热量与速度探头的温度 T_u 和温度探头测得的烟气温度 T 之差（T_u-T）成正比。由传热原理可得出烟气的质量流量 ρu 与（E_u^2/R_u）成正比，与（T_u-T）成反比。因此，如果保持温差（T_u-T）为常数，烟气流速增大，需要提供的电功率（E_u^2/R_u）也要增大，通过测量（E_u^2/R_u）就可以测出烟气质量流量 ρu，这种方式称为等温型 TMF；也可以保持电功率（E_u^2/R_u）为常数，当烟气流速为零时，温差（T_u-T）最大，随着烟气流速的增加，温差（T_u-T）减小，通过测量温差（T_u-T）可以得出烟气质量流量 ρu，这种方式称为等功率型 TMF 或温差型 TMF。等温型的特点是对流速变化的反应速度快（2s），而等功率型的响应速度要慢得多。为了对烟气温度波动进行准确修正，有的分开设置测量烟气温度的第三个参考电阻温度探头。

电厂排烟烟道断面较大，烟气流速分布不均匀，单点插入式 TMF 测出的流速不能代表烟气平均流速，虽然可以用速度场系数来获得烟气平均流速，但影响速度场系数的因素较多，速度场系数并非常数。因此通常采用 3～4个监视点或采用多点插入式 TMF，多点插入式 TMF 传感器的结构与单点插入式基本类似，在传感器沿长度方向设置多个质量流速探头，其结构如图 2-9-5 所示。它由测量杆、电子线路和流量计算与显示系统等几部分组成。在测量杆上按照速度面积法配置若干热丝速度探头，每个探头都与相应的电子线路结合组成一台热线测速仪。所以，多点插入式 TMF 相当于在管道直径方向上同时测量若干点（设为 n 点）流体的质量流量 $(\rho u)_i$，通过整个烟道（断面积为 A）的质量流量为

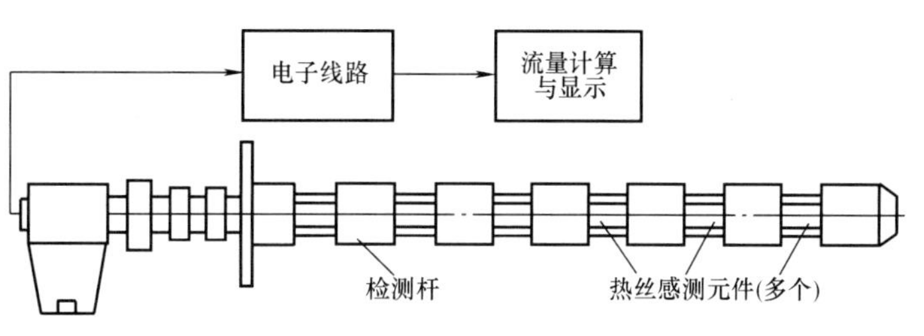

图 2-9-5　多点插入式 TMF

$$q_m = \sum_{i=1}^{n} q_{mi} = \frac{A}{n}\sum_{i=1}^{n}(\rho u)_i \tag{2-9-1}$$

为了提高测量精度，可以在一个断面上安装多根检测杆。

浸入型 TMF 在我国电力行业又称为热平衡或热传感质量流量仪。

浸入型 TMF 的优点是：①流量仪简单，有坚固的结构，精密元件不暴露在烟气中，适合工业应用；②流量测量范围大；③精确度高，重复性好和响应快。

浸入型 TMF 的不足之处是：①对于震动和颗粒物黏附污染敏感，不能应用于水滴含量较大的烟气中，因为水滴对于传感器的热量消耗影响很大，会使流速测值偏高；②由于浸入型 TMF 传感器的性能取决于气体的热传导性能，所以标定应以实际烟气进行，不能用参照气体进行标定，这使标定流量计较困难；③采用浸入型 TMF 测定烟道断面某一点的流量时，如果气流分布不均匀和传感器安装位置不正确，会给出错误的结果；④烟气低流速时测量误差大；⑤采用多点插入式 TMF 可提高测量精度，但超过 2m 的多点插入式 TMF 给运行中的维护带来困难，流量计在烟道中固定牢固和方便运行中取出维护也是不好解决的矛盾。

尽管浸入型 TMF 存在上述不足之处，但与国内电厂 CEMS 采用的其他烟气流量计相比还算应用得较为好的一种烟气流量计。

2. *压差式流量计*

常用于测量电厂排烟流量的压差式流量计（Differential Pressure Flowmeters 略写 DPF）有均速管流量计和皮托管。压差式流量计的测量原理是将均速管流量计的测压管或皮托管置于烟气流中，当烟气流过测量管时，在测量管的前部产生了高压区（即烟气的全压），后部形成了低压区（即烟气的静压），这一压差（即动压）与流速成比例。

（1）均速管流量计。均速管流量计［见图2-9-6（a）］又称笛形管流速计或阿纽巴（Annubar），是基于皮托管原理发展起来的一种DPF。它的基本结构是一根或两根相互靠在一起的中空的金属杆，称为检测杆。采用一根检测杆的是在测杆迎流方向开有成对的测压孔，测量烟道中烟气平均全压，在测杆背流方向上的开孔测量烟气静压，用平均总压和静压之差来表示流量。采用两根检测杆与一根检测杆的原理是相同的，其用迎流方向的测杆测出总压，用背流方向的测杆测量静压。

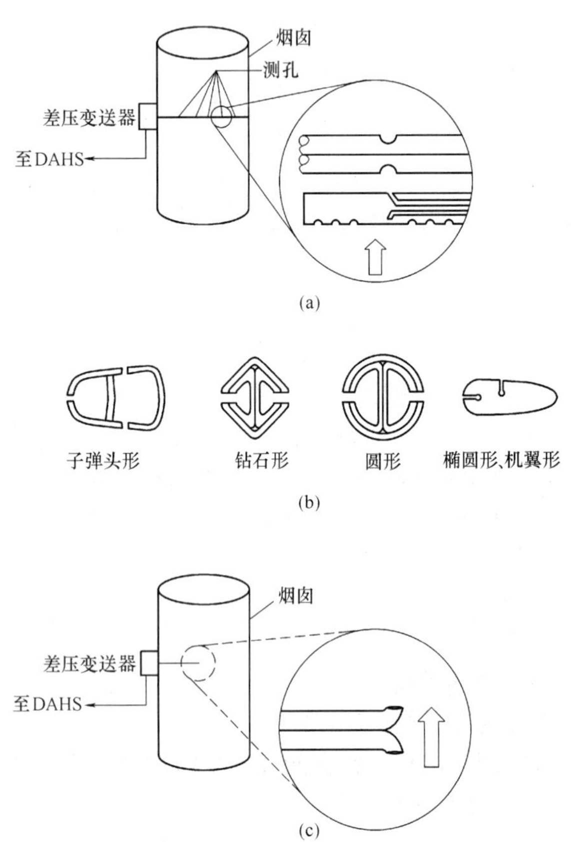

图2-9-6 均速管和S型皮托管差压流量计
（a）均速管；（b）均速管截面类型；（c）S型皮托管

均速管流量计按检测杆的截面外形可分成圆形、菱形、椭圆形和子弹头形［见图2-9-6（b）］。子弹头形均速管流量计商品名为威力巴（Verabar），其测量杆截面形状的独特设计使得能产生精确的压力分布和固定的流体分离点，位于测杆侧后两边、流体分离点之前的低压测压孔可以产生稳定的差压信号，在连续工作的情况下克服了阿纽巴等流量测杆易堵塞的弊病。

（2）S型皮托管。S型皮托管［见图2-9-6（c）］由两根相同的金属管并联组成，测量端有方向相反的两个开口，测定时，面向气流的开口测得的相当全压，背向气流的开口测得的相当静压。由于测头气流影响，测得的压力与实际值有较大误差，特别是静压，因此，S型皮托管在使用前须用标准皮托管进行校验。皮托管只能测量流场中某一点的流速，气流分布不均的影响可以通过安装一组皮托管或者将烟道截面分成面积相等的若干个部分，测量每部分的特征点流速，再计算出平均流速。后一种所谓网格测量法是皮托管测量流量的一种基本方法。

压差式流量仪的特点是：结构简单，重量轻，加工工艺没有特殊要求；压损和能耗小；准确度和稳定性好；可以用于湿烟囱和干烟囱。然而，探头易震动损坏和易被颗粒物堵塞，应用于湿烟囱中就更易被堵塞。虽然威力巴在连续工作的情况下测压孔不易堵塞，但是在锅炉启动时，在测压杆高压区形成瞬间，小颗粒物有可能进入测压孔，日积月累，就有可能堵塞测压杆。当停机时，由于分子的布朗运动，小颗粒物也有可能进入测压孔。当采用较长的测压杆时可以提高测量的准确度，但安装、拆卸和维护不方便。

3. 超声波流量计

正如在第一篇第十二章第三节中所述，按测量原理来分，有多种形式的超声波流量计，其中传播速度差法和多普勒法多用于火电厂 CEMS 监测烟气流量。

（1）多普勒流量仪。如前所述，多普勒流量仪适用于被测流体中有足够的具有反射声波本领的颗粒物的场合，因此多普勒流量仪可以用于已脱硫、带有颗粒物的排烟。多普勒流量仪的一个超音波发射器置于烟囱壁上，其发射光束的仰角为45°，指向对面烟囱壁上的接收器，如图 2-9-7 所示，通过测定发射器和接收器之间的超音波多普勒频移来确定烟气流速。

多普勒流量仪是相对较新的流量仪，美国 EPA 经过示范运行，认为满足相对误差和精度要求。多普勒流量仪不受飞灰污染，不受振动影响，可以用于湿烟气和干烟气，特别适合湿烟囱。测量结果是烟囱断面的线平均流速。

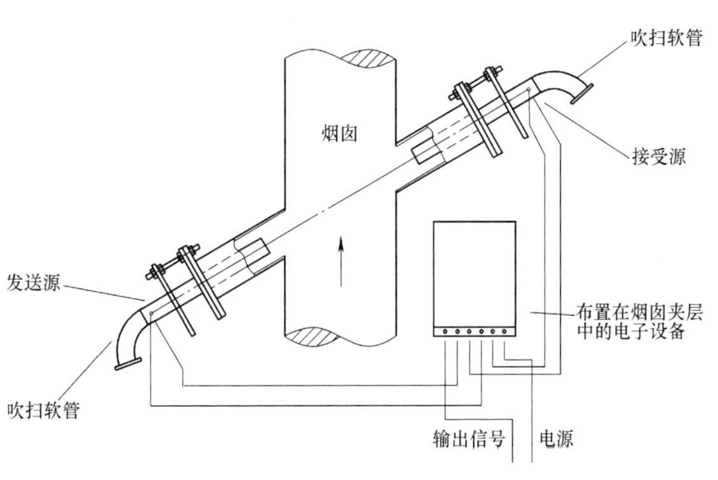

图 2-9-7 多普勒流量仪

（2）传播速度差法超声波流量计。传播速度差法超声波流量计是根据超声波在流动的流体中，顺流传播的时间与逆流传播的时间之差与被测流体的流速有关的原理，求出流速。按所测物理量的不同，传播速度差法可分为时差法、相位差法和频差法。我国火电厂 CEMS 多采用时差法，这种流量计的接受/发射器的布置方式与多普勒流量仪相同，只是前者在烟道两侧都安装有接受/发射器，测出顺气流方向声波从烟道一侧 A 处发射器传至烟道另一侧 B 处接收器的时间（t_A，s）和逆烟气流方向声波从烟道 B 处发射器传至烟道 A 处接收器的时间（t_B，s），设 A、B 间的距离（扣除烟道壁厚）为 L（m），烟道中心线与 AB 连线的夹角为 α，则烟道断面平均流速计算式为

$$v_s\ (\mathrm{m/s}) = \frac{L}{2\cos\alpha}\left(\frac{1}{t_A} - \frac{1}{t_B}\right) \tag{2-9-2}$$

在不同形式的超声波流量计中，从精度上看，传播速度差法较好，也是目前超声波流量计中应用较多的方法。在电厂 CEMS 的应用中，传播速度差法超声波流量计具有与多普勒流量仪相同的优点，不受飞灰污染，不受振动影响，可以用于湿烟气和干烟气，测量结果是烟囱断面的线平均流速。

但是，超声波流量计是一种工作性能与现场安装使用有极大关系的流量仪表，要创造必要的现场条件，并对仪表进行正确的安装调试，才能保障仪表的正常工作和准确计量。

美国电力企业的 CEMS 采用超声波法、压差法和热式质量流量法测定烟气流量的统计比率分别为 61.9%、29.6%、5.0%，其他方法占 3.4%。

四、烟尘连续监测仪

烟尘浓度是通过测定烟气的浊度来间接确定的，浊度的测定均是以光学方法为基础的。光源发出的辐射通过烟气时因烟尘吸收和散射作用使光强发生衰减，通过对衰减量或散射光强的检测可达到检测浊度的目的。因此，测量烟气浊度的基本方法是透光式测定法和散射测

浊法，依据这两种方法测量烟气浊度的仪器分别叫透射式测尘仪和散射式测尘仪。

1. 透射式测尘仪

透射式测尘仪分为单光程测尘仪和双光程测尘仪两种。单光程测尘仪的光源发射端与接收端分别装在烟道或烟囱两侧，氦—氖激光器（波长 543nm）或发光二极管（波长 660nm）发射的光束穿过烟气，烟尘浓度越高，透过烟道的透射光就越弱，由安装在烟道或烟囱对面的接受装置检测透射光强度，并转变为电信号输出。光源发射端和接收装置经烟囱外的光缆参考通道相互连接，与单通道气体分析仪类似。双光程测尘仪的光源发射端与接受端在烟道或烟囱同一侧，由发射/接受装置和反射装置两部分组成，发光二极管发出的光束（575 nm）穿过烟气，由安装在烟道或烟囱对面的反射镜反射，再穿过烟气返回到接收装置，检测光强并转变为电信号输出。双光程系统必须对光束长度（烟囱宽度）进行预标定，但是单光程系统无需预标定光束长度。

2. 散射式测尘仪

在透射式测尘仪中，测量透过烟气的光强是非散射光光强，在散射式测尘仪中测量的是烟尘的散射光光强。经过调制的激光或红外平行光束射向烟气，烟气中的烟尘将入射光向所有方向散射，经烟尘散射的光强在一定范围内与烟尘浓度成正比例，通过测量散射光强来定量烟尘浓度。

散射式测尘法按照接收器与光源所呈角度的大小可分为前散射式、边散射式和后散射式。前散射测尘仪，接收器与光源呈 ±60°，测定入射光前向侧面散射光；边散射测尘仪，接受器与光源呈 ±（60°～120°），测定与入射光垂直方向的散射光；后散射测尘仪，接受器与光源呈 ±（120°～180°），测定与入射光反方向的散射光。

上述两种测尘仪结构简单，测量范围宽。其缺点是易受干扰，稳定性稍差些，测量窗口会因接触水雾而受污染，因此，应有自动净化吹扫装置。另外，光源的驱动电源的波动、光源本身和光电检测器件的老化以及光电元件的温度漂移等都会严重影响测量结果。

为了保证测尘仪的正常工作，除了要重视仪器的安装调试外，必须定期进行校准，检测透光度与烟尘的关系曲线，才能保证测值的准确性。

第二节 设计中应考虑的问题

本节就设计 CEMS 时应考虑的一些主要问题作了一般性的介绍，更详细的资料可查阅国家环保总局发布、2002 年 1 月 1 日开始实施的 HJ/T75—2001《火电厂烟气排放连续监测技术规范》和 HJ/T76—2001《固定污染源排放烟气连续监测系统技术要求及检测方法》。

一、工艺上应考虑的问题

在选择 CEMS 时工艺上主要应考虑的是，烟气流是否含有或者可能含有水滴，烟气含有水滴对选择烟气流量测定方法的影响和对烟囱就地分析仪适应性的影响。

二、机械方面应考虑的问题

如前所述，CEMS 探头可能会遭受强烈的震动，因此要考虑震动可能对插入烟道中的探头造成的损坏。在烟囱和分析仪机柜之间的湿式和干式抽气管路应当连续向下倾斜，以避免冷凝液的聚积。

三、其他应考虑的问题

要想使 CEMS 高效运行和对改善 FGD 系统的运行发挥作用，在选择 CEMS 时应考虑以下一些基本问题：

（1）应当根据特定的应用情况考虑 CEMS 的配置。

（2）取样系统的设计应当考虑特定的应用条件、设备的可靠性和材料的耐久性。

（3）必须考虑分析仪器的精度和可靠性。

（4）数据采集系统硬、软件功能必须符合 FGD 装置运行和环保法规的要求。

（5）系统必须具有足够的冗余量，使电厂不会因为数据丢失而造成受法规处罚。

（6）CEMS 和 DAHS 应便于使用、维护和能得到供应商的技术支持。

另外，CEMS 的设计和采购应考虑如下问题：

（1）基本采购策略的确定。

（2）分析项目的确定。

（3）探头安装点的选择。

（4）仪器选择。

（5）DAHS 选择。

（6）可靠性和可维护性。

（7）系统调试。

（8）系统认证和校验检测。

1. 基本采购策略

对于 CEMS 有四种基本采购策略：

（1）电厂可以依靠分析仪供货商提供其设计成型的成套 CEMS，通常是提供几种已设计好的系统以供竞标选择，这种方法费用较低，但不能混合使用不同品牌的分析仪，可能不能完全符合电厂自己的设计思想。

（2）电厂可以依靠具有设计、组装 CEMS 资质的单位，在确保 CEMS 性能和取证的前提下进行灵活设计。这样可以混合使用不同品牌的分析仪，选择成套或定做的取样系统。采用这种方法会增加投资费用，但常常可以提高 CEMS 设计性能。

（3）电厂可以依靠专门从事污染物排放监测的 CEMS 专家组成的公司来提供 CEMS。这种公司专门从事大型、多功能 CEMS 与分析间、数据采集和处理系统的设计和安装。他们的 CEMS 设计一般采用多个品牌的分析仪，具有自己的软件特点。他们提供性能保证、每年的软件升级和现场定期取证支持。这种方式是四种选择中价格最高的，但电厂需要的维护和管理人员最少，并能获得 CEMS 正常工作的最高保证。

（4）如果电厂有这方面的专业人员，有能力承担这项工作，电厂可以成立一个专业部门，由控制系统工程师设计和安装 CEMS，环境工程师负责系统条件试验。

自行设计和安装 CEMS 可以减小投资费用。如果电厂没有这方面人力资源，采用其他方案都是费用较高的方案。在决定基本采购策略前，电厂应当慎重考虑其是否具备能力进行设计和安装 CEMS，电厂化学和热工人员的技术水平。

2. 分析项目的确定

我国对现有和新建燃煤发电厂规定了污染物排放监测项目。电厂应仔细了解最新发布的环保法规，了解监测要求的发展，确保 CEMS 设计的检测项目和精度符合最近环保法规的有关规定和标准，并为今后可能增加的监视项目留有可扩展的余地。

3. 监测点位置

CEMS 技术规范要求对固定污染源的烟道和烟囱进行监视，电厂也可以根据需要增加监测点，监视连续排放污染物中的一些成分以改进工艺控制。例如，当多个吸收塔通过同一烟囱排放时，电厂可能除监测烟囱外还监测每个吸收塔出口烟道，以便很好的确定烟囱污染物排放量偏离要求的原因。

探头在烟囱或者烟道中的位置对于CEMS的成功使用是至关重要的，探头的安装必须能够获取烟气中具有代表性的试样。现有FGD系统加装CEMS之前，应当对整个烟气流场进行测试，准确找出烟道或烟囱内的流速分布。特别应当注意烟气中的旋流、异常流速分布和随着机组负荷变化而引起的流场变化。对于新建燃煤电厂，可以采用烟道或者烟囱的初始烟气流的模拟试验来代替流场测试，可以根据初始结果推导出监测仪的修正系数。但是，即使通过初始工作，实际运行结果可能会发现，某些探头必须重新定位。

4. 仪器选择

仪器选择需要决定采用就地或者抽气式烟气分析仪，如果选择抽气式系统，还要确定是湿式、干式或者是稀释式抽气。如果采用抽气式，那么必须决定仪器室（或柜）的位置和取样管路的走向，决定是选择一套单组分分析仪或者选择一个多组分分析仪。烟气流量和浊度监测仪属于就地测量仪器。

5. 数据采集处理系统（DAHS）的选择

采用以下三种方法之一，可以满足CEMS数据采集、控制和报告的要求：

（1）采用CEMS供货商专用的数据采集处理系统，所有设备连接起来后，只需要将基本或标准报告格式改造成电厂要求格式，然后学习如何使用软件。

（2）采用独立的、以PC机为基础的数据采集处理系统，然而，这种选择需要对CEMS仪器进行自定义界面的设计，需要开发软件来完成环境报告。

（3）利用电厂的中心计算机，如果现有电厂加装CEMS，可以采取改造电厂现有计算机系统的方式，增加合适的输入和输出设备，确定报告内容和格式并进行软件改造。

为使CEMS具有最大的运行灵活性和获得最大的经济效益，数据采集处理系统应当允许使用者同时访问几个工作站的当前信息，例如同时访问分析室、电厂控制室和电厂工程师站以及集团工程师站。CEMS技术规范对数据的可靠性，要求冗余数据的保留达到所希望的时间，建议进行串行配置，使数据可以存贮在上游或者下游设备中。

当同一现场有多台发电机组时，每台机组有自己的CEMS，可以通过一个数据采集处理系统管理所有的数据处理。用一个扩展的数据采集和处理系统所节约的费用会因一些因素而抵消掉，例如计算机硬件的容量必须满足机组数量的要求，需要进行大量的工作来确定硬件，选择和编制软件。每台机组采用一个数据采集和处理系统可以对整个系统选择统一的标准化硬件和软件，减少了采购、软件开发和维护人员培训工作。然而，每台机组一个单独的数据采集处理系统需要大量相同的设备，这样很难从供货商得到优惠价，这种配置还增加了电厂远程通信接口设备的数量。

6. 可靠性和可维护性

一个可靠性高的系统应采用高可靠性部件和合适的冗余来防止长时间数据丢失，应将分析仪器和计算机布置在专门的建筑物内，烟囱中安装的设备应有防气候措施。仪器通常安装在有空调的室内，以满足仪器对环境温度的要求，提供合适和安全的工作条件。系统中的关键设备需要合适的不中断电源，以防止数据丢失和中断。因为即使短期的仪器停运也会造成数据丢失，这在严格考核污染排放的情况下，可能造成违规惩罚。最后，应向商业信誉较好的供货商购买仪器，这样可以得到长期的技术支持和部件。

可维护性要求在烟囱上安装的仪器易于接近，便于日常维护。要求有足够的空间，便于清洁光学镜头、调整光路、检修仪器，便于从烟囱中取出和安装探头。烟囱应安装合适螺旋梯或升降机、护栏、工作平台和电源插座。可维护性还意味着应提供合适的仪器标定资源和较高的维护标准。

7. 系统调试

各种部件应当尽最大可能在车间连线试验，以减小现场难以诊断和矫正的接线错误。

在国家环保总局检测资质认可的检测机构进行认证试验以前，应当谨慎、严格地进行调试试验，消除可能导致重新试验的各种操作问题和异常情况。对系统的试验应当包括正常和非正常运行条件下的全部试验，如电源中断试验、仪用空气中断和采样预处理故障等试验。按我国有关规定，在 CEMS 初调试后，将 CEMS 投入运行，进行不少于 168h 的运行调试。

8. 系统认证和校验检测

认证检测工作在正常运行 168h 后，由国家环保总局检测资质认可的检测机构负责进行。检测时间不少于 168h，检测颗粒物、气体污染物 CEMS 和烟气流速连续测定系统主要技术指标。在 CEMS 技术指标检测合格，仪器连续运行 90d 以后，开始复检，复检时间不少于 24h。复检项目有颗粒物 CEMS 准确度、气体污染物 CEMS 相对准确度、烟气流速连续测定系统速度场相对误差以及 CEMS 零点、量程漂移。

安装有 CEMS 的电厂，每年必须委托获得国家环保总局校验资质认可的检测机构进行校验检测，检测安装在固定污染源上的每套 CEMS，校验检测项目和要求与上述复检项目相同。

第三节　材　料　选　择

由于烟气中含有酸性气体、氯离子和粉尘，CEMS 监测的烟气环境腐蚀性很强，在烟囱或烟道中的探头和部件，如取样探头、均压管和皮托管等通常由合金钢 C-276 制作。也可以用其他 C 级合金（包括合金 C-22，59，622 和 686）和钛合金替代合金钢 C-276。钽（Ta）具有极好的防腐性能，可以用来制作暴露于这种环境中的一些小的关键部件。表 2-9-1 中所列的熔凝石英、硼硅酸盐玻璃和含氟聚合物以及其他类似的材料可以应用于特定的就地测量装置中。

不论是否采用防止酸冷凝的伴热取样管，湿式抽气分析仪的气体管道都应当采用 C 级合金制作，因为低等级金属防腐材料会产生严重的腐蚀。干式抽气分析仪干燥器的上游应当采用 C 级合金钢，稀释抽气系统稀释点的上游也应当采用 C 级合金。在没有机械强度要求的情况下，聚四氟乙烯管可以替代 C 级合金用于温度低于 260℃的地方。聚四氟乙烯对于 FGD 腐蚀环境，即使有酸冷凝物形成的地方也非常适合。

一旦气体被冷却、干燥或者稀释后，气体管道可以采用 304L 或 316L 不锈钢、PTFE 或 FEP。许多氟橡胶可以用作 O 型密封圈。气体管道通常是根据具体情况将这些材料结合起来使用。

通常采用中压仪用空气来吹扫附着在气体取样探头、皮托管、均压管和多普勒流量仪上的颗粒物。浊度仪的发射和接受光学镜头应有空气吹扫装置，以保持镜头洁净和冷却发射头和接受头，减少系统维护工作。

表 2-9-1　　**应用于 CEMS 中的含氟聚合物**

<table>
<tr><th>代号或俗称</th><th>化学名称</th><th>普通商业名称</th><th>通常使用形式</th><th>连续温度极限</th></tr>
<tr><td>PTFE</td><td>聚四氟乙烯</td><td>特氟隆 TFE</td><td>半刚性管和垫圈</td><td>260℃</td></tr>
<tr><td>FEP</td><td>聚四氟乙烯-六氟丙烯</td><td>特氟隆 FEP</td><td>半刚性管和垫圈</td><td>205℃</td></tr>
<tr><td rowspan="5">氟橡胶</td><td>聚偏二氟乙烯-六氟丙烯</td><td>氟橡胶 A</td><td rowspan="5">O 型环密封</td><td rowspan="5">315℃</td></tr>
<tr><td>聚偏二氟乙烯-六氟丙烯-四氟乙烯</td><td>氟橡胶 B
氟橡胶 G</td></tr>
<tr><td>聚偏二氟乙烯-四氟乙烯-氟代甲基乙烯乙烷</td><td>氟橡胶 GLT</td></tr>
<tr><td>聚偏二氟乙烯-五氟乙烯</td><td>Tecnoflon SL</td></tr>
<tr><td>聚偏二氟乙烯-五氟乙烯-四氟乙烯</td><td>Tecnoflon T</td></tr>
</table>

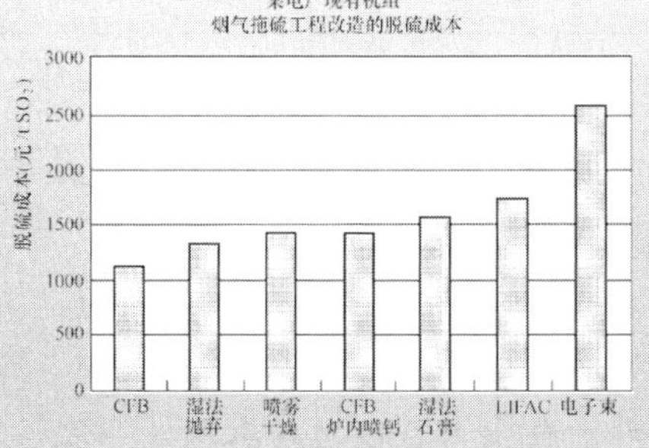

第三篇

烟气脱硫工程的建设是目前火电厂一次性投资和持续性运行投入均最高的环保项目，且企业自身难以获得相应的利润回报，因此，烟气脱硫工艺在具体条件下的评估显得十分重要，它直接关系到脱硫工程的最终决策，一旦决策失误，将造成不可弥补的重大损失，既达不到 SO_2 控制的预期目标，污染环境，影响地方乃至国家总体环境目标的实现，又会增加电厂的负担，损害电厂的经济效益和社会效益。

目前，在烟气脱硫工程的可行性研究和工程招投标过程中，我国对脱硫工艺的评估大多仍采用传统的专家会议法、专家头脑风暴法等主要凭专家经验的方法。由于他们主要是通过定性分析来进行脱硫工艺的评估，因而评估结果不可避免地带有片面性、随机性和局限性。

科学的决策是以合理的评估为前提。面对多因素、多目标、复杂的脱硫工程技术问题，单靠常规的经验决策或把希望寄托在决策者个人的智慧上是远不能适应现代市场经济要求的，难免出现误差、甚至失败。

为顺应时代发展的要求，与时俱进，为领导层最终决策的科学性、合理性提供可靠的技术依据，研究开发以决策理论、信息论和系统方法论等现代软科学为基础，能将软科学研究人员与领域专家、定性分析与定量分析、经验决策与计算机辅助决策融为一体的综合评估技术显得尤为迫切和重要。

为此，根据美国和德国在脱硫工程招投标过程中推荐的评估方法，结合我国国情和国内脱硫工程可行性研究和招投标等工程建设前期工作中积累的经验，形成本篇的前三章，即烟气脱硫工艺选择的原则、烟气脱硫工艺的技术经济评估和烟气脱硫工程招标书的技术经济评估。本篇第四章按照 7 种典型的湿法 FGD 工艺，选择了 7 个已投运的实例作了较详细的介绍，选择的实例以国内火电厂的 FGD 装置为主，以供选择 FGD 工艺时参考。

第一章　烟气脱硫工艺选择的原则

针对一个具体的电厂，如何根据建设项目的实际要求，因地制宜、因厂制宜地选择一个适用、实用、先进的烟气脱硫工艺是非常复杂的系统工程，其主要原因是：

(1) 烟气脱硫工艺种类繁多，在火电厂应用过的有 200 多种，但能长期稳定运行，且技术成熟、经济合理、实施性强的只有20多种。

（2）决定一种烟气脱硫工艺适应性的因素很多。每个工艺都有其自身的优缺点，这些优缺点是动态的，而不是静止不变的。一种工艺的特点对某个电厂是最大的优点，但对另一个电厂可能就不是优点，或许成为致命的缺点。脱硫工艺的适应性在很大程度上取决于电厂的具体情况，其他电厂的经验教训只能作为参考。

（3）脱硫工艺的选择和评估除了与脱硫工艺本身有关外，在很大程度上还取决于与之相配合的电厂及机组的具体情况，受到诸多因素的限制，如国家和地方的环保法规、电厂所在地的环境状况、环境容量和外部资源状况、脱硫机组的容量、燃煤硫分、寿命、年利用时间、副产品的处置、建设难度等，而且这些因素对每个具体电厂的重要性都是不同的。如现有机组区别于新建机组、“两控区”内的机组区别于非两控区内的机组等。

本章将较系统地介绍影响烟气脱硫工艺选择的因素和选择原则。

第一节 影响烟气脱硫工艺选择的主要因素

一、排放控制水平与 SO_2 脱除率

在进行烟气脱硫工艺选择时，首先应考虑的因素是 SO_2 排放的控制水平，即环境保护法规、标准等对脱硫项目削减 SO_2 排放量的具体要求。有了 SO_2 削减量，进而可计算脱硫项目最低的 SO_2 脱除率。脱硫装置所采用的工艺系统与 SO_2 脱除率关系密切，要求达到的 SO_2 控制水平不同，其脱硫装置的选择结果差异较大。一般来说，要求达到的 SO_2 控制水平越高，即要求的脱硫率越高，可供选择的脱硫工艺种类就越少。按脱硫工艺系统所能达到的脱硫率，其适应性由高到低依次为：

（1）石灰/石灰石——石膏湿法，脱硫率可达95%以上。

（2）氨法脱硫，脱硫率可达95%以上。

（3）海水脱硫，脱硫率可达90%以上。

（4）烟气循环流化床（CFB）及气体悬浮吸收（GSA）脱硫，脱硫率可达90%以上。

（5）电子束法脱硫，脱硫率80%左右。

（6）喷雾干燥法脱硫，脱硫率75%左右。

（7）炉内喷钙炉后增湿活化（LIFAC）脱硫等，脱硫率可达70%以上。

脱硫项目 SO_2 的控制水平一般由国家（或地方）环保主管部门依据环保法规的有关规定审批后确定。其审批的依据主要是业主报送的建设项目环境影响报告书。

二、外部条件

1. 吸收剂的可用性

脱硫项目所在地区脱硫吸收剂的来源直接影响到脱硫工艺的选择。由于火电厂脱硫装置处理的烟气量非常大，通常年消耗的脱硫吸收剂量也十分可观。因此，为降低脱硫吸收剂的供应成本，脱硫吸收剂的供应以项目所在地附近区域为宜，运输半径的合理选择与当地的运输条件、运费有关。

脱硫工艺不同，所需的脱硫吸收剂也不同。以下给出了几种主要脱硫工艺的常用脱硫吸收剂种类的分析。

（1）钙基吸收剂：主要为石灰石和石灰。钙基吸收剂，特别是石灰石，由于其价廉易得，是目前脱硫装置应用最为广泛的吸收剂。主要适用的脱硫工艺及要求是：

1）石灰/石灰石—石膏湿法脱硫工艺，采用石灰或石灰石粉为吸收剂。一般要求所供应的石灰石粉细度为200目（筛余<5%）~325目（筛余<5%），当对脱硫副产品石膏品质要求严格时，对石灰石中CaO的含量、活性和细度有相应的具体要求。

2）炉内喷钙炉后增湿活化脱硫工艺，采用石灰石粉为吸收剂。

3）喷雾干燥法脱硫工艺，采用石灰或消石灰为吸收剂。

4）烟气循环流化床脱硫工艺，采用石灰或消石灰为吸收剂。

5）烟气悬浮吸收脱硫工艺，采用石灰粉为吸收剂。

当采用石灰粉为脱硫吸收剂时，为避免吸收剂浆液对其输送管道和雾化喷嘴产生磨损、并在合理的Ca/S条件下获得较高的脱硫率，一般要求石灰粉有较高的纯度和活性。较适用的石灰CaO的纯度应在80%以上，石灰活性通常以石灰加一定比例的水进行消解特性试验，3min内的温升应在40℃以上。对于手工土窑烧制的一般建筑用石灰，因其烧制工艺落后，温度难以控制，往往出现欠烧或过烧现象，质量难以满足要求。

（2）氨基吸收剂：主要有液氨和氨水。氨基吸收剂主要作为氨法洗涤脱硫工艺和电子束法脱硫工艺的吸收剂。由于液氨和氨水均是化工、化肥行业的中间产品，其来源与当地化工、化肥厂的位置关系密切，其供应量受到化工、化肥厂生产的影响较大。当这些厂的最终产品销路好时，其中间产品没有富裕，不能满足脱硫吸收剂的需要。另一方面，由于氨水浓度一般较低（约为10%），相对来说脱硫所需的氨水量较大，存在一个经济合理的运输半径；由于液氨存放在高压容器内，其运输和存放有一定的危险性，需要特别严格的操作条件和场地条件。

（3）海水吸收剂：海水脱硫工艺是利用海水的碱度脱除烟气中SO_2的一种脱硫方法。海水脱硫对海水水质的依赖程度非常高，通常以海水的盐度指标进行衡量。一般来说，海水中约含有不超过3.5%的盐分，这些盐中氯盐约占88.5%，硫酸盐约占10.8%，碳酸盐约占0.34%，其他盐类约占0.36%。海水的主要成分一般相对均一和恒定，其中主要离子为Na^+、K^+、Ca^{2+}、Mg^{2+}、Cl^-、SO_4^{2-}、HCO_3^-、Br^-。以3.5%盐度的海水为例，各种离子的含量见表3-1-1。

表3-1-1　　海水中主要离子含量（3.5%盐度）

主要成分	Na^+	K^+	Mg^{2+}	Ca^{2+}	Cl^-	SO_4^{2-}	HCO_3^-	Br^-
含量（ppm）	10800	3990	1293	412	19700	2710	142	67

海水水质受所处位置及季节的影响较大，位于河流入海口附近的海域海水受淡水的稀释影响，海水盐度极不稳定，以这种海水进行脱硫，其脱硫率是难以保证的。另外，在每年的雨季，降水对海域水质的影响也是一个不能忽略的不利因素，此时海水盐度存在一个低值时段。

（4）其他脱硫吸收剂：如$Mg(OH)_2/MgCO_3$、Na_2CO_3等，因其来源较困难，在电厂脱硫工程中应用非常少，在此不作详细说明。

2. 副产品和排放液的出路

（1）脱硫石膏：湿法钙基脱硫工艺的脱硫副产物——脱硫石膏的化学成分以二水硫酸钙（$CaSO_4 \cdot 2H_2O$）为主，一般与天然石膏的纯度相近，有些甚至超过天然石膏的纯度，可以替代天然石膏作为建筑材料加以利用。其主要用途有：水泥生产所必需的缓凝剂、纸面石膏板、粉刷石膏和生产硫酸等。

为调节水泥的凝结时间，在硅酸盐水泥中必须加入适量的二水石膏，以达到水泥标准所规定的要求。如果掺量过多，会降低水泥强度，并造成稳定性下降。在水泥标准中除了规定凝结时间外，还规定水泥中 SO_3 含量不得超过3.5%，一般控制在1.5%～3%的范围。水泥中需加入5%左右的石膏，由于水泥产量很大，水泥工业对石膏的需求量是巨大的，但水泥厂大多希望购买经过干燥或造粒的石膏，这影响了脱硫石膏的应用。为了使脱硫石膏得到充分利用，一般需增加一定的投资创造脱硫石膏利用的条件。目前，脱硫石膏仅在一些缺乏天然石膏或石膏需求量比较大的地区得到了较充分的利用。

目前，国内现有的纸面石膏板生产线均以天然石膏为原料。一些发达国家，如日本、德国等，脱硫石膏用于生产纸面石膏板较为普遍，纸面石膏板厂多建在副产品为脱硫石膏的电厂附近。相信在未来的若干年内，纸面石膏板厂将是另一个利用脱硫石膏的大用户。一般来说，脱硫石膏可直接用作纸面石膏板的生产原料，但对石膏中氯离子的含量有较严格的要求，通常要求石膏中氯离子含量不大于100ppm。

粉刷石膏在目前国内建筑行业的应用较少，粉刷石膏市场十分有限，在这方面脱硫石膏难以得到有效利用。

脱硫石膏用于生产硫酸需要的投资较高，一般难以实现脱硫石膏的大量应用。

（2）脱硫废渣：脱硫废渣主要指喷雾干燥法、炉内喷钙炉后活化、烟气循环流化床及气体悬浮吸收法等脱硫工艺所产生的脱硫副产物。由于这几种脱硫工艺均采用钙基吸收剂，因此，其副产物的化学组成较为接近，主要成分为亚硫酸钙、硫酸钙、燃煤飞灰、未利用的钙基吸收剂等，其中以亚硫酸钙占较大比例。此类脱硫副产物的物理形态大致为含水率1%～3%的干态粉料。由于亚硫酸钙的化学性质不稳定，给此类脱硫副产物的综合利用带来不利影响。一般来说，此类脱硫副产物大多采用抛弃方式，如矿坑回填、选择专用的抛弃场地堆放等。脱硫副产品的这种处理方式严重制约了这些脱硫工艺推广应用的市场。为解决这一难题，目前国内外科研人员对此类脱硫副产物综合利用的途径正在进行积极的研究和开发，并已取得了一定的成果。

（3）脱硫化肥：氨法脱硫工艺和电子束法脱硫工艺的副产物为脱硫化肥，其主要成分为硫酸铵和少量硝酸铵。为了得到有利用价值的化肥，需要在脱硫吸收塔前增设高效率的除尘装置。据资料介绍，这种脱硫化肥可直接用于农田施肥或进一步生产复合肥。对于那些对化肥需求量较大的农村地区，这种脱硫化肥可以得到很好的利用，并且还可取得一定的收益。其不利的一面是：

1）氨法脱硫的副产物为硫酸铵和硝酸铵的水溶液，为了便于运输，需要在脱硫工艺后部增加一套结晶、干燥、包装等处理系统。因此，整个脱硫工程造价、占地面积和脱硫装置的运行成本将有一定程度的增加。

2）电子束法脱硫的副产物为干态粉末状脱硫化肥，它采用专用的电除尘器进行收集。由于这种颗粒物很细，且有一定的湿度和黏性，因此，易黏结在电除尘器的极板上，进而导致电除尘器故障。

3）在一些不适用硫酸铵化肥的地区，这种脱硫化肥可能没有出路。

（4）脱硫废水：喷雾干燥、炉内喷钙炉后活化、烟气循环流化床及烟气悬浮吸收法等干法或半干法脱硫工艺没有废水排放。电子束法脱硫后，其脱硫副产品的处理过程处于干态，也不会产生脱硫废水。

石灰石—石膏湿法脱硫工艺为了稳定脱硫系统的性能和保证脱硫石膏的质量，需要排放一定量的废水。其废水水质主要特点是：pH 值为 5.5～6，固体物 1%～3%，氯离子、硫酸盐等含量较高。一般来说，脱硫废水需进行处理达到排放标准后才能排放。有条件的地方可与电厂其他同类废水统一处理，或排入电厂冲灰水系统与冲灰水中和混合后排放，达到以废治废的目的。

氨法脱硫所产生的废水与石灰石—石膏湿法脱硫废水相近，需要采用专门的废水处理设备进行处理，只有达到污水排放标准后才能排放。

海水脱硫排水量巨大，以一台 300MW 机组海水脱硫为例，其排水量约 4 万 m^3/h。脱硫排水经过曝气处理后，其主要污染物指标基本上能满足国家现行废水排放标准要求。其主要污染指标为：pH 值≥6.5，COD≤3，水温上升 1～2℃。此外，硫酸盐的含量约增加 3%。目前，海水脱硫在中国尚处于试验示范阶段，海水脱硫产生的排水对海域特别是对近海水质及生态环境的长期影响，还须经过一定时间的跟踪试验才能得出结论。

三、水源条件

脱硫用水作为脱硫吸收剂的载体在脱硫工艺过程中起着重要的作用。不同的脱硫工艺对脱硫工艺水的要求各不相同，反过来说，脱硫用水的来源不同将直接影响到脱硫工艺的选择。

一般来说，以石灰/石灰石为脱硫吸收剂的湿法脱硫，对脱硫工艺水无严格的要求。为了减少对喷嘴的磨损，对脱硫工艺水中的泥沙含量有一定的限制。当以回收脱硫石膏为目的时，脱硫石膏的质量必须满足一定的要求，其中石膏中氯离子的含量受到严格的限制，因此，在此种条件下，不能使用未经处理的、氯离子含量高的水源作脱硫补加水。

海水脱硫所使用的海水既是脱硫吸收剂，又是脱硫工艺水，因此，它对脱硫工艺起着至关重要的作用，其海水水质必须满足一定的要求。受淡水影响较大的河流入海口附近区域的海水往往不能满足这样的要求，难以获得稳定的脱硫效率。

四、空间限制条件

脱硫装置的布置空间是脱硫工艺选择的一个重要条件。不同的脱硫工艺有不同的布置空间要求，只有能够满足其最小的脱硫场地空间，该脱硫工艺才具备候选的条件，这一点对于现有电厂补装脱硫装置的情况尤为重要。现有电厂特别是投产年限较长的电厂，在设计和建设时一般没有安装脱硫装置的考虑，其场地条件可能非常狭窄，现在补装脱硫装置时所需的场地空间成为脱硫工艺选择的限定条件。一般而言，石灰石—石膏湿法脱硫、氨法和电子束法脱硫所需的场地空间较大，较难适应现有电厂改造的条件；喷雾干燥法脱硫在考虑安装吸收塔后部烟气除尘装置时，其需要的脱硫场地也相当大；炉内喷钙炉后活化脱硫工艺除应具备脱硫装置的布置空间外，还应考虑在锅炉本体安装石灰石粉喷嘴的位置与空间。相对来说，烟气流化床及 GSA 脱硫工艺所需场地空间较小，特别是 GSA 脱硫工艺，由于其吸收塔烟气流速高，吸收塔直径小，可以利用有限的空间位置灵活布置，适用于空间限制条件严格的中小机组老电厂的脱硫改造。当电厂锅炉附近有安装湿法脱硫吸收塔等主要设备的空间时，石灰石—石膏湿法脱硫所需要的石灰石制浆系统、石膏处理系统可以考虑布置在另外的场地（两地相距不宜超过 2km），或对传统的石灰石—石膏湿法脱硫工艺进行简化，如脱硫石膏直接抛弃处理等。

五、拟改造电厂剩余寿命的影响

拟改造电厂的剩余寿命对脱硫工艺选择的影响主要是出于经济方面的考虑。如果拟改造电厂剩余寿命比较短时，两者严重不匹配，其经济性显然是不合理的。对于剩余寿命较短的电厂进行脱硫改造时，应视具体情况选择投资较低的简易脱硫工艺。在脱硫方案选择时，应对电厂主要设备的运行情况进行评估，对脱硫工艺方案的选择进行充分的论证，以便得到尽可能合理的方案。

六、费用与效益因素

脱硫装置的投资费用与效益是影响脱硫工艺选择的最主要因素之一，应考虑进行比较的主要内容有：脱硫装置建设的投资费用、脱硫装置的年运行费用、脱硫装置所取得的经济与社会效益。很显然，脱硫装置的投资与运行费用较低、取得的效益越好，被选择的可能性就越大。

1. 投资费用

脱硫装置的投资费用包括：

（1）脱硫设备购置费：指全部脱硫设备的购置费用。

（2）脱硫工程建筑工程费：指脱硫装置的土建工程费用。

（3）脱硫设备安装工程费：指脱硫装置的设备安装工程费用。

（4）脱硫设备进口费用：指需要进口脱硫设备的有关进口费用，包括设备进口关税、设备增值税、进出口公司手续费、财务费用和设备国内段运费等。

（5）脱硫工程其他费用：指脱硫工程征地拆建费用、脱硫工程管理费用、脱硫工程的前期费用、脱硫工程的设计和工程监理等技术服务费用、脱硫装置投产运行条件及调试试运行费用等生产准备费。

2. 年运行费用

年运行费用主要包括：

（1）脱硫装置运行的消耗性费用，指脱硫装置运行中需要的吸收剂费用、用水费、用电费、用压缩空气费、用蒸汽费用、运行人员工资及福利费用等。

（2）设备大修费用。

（3）还贷款费用（指脱硫工程投资费用的贷款利息及本金偿还）或折旧费。

3. 效益

就我国目前情况而言，脱硫所取得的直接经济效益还难以准确计算。一般以脱硫装置脱除的 SO_2 量是否满足环境保护标准的要求进行比较。

由于脱硫工程为非营利的公益事业，脱硫工程投资的回收与其他工程项目不同，需要由社会公众分摊。目前尚没有统一的解决脱硫工程投资回收的方法，通常的做法是将脱硫装置的投资费用和运行费用分摊到发电机组或电网发电成本上。如果脱硫工程投资的资金来源、脱硫工程资金贷款与还贷款的条件、分摊的发电机组的范围等不同，其费用分摊的数值相差较大，但总的原则是脱硫增加的成本应足以能够弥补脱硫工程的实际需要，不能给承担脱硫装置的业主带来不应有的负担。

七、对煤质含硫量及变化的适应性

目前国内火电厂燃煤采购供应渠道较为复杂，电厂燃煤来源多种多样，煤质含硫量变化较大，实际燃煤含硫量与设计值存在较大的偏差。因此燃煤产生的烟气 SO_2 浓度也存在较大幅度的变化。不同的脱硫工艺对所处理的燃煤烟气 SO_2 浓度值的适应性有所不同。

石灰石—石膏湿法脱硫工艺适应处理对从低硫煤到高硫煤的几乎所有煤种的燃煤烟气，在其设计条件下均可获得理想的高脱硫率。相对来说，从经济性看，湿式脱硫更适用于中、高硫煤烟气脱硫。湿式脱硫工艺对燃煤含硫量的变化适应性也较好。值得一提的是，双循环湿法脱硫工艺，因其可以控制两个不同的浆液 pH 值的特点，在对煤质含硫变化的适应性上显现出其较突出的优点。

以石灰或消石灰为吸收剂的喷雾干燥法脱硫、烟气循环流化床脱硫（CFB）及气体悬吸收法（GSA）脱硫较适用于中、低硫煤的燃煤烟气脱硫。

炉内喷钙炉后部活化脱硫工艺因其需向锅炉炉膛内喷射大量的石灰石粉（Ca/S 约 2.5），烟气中 SO_2 浓度过高时，需喷入的石灰石粉量太大，一方面影响锅炉的热效率，另一方面使电厂除灰系统过于庞大，因此该工艺较适用于低硫煤。

海水脱硫工艺以海水中的碱性物质作为脱硫吸收剂，一般来说海水对 SO_2 的吸收能力是十分有限的，烟气中含硫量较高时脱硫需要的海水水量过大，使得海水脱硫系统投资大大增加，因此，海水脱硫工艺仅适用于低硫煤烟气脱硫。

八、商业运行经验

为了使安装的脱硫装置将来能够安全、稳定、可靠地运行，脱硫工艺的选择必须考虑该脱硫工艺装置的商业运行经验，一般要求所选择的脱硫装置在同类相当规模的机组上至少有两年及两台以上的商业运行经验。

第二节 影响烟气脱硫工艺选择的综合因素

1. 脱硫工艺的环境影响问题

脱硫装置的安装本身是一项环境保护工程，但作为一个建设项目也同样存在环境影响问题，如考虑不周全，则在将来脱硫装置的运行中会产生新的环境污染。可能存在的环境影响主要为以下 4 个方面：脱硫吸收剂制备系统的扬尘污染和噪声；脱硫副产品的处理，特别是副产品堆存对环境的影响；脱硫废水对水体的影响；脱硫后净烟气的抬升影响等。

2. 业主对脱硫工艺选择的要求

出于自身利益和对电厂实际情况的考虑，业主会对脱硫工艺的选择提出一些原则性的意见和具体要求。在编制脱硫工程招标文件时，必须充分反映这些意见和要求。

3. 设计基础参数的可靠性问题

脱硫工艺选择中提出的设计基础参数，是提供给投标商编制投标文件的原始基础参数，这些数据应尽可能地准确可靠，必要时需要实际测定。

4. 供货和服务范围界限的划分

在招标书文件中供货商的供货范围与服务界限一定要非常明确，否则将会直接影响到投标商的报价和合同谈判。

5. 性能保证问题

为了将来考核承包商所提供的脱硫装置的性能，招标文件中必须明确脱硫装置的技术规范和主要性能保证值，所提出的性能保证值应能在装置性能考核时准确地测定。招标文件中还应提出在不能满足系统性能保证值时，对承包商的惩罚条款和计算办法。

第三节 烟气脱硫工艺选择的主要原则

（1）立足电厂 SO_2 污染的现状和环境的可容纳性，结合国家和地方环境法规的要求，提出合理的、可行的控制目标，包括脱硫效率、SO_2 排放浓度和排放量。

（2）结合机组的现状，包括新机组或老机组、机组容量、利用寿命、燃煤硫分、脱硫效率的要求等，充分考虑当地的资源条件、脱硫的建设条件，包括场地条件、施工条件、施工周期、吸收剂资源及运输条件、灰场容量、脱硫副产品的利用条件以及脱硫工艺成熟程度等因素，经技术经济比较后，提出技术上是先进的、可行的、经济上是合理的、操作上是能控制的、在进度上是能实现的、在法律上是允许的、在政治上是能被各方接受的且有一定延伸性的脱硫工艺。

当脱硫效率要求较高时，宜采用石灰石—石膏湿法工艺；当燃煤含硫量2%以下时，条件适合，技术经济比较合理，也可采用半干法工艺或其他成熟工艺。

（3）吸收剂应有可靠的货源，并应争取由市场直接购买颗粒度符合要求的粉状成品；当条件许可且方案合理时，可由电厂自建吸收剂制备车间；当必须新建吸收剂制备厂时，应先考虑区域性协作即集中建厂，且应根据投资及管理方式、加工工艺、厂址位置、运输条件等进行综合技术经济论证。

厂区吸收剂粉仓容量应根据供货连续性、货源远近及运输条件等因素确定，应不小于3d的需用量，吸收剂原料堆场的储存量应不小于7d的需用量。

吸收剂的制备储运系统应有防止二次扬尘等污染的措施。

（4）脱硫工程吸收塔的额定容量根据电厂总体对脱硫率的要求及拟采用的脱硫工艺特点、排烟温度等条件确定，宜按锅炉相对应的烟气量设计，不考虑容量余量。是否采用烟气加热器和采用何种烟气加热方式可参见第一篇第十一章第四、五节。

吸收塔入口烟温按正常运行烟气温度加10℃（短期可达50℃）裕量设计，并应注意在锅炉异常运行条件下采取适当措施不致造成对设备的损害。

吸收塔的数量应根据锅炉容量、吸收塔容量及可靠性等确定。当采用湿法工艺时，300MW及以上锅炉可1炉配1塔，200MW及以下锅炉可2炉配1塔，半干法脱硫工艺可一台炉配多台吸收塔。吸收塔内部应根据工艺特点考虑可靠的防腐措施。

（5）当脱硫系统设增压风机时，其容量应根据处理烟气量选择，风量裕量应不小于10%，风压裕量应不小于20%。

脱硫装置宜设旁路烟道，其烟道挡板门应有良好的操作和密封性能。

吸收塔出口至烟囱的低温湿烟道，应根据不同的脱硫工艺采取必要的、适当的防腐措施。

（6）脱硫工艺设计应尽量为脱硫副产品的综合利用创造条件，经技术经济论证合理时，脱硫副产品可经过适当加工后外运，其加工深度、品种及数量应根据可靠的市场调查确定。

若脱硫副产品无综合利用条件时，可考虑将其输送至储灰场，但应与灰渣分别堆放，留有今后综合利用的可能性，并应采取防止副产品造成二次污染的措施。

（7）吸收剂和脱硫副产品浆液输送系统应考虑防堵措施和加装管道清洗装置。

（8）脱硫控制可与其他控制室合并设置；当主体工程不能同步建设或2炉配1塔时，也可设独立控制室。

脱硫系统的控制水平应不低于机组控制水平。

（9）烟气脱硫装置的供电方案采用专用厂用变压器或由机组的厂用变压器引接，应结合工程具体情况经技术经济比较确定。

（10）脱硫吸收塔宜布置于锅炉尾部烟道及烟囱附近，吸收剂制备和脱硫副产品加工场地可以在炉后集中布置，也可布置于其他适当地点。

当发电工程建设项目的环境影响要求预留脱硫场地时，宜在烟囱外侧预留脱硫吸收塔位置，其场地大小应根据今后可能采用的脱硫工艺方案确定。在预留场地上不允许放置不便拆迁的设施。

脱硫吸收塔宜露天布置，但应有必要的防护措施。

（11）脱硫工程实施后，在允许的时间内，在最大的投资允许限度内，能达到预期的最终的技术目标和经济效益。

（12）脱硫工程实施后，不能影响机组的正常运行和安全发电，不能造成或尽可能降低二次污染，脱硫副产品应得到合理的利用或处置。

第二章　烟气脱硫工艺的技术经济评估

在火电厂脱硫工程的可行性研究和技术招投标过程中，烟气脱硫方案的技术经济评估是工程项目中非常重要又非常复杂的一项工作。

本章主要介绍在FGD技术经济评估中采用的评估指标和评估方法。

第一节　国内外评估体系

对于火电厂SO_2排放控制技术的综合评估，国内外已经进行了大量的研究，目前比较成熟的评估体系有十几种。

一、国外评估体系

国外的清洁煤技术发展起步较早，尤其脱硫技术的发展更早，从20世纪80年代初就已开始对烟气脱硫系统进行技术经济评估和筛选，目前比较成熟的评估体系有3种。

1. EPRI（美国电力研究协会）评估体系

EPRI的研究工作从20世纪80年代初开始，到现在已经过多次的修改和完善，EPRI的评估体系为

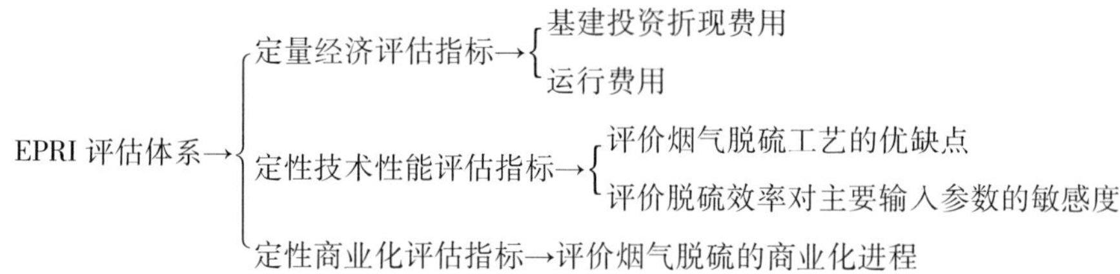

2. IEA（国际能源机构）煤炭研究所的评估体系

IEA煤炭研究所于1986年对当时的烟气脱硫技术进行了评估，提出的评估指标体系为

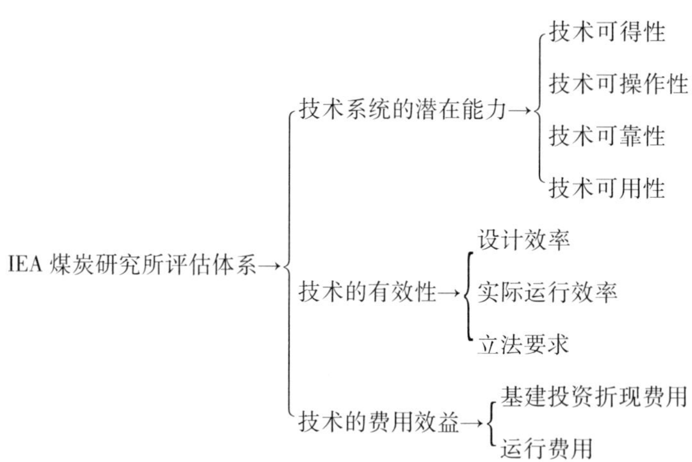

3. DOE（美国能源部）清洁煤技术评估体系

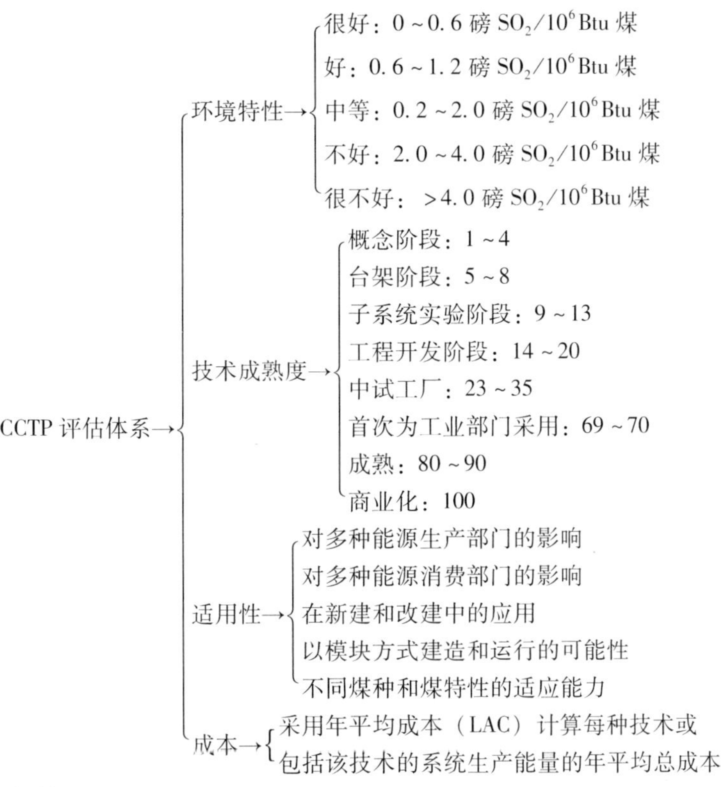

二、国内评估体系

我国火电厂烟气脱硫技术的发展起步较晚，其综合性能的评估体系尚处于研究、开发、完善阶段，目前比较成熟的评估体系有 5 种。

1. 能源研究会评估体系

中国能源研究会在《九十年代煤炭合理有效利用研究报告》中探讨了清洁煤技术的评估问题，其提出的评估指标体系为

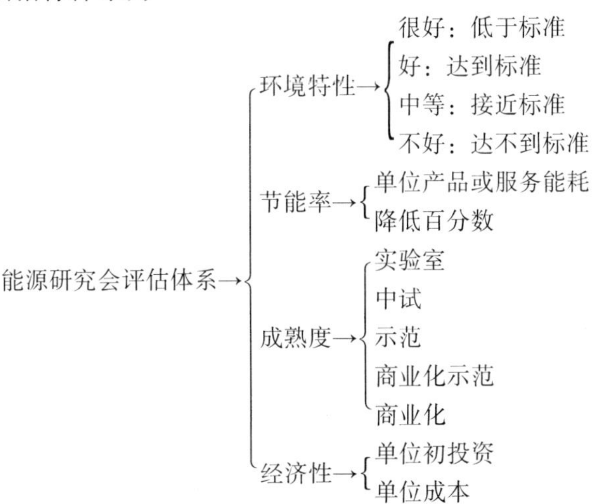

2. 酸沉降控制对策评估体系

“八五”攻关课题《我国的酸沉降控制规划与对策研究》中，提出的致酸物质控制技术评估指标体系为

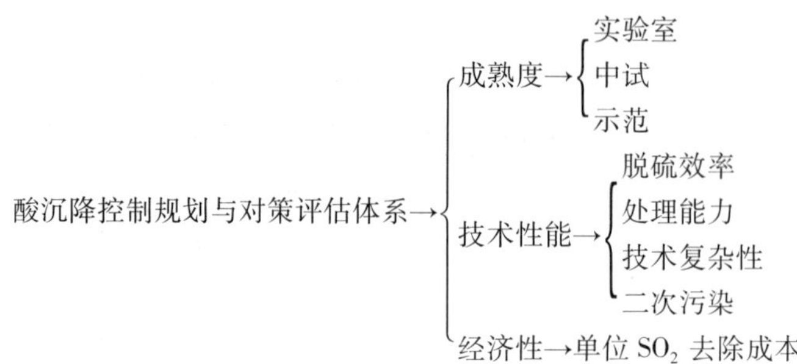

该评估还从用户的角度提出了筛选各项技术的四条基本原则：

（1）成熟程度至少要在国外已经商业化，且有较好的商用业绩；

（2）投资较少，一般应当低于主体工程总投资的15%左右，运行费用比较低；

（3）不追求太高的脱硫率，一般应在70%左右为宜；

（4）优先考虑二次污染小、具有除尘、节能、脱氮等综合效益的技术。

根据以上原则在满足成熟度指标和技术成熟度指标的前提下，优先选择经济指标较好的控制技术。

3. 致酸物质控制技术的评估体系

“八五”科技攻关子课题《致酸物质控制技术的评估与筛选》中，评估体系由技术成熟度、技术适用性和单位综合成本三个指标构成，即

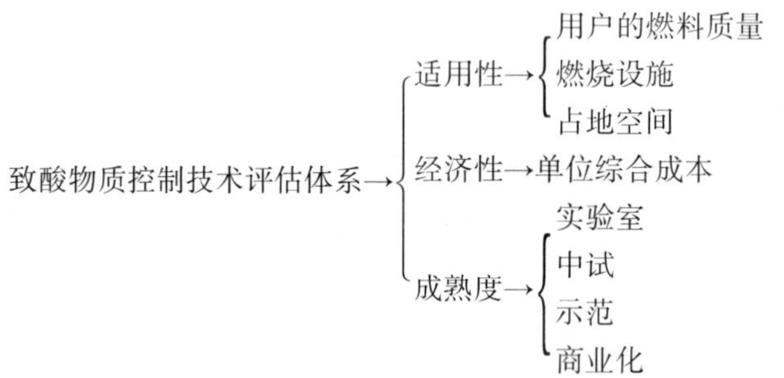

4. 北京中小型锅炉评估体系

清华大学环境科学与工程系和北京市环境保护科学研究院针对北京市中小型锅炉的烟气脱硫基本情况，建立了一个综合评估体系：

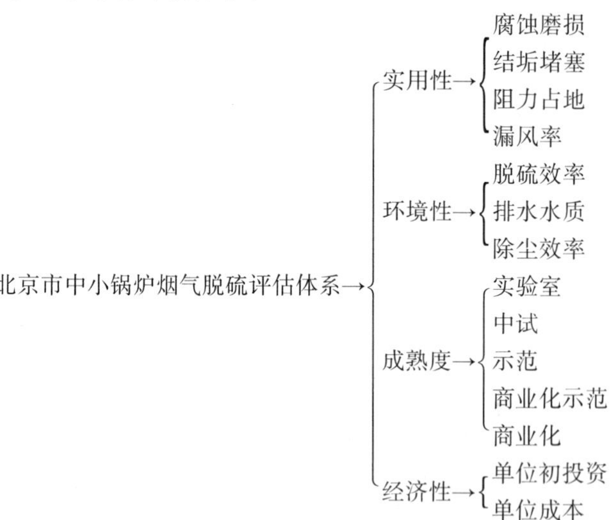

5. 国电环境保护研究所的评估体系

国电环境保护研究所根据我国脱硫产业发展的需要，在总结国内外脱硫技术评估体系的基础上，于2000年成功地开发了一种综合评估体系。为达到预期的评估目标，对FGD工艺进行评估的依据是建立科学、合理的评估指标体系。评估指标体系主要包括技术、经济和环境3个方面。

在评估时，首先分别对脱硫工艺在具体的条件下，将技术、经济和环境3个方面相应的若干个评估指标进行量化，然后分别进行评估，最后再加以综合，以量化的生成数据来评定脱硫工艺综合性能的优劣。

该评估体系以决策理论、信息论和系统方法论等现代软科学为基础，将软科学研究人员与领域专家、定性分析与定量分析、经验决策与计算机辅助决策融为一体，并以动态的思想和方法构造了脱硫工艺评估的物理模型、数学模型和判断准则，使得脱硫工艺的评估更科学、更合理。

第二节 评 估 指 标

一、技术评估指标

在对烟气脱硫工艺进行技术分析和评估时，首先必须根据电厂的具体情况和要求，明确烟气脱硫工艺的主要技术评估指标，包括这些指标的含义以及它们的变化对电厂可能带来的影响。只有掌握了这些信息，才能在评估过程中突出重点抓住关键。

通常烟气脱硫工艺的技术评估指标有以下12个：①脱硫率；②钙硫比和吸收剂利用率；③吸收剂的可获得性和易处理性；④脱硫副产品的处置和可利用性；⑤对锅炉和烟气处理系统的影响；⑥对机组运行方式的适应性；⑦对周围环境和生态的影响；⑧占用场地和空间大小；⑨工艺流程的复杂程度；⑩能源消耗；⑪工艺的成熟程度和商用业绩；⑫施工的可行性。下面依次阐述这12个评估指标。

（一）脱硫率

脱硫率的高低表示脱硫系统脱硫能力的大小。对于电厂来说，安装烟气脱硫系统的唯一目的就是脱除烟气中的SO_2，以满足排放标准的要求，因此脱硫系统必须有足够高的脱硫率。尽管脱硫率的定义十分简单，但在确定脱硫率时，实际应考虑的因素较多。在脱硫工艺选择时主要考虑以下3个因素：

（1）为满足国家和地方政府的环保法规，在锅炉正常运行中（包括各种可能的运行负荷条件）所能保证的最低脱硫率。许多FGD供应商在技术介绍或报价时，有意或无意地不加任何条件地说系统的脱硫率可达到，如90%。实际上，脱硫系统的脱硫率是由很多因素决定的，除了系统本身的脱硫能力外，还取决于烟气的状况，如烟气量、烟温、烟气中的SO_2浓度等。而SO_2排放标准则往往要求锅炉排放烟气中SO_2的浓度或总量在任何情况下均不得超过规定的控制值。因此，在选择脱硫工艺并在工程合同中均应保证：在锅炉的最差运行工况下，脱硫系统承诺的最低脱硫率仍能满足排放标准的要求。

（2）系统脱硫率的确定应在各种运行工况下均能满足当前国家和地方所规定的允许排放浓度和排放量，且有一定的前瞻性的，脱硫能力留有一定的裕量，以满足未来5～10年日趋严格的排放标准，为此应优先考虑选用那些有可能通过简单改造即能提高脱硫率的工艺。

由于脱硫系统的投资和运行费用均很高，因此脱除每一吨SO_2的成本也很高。目前，我国利用烟气脱硫装置脱除SO_2的成本大约在1500元/t SO_2以上，要比规定的SO_2排放费200元/t高好多倍。因此，在没有实行“排放权交易”制度的情况下，燃煤电厂的脱硫系统一般不会在低于排放标准控制值的状态下运行。但是，排放标准的不断修订，允许的SO_2排放浓度或总量将会有所降低，排放收费将会越来越昂贵，这也是必然的趋势。因此在为脱硫系统选择脱硫工艺时，充分考虑到这种趋势是明智的和有前瞻性的。在考虑如何满足未来排放标准的要求时，可以有2种做法：①在设计脱硫系统时留有充分的脱硫能力的裕量；②选择那些经过简单的改造即可提高系统脱硫率的工艺。如果单纯采用第一种方法，会增加脱硫系统的投资和当前的运行费用，如果能在选择脱硫工艺时做到未雨绸缪，优先选用脱硫效率可“升级”的工艺，那么可以减少未来的投资，延长烟气脱硫系统的寿命。

（3）达到一定脱硫率的条件。脱硫系统供应商给出的脱硫率一般是在燃用给定煤种、锅炉满负荷条件下、给定钙硫比和液气比等条件下的所能达到的数值。在燃煤煤种、锅炉负荷、钙硫比、液气比等发生变化时，脱硫率也将发生变化。

（二）钙硫比和吸收剂利用率

从理论上讲无论是干法、半干法还是湿法工艺，一个钙基吸收剂分子可以吸收一个SO_2分子，但实际上由于反应时传热传质条件并不处于理想状态，往往需要增加吸收剂的量来保证吸收过程的顺利进行，亦即钙基吸收剂的摩尔数要大于脱除SO_2的摩尔数。钙硫比反映了达到一定脱硫率时需要的钙基吸收剂的过量程度。

由于湿法工艺的脱硫反应是在气相、液相和固相之间进行的，反应条件十分理想。因此湿法工艺的钙硫比（Ca/S）非常接近于1，一般可达1.05左右；对于半干法，Ca/S＝1.5～1.6；干法，Ca/S＝1.4～2.5。

钙硫比是影响脱硫率的重要因素，适当提高钙硫比可以一定程度地增加脱硫率。例如炉内喷钙工艺，在钙硫比为3.0时，可以达到30%的脱硫率，如果钙硫比提高到5.0，则脱硫率可以达到40%～50%。同样，对半干法和其他一些脱硫工艺都有相同的结果。因此在考察一个脱硫工艺，或是进行不同脱硫工艺的脱硫性能比较时，必须注意达到该脱硫率所需要的钙硫比。在脱硫率相同时，钙硫比越高，脱硫工艺的运行费用越高，因为需要消耗更多的吸收剂和处理更多的脱硫产物。

钙基吸收剂的利用率是脱硫系统脱除SO_2所实际参与化学反应的吸收剂的量与系统中加入吸收剂总量的质量分数，与钙硫比互为倒数关系。在达到一定的脱硫率时，如需要的钙硫比越低，则钙的利用率越高。也就是说，所需要的吸收剂的数量以及所产生的脱硫产物的量也越少。这样可以大大降低脱硫系统的运行费用。

在主流烟气脱硫工艺中，湿法的吸收剂利用率最高，一般可达到90%以上，半干法在50%左右，而干法最低，约在30%以下。

（三）吸收剂的可获得性和易处理性

目前，大部分烟气脱硫工艺采用钙基化合物作为吸收剂，其主要原因是它们的储藏量丰富，价格低廉而且生成的脱硫产物十分稳定，不会对环境造成二次污染。除此之外，有些工艺还采用钠基化合物、氨水、海水等作为吸收剂。

（1）主流烟气脱硫工艺，主要以钙基化合物作为脱硫吸收剂；

（2）石灰石是较适合于电厂的脱硫剂，应优先考虑选用石灰石作为吸收剂的工艺，因为它有很好的可获得性和易处理性；

（3）在有可靠的、高质量的石灰供应的地区，石灰也是可选的吸收剂。但在设计中应充分考虑运输、储存和输送石灰的特点；

（4）在用消石灰作为吸收剂时，推荐在现场消化石灰，这样可以减少运输费用，增加吸收剂的活性；

（5）其他非主流吸收剂，如钠基吸收剂、氨水等只有在特殊场合、选用特殊工艺时使用。

1. 钙基吸收剂

钙基吸收剂主要是石灰石（$CaCO_3$）、石灰（CaO）和消石灰［Ca（$OH)_2$］。

（1）石灰石（$CaCO_3$）。石灰石在大自然中有丰富的储藏量，它的主要成分是 $CaCO_3$，我国石灰石中 $CaCO_3$ 的含量一般均高于 90%。

石灰石用作脱硫吸收剂时，必须先要磨成粉末。由于石灰石无毒无害，在处置和使用过程中十分安全，因此是烟气脱硫的理想吸收剂。但是，在选择石灰石作为吸收剂时，必须考虑以下 3 点：石灰石的纯度，即 $CaCO_3$ 的含量；石灰石的活性，即石灰石与 SO_2 的反应速度；石灰石粒径和粒径分布。

（2）石灰（CaO）。石灰的主要成分是 CaO，大自然中没有天然的石灰资源，烟气脱硫工艺中使用的石灰都是石灰石在窑中煅烧后产生的。石灰质量的优劣主要取决于石灰石的质量和煅烧过程的质量控制，对于特定的石灰石，如果煅烧过程控制不好，就会在石灰中混有大量的过烧或欠烧杂质（可高达 50%），既影响脱硫效果，增加投资和运行费，又会造成固体废弃物的污染问题。同时在石灰石的煅烧过程中，每生产 1t 石灰大约需用 200kg 左右的煤，产生约 4kg（煤中含硫量为 1% 时）的 SO_2 气体，将造成一定的空气污染。

石灰有很强的吸湿性，遇水后会发生剧烈的水合反应（消化反应）生成 $Ca(OH)_2$，同时放出大量的热量。石灰对人体的皮肤、眼睛和黏膜有强烈的烧灼和刺激作用，在处置时必须做好各种劳动保护工作，防止发生人身伤害事故。

石灰作为吸收剂要比石灰石有更高的活性，其分子量比石灰石几乎小 50%，因此单位质量的脱硫量比石灰石几乎高 1 倍，是一种高效的脱硫剂。石灰主要用在石灰-石膏湿法脱硫工艺、喷雾干燥半干法工艺和烟气循环流化床脱硫工艺中。

（3）消石灰［$Ca(OH)_2$］。消石灰是石灰加水经过消化反应后的生成物，主要化学成分为 $Ca(OH)_2$。成品消石灰一般为粉末状，由于在消化过程中石灰会粉化，因此消石灰粉的颗粒一般非常细（10μm 左右），在作为吸收剂使用时无需经过磨粉工艺。

消石灰粉无毒无害，不属危险品，因此运输、操作都比石灰安全。

由于 Ca（$OH)_2$ 是由 CaO 和水化合而成的，因此分子量比 CaO 大，即单位质量中 Ca 的含量比 CaO 少。

消石灰比较容易吸湿，而且与空气中的 CO_2 反应还原成活性低的 $CaCO_3$，因而在运输储藏中应考虑避免长期与空气接触，以免使其失去活性。尤其是在高温、高湿的江南地区，在设计、操作中更要注意这一点。

消石灰一般用在炉内喷钙、烟气循环流化床脱硫工艺中。由于它在低温时与 SO_2 反应的活性很高，因此也可作为管道喷射工艺的吸收剂。

（4）价格。目前市场上的钙基吸收剂的价格为：

石灰石矿石：50 元/t（不包括运费）。

325 目石灰石粉：150 ~ 200 元/t（取决于运输距离）。

石灰：石灰的价格取决于石灰的质量和运距。对 CaO 含量在 60% ~ 80% 的石灰的出厂价约为300~400元/t。

消石灰：可以通过石灰自行消化而成，也可以从专门的生产厂采购，高质量的消石灰粉的价格较贵，在400元/t以上。

2. 钠基吸收剂

钠基化合物可以用在湿法洗涤工艺（Na_2CO_3）和炉内喷射及管道喷射（$NaHCO_3$）工艺中作为吸收剂。使用钠基吸收剂的问题在于：

（1）吸收剂来源困难，只能在供应充足的地区使用。

（2）脱硫产物中的钠盐容易溶解于水，造成灰场水体的污染。

（3）在干法喷射工艺中，由于钠基吸收剂使NO转换成NO_2，排烟的颜色变黄，影响电厂的形象。

采用Na_2CO_3作为吸收剂的湿法洗涤工艺主要在美国较小的电厂和工业锅炉上使用。它主要的优点是投资低，脱硫效果很好，在Na/S=1.4~2.2时，脱硫率可达到70%，且有10%~20%的脱氮率。

3. 氨基吸收剂

在电子束辐照脱硫工艺和氨洗涤工艺中，氨一般以氨水或液氨的形式作为吸收剂。氨基吸收剂的活性好，因此其用量较其他吸收剂要少，且脱硫工艺的副产品是硫酸铵，可作为农用肥料使用。氨作为吸收剂有以下几点需要注意：

（1）氨的价格较高，目前在苏州地区液氨的价格约1800元/t；

（2）无需制备，但需要有专用的运输、储存、计量和输送设备；

（3）氨气的泄漏会造成恶臭、中毒等环境问题；

（4）喷入过量的氨有可能造成白色排烟问题。

（四）脱硫副产品的处置和可利用性

脱硫副产品是吸收剂与SO_2反应的产物，因此脱硫副产品总是硫或者是硫的化合物，例如硫磺、硫酸、硫酸钙（石膏）、亚硫酸钙、硫酸铵、硫酸钠等。

从烟气脱硫技术开始发展以来，人们一直希望所开发的脱硫工艺的脱硫产物有以下的性质：

（1）副产品可以得到综合利用，可作为其他制造工业的原料，或者可用在农业上。最理想的是希望能生成硫单质或硫酸，因为许多国家和地区缺少硫资源，而硫酸又是化学工业的重要原料，有很高的附加值。

（2）如果不能综合利用，那么只能考虑堆放。因此要求脱硫工艺所产生的副产品性能稳定，对环境不会产生二次污染，如对地下水体的污染、扬尘等造成新的空气污染。

（3）脱硫工艺所产生的副产品应便于运输。因此，最好是干态的。

在20世纪70~80年代人们开发了一些脱硫工艺，它们的副产品是硫，或者是硫酸。但是这些工艺或是由于吸收剂价格昂贵，或是由于设备的腐蚀问题，或是由于副产品质量问题已很少使用了。

目前主流脱硫工艺的副产品主要有：石灰石—石膏或石灰—石膏法工艺产生的副产品石膏（$CaSO_4 \cdot 2H_2O$），它可用于生产建材，如石膏板和水泥生产中的缓凝剂；喷雾干燥法和烟气循环流化床脱硫工艺产生的副产品是$CaSO_4$和$CaSO_3$的混合脱硫灰渣；炉内喷钙加炉后增湿活化工艺的副产品是飞灰、$CaSO_4$和$CaSO_3$的混合脱硫灰渣。它可用作回填、土地平整以及作为道路的路基，但由于未作系统的开发研究，也未得到有关部门的使用批准，因此很难达到规模使用的程度。电子束辐照法或氨洗涤法产生的副产品——硫酸铵/硝酸铵，它可以作为肥料，但受到土壤条件、农民施用肥料品种习惯的影响，加上作为生产粮食、蔬菜等作物所施用的肥料，还必须得到农业部门和卫生部门的批准。

1. 综合利用

在选择脱硫工艺时，考虑到电厂灰场容积的限制，并希望脱硫副产品的综合利用能对昂贵的脱硫费用作一些补偿，总是首选副产品能综合利用的工艺。但是，工程实践中真正做到脱硫副产品的综合利用并非易事。其主要原因是：

（1）尽管脱硫石膏不如天然石膏的质量稳定，但脱硫石膏用作生产石膏板和水泥缓凝剂一般都能满足用户要求。我国由于建筑习惯再加之缺乏政策鼓励，市场对石膏板的需求量不高，这阻碍了脱硫石膏在这方面的应用。

（2）使用副产品的用户不但需要一笔投资来调整其原先的工艺，而且要有一个熟悉、适应的过程。

德国在20世纪80年代后期有大批的湿法脱硫装置投入运行，进而产生了大量的烟气脱硫石膏。尽管德国本身缺乏天然石膏资源，大部分所需要的石膏均依赖进口，但是在最初阶段，脱硫石膏的使用仍然受到建材制造厂商和水泥制造厂商的抵制。主要原因是利用脱硫石膏必须对原有工艺和设备进行改造。例如，在水泥生产中要加入石膏作为缓凝剂，原来所采用的天然石膏是干燥的块状固体，加入球磨机中与其他原料研磨混合。然而从脱硫系统产生的石膏的含水量在8%~10%，而且是粉末状的，需要烘干，然后制成粒状才能使用。要把年产几万吨的石膏烘干脱水、成型，需要投资新的设备和耗费大量能源，而且提高了石膏的销售价格，这些因素影响脱硫石膏在水泥生产的应用。借助于政策和法规的推动以及联邦政府财政上的支持，德国花费了近5年的时间才使其95%的脱硫石膏得到了应用。

目前我国电厂脱硫石膏主要用于制作石膏制品，有些电厂脱硫石膏销售较好，这取决于当地对石膏的需求。但大多数电厂的石膏利用情况不太理想，主要作抛弃处理。

（3）脱硫副产品综合利用的市场受到资源状况和政策法规的限制。我国幅员广阔，资源丰富，很多地区有丰富的天然石膏资源，价格较低，因此限制了脱硫石膏市场的开发。

电子束辐射法或氨洗涤法所产生的脱硫副产品——硫酸铵/硝酸铵虽然理论上可以作为肥料，但是受到当地土壤条件，农民施用肥料品种的习惯等的影响，加上作为生产粮食、蔬菜等作物所施用的肥料，还必须得到农业部门和卫生部门的批准。

由喷雾干燥和炉内喷钙（包括LIFAC工艺）所产生的脱硫副产品，经稳定化和固定化处理后可以用作回填、土地平整以及作为道路的路基。但现在大多数这类副产品未经处理也未得到有关部门的批准就直接用作回填或制作砖块，因此，很难达到规模使用的程度。

（4）有些烟气脱硫工艺的副产品是可利用的，但是在某一工程中是否最终能够得到真正的利用，要取决于工程当地的资源条件、市场需求以及二次开发的投资条件。

（5）从经济分析来看，如脱硫副产品不能得到及时、充分的利用，即使选用了副产品可综合利用的脱硫工艺，也不应匆忙地建设与综合利用有关的设施，因为这部分设施要占总投资的15%~20%，而应是先考虑抛弃堆放，等今后条件成熟后再建设有关部分。

（6）积极开发脱硫副产品的综合利用途径。从资源角度来看，不管是产生可综合利用的副产品的脱硫工艺，还是抛弃法脱硫工艺，它们所产生的脱硫渣都是资源。只要技术和市场成熟，即使目前认为很难利用的那些脱硫灰渣也有可能得到大规模的应用。

2. 堆放处置

在考虑堆放处置时主要对脱硫工艺有三方面的考虑：

（1）脱硫副产物的形态。脱硫副产物的形态对于副产物的运输和存放有着重要的影响。湿法系统采用湿抛弃方式的石膏浆液含固量约15%～40%，可以采用浆泵和管道输送。华能某电厂的两台湿法脱硫系统的脱硫石膏由于不能完全综合利用，大部分石膏浆液经8～9级串联浆泵送至6km外的灰场，已运行多年，没有发生困难，但这种湿抛弃方式耗水量大。如果灰场较远，泵的压头要求较高，泵的过流件磨损大。将湿法系统脱硫副产物脱水成固体物，用皮带输送机或卡车运送就近填埋处理，也是常采用的处理方法。干法和半干法工艺所产生的脱硫副产品呈干粉状，因此可以方便地采用气力输送或罐车输送到灰场，这是干法和半干法工艺的一个优点。

（2）脱硫灰渣的数量。由于吸收剂在脱硫过程中要吸收SO_2，因此脱硫后的副产品数量要比加入的吸收剂的量要多。在石灰石—石膏法中最后生成的石膏的数量约为加入的石灰石量的1.7倍。根据美国电力研究院的研究报告（CS-3696）中的计算公式，以一台300MW的机组、燃用1.5%硫分的煤为例，每年所需的脱硫灰渣堆放体积约为16万m^3。

对于炉内喷钙（包括LIFAC工艺），干法脱硫装置所产生的脱硫灰渣的数量要比湿法的还要多，这是因为干法工艺的钙硫比要比湿法高2～3倍，因而在同样条件下所生成的脱硫灰渣的数量大约是湿法的2.5～3.5倍。而且这种脱硫产物是与飞灰混合在一起，无法分开存放。

喷雾干燥半干法和烟气循环流化床脱硫工艺产生的脱硫灰渣量要比干法少，大约与湿法产生的脱硫灰渣量相等或更少。这是因为尽管这些工艺的Ca/S比要比湿法高，但是由于采用了石灰或消石灰作为吸收剂，可以减少吸收剂的用量，因而也降低了脱硫灰渣量。

（3）脱硫灰渣的稳定性和是否对环境产生危害。由于主流脱硫工艺的吸收剂大多为钙基化合物，因此脱硫灰渣中的主要成分一般为$CaSO_4$、$CaSO_3$等。在干法和半干法工艺中，由于吸收剂的利用率较低，因而还含有一部分未反应的吸收剂，如CaO、$Ca(OH)_2$和$CaCO_3$。其中$CaSO_4$和$CaCO_3$是化学性质比较稳定的物质，无毒无害，不会对环境造成危害。而$CaSO_3$由于处于含有CaO、$Ca(OH)_2$的碱性环境中，会在大气中慢慢氧化，最终转化成稳定的$CaSO_4$。在干法、半干法产生的脱硫灰渣中，未反应的CaO和$Ca(OH)_2$会使脱硫灰渣硬结，它们最终都会与空气中的CO_2反应，生成稳定的$CaCO_3$。脱硫灰渣的碱性和硬结性有助于防止其对堆放场地的地下水体的污染，因为脱硫灰渣的碱性使得飞灰中的重金属不易溶出，而硬结特性使得堆放层底部的防渗漏特性大为改善。

芬兰环境部门对LIFAC工艺所产生的脱硫灰渣与飞灰的混合物的各种环保特性进行了长期的跟踪试验，结果表明这种脱硫灰渣是一种无毒物质，各种有害物质的溶出特性均低于欧洲最严格的德国DIN相关标准的要求。

（五）对锅炉和烟气处理系统的影响

与锅炉烟气有关的烟气系统包括：锅炉炉膛、锅炉对流热交换段（包括过热器、再热器、省煤器和空气预热器、烟道、除尘器、引风机和烟囱）。

烟气脱硫工艺的脱硫设备可以安装在上述烟气系统的各个部分，因而对烟气系统的下游各段会产生不同的影响。

1. 湿法烟气脱硫工艺

湿法工艺安装在锅炉原有的除尘器的后面，因此对锅炉整个烟气系统的影响最小。湿法工艺可能造成的对锅炉和烟气系统的影响有：

（1）锅炉炉膛。由于脱硫系统中包括了吸收塔、除雾器、GGH 和挡板门等设备，会产生一定的压力降，一般在 1700～4000Pa 之间，因此必须安装脱硫风机以克服这部分压降。在正常的情况下，通过自控系统可以保证炉膛的负压处于正常范围内。但是在事故状态下和锅炉工况快速改变的过渡阶段中，有可能造成炉膛负压突然加大，因此对于新锅炉的设计必须考虑这种负压突然加大的可能；对于现有锅炉加装 FGD 系统则应确认炉膛是否能经受这种负压的变化。其实大多数烟气脱硫工艺都需要加装脱硫风机，或者加大原有引风机的出力，实际上都存在这个问题。

（2）引风机。如果 FGD 系统布置在现有引风机之前，那么对现有引风机可能有两方面的影响。一是烟气工况的变化，烟气温度降低，含湿量增加。烟气温度降低会减少风机输送的烟气量，对风机是有利的，但是烟气含湿量的增加会引起风机的腐蚀，另外，风机会产生黏灰导致叶片动态不平衡。二是在 FGD 系统投入或停用期间烟气温度会有较大的变化（70～130℃），引风机应能承受这样的变化。

（3）烟道及旁路挡板门。为了便于 FGD 系统的维修和在 FGD 需要停用时锅炉仍能正常运行，FGD 系统一般要求安装旁路烟道和旁路挡板门。

湿法 FGD 系统对原有锅炉的烟道没有什么影响，但 FGD 系统出口到烟囱的那部分烟道应采取防腐措施。防腐措施包括采用鳞片树脂内衬、硼硅酸盐玻璃泡沫块或合金墙纸衬贴。

旁路挡板门对于 FGD 系统和锅炉的安全运行非常重要。主要要求是开闭灵活，操作可靠，事故时能快速开启，对挡板门两侧的隔离性能要好。保证旁路挡板门有良好的密封性对于 FGD 系统的性能有特别重要的意义。如果旁路挡板门的隔离性能不好，未经脱硫的原烟气就会泄漏到已脱硫的净烟气中去，造成烟囱中烟气 SO_2 浓度的增加，实际上降低了烟气脱硫系统的脱硫效果。因此，在 FGD 系统中一般需要采用双百叶窗空气密封挡板门。

（4）烟囱。经烟气脱硫系统处理后的烟气的温度比不脱硫时要低，虽然烟气中的 SO_2、HCl、HF 和硫酸酸雾浓度大为降低，但含湿量增加，因此脱硫后的烟气对烟囱腐蚀的危险性不但没有改善，反而在一定程度上有所增加。对于新建电厂和增建脱硫装置的电厂，在采用湿法 FGD 系统时，应根据烟囱入口已处理烟气的温度、湿度以及残留酸性物质浓度对烟囱采取相应的防腐措施。

2. 喷雾干燥和常规循环流化床烟气脱硫工艺

喷雾干燥工艺属典型的半干法，其和常规烟气循环流化床脱硫工艺有两种流程布置：一种流程是将烟气先经过吸收塔，然后经锅炉原有的除尘器除尘；另一种流程是烟气先由原有的除尘器进行除尘，然后再通过吸收塔，在该吸收塔的下游还设置了一个专门收集脱硫副产品的除尘器，它可以是电除尘器或是布袋除尘器，除尘后的烟气经由引风机、烟囱排放到大气中。与湿法工艺相同，也需要有旁路 FGD 系统的旁路烟道和旁路挡板门。这两种脱硫工艺对烟气系统的影响如下：

（1）除尘器。如果采用先脱硫然后利用锅炉原有除尘器除尘的方案，对原有除尘器的影响较大。影响除尘器的三个主要因素是：烟气的温度降低，含湿量增加；除尘器入口颗粒物浓度增加；进入除尘器的颗粒物成分、颗粒尺寸分布和导电特性的变化。据研究，这些变化将对除尘器的特性产生综合性的影响。由于国内电厂很少使用布袋除尘器，因此，我们只考虑对静电除尘器的影响。

采用了半干法和常规 CFB 脱硫工艺后，烟气和烟气中颗粒性质的变化对电除尘器的性能既有正面也有负面影响，大致可以归纳如下：

变化因子	对电除尘器除尘效率的影响
烟气温度下降	+
烟气含湿量增加	+
烟气中粉尘入口浓度增加	+
粉尘成分变化	–
粉尘中细颗粒增加	–
粉尘比电阻增加	–

从上面"+""–"影响分析来看，最后对电除尘器效率的影响究竟是增加抑或降低要由各因素所起作用的大小而定。根据许多 FGD 装置的实际运行经验来看，烟气温度下降和烟气中含湿量的增加起着显著的作用。一般均认为总的最后的影响对电除尘器的除尘效率略有改善。

需要注意的是，即使电除尘器的总效率不变，甚至有所提高，但是由于除尘器入口烟气中粉尘浓度的增加可能会导致最终粉尘排放浓度超标。这就要求在电除尘器的设计时考虑更高的除尘效率或对已安装的电除尘器进行改造，例如增加新的电场等，以满足粉尘排放标准。

除了对电除尘的效率有所影响之外，由于粉尘的含湿量增加和粉尘中含有自硬结倾向的钙基化合物，有可能会影响电除尘的振打特性以及电除尘的出灰灰斗畅通。在电除尘的设计和改造时，应针对脱硫灰的特性改进振打装置，同时应加强灰斗的保温和流化强度，保证出灰畅通。

实践证明，对于干法和半干法烟气脱硫系统的灰处理系统的设计，应充分考虑脱硫后粉尘物性的改变，包括密度、含湿量、颗粒尺寸分布、颗粒凝聚特性等的变化，在灰处理系统的处理容量上应留有比一般设计更大的裕量。负压收集系统似乎很难满足上述的要求。

由于烟气的含湿量增加，烟气温度降低，因此必须加强除尘器的保温，特别是人孔门等容易漏风的地方，以避免发生水凝结问题。

烟气先经过除尘然后进吸收塔脱硫，最后用专用除尘器收集脱硫产物的脱硫工艺对原有除尘器的影响不大。如果专用除尘器采用布袋除尘器还可以增加脱硫系统的总效率约 15%。从而在满足达到 SO_2 排放标准的前提下，降低系统的运行费用。

（2）烟道及旁路挡板门。典型的半干法工艺和常规 CFB 工艺对于原有烟道不产生严重的影响，但是由于脱硫产物中有自硬性较强的物质以及粉尘浓度增加，因此要注意防止粉尘在烟道底部的堆积。停炉后应及时清除烟道底部和烟气挡板门附近死角中的积灰，以免日后发生硬结现象。与湿法系统一样，对旁路挡板门要求有很好的隔离特性，还要防止发生挡板门打不开或关不严的问题。

（3）引风机和烟囱。由于干法工艺和半干法工艺几乎可吸收烟气中所有的 SO_3，因此烟道，引风机和烟囱一般不采取特殊的防腐措施。

3. *炉内喷钙和炉内喷钙加炉后增湿活化工艺*（LIFAC）

炉内喷钙是典型的干法工艺，而 LIFAC 工艺虽然符合我们对脱硫工艺分类定义中对干法工艺的规定，但是在分析这种工艺对烟道、除尘器和烟囱的影响方面很接近于对喷雾干燥和 CFB 工艺的讨论。

（1）对锅炉的影响。由于炉内喷钙和 LIFAC 工艺需要向锅炉炉膛内喷入数量较大的吸收剂。如：1 台 300MW 机组燃用 1.5% 硫分的煤种，大约要喷入 12～13t/h 的石灰石。这些被喷入的石灰石将发生煅烧分解吸热反应，石灰与烟气中的 SO_2 化合的放热反应。反应的产物有可能改变炉膛中燃煤产生的飞灰的特性，增加锅炉水冷壁上积灰的可能性。因此，炉内喷钙和 LIFAC 工艺对锅炉所产生的影响要比其他工艺多，而且较复杂。这些影响可分成以下 5 个方面：

1）对锅炉燃烧稳定性的影响。由于在炉内喷钙和 LIFAC 工艺中最佳喷射位置是在炉膛内温度 850～1100℃的区域，该区域位于锅炉的喷燃器以上，因此吸收剂的喷入对锅炉燃烧的稳定性不会产生影响。

2）对锅炉炉膛中的热平衡的影响。$CaCO_3$ 在炉膛中受热分解是一种吸热反应，而 CaO 在炉膛内与 SO_2 的反应属于放热反应，根据化学反应热力学的计算，这两种反应在 Ca/S = 2.5 左右趋于平衡，吸热量稍稍大于放热量，由此产生的热损失使锅炉效率下降 0.6% 左右。在某些炉内喷钙系统中 Ca/S 高达 5，这时锅炉效率将会有更多的下降。

3）对锅炉水冷壁及其他换热部件的传热性能的影响。由于吸收剂的喷入增加了炉膛内固体颗粒物的总量，因此必然会在水冷壁和其他换热部件的表面上增加积灰量，从而降低它们的导热系数。美国环境保护局（EPA）在炉内喷射石灰石多极燃烧器（LIMB）的研究计划中，对此进行了全面、细致的研究，结果表明：炉内喷钙会在开始后 4～5h 内迅速降低换热部件的导热系数。在采取了及时吹灰的措施之后，这些部分的导热系数又得到恢复。

国内示范工程的实践经验也认同了这个结论。他们发现在投入炉内喷钙后，主汽温略有下降，再热温度的下降比主汽温下降更为明显，约达到 4～5℃。因此，为了改善锅炉换热部件的传热性能，在运行时必须按规定进行吹灰。根据脱硫装置制造厂的意见，在锅炉炉膛内无需增加吹灰器的数量，但根据需要可适当增加吹灰次数，至少必须保持原设计规定的吹灰频率。

4）对锅炉水冷壁、过热器、再热器、省煤器和空气预热器的结焦、积灰特性的影响。如上所述，由于烟气中灰量的增加使得这些部件的积灰量有所增加，但是实验和 LIMB 工程的实践证明，积灰的牢固程度反而比没有投运炉内喷钙时更为松散，容易被吹灰器吹去。这是因为混有了石灰和脱硫产物之后，飞灰的颗粒不易凝聚，颗粒的粒度变细，与部件表面结合力降低的缘故。

理论上认为在飞灰中熔入钙元素之后会降低灰的熔点。但是由于飞灰与脱硫产物是在较低温度下混合的，因此没有发现上述部件的结焦有加剧的倾向。但是，对于液态排渣炉，炉内喷钙是否会影响成渣性能，目前尚无报道，但必须注意到这种可能的影响。

在空气预热器的吹灰过程中，有的锅炉采用蒸汽作为吹灰介质，这时要注意在吹灰期间，锅炉烟气的含湿量将增大，必须及时调整后面增湿活化塔的喷水量，以免下游的电除尘器和引风机出现凝结水的问题。

5）对锅炉部件的磨损。由于在脱硫工艺的吸收剂及脱硫产物中，像 SiO_2 之类的高硬度物质含量不高，因此没有发现锅炉部件磨损速度加快的迹象。

（2）对除尘器的影响。炉内喷钙后的烟气进入增湿活化器，在喷入增湿水之后，未能在炉膛中参加脱硫反应的 CaO 与水反应后生成可在低温下吸收 SO_2 的 $Ca(OH)_2$，继续脱去烟气中的 SO_2。很明显，在 LIFAC 工艺中，增湿活化器只能安装在锅炉原有的电除尘器的上游。为了提高吸收剂的利用率，充分利用脱硫灰中的未被利用的吸收剂，在工艺中采用了脱硫灰再循环系统，把一部分飞灰重新输入增湿活化塔参加反应，这样就大幅度地增加原有除尘器的入口浓度。在国内的示范工程中表明，电除尘器的入口浓度可达到100g/m^3，因此LIFAC工艺对于原有除尘器的影响是很明显的。有关这些影响及其相应的措施已在半干法工艺和CFB工艺对除尘器的影响分析中讨论过了，基本的考虑是相似的。

（3）对烟气再热器的影响。炉内喷钙、喷雾干燥和CFB工艺的出口烟气温度都在烟气露点温度以上5～15℃。虽然我国的排放标准中没有对烟囱出口的最后排烟温度有规定。但是为了增加烟囱出口的烟气抬升高度，保护除尘器、引风机和烟囱不发生水凝结问题，在采用这些工艺的脱硫系统中要采取某种形式的烟气再热装置，把FGD系统的出口烟气加热到75℃左右。

烟气再热可采用蒸汽热交换器或从空气预热器中抽取热空气与冷烟气混合等方法。采用蒸汽热交换器由于需要消耗蒸汽，且是低参数热交换，因此交换装置体积大，而且在发生粉尘黏结时会大大增加烟气系统的阻力。从空气预热器中抽取热空气然后与冷烟气混合来加热烟气的方法虽然简单，但是在FGD系统投运和停运时的温度波动会影响空气预热器出口的烟温，同时也给送风调节带来一些困难。

（六）对机组运行方式适应性的影响

由于电网运行的需要，电厂的机组有可能作为调峰机组，负荷变动较大。与调峰机组配套的脱硫装置必须能适应这种经常起停的状况。这里有3方面的问题：

（1）脱硫装置的各种设备必须能耐受经常性的热冲击。

（2）脱硫装置有良好的负荷跟踪特性。

（3）脱硫系统停运后的维护工作量要小。

1. 湿法烟气脱硫工艺

湿法烟气脱硫工艺由于需要对其烟道、吸收塔等进行防腐内衬处理，而有机防腐内衬材料耐受热冲击的能力相对较差。因此在采用这类材料时应考虑防腐材料的耐温性，应有应对异常高温的措施。

湿法系统主要通过调节加入吸收剂量以及改变再循环泵的运行台数来跟踪锅炉负荷变化。由于湿法系统反应罐的体积大，储液量多，因而调节吸收剂加入量的响应过程较慢，对负荷的响应速度要慢些，不太能很好地适应负荷的快速变化。但是，当锅炉以正常速度改变负荷时，湿法FGD工艺跟踪负荷的性能还是能满足要求的。

在系统短时停运期间，为了防止浆罐（池）出现沉淀，螺旋桨叶式搅拌装置不能停止运行，系统中仍有不少设备需要工作，耗费电能。如果脱硫系统需要维修或长期停运，需要将吸收塔反应罐中的浆液储存到一个体积庞大的储液罐（或槽）中，其他有关的罐、槽和浆管都要冲洗干净。

对于调峰机组来说湿法系统的跟踪特性不是十分理想，而且短期停运既不经济，也很不便。因此，湿法系统较适合大容量机组带基本负荷的运行方式。

2. 喷雾干燥半干法和常规CFB烟气脱硫工艺

喷雾干燥工艺和常规CFB工艺不需要在管道上作内衬处理，其他设备对温度变化也没有严格的要求，因此负荷变化对它没有什么不良影响。

在负荷跟踪方面，这两种工艺都可以足够快地满足作为调峰机组的要求。但是，由于喷雾干燥法采用消石灰浆作为吸收剂，因此吸收剂的制备、储存以及输送比较复杂。系统中包括了湿式球磨机、消化装置、储存槽和罐、搅拌装置和过滤装置等，这些装置在系统短时间停用时必须继续运转，以防沉淀硬结，在较长时间停用时，则要求用清水冲洗。这样不但增加电耗，而且增加了停运时间。

3. 炉内喷钙、LIFAC 工艺以及炉内喷钙 CFB 工艺

这些干式工艺由于吸收剂和脱硫产物均呈干态，大部分利用气力输送装置来传递物料，在结构上没有内衬，停机后唯一需要处理的是吹扫管道和从吸收塔内排出积灰，同时有很好的负荷跟踪特性，启停十分快捷，对于主机的运行方式有很好的适应性。

根据国内有关示范工程的实践表明：对于干式工艺一般在 30min 之内可以使整套系统投入运行；停机周期约需 1～2h，主要时间是用在排除吸收塔内的积灰。当负荷有大幅度变动，如从 100% MCR 下降到 50% MCR 时，系统的响应时间大约在 0.5～1h。

（七）对周围环境和生态的影响

安装烟气脱硫系统的目的是为了保护环境、改善大气环境质量，因此，不应该、也不允许由于使用了烟气脱硫装置之后对周围环境造成二次污染。

不同的脱硫工艺对周围环境造成的二次污染的可能性也是不同的。

1. 湿法烟气脱硫工艺

湿法烟气脱硫工艺可能产生的环境问题主要有：

（1）吸收剂制备过程中发生的噪声、粉尘、石灰石浆液槽冲洗废水。

（2）吸收塔和石膏制备系统的废水，主要是石膏脱水的溢流水和冲洗水。脱硫废水的主要超标项目是 pH 值、COD、悬浮物、砷、汞、铜、镍、锌等重金属，以及硫化物、氟等非金属等。由于汞、砷、铅、镍等均为严格限制排放的物质，因此，脱硫废水属于对人体，环境产生长远不利影响的第一类污染物。脱硫废水的处理一般有三种方法：与石膏混合后排入灰场存放；将脱硫废水喷入空气预热器与静电除尘器之间，使其完全蒸发；建设废水处理车间，经中和、沉淀、混凝、澄清等工序处理合格后排放。烟气脱硫系统中废水处理的投资费用约占整个脱硫装置总投资的 5% 左右。

（3）对于脱硫副产品采用抛弃方式处理的工艺，要特别注意堆放场的底部必须要进行防渗处理，埋设多孔疏水管收集渗出水，防止堆放期间污染地下水体。

（4）装有湿法烟气脱硫装置的烟囱易积灰，这种积灰主要是烟尘和除雾器未除尽的石膏浆液固体物的混合物，由于脱硫后的烟气温度低、湿度高，还含有水滴，积灰黏附在烟囱内烟道的壁面上，积聚到一定厚度时被烟气带出烟囱，以小块状散落在烟囱周围，有时随风飘落到电厂附近。在发电机组停运后再启动时，常出现这种情况，这时散落的灰块落入水中可见到未燃尽的油。这种灰块腐蚀性极强，甚至可以腐蚀装饰性瓷板。

（5）采用湿烟囱工艺如设计不当则可能造成“降雨”、烟囱冒白烟等问题（详见第一篇第十一章第四节“湿烟囱”）。

2. 喷雾干燥半干法和常规 CFB 烟气脱硫工艺

这 2 种工艺以石灰为吸收剂，其可能产生的环境问题主要有：

（1）石灰具有强烈的刺激性，对人的皮肤、眼睛和黏膜会造成伤害，且在消化过程中会产生大量热量和蒸汽，对人体健康、人身安全和环境会造成不良影响，为了防止石灰运输、制备、储存和输送过程中的安全和环境问题，应采用密闭的运输工具，如罐车或用密封袋运输石灰。在卸车过程中要考虑消除扬尘的措施。石灰的储存应采用密闭储仓，尽量减少石灰吸收空气中水分。出于同样的原因，石灰仓底部的流化装置不应采用气力流化，石灰的输送也慎用气力输送装置，如仓泵、气力斜槽等，尤其是在我国南方气候潮湿的地区更要注意这些问题。

（2）在所有存在石灰对人体发生伤害的场合，必须装设紧急喷淋设备，包括淋浴和眼睛冲洗设备，并且备有必要急救药品。所有有可能触及石灰的工作人员均应穿着专门的工作服及使用规定的劳保防护用品（如眼镜、口罩和手套等）。

（3）这类工艺脱硫系统停用时对吸收剂罐槽的冲洗水会污染环境和周围水体，因此必须设计冲洗水的回收系统和处理系统。由于冲洗水主要是含石灰的废水，虽然不会造成严重的污染问题，但是，如果使用管道输送时，要注意会形成管道硬结的问题；如果冲洗水与其他排水混合在一起排放，要注意总排水 pH 值的变化。

（4）脱硫产物如不能完全进行综合利用，就必须考虑堆放。这些脱硫产物的主要成分是$CaSO_3$、$CaSO_4$、Ca（OH）$_2$、CaO、$CaCO_3$和飞灰等无毒无害的物质。因此，如按一般灰场设计堆场的话，对环境不会造成有害的影响。

（5）如果作为吸收剂的石灰的质量不好，就会含有大量的废渣或烧死的石灰块。有的石灰的纯度只有40%～60%，因此在消化过程中会留下大量固体废弃物，应该对这些废弃物的运输出厂和堆放做出适当的处理。

3. 炉内喷钙、LIFAC 和炉内喷钙 CFB 工艺

炉内喷钙、LIFAC 和炉内喷钙 CFB 工艺均以石灰石粉作为吸收剂，同时脱硫副产品也呈干粉状，脱硫副产品的成分与喷雾干燥和 CFB 工艺相似，但是它包括了更多的飞灰（约70%～80%）。石灰石粉是石灰石块经破碎、磨细、分选等工艺制成的细度约为 325 目的粉末。如果石灰石磨粉厂远离厂区，那么磨粉过程中产生的粉尘、噪声等污染对电厂来说都不存在了。但是在运输途中和到达厂内后卸到粉库中去时仍然要注意防止粉尘泄漏。一般采用密封罐车和气力卸粉装置进行作业。

脱硫副产品如需要堆放，则要考虑灰场对地下水的影响。由于这些脱硫产品中含有较多的石灰，因此灰场底部用脱硫灰铺一层后，浇水加碾压，然后再铺一层脱硫灰再加水碾压，大约 3～4 层后，灰场底部的渗水率可大大降低。不会对地下水体造成污染。

（八）占地面积

烟气脱硫工艺占地面积的大小对于现有电厂的改造十分重要，有时甚至成为限制采用某些脱硫工艺的关键因素。在各种脱硫工艺中湿法洗涤副产品回收工艺的占地面积最大，半干法次之，干法工艺最小。

以容量为 300MW 的机组为例，典型烟气脱硫工艺的占地面积大致为：

（1）湿法石灰石/石膏工艺为 2700～30000m^2，包括石灰石制备系统、吸收塔、氧化空气鼓风机、事故浆罐、现场石灰石浆槽、气气再热器、脱硫风机、脱硫控制/电气室、石膏脱水及紧急堆场。

（2）喷雾干燥半干法干燥为 1500～1800m^2，包括石灰吸收剂浆液制备系统、吸收塔、现场石灰浆槽、脱硫控制/电气室、新增除尘器、脱硫灰库。

（3）LIFAC 脱硫工艺为 900～1100m^2，包括石灰石粉储仓、空压机房、活化塔、脱硫控制/电气室、炉前喷射部分。

（4）CFB 烟气流化床脱硫工艺为 1000～1200m^2，包括石灰储仓、干消化室、流化塔、新增除尘器、脱硫灰库、脱硫控制/电气室。

（九）工艺流程的复杂程度

工艺流程的复杂程度在很大程度上决定了系统投入运行后的可操作性、可靠性、可维护性以及维修费用的高低。脱硫系统不仅是电厂的环保设备，而且日益成为生产设备，因此必

须具有操作方便、可靠性高、不影响机组安全经济运行的特点。

典型的石灰石—石膏湿法工艺的机械设备总台数约150台套，工艺流程最为复杂。尽管有报道湿法工艺的可用率已达到98%以上，有的系统甚至达到100%，但是实际上要达到这种程度在很大程度上与以下因素有关：工艺流程设计和防腐耐磨材料选择合理，电厂运行人员熟悉操作过程，检修到位，备有适当的配品备件。根据国内示范电厂的统计，目前湿法石灰石FGD系统的投运率可达到90%～95%，工艺流程较为复杂，设备多是影响系统可靠性的因素之一。

喷雾干燥工艺流程的复杂程度为中等。尽管其吸收塔与干法工艺一样比较简单，但是，由于需要消化石灰制成石灰浆作为吸收剂，浆液的处置比较复杂，需要安装泵、槽、罐及各种管道，给工艺的操作和可靠性带来不利影响。

LIFAC工艺和CFB工艺的流程均较简单。几乎没有液体罐、槽，仅有少量的风机。尤其是CFB工艺，全部物料均依靠气力输送，流程非常简单。

（十）能源消耗

烟气脱硫系统的动力消耗包括脱硫系统的电耗、水耗和蒸汽耗量。与300MW机组配套的几种FGD工艺的动力消耗见表3-2-1。

表3-2-1　　烟气脱硫工艺的动力消耗

工艺流程	水耗（t/h）	蒸汽[①]（t/h）	电耗（kW·h/h）	占电厂容量
石灰石—石膏法	45	2	5000	1.6%
喷雾干燥	40	—	3000*	1%
LIFAC	40	—	1500	0.5%
CFB	40	—	1200*	0.4%

① 蒸汽参数为15kgf/cm²G，用于烟气-烟气再热器吹灰。

* 不包括新增加的静电除尘器的电耗。

（十一）工艺的成熟程度和商用业绩

工艺的成熟程度是脱硫工艺技术评估中的重要指标之一。任何一个电厂都不希望用商业化的价格购买一个试验装置。只有成熟的、已商业化运行的系统才有可能保障今后运行的可靠性。

1. 湿法烟气脱硫技术

这是最早发展的一种技术。据1998年统计，全世界湿法FGD占FGD装置总容量的86.8%。湿法工艺的生产商比较多，主要集中在美国、德国和日本。这些生产厂家所设计制造的脱硫装置尽管原理大致相同，但在处理一些问题的方法上又各有特色。其中最主要的有ABB、三菱重工、Bishoff、川崎重工、日立制作、Babcok & Wilcox等。这些制造厂对于大型锅炉的湿法烟气脱硫装置都已经积累了丰富的经验。目前湿法洗涤塔的单塔最大容量已能用于1000MW的锅炉烟气脱硫。

由于湿法工艺的历史长、数量多，因此系统的可用率已经得到了极大的提高，一般均能达到98%以上。日本的一些制造厂称其脱硫系统的可用率已达到100%，也就是可以与锅炉同步运行。

2. 喷雾干燥半干法脱硫工艺

喷雾干燥脱硫工艺的总数量为118台，总容量为15GW，是仅次于湿法洗涤工艺的第二个主要脱硫工艺。它的运行可靠性很高，大多数电厂超过97%，这是由于系统简单和设计中保持了适当冗余的结果。

目前，喷雾干燥法的单体吸收塔配套的最大机组为220MW，采用该工艺的最大机组是美国的850MW机组。

3. 炉内喷钙和LIFAC工艺

炉内喷钙工艺发展较早，虽然由于脱硫率低、吸收剂耗量大等原因使用不多，但仍有不少欧洲的电厂使用，尤其是在德国、奥地利和瑞典。总数量37套，总容量3890MW。其中最大容量的机组为243MW。炉内喷钙的可靠性可达到100%。

LIFAC工艺是芬兰Tempalla动力公司设计的一种混合型的干法工艺（炉内喷钙+炉后烟气增湿）。该工艺在1985年研究成功后，共有5个电厂使用了这种干法工艺（包括我国南京某电厂的125MW机组），总装机容量为910MW。其中容量最大的为300MW（加拿大Shand电厂），单体吸收塔的最大配套机组容量为150MW。

根据与供货商签订的供货合同的规定，系统的可用率不低于95%。

4. 烟气循环流化床工艺

利用烟气循环流化床技术处理冶金工业尾气已经发展了几十年之久，但是用于净化燃煤锅炉的烟气则是20世纪80年代后期的事。该技术最早由德国Lurgi公司推出，目前已有8个电厂使用该工艺，其中单塔的最大烟气处理量为700000m^3/h（标准状态），应用的最大机组容量为300MW。

烟气循环流化床工艺有三个主要制造厂：德国的Lurgi、Wulff以及丹麦的F. L. Smith。Lurgi是最早的开发商。Wulff公司是从Lurgi分出来的从事小型燃烧器和循环流化床烟气脱硫装置的专业公司，在技术上以采用内循环流化床烟气脱硫装置为特色。F. L. Smith公司生产了一种叫作气体悬浮吸收的脱硫工艺（GSA），在原理上就是循环流化床工艺。F. L. Smith的GSA工艺在美国的洁净煤技术计划的第Ⅲ阶段作为试验项目之一。另外在哥本哈根附近的Kara垃圾焚烧电站中有一个容量为6MW的GSA装置在运行。

（十二）总投资与运行费用

在烟气脱硫工艺选择时，必须在基建投资与运行费用之间建立某种程度的平衡。到目前为止还没有一种脱硫工艺在任何情况下其投资费用和运行费用都是很低的。投资高的烟气脱硫工艺，由于有较好的吸收剂利用率，因此运行费用往往较低；而一些投资较低的简易工艺，由于吸收剂利用率低，使得在相同脱硫率下的吸收剂耗量增加，从而使运行费较高。对于新建电厂的烟气脱硫系统来说，由于机组有较长的剩余寿命，因此希望降低运行费用，而对于现有电厂的烟气脱硫改造工程的工艺选择往往会由于剩余寿命较短而选用投资低、运行费用高的工艺方案。

1. 基建投资

基建投资是指与烟气脱硫系统最初安装有关的费用，必要时还包括对原有电厂设备的改造费用。这部分费用与配套的锅炉容量有直接的关系，因此，常采用单位机组容量的投资费用，即元/kW来表示。典型烟气脱硫改造工程的基建投资费用包括：烟气处置设备（如烟道、挡板门）、吸收剂储存设备、吸收剂制备设备、SO_2脱除设备、脱硫副产品处置设备、脱硫副产品储存区、辅助设备、锅炉改造、除尘设备改造、引风机改造、地下设施改造和供电系统设备改造。

2. 运行费用

运行费用与去除 SO_2 的量有关。因此除了用年运行费用（元/年）表示外，还用去除单位质量 SO_2 需要的费用（元/t SO_2 脱除）来表示。典型的运行费用包括：吸收剂、化学添加剂（如使用的话）、电耗、汽耗、补给水、运行人工费、维修部件及人工费、脱硫副产品处置费、副产品销售返还、飞灰处置费用的增加部分和水处理费用。

在对烟气脱硫工艺进行经济性比较时，应以年运行费用和与初期投资有关的年固定支出总年平均费用为基础。

3. 总投资与运行费用

（1）湿法烟气脱硫工艺。经过近 30 年的发展，湿法工艺不仅在技术上得到了很大的进步，简化了工艺，提高了运行的可靠性，而且投资和运行费用得到了大幅度的下降。20 世纪 90 年代初，美国推出了所谓的“湿法脱硫系统的先进设计”概念，先进设计与常规设计的基本不同在于：①先进设计采用单一吸收塔，不再设置备用塔；②喷淋塔技术的发展，降低能耗，设计紧凑等；③脱硫效率提高到 95% 以上。

由于采用了先进设计，湿法石灰石—石膏工艺的基建投资从原来的平均$ 210/kW 下降到$ 166/kW，运行费用也从原来的$ 10. 26/（MW·h）下降到$ 7. 88/（MW·h）。运行费用下降的原因是：能耗下降和钙利用率的提高。从 90 年代初到现在，湿法工艺的投资费用继续降低。目前国际脱硫市场上的湿法 FGD 系统交钥匙工程价在$ 100/kW 左右。

（2）其他烟气脱硫工艺。喷雾干燥、CFB 和 LIFAC 工艺的投资费用一般均比湿法工艺要低。在 90 年代初喷雾干燥约为$ 150/kW，LIFAC 工艺约为$ 100/kW，而 CFB 的投资费用约为$ 70/kW。目前这些工艺的市场价格均有大幅度下降。

由于市场价格的波动，发电机组本身的投资费用也有很大的变化，因此一般在考虑投资费用比较时，采用烟气脱硫系统占机组总投资的百分数来表示：湿法洗涤工艺约占 15%、喷雾干燥工艺约占 12%、LIFAC 约占 5% ~7%、CFB 约占 5% ~7%、炉内喷钙约占 <5%。

二、经济评估指标

在进行 FGD 工艺经济评估时，无论是新建机组还是现有机组，采用的主要经济评估指标有工程总投资（万元）、单位容量造价（元/kW）、年运行费用（万元/年）、寿命期间脱除每吨 SO_2 的成本（元/t SO_2）和售电电价的增加值［元/（MW·h）］5 个指标。对于现有机组，除了上述 5 个指标外，还有改造因子。

1. 工程总投资

工程总投资是指与 FGD 工程有关的固定资产投资的总和。它与建设电厂和机组的状况、容量和场地等因素有关。它主要由工程建设费和建设期贷款利息构成。工程建设费通常包括设备购置、建筑工程和设备安装的工程费，涨价、价差和基本预备费，其他费用（一般包括工程征地拆建费、管理费、前期费、设计和监理等技术服务费、系统投产运行条件及调试试运行等生成准备费、购买技术专利费等）。如为进口设备，则还应包括设备进口费（一般包括设备进口关税、设备增值税、进出口公司手续费、财务费和设备国内运输费等），如为现有机组的改造工程，则还应包括对现有机组相关设备的改造费用。

2. 年运行费用

年运行费用是 FGD 系统运行一年中所发生的所有费用的总和，通常包括：脱硫装置运行的消耗性费用（主要包括吸收剂、水、电、蒸汽、压缩空气、运行人员工资和福利等费用）、设备大修费、设备折旧费、材料费、福利基金、教育经费和其他费用等。

3. 单位容量造价

单位容量造价是根据工程总投资计算的每kW机组容量平均的投资费用。

4. 脱硫成本

脱硫成本是在FGD系统寿命期间所发生的，包括投资还贷、运行费用在内的一切费用与在此期间的脱硫总量之比，亦即寿命期间每脱除1t SO_2 所需要的费用。它综合、全面地反映了FGD工艺在电厂实施后的经济性。其计算公式为

$$\text{脱硫成本（元/t }SO_2\text{）}=\frac{\text{工程总投资}+\text{寿命}\times\text{年运行费}}{\text{寿命}\times\text{年脱硫量（t）}}$$

5. 售电电价的增加

因FGD系统的投用而引起售电电价的增加用元/（MW·h）表示，其计算公式为

$$\text{电价增加}[\text{元/（MW·h）}]=\frac{\text{运行费（万元/年）}\times 10000}{\text{机组容量（MW）}\times 365\times 24\times[\text{容量系数（\%）}/100]}$$

6. 改造因子

改造因子是现有机组经济评估的重要参数，是表征现有机组FGD改造的投资费用与新建机组建设FGD投资费用相比的无量纲参数。它的大小在很大程度上取决于现场的建设条件和资源条件。同一FGD工艺在不同的电厂，它们的改造因子是不完全相同的，甚至有非常大的区别。如在甲电厂的改造因子为1.05，而在乙电厂的改造因子为1.35。根据NAPAP对美国200个电厂建设FGD投资情况的研究：现有机组加装FGD与新建机组同步建设FGD相比，改造因子的变化范围是1.19～3.0。对于一个中等改造难度的电厂或机组来说，其改造因子为1.3，亦即工程的总投资费用要增加30%。

在计算改造因子时，通常应考虑的因素有：范围调整、工艺参数、场地条件、改造难度、价格调整、项目风险、工艺风险、通用设备建设要求、增加的设计和办公费率、建设期资金津贴、专利权的使用、再生成本和库存资本等。其中最主要的影响因素有四个：

（1）范围调整：是现有机组在新建机组设备的基础上增加的附加设备，可用来计算增加的投资费用。范围调整主要考虑因素有：现有烟囱耐酸防护处理或增建新的耐酸烟囱；现有锅炉的结构改进，以提高抗压力波动的能力，或现有引风机控制系统的改进；原有设备的拆除或移位；新增加设备等。

（2）工艺因子：是由于现有机组实际的工艺参数区别于新建机组而引起投资费用调整的因子，其主要考虑的因素有：机组容量、烟气流量、燃煤硫分、脱硫率和是否进行再热等。

（3）地点因子：是由于现场条件而引起投资费用调整的因子，其主要考虑的因素有：地震烈度、土壤条件、气候条件、材料和劳力费用指数等。其中最重要的是材料和劳力费用指数，因为它直接影响设备的安装投资费。

（4）改造难度：是现有机组FGD改造的困难程度，主要包括：设备的进入及拥挤程度、地下障碍物、烟道接入的困难程度、吸收塔和废物处置区间的距离。其中道路、拥挤和烟道距离是最主要的因素。

三、环境评估指标

环境评估指标主要有对周围环境和生态的影响、SO_2 的排放浓度和排放量等。这些指标必须根据电厂正在执行的国家强制性法律、法规、标准和地方政府的具体要求，采用一一比对的方法进行有效的评估。

主要的法律、法规、标准和地方政府的具体要求有：

（1）《中华人民共和国大气污染防治法》。

（2）《中华人民共和国环境噪声污染防治法》。
（3）《中华人民共和国固体废物污染防治法》。
（4）HJ/T2 环境影响评估技术导则。
（5）GB 3095—1996《环境空气质量标准》。
（6）GB 8978—1996《污水综合排放标准》。
（7）GB 12348—1990《工业企业厂界噪声标准》。
（8）GB 13223—2003《火电厂大气污染物排放标准》。
（9）国家和地方政府对 SO_2 的总量控制要求。

第三节　评　估　方　法

一、技术评估方法

烟气脱硫方案的技术评估是其评估项目中最重要的一项。目前，我国对脱硫工艺的评估大多仍采用传统的专家会议法、专家头脑风暴法等主要凭专家经验的方法。由于他们主要是通过定性分析来进行脱硫工艺的评估，因而评估结果不可避免地带有片面性、随机性和局限性。

科学的决策是以合理的评估为前提的。面对多因素、多目标、复杂的脱硫工程技术问题，单靠常规的经验决策或把希望寄托在决策者个人智慧上是远不能适应现代市场经济要求的，难免出现误差、甚至失败。因此，有必要研究开发与时俱进，既符合实际又顺应时代的、科学合理的评估方法，为最终领导层的决策提供可靠的技术依据。

（一）特点及现状

FGD 方案的技术评估除了与 FGD 工艺本身有关外，在很大程度上还取决于环保法规以及与之相配合的电厂及机组的具体情况，如机组状况、建设难度、资源状况、环境容量等，是一个多因素、多目标、且互相关联的复杂的工程技术问题，既是一个有许多不确定性的灰色系统，又是一个没有明确划分界限，具有结构复杂、透明度低、动态，而且开放、人的因素起重要作用的系统工程。

（二）模糊决策评估技术

模糊决策评估技术——模糊信息处理的决策支持系统，是近几年在层次分析法和灰色关联分析法的基础上发展起来的，以现代决策理论、信息论和系统方法论等现代软科学为基础，将软科学研究人员与领域专家、定性分析与定量分析、经验决策与计算机辅助决策融为一体的新的评估与决策方法。

1. 基本原理

模糊决策评估技术是以模糊集合论为基础，将评估目标树、特尔斐法和模糊矩阵的合成运算融为一体的技术评估方法。它以评估目标树的建立为前提，通过特尔斐法（DelpHi）对模糊环境中的模糊信息量化，并通过模糊矩阵的合成运算，将量化的无序的原始数据转变为有序的、规律性强的生成数据，以达到综合评判、模糊决策的目的，亦即根据已知的原像—权分配矩阵和映射—单因素评估矩阵来求出像—综合评估结果的过程。

2. 特点

模糊决策评估技术具有 5 个显著的特点：

（1）能充分利用专家的知识、经验、智慧和综合分析能力，对无法数量化的带有很大模糊性的信息定量化，并将量化的数据倾注到数值计算中去。

（2）能从系统内部挖掘信息并利用信息，通过量化分析，将无序的原始数据转化为有序的、规律性强的生成数据，能揭示事物动态相关的特征与程度。

（3）运用科学的模糊思维，使评估结果既有模糊性和随机性，又有严格性和精确性。

（4）评估结果是专家经验和科学理论的有机统一，是定量研究和定性研究的有机统一，既克服了定量研究孤立、片面看问题的局限性，又克服了定性研究的笼统性和不确定性，因而具有可信度高、说服力强、随机性小等特点。

（5）符合现代软科学决策科学化和合理化的要求，是提高项目决策可靠性和可信度的有效措施。

3. 评估方法

采用模糊决策评估技术进行 FGD 方案的技术评估，是以定性为先导，以定量为手段，以工作经验、技巧与科学方法、手段相结合，从系统的整体性、模糊性、关联性、动态性、因果性等方面进行分析量化，并以动态的思想和方法构造物理模型、数学模型和判断准则的过程。整个评估主要包括 4 个部分的内容：

（1）建立物理模型——评估目标树。FGD 方案的技术评估是一个多目标问题，在进行技术评估时需要考虑多种目标，而这些目标之间有时是互相矛盾的。因此，在多目标下寻求最优的方案是一个复杂的问题。多目标问题决策的实质是按照某种预先确定的准则，从所有非劣方案中寻求某种意义下最优的方案。

评估目标树法是多目标问题分析评估的一种方法，是模糊决策评估技术的第一步。它采用系统分析的方法对目标系统进行分解并图示，亦即根据多目标问题的性质和总的目标，把问题本身按层次进行分解，构成一个由上而下的递阶层次结构。最高层是评估目标，其次是评估准则（评估指标），最底层是评估方案。

（2）确定量化方法——特尔斐法。模糊决策评估技术的关键是将评估方案按评估准则的重要性进行定量化，其量化的方法采用特尔斐法。特尔斐法是专家会议法的一种发展，是系统分析方法在意见和价值判断领域内的一种有益延伸。它的本质是利用专家的知识、经验、智慧等无法数量化的带有很大模糊性的信息，通过通信的方式，利用一系列简明扼要的征询表和征得意见有控制的反馈，进行信息交换等手段进行量化，为数学模型的数值计算提供必要的定量化数据。量化的关键是专家的选择和专家组的组成，以及评估背景材料的全面性、客观性和准确性。

（3）建立数学模型——模糊矩阵的合成运算。数学模型的建立——模糊矩阵的合成运算是模糊决策评估技术中最重要的阶段，它以模糊集合论为基础，将特尔斐法量化的无序的、表象复杂的、原始数据建立评估矩阵和权重矩阵，并利用模糊逻辑和模糊推理转化为有序的生成数据，以生成数据进而得到规律性强的生成函数——模糊集合。

模糊矩阵的合成运算主要包括：以量化结果为基础建立评估矩阵和权重矩阵；以评估矩阵为基准建立分类标准矩阵；建立分类标准对基准点和评估方案对基准点的隶属函数矩阵；建立标准权矩阵；利用方案样本隶属度对标准隶属度向量的加权模糊贴近度，建立评估结果的综合决策矩阵。

模糊运算结果的可信程度主要取决于模糊逻辑和模糊推理将模糊信息进一步量化的手段和方法，其关键是隶属函数和隶属度向量间加权模糊贴近度的建立。

（4）综合决策——方案优劣的排序。由于以模糊矩阵合成运算结果建立的综合决策矩阵仍属于模糊集合，用它不能直接得到结论。因此，采用“最大值”法将模糊集合中的模糊数据还原为确定的数据，即非模糊化，亦即从模糊集合中抽取有代表性的数据，使之成为非模糊的确定数据，并以此进行各方案的优劣排序。最后，据此向业主推荐2~3个相对最优的方案。

4. 评估程序

FGD方案按照模糊决策评估技术进行技术评估的程序（见图3-2-1）是：分析准确→定量化→方案排序→推荐方案。

（1）分析准确的目的是建立评估目标树，它包括定性分析和因素分析2个部分。定性

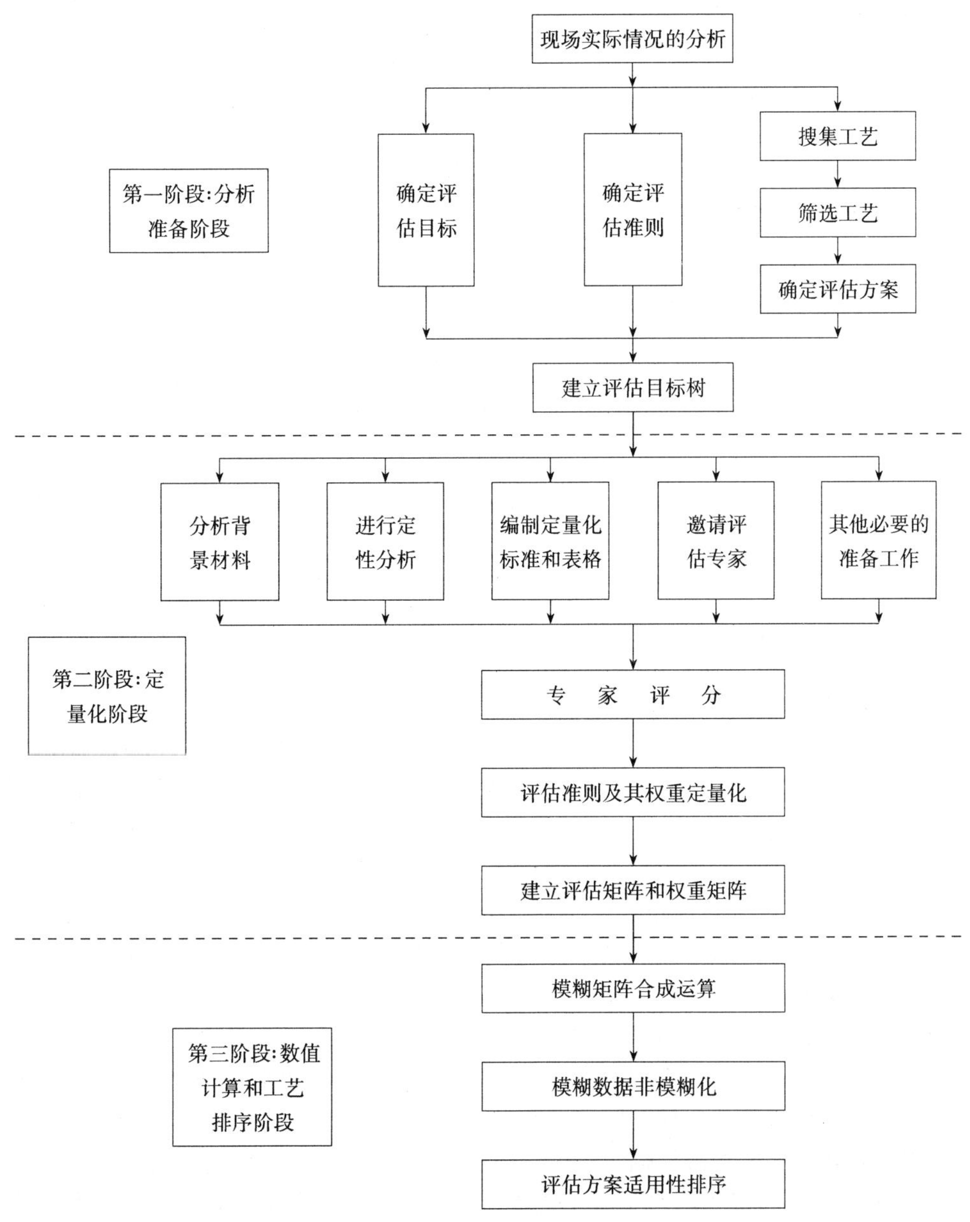

图3-2-1　脱硫工艺评估程序框图

分析的目的是根据电厂的具体情况确定评估目标，并在众多的方案中，通过筛选，确定评估方案。因素分析的目的是在众多的要求和约束条件下，确定最有代表性的、并征得电厂认可的评估准则。

（2）定量化是将评估准则及其权重等因素进行量化，即邀请各方面的专家，如脱硫、环保管理、电厂运行等，通过专家咨询和专家书面评分的方式，对评估方案按评估准则进行量化，并针对达到总目标的重要性，对评估准则的权重进行量化，建立评估矩阵和权重矩阵。

（3）方案排序包括动态量化和方案排序 2 个部分。动态量化是量化结果的处理，即通过矩阵的合成运算，将依据原始数据建立的评估矩阵和权重矩阵转化为生成数据。方案排序是量化结果的表达，即根据模糊决策的最大值法则，对评估方案进行适用性排序。

（4）根据 FGD 方案的适用性排序，向业主推荐 1 ~2 个 FGD 方案。

二、经济评估方法

（一）影响经济性的因素

燃煤电厂建设 FGD 是一项综合性、多学科、复杂的系统工程，既直接与环境和经济问题有关，又间接地与社会问题有关。因此影响 FGD 经济性的因素很多，其中最主要的影响因素有：

（1）FGD 工艺的类型。目前能长期、稳定地在电厂中运行，且经济合理的 FGD 工艺约有 20 种。这些工艺在流程的复杂性、要求电厂提供的配套辅助工程上存在很大的差异，也就是说，不同的 FGD 工艺在工作原理、设备选型、场地布置、吸收剂的应用、副产品的利用和处置等方面有着很大差异。因此，即使在同一电厂或机组上建设脱硫工程，不同 FGD 工艺的经济性也是有区别的。

（2）建设 FGD 装置的电厂和机组的状况。如电厂所在地的区域环境容量、环保法规、资源状况和机组容量、燃煤硫分、机组寿命、年运行时间、副产品的处置、场地条件、建设难度等对 FGD 的经济性都有很大的影响，使得即使是同一工艺的 FGD，在不同的电厂或机组上建设时，其经济性也有很大的区别。

（3）现有机组 FGD 的改造因子。现有机组建设 FGD 装置与新建机组相比，受到更多的现场条件的限制，因此它的投资费用要比新建机组建设相同工艺、相同规模的 FGD 要高，包括投资费用、脱硫成本和售电电价等。其主要原因是：①需要增加新建 FGD 中不需要的设备，如耐酸腐蚀的烟道、烟囱等；②需要对原有设备进行改造，以便适应 FGD 投运后的新工况，如对锅炉进行结构加固以提供对压力突然变化的保护；③现有机组在建设初期往往没有考虑脱硫的需要，没有预留足够的脱硫场地，存在场地和空间狭小的问题，因此不但会影响 FGD 设备、管道等的合理布置，而且会增加施工安装和今后维修工作的难度，从而增加费用；④原有设备的拆除、移位和重新安装，尤其是地下设施、管道的费用十分昂贵。

（二）评估方法

FGD 装置是目前燃煤电厂各种污染控制系统中投资和运行费用均最高的环保设备，是未来燃煤电厂安全文明生产必不可少的生产设备。因此，为提高脱硫建设项目决策的科学化和合理化，在为具体工程选择烟气脱硫方案时，必须进行科学、合理的经济评估，为决策部门的最终决策提供可靠的经济依据。

由于 FGD 的经济性除了取决于其工艺本身外，在很大程度上还取决于与之相配合的电厂和机组的具体情况，现有机组 FGD 的经济性区别于新建机组。因此，现有机组 FGD 的经济评估不能简单地照搬新建机组的评估，必须在新建机组评估的基础上，采用符合现有机组特点的因子进行修正。

1. 经济评估的发展

FGD 的经济评估是一项政策性很强的工作，不同的国家都规定了各具特色的经济评估方法和法规，并形成了由权威部门认可的独特的评估导则。

由于评估方法和导则的形成通常是以在本国或本地区积累了较多的、经过实际工程验证的 FGD 工程项目的经济数据为基础，因此，FGD 经济评估方法在 FGD 发展较早的国家，如美国、日本和德国等，已基本规范化。特别是美国，电力研究院（EPRI）和田纳西流域管理局（TVA）在 20 世纪 80 年代初就建立了 FGD 的经济评估方法。

我国的脱硫事业发展较晚，虽然目前已有 6 个大型燃煤电厂 10 台新建机组的 5 种 FGD 的示范工程投入了商业运行，科研、设计人员也建立了新建机组 FGD 的经济评估方法，但对现有机组 FGD 经济评估方法的研究还处于初级阶段。其主要原因是：① 投入商业运行的 FGD 都是新建机组，且数量少，时间较短，还不能做出规律性强的统计性数据，亦即基础数据还很不够；② 大部分已商业运行的 FGD 工程均为示范工程，带有试验性质，因此其经济核算有别于正常商业运行的系统；③ 已商业运行的 FGD 系统均为进口设备，且由外方提供技术服务，再加上进口关税等因素，投资费用普遍偏高，不能反映今后国产化后的实际情况。因此到目前为止，即使是新建机组 FGD 经济评估方法也没有统一，尚未形成一套统一的、得到权威部门认可的 FGD 经济评估导则。

2. 评估方法

国电环境保护研究所于 1999 年，在消化吸收美国 EPA 大气和能源工程研究实验室（AEERL）开发的“大气污染综合控制计算机模式”（IAPCS）和电力研究院（EPRI）开发的“FGD 改造工程费用估算导则（CS－3696）”的基础上，结合我国工程技术经济分析的具体规定和要求，研究开发了“FGD 经济性能指标的计算程序”和“以改造因子为特征的现有燃煤机组 FGD 的经济评估方法”。并在同年对某电厂现有 300MW 燃煤机组 FGD 改造方案的可行性研究中，采用这种方法对可研中的 7 种 FGD 方案进行了经济分析和评估，取得了令人满意的结果。

对于现有机组，FGD 的经济评估是以新建机组经济评估得到的经济指标为基础，在系统、全面地考虑 FGD 改造中各种经济性的因子后，根据电厂或机组的实际情况，结合相关的量化标准，对影响因子进行定量化，然后计算出现有机组的改造因子，并利用改造因子对新建机组的经济指标进行修正，得到现有机组 FGD 的经济指标。其工作步骤（见图 3-2-2）是：

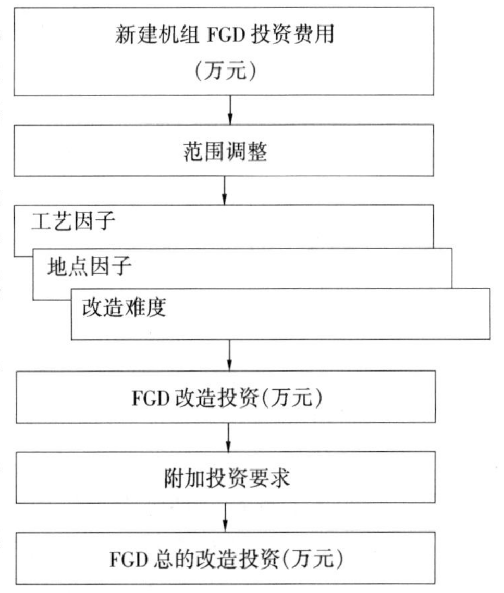

图 3-2-2　现有机组 FGD 经济评估的步骤

（1）首先假定 FGD 在新建机组上实施，然后利用计算机模式和相应的计算程序进行经济分析，得到新建机组的各种经济评估指标，如静态投资、动态投资、年运行费用等。

（2）根据现有机组的实际情况，综合各种影响因素，计算现有机组 FGD 的改造因子。

（3）利用改造因子对新建机组的经济指标进

行修正，得到现有机组的各项经济指标。

三、实例分析

（一）技术

针对某电厂现有300MW燃煤机组FGD的改造方案，采用国电环境保护研究所研究开发的模糊决策分析法进行了技术评估。

1. 评估目标

某电厂现有300MW燃煤机组实施FGD改造工程后，应达到的技术经济目标是：

（1）脱硫工艺的设计脱硫率能满足当前适用的国家排放标准和地方环保局的排放要求，并且有一定的发展潜力，能满足今后5～10年中趋于严格的环保法规。

（2）采用的脱硫工艺具有技术先进、成熟，设备可靠，性能价格比高，有处理大型燃煤机组烟气的商业运行业绩等特征。

（3）脱硫副产物应尽可能综合利用，其处置应避免对电厂的粉煤灰综合利用带来不利影响。

（4）优先考虑价格便宜、对周围环境不会产生污染的吸收剂，如石灰石、石灰等。

（5）两台锅炉应采用相同的脱硫工艺，有利于电厂管理和降低运行管理费用。

（6）脱硫工程为现有电厂改造项目，存在场地小，系统布置困难，施工难度大等状况，在工艺选择和设备布置中要充分考虑现有条件。

（7）采用的脱硫工艺不能影响机组的正常运行和安全发电。

（8）采用的脱硫工艺对燃料和机组运行的适应性较强，对机组现有的主要设备影响较少。

2. 评估方案

根据适用、实用、可操作的原则，并结合电厂的具体情况，经筛选，在去除了明显不合适、商用机组容量小于将使用机组的容量、电厂不希望采用的脱硫方案后，确定了以下7个相对较适合某电厂FGD改造的方案：湿法石灰石石膏工艺；湿法石灰石抛弃工艺；常规烟气流化床脱硫工艺（CFB）；炉内喷钙烟气流化床脱硫工艺；炉内喷钙炉后增湿脱硫工艺（LIFAC）；喷雾干燥烟气脱硫工艺；电子束辐照烟气脱硫工艺。

3. 评估准则

在进行某电厂的技术评估时，根据电厂的实际情况，经综合研究分析，确定了相对最有代表性的8个评估准则和16个子准则。具体为：① 吸收剂的利用率；② 吸收剂，包括可获得性、操作性和危害性；③ 脱硫副产品，包括可利用性和操作性；④ 对现有设备的影响，包括锅炉、灰收集及处理系统、引风机和烟囱；⑤ 对机组运行方式的适应性，包括适用性和能耗；⑥ 场地布置，包括占用场地和改造难度；⑦ 对环境的影响，包括废水、占用灰场和周围生态环境；⑧ 工艺成熟程度。

4. 量化方法

（1）定量化前的准备：为了便于专家将评估方案按评估准则以及评估准则的重要性（权重）进行量化，在进行量化前应进行必要的准备，主要有：

1）在详细收集资料的基础上，全面、准确、客观地编制“烟气脱硫工程建设条件”。

2）编制“脱硫方案技术评估背景材料”。

3）编制定量化的标准、评分表格和定量化的说明等。

4）邀请并确定评估专家组，某电厂脱硫方案技术评估的专家组主要由脱硫、环保管理和电厂运行三个方面的8位专家组成。

（2）定量化：在专家们了解了电厂和评估的有关背景材料后，以不公开书面评分的方式，征求各方面专家的意见，对评估准则及其权重进行量化。

（3）定量化结果：根据专家们的定量化结果，进行统计整理，并在此基础上，建立专家的评估矩阵和权重矩阵。

5. 方案排序

根据模糊运算的基本步骤，对建立的专家评估矩阵和权重矩阵进行模糊运算，并根据模糊决策的最大值法则进行方案排序，最后根据专家对FGD方案排序的结果，再利用模糊矩阵的合成运算，确定专家组对FGD评估方案的排序。

表3-2-2给出了专家组对评估方案的适用性排序。

表3-2-2　　专家组对评估方案综合适用性的排序

适用性排序	1	2	3	4	5	6	7
工艺名称	湿法石膏	常规CFB	电子束	炉内喷钙CFB	LIFAC	喷雾干燥	湿法抛弃

6. 某专家的评估过程

（1）量化结果：某专家根据相关的背景材料，如脱硫工程建设的目标和要求、内外部资源条件、量化标准等，对7个脱硫工艺方案和8个评估准则进行了量化。根据量化结果建立的评估矩阵A和评估准则的权重矩阵Q分别为

$$\text{评估矩阵} A = \begin{vmatrix} 86.4 & 86.4 & 30 & 53.1 & 69.2 & 53.1 & 100 \\ 15 & 15 & 15 & 15 & 12 & 12 & 10 \\ 6 & 10 & 6 & 6 & 8 & 8 & 9 \\ 19 & 19 & 15 & 15 & 20 & 20 & 18 \\ 9 & 9 & 10 & 10 & 10 & 10 & 8 \\ 6 & 6 & 9 & 9 & 8 & 8 & 6 \\ 9 & 14 & 13 & 13 & 14 & 14 & 14 \\ 5 & 5 & 5 & 4 & 4 & 5 & 4 \end{vmatrix}$$

式中：行是评估准则，从上至下依次为吸收剂利用率、吸收剂、副产品、对现有设备的适应性、对机组运行方式的适应性、场地适应性、对环境的影响和工艺成熟度；列是评估工艺方案，从左至右依次为湿法石灰石抛弃（湿法抛弃）、湿法石灰石石膏（湿法利用）、炉内喷钙炉后活化（LIFAC）、炉内喷钙烟气循环流化床（炉内喷钙CFB）、常规烟气循环流化床（常规CFB）、喷雾干燥和电子束脱硫工艺。

$$\text{评估准则的权重矩阵} Q = \begin{vmatrix} 1.1 & 1.2 & 1.1 & 1.2 & 1.1 & 1.2 & 1.0 & 1.2 \end{vmatrix}$$

式中：行是评估准则的权重，依次为吸收剂利用率、吸收剂、副产品、对现有设备的适应性、对机组运行方式的适应性、场地适应性、对环境的影响和工艺成熟度。

（2）数值计算。计算方法如下：

1）建立分类标准矩阵。分类标准矩阵是各评估准则量化后的评估等级，它以评估矩阵A为基准，用“等距分级、等比赋值”的指数法，分为5个等级，计算公式为

$$B_{ij} = A_{\text{mean}i}\left(\frac{A_{\text{max}i}}{A_{\text{mean}i}}\right)^{a} \tag{3-2-1}$$

式中：a 是等距分级、等比赋值的指数，5 个等级对应的 a 值依次为 1, 0.5, 0, −0.5, −1；$i=1, 2, \cdots, 8$（即 8 个评估准则）；$j=1, 2, \cdots, 5$（即 5 个等级）。

$$
\text{分类标准矩阵 } B = \begin{vmatrix}
100.0000 & 82.6525 & 68.3143 & 56.4634 & 46.6684 \\
15.0000 & 14.1926 & 13.4286 & 12.7057 & 12.0218 \\
10.0000 & 8.7017 & 7.5714 & 6.5882 & 5.7327 \\
20.0000 & 18.9737 & 18.0000 & 17.0763 & 16.2000 \\
10.0000 & 9.7101 & 9.4286 & 9.1552 & 8.8898 \\
9.0000 & 8.1766 & 7.4286 & 6.7490 & 6.1315 \\
14.0000 & 13.4907 & 13.0000 & 12.5271 & 12.0714 \\
5.0000 & 4.7809 & 4.5714 & 4.3711 & 4.1796
\end{vmatrix}
$$

2）确定模糊隶属度。以分类标准中的第 1 列为分类标准评估的基准点，利用极差标准化，分别按公式（3-2-2）和公式（3-2-3）建立分类标准对基准点和评估工艺对基准点的模糊隶属度矩阵 C 和 D（隶属度是取值［0，1］上的一个函数），即各类标准限值从属于基准点模糊集合的程度。利用它能以数值表达模糊概念与模糊现象。

$$
c_{ij} = \frac{b_{i5} - b_{ij}}{b_{i5} - b_{i1}} \tag{3-2-2}
$$

式中：$i=1, 2, \cdots, 8$（评估准则）；$j=1, 2, \cdots, 5$（标准类别）；c_{ij}是第 i 个准则第 j 类标准对基准点的模糊隶属度；b_{ij}是第 i 个准则第 j 类标准限值。

$$
d_{ij} = \frac{b_{i5} - a_{ij}}{b_{i5} - b_{i1}} \tag{3-2-3}
$$

式中：$i=1, 2, \cdots, 7$（评估工艺方案）；$j=1, 2, \cdots, 8$（评估准则）；d_{ij}是第 i 种工艺方案第 j 项因子；如 $a_{ij} > b_{i1}$，则 $d_{ij}=1$；如 $a_{ij} < b_{i5}$，则 $d_{ij}=0$。

分类标准对基准点的模糊隶属度矩阵

$$
C = \begin{vmatrix}
1.0000 & 0.6747 & 0.4059 & 0.1837 & 0.0000 \\
1.0000 & 0.7289 & 0.4724 & 0.2296 & 0.0000 \\
1.0000 & 0.6957 & 0.4309 & 0.2005 & 0.0000 \\
1.0000 & 0.7299 & 0.4737 & 0.2306 & 0.0000 \\
1.0000 & 0.7389 & 0.4832 & 0.2391 & 0.0000 \\
1.0000 & 0.7130 & 0.4522 & 0.2152 & 0.0000 \\
1.0000 & 0.7359 & 0.4815 & 0.2363 & 0.0000 \\
1.0000 & 0.7330 & 0.4776 & 0.2335 & 0.0000
\end{vmatrix}
$$

工艺方案对基准点的模糊隶属度矩阵

$$
D = \begin{vmatrix}
0.7450 & 0.7450 & 0.0000 & 0.1206 & 0.4225 & 0.1206 & 1.0000 \\
1.0000 & 1.0000 & 1.0000 & 1.0000 & 0.0000 & 0.0000 & 0.0000 \\
0.0626 & 1.0000 & 0.0626 & 0.0626 & 0.5313 & 0.5313 & 0.7657 \\
0.7368 & 0.7368 & 0.0000 & 0.0000 & 1.0000 & 1.0000 & 0.4737 \\
0.0993 & 0.0993 & 1.0000 & 1.0000 & 1.0000 & 1.0000 & 0.0000 \\
0.0000 & 0.0000 & 1.0000 & 1.0000 & 0.6514 & 0.6514 & 0.0000 \\
0.0000 & 1.0000 & 0.4815 & 0.4815 & 1.0000 & 1.0000 & 1.0000 \\
1.0000 & 1.0000 & 1.0000 & 0.0000 & 0.0000 & 1.0000 & 0.0000
\end{vmatrix}
$$

3）确定标准权矩阵。根据评估准则的分类标准矩阵 B 以及评估准则的权重矩阵 Q，通过行列归一化，求得评估准则的标准权矩阵 E 为

$$
\text{标准权矩阵 } E = \begin{vmatrix} 0.1460 & 0.1313 & 0.1177 & 0.1052 & 0.0938 \\ 0.1256 & 0.1293 & 0.1327 & 0.1358 & 0.1386 \\ 0.1340 & 0.1268 & 0.1197 & 0.1126 & 0.1057 \\ 0.1250 & 0.1290 & 0.1327 & 0.1362 & 0.1393 \\ 0.1096 & 0.1157 & 0.1219 & 0.1280 & 0.1341 \\ 0.1354 & 0.1338 & 0.1319 & 0.1296 & 0.1270 \\ 0.1011 & 0.1060 & 0.1107 & 0.1154 & 0.1200 \\ 0.1232 & 0.1281 & 0.1328 & 0.1373 & 0.1417 \end{vmatrix}
$$

4）构造综合评估矩阵。利用加权模糊距离公式（3-2-4），求得模糊隶属度向量 c_{ij} 和 d_{ij} 之间的贴近度，亦即工艺样本隶属度对标准隶属度向量的加权模糊贴近度（即两个向量的加权靠近程度）。最后，由各向量的模糊贴近度构成模糊综合评估矩阵 F。

$$
f_{ij} = \sum_{t=1}^{m} e(t,j)\{1 - | c(t,i) - d(t,j) |\} \tag{3-2-4}
$$

式中：$i=1$，2，…7（评估工艺方案）；$j=1$，2，…，5（标准类别）；$m=8$（评估准则）；

$$
\text{综合评估矩阵 } F = \begin{vmatrix} 0.4690 & 0.5929 & 0.5817 & 0.5736 & 0.5273 \\ 0.6957 & 0.6846 & 0.5536 & 0.4382 & 0.3083 \\ 0.5509 & 0.5721 & 0.5710 & 0.4965 & 0.3944 \\ 0.4454 & 0.5283 & 0.5911 & 0.5824 & 0.5247 \\ 0.5568 & 0.6566 & 0.6437 & 0.5276 & 0.4282 \\ 0.6359 & 0.6767 & 0.6061 & 0.4729 & 0.3148 \\ 0.4090 & 0.5183 & 0.5877 & 0.6075 & 0.6393 \end{vmatrix}
$$

（3）评估结果。根据模糊评估技术的最大值法则，由综合评估矩阵可以看出，7 个脱硫工艺的最大模糊贴近度分别为：湿法抛弃，模糊贴近度 $f_1=0.5929$，属第Ⅱ类；湿法利用，模糊贴近度 $f_2=0.6957$，属第Ⅰ类；LIFAC，模糊贴近度 $f_3=0.5721$，属第Ⅱ类；炉内喷钙 CFB，模糊贴近度 $f_4=0.5911$，属第Ⅲ类；常规 CFB，模糊贴近度 $f_5=0.6566$，属第Ⅱ类；喷雾干燥，模糊贴近度 $f_6=0.6767$，属第Ⅱ类；电子束，模糊贴近度 $f_7=0.6393$，属第Ⅴ类。

最后，根据 7 个脱硫工艺在各类中模糊贴近度的大小，得到某专家对 7 个脱硫工艺技术性优劣的排序：湿法利用、喷雾干燥、常规 CFB 、湿法抛弃、LIFAC 、炉内喷钙 CFB 和电子束。

（二）经济

1999 年国电环境保护研究所在对某电厂现有 300MW 燃煤机组烟气脱硫方案的可行性研究中，以国电环境保护研究所研究开发的“FGD 经济性能指标的计算程序”和“以改造因子为特征的现有燃煤机组 FGD 的经济评估方法”对 7 种 FGD 方案进行了经济评估。其评估过程大致是：

（1）根据某电厂脱硫建设项目的具体目标和要求，并结合实际，按照一定的准则，在众多的 FGD 方案中，抛弃劣方案，筛选确定 7 个基本适用的非劣 FGD 方案。

（2）采用以现代决策理论为基础的模糊决策分析法对确定的7个FGD方案先进行技术评估，并根据评估结果进行技术适用性优劣的排序。其排序结果（由高至低）是：常规CFB工艺；湿法石灰石—石膏工艺；电子束辐照工艺；炉内喷钙CFB工艺；炉内喷钙炉后增湿活化工艺（LIFAC）；喷雾干燥工艺；湿法石灰石抛弃工艺。

（3）确定经济评估的基本参数（见表3-2-3和表3-2-4）。

表3-2-3　　经济评估的假设参数

机组容量（MW）	300	贷款年利率（%）	10.0
锅炉可用系数（%）	70	年折旧率（%）	8.0
勘察设计费率（%）	8.0	预定开工年份（年）	2000
基本预备费率（%）	10.0	价格水平年（年）	1998
价格上涨指数（%）	7.0	开工到完工年数（年）	2.0
大修费率（%）	2.5		

表3-2-4　　燃煤的元素分析

项　目	数　据	项　目	数　据	项　目	数　据
S_{ar}（%）	1.65	A_{ar}（%）	31.26	N_{ar}（%）	0.82
C_{ar}（%）	48.98	H_{ar}（%）	2.99	LHV（kJ/kg）	19490
W_{ar}（%）	9.80	O_{ar}（%）	4.50	V_{ad}（%）	27.03

（4）为简化各项经济指标的计算，同时也考虑到计算中一些费率的不确定性会影响到计算的结果，因此作如下约定：①工程总投资的计算考虑静态投资和动态投资，静态投资中不包括价差预备费和建设期贷款利息；②资金来源为国内贷款，不考虑从国外得到贷款而引起的利率变化；③所有的设备全部为国产设备，因此设备价格以国内市场价为基础。

（5）计算7种FGD方案在新建机组上建设时的主要经济指标，其结果见表3-2-5。

表3-2-5　　新建机组FGD工艺的主要经济指标

指　标	石膏湿法	抛弃湿法	常规CFB	炉内喷钙CFB	LIFAC	喷雾干燥	电子束
静态投资（万元）	13657	13344	6717	6372	6120	9862	17280
动态投资（万元）	18980	18545	9329	8850	8505	13706	24000
单位造价（元/kW）	632	618	311	295	284	457	800
年运行费（万元）	3743	3013	2684	3282	3615	3078	6094
脱硫成本（元/t SO_2）	1529	1268	1104	1397	1725	1380	2543
增加电价[元/（MW·h）]	20.35	16.38	14.59	17.84	19.65	16.74	33.1
投资比例（%）	10.54	10.30	5.18	4.92	4.73	7.61	13.3

说明：①电子束工艺的动态投资是根据成都热电厂示范工程的经验，以单位造价800元/kW计算而得；②计算中没有考虑脱硫副产品综合利用产生的经济效益，也没有考虑排污费减少的经济效益。

（6）以新建机组的静态投资为基础，结合电厂的实际，将影响经济性的因子按照有关标准进行定量化，并计算各 FGD 方案在具体条件下的改造因子，其计算结果见表 3-2-6。

表 3-2-6 现有机组 FGD 改造因子的计算结果

指标		工艺	湿法石膏	湿法抛弃	常规 CFB	炉内喷钙 CFB	LIFAC	喷雾干燥	电子束
A	静态投资（万元）		13658	13344	6717	6372	7120	9863	17280
B	范围调整（元/kW）		33	32	11.5	19.5	19.5	15.5	20
C	总的工艺改造基建投资（万元）		14648	14304	7062	6957	6705	10328	17330
D	地点因子	*D1*	1	1	1	1	1	1	1
		D2	0.96	0.96	0.96	0.96	0.96	0.96	0.96
E	改造难度	*E1*	1.08	1.08	1.02	1.02	1.02	1.08	1.08
		E2	1.02	1.02	1.01	1.01	1.01	1.01	1.02
		E3	1.06	1.06	1.06	1.06	1.06	1.06	1.06
F	总的工艺投资（万元）		16420	16035	7404	7293	7029	11464	19427
BB	公用设施（%）		10	10	10	10	10	10	10
CC	增加的设计及办公室费用（%）		3	3	3	3	3	3	3
DD	改造总费用（静态、万元）		18555	18119	8366	8241	7943	12954	21952
K	总的改造因子		1.359	1.358	1.245	1.293	1.298	1.313	1.270
FF	改造总费用（动态、万元）		23878	23320	10978	10719	10328	16797	28672

注 表 3-2-6 中有关参数的说明：

A 是新建机组 FGD 工程的静态投资；

B 是现有机组进行 FGD 改造所需要的范围调整，包括新烟囱、现有烟囱的防腐、锅炉加固、引风机负压加固、现有设备和建筑物的拆去和迁移、石膏副产品系统、灰场、冷却塔、除尘器和输灰系统等，不同的 FGD 工艺，其调整的范围是有区别的；

D 是地点因子，包括费用指数和劳动生产率 *D1* 和土壤条件 *D2*；

E 是改造难度，包括现场可进入性和拥挤程度 *E1*、地下障碍物、烟道长度 *E2* 和从吸收塔到接入点的距离 *E3* 三项；

BB 是现有机组烟气脱硫改造工程需要增加的公用实施；

CC 是现有机组烟气脱硫改造工程需要增加的设计和办公费用；

DD 是现有机组烟气脱硫改造工程的静态改造费用；

K 是现有机组烟气脱硫改造工程的改造因子；

FF 是现有机组烟气脱硫改造工程的动态改造费用。

参数 *B*、*D*、*E*、*BB*、*CC* 和 *DD* 确定的原则主要是根据现场的实际情况，参照相应的量化标准进行量化。需要指出的是这些参数数值的大小完全取决于现场的实际情况，其他电厂的数据只能作为参考。参数 *C*、*F*、*K* 和 *FF* 则根据相关计算公式进行计算得到。

（7）利用改造因子修正新建机组的经济指标，得到现有机组 FGD 改造工程的主要经济指标，其计算结果见表 3-2-7。

（8）根据经济评估的结果，按照不同的经济指标对方案的优劣进行排序，其结果分别见柱形图 3-2-3 ~ 图 3-2-5。

表 3-2-7　　现有机组 FGD 改造工程的主要经济指标

指　标	湿法石膏	湿法抛弃	常规 CFB	炉内喷钙 CFB	LIFAC	喷雾干燥	电子束
改造因子（万元）	1.359	1.358	1.245	1.293	1.298	1.313	1.270
静态投资（万元）	18555	18119	8366	8241	7943	12954	21952
动态投资（万元）	23878	23320	10978	10719	10328	16797	28672
单位造价（元/kW）	796	777	366	357	344	560	956
年运行费（万元）	3743	3013	2685	3283	3615	3979	6094
脱硫成本（元/t）	1586	1324	1125	1422	1752	1421	2600
增加电价［元/（MW·h）］	20.35	16.38	14.59	17.84	19.65	16.74	33.1

根据经济评估的结果，可以得到以下的评估：

1）按工程动态总投资由低到高的排序是：LIFAC、炉内喷钙 CFB、常规 CFB、喷雾干燥、湿法抛弃、湿法石膏和电子束。

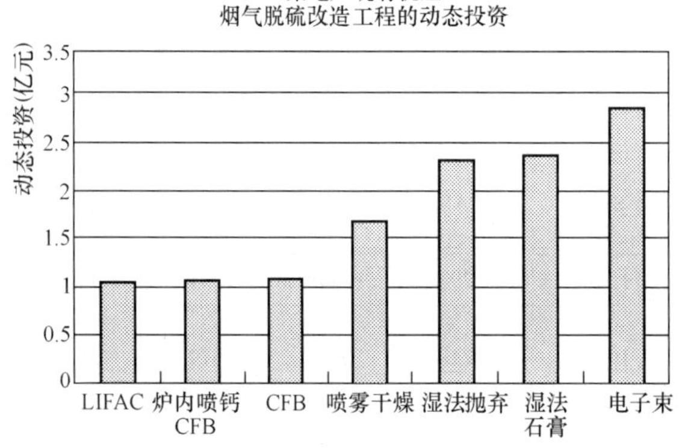

图 3-2-3　按动态投资高低排列的方案顺序

2）按脱硫成本由低到高的排序是：常规 CFB、湿法抛弃、喷雾干燥、炉内喷钙 CFB、湿法石膏、LIFAC 和电子束。

3）按电价增加由低到高的排序是：常规 CFB、湿法抛弃、喷雾干燥、炉内喷钙 CFB、LIFAC、湿法石膏和电子束。

综合上述 3 个经济指标，评估方案综合经济性的优劣排序是：

常规 CFB、湿法抛弃、炉内喷钙 CFB、喷雾干燥、LIFAC、湿法石膏和电子束。

在上述顺序中，常规 CFB 工艺由于其投资运行费用低，脱硫效率又相当高，因此有优异的经济性是十分合理的。湿法石膏工艺的经济性在某电厂的实际条件下变得很差，这主要是由于以下原因造成的：

1）燃煤中的含硫量较低，计算表明，湿法工艺在含硫量大于2%时，与其他工艺相比有更好的经济性；

2）湿法工艺不适合于现有电厂的改造，由于场地、施工难度等原因使得改造因子较大；

3）未计及脱硫石膏出售后的收益。

（9）燃煤的含硫量是影响 FGD 经济性的重要指标之一。为此，在上述评估的基础上，对湿法石膏、LIFAC 和常规 CFB 三种工艺进行了燃煤硫分

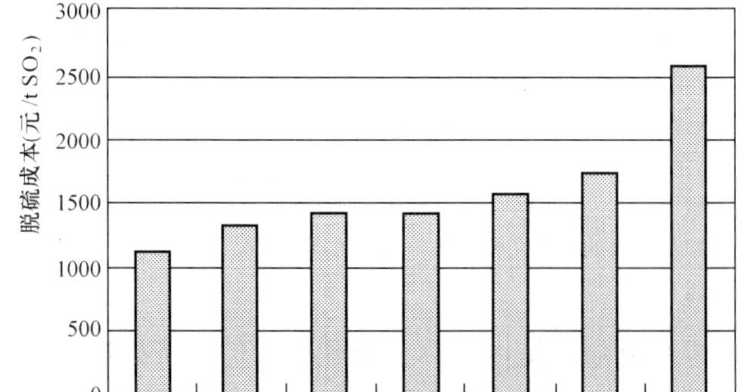

图 3-2-4　按脱硫成本大小排列的方案顺序

对动态投资、脱硫成本和电价增加三个经济指标影响的灵敏度分析，其结果分别见图 3-2-6 ~ 图 3-2-8。

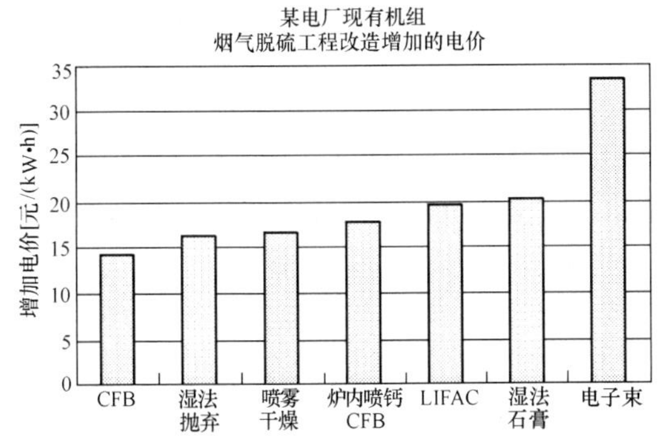

图 3-2-5　按脱硫后电价增加排列的方案顺序

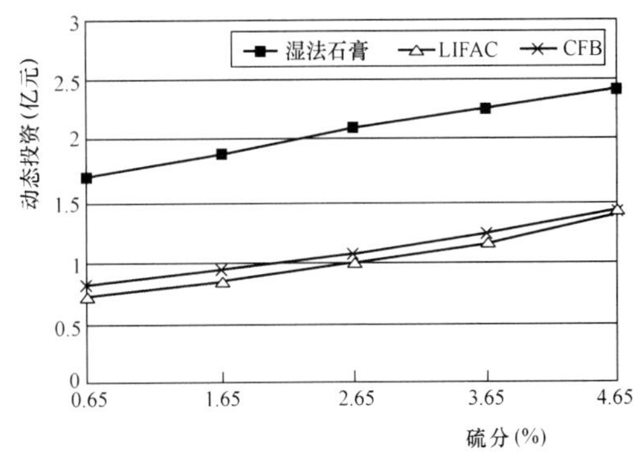

图 3-2-6　燃煤硫分对动态投资的影响

从图 3-2-6 可以看出：随着燃煤含硫量的增加，各种 FGD 方案的投资费用都线性地增加，但湿法工艺的投资总是比干法工艺要高得多。

从图 3-2-7 可以看出：在燃煤含硫量较低时湿法的脱硫成本很高，但是当燃煤含硫量大于 2.0% 时，尽管湿法的投资很高，但由于其吸收剂的利用率高，因此运行费用相对较低，结果降低了脱硫成本。这说明在高硫煤时采用湿法是有利的。但就 300MW 机组来看，其运行费用在燃煤含硫量小于 5% 时总是比常规 CFB 工艺要高。这意味着将来如果高硫煤价格降低了，某电厂如安装常规 CFB 烟气脱硫系统则可燃用低价的高硫煤，并且仍可保持比湿法工艺系统更好的经济性。

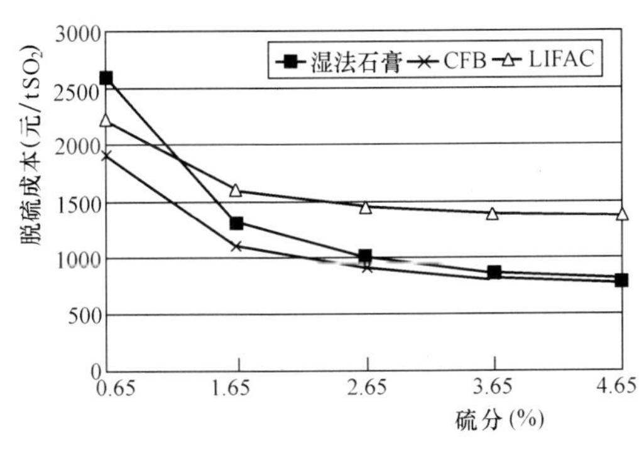

图 3-2-7　燃煤硫分对脱硫成本的影响

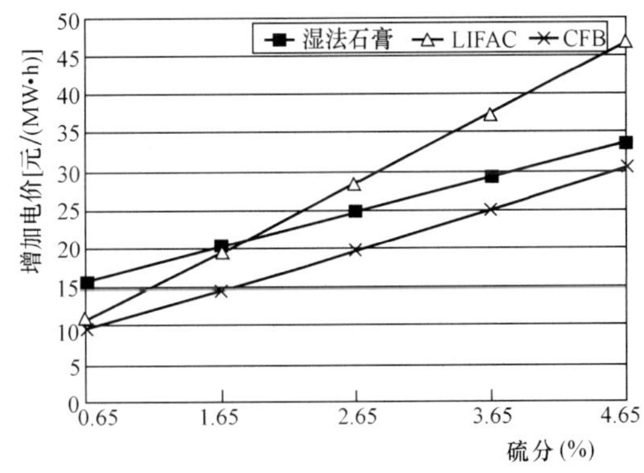

图 3-2-8　燃煤硫分对增加电价的影响

图 3-2-8 是燃煤含硫量对电价的影响。由于湿法工艺的脱硫成本比常规 CFB 工艺要高，因此所引起的电价增加要比常规 CFB 大。LIFAC 工艺由于其吸收剂利用率低，因此当燃煤含硫量增加时，因脱硫而引起的电价增加上升很快。从图 3-2-8 中曲线可以看出，在含硫量低于 1. 50% 时，LIFAC 工艺的脱硫成本和电价增加都低于湿法工艺，这说明 LIFAC 工艺在燃煤含硫量较低的条件下比较适用。

第三章 烟气脱硫工程标书的技术经济评估

在燃煤电厂FGD工程的招投标过程中，对投标商投标文件的评估，尤其是工程方案的评估，是一件技术性很强，同时又非常细致、认真工作的过程。评标工作往往面临着时间紧、需要评估的文件多的困难。因此如何组织好烟气脱硫工程的评估，做到既客观、公正，又要在技术和经济上优选出好的工程方案，就需要按照规范化的方法和程序进行评估。目前，由于我国燃煤电厂安装的烟气脱硫装置的数量还不多，在工程方案评估方面的经验也较缺乏。为了尽快地使燃煤电厂的烟气脱硫系统工程方案的评估工作得到规范化、标准化，本章结合国外有关机构提供的对FGD系统制造商送交的方案进行评估的推荐方法，以及我们在参加有关烟气脱硫系统工程方案评估中所得到的经验，对燃煤电厂的烟气脱硫系统工程方案的评估方法进行较为全面的介绍。

本章的主要目的是：向业主推荐在FGD工程招投标中，对FGD工艺方案的技术评估和经济评估的方法。

本章分两个主题，即技术评估和经济评估。

第一节将讨论对若干个待选FGD方案进行技术评估的步骤。评估的重点在确认被评估的FGD系统能否可靠地达到所要求的SO_2脱除效率，能否满足技术规范所规定的技术细节。技术方案的评估也要定量地估计方案对电厂中其他系统的影响。

第二节将讨论在共同经济指标的基础上比较FGD标书的方法，并介绍三个推荐的评估步骤：

(1) 确定各标书的初投资费用。

(2) 确定在经济评估周期中的年运行费和维护费用。

(3) 在均化基础上，把初投资和年运行费用结合起来，比较各标书的总费用。

第一节 技 术 评 估

技术评估的第一步是对FGD制造商提供的FGD方案进行技术比较。比较的主要内容包括以下9个方面：

(1) 方案是否包括了规定的性能保证项目。

(2) 方案是否包括了规定设备和材料的保证项目。

(3) 所提供的设备是否满足规定的技术要求。

(4) 所建议的系统是否包括了规定的供货范围。

(5) 对设备的技术要求和供货范围所提出的例外条款是否可接受。

(6) 所建议的FGD系统布置在占地方面是否可接受，是否对其他设备和系统有影响。

(7) 所建议的FGD系统布置方式是否便于进行有效的维修和操作。

(8) 所建议的控制和仪表设备是否足以达到使FGD工艺稳定运行。

(9) 所提供的设计是否能达到所要求的性能保证。

在对上述9个方面的内容进行全面比较之后，评估人员对各待选方案的总技术水平就形成了一种看法。本节第十“技术评估总权重分析”将讨论将这些看法量化成一组可比较的数据的方法。

一、检查性能保证项目

在电厂招标文件的技术规范中，通常包含了许多性能保证，这些性能保证大致可分为两类：一是与污染物排放和环境保护因素有关的性能保证；二是与经济因素有关的性能保证。

与污染物排放和环境保护因素有关的保证项目涉及要求FGD系统遵守当前适用的环保法规，这些保证项目主要包括以下5个方面：

（1）SO_2脱除效率（SO_2排放浓度和排放量）。

（2）烟尘排放浓度。

（3）除雾器的性能（水滴排放浓度和排放量）。

（4）脱硫副产品的成分和含水量。

（5）脱硫废水的成分和数量。

在标书评估中，首先要检查标书对买方所提出的性能保证要求的响应情况。一般来说，制造商很少会明确地表述其方案不能达到如SO_2脱除效率那样的保证值，因为他们很清楚，电厂没有权利降低要求达到的数值。但在一些情况下，他们或者明确地表示或者暗示性地提出一些附加条件，而这些条件使得达到或检验保证值变得十分困难。例如，SO_2脱除效率的保证是以使用活性非常高的吸收剂、很长的脱硫效率平均时间、在某些运行条件下使用化学添加剂作为条件等。如果电厂认为这些条件是不可接受的，那么制造商就必须修改方案，并说明由此引起的方案设计和投资、运行费用等方面的变化。

经济方面的保证项目可能会对环境保护方面产生影响，但主要与FGD运行费用有关，经济方面的保证项目还用于标书的经济评估。经济保证项目主要包括以下4个方面：

（1）电能消耗；

（2）烟气压力降（包括系统总的压力降以及各指定部件两端的压力降）；

（3）吸收剂的利用率（吸收剂的耗量）；

（4）各种补给水源的消耗；

（5）整个系统的可靠性和可利用率。

这些经济性保证也可以用其他方式表示，甚至可能是重复的保证项目。例如：为达到规定的SO_2脱除效率，对吸收剂的最大消耗量提出了保证值要求，那么就没有必要提出吸收剂利用率保证值，这是因为吸收剂的消耗量是吸收剂利用率、吸收剂成分含量以及所脱除SO_2量的函数。但卖方在他的标书中往往会注明这两个设计参数，评标人员应核算这两个参数是否有矛盾，在国内FGD装置最早对外招标中，就出现过按卖方提出的吸收剂最大消耗量保证值推算出的吸收剂利用率远低于卖方提出的吸收剂利用率。

关键的性能保证值一般由买方提出，有些性能保证值则是由投标商按买方的要求填写，评标时除了检查投标商提出性能保证项目是否有漏项外，重要的是审查这些保证值的合理性和正确性，比较各标书提出的这些值的优劣。

编写得好的技术规范应包括详细的试验程序，以便检验该系统是否能达到规定的性能保证。例如：如果在技术规范中做出了电能消耗的保证，那么在技术规范中应该明确说明在什么样的系统运行条件下、在何处、如何测量系统的电能消耗。在标书评估时，应确认制造商对此测试计划是否提出了电厂不可接受的例外条款。如果发现有例外条款，那么就应通知制造商对此进行修正，并说明由此引起的方案设计和投资、运行费用等方面的变化。

二、检查设备和材料的保证项目

设备和材料的保证与经济性能保证相似，它们都会影响 FGD 系统的运行费用和可靠性。对技术规范中所包括的设备和材料要求保证的内容主要有以下 3 个方面：

（1）结构材料应适用于 FGD 系统中可能出现的所有腐蚀性和磨损性环境。

（2）FGD 系统的设计应能适应锅炉负荷各种可能的波动和变化。

（3）设备的部件应达到规定的性能要求（如最大噪声水平，设计规范和标准以及设备寿命等）。

为了便于执行，在技术规范中必须详细说明这些设备材料的性能以及达到保证值的测量和评估方法。电厂的方案评估人员必须认真地评估每一个方案，真正弄清制造商在他们的技术规范中是否包含了对这些保证或试验的例外条款或限制。这些例外条款和限制可能会导致技术费用的调整或不同支持设备的调整。

对 FGD 材料性能保证项目的审查，重点应放在材料的耐腐蚀和耐磨损性上，必须要求卖方说明腐蚀和磨损设计环境、选材理由和应用实例。

三、要求达到的技术要求

一个典型的 FGD 技术规范要包括几千个技术要求，涉及 FGD 系统设计的方方面面。这些技术要求涉及 FGD 系统的化学、机械、电气和结构的设计。在对数个制造商的 FGD 标书进行评估时，一般来说时间是有限的，因而不可能去检查每一个标书是否满足每项要求。因此，标书的评估必须侧重于审查那些对系统顺利运行至关重要的技术要求。

制造商提出的 FGD 方案应满足技术规范中的所有技术要求，其中对 FGD 系统运行有效性和可靠性至关重要的、典型的关键性技术要求见表 3-3-1。需要说明的是：对于每一个具体的电厂，都可能建立与此不同的、符合自身特点的关键性技术要求，以反映它们对 FGD 系统或 FGD 系统关键部件积累的经验。为满足一些特定的关注点和考虑到标书评估的时间，可根据具体情况扩大或缩小表 3-3-1 中的内容。

表 3-3-1　　典型的关键技术要求

对化学过程方面的要求	设计的烟气条件 液气比 副产品成分 吸收剂利用率	脱硫效率 固体/液体物料平衡 固体物停留时间 废水成分和数量
对机械方面的要求	烟气的分布和流速 吸收塔喷淋分布 结构材料 设计规范 噪声	规定设备的型号和制造厂 除雾器冲洗喷淋分布 设备容量及备用 浆管中浆液的流速 设计裕度
对电气方面的要求	设计规范 电耗 结构材料	设备型号和制造厂 设计裕度 外壳类型
对结构方面的要求	设计规范 设计载荷 布置	最大偏差 支架 地沟及蓄水池

进行技术评估的另一个目的是努力找出制造商对技术规范阅读或理解错误之处，这样可以在电厂和卖主的最终费用中及早纠正这些错误。这种评估对于弄清“无声例外条款”非常

有益（无声例外条款是指在FGD制造商设计方案中具有某些例外条款，而制造商又没有将其明列于例外条款表中的那些例外条款）。这种“无声例外条款”通常是很难发现的，除非评估人员十分熟悉技术规范，并且对整个方案进行了全面的评阅。

1. 核实化学反应过程方面的关键要求

由于FGD系统基本上是一个化学过程，因此在进行标书评估时，往往首先要考察标书是否满足化学过程方面的要求。

评估应首先检查是否采用了规定的设计条件，特别是要符合规定的烟气流量、SO_2浓度、粉尘负荷、烟气温度和烟气压力。特别要注意的是，确保系统设计入口烟气条件包括规定的所有运行工况，同时应包括在最大烟气流量和最大SO_2浓度条件下的长期运行。评估还应确认制造商已接受了给定质量的吸收剂（石灰或石灰石）和补给水源，有时候制造商只承认他们的性能保证是以使用具有特殊活性的吸收剂为基础，这就有可能对可采用的吸收剂来源强加了限制条件，因而一般来说是不可接受的。制造商提供的设计应能适应所有规定的设计工况，包括吸收剂的质量、补给水的质量和数量等。

如果在技术规范中包括了对液气比（L/G）、吸收剂利用率、固体物停留时间、副产品成分、排放废水成分等方面的要求，那么应通过考查标书的数据表和固/液物料平衡来验证这些要求是否得到满足。对每一个技术要求都要仔细地审阅，以弄清制造商是否或明或暗地设定了一些假设条件，这些条件可能会限制FGD系统的运行或要求增加设备费用。例如：某方案可能包括了一个假设，要求进入废水处理系统的废水保持稳定的化学成分，或以恒定的流量进入处理系统，如果这样，就应要求卖方安装一个平衡罐以及相应的辅助设备，否则卖方就会要求调整不同支持设备的费用。

2. 核查机械方面的关键要求

表3-3-1中列出了对机械方面的部分关键要求，应通过审查标书的技术数据表和图纸来验证是否达到了这些要求。在标书评估中应仔细审阅的另一方面是卖方必须选用规定的设备型号和规定的设备制造商。评估人员应审阅标书以确定卖方建议采用的设备型号及其制造商是否符合技术规范中的规定，仔细阅读卖方在例外条款中给出的说明。电厂评估人员可能会认为不需要再审阅卖方在机械方面的设计，因为技术规范要求制造商对他们在技术要求中采取的例外条款进行声明。但经验告诉我们：对关键的机械要求进行验证常常可以发现那些有意的或无意的偏差，而这些偏差是没有作为例外条款列出的。编制一个FGD标书往往需要许多人的共同努力，而且时间很紧。由于这样那样的原因，制造商所明列的例外条款可能没有包括他们已采取的所有例外条款。尽管电厂今后可以争辩用符合技术规范的条款来替代这种例外条款，但还是在标书评估期间弄清并讨论这些问题以免出现麻烦为好。关于对替换设备的评估随后再作更详细的讨论。

3. 核实电气方面的关键要求

表3-3-1中所列电气要求当中最主要的是电能消耗。技术规范中一般要求在方案中提交电机清单，电厂的评估人员应检查是否所有主要电机都已包括在卖方提供的电机清单中，并且核对电机清单的电耗与卖方的电能消耗保证值是否一致。应该由一个有经验的电气工程师来审阅每一个制造商的电气设计是否符合技术规范的条款和是否采用了合适的准则和标准。

4. 审查关键结构要求

由于在技术评估阶段一般不可能得到方案很全面、很详细的数据，因此，为验证结构方面的要求是否符合技术规范的要求，可通过审阅方案，弄清方案中是否有没有明列出的技术例外条款。一些对于现场是特殊或专门的结构要求，应给予特别关注，如地震设计、异常土壤或基础条件等。

四、技术例外条款和选项

电厂标书评估人员可能会发现制造商提出的方案中有不能满足技术规范要求的条款，对于这些条款，制造商可能会以声明或不声明例外条款的方式出现在他们的标书中，这就需要由评估人员来确定是否可以接受这些例外条款。由于多种原因，FGD 制造商即使对最清晰、最细心编制的技术规范也会在其编制的方案中包括一些例外条款。一般来说制造商对没有包括在技术规范中的技术要求，可能会提出一个技术上可以接受、费用较低的方案来达到技术规范的目标。另外，每一个 FGD 制造商的设计都有其独特的地方，这些独特的方面可能与技术规范的条款有冲突。再者，制造商总是利用最新研究成果和从已投运设备上得到的最新信息，不断地修改、完善自己的设计，这些成果和信息可能在电厂编写技术规范时还没有出现。FGD 制造商在他们的方案中会竭力推荐这些独特、新颖、可替换的设计，以便有别于竞争对手，并尽量降低他们的报价。技术评估提供了一种考虑这些因素的方法，以便在众多的竞争方案中确定一个技术上最先进的设计方案。

如上所述，制造商的技术例外条款通常由方案评估人员做出是否可以接受的判断。通常评估人员需与制造商进行详细的讨论，才能得出例外条款可否接受的结论。在方案评估人员认为例外条款是不可接受时，应该通知制造商进行方案修改，以满足技术规范的要求，并要求制造商根据方案的修改调整报价。

在方案的评估过程中，通常还要考虑对 FGD 基本方案提出的一些额外的选项。这些选项既可以是技术规范中明确要求的，也可以是制造商自己提出的，还可能是电厂方面根据自身的需要在评标过程中提出的。

在对这些选项做出最终决定之前，电厂应全面了解预计费用和性能。选项可能涉及以下方面：

（1）生产商业石膏的工艺选项；

（2）通过利用化学添加剂来达到更高 SO_2 脱除效率的性能选项；

（3）诸如应用数量更少、容量更大的吸收塔或吸收塔循环泵的设计选项；

（4）诸如吸收塔采用合金钢还是带内衬的碳钢结构的材料选项；

（5）诸如使用水平皮带真空脱水机还是旋转滚筒式脱水机的设备选项；

（6）诸如卖方供货的 FGD 系统是否包括废水处理设备的供货范围的选择。

FGD 制造商也常常会基于他们的基本方案提供一些选项。提供这些选项的目的可能是，制造商希望他们的方案在技术上更具吸引力或者在经济上更具竞争性。

下面是制造商可能提出的一些典型选项：

（1）提出只有制造商独有的工艺选项，而技术规范未涉及这些选项；

（2）技术规范中没有同意的设备型号、结构材料或供应商；

（3）增加的（少数情况下也有减少的）供货和服务范围。

对于这些选项，电厂方面主要考虑是在评估中是否有足够的时间去详细评审以及是否希望在相同的技术基础上评估所有制造商的方案。如果一个选项被当作一个基础方案的替代方案来认真地考虑，那么就应像基础方案一样作全面的技术评审，否则就有可能会限制那些具有最先进性的基础方案的制造商所提交的方案选项。关于选项评估的进一步讨论见本章第二节。

五、规定供货范围的确认

尽管技术规范中所要求的供货范围十分明确，但是制造商可能会提出更大或者较小的供货范围。这或许是由于制造商设计方面的要求，或许是他们专门设计细节上的需要，或许是对技术规范书的误解以及其他原因。因此对每一份方案书的供货范围必须与规定的范围进行比较，并且任何与技术规范之间的差异都要弄清楚。电厂供货与制造商供货之间的接口更要仔细审阅，以弄清楚这类供货范围方面的问题。

供货范围经常发生偏差的主要原因之一是由于电厂供货和制造商供货之间的接口点不清楚或误解造成的。例如：技术规范中可能要求吸收剂制备设备的补给水由电厂在吸收剂制备区内的某处进行连接。有的制造商认为管线上支管的隔离阀是属于电厂供货项目，而有的制造商则认为是由制造商供货，并且已包括在自己的供货范围中。

供货范围变化的另一个原因是源于制造商不太愿意对其熟悉范围之外的设备进行供货。例如：如果某个 FGD 制造商过去对废水处理系统没有经验，那么他就不希望提供废水处理系统。相反，制造商则会主动建议增加供货范围，以充分利用其技术优势。

对所有评估方案使用相同的供货范围是非常重要的。与规定供货范围之间的任何偏差都要与制造商进行讨论，并在方案进行经济评估之前进行修正，以保证所有的方案都在相同的基础上进行评估。供货范围的费用调整将用于对该制造商的初始方案费用的调整，参见本章第二节的讨论。

六、判定对支持设备的不同要求

进行技术评估的另一个主要原因是弄清对支持设备的不同要求。每一个 FGD 制造商都会对其供货范围以外的系统和发电厂的设备提出一些强制性要求，这些强制性要求对电厂安装 FGD 系统的总费用会产生显著的影响。

对支持设备的不同要求（又称之为对电厂平衡的不同要求）可能会影响到以下电厂提供的设备和负责的工程：

（1）管道和泵系统。

（2）工艺水和冷却水供给。

（3）工艺和仪用压缩空气。

（4）风机、烟道和烟囱。

（5）电气开关和相关设备。

（6）灰场管道系统。

（7）基础与支架。

（8）建筑物与围墙。

（9）现有设备和结构件的拆除和移位。

（10）土方工程、道路和场地排水。

（11）池和场地平整。

例如：在不设脱硫风机的情况下，方案提出的 FGD 系统压力降将影响到引风机的选型、费用、电机及其供电设备。在现有电厂改造中，提出的压力降将会决定现有风机是否有足够的裕量供脱硫系统使用，否则就要加装脱硫风机。当技术规范规定制造商建设的 FGD 系统，是建立在另一个合同所提供的基础工程上的时候，就会发生更复杂的不同支持设备调整费用的问题。因此，在技术评估期间，必须对每个方案所提出的基础要求进行详细的考核。

有利的是，在比较各方案时，只需要确定对支持设备的不同要求。例如：如果所有的方案都要求对某个现有道路移位，那么只需要考虑各种方案中不同的移位要求就可以了。如果各个方案中对道路移位的位置是差不多的，这就不存在不同的要求。在方案评估中采用“不同要求”这个概念可以使电厂的评估人员减小工作量，且不影响评估的最终结论。但是必须注意：如果要确定安装整个FGD系统的价格，那么使用这种不同支持设备要求的方法就不适合了。在这种情况下，必须量化每个方案对支持设备的所有要求。对支持设备的不同要求对经济评估的影响将在本章第二节中讨论。

七、对设备布置的评估

FGD系统的总体布置将会影响到电厂工作人员对该系统的维护和操作。另外总体布置对支持设备，如基础和建筑物的费用也有很大的影响。通常，在技术规范中应包括一些边界、规定安装吸收塔和支持系统的范围。在评审制造商提交的FGD系统布置方案时，评审人员应考察供应商如何平衡以下4个因素：

（1）接口设备和现有设备的整体性。

（2）对今后施工工作的限制。

（3）设备维修空间和通道。

（4）工艺过程的操作和监视。

如果需要对设备的布置作重大的改变，则应该通知制造商修改其方案中已显露的问题，并修改由此而引起的费用调整。

1. 接口设备与现有设备的整体性

接口设备和现有设备的位置对FGD系统的布置有很大的影响。例如：吸收塔的布置应尽可能缩短引风机或脱硫增压风机和吸收塔入口之间、吸收塔出口和烟囱之间的烟道长度，以减少烟道的维修量和烟气压力降。吸收剂制备和脱硫副产品处理设备应布置在适合装卸和临时贮存大量物料而又不影响电厂处置煤、灰的区域。FGD系统的布置应尽可能减少对安装在锅炉尾部的其他电厂辅助设备，如空气预热器、除尘器（EP或布袋）、引风机和烟囱等的维修空间和通道的限制。

评估人员应考察制造商是如何有效地利用现有场地以及系统布置对支持设备不同要求可能产生的影响。如果对可用空间不能有效利用，必将限制今后不可预见的施工，也有可能造成在安装吸收塔的电源、补给水源、压缩空气以及其他支持系统时产生较高的费用。如果FGD系统是安装在建筑物内的，那么系统的有效布置对于降低建筑物的费用和其他附带的费用，如照明、采暖通风设备等，是十分重要的。

2. 对今后施工的限制

如果电厂今后有扩建的打算，那么电厂的方案评估人员要评审所提出的FGD系统布置是否对今后设备布置有限制。这些限制可能包括由于影响主要设备部件的运输或安装，从而限制现场今后机组的可建设性。

3. FGD工艺设备维修时的可接近性

确保FGD系统所有的部件都具有优越的可接近性对于系统的可靠运行是十分重要的。可接近性对于那些主要设备的周围尤其重要，例如：球磨机、石灰消化器、浆液泵以及脱水设备等，对于这些设备一定要提供足够的现场检修场地。检修场地应包括安装起重设备的场地和空间以及为了把拆卸设备送往车间修理或进行更换所必需的设备运送通道。目前FGD系统吸收塔浆液循环泵的外形尺寸变得越来越大，因此有必要安装专用的高架行车，以便进行维修或拆卸。像除雾器这类高空设备，为便于检修或更换，必须留出起吊和放下的空间。

方案评估人员还要审核通道平台、楼梯、电梯的位置和高度，以便评估由此到达 FGD 系统内所有维修点的可接近性。其他应关注的地方还有隔离挡板门、烟道、吸收塔的喷淋平台、除雾器、挡板门驱动器的位置，优先选用楼梯而不是垂直梯架。

4. FGD 工艺过程的操作和监视

评估人员应对 FGD 工艺、吸收剂制备、脱硫副产品脱水等系统的就地控制室的位置和布置进行评审，以确保操作人员能方便地接触到设备。对添加剂配制以及副产品脱水过程，应使操作人员能在控制室观察到这些系统，这样有利于监视它们的运行。如果控制室包括在供货商的供货范围中，那么控制室的布置和终端显示屏的布置也应包括在评估范围中。

如果为改进 FGD 系统的运行，需要对系统的布置作重大改变，那么应直接通知制造商对其方案进行必要的修改，并提出相应的费用调整。

八、可靠性和可维护性的评估

电厂的评估人员应对所收到的所有方案的可靠性和可维护性进行比较和评估。可靠性是指建议采用的设备在两次故障之间运行时间的长短，通常用平均无故障时间（MTTF）来表示。可维护性是指假定在有足够的维修空间和通道的情况下，对某一部件进行修理的困难程度，通常用平均修理时间（MTTR）来表示。在技术规范的规定范围内，制造商可以有各种设计 FGD 系统的方法。为了降低初始基本投资，制造商往往会牺牲一些可靠性和可维护性。

有些设备与其他设备相比，在维修和运行上会比其他设备更容易或更困难。例如：同样作为第一级脱水设备，水力旋流器的操作和维护比增稠器要更容易。同样，某些方案可能比其他方案提供了更多的冗余和更可靠的设备。对于 FGD 系统关键设备的 MTTF 和 MTTR 的定量评判通常建立在对类似设备的经验的基础上。如果电厂没有使用过类似设备的经验，那么，建议征求其他电厂、设备供应商或有资格的咨询工程师的意见。

一般来说，电厂方案评估人员要在有限的评估时间内，对所有方案的可靠性和可维护性进行详细的分析是不太可能的，只能对方案的优缺点进行分析，找出有问题的地方和问题较严重的方面。

九、控制与仪表的评估

对一个 FGD 系统的控制是依靠众多的控制元件以及系统的前馈和反馈信号来实现的。第一篇第十二章介绍了各种控制方法的优点和局限性，可供评估时参考。电厂的方案评估人员中应包括资深的控制工程师，控制工程师应对以下 3 个方面进行评审：

（1）整个工艺控制方案的稳定性。

（2）各个控制回路的控制逻辑图。

（3）建议使用的仪表类型和接口系统的兼容性。

如果为改进 FGD 系统的操作，需要对系统的控制逻辑或单个仪表进行重大的修改，卖方应修改其方案，并对费用做相应的调整。

十、技术评估判据的权重分析

前面我们已经进行了许多技术评估判据的讨论，但是这些讨论都是定性的而不是定量的结果。在评估各种方案的总体水平时，通过设计方案在不同方面的定性分析结果进行比较是十分困难的。例如：某个制造商可能提供了非常好的设备维修空间和通道，但同时又给电厂今后的某个施工带来了限制。另外，对于每项评估判据的重要性，对不同现场也是有差别的。就如上面所举的例子，对今后施工的影响对所讨论的现场就可能不是什么严重的问题。因此，定性分析很难得出较全面和准确的评估结论。

表3-3-2是一个技术评分系统的实例表，它提供了一种比较各种FGD方案相对优劣的方法。采用这种方法在综合考虑了许多单独的评估判据后，对每个方案产生了总体评分。这种方法也可采用电子表格进行计算，这样可对各个方案进行快速计算。

建立一个技术评估评分系统的第一步是选择将要作为评估依据的技术判据。在表3-3-2中使用了在前面章节中已讨论过的评估判据，但没有包括性能保证和设备与材料方面的保证。所有有关性能保证中与技术规范要求不同的地方均应要求制造商进行必要的修改。如果不能达到这样关键性的要求，就不能对他们的方案进行评估。制造商可以有两种选择：一是修改方案，去掉上述设备和材料保证方面的偏差；二是对这些偏差作一个技术费用估价，将这种估价加到他们的报价中去，以弥补这种偏差。

表3-3-2　　　总的技术评估得分表

评估判据	权重因子	方案A		方案B		方案C	
		得分（1－10）	权重分	得分（1－10）	权重分	得分（1－10）	权重分
要求达到的技术要求							
化学	5	5	2.5	7	3.5	4	2.0
机械	2	5	1.0	6	1.2	4	0.8
电气	1	5	0.5	4	0.4	5	0.5
结构	2	5	1.0	7	1.4	7	1.4
小计	10		5.0		6.5		4.7
供货范围	10	5	5.0	7	7.0	4	4.0
对支持设备的不同要求	10	5	5.0	7	7.0	4	4.0
设备布置							
与其他设备整体性	20	5	10.0	8	16.0	2	4.0
今后施工的限制	5	5	2.5	7	3.5	8	4.0
维修可接近性	15	5	7.5	6	9.0	4	6.0
操作与监督	10	5	5.0	5	5.0	4	4.0
小计	50		25.0		33.5		18.0
可维护性/可靠性	10	5	5.0	6	6.0	4	4.0
控制与仪表	10	5	5.0	4	4.0	5	5.0
总计	100		50.0		64.0		39.7

注　权重分 = 权重因子 × 得分 ÷ 10。

对达到供货范围和技术要求的设备在表中列出，在方案评估过程中，为满足技术规范的要求，可能会要求制造商对他们的方案进行修改。由于进行技术评估许可的时间较短，几乎不可能对所有的技术上的例外条款进行澄清。把这些判据包括在技术权重表中，可以使评估人员把那些含有很大技术调整以及无法觉察的例外条款和偏差进行补偿的方案降低评分。

如表3-3-2所示，可以将一个总的评估判据（例如达到技术要求）分解成若干个子判据，也可将满足供货范围作为单一判据来评判而不会影响整个评分。评分表的设计可根据评估要求建立或多或少的评估判据。

第二步：是确定每一项评估判据的权重。为方便起见，所有评估判据评分的总和可设定为一个简单的数，如100分。对于评估判据的权重因子，可根据其在评估体系中的相对重要性来确定。在表3-2-2中，FGD系统与其他设备的整体性（在设备布置这一项中）的权重为20，而所有设备布置判据的权重为50，这就意味着方案总的技术评分中，50%是以设备布置为基础的。同样，表中其他 5 个评估判据的权重因子各占 10%。

表 3-3-2 中所规定的权重因子是仅仅作为说明用的。对判据权重因子的设定在很大程度上是主观的，并且对每个电厂、每个项目都是不同的。如：在样表中，判据“维修可接近性”的权重因子是判据“对今后施工的限制”的 3 倍，在不同的环境条件下，两个判据的权重因子可能会完全反过来。

第三步：是对每一个评估判据打分。为简单起见，打分以 10 制为计分基础，10 分为最高分。所采用的计分方式取决于电厂的侧重面，其他计分方式也同样可行。和确定权重因子一样，打分的过程也不是很精确的。一般对于能满足评估判据但不超过判据要求的方案给 5 分，其他方案与此基准方案比较，按相对优点记分，高于或低于 5 分。当有多位电厂评标人员参与标书的技术评审时，每个评估人员均应进行独立的打分，如果打分结果差异很大，那么有必要进行讨论，找出原因。权重分是权重因子乘以该评估判据的得分。为了使权重的总分不大于 100，在表 3-2-2 中这两个数的乘积要用 10 除，最后权重总分是每个判据得分之和。对每个方案的权重总分进行比较，就可以得到方案总体技术水平的高低。从每一个判据的得分可以得到方案的相对优劣。

由于权重因子的确定以及其得分多少带有主观性，电厂评估人员可以通过改变权重因子来观察权重总分的相应变化，进行一项或多项灵敏度分析来考察由此产生的权重得分。一般来说，一个好的方案即使对于范围很宽的权重因子，也能得到好的分数。

第二节　经　济　评　估

经济评估的目的是寻求总费用最低的方案，这包括初始基建投资、年度运行和维护费用（O&M）。要达到用这种方式表述的经济评估的目的可能是一个既困难又耗时的过程，因为它需要量化所有的基建费用和年度费用。在工程实践中，在方案评估期间就要确认安装 FGD 系统产生的所有费用并进行量化是一件十分困难的工作。但是，如果对方案的总费用不进行评估，就无法确定合理的最低报价方案。如果仅以基建投资价的高低为基础来确定合同商，是不够慎重的，因此，必须对制造商方案的经济性进行全面的分析和讨论。

经济评估的第一步是，确认每一个方案的基建投资和年度费用。在这些费用定量化之后，再用经济评估的方法对 FGD 系统建设和运行的总费用进行比较。

对于工程经济评估的更为详尽的讨论，建议读者参考有关的文献资料。

一、初始基建费用的确定

对于各个待选方案，在同一个技术基础上进行初始基建费用的经济评估是十分重要的。方案的基本费用由制造商在其方案中提供。为了准确比较各个方案的总的初始基建费用，还必须对以下 4 个项目的费用进行量化，并加到方案基本费用中去。

（1）技术调整费用。

（2）供货范围调整费用。

（3）不同支持设备的调整费用。

（4）经济调整费用。

1. 技术调整费用

技术调整费用是指把制造商的方案调整到满足技术规范中的技术要求所需要的费用。正如在本章第一节“技术评估”中所讨论的那样，有些制造商最初提出的系统可能不全部满足技术规范中的技术要求。为此，当要求制造商修改其方案以满足规定的技术要求时，应要求制造商同时提出由此修改方案后引起的价格变化。例如：某制造商可能要增加方案的价格，因为他必须向指定的制造商购买泵而不是原先其提出的制造商。出于竞争的原因，制造商也可能在做出修改后仍不改变原方案的报价。

对于复杂的 FGD 系统，技术调整可能会在许多地方发生，即使制造商的方案能基本满足技术规范的要求，总的技术调整费用仍可能达到原方案报价的 2% ~5%。当制造商的方案对技术规范中的要求提出了许多不可接受的例外条款时，技术调整费用可能超过原报价的 10%。

如果因为时间原因不可能由制造商来提供技术调整费用，那么评估人员应根据自己的经验或直接与设备制造商联系，但这种估算的结果必须与 FGD 系统制造商进行核实之后才能做出最终的决定。

2. 供货范围调整费用

正如上一节所讨论的那样，供货范围的调整费用是指把各个制造商的供货范围调整到规定的供货范围时所发生的费用。如果一个制造商扩大自己的供货范围，包括了一些附加设备，那么必须从其报价中扣除。如果时间允许，供货范围的调整费用应由供应商提供。但是，和技术调整费用一样，由于评估时间有限，有时电厂的评估人员必须要由自己来估算这部分费用。

3. 不同支持设备的调整费用

正如在上一节中讨论的那样，每一个 FGD 制造商都会对其供货范围以外的有关联的系统和发电厂的设备提出一些强制性要求，并列出了由电厂负责提供的典型的设备和负责的工程项目。所以，方案的评估通常是以差额调整费用为基础而不是以绝对费用为基础，从而简化了评估过程。

与前面的费用调整不同的是：不同的支持设备费用是由电厂评估人员来进行估算的，而不是由制造商来估算。另外，这部分费用只是近似的而不是经过详细设计的结果。也正是由于缺少精确性成为这部分只作差额计算而不作绝对费用调整的另一个理由。

4. 经济调整费用

上述三个费用调整后，使得各个方案的初始基建投资费用拥有了共同的技术基础。经济调整费用则包括了从合同授予日起到 FGD 系统商业性投运为止所发生的费用。这些经济调整费用包括了价差和建设期贷款利率补贴。

（1）价差。从历史上看，材料、设备和劳动力的价格总是随时间而不断上升的，这部分价格的差异叫作价差，一般用每年百分之几来表示。大部分大型的、多年度的建设项目，如 FGD 系统，通常允许合同商得到设计、制造和安装阶段由于价格上涨造成的补偿。价差率一般与总体价差率相关联，如生产者价格指数，或是由政府公布的一个或数个商品指数。价差指数和价差的计算方法一般包括在采购规范或制造商的方案中。对于制造商来说，一般会建议他们的报价一部分是固定的（不计价差），对标书中的人工和材料部分，则要求他们使用不同的价差指数。关于价差指数和计算方法超出了本文的范围，在此不作详细讨论。

对于 FGD 方案的经济评估，电厂的评估人员可以通过制造商提供的预计现金流，或通过一些简单的假定来进行计算。一个常用的简单的假定是以一个典型的现金流为基础，再计算用于所有的制造商的价差因子，这个单一的价差因子将用于总的初始基建费。

（2）建设期资金补贴。在 FGD 系统商业化投运之前，支付给制造商的利息叫做“建设期资金补贴（AFDC）”。AFDC 的计算是从支付日起到投入商业化运行日为止进行计算的。与价差一样，AFDC 可以以每个制造商的预计现金流为基础进行计算，也可以对所有的制造商采用同一个假设的现金流为基础进行计算。如果使用单一的现金流，那么 AFDC 就可以通过一个单一的因子来计算总的初始投资费用。

在计算 AFDC 时，对于每个电厂和当前的经济状况来说，采用的利率是各不相同的。

二、年度运行和维修费用的确定

年度运行和维修费用包括了与 FGD 系统运行有关的续生成本，主要包括电耗、吸收剂和添加剂、副产品处置、补给水、废水处理、运行人工费和维修材料与人工费用等 7 项。

这些续生成本应对 FGD 系统运行的每一年，或者在评估周期较短时，应对基建投资回收期的每一年做出预计。最基本的工作是要对机组运行方式和负荷进行确认，以便精确估算燃料的消耗，另外还要对今后燃料质量可能的改变做出预测，并选用合适的商品价格指数。价格指数用来计算评估周期中每一年的单价，如同在确定 FGD 系统的支持设备的投资费用中一样，运行费用的计算可以简化成只考虑各个方案之间年度费用的差额。

1. 电耗

好的技术规范中的设备数据表应要求制造商提供所有主要设备功率要求的资料。通过这些资料，电厂的评估人员可以列出电机功率清单，并且可以估计机组在不同运行负荷和燃料质量情况下，FGD 系统总的电耗。这可以通过确定在机组具体运行工况下，哪些设备需要投运以及其每天投运的有效时间来计算。这些资料可以包括在供货范围内所有设备的供货商提供的方案数据中，但是对于供应商供货范围之外的设备，也必须包括在总的电耗要求中。根据技术规范中供货范围的不同，这些不包括在供货范围中的设备可能包括引风机、吸收剂处理系统的输送机械、仪用空气压缩机和给水泵等。

另外，还要特别考虑有些设备的全部电耗中，究竟有多少电耗是由于 FGD 系统的运行而引起的。例如：当 FGD 系统不设增压风机时，FGD 系统的压力降只是对引风机压头的要求发生了变化，因此，只有消耗于 FGD 系统运行的那部分引风机电能，才用来进行经济评估。

这些电耗的要求，通常要通过电厂机组运行的负荷和燃料质量的假定以及厂用电价等，经计算转换成年度费用。计算结果仅是评估期间年度电耗费用的估算值。

2. 吸收剂、添加剂和其他化学药品费用

吸收剂石灰或石灰石和其他化学添加剂的消耗量主要与脱除烟气中 SO_2 的总量有关。因此吸收剂和添加剂的年消耗量可以根据机组负荷、燃料质量、脱硫效率、制造方提供的吸收剂和添加剂消耗数据（如吸收剂化学计量比）进行计算。年消耗数据与评估期内每年吸收剂和添加剂的实际单位成本（每公斤费用）相乘可得到年度费用。

废水处理或 FGD 系统中其他方面使用的化学物质的费用可采用与吸收剂相同的方式进行处理，但它们的年消耗量是由其他的运行因素决定的。对评估期内每年消耗的化学药品也应计算费用。

对于吸收剂、添加剂和化学药品费用的评估，采用差额费用对减少经济评估的工作量非常有益。例如：如果所有的制造商都保证采用相同的吸收剂化学计量，并达到相同的脱硫效率，那么各制造商之间就不存在吸收剂成本的差异。

3. 副产品处理费用

FGD系统的副产物可能是需要进行土地回填的固体废弃物，或者是可供出售的商业产品。这两种情况都必须计算评估期内每一年的副产品产量。副产品年产量是脱硫总量、吸收剂化学计量、吸收剂质量、FGD系统的操作参数如亚硫酸盐氧化程度和含湿量等的函数。如果副产品处理前加了稳定剂（与飞灰混合）或固定剂（与飞灰和石灰混合），那么还必须考虑飞灰和石灰的消耗量。

如果FGD系统产生的是固体废弃物，那么应用副产品的年产量与设计处理的单位成本计算副产品的年度处理费用。设计处理的单位成本必须包括土地回填的运输成本和进行回填的成本。在对方案进行评估时，回填成本通常包括必要的铺垫材料、渗出液收集和处理系统的费用，这些成本也可以认为是不同支持设备的费用。

如果FGD系统生产的是商业产品，那么应用副产品的年产量与预计的单位收入计算副产品的年度收入。在经济评估中，副产品的年度收入应作为负成本，但必须按副产品销售的净年收入进行计算。净年收入是在年收入中扣除了所有支持该项销售发生的所有费用后的收入。这些支持费用应包括：副产品销售费、特殊处理或保存费、不能满足用户要求的副产品处理费和废水处理设备及其安装费等。

这些支持成本和低销售价格导致的结果是生产商业副产品的净收入可能为零甚至为负值。尽管有这些缺陷，但生产商业副产品总是能降低副产品的处理成本。

在很多情况下，副产品的处理成本在经济评估中可以不考虑。这主要是因为副产品处理的单位成本或商业销售的单位收入，以及不同工艺生产的副产品的数量和质量之间，虽然有很大的不确定性，但相对差异较小，这样不同工艺间的成本差异相对较小。但变化的可能性较大，因此，如果所有制造商都采用相同的处理方法，那么从年成本评估中忽略副产品的处理成本无疑是正确的。

然而，当不同工艺间副产品的质量存在显著差异时，副产品的处理成本可能非常关键。例如：如果一个制造商提出的FGD系统可以生产商业质量的石膏，并且在当地找到了这种材料的销售市场，那么就可以从副产品销售中回收差额资金。即使只有部分副产品可以销售或净单位收入较少，但去掉的那部分副产品的处理成本在方案评估期也能显著地降低成本。

4. 工艺补给水费用

工艺水的成本评估与工艺中吸收剂的成本评估相类似。在这些工艺中，用于补充烟气冷却和副产品固体物洗涤的工艺水质量大致相同，其他各种不同用途的工艺水，不同方案要求的质量可能存在显著差异。采用电厂废水作为主要工艺水的方案与需要高质量工艺水的方案相比，显然具有明显的成本优势。相反，采用电厂废水作为主要工艺的方案，为控制浆液氯化物的浓度可能排放更大的废水量。

考虑到这些因素，工艺水成本的确定一般可以局限于使用不同的工艺水。工艺水的年耗量计算与电耗量很相似，可以将使用工艺水的部件（如泵密封、石灰消化器、除雾器清洗、副产品清洗喷淋等）以及基于机组负荷和燃料质量的年运行时间列成表格。根据工艺水的年消耗量与工艺水的单位费用计算出年费用。

在不同工艺间的工艺水用途差别很小时，在经济评估中可忽略工艺水的年费用。

5. 废水处理费用

与FGD系统氯化物排放废水处理系统有关的年费用可以采用不同的方法进行计算，这完全取决于所产生废水的数量和质量以及当地的环境法规和FGD系统具体的供货范围。

工艺之间除了废水的数量差异可能较大外，废水化学品质的差异也可能很大，如总悬浮物（TSS）的水平、总可溶解固体物（TDS）的水平、产生化学/生物化学耗氧量（COD/BOD）的有机物的水平等。如果工艺之间的废水数量和质量差异很小，那么废水处理的差异成本也很小，可以在经济评估中忽略不计。在某些情况下，FGD 系统可能不产生需要处理后再排放的废水。排放废水需要处理的程度完全取决于处理前废水的化学质量、可能回收水流的多少和特性以及当地的环境法规。在某些情况下，考虑到水质因素，即使是处理后的废水也不允许排放。所有这些因素都会影响到处理排放氯化物废水的单位费用（每升费用）。如果排放氯化物废水处理系统包含在 FGD 制造商的供货范围内，那么废水处理成本的差异主要由能耗费用、化学药品费、维修费和劳务费组成。在这种情况下，这些成本应计入年度费用相应的栏目中，而无需单独的废水处理费用。

如果排放氯化物废水处理系统不包含在 FGD 制造商的供货范围内，那么方案经济评估时可采用以下 2 种方法：

（1）方案评估人员必须估算处理系统的安装和运行成本，但其投资费用作为不同支持设备的费用（见本章第一节和第二节）计算，年运行成本的差异按上面讨论的方法进行计算。这种方法是两种方法中更为准确的一种，但也是耗时较多的一种。

（2）对废水处理的每个阶段（如去除固体悬浮物、沉淀金属物、pH 值调节等）的单位处理费用（将投资和运行费用都包括在内）进行预测，并在实际中进行应用。这种方法比第一种方法快得多，但不够准确。

6. 运行劳务费用

如 FGD 系统按连续运行考虑，则电厂需要较多的运行人员。在某些情况下，支持系统，如吸收剂制备系统和副产品脱水系统等，可以安排成每周 5～7d、每天只一班运行。尽管经济评估可以预测运行人员的年劳务成本，但各种工艺所需的运行人员常常差别很小，因此评估时可以忽略运行人员的劳务费用。

7. 维修材料和劳务费用

与运行劳务费用不同，不同工艺所需的维修材料和劳务费用的数量存在显著差异。这些差异主要来源于不同的设计方法、设备供应商和结构材料等。因此，在方案经济评估时，必须尽力识别并量化年维修差异成本。

在很多情况下，方案评估人员区别设计方法之间的差异比量化由此得到的年差异成本来得简单。例如：对于副产品固体物的二级脱水允许使用转鼓或水平带式真空过滤机。尽管两种方式的过滤布更换频率和费用有差异，但由于缺乏维修数据，所以难以量化年差异成本。要确定不同制造商间相同部件维修成本的差异更加困难。由于这些原因，评估大多集中在那些易于量化的、不同结构材料的维修差异成本上。

FGD 系统中部件结构材料的选择范围很大，如合金、带内衬碳钢和玻璃钢（FRP）等。在实践应用中，这些材料常常具有不同的使用寿命和维修要求，对年维修费用将产生较大的影响。

实例分析：对于脱硫浆液中氯化物含量很高的案例，可采用两种不同的方案来选择吸收塔的结构材料。制造商 A 建议采用高耐腐蚀性镍合金覆盖碳钢，制造商 B 建议采用衬树脂的碳钢板。衬合金的钢材可以与 FGD 系统寿命一致，只须定期检查并对合金焊点进行少量维修。相反，衬树脂钢材吸收塔的表面每年都需要维修，在系统寿命期内需要彻底更换 2～3 次。因此，为确保在相同的基准上对两种方案进行评估，必须估算在评估期内每年需要的维修成本。

显然，结构材料的差别（技术规范所允许的）可能包括很多方面，如管道、除雾器、再循环浆池、浆泵转子和浆液管道等。在方案评估时，只要有可能，就应对FGD系统中有差别的所有结构材料进行年维修成本的预测。在进行预测时，预测所需的数据常常难以得到，其典型的来源是相似设备用户的维修记录、与其他使用该设备有经验的用户联系、由设备供应商进行预测并提供有关材料保证等。

三、总成本的经济评估

对FGD方案进行经济评估的经典方法有很多，如核定投资额法、年度成本法、总现值法和投资回收期法等。这些方法都是正确的，并且具有相同的级别，不过它们各有优缺点。在选择评估方法时，应以管理部门的习惯和标准经济评估方法为基础。本文采用的是投资回收期法，因为在电厂投资调整支出、比较投资和年成本的相对影响中，它经常被应用，而且应用效果较好。

在采用以投资回收为基础的经济评估中，评估人员首先需确定总的初投资费用，并计算系统寿命期间初投资费用中固定费用的累积现值，然后再计算年运行和维修成本。年累积现值计算公式为

$$\Sigma_X \mathrm{TPV} = \Sigma_L \mathrm{FPV} + \Sigma_X \mathrm{APV} \tag{3-3-1}$$

式中 Σ_XTPV——从商业运行开始到第“X”年总费用的累积现值；

Σ_LFPV——系统寿命期间固定费用的累积现值；

Σ_XAPV——从商业运行开始到第“X”年年度费用的累积现值。

其计算结果通常以图表表示，如图3-3-1所示。在本案例中，计划A的初投资费用最低，但年度成本最高。第十年之前计划A的累积总现值最低，之后，计划B的总现值最低。在剩余的评估期内，计划B保持最低成本。从图3-3-1中可以看出：计划B的投资回收期是10年。

电厂常用投资回收期法对投资进行评估。由于不同方案间年度投资的差异应在一定的年份内得到恢复，因此在图3-3-1中，当电厂投资回收期小于10年时应选择计划A；当回收期大于10年时，应选择计划B。等于10年时，两计划具有相同的成本。

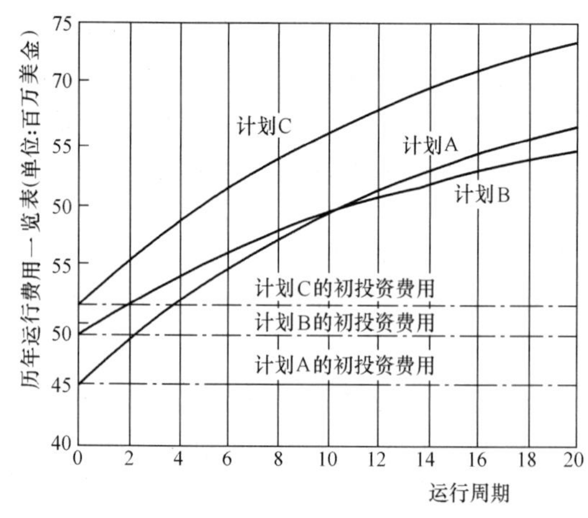

图3-3-1 年累积现值的变化

从图3-3-1可以看出：方案C几乎没有投资回收期。计划C的初投资费用最高，年度成本也相当高。计划C总成本的累积现值总大于计划A或计划B。由于计划A和C的累积现值曲线基本平行，因此它们的年度成本大致相同。当计划中的年度成本差别很小或基本没有差别时，可以直接采用总初投资费用进行经济性比较。

四、要求的选项和主动提供的选项

正如本章第一节所讨论的那样，在方案评估过程中，必须经常考虑FGD系统技术规范中包括的基本要求选项和未要求的由制造商主动提出的选项。其评估的具体过程和步骤一般在收到投标书前由电厂制定。最终的决策常常取决于方案的评估时间以及在共同技术基础之

上对所有投标方案做出的具体评估。

常用的决策方法之一，是在满足技术规范中提出的要求的基础上，根据投标者预算成本的高低进行决策。对于提出要求选项和主动提供选项的方案，评估就只限于该方案的投标商。这个方法的优点是能在共同的技术基础上，评估所有的投标方案并且可节省初始方案的评估工作量。如果需要，对选项的评估工作可以推迟，以便更详细地评估所有的投标方案。缺点是没有将其他投标者提供的、可能有更多优点的选项考虑在内。

如果电厂要求的选项对所收到方案有重要的技术和经济的影响话，那么在方案最初的评估中，一般就要求制造商对这些要求有所考虑。如商业级石膏的生产、采用数量少、大容量的吸收塔、采用替代结构材料等。尽管这样做，将大大增加方案评估的工作量和持续时间，但能够更清晰地了解各投标商提交方案在基本系统上的优缺点。

在时间有限和预算范围有限制的条件下，最难以评估的是含有投标商主动提供选项的方案。如果主动选项是一个投标商特有的或者仅有的工艺，那么在评估中可以用主动选项替代基本方案。如果允许某投标商调整设备类型、结构施工材料或供应商的话，就应允许其他投标商对相似的方案提出技术调整后的价格。虽然这样会延长方案的评估时间，但可能会得到综合的折中方案。主动选项的考虑范围通常只与指定范围内预算成本最低的投标商进行讨论。

第四章 脱硫装置典型例子分析

本章对应用最广泛的7种湿法FGD工艺各选择了一个工程实例进行介绍。这7种湿法FGD工艺是石灰石基顺流填料吸收塔、顺/逆流组合液柱塔、高速平流简易湿式FGD、逆流喷淋空塔、喷射鼓泡反应器（JBR）、双循环湿式洗涤器（DLWS）和海水FGD工艺。除DLWS工艺外，其他6个实例均是国内已投运的电厂FGD装置。通过对这7个工程实例的介绍，希望将有助于电厂对湿法FGD工艺的选择。

第一节 华能珞璜电厂石灰石—石膏湿法烟气脱硫装置

一、概况

华能珞璜电厂位于重庆市江津珞璜镇，距市区35km。1988年2月，华能珞璜电厂一期2×360MW新建发电工程，引进法国阿尔斯通公司燃煤发电机组，同时国内首次配套建设了2套由日本三菱重工设计并供货的石灰石—石膏湿法烟气脱硫装置。1992年3月，电厂主体工程与烟气脱硫装置实现了“同时设计、同时施工、同时投运”的建设目标。一期脱硫工程的建成投运，不仅缓解了电厂污染物排放对当地环境的影响，而且为我国火电厂烟气脱硫工艺的选择和在大型燃煤机组上的配套，起到了技术导向和工程示范作用。一期两套烟气脱硫装置经11年运行及不断摸索，自1996年8月以来，投运率已稳定控制在90%以上，并被纳入电厂生产规范化管理和重庆市环保部门的信息管理系统。

1995年5月，国家计委转发国务院计交能（1995）606号文《印发“国家计委关于审批华能珞璜电厂二期扩建工程利用外资可行性研究报告的请示”的通知》，批准了电厂二期扩建工程立项。国家计委计交能（1995）584号文“关于审批华能珞璜电厂二期扩建工程利用外资可行性研究报告的请示”中指出：“为满足环保要求，二期工程将继续采用高效脱硫装置，为尽可能减少外资，并使脱硫设备国产化，二期脱硫将采用中外联合方式制造，少量关键设备由国外进口解决。”1995年9月，原电力工业部电规（1995）558号文“关于华能珞璜电厂二期扩建工程初步设计（预设计）审批意见的通知”中指出：“根据‘环评’要求，同意两台机组均安装脱硫装置，脱硫效率不低于80%。由于外汇额度有限，脱硫工艺原则上采用与一期相同的国产化脱硫装置，其中技术上不成熟的关键设备，由国外引进。”根据上述原则，从1994年8月到1995年11月，华能国际电力开发公司与日本三菱重工株式会社进行了二期脱硫装置合作供货的技术与商务谈判，并于当年11月22日，在北京签署了《华能珞璜电厂二期烟气脱硫装置设备合同》。1997年12月脱硫装置动工兴建，1999年7月二期脱硫3、4号装置建成投运。二期脱硫装置采用“中外合作供货方式”进行建设，不仅明显降低了工程造价，而且为我国火电厂烟气脱硫装置实现整体国产化积累了经验。

电厂燃用重庆松藻煤矿的无烟煤，原煤和灰分的分析分别见表3-4-1～表3-4-4。

表 3-4-1　燃煤工业分析　%

项目	特性值（设计用煤）	最小值	最大值	项目	特性值（设计用煤）	最小值	最大值
挥发分	9.31	5.40	10.21	灰分（包括硫）	30.53	25.53	35.53
固定碳	55.94	54.80	61.86	水分	4.22	2.50	8.00

表 3-4-2　燃煤元素分析　%

组分	特性值（设计用煤）	最小值	最大值	组分	特性值（设计用煤）	最小值	最大值
碳	56.03	54.89	61.95	硫铵盐	0.08		
氢	2.20	2.14	3.71	有机硫	0.46		
氧	2.14	0.68	3.24	灰分	30.45	25.45	35.45
氮	0.94	0.88	1.15	水分	4.22	2.50	8.00
硫	4.02	3.50	5.00	总计	100		
二硫化铁	3.48						

表 3-4-3　原煤热力特性

项　目		特性值（设计用煤）	最小值	最大值
	低热值（kJ/kg）	21604	19929	23279
	可磨系数（HGI）	73	73	87
灰熔化温度（还原气氛）	开始变形（℃）	1200	1160	1320
	灰熔点（℃）	1310	1180	1420
	流动点（℃）	1350	1210	1440

表 3-4-4　燃煤灰分分析数据　%

项　目	特性值（设计用煤）	最小值	最大值	项　目	特性值（设计用煤）	最小值	最大值
Fe_2O_3	19.13	14.62	20.30	Al_2O_3	25.63	25.51	28.81
Na_2O	0.86	0.90	1.08	SiO_2	42.78	42.78	46.00
K_2O	1.12	0.87	1.41	TiO_2	3.14	2.36	4.20
MgO	0.86	0.67	1.01	MnO	0.13	0.10	0.13
CaO	3.25	2.51	5.13	P_2O_5	0.16	0.09	0.17
SO_3	2.94	2.10	5.18	总计	100		

为了除去燃煤烟气中的飞灰，采用三电场高效率的静电除尘器，其除尘效率为99.2%。静电除尘器后烟气中的含尘量为273mg/m^3（干），脱硫系统还有80%的除尘率，故脱硫系统出口处烟气的含尘量为54.6mg/m^3（干），低于当时的排放标准。为了除去烟气中的SO_2，从日本三菱重工引进石灰石—石膏湿式烟气脱硫设备，在表3-4-5中的设计烟气条件下脱硫效率保证值为95%。

为了进一步减少烟尘及SO_2的落地浓度，采用高烟囱排放，其烟囱高240m，出口直径7.5m。

珞璜电厂一期脱硫装置1988年的批准概算为16266.9万元，其中外汇3640美元，汇率为1∶3.72。1993年工程决算，由于国家外汇汇率调整为1∶5.22，烟气脱硫设施造价23070.9万元，加上概算中其他费用分摊，FGD占电厂总投资11.15%。

表 3-4-5　　脱硫设计烟气状态（ECR）

引风机出口烟气流量				1087200m^3/h（湿基）				
引风机出口烟气温度				142℃				
引风机出口压力				170Pa				
锅炉荷载变化				3%/min				
引风机出口烟气成分（湿基），体积百分比								
SO_2	H_2O	O_2	CO_2	N_2	HCl	HF	SO_3	飞灰
3500×10^{-6}	5.59%	4.94%	13.18%	75.94%	12×10^{-6}	30×10^{-6}	3×10^{-6}(最大 8×10^{-6})	213mg/m^3(湿)

二、一期烟气脱硫工艺

石灰石—石膏湿法 FGD 装置与发电机组单元匹配，处理锅炉全部排烟。流程示意简图如图 3-4-1 所示。当烟气进入 FGD 系统，经管式 GGH 冷却降温后，自上而下通过吸收塔，与循环吸收浆液顺流接触，在格栅床中发生化学反应，净化后的烟气经水平流除雾器除去水雾，再经 GGH 加热升温，由烟囱排入大气。脱硫吸收剂采用细度为 95% 通过 250 目的石灰石粉（CaO≥50.4%），将其配制成浓度为 30wt% 的浆液后送入吸收塔循环管路中。吸收 SO_2 后的浆液在反应塔内被强制氧化，生成二水石膏，经旋流器浓缩、真空皮带脱水机脱水后送入石膏贮存库。

该工艺系统主要由以下五个子系统组成：

1. 烟气热交换系统

烟气热交换系统的流程如图 1-11-32（b）所示。锅炉排烟经静电除尘器和引风机后进入脱硫系统，首先经螺旋肋片管式 GGH 降温侧降温至 101℃左右。GGH 采用除盐水作烟气热交换介质，使气—液—气系统中未经处理的烟气与已处理的烟气之间进行间接的热交换。净化后的烟气经两级除雾后进入 GGH 升温侧，升温至近 90℃，经脱硫风机进入烟囱。

GGH 安装了蒸汽管道吹灰装置，以便在运行中除去换热管束上的积灰，蒸汽由电厂提供。

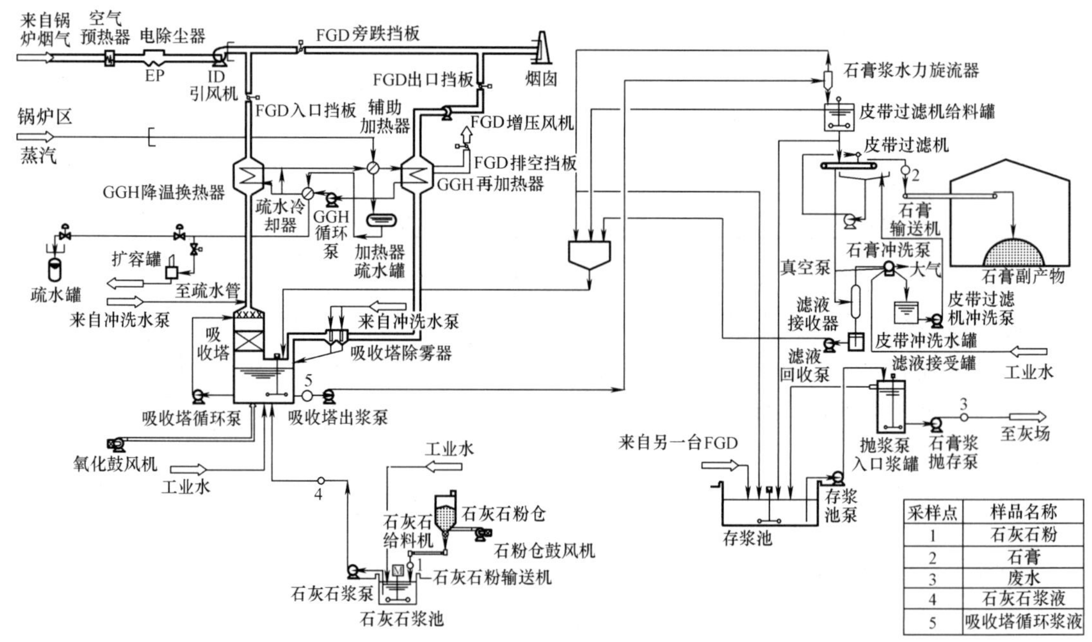

采样点	样品名称
1	石灰石粉
2	石膏
3	废水
4	石灰石浆液
5	吸收塔循环浆液

图 3-4-1　华能珞璜电厂一期 360MW 燃煤 FGD 系统工艺流程

在热媒水管路上安装了扩容罐，目的是吸收再循环热媒水的热膨胀。

在烟气脱硫系统冷启动时，或当净烟气加热后仍达不到要求的温度时，用蒸气辅助加热器加热循环热媒水，以维持脱硫系统出口的烟气温度。

在锅炉启动或脱硫系统出现故障时，引风机出口烟气经旁路烟道进入烟囱。

烟气热交换系统的主要设备及数量为：

气—气再热器（GGH） 1×2

气—气再热器循环泵 (1+1)×2

气—气再热器吹灰器 20×2

气—气再热器辅助加热器 1×2

扩容罐 1×2

2. 石灰石浆制备系统

每套脱硫装置在ECR工况下设计石灰石用量为19.7t/h，由距电厂3km的石粉厂供应，石灰石粉细度为250目筛余10%，其成分见表3-4-6。采用11t自卸密封罐车运输，密封罐车自备压缩空气和气送装置，卸入石灰石粉仓，库容为1750m^3，可供1套脱硫系统3天的用量。

表3-4-6 石灰石成分 %

组分	含量	组分	含量
CaO	>50.4（相当于$CaCO_3$>90%）	Fe_2O_3	0.39~0.49
MgO	1.28~1.69	P	0.015~0.024
SiO_2	2.70~3.65	SO_3	0.36~0.47
Al_2O_3	0.83~1.62	烧失量	40.86~41.60

石灰石浆配制系统如图1-11-48所示。带有可调速电机的石灰石给料器安装在石灰石粉仓的底部，通过石灰石输送机将石灰石粉送至石灰石浆池。给粉量受石灰石浆池液位控制，根据给粉量调节给水量以控制浆液浓度为30wt%，然后输送到吸收塔循环泵入口管道中。每套脱硫装置有一套石灰石制浆系统，两套脱硫装置的石灰石供浆管道相互连通，互为备用，以增加系统运行的灵活性。石灰石浆池尺寸为6m×6m×4m，有效容积为126m^3。石灰石浆池内设有衬橡胶桨叶式搅拌器，其转速为40r/min。

主要设备及数量为：

石灰石仓库 1×2

石灰石给料机 1×2

石灰石输送机 1×2

石灰石浆池 1×2

石灰石浆池搅拌机 1×2

石灰石浆泵 (1+1)×2

3. SO_2吸收系统

吸收系统如图1-11-7所示，吸收烟气中SO_2的反应在吸收塔内完成。吸收塔具有单级再循环系统，单塔具有除尘、吸收及氧化功能。塔的类型为顺流格栅填料塔，吸收塔的底部是一个直径为20m、高为6m、有效容积为1540m^{3}的反应罐。烟气从吸收塔顶部向下流动，并与从吸收塔再循环泵喷出的吸收浆液接触。在吸收塔上部，干/湿交接处安装有干/湿界面冲洗水管，定时清洗，以避免在该区域形成沉积物，冲洗水为电厂提供的工业水。

吸收塔塔高30.7m（包括吸收塔入口烟道），吸收区有效高度14.2m，塔身断面11.7m×7.2m，在标高21.7m处安装有150个低水头大口径涌泉型喷嘴［见图1-11-8（b）］，塔内装有两层3m高的聚丙烯格栅填料［见图1-11-8（a）］。由于吸收塔采用顺流结构，烟气可以高流速地通过吸收塔（设计空塔烟气流速为4.4m/s），同时，被浆液吸收的部分SO_2被通过吸收塔格栅的烟气中的氧气所氧化。每个吸收塔设有单台流量为4670m^3/h的再循环泵7台（一台备用）。脱硫后的烟气进入水平流除雾器。当使用90%通过250目筛的石灰石粉时，烟气脱硫系统出口处的设计SO_2浓度为505mg/m^3（d，标准状态）。

吸收塔反应罐配有竖式安装的搅拌器，搅拌器为桨叶式，桨叶和轴采用碳钢衬覆橡胶结构，转速为25.5r/min。在反应罐底部布置有固定管网式氧化空气分布装置［见图1-11-15（c）］。有效氧化深度为4.9m，鼓入氧化空气流量为51000m^3/h（标准状态），设计O_2/SO_2比为2.84。反应罐浆液中残留的亚硫酸盐被离心式压缩鼓风机所提供的空气氧化成二水石膏。

垂直安装的二级除雾器（ME）位于吸收塔下行侧的水平烟道中。第一级ME的板片为折线型［见图1-11-20（d）］，板片间距40mm，板长325mm，烟气夹带的大部分雾沫在第一级ME中被捕集；第二级ME的板片为流线型［见图1-11-20（f）］，板片间距25mm，板宽170mm，这种板形可高效地捕集烟气中的夹带物。捕集的雾沫随冲洗水一起返回吸收塔反应罐。每级除雾器都装有清洗用喷淋水管，周期地清洗，以冲除ME的板片上的沉积物，冲洗流程和冲洗时间如图1-11-27所示。

吸收塔和反应罐中发生的主要化学反应和反应过程可参见第一篇第三章第一节。

SO_2吸收系统主要设备及数量为：

吸收塔	1×2
吸收塔再循环泵	(6+1)×2
吸收塔排放泵	(1+1)×2
氧化空气风机	1×2
氧化空气风机润滑油泵	1×2
吸收塔反应罐搅拌器	1×2
吸收塔除雾器	1×2

4. *石膏制备及处置系统*

石膏制备系统可参见图1-12-15（f）。从吸收塔排出的石膏浆，通过排出泵送入石膏旋流器中，旋流器具有浓缩浆液和分离细小轻颗粒物的功能。在旋流器的底流液出口，浆液被浓缩至40wt%～50wt%（质量），然后进入皮带真空脱水机的给料罐。给料罐中的石膏浆经反应罐浓度调节阀加到两套脱硫系统公用的一台真空皮带脱水机上，其流量受吸收塔反应罐浆液浓度控制，以维持反应罐浆液浓度的稳定。脱水后的石膏含水量小于10%（石膏纯度可达90%以上），用皮带输送机运到石膏仓库。石膏仓库为双层钢筋混凝土建筑，可存放两套脱硫系统3d产出的石膏，贮存容量5400m^3（湿饼）。系统生产出的脱硫石膏符合做建筑用石膏板和水泥掺合料的要求。两套脱硫装置可产石膏50t/h，年产石膏总量为28万t。在石膏销路未完全解决之前，可以在石膏浆进入真空皮带脱水机之前，使用旁路系统，全部或部分用弃浆泵组经专用管线打到5.5km外的灰场废弃，以保证烟气脱硫系统的安全运行。系统未设置废水处理装置，需排放的废水、废浆也经公用的浆液抛弃系统送往灰场。

该系统包括如下主要设备：

真空皮带脱水机给料罐	1×2
给料罐搅拌器	1×2
石膏旋流器	1×2
真空皮带脱水机	1
真空泵	1+1
真空皮带脱水机冲洗泵	1
石膏饼冲洗泵	1
石膏输送机	1
石膏仓库	1
过滤液回收系统	1
石膏浆抛弃系统	1

5. 公共系统

公共系统包括压缩空气供给系统、补充水系统、冷却水系统和蒸汽系统。

设有两套仪表用空气压缩机，一台运行一台备用，当运行的空气压缩机故障停运或空气贮罐压力降至低二值时，备用机自动投运。仪用空气经干燥器干燥后，供脱硫岛内各种气动仪表、阀门、挡板门等使用。

脱硫系统所用的工业水和蒸气由电厂提供。工业水用作脱硫系统的补充水、冷却水和密封水，回收部分冷却水和密封水用于补给水和副产品的清洗水。蒸汽用于 GGH 吹灰器和辅助加热器。

电厂没有设置独立的脱硫废水处理装置。两套脱硫系统的废水量约为 50t/h×2 左右，pH 值=5~7，COD 为 160mg/L，Cl^- 为 1000mg/L，SS=5% 左右。废水与废弃的石膏浆液混合后排至灰场进行综合治理。

三、一期 FGD 装置的主要技术特点

（1）设计脱硫率 96.8%，保证 95%，适合于任何煤种的烟气脱硫。影响 SO_2 脱除效率的因素很多，主要有烟气流速、浆液 pH 值、钙硫化学计量比、液气比（L/G）、强制氧化效率和石灰石的活性等。

（2）由于所用石灰石粉具有中等级别的品位和细度，吸收塔反应罐体积设计偏小，因此，吸收剂利用率不算太高，设计钙硫比为 1.075。石灰石粉的供应采用地方与华能公司合资建厂定向供货的方案，保证了货源和粉料质量。

（3）该工艺采用的顺流格栅塔具有传质好、阻力小、电耗低、塔体体积小等优点。格网紧密地排列在一起，可获得较大的气液接触表面积，以便得到所需的脱硫效率。吸收塔采用顺流流程，烟气高流速地通过吸收塔，这样可以提高传质速率，也有利于浆液中吸收的 SO_2 自然氧化。正常情况下，烟气流速为 4.4m/s，塔内滞留时间为 3.3s。在 ECR 工况下塔体压力损失为 830Pa。但是填料塔易发生结垢、堵塞，为了减缓塔内结垢，除了采用表面光滑的填料外，运行中采取大液气比（以吸收塔入口烟气流量计，L/G=26 L/m^3，标准状态），严格控制适宜的浆液 pH 值和石膏过饱和度等措施。

（4）烟气脱硫设备处于腐蚀、磨损的恶劣运行条件中，系统中与湿烟气接触的烟道和与浆液接触的设备，如吸收塔、除雾器、泵、管道、罐（池）和地沟，均采取防腐防磨措施。设计准则对所有与腐蚀性介质接触的部件规定了腐蚀裕度。在现场施工的主要防腐材料是玻璃鳞片乙烯基酯树脂胶泥，吸收塔入口干/湿交界区采用耐高温的酚醛环氧 VE 树脂（日本富士型号 6H），其余为双酚型 VE 树脂（6R）。壳体的拐角和突出部件采用了玻璃纤维布和玻璃纤维薄毡增强的树脂胶泥。所有的浆管、搅拌器、旋液分离器底流液料斗和小型的罐体在工厂衬贴橡胶，所用橡胶内衬为 4～6mm 厚度的丁基橡胶。一期工程的 1、2 号 FGD 装置所采用的浆泵，除石灰石浆池立式浆泵外均为橡胶内衬泵。从使用效果来看，除接触浆液浓度较低的低容量浆泵外，其他浆泵的耐磨性较差，使用寿命偏短。

由于 GGH 降温侧接触高温原烟气，其壳体和热交换管束均未采取防腐措施，GGH 加热侧热交换管束也未采取防腐措施，后来成为腐蚀最严重，影响系统投运率最大、检修最棘手的设备。应该指出，这部分本来就是高硫煤 FGD 系统腐蚀最严重，最难处理的设备。

系统的主要技术指标见表 3-4-7 和表 3-4-8。

表 3-4-7　　珞璜电厂一期脱硫工艺主要技术指标

技术指标	设计值	技术指标	设计值
系统脱硫率（%）	96.8（保证值 95）	吸收塔压损（Pa）	829
使用年限（a）	30	除雾器压损（Pa）	392
可用率（%）	99	吸收塔液气比（L/m^3 标准状态）	26
石灰石浆液浓度（wt%）	28～32	石膏产量［t/（h·台）］	30
吸收循环浆液浓度（wt%）	20	石膏纯度（%）	90
吸收塔烟气流速（m/s）	4.4	Ca/S	1.075
烟气在塔内停留时间（s）	3.2	O_2/SO_2（氧化空气利用率，%）	2.84（17.6）*
循环浆液停留时间（min）	3.3		
固体物在反应罐中停留时间（h）	10.8		

* 未考虑自然氧化率。

四、一期脱硫工程验收及运行情况

1. 工程验收

1992 年 3 月 16 日，1 号 FGD 首次进烟成功，经半年试运行，于 1992 年 10 月 8 日完成连续 14 天的性能考核，各项指标均达设计要求。2 号 FGD 于 1993 年 5 月 20 日通过性能考核。1994 年 3 月 24 日，由国家环保局主持会议通过验收。

2. 一期脱硫装置的运行情况

脱硫车间由 35 人组成，主要负责装置的运行、维修和日常管理。

表 3-4-8　　珞璜一期 FGD 系统年消耗一览表

项目	参数
全年发电量（MW·h）	4680000
FGD 电力消耗（MW·h）	86320
占发电量（%）	1.84%（占厂用电率 25%）
石灰石消耗量（t）	256100
石灰石单位消耗量［kg/（MW·h）］	54.72
工业水耗量（t）	1495000
蒸汽耗量（t）	65000
年基本折旧费	固定资产×8.08%
年大修费	固定资产×2.51%

通过多年的实践，摸索经验，运行管理逐步规范化，通过设备改造和备品配件国产化，装置的投运率逐年提高：一期 2 套脱硫装置 1993～1995 年投运率仅 54%～62%，到 1996～1999 年提高到 83%～86%，2000～2004 年一、二期 4 台装置已能稳定地达到 90%～96%。由于脱硫装置需待锅炉燃烧稳定，停止烧油后才允许投运，因此当脱硫装置运行时间达到锅炉运行时间的 95% 左右时，脱硫装置的实际可利用率已接近达到 98%（与主机停机数有关）。

初期投运率不高的主要原因是烟气 SO_3 含量高、锅炉排烟温度过高和烟气含尘量过大。锅炉排烟温度设计值为 142℃，如按此温度控制，烟气中大部分 SO_3 将在空气预热器中凝结成黏稠的硫酸，由于进入空气预热器的烟尘浓度很高，空气预热器在短时间内就会发生堵塞，锅炉将被迫停运。为此，只好减少空气预热器传热板，提高锅炉排烟温度，不让 SO_3 在空气预热器中冷凝。结果造成进入 FGD 系统的烟气温度通常在 160℃左右。大量 SO_3 转入 FGD 系统，烟气中 SO_3 含量比设计值（$3\times10^{-6}\sim8\times10^{-6}$）大数倍，高达（12～30）$\times10^{-6}$。大量 SO_3（气态）在 GGH（吸热侧）肋片管束表面结露形成 H_2SO_4，不仅加剧管束的腐蚀，而且极易黏结烟尘，造成烟气流通面积减小，使烟气阻力渐增。而且，初期由于生产厂家原因，电除尘器运行不稳定，效率下降，烟尘含量增大，使 GGH 吸热侧极易堵灰，压力损失迅速上升，被迫停机冲洗。频繁的冲洗加剧了管束的腐蚀，腐蚀又造成漏管。另外，由于衬胶泵耐磨性差，进口备件准备不足，国内无供货，外购周期又长，这样就造成了 FGD 装置初期投运率较低。为此，采取了以下改造措施：改造电除尘器，提高运行稳定性和除尘效率；将 GGH 原来的蒸气吹灰改为燃气脉冲吹灰；在 GGH 上游烟道中加装石灰石粉喷射装置；将吸收塔循环泵叶轮改为国产金属叶轮，其他易磨损件国产化。通过以上改造，FGD 装置的投运率逐年提高，最近 4 年年投运率已能稳定地保持在 90%～96%。

脱硫装置大修周期定为 3 年，大修合理工期为 8 周工作日；装置每年运行进行一次小修，小修工期为 2 周。

五、二期脱硫工程

二期（3、4 号）脱硫工程同样是完整的配套设计，由工艺、土建、电气、控制、通信、给排水、消防、暖通等各专业组成；所有外部条件，如工程地质、气象条件、交通运输、灰场与排放管线、吸收剂供应等均与一期脱硫工程类同。

工程总体设计由三菱重工承担，设备由电厂与三菱重工合作制造供货。三菱重工负责提出所有设备、材料的订货技术要求和国内加工设备的工程图纸，电厂负责国内制造设备的设计转化和选择制造厂商，三菱重工给予技术支持。三菱重工对脱硫装置的技术性能负责，电厂负责装置建设的全过程。

1. 单位工程项目划分

二期脱硫工程由 4 个单位工程组成：

（1）桩基工程。脱硫场地除西南侧 4 号吸收塔和石膏脱水楼位置外，其余均为一期电厂工程平场时的回填土区，需作相应地基处理。采取浇灌注桩 479 根，总长 4942m（桩深 5～16m）。由冶金部第 607 地质队施工，实际施工工期由 1997 年 9 月 6 日至 10 月 27 日。

（2）3 号脱硫装置建筑安装工程。包括 3 号 FGD 及公用部分、脱硫控制楼（含电气变配电室）、脱硫岛至电厂围墙 1m 内的石膏抛弃管线。由重庆电建总公司承建，实际施工工期由 1997 年 12 月 10 日至 1999 年 4 月 6 日（进烟），历时 16 个月。

（3）4 号脱硫装置建筑安装工程。包括 4 号 FGD 及石膏脱水楼（含仪用空压机室）。由四川电建二公司承建，实际施工工期由 1997 年 12 月 15 日至 1999 年 7 月 14 日（进烟），历时 19 个月。

（4）石膏浆液抛弃管线（厂外段）安装。本单位工程界定范围是电厂围墙 1m 处至灰场，管长 4500m、质量 131t（$\phi219\times5.5/6.0$mm、国产 SUS304L 不锈钢无缝管、全线氩弧焊）。由重庆电建总公司承建，实际施工工期由 1998 年 4～7 月，历时 93 天，全线贯通。该管线与锅炉灰管线的路径相似，两趟管线一并施工。

2. 脱硫设备供货

二期脱硫采取中外合作供货方式，双方供货范围划分如下：

（1）华能供货。吸收塔本体、石灰石粉仓和运输计量设备、烟道及所有钢结构件、GGH

及辅助设备、制浆系统及石膏抛弃系统设备；所有管道（衬胶、不锈钢管、碳钢管）；全部电气设备、电缆及桥架；所有土建、建筑材料及保温、油漆、铝皮等装置性材料。

（2）三菱供货。其范围定位在“关键设备”以及与商务利益有关的设备（含内衬材料）供应，主要有吸收塔内部装置、增压风机、氧化风机、再循环泵、反应罐出浆泵、石灰石浆泵、真空皮带脱水机及辅助设备、烟道双层单百叶窗挡板门、仪表与控制设备（含仪用空压机）、所有阀门等。

（3）由于双方系合作供货，所以在“合同”谈判阶段须将供货范围（包括接口条件）划分明确，既不能漏项，又不可重复。然而，在具体运作中，仍不可避免地出现了一些问题：①由于部分国产设备在制造前的“设计转化”有误，造成现场修改较频繁；②有些设备的性能与合同要求有异，试运行中出现的故障较一期工程多；③由于国内外设计习惯的差异以及互供设备的“接口”太多，出现一些“不可预见”的漏项。

3. 脱硫工程进度

二期脱硫工程在设计阶段有大量的基础资料、设计图纸、接口条件、设备参数等，需经跨国的双方核对确认；国内采购设备需进行考察选型、招（投）标等运作过程；订货设备在制造前有的需要“设计转化”，所以脱硫施工前期的任务较重，时间较长。此外，新增了桩基的设计与施工，因此，二期脱硫工程的土建开工比“合同”规定滞后了 9 个月。此时电厂锅炉已经完成了水压试验，电气系统正在进行“倒送电”，距锅炉“点火酸洗”尚不足 5 个月。二期脱硫工程合同进度与实际进度见表 3-4-9。

表 3-4-9　　合同“里程碑”进度与工程实际进度

项　目	合同“里程碑”进度		实际进度	
	3 号 FGD	4 号 FGD	3 号 FGD	4 号 FGD
合同签字	1995. 11. 22	—	—	—
合同生效	1996. 4. 16	—	—	—
桩基开工	—	—	1997. 9. 6	1997. 9. 6
土建开工	1997. 3. 16	1997. 9. 16	1997. 12. 10	1997. 12. 15
安装开始	1997. 10. 16	1998. 4. 16	1998. 4. 1	1998. 4. 30
受 电	1998. 11. 16	—	1999. 1. 13	—
单体分部试运行	1999. 1. 16	1999. 7. 16	1999. 1. 22	1999. 3. 15
进烟气	1999. 3. 16 *	1999. 9. 16 * *	1999. 4. 6	1999. 7. 14

*　由于合同签字与生效时隔 5 个月，在 1996 年 9 月召开的第 3 次设计联络会上，双方商定进烟气需延后 3 个月，即 3 号 FGD 进烟网点为 1999. 6. 16。

* *　4 号 FGD 进烟网点为 1999. 12. 16。

二期脱硫工程土建开工虽比合同规定滞后 9 个月（比修正后网点推迟了 6 个月），但是 3、4 号装置的实际进烟日期却比修正后的施工网点分别提前了 2 个月和 5 个月。根据三菱重工施工经验：单套 300MW FGD 的施工工期通常为 24 ~ 25 个月，最短工期为 18 个月。珞璜二期脱硫实际施工工期单套为 16 个月，两套装置共 19 个月，实属例外，其原因：①由于脱硫建安工程起步较晚，而发电工程将在其开工后第 24 个月双机达标投产，迫使脱硫工程加快进度；②采用两支施工队平行作业，脱硫岛形成相互竞赛的施工作业氛围；③加大脱硫工程管理力度，设置 5 个目标网点（土建移交安装、吸收塔交付内衬、脱硫岛受电、封塔水循环、进烟），限期完成，奖罚分明。

4. 对脱硫工程建设的一些看法

（1）合理的施工工期。珞璜电厂 4×360MW 脱硫工程的实际施工工期见表 3-4-10。工程施工期应切实贯彻安全目标管理和全面质量管理，“安全第一、预防为主”和“质量重于泰山”须贯通施工的全过程，故必须科学地制定工程合理施工进度，一味追求施工作业“高速度”的做法并不可取。以脱硫防腐内衬施工为例，此项工程的重要性被称之为“脱硫生命线工程”，施工环节多，质量标准高，安全措施严，并受环境因素（温度与湿度）制约，所以必须保证有足够的工期。经验表明，单套 300MW 烟气脱硫装置的鳞片树脂内衬施工的合理工期不应少于 4 个月。

表 3-4-10　　脱硫装置实际施工工期

项　　目	一期新建		二期扩建	
	1 号	2 号	3 号	4 号
实际施工工期/月	24	22	16	19
备　　注	单支施工队		2 支施工队	

按我国施工习惯，单套 300MW 等级的 FGD 从土建开工到进烟调试，控制工期在 20 个月，两套装置由同一个施工单位平行作业，控制在 22 个月左右是合理的工期。

（2）脱硫工程不宜与发电主体工程同时开工。脱硫工程可以与发电主体工程同时施工，但不宜同时开工，否则存在诸多不便。对于新（扩）建电厂工程，烟囱施工首当其冲，而脱硫岛正位于烟囱滑升时的安全“禁区”内；有的工程施工场地十分狭窄，锅炉后部吊装和电除尘器安装时，大型吊车往往会占用脱硫场地，因此，脱硫工程与主体工程“同时开工”客观上有一定的难度。鉴于发电工程的施工周期较长以及在电厂工程中的重要地位，所以脱硫工程应滞后于电厂主体工程开工。脱硫土建在锅炉汽包吊装前后开工较为适宜。

（3）施工队伍选择。新（扩）建电厂的发电工程与脱硫工程由同一施工单位同时施工有利有弊。有利的是施工力量可就地选取，现场临设、大型机械、工器具均可共用，BTG、BOP、FGD 间的“接口”容易协调；不利的是施工“三要素”的调配，通常是“保主机，摒脱硫”，此类顾此失彼局面，在发电机组 96h 之前往往难以改观。二期脱硫工程采用 2 支施工队伍，情况比一期工程稍有好转。但因这两支队伍又承担发电工程的建安任务，所以也不时出现脱硫施工力量不足的情况。

5. 二期脱硫装置的国产化率

突破烟气脱硫装置技术、经济关，加速火电厂烟气脱硫国产化进程，既是我国脱硫市场的迫切需要，又是发展脱硫环保产业、形成新经济增长点的需要。

对于某产品的“国产化率”计算方法，各国、各地、各行业都不尽相同，有的按元器件、配件的比例，有的按生产成本。脱硫装置作为单项工程项目，其国产化率目前尚无规范的统计方法。对珞璜二期脱硫装置的国产化率粗略估计如下：

（1）按国内、外供货设备的台件计：二期机械、电气、控制设备 361 台（套），国内供应 242 台（套），国产化率 $C1=67.0\%$。

（2）按国内、外供货设备（含装置性材料）质量计：国内、外供货设备（含装置性材料）总吨位约 5287t，国内供货约 4590t（不包括水泥、砖、石灰、沥青、玻璃、木材等），国产化率 $C2=86.8\%$。

（3）按国内、外投资比例计：二期脱硫工程总投资 30681 万元，内资部分 18309 万元，

国产化率 $C3=59.7\%$。

（4）综合国产化率的判断。按上述 $C1$、$C2$、$C3$，二期脱硫装置的综合国产化率接近达到70%。

六、一、二期烟气脱硫工艺特点与差异

珞璜电厂一、二期脱硫装置均采用湿式石灰石—石膏脱硫工艺技术，其工艺流程、系统构成、设备布置、控制水平、接口条件等均大同小异。该工艺技术所具备的特点，对两期脱硫装置而言，都是等同的。由于脱硫技术本身在不断地改进与发展，而且2个工程的设计要求与建设方针也有所区别，在装置容量、采用塔型和设备布置等方面存在一定的差异。

1. 吸收塔特点和差异

一期吸收塔采用单回路、顺流、格栅填料塔；二期吸收塔采用双接触、顺—逆流组合型液柱塔（见图1-11-11），是一种空塔结构，顺、逆塔和反应罐横截面均为矩形。

一期填料塔是借助塔顶部的涌泉式低压喷头将循环吸收浆液均匀地分布在吸收塔的整个断面上，使格栅完全湿化，在格栅表面形成湿壁。主要依靠湿壁效应在格栅床中获得气—液的高接触效率，依靠高速气流有利于气—液界面的更换，从而提高了气液中 SO_2 的吸收速率。所以，L/G比、格栅提供的表面积、烟气流速、浆液的pH值等因素均影响脱硫效率。填料塔主要的特点是，气—液接触面积和塔体内持液量大、压损小，烟气可以采用高流速，喷嘴结构简单和磨损小等。但塔内结构复杂、易结垢是其主要缺点。

二期吸收塔仅处理锅炉原烟气85%的烟量，另有15%的烟气走旁路。吸收塔的保证脱硫率仍为95%，因此整个系统的脱硫率为80%。

二期液柱塔的喷浆管布置在塔的下部，浆液通过 $\phi39.5$mm的陶瓷喷嘴，向上喷射，形成一定高度、密集的液柱，浆液上喷下落两次与烟气接触。吸收塔断面上喷嘴的分布密度达到4.10～4.17个/m^2，液柱高6余米。向上喷出的液柱与下落的浆液相互剧烈碰撞，在吸收区形成一个高密度的液柱层，几乎成了一个连续的液层，以此来获得气液高效接触。顺、逆流组合式吸收塔的总L/G为21.8。双塔设计思想是，顺流塔L/G比较低（7.7），主要利用烟气接近10m/s的高流速来减少扩散阻力，提高吸收速度。在逆流塔内，一方面烟气仍保持不低于顺流填料的流速4.56m/s，同时大大提高L/G比（14.9），利用烟气逆向穿过高达6余米的高密度液滴层以及上喷液柱与下落液滴造成的剧烈扰动，既提高了湍流扩散，又使液气两相界面更新得更快，从而降低了气膜和液膜的吸收阻力，提高了吸收速率。除尘效率较高是液柱塔的另一特点。另外，液柱塔的喷嘴不能有重叠度，采用双塔相当有100%的重叠度，这对高硫煤FGD是很重要的。

二期吸收塔反应罐中设备的布置如图1-11-11所示，这种布置方式的特点已在第一篇第十一章第二节作了详细介绍。反应罐浆液有效体积为729m^3，循环浆液停留时间和石膏浆液在反应罐中的停留时间分别仅2min、9.6h。两个设计值偏小，性能试验和后来的运行均表明，由于反应罐浆液有效体积偏小，影响石灰石利用率和石膏纯度。也由于反应罐体积偏小，再加之搅拌器对氧化装置性能的影响，对强制氧化率也产生了不利的影响。

二期FGD装置的设计Ca/S和石膏品质保证值均与一期的相同，分别为1.075、≥90%。

如上所述，液柱塔的喷嘴不能重叠，双塔的压损较大，如二期的双塔达2590 Pa。液柱塔对喷出的液柱形态要求较高，下落的浆液对喷管的磨损较大。另外，液柱塔循环泵出口管道是母管制，一般不能随负荷调整循环泵台数。

有关二期FGD系统的主要设计参数见表3-4-11。

表 3-4-11 珞璜电厂二期 FGD 系统主要设计参数

技术指标	设计值	技术指标	设计值
系统处理烟量[$m^3/h(w)$,标准状态]	915500 *	循环浆液停留时间（min）	2
吸收塔脱硫率（%）	96.8（保证值95）	固体物在反应罐中停留时间（h）	9.6
系统脱硫率（%）	80	吸收塔压损（Pa）	2589
使用年限（a）	30	除雾器压损（Pa）	157
可用率（%）	99	吸收塔液气比（L/m^3，标准状态）	21
石灰石浆液浓度（%）	28～32	石膏产量 t/（h·台）	21
吸收循环浆液浓度（%）	30	石膏纯度（%）	90
吸收塔烟气流速（m/s）		Ca/S	1.075
顺流塔	10	O_2/SO_2（氧化空气利用率%）	2.316（21.6）**
逆流塔	4.6		
烟气在塔内停留时间（s）	3.5		

* 除烟气流量外，烟气其他条件同一期。

** 未考虑自然氧化率。

2. 塔体与塔区平面布置的差异

一期填料塔与除雾器、再热器为横向一字形顺序布置，二期液柱塔与除雾器、再热器为“三位一体”竖向重叠布置，所以二期的塔区布置较为紧凑，其占地面积仅为一期的66%。

3. 烟气—烟气热交换器（GGH）差异

两期烟气脱硫装置都采用管式、热媒水闭合循环、无泄漏的烟气—烟气热交换器（GGH）。一期设备由三菱重工在日本制造，基管采用JIS STB35 钢材，肋片采用JIS SPCC 钢材。二期改由国内生产。如前所述，一期 GGH 在运行中出现了严重的腐蚀，缩短了设备的使用寿命，而且管束堵灰也严重影响了装置的正常投运率。

为缓解一期 GGH 出现的上述问题，二期 GGH 降温侧由原来的螺旋肋片管改用光管，材质采用国产 09CrCuSb 耐硫酸露点腐蚀用无缝钢（又称 ND 钢），再热侧螺旋肋片管保持不变，材质改用 ND 钢。但实际运行的情况仍不太理想。投运后，作了如前所述的设备改造后，情况才有较大的改观。

4. 其他设备差异

（1）由于二期脱硫装置有 15% 的原烟气被旁路，故旁路烟道未装挡板门。系统的出、入口挡板门由一期的单百叶窗挡板门改为双层单百叶窗挡板门，同时省除了一期设置的检修插板门。

（2）二期吸收塔循环泵，单台出力增大到 $7350m^3/h$（一期为 4670 m^3/h），从原有的 6+1（台）改变为 3+1（台）。一期的循环泵入口通过一母管与反应罐相连接，结果，各泵出力不平衡。二期改为各泵直接与反应罐相接。一期循环泵为中分式卧式全橡胶离心泵，叶轮为闭式。二期改成泵壳为整体式的卧式离心泵，泵壳内衬橡胶，叶轮为半开式，叶轮和前护板材质为高铬铸铁（ASTN A532 Ⅲ级 A）。由于一期的橡胶叶轮使用寿命较短，后改为合金 A49 金属叶轮，使用效果很好（浆液浓度 20%）。二期浆液浓度为 30%，尽管采用了金属叶轮，叶轮磨损仍较严重。

（3）二期 GGH 吹灰装置，改旋转插入式为固定旋转式，旨在取消庞大的吹灰平台。但一、二期的吹灰效果均不太理想。

（4）一、二期的增压风机均布置在系统的 D 位置上，由于没有采取防腐措施，风机叶轮均出现一定程度的腐蚀。二期增压风机由于以下原因，运行较短时间后，风机叶轮就出现了严重腐蚀：进入风机的湿烟气温度偏低；叶轮焊材耐腐蚀性还不如基材；叶轮结构较单薄。问题发生后，对二期增压风机叶轮进行了喷涂玻璃鳞片树脂涂料，基本解决了防腐问题。

一期脱硫装置设计处理全部烟气，旁路挡板门关闭运行，根据锅炉负荷和旁路挡板门两侧压差来控制烟气流量。而二期旁路烟道是常开运行，进入 FGD 系统的烟量是根据锅炉负荷和烟囱入口 SO_2 浓度来控制增压风机入口调节门开度的。

七、一、二期脱硫装置的投运与性能考核

一期脱硫 1、2 号 FGD 装置于 1989 年 5 月开工建设，1992 年 3 月和 10 月分别进烟试运行，并于 1992 年 10 月和 1993 年 4 月分别完成性能考核试验，进入商业运行。二期脱硫 3、4 号装置于 1997 年 12 月开工建设，1999 年 4 月和 7 月分别进烟试运行，并于 2000 年 1 月和 3 月相继完成性能考核试验，进入商业运行。一、二期 FGD 装置的性能考核结果见表 3-4-12。

表 3-4-12　　一、二期脱硫装置性能考核结果

项　　目	一期脱硫装置			二期脱硫装置		
	保证值	1 号	2 号	保证值	3 号	4 号
考核日期（进烟试运行半年）		1992.9.15～10.8	1993.4.2～4.21		2000.1.12～1.28	2000.3.16～3.29
吸收塔脱硫率（%）	≥95	95.9	96.7	≥95	94.4	96.8
系统脱硫率（%）	—	—	—	≥80	—	80
烟囱入口烟气温度（℃）	≥90	101.2	101.4	≥90	90.6	90.8
烟囱入口烟气水雾（mg/m^3）	<50	7	26	<50	6～16	3～8
电力消耗（kW·h/h）						
单元独立设备	≤6400	4978	5520	≤5900	5329	5321
公用设备						
石膏回收	≤750	620	747	≤640	—	583
石膏抛弃	≤480	331	409	≤390	364	—
石灰石消耗（t/h）	<24	21	20.2	<20	18.7	17.7
石膏纯度（%）	>90	93	92.7	≥90		
石膏表面水分（%）	<10	6.83	8.44	<10	—	10
石膏 Cl^- 浓度（$\times10^{-6}$）	<100	15.0	63	<100	—	39
石膏 F^- 浓度（$\times10^{-6}$）	<100	22.5	60	<100	—	36
石膏 Mg^{2+} 浓度（$\times10^{-6}$）	<450	298	71	<450	—	<36

一、二期 4 套脱硫装置性能考核结果表明，各项性能的保证指标均达到设备合同的规定。但吸收塔反应罐体积设计偏小、强制氧化装置设计欠合理和 GGH 防腐蚀问题是这 4 套脱硫装置需要改进的地方。

八、脱硫工程造价及运行成本

（一）脱硫工程造价状况

1. 一期脱硫工程

一期 2×360MW 发电工程 1988 年 11 月批准概算为 183350 万元，其中脱硫部分 16266.9 万元，脱硫造价为：

（1）外资部分 13857.9 万元。包括国外设备费（含设计费）、备品备件费、技术服务费、国外段运输及保险费等，共 3725.24 万美元（汇率：1 美元兑换 3.72 元人民币）。

（2）内资部分 2409 万元。包括国内建安工程费 1139 万元及石粉厂投资入股 1270 万元。脱硫工程作为电厂扩大单位工程项目之一，未单独计列工程其他费用。

（3）一期脱硫工程造价测算（1993 年）：①外资部分 21932 万元（3711 万美元，汇率：1 美元兑换 5.91 元人民币）；②内资部分 4668.4 万元（其中增摊工程其他费用计 2259.4 万元）；③一期脱硫造价 26600.4 万元；④脱硫工程占发电工程总投资 11.15%；⑤一期脱硫单位造价 369 元/kW。

2. 二期脱硫工程

二期 2×360MW 发电工程 1996 年 12 月批准概算为 406884 万元，其中脱硫部分暂列 48000 万元。1999 年 10 月，脱硫批准“投资控制额度”为 32667 万元（静态）、35864 万元（动态），脱硫造价为：

（1）外资部分 12372 万元。包括国外部分引进设备费（含设计费）、备品备件费、技术服务费、国外段运输及保险费，共计 1487 万美元（汇率：1 美元兑换 8.32 元人民币）。

（2）内资部分 23492 万元。包括国内配套设备费、建筑安装工程费、工程其他费用及建设期贷款利息等。

（3）二期脱硫工程造价测算(2000 年价)：①二期脱硫造价 30681 万元;②脱硫工程占发电工程总投资的 9.35%;③二期脱硫 85% 烟量处理,按 2×300MW 计,单位造价 511 元/kW。

（二）脱硫运行成本状况

一期脱硫装置还贷期（10 年）的运行成本测算（1996 年价）如下：①年运行各项消费及人员工资 3575 万元；②年折旧费 2350 万元；③年大修费 272 万元；④年贷款利息支付 1991 万元；⑤年运行费用 8188 万元；⑥按脱硫电量测算增加发电成本为 23.8 元/（MW·h）；⑦计算脱除 SO_2 的单位费用为 945.5 元/t。

二期运行成本测算目前尚未无相关资料，但可预见，两期脱硫还贷期的运行成本相差无几。虽然二期固定资产折旧费增高，但主要运行消费的石灰石耗量几乎成倍增加，促使粉价回落，二者互抵。

（三）脱硫装置造价浅析

1. 脱硫投资控制范围

按照珞璜电厂一期脱硫工程建设条件、设备配置与“全套引进”模式，2 台 300MW 等级火电机组配套烟气脱硫装置，其投资控制在发电工程总投资的 12% 左右是可行的，如配套在国产新（扩）建机组上，宜增加 3%，按照二期脱硫工程建设条件、设备配置与“70% 国产化率”模式，2 台 300MW 等级火电机组的脱硫投资，控制在发电工程总投资的 10% 左右同样是可行的。如配套在国产新（扩）建机组上，可控制在 13% 左右。

2. 一期与二期脱硫单位造价比较

从两期脱硫工程的造价比较可以看到，二期比一期高，但增幅不算大，其原因是：

（1）“时间差”对造价的影响。一、二期脱硫工程相隔 7 年，按照通货膨胀规律，同类商品、同种劳务，由于“时差”而形成的不等价，是可以理解的。1995 年上半年二期发电工程项目立项，此时我国通货膨胀率正居高不下，达到 2 位数的峰值；1995 年下半年国家实行宏观经济调控，从 1996 年起通货膨胀已被抑制，由峰值逐步进入低谷。由于通货膨胀因素的存在，7 年后建成的二期脱硫装置，其单位造价高于一期是必然的。

（2）1997～1998 年上半年，二期脱硫设备订货与工程招标处于有利的时期，业主在买方市场条件下，拥有“质优价廉”的选择余地，同时国内市场商品价格稳中有降，银行存款利率下调，外汇汇率稳定，这对二期脱硫的投资控制十分有利。因此，二期脱硫的单位造价不可能比一期高出很多。

3. 汇率变动对涉外工程的影响

1998 年一期脱硫设备合同签订时，汇率为 1 美元兑 3.72 元人民币（1993 年工程决算时按 5.91 元），1993 年底汇率并轨，1995 年 5 月 31 日收盘 1 美元兑 8.32 元人民币，迄今为止，汇率保持稳定。一期脱硫是按 5.91 元汇率决算的，如果按照现行汇率 8.32 元计，则需增加 8943.5 万元，其工程造价将达到 35544 万元，比二期造价高出 16%。

4. 部分烟量处理对降低投资的影响

二期“环评”审查意见要求系统脱硫率不低于 80%，具体实施是采取处理部分烟量（85%）的方案。由于处理烟量减少，使吸收塔、烟道和换热器等设备体积相应减小（幅度按 30% 计），据此测算可减少 507.3 万元左右；国内配套设备虽然品种不减（因工艺系统不变），但容量可适当调小，幅度按 8% 计经测算可减少 758 万元左右；国外供货设备已定，不会增减。以上合计降低投资约 1265.3 万元，占全部设备费用的 6.4%，约占工程实际造价的 4.1%。然而，采取部分烟量处理，也带来一些负面影响：装置容量的降低削弱了装置运行的适应性和调度的灵活性，今后当大气质量标准进一步严格时，将感到无能为力。因此，采用此方案宜作进一步利弊分析。

第二节　太原第一热电厂高速平流简易湿式脱硫装置

一、概述

太原第一热电厂高速平流简易湿式石灰石—石膏 FGD 试验工程是日本政府“绿色援助计划”项目之一。为日本通产省委托日本电源开发株式会社（EPDC）与中国电力工业部的一个合作项目。其目的是为了探索、开发适合我国国情的、经济适用的 FGD 装置。按中日双方达成的协议，日方出资 35 亿日元，负责提供 FGD 装置设备的购置、建安费和规定时间内的运行人工费、石灰石采购费和其他试验费用。中方提供建设场地和试验所需的水、电、汽、暖等费用。由中日双方共同开发此项技术，风险共担成果共享。

该脱硫装置由日本日立—BABCOCK 公司总承包，提供技术和工艺设计，并指导设备安装与调试。中方组成以龙源电力环保技术开发公司为组长的脱硫技术小组，参加有关工作。该装置 1994 年 5 月开工建设，1995 年 9 月进入调试。1996 年 1 月开始通烟气、调试和试运行，4 月竣工投入试运行，1999 年 3 月结束试验运行。

脱硫装置装于太原第一热电厂 12 号 300MW 机组锅炉尾部，设计处理烟气量为 600000m^3/h，相当于锅炉排烟量的 2/3，处理后再与 12 号锅炉未处理的烟气混合升温后经烟囱排放。设计脱硫效率大于 80%。

电厂 12 号锅炉系由波兰进口的 1025t/h 塔式低倍率复合循环锅炉，燃用山西西山煤，锅炉燃煤量为 137.7t/h，该锅炉配有两台波兰进口的四电场静电除尘器，除尘效率为 99%，11、12 号锅炉合用一座高 210m 的烟囱。

1. 锅炉燃煤分析

锅炉燃煤的工业分析和元素分析结果分别见表 3-4-13 及表 3-4-14。

表 3-4-13　燃煤工业分析

水分（%）	1.4	灰分（%）	25.4
挥发分（%）	11.6	发热量（恒湿高位）（kJ）	25246
固定碳（%）	61.6		

表 3-4-14　　燃煤元素分析

元素	碳（无水）	氢（无水）	氮（无水）	氧（无水）	硫（恒湿）	氟（恒湿）	氯（恒湿）
含量（%）	66.13	3.02	1.04	1.98	2.12	0.041	0.0405

2. 烟气状态

表 3-4-15 列出了设计烟气状况。

表 3-4-15　　设计烟气状态

N_2（%）	77.39	
O_2（%）	5.77	
CO_2（%）	12.90	
	FGD 装置入口	FDGD 装置出口
烟气量（m^3/h）（湿）	600000	647440
（干）	576000	580670
水分（%）	4.0	10.3
烟尘浓度（mg/m^3）	500	<500
烟气温度（℃）	140（最大 170）	饱和温度
SO_2 浓度（$\times10^{-6}$）	2000	400
装置出口水雾量（mg/m^3）	<150	

3. FGD 主要设计参数

FGD 主要设计参数见表 3-4-16。

表 3-4-16　　太原一热 FGD 主要设计参数

石灰石				石膏			排水		风压（kPa）	
纯度（%）	100 目通过率（%）	用量（t/h）	利用率（%）	纯度（%）	含水率（%）	产量（t/h）	排水量（t/h）	Cl^- 浓度（mg/l）	脱硫风机出口	除雾器出口
>90	>95	4.64	>90	>85	<15	8.26	27.23	<5000	2.0	0.4

烟气脱硫装置设计脱硫率大于 80%，最低稳定负荷为 50% 设计烟气量，最大负荷变化为 2%/min。

二、烟气脱硫系统

由于 12 号机组没有预留脱硫场地，太原第一热电厂 FGD 布置时只能分为南北两区，之间相距约 80m 管。南区为吸收区，占地约 46m×32m，包括吸收塔、吸收浆液循环泵、脱硫风机、排浆泵、氧化罗茨风机、石膏浆输送泵、钢烟道及支架等构筑物，其中吸收塔区占地 16m×32m。北区为吸收剂制备区，布置有控制楼、脱水机室、石灰石制粉设备、各类输送泵，坑及管道等，占地 53.5m×20m。两区共占地 2542m^2。

脱硫工艺流程如图 3-4-2 所示，主要由吸收剂供应系统、烟气系统、SO_2 吸收系统、脱硫石膏回收系统、电气与控制等系统组成。

1. 吸收剂供应系统

脱硫装置以石灰石为吸收剂，直径约 50mm 的块状石灰石自矿区运至吸收剂供应系统的石灰石料仓，或直接卸入石灰石破碎机料斗中。料斗中的石灰石经皮带给料机进入破碎机进行初破碎。破碎至 6mm 以下的石灰石经斗式提升机送入球磨机前的中间料斗，经球磨机磨细的石灰石粉由埋刮板输送机提升到选粉机进行粗细粉分选，符合设计要求（100 目 95% 通过）的石灰石粉输送至石灰石粉仓贮存。分选出来的粗粉经由卸料阀送回球磨机重新研磨。

石灰石粉仓中的石灰石粉经卸料阀和自动计量给料器送入制浆池，与进入池内的工业补

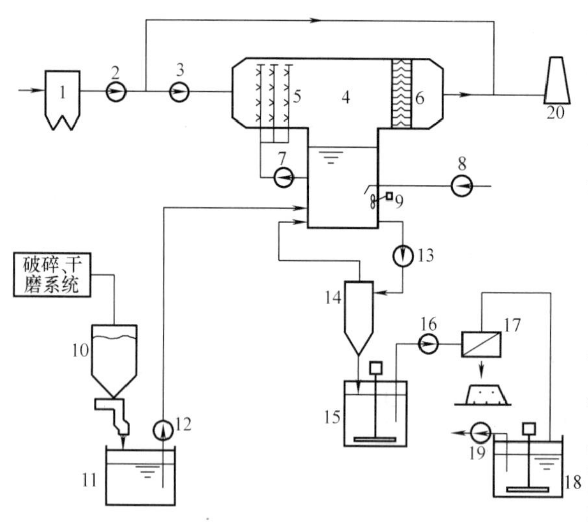

图 3-4-2　太原第一热电厂高速平流简易湿法石灰石烟气脱硫工艺流程

1—电除尘器；2—引风机；3—脱硫风机；4—吸收塔；5—喷淋管；6—除雾器；7—循环泵；8—氧化鼓风机；9—搅拌器；10—石灰石粉仓；11—石灰石浆池；12—石灰石浆液供给泵；13—反应罐出浆泵；14—水力旋流分离器；15—石膏浆池；16—石膏浆泵；17—石膏脱水机；18—脱水机排水池；19—排水泵；20—烟囱

充水混合，由立式搅拌机搅拌制成石灰石浆液（固体含量约20%）备用。根据与排烟中 SO_2 反应所需消耗的 $CaCO_3$ 量由吸收剂供浆泵向吸收塔供浆，并依据吸收塔浆液 pH 值调整石灰石供浆量。

2. 烟气系统

12 号锅炉 2/3 的排烟从两台引风机出口烟道分别引入脱硫增压风机入口前的水平烟道，经卷帘式挡板门进入一台双吸离心式脱硫增压风机，烟气经脱硫风机升压后进入吸收塔。洗涤脱硫后的低温烟气经两级水平流除雾器除去雾滴后进入主烟道，与 12 号锅炉剩余的 1/3 未处理的高温烟气混合，经烟囱排入大气。当脱硫系统出现故障或检修停运时，关闭系统进出口挡板门，全部原烟气经 12 号锅炉原烟道旁路进入烟囱排放。

3. SO_2 吸收系统

配制好的石灰石浆液由供浆泵送入吸收塔反应罐中。该脱硫装置采用高速水平流式喷淋吸收塔，吸收塔由水平布置的喷淋吸收段和氧化反应罐组成，集冷却、除尘、吸收与氧化反应诸项功能于一体，其脱硫机理如下：

锅炉烟气在吸收塔入口处以 7～12m/s 的流速水平通过吸收塔的喷淋段。在喷淋段，反应罐内的吸收剂浆液由浆液循环泵输入吸收塔两侧浆液母管→喷淋联箱分配管→三段水平雾化喷嘴，对流经吸收塔的烟气进入洗涤净化，并使烟气降至饱和温度，经气液接触，烟气中的 SO_2 溶解于浆液中并与浆液中的 $CaCO_3$ 反应，洗涤后的浆液由喷淋段底部流入反应罐内，同时向反应罐中连续补充新鲜的石灰石浆液。

为将反应罐浆液中生成的亚硫酸盐氧化成 $CaSO_4 \cdot 2H_2O$，通过罗茨氧化风机向反应罐浆液中鼓入氧化空气，氧化空气泡经氧化搅拌器桨叶微细化并分布于整个浆液中，空气中的 O_2 分散溶解于浆液中，将吸收 SO_2 形成的亚硫酸盐氧化成石膏。

其主要的化学反应为

吸收：$2SO_2 + H_2O + CaCO_3 \longrightarrow Ca(HSO_3)_2 + CO_2$

氧化：$Ca(HSO_3)_2 + O_2 \longrightarrow CaSO_4 + H_2SO_4$

中和：$CaCO_3 + H_2SO_4 \longrightarrow CaSO_4 + CO_2 + H_2O$

在吸收塔出口装有两级除雾器，用来除去烟气在洗涤过程中带出的水雾。两级除雾器都装有冲洗水管和喷嘴，定时进行冲洗，避免除雾器堵塞。冲洗水经下部汇水管排入吸收塔反应罐中。由于高温烟气在降温洗涤过程中将一定量的水带离 FGD 系统而造成水分损失，因此需连续向吸收塔反应罐中补加工业水（约 64.28t/h）。为防止因进入吸收塔的烟气温度过高而导致对塔内防腐内衬的破坏，在吸收塔喷淋段入口设有紧急冷却水喷嘴，以便在烟气温度过高时喷水降温。

4. 脱硫石膏回收系统

吸收塔反应罐浆液（含固量约 20wt%）从罐体底部经排浆泵送入水力旋流器，在水力旋流器内，石膏浆液被浓缩至含固量约 40 wt %，然后排入石膏浆池，溢流液返回吸收塔反应罐。石膏浆池内的石膏浆由石膏浆泵送至真空皮带脱水机脱水。含水约 15% 的脱水石膏落入石膏贮仓中。为保证石膏质量，降低石膏中 Cl^- 等有害成分的含量。在脱水皮带中部设有两排石膏滤饼冲洗喷嘴，以降低石膏中可溶性盐含量。脱水废液和皮带冲洗废水经泵及管道排入脱水机排水池，部分脱水废液被泵送回吸收塔反应罐内，部分排往电厂冲灰水系统或废水处理装置。

5. 电气与监测控制系统

（1）电气系统。脱硫装置动力电源自电厂 12 号机 6kV 配电盘引出，经高压动力电缆接入脱硫电气控制室配电盘，总功率 2910kW。在脱硫电气控制室，6kV 电源分为两回路，一路经由配电盘，控制开关柜直接与高压电机（脱硫风机、浆液循环泵、球磨机等电机）相连接。另一回路接脱硫变压器（1500kVA），其输出端（380V）经配电盘、控制开关柜与低压电器相连接，低压配电采用动力中心电动机控制中心供电方式。

系统配备有低压直流电源为电动控制部分提供电源。

（2）监测控制。脱硫系统的石灰石研磨设备和真空皮带脱水机采取就地控制方式，其他设备在脱硫室集中控制，亦可就地手动操作启停。

主要控制调节回路有：烟气流量调节、吸收剂流量调节、石灰石浆池浓度调节、吸收塔补充水量调节（控制吸收塔液位）、吸收塔反应罐排浆流量调节、石膏浆池液位调节（即石膏浆池出浆流量调节）。

三、运行试验情况

由于太原第一热电厂 FGD 装置试验研究的目的是开发适宜发展中国家经济水平的 FGD 装置，设计原则是牺牲装置的某些性能，以换取较低的投资费用。因此，吸收塔和反应罐的体积设计得较小，塔内烟气流速 14 ~ 16m/s 是常规逆流塔烟气流速的 4 ~ 5 倍。但吸收浆液在反应罐中的循环停留时间仅 1. 16min，为常规最低设计值的 1/3。同时又采用了品位较低和颗粒较粗的石灰石粉，这些都给脱硫反应的进行增加了困难。为了使脱硫效率达到设计值，在工艺中采取了以下措施：

（1）设置 3 排吸收浆液喷嘴。

（2）将 L/G 值提高到 15 左右。

（3）适当提高钙硫比（1. 111），设计石灰石过剩率为 10%。

（4）过量鼓入氧化空气，并剧烈搅拌，以加速亚硫酸盐的氧化和二水石膏晶体的析出。

（5）适当降低反应罐浆液 pH 值，兼顾脱硫率和石膏品位。

太原第一热电厂简易湿法脱硫装置于 1994 年 5 月底开工，1996 年 1 月通烟气，同年 4 月竣工投入试验运行，1999 年 3 月结束试验运行。表 3-4-17 和表 3-4-18 为该脱硫装置性能确认试验结果。

初步试验结果表明，各主要技术指标达到了预计目标值，运行工况也较平稳。试验中出现过一些问题，其中大部分得到了解决，但还存在以下 3 个主要问题：

（1）石灰石过剩率偏高。石灰石设计过剩率为 10%，但在实际运行中几乎都超过了设计值，超过 20% 的占相当比例。虽然所得石膏中 $CaSO_4$ 成分仍高于一般天然石膏，但增加了吸收剂的消耗量，影响了脱硫石膏纯度。

（2）脱硫石膏含水率偏高。设计要求脱水后副产品石膏含水率不超过15%，但实际运行中含水率基本上都超过了设计值。其原因有两个：一是脱硫塔附属设备的冷却水和轴封水没有回收再利用，而是经一次浓缩后排入石膏浆池，稀释了浆液，加重了脱水机的负担；二是由于所得石膏颗粒细小和石灰石过剩率高，这些细小颗粒物会堵塞脱水机皮带滤孔使脱水效率下降。前一原因经改造已得到解决。

表3-4-17　　脱硫装置性能确认试验结果

项目		设计值	试验结果	
			移交性能试验 1996.3.8～3.15	第一次性能试验 1995.4.1～4.8
处理烟气流量	装置入口（湿）（m^3/h）	600000	601000	596000
	装置入口（干）（m^3/h）	576000	568000	573000
	水分（%）	4.0	5.6	3.9
	装置出口（湿）（m^3/h）	647440	643000	640000
	装置出口（干）（m^3/h）	580670	567000	579000
	水分（%）	10.3	11.4	9.6
烟气温度	装置入口（℃）	140	135	126
	装置出口（℃）	饱和温度	47	44
SO_2浓度	装置入口（$\times10^{-6}$）	2000	1429	1435
	装置出口（$\times10^{-6}$）	400	240	247
脱硫率（%）		80	83.2	82.8
烟尘浓度	装置入口（mg/m^3）	500	270	63.4
	装置出口（mg/m^3）	<500	10.3	6.2
装置出口水雾量（mg/m^3）		<150	121	140
石灰石过剩率（%）		<10	9～17	10～18
石灰石	纯度（%）	90	92.7	93.7
	粒度（100目通过率%）	>95	98.3	98.3
石膏	纯度（%）	>85	86	87.9
	含水率（%）	<15	14.3	12.1
排水	排水量（t/h）	27.23	26.6	27.3
	Cl^-（mg/h）	<5000	815	459

表3-4-18　　脱硫率测定结果

实验日期	入口SO_2浓度（mg/m^3）	出口SO_2浓度（mg/m^3）	脱硫率（%）	实验日期	入口SO_2浓度（mg/m^3）	出口SO_2浓度（mg/m^3）	脱硫率（%）
1996.4.1～4.8	3412	606	82.4	1997.11.6	2943	409	86.1
1996.10.31	3512	523	85.0	1998.11.9	3555	552	84.5
1997.3.13	3086	501	84.0				

（3）运行pH值和石灰石活性被封闭。太原第一热电厂FGD系统由于所用石灰石粒度较粗，采取低pH值运行方式，但在实际运行中有时出现pH值越来越低的情况，严重时系统无法运转，只能更换吸收浆液，重新启动。经分析，主要问题是反应罐设计体积太小，造成浆液中有害物质浓度偏高，另外，可能烟尘浓度偏高，出现了AlF_x络合物封闭石灰石活性的现象。出现这种情况时，可减负荷运行，使pH值逐渐上升，严重时需添加NaOH甚至不得不更换循环吸收浆液。此外，应尽量保持电厂燃煤煤质的稳定，提高锅炉和电除尘器的稳定运行。

四、经济分析

1. 建设费用

太原第一热电厂烟气脱硫工艺实际上是对常规湿法脱硫工艺进行了简化，其脱硫效率比常规湿法降低了10%～15%，但造价和运行费用也大幅度降低。两者的比较见表3-4-19。

表3-4-19　　太原第一热电厂FGD工艺与常规湿法烟气脱硫工艺的比较

项　　目	常规湿法	简易湿法	项　　目	常规湿法	简易湿法
脱硫效率（%）	90～95	80	烟气塔内流速	1（基数）	4.0
安装面积	1（基数）	0.5	辅助设备数	1（基数）	0.85
吸收塔高度	1（基数）	0.4	石灰石细度（μm）	44	147
吸收塔直径	1（基数）	0.75			

太原第一热电厂FGD的建设费用约为21亿日元。导致费用升高的原因是：

（1）作为一项实验性工程，设计更改多、改造项目多、花费大；

（2）作为老机组改造，受原有设施和场地限制增加了物料输送距离和电缆用量。原有的一些设施需要搬迁，增加了改造费用；

（3）除了石灰石制粉设备和氧化风机外，其他设备及主材全部由国外采购；

（4）采用的设计标准较高。

此外，有三方面原因使费用降低：

（1）该项目为政府间无偿援助项目，全部进口器材免征关税及其他税费；

（2）没有征地费用；

（3）中日双方执行单位都没有收取管理费用。

若以21亿日元计，折合人民币约1.3亿元，造价为650元/kW；若以300MW商业机全烟气量处理计20亿日元，折合人民币约1.25亿元，则造价为417元/kW。再考虑到我国锅炉烟气排放量较大的情况，造价可能在550元/kW左右。各部分建设费用所占大致比例见表3-4-20。

表3-4-20　　太原第一热电厂FGD设备各部分所占费用比例　　%

设备费						安装费	
吸收塔	风机	电气	测控	制粉	石膏脱水	土建	安装
14.7	9.9	10.4	15.4	11.2	7.2	8.5	22.7

2. *运行费用*

太原第一热电厂FGD系统年运行费用约350万元/年，其运行主要消耗定额见表3-4-21。若按年运行6000h计算，可脱除$SO_2$1.65万t/a，则脱除SO_2的运行费用为212元/t。

表3-4-21　　太原第一热电厂FGD运行主要消耗定额

运行定员（人）	电耗（kW·h）		石灰石耗量（t）		水耗（t）		其他（万元）
	小时耗电	年耗电	小时耗量	年耗量	小时耗水	年耗水	年耗
29	2500	15000000	5	30000	60	320000	30

五、脱硫石膏品质及利用

1. *石膏品质*

太原第一热电厂脱硫石膏呈灰黄色，泥状，含附着水分15%左右。石膏粒径很细，平均粒径约为10μm，其中31μm以下占88.5%。其化学成分与天然石膏的比较见表3-4-22。由表可见，脱硫石膏中SO_3和结晶水的质量分数略高于天然石膏，说明两者二水硫酸钙含量相近，脱硫石膏中CaO含量明显高于天然石膏，表明脱硫石膏中未反应完的$CaCO_3$含量偏高。

表 3-4-22 太原第一热电厂脱硫石膏与天然石膏成分比较 %

样品	SiO_2	Al_2O_3	Fe_2O_3	CaO	MgO	SO_3	烧失量	结晶水
脱硫石膏 A	4.45	2.86	0.60	31.48	0.86	37.40	21.87	16.02
脱硫石膏 B	1.89	1.92	0.55	33.40	0.98	38.21	22.01	16.71
天然石膏	3.49	1.04	0.30	30.45	3.80	37.30	23.70	15.50

2. 脱硫石膏的利用

（1）用于水泥生产。在水泥生产中为了调节和控制水泥的凝结时间，一般需掺入石膏作为缓凝剂，以采用天然二水石膏最广泛。石膏还可以促进水泥中硅酸三钙和硅酸二钙矿物的水化，从而提高水泥早期强度和平衡各龄期强度。由于脱硫石膏用作水泥缓凝剂需要将脱硫石膏造粒，因此脱硫石膏少有被水泥工业所利用。

GB5483—1985《用于水泥中的石膏和硬石膏》规定了用作水泥缓凝剂的石膏的技术要求：$CaSO_4 \cdot 2H_2O + CaSO_4 > 60\%$，不得含有有害于水泥性能的杂质和外来夹杂物，附着水不得超过4%等。从表 3-4-22 可见太原第一热电厂简易脱硫石膏的结晶水质量分数都在16%以上，即二水石膏质量分数在75%以上，所含化学成分也与天然石膏相似，问题在于附着水含量。要作水泥缓凝剂就必须进行干燥处理，最好的办法就是利用企业生产过程的余热进行低温烘干。实验证明，脱硫石膏作为水泥缓凝剂对其安定性无不良影响，是完全可行的。

（2）作水泥矿化剂 。利用脱硫石膏作矿化剂时，因量少（3%左右）无需做任何处理，定量直接混入生料即可。太原南郊水泥厂长期使用太原第一热电厂的脱硫石膏作矿化剂，所生产的水泥符合国家规定的各项理化指标，取得了一定的经济效益。

（3）生产半水石膏 。太原第一热电厂脱硫装置投运时，由电厂投资建设的脱硫石膏综合利用车间主要是生产半水石膏和抹墙粉，二者都可作为商品出售。其品质指标见表 3-4-23。目前该产品已得到用户的信任，出现供不应求的局面。

表 3-4-23 太原第一热电厂半水石膏品质指标

项目	细度（μm）	初凝（min）	终凝（min）	抗折（MPa）	抗压（MPa）
国家标准	≤5.0	≥6	≤30	≥2.5	≥4.9
脱硫石膏	0.2	6	12	3.3	9.1

第三节 重庆发电厂湿法烟气脱硫工艺流程分析

重庆发电厂总装机容量为500MW，其中200MW 机组2台，燃用当地松藻无烟煤，含硫量高达3.3%，加之电厂濒临市区，人口稠密，大气平均静风率达40%，经常出现逆温层，不利于排烟的自然扩散稀释，故电厂周围环境空气中二氧化硫浓度大大超出国家标准限值，降水 pH 值基本处于4.0左右。为此，原国家电力公司将该厂作为利用德国政府贷款进行烟气脱硫技术改造的3个示范工程之一。工程由德国 BBP 公司总承包，21 号和 22 号两台200MW 机组共用1套石灰石—石膏湿法脱硫装置，采取2炉1塔流程。该装置主要包括石灰石破碎、制浆系统，烟气吸收系统、烟气—蒸汽再加热和石膏脱水系统。工程于2000年7月安装结束，2001年7月调试、验收试验结束，移交电厂商业运行。

一、系统介绍

重庆发电厂 FGD 系统工艺流程如图 3-4-3 所示。由于设备布置上的困难，在系统入口未设置降温换热器。来自21、22号锅炉的排烟经各自的电除尘器、引风机以及 FGD 系统原烟气挡板门汇合至轴流式增压风机入口烟道，经增压风机增压后进入逆流喷淋吸收塔，烟气自下向上流动，被向下喷淋的循环吸收浆液洗涤。塔内装有 4 个喷淋层，分别对应 4 台循环泵。循环泵将吸收塔反应池底部的浆液打到喷淋层，通过喷嘴雾化，使气液充分接触、反应，吸收烟气中的酸性气体 SO_2、SO_3、HF 和 HCl。新鲜的石灰石浆液补充到对应于最上面的 2 个喷淋层的循环泵入口。烟气中的 SO_2 与水和石灰石反应生成 $CaSO_3$，除少量的 $CaSO_3$ 被烟气中的氧自然氧化外，大部分在吸收塔反应池中被氧化风机鼓入的空气氧化生成石膏。

氧化装置为搅拌器与喷枪组合式（ALS），共 4 套，ALS 结构如图 1-11-17 所示。ALS 高位布置，氧化喷枪口浸没深度 4.6m，布置形式如图 1-11-14（c）所示。

主要反应如下：

$$CaCO_3 + SO_2 + H_2O \rightarrow CaSO_3 \cdot 1/2H_2O + 1/2H_2O + CO_2$$

$$CaSO_3 \cdot 1/2H_2O + 1/2O_2 + 2H_2O \rightarrow CaSO_4 \cdot 2H_2O + 1/2H_2O$$

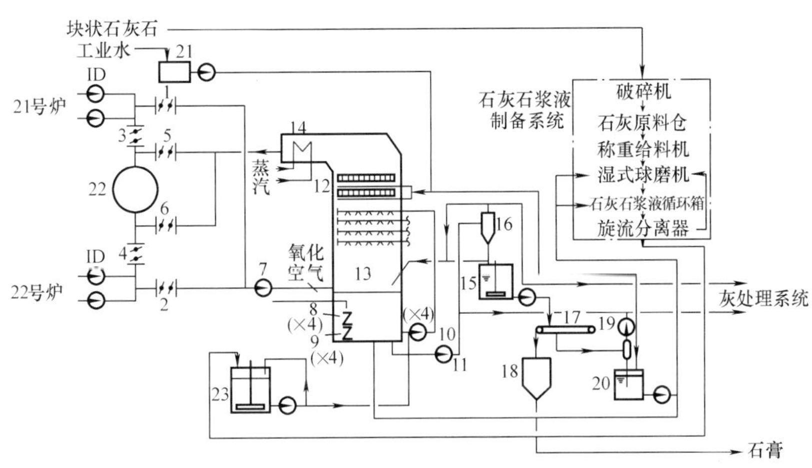

图 3-4-3　重庆发电厂 FGD 系统工艺流程

1—21 号炉入口双百叶窗挡板门；2—22 号炉入口挡板门；3—21 号炉旁路挡板门；4—22 号炉旁路挡板门；5—21 号炉出口挡板门；6—22 号炉出口挡板门；7—BUF；8—搅拌器和空气喷枪组合式氧化装置（ALS）；9—搅拌器；10—吸收塔循环泵；11—反应罐出浆泵（调速）；12—除雾器；13—吸收塔；14—蒸汽—烟气再加热器（SGH）；15—石膏浆罐；16—旋流分离站；17—真空皮带过滤机；18—石膏仓；19—真空泵；20—滤液箱；21—工艺水箱；22—烟囱；23—石灰石浆液储罐

脱硫后的烟气经除雾器除去烟气携带的浆雾滴后进入烟气—蒸汽加热器（即 SGH，结构及工作原理见图 1-11-34 和图 1-11-35），被蒸汽加热至 80℃以上，然后由烟囱排入大气。

脱硫装置的烟气进口与烟囱之间设有旁路烟道。正常运行时烟气通过脱硫装置后进入烟囱；事故情况或脱硫装置停机检修时，烟气由旁路烟道进入烟囱。

石灰石浆液制备系统的流程见图 1-11-47 和图 1-11-49。块状石灰石原料经孔径为 200mm 的筛子进入卸料斗，然后由振动给料机送入破碎机，破碎后的粒径≤10mm，由螺旋输送机及斗式提升机将破碎后的石灰石送入石灰石储存仓。储存仓内的石灰石碎石通过刮刀卸料机和称重皮带给料机送入湿式球磨机，磨制的浆液经过二级旋流器分离后得到符合一定粒度和浓度要求的石灰石浆液，送入石灰石浆液储罐。

吸收塔浆池中产生的脱硫石膏由石膏排出泵送入石膏旋流器浓缩。石膏排出泵为调速泵，根据负荷调节出浆流量。从旋液分离器分离出的溢流液返回吸收塔，含固量为45%～60%的底流送入石膏浆罐，并由石膏浆液泵送至脱水机，脱水后的石膏含游离水不超过10%，由石膏皮带输送机送入石膏仓。必要时，石膏浆液也可由石膏排出泵或石膏浆液泵排入灰处理系统。

系统设置有3个浆池，用来收集和存储有关箱罐、管道的溢流和排放液。

脱硫装置用水由电厂净水站经2个自动反冲洗过滤池进入脱硫工艺水箱，经工艺水泵送往各处作补给水、冲洗水、制浆系统用水等。

主要防腐防磨材料：吸收塔入口干湿界面采用厚6mm 59合金（2.4605）板；吸收塔内衬为预硫化氯化丁基橡胶；喷淋管为FRP管；吸收塔循环泵泵壳、叶轮材质分别是NORIDUR 9.4460（双相不锈钢，硬度HB30＝230，相当G－X3 CrNiMoCuN24－6－2－3）和经过特殊热处理的NORIDUR 9.4460－DAS（硬度HB30≤300）；吸收塔出口至系统出口烟道内衬采用鳞片树脂胶泥。上述材料实际使用效果较好。

脱硫电气系统包括6kV和380V交直系统、UPS不停电电源、220V和24V直流系统，配有提供保安电源的柴油发电机。

控制系统采用Siemens公司TELEPERM XP分散控制系统，由自动控制、操作监视和工程师站组成。

二、设计参数及指标

1. 设计参数

FGD装置原始设计参数见表3-4-24，设计用石灰石化学成分见表3-4-25。

表3-4-24　　FGD原始设计参数

项目	数值	项目	数值
燃煤硫分（%）	2.2～3.9	入口烟气含湿体积分数（%）	9.09
额定烟气流量［m^3/h（w）］	1760000	入口烟尘质量浓度（mg/m^3）	<200
入口烟温（℃）	180	入口烟气中氯质量浓度（mg/m^3）	<40
入口SO_2质量浓度（mg/m^3）	7770	入口烟气中氟质量浓度（mg/m^3）	<25
最大入口SO_2质量浓度（mg/m^3）	9400		

注　本节提到的烟气量均指标准状态值。

表3-4-25　　石灰石原始设计参数

成分	质量分数（%）	成分	质量分数（%）
$CaCO_3$	89.2	Fe_2O_3	0.4
$MgCO_3$	2.8	Al_2O_3	1.2
H_2O	2	其他惰性物	1.2
SiO_2	3.2		

2. 主要设计指标及保证值

表3-4-26为FGD装置的主要设计指标及保证值。

3. 主要设备的工艺设计参数

主要设备的工艺设计参数见表3-4-27。

三、对运行中出现的一些问题的分析与建议

重庆电厂FGD装置是在现有机组的狭窄场地上增建的工程，设计中考虑了燃煤含硫量

高及老机组场地狭小的实际情况，但在调试和运行过程中仍发现了一些问题，主要有以下5项：

表3-4-26　　FGD主要设计指标及保证值

项目	数值	项目	数值
脱硫率(%)	≥95	吸收塔+除雾器压损(Pa)	1125
出口烟温(℃)	≥80	石灰石耗量(t/h)	20.1
出口SO_2质量浓度(mg/m^3)	<400	工艺水耗量(t/h)	159.4
出口烟尘质量浓度(mg/m^3)	<50	蒸汽耗量(t/h)	32.5
出口氯质量浓度(mg/m^3)	<10	设计电耗(kW·h/h)	6460
出口氟质量浓度(mg/m^3)	<5	石膏水分(%)	<10
液气比L/G	18.2	石膏质量(%)	
钙硫比Ca/S	1.02	$CaSO_3 \cdot 1/2H_2O$	≤0.35
吸收循环浆液在反应罐停留时间(min)	5.1	$CaCO_3$	≤1
石膏浆液在反应罐停留时间(h)	15	脱硫装置使用寿命(a)	25
吸收塔烟气流速(m/s)	3.3		
烟气在塔内停留时间(s)	4.2		

表3-4-27　　主要设备的工艺设计参数

项目	数值	项目	数值
吸收塔(包括反应罐)		石膏排出泵	
直径(m)	16	流量(m^3/h)	367
反应罐正常液位(m)	15	扬程(m)	25.4
总高(m)	39.4	转速(r/min)	985
运行pH值	5.7	石膏旋流器	
运行压力(Pa)	2000	旋流子数目(个)	14
浆液密度(kg/m^3)	1150	溢流含固量(%)	3
运行温度(℃)	60	底流含固量(%)	60
压损(包括除雾器)(Pa)	1125	旋流器直径(mm)	125
喷嘴材料	SiC	石膏浆液调速泵	
喷嘴数量(个)	4×124	流量(m^3/h)	45
吸收塔循环泵		扬程(m)	31.5
流量(m^3/h)	4×9500	转速(r/min)	95~960
吸入侧压力(kPa)	177	真空皮带脱水机	
转速(r/min)	420	处理量(t/h)	36
吸收塔除雾器		脱水面积(m^2)	39
型式	2级人字形波纹板	破碎机	
材料	聚丙烯	型式	锤击式
再热器		出力(t/h)	75
型式	管式(碳钢+PFA涂层)	转速(r/min)	1171
面积(m^2)	2845	球磨机	
传热量(MW)	23.2	出力(t/h)	15.5
压损(Pa)	258	产品粒径(90%)(mm)	<0.03
增压风机		石灰石浆液泵	
型式	液压动叶可调轴流式	流量(m^3/h)	127
流量(m^3/h)	1936000	扬程(m)	25.5
压头(Pa)	2475	工艺水箱容积(m^3)	175
氧化风机		石灰石浆液箱容积(m^3)	320
流量(m^3/h)	15315	石灰石原料仓容积(m^3)	1400
压头(kPa)	70	石膏仓容积(m^3)	400
风机转速(r/min)	16161		

1. 烟道系统

在烟道系统的设计中，旁路挡板采用的是双百叶窗式调节挡板，而原烟气入口和净烟气出口挡板则是双百叶窗式隔绝挡板(见图3-4-3)。该设计给运行带来了不安全因素。例如，当由两台炉通烟变成1台炉(假设21号炉)通烟运行时，首先要慢慢打开22号炉旁路挡板，同时调节增压风机的动叶保持原烟道的压力。但因增压风机前强大的负压，一部分净烟气并没有进入烟囱，而是通过开启的旁路挡板重新进入原烟气烟道，形成了部分烟气再循环，增加了通过增压风机的风量。为保持原烟气烟道的压力，需要增大增压风机的动叶。运行数据显示，最大再循环烟气量可达设计进烟量的30% ~40%。旁路挡板开完后，应该关闭22号炉的原烟气挡板。但在2min左右的关闭挡板过程中，为保持原烟气烟道负压而调节增压风机的动叶时，会对锅炉炉膛负压造成很大的冲击。调试中曾发生了锅炉灭火的情况。相同的情况还发生在1台锅炉已经通烟，需对第2台锅炉通烟时，原因是原烟气挡板不能调节。如果将原烟气挡板设计成调节挡板，与旁路挡板配合调节，对锅炉的压力冲击将会得到缓解。

在FGD启停过程中，经常会有这样的情况：增压风机没有运行，而循环泵运行。这时喷淋层喷出的浆液会进入吸收塔的入口水平烟道，甚至会流到增压风机处，造成烟道腐蚀，浆液沉积结块，影响设备的安全运行。因此，应在增压风机出口安装百叶窗式隔绝挡板。

2. 氧化系统

氧化风机有2台，相互备用。氧化风机鼓出的空气通过母管分配到4个支管，经支管端部的喷枪送到吸收塔反应池上层的4个搅拌器前面。按斯坦谬勒公司的设计惯例，采用大管径氧化空气支管不需要采取水冲洗防堵措施，但运行中却发现有的氧化支管有严重结垢堵塞现象，其原因可参见第一篇第六章第四节。

氧化装置存在的另一个设计问题是强制氧化不足，设计氧化空气利用率过高。根据表3-4-24“FGD原始设计参数”和表3-4-26“FGD的主要设计指标及保证值”可得出设计SO_2脱除量是184.3kmol/h，设吸收区自然氧化率取7%，那么，强制氧化量为171.4kmol/h。鼓入的氧化空气流量是15315m^3/h(假定为干态且在标准状态下)，由此可计算出鼓入的氧气(O_2)为143.2 kmol/h O_2/ SO_2 = 0.835，氧化空气利用率高达60%。显然，此值设计过高，通常能达到45%已相当不错了。实际运行情况也表明，在达到设计SO_2负荷的60%左右时，已出现氧化不足的情况。表现为吸收塔浆液中亚硫酸钙含量逐渐升高，石膏浆液脱水效果极差，到了无法脱水的程度。

3. 蒸气—烟气再加热器

蒸气—烟气再加热器在运行头1 ~2年中较正常，随后频繁发生漏管。漏管的原因是，安装时机械损伤了加热管表面的保护层；加热管与联箱连接处密封不好。

4. 石灰石破碎系统

石灰石从卸料斗到破碎机之间是用2级水平式振动给料机传输的，给料机振动幅度的大小和传输方向由几个旋转凸轮控制。运行中发现，这种振动给料机对石灰石的湿度很敏感，很小的湿度就会造成细小的石灰石颗粒在给料机中大量沉积，造成给料机工作不正常，增加了日常维护工作。建议使用有一定坡度和有一定重力自流能力的振动给料机。

原设计卸料筛子的孔径为200mm，但实际筛子的孔径为320mm，过大的石灰石进入破碎机经常导致卡涩、保护跳闸。

5. 石灰石制浆系统

(1) 因旋流器是敞开式设计，在某些工况下，如瞬间出现大流量、石灰石浆液箱液位太高时，会造成旋流器溢漏。

（2）由于种种原因，石灰石浆液中会有一些机械异物和大颗粒固体未被分离出去而进入吸收塔，汇同从其他途径进入吸收塔的杂质颗粒，被循环泵带到喷淋层，有可能对喷嘴附近的衬胶造成严重磨损。调试中临检发现，喷淋层周围的橡胶衬层有磨损现象，虽然对此成因没有定论，但大颗粒固体物显然会造成潜在的威胁。因此有必要在石灰石供浆管道中加装过滤器。

第四节 广东国华台山发电厂 JBR 烟气脱硫装置

一、概况

广东国华台山发电厂规划总装机容量为 8 台 600MW 等级机组，分三期建设。一期工程 2 台 600MW 机组配置的锅炉是上海锅炉厂最新开发的 SG－2008/17.5－M90 型产品。锅炉为亚临界一次中间再热控制循环汽包炉，最大连续蒸发量为 2008t/h。其主要参数如下：额定蒸发量 2008t/h，主蒸汽压力/温度 17.5MPa/541℃，再热蒸汽温度 541℃，给水温度 277℃，排烟温度 126℃，锅炉效率 92.3%。设计煤质分析数据见表 3-4-28。

表 3-4-28　　设计煤质分析数据

符号	C_{ar}	H_{ar}	O_{ar}	N_{ar}	S_{ar}	M_{ar}	M_{ad}	A_{ar}	V_{daf}	C_{lad}	$Q_{net,ar}$
单位	%	%	%	%	%	%	%	%	%	%	kJ/kg
设计煤	64.72	3.65	9.51	0.94	0.50	14.20	8.64	6.48	32.93	0.063	24308
校核煤	57.05	3.68	9.23	0.95	0.49	16.00	9.92	12.60	38.98	—	22357

每台机组配备一套 CT121－FGD 系统，即一炉一塔。计划在 2004 年度及 2005 中分别投入运行。CT121－FGD 工艺是日本千代田公司开发的第二代烟气脱硫系统，这项技术是将烟气鼓入一个形状如罐体的吸收塔反应器的吸收浆液中，使 SO_2 吸收、氧化、中和结晶和除尘等几个工艺过程合并在一个反应器中完成，这个反应器叫作喷射式鼓泡反应器（JBR）。

二、烟气脱硫工艺流程

该厂 FGD 系统的主要技术指标（按 1 套 FGD 装置）见表 3-4-29。

表 3-4-29　　FGD 系统的主要技术指标

名　　称	单　　位	设　计　值
FGD 进口烟气 SO_2 浓度	mg/m^3（标准状态、干态、6% 含氧）	1576
FGD 处理烟量	m^3/h（标准状态、干态）	1968047
FGD 进口烟温	℃	126
FGD 出口烟温	℃	≥80
FGD 进口烟气含尘量	mg/m^3（标准状态、干态，6% 含氧）	47
FGD 出口烟气含尘量	mg/m^3（标准状态、干态，6% 含氧）	12
FGD 系统脱硫率	%	≥95
FGD 系统的可用率	%	≥95
石膏产量（含水 10%）	t/h	9.8（纯度≥90%）
石灰石粉耗量	t/h	11.8（纯度≥90%）
电耗	kW	6300
工艺水耗量	t/h	75
脱硫废水量	t/h	8
除雾器出口液滴含量	mg/m^3（标准状态下）	50
脱硫设备年运行小时	h	5200
负荷适应范围	%	30～100
FGD 装置使用年限	a	30

台山电厂 CT121 －FGD 系统流程如图 3-4-4 所示，主要由吸收浆液制备系统、SO_2 吸收系统、烟气系统、石膏脱水系统、工艺水供应系统、废水排出和处理系统及吸收塔浆液排放等系统组成。

1. 石灰石浆液制备系统

两台炉设置一套石灰石浆液制备系统。块状石灰石（粒径≤20mm）由自卸卡车直接卸入地下料斗，经皮带输送机、斗式提升机和石灰石仓顶输送机送至石灰石仓内，再由称重皮带给料机送到湿式球磨机内。石灰石仓的有效容积可以满足两台锅炉在 BMCR 工况下运行 4d 的石灰石耗量要求。湿式球磨机磨制成的浆液送至石灰石浆液循环箱中，然后石灰石浆液由石灰石浆液循环泵输送到石灰石浆液旋流站进行颗粒分级处理。分离出来的大颗粒物料返回球磨机循环，以满足粒度要求。含固量约 25% 的石灰石溢流浆液储存于石灰石浆液箱中，然后经石灰石浆液泵送至 1、2 号机组 FGD 装置的吸收塔中。为使石灰石浆液混合均匀、防止沉淀，在石灰石浆液箱和石灰石浆液循环箱内都装有浆液搅拌器。

石灰石浆液制备系统中设置了两台湿式球磨机及石灰石浆液旋流站。每台球磨机的额定出力按两台锅炉 BMCR 工况时 75% 的浆液耗量设计。

设置一个石灰石浆液箱，两台石灰石浆液泵，一台运行，一台备用。吸收塔内石灰石浆液的添加量根据 FGD 进、出口烟气的 SO_2 浓度及吸收塔循环浆液的 pH 值进行调节。石灰石制浆系统用水由工艺水和石膏脱水系统的回收水供给。

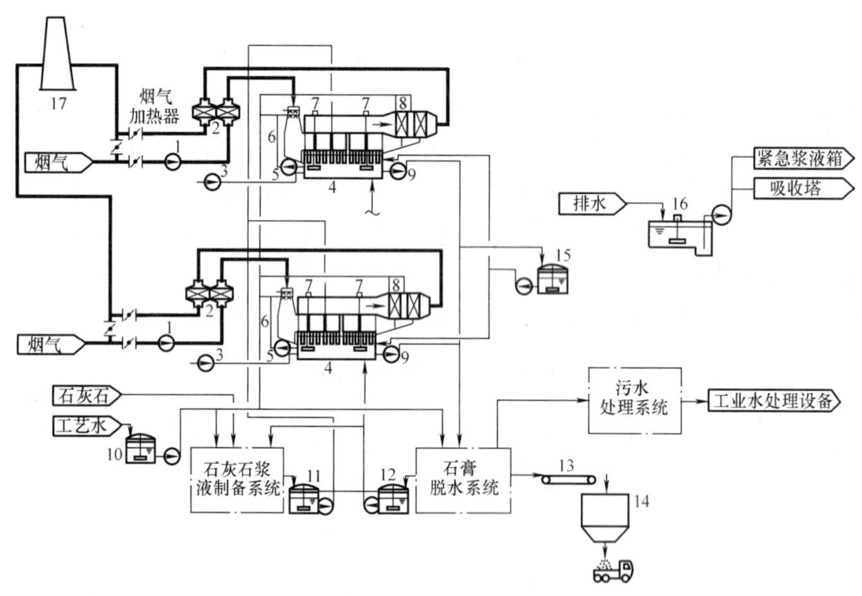

图 3-4-4 台山电厂 CT121-FGD 系统工艺流程

1—增压风机；2—GGH；3—氧化风机；4—JBR（即吸收塔）；5—烟气冷却泵；6—烟气冷却器；7—吸收塔搅拌器；8—除雾器；9—石膏浆排出泵；10—工艺水箱；11—石灰石浆液箱；12—滤液箱；13—带式输送机；14—石膏储存仓；15—事故浆罐；16—FGD 排水坑；17—烟囱

2. SO_2 吸收系统

来自回转式烟气—烟气加热器（GGH）的烟气进入反应器入口烟道构成的烟气冷却器。在烟气冷却区器中，喷入补给水或鼓泡塔内的吸收浆液，使烟气冷至饱和状态。来自烟气冷却器的饱和湿烟气进入由上隔板和下隔板形成的封闭的鼓泡塔入口烟室。装在入口烟室下隔板的喷射管将烟气导入吸收浆液液面以下的鼓泡区（泡沫区）。在鼓泡罐体内发生 SO_2 吸收、氧化、石膏结晶等反应。净化后的烟气通过上升管进入位于入口烟室上方的出口烟室，然后流出吸收塔。离开吸收塔后，洁净的烟气进入除雾器，除去烟气所携带的雾滴。

为了防止在鼓泡塔上下气室中形成沉积物，在上下气室中装有工业水定时冲洗装置。烟气冷却器、鼓泡反应罐、罐内隔板、喷气管和烟气上升管均采用玻璃鳞片树脂衬覆碳钢防腐结构。烟气冷却器的喷淋管和喷嘴分别采用 PVC 和聚四氟乙烯材质。为防止温度过高损坏树脂防腐层，设定反应罐浆液温度超过 55℃时，自动事故停机。

鼓泡塔内装有搅拌器，以使浆液悬浮并使加入的新鲜石灰石浆液分布均匀。由氧化风机提供的氧化空气鼓入罐体的底部，氧化吸收 SO_2。

送入吸收塔的石灰石浆液中和吸收 SO_2 产生的硫酸，形成二水石膏，并保持吸收液 pH 值为一适当的值，其范围在 3 ~5 之间。

石膏浆液排出泵将含固体石膏 15% ~20% 的浆液从吸收塔送至石膏脱水系统。

每台鼓泡塔配 3 台烟气冷却泵，2 台运行，1 台备用。配 2 台氧化风机，1 台运行，1 台备用，配 2 台搅拌器连续运行。

当需要检修吸收塔时，塔内的浆液由排浆泵排至事故浆液箱中，为下次 FGD 装置启动提供晶种。

3. *烟气系统*

来自锅炉引风机出口的全部烟气从原烟气入口挡板门进入脱硫系统，经脱硫增压风机送至回转式烟气—烟气加热器（GGH）。在 GGH 中，原烟气与来自吸收塔的净烟气进行热交换后被冷却。被冷却后的烟气（80 ~90℃）在烟气冷却器中被进一步冷却、加湿后进入吸收塔。洗涤脱硫后的烟气（约 50℃）经除雾器后进入 GGH 的升温侧，加热至 80℃以上，然后经出口挡板门进入烟囱排向大气。出口烟气含雾滴小于 $50mg/m^3$（标准状态）。

回转式烟气换热器设有空气吹扫器和高、低压水冲洗装置。

烟气系统的增压风机采用轴流式动叶可调风机（1 ×100% 容量）。

脱硫系统入、出口挡板门采用带密封装置的双百叶窗挡板门，密封装置配有 2 ×100% 容量的密封风机（其中 1 台备用），FGD 装置运行与停运时的密封介质分别为净烟气与空气。

脱硫系统设置 100% 容量的烟气旁路烟道，旁路烟道挡板采用双百叶窗挡板。在锅炉启动阶段和 FGD 装置停止运行时，关闭 FGD 系统进、出口挡板门，开启旁路烟道挡板门，来自锅炉引风机的烟气由旁路烟道直接进入烟囱排放。旁路烟道挡板门具有快开功能，快开时间≤15s。

4. *石膏脱水系统*

从吸收塔排出的石膏浆液（固体物含量约 15% ~20%），经水力旋流器浓缩至含固量约 40% ~50% 后，进入真空皮带脱水机进行脱水。经脱水处理后的石膏表面含水率不超过 10%，脱水后的石膏由皮带输送机送入石膏库中存放待运。水力旋流器分离出来的溢流液一部分进入污水处理系统，一部分则返回吸收塔循环使用。

为控制脱硫石膏中 Cl^- 等可溶性杂质的含量、提高脱硫石膏品质，在石膏脱水过程中用工业水冲洗石膏滤饼和滤布。石膏过滤水收集在滤液水箱中，然后由滤液水泵送到吸收塔和湿式球磨机再利用。

设置两台真空皮带脱水机，每台真空皮带脱水机的出力按两套 FGD 装置石膏总产量的

75%设计，配置两台水环式真空泵，其中1台运行，1台备用。脱水机公用一套滤布冲洗水箱和冲洗水泵系统以及滤液水箱和滤液水泵系统。

设置两座石膏储仓，其总有效容积按能够储存BMCR运行工况下两台锅炉运行7d所产生的石膏量设计。当脱硫石膏短时不能综合利用时，可用密封运渣车运至电厂灰场临时堆放。

5. 废水排放系统和处理系统

两套脱硫装置设置一套废水排放和处理系统。根据脱硫工艺的要求，脱硫系统需要排放一定量的废水以维持吸收塔浆液适当的Cl^-离子浓度。石膏浆液旋流器的一部分溢流液送至废水水箱，经废水旋流器浓缩废水，废水旋流器的底流液返回吸收塔，含有1.2%固体颗粒的溢流液经废水输送泵送至废水处理系统，处理达标后排放。两套脱硫装置废水排放量约为2×8t/h。

6. 工艺水、闭式循环冷却水系统

两套脱硫装置设置一套工艺水、闭式循环冷却水系统。工艺水从主厂房工业水系统接入脱硫工艺水箱，然后由工艺水泵送至脱硫系统各用水点，主要用水点为：

（1）吸收塔浆池、制浆系统、真空皮带脱水装置用水。

（2）烟气冷却器用水。

（3）GGH的冲洗水。

（4）设备冷却水。

（5）所有浆液输送设备、储存箱的冲洗水。

闭式循环冷却水从炉后闭式循环冷却水管接出，供增压风机、氧化风机冷却用水，其回水返回炉后闭式循环冷却水回水管。

7. 浆液排放与回收系统

两套脱硫装置设置一套浆液排放与回收系统。FGD装置的浆管和浆泵等在停运时需进行冲洗，其冲洗水就近收集在吸收塔旁边的集水坑内，然后用泵送至石膏事故浆液箱或吸收塔浆池。吸收塔浆池需要排空进行检修时，塔内浆液通过排浆泵排入事故浆液箱。在吸收塔重新启动前，通过泵将事故浆液罐中的浆液送回吸收塔。

每座吸收塔旁设置一个集水坑，两套FGD装置共用一个事故浆液罐。

8. 杂用/仪用空气系统

脱硫工艺过程的阀门控制方式为电动式，供仪表吹扫的仪用空气和供设备检修的杂用空气均从主厂房接入，脱硫系统不另设杂用/仪用空压机。

有关喷射鼓泡反应器工艺的优缺点已在第一篇第十一章第一节中作了介绍，由于在本书编写时广东台山电厂JBR烟气脱硫装置尚未完成性能试验，目前无法讨论其实际性能。

第五节 德国黑泵电厂双循环湿法FGD装置

我国电力行业尚无采用双循环湿式洗涤器（DLWS）的FGD系统，因此选用德国黑泵电厂FGD系统作为典型例子来介绍。

一、概述

德国黑泵（Schwarze Pumpe）电厂位于Spremberg镇附近，距Dresder北部约60km。电厂规划容量2×800MW燃褐煤机组，是东德最大的私人投资电厂。电厂具备排热、抽汽装置，在效率、蒸汽发生和烟气脱硫等方面都采用了极其先进的技术，整个电厂的净效率大于40%。

黑泵电厂由 Vereinigte Energiewerke AG（VEAG，东德负责上述地区电厂建设的公司）负责，于1993年10月25日正式动工兴建，一、二期工程分别于1997年秋季和年底投入商业发电。

黑泵电厂燃用 Welzow Sud 露天煤矿的褐煤，原煤的分析数据见表3-4-30。

原煤由 Welzow Sud 露天煤矿经煤矿铁路运入储库，再用胶带输送机送到加工厂，除去金属或非金属矿物质。处理后的褐煤运至电厂的煤仓，用胶带输送机通过滑槽输送到褐煤磨煤机。

表 3-4-30　　黑泵电厂燃煤分析数据

项目	特性值（设计用煤）	最小值	最大值	项目	特性值（设计用煤）	最小值	最大值
热值（kJ/kG）	8800	8300	9200	硫分	0.8	0.3	1.4
固定碳（%）	55.8	54.0	57.0	氯（%）	0.02	0.02	0.02
灰分（%）	3.9	2.6	6.9	耗煤量（t/h）	779		

每台锅炉配有8台 EVT 制造的冲击式磨碎机，磨碎机型号为 No340.43，并带有综合分选机。利用从炉内排出的1000℃左右的烟气将煤的含湿量从55%降至15%。所以，通过搅拌浆的旋转，磨碎机既要用作风机抽取热烟气，还要粉碎并干燥褐煤。

电厂 2×800MW 燃褐煤机组超临界压力锅炉由法国阿尔斯通公司（GEC Alsthom）EVT 能源环保技术工程公司设计制造，横截面积 24m×24m，高161m，是世界上最大的燃褐煤锅炉。

黑泵电厂烟气的状态参数如下：

引风机出口烟气流量：$1.8\times10^6 m^3/h$（湿基）。

引风机出口烟气温度：169℃。

引风机出口烟气 SO_x 含量：4000～7250mg/m^3（标态，干烟气，6% O_2）。

氯化物最大含量：$<15000\times10^{-6}$。

脱硫系统出口烟气 SO_x 含量：<400mg/m^3（标态，干烟气，6% O_2）。

为了除去燃煤烟气中的飞灰，每一机组配有两个并联的静电除尘器（由 Rothemuhle 提供），除尘效率大于99.9%。为使烟气均匀分布，每个除尘器设有两个进口和两个出口。在所有工况下，脱硫系统出口处烟气的含尘量都低于50mg/m^3（标准状态，干烟气，含 $O_2$6%）。因烟气 SO_2 浓度高，从而对脱硫工艺的要求也高。为了除去烟气中的 SO_2，采用诺尔—克尔茨能源环保技术有限公司的双循环湿法洗涤烟气脱硫系统，脱硫效率不小于95%，同时生产出高质量的石膏。

黑泵电厂总投资约27亿美元（50亿德国马克），其中仅项目规划费用就达6000万美元，包括500000工时。

二、烟气脱硫工艺

每个发电机组配有两套诺尔—克尔茨双循环湿式石灰石烟气脱硫系统，流程示意图如图3-4-5所示。来自锅炉的烟气进入 FGD 系统，经冷却降温，进入吸收塔（每台机组配有两塔），在吸收塔中烟气分两级洗涤：下部主要是冷却和预洗涤烟气，上部则主要起吸收 SO_2 的作用。未处理的烟气进入吸收塔下部的冷却区后，位于集液斗下方的下循环喷淋管喷出的浆液使其冷却，水蒸气达到饱和并进行预洗涤，同时在 pH 值 4 ~5 条件下鼓入空气用于氧化生成石膏。在冷却区内，烟气中所含的大部分氯化物和氟化物被洗除，进入下回路反应罐中。预洗涤后的烟气通过碗状集液斗的导流叶片进入吸收塔上吸收区，烟气在这里与洗涤浆液进一步作用完成最后的洗涤。在 pH 值约为 6 的情况下，SO_2 几乎可被完全除去。处理后的烟气经除雾器从吸收塔排出。

该工艺采用细度为 <90μm 占 90% 的石灰石粉作为脱硫剂，配制好的石灰石浆液用泵输送至上吸收区加料槽中，经上循环喷淋管的喷嘴喷射到烟气中。通过碗状集液斗，洗涤后的浆液返回加料槽，这样在加料槽和上吸收区之间形成了上循环回路。通过加料槽的溢流管，向下回路反应罐补充石灰石浆液。在下反应罐中生成的高品质石膏经二级脱水，获得低湿含量的石膏。

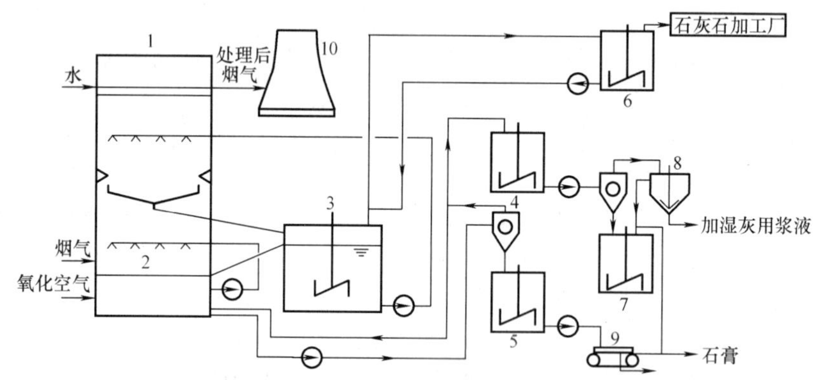

图 3-4-5 黑泵电厂烟气脱硫工艺流程示意图

1—吸收塔；2—冷却区；3—上吸收区加料槽；4—废水槽；5—石膏浆槽；6—石灰石浆槽；7—滤液槽；8—增浓器；9—真空带式过滤机；10—冷却塔

该工艺主要由以下几部分组成：

1. 烟气再热系统

锅炉烟气经锅炉顶部的热交换器及以下的管道进入两个再生式热交换器（Rlthemule 设计制造）。在这里，烟气将热量传给锅炉，用于生成过热和再热蒸汽，并将燃烧用的空气预热到 300℃ 左右。然后，烟气经静电除尘器除去 99.9% 的粉尘。为了减少在低锅炉负荷情况下由于烟结露而导致的腐蚀，在壳体上敷 2 ×100mm 的绝热/隔音材料，以保证在整个负荷范围内烟气温度不低于 169℃。烟气经引风机后，在 170℃ 左右（锅炉全负荷时）进入热交换系统进行废热利用，在出口处冷却到 130℃ 左右。放出的热量用于预热主冷凝液，烟气则进入脱硫塔。

烟气离开吸收塔时温度约为 70℃，随后进入冷却塔（由 GEA 工程技术公司设计制造）。每个冷却塔装有两条玻璃钢管道接收烟气，管口位于距塔底 17m 处。净化后的烟气同热空气一起经除雾器除去水滴后从冷却塔中心区域排出。只要没有交叉风，就可以减少对塔壁的化学腐蚀。风洞实验表明，从冷却塔排出的烟气的扩散特性比从烟囱排出要好得多，也更为规则。另外，从冷却塔排出的烟气不需再加热，从而提高了效率。

2. 石灰石浆制备系统

每套脱硫系统石灰石用量约为 18.5t/h，对石灰石粉的粒度要求不高（170 目筛余 10%），从而大大减小了球磨机的功率。系统配备四台石灰石磨碎机，每台产量为 20t/h。另外还设有石灰石仓库、石灰石给料机、输送机、石灰石浆池、浆池搅拌机、石灰石浆泵等设备。通过调节石灰石粉的加入量来控制浆液的浓度。

3. 二氧化硫吸收系统

吸收系统的核心是吸收塔，吸收烟气 SO_2 的反应在这里完成。吸收塔直径 18m，高 45m，质量 500t。吸收塔分为冷却、预洗下回路和上部的吸收回路两个区域。通过收集上部回路的浆液将上下两个回路分开。石灰石浆液可以单独引入上回路，也可以同时引入上下两个回路。烟气沿切线方向进入下冷却回路，被下循环浆液冷却，水蒸气达到饱和并进行预洗涤，浆液中的亚硫酸盐被鼓入的空气氧化成硫酸盐。氧化空气喷射到下回路反应罐中专门设计的搅拌器前方，搅拌器为侧插入式安装。气泡因桨叶作用而流化，分布到整个下回路反应罐中，以达到最佳氧化效果。经过冷却区后，烟气通过集液斗导流板进入上部的吸收回路。由于设计了导流板，使得塔内气体经集液斗整流后，气流分布均匀，气液接触良好，减少了单循环中常遇到的死角，提高了塔内的空间利用率。在上部回路中，烟气流与循环吸收浆液逆流接触，达到最大的脱硫效率，液气比保持足够大以保证脱硫所需的传质面积。

下循环回路中的反应为（pH 值范围 4.0 ~ 5.0，温度 50 ~ 60℃）

总反应：$2SO_2 + CaCO_3/CaSO_3 \cdot 1/2H_2O + O_2 + 7/2H_2O \rightarrow 2CaSO_4 \cdot 2H_2O + CO_2 + SO_2$

缓冲反应：$SO_2 + CaSO_3 \cdot 1/2H_2O + 1/2H_2O \rightarrow Ca(HSO_3)_2$

这一回路包含了多种作用：烟气的预处理和亚硫酸钙氧化成石膏。

上循环回路中过剩的石灰石溢流到下回路反应罐后被充分利用，在下回路中初步去除 SO_2 的同时，烟气中的氯化物和氟化物也一并被洗去。就石灰石溶解、亚硫酸盐氧化为硫酸盐及石膏的生成而言，最佳 pH 值为 4 ~ 5。因此，下回路的运行条件有利于提高石灰石的利用率，并使亚硫酸盐几乎全部就地氧化。下回路可以是一个封闭的回路，它可使用来自石膏脱水设备的回用水（回用水也可排至废水处理系统）。

上循环回路中的反应为（pH 值范围 6.0 ~ 7.0，温度 50 ~ 60℃）

总反应：$SO_2 + 2CaCO_3 + 1/2H_2O \rightarrow CaCO_3/CaSO_3 \cdot 1/2H_2O + CO_2$

缓冲反应：$SO_2 + 2CaCO_3 + 3/2H_2O \rightarrow Ca(HCO_3)_2 + CaSO_3 \cdot 1/2H_2O$

在吸收回路中可有效地对烟气中的 SO_2 进行脱除。洗涤浆液中过量的石灰石确保了较高的脱硫率。烟气中的 SO_2 与溶解的石灰石反应生成弱溶解性的亚硫酸钙和一部分溶解性的碳酸氢钙。过量的石灰石很容易使浆液 pH 值迅速达到 6.0 左右并保持这一水平。碳酸氢根离子起自然缓冲作用，从而保证即使在入口 SO_2 浓度发生较大变化时，脱硫效率仍能保持稳定。另外，上循环回路中氯化物的含量很低，大约只有下回路的十分之一，这就保证了 SO_2 的吸收效率，并大大降低了上吸收区的防腐要求。

在同一个塔中将两个区域分开，使各个过程都能保持最佳的化学条件，这种设计具有很大的经济优势，也是两级脱硫工艺可同时获得较高的脱硫率和优质商品石膏、所需初投资低、能耗低、无需添加剂的主要原因。

吸收塔为全金属结构，不敷橡胶衬里，不同区域采用的材料有所不同（见图 1-14-3）。下回路因要去除较高的氯化物浓度，需要使用耐腐蚀性强的高等级合金材料，如采用合金覆盖碳钢板，覆盖镍基合金的厚度至少 1.8mm。上吸收回路中氯化物浓度低，pH 值比较稳定，所以可使用廉价的材料。

除雾器用于除去烟气夹带的液滴，共分为两级，第一级捕集大液滴，第二级捕集细小液滴。利用工艺水冲洗除雾器，系统保持水平衡所需的工艺水也通过除雾器注入。除雾器的水流量主要取决于烟气在冷却区达到的饱和水含量。

上循环洗涤浆液由上吸收区加料槽供给。石灰石按工艺要求量加入，加料槽的尺寸按要求的最佳停留时间确定，直径 16.5m，高 14m。加料槽全部采用 1.4565 号钢，不敷橡胶衬里。

对每个吸收塔，下循环回路设有单台流量为 $3600m^3/h$ 的循环泵三台，上部吸收回路设有单台流量为 $8000m^3/h$ 的循环泵四台。

4. 石膏制备及处理系统

从下回路反应罐中排出的浆液含有 12% ~16% 的固体物，由浆泵送入后续设备进行脱水。石膏的一级脱水采用 DN150 型水力旋流器，水力旋流器运行可靠，结构紧凑，有较好的颗粒分离性能，浓缩效果优于增稠器。在水力旋流器中，未反应的石灰石、亚硫酸盐晶体及小颗粒的石膏晶体经旋流器溢流液流回吸收塔，它们将继续反应，最终生成颗粒较大的石膏晶体。水力旋流器的底流液被浓缩至固体含量占 50% 左右，然后被送至真空皮带过滤机的给料罐中，再将给料罐中的石膏浆加到真空皮带过滤机上。总共设有三台过滤面积为 $53m^2$ 的带式真空过滤机。通过真空过滤机的水分进一步减少，同时洗去溶解盐，从而获得低湿含量的石膏，再送至石膏加工厂。滤液则送到滤液罐，再返回吸收塔下循环反应罐。

脱硫生产的石膏同天然石膏的组成成分相似，且纯度更高，具有很好的储存特性，可广泛用于石膏工业和水泥工业。对产品石膏的质量要求见表 3-4-31。每套脱硫装置可生产石膏 33t/h，年产石膏 25 万 t。

表 3-4-31　　脱硫石膏产品的质量要求

项目	数据	项目	数据
湿度	≤10%	亚硫酸盐	<0.25%
纯度	>95%	pH 值	5 ~8
MgO	<0.1%	色度（标准比色）	65%
Na_2O	<0.06%	碳化物	≤2.0%
氯化物	<0.01%	D_{50}	32

5. 其他辅助系统

（1）废水处理系统。脱硫系统的废水先进入 FGD 废水储罐，再用泵输送到细小粒子分离系统。细小粒子分离系统由两个 DN50 型水力旋流器和两个 7m ×7.5m 的增稠器组成。废水经水力旋流器分离，溢流液送入增稠器浓缩，从增稠器流出的清液和水力旋流器的底流液都送入滤液罐，再返回吸收塔的下循环回路使用，从而实现了零排放。从增稠器排出的浓浆送至干灰湿化系统，经处理后运至堆灰场进行综合治理。

（2）公用系统。公用系统包括补充工艺水系统、冷却水系统、压缩空气系统、蒸汽系统等，这些系统均由电厂统一提供。

（3）过程控制系统。黑泵电厂的过程控制系统已实现了高度的自动化，控制着整个工艺过程。过程控制系统集中在一个中央控制室和两个辅助控制室中（水系统控制室和供料控制室）。

烟气脱硫系统的主要控制参数如下：

1）烟气流量及 SO_2 浓度。计算机根据烟气流量及 SO_2 浓度算出 SO_2 负荷，用以控制石灰石浆液流量。

2）下回路反应罐和上吸收区加料槽浆液的 pH 值。通过控制石灰石添加量来调节。

3）上吸收区加料槽浆液密度。此参数受到水力旋流器流出的水流影响，水力旋流器决定了固体排出率。在下回路中，保持浓度15%左右，上吸收区加料槽浆液固体含量保持在10%。

4）除雾器冲洗水流量。这与温度及锅炉负荷有关，由计算机程序控制，保持反应罐液位，确保系统水平衡，并要防止除雾器堵塞或结垢，同时还要减少系统水消耗量。

三、主要技术特点

（1）满足三年保质期（24000h）的有效性和可靠性，在无备用塔的情况下，脱硫率大于95%，且运行费用和维修成本低。

（2）系统在两个pH值下操作，对脱硫负荷变化的适用性强。吸收反应是SO_2和溶解的$CaCO_3$的液相反应，液气比决定了气体吸收所要求的吸收表面积，pH值决定了石灰石的溶解和亚硫酸盐的氧化，因此系统的脱硫率主要取决于液气比和浆液的pH值。通常在相同pH值时，液气比越大，去除效率越高，但SO_2的液气平衡决定了最大的液气比，继续增加液气比，并不能有效地进一步提高SO_2除去效率。所以，当液气比提高到一定程度时，循环吸收浆液的pH值成了系统最重要的运行参数，其不仅影响石灰石、硫酸盐、亚硫酸盐的溶解度，也影响SO_2的吸收。双循环系统的吸收塔在两个不同的pH值下操作，即上回路pH=6，下循环回路pH=4.5。高pH值有利于SO_2的吸收，并具有很强的缓冲性，这种运行方式使得上部回路能保证最高的SO_2脱除率，即使SO_2负荷发生显著变化也不会造成脱硫率的波动。下回路低pH值有利于石灰石的溶解及亚硫酸钙的溶解和氧化，有利于提高石灰石利用率即石膏的纯度。

（3）pH值稳定，运行可靠。由于上部回路的浆液中含有较多过量的石灰石（约过量20%），系统缓冲容量大。这种缓冲作用使系统自动控制在一个稳定的最佳pH值范围内，不随烟气流量及SO_2负荷的变化而波动。因此，系统不需频繁调节进料量，也不需要非常复杂的仪表控制系统，所有操作由一简单系统来控制。同时，由于操作时pH值稳定，避免了硫酸钙过饱和度引起的结垢及堵塞。

（4）集液斗导流板的设计使得塔内气流分布均匀，气流接触良好，减少了死角和涡流现象，提高了塔的空间利用率。

（5）由于氯化物集中在下部回路，使得塔的上下两部分可选用不同材质，不必为防腐在全塔使用较贵的合金，从而使造价降低。

（6）系统电耗低，原因如下：

1）上部回路在高pH值下运行，在脱硫率一定时，所需的液气比低，可减少浆泵的数量。

2）塔高相对低，循环泵所需压头小。

3）系统对石灰石粒度要求不高，可降低球磨机的电耗。

4）由于氧化条件好，可降低下回路反应罐液位和氧化风机的压头。

（7）由于上部回路浆液pH值高，在事故情况下，烟气夹带较多雾沫时，气流中含有的雾滴pH值高，且有过量的石灰石，故可缓和对吸收塔下流侧设备的腐蚀。

（8）由于上回路浆液汇集在上吸收区加料槽中，而下循环浆液集中在塔底的反应罐中。浆液分流的结果使系统所需的事故浆池体积大为减小，降低了造价。

（9）系统的主要技术指标见表3-4-32。

表 3-4-32　　黑泵电厂脱硫工艺主要技术指标

技术指标	设计值	技术指标	设计值
系统脱硫率（%）	96~98（>95）	石膏产量［t/（h·台）］	33
可用率（%）	99	石膏纯度（%）	>95
石灰石浆液浓度（%）	10~15		

第六节　深圳西部电厂海水脱硫工程

一、概述

深圳西部电厂总装机容量为6×300MW，4、5、6号机组已装有纯海水烟气脱硫装置，1、2、3号机组也计划加装海水烟气脱硫装置。其中4号机组的烟气脱硫装置是我国第一台纯海水烟气脱硫装置，于1998年底竣工，1999年3月投入运行，同年6~7月完成性能考核试验。本节将介绍4号机组海水FGD工程的有关情况。

为了选择适合西部电厂的脱硫工艺，深圳市西部电力有限公司组织国内有关单位，通过可行性研究、试验、考察等大量工作，认为西部电厂地处珠江入海口的伶仃洋岸，三面临海，有良好的海水资源，燃煤含硫量又不高，具备海水烟气脱硫的条件，将海水脱硫工艺作为推荐方案。随后，电力工业部和国家环保局多次主持研讨会，就海水脱硫技术及其排放海水对海域生态环境影响等问题进行深入讨论。最终批准西部电厂采用海水脱硫工艺，并作为国内首家海水脱硫示范工程开展相应的监测和试验研究工作。

深圳西部电力有限公司自1995年底开始进行西部电厂4号机组海水脱硫工程的招标，选择了挪威ABB公司、德国Bischoff公司、日本三菱公司和芬兰Hoogovens公司参加竞标，通过多次技术、商务谈判，最终挪威ABB公司中标，于1996年9月签订合同。该项工程已于1998年底竣工，1999年3月8日顺利通过72h连续运行并移交生产，同年6月底及7月初，中外双方对投运后的海水FGD系统进行了性能考核测试，中国环境检测总站对海水FGD装置进行了验收前的现场检测工作，测试结果表明：该脱硫系统运行稳定，设备状况良好，主要性能指标均满足国家的审查要求，达到或超过了设计值。

1. 电厂概况

深圳西部电厂位于深圳市南头半岛西南端的妈湾港码头区。一期工程2台（2×300MW）机组属西部电力有限公司，整个电厂占用妈湾港的9、10、11号泊位。电厂西部临珠江口的内伶仃洋，厂区基本上为开山填海造地，除东侧沿山外，其余为海域。

电厂规模为2×300MW，锅炉采用哈尔滨锅炉厂生产的HG－1025/18.2－YM6型，除尘器为兰州电力修造厂生产的双室四电场静电除尘器，除尘效率≥99%。2台锅炉合用一座高210m，出口直径7m的套筒烟囱。外筒为钢筋混凝土结构，内筒采用国产09CrCuSb耐硫酸露点腐蚀钢（习称ND钢）制作。

2. FGD系统设计依据

（1）燃煤。设计采用晋北烟煤，含硫量为0.63%，实际混合煤种含硫量为0.75%，汽轮机T－ECR工况时，锅炉实际耗煤量为114.4t/h，B－MCR工况时，锅炉实际耗煤量为126.9t/h。

（2）烟气。标准状态下，FGD系统处理烟气量的设计值为T－ECR工况的锅炉烟气量，即1100000m^3/h，校核值为锅炉BMCR工况的烟气量，即1220000m^3/h。FGD系统主要设备按锅炉 BMCR 工况设计。FGD 系统入口烟气温度设计值为 123℃，烟气温度变化范围为 104～145℃，FGD 系统入口设计烟尘量为 190mg/m^3。

（3）海水。以 2 号机组凝汽器循环冷却水作为脱硫吸收剂。海水流量设计值为 43200m^3/h,凝汽器出口海水温度为 27.1～40.7℃，海水盐度和 pH 值分别为 2.3%、7.5。

3. FGD 系统性能指标

（1）在设计工况条件下，系统脱硫率≥90%；在校核工况下，系统脱硫率≥70%。

（2）曝气池出口处排放海水的 pH 值≥6.5。

（3）电厂排水口的水质满足 GB 3097—1982《海水水质标准》的三类标准。

（4）FGD 系统出口烟气温度≥70℃。

（5）排放海水化学需氧量（COD）≤5mg/L。

（6）排放海水溶解氧（DO）≥3 mg/L。

（7）SO_3^{2-} 氧化率≥90%。

二、海水脱硫基本原理

自然界海水呈碱性，pH 值为 7.8～8.3，每克海水碱度约为 2.2～2.7mg，一般含盐分 3.5%，其中碳酸盐占 0.34%，硫酸盐占 10.8%，氯化物占 88.5%，其他盐分占 0.36%。海水对酸性气体如 SO_2 具有很强的中和能力，SO_2 被海水吸收后，经曝气氧化，最终产物为可溶性硫酸盐，而硫酸盐本来就是海水的主要成分之一。海水脱硫工艺按是否添加其他化学物质作为吸收剂分为两类：不添加任何化学物质，用纯海水作为吸收液的工艺和在海水中添加吸收剂的脱硫工艺。深圳西部电厂烟气脱硫属于前一种工艺。而福建漳州后石电厂 1、2 号燃煤发电机组（2×600MW）的烟气脱硫装置则设计采用后一种海水脱硫工艺，吸收剂为海水＋氢氧化钠。后石电厂两套海水 FGD 装置已于 1999 年 11 月和 2000 年 6 月分别投入运行。后石电厂 1、2 号海水 FGD 装置的另一个特点是采用了湿烟囱工艺，烟囱为集束式，每 3 台机组一根集束烟囱，外筒为钢筋混凝土结构，内筒用钛合金覆盖碳钢制成。

纯海水脱硫的机理可用以下反应式表示为

$$SO_2\ (g) \rightarrow SO_2\ (L)$$

$$SO_2 + H_2O \rightarrow HSO_3^- + H^+$$

$$HSO_3^- \rightarrow SO_3^{2-} + H^+$$

$$SO_3^{2-} + 1/2O_2 \rightarrow SO_4^{2-}$$

碳酸盐在海水烟气脱硫工艺中的化学反应过程是

$$CO_3^{2-} + H^+ \rightarrow HCO_3^-$$

$$HCO_3^- + H^+ \rightarrow CO_2\ (L) + H_2O$$

$$CO_2\ (L) \rightarrow CO_2\ (g)$$

海水脱硫总化学反应过程为

$$SO_2\ (g) + H_2O + 1/2O_2 \rightarrow SO_4^{2-} + 2H^+$$

$$HCO_3^- + H^+ \rightarrow CO_2\ (g+L) + H_2O$$

g、L 分别表示气、液相。

烟气与海水接触后，SO_2 被海水吸收，生成亚硫酸根离子与氢离子，海水中的碳酸根离子与氢离子反应生成水和二氧化碳，洗涤后的海水 pH 值随之下降。在洗涤过程中，海水中的碳酸根离子与氢离子反应生成水和二氧化碳，从而阻止或缓和了海水 pH 值的继续下降，

这有利于海水对 SO_2 的吸收。洗涤后的海水为酸性，需通入空气，曝气、氧化处理，将亚硫酸根离子氧化成硫酸根离子，提升海水的 pH 值，降低化学需氧量，达到排放标准后排入大海。

三、海水 FGD 系统

（一）系统构成

海水 FGD 系统由烟气系统、吸收系统、供排水系统、海水恢复系统、电气及仪表控制系统等组成，系统流程如图 3-4-6 所示。

1. 烟气系统

2 号机组引风机出口与烟囱之间设有 100% 烟量的旁路烟道。FGD 系统停止运行时，开启旁路烟道，烟气直接进入烟囱排放。

正常运行时，来自引风机的烟气经系统入口挡板门进入回转式 GGH 换热器降温侧，降温后进入填料吸收塔洗涤，净化后的烟气经 GGH 升温，再经增压风机送往烟囱排放。

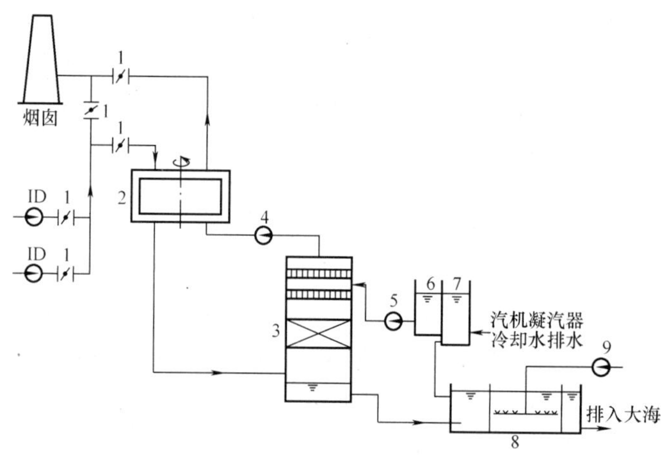

图 3-4-6 深圳西部电厂海水脱硫系统流程

1—挡板门；2—同转式 GGH；3—吸收塔；4—增压风机；5—海水升压泵；6—吸水池；7—虹吸井；8—曝气池；9—曝气风机

2. 吸收系统

吸收塔为填料塔，塔体是钢筋混凝土结构，填料为 PP 材质做成的环状填料，不规则地填充于塔内。这种填料具有较高比表面积，但通过填料床的烟气压降较大。烟气自吸收塔下部进入，向上流通过吸收区，在填料表面与从吸收塔上部喷入的海水充分接触反应。净化后的烟气经顶部除雾器除去水滴后排出。洗涤烟气后的海水收集在塔底，依靠重力流入海水恢复系统。

3. 海水供排水系统

电厂的循环水为海水，系直流式单元制供水系统。冷却水取自伶仃洋矾石水道，由 2 号取水口取深层海水供 2 号机组使用。FGD 系统水源直接取自 2 号机组凝汽器排出口的虹吸井，部分海水进入吸水池，经海水升压泵进入吸收塔，排出的海水自流入曝气池，在曝气池与由虹吸井直接排入曝气池的海水汇流并充分混合，经曝气处理合格后的海水经 2 号机组排水沟入海。

4. 海水恢复系统

海水恢复系统的主体结构是曝气池。来自吸收塔的酸性海水与凝汽器排出的碱性海水在曝气池中充分混合，同时通过曝气系统向池中鼓入适量的压缩空气，使海水中的亚硫酸盐转化为稳定无害的硫酸盐，同时释放出 CO_2，使海水的 pH 值升到 6.5 以上，达到排放标准后，排入大海。

5. 仪表与控制

FGD 的仪表控制系统具备以下主要功能：

（1）数据采集。连续采集 FGD 系统进出口烟气的 SO_2、O_2 浓度，温度，曝气池排水的 pH 值、COD 及水温等。

（2）控制。对烟气旁路挡板的前后压差进行闭环控制，其他设备采用顺序控制。

（二）脱硫系统的调试过程及其数据分析

整个调试过程可分为三部分：分部调试、冷态调试及热态调试。

1. 分部调试

在分部调试中，主要是对各设备、电气及仪表进行检查与校验，并对机电设备进行空转试运。在设备具备运转条件后，再对主要设备，如增压风机、吸收泵、曝气风机及GGH等，进行8h运转试验，检查其运行工况。

2. 冷态调试

在冷态试验中，主要检查FGD系统的控制逻辑、水力特性及其与锅炉本体的匹配情况等。

（1）FGD系统控制逻辑检查。在程序启停逻辑控制检查核对完好后，接着进行FGD系统的紧急跳闸（ESD）试验。该试验的目的是检验系统在事故状态时是否按预定的方式动作。在ESD试验中，各挡板、增压风机及吸收泵等的动作见表3-4-33。

表3-4-33　挡板等在ESD实验中的动作

ESD项目	旁路挡板	入口挡板	出口挡板	增压风机	吸收泵
电除尘器故障	开	关	关	停	停
锅炉跳闸	开	关	关	停	停
空气预热器温度HH	开	关	关	停	停
FGD入口温度HH	开	关	关	停	停
FGD故障	开	关	关	停	停
GGH故障	开	关	关	停	停
吸收塔烟温HH	开	关	关	停	停
吸收塔水位LL	开	关	关	停	停

（2）烟气系统的水力特性及其与锅炉匹配情况的检查。锅炉不带负荷，送、引风机在运行的情况下，启动脱硫系统进行冷态试验。检查FGD烟气系统的水力特性及其与锅炉匹配情况的检查，检查结果见表3-4-34。

表3-4-34　FGD冷态调试记录

项目	送风机A		送风机B		引风机A		引风机B		FGD入口前压力（Pa）	BUF		BUF后部压力（Pa）	FGD出口压力（Pa）
	电流（A）	动叶开度（%）	电流（A）	动叶开度（%）	电流（A）	动叶开度（%）	电流（A）	动叶开度（%）		电流（A）	动叶开度（%）		
110%流量	38.5	43.4	38.0	51	73.5	56	78	68	-324	124	18.0	1443	-55
100%流量	36.0	39.1	36.0	44	73.2	41	76	40	-97	107	14.5	1184	-66
90%流量	35	37.2	35.0	42	71.8	40	75	42	-38	101	10.4	966	-52
80%流量	33	36.5	33	39	69.1	38	72	38	-42	2100	9.58	15	-48

从表3-4-34中的有关数据可以得出，在100%的空气流量时，增压风机的出口压力为1184Pa，由电流可计算出实际功率为969kW。由此看来，增压风机（额定功率设计值为2600kW）有足够的能力克服烟道、吸收塔模块和GGH等设备产生的阻力以及温降所带来的压力降。另外，从送、引风机的运行参数来看，它们均在正常工作范围内，同时炉膛负压也

处在正常状况，因此在动力方面脱硫系统与锅炉本体相匹配。

（3）海水系统水力特性的检查。启动吸收泵，排尽管道中的气体，待吸收塔内的水位稳定后，核对吸收塔内水位是否在设计范围内，并检查吸收塔布水箱的布水情况。对于曝气池，检查各水道内的水流量是否均匀，水位是否符合设计值。第一次检查时发现吸收塔水位偏高，且吸收塔布水箱局部需改进，其他参数符合设计值。经在排水管末端增加适当的开孔数量及在布水管上扩孔后，上述两问题得到了解决。

3. 热态调试试验

热态调试试验分别约在60%、75%及100%的锅炉负荷下进行。主要目的是进一步检测系统的水力特性、温度分布、脱硫效率及设备的运行性能等。试验中的运行参数记录见表3-4-35。此时海水pH值为7.95，煤的含硫量为0.75%～0.8%。送、引风机及增压风机均在正常工况下运转，炉膛负压、烟囱入口压力及其温度也在正常范围内波动，防腐设备及防腐烟道段的烟温都在设计值以内，不会对防腐内衬产生不利影响。系统的脱硫效率在95%以上，GGH泄漏率正常。脱硫后的海水水质在排放大海前达到国家三类水质要求。

表3-4-35　　FGD热态调试记录

项　目	185MW	245MW	285MW	项　目	185MW	245MW	285MW
烟气流量（$10^4m^3/h$）	100.0	127.7	12.97	引风机B开度（%）	43.9	70.6	74.3
煤流量（%）	56.1	78.7	84	FGD进口压力（Pa）	-33	-84	-85
炉膛负压（Pa）	是	是	是	FGD进口温度（℃）	135	144	145
送风机A电流（A）	36.6	63.2	62.8	增压风机电流（A）	118	218	232
送风机A开度（%）	40.8	65.4	65.4	增压风机开度（%）	24.5	65.2	67.8
送风机B电流（A）	36.5	58.5	58.5	增压风机出口压力（Pa）	121	5.8	2226.1
送风机B开度（%）	47.7	71.3	71.3	FGD出口压力（Pa）	-172	-263	-235
引风机A电流（A）	80.3	121	128	GGH出口温度（℃）	83.9	88.1	89.6
引风机A开度（%）	48.0	75.4	79.2	FGD出口温度（℃）	76.3	81.7	82.2
引风机B电流（A）	84.8	126	133	FGD进口SO_2浓度（mL/m^3）	326	364	406

另外，在热态调试中，还进行锅炉升、减负荷时FGD系统的适应能力试验。试验过程中增压风机动叶随烟气流量变化自动调整开度，此时送、引风机运行状况基本不变，炉膛负压平稳，未有大的波动。

（三）运行状况

该工程于1999年3月8日顺利通过72h的连续运行并移交生产。6月底及7月初，中、外双方对投运后的海水烟气脱硫系统进行了性能考核测试，中国环境监测总站对海水烟气脱硫装置进行了验收前的现场监测工作。测试结果表明：该脱硫系统运行稳定，设备状况良好，主要性能指标均满足国家的审查要求，达到或超过了设计值。实测结果见表3-4-36～表3-4-38。

表3-4-36　　海水脱硫系统运行工况

参　数	考核工况	校核工况	参　数	考核工况	校核工况
燃煤含硫量（%）	0.63	0.75	海水含盐量（%）	2.3	1.8
锅炉出口烟气量（m^3/h）	1100000	1100000	海水pH值	7.5	7.5
锅炉燃煤量（t/h）	114.4	114.4	海水温度（最低/最高）（℃）	27.1/40.7	27.1/40.7
冷却海水总量（m^3/h）	43200	43200	引风机出口烟气含尘量（mg/m^3）	190	190

表 3-4-37　海水脱硫系统排放海水水质

参　　数	设计要求	实际测定	参　　数	设计要求	实际测定
pH 值	≥6.5	6.7～6.9	溶解氧（DO）（mg/L）	≥3	3～6
耗氧量（COD）（mg/L）	≤5	0～2	SO_3^{2-} 氧化率（%）	≥90	94～99

表 3-4-38　海水脱硫系统排烟性能

参　　数	设计要求		实际测定
	考核工况	校核工况	
脱硫效率（%）	≥90	≥70	92～97
系统排烟温度（℃）	≥70	≥70	75～87

运行时，FGD 系统中的各设备耗电量见表 3-4-39。由表 3-4-39 中的数据可知，FGD 系统的耗电量一般不超过发电量的 1.1%。

表 3-4-39　FGD 设备的耗电量（MW·h/h）

设备名称	锅炉负荷 188MW	锅炉负荷 215MW	锅炉负荷 232MW	锅炉负荷 267MW	锅炉负荷 285MW
增压风机（BUF）	1021	1026.6	1157	1987	2049
BUF 冷却风机	5.5×2	5.5×2	5.5×2	5.5×2	5.5×2
BUF 油泵	11	11	11	11	11
GGH 驱动器	7.2×2	7.2×2	7.2×2	7.2×2	7.2×2
GGH 密封风机	7.5	7.5	7.5	7.5	7.5
吸收泵	207+213	217×2	206+212	205+210	206+212
曝气风机	232×2	238×2	233×2	233×2	233×2
占总发电量的比例（%）	1.04	0.98	0.9	1.09	1.04

（四）费用

（1）引进技术及设备费约 750 万美元（1996 年价）。

（2）国内配套费用约 6000 万人民币，合约 410 元人民币/kW。

（3）运行费（主要是电耗）及维修费：0.4～1 美元/（MW·h），计入电价 0.34～0.85 分（人民币）/（kW·h）。

四、应用前景

海水脱硫工艺与几种常规脱硫工艺的性能比较结果见表 3-4-40。从表中可以看出，该工艺具有以下特点：

（1）用天然海水作吸收剂，不添加任何其他化学物质，无需吸收剂制备系统，工艺比较简单。

（2）吸收系统不会产生结垢、堵塞等问题，系统利用率高。

（3）洗涤后的海水经处理符合环境要求后排入大海，不生成脱硫灰渣。

（4）脱硫效率较高，有明显的环境效益。

（5）投资和运行费用较低，通常比湿法石灰石—石膏 FGD 工艺低 1/3 以上。

我国的海岸线长，沿海地区经济发达，工业发展迅速，人口稠密，环境保护要求严格。沿海火电厂的新、改、扩建工程较多，因此海水脱硫工艺在我国有一定的推广应用市场。

表 3-4-40　　不同脱硫工艺主要性能比较

项　　目	石灰石—石膏法	旋转喷雾法	炉内喷钙增湿活化	海水法
适用煤种含硫量（%）	>1.0	1~3	<2	<2
脱硫率（%）	>95	80~90	65~85	>90
Ca/S	1.03~1.1	1.5~2.0	2.0~3.0	—
结垢、堵塞	有	有	有	无
浆液或灰渣再循环	较高	较高	较高	无
占电厂投资比例（%）	15~20	10~15	~7	7~8
运行费用	高	较高	较低	较低
占地面积	大	较大	小	大
灰渣	湿态	干态	干态	无

国家环保总局于1999年9月主持召开了“深圳西部电厂海水脱硫示范工程验收及总结研讨会”，对海水脱硫工艺能否在我国沿海地区进一步推广及国产化等问题进行了广泛深入的讨论。会议认为深圳西部电厂的海水脱硫系统各项性能指标均达到或超过了设计值，满足国家对该项目审查的要求，符合环保标准；中国环境监测总站对曝气池水面上空 SO_2 浓度监测结果表明，曝气过程中没有明显的 SO_2 溢出，不会对周围环境造成不良影响；中国水利水电研究院和中科院南海研究所对电厂排水口附近海域脱硫前后海水水质的初步监测结果表明，目前工艺排水对海域水质的影响很小，但今后仍需继续进行监测。总之，海水脱硫工艺利用海水的天然碱度脱硫，不添加任何化学试剂，系统简单，运行可靠，脱硫效率高，投资运行费用较低，易于实现国产化设备配套。深圳西部电厂海水脱硫示范工程和相关的试验研究为我国推广海水脱硫技术及国产化奠定了基础和积累了经验。

但是，海水脱硫对海域环境的长期影响，国内还处于研究考察阶段，目前尚未推广。2005年4月1日实施的DL/T 5196—2004《火电厂烟气脱硫设计技术规程》，在其“条文说明”中已明确指出：“当燃煤中重金属元素，特别是毒性较强的重金属元素含量较高，采用高效除尘器已不能满足要求；或处于海洋生态保护区及鱼类保护区等要求较严格的海域时，应避免采用此工艺。”

继深圳西部电厂4、5、6号机组的海水FGD装置相继投运后，1999~2004年福建漳州后石电厂6×600MW海水FGD系统也陆续投入运行。该厂海水FGD系统与深圳西部电厂的相比主要有以下特点：①后石电厂海水FGD系统是一炉两塔，各处理一半的烟气量；②吸收塔为喷淋托盘结构，吸收塔烟气压损小，锅炉引风机与脱硫增压风机合并设计；③采用湿烟囱工艺。

附录一

火电厂大气污染物排放标准

（GB 13223—2003）

国家环境保护总局关于发布国家污染物排放标准《火电厂大气污染物排放标准》的公告

环发［2003］214 号

为贯彻《中华人民共和国大气污染防治法》，防治环境污染，保护和改善生活环境和生态环境，保障人体健康，加强环境管理，现批准《火电厂大气污染物排放标准》为国家污染物排放标准，由我局与国家质量监督检验检疫总局联合发布，现予公告。

标准名称、编号如下：

火电厂大气污染物排放标准（GB 13223—2003）。

以上标准为强制性标准，自 2004 年 1 月 1 日起实施，由中国环境科学出版社出版，可以在国家环境保护总局网站（www. sepa. gov. cn）查询。自以上标准规定的各时段排放限值实施之日起，下列标准中的相应部分废止：

火电厂大气污染物排放标准（GB 13223—1996）。

特此公告。

2003 年 12 月 30 日

目　　次

前　　言

为贯彻《中华人民共和国环境保护法》和《中华人民共和国大气污染防治法》，防治火电厂大气污染物排放造成的污染，保护生活环境和生态环境，改善环境质量，促进火力发电行业的技术进步和可持续发展，制定本标准。

自本标准各时段排放限值实施之日起，代替国家污染物排放标准《火电厂大气污染物排放标准》（GB 13223—1996）中相应的内容。

本标准对《火电厂大气污染物排放标准》（GB 13223—1996）主要做了如下修改：调整了大气污染物排放浓度限值；取消了按除尘器类型和燃煤灰分、硫分含量规定不同排放浓度限值的做法；规定了现有火电锅炉达到更加严格的排放限值的时限；调整了折算火电厂大气污染物排放浓度的过量空气系数。

按有关法律规定，本标准具有强制执行的效力。

本标准所替代的历次版本发布情况为：GB 13223—1991、GB 13223—1996。

本标准由国家环境保护总局科技标准司提出。

本标准由中国环境科学研究院、国电环境保护研究所等单位起草。

本标准国家环境保护总局 2003 年 12 月 23 日批准。

本标准自 2004 年 1 月 1 日实施。

本标准由国家环境保护总局解释。

火电厂大气污染物排放标准

1　主要内容与适用范围

本标准按时间段规定了火电厂大气污染物最高允许排放限值，适用于现有火电厂的排放管理以及火电厂建设项目的环境影响评价、设计、竣工验收和建成运行后的排放管理。

本标准适用于使用单台出力 65t/h 以上除层燃炉、抛煤机炉外的燃煤发电锅炉；各种容量的煤粉发电锅炉；单台出力 65t/h 以上燃油发电锅炉；各种容量的燃气轮机组的火电厂。单台出力 65t/h 以上采用甘蔗渣、锯末、树皮等生物质燃料的发电锅炉，参照本标准中以煤矸石等为主要燃料的资源综合利用火力发电锅炉的污染物排放控制要求执行。

本标准不适用于各种容量的以生活垃圾、危险废物为燃料的火电厂。

2　规范性引用文件

下列文件中的条款通过本标准的引用而成为本标准的条款。凡是注日期的引用文件，其随后所有的修改单（不包括勘误的内容）或修订版均不适用于本标准，然而，鼓励根据本标准达成协议的各方研究是否可使用这些文件的最新的版本。凡是不注日期的引用文件，其最新版本适用于本标准。

GB/T 16157　　固定污染源排气中颗粒物测定与气态污染物采样方法

HJ/T 42　　固定污染源排气中氮氧化物的测定　紫外分光光度法
HJ/T 43　　固定污染源排气中氮氧化物的测定　盐酸萘乙二胺分光光度法
HJ/T 56　　固定污染源排气中二氧化硫的测定　碘量法
HJ/T 57　　固定污染源排气中二氧化硫的测定　定电位电解法
HJ/T 75　　火电厂烟气排放连续监测技术规范
空气和废气监测分析方法（中国环境科学出版社，2003 年第四版）

3　术语和定义

本标准采用下列术语和定义。

3.1

火电厂 thermal power plant

燃烧固体、液体、气体燃料的发电厂。

3.2

坑口电厂 coal mine mouth power plant

位于煤矿附近，以皮带运输机、汽车或煤矿铁路专用线运输燃煤的发电厂。

3.3

标准状态 standard condition

烟气在温度为 273K，压力为 101325Pa 时的状态，简称“标态”。本标准中所规定的大气污染物排放浓度均指标准状态下干烟气的数值。

3.4

烟气排放连续监测 continuous emissions monitoring

烟气排放连续监测是指对火电厂排放的烟气进行连续、实时跟踪监测。

3.5

过量空气系数 excess air coefficient

燃料燃烧时，实际空气供给量与理论空气需要量之比值，用“α”表示。

3.6

干燥无灰基挥发分 volatile matter（dry ash-free basis）

以假想无水、无灰状态的煤为基准，将煤样在规定条件下隔绝空气加热，并进行水分和灰分校正后的质量损失，称之干燥无灰基挥发分，用“V_{daf}”表示。

3.7

西部地区 western region

西部地区是指重庆市、四川省、贵州省、云南省、西藏自治区、陕西省、甘肃省、青海省、宁夏回族自治区、新疆维吾尔自治区、广西壮族自治区、内蒙古自治区。

4　污染物排放控制要求

4.1　时段的划分

本标准分三个时段，对不同时期的火电厂建设项目分别规定了排放控制要求：

1996 年 12 月 31 日前建成投产或通过建设项目环境影响报告书审批的新建、扩建、改建火电厂建设项目，执行第 1 时段排放控制要求。

1997 年 1 月 1 日起至本标准实施前通过建设项目环境影响报告书审批的新建、扩建、改建火电厂建设项目，执行第 2 时段排放控制要求。

自 2004 年 1 月 1 日起，通过建设项目环境影响报告书审批的新建、扩建、改建火电厂建设项目（含在第 2 时段中通过环境影响报告书审批的新建、扩建、改建火电厂建设项目，自批准之日起满 5a，在本标准实施前尚未开工建设的火电厂建设项目），执行第 3 时段排放控制要求。

4.2 污染物排放限值

4.2.1 烟尘最高允许排放浓度和烟气黑度限值

各时段火力发电锅炉烟尘最高允许排放浓度和烟气黑度执行表 1 规定的限值。

表 1 火力发电锅炉烟尘最高允许排放浓度和烟气黑度限值

	烟尘最高允许排放浓度/（mg/m^3）					烟气黑度（林格曼黑度，级）
时　段	第 1 时段		第 2 时段		第 3 时段	
实施时间	2005 年 1 月 1 日	2010 年 1 月 1 日	2005 年 1 月 1 日	2010 年 1 月 1 日	2004 年 1 月 1 日	2004 年 1 月 1 日
燃煤锅炉	300[1)] 600[2)]	200	200[1)] 500[2)]	50 100[3)] 200[4)]	50 100[3)] 200[4)]	1.0
燃油锅炉	200	100	100	50	50	

注：1）县级及县级以上城市建成区及规划区内的火力发电锅炉执行该限值。
2）县级及县级以上城市建成区及规划区以外的火力发电锅炉执行该限值。
3）在本标准实施前，环境影响报告书已批复的脱硫机组，以及位于西部非两控区的燃用特低硫煤（入炉燃煤收到基硫分小于 0.5%）的坑口电厂锅炉执行该限值。
4）以煤矸石等为主要燃料（入炉燃料收到基低位发热量小于等于 12550kJ/kg）的资源综合利用火力发电锅炉执行该限值。

4.2.2 二氧化硫最高允许排放浓度限值

各时段火力发电锅炉二氧化硫最高允许排放浓度执行表 2 规定的限值。第 3 时段位于西部非两控区的燃用特低硫煤（入炉燃煤收到基硫分小于 0.5%）的坑口电厂锅炉须预留烟气脱除二氧化硫装置空间。

表 2 火力发电锅炉二氧化硫最高允许排放浓度 单位：mg/m^3

时　段	第 1 时段		第 2 时段		第 3 时段
实施时间	2005 年 1 月 1 日	2010 年 1 月 1 日	2005 年 1 月 1 日	2010 年 1 月 1 日	2004 年 1 月 1 日
燃煤锅炉及燃油锅炉	2100[1)]	1200[1)]	2100 1200[2)]	400 1200[2)]	400 800[3)] 1200[4)]

注：1）该限值为全厂第 1 时段火力发电锅炉平均值。
2）在本标准实施前，环境影响报告书已批复的脱硫机组，以及位于西部非两控区的燃用特低硫煤（入炉燃煤收到基硫分小于 0.5%）的坑口电厂锅炉执行该限值。
3）以煤矸石等为主要燃料（入炉燃料收到基低位发热量小于等于 12550kJ/kg）的资源综合利用火力发电锅炉执行该限值。
4）位于西部非两控区的燃用特低硫煤（入炉燃煤收到基硫分小于 0.5%）的坑口电厂锅炉执行该限值。

在本标准实施前，环境影响报告书已批复的第 2 时段脱硫机组，自 2015 年 1 月 1 日起，执行 400mg/m^3 的限值，其中以煤矸石等为主要燃料（入炉燃料收到基低位发热量小于等于 12550kJ/kg）的资源综合利用火力发电锅炉执行 800mg/m^3 的限值。

4.2.3 氮氧化物最高允许排放浓度限值

火力发电锅炉及燃气轮机组氮氧化物最高允许排放浓度执行表 3 规定的限值。第 3 时段火力发电锅炉须预留烟气脱除氮氧化物装置空间。液态排渣煤粉炉执行 $V_{daf}<10\%$ 的氮氧化物排放浓度限值。

表 3 火力发电锅炉及燃气轮机组氮氧化物最高允许排放浓度 单位：mg/m^3

时段		第 1 时段	第 2 时段	第 3 时段
实施时间		2005 年 1 月 1 日	2005 年 1 月 1 日	2004 年 1 月 1 日
燃煤锅炉	$V_{daf}<10\%$	1500	1300	1100
	$10\%\leqslant V_{daf}\leqslant 20\%$	1100	650	650
	$V_{daf}>20\%$			450
燃油锅炉		650	400	200
燃气轮机组	燃油			150
	燃气			80

4.3 全厂二氧化硫最高允许排放速率

4.3.1 全厂二氧化硫最高允许排放速率的计算

新建、改建和扩建属于第 3 时段的火电厂建设项目，在满足 4.2 中规定的排放浓度限值要求时，还须同时满足火电厂全厂二氧化硫最高允许排放速率限值要求。火电厂全厂二氧化硫最高允许排放速率按公式（1）～（3）计算。

$$Q = P \times \overline{U} \times H_g^2 \times 10^{-3} \tag{1}$$

$$\overline{U} = \frac{1}{N}\sum_{i=1}^{N} U_i \tag{2}$$

$$H_g = \sqrt{\frac{1}{N}\sum_{i=1}^{N} H_{ei}^2} \tag{3}$$

式中：Q——全厂二氧化硫最高允许排放速率，kg/h；

P——排放控制系数；

$\overline{U}$——各烟囱出口处环境风速的平均值，m/s；

H_g——全厂烟囱等效单源高度，m；

H_{ei}——第 i 个烟囱有效高度，m；

U_i——第 i 个烟囱出口处的环境风速，m/s；按附录 A 规定计算。

烟囱的有效高度按公式（4）计算。

$$H_e = H_s + \Delta H \tag{4}$$

式中：H_e——烟囱有效高度，m；

H_s——烟囱几何高度，m，当烟囱几何高度超过 240m 时，仍按 240m 计算；

ΔH——烟气抬升高度，m，按附录 A 规定计算。

4.3.2 P 值的确定

各地区最高允许排放控制系数 P 执行表 4 中给出的限值。

表4　各地区最高允许排放控制系数 *P* 限值

区　　域	北京、天津、河北、辽宁、上海、江苏、浙江、福建、山东、广东、海南	山西、吉林、黑龙江、安徽、江西、河南、湖北、湖南	重庆、四川、贵州、云南、西藏、陕西、甘肃、青海、宁夏、新疆、内蒙古、广西
重点城市建成区及规划区[1)]	≤2.6	≤3.8	≤5.1
一般城市建成区及规划区[2)]	≤6.7	≤8.2	≤9.7
城市建成区和规划区外	≤11.5	≤13.3	≤15.4
注：1）重点城市是指国务院批复的大气污染防治重点城市。 2）一般城市是指县级及县级以上的城市。			

4.3.3　烟囱高度

地方环境保护行政主管部门可以根据具体情况规定烟囱高度最低限值。

5　监测

5.1　大气污染物的监测分析方法

火电厂大气污染物的监测应在机组运行负荷的75%以上进行。

5.1.1　火电厂大气污染物的采样方法

火电厂大气污染物的采样方法执行GB/T 16157《固定污染源排气中颗粒物测定与气态污染物采样方法》规定。

5.1.2　火电厂大气污染物的分析方法

火电厂大气污染物的分析方法见表5。

表5　火电厂大气污染物分析方法

序　　号	分　析　项　目	大气污染物分析方法
1	烟　　尘	GB/T 16157 重量法
2	烟气黑度	林格曼黑度图法《空气和废气监测分析方法》 测烟望远镜法《空气和废气监测分析方法》 光电测烟仪法《空气和废气监测分析方法》
3	二氧化硫	HJ/T 56 碘量法 HJ/T 57 定电位电解法 自动滴定碘量法《空气和废气监测分析方法》 非分散红外吸收法《空气和废气监测分析方法》 电导率法《空气和废气监测分析方法》
4	氮氧化物	HJ/T 42 紫外分光光度法 HJ/T 43 盐酸萘乙二胺分光光度法 定电位电解法《空气和废气监测分析方法》 非分散红外吸收法《空气和废气监测分析方法》

5.2　大气污染物的过量空气系数折算值

实测的火电厂烟尘、二氧化硫和氮氧化物排放浓度，必须执行GB/T 16157规定按公式（5）进行折算，燃煤锅炉按过量空气系数 $\alpha=1.4$ 进行折算；燃油锅炉按过量空气系数 $\alpha=1.2$ 进行折算；燃气轮机组按过量空气系数 $\alpha=3.5$ 进行折算。

$$c = c' \times (\alpha'/\alpha) \tag{5}$$

式中：c——折算后的烟尘、二氧化硫和氮氧化物排放浓度，mg/m^3；

c'——实测的烟尘、二氧化硫和氮氧化物排放浓度，mg/m^3；

α'——实测的过量空气系数；

α——规定的过量空气系数。

5.3 全厂第1时段火力发电锅炉二氧化硫平均浓度计算

全厂第1时段火力发电锅炉二氧化硫平均浓度按公式（6）计算。

$$c = (c_1 \times V_1 + c_2 \times V_2 + \cdots + c_n \times V_n)/(V_1 + V_2 + \cdots + V_n) \tag{6}$$

式中：c——全厂第1时段火力发电锅炉二氧化硫平均浓度，mg/m^3；

c_1、c_2、c_n——按5.2中的方法折算后的第1时段中第1、2、n台火力发电锅炉二氧化硫浓度，mg/m^3；

V_1、V_2、V_n——第1时段中第1、2、n台火力发电锅炉排烟率（标态），m^3/s；

5.4 气态污染物浓度单位换算

本标准中1μmol/mol（1ppm）二氧化硫相当于2.86mg/m^{3}二氧化硫质量浓度。氮氧化物质量浓度以二氧化氮计，1μmol/mol（1ppm）氮氧化物相当于2.05mg/m^{3}质量浓度。

5.5 烟气排放的连续监测

5.5.1 火力发电锅炉须装设符合HJ/T 75要求的烟气排放连续监测仪器。

5.5.2 火电厂大气污染物的连续监测按HJ/T 75中的规定执行。

5.5.3 烟气排放连续监测装置经省级以上人民政府环境保护行政主管部门验收合格后，在有效期内其监测数据为有效数据。

6 标准实施

6.1 本标准由县级以上人民政府环境保护行政主管部门负责监督实施。

6.2 火电厂大气污染物排放除执行本标准外，还须执行国家和地方总量排放控制指标。

附 录 A
（规范性附录）
烟气抬升高度计算方法

A.1 烟气抬升高度的计算

烟气抬升高度按式（A1）～式（A5）计算。

当$Q_H \geq 21000$kJ/s，且$\Delta T \geq 35$K时：

$$\text{城市、丘陵：} \Delta H = 1.303 Q_H^{1/3} H_S^{2/3} / U_S \tag{A1}$$

$$\text{平原农村：} \Delta H = 1.427 Q_H^{1/3} H_S^{2/3} / U_S \tag{A2}$$

当2100kJ/s$\leq Q_H <$21000kJ/s，且$\Delta T \geq 35$K时：

$$\text{城市、丘陵：} \Delta H = 0.292 Q_H^{3/5} H_S^{2/5} / U_S \tag{A3}$$

$$\text{平原农村：} \Delta H = 0.332 Q_H^{3/5} H_S^{2/5} / U_S \tag{A4}$$

当$Q_H <$2 100kJ/s，或$\Delta T <$35K时：

$$\Delta H = 2(1.5 V_S d + 0.01 Q_H) / U_S \tag{A5}$$

式中：ΔT——烟囱出口处烟气温度与环境温度之差，K，计算方法见A.1.1；

Q_H——烟气热释放率，kJ/s，计算方法见 A. 1. 2；

U_S——烟囱出口处的环境风速，m/s，计算方法见 A. 1. 3；

V_S——烟囱出口处实际烟速，m/s；

d——烟囱出口内径，m。

其他符号意义同本标准 4. 3. 1。

A. 1. 1　烟囱出口处烟气温度与环境温度之差 ΔT

烟囱出口处烟气温度与环境温度之差 ΔT 按公式（A6）计算。

$$\Delta T = T_S - T_a \tag{A6}$$

式中：T_S——烟囱出口处烟气温度，K，可用烟囱入口处烟气温度按 -5℃/100m 递减率换算所得值；

T_a——烟囱出口处环境平均温度，K，可用电厂所在地附近的气象台、站定时观测最近 5a 地面平均气温代替。

A. 1. 2　烟气热释放率 Q_H 的计算

烟气热释放率 Q_H 按公式（A7）计算。

$$Q_H = C_P V_0 \Delta T \tag{A7}$$

式中：C_P——烟气平均定压比热，1. 38kJ/（m^3 · K）；

V_0——排烟率（标态），m^3/s。当一座烟囱连接多台锅炉时，该烟囱的 V_0 为所连接的各锅炉该项数值之和。

A. 1. 3　烟囱出口处环境风速的计算

烟囱出口处环境风速按公式（A8）计算。

$$U_S = \overline{U}_{10}\left(\frac{H_S}{10}\right)^{0.15} \tag{A8}$$

式中：U_S——烟囱出口处的环境风速，m/s；

$\overline{U}_{10}$——地面 10m 高度处平均风速，m/s，采用电厂所在地最近的气象台、站最近 5a 观测的距地面 10m 高度处的风速平均值，当 $\overline{U}_{10} < 2.0$m/s 时，取 $\overline{U}_{10} = 2.0$m/s；

H_S——烟囱几何高度，m。

附录二

火电厂环境监测技术规范

（DL/T 414—2004）

目　　次

前　　言

随着我国环境保护法律、法规的不断完善，电力环保规定也不断进行相应的修订。原电力工业部于1996年颁发了《火电行业环境监测管理规定》（电计［1996］280号）（以下简称《规定》），对原《火电厂环境监测条件》［（87）水电计字第299号］中有关火电厂环境监测的部分条款作了修改。为适应这些变化，对电力行业标准DL414—1991《火电厂环境监测技术规范》进行相应的修订。

本标准对《规定》的要求进行修订，修订的主要内容是：删除不属于企业污染源监测内容的环境空气质量监测部分；增加火电厂电场与磁场监测的内容；噪声监测修改为厂界噪声监测等。同时，对《规定》中提出的个别监测项目也作了一些修改，如电场与磁场的监测区由厂区范围修改为厂界电场与磁场强度的监测。

本标准的实施，将统一全国火电厂的环境监测技术，使火电厂环境监测与国家环境监测的要求一致，提高监测数据的代表性、可靠性和可比性，以适应电力环境监测工作的需要。

本标准由中国电力企业联合会提出。

本标准由电力行业环境保护标准化委员会归口并负责解释。

本标准起草单位：原国家电力公司环境监测总站。

本标准主要起草人：王志轩、陶申鑫、曹逸、朱法华、曹锋。

本标准首次发布时间：1991年12月4日，本次为第一次修订。

火电厂环境监测技术规范

1 范围

本标准规定了火电厂环境监测项目、采样技术、分析方法及环境监测质量保证体系。

本标准适用于全国火电厂的环境监测。

2 规范性引用文件

下列文件中的条款通过本标准的引用而成为本标准的条款。凡是注日期的引用文件，其随后所有的修改单（不包括勘误的内容）或修订版均不适用于本标准，然而，鼓励根据本标准达成协议的各方研究是否可使用这些文件的最新版本。凡是不注日期的引用文件，其最新版本适用于本标准。

GB/T 6682　分析实验室用水规格和试验方法

GB/T 8170　数值修约规则

GB 12349　工业企业厂界噪声测量方法

GB/T 12720　工频电场测量

GB 12998　水质采样技术指导

GB 12999　水质采样样品的保存和管理技术规定

GB 13223　火电厂大气污染物排放标准

GB/T 13931　电除尘器性能测试方法

GB/T 16157　固定污染源排气中颗粒物测定与气态污染物采样方法

CJ/T 3008. 1 ~5　城市排水流量测量堰槽测量标准

HJ/T 42　固定污染源排气中氮氧化物的测定　紫外分光光度法

HJ/T 43　固定污染源排气中氮氧化物的测定　盐酸萘乙二胺分光光度法

HJ/T 46　定电解电位法二氧化硫测定技术条件

HJ/T 47　烟气采样器技术条件

HJ/T 48　烟尘采样器技术条件

HJ/T 75　火电厂烟气排放连续监测技术规范

JJG 20　玻璃量器检定规程

JJG 98　非自行天平试行检定规程

3 术语和定义

下列术语和定义适用于本标准。

3.1

标准状态 standard state

烟气在温度为 273K、压力为 101325Pa 时的状态，简称“标态”。本标准中所规定的大气污染物排放浓度均指标准状态下干烟气的数值。

3.2

工频电场与磁场 Power frequency electric field and magnetic field

特指频率为50Hz发输电设备产生的准均匀电场和磁场，包括单相交流电场、磁场和三相交流电场、磁场。

3.3

稳态噪声、非稳态噪声 regular noise、irregular noise

在测量时间内，声级起伏不大于3dB（A）的噪声为稳态噪声，否则称为非稳态噪声。

4 排水水质和排放量监测

4.1 监测目的

对火电厂外排废水实施常规监测，以反映火电厂废水排放现状，为环境管理、排水治理提供依据。

4.2 监测对象

监测对象为下列条类外排水；

a）电厂废水总排放口排水；

b）灰场（灰池）排水；

c）工业废水；

d）厂区生活污水；

e）其他可能对受纳水体产生污染的排水；

f）经过各类废水处理装置处理后的外排水。

4.3 采样原则

废水水质采样应具有代表性。采样前应了解各系统排水的排放规律和排水中污染物在时间、空间和数量上的变化情况。监测时应测定采样时排放口处排水的流量；临时性排水采样时，同时记录该次排水总量。

4.4 采样点设置

废水集中对外排放的电厂，采样点设在总排放厂界外出口处；废水分多路对外排放的电厂，采样点设在各路废水对外排放出口处；各废水处理系统集中对外排放或分别排放的废水采样点的设置一般应在厂区对外环境排放出口处，见表1。

表1 排水监测采样点

编　　号	排 水 种 类	采　　样　　点
1	电厂综合排放废水	电厂废水总排放口厂界外出口处
2	灰场（灰池）排水	灰场（灰池）的澄清灰水外排口出口处
3	工业废水[a]	电厂工业废水外排口出口处
4	厂区生活污水	生活污水外排口厂界外出口处
5	其他废水	其他废水外排口出口处
6	各类废水处理装置处理后的外排水	对应处理装置的外排口出口处

[a] 火电厂厂区工业废水不包括灰渣水和厂区生活污水

可根据本厂的工艺及水系统特点和实际需要，对上述采样点做部分调整。确定自选采样点时应注意采样点的地点、部位、采样时间以及采样方法，保证所采样品的代表性。监测报告中应注明自选采样点的位置。

采集管（渠）道出口处的水样时，一般宜在水流中部采样。当排水管（渠）道的水较深时（如大于1.0m），可由表层水面起向下至1/4深度处采样。监测水中含油量时，应按4.6的规定进行。

4.5 采样时间与采样周期

4.5.1 采样时间

每次监测采集2个样品，分别在同一天的上午和下午各采取1个。

临时性排水在排放过程中采样1次。

4.5.2 采样周期

各类排水监测项目的采样周期见表2。监测时可根据本厂的排水情况和有关要求，适当缩短采样周期。

表2 排水监测采样周期

监测项目	排水种类[a]				
	灰场（灰池）排水	厂区工业废水	厂区生活污水	各类水处理装置处理后的外排水[b]	其他排水[b]
pH值	1次/旬	1次/旬			
悬浮物	1次/旬	1次/旬	1次/月		
COD	1次/旬	1次/旬	1次/月		
石油类		>2次/月			
氟化物	1次/月	1次/月			
总　砷	1次/月	1次/月			
硫化物	1次/月				
挥发酚	1次/年	1次/年			
氨　氮					
BOD_5			1次/季		
动植物油			1次/月		
水　温		1次/月			
排水量	1次/月	1次/月	1次/月		

[a] 监测项目可根据当地环保管理部门的要求增减；
[b] 监测项目根据排水的性质决定

4.6 采样方法

4.6.1 采样容器

采用聚乙烯或硬质玻璃容器。

对盛放测金属污染物水样的容器，先用不含该类金属成分的洗涤剂清洗，再用自来水冲洗，并尽可能减少容器内壁的残留水分，然后用酸浸泡处理后再用自来水清洗干净。对内壁清洁的容器，可直接用自来水洗刷干净后再用酸浸泡处理。凡须做酸浸泡处理的容器，在酸浸泡前应少用或不用洗涤剂清洗。

对盛放待测有机物水样的容器，应用铬酸洗液、自来水、蒸馏水或去离子水依次洗净。

对盛放其他监测项目水样的容器与盛放金属污染物水样容器的处理方法相同，但所有洗涤剂中不得含有待测成分。

玻璃容器可用体积分数为50%的HNO_3、50%的HCl或王水浸泡，聚乙烯塑料容器用体积分数为50%的HNO_3和50%的HCl浸泡。测定金属污染物时，可靠的浸泡条件是70℃下浸泡24h，条件不具备时也可常温浸泡并适当延长浸泡时间；对盛放其他监测项目水样的容器，浸泡条件为常温浸泡8h。

容器处理后贴上标签备用。

各采样点的采样容器应专用。

4.6.2 现场采样

水质采样技术按GB/T 12998的规定执行。

现场采样可用手工采样或自动采样，并做好记录。采样时用待采水样荡洗盛样容器内壁3次，再按要求体积采集水样，并在标签上注明采样时间、地点及样品类别（监测项目）、采样人姓名和采样时的天气情况等。对需保存一段时间再分析的水样，在采样后立即按各项目测试方法的要求加入保护试剂。如需要在采样前加入保护试剂，则不能再用待采水样荡洗盛样容器。

采样结束前仔细检查采样记录和水样，如发现有漏采或不符合规定者，应立即补采或重采。

4.6.3 采样量

各监测项目的最小采样量见表3。

表3 水质监测采样体积与样品保存方法

监测项目	保存条件	允许保存时间	采样体积 mL	推荐盛样容器
pH值	现场测定	—	—	P，G
悬浮物	采样后尽快测定，或4℃冷藏	24h	200～400	
COD	采样后尽快测定，或加硫酸至pH 1～2	7d	100	
石油类和动植物油	加盐酸至pH＜2，2℃～5℃冷藏	24h	500～5000	G
氟化物	4℃冷藏	28d	300	P
总砷	采样后加硫酸至pH＜2，或加碱调节pH＜12	1个月	300～500	
硫化物	在现场用氢氧化钠调至中性后，每升水样加3mL1mol/L的醋酸锌和6mL 1mol/L的氢氧化钠至pH＝10～12，或4℃闭光冷藏	24h	500	G
挥发酚	采样后尽快分析，或加磷酸至pH＝4，每升水样加1g硫酸铜，5℃～10℃冷藏		1000	BG
氨氮	加硫酸至pH＜2，2℃～5℃冷藏	尽快	500	P（A），G（A）
BOD_5	尽快测定（不超过2h），或2℃～5℃冷藏		1000	G
水温	现场测定	—	—	—
注：P—聚乙烯塑料桶（瓶）；G—玻璃瓶；P（A）、G（A）—用体积分数50%的硝酸洗涤后的聚乙烯塑料桶（瓶）、玻璃瓶；BG—硼硅玻璃				

4.6.4 水质采样注意事项

除BOD_5、pH值和悬浮物等测试项目外，一般宜将上、下午采集的样品混合作为该次监测的分析样品。当各采样点上、下午排水流量不变或变化很小时，两个样品可做等容混合，

求多点监测数据的平均值，即计算某区域的日、月、季和年平均值时，仍采用上述方法。计算见式（35），即

$$\overline{C} = \frac{1}{m}\Sigma C_i \tag{35}$$

式中：$\overline{C}$——监测区域的平均值；

C_i——第 i 个监测点的平均值；

m——监测点数。

监测数据的平均值也可以用中位数法进行统计，即将监测数据按大小顺序排列，当数据总数为奇数时，以正中的数据表示平均值；当数据总数为偶数时，取正中两个数据的算术平均值。

8.4.3.2 检出率统计

按式（36）计算检出率，即

$$检出率 = \frac{n_0}{\Sigma n} \times 100\% \tag{36}$$

式中：n_0——分期或全年检出次数；

Σn——分期或全年总检测次数。

8.4.3.3 超标率统计

超标率按式（37）计算，即

$$超标率 = \frac{n_p}{\Sigma n} \times 100\% \tag{37}$$

式中：n_p——分期或全年检出超标次数；

Σn——分期或全年总检出次数。

8.4.3.4 最高（最低）值的统计

最高（最低）值按分期或全年统计，为统计期中全部检出值中的最高（最低）检出值。

附录三

火力发电厂烟气脱硫设计技术规程

(DL/T 5196—2004)

目　　次

前　　言

根据原国家经贸委《关于确认1999年度电力行业标准制修订计划项目的通知》（电力［2000］22号）安排制定的。

随着我国对火力发电厂SO_x排放控制的日益严格，采用各种烟气脱硫装置愈来愈普遍，为了统一和规范火力发电厂烟气脱硫装置的设计和建设标准，贯彻“安全可靠、经济适用、符合国情”的基本方针，做到有章可循，结合近几年来火力发电厂烟气脱硫装置的设计和建设过程中遇到的工程实际问题和经验总结，特制定本标准。

本标准由中国电力企业联合会提出。

本标准由电力规划设计标准化技术委员会归口并解释。

本标准起草单位：西南电力设计院。

本标准主要起草人：李劲夫、罗永禄、张永全、周明清、彭勇、蒲皓、李承蓉、赵齐、叶丹琼、高元、孙卫民。

1 范　　围

本标准规定了烟气脱硫装置的设计要求。

本标准适用于400t/h及以上锅炉的烟气脱硫装置。400t/h以下锅炉的电厂烟气脱硫装置设计可以参照执行。

2 规范性引用文件

下列文件中的条款通过本标准的引用而成为本标准的条款。凡是注日期的引用文件，其随后所有的修改单（不包括勘误的内容）或修订版均不适用于本标准，然而，鼓励根据本标准达成协议的各方研究是否可使用这些文件的最新版本。凡是不注日期的引用文件，其最新版本适用于本标准。

GBJ 87　工业企业噪声控制设计规范

GB 8978 污水综合排放标准
GB 50033 建筑采光设计标准
GB 50160 石油化工企业设计防火规范
GB 50229 火力发电厂与变电所设计防火规范
DL 5000 火力发电厂设计技术规程
DL/T 5029 火力发电厂建筑装修设计标准
DL/T 5035 火力发电厂采暖通风与空气调节设计技术规定
DL/T 5046 火力发电厂废水治理设计技术规程
DL/T 5120 小型电力工程直流系统设计规程
DL/T 5136 火力发电厂、变电所二次接线设计技术规程
DL/T 5153 火力发电厂厂用电设计技术规定

3 一 般 规 定

3.0.1 脱硫工艺的选择应根据锅炉容量和调峰要求、燃煤煤质（特别是折算硫分）、二氧化硫控制规划和环评要求的脱硫效率、脱硫工艺成熟程度、脱硫剂的供应条件、水源情况、脱硫副产物和飞灰的综合利用条件、脱硫废水、废渣排放条件、厂址场地布置条件等因素，经全面技术经济比较后确定。

3.0.2 脱硫工艺的选择一般可按照以下原则：

1 燃用含硫量 $S_{ar}\geqslant 2\%$ 煤的机组或大容量机组（200MW 及以上）的电厂锅炉建设烟气脱硫装置时，宜优先采用石灰石—石膏湿法脱硫工艺，脱硫率应保证在 90% 以上。

2 燃用含硫量 $S_{ar}<2\%$ 煤的中小电厂锅炉（200MW 以下），或是剩余寿命低于 10 年的老机组建设烟气脱硫装置时，在保证达标排放，并满足 SO_2 排放总量控制要求，且吸收剂来源和副产物处置条件充分落实的情况下，宜优先采用半干法、干法或其他费用较低的成熟技术，脱硫率应保证在 75% 以上。

3 燃用含硫量 $S_{ar}<1\%$ 煤的海滨电厂，在海域环境影响评价取得国家有关部门审查通过，并经全面技术经济比较合理后，可以采用海水法脱硫工艺；脱硫率宜保证在 90% 以上。

4 电子束法和氨水洗涤法脱硫工艺应在液氨的来源以及副产物硫铵的销售途径充分落实的前提下，经过全面技术经济比较认为合理时，并经国家有关部门技术鉴定后，可以采用电子束法或氨水洗涤法脱硫工艺。脱硫率宜保证在 90% 以上。

5 脱硫装置的可用率应保证在 95% 以上。

3.0.3 烟气脱硫装置的设计工况宜采用锅炉 BMCR、燃用设计煤种下的烟气条件，校核工况采用锅炉 BMCR、燃用校核煤种下的烟气条件。已建电厂加装烟气脱硫装置时，宜根据实测烟气参数确定烟气脱硫装置的设计工况和校核工况，并充分考虑煤源变化趋势。脱硫装置入口的烟气设计参数均应采用脱硫装置与主机组烟道接口处的数据。

3.0.4 烟气脱硫装置的容量采用上述工况下的烟气量，不考虑容量裕量。

3.0.5 由于主体工程设计煤种中收到基硫分一般为平均值，烟气脱硫装置的入口 SO_2 浓度（设计值和校核值）应经调研，考虑燃煤实际采购情况和煤质变化趋势，选取其变化范围中的较高值。

3.0.6 烟气脱硫装置的设计煤质资料中应增加计算烟气中污染物成分［如 Cl（HCl）、F

(HF)] 所需的分析内容。

3.0.7 脱硫前烟气中的 SO_2 含量根据公式(3.0.7)计算:

$$M_{SO_2}=2\times K\times B_g\times\left(1-\frac{\eta_{SO_2}}{100}\right)\times\left(1-\frac{q_4}{100}\right)\frac{S_{ar}}{100} \qquad (3.0.7)$$

式中:M_{SO_2}——脱硫前烟气中的 SO_2 含量,t/h;

K——燃煤中的含硫量燃烧后氧化成 SO_2 的份额;

B_g——锅炉 BMCR 负荷时的燃煤量,t/h;

η_{SO_2}——除尘器的脱硫效率,见表 3.0.7;

q_4——锅炉机械未完全燃烧的热损失,%;

S_{ar}——燃料煤的收到基硫分,%。

注:对于煤粉炉 $K=0.85\sim0.9$。K 值主要体现了在燃烧过程中 S 氧化成 SO_2 的水平,建议在脱硫装置的设计中取用上限 0.9。

表 3.0.7 除尘器的脱硫效率

除尘器形式	干式除尘器	洗涤式水膜除尘器	文丘里水膜除尘器
η_{SO_2}%	0	5	15

3.0.8 烟气脱硫装置应能在锅炉最低稳燃负荷工况和 BMCR 工况之间的任何负荷持续安全运行。烟气脱硫装置的负荷变化速度应与锅炉负荷变化率相适应。

3.0.9 脱硫装置所需电源、水源、气源、汽源宜尽量利用主体工程设施。

3.0.10 装设脱硫装置后的烟囱选型、内衬材料以及出口直径和高度等应根据脱硫工艺、出口温度、含湿量、环保要求以及运行要求等因素确定。已建电厂加装脱硫装置时,应对现有烟囱进行分析鉴定,确定是否需要改造或加强运行监测。

4 总平面布置

4.1 一般规定

4.1.1 脱硫设施布置应满足以下要求:

1 工艺流程合理,烟道短捷;

2 交通运输方便;

3 充分利用主体工程公用设施;

4 合理利用地形和地质条件;

5 节约用地,工程量少、运行费用低;

6 方便施工,有利维护检修;

7 符合环境保护、劳动安全和工业卫生要求。

4.1.2 技改工程应避免拆迁正在运行机组的生产建、构筑物和地下管线。当不能避免时,必须采取合理的过渡措施。

4.1.3 脱硫吸收剂卸料及贮存场所宜布置在人流相对集中设施区的常年最小风频的上风侧。

4.2 总平面布置

4.2.1 脱硫装置应统一规划,不应影响电厂再扩建的条件。

4.2.2 烟气脱硫吸收塔宜布置在烟囱附近，浆液循环泵（房）应紧邻吸收塔布置。吸收剂制备及脱硫副产品处理场地宜在吸收塔附近集中布置，或结合工艺流程和场地条件因地制宜布置。

4.2.3 海水脱硫，曝气池应靠近排水方向，并宜与循环水排水沟位置相结合，曝气池排水应与循环水排水汇合后集中排放。

4.2.4 脱硫装置与主体工程不同步建设而需要预留脱硫场地时，宜预留在紧邻锅炉引风机后部烟道及烟囱的外侧区域。场地大小应根据将来可能采用的脱硫工艺方案确定。在预留场地上不应布置不便拆迁的设施。

4.2.5 石灰石—石膏湿法事故浆池或事故浆液箱的位置选择宜方便多套装置共用的需要。

4.2.6 增压风机、循环泵和氧化风机等设备可根据当地气象条件及设备状况等因素研究可否露天布置。当露天布置时应加装隔音罩或预留加装隔音罩的位置。

4.2.7 脱硫废水处理间宜紧邻石膏脱水车间布置，并有利于废水处理达标后与主体工程统一复用或排放。紧邻废水处理间的卸酸、碱场地应选择在避开人流通行较多的偏僻地带。

4.2.8 石膏仓或石膏贮存间宜与石膏脱水车间紧邻布置，并应设顺畅的汽车运输通道。石膏仓下面的净空高度不应低于4.5m。

4.2.9 氨罐区应布置在通风条件良好、厂区边缘安全地带。防火设计应满足GB 50160的要求。

4.2.10 电子束法脱硫及氨水洗涤法脱硫，应根据市场条件和厂内场地条件设置适当的硫酸铵包装及存放场地。

4.3 竖 向 布 置

4.3.1 脱硫场地的标高应不受洪水危害。脱硫装置在主厂房区环形道路内，防洪标准与主厂房区相同，在主厂房区环形道路外，防洪标准与其他场地相同。

4.3.2 脱硫装置主要设施宜与锅炉尾部烟道及烟囱零米高程相同，并与其他相邻区域的场地高程相协调，并有利于交通联系、场地排水和减少土石方工程量。

4.3.3 新建电厂，脱硫场地的平整及土石方平衡应由主体工程统一考虑。技改工程，脱硫场地应力求土石方自身平衡。场地平整坡度视地形、地质条件确定，一般为0.5%~2.0%；困难地段不小于0.3%，但最大坡度不宜大于3.0%。

4.3.4 建筑物室内、外地坪高差，及特殊场地标高应符合下列要求：

1 有车辆出入的建筑物室内、外地坪高差，一般为0.15m~0.30m；

2 无车辆出入的室内外高差可大于0.30m；

3 易燃、可燃、易爆、腐蚀性液体贮存区地坪宜低于周围道路标高。

4.3.5 当开挖工程量较大时，可采用阶梯布置方式，但台阶高差不宜超过5m，并设台阶间的连接踏步。挡土墙高度3m及以上时，墙顶应设安全护栏。同一套脱硫装置宜布置在同一台阶场地上。卸腐蚀性液体的场地宜设在较低处，且地坪应做防腐蚀处理。

4.3.6 脱硫场地的排水方式宜与主体工程相统一。

4.4 交 通 运 输

4.4.1 脱硫吸收剂及副产品的运输方式应根据地区交通运输现状、物流方向和电厂的交通条件进行技术经济比较确定。

4.4.2 石灰石粉运输汽车应选择自卸密封罐车，石灰石块及石膏运输汽车宜选择自卸车并有防止二次扬尘的措施，所需车辆应依靠地方协作解决。

4.4.3 脱硫岛内宜设方便的道路与厂区道路形成路网，道路类型应与主体工程一致。运输吸收剂及脱硫副产品的道路宽度宜为6.0m～7.0m，转弯半径不小于9.0m，用作一般消防、运行、维护检修的道路宽度宜为3.5m或4.0m，转弯半径不小于7.0m。

4.4.4 吸收剂及脱硫副产品汽车运输装卸停车位路段纵坡宜为平坡，有困难时，最大纵坡不应大于1.5%。

4.4.5 石灰石块铁路运输时，一般宜选择装卸桥抓或缝式卸石沟卸料。铁路线设置应根据每次进厂车辆数、既有铁路情况、场地条件、线路布置形式和卸车方式等因素综合确定。

4.4.6 石灰石块及石膏水路运输时，应根据工程条件，利用卸煤、除灰、大件码头或设专用码头。停靠船舶吨位、装卸料设备选择及厂区运输方式应通过综合比较确定。

4.4.7 进厂吸收剂应设有检斤装置和取样化验装置，也可与电厂主体工程共用。

4.5 管 线 布 置

4.5.1 管线综合布置应根据总平面布置、管内介质、施工及维护检修等因素确定，在平面及空间上应与主体工程相协调。

4.5.2 管线布置应短捷、顺直，并适当集中，管线与建筑物及道路平行布置，干管宜靠近主要用户或支管多的一侧布置。

4.5.3 脱硫装置区的管线除雨水下水道和生活污水下水道外，其他宜采用综合架空方式敷设。过道路地段，净高不低于5.0m；低支架布置时，人行地段净高不低于2.5m；低支墩地段，管道支墩宜高出地面0.15m～0.30m。

4.5.4 脱硫装置区内的浆液沟道当有腐蚀性液体流过时应做防腐处理，废水沟道宜做防腐处理，室外电缆沟道设计应避免有腐蚀性浆液进入。

4.5.5 雨水下水管、生活污水管、消防水管及各类沟道不宜平行布置在道路行车道下面。

5 吸收剂制备系统

5.0.1 吸收剂制备系统的选择。

1 可供选择的吸收剂制备系统方案有：

1）由市场直接购买粒度符合要求的粉状成品，加水搅拌制成石灰石浆液；

2）由市场购买一定粒度要求的块状石灰石，经石灰石湿式球磨机磨制成石灰石浆液；

3）由市场购买块状石灰石，经石灰石干式磨机磨制成石灰石粉，加水搅拌制成石灰石浆液。

2 吸收剂制备系统的选择应根据吸收剂来源、投资、运行成本及运输条件等进行综合技术经济比较后确定。当资源落实、价格合理时，应优先采用直接购买石灰石粉方案；当条件许可且方案合理时，可由电厂自建湿磨吸收剂制备系统。当必须新建石灰石加工粉厂时，应优先考虑区域性协作即集中建厂，且应根据投资及管理方式、加工工艺、厂址位置、运输条件等因素进行综合技术经济论证。

5.0.2 300MW 及以上机组厂内吸收剂浆液制备系统宜每两台机组合用一套。当规划容量明确时，也可多炉合用一套。对于一台机组脱硫的吸收剂浆液制备系统宜配置一台磨机，并相应增大石灰石浆液箱容量。200MW 及以下机组吸收剂浆液制备系统宜全厂合用。

5.0.3 当采用石灰石块进厂方式时，根据原料供应和厂内布置等条件，宜不设石灰石破碎机。

5.0.4 当两台机组合用一套吸收剂浆液制备系统时，每套系统宜设置两台石灰石湿式球磨机及石灰石浆液旋流分离器，单台设备出力按设计工况下石灰石消耗量的 75% 选择，且不小于 50% 校核工况下的石灰石消耗量。对于多炉合用一套吸收剂浆液制备系统时，宜设置 $n+1$台石灰石湿式球磨机及石灰石浆液旋流分离器，n 台运行一台备用。

5.0.5 每套干磨吸收剂制备系统的容量宜不小于 150% 的设计工况下石灰石消耗量，且不小于校核工况下的石灰石消耗量。磨机的台数和容量经综合技术经济比较后确定。

5.0.6 湿式球磨机浆液制备系统的石灰石浆液箱容量宜不小于设计工况下 6h ~ 10h 的石灰石浆液量，干式磨机浆液制备系统的石灰石浆液箱容量宜不小于设计工况下 4h 的石灰石浆液量。

5.0.7 每座吸收塔应设置两台石灰石浆液泵，一台运行，一台备用。

5.0.8 石灰石仓或石灰石粉仓的容量应根据市场运输情况和运输条件确定，一般不小于设计工况下 3d 的石灰石耗量。

5.0.9 吸收剂的制备贮运系统应有防止二次扬尘等污染的措施。

5.0.10 浆液管道设计时应充分考虑工作介质对管道系统的腐蚀与磨损，一般应选用衬胶、衬塑管道或玻璃钢管道。管道内介质流速的选择既要考虑避免浆液沉淀，同时又要考虑管道的磨损和压力损失尽可能小。

5.0.11 浆液管道上的阀门宜选用蝶阀，尽量少采用调节阀。阀门的通流直径宜与管道一致。

5.0.12 浆液管道上应有排空和停运自动冲洗的措施。

6 烟气及二氧化硫吸收系统

6.1 二氧化硫吸收系统

6.1.1 吸收塔的数量应根据锅炉容量、吸收塔的容量和可靠性等确定。300MW 及以上机组宜一炉配一塔。200MW 及以下机组宜两炉配一塔。

6.1.2 脱硫装置设计用进口烟温应采用锅炉设计煤种 BMCR 工况下从主机烟道进入脱硫装置接口处的运行烟气温度。新建机组同期建设的烟气脱硫装置的短期运行温度一般为锅炉额定工况下脱硫装置进口处运行烟气温度加 50℃。

6.1.3 吸收塔应装设除雾器，在正常运行工况下除雾器出口烟气中的雾滴浓度（标准状态下）应不大于 75mg/m^3。除雾器应设置水冲洗装置。

6.1.4 当采用喷淋吸收塔时，吸收塔浆液循环泵宜按照单元制设置，每台循环泵对应一层喷嘴。吸收塔浆液循环泵按照单元制设置时，应在仓库备有泵叶轮一套；按照母管制设置（多台循环泵出口浆液汇合后再分配至各层喷嘴）时，宜现场安装一台备用泵。

6.1.5 吸收塔浆液循环泵的数量应能很好地适应锅炉部分负荷运行工况，在吸收塔低负荷运行条件下有良好的经济性。

6.1.6 每座吸收塔应设置2台全容量或3台半容量的氧化风机，其中1台备用；或每两座吸收塔设置3台全容量的氧化风机，2台运行，1台备用。

6.1.7 脱硫装置应设置事故浆池或事故浆液箱，其数量应结合各吸收塔脱硫工艺的方式、距离及布置等因素综合考虑确定。当布置条件合适且采用相同的湿法工艺系统时，宜全厂合用一套。事故浆池的容量宜不小于一座吸收塔最低运行液位时的浆池容量。当设有石膏浆液抛弃系统时，事故浆池的容量也可按照不小于500m^3 设置。

6.1.8 所有贮存悬浮浆液的箱罐应有防腐措施并装设搅拌装置。

6.1.9 吸收塔外应设置供检修维护的平台和扶梯，塔内不应设置固定式的检修平台。

6.1.10 浆液管道的要求按照5.0.10～5.0.12执行。

6.1.11 结合脱硫工艺布置要求，必要时吸收塔可设置电梯，布置条件允许时，可以两台吸收塔和脱硫控制室合用1台电梯。

6.2 烟 气 系 统

6.2.1 脱硫增压风机宜装设在脱硫装置进口处，在综合技术经济比较合理的情况下也可装设在脱硫装置出口处。当条件允许时，也可与引风机合并设置。

6.2.2 脱硫增压风机的型式、台数、风量和压头按下列要求选择：

1 大容量吸收塔的脱硫增压风机宜选用静叶可调轴流式风机或高效离心风机。当风机进口烟气含尘量能满足风机要求，且技术经济比较合理时，可采用动叶可调轴流式风机。

2 300MW及以下机组每座吸收塔宜设置一台脱硫增压风机，不设备用。对600MW～900MW机组，经技术经济比较确定，也可设置2台增压风机。

3 脱硫增压风机的风量和压头按下列要求选择：

1）脱硫增压风机的基本风量按吸收塔的设计工况下的烟气量考虑。脱硫增压风机的风量裕量不低于10%，另加不低于10℃的温度裕量。

2）脱硫增压风机的基本压头为脱硫装置本身的阻力及脱硫装置进出口的压差之和。进出口压力由主体设计单位负责提供。脱硫增压风机的压头裕量不低于20%。

6.2.3 烟气系统宜装设烟气换热器，设计工况下脱硫后烟囱入口的烟气温度一般应达到80℃及以上排放。在满足环保要求且烟囱和烟道有完善的防腐和排水措施并经技术经济比较合理时也可不设烟气换热器。

6.2.4 烟气换热器可以选择以热媒水为传热介质的管式换热器或回转式换热器，当原烟气侧设置降温换热器有困难时，也可采用在净烟气侧装设蒸汽换热器。用于脱硫装置的回转式换热器漏风率，一般不大于1%。

6.2.5 烟气换热器的受热面均应考虑防腐、防磨、防堵塞、防沾污等措施，与脱硫后的烟气接触的壳体也应采取防腐，运行中应加强维护管理。

6.2.6 烟气脱硫装置宜设置旁路烟道。脱硫装置进、出口和旁路挡板门（或插板门）应有良好的操作和密封性能。旁路挡板门的开启时间应能满足脱硫装置故障不引起锅炉跳闸的要求。脱硫装置烟道挡板宜采用带密封风的挡板门，旁路挡板门也可采用压差控制不设密封风的单挡板门。

6.2.7 烟气换热器前的原烟道可不采取防腐措施。烟气换热器和吸收塔进口之间的烟道以及吸收塔出口和烟气换热器之间的烟道应采用鳞片树脂或衬胶防腐。烟气换热器出口和主机烟道接口之间的烟道宜采用鳞片树脂或衬胶防腐。

7 副产物处置系统

7.0.1 脱硫工艺设计应尽量为脱硫副产物的综合利用创造条件，经技术经济论证合理时，脱硫副产物可加工成建材产品，品种及数量应根据可靠的市场调查结果确定。

7.0.2 若脱硫副产物暂无综合利用条件时，可经一级旋流浓缩后输送至贮存场，也可经脱水后输送至贮存场，但宜与灰渣分别堆放，留有今后综合利用的可能性，并应采取防止副产物造成二次污染的措施。

7.0.3 当采用相同的湿法脱硫工艺系统时，300MW 及以上机组石膏脱水系统宜每两台机组合用一套。当规划容量明确时，也可多炉合用一套。对于一台机组脱硫的石膏脱水系统宜配置一台石膏脱水机，并相应增大石膏浆液箱容量。200MW 及以下机组可全厂合用。

7.0.4 每套石膏脱水系统宜设置两台石膏脱水机，单台设备出力按设计工况下石膏产量的 75% 选择，且不小于 50% 校核工况下的石膏产量。对于多炉合用一套石膏脱水系统时，宜设置 $n+1$ 台石膏脱水机，n 台运行一台备用。在具备水力输送系统的条件下，石膏脱水机也可根据综合利用条件先安装一台，并预留再上一台所需位置，此时水力输送系统的能力按全容量选择。

7.0.5 脱水后的石膏可在石膏筒仓内堆放，也可堆放在石膏贮存间内。筒仓或贮存间的容量应根据石膏的运输方式确定，但不小于 12h。石膏仓应采取防腐措施和防堵措施。在寒冷地区，石膏仓应采取防冻措施。

7.0.6 浆液管道的要求按照 5.0.10 ~5.0.12 执行。

8 废水处理系统

8.0.1 脱硫废水处理方式应结合全厂水务管理、电厂除灰方式及排放条件等综合因素确定。当发电厂采用干除灰系统时，脱硫废水应经处理达到复用水水质要求后复用，也可经集中或单独处理后达标排放；当发电厂采用水力除灰系统且灰水回收时，脱硫废水可作为冲灰系统补充水排至灰场处理后不外排。

8.0.2 处理合格后的废水应根据水质、水量情况及用水要求，按照全厂水务管理的统一规划综合利用或排放，处理后排放的废水水质应满足 GB 8978 和建厂所在地区的有关污水排放标准。

8.0.3 脱硫废水处理工艺系统应根据废水水质、回用或排放水质要求、设备和药品供应条件等选择，宜采用中和沉淀、混凝澄清等去除水中重金属和悬浮物措施以及 pH 调整措施，当脱硫废水 COD 超标时还应有降低 COD 的措施，并应同时满足 DL/T 5046 的相关要求。

8.0.4 脱硫废水处理系统出力按脱硫工艺废水排放量确定，系统宜采用连续自动运行，处理过程宜采用重力自流。泵类设备宜设备用，废水箱应装设搅拌装置。脱硫废水处理系统的加药和污泥脱水等辅助设备可视工程情况与电厂工业废水处理系统合用。

8.0.5 脱硫废水处理系统的设备、管道及阀门等应根据接触介质情况选择防腐材质。

9 热工自动化

9.1 热工自动化水平

9.1.1 烟气脱硫热工自动化水平宜与机组的自动化控制水平相一致。

9.1.2 烟气脱硫系统应采用集中监控，实现脱硫装置启动，正常运行工况的监视和调整，停机和事故处理。

9.1.3 烟气脱硫宜采用分散控制系统（DCS），其功能包括数据采集和处理（DAS）、模拟量控制（MCS）、顺序控制（SCS）及联锁保护、脱硫变压器和脱硫厂用电源系统（交流380V、6000V）监控。

9.1.4 随辅机设备本体成套提供及装设的检测仪表和执行装置，应满足脱硫装置运行和热控整体自动化水平与接口要求。

9.1.5 脱硫装置在启、停、运行及事故处理情况下均应不影响机组正常运行。

9.2 控制方式及控制室

9.2.1 脱硫控制应采用集中控制方式，有条件的可将脱硫控制与除尘、除灰控制集中在控制室内。一般两炉设一个脱硫控制室；当规划明确时，也可采用四台炉合设一个脱硫控制室。条件成熟时，脱硫控制可纳入机组单元控制室。其中脱硫装置的控制可纳入到机组的DCS系统，公用部分（如：石灰石浆液制备系统、工艺水系统、皮带脱水机系统等）的控制纳入到机组DCS的公用控制网。已建电厂增设的脱硫装置宜采用独立控制室。

9.2.2 脱硫集中控制室均应以操作员站作为监视控制中心。

9.2.3 燃煤电厂烟气脱硫系统的以下部分（如果有）可设置辅助专用就地控制设备：

1 石灰石或石灰石粉卸料和存贮控制；
2 浆液制备系统控制；
3 皮带脱水机系统控制；
4 石膏存贮和石膏处理控制（不在脱硫岛内或单独建设的除外）；
5 脱硫废水的控制；
6 GGH的控制。

9.3 热工检测

9.3.1 烟气脱硫热工检测包括：

1 脱硫工艺系统主要运行参数；
2 辅机的运行状态；
3 仪表和控制用电源、气源、水源及其他必要条件的供给状态和运行参数；
4 必要的环境参数；
5 脱硫变压器、脱硫电源系统及电气系统和设备的参数与状态检测。

9.3.2 脱硫装置出口烟气分析仪成套装置应该兼有控制与环保监测的功能。

9.3.3 烟气脱硫系统可设必要的工业电视监视系统，也可纳入机组的工业电视系统中。

9.4 热 工 保 护

9.4.1 烟气脱硫热工保护宜纳入分散控制系统，并由 DCS 软逻辑实现。

9.4.2 热工保护系统的设计应有防止误动和拒动的措施，保护系统电源中断和恢复不会误发动作指令。

9.4.3 热工保护系统应遵守独立性原则：

1 重要的保护系统的逻辑控制单独设置；

2 重要的保护系统应有独立的 I/O 通道，并有电隔离措施；

3 冗余的 I/O 信号应通过不同的 I/O 模件引入；

4 触发脱硫装置解列的保护信号宜单独设置变送器（或开关量仪表）；

5 脱硫装置与机组间用于保护的信号应采用硬接线方式。

9.4.4 保护用控制器应采取冗余措施。

9.4.5 热工保护系统输出的操作指令应优先于其他任何指令。

9.4.6 脱硫装置解列保护动作原因应设事故顺序记录和事故追忆功能。

9.5 热工顺序控制及联锁

9.5.1 顺序控制的功能应满足脱硫装置的启动、停止及正常运行工况的控制要求，并能实现脱硫装置在事故和异常工况下的控制操作，保证脱硫装置安全。具体功能如下：

1 实现脱硫装置主要工艺系统的自启停；

2 实现吸收塔及辅机、阀门、挡板的顺序控制、控制操作及试验操作；

3 辅机与其相关的冷却系统、润滑系统、密封系统的联锁控制；

4 在发生局部设备故障跳闸时，联锁启停相关设备；

5 脱硫厂用电系统联锁控制。

9.5.2 需要经常进行有规律性操作的辅机系统宜采用顺序控制。

9.5.3 当脱硫局部顺序控制功能不纳入脱硫分散控制系统时，应采用可编程控制器实现其功能，并应与分散控制系统有硬接线和通信接口。辅助工艺系统的顺序控制可由可编程控制器实现。

9.6 热工模拟量控制

9.6.1 脱硫装置应有较完善的热工模拟量控制系统，以满足不同负荷阶段中脱硫装置安全经济运行的需要，还应考虑在装置事故及异常工况下与相应的联锁保护协调控制的措施。

9.6.2 脱硫装置模拟量控制系统中的各控制方式间，应设切换逻辑并能双向无扰动的切换。

9.6.3 重要热工模拟量控制项目的变送器应双重（或三重）化设置（烟气 SO_2 分析仪除外）。

9.7 热 工 报 警

9.7.1 热工报警可由常规报警和 DCS 系统中的报警功能组成，热工报警应包括下列内容：

1 工艺系统主要热工参数和电气参数偏离正常运行范围；

2 热工保护动作及主要辅助设备故障；

3 热工监控系统故障；

4 热工电源、气源故障；

5 辅助系统故障；

6 主要电气设备故障。

9.7.2 脱硫控制宜不设常规报警，当必须设少量常规报警时，按照 DL5000 有关的规定执行。

9.7.3 分散控制系统的所有模拟量输入、数字量输入、模拟量输出、数字量输出和中间变量的计算值，都可作为报警源。

9.7.4 分散控制系统功能范围内的全部报警项目应能在显示器上显示和在打印机上打印。在启停过程中应抑制虚假报警信号。

9.8 脱硫装置分散控制系统

9.8.1 脱硫装置的分散控制系统选型应坚持成熟、可靠的原则，具有数据采集与处理、自动控制、保护、联锁等功能。

9.8.2 当电厂脱硫 DCS 独立设置，并具有两个单元及以上脱硫装置时，宜设置公用系统分散控制系统网络，经过通信接口分别与两个单元分散控制系统相联。公用系统应能在两套分散控制系统中进行监视和控制，并应确保任何时候仅有一套脱硫装置的 DCS 能发出有效操作指令。

9.8.3 脱硫装置的 DCS 应设置与机组 DCS 进行信号交换的硬接线和通信接口，以实现机组对脱硫装置的监视、报警和联锁。

9.8.4 脱硫装置操作可配置极少量确保脱硫装置和机组安全的后备操作设备（如旁路挡板）。

9.9 热 工 电 源

9.9.1 脱硫热工控制柜（盘）进线电源的电压等级不得超过 220V，进入控制装置柜（盘）的交、直流电源除故障不影响安全外，应各有两路，互为备用。工作电源故障需及时切换至另一路电源，应设自动切换装置。

9.9.2 脱硫分散控制系统及保护装置一路采用交流不停电电源，一路来自厂用保安段电源。

9.9.3 每组热工交流 380V 或 220V 动力电源配电箱应有两路输入电源，分别接自脱硫厂用低压母线的不同段。烟气旁路挡板执行器应由事故保安电源供电，对于无事故保安电源的电厂，应用安全可靠的电源供电。

9.10 厂级监控和管理信息系统

当发电厂有厂级实时监控系统（SIS）和计算机管理信息系统（MIS）时，烟气脱硫分散控制系统应设置相应的通信接口，当与 MIS 进行通信时应考虑设置安全可靠的保护隔离措施。

9.11 实 验 室 设 备

脱硫系统不单独设置热工实验室，可购置必要的脱硫分析专用实验室设备。

10 电气设备及系统

10.1 供 电 系 统

10.1.1 脱硫装置高压、低压厂用电电压等级应与发电厂主体工程一致。

10.1.2 脱硫装置厂用电系统中性点接地方式应与发电厂主体工程一致。

10.1.3 脱硫工作电源的引接：

1 脱硫高压工作电源可设脱硫高压变压器从发电机出口引接，也可直接从高压厂用工作母线引接。

2 脱硫装置与发电厂主体工程同期建设时，脱硫高压工作电源宜由高压厂用工作母线引接，当技术经济比较合理时，也可增设高压变压器。

3 脱硫装置为预留时，经技术经济比较合理时，宜采用高压厂用工作变预留容量的方式。

4 已建电厂加装烟气脱硫装置时，如果高压厂用工作变有足够备用容量，且原有高压厂用开关设备的短路动热稳定值及电动机启动的电压水平均满足要求时，脱硫高压工作电源应从高压厂用工作母线引接，否则，应设高压变压器。

5 脱硫低压工作电源应单设脱硫低压工作变压器供电。

10.1.4 脱硫高压负荷可设脱硫高压母线段供电，也可直接接于高压厂用工作母线段。当设脱硫高压母线段时，每炉宜设1段，并设置备用电源。每台炉宜设1段脱硫低压母线。

10.1.5 脱硫高压备用电源宜由发电厂启动/备用变压器低压侧引接。当脱硫高压工作电源由高压厂用工作母线引接时，其备用电源也可由另一高压厂用工作母线引接。

10.1.6 除满足上述要求外，其余均应符合 DL/T 5153 中的有关规定。

10.2 直 流 系 统

10.2.1 新建电厂同期建设烟气脱硫装置时，脱硫装置直流负荷宜由机组直流系统供电。当脱硫装置布置离主厂房较远时，也可设置脱硫直流系统。

10.2.2 脱硫装置为预留时，机组直流系统不考虑脱硫负荷。

10.2.3 已建电厂加装烟气脱硫装置时，宜装设脱硫直流系统向脱硫装置直流负荷供电。

10.2.4 直流系统的设置应符合 DL/T 5120 的规定。

10.3 交流保安电源和交流不停电电源（UPS）

10.3.1 200MW 及以上机组配套的脱硫装置宜设单独的交流保安母线段。当主厂房交流保安电源的容量足够时，脱硫交流保安母线段宜由主厂房交流保安电源供电，否则，宜由单独设置的能快速启动的柴油发电机供电。其他要求应符合 DL/T 5153 中的有关规定。

10.3.2 新建电厂同期建设烟气脱硫装置时，脱硫装置交流不停电负荷宜由机组 UPS 系统供电。当脱硫装置布置离主厂房较远时，也可单独设置 UPS。

10.3.3 脱硫装置为预留时，机组 UPS 系统不考虑向脱硫负荷供电。

10.3.4 已建电厂加装烟气脱硫装置时，宜单独设置 UPS 向脱硫装置不停电负荷供电。

10.3.5 UPS 宜采用静态逆变装置。其他要求应符合 DL/T 5136 中的有关规定。

10.4 二　次　线

10.4.1 脱硫电气系统宜在脱硫控制室控制，并纳入 DCS 系统。

10.4.2 脱硫电气系统控制水平应与工艺专业协调一致，宜纳入分散控制系统控制，也可采用强电控制。

10.4.3 接于发电机出口的脱硫高压变压器的保护

1 新建电厂同期建设烟气脱硫装置时，应将脱硫高压变压器的保护纳入发变组保护装置。

2 脱硫装置为预留时，发电机—变压器组差动保护应留有脱硫高压变压器的分支的接口。

3 已建电厂加装烟气脱硫装置时，脱硫高压变压器的分支应接入原有发电机—变压器组差动保护。

4 脱硫高压变压器保护应符合 DL/T 5153 中的规定。

10.4.4 其他二次线要求应符合 DL/T 5136 和 DL/T 5153 的规定。

11 建筑结构及暖通部分

11.1 建　　筑

11.1.1 一般规定

1 发电厂脱硫建筑设计应全面贯彻安全、适用、经济、美观的方针。

2 发电厂脱硫建筑设计应根据生产流程、功能要求、自然条件、建筑材料和建筑技术等因素，结合工艺设计，做好建筑物的平面布置和空间组合，合理解决房屋内部交通、防火、防水、防爆、防腐蚀、防潮、防噪声、防震、隔振、保温、隔热、日照、采光、自然通风和生活设施等问题。积极慎重地、有步骤地推广国内外先进技术，因地制宜地采用新材料。

3 发电厂脱硫建筑设计应将建筑物、构筑物与工艺设备及其周围建筑视为统一的整体，考虑建筑造型和内部处理。注意建筑群体的效果，内外色彩的处理以及与周围环境的协调。

4 发电厂脱硫建（构）筑物的防火设计必须符合 GB 50229 及国家其他有关防火标准和规范的要求。

5 发电厂脱硫建筑设计应重视噪声控制，建筑物的室内噪声控制设计标准应符合 GBJ87 的规定。

6 发电厂脱硫建筑有条件时应积极采用多层建筑和联合建筑。

7 发电厂脱硫建筑设计除执行本规定外，应符合国家和行业的现行有关设计标准的规定。

11.1.2 采光和自然通风

1 建筑物宜优先采用天然采光，建筑物室内天然采光照度应符合 GB 50033 的要求。

2 一般建筑物宜采用自然通风，墙上和楼层上的通风孔应合理布置，避免气流短路和倒流，并应减少气流死角。

11.1.3 室内外装修

1 建筑物的室内外墙面应根据使用和外观需要进行适当处理，地面和楼面材料除工艺要求外，宜采用耐磨、易清洁的材料。

2 脱硫建筑物各车间室内装修标准应按 DL/T 5029 中同类性质的车间装修标准执行。

11.2 结 构

11.2.1 火力发电厂脱硫工程土建结构的设计除应符合本标准的规定外，尚应符合现行国家规范及行业标准的要求。

11.2.2 屋面、楼（地）面在生产使用、检修、施工安装时，由设备、管道、材料堆放、运输工具等重物引起的荷载，以及所有设备、管道支架作用于土建结构上的荷载，均应由工艺设计专业提供。

11.2.3 当按工艺专业提供的主要设备及管道荷载采用时，楼（屋）面活荷载的标准值及其组合值、频遇值和准永久值系数应按表 11.2.3 的规定采用。

表 11.2.3 建筑物楼（屋）面均布活荷载标准值及组合值、频遇值和准永久值系数

项次	类 别	标准值 kN/m^2	组合值系数 ψ_c	频遇值系数 ψ_f	准永久值系数 ψ_q
1	配电装置楼面	6.0	0.9	0.8	0.8
2	控制室楼面	4.0	0.8	0.8	0.8
3	电缆夹层	4.0	0.7	0.7	0.7
4	制浆楼楼面	4.0	0.8	0.7	0.7
5	石膏脱水间	4.0	0.8	0.7	0.7
6	石灰石仓顶输送层	4.0	0.7	0.7	0.7
7	作为设备通道的混凝土楼梯	3.5	0.7	0.5	0.5

11.2.4 作用在结构上的设备荷载和管道荷载（包括设备及管道的自重，设备、管道及容器中的填充物重），应按活荷载考虑。其荷载组合值、频遇值和准永久值系数均取 1.0。其荷载分项系数取 1.3。

11.2.5 脱硫建、构筑物抗震设防类别按丙类考虑，地震作用和抗震措施均应符合本地区抗震设防烈度的要求。

11.2.6 计算地震作用时，建、构筑物的重力荷载代表值应取恒载标准值和各可变荷载组合值之和。各可变荷载的组合值系数应按表 11.2.6 采用。

表 11.2.6 计算重力荷载代表值时采用的组合值系数

可变荷载的种类		组合值系数
一般设备荷载（如管道、设备支架等）		1.0
楼面活荷载	按等效均布荷载计算时	0.7
	按实际情况考虑时	1.0
屋面活荷载		0
石灰石仓、石膏仓中的填料自重		0.8～0.9

11.3 采暖通风与空气调节

11.3.1 脱硫区域建筑物的采暖应与厂区其他建筑物一致。当厂区设有集中采暖系统时，采暖热源宜由厂区采暖系统提供。

11.3.2 各房间冬季采暖室内计算温度按表 11.3.2 采用。

表 11.3.2 冬季采暖室内计算温度

房间名称	采暖室内计算温度℃	房间名称	采暖室内计算温度℃
石膏脱水机房	16	石灰石破碎间	10
输送皮带机房	10	石灰石卸料间地下	16
球磨机房	10	石灰石卸料间地上	10
真空泵房	10	石灰石制备间	10
GGH 设备间	16	GGH 支架间	10

11.3.3 脱硫区域建筑物采暖，应选用不易积尘的散热器。

11.3.4 石灰石及石膏卸、储、运系统中应采用机械除尘的方法消除粉尘，除尘器宜选用干式除尘器。除尘风量宜根据工艺要求确定，无明确要求时，可按照 DL/T 5035 执行。

11.3.5 石灰石制备间、石膏脱水机房、废水处理间、GGH 设备间宜采用自然进风、机械排风。石灰石制备间、GGH 设备间和废水处理间通风量按换气次数不少于每小时 10 次计算；石膏脱水机房通风量按换气次数不少于每小时 15 次计算，通风系统的设备、管道及附件均应防腐。

11.3.6 脱硫控制室及电子设备间应设置空气调节装置。室内设计参数应根据工艺要求确定，无明确要求时，可按下列参数设计：

1 夏季：温度 25℃ ±1℃ ~27℃ ±1℃，相对湿度 60% ±10%；

2 冬季：温度 20℃ ±1℃，相对湿度 60% ±10%。

火力发电厂烟气脱硫设计技术规程

条文说明

目次

前　　言

由于我国火力发电厂烟气脱硫装置的建设起步较晚，目前国内烟气脱硫工程的建设一般都是采用国外引进技术和部分关键设备及部件，国内目前已经投运和正在建设的脱硫装置也以石灰石—石膏湿法脱硫工艺为主，积累了一定的设计和施工、运行经验，因此，本标准根据《火力发电厂烟气脱硫设计技术规程》编制大纲的要求，自第五章开始仅针对石灰石—石膏湿法烟气脱硫工艺编写，并将根据今后的实践及时补充和修订。其他烟气脱硫工艺以后也将根据今后的市场发展情况及时补充。

3　一　般　规　定

3.0.2　目前可供选择的烟气脱硫工艺方案很多，主要有：

1　石灰石—石膏湿法；

2　半干法；

3　烟气循环流化床法；

4　海水法；

5　电子束法；

6　氨水洗涤法；

7　其他工艺。

石灰石/石灰—石膏湿法烟气脱硫以石灰石/石灰作为脱硫剂，副产物为石膏。石膏可以利用或抛弃，副产的石膏利用或抛弃应根据市场调查结果确定。适用范围广泛，工艺成熟，已大型化，单塔处理烟气量达到1000MW 机组容量，占有市场份额最大；脱硫剂利用充分（钙硫比一般小于1.1）；脱硫效率可达95%以上；脱硫剂来源丰富，价格较低；副产品石膏利用前景较好。系统比较复杂，占地面积相对较大，投资及厂用电较高（厂用电率约1%~1.8%），一般需进行废水处理。当系统脱硫效率要求较低时，可以考虑部分烟气旁路，不设烟气加热装置；同时当排烟温度允许较低时，也可不设烟气加热装置，但需考虑烟道和烟囱的防腐措施，该简化湿法脱硫装置投资可以较大幅度降低。

半干法烟气脱硫，又称喷雾干燥法，以石灰作为脱硫剂，利用高速旋转的离心雾化机或两相流喷嘴将吸收剂雾化以增大吸收剂与烟气接触的表面积，喷入蒸发反应塔，利用除尘器将脱硫副产物与飞灰一起捕集下来，脱硫副产物主要是亚硫酸钙，其次是硫酸钙及未反应的氢氧化钙。系统简单、投资较少、厂用电低（厂用电率小于1%），无废水排放。脱硫剂利用率和脱硫效率随烟气含硫量的增加而降低，一般适用于中、低硫煤烟气脱硫。对生石灰品质要求不高。

烟气循环流化床烟气脱硫，以生石灰为脱硫剂，大量的脱硫副产物被送入脱硫塔内，在塔内形成高浓度的悬浮粒子，利用其高速碰撞，以改善反应条件。脱硫副产物主要是亚硫酸钙、硫酸钙和未反应的氢氧化钙。系统简单，投资较少，厂用电低（厂用电率小于1%），无废水排放，占地较少。对生石灰的品质要求较高，一般氧化钙含量不宜低于80%。由于脱硫塔内粉尘含量较高，脱硫塔宜紧靠除尘器布置。

海水脱硫，以海水中的碱性物质作为脱硫剂，宜采用海水循环水排水，经升压泵升压后送至吸收塔，脱硫后的海水经曝气等处理后排回海域。当海水中的碱性物质满足要求时，不需另添加脱硫剂；系统简单，投资较少；厂用电低（厂用电率约1%）；运行费用少；脱硫效率可达90%～95%。对海域环境的影响，需经环境影响评价以后才能确定。国内还处于研究考察阶段，目前尚未推广。当燃煤中重金属元素，特别是毒性较强的重金属元素含量较高，采用高效除尘器已不能满足要求；或处于海洋生态保护区及鱼类保护区等要求较严格的海域时，应避免采用此工艺。当系统脱硫效率要求较低时可以考虑部分烟气旁路，或当排烟温度允许较低时，也可不设烟气加热装置，但需考虑烟道和烟囱的防腐措施，投资可以较大幅度降低。

电子束法烟气脱硫，以液氨作为反应剂，在反应器内利用高能电子束对除尘器后的烟气进行照射，并同时加入氨，最终生成硫酸铵和硝酸铵，达到烟气脱硫、脱硝的目的。利用专用的除尘器将生成的硫酸铵和硝酸铵捕集下来作为产品出售。无废渣排放，副产品为硫酸铵和硝酸铵，可作为肥料使用。投资较高；厂用电较高（厂用电率约2%）。脱硫剂与副产品销售要进行全年各季节的市场分析，仅在脱硫剂与生产的肥料有可靠来源和市场，而且运行成本合理时方可采用。

氨水洗涤法烟气脱硫，以氨作为反应剂，在反应塔内用氨水对烟气进行洗涤，通过氧化和干燥，最终生成硫酸铵，作为产品出售。无废渣排放；副产品为硫酸铵，可作为肥料使用。需设置适当规模的库房作为产品周转之用。投资较高，后处理工艺较复杂。脱硫剂与副产品销售要进行市场分析，仅在脱硫剂与生产的肥料有可靠来源和市场，而且运行成本合理时方可采用。

3.0.4 本公式与环境影响评价中采用的公式一致。

5 吸收剂制备系统

5.0.6 对于两台机组合用一套吸收剂浆液制备系统时，石灰石浆液箱的容量可选用设计工况下6h的石灰石浆液量；对于四台机组合用一套吸收剂浆液制备系统时，石灰石浆液箱的容量可选用设计工况下8h的石灰石浆液量；对于更多台数的机组合用一套吸收剂浆液制备系统时，石灰石浆液箱的容量可选用设计工况下10h的石灰石浆液量。

6 烟气及二氧化硫吸收系统

6.1.1 根据国外脱硫公司的经验，一般二炉一塔的脱硫装置投资比一炉一塔的装置低5%～10%，在200MW及以下等级的机组上采用多炉一塔的配置有利于节省投资。

6.1.3 增压风机布置在脱硫装置出口时，烟气中的雾滴易在风机叶片上造成结垢，因此除雾器的除雾效果要求较高。

6.2.1 脱硫增压风机的布置位置可以有4种情况：烟道接口与烟气换热器之间（A位）、烟气换热器和吸收塔进口之间（B 位）、吸收塔出口和烟气换热器之间（C 位）以及烟气换热器和烟囱之间（D 位）。A 位布置的优点在于增压风机不需要防腐；B 位和 C 位布置主要用于采用回转式烟气换热器时减少加热器净烟气和原烟气之间的压差，在要求很高的脱硫率时，减少烟气泄漏带来的影响，但是风机需要采用防腐材料，价格昂贵；D 位布置的电耗较低，但是需要采取一些防腐措施和避免石膏结垢的冲洗设施。目前 A 位布置采用得比较多，国内仅珞璜电厂采用了 D 位布置的风机。

6.2.2 脱硫增压风机的工作条件与锅炉引风机类似，参照采用的《火力发电厂设计技术规程》的要求。由于脱硫后的烟囱进口的烟气温度比不脱硫时低，烟囱的自拔力相应减少，增压风机的压头应考虑此项因素。脱硫装置的进口压力参数应取用脱硫装置的原烟气烟道与主机组烟道接口处的压力参数，而不是引风机出口的压力参数。脱硫装置的出口压力参数原则上也应取用脱硫装置的净烟气烟道与主机组烟道接口处的压力参数，而不是完全等同于烟囱进口的压力参数，烟囱进口的压力参数应考虑到脱硫后烟温降低导致烟囱自拔力减少，其进口压力应相应增大的因素经核算后由设计单位提供。

6.2.6 脱硫装置的烟道挡板可采用插板门、翻板门和百叶窗式的挡板门。目前国内引进的脱硫装置主要采用双百叶的挡板门，随着挡板门技术的改进，单百叶带密封空气的挡板门也可采用。

7 副产物处置系统

7.0.1 目前脱硫石膏的综合利用主要有做建筑石膏和水泥添加剂两种方式。做建筑石膏时均需要通过煅烧，必要时在煅烧前还需要通过干燥，因此石膏含水量的多少主要根据干燥设备的能耗确定，一般宜小于 10% 以减少干燥能耗。用于水泥添加剂时有两种情况，做高标号水泥时仍需要通过煅烧、成型，要求和用于建筑石膏时相同；另一种情况是直接添加在水泥中，此时石膏的含水量一般应控制在 15% 以下。

9 热工自动化

9.1.1 烟气脱硫装置目前正在新建的燃煤电厂逐步普及，而过去许多老电厂未装设脱硫装置，新装设的脱硫装置的自动化系统应与当前的自动化水平相符，与机组自动化水平一致。

9.1.2 烟气脱硫装置的控制尽量集中，达到减员增效的目的。

9.2.3 设置所列必要的就地控制设备，便于运行和检修人员检查和调试。就地控制设备通过必要的硬接线和通信接口与脱硫 DCS 相连，所有的操作和控制由脱硫 DCS 完成。

9.3.2 脱硫装置出口烟气分析仪成套装置兼有环保监测功能，除监控 SO_2、O_2、粉尘浓度外，装置需要增加烟气流量、温度、压力、NO_x、CO 等测量。

9.3.3 工业电视监视系统实践证明对于脱硫工艺有很好的辅助控制作用，主要监测点（设备如果有）：

1 真空皮带脱水机；

2 石灰石或石灰石粉卸料；

3 湿式球磨机；

4 石膏卸料；

5 烟囱出口。

9.10 根据国家经贸委第30号令，“电网和电厂计算机监控系统及调度数据网络的安全防护规定”“第四条”的要求，脱硫分散控制系统与管理信息系统（MIS）进行通信时，“必须采用经国家有关部门认证的专用、可靠的安全隔离措施”。

10 电气设备及系统

10.1.3 本条规定尽量保持脱硫岛供电系统的独立性，以方便招投标、设计、施工及运行管理。

在特定的条件下，脱硫电源引接尚有其他的方式，如果原厂用电系统容量太小，不足以引接脱硫电源，又不能在发电机出口增设变压器，这时可采用在厂内的其他电压等级引接脱硫高压变压器。

10.1.4 脱硫高压母线按炉分段，是考虑与 DL 5000—2000《火力发电厂设计技术规程》中关于主厂房高压厂用母线的分段方法一致。

每台炉宜设1段脱硫低压母线包括设2个半段的情况。大量的脱硫工程的低压供电采取了以下3种方式：

每2台炉设2台互为备用的脱硫低压变，每台低压变引接1段脱硫低压母线；

每台炉设2台互为备用的脱硫低压变，每台低压变下引接半段脱硫低压母线；

每台炉设1台脱硫低压变，由此引接的脱硫低压母线以刀开关分为2个半段，其备用电源从其他地方引接。

11 建筑结构及暖通部分

11.3 采暖通风与空气调节

11.3.4 石灰石系统中通常在卸料斗、储仓需设除尘，除尘器的型式应根据石灰石粉尘（碳酸钙 $CaCO_3$）的性质选用干式除尘器。其中袋式、静电除尘均可采用，袋式除尘器目前在电厂应用较多；静电除尘器在建材行业应用普遍，石灰石粉尘性质稳定，无爆炸性。根据有关资料，石灰石粉尘比电阻在 $10^4 \sim 10^{11}\Omega \cdot cm$ 之间，采用静电除尘器能获得较好的除尘效果。从有关设备厂家提供的资料了解，静电除尘器适用于石灰石系统除尘。

石灰石系统卸料斗的除尘风量目前还没有具体的确定方式，在北京第一热电厂、重庆电厂等引进工程，采用的是卸料斗专用除尘装置（美国唐纳森 Donaldson 脉冲布袋除尘器配专用的卸料车吸尘罩），除尘风量均为 $20000m^3/h$，现场运行情况较好，但清灰时有粉尘外逸现象。经向唐纳森公司了解除尘风量是为了控制卸料车进口处吸风速度，防止粉尘外逸来确定。目前卸料斗工艺系统一般是引进设备，因此除尘风量可根据工艺要求确定。

石灰石系统储仓的除尘风量可参照电厂原煤斗执行。

11.3.5 这些脱硫工艺房间在正常运行时都有废气产生需设置通风设施并应防腐。

11.3.6 根据工艺要求，脱硫控制水平与机组控制水平相一致，脱硫系统应采用集中控制。脱硫控制室及电子设备间空调系统对脱硫控制设备的正常运行有明显作用。

因此，本条中温湿度要求按 DL 5000 编制。

根据目前引进项目及国内设计项目实施情况，空调系统采用型式多种多样，有采用大型集中空调型式（风、水冷机组加组合式空调），如北京第一热电厂；有采用（分体）立柜式空调机加风管送、回风，如重庆电厂，也有的采用了屋顶式空调机组；有采用过渡季全新风，也有采用全年固定新风比。由于目前空调设备种类较多，空调系统如何设置，在条文中未作规定，设计者可根据工程中控制室面积大小，加以选择。

附录四

火力发电厂烟囱（烟道）内衬防腐材料

(DL/T 901—2004)

目　　次

前　　言

本标准是根据原国家经济贸易委员会《关于确认1998年度电力行业标准制、修订计划项目的通知》（电力［1999］40号文）的安排制订的。原标准制、修订计划先后安排了两个材料标准《烟囱（烟道）内衬用耐酸胶结材料技术条件及检测方法》和《火电厂烟囱（烟道）内衬材料技术条件及检测方法》，因这两项标准中部分项目及检测方法、施工环境和使用条件相同或相近，故将这两项标准合并。合并后的标准更名为《火力发电厂烟囱（烟道）内衬防腐材料》。有关烟囱内筒壁防腐涂料的技术要求和试验方法在DL/T 693《烟囱混凝土耐酸防腐蚀涂料》中已有规定，本标准不再重述。

为进一步总结和推广各电力设计院、科研院所、电建公司、火电厂及相关材料生产厂家在烟囱（烟道）内衬设计、科研、施工及生产过程中的成功经验，使烟囱（烟道）内衬材料的选用有章可循，特制定本标准。

本标准是根据火力发电厂高烟囱运行的特殊工况条件及要求，总结设计、科研、施工、使用及生产各方面的经验教训，弥补、修正和调整与化工、建材等行业相关材料有关标准（如《耐酸砖》《耐温耐酸砖》等）中性能指标的差异而制定的。为适应当前湿法脱硫、湿式除尘的要求，对近年来开发应用的密实型耐酸胶结料、防水抗渗型耐酸砖及耐酸浇注料等新产品的技术性能及要求做了规定。

本标准参照GB 50212—2002，选用了其中有关水玻璃耐酸胶泥、砂浆、耐酸砖（石材）、骨料的检验项目，并修正、调整了有关检验方法和技术指标。根据火电厂烟囱（烟道）使用的特殊要求，对制品的耐酸性能除检测浸酸安定性外，还规定了对浸酸后强度及其变化的检测；对制品的耐热性能除检测加热后的表观变化，还对其强度及其变化进行检测；考虑到湿式运行的极限状态，增加了对制品耐水性的检测。

本标准的制订，对烟囱内衬的合理选材，提高施工质量，保证运行安全和使用寿命，提高技术经济指标都具有很重要的现实意义。

本标准由中国电力企业联合会提出。

本标准由电力行业电站锅炉标准化技术委员会归口。

本标准委托国电电力建设研究所负责解释。

本标准起草单位：国电电力建设研究所。

本标准参加单位：宜兴市洑东保温材料厂、辽源市龙山新型电力建筑材料厂、新密市中电节能耐材有限公司、鹤岗市富鑫不定型浇注材料有限公司、北京双棱建筑材料有限责任公司。

本标准主要起草人：赵宇航、李寅雪、蒋春达、宫毓忱、刘满仓、张世朋、肖玲珠。

火力发电厂烟囱（烟道）内衬防腐材料

1　范围

本标准规定了火力发电厂钢筋混凝土烟囱与砖烟囱（烟道）内衬用耐酸胶结料、耐酸砖、耐酸混凝土砌块及整体现浇耐酸浇注料的定义、分类、用途、形状、尺寸、技术要求、检验方法、检验规则、包装、标志、运输及储存等。

本标准适用于火力发电厂钢筋混凝土烟囱与砖烟囱（烟道）内衬砌筑用耐酸胶结料、（烧成和非烧成）耐酸砖、耐酸混凝土预制块（砌块、滴水板、烟道顶板等）及耐酸浇注料。

2 规范性引用文件

下列文件中的条款通过本标准的引用而成为本标准的条款。凡是注日期的引用文件，其随后所有的修改单（不包括勘误的内容）或修订版均不适用于本标准，然而，鼓励根据本标准达成协议的各方研究是否可使用这些文件的最新版本。凡是不注日期的引用文件，其最新版本适用于本标准。

GB/T 1346　水泥标准稠度用水量、凝结时间、安定性检验方法

GB/T 2419　水泥胶砂流动度测定方法

GB/T 3997.2　定形隔热耐火制品　常温耐压强度试验方法

GB/T 10294　绝热材料稳态热阻及有关特性的测定　防护热板法

GB/T 10297　非金属固体材料导热系数的测定　热线法

GB/T 50080　普通混凝土拌合物性能试验方法标准

GB 50212—2002　建筑防腐蚀工程施工及验收规范

JGJ 70　建筑砂浆基本性能试验方法

YB/T 5200　致密耐火浇注料显气孔率和体积密度试验方法

YB/T 5201　致密耐火浇注料常温抗折强度和耐压强度试验方法

3 术语

3.1

耐酸胶结料 acid-proof cementation material

以硅酸钠（或硅酸钾）、耐酸填充料、固化剂等为主要原料组成的具有耐酸、耐热性能的黏结材料的总称。采用不同粒度级配的填充料，可调制成耐酸涂料、耐酸胶泥、耐酸砂浆、耐酸浇注料等具有涂抹、黏结、砌筑或浇注等各种用途的耐酸（耐热）材料、制品或结构体。本标准特指耐酸胶泥和耐酸砂浆。

3.2

单组分型耐酸胶结料 single group acid-proof cementation material

以固体硅酸钠（或硅酸钾）、耐酸粉料（和耐酸细骨料）、固化剂及外加剂按比例配制成的单一组分的散状材料。在施工现场按比例加水将其拌和均匀后使用。

3.3

双（或多）组分型耐酸胶结料 double or more group acid-proof cementation material

通常由分别包装的两（或多）部分材料组成。一部分为液态硅酸钠（或硅酸钾），另一（或几）部分由耐酸粉料（和耐酸细骨料）、固化剂及外加剂等固体（或液体）材料配成。在施工时，按比例把这两（或多）部分材料混合搅拌均匀后使用。

3.4

耐酸胶泥 acid-proof mortar

以硅酸钠（或硅酸钾）、耐酸粉料和固化剂、外加剂按比例配制而成的用于砌筑、抹面的耐酸黏结材料。

3.5

耐酸砂浆 acid-proof slip

以硅酸钠（或硅酸钾）、耐酸细骨料、耐酸粉料和固化剂、外加剂按比例配制而成的用

于砌筑、抹面的耐酸黏结材料。

3.6

耐酸砖 acid-proof brick

具有耐酸、耐热、高强或耐酸、耐热、轻质、隔热及防水性能的用于砌筑烟囱（烟道）内衬的各类烧成耐酸砖和非烧成耐酸砖的统称。

3.7

烧成耐酸砖 sintered acid-proof brick

以硅酸铝质材料为主要原料，经配料、混合、成型、干燥、烧成（上釉烧成或表面处理）等工艺制成的具有耐酸、耐热（及防水）等性能的各类耐酸砖。

3.8

非烧成耐酸砖（或耐酸混凝土砌块）unsintered acid-proof brick

以硅酸铝质材料为主要原料，加入适量结合剂、固化剂及外加剂，经配料、混合、成型、表面加工等工艺制成的具有耐酸、耐热、轻质、隔热（及防水）等性能的各类耐酸砖或耐酸混凝土砌块。

3.9

泡沫轻质耐酸砖 foamed lightweight acid-proof brick

以无机材料、发泡剂等，经配料、混合、烧成、表面加工处理等工艺制成的泡沫状构造的轻质防水耐酸砖。

3.10

轻集料 lightweight aggregate

粒径大于5mm，堆积密度小于1000kg/m^3 的轻粗集料与粒径不大于5mm，堆积密度小于1200kg/m^3 的轻细集料的总称。

3.11

轻质耐酸浇注料 lightweight acid-proof castbale

由耐酸轻集料、耐酸粉料，结合剂、固化剂及外加剂，按适当比例和工艺混合、浇注而成的烟囱（烟道）内衬，并具有耐酸、耐热、轻质、隔热、高强、抗震、整体密封等性能的浇注材料。

3.12

耐酸性 acid resistance

材料或制品抵抗规定浓度酸液的腐蚀而不改变其基本状态和性能（如物理化学稳定性、体积稳定性、力学性能稳定性）。本标准特指在规定浓度和温度的硫酸溶液中浸泡。

3.13

耐热性 heat shock resistance

材料或制品抵抗规定温度及温度变化不改变其基本状态和性能（如体积稳定性、力学性能稳定性及物理化学稳定性）。

3.14

耐水性 water resistance

材料或制品在规定温度的水中浸泡或在干湿交替状态下不改变其基本状态和性能（如物理化学稳定性、体积稳定性、力学性能稳定性）。

4 产品分类与用途

4.1 分类

4.1.1 耐酸胶结料

a）按材料的组成状态，耐酸胶结料可分为单组分型耐酸胶结料和双（或多）组分型耐酸胶结料。

b）按结合剂的化学成分，耐酸胶结料可分为硅酸钠型耐酸胶结料和硅酸钾型耐酸胶结料。

c）按防水抗渗性能，耐酸胶结料可分为普通型耐酸胶结料和密实型（防水抗渗型）耐酸胶结料。

d）按填充料粒度，耐酸胶结料可分为耐酸胶泥和耐酸砂浆。

4.1.2 耐酸砖

a）按生产工艺，耐酸砖可分为烧成耐酸砖和非烧成耐酸砖；非烧成耐酸砖可分为浇注型耐酸混凝土砌块和机制型耐酸砖。

b）按使用时的运行工况，耐酸砖可分为普通型耐酸砖和防水型耐酸砖。

c）按工作面形态，耐酸砖可分为釉面耐酸砖和素面（无釉面）耐酸砖。

d）按体积密度，耐酸砖可分为超轻质（Ⅰ型和Ⅱ型）、轻质（Ⅰ型、Ⅱ型、Ⅲ型和Ⅳ型）、重质（Ⅰ型和Ⅱ型）。具体划分见表1。

表1 耐酸砖体积密度 kg/m^3

类别		体积密度范围
超轻质	Ⅰ型	$500 < r \leqslant 750$
	Ⅱ型	$750 < r \leqslant 1000$
轻质	Ⅰ型	$1000 < r \leqslant 1200$
	Ⅱ型	$1200 < r \leqslant 1400$
	Ⅲ型	$1400 < r \leqslant 1650$
	Ⅳ型	$1650 < r \leqslant 1900$
重质	Ⅰ型	$1900 < r \leqslant 2150$
	Ⅱ型	$2150 < r \leqslant 2400$

e）按形状，耐酸砖可分为一般砖（矩形无企口）、异型砖（梯形或扇形无企口）和特异型砖（矩形、梯形或扇形，并在砌筑面上有榫槽形企口）。

f）按规格尺寸，耐酸砖可分为薄壁型砖（砖宽为烟囱内衬厚度，即砖的条面为工作面）和厚壁型砖（砖长为烟囱内衬厚度，即砖的顶面为工作面）；薄型砖（砖高≤65mm）、厚型砖（65mm＜砖高≤120mm）和特厚砖（砖高＞120mm）。

4.1.3 轻质耐酸浇注料

a）按材料的组成状态，轻质耐酸浇注料可分为单组分型轻质耐酸浇注料和双（或多）组分型轻质耐酸浇注料。

b）按结合剂的化学成分，轻质耐酸浇注料可分为硅酸钠型轻质耐酸浇注料和硅酸钾型轻质耐酸浇注料。

c）按防水抗渗性能，轻质耐酸浇注料可分为普通型轻质耐酸浇注料和密实型（防水抗渗型）轻质耐酸浇注料。

d）按体积密度，轻质耐酸浇注料可分为超轻质（$750kg/m^3 < r \leqslant 1000kg/m^3$）、轻质Ⅰ

型（$1000kg/m^3 < r \leqslant 1200kg/m^3$）、轻质Ⅱ型（$1200kg/m^3 < r \leqslant 1400kg/m^3$）、轻质Ⅲ型（$1400kg/m^3 < r \leqslant 1650kg/m^3$）和轻质Ⅳ型（$1650kg/m^3 < r \leqslant 1900kg/m^3$）。

4.2 用途

a）普通型耐酸胶结料和普通型各类耐酸砖（砌块）或普通型各类耐酸浇注料，可适用于砌筑或浇注以电除尘方式运行的钢筋混凝土烟囱（烟道）的内衬。

b）普通型耐酸胶结料和普通型超轻质、轻质（Ⅰ型）耐酸砖（砌块）或普通型超轻质、轻质（Ⅰ型）耐酸浇注料，宜用于砌筑或浇注以电除尘方式运行的双管、多管或套筒型钢筋混凝土烟囱（烟道）的内衬，并可适用于软地基地区、地震地区及寒冷地区的同类烟囱。

c）密实型耐酸胶结料和体积吸水率不大于5%的各类耐酸砖（砌块）或密实型耐酸浇注料，可适用于砌筑或浇注以湿式除尘（脱硫）方式运行的钢筋混凝土烟囱（烟道）的内衬。

d）密实型耐酸胶结料和体积吸水率不大于5%的（泡沫）超轻质、轻质（Ⅰ型）耐酸砖（砌块）或超轻质、轻质（Ⅰ型）密实型耐酸浇注料，宜用于砌筑或浇注以湿式除尘（脱硫）方式运行的双管、多管或套筒型钢筋混凝土烟囱（烟道）的内衬。

5 技术要求

5.1 耐酸胶结料

a）耐酸胶结料的技术要求见表2。

表2 耐酸胶结料的技术要求

项　目		单　位	普通型耐酸胶结料	密实型耐酸胶结料[a]
体积密度		kg/m^3	≥1750	≥1900
凝结时间（20℃～25℃）	初凝时间	min	≥45	≥45
	终凝时间	h	≤12	≤15
常温抗压强度[b]［（110℃±5℃）×24h］		MPa	≥15.0	≥20.0
耐酸性（常温浸40% H_2SO_4　30d或80℃浸40% H_2SO_4　15d）	外　观		不允许有腐蚀、裂纹、膨胀、剥落等异常现象	
	$\frac{f_s}{f_0}$		≥0.9	≥0.9
耐热性（250℃×4h）	外　观		不允许有裂纹、剥落及大于2.5%的线变化率	
	$\frac{f_r}{f_0}$		≥0.9	≥0.9
耐水性（常温浸水30d或浸90℃温水15d）	外　观		—	不允许有溶蚀、裂纹
	$\frac{f_{sh}}{f_0}$			≥0.75
体积吸水率		%	—	≤5.0
抗渗性		MPa	—	≥0.6

注：f_0 为试样经110℃烘干后的常温抗压强度；
f_s 为试样浸酸后的常温抗压强度；
f_r 为试样加热后的常温抗压强度；
f_{sh} 为试样浸水后的常温抗压强度。

a　密实型耐酸胶结料经浸酸或加热后吸水率应不大于8.0%，加热后耐酸性应不降低。
b　本标准中常温指15℃～30℃

b）单组分型耐酸胶结料的流动度为 200mm ± 10mm；双（或多）组分型耐酸胶结料的流动度为 220mm ± 10mm。流动度指标是为统一检验条件的，不作为检验指标。

c）施工中，单组分耐酸胶结料应严格控制加水量，不能在耐酸胶结料变稠后，再加水调稠度；双（或多）组分型耐酸胶结料应严格按配比加入各组分材料，不能为延长凝结时间，随意多加液体结合剂或少加固化剂、外加剂。

5.2 耐酸砖

a）耐酸砖的外观质量见表 3。

表 3　耐酸砖的外观质量　　mm

项　目		质　量　要　求
裂　纹		宽度：<0.2；长度：不限
		宽度：0.2～0.5；长度：<50
		宽度：>0.5；长度：不允许
缺边掉角	工作面	条面上：伸入工作面 1～5、深 10，允许 2 处，总长不大于 30
		顶面上：伸入工作面 1～5、深 10，允许 1 处，总长不大于 15
	非工作面	宽 5～10，深 2～5 允许 3 处，总长不大于 40
釉　面		不允许有开裂、釉裂
生烧、欠火		不允许

b）耐酸砖的尺寸偏差及变形见表 4。

表 4　耐酸砖的尺寸偏差及变形　　mm

项　目		允许偏差	项　目			允许偏差
尺寸偏差	长（弧长）	±4.0	变　形	翘　曲	大　面	1.0
	壁　厚	±2.0		大小头	大　面	2.5
	砖　高	±1.0			条面、顶面	1.0

c）普通型耐酸砖的技术要求见表 5。

表 5　普通型耐酸砖的技术要求

项　目		超轻质耐酸砖		轻质耐酸砖				重质耐酸砖	
		Ⅰ型	Ⅱ型	Ⅰ型	Ⅱ型	Ⅲ型	Ⅳ型	Ⅰ型	Ⅱ型
体积密度 kg/m^3		500～750	750～1000	1000～1200	1200～1400	1400～1650	1650～1900	1900～2150	2150～2400
常温导热系数 W/（m·K）		≤0.25	≤0.35	≤0.45	≤0.55	≤0.70	≤0.90	≤1.10	≤1.30
常温抗压强度 [（110℃ ±5℃）×24h] MPa		≥7.0	≥8.5	≥10.0	≥12.0	≥14.0	≥17.0	≥20.0	≥22.0
耐酸性（常温浸 40% H_2SO_4 30d 或 80℃浸 40% H_2SO_4 15d）	外观	不允许有腐蚀、裂纹、膨胀、剥落等异常现象							
	$\frac{f_s}{f_0}$	≥0.9							
耐热性[a]（250℃ ×4h）	外观	不允许有裂纹、膨胀、剥落等异常现象							
	$\frac{f_r}{f_0}$	≥0.9							
a　烧成耐酸砖可不测耐热性									

d）防水型耐酸砖的技术要求见表6。

表6　防水型耐酸砖的技术要求

项　　目		超轻质耐酸砖		轻质耐酸砖				重质耐酸砖	
体积密度 kg/m³		Ⅰ型	Ⅱ型	Ⅰ型	Ⅱ型	Ⅲ型	Ⅳ型	Ⅰ型	Ⅱ型
		500～750	750～1000	1000～1200	1200～1400	1400～1650	1650～1900	1900～2150	2150～2400
常温导热系数 W/（m·K）		≤0.25	≤0.35	≤0.45	≤0.55	≤0.70	≤0.90	≤1.10	≤1.30
常温抗压强度［（110℃±5℃）×24h］MPa		≥8.0	≥10.0	≥12.0	≥14.0	≥16.0	≥18.0	≥20.0	≥22.0
体积吸水率[a] %		≤5.0							
耐酸性（常温浸40% H_2SO_4 30d或80℃浸40% H_2SO_4 15d）	外观	不允许有腐蚀、裂纹、膨胀、剥落等异常现象							
	$\frac{f_s}{f_0}$	≥0.9							
耐热性（250℃×4h）	外观	不允许有裂纹、剥落及大于2.0%的线变化率							
	$\frac{f_r}{f_0}$	≥0.9							
耐水性（常温浸水30d或浸90℃温水15d）	外观	不允许有溶蚀、裂纹、膨胀等异常现象							
	$\frac{f_{sh}}{f_0}$	≥0.8							

a　防水型耐酸砖加热后体积吸水率应不大于10.0%

5.3　轻质耐酸浇注料

a）普通型轻质耐酸浇注料的技术要求见表7。

表7　普通型轻质耐酸浇注料的技术要求

项　　目		单　　位	超轻质耐酸浇注料	轻质耐酸浇注料			
				Ⅰ型	Ⅱ型	Ⅲ型	Ⅳ型
体积密度		kg/m³	750～1000	1000～1200	1200～1400	1400～1650	1650～1900
常温导热系数		W/（m·K）	≤0.35	≤0.45	≤0.55	≤0.70	≤0.90
常温抗压强度［（110℃±5℃）×24h］		MPa	≥8.0	≥10.0	≥12.0	≥14.0	≥17.0
耐酸性（常温浸40% H_2SO_4 30d或80℃浸40% H_2SO_4 15d）	外观		不允许有腐蚀、裂纹、膨胀、剥落等异常现象				
	$\frac{f_s}{f_0}$		≥0.9				
耐热性（250℃×4h）	外观		不允许有裂纹、剥落及大于2.0%的线变化率				
	$\frac{f_r}{f_0}$		≥0.9				
自然干燥收缩率		%	≤2.0				

b）密实型轻质耐酸浇注料的技术要求见表8。

表 8　密实型轻质耐酸浇注料的技术要求

<table>
<tr><td rowspan="2" colspan="2">项　　目</td><td rowspan="2">单　　位</td><td rowspan="2">超轻质密实型耐酸浇注料</td><td colspan="4">轻质密实型耐酸浇注料</td></tr>
<tr><td>Ⅰ型</td><td>Ⅱ型</td><td>Ⅲ型</td><td>Ⅳ型</td></tr>
<tr><td colspan="2">体积密度</td><td>kg/m^3</td><td>750～1000</td><td>1000～1200</td><td>1200～1400</td><td>1400～1650</td><td>1650～1900</td></tr>
<tr><td colspan="2">常温导热系数</td><td>W/（m·K）</td><td>≤0.35</td><td>≤0.45</td><td>≤0.55</td><td>≤0.70</td><td>≤0.90</td></tr>
<tr><td colspan="2">常温抗压强度
[（110℃±5℃）×24h]</td><td>MPa</td><td>≥9.0</td><td>≥11.0</td><td>≥13.0</td><td>≥15.0</td><td>≥18.0</td></tr>
<tr><td colspan="2">体积吸水率[a]</td><td>%</td><td colspan="5">≤5.0</td></tr>
<tr><td rowspan="2">耐酸性
（常温浸 40% H_2SO_4 30d 或 80℃浸 40% H_2SO_4 15d）</td><td>外观</td><td rowspan="6"></td><td colspan="5">不允许有腐蚀、裂纹、膨胀、剥落等异常现象</td></tr>
<tr><td>$\frac{f_s}{f_0}$</td><td colspan="5">≥0.9</td></tr>
<tr><td rowspan="2">耐热性
（250℃×4h）</td><td>外观</td><td colspan="5">不允许有裂纹、剥落及大于 2.0% 的线变化率</td></tr>
<tr><td>$\frac{f_r}{f_0}$</td><td colspan="5">≥0.9</td></tr>
<tr><td rowspan="2">耐水性
（常温浸水 30d 或浸 90℃温水 15d）</td><td>外观</td><td colspan="5">不允许有溶蚀、裂纹、膨胀等异常现象</td></tr>
<tr><td>$\frac{f_{sh}}{f_0}$</td><td colspan="5">≥0.8</td></tr>
<tr><td colspan="2">抗渗性</td><td>MPa</td><td colspan="5">≥0.6</td></tr>
<tr><td colspan="2">自然干燥收缩率</td><td>%</td><td colspan="5">≤2.0</td></tr>
<tr><td colspan="8">a　密实型（防水抗渗型）耐酸浇注料加热后体积吸水率应不大于 10.0%</td></tr>
</table>

c）轻质耐酸浇注料的塌落度为 80mm±20mm。该指标是为统一检验条件的，不作为检验指标。

6　试验方法

6.1　耐酸胶结料

6.1.1　流动度

耐酸胶结料流动度的测定，应按 GB/T 2419 执行。

6.1.2　试样制备

试样按下列要求制备：

a）单组分耐酸胶结料，从混合均匀的干料中，称取成型试样需用的量，以 6.1.1 的方法，按符合 5.1b）规定的流动度所对应的加水比例加水，并用机械搅拌均匀；双（或多）组分耐酸胶结料按配合比取需用的量，并用机械搅拌均匀，其拌合料的流动度应按 6.1.1 的方法测定，符合 5.1b）的规定。

b）将试模放在振动台上，调节振动台的振幅至 0.75mm±0.05mm，主频率为 50Hz，成型过程中应进行检查，必要时进行调整。

c）填装试验料到试模内约一半高度，并分布均匀，启动振动台，振动 30s。用镘刀将试模内料面拉毛，填装试验料到试模边缘，再振动 30s。

d）从振动台上取下试模，用镘刀轻轻除去高于试模的料，并抹平表面。从加水（或液态结合剂）开始到试样成型的全部时间不得超过 10min。

e）试样应在温度为 20℃～25℃、相对湿度小于 80% 的空气环境中成型并自然养护；养护 24h±2h 后脱模，快凝早强或硬化较慢的试样允许提前或延期脱模；养护时间

15d；严禁与水或水蒸气接触。养护至规定龄期后，将试样烘干（110℃ ±5℃）×24h，冷却至常温后，即可进行各项试验。

f）各项试验的试样尺寸与数量见表9。

表9　各项试验的试样尺寸与数量

试验项目	试样尺寸 mm	数量 块
体积密度	160×40×40	3
常温抗压强度	160×40×40	3
耐酸性	160×40×40	6（普通型） 9（密实型）
耐热性	160×40×40	6（普通型） 12（密实型）
耐水性	160×40×40	6（密实型）
抗渗性	ϕ_{80}^{70}×30	6
体积吸水率	160×40×40（或30×30×30）	3（或4）
注：流动度或凝结时间，取料量不得少于2kg		

6.1.3　凝结时间

6.1.3.1　耐酸胶泥

耐酸胶泥凝结时间的测定，应按GB/T 1346执行。

6.1.3.2　耐酸砂浆

耐酸砂浆凝结时间的测定，应按JGJ 70第6章执行。

6.1.4　体积密度

耐酸胶结料体积密度的测定，应按YB/T 5200执行。

6.1.5　常温抗压强度

耐酸胶结料常温抗压强度（f_0）的测定，应按YB/T 5201执行。

6.1.6　耐酸性

耐酸胶结料耐酸性的测定应从试样浸酸后外观变化（浸酸安定性）和强度变化比值两个方面进行。

将同批制备的试样分为二（三）组，每组三块。记录每组各块外观状态。

a）外观变化（浸酸安定性）。普通型耐酸胶结料的试样需两组，一组作对比基准，一组浸酸。将试样放入常温下40% H_2SO_4 溶液中浸泡30d，或放入80℃ ±5℃的40% H_2SO_4 溶液中浸泡15d。密实型耐酸胶结料的试样需三组，一组作对比基准，一组作全浸泡，一组在酸中浸泡3d，取出置于空气中3d，再浸泡……交替进行。试验完成后，观察并记录试样外观的腐蚀、剥落、裂纹、膨胀及局部鼓泡等情况。

b）强度变化比值。将试样从酸液中取出，用清水冲洗数次，擦干，并经（110℃ ±5℃）×24h烘干，冷却至常温后，将YB/T 5201测试样的抗压强度（f_s），取其算术平均值，精确至0.1MPa，按下式计算浸酸后的强度变化比值（精确到0.1）：

$$f_{sB} = \frac{f_s}{f_0} \tag{1}$$

式中：f_{sB}——试样浸酸后抗压强度变化比值；

f_s——三（六）个试样浸酸后抗压强度的算术平均值，MPa；

f_0——三个基准试样常温抗压强度的算术平均值，MPa。

6.1.7　耐热性

耐酸胶结料耐热性测定从试样加热后外观变化、强度变化比值（和物理化学性质变化）等方面进行。

a）外观变化。在试样长度方向的两端距底面20mm处作为测量标记，分别测量加热前试样两侧面的长度值，精确到0.1mm。将试样加热到250℃，恒温4h，冷却至常温后，观察并记录试样外观的裂纹、膨胀、剥落、变形等异常情况，并分别测量加热后试样两侧面的长度值，精确到0.1mm，加热后线变化率按下式计算：

$$\Delta L = \frac{L_1 - L_2}{L_1} \times 100 \tag{2}$$

式中：ΔL——加热后线变化率；

L_1——加热前试样两测点之间的长度，mm；

L_2——加热后试样两测点之间的长度，mm。

取三个试样加热后线变化率的6个数据的算术平均值，精确至0.1%。

b）强度变化比值。分别测定加热（250℃×4h）后试样在常温下的抗压强度（f_r），取其算术平均值，精确至0.1MPa，按下式计算加热后的强度变化比值（精确至0.1）：

$$f_{rB} = \frac{f_r}{f_0} \tag{3}$$

式中：f_{rB}——试样加热后抗压强度变化比值；

f_r——三个试样加热后抗压强度的算术平均值，MPa；

f_0——三个基准试样常温抗压强度的算术平均值，MPa。

c）物理化学性质变化。密实型（防水抗渗型）耐酸胶结料应分别测定加热（250℃×4h）后试样吸水率和耐酸性的变化。

6.1.8　耐水性

耐酸胶结料耐水性的测定从试样浸水后外观变化和强度变化比值两方面进行：

a）外观变化。将同批制备的六块试样分成两组，每组三块，一组不浸水作对比基准。将另一组试样放入清水中，在常温下浸泡30d，或在90℃±5℃的水中浸泡15d，观察并记录试样外观的溶解、溶蚀、鼓胀、剥落、裂缝、变形等异常情况。

b）强度变化比值。将浸水试样从水中取出后，用水冲洗数次，擦干，分别测试样的抗压强度（f_{sh}），取其算术平均值，精确至0.1MPa，按下式分别计算浸水后的强度变化比值（精确至0.1）：

$$f_{shB} = \frac{f_{sh}}{f_0} \tag{4}$$

式中：f_{shB}——试样浸水后抗压强度变化比值；

f_{sh}——三个试样浸水后抗压强度的算术平均值，MPa；

f_0——三个基准试样常温抗压强度的算术平均值，MPa。

6.1.9　抗渗性

耐酸胶结料抗渗性的测定，按GB 50212—2002中B.4.2.9的2）规定执行。

6.1.10 体积吸水率

耐酸胶结料体积吸水率的测定，参照 GB 50212—2002 中 B.4.2 的 4 方法测试样浸泡前干燥状态的质量（m）、浸泡后饱和吸水状态的质量（m_1）和浸泡后饱和吸水的试样悬浮于浸泡液中的质量（m_2），分别精确至 0.1g。体积吸水率取三个试样的算术平均值，精确至 0.1%，按下式计算体积吸水率：

$$W_t = \frac{m_1 - m}{m_1 - m_2} \times 100 \tag{5}$$

式中：W_t——试样的体积吸水率，%；

m——浸泡前试样干燥状态的质量，g；

m_1——浸泡后试样饱和吸水状态的质量，g；

m_2——浸泡后饱和吸水的试样悬浮于浸泡液中的质量，g。

6.2 耐酸砖

6.2.1 体积密度

6.2.1.1 方法概要

称量试样的质量，用精度不低于 0.1mm 的量具测量试样的尺寸，求出体积，计算体积密度。

6.2.1.2 设备

a）电热鼓风干燥箱。

b）感量 0.1g 的天平。

c）精度不低于 0.1mm 的量具。

d）装有变色硅胶的干燥器。

e）温度计。

6.2.1.3 试样

外观平整，完好无损，无肉眼可见裂纹的整块耐酸砖三块。

6.2.1.4 试验步骤

a）把试样表面附着的灰尘及细碎颗粒刷净，在电热鼓风干燥箱中烘干（110℃ ±5℃）×24h，并于干燥器中自然冷却至常温。

b）称量每个试样的干燥质量，精确至 0.1g。

c）测量每个试样的长度、宽度和厚度（砖高），精确至 0.1mm。矩形试样，在各面的中心部位进行测量；梯形试样上、下底的长度分别在上、下底面距两边 1cm 处测量，梯形试样高（砖宽）的长度，在距梯形上底两端 1cm 处测量；异型试样凹凸啮合部分的尺寸偏差可忽略不计。

6.2.1.5 结果计算

a）矩形试样体积密度按下式计算：

$$D_b = \frac{m}{V} \times 1000 = \frac{m}{abc} \times 1000 \tag{6}$$

b）梯形试样体积密度按下式计算：

$$D_b = \frac{m}{V} \times 1000 = \frac{2m}{hc(L_1 + L_2)} \times 1000 \tag{7}$$

式中：　　D_b——试样的体积密度，取其算术平均值，精确至整数位，kg/m^3；

m——干燥试样的质量，g；

V——试样的体积，cm^3；

a，b，c——长方体试样的长、宽、厚（砖高），cm；

L_1、L_2、h、c——梯形试样上底、下底、高（砖宽）、厚度（砖高），cm。

6.2.2　常温导热系数

耐酸砖常温导热系数的测定，按 GB/T 10294 或 GB/T 10297 执行。

6.2.3　体积吸水率

6.2.3.1　方法概要

试样开口气孔所能吸附的水的体积与试样总体积之比称为体积吸水率（即试样的显气孔率），以百分数表示。称量试样干燥质量、饱和吸水时的质量及饱和吸水后悬于水中的质量，求出试样所吸水的质量和体积，求出试样体积，计算体积吸水率。

6.2.3.2　设备

a）电热鼓风干燥箱。

b）感量为 0.1g 的天平，称量范围不小于 5kg。

c）装有变色硅胶的干燥箱。

d）抽真空装置：保证剩余压力不大于 2.5kPa。

e）可调温盘式电炉及煮沸用的器皿。

f）带溢流管的容器。

6.2.3.3　试样

外观平整，完好无损坏，无肉眼可见的裂纹的整块耐酸砖三块，各切成两块。

6.2.3.4　试验步骤

a）按 6.2.1.4a）规定清理烘干试样。

b）按 6.2.1.4b）规定称量试样干燥质量（m_i，$i=1$，2，3，…，6），精确至 0.1g。

c）吸水处理：

1）煮沸法。将试样放入煮沸用的器皿内，并加入清水至试样完全被淹没，然后加热至水沸腾并在微沸状态下继续煮沸 3h，而后冷却至室温。为防止试样碰撞掉角，煮沸时器皿底部和试样之间应垫以干净纱布。

2）真空法。将试样放入干净的器皿中，置于真空干燥器内抽真空至剩余压力不大于 2.5kPa，保持 15min，然后通过真空干燥器上口所装移液漏斗缓缓注入蒸馏水至试样完全被淹没，在相同压力下继续抽真空 15min 后解除真空，取出盛有试样的器皿，于室温条件下静置 30min。

3）浸泡法。将试样放于浸水容器，在容器底部和试样之间放置垫块，以保证与水充分接触，向容器中加入清水至试样完全被淹没，浸泡 7d。

d）将经吸水处理后的达到饱和吸水的试块迅速移至带溢流管的容器中，吊在天平的挂钩上，称量其完全浸没在水中的质量（m_{2-i}，$i=1$，2，3，…，6），精确至 0.1g。

e）将试样从水中取出，用饱水的湿毛巾擦去试样表面过多的水分，迅速称量含有饱和水的试样在空气中的质量（m_{1-i}，$i=1$，2，3，…，6），精确至 0.1g。

f）有质量争议时，应按煮沸法进行试验。

注：非烧结耐酸砖宜用燃油替代水进行试验。

6.2.3.5 结果计算

试样的体积吸水率按下式计算，精确至0.1%：

$$W_t = \frac{m_1 - m}{m_1 - m_2} \times 100 \tag{8}$$

或

$$W_t = \frac{m_2 - m}{\rho V} \times 100 \tag{9}$$

式中：W_t——试样的体积吸水（油）率，取六个试样的算术平均值，精确至0.1,%；

m——试样干燥状态下的质量，g；

m_1——试样在饱和吸水（油）状态的质量，g；

m_2——试样在饱和吸水（油）状态下浸没于水中的质量，g；

V——试样的体积，cm^3；

ρ——浸泡液体（水或煤油）的密度，g/cm^3，水的密度按$1g/cm^3$计算。

6.2.4 常温抗压强度

耐酸砖常温抗压强度的测定按GB/T 3997.2执行。

6.2.5 耐酸性

耐酸砖耐酸性的测定，按6.1.6方法执行。浸酸试样（六个）为半块耐酸砖；浸酸后试样抗压强度的测定按6.2.4执行。

6.2.6 耐热性

耐酸砖耐热性的测定，按6.1.7方法执行。加热试样（六个）为半块耐酸砖；加热后试样抗压强度的测定按6.2.4执行。

6.2.7 耐水性

耐酸砖耐水性的测定，按6.1.8方法执行。浸水试样（六个）为半块耐酸砖；浸水后试样抗压强度的测定按6.2.4执行。

6.3 轻质耐酸浇注料

6.3.1 试样制备

a）从混合均匀的干料中称取成型试样需用的量，按GB/T 50080的方法，按5.3c）规定的塌落度所对应的加水或结合剂量，并拌合均匀。

b）将试模放在振动台上，调节振动台的振幅至0.75mm±0.05mm，主频率为50Hz，成型过程中应进行检查，必要时进行调整。

c）填装试验料到试模内约一半高度，并分布均匀，启动振动台，振动30s。用镘刀将试模内料面拉毛，填装试验料到试模边缘，再振动30s。

d）从振动台上取下试模，用镘刀轻轻除去高于试模的料，并抹平表面。从加水或结合剂开始到试样成型的全部时间不得超过10min。

e）试样应在温度为20℃~25℃、相对湿度小于80%的空气环境中成型并自然养护；养护24h±2h后脱模，快凝早强或硬化较慢的试样允许提前或延期脱模；养护时间15d；严禁与水或水蒸气接触。养护至规定龄期后，将试样烘干（110℃±5℃）×24h，冷却至常温后，即可进行各项试验。

f）各项试验的试样尺寸与数量见表10。

表 10　各项试验的试样尺寸与数量

试验项目	试样尺寸 mm	数量 块
体积密度	100×100×100	3
常温导热系数	200×100×20~50（或 ϕ180×20）	3
体积吸水率	100×100×100	3
常温抗压强度	100×100×100	6
耐酸性	100×100×100	6（普通型） 9（密实型）
耐热性	100×100×100	6（普通型） 12（密实型）
耐水性	100×100×100	6（密实型）
抗渗性	ϕ_{185}^{175}×150	6
自然干燥收缩率	100×100×300	3

6.3.2　体积密度

轻质耐酸浇注料体积密度的测定，按 6.2.1 执行。

6.3.3　常温导热系数

轻质耐酸浇注料常温导热系数的测定，按 GB/T 10294 或 GB/T 10297 执行。

6.3.4　体积吸水率

轻质耐酸浇注料体积吸水率的测定，按 6.2.3 执行。

6.3.5　常温抗压强度

轻质耐酸浇注料常温抗压强度的测定，按 6.2.4 执行。

6.3.6　耐酸性

轻质耐酸浇注料耐酸性的测定，按 6.2.5 执行。

6.3.7　耐热性

轻质耐酸浇注料耐热性的测定，按 6.2.6 执行。

6.3.8　耐水性

轻质耐酸浇注料耐水性的测定，按 6.2.7 执行。

6.3.9　自然干燥收缩率

轻质耐酸浇注料成型硬化后，在自然干燥养护过程中产生的线收缩率（或体积收缩率）。本标准取线收缩率。

轻质耐酸浇注料自然干燥收缩率的测定方法为：按 6.3.1 制备试样，将试样拆模后立即在试样长度方向的两端距底面 50mm 处作测量标记，分别测量试样两侧面的长度值，精确到 0.1mm；作为试样的初始长度。自然养护第 3、7、14、28d，测量试样的长度，即为各龄期的自然干燥长度。轻质耐酸浇注料自然干燥收缩率按下式计算：

$$\varepsilon_{st} = \frac{L_0 - L_t}{L} \times 100 \tag{10}$$

式中：ε_{st}——相应为 t（3、7、14、28d）时的自然干燥收缩率值,%；

L_0——试样的初始长度，mm；

L——试模长度，取 300，mm；

L_t——试样在试验期为 t 时的长度，mm。

取三个试样的6个数值的算术平均值作为轻质耐酸浇注料的自然干燥收缩率值，精确至0.1%。

6.3.10 抗渗性

轻质耐酸浇注料抗渗性的测定，按GB 50212—2002中B.4.2.9.1）规定执行。

7 检验规则

7.1 出厂检验

产品出厂必须进行出厂检验。耐酸胶结料、轻质耐酸浇注料出厂检验项目包括：体积密度、常温强度、凝结时间、耐酸性。耐酸砖出厂检验项目包括外观质量、尺寸偏差、体积密度、常温强度、耐酸性。产品出厂检验合格后方可出厂。

7.2 型式检验

型式检验项目包括本标准技术要求的全部项目。有下列之一情况者，应进行型式检验：

a）新产品投产鉴定时；

b）正式生产后，原材料、工艺技术等发生较大的改变，可能影响产品性能时；

c）正常生产时，每半年进行一次；

d）出厂检验结果与上次型式检验结果有较大差异时；

e）国家质量技术监督机构提出进行型式校验时。

7.3 现场复检

产品到现场抽样复检的项目，除含出厂检验项目外，还应包括设计（图纸）要求的检验项目及供需双方合同约定的检验项目。

7.4 批量

耐酸胶结料以100t～150t为一批，不足100t按一批计。

耐酸砖及轻质耐酸浇注料以300m^3～400m^{3}为一批，不足300m^{3}按一批计。

7.5 抽样

7.5.1 耐酸胶结料

耐酸胶结料应从同一批料中随机抽取50kg，从每个单位包装中的抽样量不得超过10kg。双（或多）组分型应按比例抽取各组分的材料。

7.5.2 耐酸砖

外观质量检验的试样采用随机抽样法，在每一检验批的产品堆垛中抽取。试样应从不少于5个堆垛中抽取，每堆垛中应从不少于3个不同部位中抽取。

其他检验项目的样品用随机抽样法从外观质量检验后的样品中抽取。

抽样项目与数量按表11进行（为50块）。

表11 抽样项目与数量

序　　号	检验项目	抽样数量 块	序　　号	检验项目	抽样数量 块
1	外观质量	50	6	耐酸性	6
2	尺寸偏差	10	7	导热系数	3
3	体积密度	3	8	吸水率	3
4	常温强度	3	9	耐水性	6
5	耐热性	3			

7.5.3　轻质耐酸浇注料

轻质耐酸浇注料应从同一批料中随机抽取100kg，从每个单位包装中抽样量不得超过10kg。双（或多）组分型应按比例抽取各组分的材料。

7.6　判定规则

7.6.1　耐酸胶结料和轻质耐酸浇注料

耐酸胶结料和轻质耐酸浇注料性能应分别符合表2和表7、表8中相应的规定。第一次检验若有一项或两项不符合要求，应对该项目进行复检。复检合格，判该项目合格。否则，判该项目不合格。若复检不合格项为强度或耐酸性，则判该产品不合格。若有三项或三项以上不符合要求时，判该批产品不合格，不予复检。

7.6.2　耐酸砖

耐酸砖性能应符合表3～表6中相应规定。第一次检验若有三项或三项以下不符合要求时，应对该项目进行复检，取样数量加倍，复检合格，判该项目合格。否则，判该项目不合格。若复检不合格项为强度或耐酸性，则判该产品不合格。若有四项或四项以上不符合要求时，判该批产品不合格，不予复检。产品的外观质量、尺寸偏差与变形不符合要求，而其他项目都符合要求者，可视为次品酌情使用。但外观检验中欠火砖、酥砖超过5%，则判该批产品不合格。

8　包装、标志、运输和储存

8.1　包装

耐酸胶结料应采用耐磨防潮防水型（带塑料衬膜的）塑料编织袋或牛皮纸袋，袋内宜另套一层塑料薄膜袋，规格以25kg/袋或50kg/袋为宜。

轻质耐酸浇注料（干散料）应采用防潮防水型的塑料编织袋，规格以0.05m^3和0.025m^3为宜。

液体结合剂、外加剂宜用铁桶或塑料桶包装。规格：铁桶以250、100、50L为宜；塑料桶以50、25、10L为宜。

耐酸砖产品包装按供需双方协议。当采用纸箱、纸板、草绳做包装时，应装填严实、捆紧扎实。包装时应防止砖角、棱碰撞受损。

8.2　标志

在产品的包装上用适当方式标明产品名称、品种、等级、商标、生产厂名、厂址、联系电话。在耐酸胶结料、耐酸浇注料的包装袋上，还应标明“防潮”和“防雨”等标记。

发货时，应出具产品合格证，其中应有下列内容：

a）合格证编号；

b）生产企业名称；

c）产品名称、规格、品种、等级；

d）产品数量和生产日期；

e）依据标准编号；

f）本批产品出厂检验实测技术性能；

g）检验部门及检验人员签章。

8.3　运输

运输时应有防潮、防雨设施，产品应稳固、挤紧以防震动碰撞，装卸时应小心轻放，严禁抛掷、滚卸、乱摔乱撞，以免防潮包装破损、液体泄漏及磕掉边角。

8.4　储存

产品应按不同规格、品种、类别等分别堆放。耐酸胶结料、轻质耐酸浇注料宜贮存于通风干燥的室内或防雨棚内，底层宜设防潮隔层垫板。耐酸砖宜室外贮存，应有防雨设施。

附录五

烟气湿法脱硫用石灰石粉反应速率的测定

（DL/T 943—2005）

目　　次

前　　言

本标准是根据原国家经济贸易委员会《关于确认 1999 年度电力行业标准制、修订计划项目的通知》（电力［2000］20 号文）的要求制定的。

二氧化硫是燃煤火力发电厂的主要污染物之一，我国大量使用石灰石进行烟气脱硫，石灰石的溶解速率是影响脱硫效果的主要参数，但目前尚无石灰石溶解速率测定的标准方法。本标准的制定，将统一全国火力发电厂脱硫用石灰石的溶解速率测定方法，为火力发电厂选用合适的石灰石进行二氧化硫污染治理提供技术保障。

本标准由中国电力企业联合会提出。

本标准由电力行业环境保护标准化委员会归口并解释。

本标准起草单位：国家电力公司环境监测总站、东南大学。

本标准主要起草人：朱法华、傅大放、朱林、陆青、钱科。

烟气湿法脱硫用石灰石粉反应速率的测定

1 范围

本标准规定了烟气湿法脱硫用石灰石粉反应速率的测定方法。

本标准适用于烟气湿法脱硫用石灰石粉反应速率的测定。

2 术语和定义

下列术语和定义适用于本标准。

2.1

石灰石粉反应速率 limestone dissolution rate

石灰石粉反应速率是指石灰石粉中碳酸盐与酸反应的反应速率。

3 实验目的

对石灰石粉与酸的反应速率进行测定，测出石灰石粉的反应速率，为烟气湿法脱硫装置使用单位选择石灰石粉原料提供依据。

4 实验试剂和原料

本标准所用试剂除另有说明外，均为分析纯试剂。所用的水指蒸馏水或具有同等纯度的去离子水。

0.1 mol/L 盐酸（HCl）溶液。

0.1 mol/L 氯化钙（$CaCl_2$）溶液。

本标准所用原料石灰石粉应通过质量检测部门的检测，确定石灰石粉中碳酸钙（$CaCO_3$）和碳酸镁（$MgCO_3$）的质量百分率。

5 实验仪器

5.1 自动滴定仪

一台，有恒定 pH 滴定模式，分辨率 0.01pH，滴定控制灵敏度 ±0.1pH。

5.2 玻璃仪器

500mL 烧杯一个，500mL 量筒一支。

5.3 水浴锅

一台，温度误差 ±1℃。

5.4 计时表

一块，误差 ±1s。

5.5 电子天平

一台，感量在 0.001g 以上。

6 实验方法与步骤

6.1 试样的制备

选用的石灰石粉细度为250目，筛余5%。

用量筒量取250mL0.1 mol/L$CaCl_2$溶液，注入烧杯中，把其放置在水浴中，控制温度50℃并使其恒温后，用电子天平称取0.150g石灰石粉，加入恒温的烧杯中，并插入搅拌器的搅拌桨，速度为800r/min，连续搅拌5min。

6.2 数据的测定

将pH计电极插入到石灰石悬浮液中，注意电极不要碰到搅拌桨。自动滴定仪设定pH值为5.5，用0.1 mol/L盐酸溶液开始滴定，同时计时表开始计时，记录不同时刻t的盐酸溶液消耗量。本实验重复三次。

7 结果表示与数据处理

7.1 石灰石粉转化分数的计算

样品中石灰石粉转化分数用式（1）计算：

$$X(t) = \frac{\frac{1}{2}c_{HCl}V_{HCl}(t)}{\frac{W\omega_{CaCO_3}}{M_r(CaCO_3)} + \frac{W\omega_{MgCO_3}}{M_r(MgCO_3)}} \tag{1}$$

式中：$X(t)$——t时刻，石灰石粉的转化分数，取0.8；

c_{HCl}——盐酸的浓度，为0.01mol/L；

$V_{HCl}(t)$——t时刻，滴定所消耗的盐酸体积，mL；

W——石灰石粉的质量，为0.150g；

ω_{CaCO_3}——石灰石粉中碳酸钙的质量百分率，为实测值；

ω_{MgCO_3}——石灰石粉中碳酸镁的质量百分率，为实测值；

$M_r(CaCO_3)$——碳酸钙的分子量，为100；

$M_r(MgCO_3)$——碳酸镁的分子量，为40。

7.2 石灰石粉反应速率的计算

根据式（1）计算当石灰石粉转化分数为0.8时所需滴定盐酸的体积。测定石灰石粉转化分数达到0.8所需的时间，以此时间作为表征石灰石粉反应速率的指标。

7.3 精密度

在置信概率95%条件下，置信界限相对值在5%以内，置信界限相对值Δ按式（2）计算：

$$\Delta = \pm(1.96 \times CV)/\sqrt{n} \tag{2}$$

式中：n——试样个数，$n \geq 3$；

CV——测试变异系数。

附录六

湿法烟气脱硫工艺性能检测技术规范

（DL/T 986—2005）

目　　次

前　　言

本标准是根据国家发展和改革委员会办公厅《关于下达 2003 年行业标准项目补充计划的通知》（发改办工业［2003］873 号文）的安排制定的。

湿法烟气脱硫工艺在火力发电厂已经得到广泛应用，为了使湿法脱硫的工艺性能、检测内容、流程和方法有统一技术要求，以确保检测结果的正确性和可比性，制定本技术标准。

本标准由中国电力企业联合会提出。

本标准由电力行业环境保护标准化技术委员会归口并负责解释。

本标准起草单位：国电环境保护研究院。

本标准主要起草人：王小明、薛建明、陈焱、韩琪、李忠华、金定强、张荀、许雪松、许月阳、徐凤彬、张亚伟。

湿法烟气脱硫工艺性能检测技术规范

1 范围

本标准规定了湿法烟气脱硫工艺性能检测的内容、流程和方法。

本标准适用于石灰石石膏湿法烟气脱硫工艺的性能考核和验收检测，其他湿法烟气脱硫工艺和其他类似脱硫工艺也可参照执行。

2 规范性引用文件

下列文件中的条款通过本标准的引用而成为本标准的条款。凡是注日期的引用文件，其随后所有的修改单（不包括勘误的内容）或修订版均不适用于本标准，然而，鼓励根据本标准达成协议的各方研究是否可使用这些文件的最新版本。凡是不注日期的引用文件，其最新版本适用于本标准。

GB/T 3286.1 石灰石、白云石化学分析方法 氧化钙量和氧化镁量的测定

GB/T 6904.1 锅炉用水和冷却水分析方法 pH 的测定 玻璃电极法

GB/T 6905.1～6905.3 锅炉用水和冷却水分析方法 氯化物的测定

GB/T 6911.1～6911.3 锅炉用水和冷却水分析方法 硫酸盐的测定

GB/T 7482～7484 水质 氟化物的测定

GB/T 12349 工业企业厂界噪声测量方法

GB/T 14415 锅炉用水和冷却水分析方法 固体物质的测定

GB/T 14426 锅炉用水和冷却水分析方法 亚硫酸盐的测定 分光光度法

GB/T 16157 固定污染源排气中颗粒物测定与气态污染物采样方法

JC/T 479.2 建筑石灰试验方法

YB/T 105 冶金石灰物理检验方法

DL/T 943 烟气湿法脱硫用石灰石粉反应速率的测定

3 术语和定义

下列术语和定义适用于本标准。

3.1

脱硫效率 desulfurization efficiency

烟气脱硫系统脱除 SO_2 的能力，在数值上等于单位时间内烟气脱硫系统脱除的 SO_2 量与进入脱硫系统时烟气中的 SO_2 量之比。

3.2

SO_2 排放质量浓度 SO_2 effluent-quality concentration

烟气经脱硫系统脱除 SO_2 后，将实际测量的 SO_2 排放体积浓度折算为标准状态下干烟气（1013kPa，273K，湿度为零）和氧量为 6% 状态下的 SO_2 质量浓度。

3.3

钙硫化学计量比 calcium-sulfur stoichiometric proportion

投入脱硫系统中钙基吸收剂与脱硫系统脱除的SO_2摩尔数之比，它同时表示脱硫系统在达到一定脱硫效率时所需要的脱硫吸收剂的过量程度。

3.4

吸收剂利用率 absorbent utilization ratio

脱硫系统用于脱除SO_2的吸收剂占加入脱硫系统吸收剂总量的质量分数。它在数值上等于脱除SO_2的摩尔数与加入的钙基吸收剂摩尔数之比。

3.5

液气比 liquid-gas ratio

单位体积烟气流量在脱硫吸收塔中用于循环的碱性浆液的体积流量，它在数值上等于单位时间内吸收剂浆液喷淋量和单位时间内脱硫吸收塔入口的标准状态湿烟气体积流量之比。

3.6

脱硫副产物的氧化率 oxidation rate of the desulfurated accessory substances

脱硫副产物固体物料中亚硫酸钙氧化成硫酸钙的程度，它在数值上等于脱硫副产物的固体物料中硫酸根离子的摩尔数除以硫酸根离子摩尔数与亚硫酸根离子摩尔数之和。

3.7

脱硫副产物的含湿量 moisture content of the desulfurated accessory substances

脱硫副产物固体物料中水的质量分数，但不包括固体物料中的结晶水。

3.8

除雾器出口烟气中携带的液滴量 dripping content of the demister outlet gas

离开除雾器单位体积烟气中所携带液滴的质量浓度。

3.9

系统可利用率 system utilization ratio

评价脱硫系统可靠性的量化指标。

3.10

系统压力降 system differential pressure

脱硫系统在额定工况条件下进出口烟气流的平均全压之差。

3.11

电能消耗 electric energy consumption

脱硫系统在设计额定工况条件下消耗的各种电能之和。

3.12

水量消耗 water consumption

脱硫系统在设计额定工况条件下消耗的所有水量之和。

4 检测内容

4.1 性能指标包括环境指标和经济指标。

4.1.1 环境指标包括：脱硫效率和SO_2排放质量浓度；烟尘排放质量浓度和烟气排放温度；除雾器出口烟气携带液滴的质量浓度；脱硫副产物的氧化率、主要成分和含湿量；脱硫废水的主要成分和质量流量；脱硫系统噪声及其对厂界噪声环境的影响。

4.1.2 经济指标包括：可利用率、压力降、电能消耗、工艺水消耗量、吸收剂利用率和吸收剂的消耗量、脱硫副产品的产量和需要堆放的场地面积、压缩空气消耗量。

4.2 功能指标包括：脱硫系统在启停和运行状态时，对机组正常运行和稳定性的影响；脱硫系统对机组运行负荷变化的跟踪特性和适应性；脱硫系统报警时，脱硫系统解列的能力和对机组的影响；对周围环境和生态造成二次污染的程度。

4.3 性能考核检测主要检测性能指标，验收检测对性能指标和功能指标均应检测。

5 检测方法

5.1 机组主要运行参数输入系统

5.1.1 机组的主要运行参数应每隔 15min ~ 30min 记录一次，每个检测工况每天至少应进行一次燃煤的工业分析和硫分分析，必要时进行燃煤的元素分析，并将数据输入数据处理系统。

5.1.2 主要运行参数在机组的主控室由专职的技术人员进行记录，应记录的参数参见附录 A 中表 A.1。

5.1.3 燃煤煤样在进入锅炉炉膛的煤粉管道上或给煤机的出口进行采集，应记录的煤样工业分析和元素分析参见附录 A 中表 A.2 和表 A.3。

5.2 烟气成分在线检测系统

5.2.1 烟气成分的在线检测以检测方提供的车载流动式检测系统为主，以脱硫系统自身配置的检测仪表为辅。

5.2.2 检测位置：脱硫系统吸收塔进、出口烟道。具体位置的选择见 GB/T 16157。

5.2.3 检测参数：烟气中的 SO_2 体积浓度、氧分和 NO_x 体积浓度。

5.2.4 检测点数：脱硫系统进出口烟气中的 SO_2 体积浓度、NO_x 体积浓度、氧量等气态物的参数采用靠近烟道中心的单点非等速检测。

5.2.5 计算参数：脱硫效率、标准状况下干态氧量 6% 时的 SO_2 排放质量浓度和 NO_x 排放质量浓度、单位时间内的 SO_2 排放质量流量。

5.2.6 检测方法如下。

a）SO_2 体积浓度采用抽取法高分辨率 SO_2 紫外分析技术；

b）氧量采用顺磁法。

5.2.7 参数记录的内容及方式如下。

a）检测参数以检测方的监测仪为主，采用自动记录和存贮方式；

b）脱硫系统的运行参数以脱硫系统自身的监测仪为主，采用手动记录的方式，要求每 15min ~ 30min 记录一次；

c）典型湿法脱硫系统应记录的主要运行参数参见附录 A 中表 A.4；

d）脱硫吸收剂理化特性分析，包括成分、粒径、活性、形态和比表面积等，应记录的参数参见附录 A 中表 A.5 和表 A.6；

e）脱硫副产品的理化特性分析，包括成分、粒径、形态、比表面积和稳定性等，应记录的参数参见附录 A 中表 A.7；

f）脱硫废水的理化特性分析，应记录的参数参见附录 A 中表 A.8。

5.3 烟气流量检测系统

5.3.1 烟气流量的检测为在线非连续检测，采用检测方提供的仪器，根据试验工况的要求进行测定。

5.3.2 检测位置：脱硫系统吸收塔进、出口烟道；具体位置的选择见 GB/T 16157 的规定。

5.3.3 检测参数：烟道气的静压、动压、温度和含湿量。

5.3.4 检测点数：见 GB/T 16157 的规定。圆形烟道测量孔的数量原则上不少于附录 A 中表 A.9 所列的数量，矩形烟道测量孔的数量原则上不少于附录 A 中表 A.10 所列的数量。

5.3.5 输入参数：检测位置的标高、端面面积、大气压力和环境温度。

5.3.6 计算参数：烟气密度、流速、工况和标准状况下干态体积流量、系统压力降和系统漏风率。

5.3.7 检测方法：见 GB/T 16157 的规定。

5.3.8 数据处理：见 GB/T 16157 的规定。

5.4 烟尘浓度检测系统

5.4.1 烟尘浓度的检测为在线非连续检测，采用检测方提供的仪器，根据试验工况的要求进行测定。

5.4.2 检测位置：脱硫系统吸收塔进、出口烟道；具体位置的选择见 GB/T 16157 的规定。应设置的最少检测点数应满足附录 A 中图 A.1 的要求。

5.4.3 采集样品：有代表性的、一定数量的烟尘。

5.4.4 检测点数：见 GB/T 16157 的规定。

5.4.5 计算参数：标准状况下干态烟尘质量浓度、标准状况下干态氧量 6% 时的烟尘质量浓度和单位时间内的烟尘排放质量流量。

5.4.6 检测方法：见 GB/T 16157 的规定。

5.5 能源消耗检测系统

5.5.1 检测位置：电能消耗在脱硫电气控制系统的电动机控制中心；水量消耗在脱硫供水系统出口的分配母管。

5.5.2 计算参数：单位时间内的电能消耗和单位时间内的水量消耗。

5.5.3 检测方法如下。

a）电能消耗采用便携式电能分析仪或在线电能测量仪测定；

b）水量消耗采用水量分配母管上的在线流量计测定。

5.6 噪声检测系统

5.6.1 检测位置：距产生噪声的设备 1m 处。

5.6.2 检测方法：见 GB/T 12349 的规定。

5.7 脱硫吸收剂分析系统

5.7.1 采样位置

吸收剂的固相样品在石灰石或石灰粉的运输车或运输车输入粉仓的管道上和粉仓的下料管道上定期采集；吸收剂的液相样品在其新鲜浆液槽或新鲜浆液的输送管道上定期采集。

5.7.2 采样方法

a）入仓粉料样品的采集：

1）直接在石灰石（或石灰）粉料运输车上或在气力输送管道的采样口进行采集。要求：每辆粉罐车抽取 5 份样品，根据其输送时间进行五等分，每间隔一等分时间取一次样，每份样不少于 300g，取得的粉样应立即装入密闭、防潮的容器中。

2）将采集的粉样充分混合，然后采用四分法将样品缩分到 300g～400g，并将缩分后的混合样立即放入密闭、防潮的磨口广口瓶中。

3）瓶上标签应注明粉罐车编号、采样时间、采样人员及采样点。

4）若对每天入库的粉料作为一个批量进行分析，应将上述采集的每辆粉罐车的缩分样再进行混合，并再次根据四分法缩分到300g～400g。保存方法不变，标签上注明采样日期、采样人员、采样点。

b）下料管道样品的采集：

1）若每半天的下料作为一个批量分析，则应间隔0.5h～1h采集一份样品，每份样品的数量应不少于300g，共需抽取5份样；若以一天的下料作为一个批量分析，则应间隔1h～1.5h采集一份样品，每份样品的数量应不少于300g，共需采集5份样品。采集的样品应立即装入密闭、防潮的容器中。

2）缩分方法、保存方法同前。标签上需注明采样日期、采样人员和采样点等信息。

3）样品的采样口应开设在输送管道易于下料的直管段上，且距离管道连接口或弯管处至少应有$2D$～$3D$的距离。

c）吸收剂浆液的采集：

1）采集容器必须是洁净的硬质玻璃瓶或塑料制品。采样前应用浆液冲洗2～3次，采样后应迅速盖上瓶盖。

2）在新鲜浆液槽中采样时，应在液面下50cm处采样；在浆液管道中采样时，应在泵出口或流动部位采样，且必须先放掉500mL～1000mL浆液冲洗采样瓶后再采样，每次采样不小于500mL。

3）若每半天分析一个样，则间隔0.5h～1h采集一份样品；若每天分析一个样，则间隔1h～1.5h采集一份样品，共采集五份，将采集的五份样混合。

4）从充分混匀的混合样中分别取出100mL，500mL。100mL浆液样用于测固体质量分数，500mL浆液用定性滤纸过滤，滤液用于测定pH、钙、镁离子。

5.7.3 检测参数

a）成分分析：石灰石主要包括碳酸钙和碳酸镁；石灰主要包括有效氧化钙、氢氧化钙、碳酸钙、氧化镁、总钙。

b）活性分析：石灰石采用溶解速率法；石灰采用ASTM 3min温升值，4mol/LHCl粗粒滴定5min或者10min耗酸量法。

c）吸收剂浆液：pH值、固体质量分数、钙和镁离子。

5.7.4 检测方法

5.7.4.1 有效氧化钙的测定：

a）试剂：主要有蔗糖、1%酚酞乙醇溶液和0.5mol/L的HCl标准溶液。

b）分析步骤：准确称取试样0.5g置于250mL带磨口的锥形瓶中，将事先已称好的4g蔗糖覆盖在表面（以减少试样与空气的接触），放入干燥清洁的玻璃珠数粒，加入40mL～50mL新煮沸并已冷却至常湿的蒸馏水，并立即加塞，然后摇动15min，再打开瓶塞，用蒸馏水冲洗瓶塞及瓶壁，加入2～3滴1%酚酞指示剂溶液，以0.5cmol/L的HCl溶液滴定，至溶液的红色消失并在30s内不再复现为止。

c）数据处理：有效氧化钙的质量分数按下式计算：

$$W_{\text{CaO}} = \frac{0.02804 \times cV}{m} \times 100\%$$

式中：W_{CaO}——有效氧化钙的质量分数；

c——盐酸标准溶液的浓度，mol/L；

V——滴定时消耗盐酸标准溶液的体积，mL；

0.02804——每毫克摩尔氧化钙的克数；

m——试样的质量，g。

5.7.4.2 氢氧化钙和碳酸钙的测定：见 JC/T 479.2。

5.7.4.3 氧化钙和氧化镁的测定：见 JC/T 479.2。

5.7.4.4 碳酸钙和碳酸镁的测定：见 GB/T 3286.1。

5.7.4.5 石灰的活性分析：见 YB/T 105。

5.7.4.6 石灰石活性分析：见 DL/T 943。

5.7.4.7 吸收剂浆液固体质量分数的测定：见 GB/T 14415。

5.7.4.8 吸收剂浆液 pH 值的测定：见 GB/T 6904.1。

5.7.4.9 吸收剂浆液钙、镁离子的测定：见 GB/T 3286.1。

5.8 脱硫浆液循环氧化分析系统

5.8.1 检测位置

吸收剂浆液的吸收塔循环氧化槽和循环管道的有效位置。

5.8.2 检测参数

液相部分的检测参数主要有 Ca^{2+}、Mg^{2+}、$SO_4{}^{2-}$、$SO_3{}^{2-}$、Cl^-、F^-、pH 值；固相部分的检测参数主要有 Ca^{2+}、Mg^{2+}、$SO_4{}^{2-}$。

5.8.3 采样方法

见 5.7.2c）中的 1）~3)，之后从充分混匀的混合样中分别取出 100，500mL。100mL 浆液样用于固体质量分数的检测，500mL 浆液用快速定性滤纸过滤，滤液用于液相测定，滤纸上的滤渣用无水乙醇洗涤两次，并于 65℃ ±1℃下干燥 24h，用于固相分析。

5.8.4 检测方法

5.8.4.1 循环浆液中钙、镁离子的测定，见 GB/T 3268.1；pH 值的测定，见 GB 6904.1。

5.8.4.2 循环浆液中硫酸根的测定：见 GB/T 6911. 1 ~6911.3。

5.8.4.3 循环浆液中亚硫酸根的测定：见 GB/T 14426。

5.8.4.4 循环浆液中氯离子的测定：见 GB/T 6905. 1 ~6905.3。

5.8.4.5 循环浆液中氟离子测定：见 GB/T 7482 ~7484。

5.8.4.6 循环浆液固相成分分析：准确称取 0.5g 干燥的灰样于 100mL 烧杯中，在通风柜中加入 1:1 的盐酸约 5mL，不断搅拌，至无气泡产生为止，用定量滤纸过滤，滤液移入 500mL 的容量瓶中，并稀释至刻度，混合均匀后，可测定 Ca^{2+}、Mg^{2+}、$SO_4{}^{2-}$。测定方法同上。

5.9 脱硫副产物分析系统

5.9.1 采样位置：脱硫副产物脱水后的固态产物储仓。

5.9.2 检测参数：钙、镁离子和硫酸根离子。

5.9.3 测定方法：同上。

5.10 环境状况评价系统

5.10.1 评价内容

环境状况评价系统主要是对脱硫系统的整体形象、脱硫系统投入运行后环境指标的实现能力，产生二次污染的状况等进行评价。

5.10.2 评价参数

a）整体形象：指脱硫系统安装完毕和装饰后的外观水平、程度以及总体效果，所有设备、仪表、管道等布置的合理性、整体性，系统中是否设置了必要的标记和招牌，系统中是否采用了国家严禁使用的、有害人身健康的材料，是否设置了必要的隔音、隔热、防火、防电击、防机械伤害等安全措施。

b）环境指标：指脱硫系统投入运行后与环境因子有关的环境指标，主要有：SO_2排放浓度和排放量、烟尘排放浓度和排放量、脱硫废水的排放量、抛弃的脱硫副产物量、系统噪声等。

c）二次污染：指脱硫系统投入运行前后，在脱硫吸收剂和脱硫副产物的运输及输送过程中以及在脱硫吸收剂的制备过程中所产生的物尘、噪声，以及脱硫系统在运行过程中所产生的跑、冒、滴、漏、噪声等污染。

5.10.3 评价方法

a）整体形象：通过现场观察、摄像等方式，采用比对的方法进行评价。

b）环境指标：根据烟气成分在线检测系统、烟尘浓度检测系统、脱硫废水检测系统和噪声检测系统的检测结果，采用与相关标准或设计指标进行比对的方法进行客观的评价。

c）二次污染：通过现场观察、摄像与各检测系统实际检测结果相结合的方法，采用与相关标准或设计指标进行比对的方法进行客观的评价。

6 检测报告

6.1 数据和信息处理

检测数据和信息的处理包括整理、传输、贮存、分析、检索和输出等过程。采用计算机技术及时准确地处理信息，通过质量保证体系保持各种检测数据和信息的准确性和统一性，为检测结果的可靠性以及最终的评价提供可靠的信息。

6.2 检测报告

6.2.1 检测方应根据检测的过程和结果编制完整的检测报告。

6.2.2 检测报告的内容应包括：

a）概述：介绍项目的由来和脱硫系统的建设状况及主要设计参数和工艺参数。

b）检测目的：包括脱硫系统的设计指标和检测应达到的目标和目的。

c）检测内容：包括所有的检测工况和需要检测的参数。

d）检测条件：包括机组、燃煤和脱硫系统等在检测期间实际达到的运行状况。

e）检测结果：应列出所有检测指标的实际检测结果和将其修正到合同或设计文件规定条件下的最终检测结果；列出最终检测结果与合同或设计文件规定保证值的相对偏差。

f）结论：采用分项对照法，将欲评价的指标和各项检测因子与其设计指标或质量标准中对应的指标值逐项进行比较，以评价其能否达到规定功能的要求，然后根据分项对照的结果，对脱硫系统做出综合性的评价。

g）附件：包括脱硫系统流程图、检测位置和测点布置图、有关检测的原始数据和表格等。

7 检测结果的评价

7.1 单项指标的评价

7.1.1 达到合同或设计文件规定保证值的，判为合格。
7.1.2 没有达到合同或设计文件规定保证值的，判为不合格。
7.2 综合指标的评价
7.2.1 评价等级：优、良、合格和不合格。
7.2.2 评价方法：综合评价法。

8 检测单位

8.1 国家政府机构认可成立的第三方。
8.2 应具有公正性、独立性和诚信度，具备承担相应法律责任的能力。
8.3 应具有完善的组织机构、高效的质量管理和可靠的技术能力。

附 录 A
（资料性附录）
基 础 参 数

A.1 机组主要运行参数见表 A.1。

表 A.1 机组主要运行参数

序 号	项 目	单 位	数 据	
			时间 1	时间 2
1	机组负荷	MW		
2	锅炉负荷	t/h		
3	主蒸汽压力	MPa		
4	主蒸汽温度	℃		
5	给水压力	MPa		
6	给水温度	℃		
7	甲/乙侧引风机勺管开度	%		
8	甲/乙侧引风机电流	A		
9	甲/乙侧送风机勺管开度	%		
10	甲/乙侧送风机电流	A		
11	排烟温度	℃		
12	排烟氧量	%		
13	锅炉热效率	%		
14	当日大气压力	MPa		

A.2　燃煤的工业分析和硫分分析见表A.2。

表A.2　燃煤的工业分析和硫分分析

序　号	项　目	符　号	单　位	数　据
1	全水分	M_t	%	
2	外在水分	M_f	%	
3	内在水分	M_{inh}	%	
4	收到基灰分	A_{ar}	%	
5	可燃基挥发分	V_{daf}	%	
6	低位发热量	$Q_{net,ar}$	kJ/kg	
7	收到基燃煤全硫分	$S_{t,ar}$	%	
8	收到基燃煤有机硫分	$S_{o,ar}$	%	
9	收到基固定碳	FC_{ar}	%	

A.3　燃煤元素分析见表A.3。

表A.3　燃煤元素分析

序　号	项　目	符　号	单　位	数　据
1	氢	H_{ar}	%	
2	氧	O_{ar}	%	
3	氮	N_{ar}	%	
4	碳	C_{ar}	%	
5	硫	S_{ar}	%	

A.4　典型湿法脱硫系统的主要运行参数见表A.4。

表A.4　典型湿法脱硫系统的主要运行参数

试验工况：　　　　　　　　　　　　　　　　　　试验时间：　　年　月　日

序　号	项　目		单　位	数　据	
				时间1	时间2
1	机组负荷		MW		
2	燃煤量		t/h		
3	燃煤收到基硫分		%		
4	进/出口烟气SO_2体积浓度		10^{-6}		
5	进/出口烟气NO_x体积浓度		10^{-6}		
6	进/出口烟气O_2		%		
7	进/出口烟气温度		℃		
8	新鲜浆液	质量流量	t/h		
9		固体质量分数	%		

续表

序 号	项 目		单 位	数 据	
				时间 1	时间 2
10	循环浆液	质量流量	t/h		
11		固体质量分数	%		
12		pH 值			
13	循环氧化槽	浆液液位	m		
14		排浆质量流量	t/h		
15		固体质量分数	%		
16	氧化空气体积流量		m^3/h		
17	系统压力降		Pa		
18	除雾器压力降		Pa		
19	脱硫石膏生成质量流量		t/h		
20	脱硫废水生成质量流量		t/h		
21	固态吸收剂质量消耗量		t/h		
22	水质量消耗		t/h		
23	钙硫化				
24	液气比				
25	电能消耗		kW · h		
26	其他				
27					

记录： 审核：

A.5　脱硫吸收剂——石灰石理化特性分析的主要内容见表 A.5。

表 A.5　脱硫吸收剂——石灰石理化特性分析的主要内容

试验工况：

采样时间：　年　月　日　时　分　　　　分析时间：　年　月　日　时　分

序 号	参 数	单 位	数 据	序 号	参 数	单 位	数 据
1	总钙	%		6	活性	℃	
2	$CaCO_3$	%		7	比表面积	m^2/g	
3	$MgCO_3$	%		8	平均粒径	μm	
4	惰性成分	%		9	形态		
5	纯度	%		10	易磨性指数	kW · h/t	

分析： 审核：

A.6　吸收剂——石灰的理化特性分析的主要内容见表 A.6。

表 A.6　吸收剂——石灰的理化特性分析的主要内容

试验工况：

采样时间：　年　月　日　时　分　　　　分析时间：　年　月　日　时　分

序　号	参　数	单　位	数　据	序　号	参　数	单　位	数　据
1	CaO	%		6	纯度	%	
2	MgO	%		7	活性分析	℃	
3	$CaCO_3$	%		8	平均粒径	μm	
4	$MgCO_3$	%		9	比表面积	m^2/g	
5	其他物质	%		10	形态		

分析：　　　　审核：

A.7　脱硫副产物理化特性分析的主要内容见表 A.7。

表 A.7　脱硫副产物理化特性分析的主要内容

试验工况：

采样时间：　年　月　日　时　分　　　　分析时间：　年　月　日　时　分

序　号	参　数	单　位	数　据	序　号	参　数	单　位	数　据
1	钙	%		8	水分	%	
2	镁	%		9	其他物质	%	
3	钠	%		10	比表面积	m^2/g	
4	钾	%		11	平均粒径	μm	
5	碳酸盐	%		12	稳定性		
6	硫酸盐	%		13	形态		
7	亚硫酸盐	%					

分析：　　　　审核：

A.8　脱硫废水理化特性分析的主要内容见表 A.8。

表 A.8　脱硫废水理化特性分析的主要内容

试验工况：

采样时间：　年　月　日　时　分　　　　分析时间：　年　月　日　时　分

序　号	参　数	单　位	数　据	序　号	参　数	单　位	数　据
1	金属离子	%		6	硫酸盐	%	
2	总硫	%		7	碳酸盐	%	
3	氯	%		8	磷酸盐	%	
4	氟	%		9	硝酸盐	%	
5	亚硫酸盐	%		10	有机酸	%	

分析：　　　　审核：

A.9　圆形烟道测量直径和测量点的确定见表 A.9。

表 A.9　圆形烟道测量直径和测量点的确定

烟道直径 m	等面积圆环 个	测量直径数 根	测量点数 个
<0.3	—	—	1
0.3~0.6	1~2	1~2	2~8
0.6~1.0	2~3	1~2	4~12
1.0~2.0	3~4	1~2	6~16
2.0~4.0	4~5	2	16~20
>4.0	5~8	2	20~32

A.10　矩形烟道测量孔和测量点的确定见表 A.10。

表 A.10　矩形烟道测量孔和测量点的确定

边长 m	≤0.5	0.5~1.0	1.0~1.5	1.5~3	3~4	>4
测量孔 个	1~2	2~3	3~5	4~8	6~10	10~15
测量点 个/孔	2~3	3~5	4~6	5~10	8~12	10~15

A.11　烟气检测位置最小检测见图 A.1。

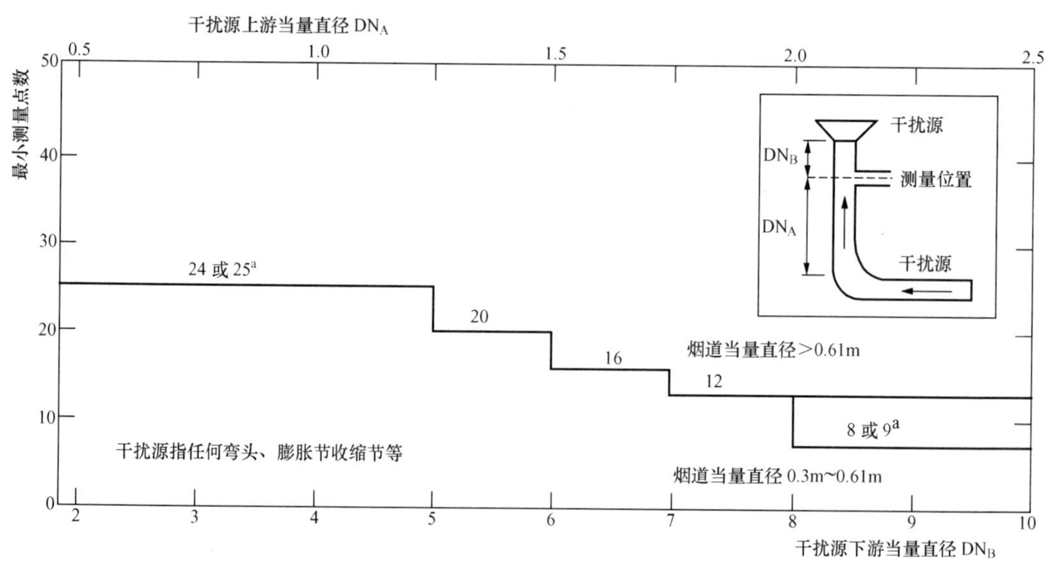

a 为矩形烟道的数量。

图 A.1　烟气检测位置最小检测图

附　录　B
（资料性附录）
检　测　系　统

B.1　脱硫系统的检测是一项系统性的工作，是准确检测并运用和解释检测信息，为业主方、供应商和环境管理者判断脱硫工程实施后，在允许的时间和最大的投资限度内，达到预期环境目标、技术目标和经济效益可靠的技术依据。

B.2　检测系统的结构性框图见图B.1。

B.3　检测单位应严格按照检测系统的要求和步骤，有组织、有计划地完成检测任务。

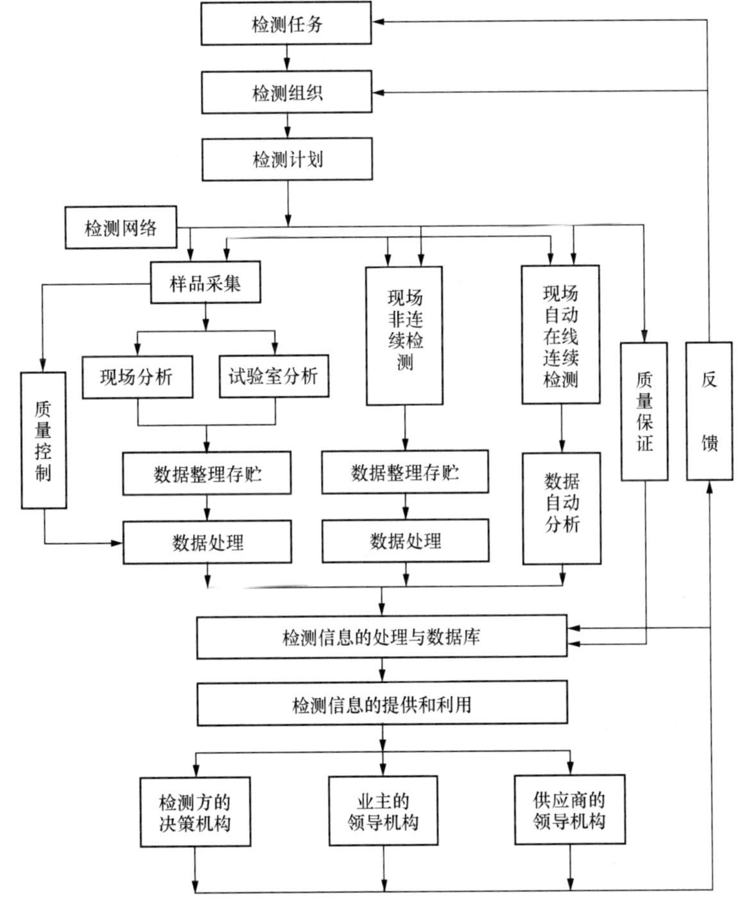

图B.1　检测系统的结构性框图

附 录 C
(资料性附录)
检 测 组 织

C.1 检测组织应由检测方、业主方和供应商组成。

C.2 检测组织应成立检测领导小组和若干个检测工作组，检测的组织机构见图 C.1。

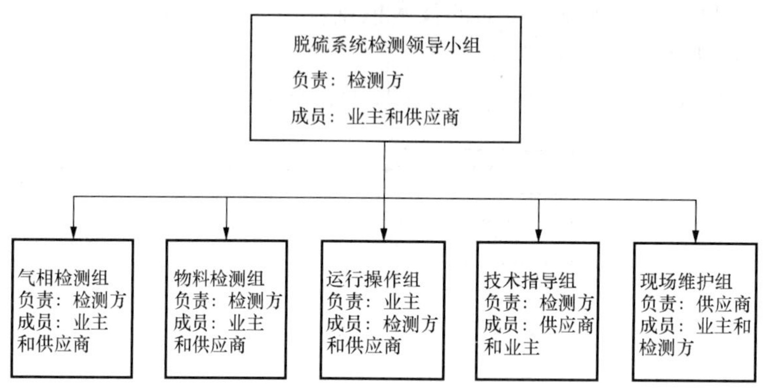

图 C.1 检测组织机构

C.3 检测各方的职责：

C.3.1 检测方为检测的技术总负责，其主要职责是：

a）编制检测计划；

b）落实检测工况以及相关的技术条件和要求；

c）正确执行所有的检测项目；

d）合理解决检测过程中出现的技术问题；

e）协调参加检测各方的关系；

f）收集所有检测项目检测结果的原始数据并进行分析计算；

g）编制检测结果的最终报告和评价；

h）向业主和供应商提交最终的检测报告。

C.3.2 业主方为检测的参加方，业主方应派专责代表和一定数量的专业技术人员参加检测，其主要职责是：

a）确认检测方提交的检测计划；

b）配合检测方落实检测工况以及相关的技术条件和要求；

c）提供现场必要的检测条件和安全措施；

d）负责机组和脱硫系统检测工况的调整、运行和维护，确保脱硫系统包括所有设备、子系统的主要性能指标满足有关标准、技术规范和保证值的要求；

e）负责机组和脱硫系统主要运行参数的记录；

f）配合检测方进行相关的检测项目和资料收集；

g）接收检测方提交的检测报告。

C.3.3 供应商为检测的参加方，供应商应派专责代表和一定数量的专业技术人员配合检测，其主要职责是：

a）向检测方提供必要的技术资料和技术文件。

b）确认检测方提交的检测计划；在业主方的配合下，负责脱硫系统相关就地和在线检测仪表的校正和标定。

c）指导业主方的运行操作人员严格按照《脱硫运行手册》进行正确的工况调整和运行操作，确保检测工况符合或达到设计工况的要求。

d）及时解决检测过程中脱硫系统可能出现的技术故障。

e）接收检测方提交的检测报告。

附 录 D
（资料性附录）
检 测 流 程

D.1 完整的检测流程包含检测计划、检测网络、检测准备、现场检测、样品分析、数据和信息处理、检测报告以及质量控制和质量保证措施。

D.2 检测计划：由检测方编制，其涉及的项目和条款包括：

a）检测任务的来源、目的以及检测对象当前的建设和运行状况；

b）检测组织以及所有参与检测各方的职责；

c）在实施检测前的技术准备，如资料的收集、检测条件的具备；

d）将要进行的检测内容以及检测时间和进度安排；

e）在检测过程中机组运行的工况及稳定性、燃煤煤种及稳定性、脱硫吸收剂的质量、脱硫系统的运行方式、同一工况检测的时间和检测次数；

f）所有采集样品的位置和储存程序；

g）所有检测仪器和设备的校准、检测方法和要求；

h）机组、脱硫系统、检测设备等发生意外故障时，检测计划的应对措施；

i）将要采用的确保检测数据有效性和可靠性的质量保证体系；

j）所有检测数据的整理、计算和打印的程序和要求。

D.3 检测网络：由检测方编制。

D.3.1 检测网络设计的原则：

a）保证总体中所有组成部分都有同等的机会被抽入样本；

b）采集的样本应有代表性，且要保证样本量；

c）保证采集样本的有效性以及检测结果的准确度。

D.3.2 检测网络应涉及的项目和条款主要有：

a）脱硫检测网络由样品采集、自动在线连续检测和手动非连续检测3个站组成；

b）各组成部分样本的检测方法，包括检测位置、检测点数、样本采集量和检测方案。

D.4 检测准备。

D.4.1 由检测各方协商确定检测期间机组负荷的具体安排。

D.4.2 由业主采购、贮备足够量的试验煤种，保证试验煤种等于或接近设计煤种，且煤种的波动小，特别是燃煤硫分、低位发热量和灰分。

D.4.3 由业主采购、贮备足够量的脱硫吸收剂，并保证吸收剂的质量满足设计要求。

D.4.4 业主将机组调整到正常连续运行状态，确保机组能在各种检测工况下正常稳定（机组负荷上下波动不超过3% ~5%）地运行。

D.4.5 供应商在业主的配合下，将脱硫系统调整到较好的运行状态，确保脱硫系统在检测期间能正常、稳定地运行。

D.4.6 供应商在业主的配合下，对脱硫系统以及与脱硫系统有关的就地和在线检测仪表，按照有关标准和规定进行必要的校准和标定。

D.4.7 检测方对参加检测的所有人员进行相应的技术培训。

附 录 E
（资料性附录）
基 本 公 式

E.1 瞬时脱硫效率见式（E.1）。

$$\eta_i = \left(\frac{q_{mSO_2,in} - q_{mSO_2,out}}{q_{mSO_2,in}}\right) \times 100\% \tag{E.1}$$

式中：η_i——瞬时脱硫效率，%；

$q_{mSO_2,in}$——进入脱硫系统时烟气中 SO_2 的质量流量，kg/h；

$q_{mSO_2,out}$——流出脱硫系统时烟气中 SO_2 的质量流量，kg/h。

E.2 平均脱硫效率见式（E.2）或式（E.3）。

$$\eta = \left(1 - \frac{\sum_{i=1}^{n} \rho_{iSO_2,out}}{\sum_{i=1}^{n} \rho_{iSO_2,in}}\right) \times 100\% \tag{E.2}$$

或者

$$\eta = \left(1 - \frac{1}{n}\sum_{i=1}^{n} \frac{\rho_{iSO_2,out}}{\rho_{iSO_2,in}}\right) \times 100\% \tag{E.3}$$

式中：$\rho_{iSO_2,in}$、$\rho_{iSO_2,out}$——脱硫系统进、出口烟气中折算到标准状况下干态和氧量为6%时的 SO_2 瞬时质量浓度。

E.3 标准状况下干态氧量6%时的 SO_2 排放质量浓度（ρ_{SO_2}）见式（E.4）和式（E.5）。

$$\rho_{SO_2} = \frac{1}{n}\sum_{i=1}^{n} \rho_{iSO_2} \tag{E.4}$$

$$\rho_{iSO_2} = (2.86C_{iSO_2}) \times \frac{15}{21 - O_{2i}} \tag{E.5}$$

式中：ρ_{iSO_2}——瞬时标准状况下干态氧量6%时的 SO_2 质量浓度，mg/m^3；

C_{iSO_2}——瞬时实际测量的干基 SO_2 体积浓度（10^{-6}）；

O_{2i}——瞬时实际测量的干基氧分，%。

E.4 系统可利用率计算见式（E.6）。

$$系统可利用率 = \frac{A - B}{A} \times 100\% \tag{E.6}$$

式中：A——脱硫装置统计期间可运行小时数；

B——脱硫装置统计期间强迫停运小时数。

附录七

固定污染源排气中二氧化硫的测定碘量法

（HJ/T 56—2000）

前　　言

本标准制定了碘量法测定固定污染源排气中二氧化硫浓度及其排放总量的测定方法。制定过程中，参照了国家标准：GB/T 16157—1996《固定污染源排气中颗粒物和气态污染物采样方法》及1990年国家环保局印发的《空气和废气监测分析方法》的部分内容，并参考了国内、外有关采样器的技术指标及企业标准。

本标准由国家环境保护局科技标准司提出。

本标准由中国环境监测总站负责起草。

本标准由国家环境保护总局解释。

1　范围

本标准规定了碘量法测定固定污染源排气中二氧化硫浓度以及测定二氧化硫排放速率的方法。

2　引用标准

下列标准所包含的条文，在本标准中引用构成本标准的条文，与本标准同效。

GB/T 16157—1996　固定污染源排气中颗粒物测定和气态污染物采样方法

3　测定方法原理、测定范围及测定误差

烟气中的二氧化硫被氨基磺酸铵混合溶液吸收，用碘标准溶液滴定。按滴定量计算二氧化硫浓度。反应式如下：

$$SO_2 + H_2O = H_2SO_3$$

$$H_2SO_3 + H_2O + I_2 = H_2SO_4 + 2HI$$

测定范围：100～6000 mg/m^3；在测定范围内，方法的批内误差不大于±6%。

4　影响因素

4.1　锅炉燃料在正常工况燃烧时，烟气中 H_2S 等还原性物质含量极少，对测定的影响可忽略不计。

4.2　吸收液中氨基磺酸铵可消除二氧化氮的影响。

4.3　采样管应加热至120 ℃，以防止二氧化硫被冷凝水吸收，使测定结果偏低。

5 仪器

5.1 烟气采样器
5.2 多孔玻板吸收瓶
5.3 棕色酸式滴定管
5.4 大气压力计
5.5 烟尘测试仪或能测定管道气体参数的其他测试仪

6 试剂

除特殊规定外，本标准采用试剂均为分析纯，水为去离子水或蒸馏水。

6.1 吸收液

称取 11.0 g 氨基磺酸铵，7.0 g 硫酸铵，溶入少量水中，加水至 1000 ml，再加入 5 ml 稳定剂（6.2），摇匀，贮存于玻璃瓶中，冰箱保存。有效期三个月。

6.2 稳定剂

称取 5.0 g 乙二胺四乙酸二钠盐（EDTA-2Na），溶于热水，冷却后，加入 50 ml 异丙醇，用水稀释至 500 ml，贮存于玻璃瓶或聚乙烯瓶中，冰箱保存。有效期一年。

6.3 淀粉指示剂

称取 0.20 g 可溶性淀粉，加少量水调成糊状，慢慢倒入 100 ml 沸水中，继续煮沸至溶液澄清，冷却后贮于细口瓶中。现配现用。

6.4 碘酸钾标准溶液 c（$1/6KIO_3$）

称取约 1.5 g 碘酸钾（KIO_3，优级纯，110℃烘干 2h），准确到 0.000 1 g，溶于水，移入 500 ml 容量瓶中，用水稀释至标线。冰箱保存，有效期半年。

6.5 盐酸溶液 c（HCl）=1.2 mol/L

量取 100 ml 浓盐酸，用水稀释至 1 000 ml。

6.6 硫代硫酸钠溶液 c（$Na_2S_2O_3$）=0.1 mol/L

称取 25 g 硫代硫酸钠（$Na_2S_2O_3 \cdot 5H_2O$），溶解于 1 000 ml 新煮沸并已冷却的水中，加 0.20 g 无水碳酸钠，贮于棕色细口瓶中，放置一周后标定其浓度。若溶液呈现浑浊时，应加以过滤。冰箱保存，有效期半年，每月标定一次。

标定方法 吸取碘酸钾标准溶液（6.4）25.00 ml，置于 250 ml 碘量瓶中，加 70 ml 新煮沸并已冷却的水，加 1.0 g 碘化钾，振荡全完全溶解后，再加入 1.2 mol/L 盐酸溶液（6.5）10.0 ml，立即盖好瓶塞，混匀。在暗处置放 5min 后，用硫代硫酸钠溶液（6.6）滴定至淡黄色，加淀粉指示剂（6.3）5 ml，继续滴定至蓝色刚好退去。按下式计算硫代硫酸钠溶液的浓度：

$$c(Na_2S_2O_3) = \frac{W \times 1\,000}{35.67 \times V} \times \frac{25.00}{500.0} = \frac{50 \times W}{35.67 \times V}$$

式中：$c(Na_2S_2O_3)$——硫代硫酸钠溶液的浓度（mol/L）；
W——称取的碘酸钾重量（g）；
V——滴定所用硫代硫酸钠溶液的体积（ml）；
35.67——相当 1L1 mol/L 硫代硫酸钠溶液（$Na_2S_2O_3$）的碘酸钾（$1/6KIO_3$）的质量（g）。

6.7 碘贮备液 $c(1/2I_2)=0.10$ mol/L

称取40.0 g碘化钾，12.7 g碘（I_2），加少量水溶解后，用水稀释至1000 ml。加三滴盐酸，贮于棕色瓶中，保存于暗处。每月用硫代硫酸钠溶液标定一次。

标定方法　吸取0.10 mol/L碘贮备液（6.7）25.00 ml，用0.10 mol/L硫代硫酸钠标准溶液（6.6）标定，至溶液由红棕色变为淡黄色后，加2 g/L淀粉溶液（6.3）5.0 ml，继续用硫代硫酸钠溶液滴定至蓝色刚好消失为止。按下式计算碘贮备液浓度：

$$c(1/2I_2)=\frac{c(Na_2S_2O_3)\times V}{25.00}$$

式中：$c(1/2I_2)$——碘贮备液的浓度（mol/L）；

$c(Na_2S_2O_3)$——硫代硫酸钠标准溶液的浓度（mol/L）；

V——滴定消耗的硫代硫酸钠标准溶液体积（ml）；

25.00——滴定时取碘贮备液的体积（ml）。

6.8 碘标准溶液 $c(1/2I_2)=0.010$ mol/L

吸取0.10 mol/L碘贮备液（6.7）100.0 ml于1 000 ml容量瓶中，用水稀释至标线，混匀。贮于棕色瓶中，在冰箱中保存，有效期三个月。

7　采样

7.1　采样

采样应在额定负荷或参照有关标准或规定下进行。

按照GB/T 16157—1996中9.1，9.2.1，9.3及9.4.1款的有关规定进行烟气采样，干烟气采样量的测定及计算参见GB/T 16157—1996中10.1或10.2款。用两个75 ml多孔玻板吸收瓶串联采样，每瓶各加入30～40 ml吸收液（6.1），以0.5 L/min流量采样。可在吸收瓶外用冰浴或冷水浴控制吸收液温度，以提高吸收效率。

7.2　采样时间影响

为保证具有较高的吸收效率，对不同烟气二氧化硫浓度，要控制不同的采样时间。当烟气二氧化硫浓度低于1000 mg/m^{3}时，采样时间应在20～30 min，烟气浓度高于1000 mg/m^{3}时，采样时间应在13～15 min。加有稳定剂（6.2）的吸收液（6.1），在测定范围内，其吸收效率>96%。

7.3　采样频次

同一工况下应连续测定三次，取平均值作为测量结果。

8　测定

采样后，应尽快对样品进行滴定。样品放置时间不应超过1 h。将两吸收瓶中的样品全部转入碘量瓶，用少量吸收液（6.1）分别洗涤吸收瓶两次，洗涤液亦转入碘量瓶，摇匀。加2 g/L淀粉溶液（6.3）50 ml，用0.010 mol/L碘标准溶液（6.8）滴定至蓝色，记录消耗量 V（ml）。

另取相同体积吸收液（6.1），同法进行空白滴定，记录消耗量 V_0（ml）。

若烟气二氧化硫浓度较高，可取部分吸收液进行滴定。此时，按9款所列计算公式计算结果应除以部分吸收液占总吸收液的比值。

9 计算

$$c' = \frac{(V - V_0) \times c(1/2I_2) \times 32.0}{V_{nd}} \times 1\,000$$

式中：c'——标准状况下干烟气二氧化硫浓度（mg/m^3）；

$c(1/2I_2)$——碘标准溶液浓度（mol/L）；

V_{nd}——标准状况下干烟气的采样体积（L）；

32.0——1 L1 mol/L 碘标准溶液（$1/2I_2$）相当的二氧化硫（$1/2SO_2$）的质量（g）。

10 二氧化硫排放速率的计算

10.1 排气流量的测定与计算

按照 GB/T 16157—1996 7.1～7.5 款的规定，测量排气流速；按照 7.6 款的规定计算标准状况下干排气流量 Q_{sn}（m^3/h）。

其中：Q_{sn}——标准状况下干排气流量。

10.2 二氧化硫排放速率的计算

10.2.1 二氧化硫浓度以 ppm（V/V）表示时，其浓度 c 可按下式转化为标准状况下干烟气二氧化硫浓度：

$$c' = \frac{64}{22.4} \times c \quad (mg/m^3)$$

式中：c'——标准状况下干烟气二氧化硫浓度（mg/m^3）。

10.2.2 二氧化硫排放速率 G 的计算

$$G = c' \times Q_{sn} \times 10^{-6} \qquad (kg/h)$$

附录八

固定污染源排气中二氧化硫的测定 定电位电解法

（HJ/T 57—2000）

前　　言

本标准制定了定电位电解法测定固定污染源排气中二氧化硫浓度及其排放总量的测定方法。制定过程中，参照了国家标准 GB/T 16157—1996《固定污染源排气中颗粒物和气态污染物采样方法》及1990年国家环保局印发的《空气和废气监测分析方法》的部分内容，并参考了国内、外有关测试仪器的技术指标及企业标准。

本标准由国家环境保护局科技标准司提出。

本标准由中国环境监测总站负责起草。

本标准由国家环境保护总局解释。

1　范围

本标准规定了定电位电解法测定固定污染源排气中二氧化硫浓度以及测定二氧化硫排放总量的方法。

2　引用标准

下列标准所包含的条文，在本标准中引用构成本标准的条文，与本标准同效。

GB/T 16157—1996　固定污染源排气中颗粒物测定和气态污染物采样方法

3　原理

烟气中二氧化硫（SO_2）扩散通过传感器渗透膜，进入电解槽，在恒电位工作电极上发生氧化反应：

$$SO_2 + 2H_2O = SO_4^{-2} + 4H^+ + 2e$$

由此产生极限扩散电流 i，在一定范围内，其电流大小与二氧化硫浓度成正比，即：

$$i = \frac{ZFSD}{\delta} \cdot c$$

在规定工作条件下，电子转移数 Z、法拉第常数 F、扩散面积 S、扩散系数 D 和扩散层厚度 δ 均为常数，所以二氧化硫浓度 c 可由极限电流 i 来测定。

测定范围：15 mg/m^3 ~ 14 300 mg/m^3。测量误差 ±5%。

影响因素：氟化氢、硫化氢对二氧化硫测定有干扰。烟尘堵塞会影响采气流速，采气流速的变化直接影响仪器的测试读数。

4 仪器

4.1 定电位电解法二氧化硫测定仪。

4.2 带加热和除湿装置的二氧化硫采样管。

4.3 不同浓度二氧化硫标准气体系列或二氧化硫配气系统。

4.4 能测定管道气体参数的测试仪。

5 试剂

二氧化硫标准气体。

6 步骤

不同测定仪，操作步骤有差异，应严格按照仪器说明书操作。

6.1 开机与标定零点

将仪器接通采样管及相应附件。定电位电解二氧化硫测定仪在开机后，通常要倒计时，为仪器标定零点。标定结束后，仪器自动进入测定状态。

6.2 测定

采样应在额定负荷或参照有关标准或规定下进行。

将仪器的采样管插入烟道中，即可启动仪器抽气泵，抽取烟气进行测定。待仪器读数稳定后即可读数。同一工况下应连续测定三次，取平均值作为测量结果。

测量过程中，要随时监督采气流速有否变化，及时清洗、更换烟尘过滤装置。

6.3 关机

测定结束后，应将采样管置于环境大气中，按仪器说明书要求，继续抽气吹扫仪器传感器，直至仪器二氧化硫浓度示值符合仪器说明书要求后，自动或手动停机。

6.4 仪器标定与电化学传感器的更换

6.4.1 仪器校准

定电位电解法电化学传感器灵敏度随时间变化，为保证测试精度，根据仪器使用频率每三月至半年需校准一次。无标定设备的单位，可到国家授权的单位进行标定；具备标定设备的单位，可用二氧化硫配气装置或不同浓度二氧化硫标准气体系列按仪器说明书规定的标定程序，标定仪器的满档和零点，再用仪器量程中点值附近浓度的二氧化硫标准气体复检，若仪器示值偏差不高于 ±5%，则标定合格。

6.4.2 电化学传感器的更换

在标定电化学传感器时，若发现其动态范围变小，测量上限达不到满度值，或在复检仪器量程中点时，示值偏差高于 ±5%，表明传感器已经失效，应更换电化学传感器。

6.5 关于仪器内可充电电池

多数定电位电解法二氧化硫测试仪内，安装有可充电电池。该电池的作用，除便于现场操作外，还用于仪器停机后，保持电化学传感器的极化条件。应随时保证可充电电池充有足够电能。多数仪器在开机后，能自动显示可充电电池的剩余电量，应按照仪器使用说明书要求，及时充电。

7　二氧化硫排放速率的计算

7.1　排气流量的测定与计算

按照GB/T 16157—1996 7.1～7.5款的规定，测量排气流速；按照7.6款的规定计算标准状况下干排气流量 Q_{sn}（m^3/h）。

7.2　二氧化硫排放速率的计算

7.2.1　二氧化硫浓度以ppm（V/V）表示时，其浓度 c 可按下式转化为标准状况下干烟气二氧化硫浓度：

$$c' = \frac{64}{22.4} \times c \qquad (mg/m^3)$$

式中：c'——标准状况下干烟气二氧化硫浓度（mg/m^3）。

7.2.2　二氧化硫排放速率的计算

$$G = c' \times Q_{sn} \times 10^{-6} \qquad (kg/h)$$

式中：G——二氧化硫排放速率（kg/h）；

c'——干排气中二氧化硫浓度（mg/m^3）；

Q_{sn}——标准状况下干排气流量（dm^3/h）。

附录九

火电厂烟气排放连续监测技术规范

（HJ/T 75—2001）

目　次

前　　言

HJ/T 75—2001《火电厂烟气排放污染物连续监测技术规范》分为11项内容，规定火电厂烟尘、气态污染物的连续监测系统的安装、主要技术指标、监测分析项目、质量保证措施及数据处理、报表、运行管理等要求。

本标准的附录A为资料性附录；附录B为规范性附录。

本标准由国家环境保护总局科技标准司提出。

本标准由国家电力公司环境保护办公室负责起草。

本标准主要起草人：王志轩、朱法华、陶申鑫、潘荔、徐忠、徐志清、陈文燕、王飞、张晏。

本标准由国家环境保护总局负责解释。

本标准为首次发布，自2002年01月01日起实施。

引　　言

为贯彻《中华人民共和国大气污染防治法》，实施国家和地方火电厂污染物排放标准，健全火电厂大气污染物连续监测技术，制定本标准。

对于本标准中未涉及的其他连续监测方法，只要满足本标准的技术指标要求并经有关单位认证合格，均可以用于火电厂的烟气排放连续监测。

火电厂烟气排放连续监测技术规范

1 范围

本标准适用于以固体、液体、气体化石为燃料的火电厂固定式烟气排放连续监测系统。

2 规范性引用文件

下列文件中的条款通过 HJ/T 75—2001 的引用而成为本标准的条款。凡是注日期的引用文件，其随后所有的修改（不包括勘误的内容）或修订版均不适用于本标准，然而，鼓励根据本标准达成协议的各方研究是否可使用这些文件的最新的版本。凡是未注日期的引用文件，其最新的版本适用于本标准。

GB 13223　火电厂大气污染物排放标准

GB/T 16157　固定污染源排气中颗粒物测定与气态污染物采样方法

HJ/T 47—1999　烟气采样器技术条件

HJ/T 48—1999　烟尘采样器技术条件

HJ/T 56　固定污染源排气中二氧化硫的测定　碘量法

HJ/T 57　固定污染源排气中二氧化硫的测定　定电位电解法

HJ/T 42　固定污染源排气中氮氧化物的测定　紫外分光光度法

HJ/T 43　固定污染源排气中氮氧化物的测定　盐酸萘乙二胺分光光度法

《空气与废气监测分析方法》（国家环保局编写，中国环境科学出版社，1990 年版）

3 术语和定义

3.1 烟气排放连续监测 continuous emissions monitoring

烟气排放连续监测是指对火电厂排放烟气进行连续地、实时地跟踪测定；当火电厂烟气排放连续监测系统配置多个测定探头时，每个探头在每小时的测定时间不得低于 15 min，其测定结果即为该小时的监测结果平均值；烟气排放连续监测系统的监测时间不得小于火电厂运行时间（不包括火电厂启动和停运）的 80%。

3.2 响应时间 response time

显示达到稳定值 90% 时所需要的时间。

3.3 现场连续监测 in-situ continuous monitoring

由直接安装在烟囱或烟道（包括旁路）上的监测系统对烟气进行实时测量（不需要抽取烟气在烟囱或烟道外进行分析）。

3.4 抽取式连续监测 extractive continuous monitoring

通过采样系统抽取部分样气并送入分析单元，对烟气成分进行实时测量。按采样方式不同又分为：稀释采样法和直接抽取采样法（加热管线法）。

3.5 丢失数据 missing data

是指由于烟气排放连续监测系统故障等原因未能记录下应该连续监测的有效数据。

3.6 数据有效率 data availability

数据有效率是指烟气排放连续监测系统的有效监测时间与电厂运行时间的百分比。

4 火电厂烟气排放连续监测系统构成

4.1 系统组成

一个全面的烟气排放连续监测系统是由烟尘监测子系统、气态污染物监测子系统、烟气排放参数监测子系统、系统控制及数据采集处理子系统组成（见图1）。通过采样方式（抽取式连续监测）或直接测量方式（现场连续监测），测定烟气中污染物浓度，并按本标准要求显示与记录。

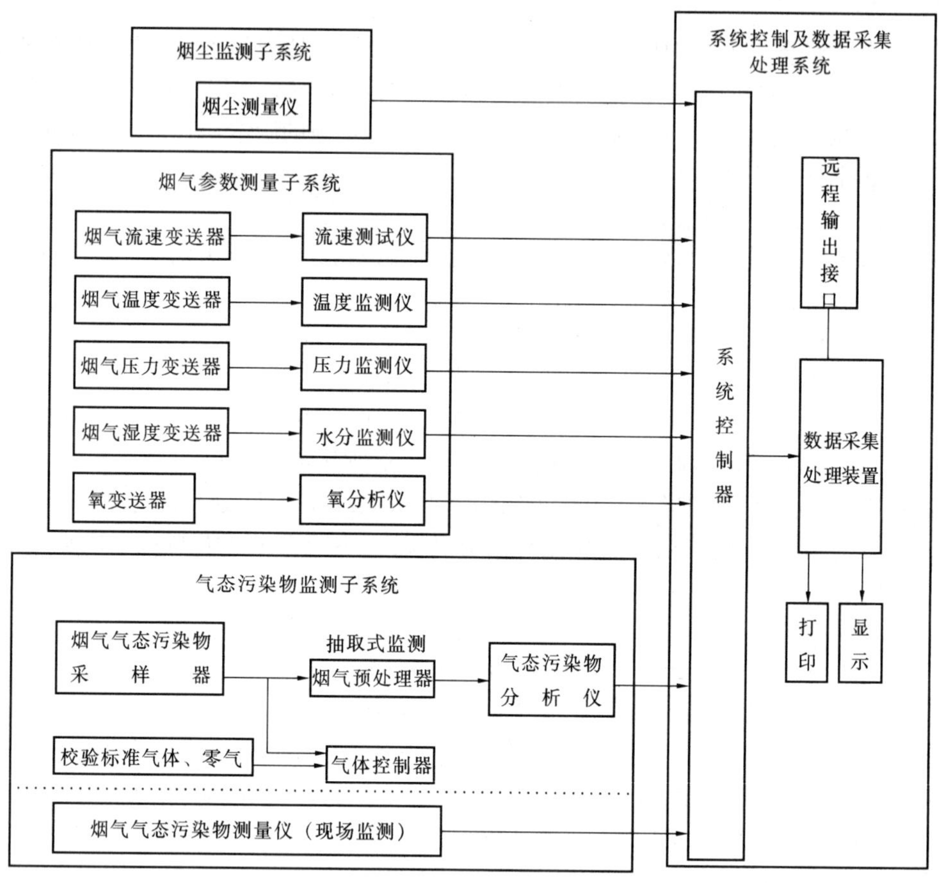

图1 烟气排放连续监测系统示意图

4.2 电源要求

4.2.1 额定电压220 V。

4.2.2 允许偏差 -15% ~ +10%。

4.2.3 谐波含量 <5%。

4.2.4 额定频率50 Hz。

4.2.5 接地　系统各设备的接地，按安装设备说明书的要求进行。

5 烟尘连续监测

5.1 监测方法

5.1.1 浊度法

光通过含有烟尘的烟气时，光强因烟尘的吸收和散射作用而减弱，通过测定光束通过烟气前后的光强比值来定量烟尘浓度。

5.1.2 光散射法

经过调制的激光或红外平行光束射向烟气时，烟气中的烟尘对光向所有方向散射，经烟尘散射的光强在一定范围内与烟尘浓度成比例，通过测量散射光强来定量烟尘浓度。

5.2 测尘仪结构

5.2.1 浊度法

浊度法测尘仪，分为单光程测尘仪和双光程测尘仪两种。单光程测尘仪的光源发射端与接收端在烟道或烟囱两侧，光源发射的光通过烟气，由安装在烟道或烟囱对面的接收装置检测光强，并转变为电信号输出。双光程测尘仪的光源发射端与接收端在烟道或烟囱同一侧，由发射/接收装置和反射装置两部分组成，光源发射的光通过烟气，由安装在烟道对面的反射镜反射再经过烟气回到接收装置，检测光强并转变为电信号输出。

5.2.2 光散射法

根据接收器与光源所呈角度的大小可分为前散射、边散射及后散射。前散射测尘仪，接收器与光源呈 ±60°;边散射测尘仪，接收器与光源呈 ± （60° ~120°）；后散射测尘仪，接收器与光源呈 ± （120° ~180°）。

5.3 安装要求

5.3.1 一般要求

5.3.1.1 不受环境光线的影响。

5.3.1.2 监测位置处烟气中没有水滴和水雾。

5.3.1.3 安装位置烟道振动幅度尽可能小。

5.3.1.4 确保人身安全。

5.3.1.5 安装位置易接近，有足够的空间，便于日常维护。

5.3.1.6 监测位置处烟道不漏风。

5.3.2 烟尘监测孔位置要求

5.3.2.1 应优先选择在垂直管段。

5.3.2.2 若烟道直管段长度大于 6 倍烟道当量直径，则监测孔前的直管段应不小于 4 倍当量直径、且监测孔后的直管段长度不小于 2 倍当量直径；若烟道直管段长度小于 6 倍烟道当量直径，则监测孔前直管段长度必须大于监测孔后的直管段长度。

5.3.2.3 对于垂直管段测量光束应通过烟道中心；对于水平管道可考虑烟尘重力沉降因素。

5.3.2.4 在烟尘监测孔下游 0.5 m 左右应预留有手工采样孔，供校准使用。

5.4 技术性能要求

5.4.1 有关参数的要求

5.4.1.1 测量范围

根据电厂实际排放浓度情况与环保法规、标准的具体要求并考虑一定的裕度而定。

5.4.1.2 零点漂移（24 h） ≤ ±2% 满量程。

5.4.1.3 全幅漂移（24 h）≤ ±5%满量程。

5.4.1.4 响应时间≤10 s。

5.4.1.5 线性度≤ ±1%。

5.4.2 其他要求

5.4.2.1 光源

a. 浊度法测尘仪使用的光源可依据实际情况选择氦氖气体激光或半导体激光或石英卤素灯光源。

b. 光散射测尘仪使用的光源可为激光或红外光，红外光应考虑水分、其他气体的影响。

5.4.2.2 仪器校准

烟尘连续监测系统须具备对仪器进行自动、手动零点校准和全幅校准装置。

5.5 浓度相关校准

根据 GB/T 16157《固定污染源排气中颗粒物测定和气态污染物采样方法》规定的手工采样过滤称重法，对烟气中的烟尘浓度进行测定，建立与烟尘连续监测系统测定结果进行相关分析得出相关曲线。

5.5.1 烟尘连续监测装置须进行仪器校准，检查是否合格。

5.5.2 手工采样测孔和烟尘连续监测测孔，在互不影响测量结果的前提下，尽可能靠近。

5.5.3 为了获得高、中、低不同的烟尘浓度测定结果，可选择不同燃烧负荷、短时间改变除尘器的运行状况得以实现，如煤质改变较大，应选择代表性煤质，重复以上工况。烟尘连续监测仪必须与手工采样方法同步进行，至少获得5组数据对，显示物理量取平均值时必须剔除除尘器振打峰值。

5.5.4 相关系数≥0.90。当不满足此要求时，应作以下检查：

a. 手工采样方法的测试过程。

b. 采样测孔位置。

c. 采样仪器的可靠性。

d. 电厂运行条件的变化，特别是除尘器运行条件的变化。

e. 烟尘颗粒物粒径的变化。

f. 手工监测结果的数量及分布。

g. 烟尘连续监测装置的安装位置。

如果都做了检查，并符合有关要求，则应考虑烟尘连续监测装置是否合格。

6 气态污染物连续监测

6.1 监测项目

二氧化硫（SO_2）、氮氧化物（NO_x）

6.2 监测方法

气态污染物连续监测按采样方式不同可分为两大类：抽取式连续监测和现场连续监测。抽取式连续监测又分为稀释采样法和直接抽取采样法。

6.2.1 抽取式连续监测的技术要求

6.2.1.1 稀释采样法

采集烟气并除尘，然后用洁净的零气按一定的稀释比稀释除尘后的烟气，以降低气态污染物的浓度，将稀释后的烟气引入分析单元，分析气态污染物浓度。

采样流量需大于 0. 5 L/min；根据电厂附近环境与烟气排放实际情况，确定稀释比，稀释比一般不宜超过 1∶250，如从采样至分析仪的烟气产生结露，应采用加热与稀释相结合的方式。稀释比误差不大于 ±1%，稀释器温度变化小于 ±2℃；采用临界孔稀释时，临界孔前后压差不低于 66666. 7 Pa。

6. 2. 1. 2 直接抽取采样法（加热管线法）

通过加热管对抽取的已除尘的烟气进行保温，保持烟气不结露，输至干燥装置除湿，然后送至分析单元，分析气态污染物浓度。

采样流量需大于 2 L/min，流量误差小于 ±0. 1 L/min，热管温度大于 140 ℃小于 160 ℃。

6. 2. 1. 3 监测孔位置要求

监测孔位置可参照 5. 3 要求执行，避开烟气涡流区。由于气态污染物混合比较均匀，安装位置受现场条件限制时，可不受 5. 3 要求的限制。

采样点离烟道内壁的距离必须不少于 1 m 或者 1/3 的烟道当量直径。

6. 2. 1. 4 分析方法及校准方法

气态污染物二氧化硫、氮氧化物连续监测分析方法及校准方法，见表 1。

6. 2. 2 现场连续监测的技术要求

6. 2. 2. 1 安装位置要求

表 1 气态污染物连续监测分析方法

分析项目	序号	方法	校准方法
二氧化硫	1	紫外荧光法	采用国家认定的标准气体对系统进行校准
	2	非分散红外吸收法（NDIR 法）	
氮氧化物	1	化学发光法（CLD 法）	
	2	非分散红外吸收法（NDIR 法）	

应安装在便于维修的位置，避开烟气涡流区，测量光束应通过烟道（或旁路）中心。

6. 2. 2. 2 分析方法

利用红外或紫外光直接照射烟道中的气体，测量烟气中的二氧化硫和氮氧化物。

6. 3 技术性能要求

6. 3. 1 测量范围

根据电厂实际排放浓度情况与环保法规、标准的具体要求并考虑一定的裕度而定。

6. 3. 2 检出下限 浓度校准后 10 mg/m^3。

6. 3. 3 零点漂移 ≤ ±0. 5 $mg/(m^3 \cdot 24\ h)$；≤ ±2% 满量程/周。

6. 3. 4 全幅漂移 ≤ ±2. 5% 满量程/24 h；≤ ±5% 满量程/周。

6. 3. 5 响应时间 SO_2、NO_x <3 min。

6. 3. 6 线性度 ≤ ±1. 5%。

6. 4 一般要求

6. 4. 1 连续监测系统各部件必须形状规整、装配良好。

6. 4. 2 要求系统操作安全平稳，不会出现人身和设备危险。

6.4.3 与热力单元（光源和加热器等）连接的部件，不会由于热力作用变形。

6.4.4 系统在例行维修和检查期间不会出现人身危险。

7 烟气排放参数连续监测

7.1 监测项目

温度、氧量和流量。

7.2 监测方法

7.2.1 烟气温度连续监测

7.2.1.1 测量位置

应选择烟气温度损失最小的地方，可按6.2.1.3条确定。

7.2.1.2 监测方法

热电偶法 将一根导线和另一根不同材料的导线连成一闭路，组成热电偶，当两连接点处于不同的温度环境时，热电偶产生的热电势大小，便能反映烟气温度。

7.2.1.3 技术性能要求

a. 测量范围0~300℃。

b. 指示误差≤±3℃。

7.2.1.4 校验

热电偶使用前必须进行校验；使用中要定期校验。

a. 校验方法

校验方法分为定点法或比较法。定点法是以纯元素的沸点或凝固点作为温度标准。比较法是将标准热电偶与被校热电偶之间直接进行比较，也可用标准水银温度计进行校验。

b. 校验周期

不同材料的热电偶要求的校验周期不同，可根据具体使用的热电偶材料确定校验周期，一般为3~6个月。

7.2.2 烟气氧量的连续监测

7.2.2.1 氧化锆法

利用极限电流的氧化锆传感器实时对烟气中的氧进行分析。当氧化锆被加热时，由于氧离子在氧化锆晶体结构中的迁移作用，使氧化锆晶体变成导电体；烟气中氧浓度的不同使这种迁移作用产生的电流不同。

7.2.2.2 测量位置及安装

选择的测量点可与6.2.1.3气态污染物的采样点相同。

7.2.2.3 技术性能要求

a. 测量范围0~25%。

b. 精密度≤±1.5%。

c. 响应时间≤30 s。

7.2.2.4 校准

仪器应具有自动校准功能，每24 h至少自动校准一次。

7.2.3 烟气流量监测

烟气流量可以采用连续监测方法或非连续监测方法，详见附件A。

8 数据处理

8.1 系统一般要求

系统应能进行数据运算、统计、存贮、事件分类处理［事件分辨率 < 20 ms（毫秒）］、数据合理性检查和可以删除指定的记录。同时还需考虑其可靠性、可维修性、可扩性。系统和各单元的逻辑设计采用校验技术，并留有适当逻辑余量。硬件系统有自检功能。配置的设备，其性能和结构尺寸符合相应产品的国家标准。配置的软件要与系统的硬件资源相适应，除系统软件、应用软件外，还需配置在线故障诊断和杀毒软件等。软件的统计遵循模块化原则。软件技术规范，点阵、字形等都应符合相应的国家标准。系统具有多级安全认证功能（设置密码进入）。

8.2 数据的存储和检索

硬件能存贮不低于 5 年以上监测小时平均值、监测系统相关工况及锅炉工况参数数据，并能检索、打印或在屏幕上显示出来。

8.3 数据输出设备功能

8.3.1 屏幕浏览显示

8.3.1.1 显示要求

屏幕显示具有汉字系统功能，并能显示图形、表格、曲线、条形图或棒图等。

8.3.1.2 画面能显示过程变量的实时数据和设备运行状态。

8.3.1.3 在同一屏画面同一时间轴上，采用不同的显示颜色，能同时显示 4 个模拟量数值的趋势，并便于运行人员的检索和调用。

8.3.2 打印

定时或人工请求制表、打印。

8.3.3 报警

应具有显示、打印、声音超限报警（异常报警）和事故报警信号功能。

8.4 数据输出设备技术参数

8.4.1 屏幕显示

8.4.1.1 分辨率 400 线以上；

8.4.1.2 符号种类 256；

8.4.1.3 几何失真≤1.5%。

8.4.2 数据通道

a. 传输速率　300、600、1200、2400 bit/s。

b. 通道工作方式　单工、半双工、全双工。

c. 比特差错率　$\leq 1 \times 10^{-4}$。

d. 接收电平　−40 ~ 0 dB。

e. 发送电平　0 ~ −20 dB。

8.4.3 通信接口

RS232、RS422、RS485 中的一种。

8.4.4 抗干扰能力

a. 共模电压≥250 V。

b. 共模抑制比≥90 dB。

c. 差模电压≥60 V。

d. 差模控制比≥60 dB。

8.5 丢失数据处理

丢失 SO_2 及烟尘数据处理按表 2 进行。

丢失流量和 NO_x 数据处理按表 3 进行。

表 2 丢失 SO_2 及烟尘数据处理

数据有效率 A(%)	事故持续时间 N(h)	处 理 方 法
$A \geq 80$	$N \leq 72$	事故前 1h 和事故后 1h 监测值的平均值
	$N > 72$	事故前 1h 和事故后 1h 监测值二者之中较大值
$A < 80$	$N > 0$	事故前 720h 内单位小时监测值中的最大值

表 3 丢失流量和 NO_x 数据处理

数据有效率 A(%)	事故持续时间 N(h)	处 理 方 法
$A \geq 80$	$N \leq 72$	事故前 1h 和事故后 1h 监测值的平均值
	$N > 72$	事故前 1h 和事故后 1h 监测值两者之中较大值
$A < 80$	$N > 0$	事故前 2160h 内对应锅炉负荷单位小时监测值中的最大值

9 质量保证

烟气排放连续监测系统必须建立质量保证体系，以保证烟气排放连续监测系统监测结果的可靠性和准确性，质量保证体系包括：烟气排放连续监测系统技术认证；烟气排放连续监测系统认定；系统各仪器设备工作过程中的定期标定。

9.1 技术认证

9.1.1 认证方法

根据本标准、《固定污染源排气中颗粒物测定与气态污染物采样方法》GB/T 16157、国家标准分析方法或《空气与废气监测分析方法》（国家环保局编写，中国环境科学出版社，1990 年版）等对用于火电厂的具体型号的烟气排放连续监测系统的基本技术参数进行认证。认证期间烟气排放连续监测系统不得进行维护、修理和调节。

9.1.2 认证要求

手工监测应在火电厂额定负荷 75% 以上的运行工况下进行，并与烟气排放连续监测同步。每隔 24h 测量和记录一次仪器的零点漂移和全幅漂移，手工监测应在每次完成零点漂移和全幅漂移测试后进行，连续进行 7 d（168h）。每天烟尘监测结果不少于 5 个数据对，气体监测结果应不少于 9 个数据对。具体指标要求见表 4。

表 4 烟气排放连续监测系统的认证要求

项 目	烟 尘	SO_2 和 NO_x
零点漂移（7d 中的最大值）	±2% 满量程	±2% 满量程
全幅漂移（7d 中的最大值）	±5% 满量程	±2.5% 满量程
每天的相对准确度	满足 5.5 条要求	≤20%

9.2 烟气排放连续监测系统的认定

9.2.1 认定方法

按《固定污染源排气中颗粒物测定与气态污染物采样方法》GB/T 16157、国家标准分析方法或《空气与废气监测分析方法》（国家环保局编写，中国环境科学出版社，1990 年版）和本标准的要求进行。

认定时按国家规定的手工方法对烟气排放连续监测系统进行对比测试，检验系统连续监测结果与手工方法的一致性。

9.2.2 认定内容

9.2.2.1 安装

校验监测孔和测量点的位置与系统安装是否符合本标准要求。

9.2.2.2 校验

对系统各设备的零点漂移、全幅漂移、响应时间、线性度等指标进行校验。

9.2.2.3 烟气预处理部件

烟气预处理部件处理效果检验。

9.2.2.4 系统控制器检验

系统控制器功能检验包括工作时间、周期设置，自动、手动校验、反吹等控制功能。

9.2.2.5 采样系统的验收

采样系统的验收项目按采样方式不同而异：

a. 直接抽取采样法验收包括采样管道的泄漏检验、管道加热、保温恒温性能检验等。

b. 稀释采样法验收包括采样管道的泄漏检验、稀释比及误差检验等。

9.2.2.6 烟气温度、流量等参数测试设备的检验和校准

烟气温度、流量等参数测试设备的检验和校准按设备的技术要求进行。

9.2.3 标准物要求

采用国家认定的标准物质，对仪器进行校准。

9.2.4 认定要求

同本标准 9. 1. 2。其他指标符合本标准的有关要求。

9.3 烟气排放连续监测系统运行过程中的定期标定

仪器能自动定期标定，并要定期进行人工标定。

9.3.1 自动标定

自动标定项目及要求见表 5。

表 5 自动标定项目及要求一览表

项　　目	烟　　尘	SO_2 和 NO_x	氧　　量
零点漂移	±2% 满量程	≤ ±0. 5 mg/m^3	≤ ±1% 满量程
全幅漂移	±5% 满量程	≤ ±2. 5% 满量程	≤ ±2% 满量程
周期（h）	24	24	24

9.3.2 人工标定

人工标定内容同本标准 9. 2. 2。

9.3.2.1 泄漏检验

人工标定前应做所有采样管道的泄漏检验。

9.3.2.2 人工标定项目及周期

项目及周期见表6。

表6 人工标定项目及周期一览表

项目	烟尘	SO_2	NO_x	温度	流量	水分含量	氧量
周期（月）	6～12	6～12	6～12	3～6	6～12	6～12	6～12

10 运行管理

10.1 建立运行维护技术管理制度

建立健全烟气排放连续监测系统运行、维护技术管理制度，明确管理人员和运行、维护人员责任。

10.2 人员培训

烟气排放连续监测系统的运行、维护人员应进行技术培训，持证上岗。

10.3 档案管理

所有仪器设备的技术资料和监测、报表、检修记录等都要建立技术档案，并保存完整。

10.4 日常管理

烟气排放连续监测仪器正常运行期间应按仪器使用说明书提出的要求，定期进行日常管理和维护工作，并及时更换已到使用期限的零部件。

10.5 定期维护

按系统运行、维护操作规程定期对系统各部分进行巡查，每3个月对系统进行一次系统地维护检查，保证仪器处于最佳技术状态。

10.6 锅炉启停维护管理

锅炉停运或启动时均应事先通报烟气排放连续监测系统运行管理人员，按烟气排放连续监测系统要求进行操作维护。

10.7 系统投运时间

锅炉重新点火启动时，烟气排放连续监测系统投运时间是机组发电并网8h以后开始至锅炉停运为止。

11 数据记录与报表

11.1 记录

11.1.1 监测结果记录

系统应能显示并打印输出任意时段标准状态下干烟气的烟尘、SO_2 和 NO_x 的平均排放浓度（mg/m^3）和排放量（kg/h、t/d、t/a)，并能显示所有相关参数，每天应记录标准状态下（273 K、101.3 kPa）干烟气的小时平均结果，具体按附录B表1进行。

11.1.2 排放量计算

烟尘或气态污染物的排放量按下列公式计算：

$$G_h = \bar{c} \cdot Q_{sn} \times 10^{-6}$$

$$G_d = \sum_{i=1}^{24} G_{hi} \times 10^{-3}$$

$$G_m = \sum_{i=1}^{31} G_{di}$$

$$G_y = \sum_{i=1}^{365} G_{di}$$

式中：G_h——烟尘或气态污染物小时排放量，kg/h；

$\overline{c}$——标准状态下烟尘或气态污染物连续监测小时平均浓度，mg/m^3；

Q_m——标准状态下干烟气小时平均流量，m^3/h，见附录 A；

G_d——烟尘或气态污染物日排放量，t/d；

G_{hi}——该天中第 i 小时烟尘或气态污染物排放量，kg/h；

G_m——烟尘或气态污染物月排放量，t/m；

G_{di}——该月中第 i 天的烟尘或气态污染物排放量，t/d；

G_y——烟尘或气态污染物年排放量，t/a；

G_{di}——该年中第 i 天烟尘或气态污染物日排放量，t/d。

11.2　系统校验记录

系统校验记录按附录 B 表 2 进行。

11.3　监测结果报告

火电厂要定期将烟气排放连续监测结果上报有关主管部门，具体按附录 B 表3 和表4 或主管部门要求进行。

附　录　A
（资料性附录）

A.1　烟气流量的监测与计算

烟气流量的监测本质上是对流速的监测，由流速和测量烟道的截面积可计算出烟气实际流量。在测量大气压力、烟气静压、烟气温度和烟气湿度的条件下，还可计算出标准状态下干烟气流量。本附录主要介绍上述排气参数的连续监测方法，对排气参数没有进行连续监测的电厂，可按 GB/T 16157 规定的方法做出对应锅炉在不同负荷下的烟气流量曲线，并将其输入烟尘和气态污染物连续监测系统计算污染物排放总量。

A.1.1　烟气流速的连续监测

A.1.1.1　监测方法

烟气流速监测可选择下列三种方法之一：压差传感法、超声波法和热传感法。

A.1.1.2　压差传感法

利用压力传感器、皮托管等测出烟气的动压和静压，动压和静压与被测烟气流速呈一定的比例关系，从而可定量烟气流速。

A.1.1.3　超声波法

超声波顺着烟气流向和逆着烟气流向通过已知距离的两个点时，其传输时间不同，连续测定传输时间差可实现烟气流速的连续监测。

A.1.1.4　热传感法

烟气流过热传感器时，带走的热量与烟气流速和热传感器的电阻阻值变化成比例，通过测量热传感器的电阻阻值变化可求得烟气流速。

A.1.2 安装和测量位置

按本标准5.3的要求选择安装位置和测量点。若烟道直管段长度小于6倍烟道当量直径或现场条件难以满足本标准5.3的要求，可采取非连续监测方法来确定烟气流量或排放总量。

超声波流量计的安装要求较为严格，在烟囱或烟道两侧各安装一台接收/发射器，典型的安装与烟气流向成45°夹角，且在烟气采样探头附近。

A.1.3 流速校准

A.1.3.1 校准方法

按GB/T 16157规定的标准型皮托管法或S型皮托管法测得的烟道断面平均流速对流速在线监测仪测得的结果进行校准，校准监测应连续进行5天，每天测定次数不少于7次，并求得速度场平均系数。

A.1.3.2 校准要求

要求流速在线监测仪与GB/T 16157规定的测试结果之间的相对误差≤±5%。

A.1.4 技术性能要求

A.1.4.1 测量范围0~40m/s。

A.1.4.2 精密度≤±3%。

A.1.4.3 分辨率0.1 m/s。

A.1.4.4 响应时间1 min。

A.2 大气压力和烟气静压的连续监测

A.2.1 监测方法

采用压力传感器直接进行测量。

A.2.2 技术性能要求

A.2.2.1 大气压力

a. 测量范围0~120 kPa。

b. 精密度≤±2%。

A.2.2.2 烟气静压

a. 测量范围0~4 kPa。

b. 精密度≤±3%。

A.2.3 传感器校验

通常采用比较法，即用标准传感器对被校传感器进行校验，一般每半年校验一次。

A.3 烟气中水分含量（湿度）的连续监测

A.3.1 监测方法

采用红外吸收法或测氧计算法可实现对烟气中水分含量的连续监测。

烟气中的水分含量也可以根据煤种情况通过定期标定作为常数输入烟气排放连续监测系统的数据处理子系统中，一般每半年标定一次，如煤质发生重大变化，需及时标定。

A. 3. 1. 1 红外吸收法

通过测量对水较敏感波长的红外吸收量的变化，连续测定烟气中的水分含量。

A. 3. 1. 2 测氧计算法

用氧传感器测定除湿前、后烟气中的含氧量，利用含氧量的差计算烟气中水分含量。

A. 3. 2 测量位置及安装

选择的测量点可与本标准正文 6. 2. 1. 3 气态污染物的采样点相同，尽量接近取样截面的中心。

A. 3. 3 技术性能要求

A. 3. 3. 1 测量范围 0 ~ 20%。

A. 3. 3. 2 精密度 ±10%。

A. 4 烟气流量的计算

A. 4. 1 工况下的湿烟气流量

按下式计算：

$$Q_s = 3600 \cdot F \cdot \overline{V}_s$$

式中：Q_s——工况下湿烟气流量，m^3/h；

F——监测孔处烟道截面积，m^2；

$\overline{V}_s$——监测孔处烟道截面湿烟气平均流速，m/s。

A. 4. 2 标准状态下干烟气流量

按下式计算：

$$Q_{sn} = Q_s \cdot \frac{B_a + P_s}{101300} \cdot \frac{273}{273 + t_s}(1 - X_{sw})$$

式中：Q_{sn}—— 标准状态下干烟气流量，m^3/h；

B_a——大气压力，Pa；

P_s——烟气静压，Pa；

t_s——烟气温度，℃；

X_{sw}——烟气湿度（水分含量体积百分数，%）。

附 录 B

（规范性附录）

烟气排放连续记录表

表 B.1 烟气排放连续监测小时均值记录表

电厂名称：

锅炉号：　　　　烟道号：　　　　监测日期：　年　月　日

时间	烟尘		SO_2		NO_x		流量	O_2	温度	水分	锅炉负荷
	mg/m^3	kg/h	mg/m^3	kg/h	mg/m^3	kg/h	m^3/h	%	℃	含量%	MW
00～01											
01～02											
02～03											
03～04											
⋮											
⋮											
⋮											
⋮											
⋮											
⋮											
⋮											
⋮											
⋮											
21～22											
22～23											
23～24											
平均值											
最大值											
最小值											
日排放总量（t）											

表 B.2　烟气排放连续监测系统校验记录表

电厂名称：　　　　　　　连续监测系统编号：　　　　　　锅炉号：　　　　　　烟道号：

日　期	时　间	零点读数	零点漂移	全幅读数	全幅漂移	是否校好及当值人

表 B.3 烟气排放连续监测日均值月报表

电厂名称：

锅炉号：　　　　　　　　烟道号：　　　　　　　　监测月份：　　年　　月

日 期	烟 尘		SO_2		NO_x		流量	O_2	温度	水分
	mg/m^3	kg/h	mg/m^3	kg/h	mg/m^3	kg/h	m^3/h	%	℃	含量%
1 日										
2 日										
3 日										
4 日										
5 日										
6 日										
7 日										
8 日										
9 日										
10 日										
11 日										
12 日										
13 日										
14 日										
15 日										
平均值										
最大值										
最小值										
月排放总量（t）										
煤质平均资料			低位发热量 $Q_{net,ar}$ =			全硫 $S_{t,ar}$ =		灰分 A_{ar} =		

上报单位（盖章）：　　　　　　　　负责人：　　　　报告人：　　　　报告日期：

表 B.3　烟气排放连续监测日均值月报表（续表）

电厂名称：

锅炉号：　　　　　　　　烟道号：　　　　　　　　监测月份：　　年　　月

日　期	烟　　尘		SO_2		NO_x		流量	O_2	温度	水分
	mg/m^3	kg/h	mg/m^3	kg/h	mg/m^3	kg/h	m^3/h	%	℃	含量%
16 日										
17 日										
18 日										
19 日										
20 日										
21 日										
22 日										
23 日										
24 日										
25 日										
26 日										
27 日										
28 日										
29 日										
30 日										
31 日										
平均值										
最大值										
最小值										
月排放总量（t）										
煤质平均资料		低位发热量 $Q_{net,ar}$ =			全硫 $S_{t,ar}$ =			灰分 A_{ar} =		

上报单位（盖章）：　　　　负责人：　　　　报告人：　　　　报告日期：

表 B.4 烟气排放连续监测月均值年报表

电厂名称：

锅炉号： 烟道号： 监测年份： 年

月 份	烟 尘		SO_2		NO_x		流量	O_2	温度	水分
	mg/m^3	t/月	mg/m^3	t/月	mg/m^3	t/月	m^3/h	%	℃	含量%
1 月										
2 月										
3 月										
4 月										
5 月										
6 月										
7 月										
8 月										
9 月										
10 月										
11 月										
12 月										
平均值										
年排放总量（t）										
煤质平均资料	低位发热量 $Q_{net,ar}$ =			全硫 $S_{t,ar}$ =			灰分 A_{ar} =			

上报单位（盖章）： 单位负责人： 报告人： 报告日期：

附录十

火电厂烟气脱硫工程技术规范 石灰石/石灰—石膏法

(HJ/T 179—2005)

目　　次

前　　言

为贯彻执行《中华人民共和国环境保护法》、《中华人民共和国大气污染防治法》、《建设项目环境保护管理条例》和《火电厂大气污染物排放标准》，规范火电厂烟气脱硫工程建设，控制火电厂二氧化硫排放，改善环境质量，保障人体健康，促进火电厂可持续发展和烟气脱硫行业技术进步，制定本标准。

本标准适用于火电厂烟气脱硫工程的规划、设计、评审、采购、施工及安装、调试、验收和运行管理。工业炉窑采用石灰石/石灰—石膏湿法脱硫工艺时，可参照执行。

本标准由国家环境保护总局科技标准司提出。

本标准为首次发布。

本标准由中国环境保护产业协会组织起草，并委托中国环境保护产业协会锅炉炉窑脱硫除尘委员会具体承担起草协调工作。

本标准由北京国电龙源环保工程有限公司、江苏苏源环保工程股份有限公司、北京市环境保护科学研究院、北京市劳动保护科学研究所、武汉凯迪电力股份有限公司、清华同方环境有限责任公司、国电环境保护研究所、上海龙净环保科技工程公司等单位负责起草。

本标准国家环境保护总局2005年6月24日批准，自2005年10月1日起实施。

本标准由国家环境保护总局负责解释。

火电厂烟气脱硫工程技术规范
石灰石/石灰—石膏法

1 总则

1.1 适用范围

本规范适用于新建、扩建和改建容量为400 t/h（机组容量为100 MW）及以上燃煤、燃气、燃油火电厂锅炉或供热锅炉同期建设或已建锅炉加装的石灰石/石灰-石膏法烟气脱硫工程的规划、设计、评审、采购、施工及安装、调试、验收和运行管理。

对于400 t/h以下锅炉，当几台锅炉烟气合并处理，或其他工业炉窑，采用石灰石/石灰-石膏湿法脱硫技术时参照执行。

1.2 实施原则

1.2.1 烟气脱硫工程的建设，应按国家的基本建设程序进行。设计文件应按规定的内容和深度完成报批和批准手续。

1.2.2 新建、改建、扩建火电厂或供热锅炉的烟气脱硫装置应和主体工程同时设计、同时施工、同时投产使用。

1.2.3 烟气脱硫装置的脱硫效率一般应不小于95%，主体设备设计使用寿命不低于30年，装置的可用率应保证在95%以上。

1.2.4 烟气脱硫工程建设，除应符合本规范外，还应符合《火力发电厂烟气脱硫设计技术规程》（DL/T 5196）及国家有关工程质量、安全、卫生、消防等方面的强制性标准条文的规定。

2 规范性引用文件

下列文件中的条款通过本标准的引用成为本标准的条款。凡是注日期的引用文件，其随后所有的修改单（不包括勘误的内容）或修订版均不适用于本标准，然而，鼓励根据本标准达成协议的各方研究是否可使用这些文件的最新版本。凡是不注日期的引用文件，其最新版本适用于本标准。

GB 8978　污水综合排放标准
GB 12348　工业企业厂界噪声标准
GB 12801　生产过程安全卫生要求总则
GB 13223　火电厂大气污染物排放标准
GB 18599　一般工业固体废物贮存、处置场污染控制标准
GB/T 50033　建筑采光设计标准
GB 50040　动力机器基础设计规范
GB 50222　建筑内部装修设计防火规范
GB 50229　火力发电厂与变电所设计防火规范
GB 50243　通风与空调工程施工质量验收规范
GBJ 16　建筑设计防火规范

GBJ 22　厂矿道路设计规范
GBJ 87　工业企业噪声控制设计规范
GBJ 140　建筑灭火器配置设计规范
GBZ 1　工业企业设计卫生标准
HJ/T 75　火电厂烟气排放连续监测技术规范
HJ/T 76　固定污染源排放烟气连续监测系统技术要求及检测方法
DL 5009. 1　电力建设安全工作规程（火力发电厂部分）
DL/T 5029　火力发电厂建筑装修设计标准
DL/T 5035　火力发电厂采暖通风与空气调节设计技术规程
DL 5053　火力发电厂劳动安全与工业卫生设计规程
DL/T 5120　小型电力工程直流系统设计规程
DL/T 5136　火力发电厂、变电所二次接线设计技术规程
DL/T 5153　火力发电厂厂用电设计技术规定
DL/T 5196　火力发电厂烟气脱硫设计技术规程
《建设项目（工程）竣工验收办法》（国家计委　1990 年）
《建设项目环境保护竣工验收管理办法》（国家环境保护总局　2001 年）

3　术语

3.1　脱硫岛

指脱硫装置及为脱硫服务的建（构）筑物。

3.2　吸收剂

指脱硫工艺中用于脱除二氧化硫（SO_2）等有害物质的反应剂。石灰石/石灰-石膏法脱硫工艺使用的吸收剂为石灰石（$CaCO_3$）或石灰（CaO）。

3.3　吸收塔

指脱硫工艺中脱除 SO_2 等有害物质的反应装置。

3.4　副产物

指脱硫工艺中吸收剂与烟气中 SO_2 等反应后生成的物质。

3.5　废水

指脱硫工艺中产生的含有重金属、杂质和酸的污水。

3.6　装置可用率

指脱硫装置每年正常运行时间与发电机组每年总运行时间的百分比，按式（3-1）计算：

$$可用率 = \frac{A - B}{A} \times 100\% \tag{3-1}$$

式中：A——发电机组每年的总运行时间，h；

B——脱硫装置每年因脱硫系统故障导致的停运时间，h。

3.7　脱硫效率

指由脱硫装置脱除的 SO_2 量与未经脱硫前烟气中所含 SO_2 量的百分比，按式（3-2）计算：

$$脱硫效率 = \frac{c_1 - c_2}{c_2} \times 100\% \tag{3-2}$$

式中：c_1——脱硫前烟气中 SO_2 的折算浓度（过剩空气系数燃煤取 1.4，燃油、燃气取 1.2），mg/m^3；

c_2——脱硫后烟气中 SO_2 的折算浓度（过剩空气系数燃煤取 1.4，燃油、燃气取 1.2），mg/m^3。

3.8 增压风机

为克服脱硫装置产生的烟气阻力新增加的风机。

3.9 烟气换热器

为调节脱硫前后的烟气温度设置的换热装置（GGH）。

4 总体设计

4.1 脱硫装置工艺参数的确定

4.1.1 脱硫装置工艺参数应根据锅炉容量和调峰要求、燃料品质、二氧化硫控制规划和环境影响评价要求的脱硫效率、吸收剂的供应、水源情况、脱硫副产物和飞灰的综合利用、废渣排放、厂址场地布置等因素，经全面分析优化后确定。

4.1.2 新建脱硫装置的烟气设计参数宜采用锅炉最大连续工况（BMCR）、燃用设计燃料时的烟气参数，校核值宜采用锅炉经济运行工况（ECR）燃用最大含硫量燃料时的烟气参数。已建电厂加装烟气脱硫装置时，其设计工况和校核工况宜根据脱硫装置入口处实测烟气参数确定，并充分考虑燃料的变化趋势。

4.1.3 烟气中其他污染物成分［如氯化氢（HCl）、氟化氢（HF）］的设计数据宜依据燃料分析数据计算确定。

4.1.4 脱硫装置入口烟气中的 SO_2 质量流量可根据式（4-1）估算：

$$M(SO_2) = 2 \times K \times B_g \times \left(1 - \frac{q_4}{100}\right)\frac{S_{ar}}{100} \quad (4\text{-}1)$$

式中：$M(SO_2)$——脱硫装置入口烟气中的 SO_2 质量流量，t/h；

K——燃料燃烧中硫的转化率（煤粉炉一般取 0.9）；

B_g——锅炉最大连续工况负荷时的燃煤量，t/h；

q_4——锅炉机械未完全燃烧的热损失，%；

S_{ar}——燃料的收到基硫分，%。

4.2 总图设计

4.2.1 一般规定

4.2.1.1 脱硫装置的总体设计应符合下列要求：

（1）工艺流程合理，烟道短捷；

（2）交通运输便捷；

（3）方便施工，有利于维护检修；

（4）合理利用地形、地质条件；

（5）充分利用厂内公用设施；

（6）节约用地，工程量小，运行费用低；

（7）符合环境保护、劳动安全和工业卫生要求。

4.2.1.2 技改工程应避免拆迁运行机组的生产建（构）筑物和地下管线。当不能避免时，应采取合理的过渡措施。

4.2.1.3 吸收剂卸料及贮存场所宜布置在对环境影响较小的区域。

4.2.2 总平面布置

4.2.2.1 吸收塔宜布置在烟囱附近，浆液循环泵应紧邻吸收塔布置。吸收剂制备及脱硫副产品处理场地宜在吸收塔附近集中布置，或结合工艺流程和场地条件因地制宜布置。

4.2.2.2 脱硫装置与主体工程不能同步建设而需要预留脱硫场地时，宜预留在紧邻锅炉引风机后部烟道及烟囱的外侧区域。场地大小应根据将来可能采用的脱硫工艺方案确定。在预留场地上不应布置不便拆迁的设施。

4.2.2.3 事故浆池或事故浆液箱的位置应考虑多套装置共用的方便。

4.2.2.4 脱硫废水处理间宜紧邻石膏脱水车间布置，并有利于废水处理达标后与主体工程统一复用或排放。紧邻废水处理间的卸酸、卸碱场地应选择在避开人流的偏僻地带。

4.2.2.5 石膏仓或石膏贮存间宜与石膏脱水车间紧邻布置，并应设顺畅的运输通道。石膏仓下面的净空高度应确保拟采用的石膏运输车辆能够通畅。

4.2.2.6 脱硫场地的标高应不受洪水危害。脱硫装置若在主厂房区环形道路内，防洪标准与主厂房区相同；若在主厂房区环形道路外，防洪标准与其他场地相同。

4.2.2.7 脱硫装置主要设施宜与锅炉尾部烟道及烟囱零米高程相同，并与其他相邻区域的场地高程相协调，有利于交通联系、场地排水和减少土石方工程量。

4.2.2.8 新建电厂，脱硫场地的平整及土石方平衡应由主体工程统一考虑。技改工程，脱硫场地应力求土石方自身平衡。场地平整坡度视地形、地质条件确定，一般为0.5%～2.0%；困难地段不小于0.3%，但最大坡度不宜大于3.0%。

4.2.2.9 建筑物室内、外地坪高差应符合下列要求：

（1）有车辆出入的建筑物室内、外地坪高差，一般为0.15～0.30 m；

（2）无车辆出入的室内外高差可大于0.30 m；

（3）易燃、可燃、易爆、腐蚀性液体贮存区地坪宜低于周围道路标高。

4.2.2.10 当开挖工程量较大时，可采用阶梯布置方式，但台阶高差不宜超过5 m，并设台阶间的连接踏步。挡土墙高度3 m及以上时，墙顶应设安全护栏。同一套脱硫装置宜布置在同一台阶场地上。卸腐蚀性液体的场地宜设在较低处，且地坪应做防腐蚀处理。

4.2.2.11 脱硫场地的排水方式应与主体工程相统一。

4.2.3 交通运输

4.2.3.1 脱硫岛内道路的设计，应保证脱硫岛的物料运输便捷，消防通道畅通，检修方便，并满足场地排水的要求，符合GBJ 22的要求。

4.2.3.2 吸收剂运输应考虑防潮、防洒落和防扬尘等措施。

4.2.3.3 脱硫岛内的道路应与厂内道路形成路网，并根据生产、生活、消防和检修的需要设置行车道路、消防车通道和人行道。

4.2.3.4 物料装卸区域停车位路段纵坡宜为平坡，当布置困难时，坡度不宜大于1.5%，应设足够的汽车会车、回转场地，并按行车路面要求进行硬化处理。

4.2.3.5 脱硫岛内装置密集区域的道路宜采用混凝土块铺砌等硬化方式处理，以便于检修及清扫。

4.2.3.6 进厂吸收剂应设有计量装置和取样装置，也可与电厂主体工程共用。

5 脱硫工艺系统

5.1 工艺流程

石灰石/石灰-石膏法烟气脱硫装置应由吸收剂制备系统、烟气吸收及氧化系统、脱硫副产物处置系统、脱硫废水处理系统、烟气系统、自控和在线监测系统等组成。其典型的石灰石/石灰-石膏法烟气脱硫工艺流程如图 5-1 所示。

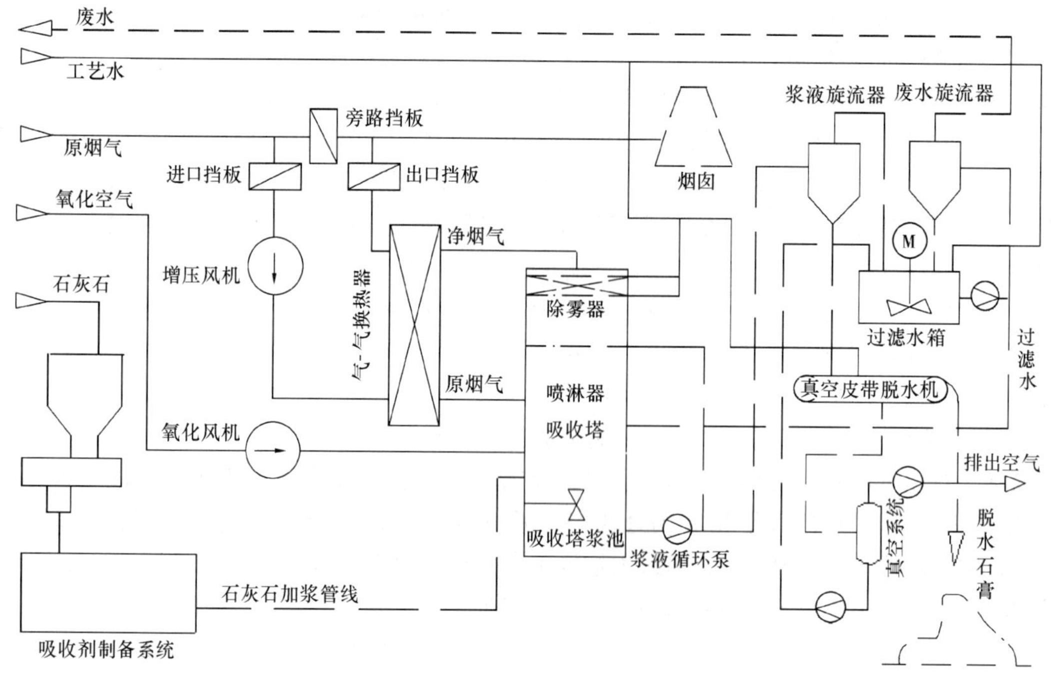

图 5-1 典型石灰石/石灰-石膏法脱硫工艺流程图

锅炉烟气经进口挡板门进入脱硫增压风机，通过烟气换热器后进入吸收塔，洗涤脱硫后的烟气经除雾器除去带出的小液滴，再通过烟气换热器从烟囱排放。脱硫副产物经过旋流器、真空皮带脱水机脱水成为脱水石膏。

5.2 一般规定

5.2.1 吸收剂的选择

5.2.1.1 在资源落实的条件下，优先选用石灰石作为吸收剂。为保证脱硫石膏的综合利用及减少废水排放量，用于脱硫的石灰石中 $CaCO_3$ 的含量宜高于 90%。石灰石粉的细度应根据石灰石的特性和脱硫系统与石灰石粉磨制系统综合优化确定。对于燃烧中低含硫量燃料煤质的锅炉，石灰石粉的细度应保证 250 目 90% 过筛率；当燃烧中高含硫量煤质时，石灰石粉的细度宜保证 325 目 90% 过筛率。

5.2.1.2 当厂址附近有可靠优质的生石灰粉供应来源时，可以采用生石灰粉作为吸收剂。生石灰的纯度应高于 85%。

5.2.1.3 对采用石灰石作为吸收剂的系统，可采用下列任一种吸收剂制备方案：

（1）由市场直接购买粒度符合要求的粉状成品，加水搅拌制成石灰石浆液；

（2）由市场购买一定粒度要求的块状石灰石，经石灰石湿式球磨机磨制成石灰石浆液；

（3）由市场购买块状石灰石，经石灰石干式磨机磨制成石灰石粉，加水搅拌制成石灰石浆液。

5.2.2 吸收系统

吸收塔的数量应根据锅炉容量、吸收塔的容量和脱硫系统可靠性要求等确定。300 MW及以上机组宜一炉配一塔。200 MW及以下机组宜两炉配一塔。

5.2.3 脱硫副产物

脱硫副产物为脱硫石膏，脱硫石膏应进行脱水处理，鼓励综合利用；若暂无综合利用条件时，应经脱水后输送至贮存场。脱硫石膏应与灰渣分别堆放，留有进一步综合利用的可能性。

5.2.4 脱硫废水

脱硫装置废水处理方式应结合全厂水务管理、电厂除灰方式及排放条件等综合因素确定。

5.2.5 烟气换热器

现有机组在安装脱硫装置时应配置烟气换热器。新建、扩建、改建火电厂建设项目，在建设脱硫装置时，宜设置烟气换热器，若考虑不设置烟气换热器，应通过建设项目环境影响报告书审查批准。

5.2.6 烟气监测系统

脱硫装置应设置烟气排放连续监测系统。

5.2.7 设备、材料选择

脱硫装置相关设备、材料的选择和配置应优先考虑脱硫装置长期运行的可靠性。

5.3 脱硫装置主工艺系统

5.3.1 吸收剂制备

5.3.1.1 吸收剂浆液制备系统宜按公用系统设置，可按两套或多套脱硫装置合用一套设置，但吸收剂浆液制备系统一般应不少于两套。当电厂只有一台机组时，可只设一套吸收剂浆液制备系统。

5.3.1.2 采用石灰石块进厂方式，当厂内设置破碎装置时，宜采用不大于100 mm的石灰石块。当厂内不设置破碎装置时，宜采用不大于20 mm的石灰石块。

5.3.1.3 吸收剂制备系统的出力应按设计工况下石灰石消耗量的150%选择，且不小于100%校核工况下的石灰石消耗量。

5.3.1.4 湿式球磨机浆液制备系统的石灰石浆液箱容量宜不小于设计工况下6～10 h的石灰石浆液消耗量，干式磨机浆液制备系统的石灰石浆液箱容量宜不小于设计工况下2 h的石灰石浆液消耗量。

5.3.1.5 每座吸收塔应设置两台石灰石供浆泵，一台运行，一台备用。

5.3.1.6 石灰石仓或石灰石粉仓的容量应根据市场运输情况和运输条件确定，一般不小于设计工况下3 d的石灰石耗量。

5.3.1.7 吸收剂的制备贮运系统应有控制二次扬尘污染的措施。

5.3.1.8 浆液管道设计时应充分考虑工作介质对管道系统的腐蚀与磨损，一般应选用衬胶、衬塑管道或玻璃钢管道。管道内介质流速的选择既要考虑避免浆液沉淀，同时又要考虑管道的磨损和压力损失尽可能小。

5.3.1.9 浆液管道上的阀门宜选用蝶阀，尽量少采用调节阀。阀门的通流直径宜与管道一致。

5.3.1.10 浆液管道上应有排空和停运自动冲洗的措施。

5.3.2 烟气系统

5.3.2.1 脱硫增压风机宜装设在脱硫装置进口处。

5.3.2.2 脱硫增压风机及参数应按下列要求考虑：

（1）吸收塔的脱硫增压风机宜选用轴流式风机，当机组容量为300 MW及以下容量时，也可采用高效离心风机。

（2）当机组容量为300 MW及以下时，宜设置一台脱硫增压风机。

（3）当多台机组合用一座吸收塔时，应根据技术经济比较后确定风机数量。

（4）对于600～700 MW机组，根据技术经济比较，可以设置一台增压风机，也可设置两台增压风机。当设置一台增压风机时应采用动叶可调轴流式风机。

（5）对于800～1 000 MW机组，宜设置两台动叶可调轴流式风机。

（6）增压风机的风量应为锅炉满负荷工况下的烟气量的110%；增压风机的压头应为脱硫装置在锅炉满负荷工况下并考虑10 ℃温度裕量下阻力的120%。

5.3.2.3 烟气系统应装设烟气换热器。在设计工况下，经烟气换热器后的烟气温度应不低于80 ℃。当采用回转式换热器时，其漏风率不大于1%。

5.3.2.4 烟气换热器的受热面均应采取防腐、防磨、防堵塞、防玷污等措施，与脱硫后的烟气接触的壳体也应采取必要的防腐措施。

5.3.2.5 经建设项目环境影响报告书审批，批准设置旁路烟道时，脱硫装置进、出口和旁路挡板门应有良好的操作和密封性能。旁路挡板门的开启时间应能满足脱硫装置故障不引起锅炉跳闸的要求。脱硫装置进口烟道挡板应采用带密封风的挡板，出口和旁路挡板门可以根据技术论证后确定是否设置密封风系统。

5.3.2.6 对于设有烟气换热器的脱硫装置，应从烟气换热器原烟道侧入口弯头处至烟囱的烟道采取防腐措施，防腐材料可采用鳞片树脂或衬胶。经环境影响报告书审批批准不装设烟气换热器的脱硫装置，应从距离吸收塔入口至少5 m处开始采取防腐措施。

5.3.2.7 防腐烟道的结构设计应满足相应的防腐要求，并保证烟道的振动和变形在允许范围内，避免造成防腐层脱落。

5.3.2.8 烟气换热器下部烟道应装设疏水系统。

5.3.2.9 脱硫装置原烟气设计温度应采用锅炉最大连续工况（BMCR）下燃用设计燃料时的空预器出口烟气温度并留有一定的裕量。对于新建机组，应保证运行温度超过设计温度50 ℃，叠加后的温度不超过180 ℃的条件下的长期运行。烟气换热器下游的原烟气烟道和净烟气烟道设计温度应至少考虑30 ℃超温。

5.3.3 吸收及氧化系统

5.3.3.1 吸收塔均应装设除雾器，在正常运行工况下除雾器出口烟气中的雾滴浓度应不大于75 mg/m^3。除雾器应设置水冲洗装置。

5.3.3.2 循环浆液泵入口应装设滤网等防止固体物吸入的措施。当采用喷淋吸收塔时，吸收塔浆液循环泵宜按单元制设置，每台循环泵对应一层喷嘴。

5.3.3.3 氧化风机宜采用罗茨风机，也可采用离心风机。当氧化风机计算容量小于6 000 m^3/h时，每座吸收塔应设置两台全容量或每两座吸收塔设置三台50%容量的氧化风机；当氧化风机计算容量大于6 000 m^3/h时，宜采用每座吸收塔配三台50%容量的氧化风机。其中，一台氧化风机备用。

5.3.3.4 脱硫装置应设置事故浆池或事故浆液箱。当全厂采用相同的脱硫工艺系统时，宜合用一套。事故浆池的容量应根据技术论证运行可行性后确定。当设有石膏浆液抛弃系统时，事故浆池的容量也可按照不小于500 m^3 设置。

5.3.3.5 浆液箱罐应有防腐措施并装设防沉积装置。

5.3.3.6 吸收塔外应设置供检修维护的平台和扶梯，平台设计荷载不应小于4 000 N/m^2，平台宽度不小于1.2 m，塔内不应设置固定式的检修平台。

5.3.3.7 装在吸收塔内的除雾器应考虑检修维护措施，除雾器支撑梁的设计荷载应不小于1 000 N/m^2。

5.3.3.8 吸收塔内与喷嘴相连的浆液管道应考虑检修维护措施，每根管道的顶部应有屋脊性支撑结构以便检修时在喷淋管上部铺设临时平台，强度设计应考虑不小于500 N/m^2 的检修荷载。

5.3.3.9 吸收塔宜采用钢结构，内部结构应根据烟气流动和防磨、防腐技术要求进行设计，吸收塔内壁采用衬胶或衬树脂鳞片或衬高镍合金板。在吸收塔底板和浆液可能冲刷的位置，应采取防冲刷措施。

5.3.4 脱硫副产物处理系统

5.3.4.1 脱硫工艺设计应为脱硫副产物的综合利用创造条件。

5.3.4.2 石膏脱水系统宜按公用系统设置，可按两套或多套脱硫装置合用一套设置，但石膏脱水系统一般应不少于两套。当电厂只有一台机组时，可只设一套石膏脱水系统。

5.3.4.3 石膏脱水系统的出力应按设计工况下石膏产量的150%选择，且不小于100%校核工况下的石膏产量。

5.3.4.4 脱水后的石膏可在石膏仓内堆放，也可堆放在石膏库内。石膏仓或库的容量，应不小于24 h 石膏的产生量，石膏仓应采取防腐措施和防堵措施。在寒冷地区，石膏仓应采取防冻措施。

5.3.4.5 浆液管道的要求按照5.3.1.8、5.3.1.9 及5.3.1.10 执行。

5.3.5 废水处理系统

5.3.5.1 脱硫废水排放处理系统可以单独设置，也可经预处理去除重金属、氯离子等后排入电厂废水处理系统进行处理，但不得直接混入电厂废水稀释排放。

5.3.5.2 脱硫废水的处理措施及工艺选择，应符合项目环境影响报告书审批意见的要求。

5.3.5.3 脱硫废水中的重金属、悬浮物和氯离子可采用中和、化学沉淀、混凝、离子交换等工艺去除。对废水含盐量有特殊要求的，应采取降低含盐量的工艺措施。

5.3.5.4 脱硫废水处理系统应采取防腐措施，适应处理介质的特殊要求。

5.3.5.5 处理后的废水，可按照全厂废水管理的统一规划进行回用或排放，处理后排放的废水水质应达到GB 8978 和建厂所在地区的地方排放标准要求。

6 脱硫装置辅助系统

6.1 电气系统

6.1.1 供电系统

6.1.1.1 脱硫装置高压、低压厂用电电压等级应与发电厂主体工程一致。

6.1.1.2 脱硫装置厂用电系统中性点接地方式应与发电厂主体工程一致。

6.1.1.3 脱硫工作电源的引接：

（1）脱硫高压工作电源可设脱硫高压变压器，从发电机出口引接，也可直接从高压厂用工作母线引接。

（2）脱硫装置与发电厂主体工程同期建设时，脱硫高压工作电源宜由高压厂用工作母线引接，当技术经济比较合理时，也可设脱硫高压变压器。

（3）脱硫装置为预留时，宜采用高压厂用工作变压器预留容量的方式。

（4）已建电厂加装烟气脱硫装置时，如果高压厂用工作变压器有足够备用容量，且原有高压厂用开关设备的短路动热稳定值及电动机启动的电压水平均满足要求时，脱硫高压工作电源应从高压厂用工作母线引接，否则应设脱硫高压变压器。

（5）脱硫低压工作电源应单设脱硫低压工作变压器供电。

6.1.1.4 脱硫高压负荷可设脱硫高压母线段供电，也可直接接于高压厂用工作母线段。当设脱硫高压母线段时，每炉宜设 1 段，并设置备用电源。每台炉宜设 1 段脱硫低压母线。

6.1.1.5 脱硫高压备用电源宜由发电厂启动/备用变压器低压侧引接。当脱硫高压工作电源由高压厂用工作母线引接时，其备用电源也可由另一高压厂用工作母线引接。

6.1.1.6 除满足上述要求外，其余均应符合 DL/T 5153 中的有关规定。

6.1.2 直流系统

6.1.2.1 新建电厂同期建设烟气脱硫装置时，脱硫装置直流负荷宜由机组直流系统供电。当脱硫装置布置离主厂房较远时，也可设置脱硫直流系统。

6.1.2.2 脱硫装置为预留时，机组直流系统不考虑脱硫负荷。

6.1.2.3 已建电厂加装烟气脱硫装置时，宜装设脱硫直流系统向脱硫装置直流负荷供电。

6.1.2.4 直流系统的设置应符合 DL/T 5120 的规定。

6.1.3 交流保安电源和交流不停电电源（UPS）

6.1.3.1 200 MW 及以上机组配套的脱硫装置宜设单独的交流保安母线段。当主厂房交流保安电源的容量足够时，脱硫交流保安母线段宜由主厂房交流保安电源供电，否则可由单独设置的能快速启动的柴油发电机供电。其他要求应符合 DL/T 5153 中的有关规定。

6.1.3.2 新建电厂同期建设烟气脱硫装置时，脱硫装置交流不停电负荷宜由机组 UPS 系统供电。当脱硫装置布置离主厂房较远时，也可单独设置 UPS。

6.1.3.3 脱硫装置为预留时，机组 UPS 系统不考虑向脱硫负荷供电。

6.1.3.4 已建电厂加装烟气脱硫装置时，宜单独设置 UPS 向脱硫装置不停电负荷供电。

6.1.3.5 UPS 宜采用静态逆变装置。其他要求应符合 DL/T 5136 中的有关规定。

6.1.4 二次线

6.1.4.1 脱硫电气系统宜在脱硫控制室控制，并纳入分散控制系统。

6.1.4.2 脱硫电气系统控制水平应与工艺专业协调一致，宜纳入分散控制系统控制，也可采用强电控制。

6.1.4.3 接于发电机出口的脱硫高压变压器的保护：

（1）新建电厂同期建设烟气脱硫装置时，应将脱硫高压变压器的保护纳入发电机和发电机变压器组保护装置。

（2）脱硫装置为预留时，发电机和发电机变压器组差动保护应留有脱硫高压变压器的分支的接口。

（3）已建电厂加装烟气脱硫装置时，脱硫高压变压器的分支应接入原有发电机和发电机变压器组差动保护。

（4）脱硫高压变压器保护应符合 DL/T 5153 中的规定。

6.1.4.4 其他二次线要求应符合 DL/T 5136 和 DL/T 5153 的规定。

6.2 热工自动化系统

6.2.1 热工自动化水平

6.2.1.1 脱硫装置应采用集中监控，实现脱硫装置启动；正常运行工况的监视和调整，停机和事故处理。

6.2.1.2 脱硫装置宜采用分散控制系统（DCS），其功能包括数据采集和处理（DAS）、模拟量控制（MCS）、顺序控制（SCS）及联锁保护、脱硫厂用电源系统监控等。

6.2.1.3 脱硫装置在启、停、运行及事故处理情况下均应不影响机组正常运行。

6.2.2 控制室

6.2.2.1 控制室的设置，一般宜两台炉设置一个脱硫集中控制室，也可采用四台炉设置一个脱硫集中控制室。具备条件时，可以将脱硫装置的控制纳入机组单元控制室。已建电厂增设的脱硫装宜设备独立控制室。

6.2.2.2 距离脱硫控制室较远的辅助车间，如吸收剂制备、废水处理等，可设就地控制室，但应尽可能达到无人值班。

6.2.3 热工检测及控制

6.2.3.1 脱硫装置应有完善的热工模拟量控制、顺序控制、联锁、保护、报警功能。各项功能应尽可能在 DCS 系统中统一实现。

6.2.3.2 保护系统指令应具有最高优先级；事件记录功能应能进行保护动作原因分析。

6.2.3.3 重要热工测量项目仪表应双重或三重化冗余设置。

6.2.3.4 脱硫岛可设必要的工业电视监视系统。

6.2.4 脱硫装置控制系统可根据全厂整体控制方案，与机组控制系统或全厂辅控系统统筹考虑。

6.3 建筑及结构

6.3.1 建筑

6.3.1.1 一般规定：

（1）脱硫岛建筑设计应根据生产流程、功能要求、自然条件、建筑材料和建筑技术等因素，结合工艺设计，合理组织平面布置和空间组合，注意建筑群体的效果及与周围环境的协调。

（2）脱硫岛的建（构）筑物的防火设计应符合 GB 50229 及国家其他有关防火标准和规范的要求。

（3）脱硫岛的建筑物室内噪声控制设计标准应符合 GBJ 87 的规定。

（4）脱硫岛的建筑设计除执行本规定外，应符合国家和行业的现行有关设计标准的规定。

6.3.1.2 采光和自然通风：

（1）脱硫岛的建筑物宜优先考虑天然采光，建筑物室内天然采光照度应符合 GB 50033 的要求。

（2）一般建筑物宜采用自然通风，墙上和楼层上的通风孔应合理布置，避免气流短路和倒流，并应减少气流死角。

6.3.1.3 室内外装修：

（1）建筑物的室内外墙面应根据使用和外观需要进行适当处理，地面和楼面材料除工艺要求外，宜采用耐磨、易清洁的材料。

（2）脱硫建筑物各车间室内装修标准应按 DL/T 5029 中同类性质的车间装修标准执行。

6.3.2 结构

6.3.2.1 火力发电厂脱硫工程土建结构的设计除应符合本标准的规定外，尚应符合现行国家规范及行业标准的要求。

6.3.2.2 屋面、楼（地）面在生产使用、检修、施工安装时，由设备、管道、材料堆放、运输工具等重物引起的荷载，以及所有设备、管道支架作用于土建结构上的荷载，均应由工艺设计专业提供。其楼（屋）面活荷载的标准值及其组合值、频遇值和准永久值系数应按表 6-1 的规定采用。

6.3.2.3 作用在结构上的设备荷载和管道荷载（包括设备及管道的自重，设备、管道及容器中的填充物重）应按活荷载考虑。其荷载组合值、频遇值和准永久值系数均取 1.0。其荷载分项系数取 1.3。

6.3.2.4 脱硫建、构筑物抗震设防类别按丙类考虑，地震作用和抗震措施均应符合本地区抗震设防烈度的要求。

6.3.2.5 计算地震作用时，建、构筑物的重力荷载代表值应取恒载标准值和各可变荷载组合值之和。各可变荷载的组合值系数应按表 6-2 采用。

表 6-1 建筑物楼（屋）面均布活荷载标准值及组合值、频遇值和准永久值系数

项 次	类 别	标准值/（kN/m^2）	组合值系数 ψ_c	频遇值系数 ψ_f	准永久值系数 ψ_q
1	配电装置楼面	6.0	0.9	0.8	0.8
2	控制室楼面	4.0	0.8	0.8	0.8
3	电缆夹层	4.0	0.7	0.7	0.7
4	制浆楼楼面	4.0	0.8	0.7	0.7
5	石膏脱水间	4.0	0.8	0.7	0.7
6	石灰石仓顶输送层	4.0	0.7	0.7	0.7
7	作为设备通道的混凝土楼梯	3.5	0.7	0.5	0.5

表 6-2 计算重力荷载代表值时采用的组合值系数

可变荷载的种类		组合值系数
一般设备荷载（如管道、设备支架等）		1.0
楼面活荷载	按等效均布荷载计算时	0.7
	按实际情况考虑时	1.0
屋 面 活 荷 载		0
石灰石仓、石膏仓中的填料自重		0.8~0.9

6.4 暖通及消防系统

6.4.1 一般规定

6.4.1.1 脱硫岛内应有采暖通风与空气调节系统，并应符合 DL/T 5035 和 GB 50243 及国家有关现行标准。

6.4.1.2 脱硫岛应有完整的消防给水系统，还应按消防对象的具体情况设置火灾自动报警装置和专用灭火装置。脱硫岛建（构）物及各工艺系统消防设计应符合 GB 50229 及 GBJ 16 等规范的要求。

6.4.2 采暖通风

6.4.2.1 脱硫岛区域建筑物的采暖应与其他建筑物一致。当厂区设有集中采暖系统时，采暖热源宜由厂区采暖系统提供。

6.4.2.2 脱硫岛区域建筑物的采暖应选用不易积尘的散热器供暖，当散热器布置上有困难时，可设置暖风机。

6.4.2.3 脱硫岛内冬季采暖室内计算温度按表 6-3 采用。

表 6-3 冬季采暖室内计算温度

房间名称	采暖室内计算温度/℃	房间名称	采暖室内计算温度/℃
石膏脱水机房	16	石灰石破碎间	10
输送皮带机房	10	石灰石卸料间地下	16
球磨机房	10	石灰石卸料间地上	10
真空泵房	10	石灰石制备间	10
GGH 设备间	16	GGH 支架间	10

6.4.2.4 脱硫岛内控制室和电子设备间应设置空气调节装置。室内设计参数应根据设备要求确定。

6.4.2.5 在寒冷地区，通风系统的进、排风口宜考虑防寒措施。

6.4.2.6 通风系统的进风口宜设在清洁干燥处，电缆夹层不应作为通风系统的吸风地点。在风沙较大地区，通风系统应考虑防风沙措施。在粉尘较大地区，通风系统应考虑防尘措施。

6.4.3 消防系统

6.4.3.1 脱硫岛消防水源宜由电厂主消防管网供给。消防水系统的设置应覆盖所有室外、室内建构筑物和相关设备。

6.4.3.2 室内消防栓的布置，应保证有两支水枪的充实水柱同时到达室内任何部位。脱硫岛建筑物室内消火栓的间距不应超过 50 m。

6.4.3.3 室外消火栓应根据需要沿道路设置，并宜靠近路口，在建筑物外不应大于 120 m，室外消火栓的保护半径不应大于 150 m，若电厂主消防系统在脱硫岛附近设有室外消火栓，可考虑利用其保护范围，相应减少脱硫岛室外消火栓的数量。

6.4.3.4 在脱硫岛区域内，主要包括电子设备间、控制室、除尘器层、电缆夹层、电力设备附近等处按照 GBJ 140 规定配置一定数量的移动式灭火器。

6.5 烟气排放连续监测系统（CEMS）

6.5.1 设置目的

6.5.1.1 实时监视、调整脱硫运行参数，确保脱硫装置正常运行。

6.5.1.2 向当地环保部门提供火电厂烟气污染物排放数据。

6.5.2 设置位置及数量

6.5.2.1 用于为烟气脱硫装置实现闭环控制和性能考核提供数据的 CEMS，其检测点分别设在烟气脱硫装置进口和出口。其中进出口检测项目至少应包括烟尘、SO_2、O_2，并与烟气脱硫装置的控制系统联网。

6.5.2.2 用于环保部门监测电厂烟气污染物排放指标的 CEMS，其监测点应设置在烟囱上或烟囱入口。检测项目应至少包括烟尘、SO_2、NO_x、温度、O_2、流量。

6.5.2.3 当烟气脱硫装置出口的 CEMS 与环保监测的 CEMS 合并使用时，应首先取得当地环保部门的同意，在确保满足环保部门要求的前提下，还应满足脱硫装置在各种运行条件下提供的数据能符合烟气脱硫装置控制系统的要求。

6.5.3 用于环保监测的 CEMS 应符合 HJ/T 75 和 HJ/T 76 的要求。其监测探头应安装在烟气脱硫装置净烟气烟道和旁路烟道的汇流点的下游，并预留环保部门实施远程监测的接口。

7 材料

7.1 一般规定

7.1.1 材料的选择应本着经济、适用，满足脱硫装置特定工艺要求，选择具有较长使用寿命的材料。

7.1.2 通用材料应在火电厂常用的材料中选取。

7.1.3 对于接触腐蚀性介质的部位，应择优选取金属或非金属材料。

7.2 金属材料

7.2.1 金属材料宜以碳钢材料为主。对金属材料表面可能接触腐蚀性介质的区域，应根据脱硫工艺不同部位的实际情况，衬以抗腐蚀性和耐磨损性强的非金属材料。

7.2.2 当以金属材料作为承压部件，所衬非金属材料作为防腐部件时，应充分考虑非金属材料与金属材料之间的黏结强度。同时，承压部件的自身设计应确保非金属材料能够长期稳定地附着在承压部件上。

7.2.3 对于接触腐蚀性介质的某些部位，如果采用碳钢衬以非金属材料难以达到工程实际应用要求，应根据介质的腐蚀性和磨损性，采用以镍基材料为主的不锈钢。当经过充分论证后，部分区域也可采用具有抗腐蚀性的低合金钢。其适用介质条件见表 7-1。

表 7-1 镍基不锈钢适用介质条件

序号	材料成分	适用介质	备注
1	铁-镍-铬合金	净烟气、低温原烟气	
2	铁-镍-铬合金 铁-钼-镍-铬合金	pH 为 3～6，氯离子浓度≤60 000 mg/L 的浆液	两者使用条件有差异，实际选用时应注意

7.3 非金属材料

7.3.1 非金属材料主要可选用玻璃鳞片树脂、玻璃钢、塑料、橡胶、陶瓷类产品用于防腐蚀和磨损，其适宜的使用部位见表 7-2。

表 7-2　主要非金属材料及使用部位

序号	材料名称	材料主要成分	使用部位
1	玻璃鳞片树脂	玻璃鳞片 乙烯基酯树脂 酚醛树脂 呋喃树脂 环氧树脂	净烟气、低温原烟气段、吸收塔、浆液箱罐等内衬；石膏仓内表面涂料
2	玻璃钢	玻璃鳞片、玻璃纤维 乙烯基酯树脂 酚醛树脂	吸收塔喷淋层、浆液管道、箱罐
3	塑　料	聚丙烯等	管道、除雾器
4	橡　胶	氯化丁基橡胶 氯丁橡胶 丁苯橡胶	吸收塔、浆液箱罐、浆液管道、水力旋流器等内衬；真空脱水机、输送皮带
5	陶　瓷	碳化硅	浆液喷嘴

7.3.2　玻璃鳞片树脂主要性能见表 7-3。

表 7-3　玻璃鳞片树脂主要性能表

序号	项　目	单　位	乙烯基酯树脂	酚醛乙烯基酯树脂
1	拉伸强度	MPa	>25	>25
2	延伸率	%	>0.5	>0.5
3	巴氏硬度		>35	>35
4	黏接强度	MPa	>10	>10
5	使用温度	℃	<100	<160
6	水汽渗透率	g．cm/（24 h·m^2·Pa）	<0.000 038	<0.000 038

7.3.3　丁基橡胶主要性能见表 7-4。

表 7-4　丁基橡胶主要性能表

序　号	项　目	单　位	性　能
1	拉伸强度	MPa	>2.5
2	延伸率	%	<300
3	邵氏硬度		>50
4	黏接强度	N/mm	>30
5	使用温度	℃	<90

8　环境保护与安全卫生

8.1　一般规定

8.1.1　在脱硫装置建设、运行过程中产生烟气、废水、废渣、噪声及其他污染物的防治与排放，应贯彻执行国家现行的环境保护法规和标准的有关规定。

8.1.2 脱硫岛在设计、建设和运行过程中，应高度重视劳动安全和工业卫生，采取各种防治措施，保护人身的安全和健康。

8.1.3 脱硫岛的安全管理应符合 GB 12801 中的有关规定。

8.1.4 脱硫岛可行性研究阶段应有环境保护、劳动安全和工业卫生的论证内容。在初步设计阶段，应提出深度符合要求的环境保护、劳动安全和工业卫生专篇。

8.1.5 建设单位在脱硫岛建成运行的同时，安全和卫生设施应同时建成运行，并制订相应的操作规程。

8.2 环境保护

8.2.1 脱硫装置的设计、建设，应以 GB 13223 为依据，经过脱硫装置处理后的烟气排放应符合该标准要求。

8.2.2 脱硫废水经处理后的排放应达到 GB 8978 和建厂所在地的地方排放标准的相应要求。

8.2.3 脱硫岛的设计、建设，应采取有效的隔声、消声、绿化等降低噪声的措施，噪声和振动控制的设计应符合 GBJ 87 和 GB 50040 的规定，各厂界噪声应达到 GB 12348 的要求。

8.2.4 脱硫石膏处置宜优先综合利用，加工成建材产品。暂无综合利用条件，采取贮存、堆放措施时，贮存场、石膏筒仓、石膏贮存间等的建设和使用应符合 GB 18599 的规定。

8.3 劳动安全

8.3.1 脱硫岛的建设应遵守 DL 5009.1 和 DL 5053 及其他有关规定。

8.3.2 脱硫岛的防火、防爆设计应符合 GBJ 16、GB 50222 和 GB 50229 等有关规范的规定。

8.3.3 建立并严格执行经常性的和定期的安全检查制度，及时消除事故隐患，防止事故发生。

8.4 职业卫生

8.4.1 脱硫岛室内防尘、防噪声与振动、防电磁辐射、防暑与防寒等职业卫生要求应符合 GBZ 1 的规定。

8.4.2 在易发生粉尘飞扬或洒落的区域设置必要的除尘设备或清扫措施。

8.4.3 制粉系统等可能产生粉尘污染的装置，宜采用全负压密闭系统，尽量实现机械化和自动化操作，减少人工直接操作，并采取适当通风措施。

8.4.4 应尽可能采用噪声低的设备，对于噪声较高的设备，应采取减震消声措施，尽量将噪声源和操作人员隔开。工艺允许远距离控制的，可设置隔声操作（控制）室。

9 工程施工与验收

9.1 工程施工

9.1.1 脱硫工程设计、施工单位应具有国家相应的工程设计、施工资质。

9.1.2 脱硫工程的施工应符合国家和行业施工程序及管理文件的要求。

9.1.3 脱硫工程应按设计文件进行建设，对工程的变更应取得设计单位的设计变更文件后再进行施工。

9.1.4 脱硫工程施工中使用的设备、材料、器件等应符合相关的国家标准，并应取得供货商的产品合格证后方可使用。

9.1.5 施工单位除遵守相关的施工技术规范以外，还应遵守国家有关部门颁布的劳动安全及卫生、消防等国家强制性标准。

9.2　工程验收

9.2.1　竣工验收

9.2.1.1　脱硫工程验收应按《建设项目（工程）竣工验收办法》、相应专业现行验收规范和本规范的有关规定进行组织。工程竣工验收前，严禁投入生产性使用。

9.2.1.2　脱硫工程验收应依据：主管部门的批准文件、批准的设计文件和设计变更文件、工程合同、设备供货合同和合同附件、设备技术说明书和技术文件、专项设备施工验收规范及其他文件。

9.2.1.3　脱硫工程中选用国外引进的设备、材料、器件应按供货商提供的技术规范、合同规定及商检文件执行，并应符合我国现行国家或行业标准的有关要求。

9.2.1.4　工程安装、施工完成后应进行调试前的启动验收，启动验收合格和对在线仪表进行校验后方可进行分项调试和整体调试。

9.2.1.5　通过脱硫装置整体调试，各系统运转正常，技术指标达到设计和合同要求后，应进行启动试运行。

9.2.1.6　对整体启动试运行中出现的问题应及时消除。在整体启动试运行连续试运 168 h，技术指标达到设计和合同要求后，建设单位向有审批权的环境保护行政主管部门提出生产试运行申请。经批准后，方可进行生产试运行。

9.2.2　环境保护验收

9.2.2.1　脱硫装置竣工环境保护验收按《建设项目竣工环境保护验收管理办法》的规定进行。一般应在自生产试运行之日起的 3 个月内，向有审批权的环境保护行政主管部门申请该脱硫装置的竣工环境保护验收。对生产试运行 3 个月仍不具备环境保护验收条件的，可申请延期验收，但生产试运行期限最长不超过一年。

9.2.2.2　脱硫装置竣工环境保护验收除应满足《建设项目竣工环境保护验收管理办法》规定的条件外，在生产试运行期间还应对脱硫装置进行性能试验，性能试验报告应作为环境保护验收的重要内容。

9.2.2.3　脱硫装置性能试验包括：功能试验、技术性能试验、设备试验和材料试验。其中，技术性能试验至少应包括以下项目：

（1）脱硫效率；
（2）吸收剂利用率与钙硫比；
（3）烟气排放温度与系统压力降；
（4）水量消耗和液气比；
（5）电能消耗；
（6）吸收剂活性与纯度；
（7）脱硫副产物含湿量和氧化率等。

9.2.2.4　脱硫装置竣工环境保护验收的主要技术依据包括：

（1）项目环境影响报告书审批文件；
（2）各类污染物环境监测报告；
（3）批准的设计文件和设计变更文件；
（4）脱硫性能试验报告；
（5）试运行期间烟气连续监测报告；
（6）完整的启动试运（验）、试运行记录等。

9.2.2.5 经竣工环境保护验收合格后，脱硫装置方可正式投入使用运行。

10 运行与维护

10.1 一般规定

10.1.1 脱硫装置的运行、维护及安全管理除应执行本规范外，还应符合国家现行有关强制性标准的规定。

10.1.2 未经当地环境保护行政主管部门批准，不得停止运行脱硫装置。由于紧急事故造成脱硫装置停止运行时，应立即报告当地环境保护行政主管部门。

10.1.3 脱硫装置的运行应达到以下技术指标：装置的可用率大于95%，各项污染物达标排放。

10.1.4 脱硫装置运行应在满足设计工况的条件下进行，并根据工艺要求，定期对各类设备、电气、自控仪表及建（构）筑物进行检查维护，确保装置稳定可靠地运行。

10.1.5 脱硫装置不得在超过设计负荷120%的条件下长期运行。

10.1.6 脱硫装置在正常运行条件下，各项污染物排放应满足8.2的规定。

10.1.7 电厂应建立健全与脱硫装置运行维护相关的各项管理制度，以及运行、操作和维护规程；建立脱硫装置、主要设备运行状况的台账制度。

10.2 人员与运行管理

10.2.1 根据电厂管理模式特点，对脱硫装置的运行管理既可成为独立的脱硫车间也可纳入锅炉或除灰车间的管理范畴。

10.2.2 脱硫装置的运行人员宜单独配置。当电厂需要整体管理时，也可以与机组合并配置运行人员。但电厂至少应设置1名专职的脱硫技术管理人员。

10.2.3 电厂应对脱硫装置的管理和运行人员进行定期培训，使管理和运行人员系统掌握脱硫设备及其他附属设施正常运行的具体操作和应急情况的处理措施。运行操作人员，上岗前还应进行以下内容的专业培训：

（1）启动前的检查和启动要求的条件；

（2）处置设备的正常运行，包括设备的启动和关闭；

（3）控制、报警和指示系统的运行和检查，以及必要时的纠正操作；

（4）最佳的运行温度、压力、脱硫效率的控制和调节，以及保持设备良好运行的条件；

（5）设备运行故障的发现、检查和排除；

（6）事故或紧急状态下人工操作和事故处理；

（7）设备日常和定期维护；

（8）设备运行及维护记录，以及其他事件的记录和报告。

10.2.4 电厂应建立脱硫系统运行状况、设施维护和生产活动等的记录制度，主要记录内容包括：

（1）系统启动、停止时间；

（2）吸收剂进厂质量分析数据，进厂数量，进厂时间；

（3）系统运行工艺控制参数记录，至少应包括：脱硫装置出、入口烟气温度、烟气流量、烟气压力、吸收塔差压、用水量等；

（4）主要设备的运行和维修情况的记录，包括对批准设置旁路烟道的、旁路挡板门的开启与关闭时间的记录。

（5）烟气连续监测数据、污水排放、脱硫附产物处置情况的记录；

（6）生产事故及处置情况的记录；

（7）定期检测、评价及评估情况的记录等。

10.2.5 运行人员应按照电厂规定坚持做好交接班制度和巡视制度，特别是对于石灰石卸料和石膏装车过程的监督与配合，防止和纠正装卸过程中产生扬尘或洒落对环境造成的污染。

10.3 维护保养

10.3.1 脱硫装置的维护保养应纳入全厂的维护保养计划中。

10.3.2 电厂应根据脱硫装置技术负责方提供的系统、设备等资料制定详细的维护保养规定。

10.3.3 维修人员应根据维护保养规定定期检查、更换或维修必要的部件。

10.3.4 维修人员应做好维护保养记录。

参 考 文 献

1. 电力用燃料标准汇编编委会. 电力用燃料标准汇编. 北京：中国标准出版社，1999
2. 方文沫，杜惠敏，李天荣. 燃料分析技术问答（第二版）. 北京：中国电力出版社，2002
3. 郝吉明，王书肖，陆永琪. 燃煤二氧化硫污染控制技术手册. 北京：化学工业出版社，2001
4. 叶奕森，柴发和等. 硫氮污染物的控制对策及治理技术. 北京：中国环境科学出版社，1994
5. 韩才元，徐明厚等. 煤粉燃烧. 北京：科学出版社，2001
6. RariK，Srivastava. Controlling SO_2 Eminssins：A Review of Technologies. EPA/600/R-00/093，2000
7. Gordon Maller，Jerry Hollinden. Status of Flue Gas Desulfuritation（FGD）Technology. Radian International，1999
8. G. T. Bielawski，J. B. Rogan，et al. How Low Can We Go? Controlling Emissinos in New Coal-Fired Power Plants. The U. S. EPA/DOE/EPRI Conbined Power Plant Air Pollutant Control Symposium，Chicago，Illinois，U. S. A. 2001
9. S. Feeney，W. F. Gohara，et al. Beyond 2000：Wet FGD in the Next Century. ASME International Joint Power Generation Conference，Minneapolis，Minnesota，U. S. A. 1995
10. 周劲松等. 燃煤汞排放的测量及其控制技术. 动力工程，2002，6（22）
11. P. N. 切雷米西诺夫，R. A. 杨格. 大气污染控制设计手册（下册）. 北京：化学工业出版社，1991
12. 王慧伦. 化工基础. 北京：化学工业出版社，1988
13. 肖文德，吴志良. 二氧化硫脱除与回收. 北京：化学工业出版社，2001
14. Michael luckas，et al. Simulation of the Flue Gas Desulfurization Process for FGD Scrubbers in Power Plant. Power Plant Chemistry，2002（2）
15. Mitsubishi Heavy Industries，LTD. Technical Information of Wet Flue Ges Desulfurization System. 1992
16. Kyeongsook KIM，Sukran YANG，et al. Analysis of the Scale Formed in FGD Facility. The Japan Society for Analytical Chemisty：Analytical Sciences，2001，Vol. 17 SUPPLEMENT 2001©
17. Paul J. Williams. Use of Seawater as Makeup Water For Wet Flue Gas Desulfuritation Systems. EPRI-DOE-EPA Combined Utility Air Pollutant Control Symposium，Atlanta，Georgia，U. S. A. 1999
18. 华东六省一市电机工程（电力）学会. 环境保护. 北京：中国电力出版社，2001
19. 于正然，刘光铨等. 烟尘烟气测试实用技术. 北京：中国环境科学出版社，1992
20. 赵惠富. 污染气体 NO_x 的形成和控制. 北京：科学出版社，1993
21. 大气污染源控制手册编写组. 水泥工业大气污染控制手册. 北京：中国环境科学出版社，2000
22. Paul J. Williams. Wet Flue Gas Desulfurization Pilot Plant Testing of High Velocity Absorber Modules. EPRI-DOE-EPA Combined Utility Air Pollution Contral Symposium，Atlanta，Georgia，U. S. A. 1999
23. W. E. Gohara，et al. New Perspective of Wet Scrubber Fluid Mechanics in an Advanced Tower Design. EPRI-DOE-EPA Combined Utility Air Pullution Contral Symposium，Washington D. C. 1997
24. 阎维平. 洁净煤发电技术. 北京：中国电力出版社，2002
25. 机械工程手册/电机工程手册编辑委员会. 机械工程师手册（上册）. 北京：机械工业出版社，1992
26. 郭东明. 硫氮污染防治工程技术及应用. 北京：化学工业出版社，2001
27. Tokuma Arai，et al. Present Situation and Development Trends of Desulfurization Technology. Mitsubishi Heavy Industries，Ltd.：Technical Review Vol28. No. 1，1991
28. Noed de Nevers. Air Pollution Control Engineering（second edition）. 清华大学出版社/McGraw-Hill 出版社，2000

29. M. G. Milobowski. Wet FGD System Materials Cost Update. Air Pollatant Contral Symposium. EPRI-DOE-EPA Combined Utility. Washington D. C. BR-1643. 1997 (25~29)
30. Dr. Heinz-Georg Beiers. 电厂脱硫技术. 中能电力科技开发公司 2001
31. 周至祥. 介绍 2 种湿式 FGD 强制氧化方法. 电力环境保护，2002，18 (3)
32. John Fatzinger，Mark Attrid. Sluury pump design in wet limestone scrubbing precess. Pump World，1994 (329)
33. 韦章兵等. 气液固多相流对离心泵性能影响的试验研究. 水泵技术，2001 (1)
34. 曾庭华，杨华等. 湿法烟气脱硫系统的安全性及优化. 北京：中国电力出版社，2004
35. 姚增权. 火电厂烟羽的传输与扩散网. 北京：中国电力出版社，2002
36. 姚增权. 湿法脱硫烟气直接排放的环境问题探讨. 电力环境保护，2003 (19)
37. 周至祥. 湿法 FGD 湿烟囱工艺的问题和对策. 电力环境保护，2003 (19)
38. 李恒德等. 现代材料科学与工程辞典. 山东科学技术出版社，2001
39. 郑长根. 脱硫石膏气流烘干工艺改进. 南京：电力环境保护，第 4 期第 18 卷，2002，18 (4)
40. W. H. D. Plant，W. L. Mathay. Nickel Containing Materials in flue gas desulfurization equipment. NiDI Technical Series No. 10072. 1990
41. 高志平. 先进的烟气脱硫 (AFGD) 洁净煤技术. 南京电力环境保护，2000，16 (4)
42. 张希衡. 水污染控制工程. 北京：冶金工业出版社，2002
43. 何遂远. 环境化学分类辞典 (汉英俄日词目对照). 上海：华东理工大学出版社，2000
44. 钟秦. 燃煤烟气脱硫脱硝技术及工程实例. 北京：化学工业出版社，2004
45. 郝吉明，马广大等. 大气污染控制工程. 北京：高等教育出版社，1997
46. J. Bartell，G. Ferrazza，et al. Effects of Spray Nozzle Design and Messurement Techniques on Reported Drop Size Data. Electric Powder Institute SO_2 Control Symposium，Washigton，DC，1991
47. Kevin J. Rogers，Mohamad Hassibi，et al. Adevances in Fine Grinding & Mill System Application in the FGD Industry. EPRI-DOE-EPA Combined Utility Air Pollutant Control Symposium，Atlant，Georgia，U. S. A. 1999
48. 金定强. 脱硫除雾器设计. 电力环境保护，2000，(17) 4
49. 唐修义，陈萍. 中国煤中的氯. 中国煤田地质，2002，14 (增刊)
50. 郑长根. 脱硫石膏气流烘干工艺的改进. 电力环境保护，2000，(18) 4
51. 周祖飞. 湿法烟气脱硫废水的处理. 电力环境保护，2000，(18) 2
52. 纪纲. 流量测量仪表应用技巧. 北京：化学工业出版社，2003
53. 陈晓竹，陈宏. 物性分析技术及仪表. 北京：机械工业出版社，2004
54. 梁国伟，蔡武昌等. 流量测量技术及仪表. 北京：机械工业出版社，2004
55. B. S. PHull，W. L. Mathay，R. W. Ross. Corrosion Resistance of Puplex and 4% ~6% Mo-Containing Stainless Steels in FGD Scrubber Absorber Slurry Enviroments. NACE CORROSION/2000，Paper No. 578 Orlando，FL，2000 NiDI Reprint Series No. 14055
56. 中国材料研究学会. 2000 年材料科学与工程新进展. 北京：冶金工业出版社，2001
57. 丁清溪. 橡胶原材料手册. 第 3 版. 北京：化学工业出版社，2000
58. 中国腐蚀与防护学会，李国莱等. 合成树脂玻璃钢. 修订版. 北京：化学工业出版社，1997
59. 李国莱，张慰盛，管从胜. 重防腐涂料. 北京：化学工业出版社，1999
60. 王泳厚，刘杏慈. 涂料防腐蚀技术 300 问. 第 2 版. 北京：金盾出版社，1993
61. 杨德均，沈卓身. 金属腐蚀学. 第 2 版. 北京：冶金工业出版社，1999
62. 魏宝明. 金属腐蚀理论及应用. 北京：化学工业出版社，1996
63. 吴玖. 双相不锈钢. 北京：冶金工业出版，2000
64. M. G. Milobowski. Wer FGD System Materials Cost Update. EPRI-DOE-EPA Combined Urility Air pollutant Control Symposium，WashingtonD. C. 1997
65. R. W. Telesz. 5000MW FGD Project for KEPCD. the 12th U. S. -Korea Joint Workshop on Energy &

Enviroment, Taejon, Korea. 1997
66. 周至祥. 湿法石灰石 FGD 装置中采用不锈钢 304L 的讨论. 四川电力技术, 2002, 2 (25)
67. Shigeru Morita. 日本的烟气脱硫. NiDI 北京办事处, NiDI 技术资料 No. 13007, 1998
68. NiDI. SulpHur Traps. Bei Jing: NICKEL, Vol. 14, NO. 4, 1999
69. Richard E. Avery, W. H. D. Plant. Weding and Fabrication of Nickel Alloys in FGD System. NiDI Technical Series No. 10072. 1993
70. NiDI. 含镍合金在烟气脱硫和其他洗涤器工艺中的耐腐蚀性. NiDI 北京办事处, NiDI 技术资料 No. 1300, 1998
71. NiDI. 镍/铬/钼合金贴墙纸或贴衬板操作指南. NiDI 北京办事处, NiDI 技术资料 NB98-011. 1995
72. VDM REPORT. Corrosion-Resistant Materials for Flue Gas DesulpHurisation System. KRUPP VDM, No. 18, 1993
73. VDM CASE HISTORY. Boxberg Ⅲ-the Successful Retrofitting of an Eastern German Brown Coal Fired Power Station Using Nicrofer 5923 hMo-allay59. KRUPP VDM, No. 2, 1997
74. 国家经济贸易委员会电力司主编, 中国电力企业联合会标准化中心汇编. 环境保护. 北京: 中国电力出版社, 2002
75. Lenkewitz H. Planung der Rauchgasreinigung bei der Nachruestung von Altanlagen in Braunkohlekraftwerken TUEV Rheinland, Kolloquium Feuerungstechnik und Umweltschutz 1985. 255 ~ 284
76. Lenkewitz H. Erfahrung aus der gleichzeitigen Nachruestung von 37 Rauchgasentschwefelungsanlagen fuer vier Brauchkohlekraftwerke (9300MW), VGB-Kraftwerkstechnik 68. 1988. 1: 51 ~ 55
77. Kuhn N. Axialventilatoren in Rauchgasentschwefelungsanlagen, BWK 36. 1984, 10: 427 ~ 431
78. Treffner G. Eignungs Beurteilung der Geblaese-Schaufelwerkstoffe X3CrNiMoCu 26. 6 und Euzonit G 60, Technischer Bericht STEAK AG 1990
79. Dr. Heinz-Georg Beiers. Environmental Protection in Gemany, Seminar of Flue Gas DesulpHurisation, 2001
80. Dr. Heinz-Georg Beiers. Environmental Impacts of Thermal Power Plants, Seminar of Flue Gas DesulpHurisation, 2001
81. Broda S. GEA-ECOGAVE-und GEA-ECONOX-Systeme als Alternativen zu Regave-Anlagen, sonderdruck aus Sammelband Kraftwerkskomponenten 1986: 53 ~ 61
82. Maier D. Aufheizungssysteme fuer Rauchgase hinter Nassentschwefelung, Technische Bericht, STEAG AG 1985
83. Retis C E. Meeting CAAA Demands on CEM Systems, Power Engineering, 1992
84. White J R. Technologies for Enhanced Monitoring, Pollution Engineering, 1995
85. Krooswyk E D. Recent CEMS Installations Provide Valuable Insights, Power Engineering, 1994
86. Frauenfeld M. Wiederaufheizung nassentschwefter Rauchgase mit dem Regenerative-Waermetauscher, Sonderdruck aus dem Jahrbuch der Dampferzeugungstechnik, 5. Ausgabe 1985/86
87. Maerzendorfer H. Nassentschwefelung mit Wiederaufheizung der Rauchgase durch Heissluft, VGB Kraftwerkstechnik 63. 1983, 4: 332 ~ 334
88. Maus R. Pumpen fuer Rauchgasentschwefelungsanlagen, BWK 40. 1988, 7/8: 299 ~ 305
89. Schwarzer K H. Oxidationsruehrwerke mit neuartiger Begasungseinrichtung fuer Rauchgaswaescher, BWK 38. 1986, 7/8 : 364 ~ 369
90. Schmid H-P. Taktbandfilter zur Entwaesserung von REA Gips, Chemie-Technik 14. 1985, : 14 ~ 18
91. Bieber K pH. Instandhaltung und Betriebserfahrung von nasslaufenden REA Geblaese, VGB Kraftwerkstechnik, 1989
92. Gutberlet H. Betriebserfahrungen mit Rauchgasentschwefelungsanlagen der VKR, VDI Verlag, Duesseldorf, Anwenderreport 1986. 51 ~ 58
93. Sudhaus W. Diskussionsbeitrag zu REA-Pumpen, Planerische Randbedingungen und Inbetriebsetzungserfahrungen mit REA-Pumpen aus Betreibersicht, VGB-Tagung Kraftwerkskoponenten, Essen, 1988
94. Dr. Bernd Schallert. REA-Technik zur Gipserzeugung hinter Steinkohlefeuerungen in Seutschland, 1994

95. Wahnschaffe H. Unterweisung zum Betrieb von Rauchgasentschwefelungsanlagen auf Kalksteinbasis, 1987
96. Dr. Heinz-Georg Beiers. Main Components and Operating Experience, Seminar of Flue Gas DesulpHurisation, 2001
97. Wess Thomas J. Upgrading FGD System Dampers to Improve Equeipment and System Reliability, Power-Gen International, 1994
98. Affatato Andre. Control and Isolation Dampers for Power Plants, Power Engineering, 1981
99. O'Keefe W. Upgrading Powerplant Pumps, Power, 1990
100. Oldshue J Y. Fluid Mixing Technology and Practice, Chemical Engineering, 1983
101. Hodel A E. Cluster Agitator Arrangement Proves Best for Slurry Suspension, Chemical Processing, 1992
102. O'Keefe William. Valves and Actuators for Severe Service, Power, 1991
103. Schoenbucher B. Nassmahlung von Kalkstein zum Einsatz in Rauchgasentschwefelungsanlagen, Jahrbuch der Dampferzeugungstechnik, 5. Ausgabe 1985, 2: 1068 ~ 1077
104. Uwe Lenk. Planung einer Rauchgasentschwefelungsanlage hinter einem steinkohlergefeuerten Dampferzeuger, Studienarbeit, 1990
105. Kolb W. Werkstoffauswahl und Konsruktion laufschaufelgereglter Axialgeblaese fuer REA, VDI-Bricht 674, 209. 1988
106. O'Keefe William. Pumps, Valves and Piping for Pollution Control Retrofits, Power, 1992
107. Arterburn R A. The Sizing of Hydrocyclones, Krebbs Engineers, 1976
108. Schwartz J S. Continuous Emission Monitors Issues and Prediction, Air & Waste, 1994
109. Cochran J R. Pick the Right Continuous Emissions Monitor, Chemical Engineering, 1993
110. Elliot T C. CEM System... Lynchpin (sic) Holding CAAA Compliance Together, Power, 1995
111. Dr. Heinz-Georg Beiers. Comparison of the Main Processes, Seminar of Flue Gas DesulpHurisation, 2001